SCHÄFFER
POESCHEL

Stephan Paul/Andreas Horsch/Daniel Kaltofen/
André Uhde/Gregor Weiß

Unternehmerische Finanzierungspolitik

Eine wertorientierte Einführung

2017
Schäffer-Poeschel Verlag Stuttgart

Prof. Dr. Stephan Paul, Lehrstuhl für Finanzierung und Kreditwirtschaft,
Ruhr-Universität Bochum
Prof. Dr. Andreas Horsch, Lehrstuhl für ABWL mit dem Schwerpunkt Investition und Finanzierung, Technische Universität Bergakademie Freiberg
Prof. Dr. Daniel Kaltofen, Professur für Neoclassical and Behavioral Finance, BiTS Business and Information Technology School, Iserlohn
Prof. Dr. André Uhde, Professur für Betriebswirtschaft, insbesondere Finanzierung und Investition, Universität Paderborn
Prof. Dr. Gregor Weiß, Professur für BWL/Nachhaltige Finanzdienstleistungen, insbesondere Banken, Universität Leipzig

Dozenten finden Abbildungen und Tabellen für dieses Lehrbuch unter
www.sp-dozenten.de (Registrierung erforderlich).

Gedruckt auf chlorfrei gebleichtem, säurefreiem und alterungsbeständigem Papier

Bibliografische Information der Deutschen Nationalbibliothek
Die Deutsche Nationalbibliothek verzeichnet diese Publikation in der Deutschen Nationalbibliografie; detaillierte bibliografische Daten sind im Internet über http://dnb.d-nb.de abrufbar.

Print ISBN 978-3-7910-3086-9 Bestell-Nr. 20461-0001

www.schaeffer-poeschel.de
service@schaeffer-poeschel.de

Umschlagentwurf: Goldener Westen, Berlin
Umschlaggestaltung: Kienle gestaltet, Stuttgart (Bildnachweis: Shutterstock)
Layout: Ingrid Gnoth | GD 90, Buchenbach
Satz: Claudia Wild, Konstanz
Druck und Bindung: C.H. Beck, Nördlingen

Printed in Germany
Juni 2017

Schäffer-Poeschel Verlag Stuttgart
Ein Tochterunternehmen der Haufe Gruppe

Inhaltsverzeichnis

Vorwort

Mit atemberaubender Geschwindigkeit kommen derzeit über lange Perioden hinweg stabile Geschäftsmodelle unter Druck. Wesentlicher Treiber dieser Entwicklung ist vor allem der technologische Umbruch, den die Digitalisierung mit sich bringt. Über die zunächst betroffenen Handels- und Dienstleistungsunternehmen hinaus verändert die vierte industrielle Revolution die Produkte und Prozesse in nahezu sämtlichen Branchen massiv. Gravierende Umbrüche in den Rahmenbedingungen unternehmerischen Handelns gehen aber auch von staatlichen Eingriffen in das Wirtschaftsgeschehen aus, wie die »Energiewende« nach der Fukushima-Katastrophe oder die abermals novellierte Bankenregulierung als Antwort auf die schwerste Finanz- und Wirtschaftskrise der Nachkriegszeit exemplarisch zeigen. Und auch von politischen Strukturverschiebungen (Brexit, neuer Handelsprotektionismus der USA usw.) oder veränderten gesellschaftlichen Prioritäten (z. B. sharing ecomomy, Nachhaltigkeit) gehen neuartige Anpassungszwänge für Unternehmen aus.

Dieser vielschichtige, tiefgreifende Wandel hat uns motiviert, den bereits vorliegenden Lehrbüchern zur Unternehmensfinanzierung ein weiteres hinzuzufügen. Denn wenn die Praxisformel »Finance has to fit the business« zutrifft, dann kann bei einem Umbruch in den Geschäftsmodellen auch der Finanzbereich von Unternehmen nicht unverändert bleiben. Der für Finanzen Verantwortliche – wir nennen ihn durchgehend Finanzleiter und verstehen die Bezeichnung genderneutral – wird immer stärker in die Entwicklung der Unternehmensstrategie eingebunden. Er agiert als »Unternehmer im Unternehmen«, der das Erzielen von Wettbewerbsvorsprüngen und damit die Wertschaffung einer Unternehmung ermöglicht und vorantreibt. »Unternehmerische Finanzierungspolitik« beschreibt daher das wertorientierte Wirken aus dem Finanzbereich einer Unternehmung heraus. In die sechs zentralen Aufgabenbereiche, die dieses Handeln mit Blick auf den Unternehmenswert für den Finanzleiter mit sich bringt, führt dieses Lehrbuch ein.

Unabhängig davon, ob der Finanzleiter als Mitglied des Vorstands oder auf einer anderen Hierarchieebene, ob in einem Großkonzern oder bei einem mittelständischen Unternehmen wirkt – er ist

- an den strategischen Weichenstellungen beteiligt, mit deren Hilfe das Geschäftsmodell der Unternehmung fortlaufend an die sich verändernden Rahmenbedingungen angepasst wird, um die Fähigkeit zur Erzielung der angestrebten Wertschaffungsziele im Wettbewerb zu gewährleisten (Teile I und VI dieses Buchs);
- für die Vorkalkulation der Wertschaffung im Rahmen der Investitionsrechnung ebenso verantwortlich wie für die Nachkalkulation des Wertbeitrags von Geschäftsbereichen sowie der Unternehmung insgesamt. Ihm obliegt darüber hinaus die Gestaltung des in- und externen Reportings (Teile I und II);
- derjenige, der die Wertschaffung operativ finanziert und damit möglich macht. Die durch die Beschaffung von Finanzmitteln entstehenden Kapitalkosten sind die Renditeschwellen = Werthürden für Investitionen (Teil III);

- in die Organisation der Wertschaffung eingebunden, indem er über die Gestaltung seines Kernbereichs hinaus verschiedenartige Prozesse der Unternehmung steuert und Abläufe koordiniert (ebenfalls Teil III und VI);
- oberster Risikomanager der Unternehmung, der deren Wertschaffung ökonomisch und juristisch absichert (Teil IV);
- primärer Ansprechpartner für die Kapitalgeber. In der Kommunikation mit den Investoren vermittelt er Wertorientierung und -schaffung der Unternehmung und nimmt damit einen Einfluss auf deren Renditeforderungen, die er wiederum in den Strategieprozess und dessen operative Umsetzung einspeist (Teil V).

Zu jedem dieser Themen existieren eigene, ausführliche (Lehr-)Bücher. Wir haben uns daher um einen möglichst kompakten Überblick in Form von 18 Modulen bemüht, bei dem die theoretischen Grundlagen und ihre Anwendungsmöglichkeiten in der Praxis ebenso wie qualitative Aussagen und ihre Formalisierung in einem ausgewogenen Verhältnis stehen sollen. Am Beginn der Module finden sich jeweils deren »Zentrale Stichworte«, nach denen geordnet die wichtigsten Inhalte am Schluss noch einmal in knapper Form »Auf den Punkt gebracht« werden. Zahlreiche, überwiegend reale Beispiele sollen die Ausführungen veranschaulichen und den »Einblick in die Praxis« vertiefen. Auf der sich nach Erscheinen des Buches evolutorisch entwickelnden Lernplattform werden wir dieses Material laufend aktualisieren und erweitern sowie sukzessive um Beispielaufgaben ergänzen.

Gerade die Erarbeitung der ersten Auflage eines Lehrbuchs ist eine herausfordernde Aufgabe. Bei deren Bewältigung hat uns zum einen geholfen, dass wir fünf Autoren den selben wissenschaftlichen Hintergrund haben und schon lange zusammenarbeiten. Zum anderen haben wir aber auch sehr intensive Unterstützung durch unsere Mitarbeiterinnen und Mitarbeiter erfahren, ohne deren vielfältige Hilfe wir noch im Projektstatus verharren würden. Besonders zu nennen ist dabei auf Bochumer Seite Rouven Möller, in dessen Händen die Gesamtkoordination und Verlagsabstimmung über fast zwei Jahre hinweg lagen. Er hat sich kenntnisreich, konstruktiv und umsichtig aller inhaltlichen und formalen Themenstellungen angenommen, wofür wir ihm sehr herzlich danken. Unser Dank gilt ebenso in Bochum besonders Simon Schumacher sowie Annika Säck und Dr. Anke Kampschulte, in Freiberg Christof Morscher sowie ganz besonders Sylvia Richter, in Paderborn Julia Bange, Helena Becker, Sarah Herwald, Benjamin Hippert, Armen Lakhdoyan, Marcel Lengacher und Sascha Wengerek und in Leipzig Jonas Bartl, Alexander Büsing, Sebastian Frericks, Janina Mühlnickel, Svenja Schüller und Nina Wunde sowie Dr. Felix Irresberger in Cardiff.

Danken möchten wir auch dem Team des Schäffer-Poeschel Verlags. Frau Marita Rollnick-Mollenhauer hat uns früh ermutigt, unsere Idee eines neuen Finanzierungsbuches in die Tat umzusetzen und uns mit der notwendigen Beharrlichkeit auf die Zielgerade gebracht. Beim Zieleinlauf geholfen haben auch Frau Claudia Knapp und Jana Döring, denen wir ebenfalls herzlich danken.

Gerade bei einem neuen Buch ist die Fehleranfälligkeit besonders hoch. Daher würden wir uns sehr freuen, wenn uns aufmerksame Leserinnen und Leser unter feedback@unternehmerischefinanzierungspolitik.de auf trotz aller Sorgfalt verbliebene Fehler und Unstimmigkeiten hinweisen oder eine alternative Sichtweise auf die behandelten Themen übermitteln würden.

Wir hoffen, dass unsere wertorientierte Einführung in die unternehmerische Finanzierungspolitik sowohl eine Orientierungshilfe für Studierende in einem komplexen Teilgebiet der Betriebswirtschaftslehre als auch eine nützliche Unterstützung für in der Praxis Tätige ist und sich das Buch in ihren Augen als »wertvoll« erweist.

Bochum, Freiberg, Iserlohn, Paderborn, Leipzig, im April 2017
Stephan Paul, Andreas Horsch, Daniel Kaltofen, André Uhde, Gregor Weiß

Teil I

Leitperspektive: Finanzierungspolitik und Wertschaffung von Unternehmen

Modul 1 Einführung in die Finanzierungspolitik

ZENTRALE INHALTE

- Elemente des Geschäftsmodells von Unternehmen
- Arten von Wettbewerbsvorteilen
- Shareholder-Value-Ansatz und Rolle der übrigen Stakeholder
- Renditeforderungen der Kapitalgeber und Kapitalkosten der Unternehmung
- Zielkonflikt Rentabilität und Liquidität
- Sechs-Phasen-Schema der wertorientierten Unternehmensführung
- Direkter Wertbeitrag der Finanzierung
- Traditionelle Rolle des Finanzleiters
- Moderne Interpretation der Finanzierungspolitik im Rahmen der Wertschaffung
- Finanzleiter als Innovator

Einstiegsbeispiel

►►► A hat sich als Kind immer darüber geärgert, dass ihm stets die besonders raren Spezialsteine fehlten, um seine teuren Lego-Bausätze mehrmals zusammenzusetzen. Nach erfolgreichem Studium der Betriebswirtschaftslehre will er sich selbstständig machen, indem er über eine noch zu kreierende Internet-Plattform in den Handel von Legosteinen einsteigt. Dabei plant er, angekaufte »bunte Mischungen« nach Formen, Größen, und Farben zu sortieren und zum Verkauf anzubieten. Ein Studienfreund bietet ihm den Aufbau der Plattform für monatlich 500 € an. Da dies sein erstes Projekt dieser Art sei, könne er die Dauer bis zur Fertigstellung nur schwer kalkulieren.

Die Familie von B ist Eigentümer eines der letzten Privatbankhäuser in Deutschland. Zwar hat B die 30 existierenden Filialen und damit eine breite Abdeckung in den größeren Städten bislang immer als wichtigsten Vorteil gegenüber der Konkurrenz gesehen, stellt jedoch mittlerweile fest, dass die Kundenfrequenz immer weiter nachlässt. Er überlegt deshalb, Beratungsleistungen für vermögende Privatkunden über einen Videochat anzubieten, dessen Einsatz indes eine grundlegende Modernisierung seiner IT-Infrastruktur voraussetzt. Nach den Angeboten, die er bei namhaften Software-Firmen eingeholt hat, würde er hierfür in den nächsten Jahren etwa 100 Mio. € p. a. benötigen.

C betreibt mit zwei Partnern und zwölf Mitarbeitern ein mittelständisches Architekturbüro, das bislang überwiegend im Auftrag von inländischen Bauträgern Mehrfamilienhäuser entworfen hat. Diese waren stark standardisiert und einfach ausgestattet, dafür aber gerade für junge Familien erschwinglich, denen sich zudem die Möglichkeit bot, in hohem Maße Energie einzusparen. Einer seiner Kunden plant nun, sich an Ausschreibungen im Rahmen des Ausbaus von Peking zur 130-Millionen-Megacity zu beteiligen. Hierbei möchte er wiederum auf die Dienstleistungen von C zurückgreifen, der dafür jedoch ein Büro in China eröffnen müsste, das etwa 7,5 Mio. Chinesische Renminbi (1 Mio. €) kosten dürfte.

D ist als Vorstand bei einem der weltweit größten Automobilhersteller verantwortlich für das Projekt »Autonomes und vernetztes Fahren«. Hierfür gilt hochpräzises und permanent aktualisiertes Kartenmaterial als Voraussetzung für moderne Navigationssysteme und damit einer der wesentlichen Erfolgsfaktoren. D schlägt seinen Vorstandskollegen vor, in einem Konsortium mit zwei Wettbewerbern den Kartendienst eines großen Mobilfunkunternehmens für insgesamt 2,8 Mrd. € zu übernehmen, die bei erfolgreichem Abschluss des Deals innerhalb eines Monats zu zahlen wären. ◀◀◀

1.1 »Finance has to fit the business«

Offenbar stehen in diesen vier Unternehmen Investitionen im Sinne von Vorhaben an, für deren Umsetzung Finanzmittel erforderlich sind (zur genauen Begriffsfassung vgl. Modul 3). Möglicherweise können sie dabei auf eigene Mittel zurückgreifen, wahrscheinlich werden sie aber zumindest zum Teil neue Mittel aufnehmen müssen. Betrag, Form und Laufzeit der Finanzierung, aber auch die jeweiligen Kapitalgeber werden durch die mit den Investitionen verbundenen Chancen und Risiken bestimmt, deren Einschätzung angesichts der Unsicherheit über die Zukunft und der Ungleichverteilung des Wissens unter den Marktakteuren aber unterschiedlich ausfallen dürfte:

Geschäftsmodell und Finanzierung

- A startet frisch als Unternehmer und bringt zudem ein völlig neues Konzept auf den Markt, dessen Absatzpotenzial vergleichsweise schwer vorauszusehen ist. Bei den angefragten Banken hat er daher nur Ablehnungen erhalten. Der erwähnte Studienfreund erweist sich indes als ebenso lego-affin wie er selbst, glaubt an seine Geschäftsidee und erklärt sich, über den Aufbau der Plattform hinaus, zur Beteiligung an seinem Unternehmen gegen Einschuss von Eigenkapital bereit.
- B kann darauf verweisen, dass die Videoberatung bereits von einigen Banken im In- und Ausland erfolgreich eingesetzt wurde und Nutzungsraten von daher relativ treffgenau abzuschätzen sind. Bei einer Zusammenkunft der Familie, die bislang sämtliche Investitionen der Bank vollständig selbst finanziert hat, scheitert er jedoch mit seiner Idee, weil sein Großvater als Familienoberhaupt diesen Vertriebsweg für modischen Schnickschnack hält (»Die Kunden wollen ihren Bankern noch die Hand geben«).

- C muss einen neuen Standort in einem der Unternehmung bislang völlig unbekannten Markt aufbauen. Seine eigene Finanzkraft und die seiner beiden Partner reichen für eine Finanzierung nicht aus, und seine Hausbank – die örtliche Sparkasse – stuft das China-Risiko als zu hoch ein. Der Bauträgergesellschaft als größtem Auftraggeber ist seine Spezialexpertise jedoch so wertvoll, dass diese sich zu einer Kreditvergabe bereit erklärt.
- Das Unternehmen von D betritt mit dem autonomen Fahren zwar noch weitgehend Neuland, die künftigen Investitionen in diesem Geschäftsfeld sind nur schwer zu prognostizieren. Der Autohersteller hat jedoch gerade eine überarbeitete Version der umsatzstärksten Modellreihe auf den Markt gebracht, die von der Fachpresse enthusiastisch gefeiert wurde und in den nächsten Jahren hohe Renditen verspricht. D erhält daher Anfragen von zahlreichen größeren Banken, die die Geschäftsverbindung mit dem Unternehmen ausbauen und in diesem Rahmen auch seinen Anteil am Übernahmekonsortium finanzieren wollen.

Die Beispiele unterstreichen die hohe Individualität der »richtigen« im Sinne der für die jeweilige Unternehmung notwendigen und passenden Finanzierung. Am Finanzmarkt wird dies häufig auf die Formel gebracht: **»Finance has to fit the business«**. Die Finanzierung einer Unternehmung muss sich also an ihrem **Geschäftsmodell** orientieren, dessen Grundgedanke sich so zusammenfassen lässt:

»The essence of a business model is in defining the manner by which the enterprise delivers value to customers, entices customers to pay for value, and converts those payments to profit. It thus reflects management's hypothesis about what customers want, how they want it, and how the enterprise can organize to best meet those needs, get paid or doing so, and make a profit.« (Teece 2010, S. 172)

Wertschaffungsidee

Im Mittelpunkt eines Geschäftsmodells, dessen Elemente Abbildung 1.1 zusammenstellt, steht somit die **strategische Geschäftsidee** zur **Wertschaffung** (vgl. zu unterschiedlichen Fassungen von Geschäftsmodellen Osterwalder/Pigneur 2011 und 2015, Wirtz 2013, Rese/Gesing 2011 und Rese/Kupp 2011). Dabei hat der Begriff der Wertschaffung zwei Perspektiven. Die sogenannte **Value Proposition** gibt eine Antwort auf die Frage, worin die **Nutzenstiftung** im Angebot der Unternehmung für ihre **Kunden** liegt. Dazu müssen die marktlichen Gelegenheiten zur Erzielung von Wettbewerbsvorteilen gegenüber Konkurrenten in den Augen der Nachfrager bestimmt werden. Dies ist die Grundlage für die Wettbewerbsfähigkeit und damit die Existenz einer Unternehmung.

Wettbewerbsvorteile führen dazu, dass eine Unternehmung ihre Konkurrenz entweder im Hinblick auf das Effizienz- oder das Effektivitätsziel übertrifft (Plinke 1995, Paul 2005). Mit Effizienz- ist das Wirtschaftlichkeitsziel adressiert, also das Streben nach einer möglichst günstigen Input/Output-Relation, das Effektivitätsziel stellt auf die Problemlösungsfähigkeit eines Anbieters ab. Zum Ersten kann die Überlegenheit dann daraus resultieren, dass aus der sparsameren Dimensionierung der eingesetzten Mittel sowie der schlankeren Gestaltung der Abläufe (Prozesse) ein Kostenvorteil gegenüber dem Wettbewerb erwächst, der dann wiederum die Möglichkeit bietet, einen niedrigeren Preis als die Konkurrenz zu setzen. Zum Zweiten

Abb. 1.1

Elemente des Geschäftsmodells einer Unternehmung

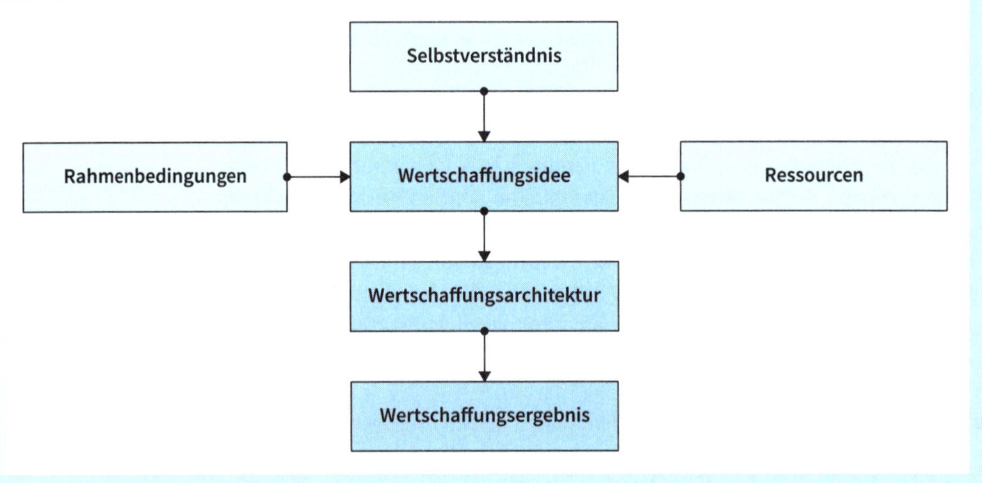

kann die Überlegenheit der Unternehmung aber auch aus einem Nettonutzenunterschied für den Kunden resultieren. Er stellt sich ein, wenn der Nachfrager aufgrund bestimmter, sonst nicht verfügbarer Qualitätsmerkmale der Leistung dieser eine bessere Preis/Nutzen-Relation als den Konkurrenzangeboten beimisst, den Anbieter als einzig relevanten ansieht und sich zumindest innerhalb bestimmter Bandbreiten des Preises binden lässt.

Sowohl das erste, als **Kostenführerschaft** oder **Preis-Mengen-Strategie** bezeichnete Vorgehen, als auch die alternative Qualitäts- bzw. Präferenzstrategie müssen sich letztlich niederschlagen im ökonomischen Erfolg der Unternehmung, der auf unterschiedliche Art und Weise gemessen werden kann. Während in der Vergangenheit absolute Gewinnziele bei den meisten Unternehmensleitungen im Vordergrund standen, wird heute – und dies macht die zweite Perspektive der Wertschaffung aus – zunehmend auf **Steigerungen des Unternehmenswerts** geachtet. Obwohl die Verfahren des Wertmanagements erst Inhalt des nächsten Abschnitts sind, leuchtet doch unmittelbar ein, dass die Unternehmung für ihre Eigentümer die (möglicherweise einzige und daher) entscheidende Einkommensquelle ist, deren Wert mindestens zu erhalten, nach Möglichkeit zu steigern ist, um sich sowohl private Konsum- und Investitionswünsche zu erfüllen als auch wiederum in differenzierende, profilgebende Maßnahmen der Unternehmung zu investieren. Der Erfolg des Geschäftsmodells bemisst sich daher danach, welches **Wertschaffungsergebnis** erzielt wurde. Es gilt zu prüfen, ob unter Berücksichtigung der eingegangenen Risiken für die relevanten Interessengruppen der Unternehmung nachhaltig Wert geschaffen wurde.

Welche Wertschaffungsideen verfolgen die vier vorgestellten Unternehmen?

- A setzt als Innovator auf ein bislang am Markt nicht verfügbares Leistungsbündel, das seinen künftigen Kunden sowohl den internetgestützten Verkauf von Legosteinen als auch den Kauf von exakt auf ihren Bedarf ausgerichteten Sortierungen ermöglicht.
- Das Bankhaus von B gibt seinen Kunden die Möglichkeit, »ihren« Bankberater unabhängig vom Standort zu kontaktieren.
- Das Architekturbüro mit C als Partner bietet eine im asiatischen Markt zum angepeilten Niedrigpreis bislang nicht vorhandene Hauskonfiguration an.
- Das Unternehmen von Vorstand D will Kunden den Zugang zu selbstfahrenden Automobilen verschaffen.

Rahmenbedingungen und Selbstverständnis der Unternehmung

Das insoweit zentrale Element der Wertschaffung wird durch drei Faktoren beeinflusst. Aus den unternehmerischen Zielvorstellungen der Eigentümer leitet sich zunächst das jeweilige **Selbstverständnis** der Unternehmung ab. Hierfür werden in der Literatur auch die Begriffe Aufgabe, Mission, Vision oder Identität verwendet. Das Geschäftsmodell erhält seine Impulse zweitens durch externe Einflüsse in Form der Ausprägung der jeweiligen **Rahmenbedingungen**. Dazu können gemäß dem Market-based View der Unternehmung (Porter 2013 und 2014) sowohl gesamtwirtschaftliche Entwicklungen als auch technische, politisch-rechtliche, demographisch-gesellschaftliche und zunehmend auch ökologische Entwicklungen gehören.

Bei den vier Beispielunternehmen lassen sich diese Elemente so veranschaulichen:

- A sieht sich als Dienstleister der Freizeitindustrie und will von der durch die zunehmend emanzipierter werdenden Kunden eingeforderten Produktindividualisierung profitieren.
- B möchte mit seinem Bankhaus der führende Portfolioberater vermögender Privatkunden sein, stellt indes fest, dass diese immer mobiler sein müssen und ihre Finanzgeschäfte daher immer seltener an nur einem Standort abwickeln können und wollen.
- C strebt eine Positionierung als Anbieter moderner Lebenswelten an, der in seinen Lösungen Design und Ökologie miteinander verbindet. Chancen sieht er in der Entwicklung einer Mittelschicht in China, die sich bezahlbare Häuser wünscht und zugleich den steigenden Umweltbelastungen kritisch gegenüber steht.
- D arbeitet in einem Unternehmen, das sich als global agierender Mobilitätskonzern sieht und zum Ausbau seiner Marktstellung die durch die Digitalisierung verfügbaren Datenmengen (»Big Data«) nutzen will.

Interne Sicht auf das Geschäftsmodell: Ressourcen

Nachhaltige Unterschiede zwischen einzelnen Unternehmungen, die sich in Ergebnisdivergenzen niederschlagen, sind – drittens – in der internen Perspektive des Resource-based View auf die Ausstattung mit bestimmten **Ressourcen** zurückzuführen (Wernerfelt 1984, Hamel/Prahalad 1994, Freiling/Reckenfelderbäumer 2009).

Diese Sichtweise wurde schon durch Edith E. Penrose begründet:

»The firm (...) is a collection of productive resources the disposal of which between different uses and over time is determined by administrative decisions. (...) The fact that most resources can provide a variety of different services is of great importance for the productive opportunity of the firm. It is the heterogeneity and not the homogeneity of productive services available from its resources that gives each firm its unique character.« (Penrose 1959, S. 24 f.)

Im Gegensatz zu Produktionsfaktoren im Sinne von »commodities« (wie Roh-, Hilfs- und Betriebsstoffen, Kapital usw.), zu denen alle Marktakteure in gleicher Weise Zugang haben, besitzen Ressourcen einen unternehmungsspezifischen Charakter.

Bedeutung von Innovationen

Als zentrale Ressource zur Erlangung von Wettbewerbsvorteilen wird das in einer Unternehmung versammelte **Wissen** angesehen. Da dieses niemals statisch ist, sondern sich nicht zuletzt durch die gewonnenen Erfahrungen der Mitarbeiter pfadabhängig fortentwickelt, resultiert Überlegenheit gegenüber der Konkurrenz in erster Linie aus Wissensvorsprüngen, die dann die Identifikation von zu **Innovationen** führenden Handlungsmöglichkeiten erlauben. Insofern wird in diesem Zusammenhang auch der Kern des Unternehmertums darin gesehen,

- durch die Schaffung von Wissen den Boden für Innovationen zu bereiten,
- das für Innovationen relevante Wissen durch Weitergabe in Handlungsfähigkeit der Mitarbeiter umzusetzen,
- die aufgebauten Fähigkeiten der Mitarbeiter sachgerecht in der Aufbauorganisation miteinander zu kombinieren und
- für die Unternehmensprozesse Koordinationsregeln und -formen zu finden, die die möglichst störungsfreie Innovationsgenerierung erlauben (Schneider 1997, S. 61 ff.).

Im Geschäftsbericht 2014 von Bayer (S. 48) heißt es dazu knapp: »Die Basis unseres Erfolgs: Innovation.«

Während Inventionen Erfindungen darstellen, bei denen Unternehmen neue Handlungsmöglichkeiten sowie Lösungen für zuvor unbewältigte Aufgaben aufspüren, setzen sie diese mit Hilfe von Innovationen auf Märkten durch. Hierbei können schon dem österreichischen Wirtschaftstheoretiker Joseph A. Schumpeter folgend, vier verschiedene Arten von Innovationen identifiziert werden (Schumpeter 1961, S. 93 f., Schneider 1997, S. 432), bei denen sich neben anderen Einsatzfaktoren vor allem spezifisches Wissen als die zentrale Ressource für ihre Entstehung bzw. Verwirklichung erweist (vgl. auch Hauschildt/Salomo 2011, Vahs/Brem 2015):

- **Produkt- bzw. Leistungsinnovationen**, d. h. die erstmalige Markteinführung von Produkten oder Dienstleistungen – so im Falle von A insbesondere auf Basis des Know-hows des Gründers.
- **Prozessinnovationen**, also der erstmalige Einsatz bestimmter z. B. Beschaffungs-, Produktions-, oder Absatzverfahren wie bei B. Hier hängt der Erfolg des neuen Vertriebswegs davon ab, wie gut die Bank die Kommunikationsbedürfnisse ihrer Kunden kennt und in technische Spezifikationen für den Software-Lieferanten umsetzen kann.

- **Marktstrukturinnovationen** durch die Erschließung neuer Absatz- und Beschaffungsmärkte oder die Erschließung neuer Netzwerke in bereits etablierten Märkten. Für das Architekturbüro von C wird es sich als erfolgskritisch erweisen, wie schnell es Wissen über die Gebräuche in einem ihm bislang unbekannten Markt durch die Schulung eigener Mitarbeiter oder durch die Einstellung von »locals« beschaffen und verbreiten kann.
- **Rechtlich-organisatorische Innovationen** wie z. B. das unter Einbindung von zwei Konkurrenten geschmiedete Bieterkonsortium, an dem sich das Unternehmen von D beteiligen will. Einer der Erfolgstreiber dürfte juristisches Wissen über die adäquate Regelung von Rechten und Pflichten in diesem temporären Zusammenschluss ansonsten konkurrierender Partner sein.

Aufgaben des Managements

Ressourcen können ihre Wirkung für Märkte aber nur dann entfalten, wenn sie zielgerichtet aktiviert werden. Aufgabe der Unternehmensleitung ist es daher, durch **Findigkeit** (Kirzner 1978) und Können Produktionsfaktoren mit unternehmenseigenen Merkmalen zu versehen bzw. sie durch die eigenen Mitarbeiter oder externe Spezialisten versehen zu lassen, um damit Erwerb oder Nachahmung durch Konkurrenten zu erschweren. Das erforderliche Wissen verbunden mit der Fähigkeit des Managements, diese Aufgabe zu erfüllen, wird als **Kompetenz** bezeichnet (Prahalad/Hamel 1990).

Kompetenzen

In dieser Perspektive stellen Ressourcen lediglich potenzielle Wettbewerbsvorteile dar, die erst einer sinnvollen Nutzung zugeführt werden müssen. Die Kombination, das sinnvolle Verknüpfen der wichtigsten Ressourcen einer Unternehmung – nämlich vor allem der Mitarbeiter mit ihrem spezifischen Wissen – ermöglicht es dann, das vorhandene Wirkungspotenzial der Ressourcen vollständig auszuschöpfen. Kompetenzen bezeichnen somit die »wiederholbare, nicht auf Zufälligkeiten basierende Möglichkeit zum kollektiven Handeln in einer Unternehmung, welches darauf beruht, verfügbare Inputgüter in auf Marktanforderungen ausgerichteten Prozessen so zu kombinieren, dass dadurch ein Sich-bewähren-können gegenüber der Marktgegenseite gewährleistet wird.« (Freiling 2001, S. 27)

Kompetenzen tragen auch dazu bei, Ressourcen gegenüber der Nutzung durch Konkurrenten zu isolieren; dies kann etwa geschehen durch die Herbeiführung von Immobilität oder Vernetzung. Beispiele hierfür sind einerseits die Schaffung von Anreizen für den Verbleib von Mitarbeitern in der Unternehmung, so durch höhere Gehaltszahlungen oder bessere Wohnmöglichkeiten in deren Nähe und andererseits durch die Reorganisation des Betriebsablaufes, sodass ein Mitarbeiter nur in einem bestimmten Team seine volle Leistungsfähigkeit entfalten kann, seine alleinige Abwerbung der Konkurrenz demnach wenig nutzen würde. Insbesondere bietet sich aber die Förderung sogenannten impliziten bzw. »taziten« Wissens an. Hierunter versteht man Wissenselemente, die den Mitarbeitern nicht in vollem Umfang bewusst sind bzw. von ihnen nicht vollständig formuliert und damit transferiert werden können:

»Sustainable competitive advantage therefore rests on a comparative advantage in handling tacit information of uncertain quality which is difficult to patent.« (Casson 1996, S. 61 und grundlegend ders., 1982)

Operative Umsetzung des Geschäftsmodells: Wertschaffungs-architektur

Die (insbesondere Wissens-)Vorsprünge der Unternehmung dürfen nicht zum internen Selbstzweck ohne Wettbewerbsbedeutung degenerieren, sich nicht in einer l'art-pour-l'art erschöpfen. Vielmehr müssen die Unterschiede gegenüber Rivalen in marktfähigen Produkten oder Leistungen erkennbar sein, sich hierin widerspiegeln. Transparent werden Neuerungen aber auch in der Geschwindigkeit der Geschäftsabwicklung, dem Markt auf dem sie verfügbar sind oder auch der Struktur des Leitungs- und Kontrollgremiums der Unternehmung, das die Neuerung durchsetzt. Das Nutzenversprechen gegenüber den Kunden muss daher in Form der **Wertschaffungsarchitektur** operativ umgesetzt werden. Dafür sind die Kernaktivitäten der Unternehmung im Sinne von Schlüsselfaktoren/Triebkräften des Erfolgs entlang der zuvor definierten Wertschaffungsidee auszugestalten – vor allem die Märkte, auf denen die Unternehmung tätig ist, die Produkte und Leistungen, die sie vertreibt, die Akteure, die Markthandlungen vollbringen sowie die Beschaffungs- und Absatzwege. Dazu muss die Unternehmung eine adäquate Aufbau- und Ablauforganisation erhalten.

- Während A sich – um nur die Personalpolitik als eine Facette der Wertschaffungsarchitektur herauszugreifen – beispielsweise fragen muss, wieviel und welches Personal er bei wachsenden Anfragen zur Sortierung der angekauften Lego-Mischungen einsetzen kann,
- stellt sich für B die Frage, ob und wieviel Personal er bei zunehmender Nutzung des Videochats noch in den Filialen vorhalten muss.
- C wird sich Gedanken über die Gewinnung chinesischer Mitarbeiter und die Ausgestaltung der Zusammenarbeit mit der deutschen Stammbelegschaft machen müssen.
- Und in der Unternehmung von D wird man Mechanismen überlegen, die die Abwerbung von Leistungsträgern durch die anderen Konsorten verhindern.

»Finance has to fit the business«: Wie anhand der vier exemplarisch ausgewählten Unternehmen skizziert, unterscheiden sich die Geschäftsmodelle von Kapitalnachfragern fundamental. Die nach sorgfältiger Prüfung von den Kapitalgebern für die Unternehmung insgesamt oder einzelne Investitionen bereitgestellte Finanzierung muss hierauf abgestimmt sein, weil sie ansonsten Wert vernichten statt schaffen kann. Doch welche Verfahren eignen sich zur Messung der Wertschaffung in einer Unternehmung und dabei auch des Wertbeitrags der Finanzierung?

1.2 »Finance as a value driver«

Zielsetzung: Shareholder Value

Bei der Ableitung des Oberziels einer Unternehmung liegt es nahe, bei deren Eigentümern (Shareholder) anzusetzen, also der Mehrung des Anteilseignervermögens Priorität zu geben (zum Folgenden Paul/Stein 2015). Tatsächlich hat sich dieses **»Shareholder-Value«-Denken** in den letzten zwanzig Jahren immer stärker durchgesetzt (Rappaport 1998) Es entstammt den USA und Großbritannien, Ländern mit großen Kapitalmärkten, einer hohen Zahl von Publikums-Aktiengesellschaften und breitem, durch Aktien verbrieftem Anteilsbesitz. In Deutschland dominieren dagegen noch immer Kreditinstitute, die die Finanzierung der zumeist mittelständischen Unternehmen (seltener in der Rechtsform der AG, vgl. Modul 9) vornehmen, und die Quote der Aktionäre liegt unter 10 % der Bevölkerung. Auch daher wurde der Shareholder-Value-Ansatz hierzulande zunächst kritisch aufgenommen, da er – so der Vorwurf – die Interessen anderer mit der Unternehmung verbundener Gruppen vernachlässige. Zu diesen **»Stakeholdern«**, für die etwas »auf dem Spiel« steht, gehören neben den Anteilseignern

- die Arbeitnehmer, deren Interessen sich auf Qualität und Sicherheit ihrer Arbeitsplätze richten,
- das angestellte Management als Spezialgruppe der Mitarbeiter, das neben dem Vergütungsaspekt zumeist auch durch unternehmerische Gestaltungsmöglichkeiten getrieben wird,
- die Fremdkapitalgeber, die im Gegensatz zu den Eigentümern kein Kapital mit unbegrenzter Dauer zur Verfügung gestellt haben und daher die Rückzahlung am Ende der Laufzeit (sowie zumeist regelmäßige Zinszahlungen) erwarten,
- die Kunden mit ihrem Wunsch nach dauerhaft in bestimmter Qualität zur Verfügung stehenden Produkten und Dienstleistungen,
- die Lieferanten, die auf Bezahlung der gestellten Rechnungen drängen,
- der Staat mit seinem fiskalischen Interesse,
- die Öffentlichkeit, die eine aktive Rolle von Unternehmen und ihren Mitarbeitern z. B. bei der Standortentwicklung oder auch im Rahmen des Sponsorings für soziale, kulturelle usw. Zwecke erwartet.

Shareholder Value und die Stakeholder der Unternehmung

Eine – richtig verstandene – Shareholder-Value-Politik ignoriert diese Interessen indes nicht, sondern berücksichtigt sie implizit. Denn die genannten Ansprüche der verschiedenen Stakeholder gehen denen der Anteilseigner voraus, die einen sogenannten »Residualanspruch« besitzen: Sie erhalten am Ende eines Geschäftsjahres nur den nach Befriedigung der übrigen Anspruchsgruppen noch zur Verfügung stehenden Teil des erzielten Erfolges, den sie sich ausschütten lassen oder den Wert der Unternehmung erhöhend dort belassen können. Und auch bei einer zwangsweisen Auflösung der Gesellschaft im Rahmen eines Konkursverfahrens rangieren sie an letzter Stelle der »Tabelle« = Rangfolge der Anspruchsberechtigten.

Streben die Anteilseigner (selbst oder durch die von ihnen beauftragten Manager) eine Maximierung ihrer Wohlstands-Position an, so könnten sie versucht sein, die ihnen vorausgehenden Ansprüche so stark wie möglich zu reduzieren, etwa durch Streichung von freiwilligen Zulagen für die Arbeitnehmer, Investitionen in den Kundenservice, Erweiterungen des Berichtswesens als Basis ihrer Finanzkommunikation oder Spenden in der Kommune ihres Hauptsitzes. Kurzfristig mag sich auf diese Weise der ihnen zustehende Erfolgsbeitrag zwar erhöhen lassen, mittel- bis langfristig wird die Unternehmung jedoch die besonders leistungsstarken Mitarbeiter und attraktiven Kunden verlieren, Probleme mit der Kreditverfügbarkeit bekommen sowie in einem für die Unternehmung ungünstigen öffentlichen »Klima« operieren müssen. Es existieren daher zwar Beispiele dafür, dass Vorstände (speziell im Zuge anstehender Verhandlungen über die Verlängerung ihrer Dienstverträge) eine solche Politik verfolgen. Richtig verstanden wird der Shareholder-Value-Gedanke aber nur aus einer **langfristigen Perspektive**, die die Unternehmung als Einkommensquelle über Generationen hinweg erhalten will. Besonders prägnant kommt diese Going-Concern-Maxime bei Familiengesellschaften zum Ausdruck, doch auch der Vorstand einer Publikums-AG ist zu einer solchen **nachhaltigen** Handlungsweise im Interesse der Aktionäre verpflichtet. Denn langfristig lässt sich Shareholder Value nur schaffen, wenn nicht dauerhaft gegen die Interessen der übrigen Stakeholder verstoßen wird.

Rendite und Risiko als Entscheidungskriterien

Die Wertschaffung eines Unternehmens als Entscheidungskriterium möglicher Kapitalgeber basiert auf den Arbeiten von Alfred Rappaport, Thomas E. Copeland und der Unternehmensberatung Stern Stewart & Co. (hierzu im Folgenden Paul/Horsch/Stein 2005, S. 13-24, weitergeführt in Horsch/Kaltofen 2011). Der dabei branchen-, größen- und rechtsformunabhängig sowie losgelöst von der Eigentümerstruktur verfolgte Grundgedanke lautet: Die Wertschaffung basiert auf einem Zahlungsstrom (Cashflow, CF), der durch eine Chance/Risiko-Position gekennzeichnet ist, d. h. er kann durch die mit ihm verbundene Rendite einerseits und das mit ihm einhergehende Risiko andererseits charakterisiert werden. Die Rendite stellt im Sinne einer Entschädigungszahlung die Prämie für das eingegangene Risiko dar. Dieser Grundzusammenhang gilt für eine einzelne Investition und den sich aus ihr ergebenden Zahlungsstrom (z. B. eines einzelnen Wertpapiers) ebenso wie für Investitionsbündel in Form von Wertpapierportfolios oder sogar ganzen Unternehmen – sei es ein kleiner Familienbetrieb oder eine börsennotierte Aktiengesellschaft. Stets wird ein möglicher Investor vor seiner Anlageentscheidung fragen, ob er für das von ihm eingegangene – bei einem Unternehmen mit dem Geschäftsmodell verbundene – Risiko die adäquate Rendite erhält (vgl. Koller/Goedhart/Wessels 2015).

Kapitalkosten = Ansprüche der Kapitalgeber

In diesem Sinne haben die Eigen- und Fremdkapitalgeber eines Unternehmens Anspruch auf eine ausreichende Verzinsung des von ihnen eingesetzten Kapitals. Diese (Angemessenheit) bemisst sich nach den vom Risiko her gleichwertigen alternativen Anlage- bzw. Refinanzierungsmöglichkeiten der Eigentümer bzw. Gläubiger am Kapitalmarkt (Opportunitätsgedanke). Die Renditeforderung beider Kapitalgebergruppen resultiert folglich aus dem risikolosen Zins (z. B. für deutsche Staatsanleihen) sowie einem Aufschlag für das mit der jeweiligen Investition eingegangene, individuelle Risiko in Form der dafür am Finanzmarkt bezahlten/geforderten Prämie. Diese **Renditeforderungen der Kapitalgeber** stellen spiegelbildlich die **Kapitalkosten des Unternehmens** dar. Wert kann ein Unternehmen daher nur dann schaffen, wenn es eine Rendite erzielt, die über diesen Kapitalkosten liegt. Diese Renditeforderungen müssen langfristig mindestens erfüllt werden, da ein Unternehmen nur dann dauerhaft ein attraktives Investment für seine Kapitalgeber darstellt. Gelingt dies dagegen auf Dauer nicht, werden sich die Kapitalgeber zurückziehen und ihre Finanzmittel in andere Alternativen investieren.

Insofern verschiebt sich mit dem Prinzip der Wertorientierung (hier nur bezogen auf die Eigentümer als angenommen einzige Kapitalgeber) die Messlatte für den Unternehmenserfolg – und zwar nach oben:

Abb. 1.2

Traditionelle versus »wertorientierte« Erfolgsmessung

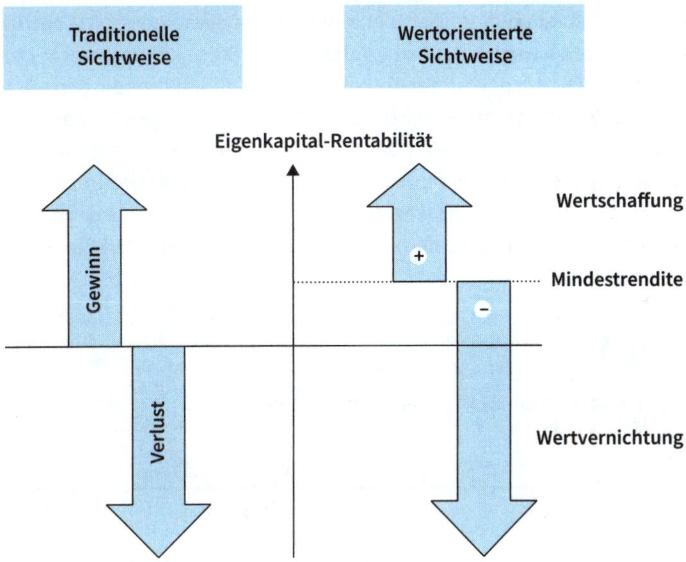

Quelle: Horsch/Kaltofen 2011, S. 16 nach Bühner/Weinberger 1991, S. 189

In der folgenden Abbildung 1.3 sei angenommen, die Geschäftsführung der X AG, eines erst seit wenigen Jahren existierenden, aber schon rasant gewachsenen Biotech-Unternehmens, habe das Anlage- und Umlaufvermögen in Höhe von 100 Mio. € im Verhältnis 60/40 durch das Eigenkapital der Gründer einerseits, Bankkredite andererseits finanziert. Die Eigentümer schätzen ihr unternehmerisches Risiko aufgrund der branchentypischen Unsicherheit, ob am Ende langer Forschungszyklen marktfähige Produkte stehen, als hoch ein. Dies schlägt sich in ihrer Forderung nach 12 % p. a. Rendite auf das von ihnen eingesetzte Kapital nieder. Die Eigenkapitalrendite setzt eine Erfolgsgröße wie den Jahresüberschuss (JÜ) zum Eigenkapital (EK) in Beziehung:

$$r_{EK} = \frac{JÜ}{EK}$$

Die Rendite- (hier gleich Zins-)Forderung der Hausbank (r_{FK}) fällt dagegen mit 5 % deutlich niedriger aus. Der zuständige Firmenkundenbetreuer hat die X AG in den letzten Jahren als Schuldner erlebt, der Zins- und Tilgungszahlungen stets pünktlich geleistet hat. Zudem verweist er auf die hohe Eigenkapitalquote, also die Möglichkeit, etwaige Verluste aufzufangen, bevor die Kreditrückzahlung gefährdet wäre.

Gewichtete Kapitalkosten als Mindestrendite der Kapitalgeber

Die zur Erhaltung des Unternehmenswerts notwendige Mindestrendite leitet sich dann aus den gewichteten Kapitalkosten ab, die sich hier aus einer Multiplikation der Renditeforderungen der beiden Kapitalgebergruppen mit den in der Bilanz abgebildeten Anspruchsgrundlagen ergeben. Im (stark vereinfachenden und die Besteuerung ausblendenden) Beispiel betragen die gewichteten **Gesamtkapitalkosten (Weighted Average Cost of Capital)** 9,2 %. Diese können nun in der internen Steuerung als **»Hürde«** zur Beurteilung der Vorteilhaftigkeit einzelner Investitionen oder des Wertbeitrags einzelner Geschäftsbereiche eingesetzt werden, indem die tatsächlich erzielten Renditen der Mindestrendite gegenübergestellt werden. Positive Differenzen zeigen eine Übererfüllung der Renditeforderungen der Kapitalgeber an, die – weil die Ansprüche der Fremdkapitalgeber auf Zins- und Tilgungszahlungen beschränkt und insofern erfolgsunabhängig sind – den Eigenkapitalgebern zugutekommen.

Abb. 1.3

Mindestrendite = Kapitalkosten der Unternehmung

Bilanz der X AG

Anlagevermögen	70	Eigenkapital	60
Umlaufvermögen	30	Fremdkapital	40
SUMME	100	SUMME	100

- **Renditeforderungen der** Eigenkapitalgeber (r_{EK}) = 12 %
  Fremdkapitalgeber (r_{FK}) = 5 %

- **Mindestrendite**
  = Gewichtete Gesamtkapitalkosten
  = Weighted Average Cost of Capital
  = WACC

$$= r_{EK} \cdot \frac{EK}{EK + FK} + r_{FK} \cdot \frac{FK}{EK + FK}$$
$$= 7{,}2\,\% + 2\,\%$$
$$= 9{,}2\,\%$$

Economic Value Added als Wertmaß

Um statt der Mindestrendite als relatives Erfolgsmaß den **absoluten Betrag der Wertschaffung** am Ende einer Periode zu bestimmen, bieten sich **Residualgewinnkonzepte** wie etwa der **Economic Value Added (EVA)** an. Dieser wurde von der Beratungsgesellschaft Stern Stewart & Co. entwickelt und ist heute in unterschiedlichen Varianten bei zahlreichen deutschen Konzernen unter dann zumeist firmenspezifischen Bezeichnungen im Einsatz (vgl. im Folgenden Kajüter 2011). Residualgewinnkonzepte stellen eine in bestimmter Weise abgegrenzte Erfolgsgröße den Kosten des durch die Unternehmensinvestitionen gebundenen Kapitals gegenüber. Ein positiver (negativer) EVA zeigt an, dass in der Periode Wert geschaffen (vernichtet) wurde. Der EVA fußt auf Jahresabschlussdaten, die jedoch in der Praxis angepasst werden.

In Fortführung des eben gewählten Beispiels sei angenommen, der nachhaltige, um Sondereinflüsse bereinigte Nachsteuergewinn der X AG habe im letzten Geschäftsjahr bei 10 Mio. € gelegen. Abzüglich der errechneten Mindestrendite in Form der Kapitalkosten, bezogen auf das im eingesetzten Vermögen gebundene Kapital von 100 Mio. € ergibt sich eine periodische Werterhöhung von 0,8 Mio. €. Ob sich diese kalkulatorische Wertsteigerung auch darin niederschlägt, dass die Kurse der Aktien von X steigen oder ein Übernahmeangebot erhöht wird – insoweit also der Marktwert der X AG tatsächlich zunimmt – hängt von zahlreichen Faktoren außerhalb der Einflusssphäre der Unternehmung ab. So könnten die Börsenkurse in Deutschland gerade aufgrund eines Einbruchs auf dem chinesischen Markt unter Druck sein oder die Zukunftsaussichten der Branche, in der sich die X AG bewegt, aufgrund neuer staatlicher Auflagen, die der Genforschung enge Grenzen setzen, kritisch eingestuft werden.

Abb. 1.4

Absoluter Wertschaffungsbeitrag

Absoluter Wertschaffungsbeitrag

↓

Residualgewinn	=	Gewinn	–	(Verzinsliches Vermögen	·	Kapitalkosten)
Economic Value Added	=	Net Operating Profit After Tax	–	(Capital Invested/Employed	·	Weighted Average Cost of Capital)
EVA	=	NOPAT	–	(CAPITAL	·	WACC)
	=	10 Mio. €	–	(100 Mio. €	·	9,2 %)
	=	0,8 Mio. €				

Wertorientierte Unternehmensführung

Die Vorgabe von Mindestrenditen ist ein zentrales Element im nun kurz zu umreißenden **Prozess der wertorientierten Unternehmensführung**, der in Abbildung 1.5 dargestellt ist. Dabei werden sechs Phasen unterschieden, um zu einer nachhaltigen Steigerung des Unternehmenswerts zu kommen (vgl. unterschiedliche Fassungen bei Coenenberg/Salfeld/Schultze 2015, Weber et al. 2014, Welge/Al-Laham 2012).

Wertorientierte Ziele (mit Nebenbedingungen) setzen

Die oben dargestellte Berechnung der Kapitalkosten dient der Ableitung des Mindestrenditeanspruchs der Unternehmung, der dann auf ihre verschiedenen Geschäftsbereiche bis hin zu einzelnen Investitionsvorhaben heruntergebrochen werden muss. Bei der Formulierung der Erfolgsziele ist jedoch zu beachten, dass die **jederzeitige Zahlungsfähigkeit** der Gesellschaft gegeben sein muss, diese also zu

Abb. 1.5

Prozess der wertorientierten Unternehmensführung

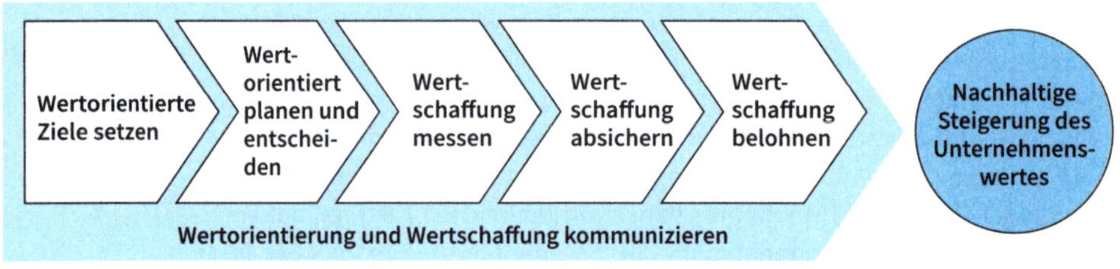

Quelle: in Anlehnung an Coenenberg/Günther 2011, S. 37

jedem Zeitpunkt in der Lage sein muss, ihren Zahlungsverpflichtungen nachzukommen (zum Folgenden Horsch/Paul/Rudolph 2011). Formal lässt sich diese Bedingung in Form der sogenannten **Liquiditäts(un)gleichung** fassen:

Anfangsbestand Zahlungsmittel + Einzahlungen – Auszahlungen ≥ 0

Spannungsfeld: Rentabilität und Liquidität

Das Halten von Liquidität in Form von »Vorratskasse« kann jedoch kein Selbstzweck sein. Vor dem Hintergrund des Wertsteigerungs- als Oberziel der Unternehmung kann die Einhaltung der Liquiditätsgleichung nur eine dieser Wertsteigerung untergeordnete – dennoch zwingend einzuhaltende! – **Nebenbedingung** sein. Aufgabe ist es also, so viel Gewinn auf das eingesetzte Kapital – also Rentabilität – wie möglich zu erzielen und dabei nur so viel Liquidität wie nötig vorzuhalten, da sie ertraglos ist. Wenngleich Liquidität damit keinen originären Wertbeitrag für das Unternehmen im engeren Sinne wertorientierter Steuerungskonzepte liefert, ist es gleichwohl durchaus sinn- und damit im weiteren Sinne auch wertvoll, sie vorzuhalten, da auch hiervon die Existenz der Unternehmung abhängt – das zeigte ab 2008 wieder die Finanzmarkt- und nachfolgende Wirtschaftskrise: Unternehmen mussten hier plötzliche Einbrüche der Umsatzzahlungen von 50 % und mehr hinnehmen, wodurch wiederum die Finanzmittelbeschaffung über Banken sehr erschwert wurde.

Insofern besteht das **finanzwirtschaftliche Grundproblem** darin, für das Unternehmen eine **akzeptable Position zwischen Rentabilitätserzielung und Liquiditätsvorsorge** zu finden (vgl. Abb. 1.6, bei konstant gehaltenem Eigenkapital bedeutet jede Gewinn- zugleich eine Rentabilitätsveränderung). Unbedingt zu vermeiden sind Positionen links der Ordinate, in denen finanzielle Verpflichtungen nicht mehr erfüllt werden können. Um diese Situation angesichts der Unsicherheit der Zukunft gar nicht erst eintreten zu lassen, sollte ein Puffer in Form der Liquiditätssicherheitszone beachtet werden. Darüber hinaus wäre es aber übertrieben, eine Liquiditätsvorsorge wie im Punkt A zu treffen. Dann nämlich würde ein so großer Teil des Vermögens in Form »ertragloser« Kassenbestände gehalten, dass gerade einmal der

Abb. 1.6

Zielkonflikt zwischen Rentabilität und Liquidität

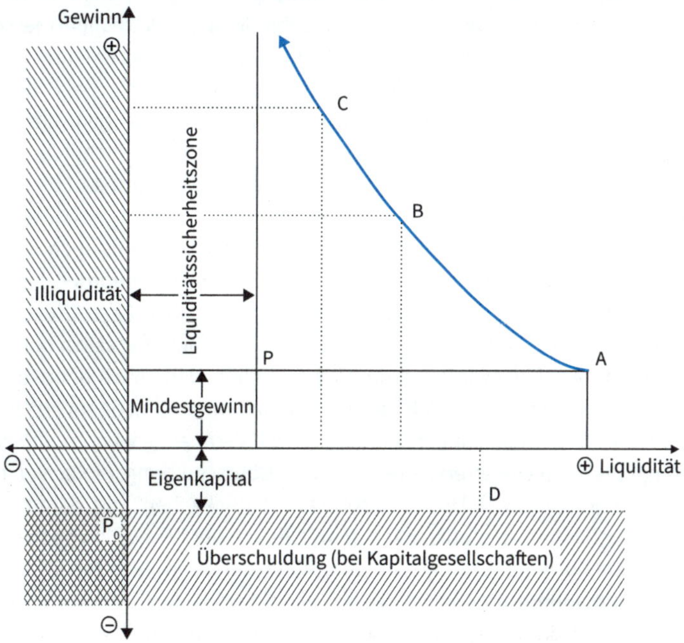

A = sehr hohe Liquidität bei erreichtem Mindestgewinn
B = mittlere Liquidität, mittleres Gewinnniveau
C = knappe, aber noch ausreichende Liquidität bei hohem Gewinn
D = ausreichende Liquidität vorhanden, aber Verlust, der zur Aufzehrung des Eigenkapitals und langfristig zur Überschuldung führt

Quelle: Horsch/Paul/Rudolph 2011, S. 387

zur Aufrechterhaltung des Unternehmens erforderliche Mindestgewinn erzielt werden kann. Insofern wären Positionen wie in den Punkten B und C zu bevorzugen, wobei ein Optimum stets nur unternehmensspezifisch bestimmbar ist.

Eigenkapital und Überschuldung

Ebenso zu vermeiden ist eine Position unterhalb von D. Dann wäre nicht nur kein (Mindest-)Gewinn erzielt worden, der für eine Ausschüttung an die Eigentümer oder aber eine Einbehaltung und Verwendung im Unternehmen zur Verfügung stünde, sondern es wäre sogar ein Verlust zu verzeichnen, der das gesamte Eigenkapital aufzehrt. In der Insolvenzordnung (InsO) aber werden drei Auslöser für ein Insolvenzverfahren genannt, in dem über das Überleben oder den Tod des Unternehmens entschieden wird: Neben der eingangs beschriebenen **Zahlungsunfähigkeit** (§ 17 InsO) und auch schon der drohenden Zahlungsunfähigkeit (§ 18 InsO) ist dies bei juristischen Personen wie Kapitalgesellschaften die **Überschuldung** (§ 19 InsO). Sie liegt dann vor, wenn das Vermögen des Schuldners die bestehenden Verbindlichkeiten nicht mehr deckt. In der Bilanz eines Unternehmens ist dessen Anlage- und Umlaufvermögen auf der linken Seite zusammengestellt, die rechte Seite umfasst die Ansprüche der Eigen- und Fremdkapitalgeber an diese Vermögensmasse (vgl. zuvor Abb. 1.3). Da die Eigenkapitalgeber als Hauptträger des Unternehmensrisikos mit ihren Ansprüchen zunächst zurückstehen, muss das Vermögen bei Fortführung des Unternehmens oder aber Verwertung des Vermögens ausreichen, alle anderen Ansprüche zu befriedigen; ansonsten ist der Tatbestand der Überschuldung erfüllt. Der Verlust, der gegen das bilanzielle Eigenkapital gebucht wird, darf dieses nicht übersteigen.

Im Zuge der (Bewältigung der) Finanzmarktkrise ist allerdings auch dieses die rechnerische Überschuldung betonende Verständnis relativiert worden: Laut § 5 Finanzmarktstabilisierungsgesetz (FMStG) muss eine negative **Fortführungsprognose** hinzukommen. Umgekehrt formuliert liegt Überschuldung selbst bei rechnerisch aufgezehrtem Eigenkapital dann noch nicht vor, wenn nach überwiegender Wahrscheinlichkeit die Finanzkraft des Unternehmens mittelfristig zur Fortführung ausreicht. Mit dieser Regelung sollen Insolvenzen vermieden werden, die auf krisenbedingt plötzlich eingetretene rechnerische Überschuldung infolge von massiven Abschreibungen oder Umsatzeinbrüchen zurückgehen, mit deren ebenso schnellem Ausbleiben aber auch nach dem Abflauen der Krise zu rechnen ist.

Zahlungsunfähigkeit und Überschuldung können Hand in Hand gehen, aber auch getrennt voneinander auftreten. So ist es möglich, dass die Kasse des Unternehmens noch ausreichend dotiert ist, dies jedoch nur durch die Aufnahme von unverhältnismäßig hohen Beträgen Fremdkapitals gelang, dessen Rückzahlung in späteren Perioden angesichts der zu erwartenden Einnahmen kaum möglich erscheint. Umgekehrt mag ein Unternehmen, das eine Reihe von Großaufträgen mit hoher Marge fertiggestellt hat (und insofern renditestark ist), angesichts zahlungssäumiger Abnehmer in eine Liquiditätskrise rutschen. Analog gerieten 2008 selbst große Kreditinstitute, losgelöst von ihrer Rentabilität, zunächst in Liquiditätsnöte, als sich am Interbankenmarkt ein flächenbrandartiger Vertrauensverlust entwickelte.

Ein **erster Wertbeitrag der Finanzierung** – von der Praxis prägnant als **»Finance as a value driver«** gefasst – liegt also in der »richtigen« Dimensionierung der Liquidität der Unternehmung. Als Rechenwerk steht dafür der Finanzplan zur Verfügung, der im Modul 2 dargestellt wird.

Wertorientiert planen und entscheiden

Um die an der nachhaltigen Steigerung des Unternehmenswerts ausgerichteten Ziele zu erreichen, muss auf der **strategischen** Ebene vor allem das Portfolio der Geschäftsbereiche vor dem Hintergrund der Renditeforderungen der Kapitalgeber kritisch analysiert werden, um die Grundausrichtung der Unternehmung abzustecken (vgl. ebenfalls vertiefend Modul 2). **Operativ** ist theoretisch jede Einzelmaßnahme in den unterschiedlichen Funktionalbereichen in Bezug auf ihre Konsequenzen für das Wertsteigerungsziel zu analysieren. Diesem Zweck dienen Werttreiberbäume, bei denen eine Spitzenkennzahl in ihre einzelnen Einflussgrößen (**Werttreiber**) zerlegt wird. Die auf diese Weise entstehenden Bäume stellen ein hierarchisches System von miteinander verknüpften Determinanten der jeweiligen

Spitzenkennzahl dar. So werden die Auswirkungen bei Veränderung eines Werttreibers auf die Spitzenkennzahl transparent. Im Idealfall kann bei jeder (bedeutsamen) Entscheidung geprüft werden, inwiefern diese zur Wertschaffung beiträgt. Abbildung 1.7 zeigt anhand der Spitzenkennzahl EVA die Aufspaltung in einen Werttreiberbaum sowie exemplarisch einige beeinflussende Handlungsfelder des Managements.

Abb. 1.7

Werttreiberbaum und Handlungsfelder des Managementsv

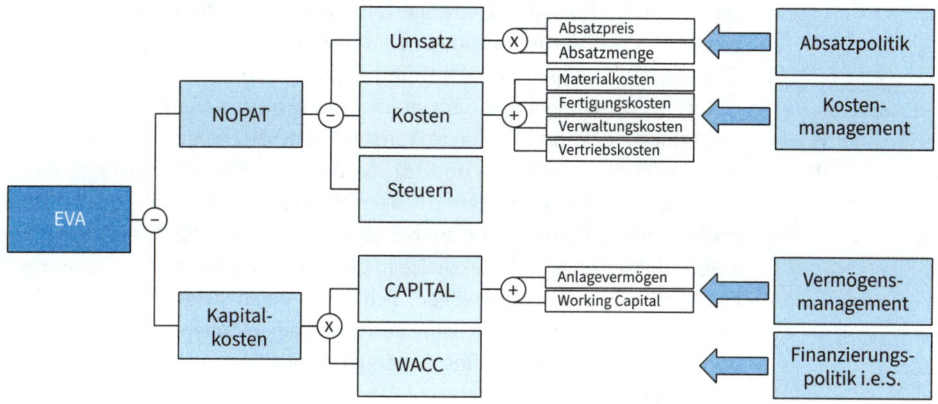

Quelle: Kajüter 2011, S. 454

So muss etwa bei einem Automobilhersteller untersucht werden, inwieweit die vom Absatzbereich geplanten Preismaßnahmen (»Sommerrabatt«) auf die Absatzmenge, daher auf den Umsatz, nachfolgend auf das operative Ergebnis NOPAT und im Endeffekt EVA wirken. Vorteilhafte Konsequenzen für NOPAT können beispielsweise auch eine kostengünstigere Beschaffung nach Wechsel eines Lieferanten, ein neues energiesparendes Fertigungsverfahren oder Personalreduktionen im administrativen Bereich der Unternehmung haben. Werden die Lagerbestände an Roh-, Hilfs- und Betriebsstoffen reduziert, sinkt die Kapitalbindung im Umlaufvermögen, und EVA wird durch den Faktor CAPITAL positiv beeinflusst. Ein zweiter Einfluss auf die Kapitalkosten geht von den WACC aus. Diese sind rückläufig, wenn sich die Renditeforderungen der Kapitalgeber reduzieren, etwa durch eine am Markt erfolgreich aufgenommene neue Baureihe der Unternehmung, oder eine Veränderung der Kapitalstruktur, indem relativ teureres Eigen- durch Fremdkapital ersetzt wird, also auf der Kapitalbeschaffungsseite Kosteneinsparungen erzielt werden (vgl. die Module 9 ff.). **»Finance as a value driver«** – auch an dieser Stelle wird der direkte Einfluss der Finanzierung auf die Wertschaffung der Unternehmung deutlich.

Wertschaffung messen und bewerten

Bei jeder einzelnen Investition ist vor der Durchführung ihre Vorteilhaftigkeit zu prüfen, indem die für sie absehbaren Ein- und Auszahlungen gegenübergestellt werden. Während ihrer Laufzeit, spätestens aber an deren Ende muss nachgehalten werden, inwiefern und warum es zu Abweichungen von der Planung kam. Die hierfür geeigneten investitionsrechnerischen Verfahren werden ausführlich in den Modulen 3 ff. dargestellt.

Ein Abgleich von Plan- und Ist-Rechnung mit Blick auf die Wertschaffung ist aber ebenso auf der Ebene der Geschäftsfelder und auf höherem Aggregationsniveau auch der Unternehmung insgesamt notwendig. Unterjährig kann möglicherweise eine drohende negative Abweichung vom Wertziel noch korrigiert werden. Am Periodenende können die im Rahmen des Plan-/Ist-Abgleichs gesammelten Erfahrungen Impulse für die künftige Ausgestaltung der Investitionspolitik geben. Und die tatsächlich realisierten (positiven oder negativen) Wertbeiträge müssen die Basis für das Entlohnungssystem der Unternehmung sein.

Wertschaffung absichern

Das Risikomanagement der Unternehmung muss darauf ausgerichtet sein, das zu Beginn einer Periode gesetzte Wertsteigerungsziel möglichst exakt zu realisieren (vgl. ausführlich Module 14 und 15). Zu diesem Zweck wird versucht, die mit Ein- und Auszahlungen verbundenen Risiken ab einer gewissen Höhe durch Sicherungsmaßnahmen auszuschalten, sobald sie absehbar sind. Kauft der zuvor erwähnte Automobilhersteller beispielsweise in China Teile zu, die er in der Landeswährung bezahlen muss, wird er abwägen, sich gegen einen steigenden Renminbi abzusichern, um zu verhindern, für seine Bestellung einen höheren Eurobetrag benötigen und c.p. weniger Wert schaffen zu können. Eine Währungssicherung ist auch erforderlich, wenn aus dem Absatz von Fahrzeugen in China eingeplante Einzahlungen durch einen schwächer werdenden Renminbi gefährdet sind.

Wertschaffung belohnen

Der Alleineigentümer einer Unternehmung, der auch ohne weitere Personen ihre Geschäftsführung ausübt – so im Eingangsbeispiel der A – muss (kann) positive (negative) Residualgewinne nicht teilen, »spürt« sie also direkt und wird von daher »aus sich heraus« das Ziel der Wertschaffung verfolgen. Vielfach bestellen Eigentümer einer Gesellschaft aber andere als Manager, um die Geschäfte in ihrem Sinne zu führen – so bei der Aktiengesellschaft der im Auftrag der Aktionäre tätig werdende Vorstand. Da insoweit Eigentum und Verfügungsgewalt auseinanderfallen, tauchen drei Probleme auf (ausführlich Module 9 und 18):

- **Informationsasymmetrie**: Da er das tagtägliche Geschäft betreibt, ist der **Beauftragte (Agent)** in der Regel besser über die Entscheidungen informiert als der **Auftraggeber (Prinzipal)**.
- **Interessendivergenzen**: Der Beauftragte hat mitunter eigene, von denen des Auftraggebers abweichende Ziele (Machtzuwachs, Ausstattung seines Arbeitsbereichs mit Ressourcen etc.).
- **Opportunistisches Verhalten**: Das Zusammentreffen der ersten beiden Punkte kann dazu führen, dass der Beauftragte die Entscheidungsdelegation zu seinen Gunsten ausnutzt, seine eigenen Ziele verfolgt und dies vom Auftraggeber sogar möglichweise unerkannt bleibt.

Eine vollständige Überwachung der Handlungen des Beauftragten durch den Auftraggeber ist aufgrund von Know-how-Unterschieden, Zeitmangel usw. häufig entweder gar nicht möglich oder mit prohibitiv hohen Kosten verbunden. Zur Überwindung der Principal-Agent-Probleme installieren Unternehmen daher **Anreizsysteme**, mit denen der Beauftragte motiviert werden soll, im Interesse des Auftraggebers zu handeln. Dabei spielen zum einen immaterielle, finanziell nur schwer fassbare Belohnungen eine Rolle, wie z. B. die Einräumung von Arbeitsplatzsicherheit, Karrierechancen usw. Zum anderen wird auf materielle Anreize im Rahmen der Entlohnung gesetzt. Vor allem **variable Bestandteile der Vergütung** sollen dazu beitragen, dass sich die Mitarbeiter an den Zielen der Eigentümer orientieren.

Um dementsprechend Anreize zur Verfolgung des Ziels der Wertschaffung zu geben, können über das Fixum hinausgehende Bonuszahlungen vereinbart werden, die an das Erreichen bestimmter Mindestrenditen oder Residualgewinne (möglicherweise über mehrere Jahre hinweg) anknüpfen. Manche Unternehmen räumen ihren Führungskräften auch leistungsabhängig Aktien oder Aktienoptionen ein. Mit Aktien ist die Wohlstands-Position der Begünstigten direkt an den Marktwert der Unternehmung angekoppelt. Mit Aktienoptionen erhalten die Begünstigten das Recht, innerhalb eines bestimmten Zeitraums Aktien der Gesellschaft zu einem im Voraus festgelegten Preis zu erwerben. Steigt der Aktienkurs über diesen Preis, kann eine Zusatzentlohnung realisiert werden.

Wertorientierung und Wertschaffung kommunizieren

Im Rahmen des **Value Reporting** müssen sowohl die Grundorientierung der Unternehmensleitung am Ziel der Wertschaffung als auch die bereits realisierten Wertbeiträge sowie die darüber hinaus bestehenden Wertpotenziale glaubwürdig kommuniziert werden. Im Geschäftsbericht von Großunternehmen finden sich deshalb regelmäßig Formulierungen wie: »Im Mittelpunkt unserer Unternehmenspolitik steht die nachhaltige Steigerung des Unternehmenswertes.« (E.on SE, Geschäftsbericht 2014, S. 18) oder »Unsere Unternehmensstrategie ist auf profitables Wachstum ausgerichtet. Damit wollen wir den Wert des Unternehmens langfristig steigern.« (Bayer AG Geschäftsbericht 2014, S. 48). Durch die gezielte, auch über die gesetzliche Publizität hinausgehende Unterrichtung speziell der Eigen- und Fremdkapitalgeber wird ein Teil der oben angesprochenen **Informationsasymmetrie abgebaut**. Den Kapitalgebern wird die Möglichkeit gegeben, **realistische**, d. h. auf den tatsächlichen Chancen und Risiken der Unternehmung basierende **Renditeforderungen** zu formulieren. Der für die Kommunikation von Wertorientierung und -schaffung notwendige Aufwand kann dann durch den Vorteil nicht durch Vermutungen oder Gerüchte verzerrter Kapitalkosten aufgewogen werden (Modul 16).

Umfang, Tiefe, Formate und Medien des Value Reporting streuen stark in Abhängigkeit von Größe und Rechtsform der Unternehmen. Exemplarisch zeigt die folgende Abbildung 1.8 einen Ausschnitt aus dem Geschäftsbericht der thyssenkrupp AG für das Geschäftsjahr 2014/15. Als operatives wird hier ein Ergebnis vor Steuern und Zinsaufwand (Earnings before Interest and Taxes, EBIT) berichtet, von dem die durchschnittlichen Kapitalkosten (WACC), multipliziert mit dem gebundenen Kapital (Eigen- und verzinsliches Fremdkapital) abgezogen werden (Capital Employed).

Es ergibt sich die unternehmensspezifische Variante des EVA, der thyssenkrupp Value Added, der für die einzelnen Geschäftsbereiche (Business Areas) im Zeitvergleich dargestellt ist.

Abb. 1.8

Ausschnitt aus dem Value Reporting von thyssenkrupp

thyssenkrupp Value Added (tkVA) nach Business Areas[1)]

	2013/2014				2014/2015				
	EBIT (Mio €)	ø Capital Employed (Mio €)	WACC (%)	tkVA (Mio €)	EBIT (Mio €)	ø Capital Employed (Mio €)	WACC (%)	tkVA (Mio €)	Veränderung tkVA (Mio €)
Konzern[2)]	1.145	15.853	9,0	- 282	1.050	16.106	9,0	- 399	- 117
Davon:									
Components Technology	234	3.092	9,0	- 44	294	3.530	9,0	- 23	21
Elevator Technology	480	1.294	8,0	376	662	1.289	8,0	559	183
Industrial Solutions[3)]	422	- 2.126	8,5	603	425	- 1.554	8,5	557	- 46
Materials Services	100	4.405	9,0	- 297	- 38	4.566	9,0	- 449	- 152
Steel Europe[2)]	195	5.308	9,5	- 309	514	5.265	9,5	14	323
Steel Americas[3)]	64	2.745	10,5	- 225	- 147	2.167	10,5	- 374	- 149

1) Der Vorjahresausweis wurde durch die Definitionsänderung ab dem Geschäftsjahr 2014/2015 angepasst (vgl. die Ausführungen im Kapitel »Grundlagen des Konzerns«, Abschnitt »Unternehmenssteuerung«).
2) Der Vorjahresausweis wurde durch die Erstanwendung von IFRS 11 angepasst (vgl. Anhang-Nr. 01).
3) Der Vorjahresausweis der WACCs wurde zu Vergleichszwecken an die ab dem Geschäftsjahr 2014/2015 geltenden Sätze angepasst.

Quelle: thyssenkrupp AG, Geschäftsbericht 2014/15, S. 56

Aber auch mit den weiteren Stakeholdern hat ein Unternehmen einen intensiven Dialog als »wichtige Voraussetzung für den Erfolg unseres Geschäftsmodells« (Bayer AG, Geschäftsbericht 2014, S. 54) zu führen. Die folgende Abbildung 1.9 zeigt dazu den Ansatz des Bayer-Konzerns.

AUS DER PRAXIS

Gesellschaftliches Umfeld

Als Unternehmen ist Bayer Teil der Gesellschaft. Daher ist die wirtschaftliche Tätigkeit eng mit dem gesellschaftlichen Umfeld verbunden. In den vergangenen Jahren hat der Einfluss unserer Stakeholder auf das unternehmerische Handeln kontinuierlich zugenommen. Ihre Erwartungen hinsichtlich einer nachhaltigen Entwicklung beeinflussen die gesellschaftliche Akzeptanz des Unternehmens und damit den Geschäftserfolg. Wir nehmen die vielfältigen Erwartungen unserer Stakeholder ernst und berücksichtigen diese soweit möglich bei der Ausgestaltung unseres Geschäfts. Aus der Bewertung ihrer Erwartungen und Anforderungen erhalten wir wichtige Impulse für die Weiterentwicklung unseres Wirtschaftens, unseres Risikomanagements und unserer Berichterstattung. Zugleich können wir im offenen Dialog mit unseren Stakeholdern den gesellschaftlichen Wert unserer Produkte und Leistungen deutlich machen. Dies ist eine zunehmend wichtige Voraussetzung für den Erfolg unseres Geschäftsmodells.

Abb. 1.9

Stakeholder-Dialog bei Bayer

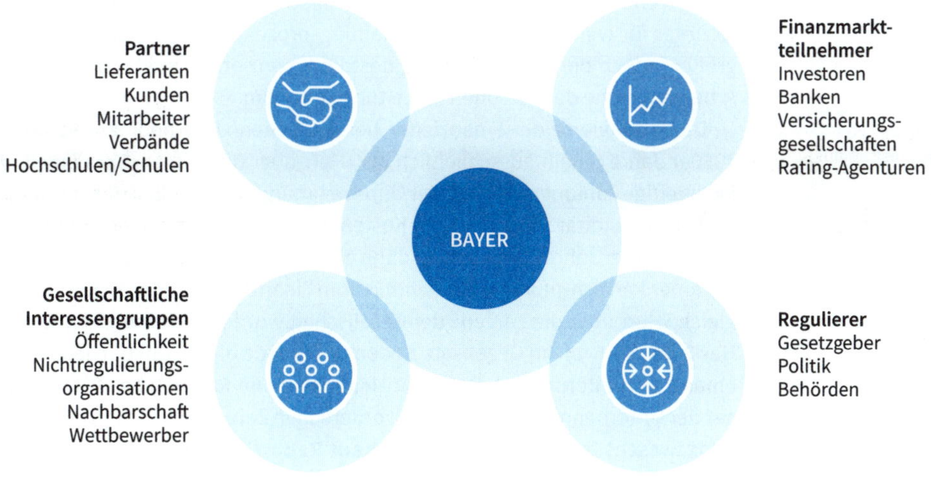

Quelle: Bayer AG, Geschäftsbericht 2014, S. 54

Definition: Finanzierungspolitik

Inwiefern ist in diesem Sechs-Phasen-Prozess (vgl. Abb. 1.5) die vom Finanzleiter einer Unternehmung verantwortete Finanzierungspolitik beteiligt? Da unter dem Begriff der Politik im Allgemeinen ein zielorientiertes Verhalten verstanden wird, soll die **Finanzierungspolitik** hier als **wertorientiertes Wirken des Finanzbe-**

reichs einer Unternehmung gefasst werden. Auf den ersten Blick – und dies kann wie in Abbildung 1.7 als Finanzierungspolitik **im engeren Sinne** bezeichnet werden – beschränkt sich die Tätigkeit des Finanzleiters auf die vorteilhafte, die Kapitalkosten durch eine geschickte Strukturierung der Passivseite einer Unternehmensbilanz minimierende Vorgehensweise. Das moderne Verständnis des Aufgabenfeldes eines Finanzleiters geht jedoch deutlich hierüber hinaus, wie der folgende Abschnitt zeigt.

1.3 Der Finanzleiter als »Unternehmer im Unternehmen«

Lothar Steinebach, der ehemalige Finanzvorstand von Henkel, urteilte 2012: »Wohl kaum ein Job hat sich in den vergangenen zwei Jahrzehnten so verändert wie der des Finanzchefs.« Damit wird vor allem auf das mittlerweile deutlich erweiterte, die reine Kapitalbeschaffung übersteigende Aufgabenprofil des Finanzleiters großer Unternehmen abgehoben. Denn beim Alleineigentümer und -geschäftsführer kleiner Unternehmen ergab sich die Übernahme sämtlicher unternehmerischer Funktionen durch nur eine Person immer schon aus der Natur der Sache heraus. Und bei vielen mittelständischen Unternehmen war und ist die Arbeitsteilung zwischen einem »technischen« und einem »kaufmännischen« Geschäftsführer üblich, wobei letzterer für weite Teile des Wertschaffungsprozesses verantwortlich zeichnet. Je größer jedoch die Unternehmung, desto differenzierter sind klassischerweise die Arbeitsbereiche der Personen im Leitungsgremium.

Aufgaben des Finanzleiters im Zeitablauf

Dabei fungierte der Finanzleiter bei deutschen Unternehmen bis weit in die 1960er Jahre hinein ausschließlich als »Herr über die Kasse« (**Treasurer**), der die jederzeitige Zahlungsfähigkeit der Unternehmung sicherstellen und die dafür erforderliche Liquidität zu so geringen Kosten wie möglich »einkaufen« sollte. Im Laufe der 1960/70er Jahre übernahmen dann auch die Unternehmungen hierzulande das US-amerikanisch geprägte Verständnis vom Finanzleiter als **Controller**, der nun zugleich »Herr über die Zahlen« der Gesellschaft wurde (Süchting 1995, S. 4, Franke/Hax 2009, S. 15 ff.). Im Gegensatz zu den USA wurde diese Funktion jedoch weniger emanzipiert interpretiert: Der Finanzleiter sollte im Rahmen des Planungsprozesses der Unternehmung sämtliche erforderlichen Zahlen des in- und externen Rechnungswesens bereitstellen (**Management Reporting**). Er nahm insofern über den engeren Finanzbereich hinaus eine eher dienende und weniger selbst entscheidende Rolle ein. Dies brachte ihm zuweilen ein Image als »Chef-Buchhalter«, »biederer Zahlenmensch« oder gar »Bremser, Bedenkenträger, Erbsenzähler« ein (Hornung 2008).

Aktuelle Herausforderungen für den Finanzleiter

Mit ersten Anzeichen in den 1970er Jahren (Ölpreiskrise, Währungsturbulenzen), sich in den 1980/90er Jahren aber dramatisch beschleunigend, veränderten sich die Rahmenbedingungen für Unternehmen hierzulande. Der über einen langen Zeitraum durch hohe Wachstumsraten und stabile Branchenstrukturen gekennzeichnete Nachkriegszyklus der deutschen Volkswirtschaft hatte sich dem Ende zugeneigt. Technologische und regulatorische Veränderungen verstärkten den Prozess der internationalen Vernetzung der Güter-, Dienstleistungs- und Finanzmärkte (**Globalisierung**) und verschärften den Wettbewerb für hiesige, häufig in einem besonderen Maße exportabhängige Unternehmen. Kennzeichnend für das unternehmerische Umfeld ist seither eine deutlich **höhere Volatilität der Rahmenbedingungen** durch konjunkturelle Schwächephasen, Schwankungen wichtiger Marktpreise (von Rohstoffen über Zinsen bis hin zu Währungen), technologische Umbrüche (wie seit neuestem die Digitalisierung) und sogar säkulare Krisen (ab 2008 auf den internationalen Finanzmärkten). Diese Entwicklungen haben den **Finanzbereich** auch deutscher Unternehmen speziell in den letzten beiden Jahrzehnten wesentlich **schwankungsanfälliger** als zuvor werden lassen, sei es durch volatilere Umsätze und damit Einzahlungen oder rasante Marktpreisanstiege und damit Auszahlungen bei der Beschaffung, sei es z. B. durch die Probleme der Kreditfinanzierung über krisengeschüttelte Banken – bei zugleich seit Mitte der 1990er Jahre durch die angesprochene Shareholder-Value-Bewegung **steigendem Renditedruck**. In der jüngsten Finanzmarktkrise wurde deutlich, dass der Finanz- sogar zu **dem** Engpassbereich mit existenzieller Bedeutung für eine Unternehmung werden kann.

Phasen von Unternehmenskrisen

Die folgende Abbildung 1.10 zeigt den typischen **Verlauf einer Unternehmenskrise**. Diese beginnt als strategische Krise, bei der sich das Geschäftsmodell insgesamt oder ein Teil hiervon als nicht mehr marktfähig erweist, da es keine nachhaltigen Wettbewerbsvorteile mehr generiert. Diese vielfach erst relativ spät (z. B. anhand von Marktanteilsverlusten) zu erkennende Krisenphase geht ohne Gegenmaßnahmen in Form von tendenziell erst langfristig wirkenden Veränderungen des Geschäftsmodells in eine Erfolgskrise über, die durch eine Verschlechterung der Zahlen des Jahresabschlusses gekennzeichnet ist. Wird erneut nicht gegengesteuert oder greifen die eingeleiteten Maßnahmen der vor allem finanziellen Restrukturierung (Zuführung neuen Eigenkapitals als Verlustausgleichspuffer) nicht (ausreichend) oder zu spät, folgt die Liquiditätskrise, die dann dazu führt, dass die oben angesprochene Liquiditätsbedingung nicht mehr erfüllt, die Zahlungsfähigkeit der Unternehmung nicht mehr gegeben ist. Gelingt es nicht kurzfristig, neue Liquiditätsquellen zu erschließen (was angesichts der verschlechterten Rentabilität eher unwahrscheinlich ist), schließt sich das Insolvenzverfahren an. Es kann zu einer Revitalisierung (von Teilen) der Unternehmung oder ihrer Auflösung im Rahmen eines Konkurses führen.

Die erhöhte Volatilität der Rahmenbedingungen hat nun zum einen dazu geführt, dass **strategische Krisen unvermittelter** als früher ausbrechen und sich über lange Zeiträume als stabil geltende Geschäftsmodelle »plötzlich« als nicht mehr zukunftsfähig erweisen können. Unerwartete Branchenumbrüche, im Zuge der Digitalisierung auch als »Disruption« bezeichnet, nehmen zu, wie beispielsweise die Existenzkrise der Printmedien oder des stationären Buchhandels zeigen. Zum anderen hat sich der **Weg von der strategischen zur Liquiditätskrise deutlich verkürzt**. In den weitgehend stabilen Märkten der Vergangenheit blieb den Unternehmensleitungen mehr Zeit, strategische Fehler zu korrigieren und ihr Geschäftsmodell anzupassen. Beispiele aus der Solarindustrie oder dem Einzelhandel machen

Abb. 1.10

Von der Strategischen Krise zur Liquiditätskrise

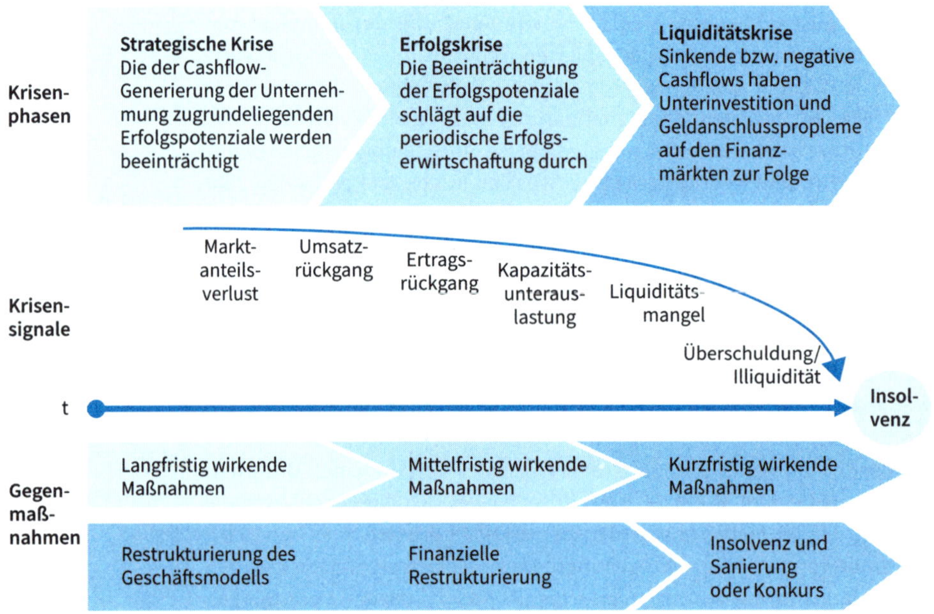

Quelle: in Anlehnung an Grunwald/Grunwald 2001, S. 62

deutlich, dass dieser »Restrukturierungspuffer« mittlerweile in vielen Branchen nicht mehr gegeben ist.

Wachsende Bedeutung des Finanzleiters in der Unternehmung

Vor diesem Hintergrund **kürzerer Vorwarn- und Reaktionszeiten** sind auch deutsche Unternehmen dazu übergegangen, den Finanzleiter wesentlich stärker in die **strategischen Weichenstellungen** bei der Weiterentwicklung des Geschäftsmodells einzubinden (zum Folgenden siehe die Bestandsaufnahmen bei Hornung 2008 und Kremer 2014 im Anhang dieses Kapitels sowie Steinebach 2012, Fröndhoff/Hofmann 2015, Schneider 2013 und Seeger 2013). Standen im klassischen Profil eines Finanzleiters noch Anfang der 2000er Jahre neben der Kenntnis der Finanzmärkte und -instrumente die Bereiche Rechnungswesen und Controlling im Vordergrund (die bei manchen Unternehmen allerdings auch separiert sind), agiert er heute in Großunternehmen als wichtigster Sparringspartner des Vorsitzenden des Vorstands bzw. der Geschäftsführung und agiert mit ihm auf Augenhöhe. Wenn formuliert wird: »Die Finanzfunktion kann einen signifikanten Beitrag zur Steigerung des Unternehmenswertes leisten.« (Seeger 2013, S. 26), dann bezieht sich dies insbesondere auf die Rolle des Finanzleiters bei der Strategieentwicklung, an der er sich aktiv in Form der Identifikation und Bewertung von Wertschaffungspotenzialen beteiligt und Impulse z. B. für den Kauf oder Verkauf von Unternehmen(steilen) gibt (siehe Modul 17). Der Horizont des Finanzleiters geht daher über die Passivseite der Unternehmensbilanz hinaus auch auf die Gestaltung der Vermögenspositionen. Da er die **Kommunikation mit den Kapitalgebern** verantwortet (Modul 16), kann er deren (Kapitalkosten-)Erwartungen in den Strategieprozess einbringen – so wie er in umgekehrter Richtung dessen Ergebnisse den Kapitalgebern vermitteln muss. Die Kapitalverfügbarkeit lebt vom Vertrauen in die Glaubwürdigkeit der kapitalsuchenden Unternehmung. Dieses aufzubauen, gelingt dem Finanzleiter umso besser, je stärker er die Strategieentwicklung mitgestalten kann, indem »Finanzen und Strategie als integrierte Themen« (Fröndhoff/Hofmann 2015) verstanden werden.

Einbindung in das operative Geschäft

Der Finanzleiter modernen Zuschnitts soll aber nicht nur Zahlenkenntnis nachweisen, sondern ist auch – primär oder zumindest in deutlich stärkerem Maße – für die **Umsetzung der strategischen Ziele und die Entscheidungsfindung im operativen Geschäft** verantwortlich. Aus seiner Hoheit für den Planungsprozess der Unternehmung heraus gestaltet er den Budgetierungsprozess mit den Geschäftsbereichen eines Konzerns. In seinem Ressort liegen damit sowohl die Zielplanung als auch die laufende Kontrolle der Zielerreichung. Indem der Finanzleiter die Kapitalmarkterwartungen in Finanzziele übersetzt und sie auf die operative Ebene herunterbricht, ist er zum einen für die **Kalkulation der Vorteilhaftigkeit einzelner Investitionen** und damit für die Lenkung finanzieller Ressourcen zuständig. Kann eine vorgeschlagene Investition die aufgrund der Kapitalkosten notwendige Mindestrendite nicht erreichen, muss die betroffene operative Einheit von ihr Abstand nehmen; für die zu realisierenden Investitionen stellt der Finanzleiter indes die Finanzierung sicher. Zum anderen hält er den **Beitrag der Geschäftsbereiche zur Wertschaffung** der Unternehmung nach. Darüber hinaus steuert er häufig **Sonderprogramme** mit Blick auf die **Effizienz** der Unternehmung. Bei der Gestaltung dieser Kostensenkungsinitiativen, Maßnahmen zur Komplexitätsreduktion, Vereinheitlichung von Reporting-Standards oder geschäftsbereichs- und funktionsübergreifenden Optimierung und Auslagerung von Tätigkeiten muss der Finanzleiter tief in die **Prozess**landschaft der Unternehmung eingreifen und Veränderungen an ihrer Aufbau- und Ablauf**organisation** vornehmen.

Organisation des Finanzbereichs

Dem Effizienzkriterium folgend, hat er auch den **Finanzbereich selbst** zu **organisieren.** So ist in einem Konzern mit sehr eigenverantwortlichen Teilgesellschaften z. B. zu entscheiden, inwiefern diese auch in finanzieller Hinsicht weitgehend autonom handeln oder aber verpflichtet werden, bei der Anlage und Aufnahme von Finanzmitteln auf die zentrale Finanzabteilung zurückzugreifen. Auch auf die Frage nach dem angesichts international uneinheitlicher Rahmenbedingungen (etwa der Besteuerung) optimalen Standort für das zentrale »finance center« des Konzerns muss eine Antwort gefunden werden.

Im Finanzbereich liegt neben der **Finanzmittelbeschaffung** häufig auch die Kompetenz für das **Risikomanagement und Compliance**. Da rein finanzielle Risiken (z. B. aufgrund der Schwankung von Wechselkursen) oft mit den gleichen Instrumenten (wie z. B. Optionen) gemanagt werden können, wie nicht-finanzielle Risiken (z. B. das Kerosinpreisrisiko einer Airline), ist es zur Erzielung von Synergieeffekten sinnvoll, den Umgang mit diesen Risiken in einem Ressort zu bündeln. – Nach zahlreichen Insolvenzen in den 1990er Jahren trat 1998 das Gesetz zur Kontrolle und Transparenz im Unternehmensbereich (KonTraG) in Kraft. Seither muss jedes kapitalmarktorientierte Unternehmen im Geschäftsbericht seine wichtigsten Risiken benennen und Angaben zu deren Management machen. Diese ist jedoch nur eine von zahlreichen regulatorischen Vorschriften, die in Folge spektakulären unternehmerischen Fehlhandelns (gerade auch der Kreditwirtschaft) im In- und Ausland erlassen wurden und zwingend zu beachtende, den unternehmerischen Handlungsspielraum einengende Nebenbedingungen darstellen. Die Gesetzestreue und Regelkonformität der Unternehmung wird im Rahmen der Compliance-Funktion überwacht (vgl. Modul 18); um sie laufend zu gewährleisten, muss der Finanzleiter die internen Kontrollsysteme entsprechend ausgestalten. Und im Finanzbereich ist schließlich auch – wie gesagt – die **Finanzkommunikation** (Modul 16) mit den Kapitalgebern anzusiedeln, der Finanzleiter ist das »Gesicht zum Kapitalmarkt« (Hornung 2008).

Prozess der Wertschaffung aus Sicht des Finanzleiters

Nach modernem Verständnis kommt dem Finanzleiter somit eine ganze Reihe von Aufgaben im Rahmen der Wertschaffung der Unternehmung zu, wie Abbildung 1.11 zeigt.

Abb. 1.11

Aufgaben des Finanzleiters im Rahmen der Wertschaffung

Der Finanzleiter ist
- an den **strategischen Weichenstellungen** beteiligt, mit deren Hilfe das Geschäftsmodell der Unternehmung fortlaufend so den sich verändernden Rahmenbedingungen angepasst wird, dass die Fähigkeit zur Erzielung der angestrebten Wertschaffungsziele im Wettbewerb gewährleistet werden soll (Teile I und VI dieses Buchs);
- für die Vor**kalkulation** der Wertschaffung im Rahmen der Investitionsrechnung (Teil II) ebenso verantwortlich wie für die Nach**kalkulation** des Wertbeitrags von Geschäftsbereichen sowie der Unternehmung insgesamt. Ihm obliegt darüber hinaus die Gestaltung des in- und externen Reportings (Teil I);
- derjenige, der die Wertschaffung operativ **finanziert** und damit **ermöglicht**. Die durch die Beschaffung von Finanzmitteln entstehenden Kapitalkosten sind die Renditehürden = Werthürden für Investitionen (Teile III und VI);
- in die **Organisation** der Wertschaffung eingebunden, indem er über die Gestaltung seines Kernbereichs hinaus verschiedenartige Prozesse der Unternehmung steuert, Abläufe koordiniert (ebenfalls Teil III und VI);
- oberster Risikomanager der Unternehmung, der deren Wertschaffung ökonomisch und juristisch **absichert** (Teil IV);
- primärer Ansprechpartner für die Kapitalgeber. In der **Kommunikation** mit den Investoren vermittelt er Wertorientierung und -schaffung der Unternehmung und nimmt damit einen Einfluss auf deren Renditeforderungen, die er wiederum in den Strategieprozess und dessen operative Umsetzung einspeist (Teil V).

In diesem Lehrbuch wird daher eine eher **»weite Fassung«** der **Finanzierungspolitik** unter der Regie des Finanzleiters gewählt. Sie »umfaßt alle zur Aufrechterhaltung des finanziellen Gleichgewichts der Unternehmung erforderlichen Maßnahmen« (Süchting 1995, S. 18) in Verfolgung des Oberziels der Wertschaffung.

»Die Aufgaben einer Finanzabteilung« sind damit (Schneider 1992, S. 13 f., vgl. hierzu auch Abb. 1.11):

a. das Durchführen finanztechnischer Geschäfte (Finanzierung, Absicherung),
b. das Durchführen finanztechnischer Analysen (Kalkulation),
c. die Organisation der finanzwirtschaftlichen Tätigkeiten (Organisation),
d. das Planen einzelner Handlungen in einem Unternehmen im Hinblick auf ihre Zahlungswirksamkeit und das Erreichen finanzieller Ziele (Strategische Weichenstellungen),

wobei die Kommunikation als zusätzliche Komponente hinzutritt. Ohne deshalb alle anderen Funktionalbereiche einer Unternehmung zu okkupieren, ist der Finanzbereich doch mit diesen eng vernetzt: »Corporate Finance bildet eine Kernfunktion der Unternehmensführung, die in alle anderen Funktionsbereiche hineinwirkt und ihrerseits als Reflex der anderen Funktionsbereiche der Unternehmung verstanden werden muss. Dies entspricht einem weiten Verständnis von Corporate Finance, das alle Maßnahmen im Zusammenhang mit der Kapitalbeschaffung, dem Kapitaleinsatz und der Kapitalrückzahlung eines Unternehmens umfasst.« (Rudolph 2006, S. 18).

Der ehemalige Finanzvorstand des Nutzfahrzeug- und Motorenherstellers MAN beschreibt die Rolle des **Finanzleiters** auch als **»Unternehmer im Unternehmen«** (Hornung 2008). Diese Formulierung erstaunt zunächst, stellt man sich in der breiteren Öffentlichkeit unter einem »Unternehmer« doch meist den Eigentümer einer Unternehmung vor. Doch »wer die Ziele erst im Einzelnen festlegen, die Mittel suchen, die Handlungsmöglichkeiten in ihren Beiträgen zu den Zielen und ihrer Mittelbeanspruchung erforschen muss, wer sich dann für eine Handlungsmöglichkeit entscheidet und sie verwirklicht, den nennen wir ›Unternehmer‹« (Schneider 1992, S. 3).

Theorie des Unternehmertums

Eine geschlossene »Theorie des Unternehmertums« hat sich bislang nicht herausbilden können (vgl. zum Folgenden Reckenfelderbäumer 2001, Paul/Horsch 2005). Unter Rückgriff auf die evolutorische Wirtschaftstheorie und dabei neben deutschen Vertretern insbesondere die österreichische Schule mit Vertretern wie Ludwig von Mises, Joseph A. Schumpeter und Friedrich A. von Hayek hat dann insbesondere Dieter Schneider einen Ansatz entwickelt, Unternehmertum über die Untersuchung von **Funktionen** zu erklären, die von einem Unternehmer typischerweise wahrgenommen werden. Angesichts von Unsicherheit und Ungleichverteilung von Wissen greift er dabei als wesentliches Element die von Israel M. Kirzner herausgearbeitete Aufmerksamkeit für sich (neu) bietende Opportunitäten auf, für die dieser den Begriff der »Alertness« oder »**Findigkeit**« in Bezug auf Wissen geprägt hat (vgl. Kirzner 1978, S. 30, 54 f.; Kirzner 1988, S. 18). Ein Unternehmer muss danach so aufgeweckt und wachsam (= »alert«) sein, dass er nicht nur bereits erkannte Gelegenheiten nutzt, sondern er muss die Findigkeit besitzen, die Gelegenheit sowie ihre Ausnutzbarkeit erst aufzudecken: »Der für Unternehmertum entscheidend relevante Wissensaspekt ist nicht so sehr das feste Wissen über Marktdaten, sondern vielmehr die Findigkeit, d. h. das ›Wissen‹, wo Marktdaten zu entdecken sind« (Kirzner 1978, S. 54).

Koordinations- und Innovationsfunktion des Unternehmers

Diese Findigkeit wiederum spielt eine wichtige Rolle im Rahmen der **Koordinationsfunktion**. Diese beinhaltet die Durchsetzung von Änderungen in einer Unternehmung in Ausübung einer wirtschaftlichen Führungsrolle zwecks Anpassung an sich permanent verändernde Markt- und Umweltbedingungen, genauer »das Verwirklichen neuer Handlungsabläufe [...], aber auch [...] das Formen neuer Ordnungen (Regelsysteme) und ihres Einhaltens. Das Durchsetzen von Änderungen betrifft in Gruppen zusammen oder gegeneinander arbeitender Menschen vor allem die Koordination als gemeinsame Planerarbeitung, Planabstimmung (Entscheidungsfindung) sowie Steuerung und Kontrolle von Handlungen« (Schneider 1997, S. 50). Im neueren Schrifttum zur Unternehmensführung wird hier auch von Transformation bzw. Change Management gesprochen.

Rolle von Innovationen

Unmittelbar einsichtig ist es, unter der Koordinationsfunktion die zielführende **Veränderung unternehmensinterner Aufbau-** oder **Ablaufstrukturen** zu verstehen, wie z. B. die Einrichtung einer neuen Stelle oder Abteilung in Reaktion auf entsprechende Rechtsnormen (z. B. die Geldwäschebeauftragten der Kreditinstitute im Zuge der Geldwäsche-Gesetzgebung), die Verschlankung der Organisation zugunsten schnellerer Entscheidungswege angesichts zunehmender Nachfragevolatilitäten oder die Neuabgrenzung von Geschäftsfeldern aufgrund der demographischen Entwicklung in einer Gesellschaft.

Die Koordinationsfunktion beschränkt sich jedoch nicht auf das Durchsetzen von Änderungen als Reaktion auf Einflüsse im Umfeld einer Unternehmung. Vielmehr umschließt sie auch die für die nachhaltige Existenzsicherung der Institution wohl noch bedeutendere – oben bereits kurz angesprochene – **Innovation**(sfunktion), also die Realisierung von Neuerungen im weitesten Sinne (vgl. Schneider 1995, S. 40). Für seinen dynamischen Unternehmer sieht Schumpeter im »Erkennen und Durchsetzen neuer Möglichkeiten auf wirtschaftlichem Gebiet [sogar] das **Wesen der Unternehmerfunktion**« (Schumpeter 1928, S. 483; Einfügung/Hervorhebung v. d. Verf.). Diesen »dynamischen« bzw. »wagemutigen« Unternehmer identifizierte Schumpeter als wesentliche Antriebskraft für den beständigen Wandel von Unternehmungen und letztlich des (marktwirtschaftlichen) Wirtschaftssystems insgesamt. Unternehmer haben demnach die Aufgabe, immer wieder »neue Kombinationen« von Produktionsfaktoren bzw. -verfahren zu schaffen und die resultierenden Produkte auf (mitunter ebenfalls neuen) Märkten durchzusetzen. Kennzeichnend für die evolutorische Wirtschaft sei daher die ständige Erneuerung oder – spiegelbildlich – der Prozess der »schöpferischen« Zerstörung.

Unternehmertum – auch als **»Entrepreneurship«** bezeichnet – meint also die **Ausübung von Unternehmerfunktionen**, unter denen die Innovationen anregende, beurteilende, ermöglichende Funktion besonders bedeutend ist, um eine Unternehmung dauerhaft zu erhalten (Freiling 2006, Freiling/Reckenfelderbäumer 2009). Entrepreneurship ist somit vor allem ein Prozess der Wertgenerierung, bei dem eine einzigartige Verbindung von Ressourcen dazu eingesetzt wird, neue unternehmerische Gelegenheiten zu identifizieren, zu bewerten und zu ergreifen (Kirchner/Loerwald 2014, S. 27, Fuglistaller et al. 2012, S. 33). Daher bezieht sich **Unternehmertum** auch **nicht nur** auf die **Startphase** einer Unternehmung: »Insofern sind nicht nur Existenzgründer Entrepreneure, sondern auch etablierte Unternehmen, wenn sie Innovationen an den Markt bringen.« (Kirchner/Loerwald 2014, S. 20). Und so heißt es etwa bei Bosch: »Wir fördern bei Bosch zunehmend das Unternehmertum im eigenen Unternehmen. Ein wesentlicher Teil einer modernen Unternehmenskultur ist: Gründergeist – auch oder gerade in etablierten Unternehmen.« (Volkmar Denner, Vorstandsvorsitzender von Bosch, zit. in: o. V.: Zukunft bei Bosch).

Der Finanzleiter als Innovator

Diese **Innovationsfunktion** übt der **Finanzleiter** in mehrfacher Hinsicht aus, wenn er

- in seinem Kerngebiet **innovative Lösungen** zur Finanzierung der Unternehmung **entwickelt.** Ein besonders prominenter Finanzleiter, der BASF-Vorstand Rolf Magener, formulierte dazu schon 1973, es sei wichtig, »dass der Finanzchef seine Passiv-Seite unablässig abschreitet und – von schöpferischer Unruhe getrieben – fortgesetzt nach neuen Lösungen, Verbesserungen sucht, besessen von dem Ehrgeiz, das beste aller Finanzierungskonzepte zu verwirklichen.« (Paul 2012, S. 370).
- innovative Vorhaben mit Blick auf ihren Wertschaffungsbeitrag **analysiert**,
- über Geschäftsmodell-Innovationen im Rahmen der strategischen Weichenstellungen **mitentscheidet**,
- Innovationen durch die kostengünstigste Beschaffung von Finanzmitteln **ermöglicht**,

- das Gelingen von Innovationen im Risikomanagement **absichert**,
- mit den Investoren über Innovationen **kommuniziert**.

So verstanden kann der **Finanzleiter** als »**Unternehmer im Unternehmen**« bezeichnet werden, denn (auch) er übt aus dem Finanzressort heraus eine zentrale Unternehmerfunktion aus. Der Zusammenhang von Finanzierung und Innovation wird auch in dem bekannten Zitat von Jack Welch deutlich. Der langjährige Vorstandsvorsitzende des US-Weltkonzerns General Electric gilt als einer der Väter des Shareholder-Value-Konzepts und wurde 1999 vom Wirtschaftsmagazin Fortune zum »Manager des Jahrhunderts« gekürt: »My job is allocating capital, human and financial, and transferring best practice. That's all. It's transferring ideas, constantly pushing ideas, putting the right people in the right job and giving them sources to win.« (nach Plinke 2000, S. 50; für empirische Belege zum Nexus von Finanzierung und Innovation Paul/Stein 2008).

Auf den Punkt gebracht

- Die Finanzierung einer Unternehmung muss sich an ihrem Geschäftsmodell orientieren, das im Kern die Wertschaffungsidee enthält.
- Der Unternehmenswert wird erhöht, wenn Renditen erzielt werden, die über den Kapitalkosten der Unternehmung liegen.
- Strenge Nebenbedingung des Wertziels ist die jederzeitige Zahlungsfähigkeit der Unternehmung.
- Finanzierungspolitik ist das wertorientierte Wirken des Finanzbereichs einer Unternehmung.
- Aufgaben des Finanzleiters im Rahmen der Wertschaffung sind deren Kalkulation, Finanzierung, Absicherung, Organisation und Kommunikation sowie das Mitwirken an den dafür erforderlichen strategischen Weichenstellungen zur Weiterentwicklung des Geschäftsmodells der Unternehmung.
- Dabei übt er die zentrale Unternehmerfunktion der Innovation aus.

LITERATUREMPFEHLUNG ZUM GESAMTGEBIET FINANZIERUNG UND INVESTITION

In diesem Buch wird die Finanzierungspolitik aus der wertorientierten Perspektive des Finanzleiters einer Unternehmung behandelt. Für einen abgerundeten Blick lohnt sich die Lektüre weiterer, zum Teil konzeptionell anders angelegter, mitunter auch auf andere Finanzsysteme ausgerichteter Schriften:

- Kompakte Überblicke zur unternehmerischen Finanzierungspolitik bieten Horsch/Paul/Rudolph 2011 und Paul/Stein 2015.
- Ebenfalls nah an der Praxis der Finanzierung sind Perridon/Steiner/Rathgeber 2017 und Schäfer 2013. Eine Brücke zwischen Theorie und Praxis wurde in den Büchern von Süchting 1995 und zuletzt Rudolph 2006 geschlagen.
- Starke Theoriefundierungen des Gebiets Finanzierung, deren Lektüre

allerdings teilweise bereits Grundkenntnisse des Fachs voraussetzt, finden sich in den Büchern von Schneider 1992, Schmidt/Terberger 1996, Tirole 2006 und Franke/Hax 2009.

- Für das Gebiet der Investition empfiehlt sich das Buch von Kruschwitz 2011.
- Aus der Vielfalt US-amerikanischer Bücher sind als parallele Lektüre zu den deutschsprachigen Büchern vor allem Brealey/Myers/Allen 2016, Berk/DeMarzo 2014 und Copeland/Weston/Shastri 2008 wertvoll.

EINBLICKE IN DIE PRAXIS

CFO – vom obersten Buchhalter zum Finanzstrategen

Im Börsen-Boom der neunziger Jahre galten sie noch häufig als Bremser, Bedenkenträger oder biedere Zahlenmenschen, die bestenfalls bei der Vorlage der Quartalsberichte positiv sichtbar wurden. Doch das ist vorbei. Die Rolle der Finanzchefs in börsennotierten Unternehmen hat sich in den vergangenen Jahren so rasant gewandelt wie keine andere Management-Aufgabe. Bezeichnend ist das Wort »Chief Financial Officer« (CFO). Dahinter verbirgt sich mehr als nur ein modischer Anglizismus. Vom Erbsenzähler zum Business-Strategen, vom Chef-Buchhalter zum wichtigsten Sparringspartner des Vorstandschefs: Finanzvorstände werden immer mehr zu Unternehmern im Unternehmen.

Neue Qualitäten gefragt

In der Vergangenheit besaß der Finanzvorstand vor allem drei Aufgaben: Er musste sicherstellen, dass die Zahlen des internen und externen Rechnungswesens korrekt waren. Er musste die gesetzlichen Regularien einhalten. Und er musste die steuerlichen Vorschriften beachten. Klassisch gehörten Finanzierung, Rechnungswesen und Controlling zu seinem Verantwortungsbereich. Er sollte die Klaviatur der Finanzinstrumente beherrschen und den Vorstandskollegen durch Informationen und Analysen die Grundlage für Entscheidungen liefern.

Heute sind neue Qualitäten gefragt. Der Finanzchef soll das Unternehmen überzeugend auf Roadshows bei Anlegern und Fremdkapitalgebern verkaufen sowie professioneller Risikomanager sein. Er muss sich im komplexen Geflecht aus rechtlichen Auflagen, Anforderungen von Finanzaufsicht und Börse, Ratingagenturen und Wirtschaftsprüfern ebenso auskennen wie mit relevanten Gesetzen. Er muss die Organisationsstruktur der Finanzabteilung an die Erfordernisse der globalisierten Wirtschaft anpassen und darf dabei auch keine tiefen Einschnitte scheuen. Bei alldem trägt der CFO noch immer die Verantwortung für den Jahresabschluss, der innerhalb von maximal zwei Monaten nach dem Stichtag vorliegen soll, um Analysten mit einem »fast close« zufrieden zu stellen. Im Wesentlichen hängt das auch mit der Ad-hoc-Pflicht zusammen. Im Prime Standard notierte Aktiengesellschaften müssen, sobald sie erkennen, dass sich das Jahresergebnis stabilisiert, die Kapitalmärkte informieren.

Weniger ist mehr: Statt sich in einer Flut der betrieblichen Informationen zu verlieren, muss ein moderner CFO die wichtigsten Steuerungsgrößen im Blick haben. Neben den bekannten Methoden, den betrieblichen Ablauf zu überwachen, spielen dabei nicht monetäre Kennzahlen eine immer größere Rolle.

Modernes Cash-Management

Kostenverfolgung gehörte natürlich schon immer dazu, wurde aber nach dem Motto »Sparen, sparen, sparen« betrieben. Heute geht es darum, das Geld sinnvoll und gezielt einzusetzen. Modernes Cash-Management bedeutet, klare Prioritäten zu definieren. Geld kostet alles – aber für was geben wir es jetzt am sinnvollsten aus?

Zu den klassischen Arbeitsfeldern kommen neue wie Risikomanagement und Compliance hinzu. Nach zahlreichen Insolvenzen in den neunziger Jahren verabschiedete der Bundestag 1998 das Gesetz zur Kontrolle und Transparenz im Unternehmensbereich (KonTraG). Seither muss jedes kapitalmarktorientierte Unternehmen im Geschäftsbericht seine wichtigsten Risiken benennen und beschreiben, wie es damit umgeht. Nach spektakulären Bilanzmanipulationen bei Unternehmen wie Enron und Worldcom hat der amerikanische Gesetzgeber mit dem Sarbanes-Oxley Act reagiert, dessen strenge Anforderungen an ein internes Kontrollsystem auch in EU-Richtlinien aufgegriffen werden.

Zusätzlich gibt es den Code of Conduct, den eine von der Bundesregierung berufene Kommission entwickelt hat. Compliance und die entsprechenden Leitlinien im Konzern sind ohne Wenn und Aber eine Aufgabe für das Topmanagement. Der CFO hat dabei die Schlüsselrolle, für transparente Abläufe und eine klare Trennung der Funktionen zu sorgen. Er muss überwachen, dass Gesetze und Genehmigungsprozesse eingehalten werden.

Aber auch an die sozialen Fähigkeiten der CFOs werden höhere Anforderungen als früher gestellt. Entscheidend ist die Fähigkeit zum offenen und konstruktiven Dialog mit den verschiedenen Anspruchsgruppen in- und außerhalb des Unternehmens. Dies betrifft auch das Verhältnis zu den Gewerkschaften, denn Kostenmanagement bedeutet häufig auch Konfliktmanagement.

Gesicht zum Kapitalmarkt

Dass sich das Selbstverständnis der einstigen Zahlenverwalter so dynamisch ändert, hat vor allem einen Grund: Der CFO einer börsennotierten Gesellschaft wird immer mehr zum zentralen Ansprechpartner für den Kapitalmarkt. Er muss den Eigentümern nicht nur die Zahlen, sondern auch die Strategie erklären. Als Katalysatoren kommen die steigende Zahl von Unternehmensübernahmen und Fusionen sowie der wachsende Einfluss von Investoren auf Management-Entscheidungen hinzu. Im Team mit dem CEO muss der CFO pro-aktive Kraft des Unternehmens sein und auch Copilot-Funktionen übernehmen. Er muss im Sinne des Shareholder Value aktiv Wert schaffen. Das gelingt aber nur, wenn der CFO auch die operative Seite des Geschäfts kennt. Gerade die strategische Diskussion mit den Managern der operativen Einheiten ist essenziell. Die Finanzchefs sitzen bei

Vertragsabschlüssen mit am Tisch und werden gefragt, wie sich Vereinbarungen auf Rechenwerk und Publizitätspflicht auswirken.

Interner Dienstleister

Die gewachsene Vielfalt der Aufgaben eines CFO stellt auch immer größere Herausforderungen an die Auswahl der Mitarbeiter. Der Finanzbereich ist interner Dienstleister für die operativen Einheiten. Fazit: Der Kontrolleur alter Schule ist passé. Gefragt sind künftig mehr denn je entschiedene Macher, deren Arbeitsphilosophie im Kern aus drei Worten besteht: »Just do it.«

*) Dr. Karlheinz Hornung ist Finanzvorstand (CFO) des MAN-Konzerns und lehrt als Honorarprofessor Controlling an der Universität Dortmund.
(Quelle: Börsen-Zeitung, 07.03.2008)

Warum sind Langweiler so sexy?

Finanzvorstände denken immer nur an das eine: Zahlen, Zahlen, Zahlen. Die Kapitalmärkte finden das klasse.

Es soll in dieser Geschichte nicht um Matthias Zachert gehen, zumindest nicht in erster Linie. Aber erwähnen muss man den Mann. Sein Name dürfte nur den allerwenigsten Deutschen etwas sagen, sein Gesicht wird selbst eifrigen Zeitungslesern unbekannt sein – und doch ist Zachert in der vergangenen Woche etwas gelungen, was ansonsten nur einflussreiche Notenbanker wie Mario Draghi von sich behaupten können: Genau wie der Präsident der Europäischen Zentralbank (EZB) kann auch Zachert die Märkte bewegen.
Natürlich nicht im ganz großen Stil: Der Dax hat nicht die Richtung gewechselt, als die Meldung in der Nacht zum Montag bekannt wurde – das schaffen dann doch nur EZB-Präsidenten. Aber am nächsten Morgen war immerhin der Kurs des Pharmaunternehmens Merck, Dax-Mitglied, mit fast 14 Prozent im Minus – und der Kurs des Spezialchemiekonzerns Lanxess, ebenfalls Dax-Mitglied, mit rund zehn Prozent im Plus.
Das hatte weder etwas mit einem schlechten Quartalsergebnis bei Merck zu tun noch mit guten Bilanzzahlen bei Lanxess. Nein, die Kursausschläge hatten nur einen einzigen Grund: Matthias Zachert, bislang Merck-Finanzvorstand, wird im Frühjahr neuer Vorstandsvorsitzender von Lanxess. Und die Börse jubelt und trauert zugleich.
Heimlich, still und leise übernehmen so die Finanzfachleute die Macht in den Dax-Konzernen. Der Wechsel des Mannes mit dem wenig bekannten Namen ist nur der jüngste in einer kleinen Reihe: Timotheus Höttges, lange Finanzvorstand der Deutschen Telekom, führt den Telefonkonzern seit Anfang Januar. Und Joe Kaeser, viele Jahre im Siemens-Vorstand für die Finanzen verantwortlich, ist seit Sommer 2013 bei dem Technologieunternehmen der Chef. Jedes Mal feierte die Börse ein Freudenfeuerwerk, als die Ernennung öffentlich wurde.

Was finden die Kapitalmärkte nur an diesen Zahlenmenschen? Gelten die Finanzvorstände doch meist als nüchterne Rechner, böswillig könnte man auch sagen: als furchtbare Langweiler und Pendanten. Aber mittlerweile gibt es neun Dax-Vorstandsvorsitzende, die vorher als CFO gearbeitet haben, wie das in der Welt der Großunternehmen heißt – als »Chief Financial Officer«. Noch vor zehn Jahren waren es gerade einmal vier. Der Posten des Finanzvorstandes scheint in vielen Fällen nur noch eine Zwischenstation auf dem Weg nach ganz oben. Aber weshalb sind sich Aktionäre und Analysten anders als früher heute so sicher, dass CFOs die Besten sind für die Chefposition?
Für eine erste Antwort ist es nicht nötig, in großem Stil Studien zu wälzen – ein einfacher Rundruf bei Analysten genügt. Danach ist klar: Die Kapitalmärkte – denen die Analysten in gewisser Weise eine Stimme verleihen – wollen zurzeit keine Dampfplauderer an der Spitze, sie wollen Zahlenfachleute. Zugespitzt gesagt: im Zweifel für den Langweiler. Denn so ist weitgehend gesichert, dass die Analysten ihre Arbeit ordentlich machen können: Wer laufend Prognosen über die Entwicklung eines Unternehmens treffen muss, wünscht sich vom Vorstand nämlich vor allem eines: Verbindlichkeit.
Dies ist nach Meinung der Experten die wichtigste Eigenschaft, die ein Finanzvorstand haben muss – klare, in Zahlen messbare Ziele nicht nur für Umsatz und Gewinn, sondern beispielsweise auch für die Schuldenlast eines Unternehmens vorgeben. Und dann alles dafür tun, um diese Zahlen auch zu liefern. Das klingt banal, aber um solche Ziele formulieren zu können, braucht der CFO ein umfassendes Verständnis des Unternehmens. Die Fachleute sagen dazu: Er muss die »Prozesse« kennen. Das heißt: Er muss einschätzen, ob die Firma damit zurechtkommt, wenn der Preis für einen wichtigen Herstellungsstoff steigt und er muss abschätzen können, wie sich eine vermeintlich kleine Änderung des Steuerrechts am Ende in der Bilanz auswirkt.
Natürlich ist eine solch genaue Kenntnis einer Firma eine wesentliche Voraussetzung für das höchste Amt – den Posten des CEO, des Vorstandsvorsitzenden. Aber das allein reicht nicht. Schließlich hatten auch gute Finanzvorstände in früheren Zeiten stets alle Zahlen parat. Sie waren mit einem Begriff aus der Management-Literatur oft »operative Berichterstatter«, also Zahlenlieferanten, die sich vor allem um korrekte Bilanzstandards kümmerten. Heute ist ihre Aufgabe deutlich umfangreicher. »Der Finanzvorstand gestaltet die Strategie einer Firma nun viel stärker mit«, sagt Petra Justenhoven, Vorstand der Wirtschaftsprüfungs- und Beratungsgesellschaft PwC. »Er ist nicht bloß Kassenwart, sondern als Herr des Budgets derjenige, der das letzte Wort hat.«
Diese neue Stärke hat viel mit der Finanzkrise und ihren Folgen zu tun. Konnte so mancher Vorstandschef zuvor weitgehend ungestört seinen Visionen für die Firma nachhängen, geht das nun nicht mehr. Seit der Krise und ihren schmerzhaften Folgen für viele Unternehmen steht nämlich bei jeder Investition vor allem eine Frage im Vordergrund: Wo liegen die finanziellen Risiken? Ein Punkt, der in die Kernkompetenz jedes Finanzvorstands fällt.

Dass der CFO derzeit so wichtig ist wie noch nie, hat aber noch weitere Gründe: So sehen sich viele Firmen zum einen schärferen Regeln beim Aufsichtsrecht gegenüber. Auch das ist eine Folge der Finanzkrise. Diesen Austausch mit den Behörden verantwortet an der Unternehmensspitze in aller Regel der Finanzvorstand, er besetzt also eine Schlüsselposition. Zum anderen war es auch selten so wichtig, die Lage an den Kapitalmärkten korrekt einzuschätzen – die Schwankungen an den Aktien- und Anleihemärkten sind groß, die Bedingungen, zu denen eine Firma sich frisches Geld besorgen kann, ändern sich laufend. Auch hier ist also der CFO gefragt. Kurzum: Gerade bei Firmen, die sparen müssen, ist der Finanzvorstand mindestens ein starker Widerpart für den CEO, wenn nicht sogar schon der heimliche Chef.

Trotzdem gelingt der Sprung an die Spitze natürlich längst nicht immer. Das hat weniger damit zu tun, dass manchen Finanzvorständen der große Auftritt nicht liegt, der zum Vorstandsvorsitz immer dazugehört. Der Grund liegt vielmehr in ihrer Ausbildung: Gerade Autokonzerne wie Daimler und Volkswagen sahen bislang lieber einen Ingenieur ganz oben als einen Betriebswirtschaftler oder Juristen. An Selbstbewusstsein mangelt es den CFOs jedenfalls nicht: Laut einer Umfrage der Unternehmensberatung Michael Page unter 5000 Finanzvorständen rechnen 20 Prozent unter ihnen damit, in naher Zukunft den Vorstandschef zu beerben. Die Börse, so lässt sich nach den jüngsten Wechseln vermuten, würde es freuen.

(Quelle: Frankfurter Allgemeine Sonntagszeitung, 02.02.2014)

Modul 2 Informationsgrundlagen der Finanzierungspolitik

ZENTRALE INHALTE

- Steuerungsebenen der Wertschaffung
- Verschiedene Rechenwerke der Unternehmung für unterschiedliche Informationsbedarfe
- Portfolio-Methode zur Analyse der Erfolgspotenziale auf der Geschäftsmodellebene
- Nutzung von Jahresabschlussinformationen für Rentabilitätsanalysen
- Aussagekraft unterschiedlicher Kennzahlen(systeme)
- Zusammenhang der Teilsysteme des Rechnungswesens
- Gestaltungsmöglichkeiten von Finanzierungsrechnungen
- Analyse der Liquidität mit Hilfe von internen und externen Kapitalflussrechnungen
- Fassung und Aussagekraft des Cashflow einer Unternehmung
- Verbindung der Steuerungsebenen in der Balanced Scorecard

Einstiegsbeispiel

►►► E ist neuer Finanzleiter in einem mittelständischen Unternehmen der Freizeitindustrie. Der 70jährige Alleininhaber der Friedman GmbH, die einen Jahresumsatz von 50 Mio. € generiert, hat ihn frisch nach dem Hochschulabschluss angeworben, da er der Meinung ist, »immer schon bestimmte Werte vorgelebt« zu haben, von dem »neumodischen Zeug der Wertsteuerung« aber »nichts versteht«. Dennoch sieht er sein Unternehmen »grundsätzlich gut aufgestellt«. Erst jüngst ist er von einer großen Fachzeitschrift als »Entrepreneur des Jahres« ausgezeichnet worden. In der Laudatio wurde die Entwicklung seines Unternehmens aus kleinen Anfängen zu einem der führenden Anbieter im Fitnessbereich hervorgehoben. Von seinem Vater hatte er eine Werkstatt für Bergschuhe übernommen und zunächst ein Vollsortiment für Wander- und Kletterfreunde aufgebaut. Später war er in den Joggingbereich eingestiegen und hatte hier ebenfalls eine Produktwelt von den Schuhen bis zur Bekleidung entwickelt. Neben eigenen Shops in Großstädten hatte er vor wenigen Jahren auch einen Online-Vertrieb aufgebaut. In den letzten Monaten ist er dazu übergegangen, sämtliche Produkte mit Chips zu versehen, die Informationen an – ebenfalls von ihm vertriebene – Fitnessarmbänder sowie Smartwatches und -phones diverser Hersteller senden können. Allerdings hatte er gerade einen Anruf des Betreuers seiner Hausbank, der die Finanzlage der Unternehmung als »dramatisch« bezeichnet und angekündigt hat, weitere Kontoüberziehungen nicht mehr zu dulden. »Den müssen Sie gleich mal beruhigen! Wir haben immer schwarze Zahlen geschrieben.«, gibt der Unternehmer E mit auf den Weg, »unsere Bilanz für das abgelaufene Geschäftsjahr ist fast fertig und sieht wie immer gut aus.« ◀◀◀

2.1 Drei Steuerungsebenen der Wertschaffung als Ansatzpunkte der Finanzierungspolitik

Wertschaffungs – Steuerungsebenen

In Abbildung 1.10 wurde der typische Verlauf einer Unternehmenskrise dargestellt – von der strategischen über die Erfolgs- bis zur Liquiditätskrise. Analog zu diesen drei Phasen ergeben sich die drei Steuerungsebenen der folgenden Abbildung 2.1, auf denen die Finanzierungspolitik ansetzen muss, um Krisen zu vermeiden und das Wertziel der Unternehmung zu erreichen. Mit Hilfe spezifischer Rechenwerke/-verfahren werden dabei Informationen ausgewertet und auf dieser Basis Handlungsprogramme entwickelt.

Abb. 2.1

Drei Steuerungsebenen der Wertschaffung und zugehörige Informationsgrundlagen der Finanzierungspolitik

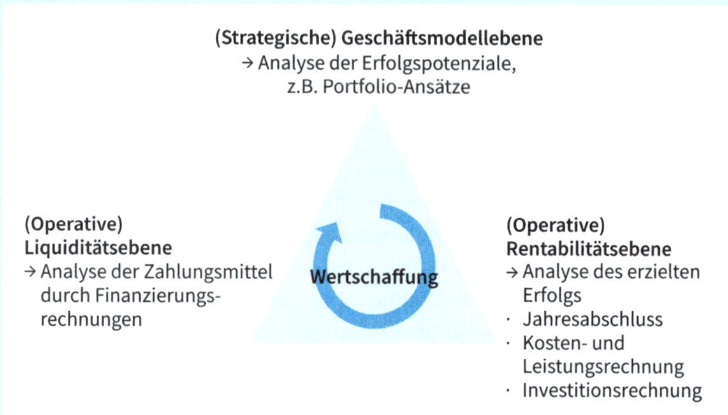

Steuerungsebenen der Wertschaffung

- Auf der strategischen Ebene des **Geschäftsmodells** werden die **Erfolgspotenziale** der Unternehmung analysiert. Für deren Teilbereiche (Geschäftsfelder/-einheiten, Segmente, Business Areas/Units o. ä.) wird vor dem Hintergrund von

Zukunftsprognosen für die wichtigsten Erfolgstreiber eine Einschätzung erarbeitet, welche künftigen Wertbeiträge zu erwarten sind bzw. inwiefern das Geschäftsmodell zur Erreichung der Wertziele verändert werden muss. Diesem Zweck dienen unterschiedliche Varianten sogenannter »Portfolio-Ansätze«.

- Die **Rentabilitätsebene** hat einen eher operativen, auf ein Jahr oder noch kürzere Zeitspannen gerichteten Fokus. Analysiert werden für diesen Zeitraum nicht die Erfolgspotenziale, sondern die **tatsächlich erzielten Erfolge** (der Bereiche und der Unternehmung insgesamt). Hierfür wird das interne und externe Rechnungswesen genutzt, also zum einen die nur den Unternehmensinsidern zugängliche Kosten- und Leistungsrechnung sowie die Investitionsrechnung und zum anderen der (ab einer gewissen Größe) publizitätspflichtige Jahresabschluss.
- Auf den beiden ersten Ebenen wird die Frage, inwiefern der prognostizierte bzw. tatsächlich erzielte Erfolg sich auch im Cashflow der Unternehmung niederschlägt, vernachlässigt oder sogar ausgeblendet. Vor dem Hintergrund der angesprochenen Nebenbedingung im Zielsystem ist aber insofern eine dritte, ebenfalls operative **Liquiditätsebene** von Bedeutung. Mit Hilfe von Finanzierungsrechnungen, die gleichsam in einer internen und externen Variante existieren, werden Bestand und Entwicklung der **Zahlungsmittel** analysiert.

Dieser Untergliederung grundsätzlich folgend, unterscheidet etwa thyssenkrupp »Drei Kernsteuerungsgrößen«, dort bezeichnet als »Wertbeitrag« (auf der strategischen Ebene), »Profitabilität« (Erfolgsebene) und »Liquidität« (thyssenkrupp Geschäftsbericht 2013/2014, S. 37). In den folgenden Abschnitten dieses Moduls werden die genannten Informationsgrundlagen überblicksartig vorgestellt und schließlich ihre Verzahnung im Rahmen des Balanced-Scorecard-Konzepts diskutiert. Dabei soll deutlich werden, inwiefern die jeweils gewonnenen Informationen für die in der Finanzierungspolitik zu treffenden Entscheidungen nützlich, teilweise sogar unerlässlich sind.

2.2 Geschäftsmodellebene: Analyse der Erfolgspotenziale

Im Zuge der Wertsteuerung auf der strategischen Ebene muss der Finanzleiter sowohl über den vor dem Hintergrund des Geschäftsmodells langfristig erforderlichen gesamten Finanzrahmen einer Unternehmung als auch dessen Verteilung (Allokation) für Investitionszwecke über die Geschäftsbereiche hinweg entscheiden (vgl. die Praxisberichte bei Gleich/Schultze/Hofmann 2012, Kujath/Holthoff 2015). Hierfür wird in der Praxis häufig die anfangs der 1980er Jahre von Beratungsgesellschaften entwickelte Portfolio-Analyse eingesetzt, die die strategischen Geschäftsfelder zweidimensional wie ein Finanz-Portfolio betrachtet, in dem Wertpapiere unterschiedlicher Rendite- und Risikoerwartungen zusammengestellt sind.

Geschäftsmodellebene: Marktattraktivitäts/Wettbewerbsvorteils-Portfolio

Weit verbreitet ist das **Marktattraktivitäts/Wettbewerbsvorteils-Portfolio** der Unternehmensberatung McKinsey & Co. (Übersicht über alternative Portfolio-Ansätze bei Engelhardt/Kleinaltenkamp 1995). Dabei werden die Geschäftsfelder – dem oberen Teil der Abbildung 1.1 zum Geschäftsmodell folgend – anhand von zwei für jede Unternehmung entscheidenden Variablen beurteilt und eingeordnet: zum einen im Hinblick auf die Chancen und Risiken, welche aus den Umfeldkonstellationen für das jeweilige Geschäftsfeld resultieren können (Marktattraktivität), zum anderen unter dem Gesichtspunkt der Stärken und Schwächen der Unternehmung in diesem Geschäftsfeld im Vergleich zur relevanten Konkurrenz (Wettbewerbsstärke). Dieses Konzept zeichnet sich durch einen vergleichsweise hohen Detaillierungsgrad bei den Ausprägungen der beiden Dimensionen bzw. Matrix-Variablen (9-Felder-Matrix) und durch eine erweiterte Berücksichtigung strategierelevanter Einflussfaktoren aus (Abb. 2.2).

Abb. 2.2

Portfolio-Analyse der Geschäftsbereiche

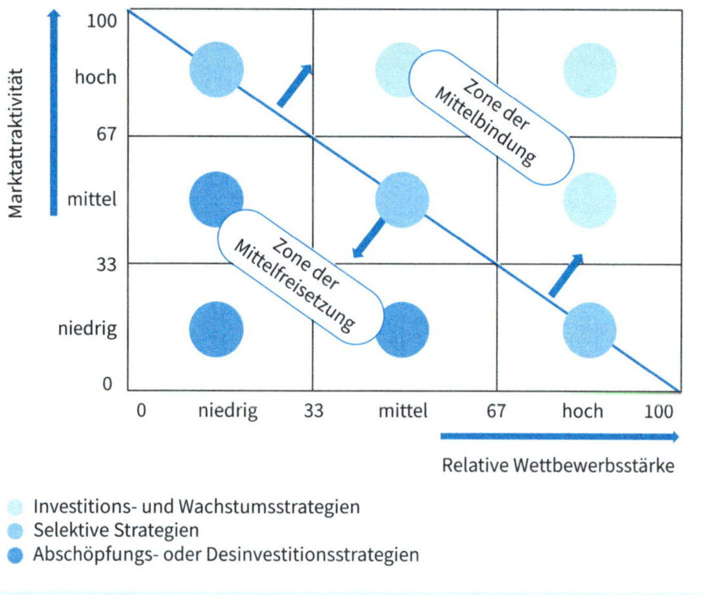

Erweiterungen der Portfolio-Analyse

Für die konkrete Einordnung im Portfolio werden die Marktattraktivität und Wettbewerbsstärke entsprechend weiter unterteilt. Dabei sind branchen-, unternehmungs- oder entscheiderspezifische Erweiterungen bzw. Verfeinerungen möglich und auch sinnvoll.

Um die künftige Marktattraktivität der einzelnen Geschäftsfelder (Blick aus der Unternehmung heraus) abzuschätzen, könnten bei dem angesprochenen Mittelständler der Freizeitindustrie mit an unterschiedlichen Zielgruppen orientierten

Geschäftsfeldern (z. B. Wanderer, Kletterer, Jogger) etwa folgende Teilkriterien herangezogen werden: Marktwachstum (z. B. Wachstum der disponiblen Einkommen bei den Zielkunden), Stabilität des Wachstums (Schwankungen der vorgenannten Größe), Konkurrenzverhältnisse (z. B. Eintritt neuer Spieler wie Apple und Google in den Markt), Wertewandel und Loyalität der Kunden (Tendenz zu Sharing Economy und Preistransparenz mit Hilfe des Internet) usw. Kriterien der Wettbewerbsstärke (Blick in die Unternehmung hinein) könnten sein: Sortimentsbreite, Qualität der angebotenen Produkte, Know-how des Vertriebspersonals, Attraktivität der Preise, Zweckmäßigkeit des Vertriebssystems, Profilierung über die Werbung und Öffentlichkeitsarbeit, Effizienz der Organisation usw.

Diese **quantitativen** und **qualitativen** Kriterien und ihre Ausprägungen im konkreten Fall werden über ein **Punktbewertungsverfahren (Scoring)** gleichnamig gemacht. Zur Bestimmung der zukünftigen Marktattraktivität und Wettbewerbsstärke werden für die Teilkriterien Punkte gemäß ihrer Merkmalsausprägungen zugeordnet (z. B. 0 = schlecht, 1 = eher schlecht, 2 = eher gut, 3 = gut) und mit den den Teilkriterien beigemessenen Gewichten multipliziert. Durch eine Dreiteilung des Kontinuums möglicher Gesamtpunktwerte ergeben sich die neun Felder der Matrix, und es wird die Positionierung der Geschäftsfelder nach den Merkmalen niedrig, mittel, hoch möglich.

Die Portfolio-Analyse leitet auf dieser Basis **Normstrategien** ab: Matrixfelder, die vollständig rechts oberhalb der Diagonalen liegen, bilden die Zone der Mittelbindung, für die Investitions- (bzw. Wachstums)strategien angeraten werden. Spiegelbildlich dazu sind für die Zone der Mittelfreisetzung (Matrixfelder links unterhalb der Diagonalen) Abschöpfungs- bzw. Desinvestitionsstrategien angezeigt. Im mittleren Bereich (Matrixfelder, die von der Diagonalen durchschnitten werden) sind die Strategieempfehlungen hingegen weniger klar bestimmt; die konkrete Strategiewahl (Geschäftsfeld halten, ausbauen, abbauen) muss einzelfallspezifisch erfolgen (selektive Strategien).

Bei der Auswahl solcher Strategien ist zu berücksichtigen, dass die Unternehmung nur in begrenztem Maße über Ressourcen verfügt, die sie in neue Mitarbeiter, Vertriebswege, Werbebudgets usw. investieren kann. Deshalb wird es in der Regel sinnvoll sein, nicht auf allen Märkten gleichzeitig aktiv zu werden, sondern die Portfolio-Analyse dient gerade dazu, strategische Prioritäten zu setzen. Dazu gehört nicht zuletzt, sich zu Rückzugs- bzw. Desinvestitionsstrategien durchzuringen, um in einem Geschäftsfeld wenig Erfolg versprechende Mittel freizusetzen und damit die Möglichkeit für zusätzliche Investitionen in anderen Geschäftsfeldern zu erschließen.

Portfolio-Analyse im Einstiegsbeispiel

▶▶▶ Bei einer von E durchgeführten Portfolio-Analyse zeigt sich, dass der Markt für den Geschäftsbereich »Wandern« nach repräsentativen Umfragen – aufgrund der gerade bei der jüngeren Generation festzustellenden vermehrten Neigung zu dieser Freizeitbeschäftigung – auch zukünftig als attraktiv eingeschätzt werden kann. Zugleich dürfte eine hohe Wettbewerbsstärke von Friedman bestehen bleiben, da schon mehrere Versuche der Konkurrenz, insbesondere aus dem asiatischen Raum, die wasserabweisenden Eigenschaften der von der Friedman GmbH angebotenen Produkte zu imitieren, gescheitert sind. Während er diesen Geschäftsbereich daher im rechten oberen Bereich des Portfolios positioniert, gelangt er für den Geschäftsbereich »Klettern« zu einer gänzlich anderen Einschätzung und -ordnung (links unten). Er sieht zum einen eine demographiebedingte Marktschrumpfung voraus, zum anderen haben sich in den letzten Jahren einige Spezialanbieter als Konkurrenten im Markt etabliert, die qualitativ hochwertigere Produkte erstellen, für deren Fertigung Friedman das Know-how fehlt. Unsicher ist E in Bezug auf den »Jogging-Bereich«, welcher vom Umsatz her derzeit das bedeutendste Geschäftsfeld darstellt, das von ihm im mittleren Bereich des Portfolios verortet wird. Hier gehen die Expertenschätzungen mit Blick auf die künftige Bedeutung dieser Sportart innerhalb der Freizeitaktivitäten deutlich auseinander. Während E die derzeitige Wettbewerbsstärke von Friedman aufgrund der im Gegensatz zur Konkurrenz schon bei allen Produkten gegebenen Möglichkeit der Datenübertragung als hoch einstuft, fürchtet er deutliche Einbußen bei einem eventuellen Einstieg großer Technologiekonzerne in den Markt. Auf dieser Basis leitet E vor allem für den Geschäftsbereich »Wandern« Wertschaffungspotenzial ab und dementsprechend auch **Investitions- und Finanzierungsbedarf**. Für dieses Geschäftsfeld sieht er in seiner mittelfristigen Finanzplanung eine (Teil-)Deckung durch den Verkauf des Bereichs »Klettern« vor. ◀◀◀

Kritische Würdigung

Die **methodische Kritik** an solchen und ähnlichen Portfolio-Ansätzen richtet sich insbesondere auf folgende Punkte:

- Die Abgrenzung der strategischen Geschäftsfelder ist nicht immer überschneidungsfrei möglich, etwa wenn im gewählten Beispiel private Haushalte in mehr als einer der Sportarten aktiv sind und von der Unternehmung nicht mehr bediente Kletterer auch keine Wanderprodukte mehr nachfragen.
- Die Auswahl der zur Bewertung der strategischen Geschäftsfelder benutzten Teilkriterien der Marktattraktivität und der Wettbewerbsstärke sowie deren Gewichtung ist stets willkürlich; eine »objektive« Einordnung in das Portefeuille daher nicht möglich. In diesem Zusammenhang erscheint auch die Abgrenzung der einzelnen Matrixfelder (Drittelung in »hoch, mittel, niedrig«) mehr oder weniger grob und beliebig.
- Nicht auszuschließen ist ein gewisses »Lemminge-Verhalten«. Aufgrund der in jedem Unternehmen isoliert ermittelten Marktattraktivität konzentrieren sich zahlreiche Wettbewerber auf identische Geschäftsfelder. Der dadurch hervorgerufene Wettbewerbsdruck führt zu einem ungeplanten Abschmelzen der Margen. Daher kann es im Einzelfall sinnvoll sein, gezielt den Ausbau eines allgemein als weniger attraktiv geltenden Geschäftsfeldes zu betreiben, um sich als einer der verbleibenden Anbieter einen bedeutenden Marktanteil zu sichern.
- Vor dem Hintergrund dieser Probleme ist es gefährlich, allein aufgrund der Position eines strategischen Geschäftsfeldes im Portfolio und unter Vernachlässi-

gung weiterer Einflussgrößen quasi automatisch Normstrategien einzuschlagen. Die notwendige Verdichtung der Daten führt nämlich zu einer Informationsreduktion, so dass die Aussagekraft des Portfolios nicht ohne Vorbehalte zu sehen ist.

- Letztlich ergeben sich kaum Hinweise, wo möglicherweise neue, erfolgsträchtige Geschäftsfelder liegen könnten und wie diese bearbeitet werden sollten. Die Systematik, Übersichtlichkeit und Logik des Vorgehens sollte daher nicht über dessen Scheingenauigkeit hinwegtäuschen, die die tatsächliche Komplexität der Problemstellung übertüncht.

Der Erfolg der Portfolio-Analyse hängt davon ab, über welche Informationen die Planenden verfügen und wie sie diese in den Prozess einbringen. Zahlreiche, insbesondere kleinere Unternehmungen werden nur in beschränktem Maße über Know-how-Träger in sämtlichen der angesprochenen Fragen (bis hin zur Soziologie) verfügen, so dass sie entweder auf meist kostspielige fremde Auskünfte zurückgreifen oder ihren Informationsinput für die Zukunftsbilder (Szenarien) zu Lasten ihrer Genauigkeit »abspecken« müssen.

Der große Vorteil der Portfolio-Methode liegt dagegen in ihrer Anschaulichkeit. Durch einfache Visualisierung kann das Management schnell einen Eindruck von den wesentlichen Erfolgsfaktoren der Teilbereiche der Unternehmung gewinnen. Hierin liegt zugleich die größte Gefahr einer Anwendung des Ansatzes: Die vermeintliche Transparenz der Situation der Unternehmung kann die Entscheider zu vorschnellen Entschlüssen verleiten.

Quantifizierung zukünftiger Wertbeiträge: Strategie-Wertbeitrags-Matrix

Es liegt daher zwar nahe – wie oben angedeutet – aus der Portfolio-Analyse bereits Strategiealternativen abzuleiten. Für grundlegende Entscheidungen über das »Schicksal« einzelner Geschäftsbereiche mit entsprechenden finanziellen Konsequenzen ist es jedoch zwingend erforderlich, auch die **zukünftig zu erzielenden Wertbeiträge** zu berücksichtigen, die sich aus den Erfolgspotenzialen ableiten lassen. Wie in Abbildung 2.3 dargestellt, wird bei einer **Strategie-Wertbeitrags-Matrix** auf der Ordinate die strategische Bedeutung der Geschäftsbereiche abgetragen. Hier muss das Management eine Einstufung vornehmen, wie stark der Beitrag zur Erzielung von Wettbewerbsvorteilen und damit zur Realisation der Wertschaffungsidee als Kern des Geschäftsmodells ist – Informationen, die sich aus der Portfolio-Analyse ableiten lassen. Auf der Abszisse ist der prognostizierte Wertbeitrag festgehalten. Dabei wird in der abgebildeten Variante der 2x2-Matrix danach unterschieden, ob der jeweilige Geschäftsbereich das (z. B. EVA-)Ziel der Unternehmung erreichen kann. Die künftigen EVA-Werte entstammen Szenario-Schätzungen für die nächsten z. B. drei bis fünf Jahre über die erzielbaren Ergebnisse einerseits, das gebundene Kapital und seine Kosten andererseits (vgl. Modul 1: EVA = NOPAT – CAPITAL · WACC).

- Im rechten oberen Bereich der Matrix sind diejenigen Geschäftsbereiche versammelt, die für das Geschäftsmodell der Unternehmung von zentraler Bedeutung sind und für die zugleich Wertbeiträge prognostiziert werden, die über den gesetzten Zielmarken liegen. Der Erhalt der exzellenten Positionierung dieser

»Stars« dürfte im Mittelpunkt des strategischen Managements dieser Geschäftsbereiche stehen.

- Problematischer stellt sich die Situation in den Geschäftsbereichen dar, deren strategische Bedeutung zwar sehr hoch ist, bei denen der zukünftige Wertbeitrag aber unter den Erwartungen liegt. Hier ist fraglich (»Question Marks«), in welche Richtung sich die offensichtlich notwendige Restrukturierung bewegen soll. Werden sie – weil für das aufgesetzte Geschäftsmodell zentral – fortgeführt, muss operativ an der Wertschaffungsarchitektur gearbeitet werden, um die Wertbeiträge zu erhöhen. Andernfalls ist an eine Abspaltung/einen Verkauf zu denken, mit dem dann jedoch eine Neuausrichtung des Geschäftsmodells einhergehen müsste.
- Eindeutiger für eine Desinvestition kommen diejenigen Bereiche in Betracht, deren Wertbeiträge die gesetzte Hürde nicht überspringen werden, ohne die das derzeitige Geschäftsmodell der Unternehmung aber unverändert Gültigkeit behalten könnte (»Poor Dogs«).
- Auch Best-Ownership-Geschäfte liegen außerhalb des Geschäftsmodell-Fokus der Unternehmung. Da für sie jedoch Wertbeiträge über Planansatz vorausgesagt werden, sind sie für den Finanzleiter unter dem Aspekt der Finanzmittelgewinnung von besonderer Bedeutung (»Cash Cows«). Daher ist zu prüfen, ob sie im Unternehmen verbleiben (dauerhafte Zahlungsströme) oder an den »besten Eigentümer« verkauft werden können (einmaliger Zahlungsfluss). Als »Best Owner« wird diejenige Unternehmung bezeichnet, bei der ein Geschäftsbereich die höchste Eignung für das Geschäftsmodell, den größten strategischen Fit besitzt und insofern die höchste Chance auf Wertschaffung besteht.

Abb. 2.3

Strategie-Wertbeitrags-Matrix

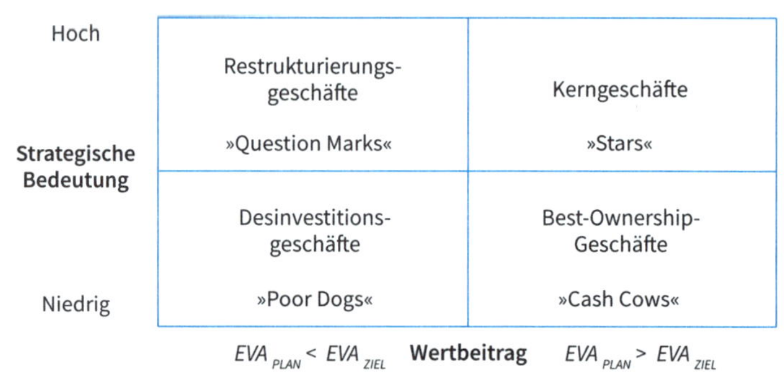

Quelle: in Anlehnung an Coenenberg/Günther 2011, S. 14

Strategie-Wertbeitrags-Matrix im Einstiegsbeispiel

▶▶▶ Die Portfolio-Analyse von E zeigt, dass der Geschäftsbereich »Klettern« tatsächlich veräußert werden sollte (Poor Dog), da die zu erwartenden Wertbeiträge aufgrund der Preiszugeständnisse, die Friedman hier machen muss, deutlich rückläufig sein würden. »Wandern« erweist sich insofern als Kerngeschäft (Star), als sich die schon in der Portfolio-Analyse sichtbare hohe Marktattraktivität und Wettbewerbsstärke auch in nachhaltig hohen Wertbeiträgen niederschlagen – insbesondere, da E davon ausgeht, aufgrund der technologischen Vorsprünge der Produkte weiterhin höhere Preise als die Konkurrenz durchsetzen zu können. Mehr Sicherheit über den weiteren strategischen Kurs erlangt E auch in Bezug auf den Geschäftsbereich »Jogging«. Zwar sieht er beim Eintritt neuer Wettbewerber die Gefahr sinkender Margen. Die sehr geringe Fertigungstiefe hat den Kapitaleinsatz in diesem Geschäftsfeld jedoch so stark reduziert, dass er sich zumindest für die nächsten drei Jahre hohe Wertbeiträge verspricht – und eine Einordnung als »Star« vornimmt. ◀◀◀

2.3 Rentabilitätsebene: Analyse des erzielten Erfolgs

Auf der Rentabilitätsebene steht nicht die Frage nach den Erfolgspotenzialen, sondern dem **tatsächlich erzielten Erfolg** (im Verhältnis zum eingesetzten Kapital) im Mittelpunkt der Analysen. Geprüft wird also zum einen im Sinne der Nachschaukontrolle, ob der auf der strategischen Ebene entwickelte Wertschaffungsplan aufgegangen ist. Zum anderen leiten sich Impulse für die Vorausplanung der kommenden Perioden ab: Nur wenn sich der prognostizierte Erfolg tatsächlich eingestellt hat, kann auch wieder in den Ausbau bestehender bzw. den Aufbau neuer Wertpotenziale investiert werden. Andernfalls sind innerhalb des Geschäftsmodells Veränderungen erforderlich – grundlegender bei Modifikationen der Wertschaffungsidee, marginaler im Rahmen der Wertschaffungsarchitektur.

Rentabilitätsebene: Überprüfung der Effizienz des Geschäftsmodells

Auf der bisher angesprochenen **strategischen** Ebene wird die Grundsatzausrichtung der Unternehmung thematisiert, die **Effektivität** des Geschäftsmodells hinterfragt (Peter F. Drucker 1963: »Doing the right things?«. Drucker (1909-2005) war ein US-Ökonom österreichischer Herkunft, der als Pionier der modernen Managementlehre gilt). Hier spielen Zukunftsentwicklungen und Umfeldeinflüsse eine große Rolle, deren Konsequenzen häufig nur qualitativ eingeschätzt werden können. Analysen auf der Rentabilitätsebene sind eher **operativ** angelegt, setzen das Geschäftsmodell als gegeben voraus und fragen vor diesem Hintergrund nach der **Effizienz** (»Doing things right«). Dabei ist der Fokus insofern beschränkt, als zumeist für nur eine Periode ausschließlich auf den quantifizierbaren Erfolg abgestellt wird. Dieser Erfolg ist wiederum die Voraussetzung für die Verfügbarkeit von Liquidität, die auf der dritten Ebene untersucht wird, welche ebenfalls eher operativen Charakter besitzt (vgl. 2.4).

»Den« Erfolg einer Unternehmung gibt es nicht. Vielmehr muss dieser vor dem Hintergrund des jeweiligen Ziels der Analyse stets unter bestimmten Regeln ermittelt werden. Innerhalb des Rechnungswesens von Unternehmen existieren daher auch verschiedene Auswertungsrechnungen, die unterschiedlichen Zwecken dienen. Dabei macht schon die Zweiteilung in in- und externes Rechnungswesen deutlich, dass sich bestimmte Rechenwerke vor allem oder sogar ausschließlich an die Unternehmensinsider richten (und daher durch deren Informationsbedarf bestimmt werden), andere darüber hinaus weiteren Stakeholdern Informationen vermitteln sollen. Während die allein für den internen Gebrauch eingesetzten Teilrechnungen auf die Spezifika der jeweiligen Unternehmung zugeschnitten werden können und insofern eine große Variabilität aufweisen, ist für die veröffentlichten Informationen des externen Rechnungswesens ein Mindestmaß an Normierung erforderlich, da die Informationen mehrerer Unternehmen ansonsten für Außenstehende nicht vergleichbar wären.

Jahresabschluss: Abbild der Vermögens-, Finanz- und Ertragslage einer Unternehmung

Das **externe Rechnungswesen** dient der Erstellung des **Jahresabschlusses**, der mindestens Bilanz und Gewinn- und Verlustrechnung, bei Kapitalgesellschaften auch Anhang und Lagebericht sowie bei kapitalmarktorientierten Unternehmen und Konzernen auch die im nächsten Abschnitt behandelte Kapitalflussrechnung umfasst (vgl. Coenenberg/Haller/Schultze 2014; Pellens 2014; Bonse/Linnhoff/Pellens 2011, S. 497 ff.). Der Jahresabschluss besitzt drei Funktionen. Zum ersten soll er den potenziellen Adressaten **entscheidungsrelevante Informationen** vermitteln, indem nach § 264 HGB »ein den tatsächlichen Verhältnissen entsprechendes«, also möglichst realistisches »Bild der **Vermögens-, Finanz- und Ertragslage**« der Unternehmung erwartet wird. Auf dieser Basis werden etwa die derzeitigen Eigentümer entscheiden, ob sie weiteres Eigenkapital in eine Unternehmung geben oder sich von ihren Anteilen trennen sollen, ein potenzieller Käufer wird mit diesen Informationen seinen Angebotspreis entwickeln, die Fremdkapitalgeber wie Banken nutzen diese Abbildung als Basis für Kreditentscheidungen, Arbeitnehmer für die Ableitung von Gehaltsforderungen, Lieferanten oder Kunden, wenn sie sich fragen, ob sie die bestehende Geschäftsverbindung fortsetzen wollen. Zweitens dient der Jahresabschluss der **Zahlungsbemessung**. Da die Eigentümer der Unternehmung – im Gegensatz etwa zu den Beschäftigten und den Kreditgebern – keine vertraglich festen, sondern Residualansprüche haben (siehe auch Modul 1), sind Rechenregeln von Bedeutung, um den ihnen zustehenden, ausschüttungsfähigen Gewinn zu ermittelten. Dieser ist hierzulande auch die Grundlage für die Besteuerung der Unternehmen bzw. der Eigentümer selbst. Allein aufgrund der Zahlungsbemessungsfunktion ist der Jahresabschluss trotz aller folgenden Einwände gegen seine Aussagekraft für den Finanzleiter von hoher Relevanz. Und drittens kommt dem Jahresabschluss die Aufgabe der **Dokumentation** des Unternehmensgeschehens zu, die insbesondere im Falle juristischer Auseinandersetzungen große Bedeutung besitzt.

Um die Bedeutung des Jahresabschlusses als »das« Informationsinstrument für Externe zu ermessen, darf der Blick nicht allein auf die großen Aktien- bzw. anderen Kapitalgesellschaften gerichtet werden, die nicht allein im Fokus der Wirtschaftspresse stehen, sondern freiwillig weit mehr publizieren, als ihnen gesetzlich vorgeschrieben ist (Modul 16). In Deutschland werden die rd. 3,6 Mio. Unternehmen durch 2,3 Mio. Einzelunternehmen dominiert (Personengesellschaften 0,4 Mio., Kapitalgesellschaften 0,7 Mio., 0,2 Mio. sonstige), die zu 97 % Umsätze unter einer Mio. € aufweisen. Hier ist der Jahresabschluss zumeist die einzige, durch die gesetzlichen Vorgaben und Sanktionen bei Verstößen gegen sie aber auch vergleichsweise zuverlässige Informationsquelle Externer. Und bei der folgenden Darstellung seiner Grundstruktur ist daher auch eine Beschränkung auf die Regeln des HGB für Einzelabschlüsse gerechtfertigt, denn nur ein Bruchteil der deutschen Unternehmen wenden die International Financial Reporting Standards (IFRS) – insbesondere für Konzernabschlüsse – an.

Bilanz: Gegenüberstellung Unternehmensvermögen und Finanzierung

In der **Bilanz** sind das Vermögen eines Unternehmens und dessen Finanzierung gegenübergestellt. Die unter den Aktiva erfassten Vermögensgegenstände werden danach unterschieden, ob sie dazu bestimmt sind, dauerhaft (Anlagevermögen) oder nur vorübergehend (Umlaufvermögen) dem Geschäftsbetrieb zu dienen. Das Anlagevermögen (Umlaufvermögen) weist daher Assets aus, die tendenziell längerfristig (kürzerfristig) im Unternehmen gebunden sind: Grundstücke und Gebäude, Maschinen, Beteiligungen, Patente (Vorräte, Forderungen, Wertpapiere, Liquide Mittel). Die Passiva weisen die Anspruchsgrundlagen der Kapitalgeber aus. Diese können daraus resultieren, dass die Eigentümer Eigenkapital in die Unternehmung eingebracht (Grund- oder Stammkapital) bzw. Gewinne in ihr belassen (Rücklagen) oder (in Deutschland vor allem) Banken Fremdkapital (Verbindlichkeiten) zur Verfügung gestellt haben. Rückstellungen unterscheiden sich von Verbindlichkeiten dadurch, dass fraglich ist, ob tatsächlich eine Belastung anfällt, und/oder wie hoch diese sein wird, und/oder wann sie eintritt. Ein besonders plastischer Fall hierfür sind Prozesskostenrückstellungen einer Unternehmung für mögliche Zahlungen aus Produkthaftpflicht. Bei deutschen Unternehmen dominieren quantitativ die Pensionsrückstellungen.

Gewinn- und Verlustrechnung: Darstellung des Erfolgs eines Unternehmens

Um den Jahresüberschuss bzw. -fehlbetrag zu ermitteln, werden in der **Gewinn- und Verlustrechnung (GuV)** die Aufwendungen und Erträge der abgelaufenen Periode miteinander konfrontiert. Nach dem sogenannten Umsatzkostenverfahren (alternativ kann mit einer etwas anderen Untergliederung das Gesamtkostenverfahren angewandt werden) werden ausgehend vom Umsatz zunächst die für die Umsatzerlöse notwendigen Aufwendungen für die Produktion, den Absatz sowie die Verwaltung abgezogen. Es folgen Hinzurechnungen (Abzüge) der Erträge (Aufwendungen) aus Beteiligungen sowie der Finanzanlagen. Schließlich werden Steuern berücksichtigt. Abbildung 2.4 zeigt Bilanz und GuV am Beispiel der Friedman GmbH.

Der von Kapitalgesellschaften zusätzlich vorzulegende **Anhang** enthält Erläuterungen und Ergänzungen zu Bilanz und GuV. So werden z. B. die angewandten Bilanzierungs- und Bewertungsmethoden dargestellt und einzelne Positionen der beiden Rechenwerke weiter untergliedert. – Im **Lagebericht** sollen zukunftsgerichtete Informationen über die zentralen Risiken der jeweiligen Unternehmung vor dem Hintergrund ihres Geschäftsmodells gegeben und der Umgang mit diesen Risiken erläutert werden.

Abb. 2.4

Bilanzen sowie Gewinn- und Verlustrechnungen der Friedman GmbH

Bilanzen 2014 und 2015 der Friedman GmbH in T€

Aktiva	2015	2014	**Passiva**	2015	2014
Anlagevermögen			**Eigenkapital**		
• Sachanlagevermögen	6.500	6.200	• Stammkapital	2.500	2.500
• Finanzanlagen	3.500	6.500	• Gewinnrücklagen	2.500	4.700
• Immaterielles Vermögen	1.700	1.700	• Jahresüberschuss	1.150	1.100
Umlaufvermögen			**Fremdkapital**		
• Vorräte	5.000	6.500	• Verbindlichkeiten gegenüber Kreditinstituten	15.500	12.500
• Forderungen	11.000	5.000	• Verbindlichkeiten aus Lieferungen/Leistungen	8.350	8.800
• Wertpapiere	2.000	1900			
• Liquide Mittel	300	1800			
	30.000	29.600		30.000	29.600

Gewinn- und Verlustrechnungen 2014 und 2015 der Friedman GmbH in T€

	2015	2014
Umsatzerlöse	50.000	49.000
Herstellungskosten	11.500	11.077
Bruttoergebnis vom Umsatz	**38.500**	**37.923**
Vertriebskosten	25.000	24.750
Allgemeine Verwaltungskosten	10.000	9.800
Sonstige betriebliche Erträge/Aufwendungen	0	0
Erträge aus Beteiligungen	0	0
Erträge aus anderen Wertpapieren und Ausleihungen des Finanzvermögens	500	490
Sonstige Zinsen und ähnliche Erträge	300	294
Abschreibungen auf Finanzanlagen und Wertpapiere des Umlaufvermögens	100	90
Zinsen und ähnliche Aufwendungen	1.500	1.450
Steuern vom Einkommen und vom Ertrag	1.500	1.470
Ergebnis nach Steuern	**1.200**	**1.147**
Sonstige Steuern	50	47
Jahresüberschuss/-fehlbetrag	**1.150**	**1.100**

Rentabilitätskennzahlen

Anknüpfend an das oben genannte, im Handelsgesetzbuch formulierte Ziel, dient der Jahresabschluss als Basis für die Berechnung von Kennzahlen zur **Ertragslage**. Hierfür bedient man sich vor allem der Formulierung von **Rentabilitäten bzw. Renditen**, da die absoluten Beträge des Jahresüberschusses/-fehlbetrages wenig aussagekräftig sind, denn aus ihnen geht nicht hervor, mit welchem Input sie erwirtschaftet wurden. Exemplarisch aus der Fülle möglicher Kennzahlen sind die am häufigsten verwendeten und extern stärksten beachteten (vgl. ausführlich Coenenberg/Haller/Schultze 2014, Weber/Schäffer 2014, Coenenberg/Fischer/Günther 2012, Perridon/Steiner/Rathgeber 2017):

Eigenkapitalrentabilität:	$r_{EK} = \frac{\text{Jahresüberschuss}}{\text{Eigenkapital}}$
Gesamtkapitalrentabilität:	$r_{GK} = \frac{\text{Jahresüberschuss} + \text{Fremdkapitalzinsen}}{\text{Eigenkapital} + \text{Fremdkapital}}$
Umsatzrentabilität:	$r_U = \frac{\text{Jahresüberschuss}}{\text{Umsatz}}$

Im ersten Fall wird eine speziell die Eigentümer interessierende Aussage darüber getroffen, welcher tatsächliche Erfolg auf der Basis des von ihnen eingebrachten Kapitals in der abgelaufenen Periode erwirtschaftet wurde. Im zweiten Fall wird die Rentabilitätskennzahl durch die von den Fremdkapitalgebern zur Verfügung gestellten Beträge und die darauf entfallenden Erfolgsansprüche ergänzt. Die Umsatzrendite oder -marge erfasst den Erfolgsanteil an den am Markt erzielten Beträgen.

Vergleich der Rentabilitätskennzahlen

Die Aussagekraft dieser Kennzahlen ist für sich genommen gering. Daher wird erstens versucht, die erwirtschafteten Renditen mit **Zeit-** und/oder **Benchmarkvergleichen** einzuordnen. So zeigt etwa die Abbildung 2.5 Eigen-, Gesamt- und Umsatzrendite für ausgewählte deutsche Branchen im Zeitraum 2006 bis 2012, also vor und nach der schwersten Finanz- und Wirtschaftskrise der Nachkriegszeit. Alternativ dazu kann die Höhe der Rendite durch einen Soll/Ist-Vergleich bewertet werden.

Rentabilitätskennzahlen im Einstiegsbeispiel

►►► Nach der Portfolio-Analyse sowie der strategischen und wertmäßigen Einordnung der einzelnen Geschäftsbereiche der Friedman GmbH, möchte E nun vor allem der Aussage des Alleininhabers, »die Zahlen seien gut wie immer«, näher auf den Grund gehen. Hierfür analysiert er die Rentabilität der Friedman GmbH auf Basis der Bilanz und GuV des abgelaufenen Geschäftsjahres 2015 (siehe Abb. 2.4). Im ersten Schritt bestätigt sich die Aussage von F, denn sowohl der Jahresüberschuss in Höhe von 1,15 Mio. € als auch die Bilanzsumme in Höhe von 30 Mio. € sind mit den Daten aus 2014 (Jahresüberschuss 1,10 Mio. €; Bilanzsumme 29,6 Mio. €) vergleichbar. Dieser zeitliche Vergleich genügt E jedoch nicht. Vielmehr interessiert er sich für einen Vergleich der Rentabilität der Friedman GmbH mit Unternehmen, die in der gleichen Branche agieren (Handels- und Textil-/Bekleidungsbranche). Vor diesem Hintergrund stellt E fest, dass die ermittelten Rentabilitätskennzahlen der Friedman GmbH (Gesamtkapitalrendite: 8,83 %, Eigenkapitalrendite: 18,70 % und Umsatzrendite: 2,30 %) den Kennzahlen der Konkurrenz entsprechen. Eine nachhaltige Ertragsschwäche kann E somit nicht konstatieren. ◄◄◄

Abb. 2.5

Zentrale Jahresabschluss-Kennzahlen deutscher Unternehmen 2006–2012

	Umsatzrentabilität				Gesamtkapital-rentabilität				Eigenkapital-rentabilität				Eigenkapitalquote			
	2006	2008	2010	2012	2006	2008	2010	2012	2006	2008	2010	2012	2006	2008	2010	2012
Baugewerbe	4,1	4,4	4,1	4,6	8,5	8,5	7,3	7,8	58,6	61,6	46,9	44,8	11,0	10,7	12,2	14,3
Chemische Industrie	7,3	3,6	5,4	5,5	7,9	5,3	6,2	6,4	18,2	9,1	12,8	12,6	33,6	35,0	35,2	38,8
Elektro-technik	3,1	2,0	4,5	4,0	4,7	3,6	5,5	5,0	11,5	7,3	14,5	12,2	26,9	27,6	28,9	29,8
Ernährung	2,3	2,1	2,6	2,0	6,2	6,3	6,8	5,8	14,5	13,7	15,3	13,0	30,3	30,6	33,4	31,5
Fahrzeugbau	1,5	0,6	2,2	2,8	3,0	2,0	4,6	4,7	7,4	2,7	8,4	11,0	25,0	25,6	27,2	26,7
Handel	2,1	1,9	2,2	2,0	8,8	8,3	8,3	7,7	32,3	28,1	27,5	23,1	20,7	21,6	23,9	26,3
Maschinen-bau	3,6	3,6	3,1	3,5	6,1	6,2	5,0	5,6	18,1	17,7	12,3	14,0	26,7	27,0	28,4	30,0
Papier / Ver-lag / Druck	2,8	1,9	1,4	1,5	6,7	5,6	4,5	4,6	17,2	12,0	7,8	8,0	25,8	25,7	27,2	28,9
Textil / Bekleidung	2,5	2,8	3,5	4,1	6,4	7,4	8,1	8,9	12,4	13,8	16,7	19,2	33,7	33,4	35,0	35,9
Alle Unter-nehmen[1)]	3,0	2,6	2,9	2,5	6,5	5,9	6,1	5,7	19,2	16,1	15,7	14,2	24,6	25,1	27,2	28,0

[1)] Enthalten sind: Bergbau und Gewinnung von Steinen und Erden, Verarbeitendes Gewerbe, Energie- und Wasserversorgung, Entsorgung, Baugewerbe, Handel, Verkehr und Lagerei, Gastgewerbe, Information und Kommunikation sowie Unternehmensdienstleistungen.

Quelle: Deutsche Bundesbank, Hochgerechnete Angaben aus Jahresabschlüssen deutscher Unternahmen von 1997 bis 2013, Mai 2015.

Einflussfaktoren auf die Rentabilitätskennzahlen

Zweitens wird versucht, die Rentabilitätsgröße in ihre **Einflussfaktoren** aufzuspalten – wie dies in Modul 1, Abbildung 1.7, bereits für den Wertbeitrag EVA gezeigt wurde. Abbildung 2.6 zeigt ein auf Basis von Bilanz und GuV gebildetes Kennzahlensystem, das auf die Gesamtkapitalrentabilität zuführt und diese von der Entstehungsseite erklären soll. Es handelt sich dabei um eine Variante des erstmals von dem US-Konzern DuPont eingesetzten Schemas, bei dem die Gesamtkapitalrentabilität auch als Return on Investment (RoI) oder Return on Assets (RoA) bezeichnet wird. Die Rendite des insgesamt eingesetzten Kapitals wird danach durch zwei Bereiche beeinflusst: auf Seiten der Erfolgskomponenten durch die Differenz aus Umsatzerlösen und Aufwand, auf Seiten des in der Unternehmung gebundenen Kapitals bzw. seiner Entsprechung auf der Vermögensseite durch die Kapitalhöhe. Bei letzterer ist indes auch von Bedeutung, wie häufig in der Periode das Kapital umgeschlagen wird; die Umschlagshäufigkeit des Kapitals wird durch die Relation Umsatz/Gesamtvermögen gemessen. So kann z. B. ein Internet-Handelsportal trotz erheblich niedrigerer Umsatzrentabilität als ein Unternehmen des Großanlagenbaus dennoch auf die gleiche Gesamtkapitalrentabilität kommen, weil es im Gegensatz zu diesem sein Kapital mehrmals umschlägt. Die Höhe des Umlaufvermögens wiederum wird dadurch beeinflusst, wieviel Lagerhaltung die Unternehmung betreibt (Vorräte), wieviel Zahlungen aus bereits gelieferten bzw. erbrachten Waren und Leistungen ausstehen (Forderungen) und wieviel Kasse der Finanzleiter aus Vorsichtsgründen unterhält.

Abb. 2.6

Einflussfaktoren der Gesamtkapitalrentabilität

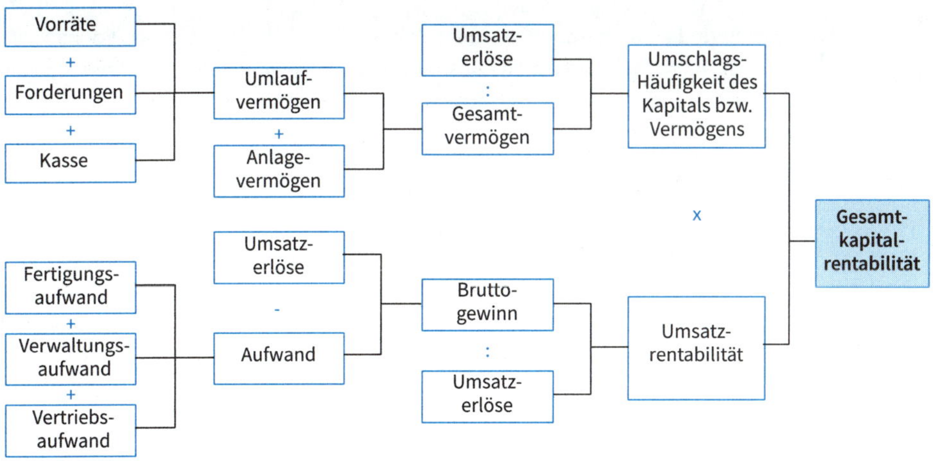

Quelle: Süchting 1995, S. 17

Operativ motivierte Rentabilitätskennzahlen

Drittens findet häufig – orientiert an internationalen Usancen – ein Ausweis des **»operativen« Erfolges** in Form des **EBIT** (Earnings before Interest and Taxes) bzw. **EBITDA** (Earnings Before Interest, Taxes, Depreciation and Amortisation) statt. Der Jahresüberschuss wird dabei um »Störgrößen« wie Zinsen, Steuern, Abschreibungen auf Sachanlagen und immaterielle Vermögensgegenstände bereinigt (diese Abzugspositionen werden also wieder hinzugerechnet), so dass dann etwa die Gesamtkapitalrentabilität formuliert wird als:

$$r_{GKmodifiziert} = \frac{EBIT}{Eigenkapital + Fremdkapital}$$

Aus Sicht des Finanzleiters ist nicht die resultierende Größe entscheidend. Im Vergleich von Jahresüberschuss und EBIT ist eher von Bedeutung (weil in der Kapitalmarktkommunikation u. U. rechtfertigungsbedürftig), welche Teile des operativen Erfolges durch Finanzierungseffekte aufgezehrt wurden.

Hieran anknüpfend wird viertens versucht, die **Brücke zu wertorientierten Kennzahlen** zu schlagen. Ein Beispiel hierfür ist der **Return on Capital Employed (ROCE)**, der den im operativen Geschäft erwirtschafteten Erfolg in Bezug auf das investierte Kapital misst. Er stellt eine Gesamtkapitalrendite vor Steuern dar, bei der das Gesamtkapital um das unverzinsliche Fremdkapital (wie z. B. kurzfristige Rückstellungen, Verbindlichkeiten aus Lieferungen und Leistungen, passive Rechnungsabgrenzungsposten) reduziert wird (Capital Employed):

$$ROCE = \frac{EBIT}{Capital\ Employed}$$

Der ROCE kann direkt mit den Verzinsungsansprüchen der Kapitalgeber verglichen werden. Liegt er über den Kapitalkosten (ROCE > WACC), wurde in der betreffenden Periode Wert geschaffen, andernfalls (ROCE < WACC) vernichtet. Ebenso ließe sich die in Modul 1 vorgestellte absolute Residualgewinngröße modifizieren, wobei das Ursprungskonzept grundsätzlich als Nachsteuergröße formuliert ist:

$$EVA = NOPAT - CAPITAL \cdot WACC$$

$$EVA_{modifiziert} = EBIT - CAPITAL \cdot WACC$$

Findet insofern über die Einbeziehung der Kapitalkosten = Renditeforderungen der Kapitalgeber eine Verknüpfung mit Kapitalmarktdaten statt, ist speziell bei Aktiengesellschaften die **Kopplung von Markt- und Jahresabschlussdaten** der fünfte Versuch, deren Aussagekraft zu erhöhen. Das Ergebnis je Aktie (EPS, Earnings per Share) ist nach den internationalen Rechnungslegungsvorschriften für börsennotierte Unternehmen eine Pflichtangabe. Eng verbunden hiermit ist das Kurs-Gewinn-Verhältnis (Price Earnings Ratio, PER), die reziproke, allerdings zu Marktwerten berechnete Eigenkapitalrendite. Im Vergleich mehrerer Aktiengesellschaften hat die erste Größe das Ziel, die aus Sicht der Eigentümer zentrale Gewinnkraft zu beurteilen. Die zweite zeigt die Angemessenheit der Börsenbewertung angesichts des erwirtschafteten Erfolges der Unternehmung an.

$$EPS = \frac{\text{Jahresüberschuss}}{\text{Anzahl Aktien im Jahresdurchschnitt}}$$

$$PER = \frac{\text{Preis je Aktie (Börsenkurs)}}{\text{Gewinn je Aktie}}$$

Strategische Geschäftsfeldkurve

In der Praxis sind darüber hinaus häufig Mischformen oder Kombinationen von traditionellen jahresabschlussgestützten und wertorientierten Kennzahlen verbreitet, wie die in Abbildung 2.7 von der Allianz 2003 veröffentlichte **strategische Geschäftsfeldkurve** deutlich macht. Dabei wird zunächst das in den Teilbereichen eingesetzte Kapital auf der Abszisse (alternativ das Geschäfts- oder Umsatzvolumen) mit dem auf dieser Basis erzielten RoAC = Return on Assigned Capital auf der Ordinate in Verbindung gebracht. Dieser wird dann mit der Renditeforderung der Kapitalgeber verglichen, um einen »Wertbeitrag« abzuleiten, was den theoretischen Shareholder-Value-Konzepten widerspricht, da der RoAC auf Basis des Jahresabschlusses (also Buchwerten) berechnet, die Renditeforderungen der Kapitalgeber aber aus Marktwerten ermittelt werden.

Abb. 2.7

Strategische Geschäftsfeldkurve der Allianz Group 2003

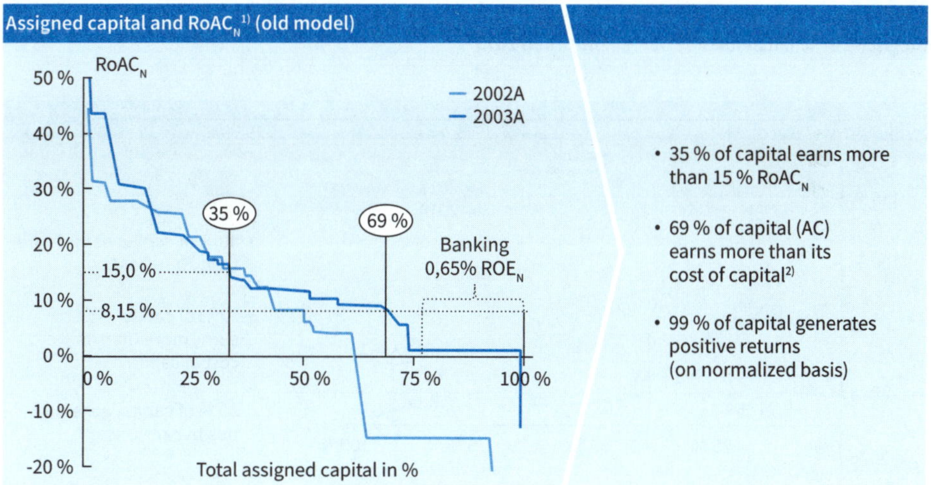

[1] $RoAC_N$ = Normalized profit after tax/assigned capital, before minorities. Assigned capital represents required risk capital. The determination of assigned capital generally follows the S&P capital adequacy model in 2003. From 2004 on, RAC will be calculated based on stochastic internal risk capital model (stepwise inclusion of business units).

[2] Cost of capital refers to insurance and asset management; CoC banking: 8.85 %

Quelle: Allianz SE, Analysts' Conference 2004, B9

Sieht man über diesen Einwand hinweg, deckte die größte deutsche Versicherungsgruppe Allianz bei der jährlichen Analystenkonferenz die Rentabilität der einzelnen Geschäftsfelder schonungslos auf. Besonders ging man dabei auf den Wertbeitrag der 2001 erworbenen Dresdner Bank ein, weshalb in Abbildung 2.7 auch nur die beiden Geschäftsfelder-»Banking« und »Nicht-Banking« unterschieden wurden. Demnach wurde die Zielrendite von mindestens 15 % auf das gebundene Kapital 2003 nur von 35 % des Geschäfts (ausnahmslos Nicht-Dresdner-Bank-Geschäft) erreicht. 69 % des Geschäfts erwirtschaftete im selben Jahr zumindest die Kapitalkosten in Höhe von 8,15 % (ebenfalls ausnahmslos Nicht-Dresdner-Unternehmung-Geschäft). Daneben macht die Grafik transparent, dass das Geschäftsfeld Dresdner Bank die Wertschaffung des Gesamtkonzerns in 2003 belastete: 23 % des Kapitals waren in der Unternehmung gebunden, die nur eine minimal positive Rendite generierte (0,65 %).

Da sich die Wertschaffung in diesem Geschäftsfeld auch in den Folgejahren nicht wesentlich verbesserte, in der Finanzkrise sogar existenzgefährdend verschlechterte, wurde die Dresdner Bank 2009 an die Commerzbank weiterverkauft und der Erlös in die anderen Geschäftsfelder investiert – offensichtlich mit Erfolg: Wie Abbildung 2.8 zeigt, konnten die Wertbeiträge in der Allianz Group seither nennenswert gesteigert werden.

Abb. 2.8

Strategische Geschäftsfeldkurve der Allianz Group 2013

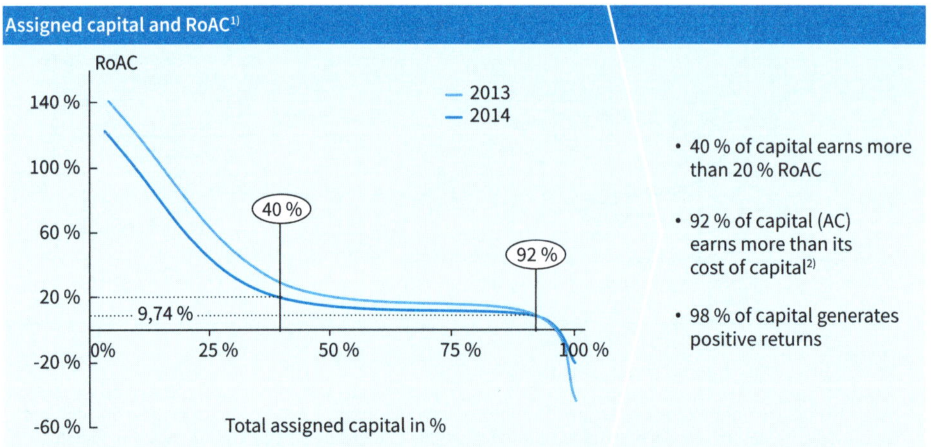

[1)] RoAC = Net Income/assigned capital, before minorities. Assigned capital represents required risk capital. The assigned capital is calculated based on the stochastic internal risk capital model.
[2)] Cost of capital 9.74 % refers to Allianz group per 31/12/2014

Quelle: Geschäftsbericht Allianz Group 2014, S. 134

Kennzahlen zur Beurteilung der Finanzlage

Auch zur Beurteilung der **Finanzlage** werden aus dem Jahresabschluss heraus unterschiedliche Kennzahlen berechnet – und dann, wie oben dargestellt, einem Vergleich im Zeitverlauf und/oder gegenüber unterschiedlichen Referenzgrößen (Branche, wichtigste strategische Wettbewerber, in der Unternehmensplanung gesetzte Zielmarken) unterzogen. Für den Finanzleiter sind diese Kennzahlen vor allem deshalb von Bedeutung, da aktuelle und potenzielle Kapitalgeber wie Banken, Großinvestoren wie Versicherungen, Rating-Agenturen, Wirtschaftsprüfer, bei Kreditinstituten selbst sogar die staatliche Aufsicht in ihren Bonitätsbewertungen von Sollvorstellungen über die Ausprägungen der Kennziffern ausgehen. Dabei werden vertikale und horizontale Bilanzstrukturnormen unterschieden, die auch als **Finanzierungsregeln** bezeichnet werden.

Vertikale Finanzierungsregeln

Die am häufigsten verwendeten **vertikalen** Strukturkennziffern für die Passivseite sind:

$$\text{Eigenkapitalquote} = \frac{\text{Eigenkapital}}{\text{Gesamtkapital}}$$

$$\text{Verschuldungsgrad} = \frac{\text{Fremdkapital}}{\text{Eigenkapital}}$$

Für die Aktivseite werden analog Kennziffern vorgeschlagen, die Ausdruck der Kapitalbindung und damit der (mangelnden) Flexibilität der Unternehmung sein sollen, wie z. B.:

$$\text{Anlagenintensität} = \frac{\text{Anlagevermögen}}{\text{Gesamtvermögen}}$$

Die auf dieser Basis formulierten Finanzierungsregeln – bspw. das Fremdkapital solle das Eigenkapital nicht übersteigen (»1 : 1-Regel«) oder maximal das Doppelte des Eigenkapitals betragen (»1 : 2-Regel«) – sind pauschale und willkürliche Setzungen, für die sich weder theoretisch noch empirisch zeigen lässt, dass durch ihre Einhaltung eine Insolvenz wegen Illiquidität oder Überschuldung verhindert werden könnte (vgl. Süchting 1995, S. 490, Schneider 1992, S. 577 ff.) und die sich deshalb auch nicht als »Frühwarnindikatoren« eignen. Dennoch stellen sie eine **Normierung** dar, die der Finanzleiter als Rahmenbedingung nicht ignorieren darf (vgl. Franke/Hax 2009, S. 105). Fällt einer Unternehmung etwa mit ihrer Eigenkapitalquote deutlich von vergleichbaren Unternehmungen derselben Branche ab, wird sie diesen Tatbestand ihren Kapitalgebern erläutern müssen. Die Beachtung der in Finanzierungsregeln zum Ausdruck kommenden Normvorstellungen – so fragwürdig sie auch sein mögen – wird damit zur Voraussetzung für den jederzeitigen Zugang zu Liquidität, die Nichtbeachtung stellt faktisch ein Insolvenzrisiko dar.

Horizontale Finanzierungsregeln

Horizontale Finanzierungsregeln knüpfen unter dem Prinzip der **Fristenkongruenz** Beziehungen zwischen bestimmten Vermögensteilen und »ihrer« Finanzierung. Diesem Prinzip liegt die Vorstellung zugrunde, dass Vermögensteile (bis zur Wiedergeldwerdung) und Kapitalteile (bis zum Abzug durch die Kapitalgeber) sich in ihrer zeitlichen Bindung entsprechen sollen. Auf diese Weise könne den Ansprüchen der Kapitalgeber mit den aus der »natürlichen Liquidation« (vgl. Süchting

1995, S. 489) der Vermögensteile gewonnenen Zahlungsmitteln genügt und die Liquidität der Unternehmung gewahrt werden.

Aus der Vielzahl von horizontalen Finanzierungsregeln und daraus abgeleiteten Kennziffern sollen hier wiederum nur zwei besonders prominente hervorgehoben werden: Die **goldene Bilanzregel** fordert, dass langfristig gebundenes Vermögen langfristig finanziert wird. Impliziert ist, dass kurzfristig gebundenes Vermögen kurzfristig finanziert werden darf. Die Einhaltung der goldenen Bilanzregel wird mit Hilfe unterschiedlich definierter Deckungsgrade gemessen:

$$\text{Deckungsgrad A} = \frac{\text{Eigenkapital}}{\text{Anlagevermögen}}$$

$$\text{Deckungsgrad B} = \frac{\text{Eigenkapital} + \text{langfristiges Fremdkapital}}{\text{Anlagevermögen}}$$

Die zumindest traditionell von Kreditinstituten verfolgte **Banker's Rule**, nach der das Umlaufvermögen mindestens das Doppelte des kurzfristig von der Unternehmung aufgenommenen Fremdkapitals betragen soll, wird über die die beiden Bestandteile des Working Capital konfrontierende Current Ratio gemessen:

$$\text{Current Ratio} = \frac{\text{Umlaufvermögen}}{\text{Kurzfristige Verbindlichkeiten}}$$

In diesem Zusammenhang sind im Übrigen auch die häufig benutzten **Liquiditätsgrade** zu nennen, die – anders als die zuvor genannten Kennzahlen – die Beurteilung des Risikos der Zahlungsunfähigkeit in einer noch kurzfristigeren Orientierung suchen (erst die Liquidität 3. Grades entspricht der Current Ratio):

$$\text{Liquidität 1. Grades} = \frac{\text{Kasse} + \text{Bank}}{\text{Kurzfristige Verbindlichkeiten}}$$

$$\text{Liquidität 2. Grades} = \frac{\text{Kasse} + \text{Bank} + \text{Forderungen aus Lieferungen und Leistungen}}{\text{Kurzfristige Verbindlichkeiten}}$$

$$\text{Liquidität 3. Grades} = \frac{\text{Umlaufvermögen}}{\text{Kurzfristige Verbindlichkeiten}}$$

Solche Liquiditätskennzahlen müssen sehr vorsichtig interpretiert werden, da sie nur eine ungefähre Aussage über die tatsächliche Liquiditätssituation und Entwicklung der Unternehmung erlauben. Wesentlicher Grund dafür ist, dass sich die Kennzahlen auf die Situation am Bilanzstichtag als historische Momentaufnahme beziehen und diese möglicherweise zum Zeitpunkt der Analyse bereits grundlegend verändert ist.

Aspekte zur Beurteilung von Liquiditätsrisiken

Zur Vermeidung von Liquiditätsrisiken ist Fristenkongruenz im Übrigen weder notwendig noch hinreichend. So gehen etwa Zahlungen aus Forderungen nicht immer fristgerecht ein, schlagend werdende Ausfall-, Preis- und andere Risiken bewirken zusätzliche Liquiditätsrisiken. Zudem sind die Liquiditätsströme durch ein reines Abstellen auf eine formale Fristenkongruenz nicht vollständig erfasst. Zu berücksichtigen sind hier Kunden oder Konzerneinheiten zugesagte Kreditlinien, eigene Refinanzierungsspielräume bei Dritten oder die Beschaffung von Zahlungsmitteln durch Verkauf oder Beleihung von Vermögensgegenständen. Speziell mit Blick auf die Verflüssigung von Vermögenspositionen stellen sich z. B. folgende Fragen:

- Gibt es Märkte oder sogar Börsen für die Vermögenspositionen?
- Sind diese Märkte liquide genug, um nennenswerte Volumina weitgehend »verlustlos« aufzunehmen? In krisenhaften Märkten ist entscheidend, wie verlustfrei Anlagen in Zahlungsmittel umgewandelt werden können. Hier verknüpfen sich in besonderer Weise Liquiditäts- und Erfolgsgesichtspunkte. Liquidationsverluste aus z. B. Notverkäufen sind (potenzielle) Liquiditätseinbußen, die gegen das Eigenkapital gestellt werden müssen.
- Wie hoch sind die Transaktionskosten?
- Welche Qualität haben die zu veräußernden Vermögensgegenstände, wie werthaltig sind sie?

Insofern können auf der Basis des Jahresabschlusses berechnete Liquiditätskennzahlen höchstens eine sehr stark vereinfachende Durchschaulösung für Externe sein, denen sich keine anderen Wege der Liquiditätsanalyse eröffnen.

Kosten- und Leistungsrechnung: Interne Sicht auf den Unternehmenserfolg

Der Finanzleiter als Insider muss sich dagegen bei seiner Informationsbeschaffung nicht auf jahresabschlussbasierte Kennziffern beschränken, die nur mit großen Ungenauigkeiten und Unsicherheiten Schlüsse auf die (Vermögens-), Finanz- und Ertragslage der Unternehmung zulassen (auch wenn er sie – wie gesagt – im Blick zu halten hat). Darüber hinaus besitzt er jedoch Zugang zum **internen Rechnungswesen**, in dem der erzielte Erfolg mit Hilfe der **Kosten- und Leistungsrechnung** (teilweise auch als Kosten- und Erlösrechnung bezeichnet) berechnet wird. Hier ist die Art der Ermittlung frei von gesetzlichen Vorgaben und Normvorgaben Externer, sie kann auf die individuellen Informationsbedürfnisse des jeweiligen Unternehmensmanagements zugeschnitten werden, weshalb hier auch kein allgemeingültiges Schema existiert (vgl. eine Vielfalt von Ausgestaltungsformen bei Coenenberg/Fischer/Günther 2012). Da es sich bei Kosten um den bewerteten, betrieblich bedingten Werteverzehr handelt (Leistungen als unbewertete, Erlöse bewertete Ergebnisse betrieblicher Tätigkeit; Weber/Schäffer 2014, S. 135), wird ein anderer Erfolg als im externen Rechnungswesen ermittelt. Der Fokus liegt auf dem Erfolg, der allein aus der eigentlichen **betrieblichen** Tätigkeit resultiert. Die GuV stellt dagegen eine globalere, umfassendere Rechnung dar, in der der Erfolg des gesamten Unternehmens inklusive betriebsfremder Komponenten (z. B. Entwicklung einer Software zur betrügerischen Umgehung von Abgaswerten, Spenden an karitative Organisationen) ermittelt wird (grundsätzlich Kußmaul 2011, S. 257).

Nicht zuletzt durch internationale Einflüsse getrieben, haben sich Jahresabschluss sowie Kosten- und Leistungsrechnung, die aus wirtschaftlichen Gründen beide ihren Ausgang in der Finanzbuchhaltung nehmen, in den letzten Jahren angenähert (**Konvergenz**) – einerseits, um Forderungen der Kapitalgeber nach stärkerer Teilhabe an den »exklusiven« Managementinformationen zu ermöglichen, andererseits, um die Kapitalmarkterwartungen besser in interne Ziele transformieren und in die Entscheidungsgrundlagen der Unternehmensleitung einbinden zu können.

Investitionsrechnungen

Aussagekräftiger für den Finanzleiter sind die beiden weiteren Teilbereiche des internen Rechnungswesens, die die Investitions- und die Finanzierungsrechnungen umfassen. Die **Investitionsrechnung** ermittelt ex ante und ex post den Erfolg einzelner Projekte (deren Größe vom Kauf eines einzelnen Aggregats bis zu einem ganzen Unternehmen reichen kann) – und dieses in einer periodenübergreifenden Perspektive über die gesamte Laufzeit der Investition hinweg. Für den Finanzleiter ist sie von zentraler Bedeutung, da sie wichtige Informationen über die nach der Kaufpreiszahlung in den folgenden Perioden abfließenden (z. B. Erhaltungs-)Auszahlungen einerseits, Rückflüsse andererseits enthält; sie wird daher detailliert in den Modulen 3 ff. behandelt.

Finanzierungsrechnungen

Die Investitionsrechnung geht ein in die im nächsten Abschnitt ausführlich zu behandelnden **Finanzierungsrechnungen**. Mit ihnen wird eine Planung, Steuerung und Kontrolle der liquiden Mittel der Unternehmung angestrebt, um eine Verletzung der im Modul 1 genannten Vorschriften der Insolvenzordnung zu vermeiden und zugleich zu prüfen, ob sich die angestrebte Wertschaffung auch auf der Zahlungsmittelebene niedergeschlagen hat.

Abb. 2.9

Zusammenhang unterschiedlicher Teilsysteme des Rechnungswesens

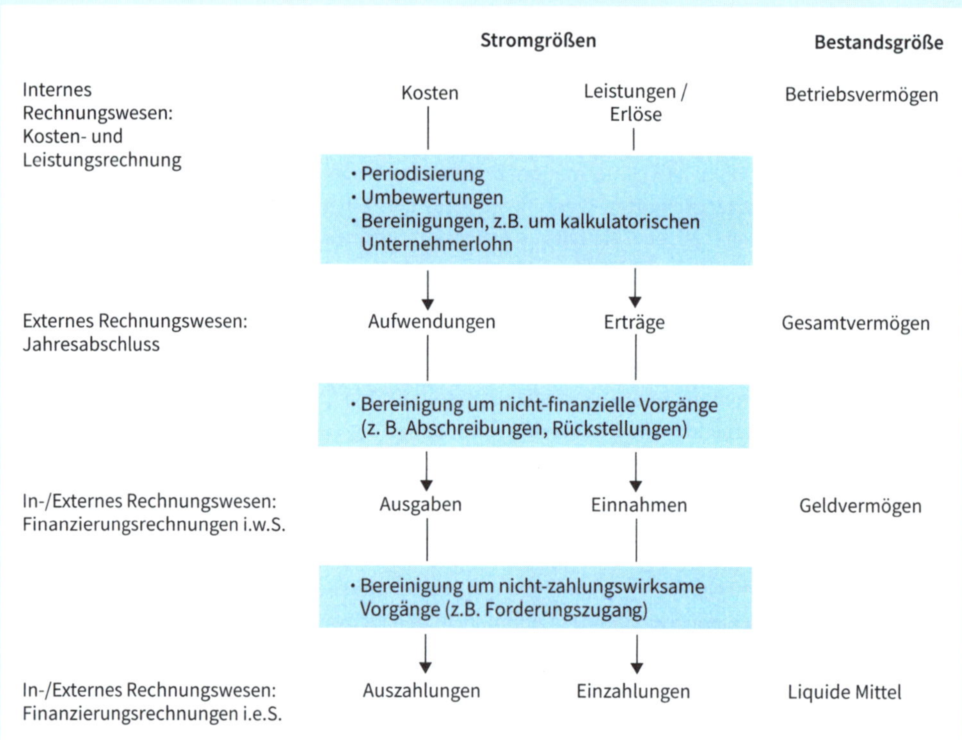

Der Zusammenhang der angesprochenen Teilsysteme des Rechnungswesens soll mit der Abbildung 2.9 noch einmal zusammengefasst werden (die Investitionsrechnung ist hierbei ausgeklammert). In der internen Kosten- und Leistungsrechnung werden die namensgebenden Strom- (also über eine Periode hinweg berechneten) Größen gegenübergestellt, um das Betriebsvermögen als Bestandsgröße zu ermitteln. Da im Rahmen der internen Steuerung zumeist unterjährige Berechnungszeiträume gewählt werden, ist eine andere Periodisierung notwendig, um zu den Stromgrößen des Jahresabschlusses – Aufwendungen und Erträge – zu kommen. Zudem sind kalkulatorische Positionen, die der Gesetzgeber im externen Rechnungswesen nicht erlaubt (etwa der kalkulatorische Unternehmerlohn) zu entfernen. Wird in der Bilanz das Gesamtvermögen der Unternehmung ausgewiesen, müssen im Rahmen der Finanzierungsrechnungen nicht-finanzielle Vorgänge eliminiert werden, um eine Angabe über ihr Geldvermögen zu erhalten. Ausgaben und Einnahmen stellen aber erst die Vorstufe zu den für die Einhaltung der Liquiditätsnebenbedingung ausschlaggebenden Zahlungsmitteln dar. Während sich etwa das Geldvermögen bereits nach dem Verkauf auf Rechnung erhöht (Forderungszugang), steigt der Bestand liquider Mittel erst nach Begleichung der Rechnung.

2.4 Liquiditätsebene: Analyse der Zahlungsmittel

Während die Begrifflichkeit des in- und externen Rechnungswesens bezogen auf die Erfolgsebene in Literatur und Praxis weitgehend einheitlich ist, existiert mit Blick auf die finanzwirtschaftlichen Informationssysteme der Unternehmung eine »Vielzahl von Rechnungskonzepten«, herrscht sogar »eine regelrechte Verwirrung« vor (Coenenberg/Haller/Schultze 2014, S. 782). Am häufigsten werden die Begriffe Finanzierungs- bzw. Finanzrechnung sowie Cashflow- bzw. Kapitalflussrechnung gebraucht, letztere allerdings vielfach in einem engeren Sinne auf das spezifische Publizitätsinstrument von Konzernen bezogen (so etwa ebenda, S. 783). In diesem Buch wird in einem umfassenderen Verständnis **»Finanzierungsrechnungen«** als Oberbegriff für die liquiditätsorientierten Teilsysteme des Rechnungswesens verwandt, die sich mit der **Erfassung und Steuerung von Zahlungsströmen und Finanzmittelbeständen** beschäftigen (vgl. ähnlich Arbeitskreis »Finanzierungsrechnung« der Schmalenbach-Gesellschaft 1990). Wenn auch schon lange in der Literatur diskutiert, standen derartige Rechnungen bis vor wenigen Jahren sowohl in der theoretischen Diskussion als auch der Praktikersicht eindeutig im Schatten der Erfolgsrechnungen. Deren Dominanz mag sich daraus erklären, dass zum einen nur ganz wenige Unternehmen finanzwirtschaftliche Informationen veröffentlichen müssen und die Liquiditätsbeschaffung zum anderen als grundsätzlich unproblematisch und allenfalls Preisfrage angesehen wurde. Spätestens die nachhaltigen Marktstörungen im Zuge der Finanzkrise, durch die selbst bonitätsmäßig erste Adressen Restriktionen bei der Kapitalbeschaffung spürten, haben jedoch die liquiditätsbezogenen Analyseinstrumente an Bedeutung gewinnen lassen (**»Profit is opi-**

nion, Cash is king«, Börsenzeitung 2015). Sie ergänzen die auf die **Vermögenslage** bezogene Sichtweise der **Bilanz** und die **erfolgs**bezogene Perspektive der **GuV** bzw. **Kosten- und Leistungsrechnung** um den Blick auf die **Finanzlage** und sind daher notwendiges Element eines **integrierten Informationssystems als Basis der Finanzierungspolitik**.

Verschiedene Formen von Finanzierungsrechnungen

Die folgende Abbildung 2.10 gibt anhand zentraler Merkmale einen Überblick über **verschiedene Formen von Finanzierungsrechnungen**, wobei zunächst danach unterschieden wird, wer diese erstellt. Ein Unternehmen kann die Auswertungen internen Zwecken vorbehalten oder (auch) externen Adressaten vorlegen. Dort, wo das Unternehmen selbst keine Informationen über seine Liquidität veröffentlicht, sind Externe auf eigene Analysen angewiesen. Diese müssen mangels anderen Materials den Jahresabschluss als Ausgangsbasis verwenden und versuchen, auf die Finanzlage rückzuschließen (indirekte Methode). Unternehmensinsider können grundsätzlich ebenso verfahren, haben allerdings auch Informationen über die Zahlungsströme und sind daher in der Lage, direkt dort mit ihrer Analyse anzusetzen. Dementsprechend sollten die internen Rechnungen eine deutlich höhere Genauigkeit mit Blick auf die Zahlungsmittelbewegungen besitzen als externe Analy-

Abb. 2.10

Zentrale Merkmale unterschiedlicher Finanzierungsrechnungen

<table>
<tr><th>Ersteller</th><th colspan="4">Unternehmen</th><th>Externe</th></tr>
<tr><td>Adressaten</td><td colspan="3">Interne</td><td>Externe</td><td>Externe</td></tr>
<tr><td>Berechnungsweise</td><td colspan="4">direkt/indirekt</td><td>indirekt</td></tr>
<tr><td>Perspektive</td><td>retrospektiv</td><td colspan="2">prospektiv</td><td>retrospektiv</td><td>retrospektiv</td></tr>
<tr><td>Zeithorizont</td><td>i.d.R. 1 Jahr</td><td>lang- bis mittelfristig</td><td>kurzfristig</td><td>1 Jahr</td><td>1 Jahr</td></tr>
<tr><td>Bezeichnung des Formats</td><td>Kapitalflussrechnung (CF als Verdichtung)</td><td>Kapitalbedarfsplanung</td><td>Finanzplan</td><td>Kapitalflussrechnung (normiert, CF als Verdichtung)</td><td>Kapitalflussrechnung (CF als Verdichtung)</td></tr>
<tr><td>Liquiditätsnähe</td><td colspan="5">→ (abnehmend von links nach rechts)</td></tr>
</table>

sen. Auf die vergangene, in der Regel einjährige Periode bezogen, bestehen die Finanzierungsrechnungen zumeist aus Gegenüberstellungen von Zahlungsmittelherkunft und -verwendung – **Kapitalflussrechnungen** (beruhend vor allem auf Arbeiten von Busse von Colbe 1966 und Käfer 1984) –, die aufgrund ihrer divergierenden Ermittlungsbasis jedoch u. U. zu deutlich unterschiedlichen Ergebnissen führen können. Dies pflanzt sich fort in der Kennzahl des **Cashflows (CF)**, zu der die Kapitalflussrechnungen verdichtet werden.

2.4.1 Unternehmensinterne Finanzierungsrechnungen

Da Kapitalflussrechnungen Liquiditätsveränderungen innerhalb einer Periode aufzeigen sollen, ist in einem ersten Schritt festzulegen, welche Arten von Liquidität Eingang in die Analyse finden. Bei internen Rechnungen, für die keine gesetzlichen Vorgaben existieren, kann die Unternehmung frei wählen, wie sie den sogenannten **»Finanzmittelbestand bzw. -fonds«** definiert. Neben Bargeld und Sichtguthaben – Zahlungsmitteln, die dazu geeignet sind, Auszahlungsverpflichtungen mit endgültig befreiender Wirkung nachzukommen (»Primärliquidität«, Süchting 1995, S. 563 ff.) – können z. B. auch Near-money assets wie Termineinlagen bei Banken, Geldmarktpapiere oder andere festverzinsliche Wertpapiere mit kurzen Restlaufzeiten einbezogen werden. Diese »Sekundärliquidität« kann zumindest in Normalzeiten vergleichsweise rasch und weitgehend ohne Liquidationsverluste veräußert, also zu Zahlungsmitteln gemacht werden. Je weiter man jedoch auch Zahlungsmitteläquivalente bis hin etwa zu Forderungen einbezieht, desto stärker verwässert man die Vorteile der direkten Berechnungsmethode, indem man von der reinen Zahlungsmittel- auf die Geldvermögensebene wechselt, sodass dann eher von einem »zahlungsorientierten« Fonds gesprochen werden sollte (Coenenberg/Haller/Schultze 2014, S. 791; zu unterschiedlichen Abgrenzungsmöglichkeiten auch Perridon/Steiner/Rathgeber 2017, S. 705 ff.). Andererseits bildet man mit einem eher weiten Liquiditätsverständnis möglicherweise besser die Realität des Cash-/Liquiditätsmanagements in der Unternehmung ab (Modul 14).

Abgrenzung der Finanzmittelfonds nach ihrer Herkunft

Für den nach den Informationsbedürfnissen der Entscheider in der Unternehmung abgegrenzten Finanzmittelfonds werden in einem zweiten Schritt die Zu- und Abflüsse der Periode kontrastiert – geordnet nach zumeist drei Ursachenkomplexen:

- **Operativer Bereich:** In diesem auch als »laufende Geschäftstätigkeit« bezeichneten Bereich werden die Mittelzu- und -abflüsse aus der aus dem Geschäftsmodell der Unternehmung abgeleiteten Wertschöpfungsarchitektur erfasst, also vor allem Zahlungsströme im Zusammenhang mit der Erstellung und dem Absatz bestimmter Produkte und Dienstleistungen festgehalten.
- **Investitionsbereich:** Hier werden die Mittelabflüsse für die Anschaffungsauszahlungen der Investitionen sowie die Mittelfreisetzungen durch Desinvestitionen, also z. B. den Verkauf eines Geschäftsfeldes, erfasst. Als Investitionen werden dabei zumeist diejenigen Ressourcen betrachtet, mit denen länger als ein Jahr gearbeitet werden soll.

- **Finanzierungsbereich:** Gegenübergestellt werden die Zu- und Abflüsse aus der Aufnahme respektive Rückzahlung von Finanzmitteln bei den Unternehmenseignern bzw. den Fremdkapitalgebern.

Es zeigt sich dann über alle Bereiche hinweg ein positiver (negativer) Saldo, der den Finanzmittelfonds in der vergangenen Periode gegenüber dem Anfangsbestand erhöht (vermindert) hat. – Dieses Grundschema (Abb. 2.11) kann unabhängig davon verwendet werden, ob die direkte, unmittelbar an den Zahlungsströmen der Unternehmung ansetzende Methode oder das indirekte Verfahren gewählt wird, bei dem eine vom Jahresabschluss ausgehende Rückrechnung stattfindet. Diese ist indes so aufwendig (vgl. etwa Coenenberg/Haller/Schultze 2014, S. 798 ff. und Perridon/Steiner/Rathgeber 2017, S. 695 ff.), dass vermeintliche Synergieeffekte aus der Nutzung der Bilanz- und GuV-Daten überkompensiert werden. Und zudem sollte eine separate Erfassung der Aus- und Einzahlungen beim heutigen Stand der EDV auch

Abb. 2.11

Grundaufbau einer (internen) Kapitalflussrechnung

Operativer Bereich:
Mittelzuflüsse aus operativen Geschäften - Mittelabflüsse für operative Geschäfte = Mittelüberschuss/-defizit aus der laufenden Geschäftstätigkeit (operativer Bereichssaldo) (1)
Investitionsbereich:
Mittelzuflüsse aus Desinvestitionen - Mittelabflüsse für Investitionen = Mittelüberschuss/-defizit aus der Investitionstätigkeit (investiver Bereichssaldo) (2)
Finanzierungsbereich:
Mittelzuflüsse aus Finanzierungen - Mittelabflüsse für Rückzahlungen = Mittelüberschuss/-defizit aus der Finanzierungstätigkeit (finanzieller Bereichssaldo) (3)
Finanzmittelbereich:
Veränderung der Fondsmittel (Gesamtsaldo) (Summe aus 1, 2 u. 3) + Anfangsbestand des Finanzmittelfonds = Endbestand des Finanzmittelfonds

Quelle: in Anlehnung an Coenenberg/Haller/Schultze 2014, S. 797

kleineren Unternehmen ohne hohe Zusatzkosten möglich sein, die den Zugewinn an Genauigkeit für die Liquiditätsanalyse in Frage stellen würden.

Verdichtung der Kapitalflussrechnung: Cashflow der Unternehmung

Als Verdichtung der Kapitalflussrechnung zu einer finanzwirtschaftlichen Kennzahl, die den »finanzwirtschaftlichen Überschuss« einer Periode ausdrückt, wird der **Cashflow der Unternehmung** bezeichnet. Dabei wird einerseits häufig allein auf denjenigen aus dem operativen Bereich abgestellt. Er weicht umso stärker von anderen Beurteilungsgrößen für die laufende Geschäftstätigkeit (Erfolgsgrößen der GuV) ab, je enger der Finanzmittelfonds an Zahlungsgrößen orientiert abgegrenzt wird. Andererseits wird der operative auch als Brutto-Cashflow bezeichnet, von dem der Netto-Cashflow als Veränderung des Finanzmittelfonds insgesamt getrennt wird (teilweise wird der Netto-Cashflow jedoch enger definiert, vgl. das Beispiel Bayer AG in Abb. 2.15).

Interne Finanzierungsrechnung im Einstiegsbeispiel

►►► Während der Analyse der Jahresabschlussdaten ist E aufgefallen, dass vor allem zwei Bilanzpositionen im Vergleich zum Vorjahr gestiegen sind. Auf der Aktivseite haben die Forderungen aus Lieferungen und Leistungen im Jahr 2015 um 6 Mio. € auf 11 Mio. € zugenommen. Auf der Passivseite sind es die Verbindlichkeiten ggü. Kreditinstituten, die in 2015 um 3 Mio. € auf insgesamt 15,5 Mio. € angestiegen sind. Durch ein Gespräch mit dem Alleininhaber erfährt E, dass einige Händler, denen die Friedman GmbH Kletterausrüstung und Fitnessarmbänder verkauft hat, bereits in der Vergangenheit des Öfteren ihren Zahlungsverpflichtungen nicht vollständig nachgekommen sind. Allerdings handelt es sich bei diesen Händlern in der Mehrheit um jahrelange treue Kunden, welche immer nur kleinere finanzielle Probleme hatten. E erkennt, dass aus dieser Situation das Risiko eines partiellen Forderungsverzichts erwächst – mit entsprechend negativen Folgen für die Finanzlage der Friedman GmbH. In diesem Zusammenhang erinnert sich E an die Warnung des Betreuers der Hausbank und möchte diesbezüglich eine Finanzierungsrechnung für das Jahr 2015 erstellen. Ausgehend vom Jahresüberschuss in Höhe von 1,15 Mio. € errechnet E einen negativen Cashflow aus der laufenden Geschäftstätigkeit in Höhe von 2,6 Mio. €, der in erster Linie auf die Zunahme der Forderungen aus Lieferungen und Leistungen zurückzuführen ist. Außerdem zeigt sich, dass seit der zuletzt vorgenommenen Expansion der Unternehmung in den »Jogging-Bereich« die Investitionstätigkeit der Friedman GmbH im Jahre 2015 von geringer Bedeutung war. Folglich ergibt sich ein geringer Cashflow aus laufender Investitionstätigkeit von 0,3 Mio. €. Aufgrund erhaltener Dividenden auf Finanzanlagen und einer Kreditaufnahme bei der Hausbank der Friedman GmbH entspricht der Cashflow aus der laufenden Finanzierungstätigkeit 3 Mio. €. Auf Nachfragen des E ist die Bank jedoch in Anbetracht der wiederholten Kontoüberziehungen nicht dazu bereit, der Friedman GmbH in Zukunft weitere Kredite zu gewähren. Die Finanzlage der Unternehmung ist angesichts der fehlenden Liquidität aus der laufenden Geschäftstätigkeit in der Tat als »dramatisch« anzusehen. ◄◄◄

Der in einer Periode erwirtschaftete **Brutto-Cashflow** kann verwendet werden zur

- Bedienung von Zahlungsansprüchen der Eigenkapitalgeber (z. B. Dividenden in der Aktiengesellschaft),
- Vornahme von Investitionen,
- Tilgung von Verbindlichkeiten.

Selbstfinanzierungskraft und Verschuldungsfähigkeit der Unternehmung

Auf der Basis des Cashflows berechnete **Kennzahlen** werden daher auch herangezogen, um Aussagen sowohl über die Selbstfinanzierungskraft der Unternehmung als auch ihre Verschuldungsfähigkeit abzuleiten. So bezeichnet die Capital Adequacy Ratio (vgl. Coenenberg/Haller/Schultze 2014, S. 1095) die Fähigkeit der Unternehmung, allen drei Verwendungszwecken nachzukommen. Der Investitionsgrad (Kehrwert der Investitionsdeckung) stellt dagegen auf die Möglichkeit ab, die Nettoinvestitionen (Saldo aus Zu- und Abgängen) in das Anlagevermögen »aus eigener Kraft« zu decken. Der dynamische Verschuldungsgrad macht eine Aussage darüber, wieviel Jahre(s-Cashflows) die Unternehmung benötigen würde, ihre Netto-Finanzschulden (also Gesamtschulden abzüglich des monetären Umlaufvermögens) zu tilgen. In den beiden letzten Fällen wird vorausgesetzt, ihre Zahlungsmittelüberschüsse wären in dieser Höhe nachhaltig und würden auch ausschließlich für den jeweiligen Einzelzweck verwandt (vgl. Süchting 1995, S. 493).

$$\text{Capital Adequacy Ratio} = \frac{\text{Cashflow}}{\text{Dividenden} + \text{Investitionen Anlageverm.} + \text{Schuldentilgung}}$$

$$\text{Investitionsgrad} = \frac{\text{Nettoinvestitionen in Anlagevermögen}}{\text{Cashflow}}$$

$$\text{Dynamischer Verschuldungsgrad} = \frac{\text{Netto-Finanzschulden}}{\text{Cashflow}}$$

Der Cashflow stellt auch die Basis einer Reihe wertorientierter Kennzahlen dar. Im Modul 1 wurde die Wertschaffung anhand eines mit Jahresabschlussdaten ermittelten Residualgewinns, dem Economic Value Added (EVA), berechnet:

$$\text{Residualgewinn} = \text{Gewinn} - \text{Vermögen} \cdot \text{Kapitalkosten}$$

$$\text{EVA} = \text{NOPAT} - \text{CAPITAL} \cdot \text{WACC}$$

In Analogie dazu basiert auch der **Cash Value Added (CVA)** auf einem Residualergebnis, das jedoch mit Hilfe des Cashflows abgeleitet wurde. Ermittelt wird zunächst die »Residualrendite«, die sich aus dem »nachhaltigen«, für die Zukunft als konstant unterstellten Cashflow-Return on Investment (CFROI, Brutto-Cashflow bezogen auf das gebundene Kapital) sowie dem gewichteten Gesamtkapitalkostensatz zusammensetzt. Dieser Spread wird multipliziert mit dem zum Wiederbeschaffungswert bewerteten investierten Vermögens, der sog. Bruttoinvestitionsbasis (BIB, ausführlich Coenenberg/Fischer/Günther 2012, S. 853 ff.):

$$\text{CVA} = (\text{CFROI} - \text{WACC}) \cdot \text{BIB}$$

Nimmt man noch hinzu, dass der sog. **Free Cashflow** als Differenz zwischen dem Brutto-(= operativen)Cashflow und dem Saldo des Investitionsbereichs in der Unternehmensbewertung eine zentrale Rolle spielt (Modul 8), schließt sich an dieser Stelle wieder im Sinne der dieses Modul einleitenden Abbildung 2.1 der Kreis zwischen den Informationsrechnungen zum Einhalten der **Liquiditätsnebenbedingung** und dem **Wertschaffungsziel** der Unternehmung.

Zukunftsbezogene Finanzierungsrechnungen

Wie die Abbildung 2.10 zeigte, setzen Unternehmen für **prospektive Zwecke** zwei unterschiedliche Formate ein: die mittel-(bis lang-)fristige Rechnung wird meist als **»Kapitalbedarfsplanung«** bezeichnet, während der **»Finanzplan«** kurzfristig ausgerichtet ist. Grundsätzlich könnten die zukunftsbezogenen Finanzierungsrechnungen ebenso aufgebaut werden wie die rückschauenden. Die Gründe für die in der Praxis verbreiteten unterschiedlichen Formate dürften erstens darin liegen, dass man den in Abbildung 2.11 nur grob mit »laufende Geschäftstätigkeit« umschriebenen Bereich detaillierter fassen, ihn zweitens in die Planungshierarchie der Unternehmung einbinden und dabei drittens auch für Steuerungszwecke nut-

Abb. 2.12

Kapitalbedarfs- und Finanzplan als Resultate des Budgetierungsprozesses

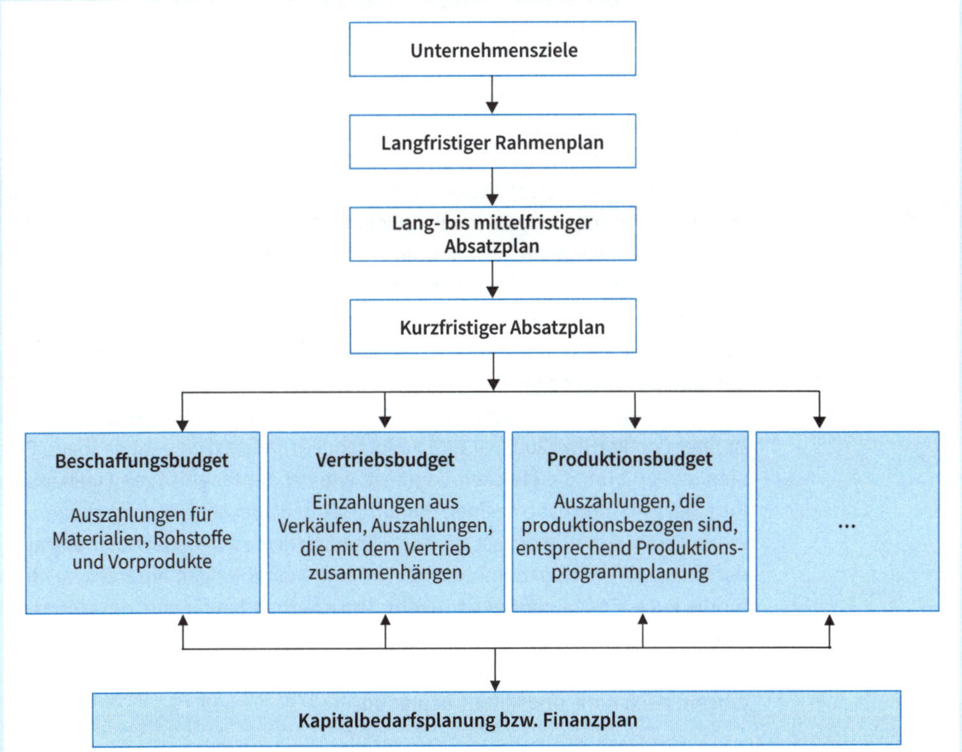

zen will. Die Abbildung 2.12 zeigt zunächst den Startpunkt eines als **»Managerial Budgeting«** bezeichneten Prozesses (vgl. Süchting 1995, S. 275 ff.), nämlich die Ableitung eines langfristigen Rahmenplans aus den Wertzielen der Unternehmung (»Masterplan«), der die Leitplanken für deren lang-, mittel- und kurzfristigen Absatzplan setzt. Von hier gehen wiederum Impulse für die Planung der verschiedenen betrieblichen Funktionalbereiche (Beschaffung, Produktion, Absatz ...) aus, in deren Rahmen die Ein- und Auszahlungen der nächsten Periode(n) zu prognostizieren sind. Als Resultat des folgenden, vom Finanzleiter moderierten Austauschprozesses zwischen der Unternehmenszentale und den dezentralen Einheiten ergeben sich sowohl die einzelnen Finanzbudgets, die als Führungsinstrument dienen und in der Planperiode einzuhalten sind, als auch deren Aggregation zur Kapitalbedarfsrechnung bzw. dem Finanzplan. Die Eignung der Budgetierung als Instrument der Unternehmenssteuerung wird in den letzten Jahren kritischer als in der Vergangenheit gesehen. Auch wenn daher nach neuen Führungstools gesucht wird (»Beyond Budgeting«, vgl. Coenenberg/Fischer/Günther 2012, S. 917), ist es für die Planungen des Finanzleiters indes unverzichtbar, Rahmenabsprachen mit den dezentralen Einheiten über ihren Finanzbedarf zu treffen und frühzeitig Informationen zu erhalten, falls diese nicht eingehalten werden können.

Unterschiede in der Begriffsbestimmung von Finanzierungsrechnungen

Die Verwendung von zwei unterschiedlichen Begriffen für die zukunftsbezogenen Rechnungen ist zwar Konvention, allerdings auch verwirrend, denn inhaltlich ist die Planungsaufgabe in der mittleren und der kurzen Frist identisch: Nach Möglichkeit sind sämtliche Zukunftsereignisse (»vollständige Planung«, Schneider 1992, S. 71) einer Unternehmung in der Planperiode mit ihren Konsequenzen für die Zahlungsmittelebene zu erfassen, sodass etwaige Zahlungsmittelüberschüsse in Höhe und Dauer bestimmt sowie (wertschaffend) angelegt, etwaige die Liquidität bedrohende Zahlungsmitteldefizite kostengünstig gedeckt werden können. Diese vorausschauende Finanzierungsrechnung bildet die Grundlage für laufende Abweichungsanalysen und eventuelle Korrekturen der Gesamtplanung der Unternehmung bzw. ihrer Teilpläne (zu unterschiedlichen Planungstechniken in diesem Zusammenhang Perridon/Steiner/Rathgeber 2017, S. 719 ff.). Der Begriff des Kapitalbedarfs suggeriert, dass die Rechnung eher auf der Geld- oder sogar Gesamtvermögens- als auf der Liquiditätsebene (Abb. 2.9) angesiedelt ist. Perridon/Steiner/Rathgeber 2017, S. 726 bezeichnen daher auch nur den kurzfristigen als »Liquiditätsplan«. Doch hier ist eher Franke/Hax (2009, S. 126) zu folgen: »Grundsätzlich geht es [beim Finanzplan, d. Verf.] um die gleichen Vorgänge wie bei der langfristigen Finanzplanung. Kurzfristig können die einzelnen Planungsgrößen aber stärker aufgegliedert und in ihrem Ablauf genauer erfasst werden.« Sowohl die Kapitalbedarfsplanung als auch der Finanzplan sollten demnach bei Ein- und Auszahlungen ansetzen, auch wenn für die kurze Frist aufgrund geringerer Unsicherheit häufig eine detailliertere Planung möglich sein dürfte. Aufgrund dieser weitgehenden Identität kombiniert die folgende Abbildung 2.13 (mit exemplarischen Unterpositionen der Ein- und Auszahlungen) auch Kurz- und Mittelfristplanung.

Abb. 2.13

Kurz- und mittelfristige Finanzplanung

Finanzplan der Friedman GmbH in T€

	Jahresende	Jahr 1	Jahr 2	Jahr 3	Jahr 4	Jahr 5
I.	**Kassenpositionen (Kasse, Bank)**			...		
II.	**Einzahlungen**			...		
	1. Absatzbereich (Barverkäufe, Debitoren)			...		
	2. Produktionsbereich (Lizenzverkauf, Anlagenverkauf)			...		
	3. Finanzbereich (Kapitalerhöhung, Kreditaufnahme, Tilgung gewährter Kredite, Wertpapiere – Verkauf, Zinsen, Dividenden)			...		
	Summe	...	...	...	...	...
III.	**Auszahlungen**			...		
	1. Absatzbereich (Gehälter, Provisionen, Werbung)			...		
	2. Produktionsbereich (Löhne, Betriebsmittel)			...		
	3. Beschaffungsbereich (Gehälter, Rohstoffe)			...		
	4. Finanzbereich (Gehälter, Gewinnausschüttung, Kredittilgung,-zinsen, Steuern)			...		
	Summe			...		
IV.	**Geldbedarf bzw. -überschuss: I + II ./. III**			...		

Beispiel 1

Finanzplanung im Einstiegsbeispiel

▸▸▸ Nach einem längeren Gespräch mit dem Inhaber F, in dem dieser wiederholt betonte, »seine Kunden würden schon zahlen« und »er hätte bis jetzt seine Schulden immer rechtzeitig zurückgezahlt«, möchte E seinen Chef davon überzeugen, die Finanzlage seiner Unternehmung realistischer zu beurteilen. Zu diesem Zweck fertigt er einen Finanzplan für die nächsten 5 Jahre an (siehe Abb. 2.13). Es wird angenommen, dass die Kassenposition konstant bei 0,3 Mio. € verbleibt und sich die Ein- und Auszahlungen in den Bereichen Absatz, Produktion und Beschaffung mit jeweils 3 % Wachstum p. a. in etwa gleich entwickeln. Lediglich die Auszahlungen im Finanzbereich reduzieren sich durch die Tilgung älterer Kredite um 5 % p. a. Zuletzt soll angenommen werden, dass die Hausbank nicht gewillt ist, weitere Kredite an die Friedman GmbH zu vergeben und dass die restlichen Einzahlungen durch private Kapitalerhöhungen, erhaltene Dividenden und den Verkauf von Wertpapieren realisiert werden. E zeigt auf, dass die Friedman GmbH in den nächsten 4 Jahren einen Geldbedarf aufweist. Erst im 5. Jahr besitzt die Unternehmung unter den gegebenen Annahmen einen geringen Geldüberschuss von 0,144 Mio. €. Dieser geringe Geldüberschuss kann laut E längerfristig bei nur leicht veränderten Umfeldeinflüssen in die Insolvenz der Friedman GmbH führen. Der Inhaber ist erschüttert und möchte selbstverständlich eine Insolvenz seiner Firma verhindern. Eine Verbesserung der Finanzlage meint er nur durch den Verkauf der Klettersparte und durch zusätzliche Investitionen in die strategisch bedeutenderen Sparten »Wandern« und »Jogging« erreichen zu können. E plädiert zusätzlich dafür, die Liquiditätsausstattung der Unternehmung über ein effizienteres Debitoren- und Kreditorenmanagement zu stärken, um zukünftige Finanzierungen der Unternehmung wieder über Kredite der Hausbank sicherstellen zu können. Der Alleininhaber, der die Notwendigkeit der Veränderungen seiner Firma nun auch erkannt hat, ist mit den vorgeschlagenen Maßnahmen einverstanden und beauftragt E mit deren Umsetzung. ◄◄◄

Verwendung von Zahlungsmittelüberschüssen

Bei der Frage, wie im Gegensatz dazu mit Zahlungsmittelüberschüssen zu verfahren ist, muss das finanzwirtschaftliche Grundproblem gelöst werden, eine für das Unternehmen akzeptable Position zwischen Gewinnerzielung (Rentabilität) und Liquiditätsvorsorge zu finden. Einerseits bedeutet eine hohe Liquiditätsvorsorge eine verbesserte Bonität für das Unternehmen, die sie weniger anfällig für die Auswirkungen negativer Schocks (externe Ereignisse, interne Fehler) auf ihre Finanzlage macht. Andererseits läuft eine übertriebene Haltung »ertragloser« Kassenbestände dem Ziel der Wertschaffung zuwider. Der optimale Kassenbestand (L_0) im Sinne der

Abb. 2.14

Disposition von Ein- und Auszahlungsüberschüssen im Beranek-Modell

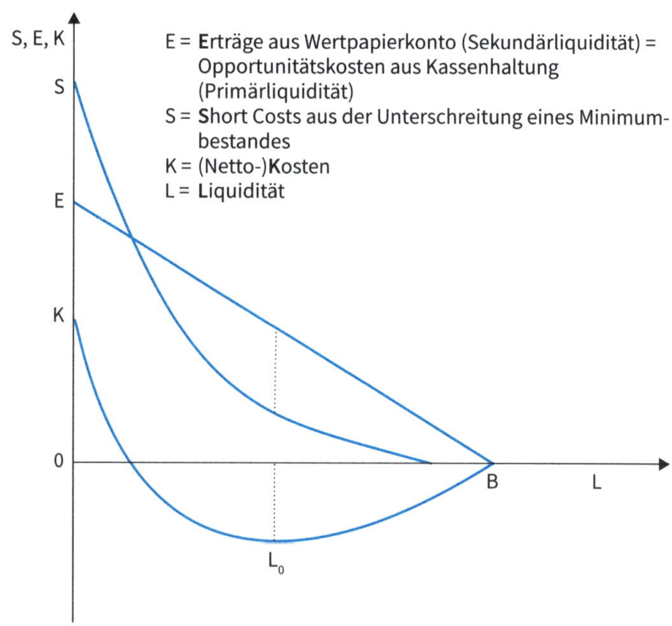

Quelle: Süchting 1995, S. 577

Maximierung des Vermögens der Anteilseigner ergibt sich theoretisch dort, wo sich Grenzkosten und Grenzerlöse entsprechen (Abb. 2.14). Die Opportunitätskosten der Kassenhaltung ergeben sich dabei aus den (erwarteten) Renditen alternativer Vermögensanlagen (z. B. liquiditätsnahen Wertpapieren). Je höher die Kasse dotiert wird, umso höher die entgangenen Erlöse (E) und umgekehrt. Andererseits ergeben sich Vorteile einer höheren Dotierung von Kasse: Bei schwächer als erwartet ausfallenden Cashflows nimmt die Wahrscheinlichkeit ab, einen Liquiditätsengpass zu erleiden. Bei Unterschreiten eines kritischen Minimumbestandes an Kasse entstehen dagegen Short Costs (S): Teure Kreditlinien müssen in Anspruch genommen werden, Skontiererträge gehen verloren, oder es treten implizite Kapitalkosten (z. B. Auflagen der Bank) als Folge verschlechterter Kreditwürdigkeit bei schleppender Zahlungsweise auf. Je höher (niedriger) der Bestand an Kasse zu Beginn einer Planungsperiode gewählt wurde, umso niedriger (höher) die Wahrscheinlichkeit, Short Costs zu verursachen.

Volatilität des Geschäftsmodells und Kassenhaltung

Generell dürfte ein volatileres Geschäftsmodell (z. B. in Branchen mit besonders kurzen Produktlebenszyklen) die Kassenhaltung vorteilhafter machen. Verstärkt Kasse halten dürften aber auch innovative Unternehmen, die vielfach mit überwiegend immateriellen Vermögenswerten (Geschäftsidee, Gründer-Know-how) den Start-up wagen. Für sie sind die Möglichkeiten der Außenfinanzierung mangels zur Besicherung zur Verfügung stehenden materiellen Vermögens und im Wert überdurchschnittlich stark schwankender Assets eingeschränkt. Eine erhöhte Kassenhaltung empfiehlt sich auch für Unternehmen in Branchen, in denen technologische Umbrüche (Digitalisierung und »Industrie 4.0«) und damit entsprechende Investitionen absehbar sind bzw. Branchenkonsolidierungen in Form von Fusionen und Übernahmen stattfinden.

2.4.2 Für Externe erstellte Finanzierungsrechnungen

Kapitalflussrechnungen können von Unternehmen freiwillig veröffentlicht werden, sind jedoch – wie zuvor schon kurz erwähnt – seit 2004 auch **Pflichtbestandteil** für alle **Konzern**abschlüsse. Während kapitalmarktorientierte Konzerne nach IFRS Rechnung legen und die Kapitalflussrechnung gemäß IAS 7 erstellen müssen, gilt für nicht-kapitalmarktorientierte Konzerne § 297 Abs. 1 Satz 1 HGB. Da dort jedoch die genaue Ausgestaltung offen gelassen wird, hat in diesem Fall der vom Deutschen Rechnungslegungs Standards Committee (DRSC, zu diesem Gremium Pellens et al. 2014, S. 66 ff.) erarbeitete DRS 2 Bindekraft. Dort werden die international schon länger gültigen Regeln aufgegriffen, auf die Verhältnisse hierzulande übertragen und insofern gemäß Abbildung 2.10 normiert. Die letzte Fassung, der DRS 21, stammt aus dem Jahr 2014 und ist für die Geschäftsjahre 2015 ff. anzuwenden.

Beispiel einer Kapitalflussrechnung

Die folgende Abbildung 2.15 zeigt die Kapitalflussrechnung des Bayer-Konzerns für das Jahr 2014 und entspricht insofern noch der Vorgängerregelung. Die materiellen Veränderungen im neuen Standard sind allerdings für die hier dargestellten Grundzusammenhänge weniger gravierend. – Bayer hat sich dabei für den **indirekten, vom Jahresabschluss ausgehenden Weg der Berechnung des Finanzmittelfonds** entschieden (vgl. das allgemeine Gliederungsschema des DRS 2 bei Coenen-

Abb. 2.15

Kapitalflussrechnung des Bayer-Konzerns

	2014 in Mio €	2015 in Mio €
Ergebnis nach Ertragsteuern	3.343	4.018
Ertragsteuern	1.071	1.227
Finanzergebnis	981	1.005
Gezahlte bzw. geschuldete Ertragsteuern	−1.304	−2.258
Abschreibungen auf Sachanlagen und immaterielle Vermögenswerte	2.920	3.333
Veränderung Pensionsrückstellungen	−334	−221
Gewinne (−) / Verluste (+) aus dem Abgang von langfristigen Vermögenswerten	30	−105
Brutto-Cashflow	**6.707**	**6.999**
Zu- / Abnahme Vorräte	−748	−187
Zu- / Abnahme Forderungen aus Lieferungen und Leistungen	−1.072	−1.061
Zu- / Abnahme Verbindlichkeiten aus Lieferungen und Leistungen	485	402
Veränderung übriges Nettovermögen / Sonstige nicht zahlungswirksame Vorgänge	325	694
Zu- / Abfluss aus operativer Geschäftstätigkeit (Netto-Cashflow) im fortzuführenden Geschäft	**5.697**	**6.847**
Zu- / Abfluss aus operativer Geschäftstätigkeit (Netto-Cashflow) im nicht fortgeführten Geschäft	113	43
Zu- / Abfluss aus operativer Geschäftstätigkeit (Netto-Cashflow)	**5.810**	**6.890**
Ausgaben für Sachanlagen und immaterielle Vermögenswerte	−2.371	−2.517
Einnahmen aus dem Verkauf von Sachanlagen und anderen Vermögenswerten	143	193
Einnahmen aus Desinvestitionen	304	2
Einnahmen / Ausgaben aus langfristigen finanziellen Vermögenswerten	−10	−26
Ausgaben für Akquisitionen abzüglich übernommener Zahlungsmittel	−13.545	−176
Zins- und Dividendeneinnahmen	107	106
Einnahmen / Ausgaben aus kurzfristigen finanziellen Vermögenswerten	−167	−344
Zu- / Abfluss aus investiver Tätigkeit	**−15.539**	**−2.762**

berg/Haller/Schultze 2014, S. 827). Dabei werden zum einen Aufwendungen und Erträge – also Größen der GuV –, die nicht-zahlungswirksam waren, dem Jahresergebnis wieder zugerechnet bzw. davon abgezogen. Materiell besonders gewichtig sind hier die Abschreibungen auf Sachanlagen und immaterielle Vermögenswerte sowie die Veränderung von Pensionsrückstellungen. Bei Bayer etwa führte die Auflösung eines Teils der Pensionsrückstellungen zu einem positiven Ergebniseffekt, der Bestand an Zahlungsmitteln wurde hierdurch jedoch nicht berührt.

Abb. 2.15

Fortsetzung

Erlöse für Aktien der Covestro AG	–	1.490
Gezahlte Dividenden	–1.739	–1.869
Kreditaufnahme	27.584	16.620
Schuldentilgung	–15.746	–19.549
Zinsausgaben einschließlich Zinssicherungsgeschäften	–541	–812
Zinseinnahmen aus Zinssicherungsgeschäften	179	160
Ausgaben für den Erwerb von zusätzlichen Anteilen an Tochterunternehmen	–1	–14
Zu- / Abfluss aus Finanzierungstätigkeit	**9.736**	**–3.974**
Zahlungswirksame Veränderung aus Geschäftstätigkeit	**7**	**154**
Zahlungsmittel und Zahlungsmitteläquivalente am 1.1.	**1.662**	**1.853**
Veränderung aus Konzernkreisänderungen	–	5
Veränderung aus Wechselkursänderungen	184	–153
Zahlungsmittel und Zahlungsmitteläquivalente am 31.12.	**1.853**	**1.859**

Quelle: Bayer AG, Geschäftsbericht, S. 231

Zum anderen ist die Zu- bzw. Abnahme bestimmter Bilanzpositionen zu berücksichtigen, um den Cashflow aus operativer Tätigkeit zu ermitteln. So führt z. B. der Kauf von Vorräten zu einem erfolgsneutralen Aktivtausch (Vorräte gegen Kasse), der jedoch Zahlungsmittel gebunden hat. Ebenso wurden etwa bei der Tilgung von Verbindlichkeiten Zahlungsmittel eingesetzt, ohne dass sich der Periodenerfolg veränderte. – Die bei der Ermittlung des Cashflow aus Investitions- sowie Finanzierungstätigkeit einbezogenen Positionen erklären sich in ihren Konsequenzen für den Fonds an Zahlungsmitteln intuitiv, werden aber auch in den folgenden Modulen 3-5 und 9-11 detailliert erläutert.

Bayer zieht den Brutto-Cashflow von ca. 6,99 Mrd. € (2015) dann heran, um zu prüfen, ob sich die **Wertschaffung** (gemäß Abb. 2.1) auch **auf der Liquiditätsebene niedergeschlagen** hat – sowohl auf der Gesamtunternehmens- als auch der Ebene der Geschäftsbereiche (»Teilkonzerne«). Dazu findet die zuvor angesprochene Größe des CVA Verwendung (Differenzen resultieren aus den gerundeten, jahresdurchschnittlichen Werten).

$$CVA = (CFROI - WACC) \cdot BIB$$

Kapitalflussrechnung und Value Reporting

Die folgende Abbildung 2.16 verdeutlicht, in welcher Weise der Bayer-Konzern die ohnehin zu veröffentlichende Kapitalflussrechnung mit der internen Wertsteuerung verknüpft und hierüber im Rahmen des Geschäftsberichts informiert (**Value Reporting**). Diese Form der Publizität ist ein bedeutender, da in der Öffentlichkeit (wie die

Abb. 2.16

Nutzung der Kapitalflussrechnung für das Wertmanagement und Value Reporting im Bayer-Konzern

	HealthCare		CropScience		Covestro		Konzern	
	2014	2015	2014	2015	2014	2015	2014	2015
	in Mio €	in Mio €	in Mio €	in Mio €	in Mio €	in Mio €	in Mio €	in Mio €
Brutto-Cashflow (BCF)	3.898	4.121	1.835	1.941	961	1.113	6.707	6.999
Brutto-Cash-flow-Hurdle	2.369	3.378	902	1.058	1.025	1.092	4.421	5.714
Cash Value Added (CVA)	1.529	743	933	883	-64	21	2.286	1.285
Cash Flow Return on Investment (CFROI)	13,1 %	9,7 %	15,3 %	14,8 %	6,0 %	7,0 %	11,7 %	9,6 %
WACC	7,9 %	7,9 %	7,3 %	7,3 %	6,9 %	6,9 %	7,6 %	7,6 %
Ø Investitionswert	26.634	37.919	10.841	11.813	10.524	11.156	48.784	61.699

Quelle: Bayer AG, Geschäftsbericht, S. 143

anderen Teile des Jahresabschlusses auch) stark beachteter Teil der Kapitalmarktkommunikation des Finanzleiters.

2.4.3 Extern erstellte Finanzierungsrechnungen

Werden von einem Unternehmen keine oder lediglich qualitative Angaben zur Liquiditätslage gemacht, kommen aus der Perspektive Externer nur mehr oder weniger gute »Hilfslösungen« in Betracht, da Annahmen über die Zahlungswirksamkeit von Jahresabschlussgrößen zu treffen sind. Die sogenannte **»Praktiker-« bzw. »Faustformel«** für den Cashflow beschränkt sich daher darauf, den als zahlungswirksam angenommenen Jahresüberschuss um die bei den meisten Unternehmen quantitativ bedeutendsten nicht-zahlungswirksamen Aufwands- bzw. Ertragskomponenten zu korrigieren:

Jahresüberschuss
\+ Ab-/- Zuschreibungen auf das Anlagevermögen
\+ Zuführung zu/- Auflösung von langfristigen Rückstellungen
= Cashflow aus operativer Tätigkeit

Damit wird jedoch nur eine sehr holzschnittartige Annäherung an die tatsächliche Höhe der Veränderung der liquiden Mittel in der abgelaufenen Periode erreicht, Coenenberg/Haller/Schultze 2014, S. 1093 sprechen von einem »nur grob gemessenen ertragsnahen Indikator der Finanzierungskraft«. Eine umfassendere Analyse im Sinne einer **externen Kapitalflussrechnung** prüft die Veränderung jeder a) Bilanz- und b) GuV-Position auf Konsequenzen für den Zahlungsmittelbestand. Für die Ein-

AUS DER PRAXIS

Brutto-Cashflow, Cash Value Added und Cashflow Return on Investment als Erfolgsmaßstäbe

Der Brutto-Cashflow ist das Maß für unsere Innenfinanzierungskraft. Bayer hat sich für den Einsatz einer Cashflow-Größe entschieden, da auf diese Weise bilanzielle Einflüsse reduziert werden und sich so die Aussagekraft der Kennzahl zur Performance-Messung erhöht. Unter Berücksichtigung der Kapitalkosten und der Reproduktionskosten des abnutzbaren Anlagevermögens ermitteln wir die Brutto-Cashflow-Hurdle. Wird die Brutto-Cashflow-Hurdle übertroffen, ist der CVA positiv und damit die Verzinsung von Eigen- und Fremdkapital sowie die Reproduktionskosten der Anlagen sichergestellt. Der CFROI berechnet sich als Brutto-Cashflow abzüglich der Reproduktionskosten des abnutzbaren Anlagevermögens dividiert durch das eingesetzte Kapital, dem sogenannten Investitionswert. Der Investitionswert ist aus der Bilanz abgeleitet und setzt sich grundsätzlich aus betriebsnotwendigen Sachanlagen und immateriellen Vermögenswerten zu historischen Anschaffungs- und Herstellungskosten sowie Working Capital nach Abzug von zinslosem Fremdkapital (z. B. kurzfristigen Rückstellungen) zusammen. Um Schwankungen des Investitionswerts zu reduzieren, ermitteln wir für unsere Renditeberechnung einen Durchschnittswert für das jeweilige Jahr. Für das Geschäftsjahr 2015 lag die Brutto-Cashflow-Hurdle bei 5.714 Mio. €. Mit einem Brutto-Cashflow von 6.999 Mio. € wurde die Brutto-Cashflow-Hurdle um 22,5 % übertroffen. Die Kapitalkosten und die Reproduktionskosten konnten somit im abgelaufenen Jahr vollständig verdient werden. Der positive CVA von 1.285 Mio. € zeigt, dass Bayer im abgelaufenen Geschäftsjahr die Mindestanforderungen an Verzinsung und Reproduktion übertroffen und Wert geschaffen hat. Die Konzernrendite (CFROI) erreichte im Jahr 2015 9,6 %. Alle Teilkonzerne haben trotz teilweiser Beeinträchtigung durch Sondereinflüsse den Verzinsungsanspruch einschließlich Reproduktion übertroffen, einen positiven CVA erzielt und somit zur Steigerung des Unternehmenswerts beigetragen.
Quelle: Bayer AG, Geschäftsbericht, S. 172

beziehung der Bestandsgrößenveränderungen im Rahmen von Bewegungsbilanzen gilt im Grundsatz, dass die Abnahme (Zunahme) von Aktiva bzw. Zunahme (Abnahme) von Passiva als Zuführung (Verwendung) liquider Mittel gewertet werden. Diese werden kombiniert mit den liquiditätsbezogenen Modifikationen der Ertragsüberschussrechnung (GuV). In der folgenden Abbildung 2.17 sind zur Veranschaulichung des Vorgehens drei Geschäftsvorfälle exemplarisch herausgegriffen:

1. Die auch schon in der Faustformel genannte Abschreibung auf Sachanlagen, die zwar aufwands-, aber nicht zahlungswirksam war,
2. der Verkauf von Ware auf Ziel, der zwar die Geld-, nicht aber die Zahlungsmittelebene berührt hat und
3. die Kreditaufnahme, die der Unternehmung ohne Auswirkungen auf den Erfolg liquide Mittel zugeführt hat.

Abb. 2.17

Beispiel für die Erstellung einer externen Kapitalflussrechnung

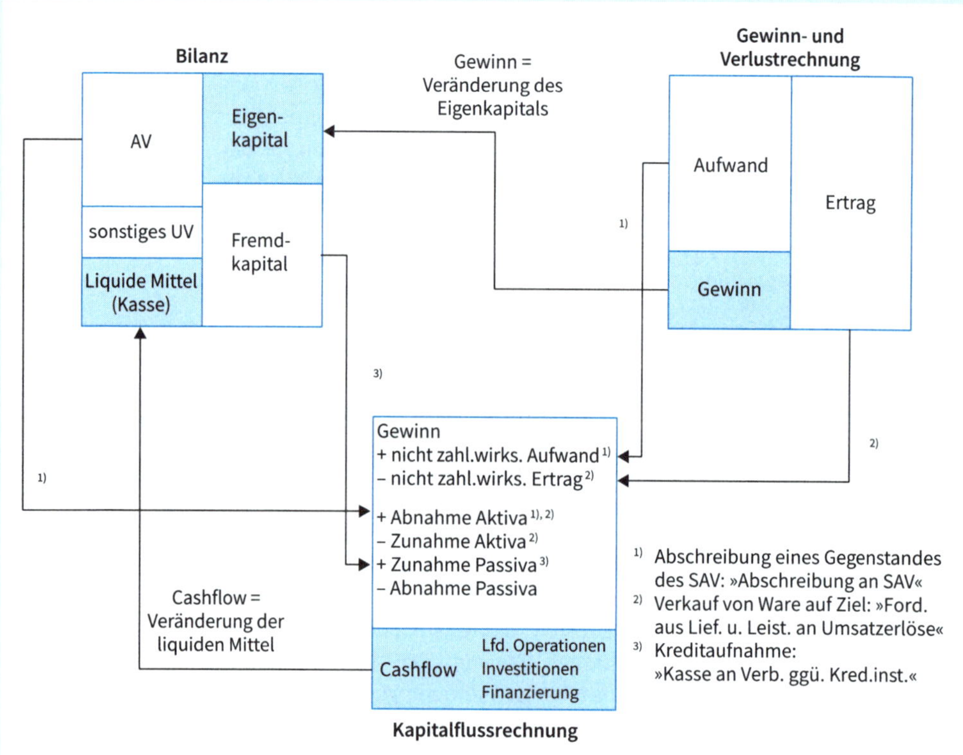

Aussagegehalt externer Kapitalflussrechnungen

So ausgefeilt und differenziert die externe Analyse auch sein mag – sie wird in ihrem Aussagegehalt stets von der direkten Ermittlung von Ein- und Auszahlungen dominiert, da die Schwächen der Eingangsinformationen nicht wettgemacht werden können. Das verwendete Jahresabschlussmaterial ist stichtagsbezogen und daher im Jahresverlauf schnell veraltet, durch die von Externen nicht aufzuhellenden Bewertungsspielräume der Unternehmung »verzerrt« und aufgrund der Formvorschriften nicht differenziert genug. So geben etwa die in der Bilanz zum Ausdruck kommenden Fristen keine hinreichende Auskunft über die tatsächlichen Fälligkeiten von Verbindlichkeiten. Sie sind gemäß § 268 V HGB zwar in solche mit Restlaufzeiten von weniger als einem Jahr und solche mit längeren Laufzeiten zu untergliedern. Dies ermöglicht aber weder eine unterjährige noch eine Aussage über die z. B. in zwei oder drei Jahren fälligen Teilbeträge. Dieser Mangel haftet auch der fristenmäßigen Gliederung der bilanzierten Forderungsbestände an, bei denen nur pauschal solche gesondert auszuweisen sind, die Restlaufzeiten von mehr als einem

Jahr aufweisen (§ 268 IV HGB). Unternimmt daher ein Externer z. B. im August eines Jahres eine Liquiditätsanalyse mittels Kapitalflussrechnung auf der Basis des Jahresabschlusses einer Unternehmung des Vorjahres, besitzt er z. B. keine Möglichkeit, den seither auf die Forderungen eingegangenen Betrag an Zahlungsmitteln präzise einzuschätzen.

2.5 Verzahnung der Steuerungsebenen in der Balanced Scorecard

Ein Instrument zur Verzahnung der in Abbildung 2.1 genannten strategischen Ebene mit den beiden operativen Ebenen der Wertschaffung ist die Anfang der 1990er Jahre von Kaplan und Norton entwickelte **Balanced Scorecard (BSC)**. Sie gingen zunächst von der empirisch untermauerten Erkenntnis aus, dass die Implementierung der vom Top-Management beschlossenen Strategien in weit über der Hälfte aller Unternehmen – nach den Ergebnissen einiger Studien sogar in bis zu 90 % der Fälle – scheitert (vgl. Welge/Al-Laham 2012, S. 618 ff.) und stellten sich daher die Frage nach Verbesserungsmöglichkeiten. Eine Umsetzungshürde kann darin bestehen, dass die erarbeiteten Strategien den Charakter unrealistischer Wunschvorstellungen besitzen. Möglicherweise fehlt aber auch der notwendige Brückenschlag zwischen den strategischen Zielen auf der Gesamtunternehmensebene und den unterjährigen Zielen der dezentralen Einheiten in einem Konzern. Problematisch kann ferner die Existenz einer intransparenten oder unsortierten Mehrheit von Zielen sein, die keine innere Systematik aufweist. Hier soll die BSC Abhilfe schaffen – mit dem Ziel einer stringenten Transformation von Visionen und Strategien in quantitative und qualitative Ziele für einzelne Organisationseinheiten oder gar Mitarbeiter sowie darauf zugeschnittene Messzahlen (vgl. ausführlich Kaplan/Norton 1997 und 2001). So sollen die abstrakten Vorstellungen der Unternehmensführung in nachvollziehbare Anforderungen übersetzt werden.

Die BSC versucht daher, das Oberziel der Wertschaffung mit **vorlaufenden Werttreibern** zu verzahnen, deren konkrete Ausprägung vom jeweiligen **Geschäftsmodell** der Unternehmung abhängen. Allgemein können aber zumindest drei von Kaplan und Norton auch als »Perspektiven« bezeichnete Einflussgrößen benannt werden, die in der folgenden Abbildung 2.18 das Oberziel ergänzen: Mitarbeiter, Prozesse und Kunden. Für diese Perspektiven werden Ziele definiert, der Grad der Zielerfüllung durch Messgrößen operationalisiert, Vorgaben für dezentrale Einheiten und ihrer Einhaltung dienende Maßnahmen entwickelt. Dabei werden die Perspektiven im Gegensatz zu Werttreiberbäumen (wie dem in Modul 1, Abb. 1.7 gezeigten) nicht mathematisch verknüpft, weisen aber doch einen inneren Zusammenhang auf, der sich am besten im Uhrzeigersinn der Abbildung erschließt.

Balanced Scorecard und die Perspektiven des Geschäftsmodells

Die auf die **Mitarbeiter** als zumeist wichtigste Ressource des Unternehmens bezogene Lern- und Entwicklungsperspektive (zu der Messgrößen wie Mitarbeiterproduktivität, -zufriedenheit und -bindung gehören können), bildet den ersten, inter-

Abb. 2.18

Balanced Scorecard

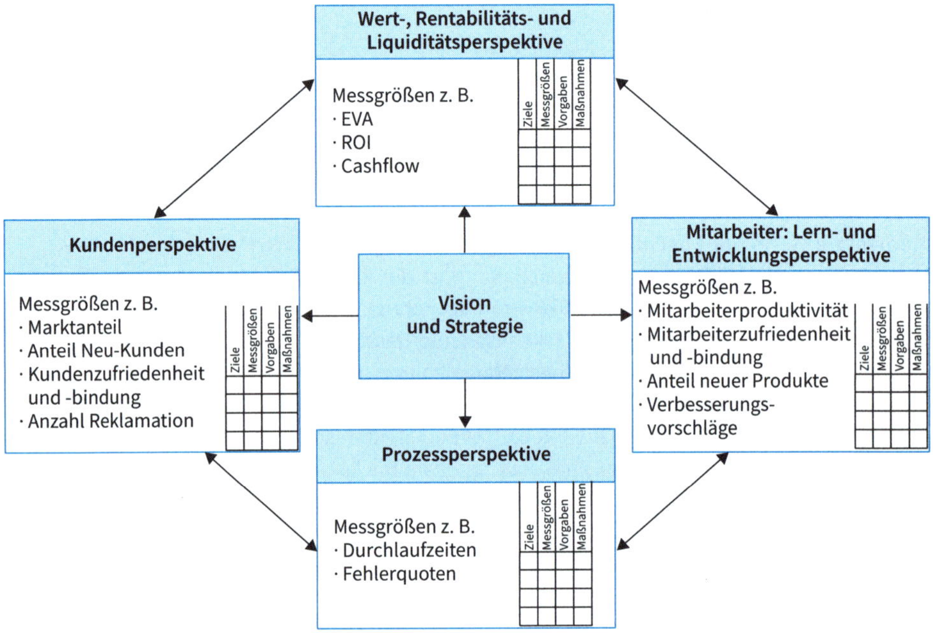

Quelle: in Anlehnung an Kaplan/Norton 1997, S. 9, 42

nen Blickwinkel. Die so aufgebauten Potenziale werden durch **Prozesse** (zweite interne Perspektive) miteinander kombiniert und in ihrer Güte durch Kennzahlen wie Durchlaufzeiten, Fehlerquoten o. ä. gemessen. Die auf diese Weise entstandenen Produkte und Leistungen müssen sich vom Wettbewerb differenzieren, was aus der **Kunden**perspektive geprüft wird (mittels Messgrößen wie z. B. dem Marktanteil, dem Anteil neuer Kunden, der Kundenzufriedenheit und -bindung oder der Anzahl der Reklamationen). Die drei angesprochenen Dimensionen münden bei Kaplan und Norton letztlich in die »finanzielle« Perspektive. Ihren Ausführungen nach stellen sie aber eher auf den Erfolg einer Unternehmung ab, der sich letztlich auch finanziell niederschlagen sollte. Nimmt man hinzu, dass die Diskussion zum Thema »Shareholder Value« zum Zeitpunkt der ersten Publikation der BSC noch wenig ausgereift war, ist es berechtigt, die »oberste« auch als **»Wert-, Rentabilitäts- und Liquiditätsperspektive«** zu bezeichnen, wie dies Abbildung 2.18 tut. Der erarbeitete Wettbewerbsvorteil muss sich auf der Wertebene (z. B. durch EVA oder CVA), der Erfolgsebene (Eigenkapitalrendite, RoI) und auch der Liquiditätsebene (Cashflow) messen lassen. Nur dann kann der Finanzleiter dauerhaft über die Ressourcen verfügen, um wieder in die nachfolgenden Perspektiven zu investieren, so dass sich der Kreis der Wertschaffung schließt.

Vernetzung der Perspektiven: Zwei Beispiele

Die Notwendigkeit einer **Vernetzung der Perspektiven** wird im Beispiel deutlich: Entschließt sich etwa eine Versicherungs-Unternehmung zu einer umfangreichen Investition in die Schulung ihrer Vertriebsmitarbeiter in Bezug auf ihre soziale Kompetenz, so fällt der Jahresüberschuss und damit die periodische Rentabilität c.p. zunächst geringer aus. Der Unternehmenswert sollte indes in den Folgeperioden ansteigen, da über die mit der Kompetenz steigende Beratungsqualität z. B. die Kundenbindung verbessert und damit der Absatz über das Cross Selling gesteigert werden kann.

Das diesem Management-Tool namensgebende **Ausbalancieren** von Zielen bezieht sich insofern zum einen auf das Zusammenspiel der gewählten vier Perspektiven, wie auch das nachfolgende Beispiel Zalando deutlich macht: »Für Wachstum wurde auf Gewinn verzichtet«, lautete das Fazit der Berichterstattung zum dritten Quartal 2015. Es gilt aber zum anderen auch innerhalb der in den Perspektiven gewählten Kennziffern/Messgrößen, die miteinander kompatibel sein müssen.

Ausgewogenheit ist dabei nicht gleichzusetzen mit Gleichgewichtigkeit: Schon dem Original der BSC lag die Auffassung von Zielen unterschiedlichen Rangs zugrunde, wobei die Zielsetzung der Eigentümer, also der Shareholder Value, als vorrangig galt. Die BSC ist daher kein mess- und steuerungstechnisches Äquivalent des Stakeholder-Ansatzes, sondern lediglich eine Technik, mit der versucht werden kann, eine aufeinander abgestimmte Verfolgung von Share- und Stakeholderinteressen zu organisieren und zu dokumentieren. Insofern ist die in Abbildung 2.18 dargestellte BSC aber auch nur eine von zahlreichen möglichen Varianten (vgl. Körnert 2003 und 2006). In welchen Perspektiven wie viele und welche Kennzahlen mit welcher Gewichtung eingesetzt werden, ist grundsätzlich nicht festgelegt, kann – und muss – unternehmensindividuell ausgestaltet werden. Hierbei darf es zu keiner Verschiebung statt Lösung des Grundproblems der mangelnden Umsetzung von Strategien kommen, indem innerhalb der gewählten Perspektiven eine kaum zu beherrschende Zielvielfalt ohne Möglichkeit zur Ableitung konkreter Handlungspläne für die Entscheidungsträger herrscht.

AUS DER PRAXIS

Internet-Handel: Schuh-Verschicker Zalando macht Millionenverlust

Der Online-Modehändler Zalando hat im vergangenen Quartal viele Kunden gewonnen – aber einen Verlust von bis zu 32 Mio. € eingefahren. Einer der Gründe: die schlechte Zahlungsmoral. Der Online-Modehändler Zalando hat das vergangene Quartal mit einem deutlichen Umsatzschub, aber auch mit einem dicken Minus abgeschlossen. Die Erlöse legten im Jahresvergleich um 41 bis 43 Prozent auf bis zu 717 Mio. € zu, wie Zalando in der Nacht zum Donnerstag mitteilte. Nach vorläufigen Zahlen gab es jedoch einen bereinigten Verlust vor Zinsen und Steuern von 18 bis 32 Mio. €. Ein Grund seien »gezielte Wachstumsinvestitionen«, hieß es

von Zalando. Die Berliner Firma sei bereit, »kurzfristige Einbußen bei der Profitabilität in Kauf zu nehmen, um Wachstum zu beschleunigen und Marktanteile zu gewinnen«, sagte Vorstand Rubin Ritter. Dazu hätten Investitionen in die Logistik sowie die Vermarktung von App-Downloads gehört. Zudem hätten Betrugsfälle aus dem ersten Halbjahr 2015 zu niedrigeren Einnahmen aus Inkasso-Forderungen als ursprünglich angenommen geführt, hieß es – »insgesamt in Höhe eines einstelligen Millionenbetrags«. Für das Gesamtjahr hob Zalando seine Umsatzprognose an: 2015 sei nun mit einem Plus von 33 bis 35 Prozent zu rechnen. Der Grund für die erneute Nachbesserung sei die Entwicklung in den ersten neun Monaten des Jahres. Der Kundenzustrom habe zu einer Steigerung der Erlöse um 35 Prozent geführt. Erst im August hatte Zalando seine Prognose angehoben und für dieses Jahr ein Plus zwischen 28 und 31 Prozent angepeilt. Auch im gesamten Jahr wird sich der höhere Umsatz von Europas größtem Online Modehändler allerdings nicht im Ergebnis widerspiegeln. Die Prognose für die Ebit-Marge im Gesamtjahr senkte Zalando auf drei bis vier Prozent. Zuvor hatte der Online-Händler 4,5 Prozent angestrebt. Als einen Grund nannten die Berliner höhere Marketingkosten.
(Quelle: http://www.spiegel.de/wirtschaft/unternehmen/zalando-mehr-umsatz-weniger-gewinnimdrittenquartal-a-1057867.html © SPIEGEL ONLINE 2015)

Millionenverluste: Zalando-Aktie stürzt ab

Nach der Bekanntgabe von Millionenverlusten ist die Aktie von Zalando zeitweilig um mehr als 13 Prozent gefallen. Analysten sehen dennoch mittelfristig gute Aussichten für den Onlinehändler. Zalando macht im dritten Quartal einen hohen Verlust und schockiert damit die Anleger. Die Aktie des Online-Modehändlers brach zwischenzeitlich um bis zu 13 Prozent ein. Am späten Nachmittag stand sie mit fast zehn Prozent im Minus. Im MDax, dem Index der mittelgroßen Börsenkonzerne, war sie der mit Abstand schwächste Wert. Am Donnerstagmorgen hatte das Unternehmen mitgeteilt, dass sie das vergangene Quartal mit einem Minus zwischen 18 bis 32 Mio. € abgeschlossen hätten – trotz deutlich gestiegener Umsatzzahlen. Ein Grund seien »gezielte Wachstumsinvestitionen«, hieß es von Zalando. Dazu hätten Investitionen in die Logistik sowie die Vermarktung von App Downloads gehört. Trotz der aktuellen Kursverluste sieht Analyst Volker Bosse von der Baader Bank die Geschäftsaussichten von Zalando aber mittelfristig positiv. Er verwies dabei auf das starke Umsatzplus. Zudem hätte das Unternehmen die Verluste mit Investitionen begründet. Diese würden den Vorsprung des Online-Modehändlers zu den Wettbewerbern langfristig vergrößern, schrieb Bosse. In diesem Jahr werde sich der höhere Umsatz aufgrund gestiegener Marketingkosten wohl nicht im Ergebnis widerspiegeln, teilte Zalando mit. Der Onlinehändler ist erst seit Oktober 2014 an der Börse. Es war derzeit der größte Börsengang des Jahres in Deutschland.
(Quelle: http://www.spiegel.de/wirtschaft/unternehmen/zalando-nach-millionen-verlusten-brichtdie-aktie-ein-a-1058023.html© SPIEGEL ONLINE 2015)

Auf den Punkt gebracht

- Die Wertschaffung einer Unternehmung wird auf drei Ebenen gesteuert; die für die jeweilige Ebene entwickelten Analysen bilden die Informationsgrundlagen der Finanzierungspolitik.
- Die Erfolgspotenziale der Unternehmung werden auf der strategischen Geschäftsmodellebene analysiert. Mit Hilfe von Portfolio-Ansätzen wird für die wichtigsten Erfolgstreiber eine Einschätzung erarbeitet, welche künftigen Wertbeiträge zu erwarten sind bzw. inwiefern das Geschäftsmodell zur Erreichung der Wertziele verändert werden muss. Auf dieser Ebene erfolgt die Langzeitplanung des Finanzbereichs der Unternehmung.
- Eine erste operative bildet die Rentabilitätsebene mit einem zumeist einperiodigen Fokus. Analysiert werden nicht Erfolgspotenziale, sondern tatsächlich erzielte Erfolge. Hierfür wird das in- und externe Rechnungswesen genutzt, wobei der (ab einer gewissen Größe) publizitätspflichtige Jahresabschluss im Mittelpunkt steht. Auf seiner Basis können verschiedene Erfolgskennzahlen berechnet und systemisch miteinander verknüpft werden. Ihre Ausprägung stellt eine wichtige Bedingung für die jederzeitige Kapitalverfügbarkeit der Unternehmung dar.
- Auf einer dritten, ebenfalls operativen Ebene wird geprüft, ob sich die Wertschaffung auch auf der Zahlungsmittelebene niederschlägt und die Liquiditätsnebenbedingung eingehalten wird. Mit Hilfe von in- und externen Finanzierungsrechnungen werden Bestand und Entwicklung der liquiden Mittel analysiert. Diesem Zweck dienen sowohl zurückschauende Kapitalfluss- und Cashflow-Rechnungen als auch prospektive Kapitalbedarfsanalysen sowie der Finanzplan der Unternehmung – letzterer als Analysetool des Finanzleiters in der kurzen Frist.
- Die Balanced Scorecard dient als Verbindung der Steuerungsebenen der Wertschaffung, der Strategieumsetzung, Zielabstimmung sowie der Verknüpfung von Shareholder- und Stakeholder-Perspektiven.

Teil II

Kalkulation der Wertschaffung: Investitionsrechnung

Modul 3 Grundlagen der Investitionsrechnung

ZENTRALE INHALTE

- Abgrenzung von Investition und Finanzierung
- Strukturierung von Investitionsprozessen
- Differenzierung grundlegender Entscheidungsregeln
- Einführung in die Finanzmathematik

Einstiegsbeispiel

▶▶▶ »Trotz eines harten Sparkurses investiert Thyssen-Krupp in seine deutsche Stahlsparte [...]: Mit einer Investition von rund 200 Millionen € bringt Thyssen-Krupp seinen größten Hochofen »Schwelgern 2« derzeit auf Vordermann. Die sogenannte Neuzustellung der turmhohen Anlage zählt zu den größten Investitionen des Konzerns in sein deutsches Stahlgeschäft in den vergangenen Jahren. Weitere 90 Millionen € investiert der größte deutsche Stahlkonzern in die Modernisierung einer sogenannten Stranggießanlage.« (Quelle: dpa/Handelsblatt v. 24.07.2014) ◀◀◀

3.1 Investition und Finanzierung

Investitionsbegriff

Die verschiedenen Fassungen des Investitionsbegriffs in Wissenschaft und Praxis weisen einen gemeinsamen Nenner auf: Die **Verwendung liquider Mittel**. Umgekehrt handelt es sich bei der Finanzierung um die **Beschaffung liquider Mittel** (vgl. etwa Schmalenbach 1966, S. 9).

Da der Finanzleiter – wie in Modul 2 gezeigt – dafür verantwortlich ist, dass sich die anvisierte Wertschaffung auch auf der Liquiditätsebene niederschlägt, bietet es sich an, die **Kalkulation der Wertschaffung** (Abb. 3.1) auf Basis von **Zahlungsströmen** durchzuführen. Investitionen lassen sich demnach als unternehmerische Handlungen auffassen, die mit (mindestens) einer Auszahlung beginnen, in deren Folge zukünftige Einzahlungen (u. U. auch weitere Auszahlungen) erwartet werden. Zahlungsreihen von Finanzierungen verlaufen entgegengerichtet. Für die hiernach im Mittelpunkt stehenden Vorteilhaftigkeitsvergleiche, die vor der Durchführung einer Investition anzustellen sind, »läßt sich somit sagen: Jede Handlung wirkt wie eine Investition, wenn sie zunächst zu Ausgaben (Auszahlungen) und später zu Ein-

Abb. 3.1

Aufgaben des Finanzleiters im Rahmen der Wertschaffung

nahmen (Einzahlungen) führt. Jede Handlung wirkt wie eine Finanzierung, wenn sie zunächst Einnahmen und später Ausgaben verursacht« (Schneider 2001, S. 755).

Beispiel 1

Zahlungsreihen von Investitionen und Finanzierungen

▸▸▸ Die folgenden Zahlungsreihen, bei denen der tiefgestellte Index $_{0, 1, 2, \ldots, n}$ für den Zahlungszeitpunkt *t* steht, repräsentieren also Investitionen:

A: -50_0, $+40_1$, $+30_2$, -30_3, $+40_4$

B: -50_0, -50_1, -50_2, $+100_3$, $+110_4$, $+120_5$

C: -100_0, -120_1, $+50_2$, -200_3, $+100_4$, $+150_5$, $+200_6$, -40_7, $+200_8$

Demgegenüber stünde etwa eine Zahlungsreihe »MinusB« für eine Finanzierung:

-B: $+50_0$, $+50_1$, $+50_2$, -100_3, -110_4, -120_5 ◂◂◂

Zahlungsströme

In einer zahlungsstromorientierten Perspektive ist allein die Struktur der Zahlungsreihe vorrangig. Welche Art von Transaktion diese Zahlungsströme (**Cashflows**) verursacht hat, ist demgegenüber nachgeordnet. Da Investitionen nicht mehr und nicht weniger als »Zahlungsfolgen von Handlungsabläufen in allen betriebswirtschaftlichen Funktionen« (Schneider 2011, S. 57) sind, lassen sich die unterschiedlichsten unternehmerischen Handlungen als Investition auffassen – und daher mit Hilfe investitionsrechnerischer Verfahren bewerten:

- Errichtung bzw. Modernisierung und Betrieb eines Hochofens durch einen Stahlkonzern im Sinne des Einstiegsbeispiels.
- Prospektion, Aufschluss und Abbau einer Lagerstätte durch ein Bergbauunternehmen.
- Erwerb eines Transportfahrzeugs durch einen Möbelspediteur.
- Abwerben von Arbeitskräften eines Konkurrenten (sei es eine Investmentbank oder ein Fußballbundesligist).
- Vollzug der Gründung eines Start-Ups durch Anmeldung im Handelsregister.
- Bareinzahlung auf das eigene Sparbuch.
- Erwerb von Wertpapieren.

Die beiden letzten Beispiele zeigen hierbei, dass ein- und dieselbe Transaktion sowohl eine Investitions- als auch eine Finanzierungsmaßnahme darstellen kann: Für den Sparer ist die Einzahlung – deren Rückzahlung er ebenso erwartet wie Zinszahlungen – eine Investition, für die Bank ist sie eine Finanzierung; denn sie nimmt einen Kredit beim Sparer auf. Zudem wird deutlich, wie die verwendeten Zahlungsgrößen zu interpretieren sind, da Handlungen, wie die oben genannten, regelmäßig über eine ganze Reihe von Jahren sowohl Einzahlungen b_t als auch Auszahlungen a_t verursachen werden (z. B. fallen Auszahlungen im Falle des Hochofens zunächst für die Errichtung bzw. Modernisierung, in der Folgezeit u. a. für die eingesetzten Rohstoffe, die Entlohnung der Bedienmannschaften, für Wartung und Reparatur oder Steuern an): Es handelt sich um Netto-Auszahlungs- bzw. Netto-**Einzahlungsüberschüsse**. Letztere werden fortan mit c_t bezeichnet.

Normalinvestition

Für die weiteren Überlegungen ist es zweckmäßig, sich auf bestimmte Investitionen zu konzentrieren. Die zur Illustration herangezogenen Beispiele werden daher zum einen regelmäßig die Anschaffung von Anlagevermögen durch Industrieunternehmen (»Kauf einer Maschine«) zugrundelegen. Zum anderen werden überwiegend **Normalinvestitionen** betrachtet, die sich durch folgende Eigenschaften auszeichnen (vgl. ausführlich Busse v. Colbe/Laßmann/Witte 2015, S. 130 ff.):

1. Eine unternehmerische Handlung führt zunächst zu mindestens einer (Anschaffungs-)Auszahlung ($-a_0, -a_1, \ldots, -a_k$)
2. Es folgen daraufhin nur noch Einzahlungen $b_k+_1, b_{k+2}, \ldots, b_n$
3. Die absolute Summe der Ein- ist mindestens so hoch wie die der Auszahlungen, es gilt also das **Deckungskriterium**

$$\sum_{t=0}^{n} | b_t | \geq \sum_{t=0}^{n} | -a_t |$$

Beispiel 2

Stellen folgende Zahlungsreihen Normalinvestitionen dar?

►►► Von den bekannten Investitionen:

A: -50_0, $+40_1$, $+30_2$, -30_3, $+40_4$

B: -50_0, -50_1, $+100_3$, $+110_4$, $+120_5$

C: -100_0, -120_1, $+50_3$, -200_3, $+100_4$, $+150_5$, $+200_6$, -40_7, $+200_8$

stellt nur B eine Normalinvestition dar. A und C sind keine solchen, da ihre Zahlungsreihen mehr als einen Vorzeichenwechsel aufweisen. Die weitere Investition D: -101_0, $+40_1$, $+30_2$, $+20_3$, $+10_4$ genügt der Begriffsabgrenzung zwar im Hinblick auf die Vorzeichenfolge, verletzt jedoch das Deckungskriterium knapp, sie ist mithin ebenfalls keine Normalinvestition. ◄◄◄

Normalinvestitionen stellen, das suggeriert zumindest ihre Bezeichnung, den Regelfall dar. Zudem besitzen sie willkommene Eigenschaften, welche die Anwendung dynamischer Bewertungsverfahren sehr erleichtern, wie im nachfolgenden Modul 4 aufgezeigt wird. An dieser Stelle sollen indes zunächst die Bestandteile investitionsgerichteter Unternehmensprozesse sowie die grundlegenden Rahmenbedingungen und Fragestellungen der Investitionsrechnung dargestellt werden.

Zurück treten demgegenüber in der Investitionsrechnung Fragen der oben gleichfalls definierten Finanzierung. Auf den ersten Blick erscheint das als Widerspruch, da Mittel erst beschafft werden müssen (Finanzierung), bevor sie verausgabt werden (Investition). Tatsächlich handelt es sich bei der nachfolgend vertieften Investitionsrechnung um einen Schritt des Investitionsprozesses, der ex ante erfolgt: Es wird zunächst rein rechnerisch ermittelt, ob es lohnende Investitionsmöglichkeiten gibt. In diese Kalkulation können bei Bedarf auch die Spezifikationen vorhandener Finanzierungsalternativen einfließen. Erst wenn die hierauf basierende Bewertung positiv ausfällt und eine Umsetzungsentscheidung getroffen ist, wird tatsächlich finanziert und sodann konkret investiert. Das nachfolgende Kapitel stellt einen solchen Investitionsprozess idealtypisch dar.

3.2 Investitionsprozess

Modell und Wirklichkeit

Die in dem nachfolgenden Modul 4 vertieften investitionsrechnerischen Verfahren sind ein zentrales, jedoch nicht das einzige Element der betrieblichen Investitionswirtschaft. Vielmehr sind sie eingebettet in einen umfassenderen **Investitionsprozess.** Dieser lässt sich in fünf zu unterscheidende Abschnitte zerlegen. Die sukzessive Darstellung dieser idealtypischen Phasen darf indes nicht darüber hinwegtäuschen, dass ihre Abgrenzung in der Praxis häufig schwerfällt. Die einzelnen Phasen können sich überlappen oder im Rahmen eines einzigen Prozesses einer Investitionsentscheidung mehrfach durchlaufen werden (vgl. aktuell Busse v. Colbe/Laßmann/Witte 2015, S. 17 ff.; sowie ausführlich Götze 2014, S. 14 ff.):

Anregung

1. Anregungsphase

Ein Investitionsprozess wird durch einen **Impuls** ausgelöst, der unternehmerische Entscheidungsträger zur intensiveren Auseinandersetzung mit Mittelverwendungs- bzw. Investitionsmöglichkeiten anregt. Dieser Impuls kann – entsprechend der grundlegenden Unterscheidung von Hayeks – Folge eines planmäßigen Vorgehens (»menschlichen Entwurfs«) im Rahmen der regelmäßigen Überprüfungen des Geschäftsmodells der Unternehmung sein, aber auch spontan entstehen. Ebenso kann er auf internen ebenso wie auf externen Ursachen bzw. Informationen beruhen. Typische Formen von Denkanstößen, die Investitionsprozesse auslösen, systematisiert die nachfolgende 2x2-Matrix:

Abb. 3.2

Auslöser von Investitionsprozessen

	spontan	planmäßig
intern	· unternehmerische Findigkeit · unerwartete Störungen der · betrieblichen Abläufe (z.B. Defekt, Unfall) · ...	· Betriebliches Vorschlagswesen · Forschung & Entwicklung · Investitionsausschuss · selbsterstellte Unternehmensvergleiche · ...
extern	· unerwartete Konkurrenzinitiative · unerwartete Mittelzuflüsse · unerwartete Rechtsprechung · ...	· Marktforschungsergebnisse · Beratungsergebnisse · Beschwerdemanagement · ...

Beispiel 3

Rechtsfortbildung und Investitionsverhalten

►►► Die sogenannte »Energiewende«, mit der die deutsche Politik auf die Reaktorkatastrophe im japanischen Fukushima reagierte, war in dieser Form nicht vorauszusehen. Zu den Anpassungsreaktionen der Marktteilnehmer gehörten massive Investitionen im Bereich der sog. regenerativen Energien sowohl im privaten Sektor (Mittelverwendung für Photovoltaik oder Windräder) als auch im Unternehmensbereich. Eindrucksvoller Beleg für eine zeitverzögerte Reaktion auf die veränderten Rahmenbedingungen ist die Aufspaltung der E.on SE, mit der großvolumige Investitionen einhergehen. ◄◄◄

Investitionen können sowohl proaktiv als auch reagierend erfolgen: So ist eine der zentralen unternehmerischen Funktionen überhaupt, nämlich die Suche nach und das tatsächliche Hervorbringen von **Innovationen**, eng mit der unternehmerischen Investitionstätigkeit verknüpft: (Auszahlungen für) Forschung und Entwicklung selbst lassen sich bereits als Investition (»in die Zukunft«) verstehen. Unmittelbar ersichtlich wird der Zusammenhang schließlich, wenn innovative Produkte oder Prozesse unter entsprechender Anpassung der Unternehmenspotenziale und -prozesse tatsächlich realisiert werden. Analoges gilt für die weiteren Innovationstypen nach Joseph Schumpeter, also Marktstrukturinnovationen (wie die erstmalige Bearbeitung einer Region oder Kundengruppe) sowie rechtlich-organisatorische Innovationen – wie die Umsetzung einer neuen Rechtsform oder Organisationsstruktur (vgl. Modul 1 sowie grundlegend Schumpeter 1928, bes. S. 483 f.; dazu Schneider 1997, S. 430 ff.; im Überblick auch Paul 2005).

Eingrenzung

2. Such- und Eingrenzungsphase

Ist ein Investitionsprozess angeregt, werden in einem zweiten Schritt die Handlungsmöglichkeiten im Sinne von **Investitionsalternativen** zusammengestellt, die in der konkreten Entscheidungssituation grundsätzlich möglich und zulässig sind, da sie den (unternehmensintern/-extern) geltenden Mindestanforderungen genügen. Diese können für den Entscheider ein Datum darstellen (wie z. B. gesetzliche Ge-/Verbote) oder von ihm selbst gesetzt werden (wie z. B. ein maximales Investitionsvolumen oder eine minimale planmäßige Nutzungsdauer). Gegenüber der eigentlichen, investitionsrechnerisch basierten Entscheidung in der darauffolgenden Phase werden hier Vorentscheidungen getroffen, die den Auswahlbereich eingrenzen. Je restriktiver (z. B. ausgehend von persönlichen Präferenzen der Entscheidungsträger für bestimmte Investitionsländer oder -objekte) hier vorgegangen wird, desto weniger Alternativen sind im Rahmen der zentralen Bewertungs- und Entscheidungsphase noch en detail zu analysieren.

Kriterienauswahl

3. Bewertungs- und Entscheidungsphase
a. Auswahl des Bewertungsmaßstabs

Spätestens eingangs der Entscheidungsphase ist auf einer übergeordneten Ebene festzulegen, an welchem Kriterium bzw. welchen Kriterien sich die Investitionsentscheidung orientieren soll. Bei dieser Entscheidung herrscht weitgehende formale **Freiheit**, da die Investitionsrechnung an sich kaum durch Rechtsvorschriften normiert wird. Insoweit ist es durchaus zulässig, eines der statischen Verfahren heranzuziehen, die hiernach im Teilmodul 4.1 dargestellt – und sehr kritisch bewertet – werden. Gemessen an den komplexeren dynamischen Verfahren (des darauffolgenden Teilmoduls 4.2) ist das indes nur vertretbar, wenn zentrale ökonomische Erwägungen außer Acht bleiben. Gemein ist den investitionsrechnerischen Verfahren, dass sie sich allein auf **finanzwirtschaftliche Kriterien**, die dem Oberziel der Wertorientierung entspringen, stützen. Zurück treten demgegenüber zunächst alle nicht-finanziellen (z. B. ökologisch motivierten) Erwägungen, die indes nicht vollständig ignoriert werden sollten, sondern neben der eigentlichen Investitionsrechnung anzustellen und am Ende in die Entscheidungsfindung einzubeziehen sind.

Auch bei Konzentration auf finanzwirtschaftliche Bewertungsmaßstäbe stellt die Auswahl des Bewertungsmaßstabs ein Entscheidungsproblem dar, da sich in Theorie und Praxis konkurrierende Ansätze herausgebildet haben, wodurch bis heute eine **Methodenpluralität** (vgl. Blohm/Lüder/Schaefer 2012, S. 39 ff.) besteht.

b. Anwendung des Bewertungsmaßstabs

Investitionsentscheidung i. e. S.

Sobald der Bewertungsmaßstab feststeht, können damit die Investitionen evaluiert werden, die im Rahmen der Such-/Eingrenzungsphase als tatsächlich wählbare Optionen eingestuft wurden. Gegenstand dieses zentralen Abschnitts des Investitionsprozesses ist die Optimierungsaufgabe, die für das Unternehmen in der konkreten Situation (finanz-)wirtschaftlich empfehlenswerteste Investitionsmöglichkeit zu identifizieren. Es dient der Klarheit, wenn die Auswahl nach genau einem Verfahren bzw. Bewertungsmaßstab erfolgt. Zudem lassen sich so Konflikte vermeiden, die sich aus widersprüchlichen Empfehlungen parallel angewendeter Verfahren ergeben. Wenn sich nach dem erstrangigen Kriterium keine eindeutige Entscheidung fällen lässt, kann jedoch die Berücksichtigung weiterer, allerdings nachgeordneter Kriterien notwendig werden – was zu der erwähnten Methodenpluralität beigetragen hat.

4. Durchsetzungs- und Realisierungsphase

Umsetzung

Nachdem die optimale Investition im Rahmen der vorhergehenden Schritte identifiziert worden ist, stellt sich die Aufgabe, sie von einer theoretischen (Handlungs-)Möglichkeit in tatsächliches Geschehen zu überführen. Je nach Eigenschaften der Investitionen aus Sicht des Investors, insbesondere wenn sie **selten, unsicher** und **spezifisch** ausfallen (d. h. ohne Erfahrungswerte aus anderen Unternehmungen oder/und nur im konkreten Kontext, nicht aber anderweitig verwendbar sind, vgl. grundlegend hierzu auch Williamson 1985, S. 72 ff.), besteht die Gefahr von Ex-post-Überraschungen, die so nicht berücksichtigt worden waren. Da die Umsetzung der getroffenen Entscheidung regelmäßig auch bei sorgfältigster Vorbereitung im Rahmen der vorherigen Phasen auf unternehmensinterne oder/und -externe **Umsetzungsprobleme** stößt (wie z. B. mangelnde Akzeptanz in der Belegschaft oder organisatorische, technische und juristische Probleme), ist diese Phase in der Realität häufig sehr konfliktträchtig, zeitaufwendig und auch ansonsten reich an Belastungen, die das tatsächliche Investitionsvolumen erheblich über das geplante hinaus ansteigen lassen können. Überdeutliches Zeugnis hiervon legen regelmäßig große Bauprojekte der öffentlichen Hand ab, aktuell insbesondere der Flughafen Berlin-Brandenburg oder »Stuttgart 21«. Die zahlreichen **Neben- und Folgewirkungen** sowie operativen Details der Realisierung können praktisch sämtliche Unternehmensbereiche betreffen (z. B. durch die Etablierung neuer Beschaffungs- und Absatzbeziehungen oder die Abbildung der Investition in internem und externem Rechnungswesen). Sie führen insoweit aus dem Kernbereich der Investitionswirtschaft heraus und werden daher an dieser Stelle nicht weiter vertieft.

Kontrolle

5. Kontrollphase

Die tatsächlichen Wirkungen einer realisierten Investition weichen infolge des begrenzten Wissensstandes der Entscheidungsträger regelmäßig von den geplanten ab. Daher ist eine entsprechende Bestandsaufnahme im Nachhinein notwendig, die über **Soll-Ist-Vergleiche** zu Erkenntnissen führen kann, die sich grundsätzlich für Korrekturen eines noch laufenden Projekts sowie im Rahmen künftiger Entscheidungsprozesse über Investitionen nutzen lassen. Ersteres ist besonders im Rahmen von langfristigen Projekten sinnvoll, um zwischenzeitlich erkannten Fehlentwicklungen frühzeitig gegenzusteuern und ihre unerwünschte Wirkung möglichst gering zu halten. Des Weiteren ermöglichen Soll-Ist-Vergleiche gezielte Anpassungen des Vorgehens bei Investitionsentscheidungen, wenn die bisherigen Entscheidungsprozesse zu Mittelverwendungen geführt haben, die sich negativ auf den Unternehmenswert ausgewirkt haben und mithin als Fehlinvestitionen einzustufen sind. Spätestens mit dieser Phase wird daher der dargestellte Regelkreis des unternehmerischen Investitionsprozesses erneut eingeleitet.

Darüber hinaus kann die Kontrollphase **Informationen** oder **Handlungsempfehlungen** liefern, die über die eigentliche Investition hinausgehen (wie z. B. zur Bestimmung von Erfolgsprämien für involvierte Mitarbeiter). Insbesondere mit Blick auf die Handhabung von Fehlentwicklungen und Prozessveränderungen wird die Kontrollverantwortung häufig »unabhängigen, d. h. nicht mit der ursprünglichen Investitionsentscheidung befassten Gremien übertragen. Hierdurch soll sichergestellt werden, dass die Kontrollgremien kein rechtfertigendes Informationsverhalten zur Bestätigung der Richtigkeit der ehemaligen Planung und Entscheidung an den Tag legen, sondern kritisch insbesondere nach Planungsfehlern suchen.« (Rehkugler 2007, S. 29). Es handelt sich insoweit um eine Problemstellung der Aufbau- und Ablauforganisation. Wenngleich es den Finanzbereich der Unternehmung betrifft, wird auch dieser Aspekt hier nicht weiter vertieft. Im Mittelpunkt stehen fortan die Inhalte des obenstehenden Schritts 3, also die Konzeption und Anwendung von Bewertungsmaßstäben, wofür zunächst grundsätzliche Rahmenbedingungen und Regeln festzuhalten sind.

3.3 Entscheidungsrahmen und -regeln

Finanzwirtschaftlicher Fokus

Kern unternehmerischen Investierens und daher auch der Darstellungen dieses Grundlagentextes ist die Phase der Investitionsbewertung und -entscheidung. Konsequent erfolgt hierbei eine **Konzentration auf finanzwirtschaftliche Entscheidungskriterien**. Dies bedeutet nicht, dass weitere Erwägungen nicht anzustellen sind. Im Gegenteil können nicht-finanzielle Aspekte in der Realität von entscheidender Bedeutung für die Investitionsentscheidung sein.

Beispiel 4

Weitere entscheidungsrelevante Kriterien

▸▸▸ Der Vorstand eines mittelständischen Automobilzulieferers muss über die Errichtung einer neuen Produktionsstätte entscheiden. Aus finanzwirtschaftlicher Sicht wäre die Ansiedlung am Standort eines großen Automobilherstellers zu favorisieren. Die Entscheidung fällt am Ende dennoch für einen Ausbau der Kapazitäten am Stammsitz des Zulieferers, da dieser in einem strukturschwachen Kreis liegt und der Mittelständler sich als Traditionsunternehmen mit besonderer Verantwortung für seine Heimatregion begreift. ◂◂◂

Ungeachtet ihrer tatsächlichen Relevanz können diese weiteren Kriterien im Rahmen finanzwirtschaftlicher Konzepte nur ansatzweise gewürdigt werden, etwa durch eine

- stärkere Reduzierung des Auswahlbereichs oder eine
- Korrektur finanzwirtschaftlicher Größen (um Risikoabschläge bzw. -zuschläge).

Angemessener erscheint demgegenüber, relevante nicht-finanzwirtschaftliche Bewertungsmaßstäbe separat zu berücksichtigen, also entweder durch

- getrennte Bewertung von Handlungsmöglichkeiten aus den verschiedenen Blickwinkeln und Zusammenführung der einzelnen Bewertungsresultate oder durch
- Anwendung eines integrativen Verfahrens mit Mehrfachzielsetzung.

Letzteres kann im Rahmen von Scoring-Ansätzen (Punktbewertungsverfahren) wie dem der **Nutzwertanalyse** geschehen, die eine Mehrzahl von Investitionen mit Hilfe eines Kriterienkataloges vergleichen. Hierfür werden die investitionsspezifischen Teil(nutzen)werte je Kriterium mit einem kriterienspezifischen Gewicht multipliziert und sämtliche dieser Produkte zu einem Gesamt(punkt)wert addiert. Die Auswahlentscheidung orientiert sich an diesem Nutzwert der Investition in umfassender Perspektive. Diesem grundsätzlichen Vorteil, eine Zielmehrheit berücksichtigen zu können, stehen nicht unerhebliche Einwände gegenüber (vgl. ausführlich Blohm/Lüder/Schaefer 2012, S. 150 ff.). Dies gilt insbesondere im Fall von entscheidungsrelevanten Kriterien, die Gegenstand anderer Teildisziplinen der Betriebswirtschaftslehre – oder gänzlich anderer Disziplinen – sind. Daher sollten sie in deren Rahmen behandelt werden, während sie zugunsten einer Fokussierung auf finanzwirtschaftliche Zusammenhänge hiernach außer Acht gelassen werden. Stattdessen konzentriert sich dieser Text auf statische und vor allem dynamische Verfahren, die sich an einer klar abgegrenzten **finanzwirtschaftlichen** Zielgröße ausrichten. Die Bestimmung relevanter Bewertungsmaßstäbe bzw. Entscheidungskriterien fällt daher mit der des anzuwendenden Verfahrens zusammen. Wertorientiert sinnvolle Entscheidungen sind auch mit diesen investitionsrechnerischen Kalkülen allerdings nur im Rahmen bestimmter Voraussetzungen möglich (vgl. alternativ Götze 2014, S. 45 ff.).

Rationalitätsannahme

Notwendig ist zunächst die Annahme ökonomisch rationaler Entscheidungsträger, also des – in der Öffentlichkeit zuletzt vielgescholtenen – **homo oeconomicus**. Ein solcher idealisierter Entscheider orientiert sich konsequent an einer finanzwirtschaftlichen Zielgröße und entscheidet allein hiernach. Im Unterschied dazu existieren in der Realität nicht-rationale Erwägungen, die ebenfalls in Entscheidungskalküle einfließen. Überdies sind reale Menschen fehlbar, sie übersehen, vergessen, verrechnen sich usw. Allerdings ist die Bandbreite solcher Abweichungen vom Rationalitätspostulat – und damit auch die der möglichen Konsequenzen auf der Zahlungsstromebene – praktisch unerschöpflich und daher für ein überschaubares investitionsrechnerisches Kalkül nicht fassbar. Die neuere, 2002 mit dem »Wirtschaftsnobelpreis« für Daniel Kahneman geadelte Forschungsrichtung der **Behavioral Finance** widmet sich genau solchen nicht-rationalen Verhaltensmustern – wie z. B. selektiver Wahrnehmung oder Herdenverhalten –, wodurch sich schnell eine hohe Komplexität einstellt (siehe auch Modul 7 und einführend Barberis/Thaler 2003).

Informationsstand

Investitionsentscheidungen reichen in und verändern die Zukunft, weswegen sie zum gegenwärtigen Entscheidungszeitpunkt notgedrungen auf den dann verfügbaren Planungsdaten basieren. Diesbezüglich lautet die zentrale Annahme, dass vorgenannte rationale Entscheidungsträger über einwertige Erwartungen verfügen und sich **sicher** sein können, dass sämtliche Eingabegrößen ihres Kalküls genau wie geplant eintreten. Auch diese Annahme wird nicht getroffen, weil sie der Realität am nächsten kommt. Diese ist im Gegenteil regelmäßig durch Unsicherheit charakterisiert, die die Formulierung von Entscheidungskalkülen je nach Ausprägung erheblich erschwert. Es ist daher zu entscheiden, ob und wie der unvermeidlichen Unsicherheit Rechnung getragen werden soll. Dies hängt insbesondere davon ab, wie stark sie ausgeprägt ist. Anknüpfend an die grundlegende Arbeit von Frank H. Knight (1921) lassen sich folgende Grade der Nicht-Sicherheit unterscheiden (vgl. prägnant Schneider 2011, S. 11 ff.; aktuell auch Horsch/Schulte 2016, S. 14 f.):

- **Ungewissheit** beschreibt eine Situation, in der sich der Entscheider mehreren, aber endlich vielen denkbaren Zukunftslagen gegenübersieht. Kann er diesen überdies quantitative Eintrittswahrscheinlichkeiten zuordnen, »besteht vollständige Gewißheit über die Ungewißheit« (Schneider 1995a, S. 35).
- **Risiko** wird in Konzepten der Investitions- und Finanzierungstheorie anknüpfend daran als messbare Idealisierung verstanden, nämlich als Streuung (einer Zielgröße) um einen Erwartungswert.
- Demgegenüber bezeichnet (fundamentale oder Knight'sche) **Unsicherheit** eine Situation, in der noch nicht einmal jede denkbare Zukunftslage (geschweige denn ihre Eintrittswahrscheinlichkeit) bekannt ist.

Offensichtlich ist unter dem Informationsstand fundamentaler Unsicherheit eine Entscheidung erheblich komplexer als unter Sicherheit. Grundlage auch dieser Einführung in die Investitionsrechnung sind daher aus didaktischen Gründen zunächst Entscheidungen bei angenommener Sicherheit (Modul 4). Auf dieser Basis lässt sich im weiteren Verlauf die Sicherheitsannahme schrittweise lockern und das Risiko ausdrücklich als zusätzliches Entscheidungskriterium einführen (ab Modul 5).

Grad der Isoliertheit

Zu berücksichtigen ist auch, inwieweit die anstehende Investitionsentscheidung im **Verbund** mit anderen zu treffen ist. Solche Interdependenzen können auf unterschiedlichen Ebenen bestehen. Denkbar sind sie zum einen bereits innerhalb investitionsrechnerischer Fragestellungen (Einzelinvestition vs. Investitionsprogramm). Darüber hinaus können Interdependenzen zu den verschiedensten Markt- und Unternehmensprozessen bestehen – beispielsweise werden Investitionsentscheidungen regelmäßig erheblich verändert oder gar gehemmt, wenn abzusehen ist, dass die Management-Zuständigkeiten für betroffene Bereiche neu sortiert werden. Im Folgenden werden zunächst für sich stehende **Einzelinvestitionen** behandelt, denen die entscheidungsrelevanten Größen (also insbesondere Zahlungsströme) eindeutig und überschneidungsfrei zuzurechnen sind. Schon sie bilden bei genauerem Hinsehen einen Verbund mit bestimmten Ergänzungsmaßnahmen und insofern ein spezifisches Investitionsbündel bzw. -programm. Explizite Programm- oder Portfolioentscheidungen rücken ab Modul 6 in den Mittelpunkt.

Steuern und Transaktionskosten

Zunächst wird schließlich auch von **Steuern** und **Transaktionskosten**, die mit Investitions- und Finanzierungsvorgängen einhergehen, abgesehen. Auch hier ist unmittelbar ersichtlich, dass es sich um Größen handelt, die in der Realität definitiv vorhanden und daher in einem vollständigen Bewertungskalkül zu berücksichtigen sind. Dass sie vorerst ausgeklammert bleiben, ist zum einen didaktisch begründet: Die Kalküle werden zunächst in einfacher Form herausgearbeitet und dann schrittweise erweitert, nicht zuletzt um Steuern und Transaktionskosten. Letztere sind speziell für zahlungsstromorientierte Kalküle als weitere Auszahlungen vergleichsweise einfach integrierbar, Steuern hingegen führen schon unter idealisierenden Annahmen – wie z. B. der Prämisse eines einheitlichen Steuersatzes für jegliche Einkommensart – zu erheblichen Modifikationen (vgl. Teilmodul 4.3). Zum anderen kann so gezeigt werden, inwieweit ein – idealisiertes oder reales – steuerliches Regelsystem (Investitions- oder Finanzierungs-)Entscheidungen beeinflusst und insoweit das Prinzip einer entscheidungsneutralen Besteuerung verletzt.

Zeit

Es wird noch gezeigt, dass eine Berücksichtigung des **Zeitaspekts** von elementarer Bedeutung für die Eignung investitionsrechnerischer Verfahren im Rahmen einer wertorientierten Investitions- und Finanzierungspolitik ist. Tatsächlich liegt hierin der fundamentale Unterschied zwischen statischen und dynamischen Verfahren: Erstere vernachlässigen die Verteilung der Folgen einer Investition in der Zeit und sind stattdessen auf Gesamt- oder Durchschnittsgrößen ausgerichtet. Demgegenüber steht die exakte Berücksichtigung des Zeitaspekts bei den dynamischen Verfahren sogar im Vordergrund.

In dem Rahmen, der nach den vorgenannten Voraussetzungen gegeben ist, sind zunächst zwei wesentliche Arten von Entscheidungen in Bezug auf Einzelinvestitionen zu betrachten:

Akzeptanz vs. Vorteilhaftigkeit

- **Akzeptanzentscheidungen** erfordern, lediglich über das Durchführen oder Unterlassen einer einzigen Investition zu befinden. Ihr Unterlassen bedeutet dabei in einem ökonomisch sinnvollen Kalkül nicht absolutes Nichtstun, sondern das Ergreifen einer (noch zu spezifizierenden) generellen Alternative (**Opportunität**) für die Verwendung der vorhandenen Mittel. Akzeptabel ist eine Investition A dann, wenn die Ausprägung des Entscheidungskriteriums bzw. des Bewertungsmaßstabs für sie besser als eine bestimmte Benchmark ist (wenn A also z. B. mehr als einen vorgegebenen Mindestgewinn verspricht oder einen positiven Kapitalwert aufweist).

- **Vorteilhaftigkeitsentscheidungen** verlangen die ökonomisch sinnvolle Auswahl aus einer Mehrzahl von Investitionsalternativen, die nach der vorherigen Eingrenzung wählbar sind: Ist über zwei oder mehr akzeptable Investitionen zu entscheiden, wird – von einem rationalen Entscheider – diejenige gewählt, die die Benchmark am deutlichsten übertrifft.

Ab Modul 6 werden beide Fragestellungen auf andere Bezugsobjekte angewendet (Portfolios bzw. Investitionsprogramme), deren Zusammenstellung sich als dritte Entscheidungsvariante auffassen lässt (vgl. Rudolph 2006, S. 33 f.). Sowohl statische als auch dynamische Verfahren der Investitionsrechnung bieten Entscheidungsregeln gleichsam für Akzeptanz- und Vorteilhaftigkeitsfragen.

Eichstrich

Es wird erkennbar, dass der Entscheidungsrahmen, in dem investitionsrechnerische Akzeptanz- und Vorteilhaftigkeitsentscheidungen getroffen werden, durch ein besonders anfangs enges Korsett von Annahmen gekennzeichnet ist. In einer durch Unsicherheit und andere Unvollkommenheiten geprägten Welt werden sich Ergebnisse derart idealisierender Investitionskalküle im Nachhinein fast immer als unzutreffend erweisen. Dies ist allerdings kein Argument dafür, keine solche Investitionsrechnung durchzuführen. Vielmehr können Ergebnisse, die unter idealisierenden Annahmen ermittelt werden, die wertvolle Eigenschaft einer **Nullmarke** bzw. eines **Eichstrichs** übernehmen. Je mehr die tatsächlichen Entscheidungsvoraussetzungen von diesem Ideal abweichen, desto wichtiger ist eine **vorsichtige Interpretation und Verwendung der Ergebnisse** einerseits sowie die Durchführung von **ergänzenden Investitionsrechnungen** andererseits, die auf die Unsicherheit (z. B. durch die Betrachtung verschiedener denkbarer Szenarien) gezielt Rücksicht nehmen.

3.4 Zinseszinsrechnung als mathematische Grundlage der Investitionsrechnung

Unter den mathematischen Grundlagen der Investitionsrechnung besitzt die Zinseszinsrechnung zentrale Bedeutung.

(Zinses-)Zins

Grundsätzlich bezeichnet der Zins den Preis einer Mittelüberlassung, welchen der Mittelnehmer an den Mittelgeber zu zahlen hat (vgl. etwa van Horne/Wachowicz 2010, S. 42). (Einen ausgesprochenen Sonderfall stellen **Negativzinsen** dar, die von Mittelgebern an Mittelnehmer gezahlt werden, wie seit Mitte der 2010er Jahre zu beobachten, vgl. einführend dazu Morscher/Horsch 2015). Der Zinssatz gibt diesen Preis je Zeiteinheit bzw. Zinsperiode an. Für die genaue Höhe der Zinsverpflichtung ist maßgeblich, in welchem Rhythmus die überlassenen Mittel zurückgezahlt (Tilgung T) und in welchem Rhythmus die Zinszahlungen (Z) selbst erfolgen – insbesondere, ob sie den überlassenen Mitteln zugeschlagen und daraufhin mitverzinst werden oder nicht. Vor der Veranschaulichung der elementaren mathematischen Zusammenhänge sind zunächst die (Bezeichnungen der) zugehörigen Größen festzulegen:

- Die Zinseszinsrechnung umfasst Zeiträume. Kenntlich gemacht wird das Zeitelement durch den tiefgestellten Index t, wobei ein Zeitindex von 0 für die Gegenwart steht, der Zeitindex t für einen Zahlungsstrom, der genau t Zeiteinheiten (nachfolgend zumeist Jahre) entfernt ist, der Zeitindex n für das Ende der Betrachtungsperiode (die Laufzeit).
- Zahlungsströme können als Mittelabflüsse (a_t), Mittelzuflüsse (b_t) sowie als saldierte Größe des Netto-Einzahlungsüberschusses (c_t) auftreten.
- Der auf den geschuldeten Betrag anzuwendende (Nominal-)Zinssatz wird in Prozent pro Zeiteinheit – regelmäßig % pro Jahr = % per annum = % p. a. – notiert und mit i (von engl. »interest« = Zins) abgekürzt.

Einfache Zinsrechnung

Die einfache Zinsrechnung betrachtet nur einen Zeitraum bis zur ersten Zinszahlung. Aus der Anlage von x € ergibt sich für einen Mittelgeber folgender Zahlungsstrom: $-x_0$, $+(x_0 + i \cdot x_0)_1$. Der Klammerausdruck zeigt hierbei die Tilgungszahlung $i \cdot x_0$ sowie die nachschüssige Zinszahlung . Dieser auf Jahresbasis formulierte Zusammenhang lässt sich in vereinfachter Form – ein Monat entspricht 30, ein Jahr 360 Tagen – verallgemeinern, so dass er auch für nicht-ganzjährige Zeiträume anwendbar ist (**kaufmännische Zinsformel** in der 30/360-Form).

$$\text{Zinszahlung } Z_1 = \frac{\text{Verzinsungstage}}{360} \cdot i \cdot x_0$$

Beispiel 5

Einfache Verzinsung für beliebige Zeiträume

a) Ein Betrag von 500 € wird für ein Jahr ausgeliehen, der Zinssatz beträgt 6 % p. a. Die Zinszahlung lautet:

$$Z_1 = \frac{360}{360} \cdot 0{,}06 \cdot 500\,€ = 30\,€$$

b) Die Ausleihung des vorgenannten Betrages erfolgt für ein Jahr und 45 Tage. Die Zinszahlung beläuft sich auf:

$$Z_1 = \frac{360 + 45}{360} \cdot 0{,}06 \cdot 500\,€ = 33{,}75\,€$$

c) Der Mittelnehmer der 500 € schlägt vor, nach einer Laufzeit von 600 Tagen einen einmaligen Kapitaldienst (= Zins + Tilgung) von 575 € zu erbringen. Gesucht ist der hierin implizit enthaltene Zinssatz. Da die Tilgung T = 500 € umfasst, sollen für 600 Tage offenbar = 75 € Zinsen gezahlt werden. Mithin gilt:

$$75 = \frac{600}{360} \cdot i \cdot 500\,€ \Leftrightarrow i = 0{,}09$$

Der Vorschlag entspricht also einem Zinssatz von 9 % p. a.

d) Ein Mittelnehmer gibt bekannt, eine Ausleihung von einem Jahr und acht Monaten, die mit 5 % p. a. verzinst wurde, heute mit einem Kapitaldienstbetrag von 780 € samt Zins zurückzuzahlen. Wie hoch war die Ausleihung? Der Ausgangsbetrag x ergibt sich aus:

$$T_1 + Z_1 = 780 = x_0 + \frac{600}{360} \cdot 0{,}05 \cdot x_0 \text{ €}$$

$$\Leftrightarrow 780 = \left(1 + \frac{1}{12}\right) \cdot x_0 \text{ €} \Leftrightarrow 780 \cdot \frac{12}{13} = x_0 \text{ €} \Leftrightarrow x_0 = 720 \text{ €}$$

Ursprünglich waren demnach 720 € für 20 Monate überlassen worden. ◄◄◄

Nominal- vs. Effektivverzinsung

Die zuvor dargestellten Zusammenhänge unterstellen, dass Anlage- und Tilgungsbetrag sich exakt entsprechen. Diese trivial klingende Gleichheit ist in der Praxis keinesfalls immer gegeben. Vielmehr kann sich der Anlagebetrag durch einen Abschlag (Disagio) oder einen Aufschlag (Agio) vom Rückzahlungsbetrag unterscheiden. Durch ein Disagio ist der Effektiv- höher als der Nominalzins, bei einem Agio ist es umgekehrt.

Beispiel 6

Disagio und Effektivzins

►►► Mittelnehmer und -geber einigen sich auf die Überlassung von 50.000 € für ein Jahr. Der Nominalzins beträgt 5 % p. a. Der Mittelgeber setzt zudem eine einmalige Provision im Startzeitpunkt von 300 € durch. Wie hoch sind die Kosten der Kapitalüberlassung p. a. insgesamt (Effektivzins)?
Bedingt durch die Provision erhält der Mittelnehmer ursprünglich nur $x_0 = 49.700$ €. Allerdings muss er die 5 % p. a. auf die vollständige Mittelüberlassung von 50.000 €, zahlen, also $Z_1 = 2.500$. Zusammen mit der Tilgung von $T_1 = 50.000$ € ergibt sich ein Kapitaldienst von 52.500 €. Es gilt also unter Berücksichtigung der Zahlungsströme für den Effektivzins i*:

$$49.700 \text{ €} \cdot (1 + i^*) = 52.500 \text{ €} \Leftrightarrow i^* = \frac{52.500}{49.700} - 1 = 5{,}63\,\%$$

Ohne Provision ergäbe sich ein Zins von 52.500/50.000 – 1 = 0,05 = 5 %. Der Zinsunterschied von 0,63 %-Punkten lässt sich auch direkt ermitteln aus 300/49.700 = 0,0063 = 0,63 %. ◄◄◄

Zinseszins

Anders als in der bisherigen Darstellung ist im Falle längerfristiger Mittelüberlassungen denkbar, dass Zinsen bei Fälligkeit nicht gezahlt, sondern dem geschuldeten Betrag zugeschlagen und in der Folgezeit mitverzinst werden. Werden x Geldeinheiten überlassen, beliefe sich der Zins für das erste Jahr auf $Z_1 = i \cdot x_0$. Nun ergeben sich drei idealtypische Möglichkeiten:

- Rückzahlung: Würde die Überlassung beendet, zahlt der Mittelnehmer den überlassenen Betrag zzgl. Zins für ein Jahr, also $(x+ix_0)_1 = (1+i) \cdot x_0$ per t_1 an Kapitaldienst.
- Zinszahlung: Zahlt er nur den Zins i. H. v. $i \cdot x_0$ per t_1, bleibt das ausstehende Mittelvolumen bei x konstant, nach einer weiteren Periode fielen erneut $Z_2 = i \cdot x_0$ an.
- Zinsgutschrift: Zahlt er nichts, beträgt seine Mittelnahme im zweiten Jahr nicht nur x_0, sondern incl. der noch nicht gezahlten Zinsen $x_0 + i \cdot x_0 = (1+i) \cdot x_0$. Im zweiten Jahr entspricht der Zins damit $i \cdot [(1+i)x_0]$. Würde die Mittelüberlassung nun abgelöst, kämen $T = (1+i) \cdot x_0$ hinzu, der gesamte Kapitaldienst beliefe sich auf $T + Z = (1+i) \cdot x_0 + i \cdot [(1+i) \cdot x_0] = (1+i) \cdot (1+i) \cdot x_0 = (1+i)^2 \cdot x_0$.

Aufzinsungsfaktor

In allgemeiner Schreibweise führt diese Mitverzinsung zugeschlagener Zinszahlungen zu der allgemeinen **Zinseszinsformel** unter Verwendung des Aufzinsungsfaktors für ganze Perioden $(1+i)^n$:

$$x_n = x_0 \cdot (1+i)^n$$

Im Rahmen der nachfolgenden Ausführungen wird überwiegend diese Basisversion des Aufzinsungsfaktors verwendet. Je kürzer indes die Betrachtungsperiode, desto dringlicher ist der Rückgriff auf eine Version, die **unterjährige Zinszahlungen** berücksichtigt. In allgemeiner Fassung lautet der Aufzinsungsfaktor für den Fall von m Zinszahlungsterminen binnen eines Jahres:

$\left(1+\frac{i}{m}\right)^{m \cdot n}$; für jährliche Zinszahlungen (m = 1) entspricht das $(1+i)^n$

Beispiel 7

Aufzinsung

►►► Ein Sparer legt 12.000 € zu einem Zinssatz von 5 % p. a. für 10 Jahre bei seiner Bank an. Wie hoch ist der Kontostand, wenn die Zinsen dem Ausgangsbetrag a) jährlich, b) vierteljährlich oder c) monatlich zugeschlagen und mitverzinst werden?

a) Es gilt m = 1 und daher $x_n = x_0 \cdot (1+i)^n = 12.000\,€ \cdot (1+0{,}05)^{10} = 19.546{,}74\,€$

b) Wegen m = 4 folgt $x_n = x_0 \cdot \left(1+\frac{i}{m}\right)^{m \cdot n} = 12.000\,€ \cdot \left(1+\frac{0{,}05}{4}\right)^{4 \cdot 10} = 19.723{,}43\,€$

c) Aus m = 12 resultiert $x_n = x_0 \cdot \left(1+\frac{i}{m}\right)^{m \cdot n} = 12.000\,€ \cdot \left(1+\frac{0{,}05}{12}\right)^{12 \cdot 10} = 19.764{,}11\,€$
◄◄◄

Das Beispiel lässt den grundsätzlichen Zusammenhang erkennen: Je kürzer der Zeitraum zwischen Zinszahlungen, die ihrerseits wiederangelegt werden, desto höher der Aufzinsungseffekt. Allerdings gibt es hierfür einen (oberen) Grenzwert, denn für unendlich große m konvergiert der gezeigte Aufzinsungsfaktor gegen den Wert

$e^{i \cdot t}$ (vgl. etwa Hirth, 2012, S. 17 f.). Im vorliegenden Beispiel würden die 12.000 € Anfangsbestand also binnen zehn Jahren auf 12.000 € · $e^{0,05 \cdot 10}$ = 19.784,66 € anwachsen. (Hierbei steht e für die Euler'sche Zahl (≈ 2,718281828459)). Dieser Grenzfall wird – vergleichbar mit natürlichen Wachstumsprozessen – als kontinuierlicher, stetige Verzinsung bezeichnet.

Abzinsungsfaktor

Während Aufzinsung(sfaktor)en das Wachstum eines früheren Betrages zu einem zukünftigen quantifizieren, beschreibt die **Abzinsung** (Diskontierung) den Schluss von einem höheren und späteren Betrag auf einen früheren und niedrigeren. Aus einer Umstellung der oben genannten Zinseszinsformel nach x_0 ergibt sich:

$$x_0 = x_n \cdot (1+i)^{-n} = \frac{x_n}{(1+i)^n}$$

Für stetige Verzinsungen ergibt sich:

$$x_0 = x_n \cdot e^{-i \cdot n}$$

Beispiel 8

Abzinsung

►►► Am Ende einer neunjährigen Anlageperiode, in der ein Zinssatz von 3,25 % p. a. galt, erhält der Mittelgeber einen Endbetrag von 8.000 € zurück. Der ursprünglich angelegte Betrag ergibt sich aus

$$x_0 = x_n \cdot (1+i)^{-n} = 8.000\,€ \cdot 1{,}0325^{-9} = 5.999{,}01\,€.$$ ◄◄◄

Der verwendete Kehrwert des Aufzinsungsfaktors wird folgerichtig als **Abzinsungsfaktor** (oder Diskontierungsfaktor) bezeichnet. Da Investitionsentscheidungen a) auf Basis für die Zukunft geplanter Größen b) in der Gegenwart zu treffen sind, ist die Abzinsung **für die unternehmerische Investitionsrechnung von herausragender Bedeutung** und wird insbesondere im Teilmodul 4.2 weiter vertieft.

Es ist unmittelbar einsichtig, dass verschiedene Aspekte den Endbetrag beeinflussen. Hierzu zählen

- die Länge der Zinsperiode,
- zwischenzeitliche Zinsänderungen,
- andere als nachschüssige Zinszahlungszeitpunkte,
- zwischenzeitliche Veränderungen des verzinsten Betrages usw.

Auf eine umfassende Darstellung soll in diesem Grundlagenmodul jedoch verzichtet werden, weswegen auf die Literatur zur Finanzmathematik verwiesen wird (vgl. etwa Wimmer/Caprano 2013, S. 21 ff.; Kruschwitz 2010, S. 16 ff.). Für die Diskussion von Fragestellungen der unternehmerischen Investitionsrechnung liefern die bis hierher gezeigten mathematischen Zusammenhänge ein zunächst ausreichendes Instrumentarium, das in den folgenden Modulen bei Bedarf punktuell erweitert wird.

Auf den Punkt gebracht

- Investition und Finanzierung umfassen die Verwendung und Beschaffung liquider Mittel. Damit konsistent sind Bewertungsverfahren, die Akzeptanz- und Vorteilhaftigkeitsentscheidungen auf Basis von Zahlungsströmen (Cashflows) ermöglichen.
- Unternehmerische Investitionsentscheidungen sind Bestandteil eines umfassenden Prozesses, der sich idealtypisch in die Phasen der Anregung, der Alternativensuche/-eingrenzung, der Bewertung und Entscheidung, der Durchsetzung/Realisierung sowie der Ex-post-Kontrolle gliedern lässt.
- Die Investitionsrechnung bewertet Alternativen aus finanzwirtschaftlicher Sicht. Die Null-Linie bilden Bewertungen von Einzelinvestitionen bei unterstellter Sicherheit der Planungsgrößen sowie unter weiteren idealisierenden Prämissen. Fortgeschrittene Verfahren behandeln Investitionsprogramme und erlauben auch die Berücksichtigung von Formen der Nicht-Sicherheit (Risiko) sowie weiterer Unvollkommenheiten (wie z. B. Steuern oder Transaktionskosten).
- Unverzichtbares Werkzeug der Investitionsrechnung ist die Finanzmathematik, mit der sich Cashflows gleichnamig machen lassen, welche zu verschiedenen Zeitpunkten anfallen und daher nicht unmittelbar vergleichbar sind.

Modul 4 Bewertung von Einzelinvestitionen bei Sicherheit

ZENTRALE INHALTE

- Darstellung und kritische Würdigung der statischen Vergleichsverfahren
- Charakterisierung der dynamischen Vergleichsverfahren
- Ausführliche Darstellung der Kapitalwertmethode
- Darstellung und kritische Analyse von Zinsfußmethoden
- Erweiterungen dynamischer Ansätze durch Lockerung der Modellprämissen

4.1 Statische Verfahren der Investitionsrechnung

Einstiegsbeispiel

▸▸▸ Die RedCan AG ist ein großes mittelständisches Unternehmen der metallverarbeitenden Industrie, das sich auf Betreiben der Mehrheitseigentümer künftig ganz der Produktion von Getränkedosen widmen soll. Im Rahmen der Restrukturierung erhalten die neuen Vorstände von verschiedenen sogenannten Experten den Rat, bei der Bewertung von Investitionsalternativen insbesondere »eine sorgfältige Kostenrechnung durchzuführen, um unrentable Erweiterungen des Sortiments definitiv ausschließen zu können«. Der Leiter des Rechnungswesens ergänzt mit einer gewissen Zufriedenheit, dass sein Bereich bereits über die entsprechenden Daten verfüge, weswegen sich empfehle, ihm auch die Verantwortung für unmittelbar anstehende sowie künftige Investitionsentscheidungen zuzuweisen. ◂◂◂

4.1.1 Grundlegende Eigenschaften

Statische und dynamische Verfahren

Die in diesem Teilkapitel behandelten Verfahren der Investitionsrechnung heißen **statisch**, weil sie sich auf die Betrachtung von einer (durchschnittlichen) Periode beschränken, während sie den **Zeitaspekt** (im Sinne der Eintrittszeitpunkte von finanziellen Folgen einer Investitionsentscheidung) **vernachlässigen** (vgl. auch Busse v. Colbe/Laßmann/Witte 2015, S. 22 f.). Hierin liegt der entscheidende Unterschied zu **dynamischen** Bewertungskalkülen, die sämtliche finanzwirtschaftliche

Konsequenzen einer Investitionsentscheidung über die Zeit erfassen, um sie separat und insbesondere anhand ihres Eintrittszeitpunkts zu bewerten. Tatsächlich sind nur diese dynamischen Verfahren mit den Prinzipien einer wertorientierten unternehmerischen Finanzierungspolitik vereinbar. Wenn hiernach dennoch mit den statischen Verfahren begonnen wird, so geschieht dies zum einen aufgrund ihres faktischen Stellenwerts in der Praxis. Zum anderen werden die Defizite der statischen ebenso wie die Fortschritte der dynamischen Verfahren, die gerade aus wertorientierter Perspektive festzustellen sind, auf diese Weise besonders deutlich.

Dass die statischen Verfahren ungeachtet aller Kritik bis heute Praxisrelevanz besitzen, hat seinen Grund. Der zentrale Vorteil ihrer Periodenorientierung ist verfahrenstechnischer Art, da sich so auf die ohnehin periodisierten Bestands- und Strömungsgrößen des betrieblichen Rechnungswesens zurückgreifen lässt (Modul 2). Weil zugunsten einer möglichst umfassenden Betrachtungsweise auch kalkulatorische Erwägungen zu berücksichtigen sind, finden in der statischen Investitionsrechnung regelmäßig nicht buchhalterische bzw. pagatorische (Erträge/Aufwendungen), sondern kalkulatorische Strömungsgrößen (Kosten/Erlöse) Verwendung. Tatsächlich gilt die Wiederverwertbarkeit dieser ohnehin ermittelten Informationen als maßgeblich für die **Popularität** von statischen Verfahren der Investitionsrechnung gerade in mittelständischen Unternehmen (vgl. Zantow/Dinauer 2011, S. 430).

Gemeinsamkeiten statischer Verfahren

Ihre traditionelle Popularität genießen die statischen Verfahren, obwohl sie unvermeidliche Defizite aufweisen, die nachfolgend aufgezeigt werden. Verantwortlich für diese arttypischen Mängel sind vor allem drei Charakteristika, die allen statischen Verfahren gemein sind:

- **Repräsentativitätsannahme:** Entscheidungen auf Basis von Durchschnittswerten beruhen auf der vereinfachenden Annahme, dass der ermittelte Durchschnitt repräsentativ ist, obwohl er von den meisten, möglicherweise von allen Einzelwerten jeder Periode des Betrachtungszeitraums verschieden, also fiktiv ist (vgl. Wöhe/Döring/Brösel 2016, S. 483). Nur unter dieser – nicht sehr realistischen – Annahme wäre es gerechtfertigt, auf eine differenzierte Betrachtung sämtlicher Perioden, über die sich eine Investition erstreckt (und unterschiedlich auswirkt), zu verzichten.
- **Heuristiken:** Statische Verfahren beinhalten Heuristiken (Faust-/Daumenregeln), die zwar intuitiv nachvollziehbar sind, aber einer genauen und realitätsnahen Vergleichsrechnung dennoch entgegenstehen. Auch hieran zeigt sich, dass Anwender statischer Verfahren einer einfachen Handhabung den Vorzug vor Genauigkeit einräumen.
- **Unvollständigkeit der Informationsbasis:** Dem Grunde nach berücksichtigen alle statischen Ansätze nur Teile der Auswirkungen (und zudem nur für die besagte Durchschnittsbildung), die eine Investitionsentscheidung hat. Dem Ausmaß nach ist dieses Defizit verfahrensabhängig. So lassen sich drei der vier traditionellen Verfahren dadurch in Beziehung setzen, dass auf die unterschiedliche Breite ihrer Informationsbasis abgestellt wird, wie die folgende Abbildung 4.1 verdeutlicht:

Abb. 4.1

Informationsbasis statischer Investitionsrechenverfahren

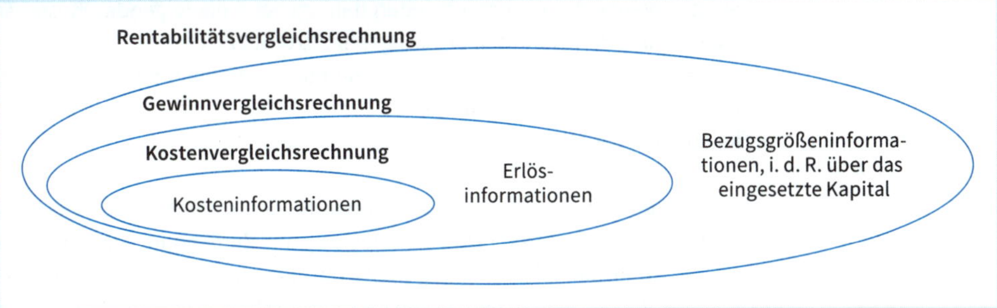

Die Kostenvergleichsrechnung basiert also allein auf Kosten, die Gewinnvergleichsrechnung zudem auf Erlösinformationen und die Rentabilitätsvergleichsrechnung noch darüber hinaus auf Kapitalgrößen. Neben diesen drei Verfahren, die in diesem Sinne aufeinander aufbauen, zählt die statische Variante des Amortisationsdauervergleichs zu den traditionellen statischen Varianten. Dieses Verfahren unterscheidet sich von den anderen dahingehend, dass die Entscheidung anhand einer kalkulatorischen Größe getroffen wird, die nicht in Geld-, sondern in Zeiteinheiten angegeben wird.

Nachfolgend werden daher zunächst die drei anderen Verfahren vorgestellt. Die ausführliche Behandlung der Kostenvergleichsrechnung resultiert nicht aus der Güte oder Bedeutung des Verfahrens. Maßgeblich dafür ist vielmehr, dass einerseits ihre Defizite besonders ausgeprägt sind und sie andererseits die konzeptionelle Basis für Gewinn- und Rentabilitätsvergleichsrechnung darstellt. Obgleich diese Verfahren manche Mängel der Kostenvergleichsrechnung beseitigen, bleibt deswegen das Gros der Kritik auch für sie gültig. Wer seine Investitionsentscheidung allein ausgehend von Ergebnissen statischer Verfahren trifft, läuft daher vergleichsweise große Gefahr, ökonomisch suboptimale, eben nicht am meisten Wert schaffende Projekte zu realisieren (vgl. kritisch zur »Wertfrage« auch Bösch 2013, S. 279).

4.1.2 Kostenvergleichsrechnung

Entscheidungskriterium

Kostenvergleichsrechnungen unterstellen – zumindest stillschweigend –, dass die zu treffende Investitionsentscheidung die Erlösseite nicht berührt. Nur dann ist es gerechtfertigt, diese im Entscheidungsprozess auszublenden und auf die **(Minimierung der) investitionsbedingten Kosten** abzustellen. Hierbei kann es sich um Gesamt- oder Stückkostengrößen handeln: Soweit die betrachteten Alternativen von gleicher (Ausbringungs-)Kapazität sind, können Gesamtkosten (p. a.) als absolute Größen, andernfalls müssen Stückkosten als relative Größen verglichen werden. In beiden Fällen sind »grundsätzlich alle durch das jeweilige Projekt verursachten Kosten« (Blohm/Lüder/Schaefer 2012, S. 130), also im Grunde **investitionsbedingte Grenzkosten** zu berücksichtigen: Die Frage lautet, welche Kosten in einer Situation mit einer Investition gegenüber einer Situation ohne die betreffende Investition zu bewältigen wären. Als wesentlich gelten dahingehend die folgenden Kostenarten (vgl. ausführlich Perridon/Steiner/Rathgeber 2016, S. 37 f.):

- Betriebskosten (für Personal, Energie, Räume, Instandhaltung etc.)
- (kalkulatorische) Abschreibungen
- (kalkulatorische) Zinsen

In einer **Sicherheitssituation**, in der zu erwartende Kosten ex ante bekannt sind und später genau so eintreten, gilt die Erfassung und Zurechnung von Betriebskosten als gelöst. Primär wird in der statischen Investitionsrechnung demgegenüber die Abgrenzung der beiden genannten kalkulatorischen Komponenten problematisiert, für deren Berechnung **Faustregeln** Anwendung finden. Vereinfachend wird überwiegend von linear abnehmender, durchschnittlicher Kapitalbindung ausgegangen. Wird eine Investition mit Anschaffungskosten von a_0 bis auf einen Restwert von RW_n am Laufzeitende abgeschrieben, so beträgt das durchschnittlich gebundene Kapital:

$$KB_{\varnothing} = \frac{a_0 + RW_n}{2}$$

kalkulatorische Zinsen

Da auf dieses durchschnittlich gebundene Kapital ($KB_{\varnothing}$) der Prozentsatz i p. a. Zinsen zu zahlen sind, ergibt sich eine (durchschnittliche) kalkulatorische Zinslast für die betrachtete (Durchschnitts-)Periode in Höhe von:

$$Z = i \cdot KB_{\varnothing} = i \cdot \frac{a_0 + RW_n}{2}$$

kalkulatorische Abschreibungen

Unter Annahme eines positiven Restwertes (Liquidationserlöses) von RW_n sind bei linearer Abschreibung über eine Nutzungsdauer von n Jahren die folgenden jährlichen Abschreibungsraten zu berücksichtigen:

$$linAb = \frac{a_0 - RW_n}{n}$$

Nach Berücksichtigung aller weiteren fixen und variablen (Betriebs-)Kosten (K_{fix}, K_{var}), die einem Investitionsobjekt pro Jahr zuzurechnen sind, ergeben sich die Kosten p. a., die für die Investitionsentscheidung maßgeblich sind, mit:

$$K = K_{fix} + K_{var} + Z + linAb = K_{fix} + K_{var} + i \cdot \frac{a_0 + RW_n}{2} + \frac{a_0 - RW_n}{n}$$

Entscheidungsregeln

Wird die unterstellte kontinuierliche Veränderung der Kapitalbindung zugunsten realistischerer Annahmen (z. B. einer einmal p. a. stattfindenden Tilgung) aufgegeben, verkompliziert sich die grundlegende Formel, liefert allerdings auch qualitativ bessere Resultate (vgl. Blohm/Lüder/Schaefer 2012, S. 131 f.). Unabhängig von den Details der Berechnungsformel werden ermittelte Kostenvergleichsgrößen schlussendlich wie folgt für Akzeptanz- und Vorteilhaftigkeitsentscheidungen verwendet:

- **Akzeptanz**: Eine Investition ist akzeptabel, soweit dadurch eine unternehmensseitig festgesetzte Kostenobergrenze nicht überschritten wird.
- **Vorteilhaftigkeit**: Bei der Wahl zwischen zwei oder mehr akzeptablen Investitionen ist diejenige optimal, die die geringsten Gesamt- bzw. Stückkosten aufweist.

Die Fortsetzung des bekannten Einführungsbeispiels illustriert sowohl die Ermittlung der relevanten Kostengrößen als auch ihre Verwendung für eine Investitionsentscheidung.

Beispiel 1

Kostenvergleichsrechnung

▶▶▶ Der RedCan AG liegt ein erstes Angebot für eine Abstreckmaschine zur Herstellung von Getränkedosen vor. Die Anschaffung würde 10,5 Mio. € kosten, wobei die Anlage nach der planmäßigen Nutzungsdauer von 10 Jahren demontiert und für 1,5 Mio. € an einen Spezialisten für Überholung und Weiterverkauf veräußert werden könnte. Der Ausstoß wird auf 18 Mio. Rohlinge für Drittelliterdosen p. a. geschätzt. Hierfür würde die Anlage leistungsunabhängige Kosten in Höhe von 30.000 € p. a. sowie leistungsabhängige Kosten (Material, Streckmittel, etc.) in Höhe von 0,04 €/Rohling verursachen. Der Vorstand erwägt die Anschaffung, hat vom Aufsichtsrat indes eine Gesamtkostenvorgabe von 2 Mio. € p. a. sowie einen anzusetzenden Jahreszins von 7 % vorgegeben bekommen und soll klären, ob die Anschaffung hiernach akzeptabel wäre.
Es ergeben sich im konkreten Fall für die kalkulatorischen Zinsen:

$$i \cdot KB_{\varnothing} = i \cdot \frac{a_0 + RW_n}{2} = i \cdot \frac{(10{,}5 + 1{,}5)\ \text{Mio. €}}{2} = 420.000\ \text{€};$$

sowie für die kalkulatorischen Abschreibungen:

$$\text{linAb} = \frac{a_0 - RW_n}{n} = \frac{(10{,}5 - 1{,}5)\ \text{Mio. €}}{10} = 900.000\ \text{€}.$$

Unter Berücksichtigung der weiteren Kosten der Produktion (u. a. variablen Kosten von 0,04 €/Rohling · 18 Mio. Rohlinge = 0,72 Mio. €) resultieren jährliche Gesamtkosten von:

$$K = K_{fix} + K_{var} + KB_{\varnothing} \cdot i + \text{linAb} = (0{,}03 + 0{,}72 + 0{,}42 + 0{,}9)\ \text{Mio. €} = 2{,}07\ \text{Mio. €}.$$

Die Stückkosten einschließlich Abschreibungen und Zinsen belaufen sich demnach auf (2,07 Mio. €/18 Mio. Rohlinge) = 0,115 €/Rohling. Die Anlage wäre aufgrund der Überschreitung der Kostenvorgabe jedoch nicht akzeptabel. ◀◀◀

Über Vorteilhaftigkeit ist dann zu befinden, wenn mehr als eine Investitionsalternative zur Debatte stünde. Regelmäßig wird eine Reihung der verfügbaren Alternativen sowie die darauf gerichtete Vorteilhaftigkeitsentscheidung ergänzt, indem die Annahme von Sicherheit bzw. vollständiger Voraussicht (stillschweigend) verletzt und Variabilität eines Kostentreibers zugelassen wird. Gefragt wird dann nach dem **kritischen Wert** dieses Kostentreibers, bei dessen Erreichen eine zunächst ermittelte Rangfolge kippt. Zu diesem Zweck werden die Kosten der zu vergleichenden Investitionsalternativen als Funktionen der insoweit einzigen unsicheren Größe formuliert und gleichgesetzt. Die traditionell interessierende kritische Ausbringungsmenge x^*, unterhalb derer die eine Alternative und oberhalb derer die andere Alternative vorteilhaft ist, ergibt sich also als Ergebnis von $K_A(x^*) = K_B(x^*)$, wie auch die Fortsetzung des Beispiels verdeutlicht.

Beispiel 2

Kritische Werte: Absatzmenge

▸▸▸ Während der Aufsichtsrat die Kostengrenze auf 2,5 Mio. € p. a. angehoben hat, liegt dem Vorstand eine alternative Abstreckmaschine gleicher Spezifikation (Anschaffungspreis, Kapazität, Nutzungsdauer) zur Entscheidung vor, welche leistungsabhängige Kosten von 0,03 € je Rohling und Fixkosten (inkl. Zinsen und Abschreibungen) von 1,5 Mio. € p. a. verursacht. Da die produzier- und absetzbaren Stückzahlen unklar erscheinen, stellt sich die Frage, inwieweit sich die Vorteilhaftigkeitsreihenfolge bei unvollständiger Kapazitätsauslastung ändern könnte.
Anlage 2 führt zu Gesamtkosten von (0,03 €/Rohling · 18 Mio. Rohlinge) + 1,5 Mio. € = 2,04 Mio. € und wäre damit bei Vollauslastung vorteilhaft. Ist die Ausbringungsmenge unsicher, so herrscht Kostengleichheit bei der kritischen Menge x^*, die die folgende Gleichung erfüllt:
(0,04 €/Rohling · x^* Rohlinge) + 1,35 Mio. € = (0,03 €/Rohling · x^* Rohlinge) + 1,5 Mio. €.
Die Auflösung der Gleichung führt auf $x^* = 15$ Mio. Rohlinge. Bei dieser Produktmenge sind beide Anlagen kostenmäßig gleichwertig, bei niedrigerer (höherer) Ausbringung ist die erste (zweite) Abstreckmaschine vorteilhaft. ◂◂◂

Verfahrensspezifische Kritik

Für die Kostenvergleichsrechnung spricht ihre **Praktikabilität**: Es handelt sich um ein vergleichsweise einfaches, also auch transaktionskostenarmes Verfahren, das gut mit den gewohnten Rechengrößen, -prozessen und -ergebnissen des internen Rechnungswesens harmoniert. Zudem ist das Prinzip der Kostenminimierung bzw. -vermeidung für viele Menschen intuitiv gut nachvollziehbar.

Die gegen die Kostenvergleichsrechnung sprechenden Bedenken sind demgegenüber größer an der Zahl und auch materiell schwerwiegender. Fundamentale Mängel sind die bereits erwähnte **Vernachlässigung des Zeitaspekts** sowie das Abstellen auf fiktive, einen Informationsverlust in Kauf nehmende Durchschnitte, die allen statischen Verfahren gemein sind. Sobald die Umsatzerlöse (bzw. Stückpreise) nicht als identisch angenommen werden können, ist das Verfahren auch bei Außerachtlassen vorgenannter Mängel nicht mehr aussagefähig. Insbesondere aber übersieht ein reiner Kostenvergleich, dass kostenmäßige Überlegenheit keineswegs Profitabilität oder gar Wertschaffung über die Zeit bedeutet: Auch für die niedrigsten

Kosten könnten die zugehörigen, aber unberücksichtigten Erlöse unzureichend sein, womit die kostenminimale Investition Verluste bzw. Wertvernichtung nach sich zöge (vgl. für ausführliche Kritik Götze 2014, S. 63 f.).

Letztgenannter Kritikpunkt führt auf die grundlegende Frage, ob Kostenminimierung überhaupt Leitmotiv unternehmerischen Handelns sein kann. Zunächst ließe sich überspitzt formulieren, dass ein Kostenvergleich automatisch zu einer extremen Vereinfachung des Entscheidungsproblems führen müsste, dessen Lösung keinerlei unternehmerische Kompetenz mehr erfordert: Hinsichtlich der unmittelbar verursachten Kosten ist das Unterlassen (mit Gesamt- bzw. Stückkosten von null) jeglicher Investitionstätigkeit regelmäßig allen anderen Investitionsalternativen überlegen. Zwar ließe sich diesem Einwand durch Berücksichtigung von Opportunitätskosten (durch die auch einem Unterlassen Kosten zurechenbar wären) begegnen, dennoch harmoniert eine auf Kostenvergleichen beruhende Investitions- nicht mit einer wertorientierten Finanzierungspolitik, da sie die dafür maßgeblichen Rechen- und Zielgrößen vollkommen ausblendet.

4.1.3 Gewinnvergleichsrechnung

Entscheidungskriterium

Der wesentliche Vorteil der Gewinn- gegenüber der Kostenvergleichsrechnung liegt in der – um Erlösdaten – erweiterten Informationsbasis. Ob die Erlöse hinzuzunehmen sind, ist nur im Ausnahmefall eine Ermessensentscheidung, zumeist wäre es zwingend notwendig: Sobald ein Entscheider annimmt, dass nicht nur die Kosten-, sondern auch die Erlösseite der Unternehmung auf seine Investitionsentscheidung reagiert, ist eine Kostenvergleichsrechnung unvollständig. Sie sollte dann durch die gleichzeitige Berücksichtigung von analog verstandenen **investitionsbedingten (Grenz-)Erlösen** zu einer Gewinnvergleichsrechnung erweitert werden. Diese fußt dann auf Grenzgewinnen, denn als »**Beurteilungsmaßstab** dient die durch ein Investitionsprojekt **in jeder Durchschnittsperiode ausgelöste Gewinnveränderung**« (Bieg/Kußmaul/Waschbusch 2016, S. 58). Akzeptanz- und Vorteilhaftigkeitsentscheidungen sind dann wie folgt zu fällen:

Entscheidungsregeln

- **Akzeptanz**: Eine Investition ist akzeptabel, soweit ihr Gewinnbeitrag einen unternehmensseitig festgesetzten Mindestgewinn nicht unterschreitet.
- **Vorteilhaftigkeit**: Bei der Wahl zwischen zwei oder mehr akzeptablen Investitionen ist diejenige optimal, die den höchsten zusätzlichen Gewinnbeitrag verspricht.

Beim Übergang von der Kosten- zur Gewinnvergleichsrechnung ist es möglich, dass die Ergänzung der Eingabedaten um Erlösinformationen zu einer veränderten Entscheidungsfindung führt, wie auch die Fortsetzung des Beispiels illustriert.

Beispiel 3

Gewinnvergleichsrechnung

▸▸▸ Eine nähere Analyse ergibt, dass bei Verwendung der Abstreckmaschine 1 ein höherer Preis erzielbar wäre, da ein hiermit gezogener Rohling weniger als 10 g wiegt. Bei Vollauslastung und -absatz beliefe sich der Verkaufspreis der Leichtvariante für RedCan daher auf 21 Cent/Rohling. Mit Anlage 2 produzierte Rohlinge ließen sich nur zu 19,5 Cent/Rohling absetzen. Inwiefern ändern diese Zusatzinformationen die Vorteilhaftigkeitsentscheidung?

Gewinn Anlage 1: (0,21 €/Rohling · 18 Mio. Rohlinge) – 2,07 Mio. € = 1,71 Mio. €
Gewinn Anlage 2: (0,195 €/Rohling · 18 Mio. Rohlinge) – 2,04 Mio. € = 1,47 Mio. €

Angesichts des höheren Gewinns p. a. ist die ursprüngliche Abstreckmaschine also laut Gewinnvergleichsrechnung auch bei Vollauslastung vorteilhaft, obgleich sie dort im Kostenvergleich unterlegen war. ◄◄◄

Analog zur Kostenvergleichsrechnung ist die Differenzierung von Gesamt- und Stückgewinnen geboten, wenn die Kapazitäten von verglichenen Investitionsobjekten differieren. Auch die Berechnung kritischer Mengen ist analog zur Kostenvergleichsrechnung möglich. Zu berücksichtigen ist hierbei auch, inwieweit produzierte und abgesetzte Mengen voneinander abweichen, da nur letztere auch erlöswirksam sind. So nicht anders angegeben, gehen Gewinnvergleiche davon aus, dass sich Produktions- und Absatzmengen entsprechen.

Verfahrensspezifische Kritik

Der Fortschritt der Gewinn- gegenüber der Kostenvergleichsrechnung besteht in der zusätzlichen Einbeziehung von Erlösinformationen. Abgesehen davon fußen beide auf den gleichen Prinzipien und sind daher **analog zu bewerten**. Die Vorteile der Erlösberücksichtigung sind zudem nicht ohne Nachteile zu haben: Vielmehr erweist sich nicht selten als schwierige Frage, inwieweit Erlöse einem Investitionsobjekt tatsächlich und ebenso exakt zugeordnet werden können wie Kosten. Fraglich ist eine **Zurechenbarkeit von Erlösen** insbesondere dann, wenn ein Investitionsobjekt nicht (wie im Beispiel) absatzmarktfähige Konsumgüter, sondern einen Output hervorbringt, der lediglich innerbetrieblich genutzt werden kann. Möglicherweise wäre dann sogar eine Beschränkung auf reine Kostenvergleiche trotz aller Bedenken weniger fehlerhaft und daher vorzugswürdig (vgl. dahingehend Götze 2014, S. 66 f.; Zantow/Dinauer 2011, S. 442). Darüber hinaus basiert auch die Gewinnvergleichsrechnung auf der (stillschweigenden) Annahme der Gleichheit betrachteter Investitionen im Hinblick auf weitere Charakteristika, darunter insbesondere Nutzungsdauer und Kapitaleinsatz. Um Vergleiche trotz entsprechender Kapazitäts- bzw. Größenunterschiede durchzuführen, lassen sich Gewinn- durch Verknüpfung mit geeigneten Bezugsgrößen relativieren und so besser vergleichbar machen.

4.1.4 Rentabilitätsvergleichsrechnung

Entscheidungskriterium

Rentabilitäten sind Verhältniszahlen, die sich ergeben, indem eine Erfolgs- in Relation zu einer Bezugsgröße gesetzt wird. In der unternehmerischen Finanzwirtschaft herrschen **Kapitalrentabilitäten** vor, bei denen als Bezugs- eine Kapitalgröße und als Erfolgsgröße der den jeweiligen Kapitalgebern zustehende Betrag dient. In der statischen Investitionsrechnung dient als Bezugsgröße regelmäßig das (anfänglich oder durchschnittlich) gebundene Kapital. Rentabilitäten lassen sich mithin unter Verwendung von a_0 ebenso wie von ØKB in der obenstehenden Abgrenzung als Bezugsgröße bilden. Die Verwendung einer Durchschnittsgröße unterstellt dabei, »dass zwischenzeitlich freigesetztes Kapital anderweitig Überschüsse erbringt« (Perridon/Steiner/Rathgeber 2017, S. 44).

Als Erfolgsgröße finden zum einen Nettogewinne Verwendung, wie sie die Gewinnvergleichsrechnung hervorbringt, zum anderen Bruttogewinne, die neben Nettogewinnen auch die Zinsen (auf das betrachtete gebundene Kapital) umfassen: Fremdkapitalgeber haben einen (vorrangigen) Anspruch auf Zinsen Z, die Eigenkapitalgeber einen (residualen) Anspruch auf den nach Bedienung der Fremdkapitalgeber verbleibenden Nettogewinn G (vgl. Modul 2).

In der Folge ergeben sich daraus vier einfache Varianten für Rentabilitäten, nämlich:

G/a_0; $(G+Z)/a_0$; $G/KB_{\emptyset}$ und $(G+Z)/KB_{\emptyset}$

Ohne dass damit der Möglichkeitsbereich zur Abgrenzung von Kapitalrentabilitäten schon erschöpft wäre, wird bereits hieran deutlich, wie sehr eine Rentabilitätsvergleichsrechnung von der exakten, einvernehmlichen und ökonomisch sinnvollen Festlegung des Rentabilitätsmaßes abhängt (vgl. dazu Bieg/Kußmaul/Waschbusch 2016, S. 59 f.; und ausführlich Blohm/Lüder/Schaefer 2012, S. 140 ff.). Unabhängig von ihrer Abgrenzung en detail sind auf die Investitionsrentabilitäten folgende Entscheidungsregeln anzuwenden:

Entscheidungsregeln

- **Akzeptanz**: Eine Investition ist akzeptabel, wenn sie nicht weniger als eine unternehmensseitig festgesetzte Mindestrendite erbringt.
- **Vorteilhaftigkeit**: Bei der Wahl zwischen zwei oder mehr akzeptablen Investitionen ist diejenige optimal, welche die höchste Rentabilität aufweist.

Analog zum Übergang von der Kosten- zur Gewinnvergleichsrechnung ist es möglich, dass die abermalige Ergänzung der Eingabedaten – nun um kapitalbezogene Informationen – zu einer anderen Entscheidung führt als Kalküle, die sich auf Kosten- oder Gewinnvergleiche stützen. Ob und wie das geschieht, hängt insbesondere davon ab, welche der zahlreichen denkbaren Abgrenzungen für das Rentabilitätsmaß gewählt wird. Rentabilitäten setzen eine Gewinn- in Relation zu einer Bezugsgröße. Für beide existieren unterschiedliche Abgrenzungen, so kann für Letztere neben einem Jahresendwert auch ein (näherungsweiser) Durchschnitt verwendet werden. Die Gewinngröße wiederum kann je nach Bedarf vor bzw. incl. Zinsverpflichtungen (brutto) oder nach bzw. ohne Zins kalkuliert werden.

Beispiel 4

Vergleich verschiedener Rentabilitäten

▸▸▸ Weitere Marktforschung ergibt, dass RedCan alternativ ein drittes Abstreckaggregat einsetzen könnte, das in der Anschaffung günstiger (9,6 Mio. €) wäre, sich über 10 Jahre Nutzungsdauer aber stärker abnutzen würde (kein Restwert) und einen Nettogewinn von 1,33 Mio. € p. a. verspricht. Inwiefern ändert sich durch eine

Rentabilitätsvergleichsrechnung auf Basis dieser Daten die bisher getroffene Entscheidung? Anlage 2 hat einen Restwert von 0,5 Mio. €, woraus kalkulatorische Zinsen von 0,385 Mio. € und die folgenden Rentabilitäten resultieren:

	1	*2*	*3*	*4*	*5*		*6*	
Anlage	a_0 (Mio. €)	$KB_ø$ (Mio. €)	Gewinn (netto, Mio. €)	(kalkulat.) Zins (Mio. €)	Rentabilität (netto)		Rentabilität (brutto)	
					auf a_0	auf $KB_ø$	auf a_0	auf $KB_ø$
					[3 / 1]	[3 / 2]	[(3+4)/1]	[(3+4)/2]
A 1	10,5	6	1,71	0,42	16,29 %	28,5 %	20,3 %	35,5 %
A 2	10,5	5,5	1,47	0,385	14,0 %	$\frac{1{,}47}{5{,}5} = 26{,}7\,\%$	17,7 %	33,7 %
A 3	9,6	4,8	1,33	$\frac{9{,}6+0}{2}\,0{,}07 = 0{,}336$	$\frac{1{,}33}{9{,}6} = 13{,}9\,\%$	27,7 %	17,4 %	34,7 %

Es zeigt sich eine durchgängige Überlegenheit von Anlage 1, während die weitere Reihung von der verwendeten Renditegröße abhängt: Bei Bezug der Gewinngrößen auf die ursprüngliche Kapitalbindung ist Anlage 2 gegenüber Anlage 3 vorzuziehen (Rangfolge 1-2-3), bei Verwendung der durchschnittlichen Kapitalbindungen ist es umgekehrt (1-3-2). ◄◄◄

Verfahrensspezifische Kritik

Die verfahrensspezifische Bewertung zeigt ein bekanntes Muster: Der Fortschritt liegt in der größeren Menge von Informationen, die der Entscheidungsfindung zugrunde gelegt wird. Abgesehen davon ist die Rentabilitäts- nichts anderes als eine relative Gewinnvergleichsrechnung und daher weitgehend **analog zu bewerten**. Hiermit sind zum einen die zuvor zur Kosten- sowie Gewinnvergleichsrechnung angeführten Kritikpunkte gemeint, die auch eine Rentabilitätsvergleichsrechnung nicht entkräftet, wie die mangelnde Berücksichtigung des zeitlichen Anfalls der einbezogenen Größen:

Beispiel 5

Vernachlässigung der zeitlichen Verteilung

►►► Zwei Investitionen A und B, deren entscheidungsrelevante Bezugsgröße konstant 25 beträgt, die sich aber durch ihre Gewinnverläufe innerhalb der betrachteten sechs Jahre unterscheiden (A: 10, 8, 6, 4, 2, 0; B: 1, 3, 5, 5, 7, 9), haben den gleichen Durchschnittsgewinn (von 5) und auch die gleiche durchschnittliche Rentabilität (von 20 %), obwohl sich ihre Periodenerfolge in Höhe und Tendenz sichtbar unterscheiden. ◄◄◄

Zum anderen bringt die Modifizierung abermals nicht nur Vor-, sondern auch spezifische Nachteile mit sich: Während kapitalbezogene Informationen zusätzlich berücksichtigt werden, vernachlässigt oder beseitigt die Rentabilitätsvergleichsrechnung andere: Der durch die Relativierung bedingte **Informationsverlust** führt insbesondere dazu, dass absolut gesehen sehr geringe Erfolge dennoch zu hohen Rentabilitätsausweisen führen, wenn auch die Bezugsgröße entsprechend klein ist: Wenn die Investition A auf 10 € Kapitaleinsatz 10 € Gewinn und Investition B auf 1.000 € Kapitaleinsatz 500 € Gewinn erbringt, ist Investition A bei reiner Rentabilitätsbetrachtung B überlegen. Der Widerspruch zwischen Rentabilitäts- und Gewinnvergleichsrechnung (nach der B vorzugswürdig wäre) ist unmittelbar zu erkennen. Auch mit den Ansprüchen einer wertorientierten Unternehmensführung ist eine ausschließlich an Kapitalrentabilitäten orientierte Investitionsentscheidung nicht zu vereinbaren. In der Folge wird u. a. vorgeschlagen, Rentabilitätsziele mit **Nebenbedingungen** in Form eines (absoluten) Mindestgewinns zu kombinieren (vgl. Zantow/Dinauer 2011, S. 444).

Es bleibt indes das Problem der **Uneindeutigkeit** durch die Vielzahl denkbarer Abgrenzungen des Rentabilitätsmaßes. Letztlich ist eine Anwendung nur dann problemlos, wenn die verglichenen Alternativen identische Nutzungsdauern und Kapitalbindungen aufweisen. Unter diesen Voraussetzungen jedoch führt die Rentabilitäts- zwangsläufig zu den gleichen Akzeptanz- und Vorteilhaftigkeitsentscheidungen wie die Gewinnvergleichsrechnung (vgl. z. B. Bieg/Kußmaul/Waschbusch 2016, S. 62 f.), womit sie dieser gegenüber keinen Mehrwert liefert.

Ohnehin zeichnen sich Kosten-, Gewinn- und Rentabilitätsvergleichsrechnung gleichermaßen dadurch aus, dass sie im wahrsten Sinne **statisch** sind, indem sie das **Zeitelement ausblenden**. Dieses Rechnen mit Durchschnittsgrößen, seien es Kosten, Erlöse, Gewinne oder Kapitalbindungen, nivelliert Unterschiede, die aus Sicht einer wertorientierten Finanzierungspolitik von grundlegender Bedeutung sind. Insoweit stellt das Verfahren der Amortisationsdauer einen Schritt in die richtige Richtung dar, da es – auch in seiner statischen Variante – die zeitliche Verteilung der entscheidungsrelevanten Größen berücksichtigt und daher Investitionen wie die des letzten Beispiels durchaus zu unterscheiden vermag.

4.1.5 Amortisationsdauervergleichsrechnung

Entscheidungskriterium

Anders als die bisher dargestellten statischen Verfahren beruht die Amortisationsdauervergleichsrechnung nicht auf kostenrechnerischen Durchschnittsgrößen:

1. Im Grundsatz wird abgestellt auf die Zeitspanne (Amortisationsdauer, payoff-/payback-period, Kapitalrückflusszeit), innerhalb derer der Investitionsbetrag a_0 sich amortisiert hat, d. h. wieder an den Investor zurückgeflossen ist. Entscheidungsrelevant ist also eine Angabe in Zeiteinheiten, nicht in Geldeinheiten oder Prozent.
2. Für die Berechnung werden Stromgrößen der Zahlungsmittelebene verwendet, also keine periodisierten Größen des pagatorischen oder kalkulatorischen Rechnungswesens.
3. Je nach Variante des Verfahrens kann hierbei die zeitliche Verteilung der Rückflüsse gezielt berücksichtigt, also von (vermeintlich) repräsentativen Durchschnitten abgesehen werden.

Amortisationsdauervergleiche basieren auf der – intuitiv nachvollziehbaren, bei näherem Hinsehen indes zu hinterfragenden – Annahme, dass jedem Investor ein früher/schneller Rückfluss des Investitionsbetrages lieber ist als ein später/langsamer. Folgerichtig lauten die Entscheidungsregeln (vgl. auch Brealey/Myers/Allen 2016, S. 105 f.):

Entscheidungsregeln

- **Akzeptanz**: Eine Investition ist akzeptabel, soweit eine unternehmensseitig festgesetzte maximale Amortisationsdauer nicht überschritten wird.
- **Vorteilhaftigkeit**: Bei der Wahl zwischen zwei oder mehr akzeptablen Investitionen ist diejenige optimal, welche die kürzeste Amortisationsdauer aufweist.

Die berücksichtigten Rückflüsse müssen strenggenommen die Zahlungsströme – also Ein- und Auszahlungen – sein, die im Zuge einer Investition für die Folgeperioden erwartet werden. Im Gegensatz zu den Rechengrößen der bisher dargestellten Verfahren werden diese Zahlungsströme (genauer: Netto-Einzahlungsüberschüsse) nicht periodisiert oder anderweitig modifiziert, um den Erfordernissen von Periodenrechnungen zu genügen. Das hat die Amortisationsrechnung mit den fortschrittlicheren dynamischen Verfahren gemein, die in den nachfolgenden Teilkapiteln 2 und 3 dieses Moduls behandelt werden. In der Praxis werden die Zahlungsströme für statische Vergleiche von Amortisationsdauern allerdings häufig durch Stromgrößen des Rechnungswesens **approximiert**. Hierfür wird die dort verwendete Nettogewinngröße mehr oder weniger vollständig korrigiert, indem jede Kosten- und Erlöskomponente auf Zahlungswirksamkeit überprüft und Abweichungen zum Nettogewinn addiert oder davon abgezogen werden. Eine typische Korrektur ist das Wiederhinzurechnen der Abschreibungen: Diese stellen Kosten dar, waren also bei der Gewinnermittlung von den Erlösen subtrahiert worden, sind aber keine Auszahlungen. Ihre aus Sicht einer zahlungsstrombasierten Rechnung überflüssige Subtraktion wird durch die (Wieder-)Hinzurechnung rückgängig gemacht.

Varianten

Ausgehend hiervon lässt sich die Amortisationsdauer berechnen nach der

- **Durchschnittsmethode**, die ihrem Namen entsprechend enger mit den anderen statischen Verfahren verwandt ist und selbst eine statische, vergleichsweise grobe Variante darstellt;
- **Kumulationsmethode**, die sich insoweit im Übergangsbereich zu den dynamischen Verfahren befindet, als hier die Verteilung der Rückflüsse in der Zeit berücksichtigt wird.

Durchschnittsmethode

Nach der einfacheren, stärker simplifizierenden Durchschnittsmethode ergibt sich die Amortisationsdauer einer Investition, indem der Kapitaleinsatz a_0 durch die durchschnittlichen Rückflüsse $\bar{c}$ dividiert wird. Letztere wiederum können dafür vereinfacht als Summe aus Nettogewinn und (kalkulatorischen) Abschreibungen ermittelt werden. Hinzufügen ließen sich ferner die Zins(auszahlung)en. Dafür spricht, dass Rückflüsse mit Priorität dem Kapitaldienst zuzuführen sind. Dagegen spricht, dass genau dieser Kapitaldienst eben nicht stabil in der Zeit und daher besonders wenig für eine Durchschnittsbildung geeignet ist (vgl. etwa Perridon/Steiner/Rathgeber 2017, S. 46 f.).

Beispiel 6

Statische Amortisationsdauer nach der Durchschnittsmethode

►►► Aus den ursprünglichen Planungsunterlagen ist bekannt, dass die Abstreckmaschine 1 der RedCan AG 10,5 Mio. € Anschaffungsauszahlung verursachen würde. Als durchschnittlicher Nettogewinn waren 1,71 Mio. €, als kalkulatorische Abschreibungen 0,9 Mio. € ermittelt worden. Die Amortisationsdauer dieser Anlage nach der Durchschnittsmethode beträgt damit

$$AD_{\varnothing} = \frac{10{,}5 \text{ Mio. €}}{(1{,}71 + 0{,}9) \text{ Mio. €/Jahr}} = 4{,}023 \text{ Jahre.}$$

Ohne Berücksichtigung der Kapitalkosten werden zur Wiedergewinnung des eingesetzten Kapitals also etwas weniger als vier Jahre und ein Monat benötigt. ◄◄◄

Kumulationsmethode

Bei Verwendung der Kumulationsmethode wird demgegenüber – erstmals im Rahmen der statischen Verfahren – Rücksicht auf die **Bedeutsamkeit der zeitlichen Verteilung finanzieller Größen** genommen. Die namengebende Kumulation besteht darin, dass die Rückflüsse einer Investition Periode um Periode solange zusammengefasst (kumuliert) werden, bis ihre Summe der Höhe der Anschaffungsauszahlung a_0 entspricht. In Formelschreibweise ist t´ dann das Jahr der Amortisation, wenn in t´ erstmals gilt

$$a_0 \leq \sum_{t=1}^{t'} \text{Rückfluss}_t.$$

Beispiel 7

Statische Amortisationsdauer nach der Kumulationsmethode

►►► Angenommen, eine revidierte Planung habe ergeben, dass RedCan bei den Abstreckmaschinen 1 und 2 sowie einer neuen Anlage 4 mit folgenden Rückflüssen b_t (in Mio. €) rechnen könnte (Anlage A 3 lt. Beispiel 4 wird nicht länger betrachtet). Wie lautet die Amortisationsdauer?

	a_0	b_1	b_2	b_3	b_4	b_5	$b_{6\text{-}10}$	$b_{\varnothing}$
A 1	10,5	2	3	4	3	3	je 2	2,5
A 2	10,5	2	3	4	8	3	je 1	2,5
A 4	10,5	2,5	2,5	2,5	2,5	2,5	je 2,5	2,5

Bei Anwendung der Durchschnittsmethode ergeben sich für sämtliche Anlagen durchschnittliche Überschüsse von 25 Mio. €/10 Jahre = 2,5 Mio. € p. a. und mithin Amortisationsdauern von 10,5 Mio. €/2,5 Mio. € pro Jahr = 4,2 Jahren. Eine Vorteilhaftigkeitsentscheidung könnte nicht gefällt werden. Die Kumulationsmethode ergibt aufgrund des zunächst identischen Rückflussverlaufs von A 1 und A 2 ebenfalls, dass sich beide Investitionen innerhalb des vierten Jahres amortisieren: Die bis dahin aufgelaufenen Rückflüsse betragen 2 Mio. € + 3 Mio. € + 4 Mio. € = 9 Mio. €, unter Hinzufügung des Rückflusses des vierten Jahres wird die Anschaffungsauszahlung überschritten. Bei A 4 reichen indes die Rückflüsse von vier Jahren nicht aus, sie amortisiert sich erst im fünften Jahr und scheidet daher schon jetzt aus. ◂◂◂

Das Beispiel unterstreicht zunächst die **Bedeutsamkeit der zeitlichen Verteilung** der Rückflüsse im Rahmen der Amortisationsvergleichsrechnung anhand einer Reduzierung des Auswahlbereichs: Alternative 4 wurde deswegen aussortiert, weil sie zwar im Durchschnitt gleichwertig war, die Rückflüsse jedoch gleichverteilt und nicht – wie bei A 1 und A 2 – primär in frühen Perioden erwartet werden. Darüber hinaus lässt sich unter Berücksichtigung der exakten zeitlichen Verteilung auch eine Entscheidung zwischen A 1 und A 2 treffen. Hierfür wird angenommen, dass die Rückflüsse eines Jahres sich über das betreffende Jahr gleichmäßig verteilen. Ist t´ wie vorstehend definiert, so ergibt sich der exakte Amortisationszeitpunkt nach der folgenden Formel (vgl. Busse v. Colbe/Laßmann/Witte 2015, S. 28; einprägsam auch Brigham/Ehrhardt 2015, S. 430):

$$AD_{kum} = (t' - 1) + \frac{a_0 - \sum_{t=1}^{t'-1} Rückfluss_t}{Rückfluss_{t'}}$$

Der Klammerausdruck steht hierbei für die letzte ganze Periode, in der sich die Investition noch nicht amortisiert hat. Der Nenner des Bruches gibt den Rückfluss im folgenden Jahr (also dem der Amortisation) an, der Zähler schließlich sagt aus, welcher Betrag der Anschaffungsauszahlung a_0 bisher noch nicht zurückgeflossen war.

Beispiel 7 (Fortsetzung)

Statische Amortisationsdauer nach der Kumulationsmethode

▸▸▸ Für A 1 wie A 2 ist bereits bekannt, dass sie sich innerhalb des vierten Jahres amortisieren. In diesem vierten Jahr führt A 1 jedoch zu einem deutlich niedrigeren Rückfluss als A 2, die sich daher schneller amortisiert. Zur Amortisation von 10,5 Mio. € fehlen noch 1,5 Mio. €. Bei Gleichverteilung der 3 Mio. € als Rückfluss des vierten Jahres ist im Falle von A 1 hierfür genau ein halbes Jahr nötig, bei A 2 dauert es hingegen weniger lang. Das exakte Ergebnis gemäß Formel lautet:

$$AD^1_{kum} = (4 - 1) + \frac{10{,}5 \text{ Mio. €} - (2 + 3 + 4) \text{ Mio. €}}{3 \text{ Mio. €}} = 3 + \frac{1{,}5}{3} = 3{,}5 \text{ Jahre}$$

$$AD^2_{kum} = (4 - 1) + \frac{10{,}5 \text{ Mio. €} - (2 + 3 + 4) \text{Mio. €}}{8 \text{ Mio. €}} = 3 + \frac{1{,}5}{8} = 3{,}1875 \text{ Jahre}$$

In der Folge wäre A 2 basierend auf einer statischen Amortisationsvergleichsrechnung nach der Kumulationsmethode vorzuziehen. ◂◂◂

Unter den gegebenen Annahmen ermöglicht die Kumulationsmethode der Amortisationsdauervergleichsrechnung also eine Unterscheidung, die nach der Durchschnittsmethode nicht möglich wäre, da Letztere weniger Informationen einbezieht. Zugrunde liegt dem die erstmalige **Berücksichtigung der zeitlichen Verteilung von finanziellen Konsequenzen einer Investition**. Unabhängig davon, dass die Kumulationsmethode eine präzisere Differenzierung als die Durchschnittsmethode erlaubt, bleibt ihre Berücksichtigung der zeitlichen Verteilung dennoch unvollständig, wie eine kritische Bestandsaufnahme zeigt. Hinzu kommen weitere verfahrensspezifische Bedenken.

Verfahrensspezifische Kritik

Während die erstmalige Berücksichtigung der Verteilung von Rückflüssen in der Zeit aus ökonomischer Sicht zunächst für die Amortisationsdauer zu sprechen scheint, ist sie primär aus einem anderen Grund bis heute in der Praxis weit verbreitet: Das Verfahren entspricht dem intuitiven Bedürfnis vieler Menschen, investierte Beträge im Zweifel lieber früher als später zurückzuerhalten. Diese Bevorzugung schnellerer/früherer Rückflüsse ist bis dato indes nur durch ein generelles menschliches »**Sicherheitsbedürfnis**« begründet. Dessen Berücksichtigung führt jedoch auf ein fundamentales Problem insoweit, als dieses Bedürfnis in der zugrundeliegenden **Modellwelt** nicht existieren dürfte: Entscheiden sie in einer Situation der Sicherheit, können rationale Investoren kein spezifisches Sicherheitsbedürfnis entwickeln: Ein für die Zukunft versprochener Betrag ist in dieser Situation genauso absolut verlässlich (»in Stein gemeißelt«) wie ein schon vereinnahmter, er kann sich nicht durch nachträgliche Überraschungen (in der Höhe, im Zeitpunkt oder anderweitig) verändern und ist daher weder besser noch schlechter. Strenggenommen macht eine Anwendung des Amortisationsdauervergleichs also nur bei Entscheidungen unter Unsicherheit Sinn. Dann aber wären sämtliche Komponenten des Kalküls und insbesondere die geplanten Rückflüsse neu zu formulieren, um ihre Uneindeutigkeit/Unsicherheit zu berücksichtigen.

Abgesehen von dieser formalen ergibt sich auch **inhaltliche Fundamentalkritik** gerade dann, wenn die bislang überlegen scheinende Kumulationsmethode angewendet wird, da bei einer Orientierung an solchen Payoff-Perioden bzw. Amortisationsdauern

- Entwicklungen jenseits des Amortisationszeitpunkts ausgeblendet werden und hierdurch
- Profitabilität/Wertschaffung außer Acht bleiben (vgl. illustrativ auch Copeland/Weston/Shastri 2008, S. 60).

Das folgende einfache Zahlenbeispiel verdeutlicht die hieraus resultierenden Widersprüchlichkeiten:

Beispiel 8

Widersprüchlichkeiten beim Vergleich von Amortisationsdauern

▸▸▸ Gegeben sind vier neue Investitionsmöglichkeiten, die folgende Rückflüsse erwarten lassen:

	a_0	$Rückfluss_1$	$Rückfluss_2$	$Rückfluss_3$	$Rückfluss_4$	$Rückfluss_5$	$Rückfluss_{6-10}$
A 5	20	5	7	8	2	10	0
A 6	20	5	7	8	10	2	0
A 7	20	5	7	8	0	0	0
A 8	20	8	7	4,9	10	10	je 10

Die drei ersten Investitionen haben eine statische Amortisationsdauer von genau drei Jahren und würden daher nach der Kumulationsmethode trotz der Unterschiede im Detail als gleichwertig eingestuft, Anlage 8 wiederum wäre den drei anderen Alternativen unterlegen, da die Amortisationsdauer (wenn auch nur minimal) über drei Jahren liegt. Dieses Ergebnis ist schwer verständlich: Nach Gewinn-, Rentabilitäts- und auch Amortisationsdauervergleichsrechnung (Durchschnittsmethode) wäre nämlich umgekehrt Anlage 8 allen anderen vorzuziehen, auch verspricht sie am ehesten einen positiven Wertbeitrag. Zudem würden die in den frühen Jahren höheren Rückflüsse dem angeblichen Bedürfnis nach schneller Rückzahlung anderweitig entgegenkommen. ◂◂◂

Wird das hinter dem Vergleich von Amortisationsdauern stehende Kalkül auf die Spitze getrieben, so verschwindet das Entscheidungsproblem aus der folgenden, analog für Kostenvergleiche geltenden Überlegung: Die wirklich kürzestmögliche Amortisationsdauer (von null Jahren) ist dann realisiert, wenn gar nicht erst investiert wird. Das aber ist kein sinnvolles Kriterium für die Ausrichtung unternehmerischen Handelns – insbesondere dann nicht, wenn es wertorientiert sein soll. In der Folge kann schon hier festgehalten werden, dass sich die Amortisationsdauer als alleiniges oder Hauptkriterium nicht eignet, sondern allenfalls als **Nebenkriterium** verwendet werden sollte (vgl. etwa Götze 2014, S. 73), das zu einem rentabilitäts- oder besser noch wertorientierten Hauptkriterium hinzutritt. Vorzugsweise wäre dann noch dazu ihre dynamische Abgrenzung zu benutzen, die im nächsten Kapitel dargestellt wird. Zuvor werden die statischen Verfahren einer zusammenfassenden Kritik unterzogen.

4.1.6 Zusammenfassende Würdigung

Die gezeigten statischen Verfahren können strenggenommen nur für die Entscheidung über Einzelinvestitionen unter Sicherheit angewendet werden. Zudem hat die Darstellung verfahrensübergreifende ebenso wie verfahrensspezifische Defizite deutlich gemacht. Unabhängig davon erfreuen sich die statischen Verfahren der Investitionsrechnung unverändert großer Beliebtheit und Verbreitung (vgl. u.a. Blohm/Lüder/Schaefer 2012, S. 40, 149). Hierfür maßgeblich sind weniger wirtschaftswissenschaftliche als pragmatische Erwägungen:

- **Einfachheit** und **Kostengünstigkeit** der Rechnung (geringer Rechenaufwand, geringe Know-how-Anforderungen)
- **Anschaulichkeit** der Ergebnisse (durch Fundierung auf vorhandenen/vertrauten Rechnungsweseninformationen)

Dem entgegenzusetzen sind erhebliche fundamentale Bedenken:

- Die Verfahren beruhen auf Plausibilitätserwägungen und »**nicht auf einem geschlossenen Modell mit einem gegebenen sinnvollen Annahmebündel**« (Perridon/Steiner/Rathgeber 2017, S. 51).
- Statische Vergleiche setzen weitgehende Identität der Alternativen (z. B. hinsichtlich Nutzungsdauer/Kapitalbindung) voraus. Werden die Verfahren in anderen als solchen Ausnahmefällen angewendet, mangelt es an der Einbeziehung von ergänzenden (Investitions-)Maßnahmen, die die Unterschiede ausgleichen, wodurch eine erhebliche »**Gefahr eines Vergleichs unvollständiger Alternativen**« (Bieg/Kußmaul/Waschbusch 2016, S. 71) entsteht.
- Die verwendeten Größen sind für die finanzwirtschaftliche Analyse von Investitionen allenfalls bedingt geeignet, weil sie dem **Rechnungswesen** entstammen (und deswegen **periodisiert** sind), das sich auf andere Zwecke und Ziele richtet.
- Mit der Periodisierung geht eine **Durchschnittsbildung** einher, die Schwankungen der betrachteten Größen ausblendet.
- Periodisierung und Durchschnittsbildung bedeuten insbesondere, dass die **Verteilung der betrachteten Erfolgsgrößen in der Zeit weitestgehend ignoriert** und (stillschweigend) die Repräsentativität der verwendeten Durchschnitte unterstellt wird.

Schwer wiegt insbesondere der letzte Kritikpunkt, da in einer rentabilitäts- oder wertorientierten Perspektive kein Argument dafür zu finden ist, dass z. B. drei Investitionen X, Y und Z, deren Anschaffungskosten 10 Mio. € betragen und deren Erfolgsprojektionen für die nächsten vier Jahre X (10, 20, 30, 40); Y (10, 30, 30, 30) bzw. Z (10, 80, 5, 5) Mio. € lauten, als gleichwertig anzusehen sind. Vielmehr spricht vieles dafür, die Investition Z zu bevorzugen, obwohl sich Anschaffungskosten, durchschnittliche Gewinne und Rentabilitäten gleichen (wenngleich sie unterschiedlich stark schwanken). Dieses Problem und andere »Mängel einer auf Kostenrechnungsdaten beruhenden Investitionsanalyse lassen sich mit den aufwendigeren dynamischen Methoden der Investitionsrechnung beheben« (Linnhoff/Pellens 2011, S. 329). Sie sind daher Gegenstand der nachfolgenden Teilmodule 4.2 und 4.3.

4.2 Grundkonzepte der dynamischen Investitionsrechnung

Einstiegsbeispiel II

▸▸▸ Die vernehmliche Kritik an den statischen Verfahren der Investitionsrechnung hat Vorstand und Aufsichtsrat der RedCan AG sehr beeindruckt. Da die Gremienmitglieder befürchten, dass ihnen die nächste Gesellschafterversammlung ein Verharren in alten Denkmustern vorhalten könnte, forcieren sie nunmehr den Einsatz »moderner, theoretisch gut fundierter Verfahren«. Um einen Anfang zu machen, soll zunächst die am besten geeignete Variante der grundlegenden dynamischen Verfahren ausgewählt werden. ◂◂◂

4.2.1 Grundlegende Eigenschaften

Kernmerkmal: Nicht-periodisierte Größen

Die in diesem Teilmodul behandelten Verfahren der Investitionsrechnung heißen dynamisch, weil sie die gesamten Auswirkungen einer Investitionsentscheidung über die Zeit erfassen. Dabei werden die finanziellen Folgewirkungen gezielt nicht periodisiert und dadurch per Durchschnittsbildung geglättet, sondern genau so in das Bewertungskalkül integriert, wie sie planmäßig sein werden, wobei der Zeitpunkt ihres Eintretens präzise berücksichtigt wird. Das für diese Differenzierung entscheidende Instrument ist der so genannte **Kalkulationszins**(-fuß/-satz). Neben dessen zentraler Rolle besteht ein zweiter fundamentaler Unterschied zu den statischen Verfahren in der Art der verwendeten Rechengrößen: Sie sind nicht dem internen oder externen Rechnungswesen (Kosten/Erlöse oder Aufwendungen/Erträge) entlehnt, vielmehr sind es die Strömungsgrößen der Zahlungsmittelebene, also Ein-/Auszahlungen (Cashflows). Im Mittelpunkt der dynamischen Verfahren stehen mithin »**Zahlungen im Zeitablauf**« (Schneider 1992, S. 1, dort kursiv).

Zahlungsströme

Der Rückgriff auf Zahlungsströme bzw. Cashflows erfolgt, um die Verzerrungen zu vermeiden, welche bei der Verwendung periodisierter Größen aus Rechenwerken, die anderen Zwecken als die Investitionsrechnung dienen, unvermeidlich sind. Für die unternehmerische Planung im allgemeinen und die Beurteilung von Investitionsalternativen im Besonderen ist ein »Denken in Durchschnittsgrößen, in periodenbezogenen Größen (Aufwand, Kosten) […] unbrauchbar. Der Pfad betriebswirtschaftlicher Tugend folgt allein den Zahlungsströmen« (Schneider 1992, S. 169; prägnant auch Brealey/Myers/Allen 2016, S. 128: »Only Cashflow Is Relevant«). Als weniger wichtig gilt demgegenüber die Abgrenzung zwischen Zahlungsströmen i. e. S. = Ein-/Auszahlungen einerseits sowie Einnahmen/Ausgaben andererseits. Beide Begriffspaare werden in der Investitionsrechnung vielmehr zumeist synonym verwendet (vgl. dazu Blohm/Lüder/Schaefer 2012, S. 44 f.). Entscheidend ist die **vollständige, zeitpunktgenaue Erfassung** aller mit einer Investition einhergehenden Zahlungsströme, womit der späteste durch eine Investitionsentscheidung verursachte Cashflow den beim Alternativenvergleich zu betrachtenden Zeitraum determiniert. Verglichen mit Höhe und Eintrittszeitpunkt eines Cashflows sind dessen sonstige Eigenschaften – ob es also z. B. Lohn- oder Steuerzahlungen, Einnahmen aus dem Umsatzprozess oder aus Anlagenverkäufen sind – sekundär. In der Folge werden die Cashflows in der dynamischen Investitionsrechnung allein mit einem Zeitindex t gekennzeichnet. Zur Vereinfachung werden üblicherweise jährliche Zahlungsrhythmen angenommen, womit es sich bei c_t um den Zahlungsstrom handelt, den eine Investition zum Ende des Jahres t nach sich zieht. Die Gesamtheit der Zahlungsströme, die einer Investition zuzurechnen sind, wird in ihrer spezifischen Zahlungsreihe erfasst. Entsprechend der ursprünglichen Definition einer Investition beginnt diese mit einer Auszahlung (Anschaffungsauszahlung a_0), der fortan (überwiegend) Netto-Einzahlungsüberschüsse (c_t) folgen. Eine Investition wird dann weiter anhand der für sie spezifischen Zahlungsreihe ($-a_0, +c_1, +c_2, +c_3, \dots, +c_n$) analysiert. Was sich im Vergleich zu den statischen Verfahren zunächst nicht ändert, ist die Annahme weitgehender Marktvollkommenheit und insbesondere das Fehlen von Ungewissheits-/Informationsproblemen. Insbesondere werden Kreditrisiken ausgeklammert, so dass die Zahlungsströme heute vollständig bekannt sind und mit Sicherheit wie geplant eintreffen werden. Analog besteht kein Geldentwertungsrisiko, so dass sich nominale und reale (inflationsbereinigte) Werte entsprechen. Mangels operationeller Risiken ist auch die Nutzungsdauer einer Investition ein bekanntes Datum.

Kalkulationszins

Zentral für die dynamische Analyse von Investitionsalternativen ist der Kalkulationszins. Er dient dazu, Zahlungsströme, die zu verschiedenen Zeitpunkten anfallen, miteinander vergleich- und verrechenbar zu machen. Diese Gleichnamigmachung erfordert zum einen die Festlegung eines Bezugs- bzw. Betrachtungszeitpunkts, zum anderen einen präzise bezifferten Zinssatz. In den grundlegenden Modellen der dynamischen Investitionsrechnung wird als weitere vereinfachende Annahme ein (für Anlage und Aufnahme jeglicher Laufzeit) **konstanter einheitlicher Kalkulationszinssatz** angenommen (vgl. dazu wie zu anderen Möglichkeiten einführend Götze 2014, S. 75 ff.). Dieser ergibt sich ebenfalls folgerichtig daraus, dass ein vollkommener Kapitalmarkt unterstellt wird: Auf vollkommenen Märkten sind (regional, zeitlich oder anderweitig) differierende Preise für ein homogenes Gut nicht denkbar, es gilt das »law of one price« nach William S. Jevons. Auf einem vollkommenen Markt für liquide Mittel haben Zahlungsströme folglich einen einheitlichen Preis bzw. Zins. Der hierdurch erheblich vereinfachte (Rechen-)Prozess zur Transformation der Zahlungsströme in der Zeit ist die – in Modul 3 bereits in den Grundzügen gezeigte – **Auf-** bzw. **Abzinsung**. Ihre ökonomische Sinnhaftigkeit lässt sich am besten mit Hilfe eines Zahlenbeispiels einleiten.

Beispiel 9

Zeitpräferenz

▸▸▸ Vor die Wahl gestellt, entweder sofort oder in exakt einem Jahr 100 € zu erhalten, wählen fast alle Menschen die heutige Zahlung. Dass dieses als **Zeitpräferenz** charakterisierte Verhalten selbst dann sinnvoll ist, wenn Risiken (wie das der Geldentwertung oder der Nichtzahlung) ausgeblendet werden, lässt sich auf (positive) Zinssätze zurückführen: Kann der frühe Eurobetrag z. B. zu 2% p. a. angelegt (= investiert) werden, wächst er binnen eines Jahres auf 100 € · (1+0,02) = 102 €. Dieser aufgezinste Betrag ist unter diesen Bedingungen ein ökonomisches Äquivalent von 100 € per heute, welches mit der Alternative der späten 100 € zeitpunktbezogen gleichnamig – und ihr gegenüber eindeutig vorteilhaft – ist. Analog umgekehrt ließe sich der späte Eurobetrag durch Abzinsung (= Diskontierung) in sein heutiges Äquivalent transformieren: Es beträgt 100 € : (1 + 0,02) ≈ 98 €. Im Vergleich mit den alternativen 100 € per heute zeigt sich auch hieran die Unterlegenheit der späteren Zahlung. Im Sonderfall negativer Zinsen kehrt sich dieser Zusammenhang um: Aufgrund des für die Vergabe der Mittel zu zahlenden Preises ist eine zukünftige Einzahlung x_t mehr wert als eine gegenwärtige Zahlung x_0 gleicher Höhe. ◀◀◀

Opportunitätskonzept

Das vorstehende Beispiel deutet bereits auf die entscheidende Quelle, aus der ein solcher Kalkulationszins im konkreten Fall gewonnen werden kann: Es handelt sich um den Kapitalmarkt, auf dem ein Investitionsbetrag (**alternativ**) angelegt werden könnte. Da ein Investor, der Zahlungsmittel einer konkreten Investition zuführt, zwangsläufig auf die Anlage dieser Mittel am Kapitalmarkt verzichtet, ist ihm die dortige Gelegenheit entgangen. Ausgehend von dieser **entgangenen Gelegenheit = Opportunität** ist der Kalkulationszins also ein Opportunitäts(kosten)satz, abgeleitet aus der Kapitalmarktopportunität (»opportunity cost of capital«, Brealey/Myers/Allen 2016, S. 8, 27). Aufgrund der unterstellten Marktgegebenheiten (law of one price) ist dieser Zins für alle Kapitalmarkttransaktionen – also Geldanlage/-aufnahme, kurz-/mittel-/langfristige Laufzeiten usw. – einheitlich (vgl. z. B. Franke/Hax 2009, S. 169). Bildlich gesprochen, weist der zugrundeliegene Geld- und Kapitalmarkt eine perfekt flache Zinsstrukturkurve auf:

Abb. 4.2

Idealtypische (flache) Zinsstrukturkurve

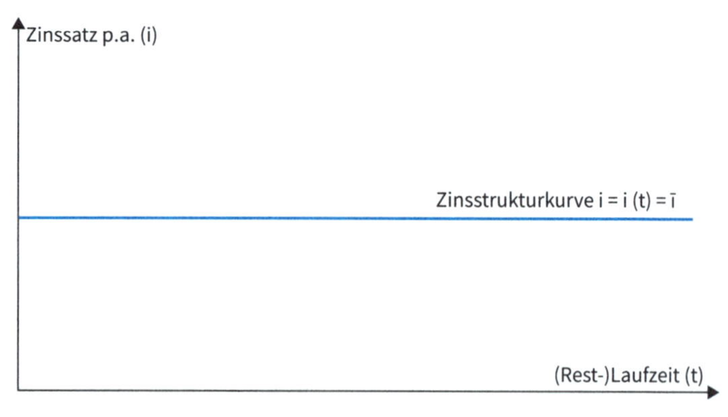

Transformation von einzelnen Zahlungen

Das bereits im vorangegangenen Beispiel erkennbare Muster lässt sich wie folgt verallgemeinern: Bei einem Opportunitäts- = Kalkulationszins mit dem Prozentsatz i p. a. beträgt der **Endwert (Final Value)** EW_n einer heutigen Zahlung c_0 zu einem späteren Zeitpunkt n nach Maßgabe des **Aufzinsungsfaktors** $(1+i)^n$:

$$EW_n = c_0 \cdot (1+i)^n$$

Maßgebliche Werttreiber sind demnach die Investitionsdauer n sowie der (Anlage-) Zinssatz i. Analog umgekehrt ergibt sich der Gegenwartswert (**Barwert, Present Value**) BW_0 einer zukünftigen Zahlung c_n entsprechend dem **Abzinsungsfaktor = Diskontierungsfaktor** $(1+i)^{-n}$ mit:

$$BW_0 = c_n \cdot (1+i)^{-n} = \frac{c_n}{(1+i)^n}$$

Transformation von Zahlungsreihen

Wird nicht eine einmalige Zahlung, sondern eine Mehrzahl davon betrachtet, setzt sich der Barwert (Endwert) dieser Gesamtheit additiv aus den Barwerten (Endwerten) der Einzelzahlungen zusammen: Der Barwert der Zahlungsreihe c_1, c_2, c_3 der Investition I* lautet

$$BW_0(I^*) = \frac{c_1}{(1+i)^1} + \frac{c_2}{(1+i)^2} + \frac{c_3}{(1+i)^3};$$

analog gilt für ihren Endwert

$$EW_3(I^*) = c_1 \cdot (1+i)^2 + c_2 \cdot (1+i)^1 + c_3 \cdot (1+i)^0.$$

Transformation von Rentenzahlungsströmen

Im speziellen Fall uniformer Zahlungen ($c_1 = c_2 = c_3 = \ldots = c_n$), die noch dazu in konstanten (hier: jährlichen) Abständen fließen – wenn also eine **Rente** oder **Annuität** betrachtet wird –, kann diese Rechnung alternativ mit Hilfe spezifischer Faktoren durchgeführt werden, was insbesondere bei langlaufenden Rentenzahlungen zu erheblichen Vereinfachungen führt. Aufgrund ihrer großen Bedeutung für dynamische Verfahren der Investitionsrechnung werden die benötigten Faktoren für den End- sowie den Barwert einer Rente hiernach en detail abgeleitet (entsprechend Busse von Colbe/Laßmann/Witte 2015, S. 36 ff.):

Eine Zahlungsreihe hat bei einer Laufzeit von n Jahren den folgenden Endwert:

$$EW_n(B) = b_1 \cdot (1+i)^{n-1} + b_2 \cdot (1+i)^{n-2} + b_3 \cdot (1+i)^{n-3} + \ldots + b_n(1+i)^{n-n}$$

Stellen die Cashflows b_i eine Rente dar, kann auf ihren Zeitindex verzichtet werden. Wird ferner die übliche Ersetzung q = 1+i verwendet, lautet der Ansatz vereinfacht:

$$(1)\quad EW_n(B) = b \cdot q^{n-1} + b \cdot q^{n-2} + b \cdot q^{n-3} + \ldots + b \cdot q^{n-n}$$

Nach Erweiterung auf beiden Seiten des Gleichheitszeichens mit q ergibt sich:

$$(2)\quad EW_n(B) \cdot q = b \cdot q^n + b \cdot q^{n-1} + b \cdot q^{n-2} + \ldots + b \cdot q^{n-n+1}$$

Eine Subtraktion beider Gleichungen (2) – (1) führt auf:

$$(2)-(1): EW_n(B)\cdot q - EW_n(B) = b\cdot q^n - b$$

und nach Ausklammern von $EW_n(B)$ auf der linken Seite, b auf der rechten Seite sowie Division durch q – 1:

$$EW_n(B) = b\cdot\frac{q^n-1}{q-1} = b\frac{q^n-1}{i} = b\cdot REF_n^i$$

Der mit der Rentenzahlung b zwecks Erhalt ihres Endwerts zu multiplizierende Faktor heißt folgerichtig **Rentenendwertfaktor** REF. Abbildung 4.3 illustriert die Umrechnung einer Rente $b_1 = b_2 = \ldots = b_n = b$ in ihren Endwert EW_n mit Hilfe des REF noch einmal graphisch:

Abb. 4.3

Rente und Rentenendwert

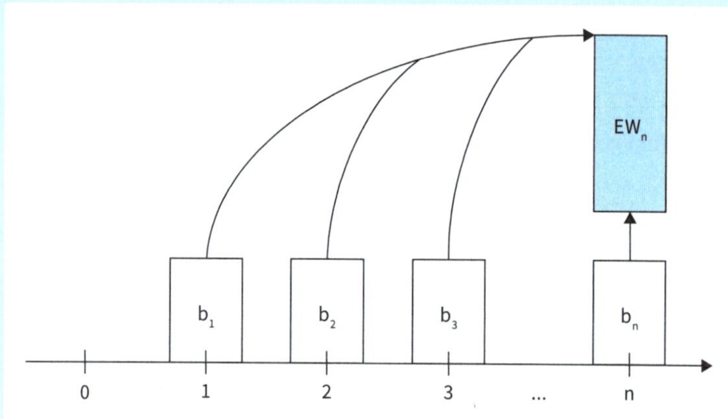

Analog ermittelt sich der Gegenwartswert BW einer in einem Jahr beginnenden und in n endenden Rente mit Hilfe des **Rentenbarwertfaktors** RBF (da RBF = $REF/(1+i)^n$):

$$BW_0 = b\cdot RBF_n^i = b\cdot\frac{(1+i)^n-1}{i\cdot(1+i)^n}$$

Abbildung 4.4 verdeutlicht das Umrechnen der künftigen Rentenzahlungen in eine einzige Zahlung, die das ökonomische Äquivalent der Zahlungsreihe darstellt (vgl. auch Van Horne/Wachowicz 2010, S. 52 f.):

Abb. 4.4

Rente und Rentenbarwert

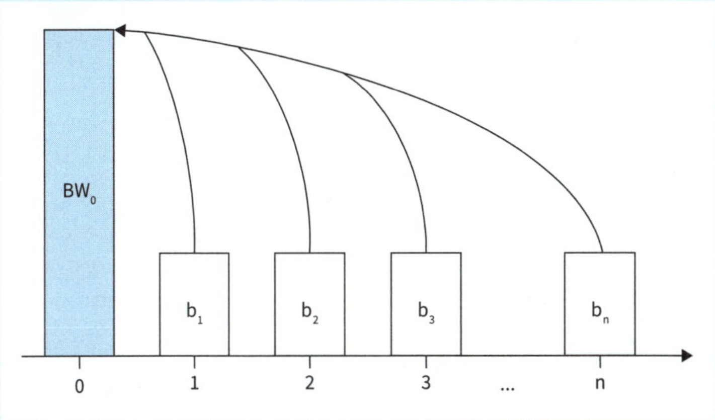

Bei der Betrachtung sehr langer Zeiträume findet zuweilen der Grenzwert des RBF Verwendung, da sich damit besonders einfach rechnen lässt. Für eine unendlich lang gezahlte (ewige) Rente beträgt er

$$RBF^{i}_{ewig} = \lim_{n\to\infty}\left(\frac{(1+i)^n-1}{i(1+i)^n}\right) = \lim_{n\to\infty}\left(\frac{(1+i)^n}{i(1+i)^n} - \frac{1}{i(1+i)^n}\right) = \lim_{n\to\infty}\left(\frac{1}{i} - \frac{1}{i(1+i)^n}\right) = \frac{1}{i}.$$

Der Rentenbarwertfaktor einer nachschüssigen ewigen Rente ist also der Kehrwert des Diskontierungszinses. Erst das Wissen hierum erlaubt eine alternative Berechnung des normalen Rentenbarwertfaktors: Der Barwert einer endlichen Rente entspricht dem Barwert einer ewigen Rente ab heute (b/i) abzüglich dem Barwert einer gleichhohen ewigen Rente, die vom Endzeitpunkt n der endlichen Rente an fließt $[(b/i)/(1+i)^n]$. Die Umformung der Differenz $b/i - (b/i)/(1+i)^n$ führt nach Herauslösen von b auf den normalen Rentenbarwertfaktor (vgl. auch Schmidt/Terberger 2006, S. 129). Der **Barwert einer ewigen Rente** RBW^{ewig} ergibt sich mithin als Produkt von b^{ewig} und RBF_{ewig} als b^{ewig}/i.

Beispiel 10

Transformation einmaliger und wiederholter Zahlungen

▸▸▸ Gegeben sei ein Betrachtungszeitraum von n = 8 Jahren sowie ein einheitlicher Zinssatz von i = 6 % p. a. Dann gilt für einen Betrag von 1.000 €, der einmalig oder aber als Rente gezahlt wird:

a. Endwert von 1.000 €, die heute investiert werden:

$EW_8 = 1.000\,€\,(1+0{,}06)^8 = 1.593{,}85\,€$

b. Barwert von 1.000 €, die in acht Jahren gezahlt werden:
$BW_0 = 1.000\,€\,(1+0{,}06)^{-8} = 627{,}41\,€$

c. Endwert einer achtjährigen Rente, die aus Zahlungen in einem Jahr sowie in zwei, drei, …, acht Jahren besteht:

$$REW_n = 1.000\,€ \cdot REF_{n=8\text{ Jahre}}^{i=6\,\%} = 1.000\,€ \cdot \frac{1{,}06^8 - 1}{0{,}06} = 9.897{,}47\,€$$

d. Barwert der vorgenannten Rente:

$$RBW_0 = 1.000\,€ \cdot RBF_{n=8\text{ Jahre}}^{i=6\,\%} = 1.000\,€ \cdot \frac{1{,}06^8 - 1}{0{,}06 \cdot 1{,}06^8} = 6.209{,}79\,€$$

e. Barwert einer ewigen Rente dieser Höhe, die in einem Jahr startet:

$$RBW_0^{ewig} = \frac{1.000\,€}{0{,}06} = 16.666{,}67\,€$$ ◄◄◄

Rückwärtsverteilung und Kapitalwiedergewinnung

Neben den gezeigten Rentenfaktoren sind auch deren **Kehrwerte** im Rahmen finanzwirtschaftlicher Fragestellungen von Interesse. Sie helfen bei Umformungen in die Gegenrichtung, also bei Transformationen von Einmal- in Rentenzahlungen:

- Der Kehrwert des Rentenendwertfaktors heißt **Rückwärtsverteilungsfaktor**. Mit seiner Hilfe lässt sich ein endwertiger Betrag EB_n in eine davor liegende Rente $b = b_1 = b_2 = \ldots = b_n$ transformieren.

Abb. 4.5

Rückwärtsverteilung eines festen Endbetrags in eine Rente

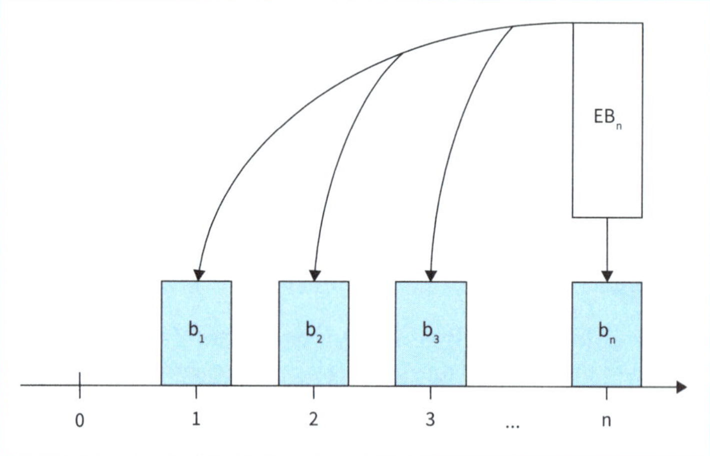

- Der Kehrwert des Rentenbarwertfaktors wird **Kapitalwiedergewinnungsfaktor** genannt (er ließe sich auch als »Vorwärtsverteilungsfaktor« bezeichnen) und erlaubt die Umrechnung eines heutigen (Ausgangs-)Betrages AB_0 in eine danach beginnende Rente.

Abb. 4.6

Kapitalwiedergewinnung (Vorwärtsverteilung eines festen Ausgangsbetrags in eine Rente)

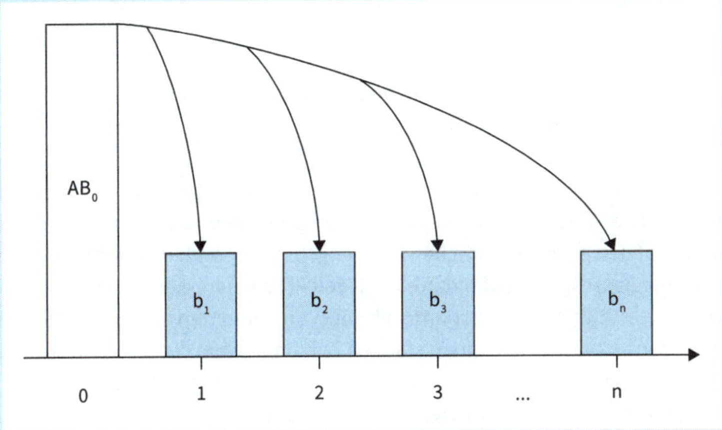

Beispiel 10 (Fortsetzung)

Transformation von Einmal- in Rentenzahlungen

▸▸▸ Am 1.1.2017 nimmt sich eine Arbeitnehmerin vor, zum Ende ihres (planmäßig in 30 Jahren endenden) Arbeitslebens einen Geldbetrag von 150.000 € zur Verfügung zu haben. Hierfür möchte sie von nun an zu jedem Jahresende einen konstanten Betrag beiseitelegen. Wie hoch müsste dieser sein, wenn sie für die betreffenden 30 Jahre mit einer stabilen Verzinsung von 3 % p. a. rechnen könnte? Die Antwort ergibt sich unter Verwendung des Rückwärtsverteilungsfaktors RVF:

$$\text{Rente} \cdot \text{REF} = \text{Rentenendwert} \Leftrightarrow \text{Rente} = \frac{\text{Rentenendwert}}{\text{REF}} = \text{Rentenendwert} \cdot \text{RVF}$$

$$\text{Rente} = 150.000 \cdot \frac{0{,}03}{1{,}03^{30} - 1} = 3.152{,}89\,€$$

Erforderlich wäre also, mit Beginn des Jahres 2017 jeweils 3.153 € an jedem Silvesterabend in besagte private Vorsorge zu investieren.

Angenommen, das Vorsorgeziel sei erreicht worden. In dem Moment, da sie die 150.000 € in Empfang nimmt, beschließt die Entscheiderin, hiervon einmal p. a. einen festen Betrag zu entnehmen. Wie hoch darf dieser sein, wenn sie 25 Jahre von dem Geld zehren möchte und sich nicht-entnommene Beträge mit 4 % p. a. verzinsen? Die beabsichtigte Vorwärtsverteilung über künftige Perioden wird mit Hilfe des Kapitalwiedergewinnungsfaktors KWF berechnet:

$$\text{Rente} \cdot \text{RBF} = \text{Rentenbarwert} \Leftrightarrow \text{Rente} = \frac{\text{Rentenbarwert}}{\text{RBF}} = \text{Rentenbarwert} \cdot \text{KWF}$$

$$\text{Rente} = 150.000 \cdot \frac{0{,}04 \cdot 1{,}04^{25}}{1{,}04^{25} - 1} = 9.601{,}79\ €$$

Unter den gegebenen Bedingungen könnten konstante Jahresentnahmen von ca. 9.600 € erfolgen, um den verfügbaren Betrag binnen 25 Jahren aufzuzehren. ◄◄◄

Barwerte beliebiger Zahlungsreihen

Da Investitionen aus mindestens zwei Zahlungsströmen bestehen, müssen diese nicht nur auf den gleichen zeitlichen Nenner gebracht, sondern anschließend auch zusammengefasst werden. Der dafür im Regelfall gewählte Bezugspunkt ist die Gegenwart, Investitionen werden dann mit Hilfe von Barwerten verglichen. Nur dann, wenn eine Investition durch einen stabilen Zahlungsstrom charakterisiert ist, lässt sich die Rechnung durch Zuhilfenahme des Rentenbarwertfaktors abkürzen. Ist der Zahlungsstrom hingegen nicht gleichförmig, sind die

1. separate Diskontierung eines jeden Zahlungsstroms sowie
2. eine anschließende Addition der erhaltenen Barwerte nötig.

In Formelschreibweise ergibt sich das barwertige Äquivalent = **Barwert einer Zahlungsreihe** also mit

$$BW_0^{\text{Zahlungsreihe}} = \sum\nolimits_{t=0}^{n} \frac{c_t}{(1+i)^t}.$$

Beispiel 11

Transformation einer beliebigen Zahlungsreihe

►►► Die im Beispiel 10 im Fall c gegebene Rente kann auch Schritt für Schritt unter Benutzung der obenstehenden Formel berechnet werden:

$$BW_0^{\text{Zahlungsreihe}} = \sum\nolimits_{t=0}^{n} \frac{c_t}{(1+i)^t} = \frac{1.000\ €}{1{,}06} + \frac{1.000\ €}{1{,}06^2} + \frac{1.000\ €}{1{,}06^3} + \ldots + \frac{1.000\ €}{1{,}06^8}$$
$$= (943{,}40 + 890{,}00 + 839{,}62 + 792{,}09 + 747{,}26 + 704{,}96 + 665{,}06 + 627{,}41)\ €$$
$$= 6.209{,}80\ €.$$ ◄◄◄

Es wird – neben einem kleinen Rundungsfehler – anhand dieses bereits in Beispiel 10 in den Fällen c und d bewerteten Zahlungsstroms auch offensichtlich, welche Erleichterung ein Vorgehen per Rentenbarwertfaktor mit sich bringt, da es das Berechnen von u. U. zahlreichen einzelnen Barwerten erspart. Liegt indes keine Rente, sondern ein uneinheitlicher Zahlungsstrom vor, gibt es zu diesem schrittweisen Vorgehen keine Alternative.

Beispiel 11 (Fortsetzung)

Transformation einer beliebigen Zahlungsreihe

►►► Bleibt der im vorherigen Beispiel gegebene Einzahlungsbetrag nicht konstant, sondern steigt mit jedem Jahr um 20 €, ist jeder Zahlungsstrom zwingend einzeln zu diskontieren:

$$BW_0^{\text{Zahlungsreihe}} = \sum_{t=0}^{n} \frac{c_t}{(1+i)^t} = \frac{1.000\,€}{1{,}06} + \frac{1.020\,€}{1{,}06^2} + \frac{1.040\,€}{1{,}06^3} + \ldots + \frac{1.140\,€}{1{,}06^8}$$
$$= (943{,}40 + 907{,}80 + 873{,}20 + 839{,}62 + 807{,}04 + 775{,}46 + 744{,}86 + 715{,}25)\,€$$
$$= 6.606{,}63\,€$$

Weicht der Zahlungsstrom hingegen nur leicht von dem einer Rente ab, lässt sich mit etwas Geschick doch auf die Faktoren zurückgreifen: Beispielsweise ließe sich die Zahlungsreihe Z 1.000_1, 1.000_2, 1.050_3, 1.000_4, 1.000_5, 1.000_6, 1.000_7, 1.000_8 auch als achtjährige Rente auffassen, die um eine Einmalzahlung von 50 € nach drei Jahren ergänzt wird.

$$BW_0(Z) = 1.000\,€ \cdot RBF_{n=8\text{ Jahre}}^{i=6\,\%} + \frac{50\,€}{1{,}06^3} = 1.000\,€ \cdot \frac{1{,}06^8 - 1}{0{,}06 \cdot 1{,}06^8} + 41{,}98\,€ = 6.251{,}77\,€.$$ ◄◄◄

Barwerte stellen das ökonomische Äquivalent zukünftiger Zahlungsströme, also übersetzt in bzw. verdichtet auf einen einzigen heutigen Betrag, dar. Die im obenstehenden Rentenbeispiel ermittelte Zahl von 6.209,80 € wäre unter den gegebenen Bedingungen z. B. der Betrag, für den ein ökonomisch rational denkender und handelnder Rentenempfänger seinen -anspruch per heute abtreten würde. Der Barwert einer Zahlungsreihe wäre auch für einen Investor eine sinnvolle Information und Bewertungsmöglichkeit: Welchen ökonomischen Wert hätte es – ausgehend von der Gesamtheit der einhergehenden Zahlungsströme sowie der Opportunität am Kapitalmarkt – per heute, wenn eine Investition durchgeführt würde, die diese Zahlungsreihe verspricht?

4.2.2 Kapitalwerte von Investitionen

Entscheidungskriterium

Das Verfahren der dynamischen Investitionsrechnung, welches unmittelbar auf den im Vorkapitel entwickelten Erwägungen und der zuletzt gestellten Frage aufsetzt, ist die Kapitalwertmethode. Der hierbei im Mittelpunkt stehende **Kapitalwert** einer Investition ist eines der wichtigsten dynamisch berechneten Entscheidungskriterien (vgl. u. a. Franke/Hax 2009, S. 169). Als maßgeblich für dieses Konzept gelten heute die Arbeiten des Nationalökonomen Irving Fisher, obgleich sich die Grundzüge u. a. in montanökonomischen Arbeiten des 19. Jahrhunderts finden (vgl. ausführlich Schneider 2001, S. 785 ff.; einführend auch Breuer 1999, S. 159 f.). Der Kapitalwert (**Net Present Value**, NPV) umfasst die Summe der auf die Gegenwart abgezinsten Zahlungsströme einer Investition, ist also identisch mit dem Barwert ihrer Zahlungsreihe, wird üblicherweise als C_0 bezeichnet und für Normalinvestitionen in einer Schreibweise angegeben, welche die Anschaffungsauszahlung von den späteren Zahlungsströmen betont absetzt:

$$\text{Kapitalwert}_0^{\text{Investition}} = C_0 = -a_0 + \sum_{t=1}^{n} \frac{c_t}{(1+i)^t}$$

Diese sog. Discounted-Cashflow- oder DCF-Formel (vgl. Brealey/Myers/Allen 2016, S. 25 f.) verdeutlicht, von welchen Eingabegrößen der Kapitalwert einer Investition abhängt: den **Cashflows** (Anschaffungsauszahlung a_0 und nachfolgende Einzahlungsüberschüsse c_t), der **Zeit** (der Nutzung) n und dem **Kalkulationszins** i. Während sich die Nutzungsdauer (n) des Investitionsobjekts sowie die ihm zugerechneten Cashflows je Periode (c_t) aus seinen konkreten (»technischen«) Eigenheiten sowie den Planungen des Entscheidungsträgers ergeben, basiert der Diskontierungszins i auf anderen Erwägungen: Er ergibt sich aus der alternativen Anlage-/Investitionsmöglichkeit, die der Geld- und Kapitalmarkt dem Entscheider im Investitionszeitpunkt bietet. Rein rechnerisch gilt: Je höher (geringer) i ausfällt, desto attraktiver (unattraktiver) der Geld- und Kapitalmarkt, desto stärker (schwächer) die Diskontierungswirkung auf zukünftige Cashflows der bewerteten Investition, desto kleiner (größer) in der Folge ihr Kapitalwert. Dieser Zusammenhang lässt sich auch quantifizieren sowie graphisch darstellen, indem ein Kapitalwert für verschiedene Zinssätze berechnet wird. Bei Annahme feststehender Cashflows und Nutzungsdauer wird der Kapitalwert dann zur Funktion des Zinssatzes: $C_0 = C_0(i)$.

Kapitalwertfunktion

Das Aussehen dieser **Kapitalwertfunktion** hängt von den Gegebenheiten des Einzelfalls ab. Für Normalinvestitionen (vgl. Modul 3) lassen sich jedoch verschiedene Aussagen über $C_0(i)$ treffen:

- Der Schnittpunkt des Funktionsgraphen mit der y-Achse liegt auf Höhe der Summe der unkorrigiert aufsummierten Cashflows (ist i = 0 %, tritt kein Diskontierungseffekt ein).
- Die Funktion fällt ausgehend davon streng monoton mit abnehmendem Ausmaß.
- Es gibt genau einen Schnittpunkt r mit der x-Achse, also genau einen Zinssatz, bei dem der Kapitalwert null wäre; für alle geringeren (höheren) Zinssätze ist er positiv (negativ).
- Für sehr hohe Zinssätze nähert sich die Funktion der Anschaffungsauszahlung an, denn extrem hohe Zinsen führen dazu, dass nicht-gegenwärtige Zahlungsströme keinen Gegenwartswert mehr haben, der Kapitalwert wird also zunehmend von der gegenwärtigen und daher undiskontierten Anschaffungsauszahlung geprägt.

Hieraus ergibt sich das folgende klassische Bild der Kapitalwertfunktion $C_0(i)$ einer **Normalinvestition**:

Abb. 4.7

Abhängigkeit des Kapitalwertes vom Diskontierungszins

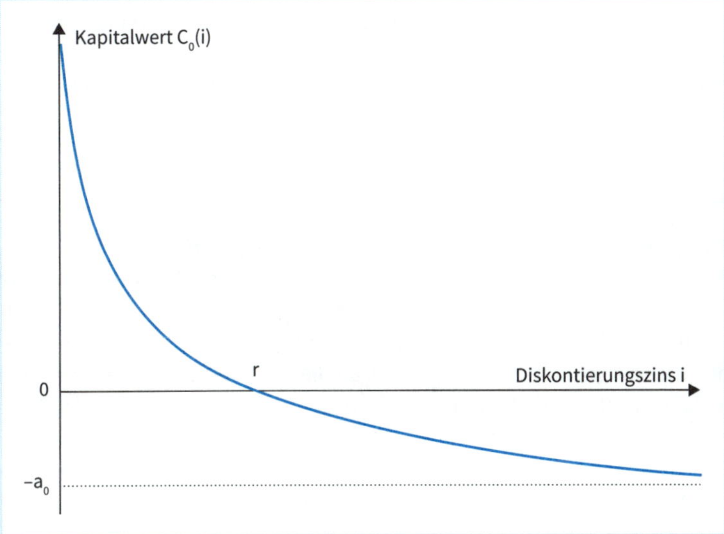

Ökonomische Interpretation

Der Kapitalwert verdichtet sämtliche Zahlungen, die mit einer Investition einhergehen, in einem einzigen gegenwärtigen Wert. Ökonomisch ist er wie folgt zu interpretieren (vgl. etwa Blohm/Lüder/Schaefer 2012, S. 48 ff.; Linnhoff/Pellens 2011, S. 332; Schmidt/Terberger 2006, S. 133 f.): Ein Kapitalwert von x bedeutet bei einem Kalkulationszinsfuß von i, dass:

1. der Investor das eingesetzte Kapital a_0 zurückerhält,
2. sich das eingesetzte Kapital zudem mit dem Kalkulationszinsfuß i verzinst und
3. der Investor darüber hinaus eine **Vermögensmehrung** erfährt, die zum gegenwärtigen Zeitpunkt (**barwertig**) einen Wert von x hat.

Ein Kapitalwert von null heißt umgekehrt, dass eine Investition sich exakt in Höhe des Kalkulationszinsfußes verzinst, darüber hinaus aber keinen Mehrwert erbringt. Der Investor ist dann unentschieden (indifferent) zwischen der konkreten Investition einerseits sowie der Opportunität, welche den Kalkulationszins geliefert hat, andererseits. Folglich bedeutet ein negativer Kapitalwert nicht, dass mit der Investition ein Verlust erwirtschaftet wird, sondern zunächst einmal, dass die Rendite unterhalb des Kalkulationszinsfußes liegt, also Wert vernichtet wird.

Entscheidungsregeln

Da i dem (vollkommenen und vollständigen) Geld und Kapitalmarkt entnommen wird, heißt ein Kapitalwert von null also, dass es für den Investor keinen Unterschied macht, ob er die konkrete Investition durchführt oder sein Geld am Geld- und Kapitalmarkt zum dort geltenden Zins anlegt. Analog ist bei positivem bzw. negativem Kapitalwert zu verfahren, woraus sich Entscheidungsregeln ergeben, die im Vergleich zur vorher nötigen Berechnung der Kapitalwerte vergleichsweise einfach anzuwenden sind:

- **Akzeptanz**: Eine Investition ist akzeptabel, wenn ihr Kapitalwert positiv ist.
- **Vorteilhaftigkeit**: Bei der Wahl zwischen zwei oder mehr akzeptablen Investitionen ist diejenige optimal und daher zu wählen, die den höchsten Kapitalwert aufweist.

Beispiel 12

Kapitalwertvergleich (Teil 1): Vorteilhaftigkeit

►►► Durch sorgsames Qualitätsmanagement genießt die RedCan AG einen erstklassigen Ruf unter den Unternehmen für Metallverpackungen. Eine Partnerunternehmung fragt daher an, ob RedCan die Fehlerinspektion der von ihr produzierten Stahlverpackungen übernehmen könne. Zu diesem Zweck wäre der Erwerb eines neuen digitalen Bildverarbeitungssystems erforderlich. Hierfür liegen RedCan zwei entsprechende Angebote vor:

- Cancheck: Anschaffungskosten 720 T€, Nutzungsdauer 4 Jahre, Rücknahme durch den Verkäufer am Ende des vierten Jahres für 160 T€. Investitionsbedingte Ausgaben: je 120 T€ in den ersten beiden, je 150 T€ in den letzten beiden Jahren. Investitionsbedingte Einnahmen: 350 T€ p. a.
- X-Ray-Can: Erwerb 925 T€, Nutzungsdauer 10 Jahre, an deren Ende unverkäuflich. Investitionsbedingte Ausgaben: 130 T€ p. a., investitionsbedingte Einnahmen: 275 T€ p. a.

Alternativ könnte in Kapitalmarktpapiere investiert werden, die sich mit 6 % p. a. verzinsen. Welches Angebot ist der Kapitalwertmethode zufolge vorteilhaft?
Verwendet wird die allgemeine Kapitalwertformel

$$\text{Kapitalwert}_0^{\text{Investition}} = C_0 = -a_0 + \sum_{t=1}^{n} \frac{c_t}{(1+i)^t}$$

Hieraus ergibt sich für den Kapitalwert der Alternative Cancheck (in T€):

$$C_0^{\text{Cancheck}} = -720 + \frac{350-120}{1{,}06} + \frac{350-120}{1{,}06^2} + \frac{350-150}{1{,}06^3} + \frac{350-150+160}{1{,}06^4} = 154{,}76.$$

Analog lautet der Kapitalwert von X-Ray-Can (in T€) unter Ausnutzung des stabilen Nettoeinzahlungsüberschusses:

$$C_0^{\text{X-Ray-Can}} = -925 + (275-130) \cdot \frac{1{,}06^{10}-1}{0{,}06 \cdot 1{,}06^{10}} = -925 + 145 \cdot 7{,}3601 = 142{,}21.$$

Im vorliegenden Fall sollte sich der Vorstand für das Cancheck-System entscheiden, da dieses einen um etwa 12.500 € höheren Kapitalwert aufweist. ◄◄◄

Einem Vorteilhaftigkeitsvergleich liegt die (oft stillschweigende) Annahme zugrunde, dass die Alternativen überhaupt vergleichbar sind. Tatsächlich unterscheiden sich Investitionsalternativen – wie im vorangegangenen Beispiel – regelmäßig in Cashflow-Verteilung, Kapitaleinsatz und Nutzungsdauer, was die Vergleichbarkeit gefährden könnte. Es lässt sich jedoch zeigen, dass diese Unterschiede bei Anwendung der Kapitalwertmethode nur vordergründig ignoriert werden. Tatsächlich wird – implizit – angenommen, dass die Vergleichbarkeit durch **Ergänzungsinvestitionen** hergestellt wird (vgl. ausführlich Busse v. Colbe/Laßmann/Witte 2015, S. 68 ff.; kritisch auch hierzu Schneider 2001, S. 759 ff.).

Vergleichbarkeit?

Ihrem Namen entsprechend treten solche Investitionen neben die Ausgangsinvestition – und zwar in der Form, dass einerseits Vergleichbarkeit hergestellt, andererseits das Ergebnis nicht verändert wird. Verantwortlich hierfür ist die **implizite Wiederanlageprämisse der Kapitalwertmethode**: Im Investitionszeitpunkt nicht eingesetzte Gelder ebenso wie zwischenzeitliche Rückflüsse werden annahmegemäß stets am Kapitalmarkt (und damit zum Kalkulationszinsfuß i) angelegt. Auf diese Art bilden Ausgangs- und Ergänzungsinvestitionen (zumindest gedanklich) Investitionsbündel, die sich hinsichtlich Kapitaleinsatz und Nutzungsdauer in der Gesamtsicht entsprechen und daher vergleichbar sind.

(implizite) Wiederanlageprämisse

Beispiel 12 (Fortsetzung)

Kapitalwertvergleich (Teil 2): Wiederanlageprämisse

►►► Das Cancheck-System erfordert weniger Mitteleinsatz, hat aber auch eine deutlich kürzere Nutzungsdauer. Um nicht »Äpfel mit Birnen zu vergleichen« wird daher unterstellt, dass die anders als für X-Ray-Can im Investitionszeitpunkt nicht benötigten (925 – 720) T€ = 205 T€ bis zum Ende der längeren Nutzungsdauer (also für 10 Jahre) am Kapitalmarkt »geparkt« werden. Ebenso würden alle Einzahlungsüberschüsse, die eine der beiden Investitionen während ihrer Laufzeit verursacht, bis zum Ende der 10. Periode zu 6 % p. a. am Kapitalmarkt angelegt. Analoge Prämisse ist schließlich, dass bei Wahrnehmung der kürzeren Cancheck-Variante auch der Mittelbestand am Ende von t_4 bis t_{10} am Kapitalmarkt wiederangelegt wird. Summa summarum werden demnach gedanklich gleichhohe Beträge (720 T€ für Cancheck + 205 T€ am Kapitalmarkt oder 925 T€ für X-Ray-Can) für gleichlange Perioden (sämtliche Anlagen bis zu dem Moment, da die länger laufende Investition endet) investiert. Die so geschnürten Investitionsbündel wären also vergleichbar. ◄◄◄

Wird dieser ökonomischen Argumentation gefolgt, so zeigt sich, dass die Anzahl und Komplexität der auf diese Weise zu berücksichtigenden Ergänzungsinvestitionen je nach Aufgabenstellung erheblich sein kann. Umso dringlicher ist damit die Frage, warum diese im Kapitalwertvergleich nicht erscheinen und wie sich dies korrigieren ließe. Tatsächlich sind die Ergänzungsinvestitionen bei Anwendung der Kapitalwertformel zwar nicht zu erkennen, aber dennoch nicht unterschlagen worden: Es ist deswegen nicht nötig, sie im Einzelnen zu behandeln, da **Ergänzungsinves-**

Irrelevanz der Ergänzungsinvestition

titionen am Kapitalmarkt keinen Einfluss auf den Kapitalwert der Ursprungsinvestition haben.

Beispiel 12 (Fortsetzung)

Kapitalwertvergleich (Teil 3): Barwert von Ergänzungsinvestitionen

►►► Bei Wahl von Cancheck wären die nicht verwendeten 205 T€ per heute für zehn Jahre am Kapitalmarkt anzulegen. Infolge der Aufzinsung wächst dieser Betrag auf einen Endwert von

$$EW_{10} = 205.000\,€ \cdot (1+0{,}06)^{10} = 367.123{,}78\,€.$$

Die Ergänzungsinvestition besteht mithin aus zwei Zahlungsströmen: Einer Auszahlung durch die Anlage heute und einer Einzahlung nach zehn Jahren. Für ihren Kapitalwert gilt nach der gezeigten Formel:

$$\text{Kapitalwert}_0^{\text{ErgänzInv}} = C_0^{\text{ErgänzInv}} = -a_0 + \sum_{t=1}^{n} \frac{c_t^{\text{ErgänzInv}}}{(1+i)^t} = -205.000 + \frac{367.123{,}78}{1{,}06^{10}} = 0.$$ ◄◄◄

Dieses Ergebnis von null gilt generell, da die Anlage am Kapitalmarkt sich zu exakt dem Zinssatz i verzinst (im Beispiel: Aufzinsung mit 6 % über 10 Jahre; also $1{,}06^{10}$), mit dem der Endwert dieses aufgezinsten Einzahlungsüberschuss dann wieder abzuzinsen ist (hier: Abzinsung mit $1{,}06^{-10}$). **Ergänzungsinvestitionen am Kapitalmarkt, die Unterschiede der Anschaffungsauszahlungen ausgleichen, haben stets einen Kapitalwert von null.**

Analog gilt: Ein Cashflow c_t zum Zeitpunkt $t < n$ einer n Jahre laufenden Investition würde über (n – t) Jahre wiederangelegt. Daraus folgt

- für den Endwert eines wiederangelegten c_t: $EW(c_t) = c_t(1+i)^{n-t}$;
- für den Barwert dieses wiederangelegten c_t:

$$BW(c_t) = EW(c_t) \cdot (1+i)^{-n} = \frac{c_t(1+i)^{n-t}}{(1+i)^n} = c_t(1+i)^{-t}.$$

Exakt so wird für c_t aber im Rahmen der Kapitalwertformel ohnehin der Barwert berechnet, eine explizite Wiederanlage und daran anschließende Diskontierung führt also (auf umständlicherem Wege) zum gleichen Ergebnis und ist daher verzichtbar. Eine separate Kapitalwertberechnung ist daher unnötig. Aus diesen Gründen kann beim Abstellen auf Kapitalwerte die detaillierte Auseinandersetzung mit anfänglich nicht benötigten Beträgen ebenso wie mit zwischenzeitlichen Zahlungsströmen und ihrer Wiederanlage unterbleiben.

Beispiel 12 (Fortsetzung)

Kapitalwertvergleich (Teil 4): Barwert von Wiederanlagen

▸▸▸ Bei Anschaffung des Cancheck-Systems wird z. B. ein Cashflow von 200 am Ende des dritten Jahres erwartet. Bislang ging dieser in Höhe von $200/1{,}06^3$ in die Kapitalwertrechnung ein. Wird unter Berücksichtigung der längeren Laufzeit der anderen Alternative angenommen, dass dieser Betrag bis zum Ende einer X-Ray-Can-Investition angelegt würde, ergibt sich:
Endwert von 200 T€, für sieben Jahre investiert:

$$EW_{10} = 200.000\,€ \cdot 1{,}06^7 = 300.726{,}05\,€.$$

Auch diese Ergänzungsinvestition besteht mithin aus zwei Zahlungsströmen: Einer Auszahlung durch die (Wieder-)Anlage nach drei und einer Einzahlung nach zehn Jahren. Für ihren Barwert gilt (in T€):

$$C_0^{Ergänz} = \sum_{t=1}^{n} \frac{C_t^{Ergänz}}{(1+i)^t} = -\frac{200}{1{,}06^3} + \frac{300{,}73}{1{,}06^{10}} = -\frac{200}{1{,}06^3} + \frac{200 \cdot 1{,}06^7}{1{,}06^{10}} = -\frac{200}{1{,}06^3} + \frac{200}{1{,}06^3} = 0.$$

◂◂◂

Aus den bereits genannten Gründen ist auch dieses Ergebnis unter den bestehenden Prämissen allgemeingültig: Im Rahmen der Kapitalwertmethode wird die Vergleichbarkeit verschiedener Alternativen über Ergänzungsinvestitionen am Kapitalmarkt hergestellt. Diese müssen jedoch nicht separat bewertet werden, da ihr Kapitalwert stets gleich null ist. Diese Vereinfachung gilt, solange keine andere Wiederanlageprämisse getroffen wird. Fallen hingegen die Verzinsung der Kapitalmarktopportunität und der Ergänzungsinvestition auseinander, ist eine separate Durchführung von Kapitalwertberechnungen für alle Teile eines Investitionsbündels notwendig (vgl. z. B. Busse v. Colbe/Laßmann/Witte 2015, S. 71 f.).

Investitionsbündel können auch aus **Kombinationen von verschiedenen konkreten Investitionen** bestehen. So wäre im vorliegenden Fall eine durchaus sinnvolle Fragestellung, ob sich das Cancheck-Angebot nicht ein zweites Mal realisieren lässt. Denn da der Vorstand einem 10-Jahres-Konzept nicht abgeneigt scheint (andernfalls hätte er die X-Ray-Can-Variante gar nicht erst erwogen), käme dem eine sukzessive zweimalige Anschaffung des Cancheck-Systems näher als eine einmalige. Umgekehrt könnte von einem eher mittelfristig planenden Vorstand die Frage aufgeworfen werden, ob X-Ray-Can nicht ohnehin besser nach vier oder fünf Jahren beendet würde, um dann wenigstens noch einen halbwegs akzeptablen Restwert für die gebrauchten Systemkomponenten zu erzielen. Solche Fragen der (identischen) **Wiederholung**, der optimalen **Nutzungsdauer** oder des optimalen **Ersatzzeitpunkts** sind wichtige Erweiterungen des Grundkonzepts, die daher im anschließenden Teilmodul 4.3 behandelt werden. Vor diesen Erweiterungen werden zunächst Varianten des bis hierher dargestellten Grundmodells der Kapitalwertmethode dargestellt.

Erste Variation: Ertragswert

Als besonderer Fall einer Investition kann die Akquisition von Unternehmen(steilen) aufgefasst werden. Im Kontext der entsprechenden Unternehmensbewertung findet sich unter anderem das Ertragswertverfahren, das dem des Kapitalwerts eng verwandt ist: Der Ertragswert ist der (Brutto-)Nutzen der Entnahmen E_t, der dem Unternehmenskäufer = Investor aus dem Erwerb künftig zukommt (vgl. einführend z. B. Hölscher 2010, S. 183 f.). Im Grunde handelt es sich damit um einen Kapitalwertansatz, der die Anschaffungsauszahlung einer Investition I* ausklammert:

$$\text{Ertragswert}(I^*) = \sum_{t=1}^{n} \frac{E_t}{(1+i)^t}$$

Aufgrund der Bedeutung der Unternehmensbewertung für die unternehmerische Finanzierungspolitik finden sich darüber hinausgehende Ausführungen zu den einschlägigen Verfahren im Rahmen des eigenständigen Moduls 8.

Zweite Variation: (Kapitalwert-)Annuitätenmethode

Wie bereits gesehen, stellt der Kapitalwert die zeitraumübergreifende Transformation einer n-jährigen Reihe von Cashflows in einen einzigen barwertigen Betrag dar. Dieser entspricht nicht dem in der Wirtschaftspraxis häufig vorfindlichen Denken in Perioden. Ein erster Versuch der Harmonisierung besteht daher darin, den Kapitalwert einer Investition in (Kapitalwert-)Annuitäten c* umzurechnen. Es handelt sich hierbei um eine zweite Transformation, in deren Rahmen der Kapitalwert durch Multiplikation mit dem Kapitalwiedergewinnungsfaktor (dem Kehrwert des Rentenbarwertfaktors) in eine uniforme Zahlungsreihe umgerechnet wird:

$$c^* = C_0 \cdot KWF_n^i = C_0 \cdot \frac{i(1+i)^n}{(1+i)^n - 1}$$

Beispiel 13

Kapitalwertannuität

▸▸▸ Die Investition mit der Zahlungsreihe (1.000_1, 1.020_2, 1.040_3, 1.060_4, 1.080_5, 1.100_6, 1.120_7, 1.140_8) besitzt unter der Annahme, dass sich die Geld- und Kapitalmarktopportunität zu 6 % p. a. verzinst, einen Kapitalwert von 6.606,63 € (vgl. oben Beispiel 11). Die Multiplikation des Kapitalwerts mit dem zugehörigen Kapitalwiedergewinnungsfaktor ergibt

$$c^* = 6.606{,}63\,€ \cdot KWF_{n=8\,\text{Jahre}}^{i=6\,\%} = 6.606{,}63\,€ \cdot \frac{0{,}06 \cdot 1{,}06^8}{1{,}06^8 - 1} = 1.063{,}90\,€.$$

Unter den gegebenen Bedingungen sind damit ökonomisch gleichwertig:

- die ursprüngliche Zahlungsreihe (1.000_1, … , 1.140_8),
- der Kapitalwert von C_0 = 6.603,63 € sowie
- die Annuität ($1.063{,}90_1$; $1.063{,}90_2$; … , $1.063{,}90_8$).

Ein genaue Bewertung und insbesondere ein Vergleich mit einer Alternativinvestition wäre indes nur mittels Kapitalwert oder Kapitalwertannuität möglich. ◂◂◂

Die Annuitätenmethode kommt dem häufig anzutreffenden Denken in Jahreswerten entgegen, ansonsten liefert sie keine Zusatzinformationen, da sie rechnerisch darauf beruht, dass die Kapitalwerte von Vergleichsinvestitionen mit einem konstanten Faktor (dem KWF) multipliziert werden. Die Ergebnisse von Akzeptanz- oder Vorteilhaftigkeitsentscheidungen auf Basis von Kapitalwerten und Kapitalwertannuitäten entsprechen sich daher.

Verfahrensspezifische Kritik an der Kapitalwertmethode

Ein vorrangiges Ziel beim Übergang von den statischen zu den dynamischen Verfahren war, mit Hilfe Letzterer der Kritik zu entgehen, die sich gegen die statischen Alternativen richtete. Hierzu ist festzuhalten:

- Die verwendeten Größen entstammen nicht länger dem Rechnungswesen, insofern werden die Probleme der Periodisierung und Durchschnittsbildung durch den Rückgriff auf Cashflows gelöst.
- Die Verteilung der Cashflows in der Zeit wird durch periodengerechte Auf-/Abzinsung mit dem Kalkulationszinssatz berücksichtigt.
- Es werden – wenn auch implizit – Ergänzungsinvestitionen zum Kapitalmarktsatz gedanklich einbezogen, die auf vergleichbare Investitionsbündel führen, womit die Gefahr gebannt ist, dass unvollständige bzw. nicht vergleichbare Alternativen verglichen werden.
- Schließlich ergeben sich diese Komponenten des Ansatzes folgerichtig aus einem konsistenten zugrundeliegenden Modell (eines vollkommenen Kapitalmarktes) und dessen Annahmen.

Genau die hierzu gehörenden Modellprämissen sind indes auch Ausgangspunkt für Kritik, die sich darauf richtet, dass die Methode nur bedingt realistisch erscheint (vgl. u. a. Süchting 1995, S. 309 ff.; Bieg/Kußmaul/Waschbusch 2016, S. 102 ff.): Kapitalwerte von Investitionen wie bis hierher beschrieben zu berechnen und zur Grundlage von Investitionsentscheidungen zu machen, setzt voraus, dass

- sämtliche Eingabegrößen (c_t, i, n) **bekannt** und **sicher** sind;
- sich isoliert einzelnen Investitionen **zweifelsfrei zuordnen** lassen;
- **genau ein zeitstabiler Kalkulationszins**, der die Kapitalmarktopportunität zur konkreten Investition repräsentiert, für sämtliche Mittelaufnahmen/-anlagen existiert;
- **Ergänzungsinvestitionen** am Kapitalmarkt zum Kalkulationszinsfuß erfolgen;
- die für a_0 nötige **Finanzmittelbeschaffung** stets problemlos (zum Kapitalmarktzins) erfolgen kann und insoweit nicht Bestandteil des Entscheidungskalküls ist.

Jede Verletzung dieser Prämissen bedeutet umgekehrt, dass das Kapitalwertkriterium zumindest modifiziert werden müsste, um investitionsbezogene Fehlentscheidungen zu vermeiden. Solche Abweichungen vom Modellfall dürften in der Realität, die ungleich unvollkommener als die unterstellte Modellwelt ist, regelmäßig vorliegen. Insofern kann das bislang dargestellte Grundmodell zwar als wichtiger Schritt in die richtige Richtung angesehen werden, ein optimales Verfahren ist damit indes noch nicht gefunden. Aus Sicht der Praxis heraus werden zudem der vergleichsweise hohe **Rechenaufwand** sowie die Tatsache, dass der Kapitalwert ein absolutes, in Währungseinheiten angegebenes Erfolgsmaß ist, kritisiert und demgegenüber vielfach **relative Erfolgsmaße bevorzugt**. Hiernach werden daher entsprechende Alternativen dargestellt und mit dem Kapitalwertkonzept verglichen.

4.2.3 Interne Zinsfüße von Investitionen

Entscheidungskriterium

Die Methode des internen Zinsfußes liefert – den Wünschen gerade der Praxis entsprechend (kritisch zur Maßgeblichkeit solcher Erwägungen vgl. Schneider 1992, S. 81 f.) – ein **relatives** Erfolgsmaß und Entscheidungskriterium. Im Ansatz wird hierfür durchaus auf das Instrumentarium der Kapitalwertmethode zurückgegriffen: Gefragt wird nach dem **Zinssatz r, bei dessen Verwendung im Rahmen der bekannten Diskontierungsrechnung der Kapitalwert einer Investition genau null** beträgt. Ist also

$$\text{Kapitalwert}_0^{\text{Investition}} = C_0 = -a_0 + \sum_{t=1}^{n} \frac{c_t}{(1+r)^t} = 0,$$

dann heißt r (einfacher) interner Zinsfuß (**Internal Rate of Return**, IRR) dieser Investition. Graphisch bedeutet ein interner Zinsfuß von r, dass die Kapitalwertfunktion $C_0(i)$ die x-Achse bei r schneidet.

Abb. 4.8

Interner Zinsfuß einer Normalinvestition

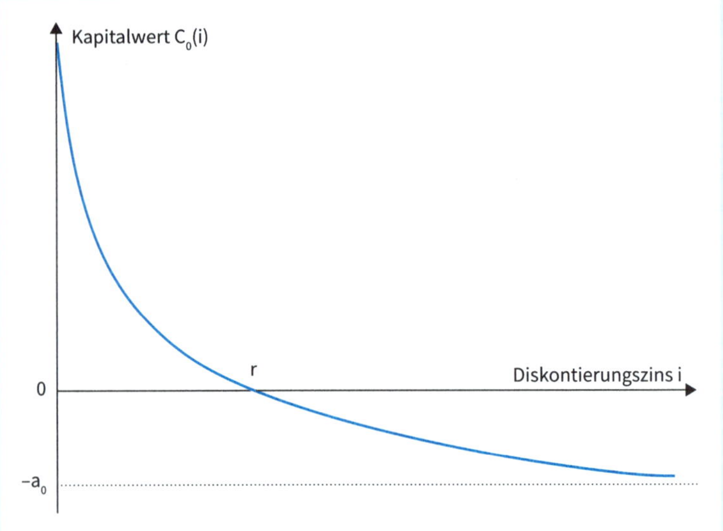

Gäbe es also eine (Kapitalmarkt-)Opportunität, die einen höheren Zins als das investitionsspezifische r verspräche, wäre diese Investition nicht attraktiv. Wäre ein sonst (etwa bei einer Kapitalwertrechnung) zur Diskontierung verwendeter Opportunitätszins i hingegen kleiner als r, wäre die Investition attraktiv (bei einer Kapitalwertberechnung würde eine Abzinsung mit i weniger stark wirken als mit r, der Kapitalwert wäre also positiv). Der interne Zinsfuß kann in Abgrenzung zur am Markt erzielbaren Rendite (»externer Zinsfuß«) auch als die **spezifische Rendite einer konkreten Investition** aufgefasst werden (vgl. Schmidt/Terberger 2006, S. 147 f.).

Entscheidungsregeln

Wenngleich der formale Ansatz der internen Zinsfußmethode den Kalkulationszinssatz i nicht unmittelbar enthält, ist dieser in der Gesamtsicht gleichwohl relevant. Er dient jedoch nicht – wie bei der Kapitalwertmethode – als Eingabegröße der verwendeten Kapitalwertformel, sondern als Benchmark, wie die zur internen Zinsfußmethode gehörigen Entscheidungsregeln zeigen:

- **Akzeptanz**: Eine Investition ist akzeptabel, soweit ihr spezifischer interner Zinsfuß höher ist als der Kalkulationszinsfuß ($r > i$; bei $r = i$ ist der Investor indifferent).
- **Vorteilhaftigkeit**: Bei der Wahl zwischen zwei oder mehr akzeptablen Investitionen ist diejenige optimal, die den höchsten internen Zinsfuß aufweist.

Berechnungsaufwand

Obwohl die zentrale Berechnungsformel des internen Zinsfußes der des Kapitalwerts entspricht, ist ihre Verwendung ungleich schwieriger. Als Faustformel gilt, dass eine Investition mit n Jahren Laufzeit es erfordert, eine Gleichung n-ten Grades aufzulösen. Ist entsprechende Software nicht verfügbar, können umfangreichere Investitionen nur im **trial-and-error-Verfahren** (Ausprobieren verschiedener Diskontierungssätze zur schrittweisen Annäherung an korrekte Ergebnisse) bewältigt werden (vgl. aktuell Bieg/Kußmaul/Waschbusch 2016, S. 109 f.). Daneben existieren verschiedene **Sonderfälle**, für die vergleichsweise einfache und eindeutige Lösungen angegeben werden können:

Tabelle 4.1

Sonderfälle der Zinsfußberechnung

Zahlungsreihe der Investition	Interner Zinsfuß
$-a_0, 0, 0, 0, \ldots, c_n$	$r = \sqrt[n]{\frac{c_n}{a_0}} - 1$
$-a_0, c_1, c_2$	Auflösung quadratischer Gleichung der Form $ax^2 + bx + c = 0$ über $x_{1/2} = \frac{-b \pm \sqrt{b^2 - 4ac}}{2a}$ bzw. der Normalform $x^2 + px + q = 0$ z. B. über $x_{1/2} = -\frac{p}{2} \pm \sqrt{\frac{p^2}{4} - q}$
$-a_0, c, c, c, c, \ldots, c+R_n$ wobei $\lvert -a_0 \rvert = \lvert R_n \rvert$	$r = \frac{c}{a_0}$
$-a_0, c, c, c, \ldots$ (ewig)	$r = \frac{c}{a_0}$

Die Losungen für r in den beiden ersten Fällen ergeben sich unmittelbar aus dem Auflösen der am Kapitelanfang gezeigten Gleichung zur Bestimmung von r. Die Lösung für die beiden unteren Fälle ergibt sich nach den im Folgenden gezeigten Umformungen der Berechnungsgleichung.

Die Zahlungsreihe ($-a_0$, c, c, c, …, $c+a_0$) steht für eine Reihe uniformer Cashflows (Rente) zuzüglich einer einmaligen Abschlusseinzahlung, die betragsmäßig exakt der Anschaffungsauszahlung entspricht. Ein solcher Zahlungsverlauf erscheint für die meisten Sachinvestitionen abwegig, da demnach ein Aggregat nach n Jahren der Nutzung exakt zum Einkaufspreis wieder verkauft werden könnte. Demgegenüber sind Zahlungsströme dieser Art bei bestimmten **Finanzinvestitionen** sogar typisch: Die Zahlungsreihe könnte die Sicht eines Kreditgebers (= Investors) widerspiegeln, der dem Schuldner anfangs einen Kreditbetrag zur Verfügung stellt ($-a_0$), hierauf für n Jahre eine feste Zinszahlung erhält (c) und am Laufzeitende zudem den Kreditbetrag zurückbekommt ($+R_n = +a_0$). In Fällen so gestalteter Zahlungsreihen kann die Berechnungsformel wie folgt aufgelöst werden (vgl. z. B. Busse von Colbe/Laßmann/Witte 2015, S. 125 f.):

$$\text{Kapitalwert}_0^{\text{Investition}} = C_0 = -a_0 + \sum_{t=1}^{n} \frac{c_t}{(1+r)^t} = 0 \Leftrightarrow \text{hier also}$$

$$C_0 = -a_0 + c \cdot \frac{(1+r)^n - 1}{r(1+r)^n} + \frac{R_n}{(1+r)^n} = 0.$$

Da R_n den gleichen Betrag aufweist wie a_0, lässt sich schreiben:

$$a_0 = c \cdot \frac{(1+r)^n - 1}{r(1+r)^n} + \frac{a_0}{(1+r)^n} \Leftrightarrow a_0 \cdot (1+r)^n - a_0 = c\frac{(1+r)^n - 1}{r}$$

Nach Ausklammern von a_0 auf der linken Seite ergibt sich:

$$a_0[(1+r)^n - 1] = c \cdot \frac{(1+r)^n - 1}{r}$$

Und nach Division durch den Klammerausdruck auf der linken Seite schließlich:

$$a_0 = c \cdot \frac{(1+r)^n - 1}{r[(1+r)^n - 1]} \Leftrightarrow a_0 = c \cdot \frac{1}{r} \Leftrightarrow r = c \cdot \frac{1}{a_0} = \frac{c}{a_0}$$

Analog entspräche das letzte Beispiel einer unbefristeten Kreditbeziehung mit fortgesetzter Zins-, aber ausbleibender Tilgungszahlung, wie sie bei sog. »**ewigen Anleihen**« anzutreffen ist. Das gleichlautende Ergebnis für r ergibt sich unmittelbar, wenn vorstehender Ansatz unter Verwendung des Grenzwertes des Rentenbarwertfaktors (1/r) benutzt wird.

Eine zwar nicht exakte, aber vergleichsweise einfache Lösung ist für den Fall gleichbleibender Einzahlungsüberschüsse anhand folgender Umformung möglich:

$$C_0 = -a_0 + c \cdot RBF_n^r = 0 \Leftrightarrow RBF_n^r = \frac{a_0}{c}$$

Da die Nutzungsdauer n bekannt ist, ließe sich mit Hilfe von Tabellen für den Rentenbarwertfaktor derjenige $RBF_n^{(i^*)}$ heraussuchen, der diese Gleichung am besten (näherungsweise) erfüllt. Der in diesem Faktor enthaltene Zins i* entspräche dann dem internen Zinsfuß der betrachteten Investition.

Beispiel 14

Berechnung interner Zinsfüße für zweijährige Kalküle

►►► Alternativ zu den Angeboten Cancheck und X-Ray-Can bietet sich dem Vorstand unvermutet die Gelegenheit, zunächst gebrauchtes Materialprüfungs-Equipment zu erwerben und einzusetzen. Die Anlage würde noch 250 T€ kosten und ließe in einem Jahr Einzahlungsüberschüsse von 225 T€ und in zwei Jahren von weiteren 125 T€ erwarten. Wäre diese Investition nach der Methode des internen Zinsfußes akzeptabel, wenn der Opportunitätszins am Kapitalmarkt unverändert 6 % beträgt?

Der Formel nach ist r dann interner Zinsfuß, wenn gilt

$$C_0 = -250 + \frac{225}{1+r} + \frac{125}{(1+r)^2} = 0.$$

Setzt man zur Vereinfachung der Rechnung $x = 1+r$ und multipliziert beide Seiten der Gleichung danach mit x^2, so ergibt sich:

$$-250x^2 + 225x + 125 = 0 \Leftrightarrow x^2 - 0{,}9x - 0{,}5 = 0.$$

Die Auflösung dieser quadratischen Gleichung in der Normalform ist mit Hilfe der Diskriminante

$$x_{1/2} = -\frac{p}{2} \pm \sqrt{\frac{p^2}{4} - q}$$

möglich. Hieraus ergeben sich im konkreten Fall die beiden folgenden Lösungen für x:

$$x_{1/2} = +\frac{9}{20} \pm \sqrt{\frac{81}{400} + \frac{1}{2}} = 0{,}45 \pm \sqrt{0{,}7025} = 0{,}45 \pm 0{,}83815$$

$$\Rightarrow x_1 = 1{,}28815;\ x_2 = -0{,}38815 \Rightarrow r = 0{,}28815 = 28{,}82\,\%.$$

Der interne Zinsfuß der Investition in das Second-Hand-Equipment beträgt – da negative Ergebnisse wie x_2 außer Acht gelassen werden – demnach 28,82 %. Da dieser Wert den Kalkulationszins von i = 6 % übersteigt, wäre die Investition akzeptabel. ◄◄◄

Wiederanlageprämisse

Analog zur Kapitalwertmethode ist zu fragen, ob und inwieweit auch die Methode des internen Zinsfußes wirklich Vergleichbares vergleicht. Tatsächlich enthält auch diese Methode eine **implizite Wiederanlageprämisse** hinsichtlich der Ergänzungsinvestitionen, mit denen die Unterschiede zwischen Investitionsalternativen in oben gezeigter Weise ausgeglichen werden. Anders als bei der Kapitalwertmethode wird jedoch nicht stillschweigend angenommen, dass solche Investitionen stets einzig und allein auf die Kapitalmarktopportunität zurückgreifen: Analog der Darstellung im Rahmen der Kapitalwertmethode lässt sich vielmehr zeigen, dass die

Methode des internen Zinsfußes implizit unterstellt, dass der **Wiederanlagezins innerhalb eines Investitionsbündels gleich ist und dem der Ursprungsinvestition entspricht**. Dann wäre der Kapitalwert dieser Ergänzungsinvestitionen gleich null und daher ergebnisneutral.

Das hieße anknüpfend am vorangegangenen Beispiel aber, dass bei Wahl von Cancheck die verbliebenen 205 T€ nicht am Geld- und Kapitalmarkt angelegt würden, sondern in einer – nicht näher spezifizierten – anderen Ergänzungsinvestition, die exakt den gleichen internen Zins aufweist wie das Cancheck-Original. Gleiches wird für die Wiederanlage der zwischenzeitlichen Cashflows unterstellt: Sie verzinsen sich bis zum Laufzeitende zu $r_{Cancheck}$. Bereits im Rahmen einer Akzeptanzprüfung irritiert hieran, dass demnach das Duplizieren der Ursprungsinvestition zu verschiedenen Zeiten und in den benötigten Bruchteilen möglich sein müsste. Selbst wenn solche Möglichkeiten – trotz zu erwartender Unteilbarkeiten, Modellwechsel usw. – bestünden, ist dennoch nicht nachzuvollziehen, warum bei Entscheidung für Cancheck alle Wiederanlagen zu $r_{Cancheck}$ erfolgen würden, bei Entscheidung für X-Ray-Can hingegen auch alle Wiederanlagen zu $r_{X\text{-}Ray\text{-}Can}$. Demnach hinge der Wiederanlagezins ab von der ursprünglich gewählten Investition – was weit weniger realistisch ist als die Annahme der Kapitalwertmethode, dass sämtliche Gelder zu einheitlichen Konditionen am Kapitalmarkt investiert (»geparkt«) werden. Der Geld- und Kapitalmarkt ist annahmegemäß ein vollkommener und vollständiger Markt. Da er vollständig ist, kann ein Investor jederzeit jeden (auch noch so kleinteiligen) Betrag (re-)investieren. Da er vollkommen ist, gilt das law of one price, also erfolgt jede (Re-)Investition zu einem einheitlichen Zins. Divergierende Kapitalmarktzinsen stünden dann im Widerspruch zu den Modellprämissen (vgl. ausführlich Schmidt/Terberger 2006, S. 148 ff., 164 ff.). Unterschiedliche Verzinsungen sind also nur auf Märkten denkbar, welche sich von denen des hier zugrundegelegten Modells erheblich unterscheiden und diesen gegenüber vielfältige Einschränkungen – wie z. B. Unteilbarkeiten von Bildverarbeitungssystemen zur Materialprüfung in der Metallverpackungsindustrie – aufweisen.

Verfahrensspezifische Kritik

Aufgrund der gemeinsamen Ausgangsbasis gelten zunächst die Einwände gegen die Kapitalwertmethode (wie z. B. die unterstellte Sicherheit der Eingabegrößen) analog für die Zinsfußmethode. Hinzu kommt erhebliche verfahrensspezifische Kritik: Die implizite **Wiederanlageprämisse** erscheint ungleich unrealistischer und gehört im Ergebnis zu den **schwerwiegendsten Defiziten** der Methode, »da nicht ersichtlich ist, weshalb die Höhe der Verzinsung bei der Wiederanlage von Einnahmeüberschüssen alternativer Investitionen in einem Unternehmen vom internen Zinssatz der ursprünglichen Investition abhängen soll« (Busse v. Colbe/Laßmann/Witte 2015, S. 135). Nachvollziehbar erscheint sie allenfalls für Finanzinvestitionen, weswegen die Anwendung dieser Methode darauf beschränkt werden müsste: Hier ist die kritische Wiederanlageprämisse gleichbedeutend mit der Annahme, dass z. B. ein Anleger, der in Bundesanleihen investiert (Ursprungsinvestition), auch etwaige Ergänzungsinvestitionen/Wiederanlagen in exakt diesem Wertpapier vornimmt – was sich aufgrund der Marktgängigkeit und Stückelung solcher Emissionen weitaus eher denken lässt. Für andere als Finanzinvestitionen ist eine solche

Annahme hingegen »simply not true« (Baldwin 1959, S. 99; vgl. prägnant auch Copeland/Weston/Shastri 2008, S. 65).

Zum ökonomischen Problem der unrealistischen Wiederanlageprämisse kommen erhebliche **mathematische Schwierigkeiten** hinzu: Mit Hilfe moderner Hard- und Software sind zwar auch Gleichungen höheren als zweiten Grades mit vertretbarem Aufwand zu lösen. Unabhängig von ihrer Berechenbarkeit können erhaltene **Lösungen aber uneindeutig** sein, sobald keine Normalinvestition betrachtet wird. Normalinvestitionen weisen stets genau einen positiven internen Zinsfuß auf. Andere Investitionen, die z. B. durch mehrere Vorzeichenwechsel gekennzeichnet sind, können hiervon mehrere besitzen. In Verbindung mit der Wiederanlageprämisse lässt sich dieses Problem besonders eindrucksvoll an einem Beispiel zeigen, das auf eine frühe Kritik an der Methode zurückgeht (vgl. Wright 1936, bes. S. 438 f.; ausgehend davon Schneider 1992, S. 87 ff.; zuletzt auch Schneider 2011, S. 133 f.).

Beispiel 15

Widersprüchlichkeit der Methode des einfachen internen Zinsfußes (Teil 1)

►►► Zu bestimmen ist der interne Zinsfuß der – zwar ungewöhnlichen, aber nicht undenkbaren – Zahlungsreihe Z: -1.000_0, $+5.000_1$, -6.000_2. Eine Auflösung auf die dargestellte Weise ergibt u. a. ein r_1 von exakt 100 % (= 1), was rechnerisch richtig ist, schließlich gilt

$$C_0(r_1) = -1.000 + \frac{5.000}{1+1} - \frac{6.000}{(1+1)^2} = -1.000 + \frac{5.000}{2} - \frac{6.000}{4}$$
$$= -1.000 + 2.500 - 1.500 = 0.$$

Angesichts der hohen Auszahlungsüberschüsse im ersten und letzten Jahr erscheint diese Investitionsrendite kaum nachvollziehbar. Verständlich wird sie erst, wenn die implizite Wiederanlageprämisse explizit, also sichtbar gemacht wird: Können nämlich die 5.000 des ersten Jahres zu r_1 wiederangelegt werden, verdoppeln sie sich binnen Jahresfrist. Die Zahlungsreihe der Ergänzungsinvestition lautet dann (-5.000_1; $+10.000_2$), der Netto-Cashflow des zweiten Jahres ($10.000_2 - 6.000_2 = 4.000_2$), die transformierte Zahlungsreihe der Investition Z lautet nun Z*: -1.000_0, 0_1, 4.000_2. Bei dieser Vervierfachung des Kapitaleinsatzes binnen zwei Jahren erscheint eine Rendite von 100 % deutlich plausibler. Unschön ist indes, dass die Investition einen zweiten positiven internen Zinsfuß aufweist, nämlich r_2 = 200 % (= 2):

$$C_0(r_2) = -1.000 + \frac{5.000}{1+2} - \frac{6.000}{(1+2)^2} = -1.000 + \frac{5.000}{3} + \frac{6.000}{9}$$
$$= \frac{-9.000 + 15.000 - 6.000}{9} = 0$$

Für sich genommen lässt r_2 sich analog zu r_1 rechnerisch ableiten und rechtfertigen. Eine unbeantwortbare Frage ist aber, welches nun **die** richtige Lösung ist. Ein eindeutiger interner Zinsfuß ist nicht bestimmbar. Gleiches gilt in Fällen, in denen eine

Investition **keinen einzigen** positiven internen Zinsfuß besitzt (vgl. etwa Hirth 2012, S. 58 f.). ◄◄◄

Da sich die Wiederanlageprämissen von einfacher interner Zinsfußmethode einerseits und Kapitalwertmethode andererseits so gravierend unterscheiden, ist überdies denkbar, dass eine Anwendung beider Methoden auf die gleiche Investition zu widersprüchlichen Ergebnissen führt.

Beispiel 15 (Fortsetzung)

Widersprüchlichkeit der Methode des einfachen internen Zinsfußes (Teil 2)

►►► Bei einem Kalkulationszinsfuß von 10 % beträgt der Kapitalwert der Investition Z:

$$C_0^Z = -1.000 + \frac{5.000}{1,1} - \frac{6.000}{1,1^2} = -1.413,22 < 0$$

Die Investition Z wäre aufgrund ihres deutlich negativen Kapitalwerts laut Kapitalwertmethode inakzeptabel, obgleich sie gleich zwei sehr hohe interne Zinsfüße ausweist (100 % und 200 %), welche die Benchmark von i = 10 % deutlich übersteigen, laut Zinsfußmethode also akzeptabel wäre. ◄◄◄

Dieser Widerspruch ist nicht auf Investitionen beschränkt, die eine so ungewöhnliche Zahlungsreihe wie Z aufweisen, denn er resultiert letztlich aus einer grundsätzlichen **Eigenheit relativer Erfolgsmaße**, der Relativierung an sich: In ihrer Folge erscheinen kleine, aber hochrentable Investitionen stets attraktiver als größere, weniger rentable Investitionen

Beispiel 15 (Fortsetzung)

Widersprüchlichkeit der Methode des einfachen internen Zinsfußes (Teil 3)

►►► Bei einem Kalkulationszinsfuß von 10 % werden eine kleine und eine große Investition verglichen:

Investition	a_0	c_1	Kapitalwert	interner Zinsfuß
Petit	-1	+1,5	$C_0^A = -1 + \frac{1,5}{1,1} = 0,3636$	$-1 + \frac{1,5}{1+r_A} = 0 \Rightarrow r_A = 0,5 = 50\,\%$
Grand	-100	+125	$C_0^B = -100 + \frac{125}{1,1} = 13,6364$	$-100 + \frac{125}{1+r_B} = 0 \Rightarrow r_B = 0,25 = 25\,\%$

Nach dem Kapitalwertkriterium fällt die Entscheidung für Grand, dessen Kapitalwert 37,5 mal so groß wie der von Petit. Nach der einfachen internen Zinsfußmethode wäre ebenso eindeutig für Petit zu votieren, das eine doppelt so hohe Rendite ausweist wie Grand: Hier wird ein kleiner Einsatz veranderthalbfacht, bei Grand ein großer Einsatz nur halb so hoch verzinst. Dennoch sind Einkommens- bzw. Vermögensmehrung bei Grand erkennbar attraktiver. ◂◂◂

Aus investitionsrechnerischer Sicht liegt diesem Dilemma abermals die Wiederanlageprämisse zugrunde: Es würde ja implizit angenommen, dass der Investor bei Durchführen von Petit die im Vergleich zu Grand nicht benötigten Mittel (99) dann eben anderswo ergänzend anlegen würde – und zwar mit einem internen Zins von ebenfalls r_{Petit} (= 50 %). Dann aber fragt sich, warum er überhaupt Petit in seiner ursprünglichen Form und geringen Höhe in Erwägung gezogen hat.

Rangfolgeunterschiede zwischen Kapitalwert- und Zinsfußmethode

Widersprüche zwischen Investitionsbewertungen, die sich auf Kapitalwerte bzw. interne Zinsfüße stützen, sind abseits der gezeigten illustrativen Beispiele auch für viele **Normalinvestitionen** denkbar, die weniger exotische Zahlungsreihen als die der vorangegangenen Beispiele aufweisen. Sofern sich (1) die Kapitalwertfunktionen zweier solcher Investitionen schneiden und (2) der als Vergleichsmaßstab dienende Kalkulationszinsfuß links des Schnittpunktes liegt, widersprechen sich die Vorteilhaftigkeitsaussagen von Kapitalwert- und Zinsfußmethode (vgl. analog Brealey/Myers/Allen 2016, S. 112 f.; Brigham/Ehrhardt 2015, S. 423 ff.).

Abb. 4.9

Kapitalwerte und interne Zinsfüße zweier Normalinvestitionen

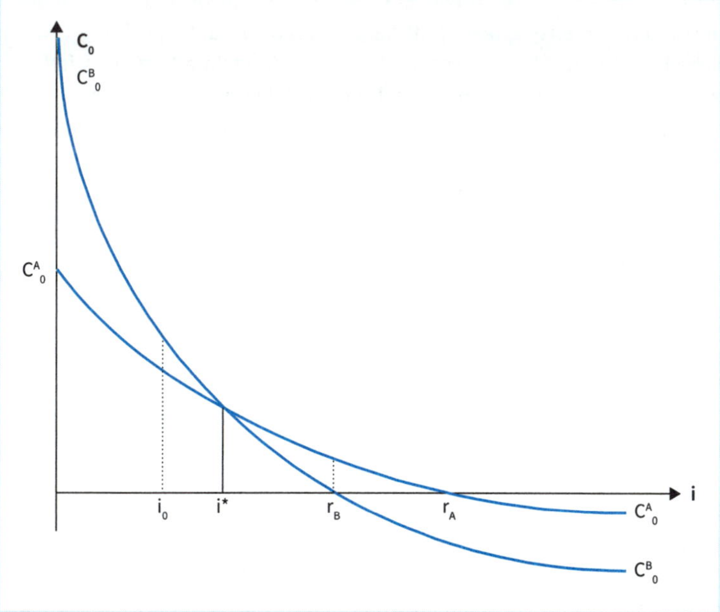

Die Achsenschnittpunkte zeigen, dass $r_A > r_B$. Insoweit wäre A aufgrund eines höheren internen Zinsfußes B vorzuziehen. Rechts des Schnittpunkts der beiden Kurven ist zudem der Kapitalwert von A höher als der von B. Die Ergebnisse beider Methoden harmonieren. Links des Schnittpunkts hingegen – also in Fällen, in denen eher geringe Opportunitätszinsen am Kapitalmarkt wie z. B. in Höhe von i_0 gelten – ist der Kapitalwert von B höher. Die Ergebnisse beider Methoden widersprechen sich.

Modifikation

Ausgehend von der fundamentalen Kritik, die an der internen Zinsfußmethode angesichts ihrer unrealistischen impliziten Wiederanlageprämisse zu üben ist, sind Kompromissvorschläge entwickelt worden. Diese fußen auf der **expliziten** Vorgabe von Zinssätzen für ergänzende Transaktionen, die während der Investitionsdauer durchgeführt werden, denn: »Die Einwände gegen die interne Zinsfußmethode werden hinfällig, wenn die Rechentechnik nicht mehr gedankenlos auf den ursprünglich geschätzten Zahlungsstrom einer Investition angewandt wird, sondern wenn ausdrückliche Annahmen erfolgen, wie sich während der Nutzungsdauer (Laufzeit) der Investition entstehende Einnahmeüberschüsse bei Wiederanlage verzinsen und mit welchen Finanzierungskosten zwischenzeitliche Ausgabenüberschüsse ausgeglichen werden können.« (Schneider 1992, S. 92).

Modifizierter interner Zinsfuß – Die Baldwin-Methode

Als Pionierarbeit zu einer solchen expliziten Wiederanlageprämisse gilt der – daraufhin nach ihm benannte – Vorschlag von Robert H. Baldwin. Er nahm an, dass eine Unternehmung Reinvestitionen zwischenzeitlicher Einzahlungsüberschüsse vornimmt, sodass sich die Wiederanlagen mit der durchschnittlichen Unternehmensrentabilität verzinsen würden (»average rate at which general corporate funds are being invested«, Baldwin 1959, S. 99).

Explizite Wiederanlageprämissen

In der Folgezeit hat sich indes eine vom Original abweichende Praxis entwickelt: Unterstellt wird **explizit** eine Wiederanlage, die am Geld- und Kapitalmarkt und mithin (unternehmens-)**extern** stattfindet. Werden aber anfängliche und zwischenzeitliche Einzahlungsüberschüsse am Geld- und Kapitalmarkt reinvestiert, so verzinsen sie sich folgerichtig zum dort geltenden einheitlichen Zinssatz.

Wird eine derartige explizite Wiederanlageprämisse verwendet, ist das rechnerische Vorgehen entsprechend zu modifizieren. Zunächst ist eine **Endwertrechnung** notwendig, die die Endwerte aller Wiederanlagen, die zum explizit vorgegebenen Wiederanlagezins r_{WA} erfolgen, zu einem einheitlich festgelegten Zeitpunkt erfasst. Ihr Endwert beträgt:

$$EW_{WA} = \sum_{t=1}^{n} c_t \cdot (1 + r_{WA})^{n-t}$$

In Baldwins Original entsprach r_{WA} der durchschnittlichen Unternehmensrentabilität, in der heute üblichen Variante seines Ansatzes wäre dies der (Anlage-)Zins am Geld- und Kapitalmarkt. Da ein interner Zinsfuß ermittelt werden soll, ist nachfolgend der Kapitalwert der Investition gleich null zu setzen. Erleichtert wird die Auflösung der resultierenden Bewertungsgleichung dadurch, dass durch die Wiederanlage und Endwertrechnung unter Nutzung von r_{WA} die Reihe der Zahlungsströme der ursprünglichen Investition in $(-a_0, 0, 0, 0, \ldots, EW_{WA})$ transformiert worden ist. Damit liegt einer der zuvor genannten Spezialfälle vor, für die sich ein interner Zinsfuß vergleichsweise einfach berechnen lässt. Die Gleichsetzung mit Null zur Ermittlung des – durch Ansatz von r_{WA} modifizierten und daher mit einem ^ gekennzeichneten – internen Zinsfußes führt aufgrund von nur noch je einer Anfangs- und Schlusszahlung auf:

$$C_0 = -a_0 + EW_{WA} \cdot (1+\hat{r})^{-n} = 0$$

Umgestellt ergibt sich:

$$\hat{r} = \sqrt[n]{\frac{EW_{WA}}{a_0}} - 1 = \sqrt[n]{\frac{\sum_{t=1}^{n} c_t \cdot (1+r_{WA})^{n-t}}{a_0}} - 1$$

Entscheidungsregeln

Die hierauf anzuwendenden Entscheidungsregeln lauten:

- Eine Investition ist akzeptabel, wenn $\hat{r} > r_{WA}$.
- Unter mehreren akzeptablen Investitionen ist die mit dem größten modifizierten internen Zinsfuß vorteilhaft.

Beim Vergleich mehrerer Investitionen mit unterschiedlichen Nutzungsdauern ist zuvor festzulegen, bis zu welchem Zeitpunkt die Wiederanlage erfolgt. Üblicherweise wird angenommen, dass das zum Ende der längsten endlichen Laufzeit der verglichenen Investitionsalternativen geschieht. Hierbei handelt es sich um eine Konvention, von der (zugunsten eines anderen einheitlichen Bezugsdatums) abgewichen werden kann. In der Folge ergeben sich andere Werte für $\hat{r}$, jedoch keine Veränderung der Akzeptanz- und Vorteilhaftigkeitsresultate.

Der Ansatz nach Baldwin kann als Kompromiss gesehen werden, da er ein – in der Praxis nicht selten bevorzugtes – relatives Erfolgsmaß bietet, das gleichzeitig mit der Kapitalwertmethode verträgliche Ergebnisse liefert. Unter der Voraussetzung, dass eine (realistischere) explizite Wiederanlageprämisse nach Baldwin die implizite der einfachen internen Zinsfußmethode ersetzt, führt ein »Vorteilhaftigkeitsvergleich auf dieser Grundlage [...] zum gleichen Ergebnis wie die Kapitalwertmethode« (Süchting 1995, S. 319); die oben kritisierten Widersprüche zwischen beiden Methoden werden also vermieden.

Beispiel 16

Berechnung modifizierter interner Zinsfüße

▸▸▸ Nach intensiver Befassung mit den bisher vorgelegten Verfahrensalternativen lehnt der RedCan-Vorstand die Anwendung der (einfachen) internen Zinsfußmethode ebenso ab wie die Second-Hand-Variante (laut Beispiel 14). Stattdessen sollen die ursprünglichen bekannten Investitionsalternativen (Cancheck und X-Ray-Can) mit Hilfe der Baldwin-Methode verglichen werden. Hierbei wird weiter angenommen, dass sich Ergänzungsinvestitionen zum Kapitalmarktzins von 6 % p.a. verzinsen. Festzulegen ist vom Entscheider zunächst das Ende des Betrachtungszeitraums. Der üblichen Verfahrensweise folgend, ist dies die längere der beiden betrachteten (endlichen) Laufzeiten, also 10 Jahre.

- **Cancheck**: Sowohl der ursprünglich nicht verwendete Differenzbetrag zur teuersten Alternative (205 T€) als auch die laufenden Cashflows (230_1, 230_2, 200_3, 360_4) werden zu 6 % (wieder-)angelegt. Für den heute anfallenden Differenzbetrag beträgt die Anlagezeit (n – t) = 10 – 0 = 10, für die späteren Cashflows ist sie entsprechend kürzer: Der letzte Cashflow vom Ende des vierten Jahres wird noch für n – t = 10 – 4 = 6 Jahre angelegt etc.:

$$\hat{r}_{Cancheck} = \sqrt[10]{\frac{205 \cdot 1{,}06^{10} + 230 \cdot 1{,}06^{9} + 230 \cdot 1{,}06^{8} + 200 \cdot 1{,}06^{7} + 360 \cdot 1{,}06^{6}}{205 + 720}} - 1 =$$

$$= \sqrt[10]{\frac{1.933{,}681928}{925}} - 1 = 0{,}0765255$$

  Der modifizierte interne Zinsfuß der Alternative Cancheck beträgt bei dieser expliziten Wiederanlageprämisse (Reinvestition am Kapitalmarkt zu 6 %) etwa 7,65 % p. a.

- **X-Ray-Can**: Da es sich um einen gleichförmigen Zahlungsstrom vom Ende des ersten bis zum Ende des zehnten Jahres handelt, lässt sich die Rechnung mit Hilfe des Rentenendwertfaktors vereinfachen:

$$\hat{r}_{X-Ray-Can} = \sqrt[10]{\frac{145 \cdot REF_{6\%}^{10\ Jahre}}{925}} - 1 = \sqrt[10]{\frac{145\ \frac{1{,}06^{10} - 1}{0{,}06}}{925}} - 1 = \sqrt[10]{\frac{1911{,}215267}{925}} - 1 =$$

$$= 0{,}0752682.$$

  Der modifizierte interne Zinsfuß der Alternative X-Ray-Can liegt also bei ca. 7,53 %, womit sie der kürzer laufenden Cancheck-Variante auch diesem Kriterium zufolge unterlegen ist. ◂◂◂

Verfahrensspezifische Kritik

Das Urteil über die Baldwin-Methode fällt in der Folge grundsätzlich positiv aus: Bei der »modifizierten internen Zinssatzmethode wird die Zielgröße als ›Rendite‹ ausgedrückt. Das entspricht eher dem praxisüblichen Denken. Die meist irreale Prämisse der Methode des internen Zinssatzes, dass die Einzahlungsüberschüsse zum internen Zins der Ursprungsinvestition angelegt werden, wird vermieden« (Busse v. Colbe/Laßmann/Witte 2015, S. 141, vgl. auch Copeland/Weston/Shastri 2008, S. 69). Abgesehen davon, dass Baldwins Ansatz diesem fundamentalen Einwand entgeht, sind die gegen die Kapitalwertmethode gerichteten Bedenken aufrechtzuerhalten, die überwiegend auf der Annahme weitestgehender Sicherheit beruhen: Strenggenommen wären betriebswirtschaftliche und allemal wertorientierte Entscheidungen nach dem Baldwin-Ansatz nur dann sinnvoll, wenn perfekte Isolierbarkeit/Prognostizierbarkeit der Cashflows, sicher bekannte Nutzungsdauern sowie sichere, einheitliche Zinssätze angenommen werden könnten. Diskutiert worden sind zudem verschiedene Sollzinssatzmethoden als Alternativen zu den Annahmen, die Baldwin in Bezug auf die Wiederanlage der Einzahlungsüberschüsse sowie auf die

Rückführung der Anfangsinvestition a_0 trifft (vgl. ausführlich Blohm/Lüder/Schaefer 2012, S. 92 ff.).

4.2.4 Dynamische Amortisationsdauer von Investitionen

Entscheidungskriterium

Die dynamische Variante der Methode der Amortisationsdauer ist der im Modul 4.1 vorgestellten statischen Variante eng verwandt. Abermals fungiert keine Wert- oder Zins-, sondern eine **Zeitgröße** als Entscheidungskriterium: Abgestellt wird auch bei der dynamischen Amortisationsdauer unverändert auf die Zeitspanne, innerhalb derer der Investitionsbetrag a_0 wieder an den Investor zurückgeflossen ist. Noch ausdrücklicher als in der statischen Variante wird hierbei die zeitliche Verteilung der Rückflüsse berücksichtigt, indem diese nicht undiskontiert, sondern diskontiert schrittweise aufsummiert werden, bis ihre Summe der Anschaffungsauszahlung entspricht (vgl. einführend auch Brealey/Myers/Allen 2016, S. 107). Diese Dynamisierung verändert die Regeln zur Entscheidung über Akzeptanz und Vorteilhaftigkeit entsprechend:

Entscheidungsregeln

- **Akzeptanz**: Eine Investition ist akzeptabel, wenn eine unternehmensseitig festgesetzte maximale dynamische Amortisationsdauer nicht überschritten wird.
- **Vorteilhaftigkeit**: Bei der Wahl zwischen zwei oder mehr Investitionen ist diejenige optimal, welche die kürzeste dynamische Amortisationsdauer aufweist.

Kumulation diskontierter Cashflows

Die gezielte Berücksichtigung der zeitlichen Verteilung der Zahlungsströme verbietet eine Durchschnittsbetrachtung, so dass die Amortisationsdauer bei einem dynamischen Ansatz stets nach der **Kumulationsmethode** berechnet wird (vgl. auch Zantow/Dinauer 2011, S. 470). Der dynamische Ansatz entspricht im Aufbau der bereits gezeigten statischen Form – bis auf die Tatsache, dass die Summierung über **diskontierte** Cashflows erfolgt, wodurch sich die bereits bekannte Formel verändert zu

$$AD_{kum}^{dyn} = (t' - 1) + \frac{a_0 - \sum_{t=1}^{t'-1} \frac{c_t}{(1+i)^t}}{c_{t'}(1+i)^{-t'}}.$$

Beispiel 17

Berechnung dynamischer Amortisationsdauern: Approximation

▸▸▸ Bei einer Überprüfung der Planungsunterlagen stellt der Finanzvorstand der RedCan AG fest, dass die erste Abstreckanlage (vgl. Beispiele 1 und 6) bei einer Anschaffungsauszahlung von 10,5 Mio. € nicht nur kalkulatorische, sondern tatsächliche jährliche Einzahlungsüberschüsse in Höhe von 2,61 Mio. € und damit eine Zahlungsreihe ($-10{,}5_0, 2{,}61_1, 2{,}61_2, \ldots$) erwarten lässt. Wie lautet die dynamische Amortisationsdauer a) gemessen am statisch ermittelten Wert von 4,023 Jahren und b) bei exakter Berechnung?

- zu a): Da bei dynamischer Rechnung diskontierte Größen addiert werden, ergibt sich – soweit der Kalkulationszins positiv ist – ein längerer Amortisationszeitraum als bei statischer Betrachtung. Der Wert wird also größer als 4,023 Jahre sein.

- zu b): Ein schrittweises Aufsummieren der diskontierten Cashflows in Höhe von ursprünglich 2,61 Mio. € ergibt nach vier Jahren eine Summe von ca. 9,04 Mio. €, nach fünf Jahren von fast 11 Mio. €. Demnach müsste die dynamische Amortisationsdauer auf dreiviertel dieser Strecke, also bei ca. vierdreiviertel Jahren liegen. Eine Approximation mit Hilfe der obenstehenden Formel führt auf den exakteren Wert:

$$AD_{kum}^{dyn} = (5-1) + \frac{10{,}5 - \sum_{t=1}^{5-1} \frac{2{,}61}{1{,}06^t}}{2{,}61 \cdot 1{,}06^{-5}} = 4 + \frac{10{,}5 - 9{,}043926}{1{,}950344} = 4{,}746573$$ ◀◀◀

Dynamische Amortisationsdauer von Renten

Während die Diskontierung der Zahlungsströme aus ökonomischer Sicht im Allgemeinen und aus wertorientierter Sicht im Besonderen eine Verbesserung gegenüber dem statischen Ansatz darstellt, handelt es sich bei der oben gezeigten unverändert nur um eine Näherung. Eine exaktere Lösung ließe sich mit fortgeschritteneren (nicht linearen) Approximationsverfahren erzielen. Abseits davon können bestimmte Cashflow-Strukturen eine exakte Lösung ermöglichen, wie sich anhand gleichförmiger Zahlungsströme zeigen lässt. Der Ansatz zur Bestimmung der dynamischen Amortisationsdauer t′ lautet in diesem Fall, also unter Berücksichtigung des anwendbaren Rentenbarwertfaktors:

$$a_0 = c\frac{(1+i)^{t'} - 1}{i(1+i)^{t'}}$$

Dieser Ansatz lässt sich unter Nutzung einer logarithmischen Funktion (hier: log; alternativ: ln) umformen zum (ökonomisch allerdings schwer interpretierbaren) Ausdruck

$$t' = \frac{-\log\left(1 - \frac{i \cdot a_0}{c}\right)}{\log(1+i)},$$

woraus sich eine exakte dynamische Amortisationsdauer für rentenartige Zahlungsreihen ergibt.

Beispiel 18

Berechnung dynamischer Amortisationsdauern: Exakte Lösung für Renten

▶▶▶ Im obenstehenden Beispiel lautet der Ansatz für die exakte Bestimmung von t′:

$$a_0 = b \cdot \frac{(1+i)^{t'} - 1}{i(1+i)^{t'}} \Rightarrow 10{,}5 = 2{,}61\,\frac{1{,}06^{t'} - 1}{0{,}06 \cdot 1{,}06^{t'}}$$

Eine Division beider Seiten durch 2,61 sowie eine Multiplikation mit 0,06 führt auf

$$\frac{10{,}5 \cdot 0{,}06}{2{,}61} = \frac{1{,}06^{t'} - 1}{1{,}06^{t'}} \Leftrightarrow 0{,}241379 = \frac{1{,}06^{t'} - 1}{1{,}06^{t'}}.$$

Eine Multiplikation beider Seiten mit $1{,}06^{t'}$ sowie eine anschließende beidseitige Subtraktion von $1{,}06^{t'}$ führt auf

$$0{,}241379 \cdot 1{,}06^{t'} - 1{,}06^{t'} = -1 \Leftrightarrow -0{,}758621 \cdot 1{,}06^{t'} = -1.$$

Nach Multiplikation mit (-1) zur Elimination der Minuszeichen ist die Gleichung durch Logarithmieren auflösbar: Da (1) $\log(a \cdot b) = \log a + \log b$ und (2) $\log a^b = b \cdot \log a$, ergibt sich im vorliegenden Fall:

$$\log\left(0{,}758621 \cdot 1{,}06^{t'}\right) = \log 1 \Leftrightarrow \log 0{,}758621 + t' \cdot \log 1{,}06 = \log 1$$

und damit, da $\log 1 = 0$:

$$t' = \frac{-\log 0{,}758621}{\log 1{,}06} = 4{,}741.$$

In dynamischer Betrachtung ist die Amortisationsdauer unter den gegebenen Umständen also knapp ein dreiviertel Jahr länger als in statischer Sicht. ◄◄◄

Die Diskontierung mit einem positiven Zinssatz führt dazu, dass die dynamische Amortisationsdauer einer Investition größer ist als ihre statische. In seinem Ausmaß bewegt sich dieser Unterschied mit dem Diskontierungszins: Je höher der Zins und damit größer der Abzinsungseffekt, desto weiter liegen statische und dynamische Amortisationsdauer auseinander.

Verfahrensspezifische Kritik

Entscheidende Vorteile weist die Methode der dynamischen Amortisationsdauer primär dann auf, wenn sie mit ihrem statischen Pendant verglichen wird: Die Diskontierung mit dem Kalkulationszinsfuß sorgt analog der Kapitalwertmethode dafür, dass Zahlungen als Barwerte ökonomisch gleichnamig gemacht und verrechnet werden, spätere Cashflows also eine angemessen geringere (hier: Amortisations-) Wirkung haben als frühere. Abgesehen davon bleiben die grundsätzlichen Einwände gegen die Verwendung eines Amortisationskriteriums bestehen: Unverändert ist die Heranziehung des Kriteriums in einem Modellansatz, der Sicherheit unterstellt, widersprüchlich. Zudem werden Rentabilitätsaspekte generell sowie Cashflows nach dem Amortisationszeitpunkt weiterhin ausgeblendet. Auch in ihrer dynamischen Variante stellt die Amortisationsdauer somit **eher einen Risiko- als einen Erfolgsmaßstab** dar (vgl. Süchting 1995, S. 323 f.; aktuell Bieg/Kußmaul/Waschbusch 2016, S. 117). Dieses Kriterium sollte daher erstens nur in seiner verbesserten, dynamischen Variante Verwendung finden und zweitens selbst dann nur eine Zweit- oder Nebenrolle spielen. Vorrangig sollte die Investitionsentscheidung vielmehr nach der Kapitalwertmethode oder der Methode des (modifizierten) internen Zinsfußes getroffen werden.

4.2.5 Zusammenfassende Würdigung

Unabhängig von der massiven Kritik, die aus wissenschaftlicher Sicht an den statischen Verfahren der Investitionsrechnung zu üben ist, erfreuen sich diese bis heute beachtlicher Beliebtheit.

Insofern haben es die dynamischen Verfahren der Investitionsrechnung bislang nicht geschafft, die statischen Vorläufer vollständig zu verdrängen, welche nach wie vor an ihrer Stelle oder zumindest zusätzlich Verwendung finden, doch deutet der langfristige Trend in diese Richtung. Hierfür maßgeblich sind auch die unübersehbaren Mängel der statischen Verfahren, welche die dynamischen so nicht aufwei-

AUS DER PRAXIS

Verwendung investitionsrechnerischer Verfahren in der Praxis

Es gibt eine ganze Reihe von Arbeiten, für die Unternehmen hinsichtlich der von ihnen bevorzugten Investitionsrechenverfahren befragt worden sind. Allerdings sind diese Befragungen regelmäßig überschaubaren Umfangs, weswegen sie nur Ausschnitte der Realität wiedergeben können. Unabhängig davon kehren bestimmte Muster und insbesondere das Beharrungsvermögen der statischen Verfahren erkennbar wieder:

- In einer österreichischen Befragung zeigten 2009 die »an der Befragung teilnehmenden Unternehmen [...] trotz ihrer Größe [...] überraschender Weise eine relativ stark ausgeprägte Präferenz für die von Seiten der Wissenschaft scharf kritisierten statischen Kalküle«, in einem Ranking der Verfahren rangierten Kosten- und Rentabilitätsvergleichsrechnung mit deutlichem Abstand auf den vorderen beiden Plätzen, gefolgt von statischer Amortisationsdauer- und Kapitalwertmethode (vgl. Haslehner/Ortner/Wala 2009, S. 12 f.).
- Untersuchungen für die Schweiz zeigen, dass dort Mitte der 1990er Jahre ca. 70 % der Unternehmen statische Amortisationsdauern sowie interne Zinsfüße berechneten, 50 % Kosten- oder Rendite-, aber nur 40 % Kapitalwertvergleiche durchführten. Auch per 2009 erachteten praktisch alle befragten Unternehmen ein statisches Verfahren als zumindest optional, wenn nicht sogar als Muss. Nur 60 % der Unternehmen bewerteten dynamische Verfahren als mindestens optional, wobei dem Kapitalwert inzwischen die höchste Wertschätzung galt (vgl. Irniger 2009, S. 4 ff.). Vermutlich auch bedingt durch die erheblich größere Wertschätzung, die die Betriebswirtschaftslehre den dynamischen im Vergleich zu den statischen Verfahren entgegenbringt, nimmt die Bedeutung der Letztgenannten im Zeitverlauf ab. Es handelt sich allerdings um einen langwierigen Prozess, der von einer Vielzahl von Determinanten abhängt. In der Folge weisen auch jüngere Untersuchungen ein Nebeneinander statischer und dynamischer Methoden aus, in deren Rahmen insbesondere die Popularität der hier am heftigsten kritisierten Kostenvergleichsmethode erstaunt (vgl. Affolter/Volkart 2012, bes. S. 134 f.).

sen. Gleichzeitig lassen sich auch gegen die dynamischen Verfahren Einwände erheben, was in der Praxis als Signal zum Festhalten an statischen Methoden gedeutet werden mag. Aufgrund ihrer Bedeutung seien die zentralen Kritikpunkte, die für bzw. gegen dynamische, auf Ab-/Aufzinsung basierende Konzepte sprechen, noch einmal auf einen Blick festgehalten:

- Dynamische Verfahren beruhen durchaus auf einem geschlossenen Modell mit einem gegebenen Katalog von Prämissen – deren Sinnhaftigkeit allerdings Ansatzpunkte für Kritik bietet.
- Die (impliziten oder expliziten) Wiederanlageprämissen sorgen dafür, dass vollständige Alternativen verglichen werden.
- Als Rechengrößen finden Zahlungsströme und nicht (zweckentfremdete) Strömungsgrößen des Rechnungswesens Verwendung.
- In der Folge entfallen die kritischen Schritte der Periodisierung und Durchschnittsbildung.
- Die Transformation der Zahlungsströme mit Hilfe des Kalkulationszinsfußes sorgt für eine Berücksichtigung der zeitlichen Verteilung der Cashflows.

Unabhängig davon bestehen auch gegen die Grundformen der dynamischen Verfahren ernstzunehmende Einwände:

- Die Wiederanlageprämissen sind bei Kapitalwertmethode und modifizierter interner Zinsfußmethode plausibel, aber vergleichsweise anspruchslos, bei der einfachen internen Zinsfußmethode hingegen unrealistisch anspruchsvoll.
- Der Prämissenkatalog der zugrundeliegenden Modellwelt weist erhebliche Idealisierungen auf, die den Gegebenheiten der Praxis nicht entsprechen. Diese ist insbesondere durch sehr weitgehende, fundamentale Unsicherheit gekennzeichnet. Die für die Methoden nötige eindeutige Isolierbarkeit/Prognostizierbarkeit der elementaren Eingabegrößen (Cashflows, Zinssatz, Nutzungsdauer) ist faktisch nicht gegeben. In der Folge existiert eine Vielzahl von Investitionen, deren Gegebenheiten sich mit den Prämissen der dynamischen Verfahren so wenig vertragen, dass deren Anwendbarkeit und Aussagekraft erheblich beeinträchtigt ist.

Beispiel 19

Anwendungsprobleme der dynamischen Investitionsrechenverfahren

▶▶▶ Der neue Marketingleiter eines Autoherstellers schlägt dem Vorstand eine großangelegte Kommunikationsoffensive in Gestalt von TV-Spots sowie einer Sponsorenrolle bei den Olympischen Spielen (basierend auf dem neuen, betont auf Jugendlichkeit getrimmten Compact Car) vor. Als der Vorstand seine Entscheidung mit Hilfe eines Kapitalwertkalküls treffen will, zeigt sich schnell, dass

- zwar heutige Auszahlungen anhand der Minutenpreise der TV-Sender relativ gut abschätzbar sind;
- hingegen zukünftige (Mehr-)Einzahlungen, die einzig und allein der zusätzlichen Werbung geschuldet sind, sehr unsicher erscheinen;

- eine »Nutzungsdauer« im Sinne des zeitlichen Wirkungsbereichs der Initiative ebenfalls nicht abgrenzbar ist;
- nicht klar ist, welche Wechselwirkungen sich zwischen der Kommunikationsoffensive und ebenfalls kürzlich umgesetzten produktpolitischen und vertriebspolitischen Initiativen bestehen könnten.

Zudem gibt der Finanzvorstand zu bedenken, dass es im aktuellen, von der Staatsschuldenkrise geprägten Umfeld, in dem extrem niedrige (und teils sogar negative) Zinssätze zu verzeichnen seien, extrem schwer falle, einen konsensfähigen Opportunitätszins festzulegen. ◂◂◂

Ergänzend zu der kritikwürdigen Sicherheitsannahme sind als weitere diskutable Prämissen zu nennen:

- Ebenso wie das Wissen kann auch das Handeln der Entscheidungsträger von Unvollkommenheiten (wie z. B. Eitelkeiten oder Flüchtigkeitsfehlern) geprägt sein, die das Modell nicht vorsieht.
- Wie auch die statischen Ansätze bleiben die gezeigten dynamischen unvollständig, da faktisch entscheidungsrelevante Faktoren – wie Steuern, Transaktionskosten oder Finanzierungsprobleme – außer Acht bleiben.

Vervollständigung

Zumindest teilweise kann den genannten Einwänden Rechnung getragen werden, indem die gezeigten Grundmodelle des Kapitalwertes, des modifizierten Zinsfußes, ergänzend auch der dynamischen Amortisationsdauer und im Ausnahmefall auch des einfachen internen Zinsfußes entsprechend modifiziert werden. So ist beispielsweise die Integration von Finanzierungsmaßnahmen, Steuerwirkungen und Transaktionskosten, die durch eine Investition bedingt sind, durchaus möglich. Die nötigen Modifikationen gehen dabei über ein simples Addieren/Subtrahieren entsprechender (z. B. Steuer- oder Zins- und Tilgungs-)Zahlungen hinaus. So erfordert ein fairer Nachsteuervergleich, dass auch die Besteuerung der Opportunität am Kapitalmarkt berücksichtigt wird, weswegen neben den Zahlungsströmen auch der Kalkulationszins zu korrigieren ist (vgl. einführend etwa Perridon/Steiner/Rathgeber 2017, S. 83 ff.). Diese und andere Erweiterungen sind daher Gegenstand des folgenden Abschnitts des Moduls 4.3.

Berücksichtigung der Unsicherheit

Noch nicht berücksichtigt ist auch dann das Problem der Unsicherheit. Aufgrund seiner fundamentalen Bedeutung ist es vielmehr Gegenstand eigener Module dieses Bandes (Module 5 und 6). Für den Umgang mit den in der Realität **unvermeidlichen Unsicherheiten** (besonders stark ausgeprägt bei Start-ups, aber auch von der Disruption bedrohten Geschäftsmodellen etablierter Unternehmen) diskutiert und praktiziert werden sowohl Korrekturen der Cashflows (»Sicherheitsabschläge«) als auch der Diskontierungszinsen (»Risikoaufschläge«; vgl. einführend Linnhoff/Pellens 2011, S. 341 ff.). Letzteres spiegelt das Prinzip wider, Verzinsungsansprüche aus einem Sockelzins zzgl. **Risikoprämien** abzuleiten. Charakteristisch ist dieses Vorgehen u. a. für das Kreditgeschäft der Banken. Branchenübergreifend ist die korrekte Abgrenzung von Strömungs- und Diskontierungsgrößen Kernthema im Bereich der Unternehmensbewertung, die den Kauf von Unternehmen(steilen) als nichts anderes als eine – wenn auch sehr große, sehr unsichere – Investition auffasst, deren Bewertung besonders hohe Ansprüche an die Cash-Flow-Prognose und Zinsfestlegung stellt. Allen verbliebenen Problemen zum Trotz bildet hier das Prinzip der Kapitalwertmethode heute die Basis moderner Unternehmensbewertungsverfahren, die Gegenstand des Moduls 8 sind.

4.3 Erweiterungen der dynamischen Investitionsrechnung

4.3.1 Die Grundproblematik

Modell und Wirklichkeit

Die im vorangegangenen Modul 4.2 eingeführten Verfahren der dynamischen Investitionsrechnung sind den statischen Ansätzen aus betriebswirtschaftlicher Sicht wie gezeigt zweifelsfrei überlegen. Dennoch lässt sich auch an ihnen Kritik üben, die nicht zuletzt auf den idealisierenden **Modellprämissen** bzw. der daraus resultierenden **Unvollständigkeit** der Ansätze beruht. Hieraus folgt nicht, dass die dargestellten Verfahren wertlos wären, wohl aber, dass damit ermittelte Ergebnisse mit Vorsicht zu behandeln sind. Weicht die gegebene Entscheidungssituation von der bis hierher modellierten ab, lässt sich das im Rahmen der Ergebnisbewertung oder/und im Rahmen des Berechnungsansatzes berücksichtigen. Dieses Teilmodul ist der zweiten Vorgehensweise gewidmet: Gezeigt wird, wie der Kritik durch entsprechende Erweiterungen der Verfahren begegnet werden kann, indem Abweichungen zwischen theoretischem Ideal und ökonomischer Realität in die dynamischen Ansätze integriert werden, so dass das Modell weniger restriktiv und seine Nähe zu Entscheidungssituationen der Wirklichkeit größer ist.

Lockerung der Modellprämissen

Gegenstand dieses Teilmoduls sind daher ausgewählte **Variabilisierungen** bzw. **Erweiterungen** der dynamischen Verfahren, die die Problemstellung in realistischer Form modifizieren. Mit Rücksicht auf den Gesamtumfang der Darstellung wird hierbei fortan allein auf die **Kapitalwertmethode** abgestellt. In den drei ersten der folgenden Abschnitte werden zunächst Möglichkeiten gezeigt, die Annahme sicher und fest vorgegebener Eingabegrößen eines Kapitalwertkalküls – also Zahlungsströme, Zinssatz und Nutzungsdauer – zu lockern. Abschließend werden die in der Praxis unbestreitbar relevanten Problemkreise der Mittelbeschaffung (Finanzierung) sowie der Besteuerung in das Kalkül integriert.

4.3.2 Nicht-flache Zinsstruktur

Zinsstrukturkurve

Zu den zentralen Voraussetzungen der im Teilkapitel 4.2 eingeführten Verfahren zählt die Verwendung eines einheitlichen (Diskontierungs-)Zinssatzes. Der Zinssatz ist demnach laufzeitunabhängig und stabil, die Zinsstrukturkurve perfekt flach. Unabhängig davon, dass gerade in den Jahren seit der Subprime-/Finanzmarktkrise 2007/2008 häufiger (annähernd) flache Zinsstrukturen zu beobachten waren, zeigen Zinsstrukturkurven (ZSK) üblicherweise einen ansteigenden Verlauf (**normale**

Zinsstrukturkurve). Seltener kommt vor, dass die ZSK einen fallenden Verlauf aufweist (**inverse** Zinsstrukturkurve), was auf Zinssenkungserwartungen der Marktteilnehmer zurückzuführen ist. Die zugrundeliegende Erwartungstheorie (der Zinsstruktur) geht zurück auf Irving Fisher (vgl. im Original Fisher (1896), für einen aktuellen Überblick Stoklossa (2010), S. 33 ff.; Brealey/Myers/Allen (2016), S. 54 ff.).

Abb. 4.10

Idealtypische Zinsstrukturkurven

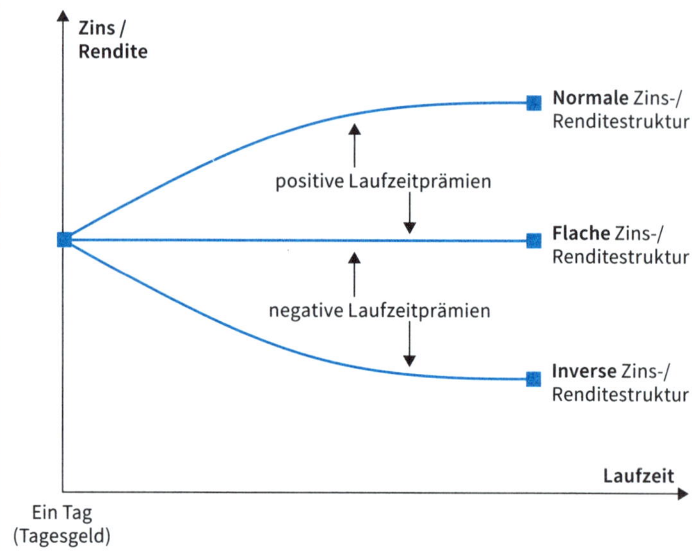

Zinssatzänderungen

Überdies ist die Zinsstruktur kein Datum, sondern veränderlich, wobei sich idealtypisch Niveauänderungen (Verschiebung der ZSK) und Strukturänderungen (Kippen der ZSK) unterscheiden lassen.

Perfekt flache, stabile Zinsstrukturen – wie in den investitionstheoretischen Ansätzen bis hierher unterstellt – finden sich in der Praxis demgegenüber so gut wie nie. In diesem (Normal-)Fall wäre der Geld- und Kapitalmarktzins und mithin auch der Vorteilhaftigkeitsmaßstab dynamischer Investitionsrechenverfahren nicht eindeutig gegeben. Vielmehr müssten für ein n-jähriges Kalkül sämtliche Zinssätze i_1 bis i_n berücksichtigt werden, die für diese oder eine kürzere Laufzeit gelten. Diese Erfassung geht allerdings über das simple Variieren der Diskontierungsfaktoren hinaus: Tatsächlich lassen sich nicht flache Zinsstrukturen laut Zinsstrukturkurve nur mit großem mathematischem Aufwand in die gewohnten Diskontierungskalküle überführen (vgl. Breuer 2012, S. 183 ff.). Die gezeigten

Abb. 4.11

Veränderungen der Zinsstrukturkurve

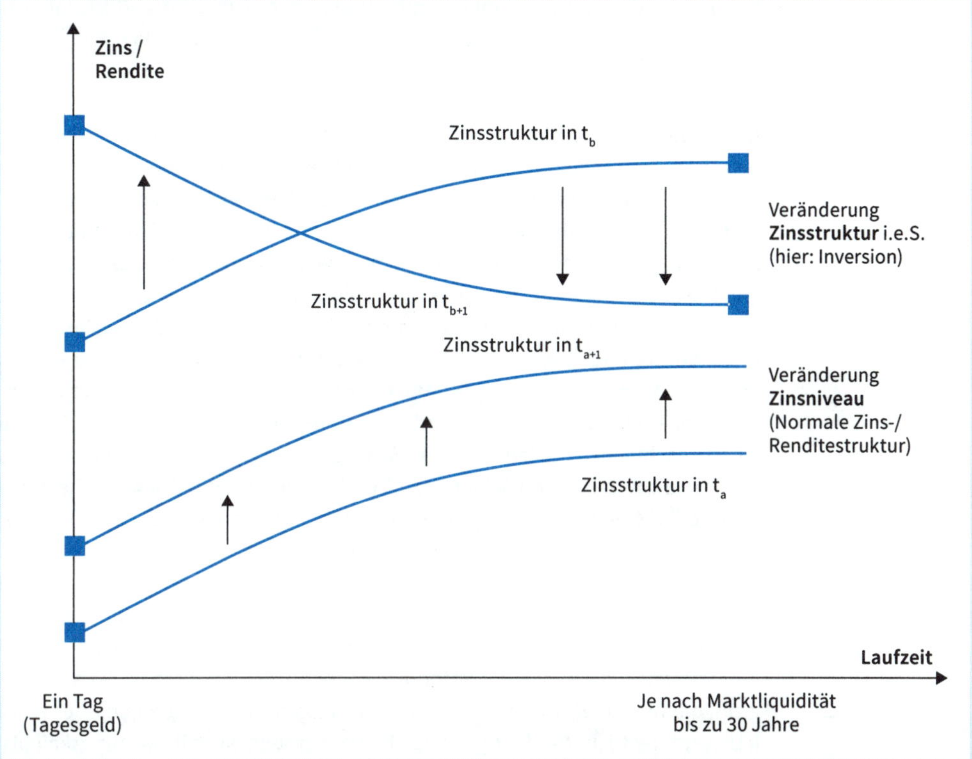

Grundformen von Kapitalwert- und Zinsfußmethode sind dann nicht mehr anwendbar, da die Berücksichtigung von Wiederanlagen nun unbedingt explizit erfolgen muss und daraufhin nicht mehr so unproblematisch ausfällt, wie sich am folgenden Beispiel illustrieren lässt:

Beispiel 20

Wiederanlage bei nicht-flacher Zinsstruktur

▶▶▶ Eine fünfjährige Investition führe nach drei Jahren zu einem Einzahlungsüberschuss von 100. Bei flacher Zinsstruktur würde dieser für die verbleibenden beiden Jahre zum einheitlichen Zins i wiederangelegt, woraus sich ein Endwert per t_5 von $100 \cdot (1+i)^2$ ergibt. Dieser Endwert würde im Rahmen der Kapitalwertrechnung (oder einer modifizierten Zinsfußrechnung) mit dem Diskontierungsfaktor $(1+i)^{-5}$ in einen Barwert umgerechnet. Anstelle der Aufzinsung über zwei und Abzinsung über fünf Jahre sieht die Kapitalwertmethode vereinfachend eine Abzinsung über drei

Jahre vor: $100 \cdot (1+i)^{2} \cdot (1+i)^{-5} = 100 \cdot (1+i)^{-3}$. Bei nicht flacher Zinsstruktur ist dieses Verrechnen der Faktoren nicht länger möglich, da sich Wiederanlage- und Diskontierungszins unterscheiden: Die Aufzinsung erfolgt mit $(1+i_3)^3$, die Abzinsung mit $(1+i_5)^{-5}$, der Barwert der Zahlung enthält also zwei Zinssätze und ist daher nicht durch Kürzen [und insbesondere nicht als $(1+i_3)^{-3}$] ermittelbar, da $i_2 \neq i_3 \neq i_5$. ◀◀◀

Barwertkonzept

Neben der Notwendigkeit, mehrere verschiedene Zinssätze $i_x \neq i_y$ zu verrechnen, die bereits im Entscheidungszeitpunkt bekannt sind, verkompliziert die Art der dafür nötigen Zinssätze die Rechnung zusätzlich: Sie können nicht unmittelbar aus der Zinsstrukturkurve abgelesen werden, da deren Zins-Laufzeit-Zusammenhang für andersartige Zahlungsströme (solche mit zwischenzeitlichen Zinszahlungen, also ohne Wiederanlage/Zinseszinseffekt) gilt als für die, die der dynamischen Investitionsrechnung zugrunde liegen. Verfahren, die darauf zielen, nicht-flache Zinsstrukturen vollständig in eine dynamische Investitionsrechnung zu integrieren, sind heute als **Barwertkonzept (der Marktzinsmethode bzw. MZM)** speziell für die Banksteuerung ausgearbeitet worden, wo sie trotz ernstzunehmender Einwände einen beachtlichen Stellenwert genießen (vgl. zum Barwertkonzept der MZM insbesondere die Arbeiten von Schierenbeck und Schülern, aktuell Schierenbeck/Lister/Kirmße 2014, S. 150 ff.; einführend auch Horsch/Kaltofen 2011, S. 120 ff.). Für die Investitionsrechnung von Nichtbanken hat sich dieser Ansatz indes nicht durchsetzen können. Stattdessen werden außerhalb der Banksteuerung für die Bewertung von Einzelinvestitionen Durchschnittssätze verwendet, die nicht zuletzt der Gestalt der Zinsstrukturkurve Rechnung tragen. Dies schließt sogar Kalküle der Unternehmensbewertung ein, wie sie in Modul 8 weiter ausgeführt werden. Gerade im Falle großvolumiger Investitionen wie beim Erwerb ganzer Unternehmen ist es empfehlenswert, der Nicht-Eindeutigkeit von Eingabegrößen eines Bewertungskalküls dadurch Rechnung zu tragen, dass verschiedene plausible Szenarien betrachtet werden, darunter solche, die unterschiedliche Zinsszenarien abbilden. Dahingehende Analysen sind Gegenstand der beiden nachfolgenden Teilkapitel.

4.3.3 Nicht-determinierte Nutzungsdauer

Nutzungsdauer und Ersatzzeitpunkt

Auch unter der Annahme weitgehender Sicherheit lassen sich Entscheidungsprobleme formulieren, die über eine einmalige Entweder-Oder-Entscheidung hinausgehen. Gelockert wird hierfür die Annahme, dass die Investitionsobjekte a) eine determinierte Nutzungsdauer bzw. Laufzeit aufweisen und b) im Falle der Durchführung genau einmal für exakt diese Zeit betrieben werden. Umgekehrt formuliert, erhält der Investor nunmehr die Option, über vorzeitige Beendigung, Ersatz und Wiederholung einer Investition zu entscheiden. Hieraus resultieren ex ante (also vor der Entscheidung für eine Investition) Fragen der **optimalen Nutzungsdauer** sowie ex post (nachdem die Investition bereits realisiert worden ist) die Bestimmung des **optimalen Ersatzzeitpunkts**. Hieran wird erkennbar, dass die Nutzungsdauer nun nur insoweit unbestimmt ist, als der Investor über sie entscheiden kann. Sie unterliegt hingegen keinen Einflüssen, die der Investor nicht kontrollieren kann und ist daher nicht unsicher im Sinne der nachfolgenden Module.

Einmalige Investition

Bislang wurde unterstellt, dass ein Investor seine Investition bis zum Ende der technisch möglichen Nutzungsdauer betreibt. Tatsächlich muss diese nicht der ökonomisch optimalen entsprechen. Gesucht wird also nach dem Maximum der Kapitalwertfunktion in Abhängigkeit von der Nutzungsdauer:

$$C_0 = C_0(n) \rightarrow \text{max!}$$

Eine Lösungsmöglichkeit bestünde darin, $C_0(n)$ für alle denkbaren n auszurechnen und das Kapitalwertmaximum zu bestimmen. Eine andere Möglichkeit stellt auf die Veränderungen ab, die ein Weiterbetrieb um ein Jahr hätte. Aus ökonomischer Sicht (für eine mathematische Herleitung vgl. u. a. Bieg/Kußmaul/Waschbusch 2016, S. 142 ff.) sind drei Effekte zu berücksichtigen, die in verschiedene Richtungen wirken:

1. Zusätzlich vereinnahmt wird der Einzahlungsüberschuss c_t dieser zusätzlichen Periode.
2. Im Gegenzug reduziert sich der für das gebrauchte Investitionsgut erzielbare Restwert R: $R_t < R_{t-1}$. Diese Differenz ist als Mindereinzahlung zu berücksichtigen.
3. Überdies hätte der höhere Restwert bei vorherigem Verkauf einer Ergänzungsinvestition am Kapitalmarkt zugeführt werden können. Auf Einzahlungen in Höhe der dabei erzielten Zinseinkünfte ($i \cdot R_{n-1}$) wird verzichtet.

Grenzeinzahlungsüberschuss

Solange die beiden negativen Effekte 2 und 3 den positiven Effekt 1 nicht kompensieren, ist ein Weiterbetrieb sinnvoll. Die Optimierungsbedingung lautet umformuliert daher: Nutzung des Investitionsgutes, solange der durch den Weiterbetrieb um die letzte Periode netto zusätzlich erzeugte Einzahlungsüberschuss (**Grenzeinzahlungsüberschuss**) c′ positiv ist. Also: Ist

$$c'_{t^*} = c_{t^*} + (R_{t^*} - R_{t^*-1}) - i \cdot R_{t^*-1} \geq 0,$$

sollte ein Investitionsgut auch in Periode t* noch genutzt werden. Ein negativer Grenzeinzahlungsüberschuss sagt demgegenüber aus, dass es lohnender wäre, die Investition zu beenden, einen Restwerterlös zu vereinnahmen und diesen am Geld- und Kapitalmarkt anzulegen.

Einfache Investitionskette

Unter analoger Anwendung von Grenzeinzahlungsüberschüssen lassen sich auch Entscheidungsprobleme einfacher Investitionsmehrheiten lösen. Würde der Investor nach Ende der Erstinvestition A in t* unmittelbar eine Zweitinvestition B anschließen, so ließe sich für diese ein Kapitalwert C_0^B zum Zeitpunkt t* berechnen. Dieser Vermögenszuwachs könnte vom Ketten-Investor am Geld- und Kapitalmarkt wiederangelegt werden und würde $i \cdot C_0^B$ p. a. erbringen. Folgerichtig sollte er die Erstanlage nur solange weiterbetreiben, wie sie einen höheren Zuwachs generiert als die Verzinsung des Kapitalwertes der Folgeanlage: Ist

$$c'^A_{t^*} = c^A_{t^*} + \left(R^A_{t^*} - R^A_{t^*-1}\right) - i \cdot R^A_{t^*-1} \geq i \cdot C^B_0,$$

sollte die Investition A auch in Periode t* noch genutzt werden. Ist die Folgeinvestition B nicht näher spezifiziert, wird das Entscheidungsproblem schnell komplex – u. a., da konsequenterweise zunächst für B die optimale Nutzungsdauer separat zu bestimmen wäre.

Identische Wiederholung

Zur Illustration der Vorgehensweise wird daher auch in diesem Einführungstext unterstellt, dass es sich bei eventuellen Folgeinvestitionen um **identische Wiederholungen** der Ausgangsinvestition A handelt. Das nachfolgende Beispiel erläutert das Vorgehen für den Fall einer **einmaligen** identischen Wiederholung. Identische Wiederholung bedeutet dabei lediglich das Hintereinanderschalten gleichartiger Investitionsgüter, die sich in Zahlungsströmen und technisch möglicher Nutzungsdauer entsprechen, während die tatsächlichen Nutzungsdauern von Erst- und Folgeanlagen differieren können.

Beispiel 21

Bestimmung der optimalen Nutzungsdauer über Grenzeinzahlungsüberschüsse

►►► Die RedCan AG will eine Anlage beschaffen, die innerhalb der maximalen Nutzungsdauer von fünf Jahren folgende Zahlungsströme verspricht: (-1.000_0, 420_1, 380_2, 320_3, 240_4, 120_5). Zusätzlich ins Kalkül zu ziehen ist die Möglichkeit, die gebrauchte Anlage schon während der planmäßig fünfjährigen Nutzungsdauer an einen spezialisierten Händler zu veräußern. Hierfür werden folgende Restwerterlöse projektiert: (1.000_0, 750_1, 550_2, 350_3, 150_4, 35_5). Der Zinssatz einer Opportunitätsanlage am Geld- und Kapitalmarkt beläuft sich auf 10 % p. a.
a) Wie lange sollte die RedCan AG die Anlage betreiben, wenn es sich um eine einmalige Anschaffung handelt?

	Bezeichnung	t_0	t_1	t_2	t_3	t_4	t_5
	Einzahlungsüberschuss	−1.000	420	380	320	240	120
–	Reduzierung Restwerterlös ($R_n - R_{n-1}$)	–	−250	−200	−200	−200	−115
–	Verzinsung Restwerterlös Vorjahr ($i \cdot R_n$)	–	−100	−75	−55	−35	−15
=	**Grenzeinzahlungsüberschuss**		**70**	**105**	**65**	**5**	**−10**

Nur bis einschließlich Periode 4 wird demnach ein positiver Grenzeinzahlungsüberschuss erzielt, ohne Wiederholung sollte die Anlage also per t_4 verkauft und nicht noch eine weitere Periode genutzt werden. Der Kapitalwert bei Nutzung dieses optimalen Ausstiegszeitpunkts beträgt $70/1{,}1 + 105/1{,}1^2 + 65/1{,}1^3 + 5/1{,}1^4 = 202{,}66$.
b) Wie verändert sich die Entscheidung, wenn die Investition einmalig identisch wiederholt werden könnte?
Für die Betrachtung einmaliger identischer Wiederholungen empfiehlt sich der Ausbau vorstehender Tabelle: Ein Aufsummieren der Barwerte der Grenzeinzahlungsüberschüsse führt auf den Kapitalwert entsprechend der jeweiligen Nutzungsdauer:

Bezeichnung	t_0	t_1	t_2	t_3	t_4	t_5
Grenzeinzahlungsüberschuss		70,0	105,0	65,0	5,0	-10,0
Barwert Grenzeinzahlungsüberschuss	-	63,6	86,8	48,8	3,4	-6,2
Kapitalwerte = Summe GrenzEZÜ	-	63,6	150,4	199,2	202,6	196,4
Wiederanlagezins Kapitalwert		6,4	15,0	19,9	20,3	19,6

Der periodenspezifische Grenzeinzahlungsüberschuss (erste Zeile) ist letztmalig in Periode drei größer als der Zinsertrag der aus der Wiederanlage des Kapitalwertes am Geld- und Kapitalmarkt erzielbar wäre (letzte Zeile). In t_4 ist diese Verzinsung bereits höher. Die optimale Nutzungsdauer der ursprünglichen Anlage A beträgt daher bei einmaliger identischer Wiederholung drei Jahre. Der Kapitalwert der zweiteiligen Investitionskette setzt sich zusammen aus dem der drei Jahre laufenden Anlage A ($70/1{,}1 + 105/1{,}1^2 + 65/1{,}1^3 = 199{,}25$) sowie dem der vier Jahre laufenden Anlage B. Da diese nicht wiederholt wird, gilt für sie das obige Kalkül gemäß Aufgabenteil a). Da Anlage B am Ende von Periode drei startet, ist der Betrag von 202,66 T€ über drei Jahre auf t_0 abzuzinsen, womit sich (in T€) ergibt:

$$C_0^{A+B} = C_0^A(n=3) + C_0^B(n=4) \cdot 1{,}1^{-3} = 199{,}2 + \frac{202{,}66}{1{,}331} = 351{,}51$$ ◀◀◀

Tatsächlich ist das gezeigte Vorgehen nur unter der – allerdings in der Praxis regelmäßig erfüllten – Annahme verlässlich, dass die Grenzeinzahlungsüberschüsse monoton sinken. Andernfalls sollte zur Vermeidung von Fehlentscheidungen eine explizite Kapitalwertermittlung in Abhängigkeit von der Nutzungsdauer stattfinden (vgl. Busse v. Colbe/Laßmann/Witte 2015, S. 166 f.).

Optimaler Ersatzzeitpunkt

Die optimale Nutzungsdauer wird ex ante, also noch vor der Anschaffungsauszahlung bestimmt. Wird die Investition daraufhin tatsächlich durchgeführt, kann die geplante Nutzungsdauer gleichwohl nachträglich dadurch in Frage gestellt werden, dass sich entscheidungsrelevante Daten verändern (da z. B. eine neue Maschinengeneration auf den Markt gekommen ist, die sich überdies staatlicher Förderung erfreut). Der Investor muss dann prüfen, »ob das alte Investitionsprojekt sofort ersetzt werden soll oder ob es für eine weitere Periode genutzt werden soll, wobei danach erneut beide Alternativen auf ihre Vorteilhaftigkeit zu überprüfen sind« (Bieg/Kußmaul/Waschbusch 2016, S. 150). Auch in diesem Fall lässt sich mit Hilfe von Grenzeinzahlungsüberschüssen entscheiden: Bei Weiterbetrieb um ein Jahr erhält der Investor den Grenzeinzahlungsüberschuss der alten Anlage für diese Periode zusätzlich, im Gegenzug verzichtet er auf die Anschlussinvestition bzw. die Verzinsung ihres Kapitalwertes.

Mit Rücksicht auf den Umfang dieses Moduls kann die Problematik von Entscheidungen über Nutzungsdauer und Ersatzzeitpunkt hier nicht weiter ausgeführt werden (vgl. ausführlich aktuell Poggensee 2015, S. 215 ff.; Breuer 2012, S. 150 ff.). Gleichwohl sind bereits die erheblichen Konsequenzen deutlich geworden, die sich im Zuge einer nicht-determinierten zeitlichen Komponente einstellen. Dies lässt bereits erahnen, wie sehr sich die Komplexität des Entscheidungskalküls erhöhen wird, wenn a) weitere Eingabegrößen als unbestimmt angenommen und insbesondere b) Unsicherheiten einbezogen werden, deren Ursachen außerhalb des Einwirkungsbereichs des Investors liegen. Probleme der Unsicherheit sind Gegenstand der Module 5 ff. An dieser Stelle wird hingegen zu einer weiteren Auswahlmöglichkeit des Entscheiders übergegangen: Gefragt wird, inwieweit die Spezifikationen der Beschaffung der für die Investition erforderlichen Mittel auf die Entscheidungsfindung einwirken.

4.3.4 Berücksichtigung der Mittelbeschaffung

Idealtypische Kreditfinanzierung

Unter den bis hierher geltenden Prämissen war die Beschaffung der für die (Anschaffungsauszahlung der) Investition erforderlichen Mittel kein (Entscheidungs-) Problem: Sofern der Investor über diese Mittel nicht schon verfügte, konnte er sie in beliebigem Umfang zu Kapitalmarktkonditionen beschaffen. Eine Aufhebung dieser idealisierenden Annahme zugunsten realistischer Finanzierungsszenarien führt zu einer Veränderung der relevanten Cashflows und damit auch der Ergebnisse dynamischer Investitionsrechnungen. Gleichzeitig bleibt das Grundprinzip einer Entscheidungsfindung auf Basis von diskontierten Zahlungsströmen unberührt. Von Interesse sind in diesem Kontext Kontrakte, die dem Investor feste, erfolgsunabhängige Zahlungspflichten für eine fest vereinbarte Laufzeit auferlegen. Es handelt sich um eine idealtypische **Kreditfinanzierung**, wie sie in Modul 11 vertieft wird: Um a_0 bestreiten zu können, leiht sich der Investor fremde Mittel, die zum Zeitpunkt t_0 zu einer Einzahlung führen. Über die Jahre der vereinbarten Kreditlaufzeit (die von der Nutzungsdauer der Investition verschieden sein kann) muss der Investor-Kreditnehmer laufende Auszahlungen für seinen **Kapitaldienst** (debt service) einkalkulieren. Dieser idealtypisch jährliche Kapitaldienst KD_t besteht aus zwei Komponenten:

1. der Rückzahlung des eingeräumten Kreditbetrages (**Tilgungszahlung** T_t) sowie
2. einem Entgelt für das über das zurückliegende Jahr noch beanspruchte, ungetilgte Kreditvolumen. Diese **Zinszahlung** Z_t, ergibt sich aus dem Produkt des Zinssatzes z mit dem noch ausstehenden Kreditbetrag.

Die dafür maßgeblichen Kapitaldienstvereinbarungen können von den Parteien des Kreditvertrages grundsätzlich frei ausgehandelt werden. Es haben sich jedoch bestimmte Idealtypen herausgebildet, die hiernach zunächst allgemein und dann mit Hilfe eines Zahlenbeispiels illustriert werden (vgl. ausführlich auch Wöhe et al. 2013, S. 251 ff.). Hierbei zeigen sich insbesondere die Abhängigkeiten zwischen den beiden Kapitaldienstkomponenten.

Endfälliges Darlehen

Bei einem endfälligen Darlehen ist die Tilgung erst zum Ende der Kreditlaufzeit t_n fällig. Es gilt: $T_1 = T_2 = \ldots = T_{n-1} = 0$; T_n = Kreditvolumen. In der Folge bleibt die Zinszahlung über die Laufzeitjahre hinweg gleich, da bis zuletzt das volle Kreditvolumen geschuldet wird: $Z_1 = Z_2 = \ldots = Z_{n-1} = Z_n = z \cdot \text{Kreditvolumen}_0$.

Ratendarlehen

Ratendarlehen zeichnen sich durch feste jährliche Tilgungsraten aus: $T_1 = T_2 = \ldots = T_{n-1} = T_n$ = Kreditvolumen$_0$ / Laufzeitjahre des Kredits. Demzufolge nehmen die jährlichen Zinszahlungen entsprechend der Tilgung gleichmäßig ab, es gilt:

$$Z_t = z \cdot (\text{Kreditvolumen}_0 - \sum_{j=1}^{t-1} T_j)$$

Annuitätendarlehen

Bei Annuitätendarlehen werden Zins und Tilgung in Abhängigkeit von Kreditlaufzeit und Kreditzins so gewählt, dass die gesamte Kapitaldienstzahlung je Periode ($Z_t + T_t$) konstant ist. Innerhalb dieser festen Summe verschieben sich allerdings Zins- und Tilgungsanteil in der Zeit: Ersterer sinkt, Letzterer steigt über die Kreditlaufzeit. Die Höhe der Kapitaldienstrate lässt sich vergleichsweise einfach unter Verwendung des Kapitalwiedergewinnungsfaktors bestimmen, der gemäß Laufzeit und Zinssatz des Kredits bestimmt wird. Diese konstante Kapitaldienstrate KDt ergibt sich aus:

$$KD_t = \text{Kreditvolumen}_0 \cdot KWF_{\text{Kreditlaufzeit}}^{\text{Kreditzinssatz}}$$

Beispiel 22

Kapitaldienstzahlungen

►►► Die Xecios AG hat die Möglichkeit, eine Investition mit dem Zahlungsstrom ($-1.000_0, 300_1, 400_2, 500_3, 600_4$; Angaben in T€) durchzuführen. Der Opportunitätszins laut Geld- und Kapitalmarkt beläuft sich auf 6 % p. a. Die für die Anschaffungsauszahlung nötigen Mittel sind allerdings nicht vorhanden und müssten vom Kreditgeber Y geliehen werden, der für ein vierjähriges Darlehen einen Zinssatz von 10 % p. a. in Rechnung stellt. Zu bewerten sind die Auswirkungen dieser Mittelbeschaffung auf die Vorteilhaftigkeit der Investition für ein a) endfälliges Darlehen, b) Ratendarlehen oder c) Annuitätendarlehen mit diesen Konditionen.

a) **Endfälliges Darlehen**

Da die gesamte Tilgung am Laufzeitende erfolgt, ist $T_4 = 1.000$; $T_1 = T_2 = T_3 = 0$. Die Zinszahlung bleibt über alle vier Zahlungszeitpunkte gleich: $Z_1 = Z_2 = Z_3 = Z_4 = 0{,}1 \cdot 1.000 = 100$. Die Zahlungsreihe des Darlehens lautet aus Sicht des Kreditnehmers mithin ($+1.000_0, -100_1, -100_2, -100_3, -1.100_4$).

b) **Ratendarlehen**

Die jährliche konstante Tilgung beträgt $T_1 = T_2 = T_3 = T_4 = 1.000_0/4 = 250$. Die Zinszahlung lautet anfangs $Z_1 = 0{,}1 \cdot 1.000_0 = 100$, im zweiten Jahr noch $Z_2 = 0{,}1 \cdot (1000_0 - 250_1) = 75$, im dritten Jahr $Z_3 = 0{,}1 \cdot (1.000_0 - 250_1 - 250_2) = 50$ und schließlich $Z_4 = 25$. Der Kredit hat aus Kreditnehmersicht damit die Zahlungsreihe ($+1.000_0, -350_1, -325_2, -300_3, -275_4$).

c) **Annuitätendarlehen**

Die konstante Kapitaldienstrate ergibt sich aus

$$KD_t = \text{Kreditvolumen}_0 \cdot KWF_{\text{Kreditlaufzeit}}^{\text{Kreditzinssatz}} = 1.000 \cdot \frac{0{,}1 \cdot 1{,}1^4}{1{,}1^4 - 1} = 1.000 \cdot 0{,}31547 = 315{,}47.$$

Die vollständige Zahlungsreihe des Kredits lautet ($+1.000_0, -315{,}47_1, -315{,}47_2, -315{,}47_3, -315{,}47_4$). ◄◄◄

Ist die Zahlungsreihe einer Kreditfinanzierung auf eine dieser Weisen (oder nach Maßgabe individueller Vereinbarungen, die hiervon abweichen) bestimmt, kann sie mit der der finanzierten Investition saldiert und sodann die Vorteilhaftigkeit des Gesamtpakets bestimmt werden.

Beispiel 23

Vorteilhaftigkeit kreditfinanzierter Investitionen

▶▶▶ Aus Sicht der Xecios AG ergibt die Saldierung der Zahlungsströme der vorgenannten Investition mit denen einer der Finanzierungsalternativen laut vorstehendem Beispiel (in T€):

a) **Endfälliges Darlehen**

t	0	1	2	3	4
Investition	−1.000	+300	+400	+500	+600
Darlehen	+1.000	−100	−100	−100	−1.100
Saldo	0	+200	+300	+400	−500

b) **Ratendarlehen**

t	0	1	2	3	4
Investition	−1.000	+300	+400	+500	+600
Darlehen	+1.000	−350	−325	−300	−275
Saldo	0	−50	+75	+200	+325

c) **Annuitätendarlehen**

t	0	1	2	3	4
Investition	−1.000	+300,00	+400,00	+500,00	+600,00
Darlehen	+1.000	−315,47	−315,47	−315,47	−315,47
Saldo	0	−15,47	+84,53	+184,53	+284,53

Hieraus resultieren schließlich folgende Kapitalwerte für die drei Alternativen einer kreditfinanzierten Investition:

$$C_0^{\text{endfälliges Darlehen}} = \frac{200}{1{,}06^1} + \frac{300}{1{,}06^2} + \frac{400}{1{,}06^3} - \frac{500}{1{,}06^4} = 395{,}48$$

$$C_0^{\text{Ratendarlehen}} = \frac{-50}{1{,}06^1} + \frac{75}{1{,}06^2} + \frac{200}{1{,}06^3} + \frac{325}{1{,}06^4} = 444{,}93$$

$$C_0^{\text{Annuitätendarlehen}} = \frac{-15{,}47}{1{,}06^1} + \frac{84{,}53}{1{,}06^2} + \frac{184{,}53}{1{,}06^3} + \frac{284{,}53}{1{,}06^4} = 440{,}95$$

In der Gesamtsicht ist die Investition also auch dann akzeptabel, wenn sie unter den geltenden Kreditbedingungen in einer der drei Weisen kreditfinanziert wird. Da diese Mittelbeschaffung mit 10 % im Vergleich zu den Kapitalmarktkonditionen relativ teuer ist, erweist sich eine schnelle Tilgung als vorteilhaft. In der Folge ist das Ratendarlehen hier die optimale Lösung, das endfällige Darlehen am wenigsten empfehlenswert. ◄◄◄

Saldierung von Zahlungsreihen

Anders als im gezeigten Beispiel kann die Kreditlaufzeit auch kürzer oder länger sein als die der finanzierten Investition. Das Prinzip der Saldierung der Zahlungsströme sowie der darauf beruhenden Berechnung eines Gesamtkapitalwerts für das Paket aus Finanzierung und Investition bleibt davon unberührt. Um die Auswirkungen einer Kreditfinanzierung auf die Vorteilhaftigkeit einer Investition bewerten zu können, ist demnach bis hierher die Kenntnis der resultierenden Cashflow-Reihe ausreichend. Was in welchen Anteilen in einer Kapitaldienstzahlung enthalten ist, tritt demgegenüber zurück.

Aufspaltung von Annuitäten

Besteht an der Zusammensetzung der Kapitaldienstraten Interesse, sind diese für endfällige und Ratendarlehen schnell bestimmbar (vgl. Beispiel 22). Demgegenüber müssen **Annuitäten** aufwendiger in Zins- und Tilgungsanteil **aufgespalten** werden. In Formelschreibweise gerät diese Zerlegung vergleichsweise komplex, weswegen sich ein schrittweises Vorgehen am konkreten Fall empfiehlt, das gemäß folgendem Zusammenhang verfährt:

1. Die Multiplikation von anfänglichem Kreditvolumen in t_0 und dem Kapitalwiedergewinnungsfaktor für Kreditlaufzeit und -zins führt zur Kapitaldienstannuität.
2. Wird das bis t_1 ausstehende Kreditvolumen mit dem Kreditzinssatz multipliziert, ergibt sich der $Zinsanteil_1$ an der ersten $Annuität_1$.
3. Der Unterschiedsbetrag zwischen Gesamthöhe der $Annuität_1$ und $Zinsanteil_1$ entspricht dem $Tilgungsanteil_1$.
4. Vorgenannter $Tilgungsanteil_1$ reduziert das ausstehende Kreditvolumen, woraus sich ein geringerer $Zinsanteil_2$ aus Zinssatz · $Kreditvolumen_1$ (= $Kreditvolumen_0$ – $Tilgungsanteil_1$) ergibt.

Vorgenannte Schritte 2 bis 4 werden schließlich so lange wiederholt, bis der am Anfang einer Periode noch ausstehende Kreditbetrag durch eine Tilgung gleicher Höhe am Periodenende vollständig zurückgezahlt ist.

Abb. 4.12

Aufspaltung von Annuitäten

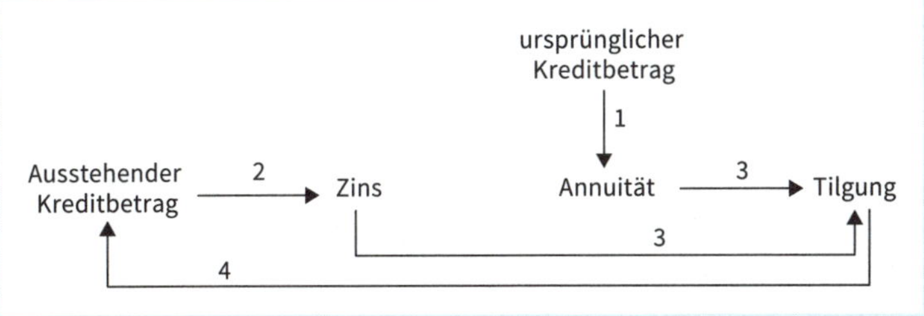

Das Tableau einer tabellarischen Aufspaltung verdeutlicht neben der gegenläufigen Entwicklung von Zins- und Tilgungsanteil an der gleichbleibenden Kapitaldienstzahlung auch eine eingebaute Möglichkeit zur Kontrolle der durchgeführten Rechnung (vgl. auch Van Horne/Wachowicz 2010, S. 62 f.):

Beispiel 24

Aufspaltung von Annuitäten

▸▸▸ Die im Rahmen von Beispiel 22 bereits zuvor berechnete Annuität von 315,47 T€ für ein Darlehen in Höhe von 1.000 T€, das mit 10 % p. a. zu verzinsen und binnen vier Jahren zu tilgen ist, kann wie folgt aufgespalten werden (Angaben in T€):

t	Ausstehender Kreditbetrag AKB_t (= $AKB_{t-1} - T_{t-1}$)	Zins Z_t (= 0,1 x AKB_t)	$Annuität_t$ (= fest)	Tilgung T_t (= $Annuität_t - Zins_t$)
1	1.000,00	100,00	315,47	215,47
2	1.000,00 – 215,47 = 784,53	78,45	315,47	237,02
3	784,53 – 237,02 = 547,51	54,75	315,47	260,72
4	547,51 – 260,72 = 286,79	28,68	315,47	286,79

Die **Kontrollmöglichkeit** ist in der Abschlusszeile enthalten, wo sich bei korrekter Rechnung der letzte ausstehende Kreditbetrag sowie die letzte Tilgung (von hier 286,79 T€) genau entsprechen müssen. ◂◂◂

Die Aufspaltung von Kapitaldienstzahlungen in Zins- und Tilgungsanteil ist insbesondere dann relevant, wenn ein Investitionskalkül neben der Mittelbeschaffung auch die Besteuerung der Unternehmung enthält, da beide Bestandteile steuerlich unterschiedlich behandelt werden. Unter anderem diesem Sachverhalt ist das nachfolgende Teilkapitel gewidmet.

4.3.5 Berücksichtigung von Steuern

Relevanz dem Grunde nach

Während sie in ökonomischen Modellen, darunter den Grundkonzepten der dynamischen Investitionsrechnung, häufig ausgeklammert werden, sind Steuern für reale Marktprozesse um so prägender. Existiert eine Besteuerung, so ist sie regelmäßig nicht entscheidungs- bzw. investitionsneutral (vgl. ausführlich zu diesem Problemkreis Schneider 1992, S. 173 ff.). In der Folge müssen ökonomische Analysen sie einbeziehen, andernfalls droht die Gefahr, dass (Investitions-)Entscheidungen, die auf Basis von Vorsteuerdaten getroffen werden, sich in einer umfassenden Nachsteuerperspektive als unvorteilhaft entpuppen. Dass Steuern dem Grunde nach relevant sind, ergibt sich unmittelbar, münden sie doch in Steuerzahlungen, also Zahlungsströme. Wie hoch diese ausfallen, ergibt sich indes erst aus den Details des Steuersystems. Darüber hinaus bedingt dieses regelmäßig auch eine Besteuerung von Kapitalerträgen, wodurch der dem Geld- und Kapitalmarkt entnommene Opportunitätssatz ebenfalls tangiert wird.

Ergebnisabhängigkeit

Um die Einflüsse der Berücksichtigung von Steuern genau zu spezifizieren, lassen sie sich zunächst anhand ihrer Bemessungsgrundlage (BMG) unterscheiden, auf die der Steuersatz s angewendet wird und so zur Steuerschuld bzw. -zahlung S führt ($S = s \cdot BMG$):

- Ergebnisunabhängige Steuern (deren BMG also z. B. ein Transaktionsvolumen oder eine Vermögensgröße sind) führen zu zusätzlichen Auszahlungen im Investitionszeitpunkt oder in Folgeperioden, die indes mit allen weiteren investitionsspezifischen Cashflows verrechnet werden können, die in der Vorsteuerrechnung angesetzt wurden. Der Kalkulationszinsfuß wird hiervon nicht beeinflusst. Solche Steuern verändern daher die Zahlungsströme, erfordern aber keine Anpassung der Kalkulationsweise und müssen daher an dieser Stelle nicht weiter vertieft werden.
- **Ergebnisabhängige Steuern** reduzieren ebenfalls die Cashflows, wobei die Steuerzahlung vom Vorsteuer-Cashflow abhängt. In diesem Fall sind aufwendigere Korrekturrechnungen als eine simple Saldierung nötig, um zum Nachsteuer-Cashflow zu gelangen. Überdies ist ein Einfluss auf den Kalkulationszinsfuß zu berücksichtigen. Die entsprechenden Modifikationen des Basiskalküls der Kapitalwertmethode stehen im Zentrum dieses Teilabschnitts.

Einfache Cashflow-Steuer

Rechnerisch am einfachsten zu handhaben wäre eine Steuer, die unmittelbar den Perioden-Cashflow zur BMG nimmt und mit einem einheitlichen Steuersatz $\bar{s}$ belegt.

Die Steuerzahlung S_t ergäbe sich dann aus: $S_t = \bar{s} \cdot c_t$;

der Nachsteuer-Cashflow lautete demzufolge: $c_t^s = c_t - S_t = c_t - \bar{s} \cdot c_t = (1 - \bar{s}) \cdot c_t$.

Die Vereinfachung eines einheitlichen Steuersatzes wird in diesem Grundlagentext zunächst beibehalten. Präzisiert wird demgegenüber die Abgrenzung der BMG: Eine unmittelbare Besteuerung von Einzahlungsüberschüssen einer Investition würde zu wenig beachten, mit welchen erfolgsmindernden Konsequenzen sie einhergegangen ist. Üblicherweise hat der Steuerpflichtige daher das Recht, bestimmte Abzüge geltend zu machen, welche die BMG und dadurch auch seine Steuerschuld bzw. -zahlung reduzieren. Da es sich bei den ins Kalkül eingehenden Cashflows um Nettoeinzahlungsüberschüsse handelt, sind die meisten denkbaren Abzugspositionen (wie z. B. Auszahlungen für die Materialbeschaffung oder Löhne und Gehälter) annahmegemäß hierin schon berücksichtigt. Hinzu kämen einerseits Positionen, die nicht zahlungswirksam sind, die als BMG dienende Ergebnisgröße aber dennoch mindern. Das trifft insbesondere auf **Abschreibungen** d_t zu (vgl. etwa Brealey/Myers/Allen 2016, S. 136). Andererseits sind zahlungswirksame Positionen relevant, die erst im Nachgang zur Ermittlung der Cashflows berücksichtigt werden, so wie die mit dem vorherigen Teilkapitel eingeführte **Finanzierung**.

Berücksichtigung von Abschreibungen

- Abschreibungen auf Investitionsgüter (d_t) verteilen den Anschaffungspreis nur buchhalterisch bzw. kostenrechnerisch auf einen Nutzungszeitraum, sie sind jedoch an sich nicht zahlungswirksam und bleiben daher bei der Berechnung der c_t unberücksichtigt. Gleichwohl dienen sie nicht nur im handels-, sondern auch im steuerrechtlichen Abschluss dazu, die Anschaffungsauszahlungen auf die

Nutzungsdauer zu verteilen. Besteuert wird daher nicht c_t, sondern der nach Maßgabe einer steuerlichen Nebenrechnung verbleibende Rest, der nach Absetzung der nicht zahlungswirksamen, aber steuerwirksamen d_t verbleibt. Die Steuerzahlung S_t ergibt sich dann aus

- $S_t = \bar{s} \cdot (c_t - d_t)$;
- der Nachsteuer-Cashflow lautet: $c_t^s = c_t - S_t = c_t - \bar{s} \cdot (c_t - d_t)$.

Zusätzliche Berücksichtigung des Kapitaldienstes

- Die c_t sind annahmegemäß ohne/vor Berücksichtigung der Finanzierung abgegrenzt. Erfolgt also eine Finanzierung mit Kreditmitteln wie im Vorkapitel gezeigt, verändern die Kapitaldienstzahlungen die Cashflows in zweifacher Weise: Sie sind in Gänze zahlungswirksam, jedoch nur in Höhe des Zinsanteils steuerlich wirksam. Wird die Finanzierung hinzugefügt, ergeben sich für
  - die Steuerzahlung S_t: $S_t = \bar{s} \cdot (c_t - d_t - Z_t)$;
  - den Nachsteuer-Cashflow: $c_t^s = c_t - S_t - KD_t = c_t - \bar{s} \cdot (c_t - d_t - Z_t) - (T_t + Z_t)$.

Beispiel 25

Cashflows unter Berücksichtigung von Steuern

▶▶▶ Nach Prüfung der drei verfügbaren Finanzierungalternativen hat sich die Xecios AG für die Aufnahme eines Ratenkredits entschieden, um die gegebene Investitionsalternative zu realisieren. Nun ist zusätzlich eine Cashflow-Steuer mit einem Satz von 40 % zu berücksichtigen. Werden die in Beispiel 23 gezeigten Verrechnungen der Zahlungsströme weiter ausdifferenziert und um die Berücksichtigung von Steuern ergänzt, verändert sich die Cashflow-Planung wie folgt, wobei die nicht zahlungswirksamen Abschreibungen zur Unterscheidung kursiv gesetzt sind. Was diese betrifft, so kann der Unternehmer annahmegemäß Möglichkeiten zu einer Sonderabschreibung in Höhe von 200 T€ im ersten Jahr nutzen, wodurch er in diesem Jahr doppelt so viel abschreibt wie in den Folgejahren. Es ergeben sich die folgenden Cashflows nach Steuern (in T€):

t	**0**	**1**	**2**	**3**	**4**
Investition: c_t	−1.000	+300	+400	+500	+600
Kapitaldienst KD_t	+1.000	−350	−325	−300	−275
Zins Z_t	0	−100	−75	−50	−25
Tilgung T_t	0	−250	−250	−250	−250
Abschreibung d_t (linear)	*0*	*−400*	*−200*	*−200*	*−200*
$BMG_t = c_t - d_t - Z_t$	0	−200	+125	+250	+375
Steuerzahlung $S_t = s \cdot BMG_t$	0	+80	−50	−100	−150
Nachsteuer-Cashflow = $c_t - s(c_t - d_t - Z_t) - (T_t + Z_t)$	0	+30	+25	+100	+175

◀◀◀

Hierbei wird unterstellt, dass im Falle einer negativen BMG_t für dieses Jahr eine Steuererstattung (= Einzahlung) in analoger Höhe erfolgt. Nicht nur diese Annahme, sondern auch die eines einheitlichen, nicht mit der BMG veränderlichen Steuersatzes ist in der Realität keinesfalls immer gegeben (vgl. ausführlicher Blohm/Lüder/Schaefer 2012, S. 104 ff.).

Außer im Ausnahmefall von Steuererstattungen führt die Hinzunahme von Steuern zu einer Minderung der Cashflows und folgerichtig auch des Kapitalwertes oder eines internen Zinsfußes. Allerdings wird dieser **negative** Effekt abgeschwächt, wenn sich die Erhebung von Steuern auch auf Erfolge erstreckt, die mit Kapitalmarktanlagen erzielt werden – wovon regelmäßig auszugehen ist. Wenn aber Kapitalmarktinvestitionen besteuert werden, sinkt die mit ihnen erzielbare Rendite, die den Opportunitätssatz für die Investitionsbewertung repräsentiert. Der Kapitalmarktzins und mithin der Diskontierungszins eines Kapitalwertkalküls ist unter Berücksichtigung von Steuern also niedriger als zuvor, was die Diskontierungseffekte abschwächt und den Kapitalwert **positiv** beeinflusst.

Beispiel 26

Besteuerung von Zinseinkünften am Geld- und Kapitalmarkt

►►► Bei einem Geld- und Kapitalmarktzins von 10 % p. a. vor Steuern erbringt eine einjährige Anlage von 1.000 € einen Zinsertrag von 100 € vor/ohne Berücksichtigung von Steuern. Werden solche Einkünfte mit einem Satz von $s_{GKM} = 30\,\%$ besteuert, verbleiben dem GKM-Investor nach Abzug von Steuern nur noch 70 € bzw. eine Verzinsung von 70/1.000 = 7 %. Im Rahmen der Nachsteuerbewertung einer Realinvestition wären also zum einen deren Cashflows um Steuerzahlungen zu vermindern, die reduzierten Cashflows dann aber mit einem reduzierten Zinssatz bzw. reduzierten Diskontierungsfaktoren in ihren Gegenwartswert umzurechnen (hier also mit $1{,}07^{-t}$ anstelle von zuvor $1{,}1^{-t}$). ◄◄◄

Diskontierungszins unter Berücksichtigung von Steuern

In allgemeiner Form ergibt sich der Diskontierungszins i_s im Falle der Besteuerung der Kapitalmarktopportunität mit dem Steuersatz s_{GKM} über die Formel

$$i_s = (1 - s_{GKM}) \cdot i.$$

Es ließen sich in der Folge durchaus unterschiedliche Steuersätze s für Einkünfte aus Realinvestitionen einerseits (s beeinflusst die Cashflows) und s_{GKM} für Einkünfte aus Kapitalmarktinvestitionen (s_{GKM} bestimmt die Minderung des Diskontierungszinses) integrieren. Der Einfachheit halber wird indes hier davon ausgegangen, dass es sich um einen **einheitlichen Steuersatz** handelt, mit dem Einkünfte unabhängig von ihrer Art belegt werden. Faktisch ist anzuwendendes Steuerrecht oft gerade deswegen so kompliziert, weil der Steuersatz eine Funktion verschiedener Einflussgrößen ist, also $s = s(x, y, \ldots) = s$ (Einkunftsart, Einkommenshöhe, …) (zur Integration solcher Details in Investitionskalküle vgl. weiterführend Kruschwitz 2010, S. 117 ff.). Für den Einfluss der Besteuerung auf den Kapitalwert einer Investition gilt in der Gesamtsicht:

tax matters

- Besteuerung führt zu Steuerzahlungen, welche die Perioden-Cashflows mindern ($c_t^s < c_t$). Dies wirkt sich negativ auf den Kapitalwert aus.

- Besteuerung (der Kapitalmarktopportunität) führt zu einem geringeren Diskontierungszins ($i_s < i$), der sich positiv auf den Kapitalwert auswirkt.
- Abschreibungen und Fremdkapitalzinsen erzeugen das sog. Tax Shield, welcher positiv auf den Kapitalwert wirkt (siehe hierzu ausführlich Modul 8).
- Der Nettoeffekt dieser gegenläufigen Einflüsse ist nur mit Hilfe einer genauen Nachsteuerrechnung bestimmbar, er ist jedoch in aller Regel von Null verschieden, womit die Devise »tax matters« gilt.

Beispiel 27

Investitionsbewertung unter Berücksichtigung von Steuern

▸▸▸ Unter Berücksichtigung eines einheitlichen Steuersatzes von 40 % hatten sich die Cashflows der ratenkreditfinanzierten Investition (vgl. Beispiel 25) wie folgt verändert:

Vorsteuer-Cashflow	0	–50	+75	+200	+325
Nachsteuer-Cashflow = $c_t - s(c_t - d_t - Z_t) - (T_t + Z_t)$	0	+30	+25	+100	+175

Die Diskontierung der Vorsteuer-Cashflows erfolgte mit dem Vorsteuer-Diskontierungszins von 6 % und führte zu einem Kapitalwert von knapp 445 €. Die Diskontierung der Nachsteuer-Cashflows ist sachgerecht mit einem Nachsteuer-Diskontierungszins von hier $i_s = (1 - s) \cdot i = (1 - 0{,}4) \cdot 0{,}06 = 0{,}036 = 3{,}6\,\%$ vorzunehmen. Es resultiert:

$$C_0^s = \frac{30}{1{,}036^1} + \frac{25}{1{,}036^2} + \frac{100}{1{,}036^3} + \frac{175}{1{,}036^4} = 294{,}10.$$ ◂◂◂

Steuerparadoxon

Im gezeigten Beispiel überwiegen mithin die negativen Einflüsse der Besteuerung auf die Cashflows den positiven Einfluss des gesunkenen Diskontierungszinses. Ob und inwieweit dem so ist, hängt von den Details des geltenden Steuerrechts sowie der Investition ab. Tatsächlich ist denkbar, dass der Zinseffekt überwiegt, sich also nach Steuern ein höherer Kapitalwert ergibt als davor (**Steuerparadoxon**, vgl. ausführlich Breuer 2012, S. 402 ff.; Breuer 1999b; grundlegend auch hierzu Schneider 1992, S. 246 ff.). Dieses auf den ersten Blick irritierende Resultat wird erklärlich, wenn man sich die Bedeutung des Kapitalwertes ins Gedächtnis ruft: Es ist der Mehrwert (per heute) der **im Vergleich zu einer Investition am Geld- und Kapitalmarkt** erzielt wird. Wenn also eine Investition nach Steuern einen höheren Kapitalwert aufweist als vor Steuern, bedeutet das lediglich, dass die Besteuerung im konkreten Fall die Alternativanlage am Geld- und Kapitalmarkt stärker negativ beeinflusst hat als die zu bewertende Investition (vgl. ausführlicher Hirth 2012, S. 79 ff.).

Bereits eine kurze Befassung mit dem Detailreichtum realer Besteuerungssysteme einerseits und der Finanzierungsvarianten auf den Geld- und Kapitalmärkten andererseits lässt erahnen, dass eine exakte Integration in Investitionskalküle deren Komplexitätsgrad erheblich erhöht. Gleiches gilt für die (fundamentale) Unsicherheit, die reale Entscheidungssituationen prägt. Diese steht daher im Mittelpunkt der nachfolgenden Module: Behandelt werden zunächst Einzelinvestitionen bei Unsicherheit (Modul 5) und sodann Investitionsprogramme bei Unsicherheit (Modul 6), bevor die hierbei gewonnenen Erkenntnisse für Investitionen in einzelne Finanztitel (Modul 7) sowie ganze Unternehmen (Modul 8) nutzbar gemacht werden können.

Auf den Punkt gebracht

- Eine zentrale Aufgabe des Finanzleiters ist es, die Kalkulation der Wertschaffung auf Basis von Zahlungsströmen zu betreiben. Hierfür kann er sowohl statische als auch dynamische Verfahren der Investitionsrechnung verwenden.
- Statische Verfahren der Investitionsrechnung sind aus wissenschaftlicher Sicht untauglich, da sie auf zahlreichen nicht zu rechtfertigenden Annahmen beruhen. Aufgrund ihrer unveränderten Verbreitung in der Praxis ist die Kenntnis ihrer Charakteristika (und insbesondere ihrer Unzulänglichkeiten) jedoch ratsam.
- Kosten-, Gewinn- und Renditevergleichsrechnung unterscheiden sich hinsichtlich der berücksichtigten Informationsmengen, ermitteln ansonsten aber vergleichbare Durchschnittswerte, die insbesondere den Zeitaspekt ausblenden. Das Zeitmaß der Amortisationsdauer nimmt eine andere Perspektive ein, die sich indes noch weniger rechtfertigen lässt.
- Dynamische Verfahren der Investitionsrechnung stellen auf »Zahlungen im Zeitablauf« (Schneider) ab und leisten anders als die statischen Ansätze eine vollständige und zeitpunktgenaue Erfassung der mit einer Investition verbundenen Cashflows c_t.
- Die neben den Cashflows zentrale Eingabegröße ist der einheitliche Kalkulationszinsfuß i, der aus der Kapitalmarktopportunität abgeleitet wird und als Bestandteil von finanzmathematischen Auf- bzw. Abzinsungsfaktoren die Bestimmung des Wertes eines Cashflows zu einem vorgegebenen zeitlichen Bezugspunkt ermöglicht.
- Der Kapitalwert (Net Present Value, NPV, C_0) als Summe der auf die Gegenwart abgezinsten Zahlungsströme einer Investition [$C_0 = -a_0 + \sum c_t(1+i)^{-t}$] ist die zentrale Variante der sog. Discounted-Cashflow-Verfahren; er bildet die konzeptionelle Basis für zahlreiche, auch komplexere Ansätze, die u. a. in der Unternehmensbewertung verwendet werden (vgl. Modul 8).
- Der Kapitalwertmethode liegt eine Reihe von Prämissen zugrunde, darunter die der Wiederanlage überschüssiger Cashflows zu Kapitalmarktkonditionen (also zum Opportunitätssatz i).
- In der Wiederanlageprämisse (WAP) liegt der entscheidende Unterschied zur methodischen Alternative des internen Zinsfußes r einer Investition, der sich ermittelt aus $C_0 = -a_0 + \sum c_t(1+r)^{-t} = 0$: Unterstellt wird die Reinvestition zum internen Zinsfuß r der Ausgangsinvestition.
- In Verbindung mit weiteren Unzulänglichkeiten (Investition ohne oder mit mehreren r; hohe mathematische Komplexität) sorgt die WAP dafür, dass sich die interne Zinsfußmethode allenfalls für Finanzinvestitionen sinnvoll anwenden lässt.
- Die modifizierte interne Zinsfußmethode repräsentiert einen Kompromiss, der Renditemaße auf Basis der WAP der Kapitalwertmethode generiert. Sie führt in der Folge auf gleichlautende Ergebnisse.
- Die dynamische Amortisationsdauer ist der statischen überlegen, da die Verteilung der Cashflows in der Zeit berücksichtigt wird. Andere Probleme – wie das Vernachlässigen der Profitabilität – bestehen indes fort, so dass auch die dynamische Variante allenfalls ein Nebenkriterium bilden sollte.
- Lockerungen der Prämissen des Grundmodells (wie eine nicht-flache Zinsstruktur, nicht-determinierte Nutzungsdauern, nicht-sichere Zahlungsströme, die explizite Berücksichtigung der Mittelbeschaffung oder die Existenz von Steuern) lassen sich in die Berechnung von Kapitalwerten und internen Zinsfüßen integrieren. Hierdurch steigt der Rechenaufwand zum Teil erheblich, an der Grundkonzeption der Verfahren ändert sich indes nichts.

Modul 5 Bewertung von Einzelinvestitionen bei Unsicherheit

ZENTRALE INHALTE

- Unterscheidung von Varianten der Nicht-Sicherheit
- Einführung in Korrekturverfahren und Sensitivitätsanalysen
- Nutzbarmachung von Erwartungswerten, Nutzenfunktionen sowie ihrer Verknüpfung
- Entwicklung zweidimensionaler Ansätze mit separater Berücksichtigung des Risikos

Einstiegsbeispiel

►►► Sowohl die Dosenproduktion der RedCan AG als auch die Übernahme von Materialprüfungen für andere Unternehmen sind grundsätzlich erfolgreich verlaufen. Nach Ausschüttung eines Teils der verdienten Mittel an die RedCan-Eigentümer steht der Restbetrag für weitere Sachinvestitionen zur Verfügung. Ausgehend davon, dass die bisherigen Erfolge durch unerwartete Abweichungen der wirtschaftlichen Realität von den Planungsgrößen geschmälert worden sind, soll künftig die Nicht-Sicherheit der Planungsgrößen sorgfältiger berücksichtigt werden. ◄◄◄

5.1 Grundlegende Eigenschaften

In ihrer Grundform unterstellen die gezeigten investitionsrechnerischen Verfahren die Sicherheit der bewertungsrelevanten Daten (c_t, i, n). Demnach ist etwa der Kapitalwert einer Investition – der weiterhin stellvertretend für verschiedene Entscheidungskriterien im Mittelpunkt stehen soll – auf einer ersten Ebene eine Funktion der drei zentralen Komponenten, also

$$C_0 = C_0(c_t, i, n).$$

Unsicherheit

Tatsächliche Entscheidungssituationen sind hingegen von **(fundamentaler) Unsicherheit** (im Sinne von Frank H. Knight 1921) geprägt, wie sie in Modul 3 bereits grundsätzlich charakterisiert wurde: Die Eingabegrößen sind mehr oder weniger unbestimmt, da sie einer Vielzahl von Einflüssen unterliegen. Die tatsächlichen Einzahlungsüberschüsse etwa sind letztlich ein Resultat des Handelns einer Vielzahl menschlicher Akteure, das sich in einem Zusammenwirken von Beschaffungspreisen und -mengen, Zahlungsbedingungen, Herstellungs- und Vertriebsprozessen, Absatzpreisen und -mengen, Besteuerung usw. ausdrückt. Analog hängt die Nutzungsdauer eines Investitionsgutes u. a. von der Wartungsqualität, dem Eintreten von Rechtsänderungen oder Unfällen ab, die gleichfalls von menschlichem Handeln beeinflusst werden (»human action«, vgl. grundlegend zu deren fundamentaler Bedeutung das gleichnamige Hauptwerk von Ludwig von Mises 1949).

Während c_t, i, n in der ursprünglichen Schreibweise die unabhängigen Variablen sind, die den Kapitalwert als abhängige Variable determinieren, sind sie auf einer zweiten Ebene ihrerseits abhängig von weiteren Einflussgrößen. Der Kapitalwert ergibt sich mithin als eine verkettete Funktion. Zur Bewertung einer Investition wäre es daher unzureichend, von nur einer einzigen Datenlage und dementsprechend sicheren Eingabegrößen c_t, i, n auszugehen. Dies schränkt den Erklärungsgehalt der bis hierher gezeigten Ansätze für die Wirklichkeit erheblich ein (vgl. Schneider 1992, S. 35). Um die Aussagekraft zu verbessern, kann auf verschiedene Weisen versucht werden, die Nicht-Sicherheit der Planungsgrößen in das Entscheidungskalkül zu integrieren.

Risiko

In der Realität ist es nicht selten notwendig, fundamentale Unsicherheit, bei der der Entscheidungsträger nicht alle denkbaren Umweltzustände und Konsequenzen kennt und ihnen keine Wahrscheinlichkeiten zuordnen kann, zu handhaben. In einem ersten Schritt erweist es sich indes als sinnvoll, zunächst von einer **idealisierten Unsicherheit** auszugehen: Risikosituationen sind dadurch gekennzeichnet, dass der Entscheider die denkbaren Datenkonstellationen mitsamt ihrer **Eintrittswahrscheinlichkeiten** kennt. Beruhen können diese auf

Objektive vs. subjektive Wahrscheinlichkeiten

- **objektiven** Wahrscheinlichkeitsverteilungen, die sich aus empirischen Erhebungen oder/und statistischer Modellierung ergeben;
- **subjektiven** Wahrscheinlichkeitsverteilungen, die ausgehend von individuellen Wissensbeständen, Erfahrungen, Erwartungen und Einschätzungen gebildet werden.

Inwieweit solche Wahrscheinlichkeiten ermittelbar sind und sich aus theoretischer Sicht als Element von Entscheidungskalkülen überhaupt rechtfertigen lassen, ist nicht unumstritten. Im Rahmen dieses einführenden Moduls kann ihre Eignung jedoch nicht weiter problematisiert werden (vgl. dahingehend einführend etwa Perridon/Steiner/Rathgeber 2017, S. 117 ff.; ausführlich auch hier Schneider 1992, S. 427 ff.). Bei der Bewertung von Einzelinvestitionen lässt sich das Vorliegen einer Risikosituation dann unter impliziter oder expliziter Berücksichtigung der ermittelten Wahrscheinlichkeitsverteilung einbeziehen.

5.2 Implizite Berücksichtigung von Eintrittswahrscheinlichkeiten

Die nachfolgend dargestellten Korrekturverfahren sowie Sensitivitätsanalysen sind dadurch charakterisiert, dass zwar einerseits eine Nicht-Sicherheit speziell solcher Planungsgrößen angenommen wird, die außerhalb des Einflussbereichs des Entscheiders liegen, andererseits aber basierend hierauf jedoch immerhin Eintrittswahrscheinlichkeiten zugewiesen werden, die diese Nicht-Sicherheit (be-)rechenbar machen würden.

5.2.1 Korrekturverfahren

Das Grundprinzip dieser Ansätze besteht darin, die Eingabegrößen von Investitionskalkülen mit Blick auf herrschende Unsicherheit anzupassen, genauer: um **Risikoabschläge** bzw. **Risikozuschläge** zu korrigieren. Hierfür kann im Grundsatz an sämtlichen Komponenten c_t, i und n eines Kapitalwertkalküls angesetzt werden:

Korrektur von i

1. **Erhöhung des Diskontierungszinssatzes**: Der Diskontierungszins i_f, welcher in einer Sicherheitssituation anzuwenden wäre, wird um Zuschläge erhöht, die wahrgenommene Risiken widerspiegeln. Je größer also die konstatierte Unsicherheit, desto höher diese **Risikoprämien**, desto stärker der Abzinsungseffekt, desto niedriger der Kapitalwert. Idealtypisch lässt sich dieser Zusammenhang wie folgt illustrieren:

Abb. 5.1

Zuschlag von Risikoprämien zum Diskontierungszins

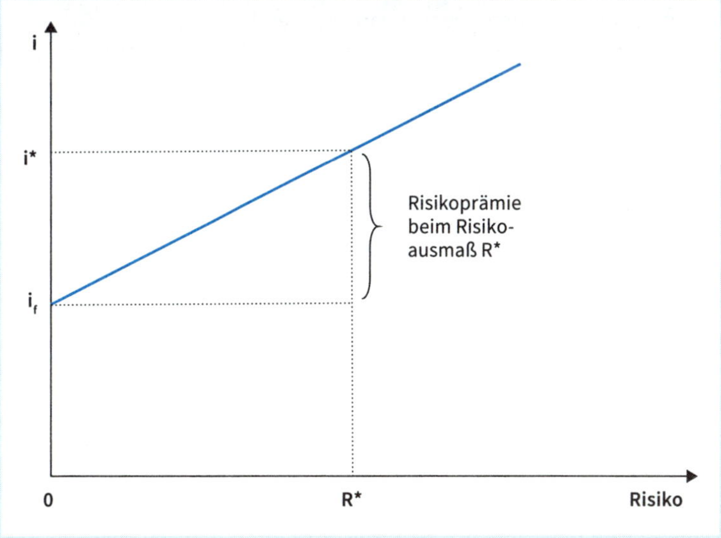

Im Verlauf der vom Risiko abhängenden Zinskurve drückt sich die Risikoeinstellung des Entscheiders aus: Je steiler der Verlauf, desto stärker die Risikoscheu des Investors, während eine Waagerechte für vollständige Gleichgültigkeit gegenüber Risiken stünde. Infolge des Zinseszinseffekts im Rahmen dynamischer Verfahren der Investitionsrechnung führt dieses Verfahren naturgemäß zu einer überproportionalen Korrektur späterer Cashflows. Diese Eigenschaft verstärkt sich noch, wenn die Zinskorrektur nicht einheitlich über alle Jahre, sondern in wachsendem Ausmaß vorgenommen wird, was leicht zu einer Überbetonung von Risikoaspekten führen kann.

Korrektur der c_t

2. **Reduzierung der Netto-Einzahlungsüberschüsse**: Gegenüber einer Sicherheitssituation werden die c_t einer Investition entsprechend der wahrgenommenen Risiken gekürzt. In solchen Abschlägen sind dann implizit sämtliche Einbußen samt ihrer Eintrittswahrscheinlichkeiten verdichtet. Auch hierdurch führt ein höherer Grad der Unsicherheit zu einem umso niedrigeren Kapitalwert. Sinnvoller als pauschale Korrekturen wäre aus theoretischer Sicht der Ansatz von **Sicherheitsäquivalenten**. Als solche bezeichnet man die sichere Zahlung, die ein Entscheider als exakt so nutzenstiftend empfindet wie eine unsichere Zahlung, die sich nach Maßgabe einer bestimmten Wahrscheinlichkeitsverteilung ergibt. Für die Formulierung des Sicherheitsäquivalents an sich reicht eine implizite oder ungefähre Berücksichtigung dieser Wahrscheinlichkeitsverteilung aus (vgl. Busse von Colbe/Laßmann/Witte 2015, S. 191 f.). Wird sie zusätzlich explizit und en detail benutzt, um einen Cashflow-Erwartungswert zu berechnen, kann aus dem Verhältnis von Sicherheitsäquivalent und Erwartungswert die **Risikoeinstellung** des Entscheiders abgelesen werden:

Risikoeinstellung

   - Ein risikoneutraler Investor setzt das Sicherheitsäquivalent exakt in Höhe des Erwartungswertes an.
   - Risikoaversion (-scheu, -abneigung) liegt vor, wenn das Sicherheitsäquivalent des Investors unter dem Erwartungswert liegt.
   - Ein risikofreudiger Investor zeigt umgekehrt Sicherheitsäquivalente, die über dem Erwartungswert liegen.

Beispiel 1

Risikoeinstellungen

▸▸▸ Drei Entscheider E1, E2 und E3 sehen sich einer Investition gegenüber, die mit 60 % Wahrscheinlichkeit eine Zielgröße von 2 Mio. € und mit 40 % Wahrscheinlichkeit eine Zielgröße von 1 Mio. € erwarten lässt. Auf die Frage danach, welche sichere Zielgröße sie als ebenso nutzenstiftend einstufen würden wie die vorgenannten unsicheren, machen die drei Entscheider unterschiedliche Angaben, die ihre Risikoeinstellung enthüllen:

- E1: 1,5 Mio. €
- E2: 1,8 Mio. €
- E3: 1,6 Mio. €.

Der Erwartungswert der unsicheren Variante beträgt $(0{,}6 \cdot 2 + 0{,}4 \cdot 1)$ Mio. € = 1,6 Mio. €. Demnach ist E1 risikoavers, E2 risikofreudig und E3 risikoneutral eingestellt. ◂◂◂

Korrektur von n

3. **Reduzierung der Nutzungsdauer**: Es wird nicht mit der planmäßigen, sondern einer kürzeren Nutzungsdauer kalkuliert (implizit wird späteren Einzahlungsüberschüssen also eine Wahrscheinlichkeit von 0 % beigemessen). Unter der Voraussetzung, dass sich auch in diesen Perioden positive Einzahlungsüberschüsse eingestellt hätten, senkt auch diese Form des Abschlags den Kapitalwert.

Kritik

Korrekturverfahren sind dem Grunde nach als Anwendung eines **Vorsichtsprinzips** in der Investitionsrechnung nachzuvollziehen. Darüber hinaus sind sie allerdings Anlass zu schwerwiegender Kritik (vgl. bes. Blohm/Lüder/Schaefer 2012, S. 229 f.). Diese beruht im Kern darauf, dass die konkreten Korrekturen

- bestenfalls plausibel sind, jedoch **nicht analytisch** aus (einem Modell) der Unsicherheit von Einflussgrößen gewonnen werden können;
- nur **pauschal** bestimmt und ins Kalkül integriert werden.

Auf der anderen Seite ist die Einarbeitung der Unsicherheit in ein Investitionskalkül auf diese Weise relativ einfach. Zudem kann sie – so das nötige Know-how vorhanden ist – durchaus zu wertvollen Einsichten in die Auswirkungen der Nicht-Sicherheit auf die Akzeptanz und Vorteilhaftigkeit von Investitionen führen. Es verwundert daher nicht, dass Korrekturverfahren in der Praxis weit verbreitet sind. Das gilt insbesondere für Zuschlagskalkulationen, die einen risikolosen Sockelzins um Risikoprämien erhöhen. Wie in den Modulen 7 und 8 gezeigt wird, gibt es sogar die Möglichkeit, dieses Vorgehen auf Grundlage ökonomischer Modelle fundiert zu entwickeln. Unabhängig davon besteht an dieser Stelle Bedarf nach besser (durch die Theorie) gestützten Verfahren zur Berücksichtigung von Unsicherheit in Investitionskalkülen (vgl. einführend auch Bank/Gerke 2016, S. 186 ff.).

5.2.2 Sensitivitätsanalysen

Reaktionsempfindlichkeit

Sensitivitätsanalysen untersuchen, inwieweit eine Zielgröße, im konkreten Fall der Kapitalwert einer Investition, von ganz bestimmten Einflussgrößen abhängt. Gefragt wird dann, wie sensitiv bzw. sensibel der Kapitalwert auf Abweichungen einer solchen Inputvariable vom Plan reagiert. Die Kapitalwertfunktion

$$C_0 = C_0(c_t, i, n)$$

wird dafür explizit als eine verkettete Funktion verstanden, also als

$$C_0 = C_0[c_t(x_1, x_2, \ldots, x_k);\ i(y_1, y_2, \ldots, y_l);\ n(z_1, z_2, \ldots, z_m)].$$

Die in Modul 4 zugrundeliegende Sicherheitsannahme bedeutet, dass nur eine einzige x_{k^*}-y_{l^*}-z_{m^*}-Kombination für relevant erachtet wird. Um wahrgenommene Unsicherheit zu berücksichtigen, kann, alternativ zu Korrekturverfahren, versucht werden, verschiedene Variablenkombinationen »durchzuspielen«. Um einen Eindruck von den herrschenden Zusammenhängen zu gewinnen, lassen sich auch einfachere **Sensitivitätsanalysen** nutzen, deren Augenmerk auf der Abhängigkeit des Kapitalwertes (oder einer anderen Zielgröße) von einer ausgewählten Einflussvariablen liegt. Insoweit wird die ursprüngliche Sicherheitsannahme nur punktuell gelockert, es gilt z. B.

$$C_0 = C_0[c_t(x_k);\ i;\ n].$$

Grundprinzip und Ablauf einer Sensitivitätsanalyse lassen sich bereits an diesem einfachsten Fall einer Kapitalwertanalyse verdeutlichen (vgl. analog Kruschwitz, 2014, S. 313 f.):

1. Vorab: Berechnung des Kapitalwertes in gewohnter Form, um einen Referenzpunkt (Benchmark) zu erhalten.
2. Auswahl einer Einflussgröße bzw. unabhängigen Variable: x_k. Formulierung des Zusammenhangs zwischen unabhängiger Variable und Kapitalwertkomponente: $c_t = c_t(x_k)$.
3. Formulierung der Problemstellung. Typisch hierfür sind:
   a. Schluss von (Veränderungen) der unabhängigen Variablen auf resultierende (Veränderungen der) Kapitalwerte: $\Delta x_k \rightarrow \Delta C_0$.
   b. Schluss von bestimmten (Veränderungen von) Kapitalwerten auf die dafür erforderliche (Veränderung der) Einflussgröße: $\Delta C_0 \rightarrow \Delta x_k$.
4. Ermittlung kritischer Werte:
   a. Vorgabe denkbarer Δx_k, Ermittlung resultierender ΔC_0.
   b. Vorgabe (un-)erwünschter C_0, Ermittlung dafür nötiger Δc_t bzw. Δx_k.

Beispiel 2

Sensitivitätsanalyse

▶▶▶ Nach intensiven Analysen hat sich das Management der RedCan AG vorerst für die Anschaffung der Cancheck-Anlage entschieden (vgl. Modul 4.2, Beispiel 12). Kalkuliert worden war hier mit 350 T€ jährlichen Einnahmen und 120 T€ bzw. 150 T€ jährlichen Ausgaben für vier Jahre. Die Ausgaben ergaben sich aus einem konstanten zahlungswirksamen Prüfaufwand von 0,01 €/Dose bei einem als konstant angenommenen Volumen von 12 Mio. Dosen p. a.; in den beiden letzten Jahren wurden zusätzlich 30.000 € für Reparaturen veranschlagt. Angenommen, die Höhe der Vergütung sei fix, während das Partnerunternehmen beliebige Dosenmengen zur Prüfung anliefern darf: Wie stark reagiert der Kapitalwert auf Mengenänderungen?

Schritt 1: Im Ausgangsfall beträgt der Kapitalwert 154,76 T€.

Schritt 2: Geprüft wird die Sensitivität des Kapitalwertes in Bezug auf die Dosenmenge x. Die Cash-Inflows sind unabhängig von x. Die Cash-Outflows lauten 0,01x in den Jahren 1 und 2 sowie 0,01x + 30 in den Jahren 3 und 4.

Schritt 3a: Aus Sicht von RedCan erscheint denkbar, dass das Partnerunternehmen 12,5 Mio. Dosen p. a. zur Prüfung anliefert. Wie auch in 3b handelt es sich bei dem untersuchten Szenario also um eine Mengenänderung.

Schritt 3b: Der Vorstand von RedCan möchte zudem wissen, bei welcher kritischen Dosenmenge die Investition nicht mehr lohnend ist.

Schritt 4a: Im Kapitalwertansatz verändern sich die mengenabhängigen Auszahlungen auf 12,5 Mio. Dosen · 0,01 €/Dose = 125 T€, der Ansatz in der Gesamtsicht lautet (in T€):

$$C_0^{x=12{,}5\text{Mio.}} = -720 + \frac{350-125}{1{,}06} + \frac{350-125}{1{,}06^2} + \frac{320-125}{1{,}06^3} + \frac{480-125}{1{,}06^4} = 137{,}43$$

Auch unter der Annahme einer um 500.000 Einheiten höheren Zahl von Prüfstücken wäre die Investition unter den genannten Bedingungen demnach akzeptabel. Gleichwohl wird bereits die Sensitivität des Kapitalwertes sichtbar: Ein Mengenzuwachs von +4,17 % zieht einen um (154,76 - 137,43)/154,76 = 11,2 % sinkenden Kapitalwert nach sich.

Schritt 4b: Gesucht ist die kritische Dosenmenge x'. Bei Konstanz von Anschaffungsauszahlung, Einnahmen und Wartungsausgaben lautet der neue Ansatz (in T€):

$$C_0^{x'} = -720 + \frac{350-0{,}01x'}{1{,}06} + \frac{350-0{,}01x'}{1{,}06^2} + \frac{320-0{,}01x'}{1{,}06^3} + \frac{480-0{,}01x'}{1{,}06^4} = 0 \Leftrightarrow$$

$$C_0^{x'} = -720 + \frac{350}{1{,}06} - \frac{0{,}01x'}{1{,}06} + \frac{350}{1{,}06^2} - \frac{0{,}01x'}{1{,}06^2} + \frac{320}{1{,}06^3} - \frac{0{,}01x'}{1{,}06^3} + \frac{480}{1{,}06^4} - \frac{0{,}01x'}{1{,}06^4} = 0 \Leftrightarrow$$

$$C_0^{x'} = -720 + 330{,}19 + 311{,}50 + 268{,}68 + 380{,}20 - \left(\frac{0{,}01}{1{,}06} + \frac{0{,}01}{1{,}06^2} + \frac{0{,}01}{1{,}06^3} + \frac{0{,}01}{1{,}06^4}\right)x' = 0 \Leftrightarrow$$

$$570{,}57 - \left(\frac{0{,}01}{1{,}06} + \frac{0{,}01}{1{,}06^2} + \frac{0{,}01}{1{,}06^3} + \frac{0{,}01}{1{,}06^4}\right)x' = 0 \Leftrightarrow x' = 16.466.164{,}78$$

Demnach wäre das dargestellte Arrangement aus Sicht der RedCan AG dann nicht attraktiv, wenn das Partnerunternehmen 16.466.165 oder mehr Dosen zur Materialprüfung anliefern würde. Steigt also die Menge der Prüfstücke gegenüber der Ausgangssituation um ca. 37 %, vernichtet das 100 % des Kapitalwertes, worin eine erhebliche Mengensensitivität dieser Größe sichtbar wird. ◀◀◀

Erweiterung: Szenarioanalysen

Unabhängig davon, dass auch die gezeigte Form der Sensitivitätsanalyse verglichen mit den komplexen Sachverhalten und Zusammenhängen der realen Welt immer noch eine starke Vereinfachung darstellt, macht sie doch deutlich, wie sich investitionsrechnerische Ansätze zielgerichtet um die Berücksichtigung nicht sicherer Einflussgrößen erweitern lassen. Komplexere Formen der Sensitivitätsanalyse kombinieren mehrere veränderliche Einflussgrößen in sogenannten **Szenarioanalysen**, also umfangreicheren Zukunftsbildern (vgl. einführend Götze 2014, S. 388 ff.). Die zugrundeliegenden Szenarien können dabei sowohl unternehmensinternen als auch -externen Quellen entspringen: Ein Beispiel für Letzteres sind die in den letzten Jahren intensiv diskutierten **Stress-Tests**, die Finanzunternehmen wie Banken und Versicherungen aus eigenem Antrieb durchführen können und aufgrund bankaufsichtlicher Vorgaben sogar durchführen müssen.

Partial- vs. Totalanalyse

Auch die Sensitivitätsanalyse ist ein grundsätzlich nachvollziehbares Vorgehen, das wichtige Hinweise auf die Profitabilität(sgrenzen) von Investitionsprojekten geben kann. Allerdings leidet das Verfahren unter einem fundamentalen Dilemma:

- Einfache Sensitivitäts- sind lediglich **Partialanalysen**, die implizit von der Sicherheit der nicht fokussierten Eingabegrößen ausgehen. Allerdings bleibt dadurch die Komplexität des Ansatzes beherrschbar.
- Szenarioanalysen untersuchen die **kombinierten Änderungen** einer Mehrzahl von (voneinander nicht unabhängigen) Eingabegrößen (vgl. etwa Brealey/Myers/Allen 2016, S. 245). Auch sie werden aufgrund der fundamentalen Unsicherheit und Wissensdefizite die wirtschaftliche Realität nie wirklich vollständig abbilden können. Allerdings ist das ein eher theoretisches Manko, da bei (vermeintlichen) **Totalanalysen** die Anzahl denkbarer Szenarien mit der Anzahl relevanter Variablen exponentiell wächst, sodass Szenarioanalysen schwer zu handhaben sind: Bereits mit der Hinzunahme einer zweiten unsicheren Eingabegröße stellt sich die Frage der Abhängigkeit. Würde im vorgenannten Beispiel etwa der Preis zum Aktionsparameter der RedCan AG, müsste berücksichtigt werden, dass preispolitische Maßnahmen häufig zu Mengenanpassungen der Marktgegenseite führen, welche sich auf die Einzahlungsüberschüsse in entgegengesetzter Richtung niederschlagen. Szenarioanalysen konzentrieren sich daher regelmäßig auf ausgewählte Variablenkombinationen. Klassisch ist das Durchspielen des Normalfalls (management case) in Verbindung mit dem schlechtestmöglichen (worst case) sowie dem bestmöglichen (best case) denkbaren Szenario, in deren Rahmen die zu erwartenden Veränderungen der Zielgröße bestimmt werden (vgl. etwa Bieg/Kußmaul/Waschbusch 2016, S. 200, 205). Eine Berechnung kritischer Werte ist in diesem Fall hingegen kaum noch sinnvoll möglich.

Sowohl Sensitivitäts- als auch Szenarioanalysen leiden darüber hinaus unter dem gleichen Vorwurf wie die Korrekturverfahren, zwar plausible Faustregeln zu sein, denen es jedoch an der Theoriebasis mangelt. Diesem Vorwurf kann unter Rückgriff auf grundlegende Konzepte der Wahrscheinlichkeits- und Entscheidungstheorie zu begegnen versucht werden.

5.3 Explizite Berücksichtigung von Eintrittswahrscheinlichkeiten

5.3.1 Eindimensionale Ansätze

Kann der Entscheidungsträger die herrschende Unsicherheit – schon vor dem Treffen einer Entscheidung – mit Hilfe von **Wahrscheinlichkeiten** quantifizieren, ist es möglich, **Erwartungswerte** (EW bzw. μ) zu berechnen und die Investitionsentscheidung hieran auszurichten. Erwartungswerte sind arithmetische Mittelwerte, zu deren Berechnung die möglichen Zielgrößen Z_j mit ihren Eintrittswahrscheinlichkeiten p_j gewichtet werden:

$$EW(\text{Inv } A) = \mu_A = \sum_{j=1}^{n} Z_j \cdot p_j$$

Erwartungswertmaximierung

Der Erwartungswert ist also ein Durchschnitt der denkbaren Zielgrößen, die mit ihren jeweiligen Eintrittswahrscheinlichkeiten gewichtet sind und gibt an, mit welcher Höhe der Zielgröße im Mittel gerechnet werden kann. Die hieran anknüpfende Auswahlregel lautet, die Alternative mit dem maximalen Erwartungswert der Zielgröße zu wählen (**Bayes-Kriterium**, vgl. einführend Bank/Gerke 2016, S. 64 f.). Grundsätzlich müssten sich die Wahrscheinlichkeiten auf Eingabegrößen eines Investitionskalküls beziehen, also insbesondere die Einzahlungsüberschüsse c_t. Es müssten dann hierfür Erwartungswerte berechnet und diese sodann in das Diskontierungskalkül eingegeben werden. Der Einfachheit halber wird im Folgenden unterstellt, dass sich die Wahrscheinlichkeiten direkt auf Zielgrößen beziehen, so dass die Investitionsentscheidung unmittelbar anhand der berechneten Erwartungswerte getroffen werden kann. Als Zielgröße standen aus den Modulen 3 und 4 heraus bislang Kapitalwerte und interne Zinsfüße im Vordergrund. Strenggenommen können diese Größen konstruktionsbedingt nicht unsicher sein, weswegen sich für sie eine Wahrscheinlichkeitsverteilung nicht sinnvoll angeben lässt (vgl. dezidiert Schmidt/Terberger 2006, S. 302 ff.). Nachfolgend wird daher zunächst der allgemeine Begriff der Zielgröße verwendet und eingangs von Modul 6 spezifiziert.

Der vorhandene Möglichkeitsbereich kann hierbei zunächst einer Vorprüfung anhand eines ersten **Dominanzkriteriums** unterzogen werden: Eine Alternative X dominiert eine Alternative Y, wenn X in keiner Umweltlage eine schlechtere Zielgröße als Y und in mindestens einer Umweltlage eine bessere Zielgröße als Y erwarten lässt (vgl. z. B. Schneider 2011, S. 188 f., m. w. N.). In diesem Fall ist es ökonomisch sinnvoll, Y aus der weiteren Betrachtung auszuschließen, denn μ_Y **muss** in diesem Fall kleiner als μ_X sein.

Beispiel 3

Beurteilung von Investitionsalternativen auf Basis von Erwartungswerten

▸▸▸ Zur Entscheidung stehen die Investitionen A, B, C und D. Sie lassen gleiche Nutzungsdauern sowie Anschaffungsauszahlungen, jedoch unsichere Einzahlungsüberschüsse erwarten. Grund ist der ungewisse Konjunkturverlauf (Umweltlage j), der für unterschiedliche Absatzmengen und daher Einzahlungsüberschüsse sorgt. In der Folge hält der Finanzleiter folgende Zielgröße Z_0^j der vier Investitionen in Abhängigkeit von der Umweltlage j für möglich (Angaben in T€):

Umweltlage j	Wahrscheinlichkeit Umweltlage j (p_j)	Z_{0A}^j	Z_{0B}^j	Z_{0C}^j	Z_{0D}^j
Abschwung	20 %	10	8	20	15
Stabilität	50 %	20	20	26	24
Aufschwung	30 %	50	48	30	40

In diesem Fall wird Investition B von Investition A dominiert, da A in keiner Umweltlage eine schlechtere Zielgröße und in zwei Umweltlagen eine bessere Zielgröße als B erwarten lässt. B kann daher aus der weiteren Betrachtung ausgeschlossen werden. Die Erwartungswerte der Zielgrößen der verbliebenen Investitionen lauten:

$$EW\left(Z_0^A\right) = \mu_A = 0{,}2 \cdot 10 + 0{,}5 \cdot 20 + 0{,}3 \cdot 50 = 27$$

$$EW\left(Z_0^C\right) = \mu_C = 0{,}2 \cdot 20 + 0{,}5 \cdot 26 + 0{,}3 \cdot 30 = 26$$

$$EW\left(Z_0^D\right) = \mu_D = 0{,}2 \cdot 15 + 0{,}5 \cdot 24 + 0{,}3 \cdot 40 = 27$$

Gemessen an $\mu_A = \mu_D > \mu_C$ lassen die Investitionen A und D die höhere Zielgröße erwarten, gemessen am Bayes-Kriterium ist ihnen C unterlegen. Zwischen A und D kann demgegenüber allein anhand des Bayes-Kriteriums nicht eindeutig entschieden werden. ◂◂◂

Verfahrensspezifische Kritik

Neben der Tatsache, dass eine eindimensionale Zielformulierung eine Entscheidungsfindung (zwischen demnach gleichwertigen) Alternativen erschwert, basiert ein erstes Kernargument, das sich gegen die Ausrichtung von Investitionsentscheidungen am Bayes-Kriterium richtet, auf Zweifeln daran, dass Entscheider – z. B. bei Innovationen – tatsächlich über exakte Wahrscheinlichkeiten verfügen, die entweder objektiven Quellen entnommen oder zumindest subjektiv formuliert worden sind. Noch schwerer wiegt demgegenüber die Tatsache, dass dieses Kriterium zwar einerseits von Unsicherheit ausgeht und sie über Wahrscheinlichkeiten (be)rechenbar zu machen sucht, andererseits aber die persönliche Einstellung des Entscheiders zu Risiko bzw. Unsicherheit nicht würdigt: Das Fehlen einer Maßzahl für das Risiko ist nur dann zu rechtfertigen, wenn der Entscheider am Risiko nicht interessiert, also risikoneutral ist.

Bernoulli-Prinzip

Sobald aber davon auszugehen ist, dass ein Entscheider dem Risiko einer Entscheidung gegenüber nicht indifferent ist, muss seine Risikoeinstellung berücksichtigt werden. In Kapitel 5.1 war bereits eine Möglichkeit skizziert worden, sie mit Hilfe von Sicherheitsäquivalenten zu formulieren. In ausführlicher Form lässt sich das zugrundeliegende **Bernoulli-Prinzip** der Entscheidungstheorie wie folgt mit Hilfe sogenannter **Risikonutzenfunktionen** darstellen:

- Der Entscheider kann eine Nutzenfunktion U formulieren, die den Ergebnissen bzw. Zielgrößen einer (Investitions-)Entscheidung Z_{Aj} unter Unsicherheit einen bestimmten Nutzenwert $U(Z_{Aj})$ zuordnet.
- Die Nutzenfunktion U weist eine Reihe bestimmter Eigenschaften (wie z. B. Stetigkeit) auf.
- Den Nutzen einer Investitionsmöglichkeit berechnet der Entscheider als Erwartungswert des Nutzens der denkbaren Ergebnisse dieser Handlungsalternative.
- Der Entscheider wählt die Investitionsalternative, welche den höchsten Erwartungswert des Nutzens besitzt:

$$E\left[U\left(Z_{Aj}\right)\right] = \sum_{j=1}^{n} U\left(Z_{Aj}\right) \cdot p_j \rightarrow \max!$$

Nutzenfunktion

Während diese Bedingungen für alle Entscheider gleichermaßen erfüllt sein müssen, dürfen sich diese im Hinblick auf ihre Risikoeinstellung durchaus unterscheiden. Abgegrenzt werden hierbei (verschiedene Grade der) Risikoscheu, (verschiedene Grade der) Risikofreude sowie Risikoneutralität. Diese Risikoeinstellungen lassen sich sowohl numerisch als auch graphisch darstellen. Der Funktionsgraph der **Nutzenfunktion** U, die zeigt, wie der von der Ergebnis- bzw. Zielgröße (hier also z. B. vom Kapitalwert) abhängige Nutzen steigt, ist

- für einen risikofreudigen Entscheider konvex;
- für einen risikoaversen Entscheider konkav und
- für einen risikoneutralen Entscheider linear.

Abb. 5.2

Idealtypische Risikonutzenfunktionen

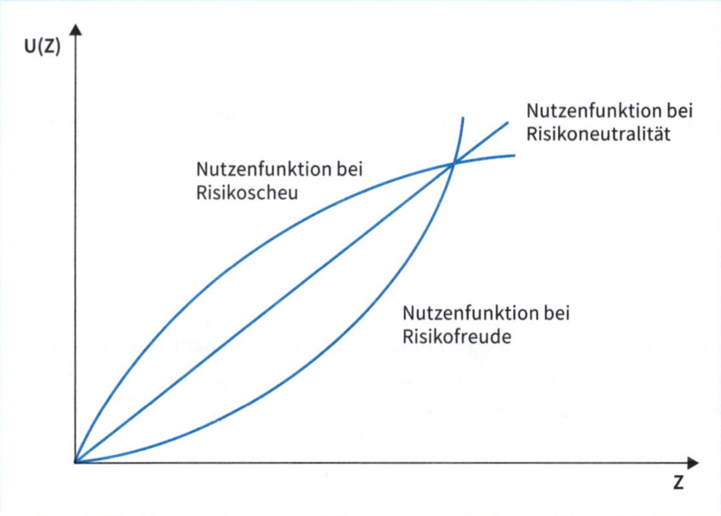

Konkav ist eine Funktion, wenn jede kürzeste (lineare) Verbindung zwischen zwei Punkten auf dem Funktionsgraphen unter demselben verläuft. Bei Konvexität liegt die kürzeste Verbindungslinie zweier Punkte hingegen oberhalb des Graphen. Der Zusammenhang zwischen Kurvenverlauf und Risikoeinstellung sowie das Treffen einer Auswahlentscheidung lässt sich für das gegebene Beispiel anhand der Nutzenfunktion eines risikoscheuen Entscheiders illustrieren:

Beispiel 4

Beurteilung von Investitionsalternativen auf Basis von Nutzenerwartungswerten durch einen risikoscheuen Entscheider

▸▸▸ Zur Entscheidung stehen unverändert die Investitionen A, C und D entsprechend Beispiel 3:

Umweltlage j	**Wahrscheinlichkeit Umweltlage j (p_j)**	Z_{0A}^j	Z_{0C}^j	Z_{0D}^j
Abschwung	20 %	10	20	15
Stabilität	50 %	20	26	24
Aufschwung	30 %	50	30	40
Erwartungswert von Z_0		27	26	27

Auf Basis der Erwartungswerte konnte zwischen A und D nicht und auch gegenüber C nur knapp entschieden werden. Angenommen sei nun, die Nutzenfunktion des Entscheiders sei konkav und lautet

$$U = \sqrt{Z}.$$

Die Erwartungswerte des Nutzens der drei verbliebenen Alternativen lauten:

$$E(U_A) = 0{,}2 \cdot \sqrt{10} + 0{,}5 \cdot \sqrt{20} + 0{,}3 \cdot \sqrt{50} = 4{,}99$$

$$E(U_C) = 0{,}2 \cdot \sqrt{20} + 0{,}5 \cdot \sqrt{26} + 0{,}3 \cdot \sqrt{30} = 5{,}09$$

$$E(U_D) = 0{,}2 \cdot \sqrt{15} + 0{,}5 \cdot \sqrt{24} + 0{,}3 \cdot \sqrt{40} = 5{,}12$$

Für einen Entscheider mit einer Risikoeinstellung, die durch obige Nutzenfunktion $U = \sqrt{Z}$ ausgedrückt wird, ist die Entscheidung also nunmehr klar: D ist gegenüber C und noch mehr gegenüber A vorzuziehen. Die Rangfolge der Investitionsmöglichkeiten hat sich also durch Berücksichtigung des Risikos gegenüber der Situation im vorangehenden Beispiel 3 entscheidend verändert: Unter Berücksichtigung der Nutzenfunktion ist das Auswahlproblem nunmehr gelöst. Dass dieser Entscheider risikoscheu ist, lässt sich hierbei am besten anhand einer sicheren Alternative illustrieren: Angenommen, es gäbe eine Investition E, die in jedem Fall (also mit einer Wahrscheinlichkeit von 100 % = 1) einen Kapitalwert von 27 erwarten ließe. Dieser Betrag entspricht dann auch dem Erwartungswert:

$$EW\left(C_0^E\right) = \mu_E = 1 \cdot 27 = 27$$

Gemessen allein am Erwartungswert wäre E den bekannten Alternativen A und D gleichwertig. Dies gilt auch für alle anderen nicht-sicheren Investitionen, die einen Erwartungswert in dieser Höhe aufweisen. Die Einbeziehung der Risikoeinstellung über die Anwendung der Nutzenfunktion erbringt hingegen:

$$E(U_E) = 1 \cdot \sqrt{27} = 5{,}2$$

Hiernach ist die sichere Alternative E den unsicheren Alternativen A und D (sowie weiterhin C, welche bereits einen niedrigeren Erwartungswert aufweist) überlegen. Tatsächlich gilt dieses Verhältnis für alle nicht-sicheren Investitionen mit dem gleichen (oder einem niedrigeren) Erwartungswert: Die sichere Alternative weist bei gleichem Erwartungswert der Zielgröße den höchsten Erwartungswert des Nutzens aus. Der Nutzen des Erwartungswertes der Zielgrößen (Investition E: 5,2) ist höher als der Erwartungswert des Nutzens der Zielgrößen (also u. a. D: 5,12 und A: 4,99). ◂◂◂

Vorstehende Relation lässt sich als Basis einer allgemeinen Definition der verschiedenen Risikoeinstellungen verwenden: Risiko**scheu** liegt vor, wenn gemäß der Nutzenfunktion des Entscheiders der Erwartungswert des Nutzens der verschiedenen denkbaren Ausprägungen der Zielgröße (wie oben für A und D als 4,99 bzw. 5,12 berechnet) **kleiner** ist als der Nutzen ihres Erwartungswertes: Dieser beträgt für A und D 27, der mit dieser Wert verbundene Nutzen beläuft sich auf die Quadratwurzel hieraus, also 5,2. Bei Risikofreude wäre das Verhältnis umgekehrt, bei Risikoneutralität wären beide Werte gleich (vgl. Schmidt/Terberger 2006, bes. S. 292).

Alternativ lässt sich die individuelle Risikoeinstellung ablesen am Verhältnis zwischen einer sicheren und einer unsicheren Alternative, die der Entscheider als gleichwertig einstuft. Ersteres ist das individuelle **Sicherheitsäquivalent**, also eine sichere Zielgröße Z^*, deren Nutzen der Entscheider als ebenso hoch empfindet wie den Nutzen der anderen, also einer durch eine Wahrscheinlichkeitsverteilung und mithin Risiko gekennzeichneten Alternative. Bei Letzterer ist demnach nicht eine (sichere) Zielgröße denkbar, sondern j verschiedene Zielgrößen Z_{0j}, die eine Eintrittswahrscheinlichkeit von p_j haben: $U(C^*) = E[U(Z_{0j})]$.

Risikoeinstellung

- Ein risikofreudiger Entscheider begrüßt die Nicht-Sicherheit der Zielgröße, indem er primär auf die Chance setzt, dass sich ein unerwartet hoher Wert ergibt. Ein Verzicht auf diese Chance ist für ihn daher nur nutzenneutral, wenn der stattdessen zu erwartende sichere Wert Z^* überdurchschnittlich hoch ist: $Z^* > \Sigma\, p_j Z_{0j}$.
- Ein risikoscheuer Entscheider betont die Gefahr unerwartet niedriger Zielgrößen. Für einen sicheren Betrag Z^* ist er daher sogar bereit, einen Abschlag vom Erwartungswert der unsicheren Zielgrößen zu akzeptieren: $Z^* < \Sigma\, p_j Z_{0j}$.
- Ein risikoneutraler Entscheider schließlich ist indifferent gegenüber der Nicht-Sicherheit, sein Sicherheitsäquivalent entspricht daher exakt dem Erwartungswert der Zielgrößenverteilung: $Z^* = \Sigma\, p_j Z_{0j}$.

Das Bernoulli-Kriterium repräsentiert eine der grundlegenden Möglichkeiten, zwischen risikobehafteten (Investitions-)Alternativen zu entscheiden. Die Verdichtung von Chance und Risiko in einer Größe benötigt mit der individuellen Nutzenfunktion allerdings ein Konzept, das zwar aus der neoklassischen Mikroökonomie bekannt, aber dennoch für viele Entscheider ungewohnt ist. Zudem gilt die Theorie hinsichtlich ihres Erklärungsgehalts für tatsächliches Verhalten »inzwischen als empirisch widerlegt, zumindest aber als zweifelhaft« (Schneider 2011, S. 191), was in besonderem Maße auf die Forschungsarbeiten der Behavioral Finance zurückgeführt wird (vgl. Modul 7 und im Überblick Barberis/Thaler 2003; im Original u. a. die Arbeiten von Kahneman, Tversky sowie Shiller). Nicht erst seit dem Aufkommen der letztgenannten Forschungsrichtung werden daher Ansätze bevorzugt, die beide Komponenten separat erfassen.

5.3.2 Zweidimensionale Ansätze

Ist nicht von Risikoneutralität auszugehen und soll anders als nach dem Bernoulli-Kriterium entschieden werden, ist die (zusätzliche) Berücksichtigung einer eigenen Maßzahl für das (Investitions-)Risiko unerlässlich. Ausgehend von den Erkenntnissen der Entscheidungstheorie werden hierfür **Streuungsmaße** bevorzugt (vgl. einführend Bleymüller/Weißbach 2015, S. 24 ff.). Zur Verwendung in Verbindung mit Erwartungswerten eignen sich die **Varianz** σ^2 sowie die **Standardabweichung** σ. Verknüpft werden hierin die schon bekannten Wahrscheinlichkeiten der denkbaren endlichen Zahl von Umweltlagen einerseits mit den im Einzelfall zu erwartenden Abweichungen vom Erwartungswert andererseits: Lautet der Erwartungswert wie oben gezeigt

$$EW(Inv\,A) = \mu_A = \sum_{j=1}^{n} Z_{Aj} \cdot p_j,$$

so lautet die zugehörige Varianz

$$var_A = \sigma_A^2 = \sum_{j=1}^{n} (Z_{Aj} - \mu_A)^2 \cdot p_j.$$

Die Varianz nimmt also die denkbaren Abweichungen vom zuvor berechneten Mittelwert und berechnet hierüber einen analog (mit den p_j) gewichteten Durchschnitt. Während die negativen Abweichungen auch einem umgangssprachlichen Verständnis von »Risiko« entsprechen, lässt sich die Hinzunahme positiver Abweichungen mit einem umfassenden Verständnis von »Risiko« als »**Planungsunsicherheit**« erklären. Dass die Abweichungen vor der Gewichtung quadriert werden, hat insbesondere zwei Gründe:

- Da manche Abweichungen positive, manche negative Vorzeichen haben, wäre ihr einfacher gewogener Durchschnitt stets gleich null. Die Quadrierung verhindert diesen Ausgleich von Abweichungen unterschiedlicher Richtung.
- Vorgenannter Ausgleich ließe sich auch auf andere Weise – z. B. durch die Verwendung von Beträgen – vermeiden. Demgegenüber hat die Quadrierung jedoch den Nebeneffekt, größere Abweichungen zu überzeichnen, was für die Berechnung eines Risikomaßes nicht unerwünscht ist.

Die **Standardabweichung** ergibt sich als Quadratwurzel der Varianz:

$$\sigma_A = \sqrt{var_A} = \sqrt{\sum_{j=1}^{n} (Z_{Aj} - \mu_A)^2 \cdot p_j}$$

Sie erfordert insoweit noch etwas mehr Rechenaufwand, hat aber den Vorteil, in der gleichen Recheneinheit angegeben zu sein wie der Erwartungswert (vgl. auch Brealey/Myers/Allen 2016, S. 165): Sind die Zielgrößen z. B. in € notiert, sind es auch ihr Erwartungswert sowie ihre Standardabweichung, während die Varianz die schwer interpretierbare Dimension »€²« hat. Die Standardabweichung vermittelt einen Eindruck davon, wie weit die denkbaren Zielgrößen von der erwarteten Zielgröße nach oben oder unten abweichen (vgl. etwa Brigham/Ehrhardt 2015, S. 245 f.). Der Entscheider erhält so eine Indikation, wie verlässlich der berechnete Erwartungswert bzw. eine darauf beruhende Planung ist.

Beispiel 5

Beurteilung von Investitionsalternativen auf Basis von Erwartungswerten und Standardabweichungen

►►► Zur Entscheidung stehen unverändert die in Beispiel 3 genannten Investitionen A, C und D.

Investition C war bei einer reinen Erwartungswertbetrachtung als dominiert und daher nicht vorteilhaft bewertet worden. C wird jedoch weiterhin betrachtet, um zu prüfen, inwieweit diese Bewertung bei Hinzunahme einer Maßzahl für das Risiko Bestand hat. Es ergeben sich die folgenden Varianzen bzw. Standardabweichungen:

$$var_A = (10-27)^2 \cdot 0{,}2 + (20-27)^2 \cdot 0{,}5 + (50-27)^2 \cdot 0{,}3$$
$$= 289 \cdot 0{,}2 + 49 \cdot 0{,}5 + 529 \cdot 0{,}3 = 241$$

bzw. $\sigma_A = \sqrt{241} = 15{,}52$

$$var_C = (20-26)^2 \cdot 0{,}2 + (26-26)^2 \cdot 0{,}5 + (30-26)^2 \cdot 0{,}3$$
$$= 36 \cdot 0{,}2 + 0 \cdot 0{,}5 + 16 \cdot 0{,}3 = 12$$

bzw. $\sigma_C = \sqrt{12} = 3{,}46$

$$var_D = (15-27)^2 \cdot 0{,}2 + (24-27)^2 \cdot 0{,}5 + (40-27)^2 \cdot 0{,}3$$
$$= 144 \cdot 0{,}2 + 9 \cdot 0{,}5 + 169 \cdot 0{,}3 = 84$$

bzw. $\sigma_D = \sqrt{84} = 9{,}17$

Die drei Investitionen unterscheiden sich demnach deutlich in ihren Risikomaßzahlen. Dennoch kann (noch) nicht eindeutig zwischen A und D – sowie gegebenenfalls auch C – entschieden werden: Hierfür müsste auch die Risikoeinstellung des Entscheiders bekannt sein. ◄◄◄

Alternativ zur Formulierung einer Nutzenfunktion kann versucht werden, die Risikoeinstellung eines Entscheiders über das Austauschverhältnis zwischen Chance und Risiko zu erfassen. Gefragt wird: Angenommen, die Maßzahl für das Risiko der Investition Y sei um eine Einheit größer als die der Investition X. Wie müsste sich der Erwartungswert von X dann von dem der Investition Y unterscheiden, damit der Entscheider X und Y für gleichermaßen nutzenstiftend erachtet? Die Antwort auf diese Frage wird am besten abschnittsweise gegeben. Zunächst lässt sich am Vorzeichen der nötigen Änderung des Erwartungswertes die grundsätzliche Risikoeinstellung ablesen:

Austauschverhältnis von Chance und Risiko

- Ein risikoneutraler Entscheider klammert das Risiko aus seinen Nutzenerwägungen aus: Unabhängig vom genannten Risikounterschied zwischen Y und X empfindet er beide dann als gleichwertig, wenn sie den gleichen Erwartungswert aufweisen. Es gibt also keine nötige Erwartungswertänderung.
- Ein risikoaverser Entscheider sieht eine Streuung als Maßzahl für mögliche Abweichungen vom Erwartungswert als etwas Negatives an. Ist das Risiko von Y höher als das von X, hält er Y nur dann für gleichwertig, wenn es auch einen hö-

heren Erwartungswert aufweist. Das Vorzeichen der nötigen Erwartungswertänderung ist positiv.

- Ein risikofreudiger Entscheider begrüßt Streuungen um den Erwartungswert hingegen, da er in erster Linie auf positive Abweichungen setzt. Er wäre also sogar bereit, im Falle von Y einen geringeren Erwartungswert zu akzeptieren, weil die Risikomaßzahl höher ist. Das Vorzeichen der nötigen Erwartungswertänderung ist negativ.

Graphisch lassen sich diese Zusammenhänge in sogenannten **Indifferenzkurven** ausdrücken. Allgemein ist eine Indifferenzkurve der geometrische Ort aller Chance-Risiko- bzw. μ-σ-Kombinationen, die ein Entscheider als gleichermaßen **nutzenstiftend** erachtet. Seine Risikoeinstellung drückt sich dann aus in einer Schar von (theoretisch unendlich vielen, einander nicht schneidenden) (Nutzen-)Indifferenzkurven, von denen jede für ein anderes Nutzenniveau U_m steht. Je weiter eine solche Kurve vom Ursprung eines μ-σ-Diagramms entfernt ist, desto höher das Nutzenniveau. Zudem zeigt das Steigungsmaß an, wie ausgeprägt eine Risikoeinstellung ist.

Da sich für einen risikoneutralen Entscheider das Nutzenniveau nur erhöht (reduziert), wenn der Erwartungswert der Zielgröße steigt (sinkt), während das damit verbundene Risiko irrelevant ist, verlaufen seine Indifferenzkurven linear und parallel zur Achse der Risikomaßzahl:

Abb. 5.3

Indifferenzkurven bei Risikoneutralität

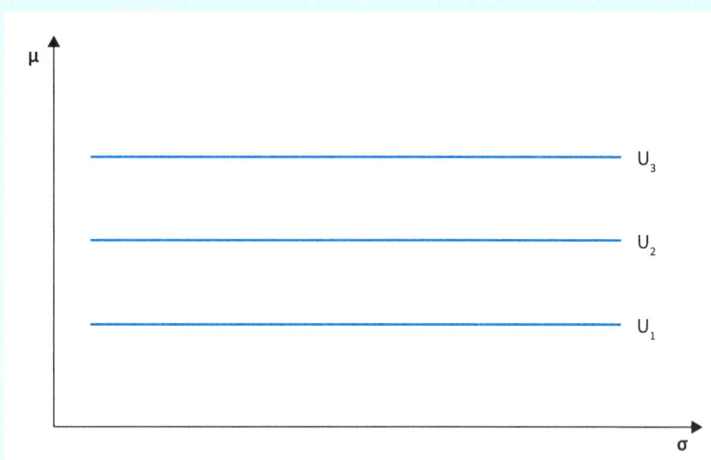

Im weiteren Verlauf wird das Streuungsmaß auf der waagerechten, der Erwartungswert auf der senkrechten Achse abgetragen. Andere Lehrbücher verfahren umgekehrt, wodurch sich entsprechend andere Kurvenverläufe ergeben. Im Falle der Risikoneutralität etwa verlaufen sie senkrecht statt waagerecht, im Falle der Risikoaversion steigen sie konkav; vgl. u. a. Perridon/Steiner/Rathgeber 2017, S. 126 ff.

Für einen risikoaversen Entscheider bedeutet ein Mehrrisiko bei gleichem Erwartungswert eine Nutzenminderung. Nutzenstabilität erfordert also, dass ein Mehrrisiko durch einen höheren Erwartungswert ausgeglichen wird. Seine Indifferenzkurven weisen daher einen steigenden Verlauf auf. Je größer die Steigung, desto mehr zusätzlichen Erwartungswert erfordert eine Mehreinheit Risiko. Je steiler (flacher) also die Indifferenzkurven verlaufen, desto stärker (schwächer) das Ausmaß der Risikoscheu. Die folgende Abbildung zeigt die Indifferenzkurven U_m eines stark und V_m eines schwach risikoaversen Entscheiders:

Abb. 5.4

Indifferenzkurven bei Risikoaversion

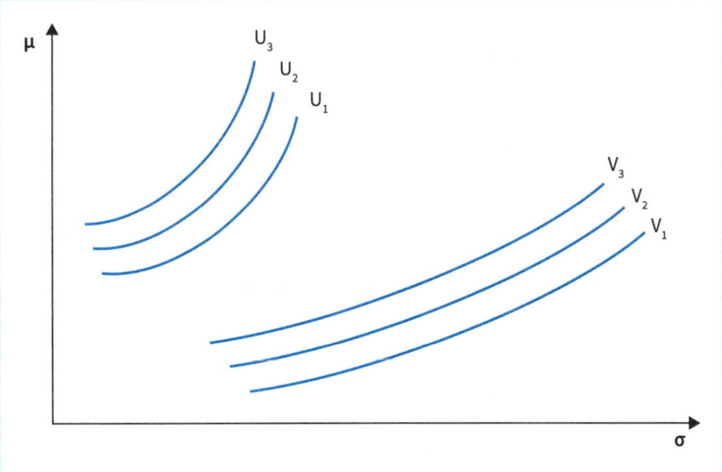

Risikofreudige Entscheider sind umgekehrt bereit, im Gegenzug für eine höhere Streuung auf Erwartungswert zu verzichten. Ihre Indifferenzkurven verlaufen daher fallend, wobei hier analog zur Risikoscheu ein starkes (schwaches) Gefälle auf eine stärker (schwächer) risikofreudige Einstellung hindeutet.

Basierend auf empirischen Untersuchungen wird davon ausgegangen, dass die Mehrheit der Menschen sich in Entscheidungssituationen risikoavers verhält (vgl. aktuell etwa Rieger/Wang/Hens 2015). Diese Annahme liegt daher auch den weiteren Ausführungen zugrunde. Risikoscheu ermöglicht zunächst die Formulierung eines zweiten Dominanzkalküls: Haben zwei Alternativen den gleichen Erwartungswert, wird die mit dem höheren Streuungsmaß von der anderen dominiert. Zeigen

Abb. 5.5

Indifferenzkurven bei Risikofreude

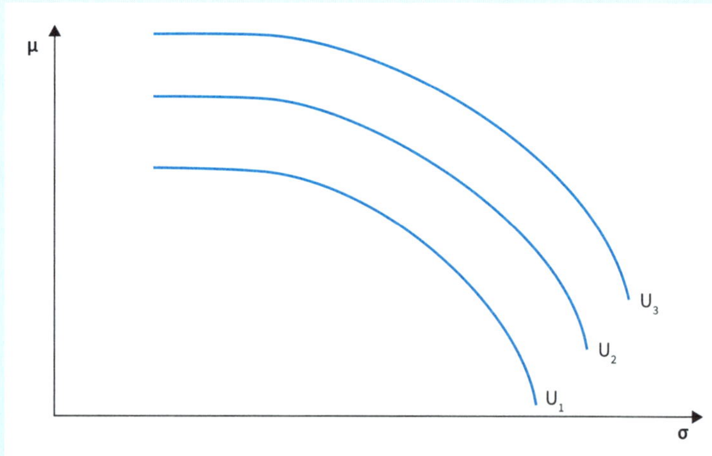

umgekehrt zwei Alternativen gleiche Streuungsmaße, dominiert die mit dem höheren Erwartungswert die mit dem niedrigeren. Derart dominierte Alternativen können aus der weiteren Betrachtung ausgeschlossen werden. Diese Form der μ-σ-Dominanz wird als **Effizienzkriterium** bezeichnet. In dieser Form ist seine Anwendung für alle risikoscheuen Entscheider ökonomisch sinnvoll.

Beispiel 6

Effizienzkriterium

►►► Laut Beispiel gelten für die drei ursprünglich verbliebenen Investitionsalternativen folgende Chance-Risiko-Positionen:

Investition	μ	σ^2	σ
A	**27**	241	**15,52**
C	**26**	12	**3,46**
D	**27**	84	**9,17**

Jeder risikoscheue Entscheider könnte den Auswahlbereich unter Anwendung des Effizienzkriteriums wie folgt vereinfachen: Gegenüber A weist D den gleichen Erwartungswert, jedoch eine geringere Streuung aus. A scheidet daher aus dem weiteren Auswahlprozess aus. Ein Vergleich von C und D zeigt hingegen, dass bei D sowohl Chance- als auch Risikomaßzahl größer sind, damit sind zunächst beide Alternativen nicht dominiert durch die andere, beide sind effizient. ◄◄◄

Die gezeigte Ausgrenzung von dominierten bzw. Konzentration auf effiziente Alternativen würde **jeder** risikoscheue Entscheidungsträger in dieser Form vornehmen (**präferenzunabhängiger, »objektiver« Teil der Entscheidungsfindung**). Die letztliche Entscheidung zwischen den verbliebenen effizienten Alternativen erfordert hingegen die exakte Berücksichtigung des Grades der vorherrschenden Risikoscheu (**präferenzabhängiger, »subjektiver« Teil**). Im konkreten Fall etwa liegen die Erwartungswerte der verbliebenen Alternativen dicht beieinander, während sich ihre Streuungen sehr deutlich unterscheiden. Insofern scheint die in puncto μ nur knapp unterlegene, in puncto σ aber deutlich überlegene Alternative tendenziell vorzugswürdig. Hierbei handelt es sich indes nur um eine Tendenzaussage: Je schwächer die Risikoscheu, desto näher ist ein Entscheider dem Grenzfall der Risikoneutralität, desto mehr gibt für ihn der Erwartungswert den Ausschlag.

Beispiel 6 (Fortsetzung)

▸▸▸ Im gegebenen Fall der Alternativen C und D realisiert der halb-stark risikoscheue Entscheider 1 das höhere Nutzenniveau im Punkt C. Der extrem schwach risikoscheue Entscheider 2 hingegen würde Punkt D gegenüber C vorziehen. ◂◂◂

Abb. 5.6

Auswahlentscheidungen unterschiedlich risikoscheuer Entscheidungsträger

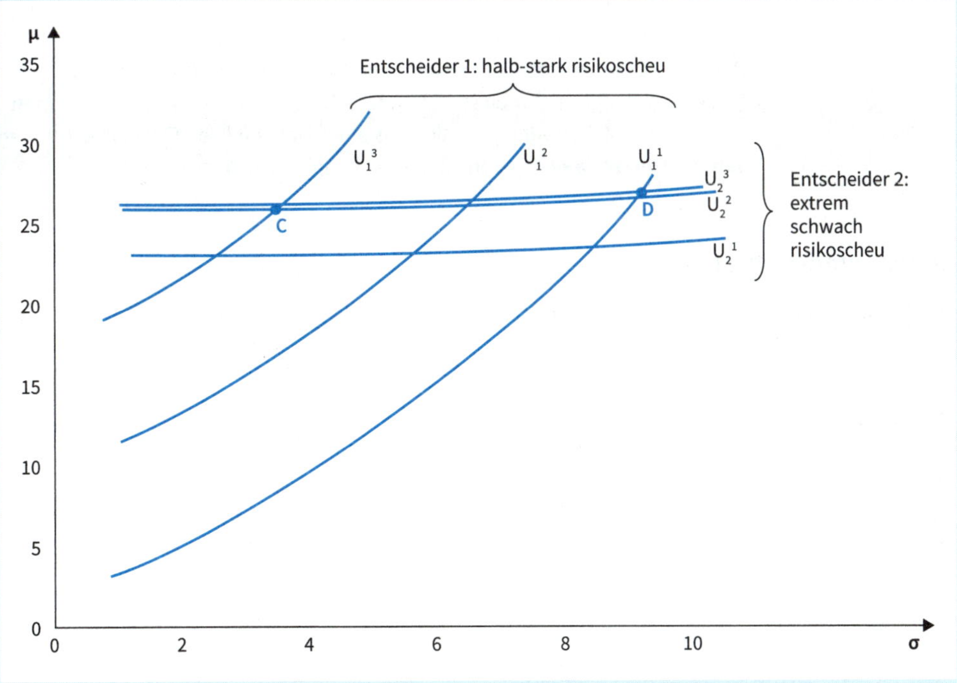

Es ist wichtig, die beiden gezeigten Dominanzkriterien genau zu unterscheiden – und keines von beiden außer Acht zu lassen. Tatsächlich ist denkbar, dass eine Alternative, die nach dem erstgenannten Dominanzprinzip auszuklammern wäre, nach dem zuletzt genannten Effizienzkriterium nicht eliminiert wird. Es handelt sich hierbei um einen grundsätzlichen Kritikpunkt an diesem zweidimensionalen Ansatz, der auch im Rahmen seiner weiteren Verwendung stets zu bedenken ist.

Noch wichtiger ist festzuhalten, dass die unmittelbare Übertragung der dargestellten Grundzüge entscheidungstheoretischer Ansätze auf Investitionsentscheidungen genaugenommen nur unter sehr restriktiven Prämissen möglich ist (vgl. ausführlich Schmidt/Terberger 2006, S. 298 ff.):

- Es herrscht Gewissheit über die Ungewissheit, es lassen sich also alle Umweltlagen, Wahrscheinlichkeiten und denkbaren Ausprägungen der Zielgröße genau und vollständig angeben. Insbesondere bei Investitionen in innovative Geschäftsmodelle, Produkte oder Prozesse ist dies jedoch in der Realität nicht gegeben.
- Es handelt sich um einzelne, voneinander unabhängige Investitionsalternativen.
- Sofern als Zielgrößen weiterhin Kapitalwerte oder interne Zinsfüße verwendet werden sollen, die die Zahlungsströme mehrerer Perioden verdichten, dürfen nicht mehrere unsichere Kapitalwerte, sondern es müssen einwertige bzw. sichere Kapitalwerte für unsichere Zahlungsströme berechnet werden. Andernfalls muss das Entscheidungsproblem auf ein einperiodiges Äquivalent reduziert werden.

Im nachfolgenden Modul 6 wird die erste dieser Prämissen beibehalten und mit Blick auf die letzte dezidiert ein einperiodiger Betrachtungszeitraum vorgegeben. In diesem (Modell-)Rahmen stehen sodann Besonderheiten von **Programmen** bzw. **Portfolios** im Mittelpunkt, die sich aus einer Mehrzahl von Einzelinvestitionen zusammensetzen, welche eben nicht unabhängig voneinander sind.

Auf den Punkt gebracht

- Nicht-Sicherheit lässt sich in investitionsrechnerische Kalküle integrieren, soweit sie in idealisierter Form (Risiko) vorliegt, also denkbare Ereignisse vollständig und i. V. m. Eintrittswahrscheinlichkeiten bekannt sind (»Gewissheit über die Ungewissheit« nach Dieter Schneider).
- Implizit lassen sich Eintrittswahrscheinlichkeiten mit Hilfe von Korrekturverfahren (z. B. Erhöhung von i um Risikoprämien) oder Sensitivitäts-/Szenarioanalysen berücksichtigen.
- Eine explizite Berücksichtigung kann eindimensional mittels Nutzenfunktionen erfolgen, welche die Risikoeinstellung des Entscheiders abbilden. Zweidimensionale Ansätze stellen hingegen Chance und Risiko, die über den Erwartungswert bzw. die Streuung der Rendite einer Investition operationalisiert werden, separat dar.
- Bestimmte Bereinigungen des Alternativenraums sind mit Hilfe von Dominanz- und Effizienzkriterium möglich. Für die letztliche Akzeptanz- oder Vorteilhaftigkeitsentscheidung muss indes zusätzlich die Risikoeinstellung des Entscheiders mittels Nutzenindifferenzkurven integriert werden.

Modul 6 Bewertung von Investitionsprogrammen

ZENTRALE INHALTE

- Überblick zu Programmentscheidungen unter Sicherheit
- Unterscheidung von Maßen der Schwankungsverbundenheit
- Verdeutlichung der Risikoreduzierung durch Diversifikation
- Ableitung optimaler Investitionsprogramme
- Separierung objektiv und subjektiv bestimmbarer Portfoliobestandteile

Einstiegsbeispiel

▸▸▸ Die RedCan AG ist in den bisher bearbeiteten Geschäftsfeldern unverändert erfolgreich. In der Folge fließen dem Unternehmen seit geraumer Zeit beachtliche Nettoeinzahlungsüberschüsse zu. Der Vorstand will diese Mittel nicht länger nur für zusätzliche Sach-, sondern auch für Finanzinvestitionen verwenden, die mit Blick auf die Liquiditätssituation vorzugswürdig erscheinen. Angesichts der wachsenden Gesamtheit durchgeführter und möglicher Projekte wirft ein Aufsichtsrat die Frage auf, inwieweit ein integriertes Konzept verfolgt werde, das neben der Unsicherheit von Investitionsentscheidungen berücksichtige, dass die RedCan AG zunehmend gefordert sei, Investitionsmaßnahmen als Bestandteil eines planmäßig glattgestellten Investitionsprogramms zu berücksichtigen. ◂◂◂

Gegenstand der Module 4 und 5 waren Entscheidungen über einzelne Investitionsobjekte. Da in Unternehmungen regelmäßig mehrere davon in einem Investitionsprogramm kombiniert werden (müssen), ist zu prüfen, inwieweit hierfür andere Investitionskalküle benötigt werden.

Entscheidungsproblem

Auf den ersten Blick erscheint eine solche Zusammenstellung von eigenständigen Investitionsprogrammen, die primär im Fall von Finanzanlagen auch als (Wertpapier-)**Portfolios** bezeichnet werden, trivial: Akteure, die nach einem bestimmten Kriterium entscheiden, müssten dann nicht die (eine) Investition mit dem vorteilhaftesten Wert auswählen, sondern schrittweise die mit dem zweitbesten, drittbesten usw. hinzunehmen, solange bis das Programm den gewünschten Umfang hat oder eine diesbezügliche Restriktion greift. Tatsächlich ist eine solche Vorgehensweise allenfalls dann sinnvoll, wenn das Investitionsprogramm unter Sicherheit und auch ansonsten idealen Kapitalmarktbedingungen in einem Schritt zusammengestellt wird. Ist hingegen Unvollkommenheit des Kapitalmarktes oder sogar

Unsicherheit anzunehmen, verändert sich das Entscheidungskalkül grundlegend. In der Folge wird bei der Analyse von Investitionsprogrammen und insbesondere Wertpapierportfolios zumeist eine Unsicherheitssituation unterstellt. Bevor insoweit am vorangegangenen Modul 5 angeknüpft werden kann, wird der Vollständigkeit halber eine kurze Betrachtung von Programmentscheidungen bei Sicherheit vorgeschaltet.

6.1 Programmentscheidungen bei Sicherheit

Auf einem vollkommenen Kapitalmarkt ist die Beschaffung liquider Mittel kein Knappheits- und damit Entscheidungsproblem. Kann ein Entscheidungsträger zudem alle Investitionsparameter sicher bestimmen, so sollte er alle vorhandenen Investitionsgelegenheiten ergreifen, die einen positiven Kapitalwert bzw. einen (modifizierten) internen Zinsfuß aufweisen, der höher ist als die Kapitalmarktopportunität i.

Fisher-Separation

Unter den idealen Bedingungen eines vollkommenen und vollständigen Kapitalmarktes im Gleichgewicht repräsentiert dieses Investitionsprogramm sogar ein objektives, investorenunabhängiges Optimum, das **jeder** Entscheider unabhängig von seinen aktuellen Präferenzen und seiner Ausstattung mit liquiden Mitteln realisieren sollte. Will jemand letztere eigentlich für Konsumzwecke verwenden, sollte er nicht weniger investieren, sondern die konsumbedingt für das optimale Investitionsprogramm fehlenden Mittel am Kapitalmarkt beschaffen. Will jemand hingegen mehr investieren als das optimale Programm an Realinvestitionen umfasst, sollte er alle darüber hinausgehenden Beträge am Kapitalmarkt anlegen. Der auf dem vollkommenen Kapitalmarkt einheitliche Zinssatz für Geldaufnahme und -anlage erlaubt ein Verschieben von Cashflows auf dem Zeitstrahl ohne Wohlfahrtsverlust. Die dadurch mögliche Trennung von objektiv optimalem Investitionsprogramm einerseits sowie subjektiven Konsum-/Investitions-/Finanzierungserwägungen andererseits wird nach Irving Fisher als **Fisher-Separation** bezeichnet (zurückgehend auf Fisher 1930, S. 253 ff.; vgl. einführend auch Rudolph 2006, S. 22 ff.; sowie für eine kritische Rezeption Schneider 2001, S. 55 ff.). In der Konsequenz heißt das für den Finanzleiter der Unternehmung: Er kann Investitionen allein nach dem Kapitalwertkriterium auswählen, ohne die Ausschüttungspräferenzen der Eigentümer zu kennen. Resultiert daraus für sie ein Cashflow, der ihren Konsum-/Investitionswünschen widerspricht, können sie diesen ohne Verlust privat am Kapitalmarkt korrigieren (Cashflows vorziehen bzw. sie in die Zukunft verlagern).

Kapitalmarkt-unvollkommenheit

Die Aufgabe der Vollkommenheitsannahme hat gravierende Auswirkungen, selbst wenn weiterhin sichere Erwartungen herrschen: Liquide Mittel sind dann a) nur begrenzt und b) zu uneinheitlichen Konditionen verfügbar. Für die Lösung des daraus resultierenden Problems wurden um die Mitte des 20. Jahrhunderts verschiedene **kapitaltheoretische Ansätze** entwickelt, die auf der Kombination von Kapitalnachfrage – die bestimmt ist durch die vorhandenen Investitionsgelegenheiten – und Kapitalangebot – das bestimmt ist durch vorhandene Finanzierungsgelegenheiten samt deren spezifischen Kosten – beruhen (vgl. insbesondere Lorie/Savage 1955). Der zugehörige **Lösungsalgorithmus** umfasst nur wenige Schritte:

Optimales Investitionsprogramm

1. Die Investitionsmöglichkeiten werden nach ihrer Attraktivität gereiht, welche wiederum je nach Modell mit Hilfe von (Kapital-)Wert- oder Zinsgrößen gemessen wird.
2. Beginnend bei der demnach besten Alternative wird geprüft, ob sie a) attraktiver ist als die relevante Opportunität (ob also $C_0 \geq 0$ oder $r \geq i$) oder eine davon abweichende Benchmark und ob b) der nötige kumulierte Kapitalbedarf sich noch innerhalb des vorgegebenen Rahmens (Budgetrestriktion) bewegt.
3. Fallen beide vorgenannte Prüfungen positiv aus, wird die Investition in das Programm aufgenommen, andernfalls nicht. Das **optimale Investitionsprogramm** ist gefunden, wenn es keine Investitionsmöglichkeit mehr gibt, die beide Bedingungen erfüllt.

Diese einfache Lösung ist nur unter zahlreichen restriktiven Prämissen ableitbar. Neben der Wiederanlageprämisse entsprechend dem gewählten investitionsrechnerischen Verfahren gehören hierzu auch ein einheitlicher Zinssatz für aufgenommene Mittel sowie die Unabhängigkeit der Investitionen, aus denen das Programm besteht (vgl. ausführlich Blohm/Lüder/Schaefer 2012, S. 27).

Dean-Modell: Capital Budgeting

Mit Blick auf eine realitätsnähere Formulierung des Entscheidungsproblems wäre eine Reduzierung dieses Prämissengebäudes wünschenswert – auch wenn das die Ableitung eindeutiger Lösungen erschwert. Nur ansatzweise wird diese Präferenz deutlich im Modell des **Capital Budgeting** nach Joel Dean (vgl. im Original Dean 1951), das explizit auf unterschiedliche Investitionsrentabilitäten einerseits und Kapitalkosten andererseits abstellt.

Dean adaptiert die Idee der Grenzleistungsfähigkeit des Kapitals für die Investitionsrechnung (vgl. Dean 1951, Dean 1954, bes. S. 123 ff.; dazu auch Schneider 2001, S. 795) und arbeitet die Überlegenheit zahlungsstrombasierter Konzepte gegenüber der seinerzeit in der Investitionsrechnung dominierenden Amortisationsdauer so gründlich heraus, dass ihm seither maßgeblicher Anteil an der Verbreitung von Kapitalwert- und Zinsfußmethode beigemessen wird (vgl. z. B. Weston 1994, S. 12). Von Deans Ansatz für Investitionsprogramme ist insbesondere seine graphische Lösung bekannt geworden. Kapitalnachfrage und -angebot sind hierin repräsentiert durch treppenförmige Graphen, deren Schnittpunkt das **optimale Programm** ausweist: Dem oben genannten Algorithmus folgend, ist jede Investition, die dem Portfolio hinzugefügt wird, weniger rentabel als ihre Vorgänger (fallende Treppe bzw. »ladder of profitability«, Dean 1954, S. 48). Zudem werden die benötigten Finanzmittel umso knapper und damit teurer, je mehr Investitionen vorgenommen und mit diesen Mitteln finanziert werden sollen (steigende Treppe). Der Schnittpunkt der beiden **Treppenfunktionen** weist das Investitionsprogramm aus, das gerade noch so viel verdient, wie die Beschaffung der dafür nötigen Mittel kostet. Eine Ausweitung des Programms über diese Investition hinaus wäre mithin nicht ökonomisch rational und insbesondere nicht wertschaffend. Mit dem Investitions- steht gleichzeitig auch das Finanzierungsprogramm fest.

Beispiel 1

Optimales Investitionsprogramm nach Dean

▶▶▶ Der RedCan AG bieten sich fünf Investitionsmöglichkeiten unterschiedlicher Rentabilität. Die nötigen Mittel könnten – zu unterschiedlichen Kapitalkosten – aus vier verschiedenen Quellen beschafft werden. Die zugehörigen Volumens- und Preisangaben werden von der Finanzabteilung wie folgt sortiert:

Investitionsmöglichkeiten			Finanzierungsmöglichkeiten		
Objekt	**Umfang (a_0) in T€**	**Rentabilität r**	**Quelle**	**Umfang (e_0) in T€**	**Kapitalkosten**
A	300	15 %	I	200	4 %
B	250	12 %	II	300	7 %
C	100	10 %	III	400	9 %
D	200	8 %	IV	100	14 %
E	150	5 %			

Es resultieren die folgenden (Treppen-)Funktionsverläufe für Kapitalnachfrage und Kapitalangebot, die zum Schnittpunkt CP führen.

Abb. 6.1

Optimales Investitionsprogramm nach Dean

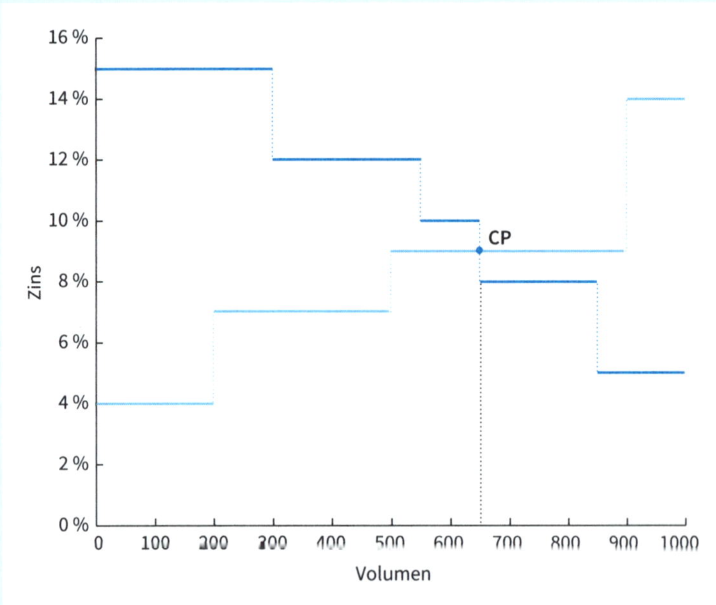

Das optimale »Capital Budget« (= Investitionsvolumen = Finanzierungsvolumen) ergibt sich nach Dean im sogenannten Cutoff-Punkt CP mit 650 T€. Durchgeführt würden also die Projekte A, B und C, deren Finanzierung unter Nutzung der Quellen I, II und III (anteilig mit 150 T€) erfolgt. Die rechts von CP liegenden Projekte D und E werden verworfen, weil sie (mit 8 % bzw. 5 %) weniger Rendite als Kapitalkosten (9 % bzw. 14 %) erwarten lassen. ◀◀◀

Kritik am Dean-Modell

Das vorangegangene Beispiel illustriert die **klare Lösung**, aber auch die **einfache Struktur** des Dean-Ansatzes. Seine Brauchbarkeit für die unternehmerische Investitionspolitik wird ausgehend davon eher zurückhaltend beurteilt, wofür nicht allein die mangelnde Berücksichtigung von Unsicherheiten verantwortlich ist (vgl. u. a. Süchting 1995, S. 591 ff. sowie aktuell Bank/Gerke 2016, S. 517 ff.):

- Die Reihung der Investitionen orientiert sich am (einfachen) internen Zinsfuß, womit die dagegen gerichtete Kritik (vgl. Modul 4, 4.2.3 und 4.2.5) auch für Deans Ansatz gilt.
- Reihung und Schnittpunktlösung unterstellen die Unabhängigkeit der Investitionsalternativen untereinander, der Finanzierungsalternativen untereinander sowie von Investition und Finanzierung. Tatsächlich ist jedoch von entsprechenden Abhängigkeiten auszugehen, seien sie technischer oder finanzieller Art. Besonders deutlich wird das unter Hinzunahme von Unsicherheiten, da sie Wechselwirkungen zwischen Investitionsrisiken einerseits und den (in den Kapitalkostenforderungen enthaltenen) Risikoprämien andererseits verursachen, welche von den Mittelgebern verlangt werden.
- Die unterstellte beliebige Teilbarkeit von Investitionen ist in der Regel nicht gegeben.
- Die Zeitpräferenz des Investors, der verfügbare Mittel nicht zwingend investieren, sondern auch anderweitig verwenden und insbesondere konsumieren könnte, bleibt unberücksichtigt (vgl. dazu Schmidt/Terberger 2006, S. 176 f.).

Weitere Entwicklung

Deans Ansatz erwies sich in der Folge als wichtige Zwischenmarke der Evolution von Entscheidungskalkülen, die zur Ausgangsbasis für verschiedene Weiterentwicklungen wurde:

- **Modifikation** durch Verwendung alternativer (Discounted-Cashflow-)Erfolgsmaßstäbe, um den Einwänden gegen den einfachen internen Zinsfuß zu begegnen (vgl. Lorie/Savage 1955; Gordon/Shapiro 1956).
- **Ausbau** zur Simultanplanung von Investition und Finanzierung mit Hilfe der linearen Programmierung unter Unsicherheit, um Abhängigkeiten (»project interrelationships«) zu erfassen (vgl. ursprünglich bes. Weingartner 1963; im Überblick Weingartner 1966); Basis hierfür waren zuletzt Beiträge deutscher Betriebswirtschaftler (vgl. im Überblick Blohm/Lüder/Schaefer 2012, S. 278 ff.).

In den letztgenannten Arbeiten fanden sich zudem Bezüge auf eine weitere Entwicklungsrichtung, in deren Rahmen a) unsichere Erwartungen sowie b) Abhängigkeiten von Investitionsalternativen fokussiert – und im Gegenzug Fragen der Finanzierung eher zurückgestellt – wurden: Entscheidungen unter Unsicherheit, die sich auf Mehrheiten von Investitionen in (wertpapiermäßig ausgestaltete) Finanztitel richten. Für diese lassen sich zumeist leichter Marktpreise ermitteln als für Realinvestitionen. Diese (Theorie der) **Wertpapiermischung** ist daher Gegenstand des folgenden Teilkapitels.

6.2 Programmentscheidungen bei Unsicherheit

6.2.1 Ausgangspunkt der Portfolio Selection Theory

Portfolio Selection Theory

Die von Dean entwickelten bzw. inspirierten Ansätze des Capital Budgeting basieren auf einem unvollkommenen Kapitalmarkt bei zugleich sicheren Erwartungen. Die nachfolgend behandelte Theorie der Wertpapiermischung = Portfolio Selection Theory (PST) ist in beiderlei Hinsicht davon verschieden: In der Tradition der neoklassischen Mikroökonomik wird ein **vollkommener Kapitalmarkt** unterstellt, auf dem die Entscheider indes unter **unsicheren Erwartungen** agieren. Die Ableitung von Optimierungslösungen für Investitionsprogramme folgt den Originalen und fokussiert daher in der Folge Wertpapier-Portfolios; die Erkenntnisse sind jedoch im Grundsatz analog auf Portfolios aus Realinvestitionen übertragbar. Da die Theoriebildung an den in Modul 5 dargestellten Ansätzen anknüpft, liegt ihr unverändert ein beachtlicher Prämissenkatalog zugrunde (vgl. z. B. Schneider 2001, S. 570 ff.):

Prämissenrahmen

- Es existiert ein einziger vollkommener und vollständiger Markt für Investitionsobjekte, auf dem Menschen agieren, die allesamt (vollständig) informiert sowie risikoscheu sind, sich aber im **Grad ihrer Risikoaversion** unterscheiden.
- Es existiert ein **risikoloser Zinssatz r_f** (Hinweis: r_f entspricht i_f aus Modul 5).
- Investitionsobjekte sind fungible Wertpapiere, d. h. hochgradig **standardisierte** und **handelbare** Verfügungsrechte, die dem Inhaber bestimmte Erfolge versprechen.
- Wertpapiere als Investitionsobjekte lassen die Annahme der **beliebigen Teilbarkeit** vertretbar erscheinen.
- Betrachtungszeitraum ist **eine Periode**, über die der Erfolg einer Investition durch die **(erwartete) Rendite** erfasst werden kann (da Probleme der Wiederanlage bzw. Diskontierung in einem einperiodigen Kalkül entfallen).
- Neben (dem Erwartungswert) der Rendite ist für die Vorzugswürdigkeit einer Wertpapierinvestition die einhergehende Unsicherheit relevant. Diese wird für die einzelne Wertpapierinvestition als **Risiko** mit Hilfe von Maßzahlen für Schwankungen bzw. Volatilität (derselben Rendite) quantifiziert.

Schwankungsverbundenheit

- Da nicht länger Einzelinvestitionen betrachtet werden, muss im Rahmen der PST zusätzlich erfasst werden, inwieweit die Renditen bzw. ihre Schwankungen abhängig voneinander sind, sich also systematisch gleich- oder aber gegenläufig bewegen. Als Maßzahlen für diese Schwankungsverbundenheit werden die statistischen Maße der **Kovarianz** sowie des **Korrelationskoeffizienten** verwendet.

Zentrales Erkenntnisziel der PST ist, warum und wie Menschen Risiken zu **streuen** versuchen und unter welchen Bedingungen bzw. bis zu welchem Ausmaß es gelingen kann, das Gesamtrisiko eines Investitionsprogramms zu senken. Wenngleich die positiven Auswirkungen einer Streuung von Aktivitäten dem Grunde nach schon lange vorher bekannt waren, ist ihre präzise wissenschaftliche Ausarbeitung zu einer Theorie erst von Harry M. Markowitz in den 1950er Jahren vorgelegt worden. Deutlich wird die traditionelle Problemhinsicht an bekannten Redewendungen, wonach »nicht alle Eier in einen Korb« gehören oder »nicht alles auf eine Karte« gesetzt werden sollte; vgl. ausführlich zu »Strategien der Diversifikation vor Markowitz« die gleichnamige Dissertationsschrift von Troschke 2011. Was ihn persönlich zu seinen bahnbrechenden Arbeiten veranlasst hatte, beschrieb Markowitz anlässlich seiner Ehrung mit dem »Wirtschaftsnobelpreis 1990« (vgl. Markowitz 1991, S. 469 ff.). Für eine ausführlichere Rückblende aus seiner Sicht (vgl. zudem Markowitz 1999, besonders S. 5 f. für seine Würdigung der fast zeitgleich vorgelegten Arbeit von Roy 1952, dem die gleiche Wertschätzung für die Entwicklung einer Theorie der Portfolio Selection gebühre). Wie bahnbrechend diese Arbeiten waren, lässt sich auch daran ablesen, dass »portfolio analysis and general equilibrium theory« auch zum Ende der 1970er Jahre noch als »relatively new and evolving area of research« galten (so Elton/Gruber 1979, S. 1). Ausgehend davon ist die von ihm entwickelte **Theorie der Wertpapiermischung** (Portfolio Selection Theory) zum festen Bestandteil der Investitionstheorie und -praxis geworden (vgl. für Würdigungen nach 25 bzw. 50 Jahren u. a. Elton/Gruber 1979; Rubinstein 2002).

6.2.2 Erfassung der Schwankungsverbundenheit

Naive versus intelligente Diversifikation

Die von Markowitz herausgearbeitete Möglichkeit, nicht nur durch Anhäufung möglichst vieler Einzelinvestitionen entsprechend dem Gesetz der großen Zahl (naive Diversifikation), sondern durch geschickte Kombination ausgewählter Einzelinvestitionen (intelligente Diversifikation) das Gesamtrisiko eines Portfolios zu reduzieren, heißt heute auch »Markowitz-Diversifikation«. Methodisch ruht die PST auf den grundlegenden Erkenntnissen der Statistik, welche in Modul 5 für einzelne Zufallsvariablen bzw. unsichere Investitionen gezeigt worden sind und die sich für die Anwendung auf Kombinationen von Zufallsvariablen modifizieren lassen.

Erwartungswert der Portfoliorendite

Die **Chanceseite** lässt sich relativ einfach abbilden. Der Erwartungswert einer Grundgesamtheit, die sich aus n Zufallsvariablen zusammensetzt, ergibt sich aus der Summe der Erwartungswerte der einzelnen Zufallsvariablen, die mit ihrem Anteil an der Grundgesamtheit gewichtet werden. Ein Portfolio, das aus n Wertpapieren besteht, deren Rendite unsicher ist, hat also einen Erwartungswert μ_P, der sich aus den Erwartungswerten der Rendite μ_i der einzelnen i Wertpapiere in Verbindung mit ihrem Portfolioanteil w_i ergibt:

$$\mu_P = \sum_{i=1}^{n} w_i \cdot \mu_i, \text{ wobei gilt: } \sum_{i=1}^{n} w_i = 1$$

Messung der Schwankungsverbundenheit: Kovarianz

Demgegenüber gestaltet sich die Berechnung portfoliobezogener Schwankungsmaße zur Abbildung des **Risikos** ungleich komplizierter. In allgemeiner Schreibweise ergibt sich die Varianz σ_P^2 eines Portfolios zwar auch aus den Varianzen und Anteilsgewichten der Portfolioelemente, vor allem aber aus den sogenannten (paarweisen) **Kovarianzen**, die etwas über die Schwankungsverbundenheit zweier Portfolioelemente aussagen. Die Kovarianz zweier Zufallsvariablen A und B ergibt sich aus den (multiplikativ) verknüpften Abweichungen von ihren Mittelwerten, die über alle Umweltzustände aufsummiert und mit deren Eintrittswahrscheinlichkeit gewichtet werden (vgl. etwa Bleymüller/Weißbach 2015, S. 58 f.):

$$cov_{AB} = \sum_{j=1}^{n} p_j \left(x_{Aj} - \mu_A\right)\left(x_{Bj} - \mu_B\right)$$

Beispiel 2

Kovarianzen von Wertpapierrenditen

►►► Betrachtet werden weiterhin die Wertpapiere C und D, die am Ende von Modul 5 attraktiv erschienen. Die betrachteten Zielgrößen Z seien die Renditen der Wertpapiere (Angaben in Prozent) in den verschiedenen Umweltlagen. Neu zum Möglichkeitsbereich hinzugekommen ist das Wertpapier E, welches dem Entscheider als »besonders krisenresistent« empfohlen wurde. Die nach bekanntem Muster berechneten Werte für Renditeerwartung und -schwankung von E sind in der modifizierten Übersichtstabelle bereits eingetragen:

Umweltlage j	**Wahrscheinlichkeit Umweltlage j (p_j)**	Z_{0C}^j	Z_{0D}^j	Z_{0E}^j
Abschwung	20 %	20	15	25
Stabilität	50 %	26	24	24
Aufschwung	30 %	30	40	20
Erwartungswert von Z_0		**26**	**27**	**23**
Varianz von Z_0		**12**	**84**	**4**

Die paarweisen Kovarianzen der drei Wertpapierrenditen errechnen sich wie folgt:

$cov_{CD} = 0{,}2 \cdot (20-26) \cdot (15-27) + 0{,}5 \cdot (26-26) \cdot (24-27) + 0{,}3 \cdot (30-26) \cdot (40-27) =$
$0{,}2 \cdot (-6) \cdot (-12) + 0{,}5 \cdot 0 \cdot (-3) + 0{,}3 \cdot 4 \cdot 13 = 30$

$cov_{CE} = 0{,}2 \cdot (20-26) \cdot (25-23) + 0{,}5 \cdot (26-26) \cdot (24-23) + 0{,}3 \cdot (30-26) \cdot (20-23) =$
$0{,}2 \cdot (-6) \cdot 2 + 0{,}5 \cdot 0 \cdot 1 + 0{,}3 \cdot 4 \cdot (-3) = -6$

$cov_{DE} = 0{,}2 \cdot (15-27) \cdot (25-23) + 0{,}5 \cdot (24-27) \cdot (24-23) + 0{,}3 \cdot (40-27) \cdot (20-23) =$
$0{,}2 \cdot (-12) \cdot 2 + 0{,}5 \cdot (-3) \cdot 1 + 0{,}3 \cdot 13 \cdot (-3) = -18$

Die Kovarianzen quantifizieren die Gleich- bzw. Gegenläufigkeit der drei Wertpapierrenditen und fallen entsprechend unterschiedlich aus; so ist die Kovarianz zwischen den beiden Wertpapieren C und D, deren Renditen ähnliche Konjunkturabhängigkeit aufweisen, deutlich am größten. Für die Berechnung von Portfoliorisiken reichen diese Zahlen aus; soll hingegen die Schwankungsverbundenheit separat beleuchtet werden, sind alternative Messgrößen zu erwägen. ◄◄◄

Besteht ein Portfolio aus n Wertpapieren, so lassen sich für jedes dieser n Wertpapiere zum einen Kovarianzen mit den (n – 1) anderen Wertpapieren und zum anderen genau eine Varianz berechnen. Die Varianz kann auch als »Kovarianz eines Wertpapiers mit sich selbst« interpretiert werden ($var_A = cov_{AA}$) – ein stärkerer Gleichlauf ist nicht denkbar, die Varianz ist daher auch der Grenzwert maximaler Kovarianz. Wird nun eine Kovarianz für den Fall unterschiedlicher Anteile der beiden Zufallsvariablen berechnet, so ergibt sich:

$$cov_{w_A A;\, w_B B} = \sum_{j=1}^{n} p_j \left(w_A x_{Aj} - w_A \mu_A\right)\left(w_B x_{Bj} - w_B \mu_B\right) = w_A w_B cov_{AB}$$

Portfolio-Varianz

Die Formel für die Varianz eines Portfolios, das sich aus n Wertpapieren zusammensetzt, die unterschiedliche Portfolioanteile aufweisen, lässt sich dann schreiben als

$$\sigma_P^2 = \sum_{i=1}^{n} \sum_{j=1}^{n} w_i w_j cov_{ij}.$$

Bereits an dieser Formel wird grundsätzlich erkennbar, dass für die Höhe der Portfolio-Varianz bzw. -Standardabweichung die n · (n – 1) Kovarianzen eine größere Rolle spielen als die n Varianzen (vgl. auch van Horne/Wachowicz 2010, S. 103 f., 117 f.). So gehen in ein beispielhaft betrachtetes Portfolio von n = 100 Wertpapieren 9900 Kovarianzen und lediglich 100 Varianzen ein.

Beispiel 3

Portfoliorendite und -varianz (Drei-Wertpapier-Fall)

►►► Angenommen sei, es solle ein Drei-Wertpapier-Portfolio zusammengestellt werden, an dem die Wertpapiere C, D und E Anteile von 40 %, 25 % und 35 % haben. Die Portfolio-Rendite lautet:

$$\mu_P = \sum_{i=1}^{n} w_i \cdot \mu_i = 0{,}4\mu_C + 0{,}25\mu_D + 0{,}35\mu_E = 25{,}2$$

Die Varianz der Portfolio-Rendite ergibt sich mit:

$$\sigma_P^2 = \sum_{i=1}^{n} \sum_{j=1}^{n} w_i w_j cov_{ij} = 0{,}4^2 \cdot cov_{CC} + 0{,}4 \cdot 0{,}25 \cdot cov_{CD} + 0{,}4 \cdot 0{,}35 \cdot cov_{CE} +$$
$$0{,}25 \cdot 0{,}4 \cdot cov_{DC} + 0{,}25^2 \cdot cov_{DD} + 0{,}25 \cdot 0{,}35 \cdot cov_{DE} + 0{,}35 \cdot 0{,}4 \cdot cov_{EC} + 0{,}35 \cdot$$
$$0{,}25 \cdot cov_{ED} + 0{,}35^2 \cdot cov_{EE} = 0{,}16 \cdot 12 + 0{,}1 \cdot 30 + 0{,}14 \cdot (-6) + 0{,}1 \cdot 30 +$$
$$0{,}0625 \cdot 84 + 0{,}0875 \cdot (-18) + 0{,}14 \cdot (-6) + 0{,}0875 \cdot (-18) + 0{,}1225 \cdot 4 = 8{,}83$$

Dem entspricht eine Standardabweichung der Portfolio-Rendite von etwa 2,9715. Sowohl Portfolio-Rendite als auch -Varianz bzw. -Standardabweichung liegen damit zwischen dem jeweils höchsten (Wertpapier D) und niedrigsten (Wertpapier E) Einzelwert. Das Beispielportfolio P ist ebenso effizient wie die Wertpapiere C, D und E. Nicht erkennbar ist, ob mit anderen Portfolio-Zusammensetzungen überlegene Rendite-Risiko-Kombinationen kreiert werden könnten. ◄◄◄

Um die aus gleich- bzw. gegenläufigen Renditen resultierenden Auswirkungen auf die (Schwankungen der) Portfoliorendite zu verdeutlichen, empfiehlt es sich, die vorstehenden allgemeinen Formeln a) auf den Zwei-Wertpapier-Fall zu reduzieren und b) mit Hilfe einer weiteren Variable zu modifizieren.

Reduzierung auf den Zwei-Wertpapier-Fall

Besteht der Möglichkeitsbereich der Wertpapierinvestitionen nur aus den Wertpapieren A und B, so vereinfacht sich die Formel für den Erwartungswert des Portfolios zu:

$$\mu_P = w_A \mu_A + w_B \mu_B$$

Da die Summe der beiden Portfolioanteile 1 beträgt, kann stattdessen auch geschrieben werden:

$$\mu_P = w\mu_A + (1 - w)\mu_B$$

Analog lautet die Formel für die Portfolio-Varianz im Zwei-Wertpapier-Fall, da $cov_{AB} = cov_{BA}$ (vgl. etwa Brealey/Myers/Allen 2016, S. 171 f.):

$$\sigma_P^2 = w^2\sigma_A^2 + (1 - w)^2\sigma_B^2 + 2w(1 - w)cov_{AB}$$

bzw. für die Standardabweichung:

$$\sigma_P = \sqrt{w^2\sigma_A^2 + (1 - w)^2\sigma_B^2 + 2w(1 - w)cov_{AB}}$$

Wie bereits in Modul 5 erläutert, sind Varianzen bedingt durch ihre Dimension (im Sinne von Recheneinheit) eher schwer interpretierbar, weswegen häufig die Standardabweichung bevorzugt wird. Im Fall von Kovarianzen kommt hinzu, dass auch ihre Dimension im Sinne von Größenordnung eine Interpretation erschwert: Kovarianzen von Angaben in T€ haben die Dimension »Millionen $€^2$« – und könnten doch für eine sehr schwache Schwankungsverbundenheit stehen. Diese Probleme sowie solche unterschiedlicher Größenordnungen der Beobachtungswerte werden vermieden, wenn stattdessen der (paarweise) Korrelationskoeffizient ρ verwendet wird (vgl. van Horne/Wachowicz 2010, S. 100 f.), der wie folgt definiert ist:

$$\rho_{AB} = \frac{cov_{AB}}{\sigma_A \sigma_B}$$

Korrelationskoeffizient

So gefasst, kann der (dimensionslose) Korrelationskoeffizient nur Werte im Intervall [-1; +1] annehmen, wobei der untere Grenzwert maximale Gegenläufigkeit (perfekt negative Korrelation), der obere Grenzwert maximale Gleichläufigkeit (perfekt positive Korrelation) bedeutet. Maximale Gleichläufigkeit der Einzelrenditen in Bezug auf ihre Mittelwerte läge bei zwei identischen Investments vor (A = B). Es ergibt sich:

$$\rho_{AB} = \frac{cov_{AB}}{\sigma_A \sigma_B} = \frac{cov_{AA}}{\sigma_A \sigma_A} = \frac{\sigma_A^2}{\sigma_A^2} = 1$$

Im Vergleich zur Kovarianz zweier Größen ist ihr Korrelationskoeffizient daher sehr viel anschaulicher (vgl. Kruschwitz 2014, S. 348 f.). Die nachfolgende Abbildung illustriert perfekt positiv und perfekt negativ korrelierte Renditeverläufe und hierbei insbesondere, dass sich ρ = +1 nicht nur bei perfekt parallelem und ρ = – 1 nicht nur bei perfekt spiegelbildlichem Verlauf ergeben, sondern immer dann, wenn Gleich- bzw. Gegenlauf relativ zu ihren jeweiligen Mittelwerten perfekt sind, wie sich speziell an den Extrem- und Wendepunkten erkennen lässt.

Abb. 6.2

Idealtypisch korrelierte Renditeverläufe im Zeitablauf

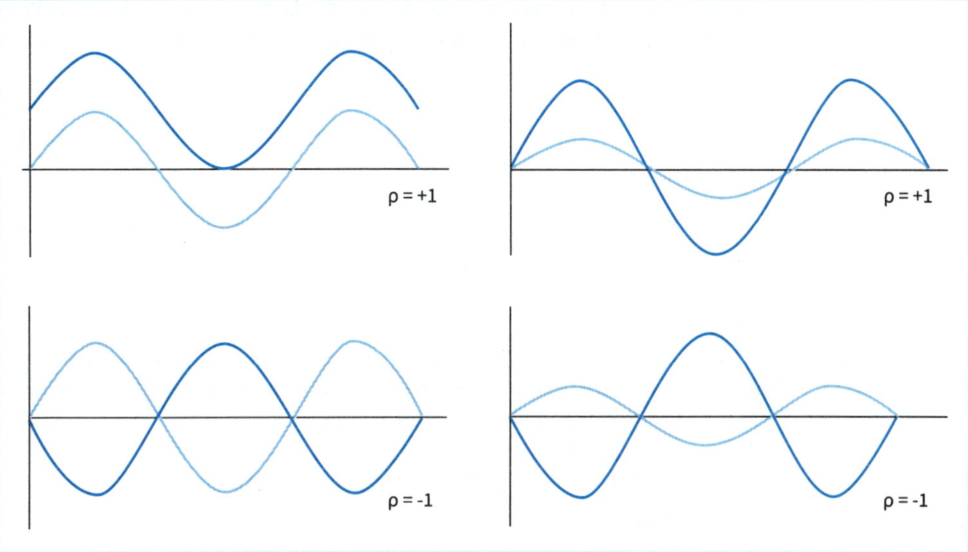

Beispiel 4

Korrelationskoeffizienten

▸▸▸ Die bis hierher betrachteten Wertpapiere C, D und E weisen folgende Korrelationskoeffizienten auf:

$$\rho_{CD} = \frac{cov_{CD}}{\sigma_C \cdot \sigma_D} = \frac{30}{\sqrt{12} \cdot \sqrt{84}} = 0{,}9449$$

$$\rho_{CE} = \frac{cov_{CE}}{\sigma_C \cdot \sigma_E} = \frac{-6}{\sqrt{12} \cdot \sqrt{4}} = -0{,}8660$$

$$\rho_{DE} = \frac{cov_{DE}}{\sigma_D \cdot \sigma_E} = \frac{-18}{\sqrt{84} \cdot \sqrt{4}} = -0{,}9820$$

Die (Renditen der) Wertpapiere C und D sind demnach ausgesprochen stark positiv korreliert. Im Gegenteil dazu korrelieren beide negativ mit der des Wertpapiers E. Am deutlichsten ausgeprägt ist der Gegenlauf zwischen D und E. Demnach ließe ein D-E-Portfolio die stärksten Diversifikationseffekte erwarten. ◂◂◂

Die Umstellung der Definitionsgleichung des Korrelationskoeffizienten ergibt

$cov_{AB} = \rho_{AB} \cdot \sigma_A \cdot \sigma_B$,

so dass sich die Formel für die Portfolio-Standardabweichung (im Zwei-Wertpapier-Fall) unter Benutzung des Korrelationskoeffizienten anstelle der Kovarianz schreiben lässt als:

$$\sigma_P = \sqrt{w^2\sigma_A^2 + (1-w)^2\sigma_B^2 + 2w(1-w)\rho_{AB} \cdot \sigma_A \cdot \sigma_B}$$

Ein Investor kann Rendite und Risiko einer Investition nicht beeinflussen, sie sind für ihn ebenso Daten wie die Korrelationen zwischen Renditeverläufen. Er kann jedoch vor dem dadurch gegebenen Hintergrund darüber entscheiden, ob und mit welchem Gewicht w_i er eine konkrete Investitionsmöglichkeit in sein Investitionsprogramm aufnimmt.

Entscheidung über Portfolioanteile

Im Zwei-Wertpapier-Fall sind also μ_P und σ_P abhängige Variablen, w hingegen ist die unabhängige Variable, die der Entscheider steuert. Wie genau er das tun sollte, hängt zum einen von den Eigenschaften der Wertpapiere, zum anderen von seiner Risikoeinstellung ab.

Beispiel 5

Renditeerwartung und -schwankung im Zwei-Wertpapier-Fall

►►► Nach Ermittlung der zwischen den Wertpapieren C, D und E bestehenden Korrelationen hat der Entscheider den Möglichkeitsbereich auf die Wertpapiere D und E begrenzt. Um sich einen Überblick von den damit erreichbaren Rendite-Risiko-Positionen zu verschaffen, wird zunächst eine Wertetabelle für sechs ausgewählte D-E-Kombinationen (Portfolios I – VI) angelegt.

	Portfolio-Zusammensetzung		Portfolio-Kennzahlen		
Portfolio	**Anteil D (w_D)**	**Anteil E (w_E)**	**Rendite μ_P**	**Varianz σ_P^2**	**StdAbw σ_P**
I	100 %	0 %	27 (= μ_D)	84 (= σ_D^2)	9,17 (= σ_D)
II	80 %	20 %	26,2	48,16	6,94
III	60 %	40 %	25,4	22,24	4,72
IV	40 %	60 %	24,6	6,24	2,50
V	**20 %**	**80 %**	**23,8**	**0,16**	**0,4**
VI	0 %	100 %	23 (= μ_E)	4 (= σ_E^2)	2 (= σ_E)

Es ergeben sich unterschiedliche Rendite-Risiko-Positionen, wobei die Renditeerwartung des Portfolios sich gleichmäßig zwischen den beiden Einzelwerten bewegt. Für das Portfoliorisiko ergibt sich hingegen ein völlig anderes Bild. Mit dem hervorgehobenen Portfolio V (w_D = 20 %, w_E = 80 %) existiert eine **Mischung, deren Gesamtrisiko geringer ist als das niedrigste Einzelrisiko** ($\sigma_{Portfolio\,V} < \sigma_E < \sigma_D$). Zum einen wird hieran die Möglichkeit der Risikoreduzierung durch (geschickte) Mischung deutlich. Zum anderen gibt es offenbar effiziente und nicht effiziente Portfolios: Im vorliegenden Fall wäre eine Anlage in Portfolio VI (also eine Investition ausschließlich in das Wertpapier E) nicht mehr effizient, da Portfolio V demgegenüber eine höhere Rendite bei geringerer Schwankung erwarten lässt. ◀◀◀

Die vorliegenden Resultate sind nicht etwa einem ungewöhnlichen Beispiel geschuldet, sondern können verallgemeinert werden: Je geringer die Korrelation, desto größer die Chance, das Portfolio-Risiko nicht nur unter das gewogene Durchschnittsrisiko der enthaltenen Wertpapiere zu senken, sondern sogar unter das niedrigste Einzelrisiko. Eine erste Frage wäre, ob und wie sich ein **risikominimales Portfolio** bestimmen lässt. Zudem erweisen sich im Zuge der Mischung zwar manche Handlungsmöglichkeiten als nicht effizient, doch verbleiben auch dann unendlich viele effiziente Handlungsprogramme, von denen das risikominimale Portfolio nur eines ist. Eine zweite Frage wäre daher, wie das optimale Portfolio ausgewählt werden sollte. Hierfür sind die wertpapier- mit investorenspezifischen Informationen zu verknüpfen.

6.2.3 Portfolio-Optimierung

6.2.3.1 Investorenunabhängige Risikominimierung

Minimum-Varianz-Portfolio

Für den Investor sind Portfolio-Rendite und -Risiko abhängige Variablen, die Portfolio-Anteile der Wertpapiere w_i hingegen die unabhängigen Variablen, durch deren Wahl er Rendite und Risiko – in gewissen Bandbreiten – steuern kann. Ein Optimum im mathematischen Sinne (eines lokalen Extremums) repräsentiert dasjenige Portfolio, welches unter den gegebenen Bedingungen das geringste Portfolio-Risiko aufweist und daher auch als **Minimum-Varianz-Portfolio** (MVP) bezeichnet wird (vgl. Markowitz 1952, besonders S. 79).

Das Portfolio-Risiko wird aus Sicht des Investors als Funktion der von ihm steuerbaren Portfolio-Anteile aufgefasst. Im allgemeinen (n-Wertpapier-)Fall ist also $\sigma_P = f(w_1, w_2, \ldots, w_n)$. Für den hier vertieften Zwei-Wertpapier-Fall vereinfacht sich der Zusammenhang zu $\sigma_P = f(w)$. Notwendige Bedingung für das Vorliegen eines lokalen Extremums dieser Funktion wäre eine Nullstelle der ersten Ableitung, hier also $d\sigma_P / dw = 0$ (vgl. zum Folgenden kompakter auch Kruschwitz 2014, S. 353). Ausgehend von der zuletzt notierten Formel für das Portfolio-Risiko, also

$$\sigma_P = \sqrt{w^2\sigma_A^2 + (1-w)^2\sigma_B^2 + 2w(1-w)\rho_{AB} \cdot \sigma_A \cdot \sigma_B}$$

ergibt sich die Optimierungsbedingung laut erster Ableitung mit

$$\frac{d\sigma_P}{dw} = \frac{1}{2} \cdot \frac{2w \cdot \sigma_A^2 - 2(1-w) \cdot \sigma_B^2 + 2(1-w) \cdot \rho_{AB} \cdot \sigma_A \cdot \sigma_B - 2w \cdot \rho_{AB} \cdot \sigma_A \cdot \sigma_B}{\sqrt{w^2\sigma_A^2 + (1-w)^2\sigma_B^2 + 2w(1-w)\rho_{AB} \cdot \sigma_A \cdot \sigma_B}} = 0.$$

Der Gesamtausdruck entspricht null, sobald der Zähler null ist, wenn also gilt:

$$2w' \cdot \sigma_A^2 - 2(1-w') \cdot \sigma_B^2 + 2(1-w') \cdot \rho_{AB} \cdot \sigma_A \cdot \sigma_B - 2w' \cdot \rho_{AB} \cdot \sigma_A \cdot \sigma_B = 0$$

Nach einigen Umformungen resultiert als optimaler Portfolioanteil w' des Wertpapiers A (vgl. analog etwa Brigham/Ehrhardt 2015, S. 984 f.):

$$w' = \frac{\sigma_B^2 - \rho_{AB} \cdot \sigma_A \cdot \sigma_B}{\sigma_A^2 + \sigma_B^2 - 2\rho_{AB} \cdot \sigma_A \cdot \sigma_B} \Leftrightarrow w' = \frac{\sigma_B^2 - cov_{AB}}{(\sigma_A^2 - cov_{AB}) + (\sigma_B^2 - cov_{AB})}$$

Risikominimale Portfolio-Anteile

Das Minimum-Varianz-Portfolio enthält das Wertpapier A mit diesem Anteil von w' und im Umkehrschluss das Wertpapier B mit dem Anteil (1 – w') bzw.:

$$1 - w' = \frac{\sigma_A^2 - \rho_{AB} \cdot \sigma_A \cdot \sigma_B}{\sigma_A^2 + \sigma_B^2 - 2\rho_{AB} \cdot \sigma_A \cdot \sigma_B} \Leftrightarrow \frac{\sigma_A^2 - cov_{AB}}{(\sigma_A^2 - cov_{AB}) + (\sigma_B^2 - cov_{AB})}$$

Beispiel 6

Minimum-Varianz-Portfolio im Zwei-Wertpapier-Fall

▶▶▶ Im Beispielfall ergibt ein Einsetzen der zuvor berechneten Werte für die Schwankungsmaße die optimalen Portfolioanteile:

$$w' = \frac{\sigma_E^2 - \rho_{DE} \cdot \sigma_D \cdot \sigma_E}{\sigma_D^2 + \sigma_E^2 - 2\rho_{DE} \cdot \sigma_D \cdot \sigma_E} \Leftrightarrow \frac{4 - (-0{,}9820) \cdot \sqrt{84} \cdot \sqrt{4}}{84 + 4 - 2 \cdot (-0{,}9820) \cdot \sqrt{84} \cdot \sqrt{4}} = 17{,}75\,\%$$

Demnach wäre ein Portfolio, das sich zu 17,75 % aus dem Wertpapier D und zu (1 – 0,1775) = 82,25 % aus dem Wertpapier E zusammensetzt, risikominimal. Die Rendite dieses Minimum-Varianz-Portfolios beträgt:

$$\mu_{MVP} = w'\mu_D + (1-w')\mu_E = 0{,}1775 \cdot 27 + 0{,}8225 \cdot 23 = 23{,}71$$

Das Risiko des MPV beträgt unter Zuhilfenahme der Kovarianz:

$$\sigma_P = \sqrt{w^2\sigma_A^2 + (1-w)^2\sigma_B^2 + 2w(1-w)cov_{AB}}$$
$$= \sqrt{0{,}1775^2 \cdot 84 + 0{,}8225^2 \cdot 4 + 2 \cdot 0{,}1775 \cdot 0{,}8225 \cdot (-18)} = \sqrt{0{,}096775}$$

Dem entspricht eine Standardabweichung von etwa 0,311. Mit keiner anderen Kombination der Wertpapiere D und E könnte also ein Portfolio zusammengestellt werden, das eine geringere als diese Renditeschwankung aufweist. Es fällt bereits auf, dass es sich um einen sehr niedrigen Wert handelt – der bedingt ist durch die sehr stark negativ ausgeprägte Korrelation der Renditen der beiden im Portfolio enthaltenen Wertpapiere. ◀◀◀

Besondere Situationen ergeben sich an den **Rändern des Intervalls** möglicher Werte des Korrelationskoeffizienten, also im Falle perfekten Gleichlaufs ($\rho = +1$) oder perfekten Gegenlaufs ($\rho = -1$) der Portfoliorenditen. So gilt bei perfektem Gleichlauf:

$$\sigma_P = \sqrt{w^2\sigma_A^2 + (1-w)^2\sigma_B^2 + 2w(1-w)\rho_{AB} \cdot \sigma_A \cdot \sigma_B}$$
$$= \sqrt{w^2\sigma_A^2 + (1-w)^2\sigma_B^2 + 2w(1-w) \cdot \sigma_A \cdot \sigma_B}$$

Portfolio-Risiko bei perfektem Gleichlauf der Renditen

Da sich der Ausdruck unter dem Wurzelzeichen bei Zuhilfenahme der ersten binomischen Formel umformen lässt zu $[w\sigma_A+(1 - w)\sigma_B]^2$, ergibt sich schließlich: $\sigma_P = w\sigma_A+(1 - w)\sigma_B$. Bei **perfekt positiver Korrelation** (und nur dann) entspricht die Standardabweichung eines Portfolios demnach dem **gewogenen Mittel der Standardabweichungen** der Portfolio-Bestandteile. Das Minimum-Varianz-Portfolio besteht folgerichtig aus nur einem Wertpapier, nämlich dem mit der geringsten Standardabweichung.

Portfolio-Risiko bei perfektem Gegenlauf der Renditen

Bei **perfekt negativer Korrelation** ergibt sich für die optimalen Portfolio-Anteile:

$$w' = \frac{\sigma_B^2 - \rho_{AB} \cdot \sigma_A \cdot \sigma_B}{\sigma_A^2 + \sigma_B^2 - 2\rho_{AB} \cdot \sigma_A \cdot \sigma_B} = \frac{\sigma_B^2 + \sigma_A \cdot \sigma_B}{\sigma_A^2 + \sigma_B^2 + 2 \cdot \sigma_A \cdot \sigma_B} = \frac{\sigma_B \cdot (\sigma_B + \sigma_A)}{(\sigma_A + \sigma_B)^2} = \frac{\sigma_B}{\sigma_A + \sigma_B}$$

$$1 - w' = 1 - \frac{\sigma_B}{\sigma_A + \sigma_B} = \frac{\sigma_A}{\sigma_A + \sigma_B}$$

Bei perfekt negativer Korrelation wird im Zwei-Wertpapier-Fall also das MVP realisiert, wenn die Portfolio-**Anteile umgekehrt proportional zu den Standardabweichungen** gewählt werden. Die entscheidende Besonderheit ergibt sich indes erst beim Einsetzen dieser besonderen Werte in die Formel für das Portfolio-Risiko. Hierfür gilt allgemein:

$$\sigma_P = \sqrt{w^2\sigma_A^2 + (1-w)^2\sigma_B^2 + 2w(1-w)\rho_{AB} \cdot \sigma_A \cdot \sigma_B}$$

Und nach Einsetzen der berechneten Werte:

$$\sigma_P = \sqrt{\left(\frac{\sigma_B}{\sigma_A + \sigma_B}\right)^2 \sigma_A^2 + \left(\frac{\sigma_A}{\sigma_A + \sigma_B}\right)^2 \sigma_B^2 + 2\frac{\sigma_B}{\sigma_A + \sigma_B} \cdot \frac{\sigma_A}{\sigma_A + \sigma_B}(-1) \cdot \sigma_A \cdot \sigma_B} \Leftrightarrow$$

$$\sigma_P = \sqrt{\frac{\sigma_B^2 \cdot \sigma_A^2}{(\sigma_A + \sigma_B)^2} + \frac{\sigma_A^2 \cdot \sigma_B^2}{(\sigma_A + \sigma_B)^2} - 2\frac{\sigma_B \cdot \sigma_A \cdot \sigma_A \cdot \sigma_B}{(\sigma_A + \sigma_B)^2}} = 0$$

Im Falle perfekt negativer Korrelation hat das MVP also eine Portfolio-Standardabweichung von null. Anders formuliert, lässt sich in diesem Fall (und nur in diesem Fall) das Portfolio-Risiko durch geschickte Wahl der Portfolio-Anteile nicht nur reduzieren (lokales Minimum), sondern sogar komplett eliminieren (globales Minimum).

μ-σ-Diagramme

Die gewonnenen Erkenntnisse zum Minimum-Varianz-Portfolio lassen sich für den Zwei-Wertpapier-Fall auch **graphisch** verdeutlichen. Hierfür werden die einzelnen Wertpapiere sowie die daraus formbaren Portfolios in das Koordinatenkreuz eines sogenannten μ-σ-Diagramms eingezeichnet. Nachfolgend wird hierbei das Portfolio-Risiko σ auf der Abszisse und die (erwartete) Portfolio-Rendite μ auf der Ordinate abgetragen. μ-σ-Diagramme gehören zum Kern der Portfolio-Theorie wie auch der hieran anschließenden Teile der modernen Kapitalmarkttheorie. Unabhängig von ihrer zentralen Rolle werden sie in der Literatur uneinheitlich dargestellt: Neben der auch hiernach gewählten Variante existiert die umgekehrte, in der μ auf der waagerechten und σ auf der senkrechten Achse abgetragen ist. Tatsächlich entspricht sie dem Original, vgl. Markowitz 1952, S. 82 ff., später nicht zuletzt auch Sharpe, 1964, passim. Erwähnenswert ist dieses Nebeneinander deswegen, weil sich die Kurvenverläufe entsprechend verändern. Die nachfolgenden Abbildungen etwa wären zunächst an der senkrechten Achse zu spiegeln und dann um 90 Grad nach rechts zu kippen, um dem Original vergleichbar zu sein (vgl. analog zu Markowitz u. a. Blohm/Lüder/Schaefer 2012, S. 312 f.; Süchting 1995, S. 382 ff.; Schneider 1992, S. 477 ff. Die hier gewählte Darstellungsweise findet sich u. a. bei Elton et al. 2014, S. 42 ff.; Perridon/Steiner/Rathgeber 2017, S. 278 ff.; Schmidt/Terberger 2006, S. 324 ff.).

Einem Wertpapier entspricht in dieser Darstellung genau eine Rendite-Risiko-Kombination, also ein Punkt im Koordinatenkreuz. Existieren zwei Wertpapiere, aus denen sich überdies Wertpapiermischungen herstellen lassen, so liegen diese Portfolios auf einer Verbindungslinie zwischen den beiden wertpapierspezifischen Punkten. Die Höhe des Korrelationskoeffizienten determiniert dabei den genauen Verlauf dieser Verbindungslinie (vgl. auch die beispielgestützte Darstellung von Brealey/Myers/Allen 2016, S. 186 ff.):

- **ρ = 1**: Im Fall perfekten Renditegleichlaufs liegen alle Portfolios auf der **kürzesten** Verbindung zwischen den beiden wertpapierspezifischen Punkten.
- **ρ = –1**: Im Fall perfekten Renditegegenlaufs ist wie gesehen die vollständige Eliminierung des Portfolio-Risikos denkbar. Die Verbindungslinie führt daher von einem Wertpapier linear bis zum risikominimalen Punkt auf der Ordinate, und von dort linear zum anderen Wertpapier zurück; sie hat also ein abschnittsweises lineares, **gewinkeltes** Aussehen.
- **–1 < ρ < 1**: In allen anderen Fällen ist die Verbindungslinie nicht linear, sondern parabelartig **gekrümmt**. Je näher die Korrelation am oberen Grenzwert liegt, desto enger an der kürzesten Verbindung verläuft die gekrümmte Verbindungslinie. Umgekehrt verläuft die gekrümmte Kurve umso näher an der gewinkelten, je näher ρ dem unteren Grenzwert von – 1 kommt.

Diversifikationseffekt

Auch graphisch wird deutlich, dass bei perfektem Gleichlauf der Renditen das Portfoliorisiko der Summe der mit deren Anteilen gewichteten Standardabweichungen der Einzelinvestitionen (also dem Durchschnittsrisiko) entspricht. Je weiter sich der Korrelationskoeffizient hiervon entfernt, desto weiter sinkt auch das Portfoliorisiko unter das gewichtete Durchschnittsrisiko der Einzelinvestitionen. Selbst bei positiver Korrelation 0 < ρ < 1 kommt es also zu einer streuungsbedingten Risikoreduzie-

Abb. 6.3

Rendite-Risiko-Positionen von Wertpapiermischungen

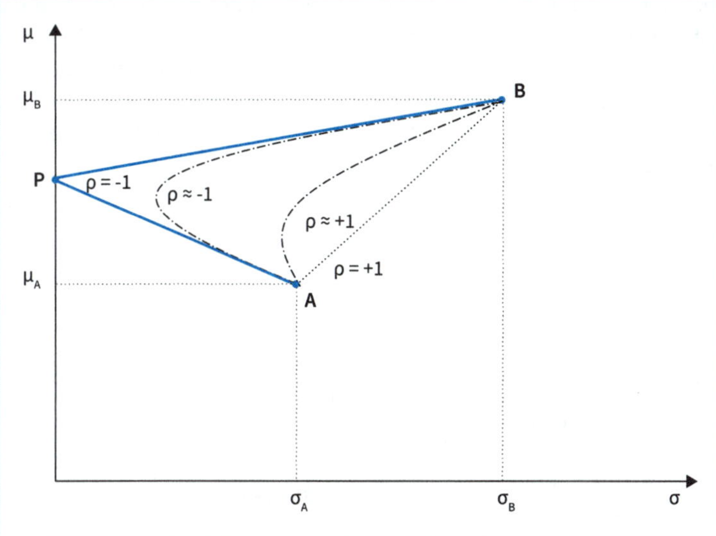

rung, es wirkt dem Grunde nach ein **Diversifikationseffekt**. Dieser ist aber umso schwächer, je näher ρ dem oberen Grenzwert +1, und umso stärker, je näher ρ dem unteren Grenzwert −1 ist. Liegt perfekter Gegenlauf der Renditen vor, ist das Portfoliorisiko eliminierbar, der Diversifikationseffekt maximal (Punkt P). Die eingangs des vorherigen Abschnitts eingeführte Unterscheidung von naiver und intelligenter Diversifikation lässt sich anknüpfend daran nunmehr präzisieren: **Intelligent** ist eine Portfoliosteuerung, die gezielt geringe Korrelationskoeffizienten aufzuspüren und auszunutzen sucht. Von dieser (auch Markowitz-Diversifikation genannten) Variante unterscheidet sich die **naive** Diversifikation, die ohne planmäßiges Aufspüren und Ausnutzen von möglichst geringen Korrelationskoeffizienten darauf hofft, durch Anhäufung einer großen Zahl nicht näher untersuchter Einzelinvestitionen bzw. Wertpapiere eine Reduzierung des Portfolio-Risikos zu erreichen (vgl. etwa Breuer/Gürtler/Schuhmacher 2010, S. 355 f.).

n-Wertpapier-Portfolios

Selbst im Zwei-Wertpapier-Fall lassen sich unter bestimmten Bedingungen also erhebliche Diversifikationseffekte erzielen. Wenngleich rechnerisch komplizierter, ist die Risikoreduzierung als solche leichter zu erreichen, wenn eine größere Anzahl von Wertpapieren zur Verfügung steht. Die Portfolio-Varianz errechnete sich gemäß der Formel

$$\sigma_P^2 = \sum_{i=1}^{n} \sum_{j=1}^{n} w_i w_j cov_{ij}$$

aus insgesamt n · n Summanden. Genau n Summanden haben die Form $w_iw_jcov_{ij}$ mit i = j, enthalten also keine Kovarianzen zweier Wertpapiere, sondern Varianzen eines Wertpapiers (da $cov_{ii} = var_i$). Kovarianzen bzw. Korrelationskoeffizienten wirken sich auf die verbleibenden (also $n^2 - n$) Summanden aus. Die Anzahl der varianzabhängigen Summanden wächst linear, die der kovarianzabhängigen exponentiell mit der Anzahl der berücksichtigten Wertpapiere. Der von den Kovarianzen bzw. Korrelationskoeffizienten getriebene Diversifikationseffekt lässt sich also durch die Hinzunahme weiterer (nicht perfekt positiv korrelierter) Wertpapiere sehr schnell erheblich steigern.

Tab. 6.1

Wertpapieranzahl und Portfoliorisiko

$$\sigma_P^2 = \sum_{i=1}^{n} \sum_{j=1}^{n} w_i w_j cov_{ij}$$

Wertpapiere im Portfolio: n	Anzahl varianzgetriebener Summanden: n	Anzahl kovarianzgetriebener Summanden: $n^2 - n$	Gesamt: n^2
1	1	$1^2 - 1 = 0$	1
2	2	$2^2 - 2 = 2$	4
3	3	$3^2 - 3 = 6$	9
5	5	$5^2 - 5 = 20$	25
10	10	$10^2 - 10 = 90$	100
20	20	$20^2 - 20 = 380$	400

Wertpapieranzahl und Portfoliorisiko

Im Zwei-Wertpapier-Fall hängt also nur die Hälfte der Summanden von der (einzigen) Kovarianz ab. Im Fünf-Wertpapier-Fall sind es bereits 20/25 = 80 % der Summanden, im 20-Wertpapier-Fall 95 %. Der diversifikationsbedingte Risikominderungseffekt müsste demnach a) schnell eintreten und b) seine Grenze dort haben, wo die immer noch verbliebenen n varianzgetriebenen Summanden wirken. Tatsächlich wird diese Erwartung durch empirische Erhebungen nachdrücklich gestützt, es überwiegt ein Zusammenhang zwischen Portfolio-Risiko und Wertpapieranzahl der folgenden Form (vgl. analog Brigham/Ehrhardt 2015, S. 255 f.):

Abb. 6.4

Wertpapieranzahl und Portfoliorisiko

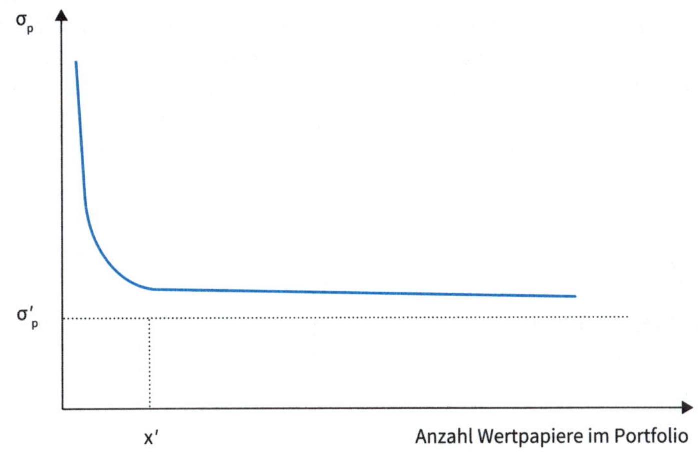

Ausmaß der Diversifikation

Die kritische Wertpapieranzahl x' sowie das nicht-unterschreitbare Risiko σ'_p sind dabei von Land zu Land bzw. Markt zu Markt unterschiedlich. Alles zusammengenommen lässt sich aber grob sagen, dass bereits bei Berücksichtigung von 10–15 Wertpapieren der Diversifikationseffekt fast ausgeschöpft ist und dass sich sogar ohne internationale Streuung der Wertpapieranlagen die Hälfte bis drei Viertel des Portfolio-Risikos »wegdiversifizieren« lassen. Dieser Effekt lässt sich nochmals bedeutend steigern, wenn das Portfolio zusätzlich über verschiedene nationale Märkte gestreut wird (vgl. z. B. Elton et al. 2014, S. 58 ff.).

Risikominimales vs. optimales Portfolio

Unabhängig von den gegebenen Möglichkeiten, Teile des Portfolio-Risikos durch Diversifikation zu eliminieren, ist nicht gesagt, welches Portfolio(risiko) für welchen Investor optimal ist: Die Senkung des Portfolio-Risikos führt auf ein lokales oder sogar absolutes **Minimum** von σ_P – wobei der Renditeaspekt ausgeblendet und die Analyse insoweit eindimensional bleibt. Entscheidet jedoch der Investor in einem annahmegemäß zweidimensionalen Rendite-Risiko-Kalkül, dürfte sein diesbezügliches **Optimum** nicht unbedingt mit dem Risikominimum des MVP zusammenfallen. Dieses ist vielmehr ein Grenzfall, der nur für extrem risikoaverse Naturen attraktiv ist. Doch auch für alle anderen Entscheider ist dieser Grenzfall von Interesse, scheidet er doch gute von schlechten Handlungsmöglichkeiten, wie nachfolgend gezeigt wird. Aus darstellungstechnischen Gründen wird hierfür wieder auf den Zwei-Wertpapier-Fall zurückgegangen.

6.2.3.2 Investorenabhängige Rendite-Risiko-Optimierung

Gute Handlungsmöglichkeiten

Im Normalfall eines Korrelationskoeffizienten, der weder -1 noch +1 beträgt, verläuft die Linie, auf der alle durch Wertpapiermischung realisierbaren Rendite-Risiko-Kombinationen liegen, gekrümmt zwischen den beiden wertpapierspezifischen Punkten A und B. An dieser liegenden Parabel, die für ein Portfolio aus mehr als zwei Wertpapieren nach Kruschwitz auch als »Eierschale« bezeichnet wird (vgl. etwa Kruschwitz/Husmann 2012, S. 222 ff.), lässt sich zunächst das MVP identifizieren: Es findet sich in dem Punkt der Verbindungslinie, der die minimale Entfernung zur Ordinate aufweist.

Abb. 6.5

Ableitung der Effizienzlinie

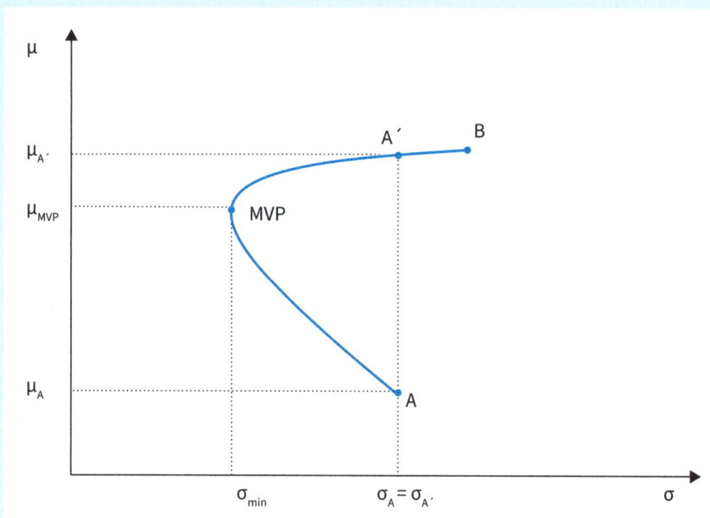

Effizienzlinie

Dieser Punkt (MVP) scheidet nun gute (effiziente) von schlechten (nicht-effizienten) Handlungsmöglichkeiten aufgrund folgender Erwägung: Alle Punkte (wie A), die rechts unterhalb von MVP auf dem unteren Ast der Verbindungslinie liegen, haben ein Pendant A′, das senkrecht über ihnen auf dem oberen Ast liegt. Im Vergleich zu A weist jedoch A′ eine höhere erwartete Rendite bei gleicher Standardabweichung auf. Aus Sicht eines risikoaversen Investors ist A′ daher effizient, A ist es nicht. In der Folge gibt es keinen Punkt unterhalb von MVP, der effizient wäre. Effizient sind nur Punkte auf dem Abschnitt zwischen MVP und B. Dieser wird daher als **Effizienzlinie** (»efficient line«, Markowitz 1952, S. 87) oder **Kurve guter Handlungsmöglichkeiten** (Schneider 1992, S. 476) bezeichnet.

Mittels Effizienzüberlegungen lässt sich demnach die Menge **möglicher** Wertpapiermischungen auf die Teilmenge effizienter Investitionsprogramme reduzieren. Auch diese besteht indes aus unendlich vielen Alternativen, die gleichermaßen effizient sind. Um hieraus die für den jeweiligen Investor optimale auszuwählen, bedarf es einer Verknüpfung der objektiv gegebenen Investitionsmöglichkeiten mit den subjektiven Präferenzen des Investors. Diese lassen sich im gegebenen Kontext, in dem annahmegemäß von einem rationalen, risikoaversen Entscheider allein nach Rendite und Risiko geurteilt wird, abermals durch entsprechende **Indifferenzkurven** abbilden, wie sie in Modul 5 eingeführt wurden. Jede dieser Kurven steht für die Menge aller Rendite-Risiko-Kombinationen, denen dieser Investor das gleiche Nutzenniveau beimisst, die er also für gleichwertig erachtet. Ist er oder sie risikoavers, verlaufen solche Indifferenzkurven steigend, wodurch eine eindeutige Lösung des Optimierungsproblems ermöglicht wird: Das optimale Portfolio eines Investors findet sich dort, wo eine seiner Indifferenzkurven die Effizienzlinie tangiert (vgl. analog Kruschwitz 2014, S. 354 f.; Brigham/Ehrhardt 2015, S. 988 ff.).

Diese **Tangentiallösung** lässt sich am besten graphisch verdeutlichen:

(Erste, investorenspezifische) Tangentiallösung

Abb. 6.6

Ermittlung des optimalen Wertpapierportfolios

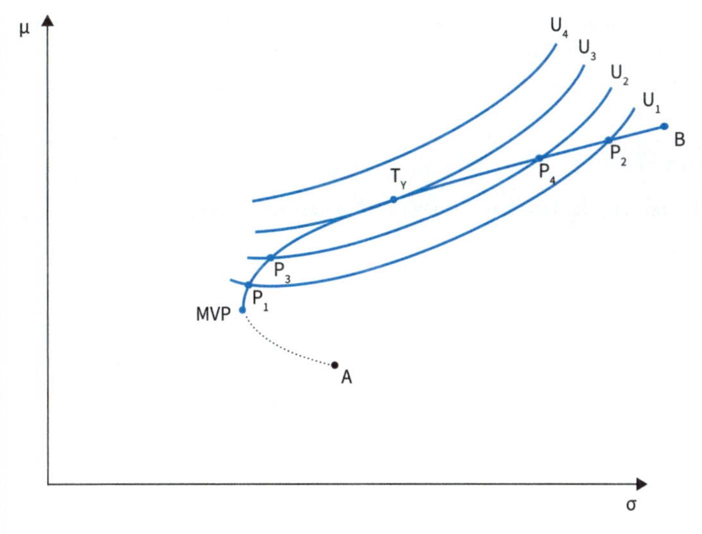

Von den theoretisch unendlich vielen Indifferenzkurven eines Investors sind hier beispielhaft vier abgetragen. Das von ihnen repräsentierte Nutzenniveau wächst, je weiter links-oben sich eine Indifferenzkurve befindet (gleichbedeutend mit geringerem Risiko und höherer Rendite). Mithin würde dieser Investor einen Punkt auf der Kurve U_4 jedem Punkt auf einer der Kurven U_3, U_2 und U_1 vorziehen. Jedoch hat U_4 keinen gemeinsamen Punkt mit der Effizienzlinie, dieses Nutzenniveau ist unter den gegebenen Bedingungen daher nicht erreichbar. Auf der anderen Seite weist U_1 gleich zwei Schnittpunkte mit der Effizienzlinie auf, die Punkte P_1 und P_2 wären realisierbar und von gleichem Nutzen. Allerdings sind sie nicht optimal, solange es Indifferenzkurven höheren Nutzenniveaus gibt, die ebenfalls mindestens einen gemeinsamen Punkt mit der Effizienzlinie aufweisen. Die nach U_1 möglichen Lösungen scheiden daher bereits aus, wenn man sie mit P_3 und P_4 vergleicht, die ebenfalls möglich sind und ein höheres Nutzenniveau U_2 repräsentieren. Diese Art der **Selektion** endet erst dort, wo eine Nutzenindifferenzkurve noch genau einen gemeinsamen (Tangential-)Punkt mit der Effizienzlinie aufweist, im konkreten Fall also bei U_3 bzw. T_Y: Alle höher liegenden Indifferenzkurven liegen dann außerhalb des Möglichkeitsbereichs guter Handlungsmöglichkeiten, alle niedriger liegenden stiften einen geringeren Nutzen. Der Tangentialpunkt steht also für das höchste Nutzenniveau, das unter der Kombination dieser Effizienzlinie und dieser Nutzenindifferenzkurven erreichbar ist, und folgerichtig für das **optimale Investitionsprogramm**.

Optimierung als Einzelfallentscheidung

Es ist wichtig zu betonen, dass das optimale Investitionsprogramm bzw. Wertpapierportfolio eine Lösung unter den **Bedingungen des konkreten Einzelfalls** darstellt. Ändern sich z. B. die Eigenschaften der betrachteten Wertpapiere oder das Spektrum, aus dem gewählt werden kann, verändert sich die Effizienzlinie ebenso wie die Lage und das Niveau des Tangentialpunkts. Gleiches gilt, wenn sich die (Rendite-)Risikoeinstellung des Investors verändern sollte – oder ein anderer Investor betrachtet wird: Es sind dann andere Indifferenzkurvenscharen relevant, die zu anderen Tangentiallösungen führen. Wie nicht anders zu erwarten, rückt die Tan-

Abb. 6.7

Abhängigkeit der Tangentiallösung vom Grad der Risikoaversion

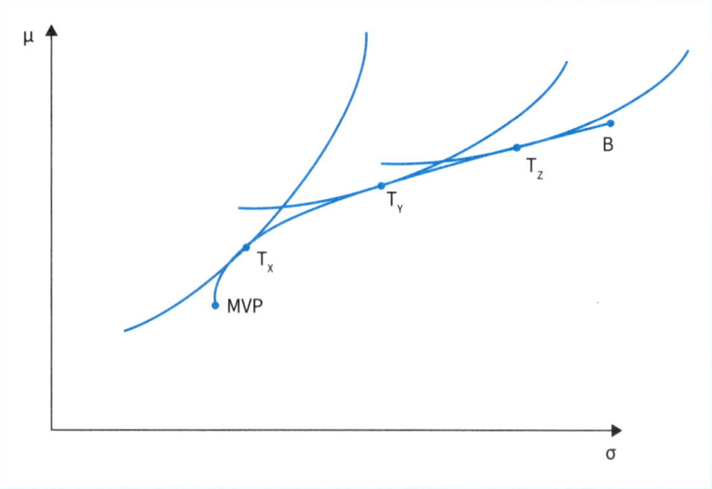

gentiallösung umso näher an das Minimum-Varianz-Portfolio, je stärker die Risikoaversion ausgeprägt ist. Neben denen des schon bisher betrachteten Investors (Y) sind dafür in die Abbildung 6.7 die Indifferenzkurven von zwei weiteren Investoren eingezeichnet: Die Kurvenschar des besonders risikoaversen Investors X zeichnet sich durch ein sehr hohes Steigungsmaß aus, die Tangentiallösung T_X findet sich folglich im steilen Bereich der Effizienzlinie, in der Nähe von MVP. Der wenig risikoaverse Investor Z hingegen zeigt sehr flache Indifferenzkurven, sein Tangentialpunkt T_Z liegt daher im flacheren Bereich der Effizienzlinie, in der Nähe der riskanteren Alternative B.

Risikolose Opportunität

Es existiert allerdings eine Modifikation des Auswahlbereichs, die einerseits ebenfalls die Effizienzlinie und mithin vorherige Optimierungslösungen verändert, andererseits aber einen gemeinsamen Nenner für die Investitionsentscheidungen aller Investoren schafft. Gemeint ist die Berücksichtigung der **risikolosen Kapitalmarktopportunität**. Diese gemäß Prämissenkatalog (vgl. 6.2.1) vorhandene Anlagemöglichkeit hat einen (Rendite-)Erwartungswert r_f, der mit Sicherheit zu erwarten ist, mithin betragen Varianz und Standardabweichung dieser Anlage null. Im Koordinatenkreuz der Abbildung 6.8 entspricht dieser Opportunität der Punkt F, der an der Stelle r_f auf der Ordinate liegt.

Portfolios mit risikofreiem Bestandteil

Für (μ und σ von) Wertpapiermischungen, die zum Teil aus F bestehen, lassen sich folgende Überlegungen anstellen, wobei X für einen beliebigen Punkt auf der Effizienzlinie steht, also durchaus seinerseits bereits eine Mischung repräsentieren kann.

$$\mu_P = \sum_{i=1}^{n} w_i \cdot \mu_i, \text{ also } \mu_{FX} = w_F\mu_F + w_X\mu_X = (1 - w_X)r_f + w_X\mu_X = r_f + w_X(\mu_X - r_f)$$

$$\sigma_P^2 = \sum_{i=1}^{n} \sum_{j=1}^{n} w_i w_j cov_{ij}, \text{ also } \sigma_{FX}^2 = w_F^2\sigma_F^2 + 2w_F w_X cov_{FX} + w_X^2\sigma_X^2$$

Offenbar ist mit $\sigma_F = 0$ auch der erste Summand gleich null. Tatsächlich gilt das auch für den zweiten Summanden, wie sich beispielsweise anhand der Formel für die Kovarianz erkennen lässt, welche σ_F als Faktor enthält ($cov_{FX} = \rho_{FX} \cdot \sigma_F \cdot \sigma_X$), und daher ebenfalls gleich null sein muss. Die Portfoliovarianz beschränkt sich damit auf den letzten Summanden:

$$\sigma_{FX}^2 = w_X^2\sigma_X^2 \Leftrightarrow \sigma_{FX} = w_X\sigma_X \Leftrightarrow w_X = \frac{\sigma_{FX}}{\sigma_X}$$

Linearer Portfolioanteil-Risiko-Zusammenhang

Die erste Äquivalenzumformung zeigt: Das Risiko eines Portfolios, welches die risikofreie Alternative F enthält, wächst linear mit dem Anteil der anderen, risikobehafteten, Anlagealternative am Portfolio. Die zweite Umformung nach w_x ermöglicht die Formulierung eines **Zusammenhangs zwischen (FX-)Portfolio-Rendite und -Risiko**, indem in die obenstehende Gleichung für μ_{FX} eingesetzt wird:

$$\mu_P = \mu_{FX} = r_f + w_X(\mu_X - r_f) = r_f + \frac{\sigma_{FX}}{\sigma_X}(\mu_X - r_f) = r_f + \left(\frac{\mu_X - r_f}{\sigma_X}\right)\sigma_{FX}$$

Linearer Rendite-Risiko-Zusammenhang

Dieser Ausdruck entspricht der Gleichung einer Geraden (allgemein: y = a + bx) im μ-σ-Koordinatenkreuz (hier: $\mu = r_f + b\sigma$) durch F und X, die also die Ordinate in r_f schneidet, ein Steigungsmaß in Höhe des letzten Klammerausdrucks hat und unter anderem durch den Punkt X führt. Diese Geradengleichung ließe sich auch unter Nutzung der Zwei-Punkte-Form ableiten, wie klarer erkennbar wird, wenn der Anschaulichkeit halber der Nenner des Klammerausdrucks zu $(\sigma_X - \sigma_F)$ vervollständigt wird. Eine Gerade, die von F in einen Punkt X der Effizienzlinie führt, enthält also alle **möglichen Investitionsprogramme**, die sich zu unterschiedlichen Anteilen aus der risikobehafteten Anlage X und der risikofreien Anlage F zusammensetzen. Für alle Punkte auf der Effizienzlinie MVP-B durchgeführt, ergäbe dies einen **Fächer an Strahlen**, die von F zu Punkten der gekrümmten Effizienzlinie – und darüber hinaus – führen. Da dieser Fächer theoretisch unendlich dicht gepackt ist, repräsentiert er einen neuen Möglichkeitsbereich unendlich vieler Investitionsprogramme. Dass der Fächer sich rechts von Punkten der bisherigen Effizienzlinie weiter aufspannt, folgt aus den Eigenschaften des vollkommenen und vollständigen Kapitalmarktes, dem die risikolose Opportunität entnommen ist: Auf einem solchen Kapitalmarkt können nicht nur beliebige Summen zum risikofreien Zins **investiert**, sondern auch **beschafft** werden. Auf einem Strahl, der von F durch den Punkt X der Effizienzlinie führt, stehen alle Punkte zwischen F und X für Portfolioentscheidungen, mit denen der Investor seine ursprünglich verfügbaren Mittel für eine Mischung aus F und X verwendet. Punkte auf demselben Strahl, die rechts von X liegen, stehen demgegenüber für Investitionsprogramme, bei denen der Investor sich zunächst zusätzliche Mittel zu r_f beschafft und anschließend diese und seine ursprünglichen Mittel vollständig in X investiert.

Abb. 6.8

Tangentiallösung unter Berücksichtigung der risikofreien Kapitalmarktopportunität

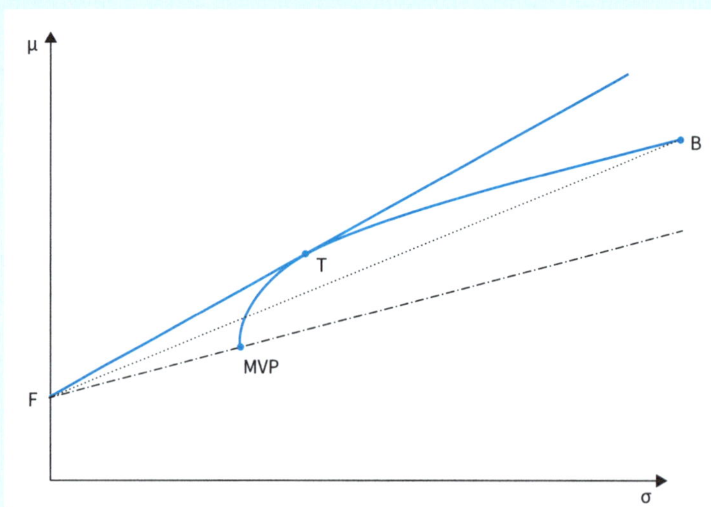

Auch der hierdurch determinierte Möglichkeitsbereich lässt sich jedoch unter Anwendung des bekannten Argumentationsmusters schnell signifikant **reduzieren**: Es sind alle die Punkte auf Strahlen nicht effizient, für die sich ein senkrecht darüber liegendes Pendant auf einem anderen, steileren Strahl findet. Folgerichtig wird etwa der Strahl F-MVP (gestrichelt) dominiert u. a. vom Strahl F-B (gepunktet). F-MVP-Mischungen sind mithin nicht effizient und können aus der weiteren Analyse ausgeschlossen werden. Diese Reduktion gilt solange, bis der steilste Strahl erreicht ist, der noch einen Punkt mit der Effizienzlinie MVP-B gemeinsam hat. Dies ist derjenige (durchgezogene) Strahl, der die Effizienzlinie nicht schneidet, sondern (hier: im Punkt T) **tangiert**.

(Zweite, investorenunabhängige) Tangentiallösung

Alle Punkte auf dem Abschnitt F-T der Tangente repräsentieren Wertpapiermischungen, die teilweise aus dem risikobehafteten Tangentialportfolio T und teilweise aus der risikofreien Opportunität F bestehen, alle Punkte rechts von T stehen für eine Kombination von zusätzlicher Mittelaufnahme gemäß F (zu r_f) und anschließend Investition aller Mittel nur in T (vgl. analog Brealey/Myers/Allen 2016, S. 190 f.). Diese Tangente liegt nicht nur oberhalb von allen Strahlen aus F an die Effizienzlinie, sondern auch oberhalb der gekrümmten Effizienzlinie selbst. Wird also die risikofreie Kapitalmarktopportunität einem zuvor nur aus risikobehafteten Alternativen bestehenden Auswahlbereich hinzugefügt, so tritt eine **neue, überlegene, lineare Effizienzlinie** an die Stelle der vorherigen gekrümmten.

Tangentialportfolio

Da alle Investoren aufgrund ihrer rationalen Entscheidungskalküle Punkte auf der geltenden Effizienzlinie auswählen, investieren sie in dieser Situation alle in FT-Wertpapiermischungen. Hierbei profitieren sie von einem gestiegenen Nutzenniveau, wie die nachfolgende Abbildung illustriert:

Neue Effizienzlinie

Abb. 6.9

Nutzenzuwachs bei Optimierung nach neuer Effizienzlinie

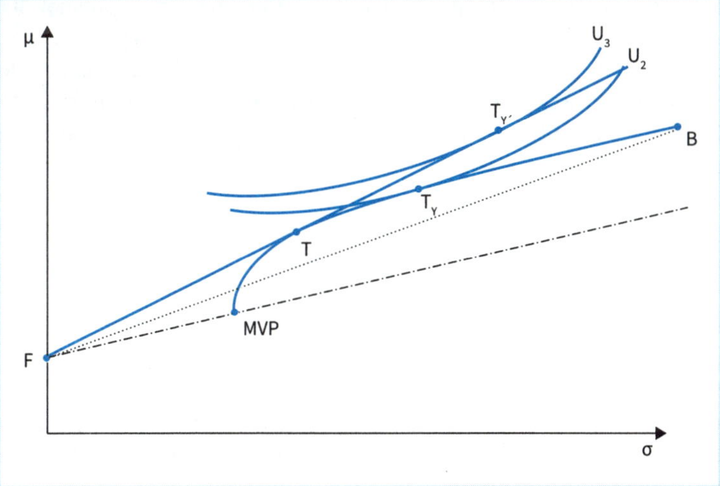

Ohne Existenz einer risikofreien Opportunität hätte der Investor Y die für ihn optimale Tangentiallösung T_Y gewählt und mit ihr das Nutzenniveau U_2 erreicht. Durch Hinzunahme der risikofreien Opportunität F gilt die neue Effizienzlinie durch FT, der Investor Y findet seine neue Optimallösung in $T_{Y'}$, wodurch er das höhere Nutzenniveau U_3 realisiert.

Gemeinsamer Nenner aller Investitionsprogramme

Wenn es aber zwingend aus dem Rationalitätspostulat folgt, dass alle Investoren Punkte auf der neuen Effizienzlinie auswählen, so haben ihre Investitionsprogramme einen **gemeinsamen Nenner**: Nachgefragt werden von ihnen ausschließlich F und T, also die risikofreie Alternative einerseits, und ein risikobehaftetes Tangential- bzw. Teilportfolio T andererseits, in dem verschiedene risikotragende Wertpapiere in einer ganz bestimmten Zusammensetzung enthalten sind. Im n-Wertpapier-Fall kann T aus n oder weniger Wertpapieren bestehen. Ist Letzteres der Fall, fragt kein Investor Wertpapiere nach, die nicht in T enthalten sind. Auch würde kein Investor eine risikobehaftete Wertpapiermischung wählen, die anders proportioniert ist als T. Hierin sind sich alle Investoren einig. **Ihre unterschiedlichen Risikoeinstellungen drücken sich daher nicht länger in der Zusammenstellung risikobehafteter Alternativen aus, sondern darin, zu welchen Teilen sie eine festgelegte risikobehaftete Mischung kombinieren mit der risikofreien Opportunität.**

Zerlegung des Entscheidungsproblems

Die Auswahl des optimalen Investitionsprogramms zerfällt unter diesen Umständen in einen investorenunabhängigen und einen investorenabhängigen Teil:

- **Investorenunabhängig**: Bestimmung des Tangentialportfolios T als erste Tangentiallösung (Tangente aus F an die alte Effizienzlinie)
- **Investorenabhängig**: Auswahl der optimalen FT-Mischung als zweite Tangentiallösung (Tangentialpunkt von Indifferenzkurvenschar und neuer Effizienzlinie)

Tobin-Separation

Demzufolge lässt sich das Entscheidungsproblem des optimalen Wertpapierportfolios auf diese Art zerlegen bzw. **separieren**. Es handelt sich um ein weiteres Separations-Theorem, welches das der **Fisher-Separation** (mit der das optimale Investitionsprogramm von den Konsumpräferenzen des Entscheiders getrennt werden konnte) hinsichtlich der Allokation der investierten Mittel weiterführt, und nach seinem Urheber als **Tobin-Separation** oder **two-fund theorem** bezeichnet wird (vgl. im Original Tobin 1958; kritisch dazu Schneider 2001, S. 845 ff.). Separiert werden kann die objektive, für alle Anleger gleiche Entscheidung über die Struktur der Risikoanlage (Welche Papiere?) von der subjektiven, möglicherweise bei jedem Anleger anders ausfallenden Entscheidung, welche Anteile seines Gesamtportfolios er risikoreich bzw. -los investiert (Welches Gewicht?). Bereits erkennbar ist, dass sich das im ersten Schritt uniforme Anlageverhalten der Investoren auf die Preise der Investitionsobjekte umso stärker auswirken dürfte: Wertpapiere etwa, die nicht in T enthalten sind, verzeichnen keinerlei Nachfrage mehr, woraus ein Preis von null resultieren muss. Aus diesem Grunde kommt der PST zum einen eigenständiges Gewicht zu, da sie theoriegestützte Entscheidungskalküle zur Auswahl optimaler Investitionsprogramme liefert. Zum anderen stellt sie die Ausgangsbasis dar für ebenso theoriegestützte Überlegungen zur Ableitung von Preisen von Investitionsobjekten, insbesondere Finanzaktiva (Capital Assets). Das entsprechend bezeichnete **Capital Asset Pricing Model** ist Gegenstand des nachfolgenden Moduls 7. Zuvor wird jedoch dieses Modul mit einer kritischen Bewertung der Portfolio Selection Theory abgeschlossen.

6.2.4 Kritische Würdigung

Normative vs. positive Theorien

Die PST beansprucht nicht, das tatsächliche Handeln auf (Wertpapier-)Märkten erschöpfend erklären zu können, denn sie ist nicht als positive Theorie ausgelegt. Anders als positive Theorien, die sich auf die Analyse von Ist-Zuständen stützen, repräsentiert sie eine **normative Theorie**, indem sie Handlungsempfehlungen (Soll-Aussagen) für rationale, risikoscheue (Wertpapier-)Investoren unter Unsicherheit formuliert, die unter bestimmten (Modell-)Bedingungen Investitionsprogramme in Form von Wertpapierportfolios zusammenstellen. Neben der Unsicherheit – die annahmegemäß mittels Schwankungsmaßen erfassbar ist – sorgen zahlreiche weitere Prämissen für eine zwar nicht sichere, aber immer noch idealisierte Investitionssituation. Kritik an der PST kann daher zunächst an ihren **Prämissen** ansetzen. Dabei ist zu beachten: Gelten die Prämissen, sind die Modellergebnisse folgerichtig. Eine andere Frage ist hingegen, inwieweit die Prämissen mit den Gegebenheiten realer Investitionsentscheidungen harmonieren.

Prämissenkritik

- Unmittelbar ersichtlich ist, dass es in der Realität a) verschiedene **Märkte** für Investitionsobjekte gibt, die zudem b) unvollkommen und c) unvollständig sind. Ausdruck dessen sind u. a. Transaktionskosten und (nicht entscheidungsneutrale) Steuern.
- Gleiches gilt auch für den **Informationsstand** der Akteure, die über sehr begrenztes Wissen verfügen und unter sehr viel weitreichenderer Unsicherheit entscheiden müssen als unter einem Risiko, das per Standardabweichung eindeutig quantifizierbar ist.
- Über den perfekten Wissensstand hinaus ist auch die flächendeckende **Rationalität** und **Risikoaversion** der als homo oeconomicus verstandenen Akteure in der Praxis nicht gegeben: Neben nicht rationalem, bisweilen irrationalem Verhalten und menschlicher Fehlbarkeit existieren in der Wirklichkeit neben risikoaversen auch risikoneutrale und risikofreudige Naturen, für die die abgeleiteten Aussagen nicht haltbar sind, was den Anwendungsbereich des Modells einschränkt.
- Eine **perfekt risikofreie** Anlagemöglichkeit existiert in einer Welt unvollständigen Wissens nicht, mithin ist auch r_f nicht eindeutig bestimmbar, sondern bestenfalls approximierbar.
- Die **Handelbarkeit** und Teilbarkeit von Wertpapieren ist zwar – gerade im Vergleich zu Sachinvestitionen – vergleichsweise gut, jedoch nicht zu jeder Zeit für alle Wertpapiere gleichermaßen perfekt ausgeprägt. Die Handelbarkeit (»Liquidität« objektbezogen verstanden im Sinne von »Verwandelbarkeit in Geld«) kann zwischen Wertpapieren erheblich differieren und dazu führen, dass auf die weniger gut handelbaren von ihnen »Illiquidiätsprämien« erhoben werden. Besonders deutlich wurde dieses Phänomen im Zuge der Subprime- und Finanz-

marktkrise, in deren Verlauf sich in den Jahren 2007-2009 manche Wertpapiere als faktisch nicht handelbar erwiesen, vgl. ausführlich Franke/Krahnen 2009.

- Der einperiodige **Betrachtungshorizont** der PST ist eher kurz; Entscheidungen über Investitionen umfassen regelmäßig gerade mehr als eine Periode, was eine andere Herangehensweise erfordert, wie bei der Darstellung dynamischer Entscheidungskalküle in Modul 4 ausführlich diskutiert worden ist.

Fundamentalkritik

Verglichen mit den vorstehenden Punkten ist der **zentrale Einwand** gegen die PST weniger leicht nachzuvollziehen. Tatsächlich setzt das gezeigte Vorgehen anhand von μ-σ-Kalkülen »eine Normalverteilung der Renditen bei beliebiger konvexer Nutzenfunktion oder, bei beliebiger Renditeverteilung, eine quadratische Nutzenfunktion voraus« (Perridon/Steiner/Rathgeber 2017, S. 266; vgl. ausführlich Schneider 1992, S. 483 ff.). Keine der beiden Varianten wird jedoch durch empirische Erhebungen gestützt. Insbesondere ist fraglich, inwieweit Investoren überhaupt in der Lage sind, konkrete Nutzenfunktionen (ob nun quadratischer oder anderer Art) zu **formulieren**, unter deren Zuhilfenahme erst optimale (Tangential-)Lösungen ableitbar sind. Jedoch basiert die Effizienzlinie auf der Einbeziehung einer endlichen Anzahl von Zukunftslagen, denen eindeutige Wahrscheinlichkeiten zugeordnet werden können. Gemessen an der meist fundamentalen Ungewissheit realer Entscheidungssituationen ist auch diese Annahme mehr als optimistisch. In der Folge dürften sich die zentralen Komponenten (gekrümmte Effizienzlinie, F, in der Folge auch die lineare Effizienzlinie sowie schließlich die Indifferenzkurvenscharen) der PST in einer konkreten Entscheidungssituation nicht eindeutig formulieren lassen, womit auch die Ableitung eindeutiger Lösungen nicht möglich ist.

»Eichstrich«

Kritik dieser Form richtet sich gegen sämtliche Modellansätze der **neoklassischen** Investitions- und Finanzierungstheorie. Dass diese nicht unmittelbar auf reale Entscheidungssituationen angewendet werden können, darf indes nicht über ihre fundamentale Bedeutung hinwegtäuschen. Diese besteht darin, dass durch die Herleitung von Lösungen unter idealen Bedingungen ein **Ausgangspunkt** oder »Eichstrich« geschaffen wird: Unter idealen Bedingungen sollten risikoscheue Investoren vernünftigerweise Portfolios nach Maßgabe der PST zusammenstellen. Zudem kann gesagt werden, welche Rendite(schwankungen) sie dann erwarten dürfen. Sind die Bedingungen nicht ideal, müssen die Handlungsanweisungen und Ergebniserwartungen korrigiert werden. Bis heute haben sich zahlreiche Forschungsarbeiten entsprechenden Modifikationen des Grundmodells (z. B. einer Dynamisierung oder der Einbeziehung asymmetrischer Erwartungen bzw. Renditeverläufe) der PST gewidmet, die allerdings Anspruch und Rahmen dieses Lehrbuches sprengen würden. Stattdessen soll – im Bewusstsein der geäußerten Kritik – nachvollzogen werden, wie die normative PST genutzt werden kann, um eine **positive Theorie** der Bepreisung von Vermögensgegenständen zu entwickeln.

Auf den Punkt gebracht

- Auch für die Bewertung von Investitionsprogrammen existieren Ansätze, die Sicherheit unterstellen. Neben dem Dean-Modell, das hierfür treppenförmige Kurven für die vorhandenen Investitions- und Finanzierungsalternativen verwendet, sind Ansätze der linearen Programmierung von Bedeutung.
- Überwiegend beschäftigt sich die finanzwirtschaftliche Theorie mit Programmentscheidungen unter Unsicherheit, wobei die Portfolio Selection Theory (PST) nach Markowitz besondere Bedeutung – als eigenständiger Ansatz sowie als Basis für die Theoriefortbildung – erlangt hat.
- Kern der PST ist die Berücksichtigung der Korrelation (der Renditeverläufe) von Investitionen, die über Kovarianzen oder Korrelationskoeffizienten erfasst wird. Jede nicht perfekt positive Korrelation der Renditeverläufe von zwei Investitionen senkt das Risiko eines von ihnen gebildeten Portfolios.
- Die Menge der aus den gegebenen Alternativen konstruierbaren Portfolien wird auf die Teilmenge des effizienten Randbereichs (Effizienzlinie, efficient frontier) reduziert. Das für einen individuellen Investor optimale Portfolio liegt dort, wo eine seiner Indifferenzkurven diese Effizienzlinie tangiert.
- Eine investorenunabhängige Tangentiallösung bzw. Bestimmung des optimalen Portfolios ist möglich, wenn als weitere Anlagealternative bzw. Portfoliobeimischung die (risikofreie) Kapitalmarktopportunität hinzugenommen wird: Die Gerade, die aus ihrer Rendite-Risiko-Position F tangential an die bisherige Effizienzlinie gelegt wird, bildet eine überlegene, neue Effizienzlinie.
- Die neue Effizienzlinie umfasst alle Kombinationen, die aus der risikofreien Kapitalmarktopportunität einerseits sowie einer ganz bestimmten Investitionsmischung (laut Tangentialpunkt T) andererseits bestehen. Diese beiden Komponenten bilden daher den gemeinsamen Nenner aller Investitionsprogramme aller Investoren, die unter diesen Rahmenbedingungen entscheiden.
- Die Wahl des optimalen Programms lässt sich also in einen investorenunabhängigen Teil (Bestimmung des Tangentialportfolios T) und einen investorenabhängigen Teil (Bestimmung der individuellen FT-Mischung) zerlegen. Diese Separation nach Tobin bildet den Ausgangspunkt für das hiernach dargestellte Capital Asset Pricing Model.

Modul 7 Investitionen in Finanztitel

ZENTRALE INHALTE

- Ableitung des Capital Asset Pricing Models (CAPM)
- Bedeutung und empirische Überprüfbarkeit des CAPM
- Mehrfaktorenmodelle: Arbitrage Pricing Theory (APT), Fama-French-Dreifaktorenmodell, Carhart-Vierfaktorenmodell
- Aktives vs. passives Portfoliomanagement
- Erklärungsansätze aus der Behavioral Finance-Forschung

Einstiegsbeispiel

▸▸▸ Die Arbit-AG hat am Ende des Jahres einen beträchtlichen Gewinn nach Steuern erzielt. Der Finanzleiter möchte diesen Gewinn nicht nur für Dividendenzahlungen und Refinanzierungszwecke verwenden, sondern ein Teil des Geldes soll zusätzlich in Aktien investiert werden. Bei der Zusammenstellung des Aktienportfolios achtet der Finanzleiter darauf, dass das Risiko des Portfolios bei einer erwarteten Rendite möglichst gering bleibt. Für die Auswahl der Aktien verwendet er zudem eine Benchmark, die anzeigen soll, welche Aktien am Markt zurzeit zu teuer oder zu billig gehandelt werden. ◂◂◂

7.1 Einleitung

Wie im Modul 6 dieses Lehrbuches ausführlich gezeigt wurde, dient der **Portfolio Selection Theory** (Markowitz 1952) das Investitionsverhalten an Kapitalmärkten als Ausgangspunkt. Als eine zentrale Erkenntnis dieser Theorie gilt, dass eine Streuung des Investitionskapitals auf mehrere verschiedene Finanztitel (im Folgenden als besonders plastisches Beispiel: Wertpapiere) eine positive Auswirkung auf das Risiko des Gesamtportfolios hat. Zurückführen lässt sich diese Wirkung auf den **Diversifikationseffekt** innerhalb des Portfolios, der ausgelöst wird, wenn die Renditen der Wertpapiere nicht vollständig positiv korreliert sind. Hieran anknüpfend besagt das **Tobin-Separationstheorem** (Tobin 1958), dass ein rational handelnder Investor die Investition in ein risikobehaftetes Wertpapierportfolio unabhängig von seiner Risikoneigung tätigt, denn die Struktur der »Risikoschublade« ist objektiv vorgegeben. Die Risikoneigung des Investors bestimmt lediglich, welcher Anteil seines Vermögens in das risikobehaftete Wertpapierportfolio und welcher Anteil in eine risikolose Kapitalmarktanlage fließt.

Das von Sharpe (1964), Lintner (1965) und Mossin (1966) unabhängig voneinander entwickelte Capital Asset Pricing Model (CAPM) erweitert die Portfoliotheorie und das Separationstheorem zunächst um die Frage, welcher Teil des Gesamtrisikos eines Wertpapierportfolios nicht durch Diversifikation beseitigt werden kann. Dieser Teil des Risikos wird als systematisches Risiko bezeichnet, und risikoaverse Investoren wollen sich dieses Risiko durch eine gesonderte Prämie entgelten lassen. Als ein neoklassisches Gleichgewichtsmodell erklärt das CAPM zudem, wie risikobehaftete Wertpapiere auf dem Kapitalmarkt bewertet und bepreist werden (positive, erklärende Theorie). Es wird die erwartete Rendite eines einzelnen risikobehafteten Wertpapiers im Portfoliozusammenhang und im Marktgleichgewicht bestimmt unter der Annahme, dass rational handelnde Investoren entsprechend der Portfoliotheorie effiziente Wertpapierportfolios zusammenstellen.

Vor dem Hintergrund wertorientierter Unternehmensführung lässt sich aus Sicht des Finanzleiters eines Unternehmens mit Hilfe des CAPM der Erfolg von Investitionen in Finanztitel (Wertpapiere) beurteilen. Der im Rahmen des CAPM ermittelte modelltheoretisch »faire« Preis gilt dann als Benchmark. Es kann beurteilt werden, ob das durch die Wertpapierinvestition eingegangene Risiko durch eine entsprechende Rendite kompensiert wird. Zudem ermöglicht das CAPM die Identifikation über- und unterbewerteter Finanztitel im Markt, deren gezielter Verkauf bzw. Kauf Gewinne verspricht. Die im CAPM zum Ausdruck kommende Bewertungssystematik lässt sich aber auch auf andere Investitionsarten und -portfolios übertragen, bis hin zur Bewertung ganzer Unternehmen als Investitionsbündel (Modul 8).

7.2 Capital Asset Pricing Model (CAPM)

7.2.1 Herleitung des Modells

Übergang von Portfolio Selection Theory und Separationstheorem zum CAPM

Unter den bereits bekannten Prämissen des vollständigen und vollkommenen Kapitalmarktes (siehe auch Modul 6) erfolgt der Transfer von Portfoliotheorie und Separationstheorem zum CAPM durch die explizite Berücksichtigung der **Gesamtheit aller Anleger und Wertpapiere im Markt**. Das Ziel liegt folglich in der Bestimmung eines Kapitalmarktgleichgewichts, welches durch die folgenden Eigenschaften beschrieben wird (vgl. auch Perridon/Steiner/Rathgeber 2017, S. 289 ff.; Franke/Hax 2009, S. 354 f.; Schmidt/Terberger 1997, S. 343 f.; Schneider 1992, S. 506 ff.):

- Geld kann am Kapitalmarkt risikolos angelegt oder aufgenommen werden. Für beide Transaktionen gilt derselbe risikolose Zinssatz r_f (Einheitszins, Sicherheitszins (Hinweis: r_f entspricht i_f aus Modul 5)).
- Im Wertpapiermarkt existieren verschiedene risikobehaftete Wertpapiere j. Die Anzahl m dieser Wertpapiere ist vorgegeben (j = 1, …, m).
- Der Kapital- und Wertpapiermarkt sind vollständig und vollkommen. Insbesondere bestehen keine Transaktionskosten und Marktzutrittsbarrieren. Zudem

wird von Steuern abgesehen, und alle Investoren besitzen denselben vollständigen Informationsstand.

- Die Investoren maximieren ihre Rendite-Risiko-Nutzenfunktionen im Sinne des Postulats von Portfoliotheorie und Separationstheorem. Insbesondere haben sie »homogene« (übereinstimmende) Erwartungen bezüglich der Erwartungswerte, Standardabweichungen und Kovarianzen (Korrelationskoeffizienten) der Wertpapierrenditen, die sie nicht beeinflussen können (atomistischer Markt).
- Der Planungshorizont beträgt eine Periode (statisches Modell).
- Es liegt Markträumung vor, d. h. Angebot und Nachfrage nach risikobehafteten Wertpapieren (und auch nach allen anderen Investitionsmöglichkeiten) stimmen jeweils überein.

Kapitalmarktlinie

Das CAPM besteht gedanklich aus zwei Teilen. Die Vorstufe des CAPM ist die Kapitalmarktlinie (Capital Market Line, CML). Der zweite Bestandteil ist die Wertpapierlinie (Security Market Line, SML). Sie bildet die sogenannte »CAPM-Gleichung« ab.

Abbildung 7.1 bildet das Pedant zu Abbildung 6.9, ist nun jedoch auf den Gesamtmarkt bezogen. Die dortige Tangente an die Effizienzlinie wird nun zur Kapitalmarktlinie. Die **Kapitalmarktlinie** tangiert die Effizienzlinie im Marktportfolio M. Die Linie effizienter Rendite-Risiko-Kombinationen von Wertpapierportfolios ist im Rahmen der Portfolio Selection Theory eingeführt und ausführlich analysiert worden. Das innerhalb dieser Theorie verwendete Tangentialportfolio T wird von nun an als (sämtliche Wertpapiere) umfassendes Marktportfolio M bezeichnet, da innerhalb des CAPM **alle** risikobehafteten Wertpapiere des Marktes betrachtet werden und durch die Annahme homogener Erwartungen eine kollektive Marktauffassung

Abb. 7.1

CAPM-Kapitalmarktlinie

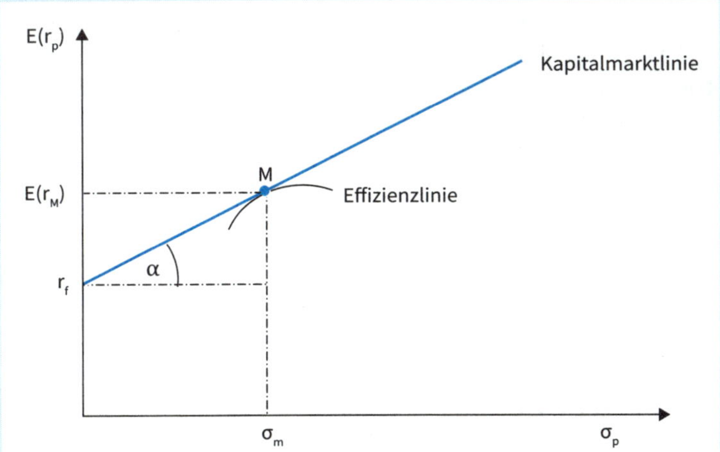

besteht. Dieses Marktportfolio ist charakterisiert durch sein Risiko (σ_M) und die entsprechende zu erwartende Rendite ($E[r_M]$). Durch die Einbeziehung des Kapitalmarktes lässt sich mit Hilfe der Kapitalmarktlinie nun ein linearer Zusammenhang zwischen dem Risiko eines effizienten Mischportfolios aus Geld und Wertpapieren (gemessen als Standardabweichung σ_P) und der erwarteten Rendite $E[r_P]$ dieses Portfolios herstellen.

Mathematisch wird die Kapitalmarktlinie wie folgt hergeleitet. Ausgangspunkt ist zunächst die **Rendite** des effizienten **Mischportfolios** P, die sich aus den mit den jeweiligen Anteilen gewichteten Renditen der Wertpapieranlage im Marktportfolio und der risikolosen Alternativanlage am Kapitalmarkt ergibt:

$$E[r_P] = xE[r_M] + (1-x)r_f \text{ bzw. } E[r_P] = r_f + x(E[r_M] - r_f)$$

$E[r_p]$: erwartete Rendite des Mischportfolios
x, (1–x): Investitionsanteil (in das Marktportfolio bzw. am risikolosen Kapitalmarkt)
$E[r_M]$: erwartete Rendite des Marktportfolios
r_f: Rendite der risikolosen Alternativanlage am Kapitalmarkt

Statt **$E[r_i]$** könnte als Notation auch **μ_i** verwendet werden, das hier indes für die dem CAPM vorangegangene Portfolio Selection Theory reserviert wurde.

Anschließend wird das entsprechende **Risiko** eines solchen effizienten **Mischportfolios** betrachtet. Dieses entspricht (als Standardabweichung) der Wurzel aus der Summe der mit den jeweiligen Anteilen gewichteten Varianzen der Renditen des Marktportfolios und der Alternativanlage plus der gewichteten Multiplikation des Korrelationskoeffizienten mit den Standardabweichungen der Renditen des Marktportfolios und der Alternativanlage:

$$\sigma_P = \sqrt{x^2\sigma_M^2 + (1-x)2\sigma_{r_f}^2 + 2x(1-x)\rho_{M,r_f}\sigma_M\sigma_{r_f}}$$

ρ_{M,r_f}: Korrelationskoeffizient der Renditen

Alternativ hätte man statt des Korrelationskoeffizienten auch die Kovarianzen ($\text{cov}(r_M, r_f) = P_{M,r_f}\,\sigma_M\,\sigma_{r_f}$) der Renditen aus der Wertpapieranlage und der risikolosen Kapitalmarktanlage verwenden können. Unabhängig davon ist das Risiko der Alternativanlage am Kapitalmarkt σ_{r_f} definitionsgemäß gleich Null. Somit gilt für das Risiko des effizienten Mischportfolios vereinfacht:

$$\sigma_P = \sqrt{x^2\sigma_M^2} = x\sigma_M$$

Die Gleichung zeigt, dass das Risiko des effizienten Mischportfolios ausschließlich und linear mit dem Anteil der Investition in das Marktportfolio ansteigt. Durch Einsetzen der Risikogleichung

$$\sigma_P = x\sigma_M \text{ mit } x = \frac{\sigma_P}{\sigma_M}$$

in die Renditegleichung

$$E[r_P] = r_f + x(E[r_M] - r_f)$$

und anschließendes Umformen erhält man dann die **Kapitalmarktlinie** formal als:

$$E[r_P] = r_f + \lambda\sigma_P \text{ mit } \lambda = \frac{E[r_M] - r_f}{\sigma_M}$$

Die Gleichung zeigt, dass sich die erwartete Rendite des Mischportfolios aus der Summe der risikolosen Verzinsung der Geldanlage und einer Risikoprämie pro Risikoeinheit (λ) für die Anlage in risikobehaftete Wertpapiere des Marktportfolios ergibt.

Für die Steigung der Kapitalmarktlinie (vgl. erneut Abbildung 7.1) gilt:

$$\tan\alpha = \frac{E[r_M] - r_f}{\sigma_M} = \lambda$$

Kapitalmarktlinie: Marktpreis des Risikos und Risikoprämie

Die Steigung wird als **Marktpreis des Risikos λ** bezeichnet. Der Preis berechnet sich im Zähler als sogenannte Überrendite des Marktportfolios über den risikolosen Zins (Differenz aus der erwarteten Marktportfoliorendite $E[r_M]$ und der sicheren Rendite aus der Alternativanlage zum risikolosen Zins r_f) in Relation zum Risiko des Marktportfolios σ_M im Nenner. Vereinfacht ist der Marktpreis des Risikos ein Faktor, der angibt, um wieviel sich ceteris paribus die vom Investor erwartete Rendite aus dem Marktportfolio erhöht, wenn sich durch Zukauf von Wertpapieren das Gesamtrisiko dieses Portfolios erhöht. Im Sinne einer Risikokompensation geht mit einem steigenden Risiko durch die Erhöhung der Wertpapieranteile im Marktportfolio eine höhere Renditeerwartung des Investors einher. Wird mit Bezug auf die Gleichung der erwarteten Rendite ($E[r_M]$) die Steigung λ als Preis für eine Risikoeinheit und σ_P als Risikohöhe interpretiert, so beschreibt das Produkt aus beiden Parametern die **Risikoprämie** des Investors für die Übernahme einer zusätzlichen Risikoeinheit.

Wertpapierlinie

Den Kern des CAPM bildet die **Wertpapierlinie (Security Market Line)**. Wurden für die Herleitung der Kapitalmarktlinie noch **alle** Wertpapiere des Marktes betrachtet, so lässt sich mit Hilfe der Wertpapierlinie die erwartete Rendite eines **einzelnen** risikobehafteten Wertpapiers im simultanen Kapital- und Wertpapiermarktgleichgewicht bestimmen. Dies erfolgt weiterhin unter der Annahme, dass die Investoren im Sinne der Portfoliotheorie effiziente Wertpapierportfolios zusammenstellen, also den Empfehlungen von Markowitz folgen.

Zur Herleitung der Wertpapierlinie wird zunächst analog zur Portfolio Selection Theory die Ermittlung der Rendite und des Risikos eines Portfolios aus zwei verschiedenen risikobehafteten Wertpapieren A und B betrachtet **(2-Wertpapier-Fall)**. Die erwartete Rendite des Marktportfolios aus zwei Wertpapieren berechnet sich als Summe der mit den jeweiligen Anteilen gewichteten erwarteten Renditen aus den einzelnen Wertpapieren A und B:

$$E[r_M] = x_A E[r_A] + x_B E[r_B]$$

Das Gesamtrisiko des Marktportfolios aus zwei Wertpapieren ergibt sich (als Standardabweichung) als Wurzel aus der Summe der mit den jeweiligen Anteilen gewichteten Varianzen der Renditen der zwei Wertpapiere A und B plus der gewichteten Kovarianz der Renditen der zwei Wertpapiere bzw. der gewichteten Multiplikation des Korrelationskoeffizienten mit den Standardabweichungen der Renditen dieser Wertpapiere:

$$\sigma_M = \sqrt{x^2\sigma_A^2 + (1-x)^2\sigma_B^2 + 2x(1-x)\text{cov}[r_A,r_B]}$$

$$\sigma_M = \sqrt{x^2\sigma_A^2 + (1-x)^2\sigma_B^2 + 2x(1-x)\rho_{A,B}\sigma_A\sigma_B}$$

Im Rahmen des CAPM wird nun der gesamte Wertpapiermarkt betrachtet, d. h. aus dem 2-Wertpapier-Fall wird ein **m-Wertpapier-Fall**, wobei j = 1, …, m die Anzahl aller Wertpapiere im Markt bestimmt. Die erwartete Rendite eines solchen umfassenden Marktportfolios berechnet sich dann als Summe der mit den jeweiligen Anteilen gewichteten erwarteten Renditen der einzelnen Wertpapiere j.

$$E[r_M] = \sum_{j=1}^{m} x_j E[r_j] \quad \text{mit } j = 1, \ldots, m$$

Die Berechnung der Portfoliorendite folgt damit derselben Logik wie im 2-Wertpapier-Fall.

Für die Bestimmung des Gesamtrisikos im m-Wertpapier-Fall gilt dies allerdings nicht:

$$\sigma_M = \sqrt{x_j^2\sigma_j^2 + \text{cov}[r_j,r_m]}$$

$$\sigma_M = \sqrt{x_j^2\sigma_j^2 + x_j^2\rho_{j,m}\sigma_j\sigma_m}$$

Umfasst das Marktportfolio alle Wertpapiere des Marktes, verlieren die anteiligen Risiken der einzelnen Wertpapiere (hier gemessen durch σ_j^2) vollständig an Bedeutung für das Gesamtrisiko des Portfolios. Das Gewicht des jeweiligen Risikos des einzelnen Wertpapiers konvergiert gegen Null, wenn alle Wertpapiere des Marktes im Marktportfolio gehalten werden. Das Gesamtrisiko des Marktportfolios wird folglich ausschließlich durch den gewogenen Durchschnitt der Kovarianz-Risiken, also durch das relative Risiko zwischen den einzelnen Wertpapieren im Portfolio, determiniert:

$$\sigma_M^2 = \sum_{j=1}^{m} x_j \text{cov}[r_j,r_m]$$

Wertpapierlinie: Systematisches Risiko und Beta-Faktor

Dieses Restrisiko des einzelnen Wertpapiers im umfassenden Marktportfolio ist nicht weiter diversifizierbar (unvermeidbares, residuales Risiko) und wird als **systematisches Risiko** bezeichnet. Es ist der Beitrag des einzelnen Wertpapiers zum gesamten Portfoliorisiko.

Im Vergleich zum **unsystematischen Risiko** (investment- bzw. unternehmensspezifisches Risiko; z. B. Dividendenrisiko bei Aktien, Bonitätsrisiko bei Anleihen usw.), das sich gemäß Portfolio Selection Theory im Portfoliozusammenhang durch eine zielgerichtete **Diversifikation** des Portfolios **verringern** lässt, ist das **systematische Risiko** des einzelnen Wertpapiers ein marktbezogenes Risiko (Marktrisiko). Es ist nicht auf einzelwirtschaftliche (z. B. schlechtes Management einer Unternehmung, Umweltbelastung ihrer Grundstücke), sondern auf allgemeinwirtschaftliche Faktoren (z. B. Konjunktur-, Zinsentwicklung etc.) zurückzuführen und betrifft alle Wertpapiere des Marktportfolios, allerdings in unterschiedlichem Maße. Folglich sollte ein rational handelnder Investor, der das effiziente Marktportfolio M hält, eine Prämie für dieses

Risiko verlangen. Für die Übernahme unsystematischer Risiken durch zu gering diversifizierte Portfolios kann er hingegen keine Rendite erwarten.

Unter der Annahme eines vollkommenen Kapitalmarktes mit Arbitragefreiheit und vor dem Hintergrund, dass alle Wertpapiere des Marktes durch das Marktportfolio abgebildet werden, unterscheiden sich die Bewertungen der systematischen Risiken der einzelnen Wertpapiere im Marktportfolio nicht. Folglich müssen die Marktpreise des systematischen Risikos der einzelnen Wertpapiere im Portfolio pro Risikomaß (Risikoeinheit) gleich sein. Es gilt also folgende **Gleichgewichtsbedingung**:

$$\frac{E[r_j] - r_f}{cov[r_j, r_m]} = \frac{E[r_M] - r_f}{\sigma_M^2}$$

Der Marktpreis des systematischen Risikos eines einzelnen Wertpapiers j wird durch die Überschussrendite des Wertpapiers j über der Rendite aus der risikolosen Kapitalmarktanlage r_f in Relation zur Kovarianz der Renditen r_j des einzelnen Wertpapiers j und der Renditen r_m der m Wertpapiere im Marktportfolio bestimmt. Diese Bedingung gilt gleichsam für alle Wertpapiere des Marktportfolios, so dass eine Gleichgewichtsbedingung der oben dargestellten Form vorliegt.

Die relativierte Risikohöhe des einzelnen Wertpapiers j wird nun im nächsten Schritt durch das Risiko dieses Wertpapiers im Verhältnis zum Marktportfolio zum Ausdruck gebracht und durch den wertpapierspezifischen Beta-Faktor gemessen. Aus der vorgenannten Gleichung lässt sich der Beta-Faktor herleiten als Quotient aus der Kovarianz der Renditen des Wertpapiers j und den Renditen der weiteren m Wertpapiere des Marktportfolios r_m in Relation zur Varianz der Rendite des Marktportfolios σ_M^2:

$$\beta_j = \frac{cov[r_j, r_m]}{\sigma_M^2}$$

Der **Beta-Faktor β_j** ist ein dimensionsloser, statistischer Koeffizient, der ausschließlich das Ausmaß des systematischen Risikos widerspiegelt. Er ist ein Maß für die Empfindlichkeit der (historischen, nicht: der erwarteten) Renditen eines einzelnen Wertpapiers im Marktportfolio gegenüber allgemein wirtschaftlichen Risikofaktoren, die alle Wertpapiere gleichsam treffen, sich aber auf das einzelne Wertpapier unterschiedlich auswirken (z. B. makroökonomische Faktoren). Das systematische Risiko bleibt selbst bei vollständiger Diversifikation im Marktportfolio als ein Restrisiko des Investments bestehen. Im Gegensatz zum unsystematischen Risiko kann es also nicht mehr durch Diversifikation verringert werden. Ein rational handelnder Investor wird folglich für das systematische Risiko eine entsprechende Risikoprämie fordern (eine höhere Rendite aus der vorgenommenen Wertpapierinvestition erwarten). Tabelle 7.1 illustriert exemplarisch die Beta-Faktoren aller DAX-Unternehmen für einen Zeitraum von 250 Börsentagen (Stand 11.04.2016).

Wertpapierlinie: CAPM-Gleichung

Im letzten Schritt ist für die Bewertung eines einzelnen Wertpapiers dessen Renditeerwartung $E[r_j]$ in Abhängigkeit von der relativierten Risikogröße β_j aus dem Gesamtportfolio zu isolieren. Die erwartete Rendite des einzelnen Wertpapiers $E[r_j]$ in einem vollständigen Marktportfolio im Kapital- und Wertpapiermarktgleichgewicht

Tab. 7.1

Beta-Faktoren der DAX-Unternehmen, Benchmark: DAX (Stand: 11.04.2016)

Unternehmen	Beta 250T	Unternehmen	Beta 250T	Unternehmen	Beta 250T
Commerzbank	1,12	Deutsche Bank	1,25	Henkel	0,82
E.on	1,14	Continental	1,03	Deutsche Telekom	1,09
thyssenkrupp	1,15	SAP	0,81	Münchener Rück	0,64
Volkswagen	1,20	Bayer	1,10	Siemens	0,92
Daimler	1,17	Allianz	0,93	Merck	0,97
RWE	1,11	Deutsche Post	0,91	Vonovia	0,83
Linde	0,91	Lufthansa	0,75	Infineon	1,06
BASF	1,04	FMC	0,94	Beiersdorf	0,80
Fresenius	0,93	Pro7Sat1Media	0,81	Adidas	0,72
BMW	1,16	HeidelbergCement	1,00	Deutsche Börse	0,82

wird dann durch die **Wertpapierlinie als CAPM-Gleichung** bestimmt. Sie ist der Kernbestandteil des Modells und lässt sich formal schreiben als:

$$E[r_j] = r_f + (E[r_M] - r_f)\beta_j$$

Die CAPM-Gleichung zeigt, dass sich die erwartete Rendite des einzelnen Wertpapiers aus der Rendite der risikolosen Geldanlage plus der Überrendite des Marktportfolios über die Rendite dieser Alternativanlage zusammensetzt, wobei die Höhe der Risikoprämie pro Risikoeinheit vom Beta-Faktor und damit vom systematischen Risiko des einzelnen Wertpapiers abhängt.

Abbildung 7.2 stellt die Wertpapierlinie und insbesondere die Beziehung zwischen erwarteter Rendite und Beta-Faktor des einzelnen Wertpapiers noch einmal grafisch dar. Zunächst ist es sinnvoll, die Wertpapierlinie kurz mit der Kapitalmarktlinie (Abb. 7.1) zu vergleichen. Beide Linien stellen lineare Gleichgewichtsbeziehungen für die erwartete Rendite und das Risiko dar, und beide Linien haben mit dem risikolosen Zins r_f den gleichen Ordinatenabschnitt. Beide Linien weisen eine positive Steigung auf, denn andernfalls würden risikoaverse Investoren das Tangential- bzw. Marktportfolio nicht halten. Jedoch werden unterschiedliche Risikomaße verwendet und es gelten unterschiedliche Annahmen bezüglich des Marktportfolios. Die Steigung tan γ der Wertpapierlinie berechnet sich als Überrendite des Marktportfolios über die Rendite der Anlage zum risikolosen Zins in Relation zum systematischen Risiko und beschreibt damit den Marktpreis des systematischen Risikos des Marktportfolios M (Summe der systematischen Risiken aller einzelnen Wertpapiere im Portfolio). Sie spiegelt die Risikoprämie pro Risikoeinheit wider.

$$\tan\gamma = \frac{E[r_M] - r_f}{\beta_M}$$

Abb. 7.2

CAPM-Wertpapierlinie

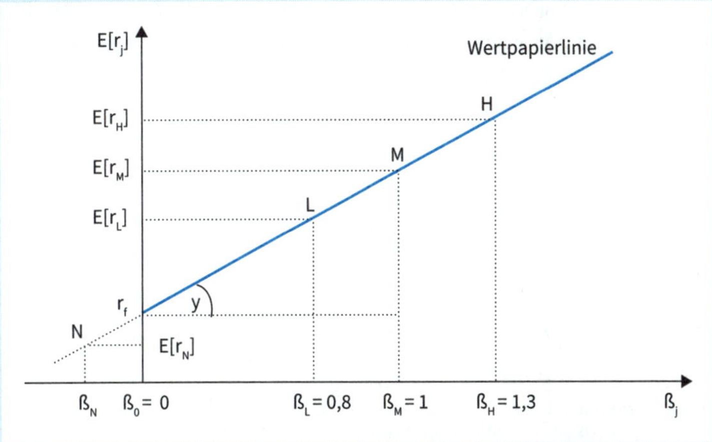

Mit Blick auf den Zusammenhang von systematischem Risiko und erwarteter Rendite des einzelnen Wertpapiers gilt generell, dass der Investor für ein höheres systematisches Risiko des Wertpapiers auch eine höhere Rendite aus dem Wertpapier erwartet (und umgekehrt). Es lassen sich insgesamt fünf Fälle unterscheiden.

$\beta_0 = 0$: Das einzelne Wertpapier weist kein systematisches Risiko auf. Die erwartete Rendite entspricht dem risikolosen Zins r_f.

$0 < \beta_L < 1$: Das systematische Risiko liegt unter dem des Marktes, entsprechend linear geringer ist die erwartete Rendite.

$\beta_M = 1$: Das systematische Risiko entspricht dem des Marktes, die erwartete Rendite entspricht der des Marktes.

$\beta_H > 1$: Das systematische Risiko ist größer als das des Marktes, entsprechend linear größer ist die erwartete Rendite.

$\beta_N < 0$: Das systematische Risiko ist negativ. Das Wertpapier läuft der allgemeinen Markttendenz entgegen.

Unter- und Überbewertung von Wertpapieren

Die Wertpapierlinie lässt sich als Mittel zur Bewertung der Renditen von einzelnen risikobehafteten Wertpapieren (Preisfeststellung) verwenden. Wertpapiere, die eine Rendite-Risiko-Kombination aufweisen, die sich oberhalb der Wertpapierlinie befindet, gelten in Bezug auf das Risiko des Marktportfolios als unterbewertet, da mit Blick auf das systematische Risiko eine höhere Rendite bzw. Risikoprämie als modelltheoretisch ableitbar erwartet bzw. gefordert wird. Umgekehrt gilt, dass Wertpapiere, die eine Rendite-Risiko-Kombination aufweisen, die sich unterhalb der Wertpapierlinie befindet, in Bezug auf das Risiko des Marktportfolios als überbewertet angesehen, da mit Blick auf das systematische Risiko eine niedrigere Rendite bzw. Risikoprämie als modelltheoretisch ableitbar erwartet bzw. gefordert wird. Annahmegemäß finden auf dem vollkommenen Kapital- und Wertpapiermarkt in beiden Fällen Arbitrageprozesse statt, die den Markt ins Gleichgewicht bringen. Unterbewertete Wertpapiere werden (bei konstantem Angebot) stärker nachgefragt und überbewertete Wertpapiere werden (bei konstanter Nachfrage) stärker angeboten. Als Ergebnis beider Prozesse nähert sich der Preis (der Kurs) des unter- oder überbewerteten Wertpapiers unmittelbar an den modelltheoretisch »fairen Preis (Kurs)« an, so dass ein stabiles Gleichgewicht entsteht.

Beispiel 1

Rechenbeispiel zum CAPM

▸▸▸ Der Finanzleiter der Arbit-AG verfügt über ein Anfangsinvestitionsbudget von $A_0 = 1.000$. Er hat die Möglichkeit, dieses Budget in zwei verschiedene Wertpapiere (WP) zu investieren. Der risikolose Zins beträgt $r_f = 0{,}05$. Zudem liegen noch folgende Daten vor:

Zustand	Wahrscheinlichkeit	Rendite Marktportfolio	WP 1	Rendite WP 1	WP 2	Rendite WP 2
1	**0,3**	**–0,1**	**800**	–0,2	**800**	–0,2
2	**0,4**	**0,05**	**1.200**	0,2	**900**	–0,1
3	**0,3**	**0,3**	**1.200**	0,2	**1.600**	0,6

Bevor der Finanzleiter die Investition vornimmt, bestimmt er die zu erwartende Rendite der beiden Wertpapiere (die modelltheoretischen fairen Preise) mit Hilfe des CAPM und prüft dabei insbesondere, ob diese Wertpapiere über- oder unterbewertet sind.

Im ersten Schritt hat der Finanzleiter die **Renditen** der beiden Wertpapiere für jeden einzelnen Umweltzustand berechnet. Beispielsweise berechnet sich die Rendite des WP 1 im Zustand 2 als:

$$r_{12} = \frac{1.200 - 1.000}{1.000} = 0{,}2$$

Im zweiten Schritt wird der **Erwartungswert der Renditen** des Marktportfolios und der beiden einzelnen Wertpapiere berechnet. Z. B. ergibt sich der Erwartungswert der Rendite von WP 1 als:

$$E[r_1] = 0{,}3 \cdot (-0{,}2) + 0{,}4 \cdot 0{,}2 + 0{,}3 \cdot 0{,}2 = \mathbf{0{,}08}$$

In diesem Beispiel weisen das Marktportfolio und beide Wertpapiere einen identischen Erwartungswert der Renditen auf.

Im dritten Schritt berechnet der Finanzleiter die **Varianz**. Diese ergibt sich beispielsweise für das Marktportfolio als:

$$\sigma_M^2 = 0{,}3 \cdot (0{,}08 - (-0{,}1))^2 + 0{,}4 \cdot (0{,}08 - 0{,}05)^2 + 0{,}3 \cdot (0{,}08 - 0{,}3)^2 = \mathbf{0{,}0246}$$

Im vierten Schritt muss die **Kovarianz** berechnet werden. Z. B. berechnet sich die Kovarianz der Rendite von WP 1 und der des Marktportfolios als:
$cov(r_1,r_M) = 0{,}3 \cdot ((-0{,}1 - 0{,}08) \cdot (-0{,}2 - 0{,}08)) +$
$0{,}4 \cdot ((0{,}05 - 0{,}08) \cdot (0{,}2 - 0{,}08)) + 0{,}3 \cdot ((0{,}3 - 0{,}08) \cdot (0{,}2 - 0{,}08)) = \mathbf{0{,}0216}$

Im fünften Schritt lassen sich schließlich die **Beta-Faktoren** bestimmen. Der Beta-Faktor berechnet sich beispielsweise für das WP 1 als:

$$\beta_j = \frac{cov[r_1,r_M]}{\sigma_M^2} = \frac{0{,}0216}{0{,}0246} = 0{,}878$$

	Zustand	Wahrscheinlichkeit	Rendite Marktportfolio	WP 1	Rendite WP 1	WP 2	Rendite WP 2
	1	**0,3**	**-0,1**	**800**	**-0,2**	**800**	**-0,2**
	2	**0,4**	**0,05**	**1.200**	**0,2**	**900**	**-0,1**
	3	**0,3**	**0,3**	**1.200**	**0,2**	**1.600**	**0,6**
$E[r_j]$			**0,08**	**0,08**		**0,08**	
σ_j^2			**0,0246**	**0,0336**		**0,1176**	
$cov(r_j,r_M)$				**0,0216**		**0,0516**	
β_j				0,878		2,0976	

Im letzten Schritt kann der Finanzleiter mit Hilfe der Wertpapierlinie des CAPM für jedes einzelne Wertpapier die **modelltheoretisch »faire« Rendite** in Abhängigkeit des systematischen Risikos bestimmen. Die erwarteten Renditen für das WP 1 und WP 2 berechnen sich als:

$$E[r_j] = r_f + (E[r_M] - r_f)\beta_j$$

$$E[r_1] = 0{,}05 + (0{,}08 - 0{,}05) \cdot 0{,}8780 = 0{,}0763$$

$$E[r_2] = 0{,}05 + (0{,}08 - 0{,}05) \cdot 2{,}0976 = 0{,}1129$$

Für das WP 1 ergibt sich eine »faire Rendite« in Höhe von 7,63 %. Die erwartete Rendite für das WP 1 liegt jedoch bei 8 % und damit höher. Das Wertpapier gilt damit als unterbewertet, und der Finanzleiter sollte die Investition in dieses Wertpapier durchführen. Umgekehrt beträgt die modelltheoretisch »faire Rendite« für das zweite Wertpapier 11,29 %. Die erwartete Rendite dieses Wertpapiers liegt bei 8 % und damit unter der fairen Rendite. Das WP 2 gilt damit als überbewertet und der Finanzleiter sollte eine Investition in das WP 2 nicht durchführen.
Die nachfolgende Grafik veranschaulicht dieses Ergebnis noch einmal aus Sicht des Zusammenhangs von systematischem Risiko und erwarteter Rendite. Obwohl das WP 2 ein systematisches Risiko von 2,0976 aufweist und dieses Risiko das des Marktportfolios ($\beta_M = 1$) deutlich übertrifft, beträgt die erwartete Rendite dieses Wertpapiers wie auch die des Marktportfolios 8 %. Modelltheoretisch müsste die erwartete Rendite des WP 2 jedoch deutlich höher ausfallen, weil sich ein rationaler Investor das im Vergleich zum Marktportfolio höhere Risiko durch eine zusätzliche Risiko-

prämie entgelten lässt. Die modelltheoretisch »faire Rendite« beträgt daher im vorliegenden Beispiel 11,29 %.
Für das WP 1 gilt die umgekehrte Argumentation. Obwohl das WP 1 ein systematisches Risiko von 0,878 aufweist und dieses Risiko unter dem Risiko des Marktportfolios ($\beta_M = 1$) liegt, beträgt die erwartete Rendite dieses Wertpapiers (wie auch die des Marktportfolios) 8 %. Die erwartete Rendite dieses Wertpapiers müsste jedoch geringer ausfallen, weil sein systematisches Risiko unter dem Risiko des Marktportfolios liegt. Tatsächlich beträgt die modelltheoretisch »faire Rendite« im vorliegenden Beispiel nur 7,63 %. ◂◂◂

Abb. 7.3

Investitionsentscheidung anhand der Wertpapiermarktlinie

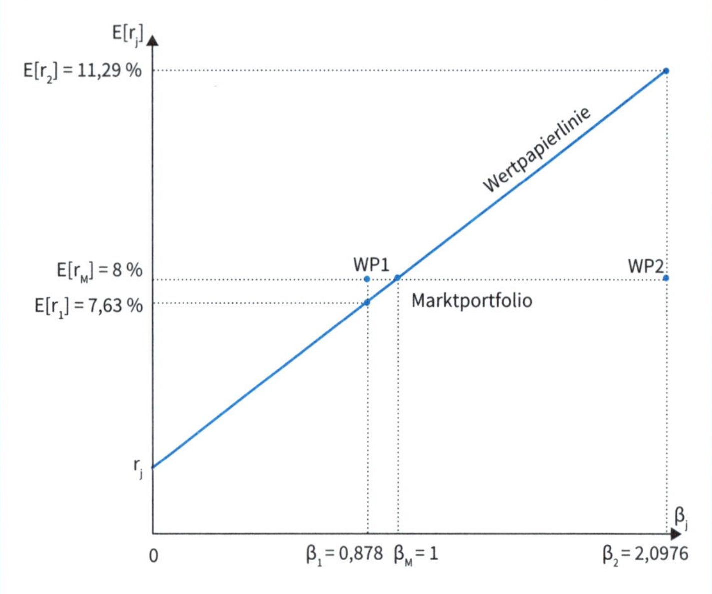

7.2.2 Kritische Würdigung

Das Capital Asset Pricing Model (CAPM) ist ein statisches Gleichgewichts-Preisbildungsmodell. Das Modell zeigt, wie sich Gleichgewichtspreise risikobehafteter Wertpapiere in einem vollkommenen Kapitalmarkt bilden, wenn Investoren mit Risikopräferenz homogen rational gemäß der normativen Portfolio Selection Theory effiziente Marktportfolios halten.

Die CAPM-Gleichgewichtsbedingung $E[r_j] = r_f + (E[r_M] - r_f)\beta_j$ für die Bepreisung eines risikobehafteten Wertpapiers weist folgende Eigenschaften auf (vgl. auch Schmidt/Terberger 1997, S. 354 f.):

- Sie ist linear.
- Der Term $r_f + (E[r_M] - r_f)$ basiert auf objektiven Marktdaten und ist damit unabhängig von subjektiven Erwartungen der Investoren.
- Das systematische Risiko β_j ist demhingegen anlagespezifisch bedingt und hängt ebenfalls nicht von der Risikoaffinität des einzelnen Investors ab.

Wie jedes andere neoklassische Gleichgewichtsmodell unterliegt auch das CAPM einigen strengen Prämissen, deren Gültigkeit für die Realität kritisch hinterfragt werden muss:

- risikoloser Kapitalmarktzins, identischer Soll- und Habenzins
- homogene Erwartungen der Investoren bezüglich der normativen Aussagen der Portfolio Selection Theory
- umfassend definiertes Marktportfolio (beinhaltet alle Wertpapiere im Markt)
- simultanes Gleichgewicht auf dem (Real-)kapital- und Wertpapiermarkt
- keine Friktionen durch Steuern und Transaktionskosten

Ungeachtet dessen findet das CAPM innerhalb der einzelnen Teildisziplinen der Betriebswirtschaftslehre eine breite Anwendung. So wird im Rahmen von Investitionsentscheidungen unter Unsicherheit der für die Kapitalwertmethode benötigte Kalkulationsfuß aus dem CAPM hergeleitet (Modul 5). Ebenso wird auf das CAPM auch im Rahmen der Unternehmensbewertung zurückgegriffen. Hier dient es der Bestimmung der Renditeforderungen der Eigenkapitalgeber (vgl. Perridon/Steiner/Rathgeber 2017, S. 514 f.) und mithin der Bestimmung risikoadäquater Diskontierungszinssätze (Kapitalkosten), die im Rahmen der DCF-Verfahren der Unternehmensbewertung benötigt werden (Modul 8). Schließlich lässt sich das CAPM auch in das Modigliani-Miller-Theorem (Modul 13) überführen (vgl. ausführlich dazu Schmidt/Terberger 1997, S. 371 ff.). Weitere CAPM-Varianten werden schließlich ausführlich in Perridon/Steiner/Rathgeber 2017, S. 268 ff. beschrieben.

AUS DER PRAXIS

Berechnung der Kapitalkosten der E.on SE

»Wir ermitteln die Kapitalkosten als gewichteten Durchschnitt der Eigen- und Fremdkapitalkosten. Die Renditeansprüche der Eigen- und Fremdkapitalgeber fließen gewichtet mit den jeweiligen Marktwerten in die Mittelwertbildung ein. Die Eigenkapitalkosten entsprechen der Rendite, die Anleger bei einer Investition in die E.on-Aktie erwarten. Als Kosten des Fremdkapitals setzen wir die langfristigen Finanzierungskonditionen des E.on-Konzerns an. Die Prämissen der Kapitalkostenfestlegung werden jährlich überprüft. Die Aktualisierungen der Prämissen im Jahr 2014 haben zu geringfügigen Veränderungen der Kapitalkosten geführt. Die Kapitalkosten nach Steuern des E.on-Konzerns sind von 5,5 Prozent auf 5,4 Prozent gesunken. Die nachfolgende Tabelle zeigt die Herleitung der Kapitalkosten vor und nach Steuern.« (Quelle: E.on Geschäftsbericht 2014, S. 47)

Abb. 7.4

Kapitalkostenermittlung von E.on

Kapitalkosten		
	2014	**2013**
Risikoloser Zinssatz	2,5 %	2,5 %
Marktprämie[1)]	5,5 %	5,5 %
Unverschuldeter Beta-Faktor	57,0 %	59,0 %
Verschuldeter Beta-Faktor[2)]	99,0 %	102,0 %
Eigenkapitalkosten nach Steuern	**7,9 %**	**8,1 %**
Durchschnittlicher Steuersatz	27,0 %	27,0 %
Eigenkapitalkosten vor Steuern	10,8 %	11,1 %
Fremdkapitalkosten vor Steuer	3,9 %	3,9 %
Grenzsteuersatz	27,0 %	27,0 %
Fremdkapitalkosten nach Steuern	**2,8 %**	**2,8 %**
Anteil Eigenkapital	50,0 %	50,0 %
Anteil Fremdkapital	50,0 %	50,0 %
Kapitalkosten nach Steuern	**5,4 %**	**5,5 %**
Kapitalkosten vor Steuern	**7,4 %**	**7,5 %**

1) Die Marktprämie entspricht der langfristigen Überrendite des Aktienmarkts im Vergleich zu Bundesanleihen.
2) Der Beta-Faktor dient als Maß für das relative Risiko einer einzelnen Aktie im Vergleich zum gesamten Aktienmarkt: Ein Beta größer 1 signalisiert ein höheres Risiko, ein Beta kleiner 1 dagegen ein niedrigeres Risiko als der Gesamtmarkt.

Quelle: E.on Geschäftsbericht 2014, S. 74

7.2.3 Empirische Überprüfbarkeit

Das CAPM wurde insbesondere für den U.S.-amerikanischen Kapitalmarkt zahlreichen und auch umfangreichen empirischen Tests unterworfen. Auch für den deutschen Kapitalmarkt liegt eine breite empirische Evidenz vor (eine sehr gute Übersicht liefert Möller 1988).

Ausgangspunkt jeder einzelnen empirischen Überprüfung des CAPM ist die Gleichung der Wertpapierlinie:

$$E[r_j] = r_f + (E[r_m] - r_f)\beta_j$$

Aufgrund der Tatsache, dass Daten über die Erwartungen sämtlicher Marktteilnehmer hinsichtlich zukünftiger Renditen nur schwer erfasst werden können, ist die empirische Überprüfung der **ex ante-Form** der Gleichgewichtsbedingung jedoch nicht möglich. Stattdessen wird regelmäßig auf bereits realisierte (**historische**) Renditen zurückgegriffen und eine **ex post-Gleichung** der Wertpapierlinie betrachtet:

$$r_{jt} = r_{ft} + (r_{Mt} - r_{ft})\beta_j \text{ mit } t = \text{Zeitperioden}$$

Das Ziel der empirischen Analyse besteht darin, den Beta-Faktor zu schätzen und damit letztendlich die Güte des CAPM zu überprüfen. Für die empirische Schätzung werden entsprechende historische Kurszeitreihen (Renditereihen) benötigt, z. B. historische Aktienkursdaten für die Renditen eines Wertpapiers (r_{jt}), historische Kurse des DAX-30 zur Abbildung der Renditen des Marktportfolios (r_{Mt}) und historische Kursrenditen von risikolosen Staatsanleihen als Approximation für den risikolosen Zins (r_{ft}).

Standardmarktmodell, Sharpe-Modell

Empirisch wird das CAPM regelmäßig als ein lineares Regressionsmodell in Form des sogenannten **Standardmarktmodells** oder auch **Sharpe-Modells** (Sharpe 1970) getestet:

$$r_{jt} = \gamma_0 + \gamma_1 \beta_j + \varepsilon_{jt}$$

Das Standardmarktmodell enthält die folgenden Parameter: r_{jt} beschreibt die Rendite des einzelnen Wertpapiers j zum Zeitpunkt t. γ_0 ist ein Maß für die Frage, wie sich von der Wertpapiermarktentwicklung unabhängige Größen durchschnittlich in der Rendite des Wertpapiers j niedergeschlagen haben (z. B. der Marktzins r_{ft}). γ_0 wird auch als Konstante der Regression bezeichnet. γ_1 beschreibt die Überrendite des Marktportfolios (hier wird als Approximation häufig auch auf einen Aktenindex zurückgegriffen) über die Rendite der risikolosen Alternativanlage ($r_{Mt} - r_{ft}$). Diese Überrendite wird auch als »excess return« bezeichnet. β_j beschreibt den Beta-Faktor, den es empirisch zu bestimmen gilt. Der Störterm der Regression wird mit ε_{jt} bezeichnet.

Die Regression erfolgt i. d. R. über eine Kleinste-Quadrate-Schätzung (ordinary least squares, OLS) mit dem Ziel, die Summe der quadratischen Abweichungen zwischen den Parametern r_{jt} und zu γ_1 minimieren.

Abb. 7.5

OLS-Schätzung des CAPM

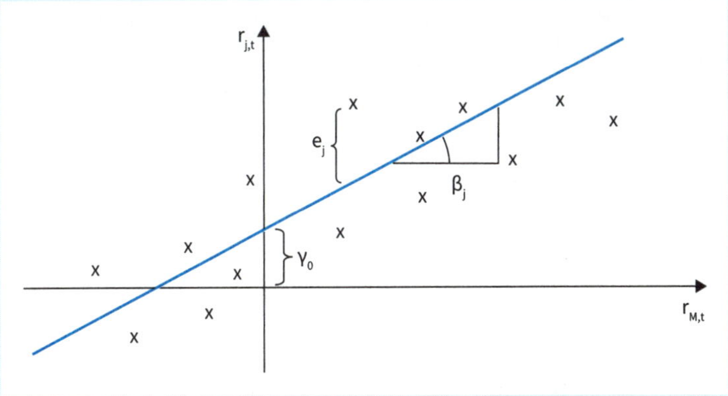

Abbildung 7.5 zeigt mit Hilfe einer Punktwolke und einer Regressionsgeraden (**Security Characteristic Line**) den Zusammenhang zwischen den historischen Renditen eines einzelnen Wertpapiers ($r_{j,t}$) und den Renditen des Marktportfolios ($r_{M,t}$). Dieser Zusammenhang lässt sich empirisch über den Beta-Faktor β_j erfassen, der das Steigungsmaß der Regressionsgeraden beschreibt. Er misst folglich die prozentuale Änderung der Rendite des einzelnen Wertpapiers bei einer marginalen Veränderung der Marktportfoliorendite. Aus der beispielhaften Abbildung wird ersichtlich, dass die Regressionsgerade eine positive Steigung aufweist. Folglich ist der empirische Zusammenhang zwischen der Änderung der Renditen des einzelnen Wertpapiers und den Marktportfoliorenditen über die untersuchten Teilperioden hinweg positiv. Die Wertpapierrendite steigt mit steigender Marktrendite und umgekehrt.

Das CAPM in drei Gleichungen

Capital Market Line (Kapitalmarktlinie des theoretischen CAPM):

$$E(r_p) = r_f + \frac{(E(r_M) - r_f)}{\sigma_M} \cdot \sigma_p$$

Security Market Line (Wertpapiermarktlinie des theoretischen CAPM):

$$E[r_j] = r_f + (E[r_M] - r_f)\beta_j \ \text{ mit } \ \beta_j = \frac{Cov[r_j, r_m]}{\sigma_M^2}$$

Security Characteristic Line (Einperiodisches Marktmodell von Sharpe):

$$r_{jt} = \gamma_0 + \gamma_1 \beta_j + \varepsilon_{jt}$$

- β_j = Regressionskoeffizient ($r_M \rightarrow r_j$; systemat. Rendite-/Risikozusammenhang),
- γ_o = y-Achsenabschnitt (konstanter, durchschnittlicher, unsystematischer [i. S. v. wertpapierspezifisch] Renditebestandteil)
- ε_{jt} =Unsystematisches Risiko i. S. v. »stochastischer Störgröße«/Residualterm

Abbildungen 7.6 und 7.7 zeigen eine solche Regressionsschätzung für die Siemens- und die BVB-Aktie. Die Abbildungen zeigen auch, dass sich der Zusammenhang zwischen den historischen Renditen der einzelnen Titel und den Renditen des Marktportfolios (hier DAX-30) über den Beta-Faktor für die Siemens-Aktie besser empirisch erfassen lässt, als dies für die BVB-Aktie der Fall ist.

Die empirische Überprüfbarkeit des CAPM mit Hilfe des Standardmarktmodells ist nicht unproblematisch. Insbesondere wird angeführt, dass sich das umfassende Marktportfolio (theoretisch sämtlicher existierender Vermögenswerte) in der Praxis nicht beobachten lässt und es stattdessen durch Aktienindizes (wie z. B. der DAX-30) abgebildet werden muss (Roll 1977). Solche Aktienindizes liefern jedoch stets nur einen Teilausschnitt des gesamten Wertpapiermarktes, nähern sich dem theoretischen Ideal also mehr oder weniger gut an (»characteristic«). Werden Abweichungen zwischen dem vom Modell ausgewiesenen und den tatsächlichen Renditen festgestellt, kann dies daran liegen, dass das Modell ungültig ist, aber auch an der Nichterfüllung der Voraussetzungen seiner Gültigkeit. Da sich das Marktportfolio im strengen theoretischen Sinne nicht beobachten lässt, ist der empirischen Überprüfung ein Stück weit der Boden entzogen (vgl. Schneider 1992, S. 537 ff.).

Abb. 7.6

Test des CAPM am Beispiel der Siemens-Aktie (Schätzzeitraum: März 2012–März 2014)

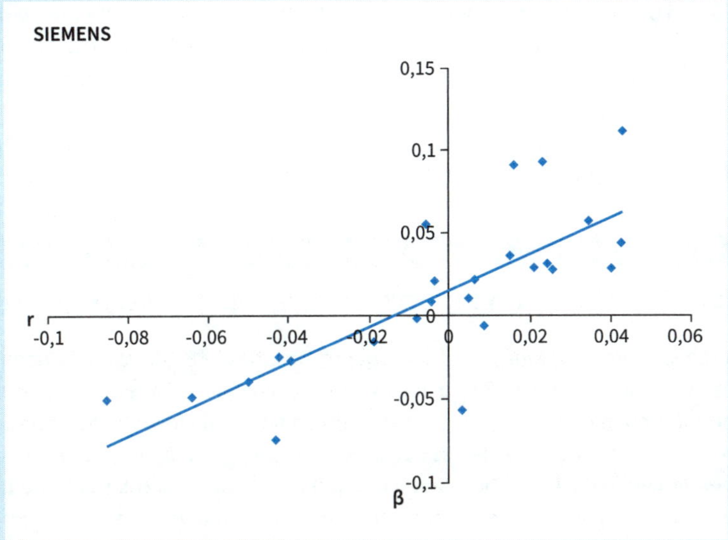

Abb. 7.7

Test des CAPM am Beispiel der BVB-Aktie (Schätzzeitraum: März 2012–März 2014)

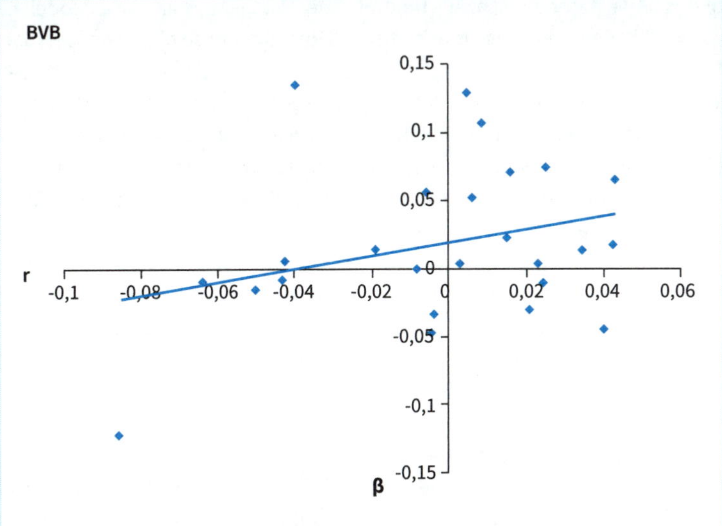

Die Problematik des »**verbundenen Hypothesentests**« wird hauch hieran deutlich: Will man die Gültigkeit des CAPM überprüfen, so müssen simultan eine strenge Informationseffizienz des Kapitalmarktes (vgl. Fama 1970, Modul 16) als Bewertungseffizienz und ein effizientes Wertpapier- und Kapitalmarktgleichgewicht im Sinne des CAPM unterstellt werden. Wiederum gilt: In der Realität anzutreffende »Verfehlungen« des Marktes können nicht eindeutig auf die Ungültigkeit des Modells, oder aber auf die Abweichung von der Voraussetzung gleich verteilter Informationen als Ursache zurückgeführt werden.

Schließlich wird regelmäßig kritisiert, dass der Beta-Faktor den Zusammenhang zwischen den Renditeverläufen eines einzelnen Wertpapiers und den Renditen des

AUS DER PRAXIS

Bedeutung des CAMP

Das CAPM – Ansehen in der Praxis und empirische Überprüfbarkeit

»Durchaus berechtigt sind also Zweifel daran, dass das CAPM-Beta die Beziehung zwischen systematischem Risiko und langfristig erzielbaren Renditen perfekt beschreibt. Neben dem Beta gibt es offensichtlich noch eine Reihe anderer bewertungswirksamer Faktoren, die ins Kalkül zur Ermittlung von Benchmarks mit einbezogen werden sollten. Diese auf wissenschaftlichem Befund basierende Einsicht entspricht insbesondere aber auch dem Empfinden vieler Praktiker im Investment Management bei der Anwendung des CAPM. Denn zumeist ist man wenig geneigt, Anlageentscheidungen lediglich auf Basis irgendwelcher geschätzter Betafaktoren zu treffen. Es sind in der Regel doch eine Vielzahl von Faktoren, die in den Anlageentscheidungsprozess einfließen. Ganz bestimmt bietet das Beta eines Investments jedoch einen ersten, wenn nicht den wichtigsten Anhaltspunkt für die eingegangenen Risiken. Letztlich ist die gesamte Diskussion über die Validität des CAPM pathologisch. Aus theoretischer Perspektive kann das Modell nicht angezweifelt werden, da es als analytisches Resultat per se nicht falsifizierbar ist. Die empirische Forschung befasst sich mehr mit der Frage, ob beobachtbare Anlagerenditen mit den Aussagen des CAPM **weitgehend** konsistent sind. Im letzten Satz liegt die Betonung auf »weitgehend«, denn im empirischen Test des Modells ergibt sich ein nicht unwesentliches Problem: das in der Theorie zur Berechnung von Betafaktoren instrumentalisierte effiziente Marktportfolio ist in der Realität nicht beobachtbar!

Im Test können allenfalls Aktienindizes verwendet werden, die das »wahre« Marktportfolio im besten Fall approximieren. Eine ganz wesentliche Annahme des CAPM kann für empirische Untersuchungen also nicht umgesetzt werden, so dass aus der Datenanalyse im Grunde weder Annahme noch Verwerfung des Modells gefolgert werden kann. In jeder empirischen Studie des CAPM werden zwei Hypothesen gleichzeitig getestet: die Implikationen des Modells für die Bewertung von Anlagen und (!) die Effizienz des verwendeten Marktindexes. Stimmt die gefundene Bewertung nicht mit den Aussagen des CAPM überein, so kann es durchaus am verwendeten Index liegen. Damit ist es unmöglich, die Bewertungsaussagen des Modells exakt zu überprüfen.« (Quelle: Gehrig/Zimmermann 2001, S. 69)

Marktportfolios allein nicht ausreichend erklären kann. Zielführender ist demnach eine über den Beta-Faktor hinausgehende Faktoranalyse, wie sie z. B. im Rahmen der **Arbitrage Pricing Theory** (Ross 1976), des **Dreifaktorenmodells** (Fama/French 1993) oder gar des **Vierfaktorenmodells** (Carhart 1997) vorgenommen wird (in der aktuellen Literatur wird außerdem ein Fünffaktorenmodell diskutiert (Fama/French 2015)). Auf diese **Mehrfaktorenmodelle** wird im nun Folgenden näher eingegangen.

7.3 Mehrfaktorenmodelle

Die Eindimensionalität des CAPM, also die Tatsache, dass die erwartete Wertpapierrendite nur durch den Beta-Faktor (das systematische Risiko) determiniert wird, wird vielfach kritisiert. Zusätzlich haben die bislang widersprüchlichen und teils nur wenig ökonomisch signifikanten Ergebnisse der empirischen Überprüfung des CAPM eine Suche nach weiteren Faktoren ausgelöst, die neben dem Beta-Faktor die beobachteten durchschnittlichen Renditen von Wertpapieren zusätzlich erklären können.

»Angenommen, Wertpapierrenditen würden durch zwei zugrundeliegende Faktoren bestimmt werden […]. Die Arbitragepreistheorie kann leicht die Auswirkungen der Veränderungen der beiden Faktoren auf die Wertpapierrenditen berücksichtigen. Da das Capital Asset Pricing Model von einem einzigen Faktor (dem Marktindex) abhängt, kann es diese Veränderungen nicht so leicht berücksichtigen. Verwendet man das CAPM, so ist das vergleichbar mit einer Situation, in der man in den Wolken verloren ist, während man ein Privatflugzeug steuert. Man ruft den Fluglotsen und fragt: ›Wo bin ich?‹ Wenn dieser ein eindimensionales Modell wie das CAPM verwendet, wird er oder sie sicherlich antworten: ›Zweihundert Kilometer von New York entfernt.‹ Dies ist offensichtlich keine sehr hilfreiche Antwort. Ein mehrdimensionales Modell wie das APT [Arbitrage Pricing Theory] ist hilfreicher. Es wäre gut, den Breitengrad, den Längengrad und die Höhe zu wissen.« (Copeland/Weston/Shastri 2013, S. 244)

Arbitrage Pricing Theory (APT)

Als eine Alternative zum CAPM formulierte Ross (1976) die **Arbitrage Pricing Theory (APT)**. Sie ist ein Preisbildungsmodell mit Multifaktoren-Einsatz (Mehrfaktorenmodell) unter der Bedingung eines arbitragefreien Marktes und der Abstraktion von Transaktionskosten und Steuern. Streng genommen handelt es sich bei der APT (und allen ähnlichen Mehrfaktorenmodellen) nicht um eine eigenständige Theorie und auch nicht um ein Gleichgewichtsmodell. Vielmehr basiert die APT auf der empirischen Beobachtung, dass sich Wertpapierrenditen bei einer Änderung von einzelnen Faktoren simultan ändern (vgl. auch Perridon/Steiner/Rathgeber 2017, S. 274 f.). Während diese einzelnen Faktoren innerhalb des CAPM mit dem Beta-Faktor zu einem einzelnen Risikofaktor verdichtet wurden, werden sie innerhalb der APT nun breiter aufgefächert. Demnach wird die Abweichung zwischen tatsächlich beobachteter und erwarteter Rendite eines einzelnen Wertpapiers j durch unterschiedliche makro- und mikroökonomische Faktoren und einer wertpapierspezifischen Störgröße (diversifizierbares, unsystematisches Risiko) ε_j determiniert.

Die Form der APT ist als ein lineares Regressionsmodell der des Sharpe-Modells (empirisches Standardmarktmodell des CAPM) ähnlich, sie verwendet jedoch eben mehr als nur einen Faktor:

$$r_j = a + b_1 \cdot r_{Faktor\,1} + b_2 \cdot r_{Faktor\,2} + \cdots + b_i \cdot r_{Faktor\,i} + \varepsilon_j$$

Die Parameter $b_1, b_2, \ldots, b_i$ geben als »Faktorladungen« die Sensitivität der Wertpapierrenditen für den jeweiligen Faktor an. Je stärker ein Wertpapier auf die Schwankungen dieser Faktoren reagiert, desto höher ist seine erwartete Rendite. Gilt für alle Faktorladungen die Bedingung $b_i = 0$, erzielt das einzelne Wertpapier keine zusätzliche Rendite (Risikoprämie). Ein Wertpapier, das keine Sensitivität gegenüber makro- und mikroökonomischen Faktoren hat, ist risikolos, und die Rendite aus dem Wertpapier muss dem risikolosen Zins entsprechen, wenn Arbitragefreiheit unterstellt wird.

Die wertpapierspezifische Störung ε_j kann durch Diversifikation beseitigt werden. Dann ergibt sich für das einzelne Wertpapier die **Risikoprämie** $r_j - r_f$ zur Kompensation der Risiken, die durch die einzelnen Faktoren determiniert werden, als:

$$r_j - r_f = b_1(r_{Faktor\,1} - r_f) + b_2(r_{Faktor\,2} - r_f) + \ldots + b_i(r_{Faktor\,i} - r_f)$$

Welche Faktoren im Einzelnen zur Erklärung der Risikoprämie relevant sind, lässt die APT offen. Stattdessen müssen diese Faktoren empirisch ermittelt werden. Entsprechende Untersuchungen haben gezeigt, dass insbesondere volkswirtschaftliche Wachstumsraten, die Inflationsrate, die Zinsstruktur, aber auch die Geldmenge und der Ölpreis die Risikoprämie erklären können, jedoch bleiben diese Faktoren und ihre Gewichtung im längeren Zeitablauf nicht stabil. Dies erschwert den Einsatz der APT für das Portfoliomanagement in der Praxis erheblich.

Die nachfolgende Tabelle 7.2 zeigt die wesentlichen Unterschiede zwischen CAPM und APT.

Tab. 7.2

Synopse von CAPM und APT

CAPM	APT
Risikomaß: Beta-Faktor	Beliebig viele Faktoren
Alle makro- und mikroökonomischen Risiken in einem Faktor (Beta-Faktor) gebündelt	Makro- und mikroökonomische Faktoren sind einzeln spezifizierbar, jedoch schwer zu evaluieren
Erfordert das umfassende und effiziente Marktportfolio zur Bestimmung des Marktgleichgewichts	Keine Bestimmung des Marktgleichgewichts notwendig; es muss lediglich Arbitragefreiheit herrschen
Alle Wertpapiere im Markt müssen bekannt sein, um das CAPM zu testen	Eine Teilmenge von Wertpapieren reicht aus, um die APT zu testen
Die individuelle Risikonutzenfunktion des Investors ist entscheidend	Keine Annahmen über die Nutzenfunktion des Investors erforderlich
Implizite Normalverteilungsannahme der Wertpapier-Renditen, da Investoren nach dem Bernoulli- bzw. μ-σ-Prinzip entscheiden	Keine Verteilungsannahme notwendig, da keine Aussage über die Risikoeinstellung der Investoren nötig

In einer abschließenden kritischen Würdigung der APT ist festzustellen, dass die APT verschiedene Faktoren als Determinanten von Wertpapierrenditen zulässt und diesbezüglich durch die Evidenz zahlreicher empirischer Studien unterstützt wird. Zudem ist die APT hinsichtlich der empirischen Flexibilität dem Sharpe-Modell generell überlegen, da es keiner Spezifikation des umfassenden Marktportfolios bedarf. Eine entscheidende Schwäche der APT besteht jedoch hinsichtlich der Identifikation der einzelnen Einflussfaktoren (vgl. etwa Copeland/Weston/Shastri 2013, S. 250). Aus ökonometrischer Sicht ist es jedoch zwingend notwendig, dass der mögliche Einfluss der innerhalb des Schätzmodells implementierten Faktoren auf die Wertpapierrendite im Zuge der Vorabspezifikation theoretisch abgeleitet wird. Fehlt eine solche Vorabspezifikation und werden die Faktoren stattdessen »willkürlich« ausgewählt, so besteht die Gefahr, dass Faktoren zwar statistisch signifikant sind, dieser Einfluss ökonomisch jedoch nicht erklärt werden kann. Unabhängig davon entstehen ähnliche Schätzprobleme wie beim Sharpe-Modell (vgl. Kap. 7.2.3), wobei nun dem Problem einer möglichen Multikollinearität, also einer möglichen gegenseitigen Abhängigkeit und Beeinflussung der Faktoren, eine zusätzliche wichtige Bedeutung zukommt.

»Eines der frustrierenden Dinge bei der Anwendung der Faktoranalyse zum Test der APT ist, dass dieses Verfahren nicht in der Lage ist, eine Aussage darüber zu treffen, was diese einzelnen Faktoren sind. Die APT kann jedoch verworfen werden, wenn eine spezifizierte andere Variable, wie beispielsweise die Gesamtvarianz der erwarteten Renditen, die Unternehmensgröße oder die Rendite des Wertpapiers in der Vorperiode für die Erklärung der erwarteten Renditen signifikant wären.« (Copeland/Weston/Shastri 2013, S. 250)

Dreifaktorenmodell von Fama und French

Ein weiteres prominentes Mehrfaktorenmodell ist das von Fama und French entwickelte Dreifaktorenmodell (Fama/French 1993).

Fama und French zeigen, dass Aktien mit geringer Marktkapitalisierung (Stückpreis multipliziert mit der Anzahl emittierter Aktien) und Aktien von Unternehmen mit einem hohen Verhältnis von Buchwert und Marktwert höhere Renditen aufweisen und erweitern das CAPM um diese beiden Faktoren:

$$r - r_f = b_M \cdot (r_M - r_f) + b_S \cdot SMB + b_V \cdot HML$$

b_M : Beta-Faktor
SMB : small minus big (Marktkapitalisierung)
b_S : Faktor des SMB-Portfolios
HML : high minus low (Buch-Marktwert-Verhältnis)
b_V : Faktor des HML-Portfolios

Das **Portfolio SMB** bildet die Differenz der Renditen von zwei Portfolios ab, wobei ein Portfolio aus Aktien niedrigerer Marktkapitalisierung besteht und ein Portfolio sich aus Aktien hoher Marktkapitalisierung zusammensetzt. Das **Portfolio HML** zeigt die Renditedifferenz zwischen einem Portfolio, das sich aus Aktien von Unternehmen mit einem hohen Buch-Marktwert-Verhältnis zusammensetzt und einem Portfolio, in dem Aktien von Unternehmen mit einem niedrigeren Buch-Marktwert-Verhältnis enthalten sind. Fama und French führen aus, dass es sich bei Aktien geringer Marktkapitalisierung, die von Unternehmen mit einem hohen Buch-Marktwert-Verhältnis ausgegeben wurden, um Aktien von Unternehmen mit einer schlechten Performance handelt. Dieses (neben dem systematischen Risiko) zusätzliche Risiko lassen sich rational handelnde Investoren durch eine zusätzliche Risikoprämie entgelten, so dass die Renditen solcher Aktien im Durchschnitt höher ausfallen.

Nachdem das SMB- und HML-Portfolio gebildet wurden, können die zugehörigen Koeffizienten b_S und b_V mit Hilfe einer linearen Regression geschätzt werden. Basierend auf der APT messen die Koeffizienten jeweils die Sensitivität der Risikoprämie $(r - r_f)$ gegenüber dem jeweiligen Portfolio. Die Koeffizienten können dabei sowohl positive als auch negative Werte annehmen. Historische Zeitreihen zur Schätzung des Dreifaktorenmodells für den U.S.-amerikanischen Markt und für weitere Aktienmärkte sind auf der Internetseite von Kenneth French verfügbar (http://mba.tuck.dartmouth.edu/pages/faculty/ken.french/data_library.html). In ihrer grundlegenden Arbeit aus dem Jahr 1993 weisen Fama und French für den U.S.-amerikanischen Aktienmarkt signifikant positive Risikoprämien von 0,27 % bzw. 0,40 % für das SMB- und HML-Portfolio nach. Weitere empirische Untersuchungen haben gezeigt, dass das Fama-French-Dreifaktorenmodell für den amerikanischen Aktienmarkt mehr als 90 % der Varianz der Aktienrenditen erklärt, wohingegen das CAPM im Durchschnitt nur 70 % erklären kann. Vergleichbare Studien bestätigen die Überlegenheit des Dreifaktorenmodells auch für den kanadischen und britischen Aktienmarkt. Andere empirische Studien zeigen jedoch, dass die von Fama und French eingeführten globalen SMB- und HML-Portfolios länderspezifisch anzupassen sind, um Verzerrungen im Rahmen der empirischen Schätzungen zu vermeiden (vgl. etwa Griffin 2002).

Vierfaktorenmodell von Carhart

Carhart (1997) erweitert das Fama-French-Dreifaktorenmodell um einen zusätzlichen **Momentum-Faktor**.

$$r - r_f = b_M \cdot (r_M - r_f) + b_S \cdot SMB + b_V \cdot HML + b_{MOM} \cdot WML$$

WML: winner minus loser (Momentum-Faktor)
b_{MOM}: Faktor des WML-Portfolios

Innerhalb der Aktienkursanalyse beschreibt das Momentum die Hypothese, dass sich Kursentwicklungen von Aktien in der Vergangenheit tendenziell auch in der Zukunft fortsetzen werden. Betrachtet wird also die Tendenz, dass der Kurs einer Aktie weiter steigt (fällt), wenn er in der Vergangenheit gestiegen (gefallen) ist. Zur Messung eines solchen Momentum-Effekts wird die Differenz von Aktienkursen zwischen zwei Zeitpunkten berechnet.

Innerhalb des Vierfaktorenmodells bildet das Portfolio WML die Renditedifferenz zwischen Aktienportfolios mit hoher und solchen mit niedriger Vorjahresperformance ab. Der Erklärungsgehalt dieses Portfolios für die Risikoprämie $(r - r_f)$ wird mit Hilfe einer linearen Regression durch den zugehörigen Koeffizienten b_{MOM} gemessen.

Die empirische Untersuchung von Carhart (1997) für den U.S.-amerikanischen Aktienmarkt zeigt, dass das Vierfaktorenmodell wesentlich besser als das CAPM die

Renditen von Aktien erklären kann. Für das WML-Portfolio weist die Analyse eine signifikant positive Risikoprämie von 0,82 % auf. Nachfolgende Studien untersuchen den WML-Faktor für entwickelte Aktienmärkte weiterer Länder und weisen dabei ebenfalls signifikante Risikoprämien für acht von zehn Ländern nach.

7.4 Passives versus aktives Portfolio-Management und Performancemessung

Hinsichtlich des Portfolio-Managements **in der Praxis** haben sich mit dem passiven und aktiven Portfoliomanagement zwei idealtypische Anlagestrategien herausgebildet. Die Unterscheidung in passive und aktive Strategien geht dabei auf Treynor/Black (1973) zurück.

Passives und aktives Portfolio-Management

Im Rahmen des **passiven Portfolio-Managements** wird der These effizienter Kapitalmärkte gefolgt (Fama 1970; siehe auch Modul 16). Annahmegemäß stehen den Marktteilnehmern alle Informationen vollständig zur Verfügung und diese spiegeln sich vollständig in den Preisen der verschiedenen Wertpapiere (Finanztitel) wider, so dass keine Fehlbewertungen von Wertpapieren und mithin keine Arbitrage-Möglichkeiten existieren. Unter diesen Voraussetzungen ist es für den rational-handelnden Investor (oder einen beauftragten Wertpapier-Manager) effizient, strukturgleiche Anteile am Marktportfolio innerhalb des eigenen Portfolios zu halten. Da das umfassende Marktportfolio im Sinne des CAPM in der Realität jedoch nicht exakt zu beobachten ist, wird als ein Proxy für das Marktportfolio der Empfehlung vereinfacht ein Aktienindex (bspw. der DAX-30) zugrunde gelegt. Ungeachtet dessen gelten die Prämissen des CAPM: »**Kaufe und halte das Marktportfolio!**« Abweichend von einer reinen »Buy and hold«-Strategie wird jedoch oftmals auch ein sogenanntes »**Index-Tracking**« vollzogen. Zwar werden beispielsweise alle Aktien des DAX-30 im eigenen Portfolio gehalten, jedoch wird permanent die Stückzahl und damit die Gewichtung der einzelnen Aktienanteile z. B. anhand ihrer Umsätze variiert – auch unter Hinzuziehen derivativer Finanzinstrumente und spezifischer Investmenttechniken.

Anhänger des **aktiven Portfolio-Managements** lehnen die These informationseffizienter Kapitalmärkte ab. Es wird versucht, durch die strategische Auswahl von unterbewerteten Wertpapieren (»**stock picking**«) und die Prognose des richtigen Moments (»**timing**«) der Kursbewegung einzelner Titel die Rendite eines zuvor festgelegten Proxys für das Benchmark-Marktportfolio (z. B. S&P 500) zu übertreffen, also »**den Markt zu schlagen**«. Die Erzielung von Überrenditen wird möglich, wenn aufgrund der in der Realität zu beobachtenden temporären und partiellen Informationsineffizienzen Abweichungen zwischen dem aus der Fundamentalanalyse ermittelten Wert und dem am Markt gehandelten Preis eines Wertpapiers existieren. Aus gesamtwirtschaftlicher Perspektive erfüllt das aktive Portfolio-Management durch die permanente Aufdeckung und Nutzung von Arbitrage-Möglichkeiten die

Funktion der Korrektur von Marktunvollkommenheiten. Allerdings entstehen durch die fortwährende Suche nach fehlbewerteten Wertpapieren und die anschließende Umschichtung der Portefeuilles **Transaktionskosten**. Diese sind im Sinne eines Kosten-Nutzen-Kalküls den erzielten Überrenditen zwingend gegenüberzustellen. Umfassende empirische Studien zeigen in diesem Zusammenhang mehrheitlich, dass ein **exzessiver** Handel mit Wertpapieren die Überrendite oftmals nicht erhöht, sondern dass zu häufige Transaktionen die Nettorendite des Portfolios (Überrendite abzüglich Transaktionskosten) mindern (vgl. bspw. Barber/Terrance, 2000). In diesem Kontext ist das passive Portfolio-Management dem aktiven Management oftmals überlegen. Abbildung 7.8 zeigt in diesem Zusammenhang den langfristigen Einfluss von Transaktionskosten.

Abb. 7.8

Langfristiger Einfluss von Transaktionskosten

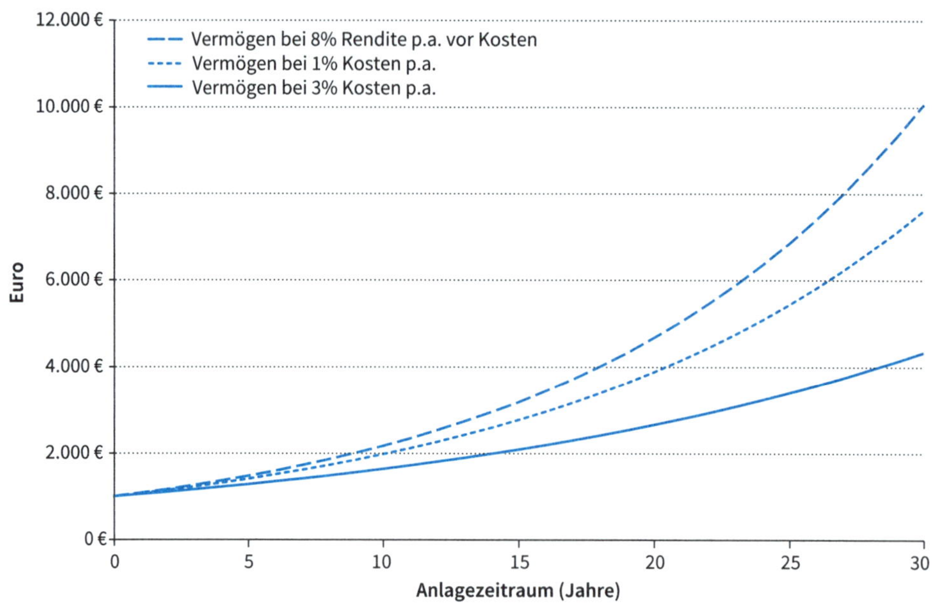

Quelle: in Anlehnung an Weber 2007, S. 56

Delegation des Portfolio-Managements

Unabhängig von der gewählten Anlagestrategie kann der private Investor oder auch der Finanzleiter einer Unternehmung das Portfolio-Management an professionelle Dritte, wie bspw. einen Wertpapier-Manager einer Bank oder einen Manager von Aktienfonds, delegieren. Diese werden vertraglich beauftragt, ein Wertpapier-Portfolio zusammenstellen und zu verwalten, das der Risiko-Nutzen-Funktion des Investors vollständig genügt. Aus Sicht des Investors liegt die besondere Gefahr einer Delegation seiner Wertpapiergeschäfte jedoch darin, dass der beauftragte Wertpapier-Manager nicht vollständig im Interesse des Investors handeln muss. Der **Prinzipal-Agent-Theorie** (Jensen/Meckling 1976) folgend, besteht diese Gefahr gerade dann, wenn Informationsasymmetrie zwischen den beiden Vertragsparteien vorliegt, wenn also eine Vertragsbeziehung zwischen einem weniger informierten Investor (Prinzipal, Auftraggeber) und einem in der Regel besser informierten professionellen Wertpapier-Manager (Agent, Auftragnehmer) zustande kommt. Aus dieser asymmetrischen Informationsverteilung können mit der »**Adverse Selection**« und dem »**Moral Hazard**« zwei verschiedene Marktversagenstatbestände resultieren, die aus Sicht des Investors zu Agency-Kosten führen (siehe ausführlicher auch Modul 9).

Gefahr der »adverse selection« und Lösungsmechanismen

Die **»adverse selection«** (Negativlauslese aufgrund von »**hidden characteristics**«) beschreibt die Gefahr, dass der Investor **vor Vertragsabschluss** einen Wertpapier-Manager minderer Qualität auswählt. Dieser könnte ein ungeschulter, unprofessioneller Manager sein, der die Renditen seiner verwalteten Portfolios vor allem durch »Glück und Zufall« und weniger durch sein »Können« erzielt hat und diesen Umstand verschweigt. Bei bestehender Informationsasymmetrie kann der Investor nicht zwischen ungeschulten und geschulten Managern unterscheiden. Somit sieht er sich mit der Gefahr konfrontiert, dass er seine Wertpapiergeschäfte an einen Manager mit geringer Qualität delegiert und dieser nicht befähigt ist, das Wertpapier-Portfolio im Sinne des Investors zusammenzustellen und zu verwalten. Als Lösungsmechanismen für den vorliegenden Marktversagenstatbestand werden in der Literatur das »**signaling**« und das »**screening**« vorgeschlagen. Im Fall des »**signaling**« stellt der besser informierte Manager dem Investor Informationen bezüglich seiner Qualität (z. B. Bildungsabschlüsse) zur Verfügung. »**Screening**« bedeutet, dass der schlechter informierte Privatinvestor die notwendigen Informationen über die Qualität des zu beauftragenden Managers einholt. Dies kann durch Selbstinformation oder durch die Einschaltung von Dritten (bspw. Aufsichtsbehörden) geschehen.

Gefahr des »moral hazard« und Lösungsmechanismen

»Moral hazard« (moralisches Wagnis aufgrund von »**hidden intention**« und »**hidden action**«) beschreibt das Risiko **nach Vertragsabschluss**, dass der beauftragte Wertpapier-Manager die Interessen des Investors während der Vertragslaufzeit opportunistisch ausnutzen kann. Beispielsweise könnte der Manager weniger Zeit und Ressourcen für die Verwaltung des Wertpapier-Portfolios aufwenden, als dies vertraglich vorgesehen ist. Als eine mögliche Lösung dieses Problems kommt zunächst die laufende Kontrolle (»**monitoring**«) des Wertpapiermanagers durch den Investor oder einen Dritten in Betracht, welche jedoch mit hohen Kosten verbunden sein kann. Eine Alternative stellt die Schaffung eines anreizkompatiblen Vertrags dar. Demnach wird der Delegationsvertrag derart gestaltet, dass der besser informierte Wertpapier-Manager keinen Anreiz hat, sich unerwünscht zu verhalten. Dies gelingt grundsätzlich dann, wenn der Wertpapier-Manager neben einer fixen Zahlung auch eine variable, gewinnabhängige Entlohnung erhält. Er könnte beispielsweise prozentual an der Rendite beteiligt werden, die er mit dem verwalteten Wertpapier-Portfolio generiert hat.

Unabhängig davon, welches Design zur Lösung der Informationsprobleme gewählt wird, entstehen **Managementkosten** die die Chancen des aktiven Portfolio-Managements verringern. Dies lässt sich erstens theoretisch begründen: Die Marktperformance spiegelt die durchschnittliche Performance sämtlicher aktiv und passiv gemanagte Portfolios (vor Managementkosten) wider. Die Performance passiv gemanagter Portfolios (vor Managementkosten) ist per Definition mit der des Marktes bzw. des relevanten Index identisch. Somit muss die durchschnittliche Performance aller aktiv gemanagten Portfolios (vor Managementkosten) mit der von passiv gemangten Portfolios (vor Managementkosten) identisch sein. Da die Managementkosten für aktiv gemanagte Portfolios jene für passiv gemanagte jedoch übersteigen, wird zwangsläufig die durchschnittliche Rendite nach Managementkosten bei passivem Management die des aktiven Ansatzes um die Differenz der Managementkosten beider Ansätze übersteigen. Somit ist es sehr fraglich, ob die erhofften, im Einzelfall vielleicht sogar erzielten Überrenditen eines aktiv gemanagten Portfolios von Dauer sein können. Und hier zeigt sich – zweitens – empirisch, dass aktive gemanagte Investmentfonds mehrheitlich eine Underperformance gegenüber ihrer relevanten Benchmark aufweisen. In Abbildung 7.9 ist dies exemplarisch für Indizes verschiedener amerikanischer Investmentfonds dargestellt. Es ist erkennbar, dass diese mehrheitlich eine geringere 5-Jahres-Rendite aufweisen als ihre relevanten Benchmark-Indizes.

Messung der Performance des Wertpapier-Portfolios

Vor dem Hintergrund der o.g. Besonderheiten des Delegationsvertrags spielen für den Investor Instrumente zur Messung der Performance des durch den Manager verwalteten Wertpapier-Portfolios eine entscheidende Rolle, um die Leistung des Managers beurteilen zu können. Außerhalb einer Delegation ist die Performance-Messung notwendig, um den Erfolg der eigenen Handelstätigkeit ex post zu bewerten – etwa wenn der Finanzleiter der Unternehmung die Investition überschüssiger Mittel selbst vornimmt. Mit Blick auf die Erkenntnisse aus dem CAPM werden in der Praxis insbesondere sogenannte CML- und SML-orientierte Portfolio-Performance-Maßstäbe verwendet, die Rendite und Risiko einer Anlage in einer Kennzahl verdichten. Sie basieren auf den Parametern zur Bestimmung des Marktpreises des Risikos mittels der Kapitalmarktlinie (**Capital market Line, CML**) bzw. der Wertpapierlinie (**Security Market Line, SML**). Beide Verfahren folgen einer einheitlichen Methodik:

1. Messung des Risikos des zu beurteilenden Portfolios
   a. entweder mathematisch durch die Standardabweichung der Portfoliorendite σ [CML]
   b. oder empirisch durch das Schätzen des systematischen Risikos (Beta-Faktors) β als Regressionskoeffizient [SML]
2. Risiko-Adjustierung der durch das Portfolio erzielten (Über-)Rendite (Bildung eines Rendite-Risiko-Kalküls)
3. Vergleich dieses Kalküls mit einer Benchmark
4. Beurteilung der Performance des Portfolios

Sharpe-Ratio

Die **Sharpe-Ratio** (Sharpe 1966) ist die in der Praxis am häufigsten verwendete Performance-Kennzahl. Sie zählt zu den **CML**-orientierten Performance-Maßstäben

Abb. 7.9

Underperformance von aktiv gemanagten Investmentfonds

Darstellung der Underperformance von inländisch aktiv gemanagten Fonds, wertgewichtet, für verschiedene Länder im Vergleich zu einer Benchmark					
Inländische aktiv verwaltete Fonds (Große Unternehmen)	Benchmark-Indizes	Anzahl der Fonds, die über 5 Jahre schlechter performen als ihr Vergleichsindex in Prozent	Wertgewichtete Fondsrendite über 5 Jahre in Prozent	Rendite des Benchmark-indizes über 5 Jahre in Prozent	Überrendite der Fonds in Prozent
Industriestaaten					
Canadische Aktien	S&P/TSX Composite	80,00	7,35	7,53	–0,18
Europäische Aktien	S&P Europe 350	81,51	8,94	9,63	–0,69
U.S. Aktien	S&P 500	88,65	13,71	15,45	–1,74
Australische Aktien	S&P/ASX 200	77,56	6,91	6,75	0,16
Japanische Aktien	S&P/TOPIX 150	53,35	11,20	10,73	0,47
Schwellenländer					
Chilenische Aktien	S&P Chile BMI	97,44	–1,45	2,75	–4,20
Indische Aktien	S&P BSE 100	52,94	12,53	10,97	1,56
Mexikanische Aktien	S&P Mexico BMI	80,56	9,09	8,45	0,64
Südafrikansiche Aktien	S&P South Africa Domestic Shareholder Weighted Index	84,68	15,52	17,66	–2,14
Durchschnitt der Industriestaaten		76,21		–0,40	
Durchschnitt der Schwellenländer		79,65		–1,17	

und wird auch als »**reward-to-variability-ratio**« bezeichnet. Die Sharpe-Ratio errechnet eine auf das **Portfolio-Risiko σ_P** bezogene, ex post ermittelte Überrendite ($r_P - r_f$), die das zu bewertende Portfolio in einer bestimmten Betrachtungsperiode gegenüber einer risikolosen Kapitalmarktinvestition erzielt hat. Die Sharpe-Ratio des zu bewertenden Portfolios wird somit bestimmt als:

$$SR_P = \frac{r_P - r_f}{\sigma_P}$$

SR_P : Sharpe-Ratio des zu bewertenden Portfolios

r_P : Rendite des zu bewertenden Portfolios

r_f : Risikoloser Kapitalmarktzins

σ_P : Standardabweichung des zu bewertenden Portfolios

Wird das Marktportfolio aus dem CAPM als Benchmark herangezogen, kann der Performance-Vergleich über die ex post ermittelte Steigung der Kapitalmarktlinie (CML) vorgenommen werden. Wie in Abschnitt 7.2.1 bereits ausführlich hergeleitet wurde, entspricht die Steigung der Kapitalmarktlinie dem Marktpreis des Risikos, d. h. der Risikoprämie pro Risikoeinheit für die Anlage in risikobehaftete Wertpapiere des Marktportfolios. Die Steigung der Kapitalmarktlinie wird in diesem Abschnitt als SCML bezeichnet und – wie bereits bekannt – bestimmt als:

$$SCML = \frac{r_M - r_f}{\sigma_M}$$

SCML : Slope of the Capital Market Line (Steigung der Kapitalmarktlinie des CAPM)
r_M : Rendite des Marktportfolios
r_f : Risikoloser Kapitalmarktzins
σ_M : Standardabweichung des Marktportfolios

Anschließend kann die Sharpe-Ratio (SR_P) im Rahmen eines ex-post-Vergleichs der Steigung der Kapitalmarktlinie (SCML) gegenübergestellt werden. Ist die Shar-

Abb. 7.10

Ermittlung der einfachen Differenzrenditen ($DR_{A,B}$) zwischen den mit der Sharpe-Ratio bewerteten Portfolios ($P_{A,B}$) und den Benchmark-Marktportfolios ($BM_{A,B}$)

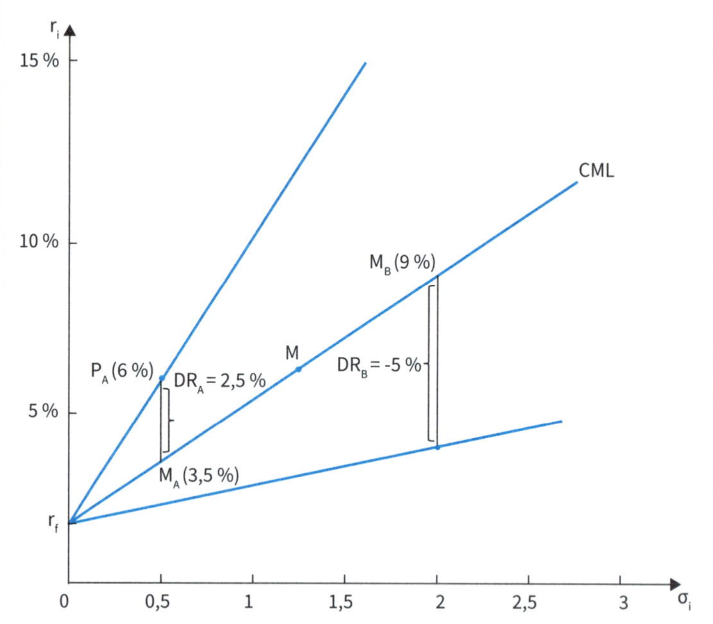

pe-Ratio größer (kleiner) als die Steigung der Kapitalmarktlinie, hat das zu bewertende Portfolio im Vergleich zum Marktportfolio outperformed (underperformed). Grafisch veranschaulicht liegt das zu bewertende Portfolio im r/σ-Diagramm dann auf einer Linie, die eine größere (geringere) Steigung als die Kapitalmarktlinie aufweist und damit oberhalb (unterhalb) der Kapitalmarktlinie verläuft (Abb. 7.10). Die Differenz zwischen der durchschnittlichen Rendite des zu bewertenden Portfolios und der durchschnittlichen Rendite des Benchmark-Marktportfolios kann im r/σ-Diagramm als **einfache Differenzrendite (DR)** berechnet werden. So beträgt beispielsweise bei einer für das Portfolio und die Benchmark identischen Standardabweichung von $\sigma_{M,P} = 0{,}5$ und $\sigma_{M,P} = 2$ die Differenzrendite $DR_A = 2{,}5\,\%$ und $DR_B = -5\,\%$ zwischen den zwei zu bewertenden Portfolios P_A und P_B und den jeweiligen Benchmark-Marktportfolios M_A und M_B (Abb. 7.10).

Beispiel 2

Rechenbeispiel zur Sharpe-Ratio

▶▶▶ Der Finanzleiter der Arbit-AG investiert einen Teil des Vermögens der Gesellschaft in risikoreiche Aktien, da er glaubt, dass diese Aktien hohe Renditen erzielen werden. Tatsächlich erwirtschaftet das durch den Finanzleiter zusammengestellte Portfolio nach einem Jahr eine überdurchschnittlich hohe Rendite von 14%. Zugleich weist das Portfolio eine Volatilität (ermittelt über die Standardabweichung) von 30% auf.

Alternativ hätte der Finanzleiter das Vermögen im letzten Jahr auch in eine risikolose deutsche Staatsanleihe investieren können, welche eine sichere Rendite in Höhe von 4% erzielt hat. Oder er hätte im letzten Jahr direkt in die 30 Werte des DAX investieren können und hätte bei einer Volatilität von 10% eine Rendite von 8% für dieses Marktportfolio erhalten.

Mit Hilfe der Sharpe-Ratio überprüft der Finanzleiter nun ex post, welche Performance das von ihm zusammengestellte Aktienportfolio im Vergleich zum Marktportfolio (DAX-30) aufweist.

Zunächst bestimmt er die Steigung der Kapitalmarktlinie (SCML):

$$SCML_{DAX} = \frac{r_{DAX} - r_f}{\sigma_{DAX}} = \frac{0{,}08 - 0{,}04}{0{,}1} = 0{,}4$$

Anschließend ermittelt der Finanzleiter die Sharpe-Ratio für das von ihm zusammengestellte Portfolio:

$$SR_P = \frac{r_P - r_f}{\sigma_P} = \frac{0{,}14 - 0{,}04}{0{,}3} = 0{,}33$$

Da $SR_P < SCML_{DAX}$, hat das Portfolio des Finanzleiters im Vergleich zum DAX-30 underperformed. Zwar ist die Rendite des Portfolios des Finanzleiters mit 14% deutlich höher als die Rendite von 8%, die der DAX-30 als Marktportfolio erzielt hat, jedoch ist die höhere Rendite unter Inkaufnahme eines im Vergleich zum DAX-30 höheren Risikos erzielt worden. Damit ist das Portfolio des Finanzleiters gemessen an der Rendite-Risiko-Kombination ineffizient. ◀◀◀

Treynor-Ratio

Neben der Sharpe-Ratio werden in der Praxis auch oftmals die **Treynor-Ratio** (Treynor 1965) in Verbindung mit dem **Jensen-Alpha** (Jensen, 1968) als weitere Performancemaße eingesetzt. Im Unterschied zur Sharpe-Ratio ist die Treynor-Ratio ein **SML**-orientierter Performance-Maßstab und wird auch als »**reward-to-volatility-ratio**« bezeichnet.

Grundlage für die Berechnung der Treynor-Ratio (und des Jensen-Alpha) ist die folgende Regressionsgleichung, deren Koeffizienten α und β in der Regel nach der Methode der kleinsten Quadrate (Ordinary Least Squares, OLS) geschätzt werden:

$$r_{Pt} = \alpha_P + \beta_P r_{Mt} + \varepsilon_{Pt}$$

r_{Pt}: Rendite des zu bewertenden Portfolios über den Zeitraum
α_P: Ordinatenabschnitt der Regressionsgerade
β_P: Systematisches Risiko des zu bewertenden Portfolios
r_{Mt}: Rendite des Marktportfolios über den Zeitraum
ε_{Pt}: Störterm

Die Treynor-Ratio errechnet eine allein auf das **Portfolio-Beta β_P** (auf das systematische Risiko) bezogene, ex post ermittelte Überrendite ($r_P - r_f$), die ein risikobehaftetes Portfolio in einer Betrachtungsperiode gegenüber einer risikolosen Kapitalmarktinvestition erzielt hat. Sie geht also von einem breit diversifizierten Investor aus, für den unsystematische Risiken irrelevant sind. Im Vergleich zur Sharpe-Ratio, welche die leicht zu berechnende Standardabweichung der Wertpapierrenditen nutzt, muss die Volatilität hier als das systematische Risiko des zu bewertenden Portfolios P erst empirisch aus der oben dargestellten Regressionsgleichung für einen bestimmten Zeitraum t ex post geschätzt werden. Wurde der Beta-Faktor auf diese Weise ermittelt, bestimmt sich die Treynor-Ratio des zu bewertenden Portfolios dann als:

$$TR_P = \frac{r_P - r_f}{\beta_P}$$

TR_P: Treynor-Ratio des zu bewertenden Portfolios
r_P : Rendite des zu bewertenden Portfolios
r_f : Risikoloser Kapitalmarktzins
β_P : Geschätztes systematisches Risiko des zu bewertenden Portfolios

Es kann – wie im Fall der Sharpe-Ratio – zusätzlich ein ex post-Vergleich mit einem Benchmark-Portfolio erfolgen. Wird das Marktportfolio aus dem CAPM als Benchmark herangezogen, wird nun der Performance-Vergleich über die ex post ermittelte Steigung der **Wertpapierlinie (SML)** vorgenommen. Dabei ist zu beachten, dass für das systematische Risiko des Marktportfolios definitionsgemäß stets $\beta_M = 1$ gilt. Folglich muss der Beta-Faktor des Marktportfolios nicht geschätzt werden und die Steigung der Wertpapierlinie ergibt sich als:

$$SSML = \frac{r_M - r_f}{\beta_M} = r_M - r_f$$

SSML : Slope of the Security Market Line (Steigung der Wertpapierlinie des CAPM)
r_M : Rendite des Marktportfolios
r_f : Risikoloser Kapitalmarktzins
β_M : Systematisches Risiko des Marktportfolios

Abschließend kann die Treynor-Ratio (TR_P) im Rahmen eines ex post-Vergleichs der Steigung der Wertpapierlinie (SSML) gegenübergestellt werden. Wiederum gilt: Ist die Treynor-Ratio größer (kleiner) als die Steigung der Wertpapierlinie, hat das zu bewertende Portfolio im Vergleich zum Marktportfolio outperformed (underperformed). Grafisch veranschaulicht liegt das zu bewertende Portfolio im r/β-Diagramm dann auf einer Linie, die eine größere (geringere) Steigung als die Wertpapierlinie aufweist, und damit oberhalb (unterhalb) der Wertpapierlinie verläuft (Abb. 7.11).

Da sich mit Hilfe der Treynor-Ratio keine Aussage über die absolute Renditedifferenz zwischen zu bewertendem und Benchmark-Portfolio treffen lässt, wenn man die Treynor-Ratio wie üblich als Steigung der Regressionsgeraden im r/β-Diagramm fasst, wird zur Bemessung der Renditedifferenz in Prozentpunkten sehr häufig das aus dem CAPM abgeleitete **Jensen-Alpha (JA)** hinzugezogen. Dieses ist im r/β-Diagramm das Pendant zur einfachen Differenzrendite, die im Fall der Performance-Messung mit Hilfe der Sharpe-Ratio im r/σ-Diagramm verwendet wird (Abb. 7.10). Das Jensen-Alpha des zu bewertenden Portfolios P entspricht dem zu schätzenden Regressionskoeffizienten $t_{\alpha P}$ der folgenden Gleichung:

$$r_{Pt} - r_{ft} = \alpha_P + \beta_P (r_{Mt} - r_{ft}) + \varepsilon_{Pt}$$

r_{Pt}: Rendite des zu bewertenden Portfolios über den Zeitraum
r_{ft}: Risikoloser Kapitalmarktzins über den Zeitraum
α_P: Jensen-Alpha
β_P: Systematisches Risiko des zu bewertenden Portfolios
r_{Mt}: Rendite des Marktportfolios über den Zeitraum
ε_{Pt}: Störterm

Nach Umstellen der Gleichung ergibt sich dann das Jensen-Alpha (α_P) aus der Differenz der Überrendite des zu bewertenden Portfolios P und der Überrendite des Benchmark-Marktportfolios M mit einem portfolio-identischen systematischen Risiko als:

$$\alpha_P = (r_{Pt} - r_{ft}) - \beta_P (r_{Mt} - r_{ft})$$

Beispielsweise beträgt bei einem für das zu bewertende Portfolio und das Benchmark-Marktportfolio identischen systematischen Risiko von $\beta_{M,P} = 1$ bzw. $\beta_{M,P} = 2$ das Jensen-Alpha $\alpha_A = 5\,\%$ für das zu bewertende Portfolio P_A und $\alpha_B = -6{,}5\,\%$ für das zu bewertende Portfolio P_B (Abb. 7.11). Damit hat das zu bewertenden Portfolio P_A (das zu bewertende Portfolio P_B) das Benchmark-Marktportfolio risikoangepasst übertroffen (untertroffen).

Abb. 7.11

Ermittlung von Jensen-Alphas ($\alpha_{A,B}$) zwischen den mit der Treynor-Ratio bewerteten Portfolios ($P_{A,B}$) und den Benchmark-Marktportfolios ($M_{A,B}$)

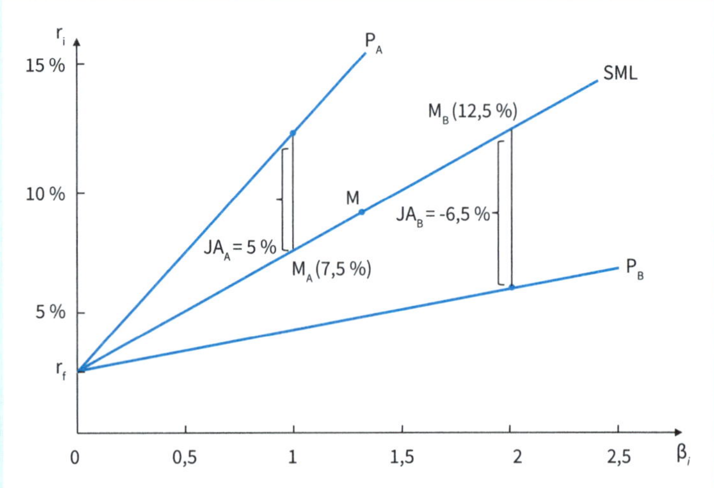

7.5 Verhaltenswissenschaftliche Ergänzung der Portfolio-Theorie – Behavioral Finance

Die im Wesentlichen von Daniel Kahneman und Amos Tversky begründete **Behavioral Finance-Forschung** ist ein Forschungsfeld der Behavioral Economics (mit Angrenzung an die Spieltheorie). Zu den wichtigsten Erweiterungen der Behavioral Finance zählen die **Emotional Finance** (Elger/Schwarz 2009) und die **Neurofinance** (Tucket 2011).

Die Behavioral Finance-Forschung hat in den letzten Jahren deutlich an Bedeutung gewonnen. Diese Entwicklung lässt sich u. a. dadurch begründen, dass die **Portfolio Selection Theory** als eine **normative** Theorie zwar zeigen kann, wie ein nach der Risikonutzentheorie rational handelnder Investor ein effizientes Wertpapierportfolio (Portfolio von Finanztiteln) zusammenstellen **soll**, in der Realität jedoch häufig zu beobachten ist, dass Investoren im Zuge ihrer Anlageentscheidungen von diesen idealen Normvorstellungen abweichen.

Genau an diesem Punkt setzt die Behavioral Finance-Forschung an, indem sie versucht, die in der Realität zu beobachtenden **Abweichungen** von den normativen Sollvorstellungen zu erklären (**positive Theorie**). Das Ziel ist es, **alternative** Erklärungsansätze für diese »**Anomalien**« zu entwickeln und auf diese Weise die Entscheidungs-, Portfolio- und Preisbildungsmodelle der neoklassischen Kapitalmarkttheorie mit **mehr Realitätsnähe** zu versehen.

Homo Oeconomicus vs. Homo Oeconomicus Humanus

Die zu beobachtenden Anomalien werden im Rahmen der Behavioral Finance-Forschung überwiegend unter Rückgriff auf einzelne Erklärungsansätze aus der Verhaltenswissenschaft und der kognitiven Psychologie analysiert. Zu diesem Zweck wird dem ökonomischen Leitbild des **Homo Oeconomicus** das Leitbild des **Homo Oeconomicus Humanus** entgegengestellt. Gleichzeitig werden die strengen Restriktionen des neoklassischen Prämissenrahmens teilweise gelockert oder aufgegeben (Tab. 7.3).

Tab. 7.3

Homo Oeconomicus vs. Homo Oeconomicus Humanus

Kriterien	Homo Oeconomicus	Homo Oeconomicus Humanus
Wissenschaftlicher Hintergrund	Normatives Entscheidungsgerüst auf Basis der klassischen Nationalökonomie (18. Jh.) Wie soll sich der Investor verhalten?	Deskriptives Entscheidungsgerüst auf Basis der Behavioral Finance (ab 1980) Wie verhält sich der Investor tatsächlich?
Entstehung	Konzeption basierend auf theoretisch-mathematischen Annahmen über Investor und Markt	Konzeption auf Basis von Erkenntnissen resultierend aus Befragungen, Experimenten, Hirnmessungen, Simulationen, empirischen Befunden
Sichtweise	• Der Investor als vollkommen rational kalkulierendes Wesen, das unter Einbeziehung aller relevanten Informationen nach Nutzenmaximierung strebt • Alle relevanten Informationen liegen allen Investoren vollständig vor und können vollständig verarbeitet werden	• Der Mensch als begrenzt rationales Wesen, das Informationen vernachlässigt und sich von Emotionen beeinflussen lässt • Informationsasymmetrien bedingen eine unvollkommene Informationsverteilung und -verarbeitung sowie zeitliche Differenzen • Aufgrund limitierter kognitiver Kapazitäten werden Heuristiken entworfen
Informationsverhalten	Optimale Informationsverarbeitung, wodurch der Investor einen Risikonutzen kalkuliert und rationale Entscheidungen trifft	Suboptimale Informationsverarbeitung durch den Investor aufgrund kognitiver und emotionaler Hindernisse

Während zu Beginn der Behavioral Finance-Forschung in erster Linie Befragungen durchgeführt wurden, um bestimmte Muster des »ökonomischen Denkens und Handelns« von Finanzinvestoren zu erkennen, setzt die fortgeschrittene Behavioral Finance-Forschung nun vermehrt auf die Durchführung von Labor-Experimenten. Begleitet werden diese Experimente von empirischen Analysen, um die aus Befragungen und Experimenten erlangten Erkenntnisse statistisch zu untermauern.

Die Behavioral Finance-Forschung analysiert zum einen die in der Realität zu beobachtenden Anomalien im Zuge des Investitionsverhaltens und der Investitionsentscheidung auf der Ebene des einzelnen Investors. Zum anderen ist sie in der Lage, Kapitalmarktanomalien zu erklären, wenn diese als eine Folge der vorgenannten Anomalien zu deuten sind.

Anomalien im Rahmen des Investitionsverhaltens und der -entscheidung

Die zu beobachtenden Anomalien im Rahmen des Investitionsverhaltens und der Investitionsentscheidung lassen sich nicht immer ganz trennscharf in **Informationswahrnehmungs-**, **Informationsverarbeitungs-** sowie **Verhaltens- und Entscheidungsanomalien** untergliedern. Die Tabellen 7.4a-c illustrieren kurz die wichtigsten Anomalien und geben Beispiele mit Bezug auf die Investitionsentscheidung im Wertpapiermarkt. Sofern gezeigt werden kann, dass das menschliche Verhalten immer wieder zu derartigen Anomalien neigt, tritt es systematisch auf und kann bei Investitionsentscheidungen berücksichtigt werden.

Tab. 7.4a

Informationswahrnehmungsanomalien

	Informationswahrnehmungsanomalien
Verfügbarkeits-heuristik	• Informationen (Erinnerungen an ein Ereignis), die problemloser verfügbar sind als andere, werden bevorzugt berücksichtigt und somit übergewichtet • Beispiel: Oftmals wird häufiger in Wertpapierfonds investiert, die sehr stark in den Medien beworben werden. Fonds, die eine höhere Performance bei vergleichbarem Risiko ausweisen (»hidden champions«), werden demgegenüber vernachlässigt bzw. übersehen.
Selektive Wahrnehmung	• Informationen, die den eigenen Vorstellungen entsprechen, werden eher wahrgenommen als solche, die nicht im Einklang mit den eigenen Erwartungen stehen (»priming effect«) • Beispiel: Finanzanalysten bewerten aus der Gesamtmenge an Informationen über einen Wertpapierfonds häufig solche Informationen stärker, die ihren Erwartungen entsprechen und ihren Prognosen nicht widersprechen
Darstellungsrahmen	• Beobachtung, dass die Aufbereitung und Präsentation von Informationen Entscheidungen beeinflusst • Zentrale Parameter sind z. B. die gewählte Reihenfolge der präsentierten Informationen, die unterschiedliche grafische Darstellung und die Einbettung von Informationen in einen bestimmten Kontext • Beispiel: »gain-frames« (Darstellung der Gewinnmöglichkeiten aus einer Wertpapierinvestition) wirken oftmals stärker auf die Entscheidung des Investors als »loss-frames« (Darstellung der Risiken)
Mental Accounting	• Neigung, das Vermögen in Abhängigkeit bestimmter Kategorien in mentalen Konten zu verbuchen und unabhängig voneinander zu bewerten (Reduktion der Komplexität) • Bei der Kontenbildung spielen die Quelle des Vermögens (regelmäßiges Gehalt, Bonuszahlung, Lottogewinn…) und insbesondere die Verwendung des Vermögens (Essen, Miete, Kleidung, Rentensparen, Immobilienkauf…) eine Rolle • Beispiel: Geerbtes Vermögen wird eher in risikoreichere Wertpapiere investiert als selbst erarbeitetes Vermögen
Herdenverhalten	• Die individuelle Informationswahrnehmung wird durch die Meinung der Masse beeinflusst • Folgen ausreichend viele Investoren ein- und demselben Handlungsmuster, liegt Herdenverhalten (»herding«) vor • Beispiel: Wertpapier-Investoren analysieren, inwiefern das Verhalten anderer Investoren zum Ziel geführt hat, und imitieren augenscheinlich erfolgversprechende Strategien • Beispiel: Wertpapier-Investoren richten ihre Investitionsentscheidungen an einem Vorbild aus, von dem sie glauben, dass er über bessere (vollständigere) Informationen verfügt (sog. »Wertpapier-Experte«)

Tab. 7.4b

Informationsverarbeitungsanomalien

Informationsverarbeitungsanomalien	
Verankerungs-heuristik	• Entscheidungen werden oftmals zunächst aufgrund leicht verfügbarer Informationen, so genannter »Anker«, getroffen (»anchoring«) • Anker haben auch dann einen Einfluss, wenn sie für die rationale Entscheidung eigentlich irrelevant sind (systematische Verzerrung der Entscheidung in Richtung des Ankers; »basic anchoring effect«) • Beispiel: Aktueller Kurs des DAX-30 dient vielen Aktienanlegern als Anker für die Investitionsentscheidung • Beispiel: Einstiegskurs einer Aktie (Kurs zum Zeitpunkt des Kaufs) dient vielen Anlegern als Anker für die Verkaufsentscheidung (Entwicklung der Fundamentaldaten rückt in den Hintergrund)
Konservativismus	• Neigung, auf vorhandenen Informationen und Meinungen zu beharren und gleichsam neue Informationen zu vernachlässigen • Bestehende Ansichten und Überzeugungen werden bei Eintreffen neuer Informationen nicht / nur verzögert angepasst • Beispiel: Ankündigungsdrift. Insb. negative Ad-hoc-Meldungen werden oftmals nur schrittweise (verzögert) in den Aktienkurs eingepreist (Unterreaktion)
Repräsentativitäts-heuristik	• Eine singuläre Information wird als repräsentativ für eine ganze Klasse von Informationen (für den gesamten Umweltzustand) angesehen (»Primäreffekt«) • Beispiel: Die Outperformance einer einzelnen Bank-Aktie suggeriert hohe Renditen für andere Aktien dieser Branche • Beispiel: Hinweis in einem Verkaufsprospekt, dass Star-Fondsmanager Waren Buffet in ein Wertpapier investiert hat, suggeriert hohe Erfolgschancen dieses Investments
Overconfidence	• Die systematische Überschätzung eigener Kenntnisse und Fähigkeiten • Finanzinvestoren neigen dazu, sich bei mehreren aufeinanderfolgenden richtigen Entscheidungen selbst zu überschätzen. Dies kann zu Nachlässigkeiten bei der Bewertung führen (gelernte Sorglosigkeit) • Beispiel: Übermäßige Handelsaktivitäten privater Investoren bei selbstverwalteten Wertpapierdepots lassen (u. a.) auf Selbstüberschätzung schließen

Tab. 7.4c

Verhaltens- und Entscheidungsanomalien

Verhaltens- und Entscheidungsanomalien	
Dispositionseffekt	• Asymmetrische Bewertung von Gewinn und Verlust führt zu einer verfrühten Realisierung von Gewinnen und einer zu späten Realisierung von Verlusten • Beispiel: Gewinner-Aktien werden zu schnell verkauft (aus Angst vor zukünftigen Verlusten) und Verlierer-Aktien werden zu lange gehalten (in der Hoffnung, die Verluste durch zukünftige Gewinne zu kompensieren)
Selbstattribution	• Der Erfolg einer Entscheidung wird den eigenen Fähigkeiten zugeschrieben (»self-enhancing bias«), während für den Misserfolg Zufälligkeiten oder externe Störfaktoren verantwortlich gemacht werden (»self-protecting bias«) • Erfolge werden internalisiert und Misserfolge externalisiert • Beispiel: Investoren, die im Zuge einer Hausse-Phase (oder einer Blase) auf eine Serie erfolgreicher Investitionen zurückschauen, neigen eher dazu, diesen Erfolg auf ihr Können zurückzuführen • Beispiel: Investoren, die innerhalb eines Jahres Depotverluste realisieren, führen dies oftmals auf verschlechterte makroökonomische Faktoren und politische Faktoren (»Schicksal«) etc. zurück und reflektieren kaum ihre Anlagestrategie und die Entwicklung der Fundamentaldaten
Emotionale Bindung / Besitztumeffekt	• Phänomen, dass die Wertschätzung für einen Gegenstand über den intrinsischen Wert steigt, sobald er sich im eigenen Besitz befindet • Beispiel: Investoren schätzen die Chancen der Wertpapiere in ihrem Depot oftmals höher ein als die Chancen der Wertpapiere außerhalb des Depots

Kapitalmarktanomalien

Die soeben skizzierten Anomalien, die auf der Ebene des **einzelnen Investors** entstehen, können zu **allgemeinen Kapitalmarktanomalien** führen. Als allgemeine Kapitalmarktanomalie wird in diesem Zusammenhang die systematische Abweichung der Marktpreise von Wertpapieren (Finanztiteln) vom theoretisch-fairen Gleichgewichtspreis des CAPM verstanden. So lässt sich beispielsweise in der Realität beobachten, dass Wertpapierkurse bei einem Eintreffen neuer preisrelevanter Informationen unterreagieren oder (im Extremfall bis zur Bildung einer Preisblase) überreagieren (Abb. 7.12). Dieses Underreaction- und Overreaction-Phänomen kann als das Ergebnis der hinreichenden Verdichtung einzelner Anomalien auf Ebene der einzelnen Investoren interpretiert werden.

Abb. 7.12

Allgemeine Kapitalmarktanomalie: Underreaction- und Overreaction-Phänomen

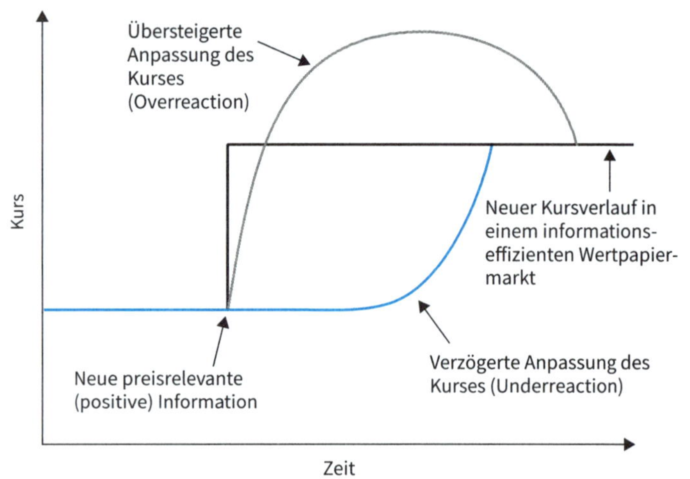

Quelle: Schäfer/Vater 2002, S. 745

Neben der allgemeinen Kapitalmarktanomalie sind in der Realität noch weitere **spezielle Kapitalmarktanomalien** (Momentum-Effekt, Small Cap-Effekt, Kalendereffekte, Wettereffekt) zu beobachten, auf die hier aber nicht weiter eingegangen werden kann.

Würdigung der Behavioral Finance-Forschung

Auch wenn die Behavioral Finance-Forschung erheblich dazu beigetragen hat, die in der Realität oftmals zu beobachtenden Abweichungen von den Sollvorstellungen neoklassischer Kapitalmarktmodelle zu analysieren und zu verstehen, so ist sie dennoch **keine neue Theorie der Kapitalmärkte**. Sie ist in sich auch kein geschlossener Erklärungsansatz, sondern eine **Sammlung** von Versatzstücken **verhaltenswissenschaftlich und psychologisch motivierter Erklärungsansätze**. Zudem besitzt sie – anders als die neoklassische Kapitalmarkttheorie – kein (logisch) zwingendes Theoriefundament.

Allerdings kann die **Integration** von neoklassischer Kapitalmarkttheorie, empirischer Kapitalmarktforschung und Behavioral Finance-Forschung wichtige weiterführende Erkenntnisse generieren. So lassen sich im Rahmen der neoklassischen Theorie rationales Investorenverhalten und effiziente Preisbildung von Finanztiteln normativ aus Gleichgewichtsmodellen für einen idealen Zustand herleiten. Die empirische Kapitalmarktforschung überprüft die Modellhypothesen mithilfe von realen Daten, bestätigt die Hypothesen oder deckt Anomalien auf. Und schließlich erklärt die Behavioral Finance-Forschung die aufgedeckten Anomalien mittels verhaltenswissenschaftlicher und psychologischer Methoden und ergänzt damit die neoklassische Modelltheorie punktuell, ohne sie jedoch vollständig ablösen zu wollen.

Auf den Punkt gebracht

- Inhalt dieses Moduls war die Bewertung von Finanztiteln. Aufbauend auf der Portfolio Selection Theory (Markowitz 1952) und dem Tobin-Separationstheorem (Tobin 1958) wurde zunächst das von Sharpe (1964), Lintner (1965) und Mossin (1966) unabhängig voneinander entwickelte Capital Asset Pricing Model (CAPM) ausführlich hergeleitet.
- Im Rahmen dieser Herleitung wurde festgestellt, dass die Wertpapierlinie den zentralen Bestandteil des CAPM bildet. Aus der formalen Gleichung dieser Linie lässt sich die zu erwartende Rendite eines einzelnen risikobehafteten Wertpapiers bestimmen (CAPM-Gleichung). Die Rendite berechnet sich demnach als Summe aus dem risikolosen Zinsertrag einer alternativen Anlage am Kapitalmarkt und der Überrendite des Wertpapiermarktportfolios über diese risikolose Rendite in Abhängigkeit des systematischen Risikos des einzelnen Wertpapiers. Im Gegensatz zum unsystematischen Risiko lässt sich das systematische Risiko eines Wertpapiers im Portfoliozusammenhang nicht diversifizieren, so dass rational handelnde Investoren sich dieses Risiko durch eine gesonderte Prämie entgelten lassen.
- Es wurde weiter gezeigt, dass die empirische Überprüfbarkeit des CAPM mit Hilfe des Standardmarktmodells problematisch ist. Insbesondere lässt sich das umfassende Marktportfolio empirisch nicht exakt abbilden. Stattdessen werden regelmäßig Aktienindizes als Teilmarktportfolios verwendet. Zudem hat man erkannt, dass der Beta-Faktor als alleiniger Faktor die Aktienrendite nicht hinreichend genau erklären kann.
- Vor diesem Hintergrund hat sich eine über den Beta-Faktor hinausgehende Faktoranalyse, wie sie in empirischen Mehrfaktorenmodellen vorgenommen wird, als zielführender erwiesen. Beispielhaft für diese Modelle wurden die Arbitrage Pricing Theory (Ross 1976), das Dreifaktorenmodell (Fama/French 1993) und das Vierfaktorenmodell (Carhart 1997) beschrieben. Das Fama-French-Dreifaktorenmodell und das Carhart-Vierfaktorenmodell haben sich mittlerweile zu Standardmodellen entwickelt, wenn die Preise risikobehafteter Wertpapiere bewertet werden sollen.
- Auf der Basis des CAPM empfehlen Vertreter des passiven Portfolio-Managements: „Kaufe und halte das Marktportfolio!“ Vor allem aufgrund von Transaktionskosten bei Portfoliumschichtung scheint dieser Ansatz dem aktivem Portfolio-Managements, bei dem auf einzelne „unterbewertete“ Titel gesetzt wird, im Durchschnitt überlegen.
- Zur Messung der Performance von Wertpapierportfolios Wert deren Rendite-/Risiko-Kombination – z. B. mit der Sharpe-Ratio – einem aus der Investorensicht adäquaten Benchmark gespiegelt.
- Die Behavioral-Finance-Forschung nähert die neoklassisch geprägte Kapitalmarkttheorie an die Realität an, indem sie bei der Erklärung von Entwicklungen an den Finanzmärkten und des Verhaltens von Investoren, deren tatsächliche Informationswahrnehmung, -verarbeitung und Entscheidung untersucht.

Modul 8 Unternehmensbewertung als Verknüpfung von Investitions- und Finanzierungsprogramm

ZENTRALE INHALTE

- Grundlegende Begriffe der Unternehmensbewertung
- Funktionen, Zwecke und Anlässe der Unternehmensbewertung
- Grundsätze zur Ermittlung von Unternehmenswerten nach IDW S 1
- Überblick über mögliche Verfahren der Unternehmensbewertung
- Anwendung DCF-orientierter Verfahren der Unternehmensbewertung

Einstiegsbeispiel

►►► Der Finanzleiter der Arbit-AG hat im vergangenen Jahr einige rentable Investitionen durchgeführt. Neben einer Aktienbeteiligung an der Betar-AG wurden insbesondere neue Maschinen zur Ausweitung der Produktion angeschafft und eine neue Produktionsstätte im Ausland errichtet. Zur Finanzierung der neuen Produktionsstätte wurden eine Anleihe am Kapitalmarkt begeben und ein Bankkredit aufgenommen. Der Finanzleiter möchte nun erfahren, wie sich das Bündel von Investitions- und Finanzierungsentscheidungen auf den Wert der Arbit-AG ausgewirkt haben. ◄◄◄

8.1 Grundlegende Begriffe

Die Ausführungen dieses Teilmoduls sind vor dem Hintergrund der wertorientierten Unternehmensführung zu verstehen, die als allgemeiner Rahmen für das gesamte Lehrbuch dient. In diesem Kontext soll die Unternehmensbewertung zuallererst die Frage beantworten, ob ein durchgeführtes unternehmerisches Investitions- und Finanzierungsprogramm zu einer nachhaltigen Steigerung des Unternehmenswertes beitragen konnte. In den Vordergrund rücken damit die Entscheidungsfunktion der Unternehmensbewertung sowie die Ermittlung des potenziellen Marktwerts einer Unternehmung aus investitionsrechnerischer Perspektive.

Bewertungssubjekt, Bewertungsobjekt, Unternehmensbewertung

Zu Beginn werden die wichtigsten Begriffe der Unternehmensbewertung definiert (vgl. dazu auch Matschke/Brösel 2013, S. 3). Unter einer **Bewertung** wird die Zuordnung eines Wertes, zumeist in monetärer Form, zu einem Gegenstand – dem Bewertungsobjekt – durch das jeweilige Bewertungssubjekt verstanden. Das **Be-**

wertungssubjekt ist diejenige Einheit, aus deren Sicht die Bewertung durchgeführt wird. In der Regel wird das Bewertungssubjekt auch als »Entscheidungssubjekt« bezeichnet. Als solche Entscheidungssubjekte kommen einzelne natürliche oder juristische Personen sowie eine Gruppe von Personen in Betracht. Die eine Bewertung durchführende Einheit wird als **Bewertender** definiert. Bewertungssubjekt und Bewertender müssen dabei nicht zwangsläufig identisch sein, sondern die Bewertung wird oftmals auch von Dritten durchgeführt. Als **Bewertungsobjekt** wird das Unternehmen bezeichnet, das bewertet werden soll. Es gilt zu beachten, dass das »Unternehmen als Ganzes«, aber auch »abgrenzbare Unternehmensteile« bewertet werden können. Einer abstrakt-funktionalen Abgrenzung folgend sind einzelne Geschäftsbereiche, Tochterunternehmen und auch Anteile an anderen Unternehmen in Form von Aktienpaketen oder GmbH-Anteilen als typische abgrenzbare Unternehmensteile zu beschreiben (vgl. auch Ballwieser/Hachmeister 2013, S. 6). Schließlich wird die **Unternehmensbewertung** selbst als die Zuordnung eines Wertes zu einem »Unternehmen als Ganzen« oder zu »abgrenzbaren Unternehmensteilen« aus Sicht des jeweiligen Bewertungssubjekts definiert.

Wert und Preis

Der **Wert** und der **Preis** eines Unternehmens sind im Rahmen der Bewertung zwingend als eigenständige Begriffe zu definieren (vgl. ausführlich dazu etwa Peemöller 2012, S. 3 ff.; Matschke/Brösel 2013, S. 6 ff.). Innerhalb der ökonomischen Literatur wird der »Wert« regelmäßig als ein in monetären Einheiten ausgedrückter Nutzen definiert, den das Objekt aufgrund seiner Eigenschaften und der speziellen Umstände für eine (oder mehrere) Person(en) stiftet. Dem hingegen ist der »Preis« das Entgelt pro Einheit, für das ein Objekt auf einem Markt »angeboten« bzw. »nachgefragt« wird. Die Besonderheit der Unternehmensbewertung liegt nun darin, dass ein solcher Markt und mithin ein Marktpreis bei den meisten Anlässen einer Unternehmensbewertung (insbesondere bei einem Unternehmenskauf oder -verkauf) in der Regel nicht existieren. In solchen Fällen ist dann jeweils der monetäre Wert des Nutzens zu ermitteln, den der Bewertungsinteressent realisieren kann.

8.2 Konzeptionen der Unternehmensbewertung

Objektive Unternehmensbewertung

Der Werttheorie folgend, lassen sich insgesamt drei Konzeptionen der Unternehmensbewertung unterscheiden (vgl. ausführlich Drukarczyk 2009, S. 128 ff.).

Das Konzept der **objektiven Unternehmensbewertung** dominierte die wissenschaftliche Literatur bis 1960. Nach dieser Konzeption soll das ermittelt werden, was im Unternehmen für jedermann enthalten ist (»Unternehmen, wie es steht und liegt«). Die Bewertung orientiert sich an vergangenen und gegenwärtigen Verhältnissen des Unternehmens und nicht an künftigen Entwicklungen. Insbesondere erfolgt sie unabhängig von den individuellen Nutzenvorstellungen der Bewertungsinteressenten (z. B. Käufer und Verkäufer). Eine Verhandlung zwischen Käufer und Verkäufer ist nicht notwendig, da der Unternehmenswert für beide Seiten identisch ist. Er entspricht grundsätzlich dem **Substanzwert** des Unternehmens (Wert, der sich aus der Untersuchung des Unternehmensvermögens ergibt).

In der einschlägigen Literatur werden regelmäßig zwei Kritikpunkte gegenüber der objektiven Unternehmensbewertung angeführt (vgl. auch Peemöller 2012, S. 4 f.). Erstens sind Wertvorstellungen generell subjektiv und somit kann ein objektiver Wert nicht ermittelt werden. Der Unternehmenswert wird stets aus einer Objekt-Subjekt-Beziehung abgeleitet. Zweitens werden die verschiedenen Interessenslagen von Käufern und Verkäufern nicht berücksichtigt, die zwangsläufig zu unterschiedlichen, weil subjektiven, Unternehmenswerten führen müssen. Zur Behebung dieser Mängel wird die Ermittlung des **objektivierten Unternehmenswerts** vorgeschlagen (vgl. IDW 2014, S. 7). Als Ausgangsbasis der Wertermittlung dient zunächst der objektivierte Wert als Verhandlungsgrundlage zwischen Käufer und Verkäufer. Dieser kann sodann von beiden Seiten zu jeweils subjektiven Werten erweitert werden.

Subjektive Unternehmensbewertung

Im Rahmen der **subjektiven Unternehmensbewertung** wird der Unternehmenswert als **Gebrauchswert** aufgefasst, d. h. der Unternehmenswert entspricht dem Grad der Befriedigung der individuellen Bedürfnisse der Bewertungsinteressenten und berücksichtigt deren subjektive Ziele, Möglichkeiten und Vorstellungen (Prinzip der Subjektivität). Dem Unternehmen wird folglich nicht ein einziger (objektiver) Wert zugeschrieben, sondern der Unternehmenswert stellt für jeden Bewertungsinteressenten einen spezifischen Wert dar. Anders als beim objektiven Wert wird der Zukunftsbezug der Unternehmensbewertung klar in den Vordergrund gestellt (Prinzip der **Zukunftsbezogenheit**). Der Unternehmenswert entspricht einem zukunftsbezogenen Ertragswert und basiert vorranging auf dem Prinzip der Gesamtbewertung eines Unternehmens (vgl. Peemöller 2012, S. 7). Kritisiert wird das Konzept der subjektiven Unternehmensbewertung allerdings vor allem deshalb, weil die Bewertung aufgrund der Subjektivität des Bewertenden für externe Dritte nicht nachvollziehbar ist.

Funktionale Unternehmensbewertung

Die **funktionale Unternehmensbewertung** versucht die Diskrepanz zwischen objektiver und subjektiver Unternehmensbewertung zu überwinden. Maßgeblich ist der Bewertungszweck, so dass ein Unternehmen für ein und dasselbe Bewertungssubjekt je nach Aufgabenstellung unterschiedliche Werte haben kann (vgl. auch Ballwieser/Hachmeister 2013, S. 1). Diese Zweckabhängigkeit des Unternehmenswertes wurde seit Beginn der 1970er Jahre zum zentralen Prinzip der Unternehmensbewertung. Dem **Zweckabhängigkeitsprinzip** folgend, gibt es nicht den richtigen Unternehmenswert. Da die einzelnen Unternehmenswertermittlungen verschiedenen Zwecken dienen, ist der richtige Unternehmenswert jeweils der zweckadäquate Wert (vgl. Moxter 1983, S. 6). Wie die subjektive Unternehmensbewertung, basiert die funktionale Bewertungstheorie ebenfalls auf den Prinzipien der Subjektivität, der Zukunftsbezogenheit und der Gesamtbewertung, jedoch werden diese Prinzipien um die Zweckabhängigkeit ergänzt. Damit lässt sich der ermittelte Unternehmenswert als **Ertragswert** mit Berücksichtigung des verfolgten Zwecks grundsätzlich intersubjektiv validieren (Peemöller 2012, S. 7).

Tab. 8.1

Entwicklungsphasen der Unternehmensbewertung

Konzeptionen der Unternehmensbewertung			
Kriterien / Phase	**Erste Phase**	**Zweite Phase**	**Dritte Phase**
Zeitraum	bis 1959	1960 – 1970	nach 1971
Konzeption	Objektive Unternehmensbewertung	Subjektive Unternehmensbewertung	Funktionale Unternehmensbewertung
Bewertungskriterien	Substanzwert	Substanz- und Ertragswert	Ertragswert

8.3 Funktionen, Zwecke und Anlässe der Unternehmensbewertung

8.3.1 Funktionen der Unternehmensbewertung

Im Rahmen des Konzepts der funktionalen Unternehmensbewertung werden drei wesentliche Funktionen der Unternehmensbewertung mit den jeweils gültigen Wertarten unterschieden (vgl. ausführlich dazu Matschke/Brösel 2013, S. 49 ff., 109 ff., 399 ff., 501 ff.).

Entscheidungs- bzw. Beratungsfunktion

Die **Entscheidungsfunktion** der Unternehmensbewertung dient der Ermittlung des **Entscheidungswerts**. Solche Entscheidungen beziehen sich typischerweise auf den Erwerb oder den Verkauf eines Unternehmens, also auf einen Wechsel des Eigentümers. Die Notwendigkeit der Ermittlung eines Entscheidungswerts muss jedoch nicht immer mit einem Eigentümerwechsel einhergehen, sondern besteht ebenso im Rahmen der wertorientierten Unternehmensführung. So lässt sich in diesem Kontext mit Hilfe des Entscheidungswerts ermitteln, ob das unternehmerische Investitions- und Finanzierungsprogramm nachhaltig zu einer Steigerung des Unternehmenswerts beitragen würde (ex ante) bzw. beigetragen hat (ex post). Der Entscheidungswert wird hier als Marktwert des Unternehmens berechnet, auf den im Abschnitt 8.3.2 noch einmal detaillierter eingegangen wird.

Im Rahmen des Erwerbs oder Verkaufs eines Unternehmens stellt der zu ermittelnde Entscheidungswert eine Entscheidungshilfe für Käufer und Verkäufer als Bewertungsinteressenten dar. Im Sinne von Grenzpreisen sind die Entscheidungswerte als Preisuntergrenze aus Sicht des Verkäufers und als Preisobergrenze aus Sicht des Käufers zu interpretieren. So ist es – im Vergleich zur besten Alternativinvestition – bis zur Preisobergrenze für den Käufer vorteilhaft, das Unternehmen zu erwerben. Hingegen beginnt für den Verkäufer die Vorteilhaftigkeit eines Verkaufs erst ab der Preisuntergrenze. Typischerweise sind Preisobergrenze und Preisuntergrenze nicht identisch, da sie auf unterschiedlichen Präferenzen und Zielvorstellungen des Käufers und Verkäufers basieren. Beispiele sind eine unterschiedliche Abgrenzung des betriebsnotwendigen Vermögens, eine unterschiedliche Höhe des Diskontierungszinses zur Abbildung der besten Alternativinvestition sowie unterschiedliche Prognosen hinsichtlich der zukünftigen Entwicklung des Unternehmens (vgl. Peemöller 2012, S. 8 f.). Schließlich determinieren die Grenzpreise nicht den Preis, zu dem das Unternehmen tatsächlich verkauft wird. Vielmehr legen sie für beide Verhandlungspartner einen Einigungsbereich fest, wobei der Grenzpreis des Käufers stets über dem Grenzpreis des Verkäufers liegen muss. Der jeweilige Entscheidungswert sollte dabei der gegnerischen Seite nicht bekannt sein.

Vermittlungsfunktion

Die **Vermittlungsfunktion** der Unternehmensbewertung dient dazu, einen fairen Einigungspreis (den **Arbitriumwert** oder Schiedswert) zwischen Käufer und Verkäufer zu bestimmen (vgl. Ballwieser/Hachmeister 2013, S. 49 f.). Das Ziel besteht in einem Interessensausgleich beider Parteien unter der Nebenbedingung, dass sich die wirtschaftliche Lage beider Seiten verbessert. Der Arbitriumwert wird von einem unparteiischen Gutachter vorgeschlagen und ist kein objektiver Unternehmenswert. Vielmehr ist er ein Wert (ein Preis) als Kompromiss, den beide Verhandlungsseiten akzeptieren werden. Folglich es es zwingend notwendig, dass der Einigungspreis unter der Preisobergrenze des Käufers und über der Preisuntergrenze des Verkäufers, also innerhalb des Einigungsbereichs, liegt. Zudem müssen dem Gutachter die jeweiligen Preisgrenzen bekannt sein. Der Einigungspreis kann auf verschiedene Arten ermittelt werden (vgl. dazu auch Peemöller 2012, S. 9 f.), z. B. durch schlichte Mittelung der Preisvorstellungen.

Abb. 8.1

Gegenüberstellung der Funktionen der Unternehmensbewertung

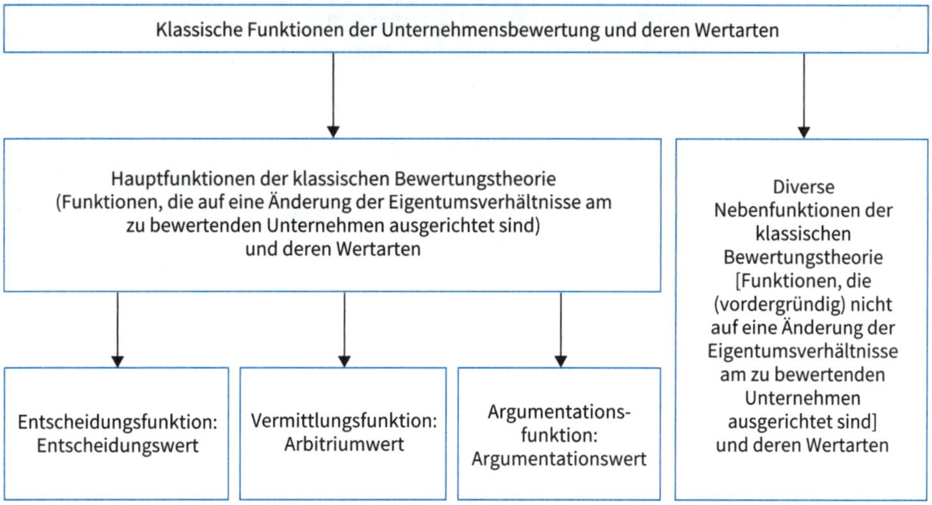

Quelle: in Anlehnung an Matschke/Brösel 2013, S. 53

Argumentationsfunktion

Die **Argumentationsfunktion** dient dazu, den Unternehmenswert als **Argumentationswert** zu ermitteln. Der Argumentationswert wird durch den Käufer und Verkäufer als ein Instrument zur Stärkung der eigenen Verhandlungsposition eingesetzt (vgl. Matschke/Brösel 2013, S. 50 f.). Er dient der Beeinflussung der jeweiligen Verhandlungsgegenseite, um einen Unternehmenskaufpreis oder einen Verkaufspreis zu erzielen, der möglichst nahe am jeweiligen Entscheidungswert liegt. Zu diesem Zweck müssen der eigene Entscheidungswert zwingend bekannt sein und Vermutungen über den gegnerischen Entscheidungswert getroffen werden.

8.3.2 Zwecke der Unternehmensbewertung

Aufgrund der Maßgabe der Zweckabhängigkeit des Unternehmenswertes (funktionale Unternehmensbewertung) ist vor jeder Bewertung der jeweilige Bewertungszweck eindeutig zu formulieren. Dabei lassen sich Funktionen und Zwecke der Unternehmensbewertung nicht trennscharf differenzieren und werden in der Literatur unterschiedlich voneinander abgegrenzt (vgl. dazu Ballwieser/Hachmeister 2013, S. 3).

Überblick über die Bewertungszwecke

Im Allgemeinen werden folgende Zwecke der Unternehmensbewertung unterschieden – zunächst die bereits im Rahmen der Unternehmensbewertungsfunktionen dargestellten Zwecke und Unternehmenswerte:

- Ermittlung von Entscheidungswerten
- Ermittlung von Schiedswerten (Arbitriumwerten)
- Ermittlung von Argumentationswerten

Hinzu kommen die folgenden drei weiteren Zwecke der Unternehmensbewertung mit ihren korrespondierenden Unternehmenswerten:

- Ermittlung von Buch- und Bilanzwerten
- Ermittlung von Steuerbemessungsgrundlagen
- Ermittlung von Marktwerten

Besonderer Fokus: Ermittlung des Marktwerts

Vor dem Hintergrund, die Unternehmensbewertung als ein Instrument der wertorientierten Unternehmensführung zu betrachten, wird im Folgenden nur näher auf den Zweck der Ermittlung des Unternehmenswerts als ein Marktwert eingegangen (vgl. auch Mandl/Rabel 1997, S. 18 ff.).

Der **Marktwert** stellt den Unternehmenswert aus Sicht der im Kapitalmarkt agierenden Eigen- und Fremdkapitalgeber dar, der nur im Falle eines börsennotierten Unternehmens direkt abgelesen werden kann. In allen anderen Fällen muss auf die Investitionsrechnung zurückgegriffen werden, um einen **potenziellen** Marktwert zu berechnen. Ein typischerweise eingesetztes Verfahren ist die Berechnung des Barwerts der künftigen Zahlungen aus der Investition in das Unternehmen aus Kapitalgebersicht. Das Unternehmen insgesamt wird somit einem Barwertkalkül unterworfen. Zur Bestimmung des adäquaten Diskontierungszinses dienen die Renditeforderungen der jeweiligen Kapitalgeber des Unternehmens. Diese werden (im Falle börsennotierter Unternehmen) typischerweise mit Hilfe eines kapitalmarkttheoretischen Modells, wie dem **Capital Asset Pricing Model** (CAPM, vgl. dazu Modul 7) für die Eigenkapital- und dem **Weighted Average Cost of Capital** (WACC, vgl. dazu Modul 13) für die Gesamtheit der Kapitalgeber ermittelt. Benötigt wird der Marktwert eines Unternehmens insbesondere im Rahmen der wertorientierten Unternehmensführung, da er darüber Aufschluss gibt, inwieweit die Finanzierungs- und Investitionspolitik den Unternehmenswert (Shareholder Value) determiniert. Als einfache Maxime gilt, dass bei geringstmöglichen Finanzierungskosten nur in solche Projekte investiert werden soll, die einen positiven Kapitalwert aufweisen, also den Unternehmenswert erhöhen. Damit wird der Marktwert eines Unternehmens als Kapitalwert berechnet und ist vom Marktpreis als Entscheidungswert bei einem Kauf oder Verkauf des Unternehmens abzugrenzen (vgl. auch Ballwieser/Hachmeister 2013, S. 4).

8.3.3 Anlässe der Unternehmensbewertung

Wie bereits dargelegt wurde, ist der Unternehmenswert im Sinne der funktionalen Unternehmensbewertung vom Bewertungszweck abhängig (vgl. Ballwieser/Hachmeister 2013, S. 1). Die verschiedenen **Anlässe** der Unternehmensbewertung bestimmen diese Zwecke, wobei mit einem Bewertungsanlass durchaus verschiedene Bewertungszwecke verbunden sein können (vgl. Peemöller 2012, S. 19; Kuhner/Maltry 2006, S. 7 ff.).

Grundsätzlich dient die Ermittlung eines Unternehmenswertes der Beantwortung einer mit dem Anlass verbundenen wirtschaftlichen Fragestellung. Da sich jedoch in der Praxis vielfältige Unternehmensbewertungsanlässe beobachten lassen, existiert bis heute kein eindeutiger Klassifizierungsansatz, sondern eine Vielzahl solcher Ansätze.

Unternehmensbewertungsanlässe nach IDW S 1

Vom Institut der Wirtschaftsprüfer (IDW) werden die in Tabelle 8.2 dargestellten Anlässe der Unternehmensbewertung genannt.

Tab. 8.2

Anlässe der Unternehmensbewertung nach IDW S 1

Freiwillige Unternehmensbewertung im Rahmen unternehmerischer Initiativen	Unternehmensbewertungen für Zwecke der externen Rechnungslegung	Unternehmensbewertung aufgrund gesetzlicher Vorschriften bzw. vertraglicher Grundlage
• Kauf bzw. Verkauf von Unternehmen bzw. Unternehmensteilen • Fusionen • Kapitalzuführungen • Sacheinlagen • Management Buy Outs • Wertorientierte Unternehmensführung	• Kaufpreisverteilung (Purchase Price Allocation) nach IFRS/US-GAAP • Werthaltigkeitsprüfung (Impairmenttest) nach IFRS/US-GAAP/HGB	• Abschluss von aktienrechtlichen Unternehmensverträgen • Squeeze-outs • Verschmelzung sowie Auf- und Abspaltungen • Ein- und Austritt von Gesellschaftern einer Personengesellschaft • Erbauseinandersetzungen und Erbteilungen • Abfindungsfälle im Familienrecht • Anwendung von Schiedsklauseln insbesondere zur Vermeidung gerichtlicher Auseinandersetzungen

Quelle: IDW 2008, S. 510

Mit Blick auf Tabelle 8.2 wird deutlich, dass die Marktwertermittlung im Sinne einer wertorientierten Unternehmensführung als eine freiwillige Unternehmensbewertung im Rahmen unternehmerischer Initiativen gilt. Sie ist damit eindeutig von der pflichtgemäßen Bewertung für die Zwecke der externen Rechnungslegung und für die Zwecke der Erfüllung gesetzlicher oder vertraglicher Vorschriften abzugrenzen.

8.4 Bewertungsgrundsätze nach IDW S 1

Bewertungsgrundsätze nach IDW S 1

Der Standard des Instituts der Wirtschaftsprüfer IDW (IDW S 1 i. d. F. 2008) nennt die folgenden Grundsätze zur Ermittlung von Unternehmenswerten (vgl. Abb. 8.2).

Abb. 8.2

Bewertungsgrundsätze nach IDW S 1 i. d. F. 2008

Grundsätze zur Ermittlung von Unternehmenswerten
• Maßgeblichkeit des Bewertungszwecks • Bewertung der wirtschaftlichen Unternehmenseinheit • Stichtagsprinzip • Bewertung des betriebsnotwendigen Vermögens • Bewertung des nicht-betriebsnotwendigen Vermögens • Unbeachtlichkeit des (bilanziellen) Vorsichtsprinzips • Nachvollziehbarkeit der Bewertungsansätze

Maßgeblichkeit des Bewertungszwecks

Die einzelnen in Abbildung 8.2 aufgeführten Grundsätze werden im Folgenden kurz erläutert (vgl. ausführlicher Peemöller 2012, S. 32 ff.; Matschke/Brösel 2013, S. 637 ff.; Kuhner/Maltry 2006, S. 62 ff.). Die **Maßgeblichkeit des Bewertungszwecks** bedeutet, dass die Art der Ermittlung des Unternehmenswertes über das anzuwendende Bewertungsverfahren (vgl. Teilmodul 8.5) entscheidet. Wie bereits erläutert wurde, ergibt sich der Wert eines Unternehmens grundsätzlich aus dem zukünftigen Nutzen, den das Unternehmen seinem **Eigentümer** (oder potenziellen Investor) stiftet. Um den Nutzen monetär zu bewerten, sind zunächst die zukünftigen finanziellen Überschüsse des Unternehmens zu prognostizieren und sodann mit einem zweckgerichteten Zins zu diskontieren. Auf diese Weise wird der Barwert aller dem Eigentümer (potenziellen Investor) zufließenden Überschüsse als objektivierter oder subjektiver Unternehmenswert ermittelt. Die Annahmen bezüglich der Art und Höhe der finanziellen Überschüsse sowie die Bestimmung des adäquaten Diskontierungszinses sind dabei jedoch strikt abhängig vom jeweiligen Bewertungszweck (z. B. Erwerb/Veräußerung des Unternehmens, Ermittlung des Marktwerts des Unternehmens usw.).

Wirtschaftliche Unternehmenseinheit

Als Bewertungsobjekt gilt die **wirtschaftliche Unternehmenseinheit**, d. h. es erfolgt keine schlichte Addition von Einzelwerten der Vermögensgegenstände und Schulden, sondern eine Bewertung aller zusammenwirkenden Bereiche eines Unternehmens in ihrer Gesamtheit (Gesamtbewertung). Maßgeblich für die wirtschaftliche Gesamteinheit sind demnach alle Bereiche des Unternehmens, die im Rahmen des Geschäftsmodells zur Erzielung der zukünftigen finanziellen Überschüsse gemeinsam beitragen.

Stichtagsprinzip

Unternehmenswerte sind stets zeitpunktbezogen, und der **Bewertungsstichtag** determiniert die in die Bewertung einzubeziehenden finanziellen Überschüsse und damit die Barwertberechnung. Auch die Alternativinvestition, die durch den adäquaten Diskontierungszins abgebildet wird, muss sich an diesem Bewertungsstichtag orientieren. Bewertungsstichtage können vertraglich vereinbart oder gesetzlich vorgeschrieben sein. Begonnene Investitionen werden in die Unternehmenswertberechnung einbezogen, über den Stichtag hinaus geplante Investitionen üblicherweise nicht. Bei Auseinanderfallen von Bewertungsstichtag und Zeitpunkt der Bewertung ist der Kenntnisstand zugrunde zu legen, der am Bewertungsstichtag hätte erlangt werden können. Gemäß der »**Wurzeltheorie**« (BGH-Urteil v. 17.1.1973) müssen diejenigen Erkenntnisse über die unternehmerische Entwicklung berücksichtigt werden, deren »Wurzeln« bereits zum Bewertungsstichtag gelegt wurden.

Betriebsnotwendiges Vermögen

Im Rahmen der **Bewertung des betriebsnotwendigen Vermögens** werden die künftigen finanziellen Überschüsse grundsätzlich zahlungsstromorientiert ermittelt. Nach dem Zuflussprinzip sind jedoch nur diejenigen finanziellen Überschüsse in die Bewertung einzubeziehen, die als **Nettoeinnahme** dem Eigentümer auch tatsächlich zufließen. Die Berechnungen der finanziellen Überschüsse basieren dabei auf aufeinander abgestimmten Plan-Bilanzen, Plan-Gewinn-und-Verlustrechnungen und Finanzplanungen. Die künftigen Nettoeinnahmen können durch eine **Einnahmeüberschussrechnung** oder **Ertragsüberschussrechnung** bestimmt werden. Tabelle 8.3 gibt einen Überblick über die Besonderheiten der Prognose finanzieller Überschüsse im Rahmen der Ermittlung eines objektivierten Unternehmenswerts bzw. eines subjektiven Unternehmenswerts.

Nicht-betriebsnotwendiges Vermögen

Das **nicht-betriebsnotwendige Vermögen** lässt sich wie folgt vom betriebsnotwendigen Vermögen abgrenzen: Gemäß der **funktionalen Abgrenzung** umfasst das nicht-betriebsnotwendige Vermögen alle Vermögensgegenstände, die nicht die eigentliche dem Geschäftsmodell zugrundeliegende Unternehmensaufgabe beeinflussen. Im Sinne der **wertbezogenen Abgrenzung** werden somit alle Vermögensgegenstände aus der Bewertung ausgesondert, die veräußert werden können, ohne dass die finanziellen Überschüsse des Unternehmens wesentlich verändert werden. Das nicht-betriebsnotwendige Vermögen ist sodann mit dem Veräußerungswert (Netto-Liquidationswert) anzusetzen. Dabei gilt, dass der höhere Wert aus Liquidationswert (abzgl. Veräußerungskosten und nach Berücksichtigung steuerlicher Folgen) und Barwert der finanziellen Überschüsse bei Verbleib im Unternehmen zu wählen ist.

Nichtbeachtung des Vorsichtsprinzips

Das handelsrechtliche **Vorsichtsprinzip** (§ 252 Abs. 4 Nr. 1 HGB) fordert eine vorsichtige Bewertung und Berücksichtigung aller vorhersehbaren Risiken und Ver-

Tab. 8.3

Besonderheiten der Prognose finanzieller Überschüsse

Finanzielle Überschüsse bei der Ermittlung…	
…objektivierter Unternehmenswerte	…subjektiver Unternehmenswerte
Unternehmenswert als typisierter und intersubjektiv nachprüfbarer Zukunftserfolgswert	Die bei der Ermittlung objektivierter Unternehmenswerte erforderlichen Typisierungen werden durch individuelle Konzepte/Annahmen ersetzt
Bewertungsrelevant sind nur die zum Stichtag bereits eingeleiteten Maßnahmen oder die im Unternehmenskonzept hinreichend konkretisierten Maßnahmen	Bewertungsrelevant sind auch Vorhaben, die (noch) nicht Bestandteil des zum Stichtag dokumentierten Unternehmenskonzepts sind
Berücksichtigung nur sog. unechter Synergieeffekte (lassen sich ohne Durchführung der dem Bewertungsanlass zugrundeliegenden Maßnahme realisieren)	Berücksichtigung unechter sowie echter Synergieeffekte (lassen sich erst mit Durchführung der dem Bewertungsanlass zugrundeliegenden Maßnahme realisieren)
Ausschüttungsannahme gem. dokumentiertem Unternehmenskonzept (Detailplanungsphase) bzw. gem. der Alternativanlage (Restwertphase)	Individuell getroffene Ausschüttungsannahme
Einbezug typisierter Managementfaktoren	Einbezug individueller Managementfaktoren
Typisierte Ertragsteuern auf Anteilseignerebene	Tatsächliche Ertragsteuern auf Anteilseignerebene

Quelle: in Anlehnung an IDW S 1 i. d. F. 2008

luste, die bis zum Abschlussstichtag entstanden sind, selbst wenn diese zwischen dem Abschlussstichtag und der Aufstellung des Jahresabschlusses bekanntgeworden sind. Dem hingegen sind Gewinne nur dann zu berücksichtigen, wenn sie bereits am Abschlussstichtag realisiert worden sind. Das Ziel des Vorsichtsprinzips liegt folglich in einem besonderen Schutz der Gläubiger des Unternehmens (Gläubigerschutzprinzip). Da das Vorsichtsprinzip in der Konsequenz eine ungleiche Gewichtung der Interessen von Eigentümern und Gläubigern bewirkt, die zu einer einseitigen Benachteiligung der Eigentümer führt (Ausblenden der »Chance«-Seite), ist dieses Prinzip für die Zwecke der Unternehmensbewertung **nicht anzuwenden**. Stattdessen soll eine realistische Prognose zukünftiger ausschüttungsfähiger Zahlungsüberschüsse des Bewertungsobjekts erfolgen, wobei nicht von der ungünstigsten Datenkonstellation ausgegangen werden sollte und die Eintrittswahrscheinlichkeiten nicht unbegründet pessimistisch geschätzt werden sollen.

Nachvollziehbarkeit

Da der Unternehmenswert maßgeblich von den getroffenen Annahmen und Prämissen des Bewertenden und des Bewertungssubjekts abhängt, sind diese in einem Gutachten kenntlich zu machen (Klarheit der Berichterstattung). Solche erklärungsbedürftigen Annahmen umfassen vor allem die Abgrenzung und Quantifizierung von Synergieeffekten, die Finanzierungsannahmen, die Unternehmenssteuern und persönlichen Steuern sowie die Annahmen zur Ableitung der Kapitalkosten. Nach dem Grundsatz der **Nachvollziehbarkeit der Bewertungsansätze** muss ein sachkundiger Dritter das Bewertungsergebnis nachvollziehen und die Auswirkungen der getroffenen Annahmen auf den Unternehmenswert abschätzen können (intersubjektive Nachprüfbarkeit). Die einzelnen Quellen der verschiedenen Annahmen (externer Dritter, Gutachter, Auftraggeber) müssen dabei klar aus der Berichterstattung hervorgehen. Diese Bedingung ist von großer Bedeutung, da es »den« Unternehmenswert nicht gibt. Er ergibt sich vielmehr nur unter bestimmten Prämissen, über die die Meinungen auseinander gehen mögen – speziell bei sehr innovativen Unternehmen, für deren Geschäftsmodell noch keine Erfahrungswerte vorliegen.

8.5 Systematisierung der Verfahren zur Unternehmensbewertung

Die Vielfalt der oben dargestellten Bewertungszwecke und -anlässe erfordert die Verwendung unterschiedlicher Verfahren der Unternehmensbewertung. Die nachfolgende Abbildung 8.3 gibt einen Überblick über die wichtigsten Unternehmensbewertungsverfahren.

Abb. 8.3

Überblick über die wichtigsten Unternehmensbewertungsverfahren

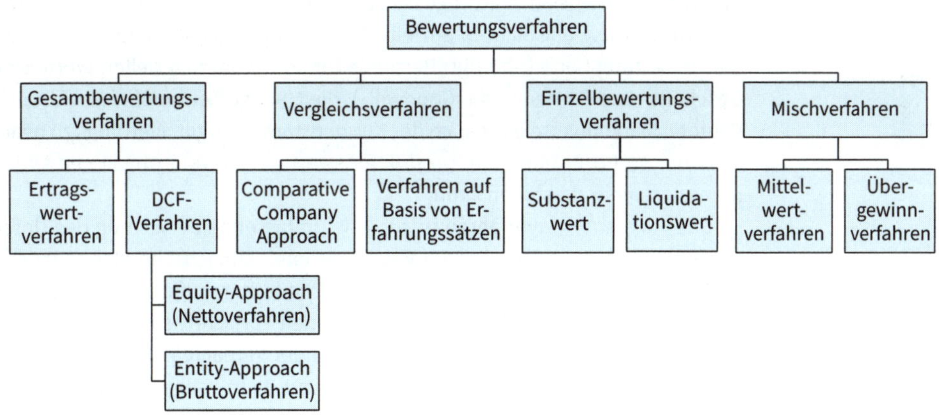

Quelle: in Anlehnung an Peemöller 2012, S. 53

Vier Hauptverfahrensgruppen

Abbildung 8.3 zeigt, dass sich die verschiedenen Unternehmensbewertungsverfahren mit den Gesamtbewertungsverfahren, den Vergleichsverfahren, den Einzelbewertungsverfahren und den Mischverfahren zunächst in vier Hauptverfahrensgruppen einteilen lassen. Unter jeder Hauptverfahrensgruppe werden sodann weitere spezielle Unternehmensbewertungsverfahren subsumiert. Es erfolgt zunächst eine kurze Darstellung der vier Hauptverfahrensgruppen mit ihren unterschiedlichen Bewertungskonzeptionen (vgl. ausführlich dazu beispielsweise Ballwieser/Hachmeister 2013; Kuhner/Maltry 2006, S. 195 ff.). Anschließend liegt der Fokus auf den DCF-Verfahren. Diese werden ausführlich dargestellt und mit Beispielrechnungen versehen (vgl. Teilmodul 8.6).

Einzelbewertungsverfahren

Innerhalb der **Einzelbewertungsverfahren** steht die Bilanz des Unternehmens im Vordergrund. So wird der Unternehmenswert als Nettovermögenswert aus der Saldierung des Bruttovermögens auf der Aktivseite und der Schulden (ohne Eigenkapital) auf der Passivseite berechnet. Als Unternehmenswerte dieses Verfahrens sind der **Substanzwert** und der **Liquidationswert** voneinander zu unterscheiden.

Als ein Reproduktionskostenwert bzw. Wiederherstellungswert spiegelt der Substanzwert denjenigen Wert wider, der benötigt würde, um das Unternehmen in seiner derzeitigen Ausstattung neu zu errichten (»auf der grünen Wiese«). Für die Bewertung werden demnach jeweils der aktuelle Marktwert bzw. der Wiederbeschaffungswert der Vermögengegenstände herangezogen (vgl. Kuhner/Maltry 2006, S. 43 f.). Der Substanzwert umfasst in dieser Konzeption lediglich das investierte Kapital und ermittelt nicht jenen Wert den ein Unternehmen erwirtschaften kann (**Teilreproduktionswert**). Folglich wird in der Praxis der Substanzwert als Teilreproduktionswert häufig nur noch zur Ermittlung einer Wertuntergrenze genutzt. Zusätzlich zum Teilreproduktionswert ist jedoch auch die Ermittlung eines **Vollreproduktionswerts** möglich. Hier werden ergänzend zu den materiellen Objekten des Unternehmens auch etwaige Verbundeffekte, die immateriellen Werte des Unternehmens bzw. alle nicht-bilanziell erfassten Vermögensgegenstände im Rahmen der Bewertung berücksichtigt. Beispiele für solche immateriellen Werte sind der Geschäfts- und Firmenwert (»Goodwill«), die Managementqualität, selbst erstellte Patente, Markenwerte oder auch der Kundenstamm. Es gilt allerdings zu beachten, dass der so ermittelte Vollreproduktionswert keinen rein objektiven Unternehmenswert mehr darstellen kann.

Das Substanzwertverfahren ist für eine umfassende Bewertung des Unternehmens aus mehreren Gründen nur wenig geeignet. Zunächst entstehen regelmäßig Schwierigkeiten bei der Bestimmung von Wiederbeschaffungswerten, insbesondere bei der Berücksichtigung des technischen Fortschritts bei Sachanlagen. Zudem ist der Teilreproduktionswert aufgrund der Vernachlässigung des originären Firmenwerts (Goodwill) als Entscheidungswert nicht geeignet. Die »korrekte« Ermittlung des Vollreproduktionswerts inklusive des Firmenwerts ist nur über Gesamtbewertungsverfahren möglich; die Ermittlung des Substanzwerts ist dann jedoch redundant.

Während beim Substanzwert implizit von der Fortführung des zu bewertenden Unternehmens ausgegangen wird, unterstellt die Ermittlung des **Liquidationswerts** die Zerschlagung des Unternehmens. Folglich werden die einzelnen Vermögensgegenstände zunächst mit den entsprechenden Verwertungserlösen bewertet, anschließend werden die Einzelveräußerungserlöse addiert. Von diesem so ermittelten Gesamtwert werden sodann die bei Unternehmensauflösung zu begleichenden Schulden inklusive der Kosten der Unternehmensauflösung (z. B. Kosten eines Sozialplans) abgezogen, um den Liquidationswert zu erhalten. Auch das Liquidationswertverfahren ist für eine umfassende Bewertung des Unternehmens kaum geeignet. So kann der Liquidationswert als Preisuntergrenze des Verkäufers interpretiert werden, wenn für ihn alternativ zum Verkauf nur die Liquidation (Auflösung) des Unternehmens in Frage kommt. Umgekehrt liefert der Liquidationswert dem potenziellen Käufer eine Preisobergrenze.

Vergleichsverfahren

Im Rahmen der **Vergleichsverfahren** wird zur Bestimmung des Werts eines Unternehmens neben einem Rückgriff auf **bestehende Erfahrungswerte** vor allem auf die Marktpreise vergleichbarer Unternehmen zurückgegriffen (**Comparative Company Approach**). Hier sind drei unterschiedliche Verfahren möglich. Im Rahmen des **Comparative Transaction Approach** wird der Unternehmenswert aus den bei vergleichbaren Unternehmenstransaktionen erzielten Preisen abgeleitet. Ziel des **Comparative IPO-Approach** ist es, den Unternehmenswert aus den bei Börsengängen vergleichbarer Unternehmen erzielten Emissionserlösen abzuleiten. Der **Comparative Company-Multiples Approach** schließlich bestimmt den Unternehmenswert als Produkt aus einer (zumeist bilanziellen) Erfolgsgröße und einem Branchenmultiplikator.

Die Ableitung des Unternehmenswerts aus den Preisen von Transaktionen vergleichbarer Unternehmen wird auch als »**Recent Acquisition Method**« bezeichnet. Ihre Anwendbarkeit ist in der Praxis aus folgenden Gründen eingeschränkt: Oftmals existiert nur eine geringe Anzahl vollständig vergleichbarer Unternehmenstransaktionen, und die Daten dieser Transaktionen sind nicht immer (vollständig) verfügbar. Zudem ist die Zeitnähe der Vergleichstransaktionen nicht immer gewährleistet, und die Kaufpreise von Vergleichstransaktionen sind abhängig von subjektiven und individuellen Komponenten, wie z. B. Synergieeffekten, dem Verhandlungserfolg u. a. Ähnliche Schwierigkeiten bereitet die Ermittlung des Unternehmenswerts aus bei Börsengängen vergleichbarer Unternehmen erzielten Emissionserlösen, weshalb auch dieser Ansatz in der Praxis wenig verbreitet ist. So existiert oftmals ebenfalls nur eine geringe Anzahl tatsächlich vergleichbarer Börsengänge aus der unmittelbaren Vergangenheit. Zudem kann der Markt für Neuemissionen Ineffizienzen bezüglich der Preisfeststellung aufweisen.

Aufgrund dieser Umsetzungsschwierigkeiten wird in der Praxis die vermeintlich leichtere Bewertung mit Hilfe des Verfahrens der **Comparative Company-Multiples** bevorzugt. Die Grundidee dieses Verfahrens ist die Ermittlung des Werts eines Unternehmens unter Rückgriff auf Kennziffern vergleichbarer Unternehmen. Der sogenannte »faire« Unternehmenswert berechnet sich dann aus dem Produkt einer Erfolgskennziffer des zu bewertenden Unternehmens und einem Multiplikator (»**multiple**«). Als Erfolgsgröße werden in der Regel der Jahresüberschuss, der operative Cashflow, der Buchwert des Eigenkapitals, die Kennzahlen EBIT und EBITDA oder der Umsatz verwendet. Die Multiplikatoren werden anhand eines Kennziffernvergleichs mit anderen Unternehmen (»**peer group**«) ermittelt, unter der zwingenden Voraussetzung, dass das zu bewertende Unternehmen vor allem hinsichtlich des Geschäftsmodells, der Werttreiber und der Risiken mit den Vergleichsunternehmen tatsächlich vergleichbar ist und diese Vergleichsunternehmen weder über-

noch unterbewertet sind. In der Regel dürften diese Voraussetzungen jedoch gerade bei sehr innovativen Unternehmen nicht gegeben sein. Als Multiplikatoren werden (je nach Bewertungsansatz) z. B. das Kurs-Gewinn-Verhältnis (KGV), das Markt-Buchwert-Verhältnis (MBV), das Kurs-Cashflow-Verhältnis (KCFV) als Equity-Multiples oder EBIT-, EBITDA- und Umsatz-Multiples als sogenannte Enterprise Value-Multiples verwendet. Der besondere Vorteil des Multiplikatorverfahrens liegt darin begründet, dass es auch für Unternehmensexterne anwendbar ist, die nicht über interne Informationen über das zu bewertende Unternehmen verfügen. Dennoch besteht auch beim Multiplikatorverfahren die Schwierigkeit der Suche nach adäquaten Vergleichsunternehmen. Zudem unterliegen die aus Börsenkursen abgeleiteten Multiplikatoren (z. B. KGV) Marktschwankungen und setzen im Gegensatz zu Enterprise Value-Multiples vergleichbare Kapitalstrukturen voraus.

Insgesamt kann der nach den soeben skizzierten Vergleichsverfahren ermittelte Unternehmenswert als ein nur überschlägig eingeschätzter Marktpreis interpretiert werden (vgl. auch Peemöller 2012, S. 77), weshalb die Vergleichsverfahren auch oftmals als »marktpreisorientierte Verfahren« (»**market approach**«) bezeichnet werden und von den ertragswertorientierten Gesamtbewertungsverfahren (»**income approach**«) abzugrenzen sind.

Gesamtbewertungsverfahren

Die **Gesamtbewertungsverfahren** lassen sich in das **Ertragswertverfahren** und die verschiedenen **Discounted Cashflow-Verfahren** (**DCF-Verfahren**) untergliedern. Beide Konzeptionen definieren das gesamte Unternehmen als eine **Bewertungseinheit** (als ein Investitionsobjekt) und nutzen als Bewertungskonzeption das Kapitalwertkalkül aus der Investitionstheorie (vgl. dazu Modul 4). Folglich zählen sie zu den kapitalwertorientierten bzw. investitionsrechnerischen Verfahren der Unternehmensbewertung. Letztere umfassen zusätzlich auch das Dividendendiskontierungsmodell, das Abnormal-Earnings-Growth-Modell, die Residualgewinnmethode und den Realoptionsansatz.

Im Mittelpunkt des Ertragswertfahrens und der DCF-Verfahren stehen die zukünftigen erwarteten Erträge als finanzielle Überschüsse (Cashflows), die dem Eigentümer des Unternehmens zufließen und die mit Hilfe eines adäquaten Kapitalisierungszinses auf einen Bewertungsstichtag diskontiert werden. Im Gegensatz zu den Einzelbewertungsverfahren ergibt sich der Unternehmenswert nach den Gesamtbewertungsverfahren aus dem **kombinierten** Einsatz aller Vermögenswerte des Unternehmens unter Berücksichtigung von Verbundeffekten.

Mischverfahren

Mischverfahren enthalten einzelne Elemente aus den Gesamt- und Einzelbewertungsverfahren. Sie bauen auf dem Substanzwert als Basisunternehmenswert auf und mischen ihn mit dem Ertragswert. Zu den Mischverfahren zählen das **Mittelwertverfahren** und das **Verfahren der Übergewinnabgeltung**. Im Rahmen des einfachen Mittelwertverfahrens werden zunächst der Substanzwert als Teilreproduktionswert und der Ertragswert eines Unternehmens separat erfasst. Der Unternehmenswert wird anschließend im einfachsten Fall als arithmetisches Mittel beider Werte berechnet. Es sind jedoch auch unterschiedliche Gewichtungen möglich. Beim Übergewinnverfahren wird der Unternehmenswert aus der Summe von Substanzwert als Teilreproduktionswert und Barwert der »Übergewinne« (Firmenwert oder auch »Goodwill«) berechnet. Das bis einschließlich zum Jahre 2009 erbschaftsteuerrechtlich relevante **Stuttgarter Verfahren für die steuerliche Einheitsbewertung** ist ein spezielles Übergewinnverfahren. Insgesamt sind Mischwertverfahren in der Bewertungspraxis mittlerweile jedoch nahezu bedeutungslos geworden.

8.6 Unternehmensbewertung mit Hilfe der Discounted Cashflow-Verfahren

8.6.1 Grundlagen investitionsrechnerischer Verfahren der Unternehmensbewertung

Der **Unternehmenswert** wird in der Fundamentalanalyse **investitionsrechnerisch** mit Hilfe erwarteter künftiger Zahlungsströme (Cashflows) ermittelt, die mit dem Kalkulationszinsfuß über die einzelnen Perioden des Planungshorizonts auf den Bewertungsstichtag zu diskontieren sind (Kapital- oder Barwertkalkül). Der Unternehmenswert bestimmt sich somit als:

$$UW = \sum_{t=1}^{T} \frac{CF_t}{(1+i)^t}$$

UW : Unternehmenswert zum Bewertungsstichtag
t : Periodenindex
T : Anzahl der Perioden (Planungshorizont)
CF_t : erwartete künftige Cashflows in der Periode t
i : Kalkulationszinsfuß (Diskontierungszins)

Cashflows

Da die zukünftig zu erwartenden **Cashflows** prognostiziert werden müssen, kommt es hier insbesondere auf eine hohe Zuverlässigkeit der Schätzungen an (vgl. ausführlich zum Umgang mit Unsicherheit innerhalb der Unternehmensbewertung Kruschwitz/Löffler 2006, S. 9 ff.; Kuhner/Maltry 2006, S. 110 ff.). Idealerweise kann für die Prognose zukünftiger Cashflows auf ausreichend lange historische Datenreihen zurückgegriffen werden (Vergangenheitsanalyse). Mit Hilfe der aus diesen Zeitreihen ermittelten Volatilität der vergangenen Zahlungsströme werden dann die zukünftigen Cashflows fortgeschrieben (Planungsanalyse). In der Praxis hat sich ein Prognosezeitraum von fünf Jahren durchgesetzt, da bei längeren Zeiträumen die Gefahr zu großer Prognosefehler besteht. Unabhängig davon ist die Anfälligkeit der Bewertungsergebnisse für fehlerhafte Cashflow-Prognosen generell zwingend zu hinterfragen und zu prüfen.

Kalkulationszinsfuß

Der **Kalkulationszinsfuß** (**Diskontierungszins**) spiegelt aus Sicht der Unternehmenseigentümer (der Eigenkapitalgeber) die Rendite aus der besten alternativen Anlage am Kapitalmarkt zzgl. einem Risikoaufschlag wider. Je nach Bewertungszweck und verwendetem Bewertungsverfahren sind unterschiedliche Diskontierungszinssätze zu wählen. Auf diesen Aspekt wird im Weiteren noch genauer eingegangen.

Die verschiedenen Annahmen über die **Lebensdauer des Unternehmens** und die **Entwicklung zukünftiger Cashflows** führen zu einer unterschiedlichen Komplexität des Rechenmodells (Tab. 8.4).

Tab. 8.4

Unterschiedliche Komplexität des Unternehmensbewertungsmodells

	schwankende Cashflows	konstante Cashflows
begrenzte Lebensdauer	$UW = \sum_{t=1}^{T} CF_t \cdot (1+i)^{-t}$	$UW = \overline{CF} \cdot \frac{(1+i)^T - 1}{i \cdot (1+i)^T}$
unbegrenzte Lebensdauer	$UW = \sum_{t=1}^{\infty} CF_t \cdot (1+i)^{-t}$	$UW = \frac{\overline{CF}}{i}$

Restwert (Terminal Value)

In der Regel wird im Rahmen der Unternehmensbewertung von einer **unbegrenzten** (zumindest unbestimmten) **Nutzungsdauer** und einem **Restwert** (RW) am Ende der Bewertungsperiode ausgegangen. Dieser Restwert wird auch als **Terminal Value** (TV) bezeichnet.

$$UW = \sum_{t=1}^{T} \frac{CF_t}{(1+i)^t} + \frac{RW_T}{(1+i)^T}$$

RW: Restwert am Ende der Bewertungsperiode (Terminal Value)

Der Restwert ist von wesentlicher Bedeutung für die Bewertung, da er einen Großteil des errechneten Unternehmenswerts ausmacht. Der Restwert kann unter verschiedenen Annahmen ermittelt werden. Einerseits kann nach dem Fortführungsprinzip ein unendlicher Fortbestand des Unternehmens unterstellt werden, so dass der Restwert dem Barwert einer **ewigen Rente** entspricht, die ab T+1 gezahlt wird (CF_{T+1}). Für den Unternehmenswert gilt dann:

$$UW = \sum_{t=1}^{T} \frac{CF_t}{(1+i)^t} + \frac{CF_{T+1}}{i \cdot (1+i)^T}$$

Andererseits kann eine Liquidation des Unternehmens am Ende des Bewertungszeitraums angenommen werden. Der Restwert entspricht dann dem **Liquidationswert** und der Unternehmenswert wird ermittelt als:

$$UW = \sum_{t=1}^{T} \frac{CF_t}{(1+i)^t} + \frac{LW_T}{(1+i)^T}$$

LW: Liquidationswert des Unternehmens

Im Rahmen der DCF-Verfahren kann der Unternehmenswert als Wert des Eigenkapitals **direkt** mit dem **Nettoansatz** (»**Equity Approach**«) oder **indirekt** mit dem **Bruttoansatz** (»**Entity Approach**«) ermittelt werden (Abb. 8.4).

Abb. 8.4

Überblick über die DCF-Verfahren

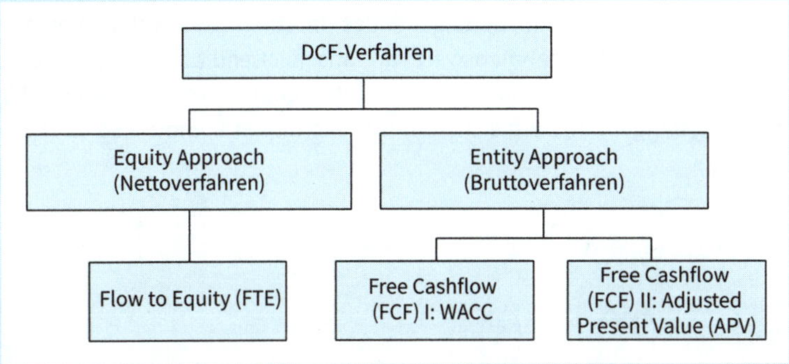

Nettoansatz

Der **Nettoansatz** nimmt eine Unternehmensbewertung aus Sicht der Eigenkapitalgeber des Unternehmens (einen rein aus Eigenkapital finanzierten Unternehmenskauf) vor. Als adäquate Cashflow-Größe werden die Cashflows to Equity verwendet. Zur direkten Berechnung des Unternehmenswertes werden diese Cashflows **nach** Zins- und Tilgungszahlungen ermittelt und mit der Renditeforderung der Eigenkapitalgeber als Kalkulationszins auf den Bewertungsstichtag diskontiert, wobei die Renditeforderung der Eigenkapitalgeber aus dem Capital Asset Pricing Model (CAPM) hergeleitet wird (vgl. dazu Modul 7). Die einfachste Form des Unternehmenswerts berechnet sich dann als:

$$UW_{EK} = \sum_{t=1}^{T} \frac{CF_t}{(1+i_{EK})^t} + TV$$

$$\text{mit } i_{EK} = i_f + [E(r_M) - i_f] \cdot \beta_j$$

UW_{EK} : Unternehmenswert nach dem Nettoverfahren
i_{EK} : Renditeforderung der Eigenkapitalgeber
i_f : risikoloser Kapitalmarktzins
$E(r_M)$: erwartete Rendite des Marktportfolios
β_j : Beta-Faktor

Die Bezeichnung »Netto« bezieht sich insofern auf die Ausgangsbasis, den den Eigenkapitalgebern zustehenden residualen Cashflow.

Bruttoansatz

Der **Bruttoansatz** unterstellt eine Unternehmensbewertung aus Sicht der Eigen- **und** Fremdkapitalgeber (einen aus Eigen- und Fremdkapital finanzierten Unternehmenskauf). Als geeignete Cashflow-Größen werden die Free Cashflows eines Unternehmens herangezogen. Die Cashflows werden jeweils **vor** Zins- und Tilgungszahlungen ermittelt – erhalten also die allen Kapitalgebern zustehenden Zahlungen – und werden – um die Kongruenz der verwendeten Parameter sicherzustellen – mit dem gewichteten durchschnittlichen Gesamtkapitalkostensatz (Weighted Average Cost of Capital, WACC, vgl. dazu auch Modul 13) diskontiert, der die Renditeforderungen der Eigen- und Fremdkapitalgeber des Unternehmens enthält. Von dem so ermittelten Gesamtunternehmenswert wird anschließend der Wert des Fremdkapitals zu Marktwerten abgezogen, um zum Unternehmenswert als Wert des Eigenkapitals zu gelangen. Im Vergleich zum Nettoverfahren kommt also ein Rechenschritt hinzu.

$$UW_{GK} = \sum_{t=1}^{T} \frac{CF_t}{(1 + WACC)^t} + TV$$

$$\text{mit } WACC = i_{EK} \cdot \left(\frac{EK}{GK}\right) + i_{FK} \cdot \left(\frac{FK}{GK}\right)$$

$$\text{und } UW_{EK} = UW_{GK} - FK_{MW}$$

UW_{GK} : Unternehmenswert nach dem Bruttoverfahren
EK : Eigenkapital des Unternehmens
GK : Gesamtkapital des Unternehmens
i_{FK} : Renditeforderungen der Fremdkapitalgeber (Fremdkapitalkosten)
FK : Fremdkapital des Unternehmens
FK_{MW} : Fremdkapital des Unternehmens zu Marktwerten

Berücksichtigung des Risikos

Unabhängig davon, ob das Brutto- oder Nettoverfahren angewendet wird, wird der **Risikozuschlag** auf den Kalkulationszinsfuß als ein Zuschlag auf die Renditeforderungen der Eigenkapitalgeber modelliert, da diese mit Hilfe des CAPM (Nettoansatz) ermittelten Renditeforderungen auch innerhalb des WACC (Bruttoansatz) verwendet werden. Im Falle börsennotierter Unternehmen wird dieser Risikozuschlag maßgeblich durch den Beta-Faktor des CAPM bestimmt.

Wie bereits erwähnt wurde, können ebenfalls unabhängig vom jeweiligen Bewertungsverfahren die zukünftig zu erwartenden Cashflows angesichts der vielfältigen Einflüsse auf das Geschäftsmodell niemals vollkommen sicher prognostiziert werden. Um das Risiko der Prognose im Rahmen der Unternehmensbewertung zu berücksichtigen, müssen für die Cashflows entsprechende Wahrscheinlichkeitsverteilungen geschätzt werden. Hierzu bietet sich die **Methode der Sicherheitsäquivalente** an, die anschließend mit sicheren (risikolosen) Kalkulationszinsfüßen diskontiert werden (vgl. Kuhner/Maltry 2006, S. 132 ff.). In der Bewertungspraxis sind Sicherheitsäquivalente allerdings nicht weit verbreitet, da man für ihre Berechnung die Risikonutzenfunktion des Bewertungssubjekts kennen müsste. Stattdessen wird das Risiko der Prognose der künftigen Cashflows im risikoangepassten Kalku-

Abb. 8.5

Grundzüge der kapitalmarktorientierten Realinvestitions- und Unternehmensbewertung

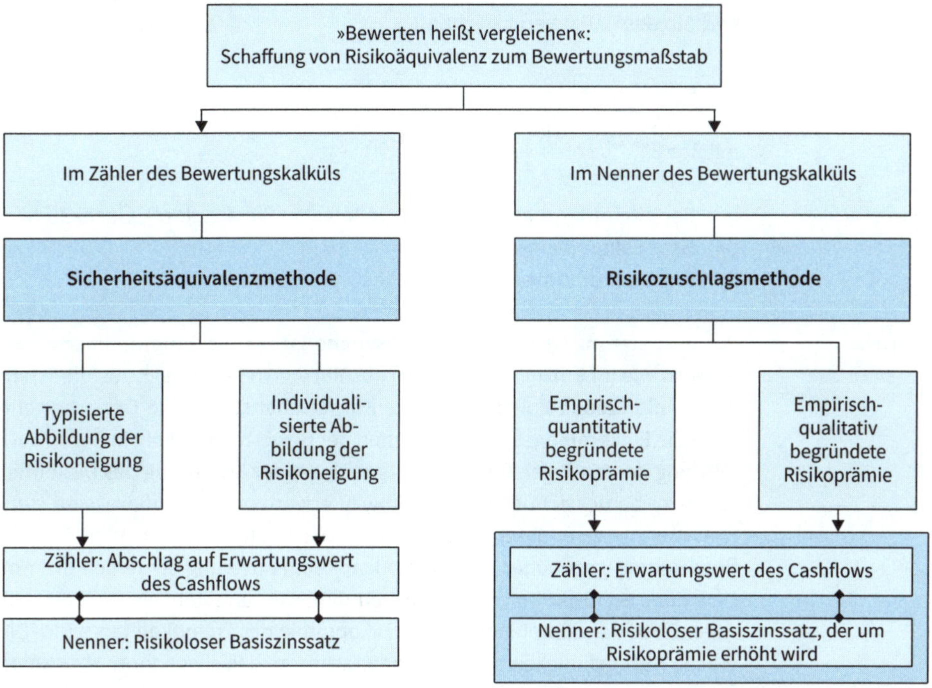

Quelle: Brütting/Horsch/Schölisch 2005, S. 20

lationszinsfuß erfasst (**Risikozuschlagsmethode**, vgl. Ballwieser/Hachmeister 2013, S. 83 ff.).

Der Unternehmenswert berechnet sich nach der Risikozuschlagsmethode in seiner einfachsten Form dann als:

$$UW = \sum_{t=1}^{T} \frac{CF_t}{(1+i+z)^t} + TV$$

z: Risikozuschlag

Und unter der Annahme eines unendlichen Fortbestands des Unternehmens als:

$$UW = \sum_{t=1}^{T} \frac{CF_t}{(1+i+z)^t} + \frac{CF_{T+1}}{(i+z) \cdot (1+i+z)^T} + TV$$

Kapitalstrukturrisiko

Für die Zwecke der Unternehmensbewertung muss das CAPM neben dem Risikozuschlag noch zusätzlich um das **Kapitalstrukturrisiko** und um **Steuern** erweitert werden. Im Sinne des Kapitalstrukturrisikos (Leverage-Risikos, vgl. zur Herleitung ausführlich Modul 13) wird der Verschuldungsgrad des Unternehmens explizit innerhalb des CAPM berücksichtigt:

$$i_{EK}^{v} = i_f + [E(r_M) - i_f] \cdot \beta_i^{v}$$

$$\text{mit } \beta_i^{v} = \beta_i^{uv} \cdot \left(1 + \frac{FK}{EK}\right)$$

i_{EK}^{v} : Renditeforderungen der Eigenkapitalgeber (verschuldet), Eigenkapitalkosten
β_i^{v} : Beta-Faktor (verschuldet)
β_i^{uv}: Beta-Faktor (unverschuldet)

Unternehmenssteuern

Die Besteuerung auf Unternehmensebene ist für die Unternehmensbewertung (ebenso wie für Einzelinvestitionen) absolut wertrelevant (vgl. ausführlich Kruschwitz/Löffler 2006). Folglich sind die Körperschaftsteuer, die Gewerbesteuer und auch die Einkommensteuer im Rahmen der Bewertung sowohl in Bezug auf die Ermittlung der künftigen Cashflows als auch bei der Ermittlung des Diskontierungszinses zu berücksichtigen. Die künftig zu erwartenden Cashflows sind stets **nach Besteuerung** zu erfassen. Zudem wird in realen Steuersystemen die Eigenkapitalfinanzierung gegenüber einer Fremdkapitalfinanzierung steuerlich diskriminiert. Dem höheren Risiko einer höheren Fremdfinanzierung steht ein steuerlicher Vorteil gegenüber, der dämpfend auf die Risikoprämie des Fremdkapitals wirkt. Die steuerliche Abzugsfähigkeit der Fremdkapitalzinsen, das sogenannte »**tax-shield**«, ist dementsprechend im Rahmen der Ermittlung des Diskontierungszinses zu berücksichtigen. Für das um Steuern (und Kapitalstrukturrisiko, vgl. Modul 13) erweiterte CAPM gilt somit:

$$i_{EK}^{v} = i_f + [E(r_M) - i_f] \cdot \beta_j^{v}$$

$$\text{mit } \beta_j^{v} = \beta_j^{uv} \cdot \left[1 + (1 - s_u) \cdot \frac{FK}{EK}\right]$$

wobei $(1 - s_u)$ als tax-shield bezeichnet
s_u: Unternehmenssteuersatz

8.6.2 Flow to Equity-Verfahren

Im Rahmen des **Flow to Equity-Verfahrens** (**FTE-Verfahren**) sind die vom zu bewertenden Unternehmen zukünftig erwirtschafteten (Cash)Flows to Equity zu bestimmen, die zur Verteilung an die Eigenkapitalgeber zur Verfügung stehen. Dabei ist für alle DCF-Verfahren zu beachten, dass die Cashflows nicht vollständig an die Eigenkapitalgeber ausgeschüttet werden müssen, sondern ein Teil auch für die Gewinnthesaurierung verwendet werden kann. Da es sich beim FTE-Verfahren um ein Nettoverfahren handelt, stellt das Jahresergebnis nach Unternehmenssteuern den

Ausgangspunkt bei der Ermittlung der adäquaten Periodenerfolgsgröße dar. Das Jahresergebnis nach Steuern ist anschließend zu korrigieren, um den an die Eigenkapitalgeber ausschüttbaren Flow to Equity zu erhalten (Tab. 8.5).

Tab. 8.5

Korrekturschritte zur Ermittlung des Flow to Equity

Ermittlung des Flow to Equity	
Gewinn vor Steuern	
- Unternehmenssteuern	
=	**Jahresergebnis nach Steuern**
+/–	Abschreibungen/Zuschreibungen
+/–	Zuführungen/Inanspruchnahme Rückstellungen
–/+	Zu-/Abnahme aktivischer Rechnungsabgrenzungsposten
+/–	Zu-/Abnahme passivischer Rechnungsabgrenzungsposten
–/+	Zunahme/Abnahme des Bestandes liquider Mittel
-	Investitionen in Anlagevermögen
–/+	Zu-/Abnahme des Working Capital
=	**Operativer Cashflow**
-	Zinsen und ähnliche Aufwendungen
+	Fremdkapitalaufnahmen
-	Fremdkapitaltilgungen
=	**Flow to Equity**

Wie in Tabelle 8.5 beispielhaft gezeigt wird, erfolgt eine Korrektur des Jahresergebnisses nach Steuern zunächst um bestimmte Aufwendungen und Erträge, die das Jahresergebnis in der Periode verändert haben. Beispielsweise sind Abschreibungen nicht zahlungswirksam, haben jedoch als Aufwandsposten das Jahresergebnis nach Steuern gemindert und müssen demzufolge wieder hinzugerechnet werden (umgekehrt Zuschreibungen). Ebenso führen aktivische Rechnungsabgrenzungsposten zu sonstigen Erträgen, die jedoch in späteren Perioden wieder aufgelöst werden müssen und somit nicht an die Eigenkapitalgeber ausgeschüttet werden können (umgekehrt passivische Rechnungsabgrenzungsposten). Auch sind beispielsweise die Investitionen in das Anlagevermögen, die Veränderung liquider Mittel und des Working Capital zahlungs-, aber nicht aufwands- und ertragswirksam. Diese Posten sind nicht in der Gewinn- und Verlustrechnung (GuV) sichtbar und berühren damit das Jahresergebnis nicht. Faktisch ist jedoch Geld abgeflossen (zugeflossen), das nicht mehr (zusätzlich) an die Eigenkapitalgeber ausgeschüttet werden kann. Folglich ist das Jahresergebnis entsprechend zu korrigieren. Da das FTE-Verfahren zu den Nettoverfahren zählt, muss das Jahresergebnis schließlich auch um die Fremdkapitalzinsen und die Veränderung des Fremdkapitals bereinigt werden.

Beispiel 1

Ermittlung des Unternehmenswertes nach dem FTE-Verfahren

▶▶▶ Der Finanzleiter der Arbit-AG hat für die nächsten fünf Jahre ein spezielles Investitions- und Finanzierungsprogramm zusammengestellt und möchte wissen, ob und inwieweit dieses Programm zu einer Erhöhung des Unternehmenswerts aus Sicht der Eigenkapitalgeber (Shareholder Value) der Arbit-AG beiträgt. Für die Berechnung des Unternehmenswerts liegen ihm zunächst die folgenden Planzahlen aus der Gewinn- und Verlustrechnung (GuV) vor.

Arbit-AG	2018	2019	2020	2021	2022	2023 ff.
Gewinn- und Verlustrechnung	Plan	Plan	Plan	Plan	Plan	Plan
	T€	T€	T€	T€	T€	T€
Umsatz	176.400	185.220	194.481	204.205	214.415	217.632
sonstige betriebliche Erträge	560	570	580	590	600	609
Materialaufwand	-100.548	-105.575	-110.854	-116.397	-122.217	-124.050
Personalaufwand	-44.100	-46.305	-48.620	-51.051	-53.604	-54.408
Abschreibungen auf Sachanlagen	-9.000	-8.200	-8.400	-7.800	-7.800	-7.917
sonstige betriebliche Aufwendungen	-11.800	-13.534	-13.734	-14.130	-14.440	-14.657
EBIT	11.512	12.176	13.453	15.417	16.954	17.209
Zinsaufwand	-3.112	-3.288	-3.738	-4.174	-4.615	-5.062
EBT	8.400	8.888	9.715	11.243	12.339	12.147

Neben den GuV-Planzahlen sind noch die folgenden Informationen verfügbar: Der risikolose Zins, der für Anlagen am Kapitalmarkt gezahlt wird, beträgt 4 %. Die Renditeforderungen der Fremdkapitalgeber der Arbit-AG betragen ebenfalls 4 %. Das Marktportfolio wies in der Vergangenheit eine Rendite von 8 % auf. Der durchschnittliche Betafaktor eines unverschuldeten Unternehmens der Branche, in der die Arbit-AG tätig ist, beträgt 0,85. Die Eigenkapitalquote (zu Marktwerten) der Arbit-AG wird in allen zukünftigen Perioden annahmegemäß 30,4 % betragen.
Schließlich verfügt der Finanzleiter noch über folgende Informationen:

Angaben in T€	2018	2019	2020	2021	2022	2023 ff.
Investitionsauszahlungen	9.200	8.600	9.000	8.200	8.000	7.917
Veränderung des Working Capital	-200	400	400	-200	600	0
Zuführung zu den Pensionsrückstellungen	2.000	2.000	2.000	2.000	2.000	0
Veränderung der Verbindlichkeiten ggü. Kreditinstituten	-1.000	-1.500	2.000	-1.000	-1.500	0

Unter Verwendung der zuvor gegebenen Daten soll nun der Unternehmenswert der Arbit-AG gemäß FTE-Verfahren berechnet werden. Im **ersten Schritt** ermittelt der Finanzleiter den adäquaten **Diskontierungszins**. Da das FTE-Verfahren zu den Nettoverfahren der Unternehmensbewertung zählt, wird als Kalkulationszins die Renditeforderung der Eigenkapitalgeber herangezogen, die sich aus dem CAPM ableiten lässt (von der Steuer wird zunächst abstrahiert). Da die Eigenkapitalquote 30,4 % beträgt, liegt die Fremdkapitalquote bei 69,6 %. Der Verschuldungsgrad der Arbit-AG, der als Quotient aus Eigen- und Fremdkapitalquote definiert ist, beträgt somit:

$$VG = \frac{FK}{EK} = \frac{0{,}696}{0{,}304} = 2{,}3$$

Der Beta-Faktor (verschuldet) berechnet sich dann wie folgt:

$$\beta_j^v = \beta_j^{uv} \cdot \left(1 + \frac{FK}{EK}\right) = 0{,}85 \cdot (1 + 2{,}3) = 2{,}805$$

Schließlich können die Renditeforderungen der Eigenkapitalgeber der Arbit-AG mit Hilfe des CAPM ermittelt werden. Diese stellen den Kalkulationszins dar und betragen 15,22 %.

$$i_{EK}^v = i_f + [E(r_M) - i_f] \cdot \beta_j^v = 0{,}04 + (0{,}08 - 0{,}04) \cdot 2{,}805 = 0{,}1522$$

Im **zweiten Schritt** muss der Finanzleiter die adäquate **Periodenergebnisgröße** ermitteln. Ausgangspunkt sind hier die **Earnings Before Interest and Taxes** (EBIT) bzw. die **Earnings Before Interest, Taxes and Depreciation** (EBITDA) der Arbit-AG die, wie in der nachfolgenden Tabelle veranschaulicht, zu bereinigen sind.

	2018	2019	2020	2021	2022	2023 ff.
EBIT	11.512	12.176	13.453	15.417	16.954	17.209
Abschreibungen	9.000	8.200	8.400	7.800	7.800	7.917
EBITDA	20.512	20.376	21.853	23.217	24.754	25.126
Δ Rückstellungen	2.000	2.000	2.000	2.000	2.000	0
Δ Working Capital	200	–400	–400	200	–600	0
Investitionen	-9.200	-8.600	-9.000	-8.200	-8.000	-7.917
Zinsaufwand	-3.112	-3.288	-3.738	-4.174	-4.615	-5.062
Δ Fremdkapital	-1.000	-1.500	2.000	-1.000	-1.500	0
FTE	9.400	8.588	12.715	12.043	12.039	12.147

Nachdem dem Finanzleiter die einzelnen FTE pro Periode sowie der Kalkulationszins nun vorliegen, kann in einem **dritten Schritt** der Unternehmenswert der Arbit-AG gemäß FTE-Verfahren berechnet werden. Es wird angenommen, dass die FTE der Perioden 2023 und später als ewige Rente in den Restwert (Terminal Value) eingehen:

$$UW_{EK} = \sum_{t=1}^{T} \frac{FTE_t}{(1+i_{EK}^v)^t} + \frac{FTE_{T+1}}{i_{EK}^v \cdot (1+i_{EK}^v)^T}$$

$$UW_{EK} = \frac{9.400}{(1{,}1522)} + \frac{8.588}{(1{,}1522)^2} + \frac{12.715}{(1{,}1522)^3} + \frac{12.043}{(1{,}1522)^4} + \frac{12.039}{(1{,}1522)^5} + \frac{12.147}{0{,}1522 \cdot (1{,}1522)^5} = 75.003{,}62$$

Wird nun abweichend unterstellt, dass die ab dem Jahr 2023 konstanten FTE mit einer **Wachstumsrate** (w) von 5 % wachsen, berechnet sich der Unternehmenswert der Arbit-AG als:

$$UW_{EK} = \sum_{t=1}^{T} \frac{FTE_t}{(1+i_{EK}^v)^t} + \frac{FTE_{T+1}}{(i_{EK}^v - w) \cdot (1+i_{EK}^v)^T}$$

$$UW_{EK} = \frac{9.400}{(1{,}1522)} + \frac{8.588}{(1{,}1522)^2} + \frac{12.715}{(1{,}1522)^3} + \frac{12.043}{(1{,}1522)^4} + \frac{12.039}{(1{,}1522)^5} + \frac{12.147}{(0{,}1522 - 0{,}05) \cdot (1{,}1522)^5} = 94.231{,}62$$

Es zeigt sich, dass der Unternehmenswert aufgrund der unterstellten Wachstumsrate um 19.228,00 T€ gestiegen ist. Dieser Wert lässt sich aus der Differenz der jeweiligen Terminal Values berechnen (58.530,03 – 39.302,03 = 19.228,00 T€), denn nur diese haben sich verändert. Der Anteil des Terminal Values am gesamten Unternehmenswert ist mit Berücksichtigung der Wachstumsrate um ca. 10 Prozentpunkte gestiegen.

$$\frac{TV_{o.W.}}{UW_{o.W.}} = \frac{39.302{,}03}{75.003{,}62} = 52{,}40\,\%$$

$$\frac{TV_{m.W.}}{UW_{m.W.}} = \frac{58.530{,}03}{94.231{,}62} = 62{,}11\,\%$$

Werden zusätzlich noch **Steuern** in Form einer vereinfachten Unternehmenssteuer von 40 % unterstellt, muss der Finanzleiter zunächst das tax-shield im Rahmen der Ermittlung des Kalkulationszinses berücksichtigen:

$$i_{EK}^v = i_f + [E(r_M) - i_f] \cdot \beta_j^v$$

$$\text{wobei } \beta_j^v = \beta_j^{uv} \cdot \left[1 + (1 - s_u) \cdot \frac{FK}{EK}\right]$$

$$\beta^v = 0{,}85 \cdot (1 + (1 - 0{,}4) \cdot 2{,}3) = 2{,}023$$

$$i_{EK}^v = 0{,}04 + (0{,}08 - 0{,}04) \cdot 2{,}023 = 0{,}1209$$

Anschließend sind noch die FTE pro Periode nach Steuern zu ermitteln. Da es sich beim FTE-Verfahren um ein Nettoverfahren handelt, dienen die EBT als Ergebnisgröße nach Fremdkapitalzinszahlung als adäquate Steuerbemessungsgrundlage:

	2018	**2019**	**2020**	**2021**	**2022**	**2023 ff.**
EBIT	11.512	12.176	13.453	15.417	16.954	17.209
Abschreibungen	9.000	8.200	8.400	7.800	7.800	7.917
EBITDA	20.512	20.376	21.853	23.217	24.754	25.126
Steuern (s_U · **EBIT**)	3.360	3.555	3.886	4.497	4.936	4.859
Δ Rückstellungen	2.000	2.000	2.000	2.000	2.000	0
Δ Working Capital	200	-400	-400	200	-600	0
Investitionen	-9.200	-8.600	-9.000	-8.200	-8.000	-7.917
Zinsaufwand	-3.112	-3.288	-3.738	-4.174	-4.615	-5.062
Δ Fremdkapital	-1.000	-1.500	2.000	-1.000	-1.500	0
FTE	6.040	5.033	8.829	7.546	7.103	7.288

Der Unternehmenswert der Arbit-AG berechnet sich unter Berücksichtigung von Steuern und einer Wachstumsrate der ewigen Rente dann schließlich als:

$$UW_{EK} = \frac{6.040}{(1{,}1209)} + \frac{5.033}{(1{,}1209)^2} + \frac{8.829}{(1{,}1209)^3} + \frac{7.546}{(1{,}1209)^4} + \frac{7.103}{(1{,}1209)^5} + \frac{7.288}{(0{,}1209 - 0{,}05) \cdot (1{,}1209)^5} = 82.551{,}59$$

Vergleicht man die Unternehmenswerte ohne und mit Berücksichtigung von Steuern (und Wachstumsraten), so kann festgestellt werden, dass der Unternehmenswert mit Steuerberücksichtigung geringer ausfällt. Zurückzuführen ist dies auf einen negativen Nettoeffekt, d. h. der Effekt aus der Besteuerung der Periodenerfolgsgröße (hier FTE) ist größer als der Steuervorteil aus dem **tax-shield**. ◂◂◂

8.6.3 Free Cashflow-Verfahren I: WACC

Das auf dem WACC basierende **Free Cashflow-Verfahren** (**FCF-Verfahren**) zählt zu den Bruttoverfahren (Entity Approach) der Unternehmensbewertung. Im Gegensatz zu den Nettoverfahren (FTE-Verfahren und Ertragswertverfahren) sind nun die vom zu bewertenden Unternehmen zukünftig zu erwirtschaftenden Free Cashflows (FCF) zu ermitteln, die zur Verteilung an die **Eigen- und Fremdkapitalgeber** zur Verfügung stehen. Ausgangspunkt dieser Ermittlung ist wiederum das Jahresergebnis nach Unternehmenssteuern. Dieses ist entsprechend zu korrigieren, um den Operativen Cashflow (brutto) bzw. den Free Cashflow (brutto) zu erhalten (Tab. 8.6).

Die Korrekturschritte sind mit denjenigen Schritten identisch, die bereits beim FTE-Verfahren vorgenommen wurden. Die einzige Ausnahme besteht darin, dass der Operative Cashflow nicht um die Fremdkapitalzinsen sowie Fremdkapitalauf-

Tab. 8.6

Korrekturschritte zur Ermittlung des Free Cashflow

Ermittlung des Free Cashflow	
Gewinn vor Steuern	
- Unternehmenssteuern	
=	**Jahresergebnis nach Steuern**
+	Zinsen und ähnliche Aufwendungen
+/–	Abschreibungen/Zuschreibungen
+/–	Zuführungen/Inanspruchnahme Rückstellungen
–/+	Zu-/Abnahme aktivischer Rechnungsabgrenzungsposten
+/–	Zu-/Abnahme passivischer Rechnungsabgrenzungsposten
–/+	Zunahme/Abnahme des Bestandes liquider Mittel
–	Investitionen in Anlagevermögen
–/+	Zu-/Abnahme des Working Capital
=	**Operativer Cashflow**
–	Unternehmenssteuerersparnis wegen anteiliger Fremdfinanzierung
=	**Free Cashflow**

nahmen und -tilgungen zu bereinigen ist, weil das FCF-Verfahren zu den Bruttoverfahren zählt.

Der adäquate Kalkulationszins wird hier mit Hilfe des WACC berechnet. Wie im Weiteren zu zeigen sein wird, bestehen die Unterschiede nur in der Art und Weise, wie das tax-shield berücksichtigt wird.

Schließlich gilt es zu beachten, dass zwischen FCF- und FTE-Verfahren ein wesentlicher Unterschied in der Berücksichtigung der Unternehmensbesteuerung besteht. Da beim FTE-Verfahren die FTE pro Periode bereits um Fremdkapitalzinsen bereinigt wurden, ist die relevante Steuer auf die FTE diejenige Steuer, die der Eigentümer (die Eigenkapitalgeber) bei vollständiger Eigenkapitalfinanzierung tatsächlich zu tragen hat (**tatsächliche Steuer**). Demhingegen werden die FCF pro Periode nicht um Fremdkapitalzinsen bereinigt und implizieren damit keine reine Eigenkapitalfinanzierung. Die Besteuerung des FCF ist somit eine **fiktive Steuer** des Eigentümers und die tatsächliche Steuerlast, die er zu tragen hat, wird über das tax-shield im WACC abgebildet.

Beispiel 2

Ermittlung des Unternehmenswertes nach dem FCF-Verfahren I

▸▸▸ Für dieses Rechenbeispiel wird erneut auf die Angaben aus Beispiel 1 zurückgegriffen. Auf diese Weise lassen sich die Ergebnisse direkt miteinander vergleichen. Im **ersten Schritt** hat der Finanzleiter wieder den adäquaten **Diskontierungszins** zu bestimmen. Da das FCF-Verfahren zu den Bruttoverfahren der Unternehmensbewertung zählt, leitet sich der Kalkulationszins aus dem WACC ab. Zunächst sind die Renditeforderungen der Eigenkapitalgeber mit Hilfe des CAPM zu bestimmen. Sie berechnen sich wie in Beispiel 1 ausführlich dargestellt und betragen 15,22 %. Anschließend ist der gewogene durchschnittliche Kapitalkostensatz zu ermitteln. Ohne die Berücksichtigung von Unternehmenssteuern berechnet sich der Kapitalkostensatz als:

$$WACC = i_{EK}^{v} \cdot \frac{EK}{GK} + i_{FK} \cdot \frac{FK}{GK}$$

$$= 0{,}1522 \cdot 0{,}304 + 0{,}04 \cdot 0{,}696 = 0{,}0741$$

Im **zweiten Schritt** muss der Finanzleiter die adäquate **Periodenergebnisgröße** ermitteln. Ausgangspunkt sind wieder die Earnings Before Interest and Taxes (EBIT) der Arbit-AG, die wie folgt zu bereinigen sind:

	2018	2019	2020	2021	2022	2023 ff.
EBIT	11.512	12.176	13.453	15.417	16.954	17.209
Abschreibungen	9.000	8.200	8.400	7.800	7.800	7.917
EBITDA	20.512	20.376	21.853	23.217	24.754	25.126
Δ Rückstellungen	2.000	2.000	2.000	2.000	2.000	0
Δ Working Capital	200	-400	-400	200	-600	0
Investitionen	-9.200	-8.600	-9.000	-8.200	-8.000	-7.917
FCF (brutto)	13.512	13.376	14.453	17.217	18.154	17.209

Es werden dieselben Korrekturschritte wie im Rahmen des FTE-Verfahrens aus Beispiel 1 vorgenommen, jedoch wird das EBIT im Rahmen des Bruttoverfahrens konsequenterweise nicht um den Zinsaufwand und die Veränderung des Fremdkapitals bereinigt.

Nachdem der Kalkulationszins und die FCF pro Periode bestimmt wurden, kann der Finanzleiter in einem **dritten Schritt** den **Gesamtwert** der Arbit-AG aus Eigen- und Fremdkapitalgebersicht berechnen. In diesem Zusammenhang wird wieder angenommen, dass die FTE der Perioden 2019 und später als ewige Rente in den Restwert (Terminal Value) eingehen. Von einer Berücksichtigung der Steuer wird abgesehen:

$$UW_{GK} = \sum_{t=1}^{T} \frac{FCF_t}{(1+WACC)^t} + \frac{FCF_{T+1}}{WACC \cdot (1+WACC)^T}$$

$$UW_{GK} = \frac{13.512}{(1{,}0741)} + \frac{13.376}{(1{,}0741)^2} + \frac{14.453}{(1{,}0741)^3} + \frac{17.217}{(1{,}0741)^4} + \frac{18.154}{(1{,}0741)^5} + \frac{17.209}{0{,}0741 \cdot (1{,}0741)^5} = 223.918{,}85$$

In einem **vierten Schritt** ist der Unternehmenswert aus Eigenkapitalgebersicht zu bestimmen, indem vom Gesamtwert des Unternehmens das Fremdkapital zu Marktwerten abgezogen wird.

$$UW_{GK} - FK_{MW} = UW_{EK}$$

Die besondere Schwierigkeit liegt nun darin, dass eine Bestimmung des Marktwerts des Fremdkapitals nicht direkt möglich ist. Anders als im Falle des Marktwerts des Eigenkapitals, das bei börsennotierten Unternehmen als Marktkapitalisierung aus dem Produkt der Anzahl emittierter Aktien der Arbit-AG und dem Preis pro Aktie ermittelt werden kann, liegen für das Fremdkapital nur die Buchwerte aus der Bilanz vor. Somit muss der Marktwert indirekt und näherungsweise bestimmt werden und könnte bspw. als Quotient aus Fremdkapitalzinsaufwand und Fremdkapitalzins ermittelt werden. In der Bewertungspraxis wird jedoch eine alternative Berechnung bevorzugt, in welcher der Gesamtwert des Unternehmens mit der Eigenkapitalquote multipliziert wird, um den Unternehmenswert aus Sicht der Eigenkapitalgeber zu ermitteln:

$$UW_{GK} \cdot EKQ = UW_{EK}$$

In unserem Beispiel ergibt sich der Unternehmenswert folglich als

$$UW_{EK} = UW_{GK} \cdot EKQ = 223.918{,}85 \cdot 0{,}304 = 68.071{,}33$$

Schließlich soll in einem letzten Schritt die pauschale **Unternehmenssteuer** in die Berechnung einbezogen werden. Sie ist sowohl bei den Free Cashflows als auch im WACC zu berücksichtigen. Abweichend vom FTE-Verfahren wird die Steuer innerhalb des Bruttoverfahrens nun beim EBIT, also einer Ergebnisgröße vor Fremdkapitalzinsen, einbezogen. Zudem erfolgt wiederum keine Korrektur um Fremdkapitalzinsen und die Veränderung des Fremdkapitals.

	2018	**2019**	**2020**	**2021**	**2022**	**2023 ff.**
EBIT	11.512	12.176	13.453	15.417	16.954	17.209
Abschreibungen	9.000	8.200	8.400	7.800	7.800	7.917
EBITDA	20.512	20.376	21.853	23.217	24.754	25.126
Steuern (s_U · **EBIT**)	4.605	4.870	5.381	6.167	6.782	6.884
Rückstellungen	2.000	2.000	2.000	2.000	2.000	0
Working Capital	200	–400	–400	200	–600	0
Investitionen	–9.200	–8.600	–9.000	–8.200	–8.000	–7.917
FCF (brutto)	8.907	8.506	9.072	11.050	11.372	10.325

Für die Berechnung des WACC mit Steuern werden zunächst die Renditeforderungen der Eigenkapitalgeber (i^v_{EK}) benötigt. Wie in Beispiel 1 ausführlich berechnet wurde, betragen diese 12,09 %. Im zweiten Schritt ist dann die WACC unter Berücksichtigung von Steuern zu bestimmen. Hier wird die **tatsächliche** Steuerlast des Eigentümers (der Eigenkapitalgeber) der Arbit-AG über das **tax-shield** im WACC abgebildet. Mit anderen Worten: Es kommt zu einer »Bereinigung« der **fiktiven** Steuer, die auf das EBIT berechnet wurde.

$$WACC = i^v_{EK} \cdot \frac{EK}{GK} + i_{FK} \cdot (1 - s_U) \cdot \frac{FK}{GK}$$
$$= 0{,}1209 \cdot 0{,}304 + 0{,}04 \cdot (1 - 0{,}4) \cdot 0{,}696 = 0{,}0535$$

Der Unternehmenswert aus Sicht der Eigenkapitalgeber berechnet sich dann wie folgt:

$$UW_{GK} = \frac{8.907}{(1{,}0535)} + \frac{8.506}{(1{,}0535)^2} + \frac{9.072}{(1{,}0535)^3} + \frac{11.050}{(1{,}0535)^4} + \frac{11.372}{(1{,}0535)^5} + \frac{10.325}{0{,}0535 \cdot (1{,}0535)^5} = 190.329{,}47$$

$$UW_{EK} = UW_{GK} \cdot EKQ = 190.329{,}47 \cdot 0{,}304 = 57.860{,}16$$ ◄◄◄

8.6.4 Free Cashflow-Verfahren II: Adjusted Present Value

Der wesentliche Unterschied zu dem zuvor dargestellten Verfahren ist, dass das Adjusted-Present-Value-Verfahren (APV-Verfahren) die Steuervorteile (tax-shield) aus der Fremdfinanzierung separat erfasst. Somit ergibt sich für die Berechnung des Werts des unverschuldeten Unternehmens aus Sicht der Eigenkapitalgeber:

$$UW_{EK} = \sum_{t=1}^{T} \frac{FCF_t}{(1+i_{EK}^{uv})^t} + \frac{FCF_{T+1}}{i_{EK} \cdot (1+i_{EK}^{uv})^T} + \sum_{t=1}^{T} \frac{TS_t}{(1+i_{FK})^t} + \frac{TS_{T+1}}{i_{FK} \cdot (1+i_{FK})^T} - FK_{MW}$$

Die Bestimmung des Kalkulationszinses erfolgt trotz Bruttoverfahren aus Sicht der Eigenkapitalgeber, weil die Fremdkapitalgeberforderungen innerhalb des separat ausgewiesenen tax-shield berücksichtigt werden.

$$i_{EK}^{uv} = i_f + [E(r_M) - i_f] \cdot \beta_j^{uv}$$

Das tax-shield (TS) bestimmt sich schließlich wie folgt:

$$TS = s_u \cdot i_{FK} \cdot FK$$

Auf diese Weise werden im APV-Ansatz mit Hilfe des Terms »TS« die Steuervorteile aus der Fremdfinanzierung explizit sichtbar gemacht.

Beispiel 3

Ermittlung des Unternehmenswertes nach dem APV-Verfahren

►►► Aus Gründen der Vergleichbarkeit werden wiederum die Daten aus Beispiel 1 verwendet. Der Finanzleiter berechnet zunächst den Kalkulationszins als:

$$i_{EK}^{uv} = i_f + [E(r_M) - i_f] \cdot \beta_j^{uv} = 0{,}04 + (0{,}08 - 0{,}04) \cdot 0{,}85 = 0{,}074$$

Das tax-shield berechnet sich als:

$$TS = s_u \cdot i_{FK} \cdot FK$$

Da der Zinsaufwand ($i_{FK} \cdot FK$) pro Periode bereits vorgegeben wurde, müssen nur noch die Unternehmenssteuern (s_u) berücksichtigt werden:

	2014	2015	2016	2017	2018	2019 ff.
Zinsaufwand ($i_{FK} \cdot FK$)	-3.112	-3.288	-3.738	-4.174	-4.615	-5.062
TS ($s_U \cdot i_{FK} \cdot FK$)	1.245	1.315	1.495	1.670	1.846	2.025

Aus der Tabelle lässt sich ablesen, dass das tax-shield in jeder Periode positive Werte aufweist. Diese positiven Werte implizieren den Steuervorteil aus der Fremdfinanzierung, der letztendlich zu einer Erhöhung des Unternehmenswerts der Arbit-AG beiträgt.

Der Unternehmenswert der Arbit-AG berechnet sich gemäß APV-Verfahren schließlich wie folgt:

$$UW_{GK} = \sum_{t=1}^{T} \frac{FCF_t}{(1+i_{EK})^t} + \frac{FCF_{T+1}}{i_{EK} \cdot (1+i_{EK})^T} + \sum_{t=1}^{T} \frac{TS_t}{(1+i_{FK})^t} + \frac{TS_{T+1}}{i_{FK} \cdot (1+i_{FK})^T}$$

$$UW_{GK} = \frac{8.907}{(1{,}074)} + \frac{8.506}{(1{,}074)^2} + \frac{9.072}{(1{,}074)^3} + \frac{11.050}{(1{,}074)^4} + \frac{11.372}{(1{,}074)^5} + \frac{10.325}{0{,}074 \cdot (1{,}074)^5} +$$
$$\frac{1.245}{(1{,}04)} + \frac{1.315}{(1{,}04)^2} + \frac{1.495}{(1{,}04)^3} + \frac{1.670}{(1{,}04)^4} + \frac{1.846}{(1{,}04)^5} + \frac{2.025}{0{,}04 \cdot (1{,}04)^5}$$
$$= 136.895{,}92 + 48.296{,}82 = 185.192{,}74$$

$$UW_{EK} = UW_{GK} \cdot EKQ = 185.192{,}74 \cdot 0{,}304 = 56.298{,}59$$

Da alle drei Verfahren auf dem DCF-Ansatz basieren, müssten FTE-, FCF- und APV-Verfahren theoretisch zu ein und demselben Ergebnis kommen, d. h. der errechnete Unternehmenswert aus Eigenkapitalgebersicht müsste für alle drei Verfahren identisch sein. Die leichte Abweichung der Ergebnisse zwischen FCF- und APV-Verfahren ist auf Rundungsdifferenzen im Rahmen der Diskontierung zurückzuführen. Diese entstehen, weil der Kalkulationszins in den verwendeten Rechenbeispielen jeweils auf drei Nachkommastellen gerundet wurde. Dem hingegen kommt die Differenz zwischen FTE- und FCF-Verfahren zustande, weil der Verschuldungsgrad innerhalb des FTE-Verfahrens implizit als konstant behandelt wird, obwohl er sich laut den Planzahlen der Arbit-AG aufgrund von Fremdkapitalaufnahmen und -tilgungen periodenweise ändert. Die Folge ist, dass sich der potenzielle Marktwert des Eigen- und Fremdkapitals nur mit Hilfe der Kapitalkosten (Verrentungsfaktor für die Schlusszahlung, Diskontierungsfaktor der früheren Cashflows) berechnen lässt, wofür aber die Marktwerte als Eingangsgröße benötigt werden (**Zirkelschlussproblematik**). Der Marktwert des Fremdkapitals sowie die resultierenden Zinszahlungen werden dadurch falsch eingeschätzt. Dieses Problem kann jedoch gelöst werden, indem eine retrograd-sukzessive Unternehmensbewertung durchführt wird. Beginnend mit der letzten Plan-Periode werden die Unternehmenswerte sukzessiv pro Periode bis zum Bewertungsstichtag bestimmt und in diesem Zuge die Veränderung des Fremdkapitals und der Zinszahlungen stets neu berechnet (vgl. Peemöller 2012, S. 398 ff.). ◄◄◄

8.6.5 Synopse der Bewertungsverfahren

Tabelle 8.7 fasst die vorgestellten Bewertungsverfahren noch einmal in einer Synopse zusammen.

Tab. 8.7

Synopse der Bewertungsverfahren

	FTE-Verfahren	**FCF-Verfahren**	**APV-Verfahren**
Ergebnisgröße	FCF (netto) = FTE	FCF (brutto)	FCF (brutto)
Berücksichtigung der Steuern	EBT Tats. Steuer (EBT · s_{U+E}) FK-Zinsen vermindern die Besteuerungsgrundlage (EBIT – FK-Zins = EBT)	EBIT Fiktive Steuer (EBIT · s_{U+E}) Unterstellung einer reinen EK-Finanzierung: FK-Zinsen vermindern die Besteuerungsgrundlage nicht	EBIT s. FCF
Berücksichtigung des Tax Shields	Im FTE und CAPM berücksichtigt	Im WACC berücksichtigt	Separat berechnet
Kalkulationszins (i bzw. r_f)	$r_{EK}^{V} = i_f + (E(r_M) - i_f) \cdot \beta^{V}$ $\beta^{V} = \beta^{UV} \cdot \left(1 + (1 - s_U) \cdot \frac{FK}{EK}\right)$	$r_{EK}^{V} = i_f + (E(r_M) - i_f) \cdot \beta^{V}$ $\beta^{V} = \beta^{UV} \cdot \left(1 + (1 - s_U) \cdot \frac{FK}{EK}\right)$ $WACC = r_{EK}^{V} \cdot \frac{EK}{GK} + r_{FK} \cdot (1 - s_U) \cdot \frac{FK}{GK}$	$r_{EK}^{UV} = i_f + (E(r_M) - i_f) \cdot \beta^{UV}$ $TS = s_U \cdot i_{FK} \cdot FK$
Unternehmenswert	$UW_{EK} = \sum_{t=1}^{T} \frac{FTE_t}{(1 + r_{EK}^{V})^t} + \frac{FTE_T}{r_{EK}^{V} \cdot (1 + r_{EK}^{V})^T}$ Direkte Ermittlung des EK-Marktwertes	$UW_{EK} = \sum_{t=1}^{T} \frac{FCF_t}{(1 + WACC)^t} + \frac{FCF_T}{WACC \cdot (1 + WACC)^T} - FK_{MW}$ Indirekte Ermittlung des EK-Marktwertes	$TS = s_U \cdot i_{FK} \cdot FK$ $UW_{EK} = \sum_{t=1}^{T} \frac{FCF_t}{(1 + r_{EK}^{UV})^t} + \frac{FCF_T}{r_{EK}^{UV} \cdot (1 + r_{EK}^{UV})^T} + \sum_{t=1}^{T} \frac{TS_t}{(1 + r_{FK})^t} + \frac{TS_T}{r_{FK} \cdot (1 + r_{FK})^T} - FK_{MW}$ Indirekte Ermittlung des EK-Marktwertes

Nach diesen sehr „technischen" Ausführungen sei abschließend noch einmal betont: **Den** Unternehmenswert gibt es nicht. Neben Unterschieden in den angewandten Berechnungsverfahren dürften die Prämissen, unter denen Cashflows einerseits, Diskontierungszins andererseits ermittelt wurden, bei verschiedenen „Bewertern“ differenzieren. Besonders große Spielräume besitzt die Schätzung des Cashflows schon in der mittleren Frist – man denke nur an die durch die Digitalisierung bedingten Umbrüche in zahlreichen Branchen, die ein hohes Maß an Unsicherheit mit sich bringen. Aber auch bei der Wahl des Diskontierungszinses können unterschiedliche Standpunkte eingenommen werden: Soll dieser die Kapitalmarktsituation zu einem bestimmten Zeitpunkt (z. B. zu Beginn des Jahres 2017 = Niedrigzinsphase) oder im Durchschnitt eines Zeitraums (z. B. 5 Jahre) abbilden? Die Beantwortung dieser Frage hat erhebliche Auswirkungen auf den errechneten Unternehmenswert, da risikoloser Zins, Marktrisikoprämie und auch der Beta-Faktor nicht zeitstabil, sondern laufenden Veränderungen unterworfen sind – besonders ausgeprägt bei starken Kapitalmarktschwankungen wie etwa in der Finanzmarktkrise.

Auf den Punkt gebracht

- Innerhalb der Unternehmensbewertung kann zwischen dem Bewertungssubjekt und dem Bewertungsobjekt sowie zwischen dem Wert und dem Preis eines Unternehmens differenziert werden. Im Zeitverlauf gab es eine Entwicklung objektiver, subjektiver und funktionaler Unternehmensbewertungskonzeptionen, wobei letztere vor allem das Zweckmäßigkeitsprinzip in der Ermittlung eines Unternehmenswertes hervorhebt.
- Aus der Diskussion der Funktionen, Zwecke und der verschiedenen Anlässe der Unternehmensbewertung innerhalb derer die Entscheidungsfunktion und die Ermittlung des Eigenkapitals des Unternehmens zu Marktwerten im Vordergrund steht, lassen sich Bewertungsgrundsätze ableiten, die nach IDW S 1 standardisiert sind.
- Es lassen sich grundsätzlich vier verschiedene Bewertungsverfahren unterscheiden, die Gesamtbewertungsverfahren, die Vergleichsverfahren, die Einzelbewertungsverfahren und die Mischverfahren.
- Discounted Cashflow-Verfahren lassen sich anhand der betrachteten Cashflows, der verwendeten Kalkulationszinssätze und der Behandlung von Unternehmenssteuern im Bewertungskalkül differenzieren. Der Nettoansatz (equity approach) errechnet den Eigenkapitalmarktwert direkt aus den den Eigenkapitalgebern zustehenden Cashflows und deren Renditeanforderungen. Im Bruttoansatz (entity approach) wurden zunächst die den Eigen- und Fremdkapitalgebern zustehenden Cashflows mit dem Gesamtkapitalkostensatz diskontiert und nachfolgend der Fremdkapitalmarktwert abgezogen. Dabei unterscheiden sich WACC-Ansatz und APV-Verfahren in der Berücksichtigung des tax shields. Methodische Erweiterungen der genannten Bewertungsansätze mittels Realoptionen folgen in einem späteren Modul (Modul 15). Für die weiteren und spezielleren investitionstheoretischen Verfahren, wie das Dividendendiskontierungsmodell, die Residualgewinnmodelle, das Abnormal Earnings Growth-Model wird der Leser auf die einschlägige Unternehmensbewertungsliteratur verwiesen. Dies gilt gleichermaßen für eine ausführliche Darstellung des Ertragswertverfahrens und der Einzelbewertungs- und Vergleichsverfahren.

Teil III

Finanzierung der Wertschaffung: Nutzung von Finanzinstrumenten, -intermediären und -märkten

Modul 9 Arten der Unternehmensfinanzierung im Überblick

ZENTRALE INHALTE

- Kriterien zur Systematisierung der Finanzierungsarten
- Abgrenzung Außen- und Innenfinanzierung
- Konstruktionsmerkmale des Beteiligungs- und Kreditkapitals
- Besondere Bedeutung und Funktionen des Eigenkapitals
- Überblick zentraler Rechtsformen in Deutschland
- Informationsungleichgewichte und ihre Konsequenzen für die Finanzierung

9.1 Systematisierung der Finanzierungsarten

In den vorangegangenen Modulen konnte der Finanzleiter unter »idealen« Rahmenbedingungen handeln. Zum einen stand Liquidität unbegrenzt und in jeglicher Form zur Verfügung – auch für ungewöhnliche Beträge und Laufzeiten (vollständiger Kapitalmarkt). Zum anderen herrschte auf dem zugleich vollkommenen Kapitalmarkt, den die Module 6 bis 8 zumeist unterstellen, ein Einheitszins für Kapital, so dass keine Preisverhandlungen nötig (aber auch nicht möglich) waren. Über Investitionsprojekte konnte daher entschieden werden, ohne ihre mögliche Finanzierung zu kennen (Fisher-Separation).

In der **Realität** handelt der Finanzleiter jedoch in einem wesentlich komplexeren Umfeld, wie schon das Einstiegsbeispiel zu Beginn des Buches (Modul 1) zeigte. Je nach Geschäftsmodell und Bonität der eigenen Unternehmung, aber auch der Verfassung der Kapitalmärkte (Lehman-Debakel, Brexit-Schock) und der dort agierenden Anbieter von Finanzmitteln kann es erstens **Limitationen** hinsichtlich der tatsächlichen Verfügbarkeit von Volumina und Fristigkeiten der von ihm benötigten Finanzierungen geben. Zweitens **differieren** die **Preise** einzelner Finanzinstrumente zwischen den Anbietern.

Der Finanzleiter muss vor diesem Hintergrund unter den verfügbaren die für das Geschäftsmodell der Unternehmung **passenden Finanzierungsinstrumente** auswählen (»Finance has to fit the business«). Im Sinne der Wertorientierung muss er dabei die **Kapitalkosten der Unternehmung optimieren** (Finance as a value driver) und gleichzeitig die Zahlungsfähigkeit sicherstellen. Kurzgefasst, gehört die **»Finanzierung der Wertschaffung«** zu seinen Kernaufgaben.

Abb. 9.1

Aufgaben des Finanzleiters im Rahmen der Wertschaffung

Angesichts der Vielzahl von Finanzierungsinstrumenten müsste der Versuch scheitern, im Folgenden jedes einzelne »Werkzeug« des Finanzleiters darzustellen. Stattdessen werden die Instrumente im Rahmen einer Systematisierung zu gleichartigen Finanzierungsarten gruppiert, um die Einteilung seines »Handwerkskastens« deutlich zu machen und Hinweise darauf zu geben, bei welcher unternehmerischen Problemstellung auf welche Art der Finanzierung zurückgegriffen wird. Für diese Systematisierung wird in der Regel auf die **Mittelherkunft** abgestellt. Hier kann auf einer ersten Ebene in die externe (Außen-) und die interne (Innen-)Finanzierung unterschieden werden (im Folgenden nach Horsch/Paul/Rudolph 2011, S. 388 ff.).

Abgrenzung externe/interne Finanzierung

Dabei verbindet sich die Vorstellung der **externen Finanzierung** mit außerhalb des Unternehmens stehenden Kapitalgebern, die Geld im Unternehmen anlegen. Im Falle der Kreditfinanzierung beschafft der Finanzleiter Fremdkapital von Gläubigem, im Falle der Beteiligungsfinanzierung Eigenkapital von Eigentümern. Die Unterteilung der Kapitalgeber erfolgt demnach entsprechend ihrer Rechtsstellung. Im Gegensatz dazu beinhaltet die **interne Finanzierung** die Gewinnung von Zahlungsmitteln »innerhalb« des Unternehmens.

Abb. 9.2

Systematisierung der Finanzierungsarten

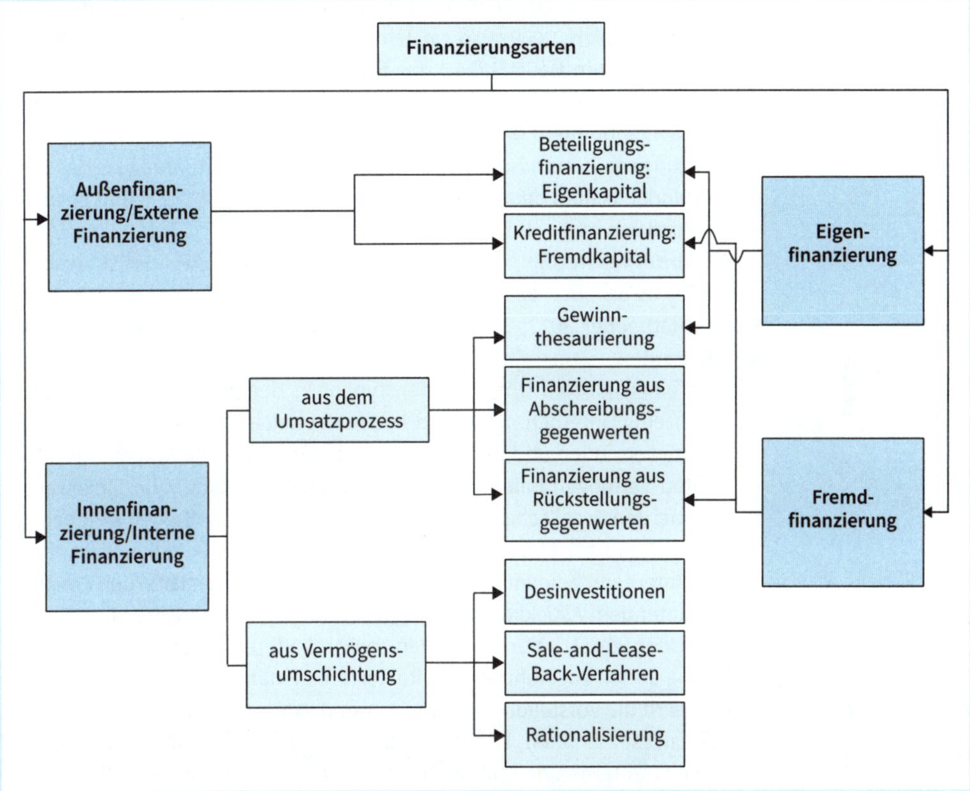

Tab. 9.1

Jährliches Mittelaufkommen der Innen- und Außenfinanzierung deutscher Unternehmen

in Mrd. €	2009	2011	2014
Innenfinanzierung	159,4	215,2	295,5
Außenfinanzierung	–40,8	78,1	40,3
Mittelaufkommen insgesamt	118,5	293,2	299,8

(Quelle: Deutsche Bundesbank, Ertragslage und Finanzierungsverhältnisse deutscher Unternehmen, jeweils Monatsbericht Dezember (2011–2015), Eigene Berechnungen)

Den Daten in Tabelle 9.1 lässt sich entnehmen, welchen Anteil interne und externe Formen in einzelnen Jahren an Mittelaufnahmen deutscher Unternehmen gehabt haben. Aufgeführt werden von der Deutschen Bundesbank hierbei die jährlichen Netto-Mittelzuflüsse. Dabei wird deutlich, dass die Innen- die Außenfinanzierung eindeutig dominiert. 2009, also ein Jahr nach dem Kulminationspunkt der Finanzmarktkrise, ging in Deutschland das Bruttoinlandsprodukt um 5% zurück, und im Rahmen der Außenfinanzierung wurde sogar ein höherer Betrag zurückgeführt als neu aufgenommen. Davon unberührt bleibt die Außenfinanzierung bei einer Betrachtung von Bestandsgrößen dominant: In den letzten Jahren lag das Volumen der Verbindlichkeiten deutscher Unternehmen bei über 2 Bio. € und besaß damit einen Anteil von mehr als 50% am Gesamtkapital.

Die **Unterscheidung in interne und externe Finanzierung** ist zwar sowohl in der Praxis als auch der Mehrheit der Lehrbücher etabliert (vgl. z. B. Perridon/Steiner/Rathgeber 2017, S. 420), jedoch nicht vollständig frei von **Zuordnungsproblemen**:

- Zum einen gibt es Unternehmenstypen, in denen Beteiligungskapitalgeber gleichzeitig Unternehmer sind, d. h. den Kapitaleinsatz mit der Führung der Geschäfte verbinden und Dritten gegenüber für eventuelle Risiken mit ihrem gesamten Vermögen haften. Diese Konstellation ist etwa beim Einzelkaufmann oder bei den Gesellschaftern einer offenen Handelsgesellschaft gegeben (vgl. zu den Rechtsformen Modul 9.4). In solchen Fällen sind Beteiligungskapitalgeber und Unternehmer identisch und eine Trennung von Geschäfts- und Privatvermögen unter dem Aspekt der Haftung nicht möglich. Entsprechend ist eine Unterscheidung von (1) im Unternehmen erwirtschaftetem (interne Finanzierung) und (2) von außen zugeführtem Kapital (externe Finanzierung) nicht sinnvoll. Insoweit wird die Vorstellung von interner und externer Finanzierung vor allem auf Kapitalgesellschaften, z. B. die GmbH und die AG bezogen, in denen zwischen den das Unternehmen führenden Managern und (Beteiligungs-)Kapitalgebern unterschieden werden kann.
- Zum anderen werden bei der internen Finanzierung Zahlungsmittel aus dem Umsatzprozess (also durch Verkauf von Gütern und/oder Leistungen) bzw. aus Vermögensumschichtungen (also durch Verkauf von Betriebsvermögen) gewonnen. In beiden Fällen erhält das Unternehmen demnach Liquidität im Rahmen ihrer Markthandlungen, also auch von außen, indes nicht infolge von Transaktionen auf Finanz-, sondern auf ihren Absatz- bzw. anderen Gütermärkten.

Weitere Systematisierungsmöglichkeiten

Auf einer zweiten Betrachtungsebene wird die **Eigen-** von der **Fremdfinanzierung** unterschieden. Letztere findet ihren Ausdruck in einer Erhöhung des Fremdkapitals im Rahmen der Kreditfinanzierung bzw. der zu der internen Finanzierung zählenden Dotierung von Rückstellungen für bevorstehende Auszahlungsverpflichtungen. Beteiligungsfinanzierung und Gewinnthesaurierung spiegeln hingegen die Eigenfinanzierungskraft des Unternehmens wider.

Daneben existieren **weitere, alternative Möglichkeiten**, um Finanzierungsarten weiter zu untergliedern. Hierzu zählt etwa die Anknüpfung an einen **unternehmerischen Lebenszyklus**, bei der typische Finanzierungsarten von Unternehmen beim Start-up (Beteiligungskapital in außerbörslicher Form, z. B. als Private Equity oder Venture Capital) von solchen für Unternehmen in der Wachstums- und Reifephase (etwa Beteiligungskapital in Form von börslichem Eigenkapital) und den im Rahmen einer Restrukturierung eingesetzten (wie der Finanzierung aus Vermögensumschichtung durch Verkauf sämtlicher nicht-betriebsnotwendiger Assets) unterschieden werden.

Einem anderen Kriterium folgt die Unterscheidung danach, ob eine Mittelüberlassung **verbrieft** (d. h. durch emittierte Wertpapiere unterlegt und damit in handelbare Teileinheiten zerlegt) oder **unverbrieft** (d. h. in reiner »Buchform«) ausgestaltet ist. Dabei steht der Begriff »Emission« für die Ausgabe und Platzierung der Wertpapiere an Investoren (Publikum). Kapitalnehmende Emittenten beschaffen sich den gewünschten Mittelzufluss also durch die Emission von Wertpapieren am **Kapitalmarkt**, auf die sie feste (Fremdkapital) bzw. residuale Zahlungsansprüche (Eigenkapital) einräumen. Demgegenüber schlagen sich unverbriefte Mittelüberlassungen wie der Betriebsmittelkredit der Hausbank oder die Beteiligung des stillen Neukommanditisten einer KG, die individueller als Kapitalmarkttransaktionen ausgestaltet werden können, zwar im Rechnungswesen des Investors und des Unternehmens, nicht aber in handelbaren Wertpapieren nieder, sie sind also lediglich buchmäßig verzeichnet. Getrennt werden könnte auch nach der **Fristigkeit**, also danach, für welche Laufzeit der Unternehmung das Kapital zur Verfügung steht (z. B. kurzlaufender Kontokorrentkredit versus 10-Jahres-Anleihe) bzw. nach den **Rhythmen** der Kapitalzuführung: regelmäßig über den Umsatzprozess oder sporadisch/außerordentlich durch den Verkauf von Vermögensgegenständen.

Anknüpfend an Abbildung 9.2 wird nun zunächst ein Überblick über die interne bzw. **Innenfinanzierung** gegeben, die ausführlicher im Modul 10 beleuchtet wird.

Innenfinanzierung aus Vermögensumschichtung

Die **interne Finanzierung** kann aus dem Umsatzprozess und aus Vermögensumschichtung erfolgen. Im letztgenannten Fall wird (unter Umständen auf Veranlassung des Finanzleiters) Betriebsvermögen freigesetzt, um Zahlungsmittel zu generieren. Dazu zählen auch **Rationalisierungsmaßnahmen**: Wenn es z. B. gelingt, Lagerbestände zu senken oder Personal einzusparen, treten nicht nur kosten-, sondern auch liquiditätsmäßige Wirkungen ein: Die auf dem Unternehmen lastenden Auszahlungsverpflichtungen werden reduziert. Kann das Niveau der Einzahlungen beibehalten werden, steigt der Zahlungsmittelsaldo der Unternehmung.

Zum Bereich der internen Finanzierung aus Vermögensumschichtung gehört weiter das **Abstoßen von Vermögensteilen**, die für die Zwecke der betrieblichen Leistungserstellung in der Regel nicht (mehr) erforderlich sind, wie z. B. der Verkauf stillgelegter Maschinen oder ungenutzter Grundstücke. Für regelmäßige Finanzierungszwecke noch besser geeignet sind Vermögensbestände, die sich aus einer Vielzahl gleichartiger Assets zusammensetzen: Das Factoring (Verkauf von Forderungen, vgl. Modul 11) sowie darauf basierende Wertpapiere (Modul 12) können insoweit auch der internen Finanzierung zugeordnet werden und stellen daher weitere Beispiele für die mitunter schwierige Unterscheidung von interner und externer Finanzierung dar. Unter Umständen ist ein Unternehmen indes – wie z. B. der Arcandor-(vormals Karstadt-)Konzern – gezwungen, sich von durchaus lukrativen Beteiligungen (wie z. B. Thomas Cook) zu trennen, da es keine andere Möglichkeit sieht, die unbedingt notwendige Liquidität zu gewinnen. Auch hier zeigt sich der Spagat zwischen Rentabilität und Liquidität, den ein Finanzleiter durch geschickte Entscheidungsfindung zu bewältigen hat.

Schließlich ist auch im sogenannten **Sale-Lease-Back-Verfahren** eine Maßnahme der internen Finanzierung zu sehen. So kann z. B. das einem Unternehmen gehörende Verwaltungsgebäude an eine Leasing-Gesellschaft verkauft (Sale) und gleichzeitig von ihr zurückgemietet werden (Lease Back). Die Vermögensumschichtung besteht darin, dass durch die Eigentumsübertragung Zahlungsmittel in Höhe des Verkaufspreises gewonnen werden, während mit dem neu eingegangenen Mietverhältnis die Liquidität nur in Höhe der Mietraten und zeitlich gestreckt über die Dauer des Mietverhältnisses beansprucht wird.

Innenfinanzierung aus dem Umsatzprozess

Der zweite Teilbereich der internen Finanzierung fußt ebenfalls auf einer Vermögensumschichtung, allerdings geschieht diese über den regelmäßigen **Umsatzprozess** des Unternehmens. Die im Anlage- und Umlaufvermögen beschafften Einsatzfaktoren werden zu absatzfähigen Gütern bzw. Leistungen umgeformt und durch Verkauf »monetisiert«, da dem Unternehmen im Absatzprozess Zahlungsmittel oder andere Formen des Geldvermögens (Forderungen) zugehen. Im Rahmen seiner Preissetzung ist es dabei Ziel des Unternehmens, über die (Material- und Personal-) Selbstkosten hinaus kalkulatorische Komponenten in den Preis einzubringen – z. B. für den angestrebten Gewinn. Lässt sich der über diese Zuschlagskalkulation abgeleitete Preis am Markt durchsetzen, so erhält das Unternehmen Einzahlungen, denen nicht in voller Höhe und unmittelbar Auszahlungsverpflichtungen (für Personal, Materialbeschaffung u. Ä.) gegenüberstehen. Die Nachhaltigkeit der Finanzierung aus dem so generierten Gewinn (**Selbstfinanzierung** im engeren Sinne) hängt dann davon ab, wie lange die gewonnenen Mittel im Unternehmen verbleiben (Thesaurierung durch Bildung von Rücklagen) bzw. wann sie ausgeschüttet werden.

Wie die Beteiligungsfinanzierung schlägt sich die Selbstfinanzierung im engeren Sinn demnach im Eigenkapital des Unternehmens nieder, das insofern den gesamten Anspruch der Eigentümer an das Vermögen des Unternehmens widerspiegelt. Wohlgemerkt: Hier – also auf der rechten Bilanzseite – sind nur Ansprüche an das Unternehmensvermögen vermerkt; die gewonnenen finanziellen Mittel befinden sich noch in der Kasse des Unternehmens oder wurden bereits reinvestiert. **Liquidität durch Vermögensumschichtung** kann ein Unternehmen demnach nur aus der **Nutzung der linken Bilanzseite** gewinnen, während sich Eigenkapital (dabei auch Rücklagen) nicht liquidieren lässt. Zwar können Rücklagen aufgelöst und das Eigenkapital als Verlustpuffer genutzt werden. Dies bedeutet aber nur eine buchhalterische Verminderung der Anspruchsgrundlage, mit der allein noch kein Liquiditätszufluss verbunden ist.

Im Bereich der internen Finanzierung aus dem Umsatzprozess wird häufig auch diejenige aus **Abschreibungen** und der **Dotierung von Rückstellungen** der Selbstfinanzierung (im weiteren Sinne) zugerechnet. Hinter dieser Auffassung steht die gleiche »Mechanik« wie im Falle der Gewinnthesaurierung: Das Unternehmen kalkuliert bestimmte Preisbestandteile, einmal, um der Abnutzung bzw. der Wertminderung seines Vermögens, im anderen Fall, um bestimmten Wagnissen (also der

Höhe, dem Betrag oder dem zeitlichen Anfall nach unsicheren Auszahlungsverpflichtungen) durch die Bildung von Rückstellungen Rechnung zu tragen. Werden die so ermittelten Preise wiederum durchgesetzt, so erhält das Unternehmen finanzielle Mittel, ohne kurzfristig Auszahlungen hinnehmen zu müssen. Diese Mittel sind dann für längere Zeit disponierbar; bis zur Wiederbeschaffung einer Maschine, der Zahlung einer Vertragsstrafe nach einem verlorenen Prozess oder der Auszahlung von Betriebsrenten an pensionsberechtigte Arbeitnehmer, die insofern eine Gläubigerposition wie andere Fremdkapitalgeber auch innehaben.

In der Regel leisten im Rahmen der internen Finanzierung die Kunden durch Bezahlung der auf der Basis von Kosten- und Gewinnbestandteilen kalkulierten Absatzpreise den größten Beitrag. Für nicht-emissionsfähige Unternehmen, also solche, die den Kapitalmarkt nicht in Form der externen (Beteiligungs-)Finanzierung in Anspruch nehmen können, stellt die Selbstfinanzierung häufig sogar die einzige Chance zur Beschaffung neuen Eigenkapitals von außen dar. Da solche Eigenkapitalzuführungen wiederum die Möglichkeiten der Fremdkapitalbeschaffung verbessern, kann die Bedeutung der Selbstfinanzierung nicht hoch genug eingeschätzt werden. Unabhängig von der Rechtsform des Unternehmens machen ferner aus Sicht von Entscheidungsträgern im Finanzmanagement

- das Entfallen fester oder residualer Ansprüche auf eine laufende Bedienung mit Verzinsungs- und Tilgungsleistungen,
- der hohe Freiheitsgrad bei der Verwendung der erhaltenen Mittel sowie
- die Vermeidung von Emissionskosten

die interne Finanzierung besonders attraktiv. Hinzu tritt bei Berücksichtigung der Eigentümerinteressen die Erhaltung der Herrschafts- bzw. Mehrheitsverhältnisse.

In der **Außenfinanzierung** werden das Beteiligungs- und Kreditkapital unterschieden, deren Charakteristika der folgende Abschnitt zusammenstellt.

9.2 Konstruktionsmerkmale des Beteiligungs- und Kreditkapitals

Die Grundsystematik der Finanzierungsarten nach Tabelle 9.2 ist in der Praxis zu einem variantenreichen Instrumentarium der Finanzierung ausgeformt worden. Da sich Kapitalgeber und -nehmer jeweils über die Modalitäten der zweiseitig verpflichtenden Zahlungsmittelüberlassung einvernehmlich abstimmen müssen, werden zwischen ihnen **Finanzierungskontrakte** abgeschlossen, die im Falle verbriefter Anspruchspositionen des Kapitalgebers auch als Finanzierungstitel bezeichnet werden. Eine zentrale Aufgabe des Finanzmanagements ist es nun, aus diesem Möglichkeitsbereich die jeweils optimale Kombination von Finanzierungsinstrumenten auszuwählen und die entsprechenden Verträge vor allem mit außerhalb des Unternehmens stehenden Kapitalgebern abzuschließen. Sie umfassen damit in erster Linie die externe Finanzierung. Die idealtypischen Grundformen der Beteiligungs- und Kreditfinanzierung lassen sich mithilfe sechs zentraler Vergleichskriterien unterscheiden:

Tab 9.2

Konstruktionsmerkmale des Beteiligungs- und Kreditkapitals

Kriterium	»Reines« Beteiligungskapital	»Reines« Kreditkapital
Beispiele	Aktie, GmbH-Anteil, Alleininhaberschaft	Bankkredit, Unternehmensanleihe
1. Rang des Anspruchs bei Insolvenz	Zuletzt	Zuerst
2. Haftung für laufende Verluste	Mindestens in der Höhe der Einlage; ggf. sogar unbegrenzt	Keine Haftung
3. Erfolgsanspruch	Variabler Anteil am Erfolg (Residualgewinnanspruch; abhängig v. Gewinn/Verlust)	I. d. R. fester Zinsanspruch (unabhängig von Gewinn/Verlust)
4. Vermögensanspruch	Partizipation am steigenden/sinkenden Unternehmenswert (Quotenanteil je nach gehaltenem Eigenkapital)	Rückzahlungsanspruch in Höhe des Nominalbetrags (Kredit-, Anleihevolumen)
5. Unternehmensleitung	Berechtigt zur Leitung des Unternehmens; Leitung kann ggf. delegiert werden	Grundsätzlich ausgeschlossen
6. Dauer der Kapitalüberlassung	Prinzipiell unbefristet (aber: Kündigungsrechte in Abhängigkeit der Rechtsform)	Befristet, aber ggf. Verlängerung (Prolongation)

1. Rang des Anspruchs bei Insolvenz

Die Abwicklung insolventer Unternehmen zieht die Veräußerung ihrer verbleibenden Vermögensgegenstände nach sich. Im Sinne des **Gläubigerschutzes** werden die **Liquidationserlöse** zuerst (»erstrangig«) zur Befriedigung der Fremdkapitalgeberansprüche (z. B. Banken, Lieferanten, Mitarbeiter oder Fiskus) eingesetzt. Danach verbleibende Mittel stehen de jure zur **quotalen Verteilung an die Eigenkapitalgeber** bereit. De facto erhalten die Fremdkapitalgeber bei dem Verkauf der Vermögensgegenstände in der Praxis nach Abzug der Verwertungskosten nur etwa bis zu 10 % (siehe ifM 2009, S. 3) ihrer ausstehenden Forderungen zurück (**Insolvenzquote**). Die stets letztrangigen Eigenkapitalgeber gehen deshalb zumeist völlig leer aus.

2. Haftung für laufende Verluste

Die Haftung für »laufende« Jahresfehlbeträge – also einzelne, mit Verlust abgeschlossene Perioden, ohne dass dies (wie unter 1.) zur Insolvenz führt – liegt allein bei den Eigentümern. Bilanziell vollzieht sich dies über einen Passivtausch des Jahresfehlbetrags mit dem Eigenkapital. Hierbei ist zu berücksichtigen, dass erst stille Reserven sowie (offene) Rücklagen aufgelöst werden, bevor das Grundkapital (bzw. das Stammkapital bei GmbHs) herangezogen wird. Rechtsformabhängig kann die Verlusthaftung von Eigentümern sowohl unbegrenzt auf das Privatvermögen ausgedehnt als auch auf die getätigte Einlage limitiert sein.

Die Position der Kreditkapitalgeber steht dem exakt gegenüber: Sie sind gerade diejenigen, die Anspruch auf die Haftungsmasse haben. Im Haftungsfall sind sie Berechtigte, nicht Verpflichtete. Laufende Verluste vermindern folglich weder ihre vertraglich festgesetzten Rückzahlungs-, noch ihre Verzinsungsansprüche auf das überlassene Kreditkapital.

3. Erfolgsanspruch

Ebenso ist der Erfolgsanspruch der Kreditkapitalgeber unabhängig vom Gewinn des kreditnehmenden Unternehmens beschränkt auf die vertraglich vereinbarten Zinszahlungen. Demgegenüber haben die Eigentümer einen in der Höhe variablen Residualgewinnanspruch auf den jeweiligen Unternehmenserfolg, sofern dieser positiv ausfällt.

4. Vermögensanspruch

Dem Gesamtvermögen auf der Aktivseite der Unternehmensbilanz sind die festen Rückzahlungsansprüche der Kreditgeber auf der Passivseite der Höhe nach gegenüberzustellen. Das restliche Vermögen steht den Eigentümern quotal nach ihrem jeweils gehaltenen Eigenkapitalanteil zu. Bei konstantem Fremdkapital partizipieren die Eigenkapitalgeber somit direkt vom steigenden oder sinkenden Gesamtvermögen, indem sich der Buchwert des Eigenkapitals entsprechend mitverändert.

5. Unternehmensleitung

Als primäre Träger des unternehmerischen Risikos steht den Eigentümern das delegierbare Recht zu, das Unternehmen im Innenverhältnis zu führen sowie im Außenverhältnis zu vertreten. Die Leitungsbefugnisse orientieren sich demnach an den zuvor dargestellten Haftungsverpflichtungen. Kreditgeber sind von jeglichen Leitungsfunktionen eines Unternehmens ausgeschlossen.

6. Dauer der Kapitalüberlassung

Die Eigenkapitalüberlassung der Eigentümer ist prinzipiell ohne zeitliche Beschränkung auf unbestimmte Dauer angelegt. Seltene Ausnahmen sind rechtsformabhängig, z. B. bei der eingetragenen Genossenschaft. Kreditkapital ist stets befristet, wobei im Falle gegenseitiger Übereinkunft wiederholt die Möglichkeit für Verlängerungen durch Anschlussgeschäfte (Prolongation) besteht.

Die Finanzierungsarten und ihnen zuzuordnenden Finanzierungsinstrumente stellen somit in ihrem Kern verschiedene **Chance/Risiko-Kombinationen** dar: Höheren Risiken (z. B. durch die Haftung des Beteiligungskapitalgebers) stehen stets höhere Chancen (Residualgewinnanspruch) als Risikoprämie gegenüber. Bei niedrigeren Risiken (keine Haftungsübernahme durch den Fremdkapitalgeber) sind auch die Chancen begrenzt (fester Erfolgsanspruch).

Die Idealtypen von Beteiligungs- und Kreditkapital spannen den Möglichkeitsbereich der externen Finanzierungsinstrumente auf. Grundsätzlich spielen diese »Extremformen« in der Praxis der unternehmerischen Finanzierungspolitik tatsächlich eine wichtige Rolle. Darüber hinaus finden sich in der Realität jedoch auch zahlreiche Variationen. In den Kontrakten, die unter den geltenden rechtlichen und ökonomischen Rahmenbedingungen und gemäß den Präferenzen von Kapitalanbieter und -nachfrager ausgehandelt werden, sind unterschiedlichste vertragliche **Abwandlungen** und **Kombinationen** der oben abgegrenzten **Reinformen** entstanden, die z. T. große Bedeutung erlangt haben. Das gilt insbesondere für die Kontraktform der

- **Aktie**, die für eine in Haftung wie Leitungsbefugnis beschränkte, zugleich (über die Börse) für den Kapitalgeber befristet gestaltbare und insofern abgeschwächte Form der Beteiligungsfinanzierung stehen kann, während die
- **Anleihe** eine Grundform der Kreditfinanzierung darstellt, gleichzeitig aber die Ausgangsbasis bildet für Varianten, die juristisch Kreditkapital sind, in ökonomi-

scher Hinsicht aber deutliche Merkmale des Beteiligungskapitals (z. B. erfolgsabhängige Verzinsung, Nachrangigkeit im Insolvenzfall, Ansprüche auf Erwerb von Beteiligungskapital) aufweisen.

Diese **Zwischenformen der Finanzierung** (»hybrides« bzw. »mezzanines« Kapital) zeigen besonders deutlich, wie variantenreich die Landschaft der Finanzierungsformen ist – und dass ihre Entwicklung keinesfalls als abgeschlossen betrachtet werden kann (siehe weiter Modul 11).

Konkrete Finanzierungsinstrumente sind insoweit Resultat der Einigung von Kapitalnehmer und -geber auf die Konditionen der Kapitalüberlassung und daher **Kompromisslösungen** im Rahmen der jeweiligen Angebots-, Nachfrage- und Rahmenbedingungen auf dem Finanzmarkt: Typischerweise bestehen bei den Kapitalanbietern und -nachfragern **Präferenzen** für bestimmte Fristigkeiten, Größenordnungen, räumliche Verfügbarkeiten und für die Risiken der angelegten bzw. in Anspruch genommenen Mittel sowie für Mitspracherechte und Informationen über die Transaktionen und Finanztitel. Häufig wollen beispielsweise private Investoren nur relativ kleine Beträge kurzfristig, mit möglichst geringem Risiko und jederzeit abrufbar anlegen, während Unternehmen große Summen langfristig zur Finanzierung ihrer risikobehafteten Investitionsprojekte benötigen. Zudem wünschen Mittelanleger eher ausführliche Informationen über ihre Kapitalanlagen und Mitentscheidungsrechte, d. h. neben den üblicherweise auf Zahlungsmittel gerichteten Vermögensansprüchen (Zins-, Dividenden- und Tilgungszahlungen) auch weitergehende Informations- und Mitgliedschaftsrechte, während das Management an einer Informationsbereitstellung für die Kapitalgeber und deren Partizipation an der Entscheidungsfindung weniger interessiert ist.

Das Zusammenführen von Kapitalangebot und Kapitalnachfrage erfordert demzufolge eine qualitative und quantitative Abstimmung. Zum Aufgabenbereich der Finanzierungspolitik gehört daher auch die Entscheidung darüber, ob der Finanzleiter den notwendigen Interessenausgleich im **direkten Kontakt** mit Mittelgebern herstellen **oder** aber sich für die nötigen **Transformationsleistungen** an bestimmte

Abb. 9.3

Transformationsleistung der Finanzmarktinstitutionen

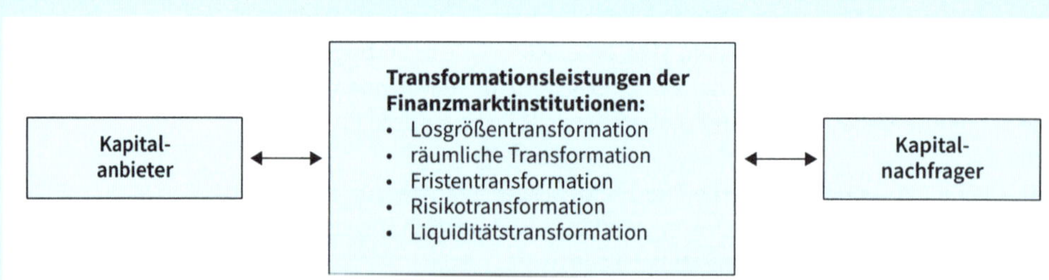

Spezialisten wenden will: So können **Banken** das Kapitalangebot aus vielen kleineren Quellen bündeln, Bindungsfristen für Kapitalgeber und -nehmer voneinander separieren, Risiken versichern und streuen sowie Informationsdefizite abbauen. Sie helfen somit, die Transaktionskosten der Kapitalaufnahme zu reduzieren. Im Bereich des Commercial Banking vergibt die Bank unverbriefte Finanzierungen primär an Unternehmen, die sie in der Regel durch Einlagen von Privatpersonen refinanziert *(**Kredit- und Einlagengeschäft**)*. Im Rahmen des Investment Banking hingegen übernimmt die Bank Intermediationsleistungen im Rahmen von verbrieften Finanzierungen, also bei der Emission von Wertpapieren und der Unterstützung ihres **Handels** auf Seiten von Kapitalgeber und -nehmer. Regelgebundene Plattformen für den Handel mit Wertpapieren und anderen Finanzinstrumenten bieten andere spezialisierte Institutionen: die **Wertpapierbörsen**. Banken und Börsen erbringen damit bestimmte **Transformationsleistungen** zur qualitativen und quantitativen Koordination von Kapitalangebot und Kapitalnachfrage (weiter in Modul 12).

9.3 Besondere Bedeutung des Beteiligungskapitals

Vier Grundfunktionen

Unter allen Kapitalpositionen fällt dem **bilanziellen Eigenkapital** aufgrund seiner Referenzfunktion für die Verteilung von Vermögens- und Verwaltungsrechten eine besondere Bedeutung zu. Den weiteren Überlegungen ist daher eine Einführung in die **vier Grundfunktionen** des Eigenkapitals vorangestellt (vgl. Süchting 1995, S. 80 ff.):

1. Funktion der Errichtungsgrundlage
2. Funktion der Gewinnverteilungs- und Mitbestimmungsbasis
3. Finanzierungsfunktion
4. Haftungs- und Verlustausgleichsfunktion

1. Funktion der Errichtungsgrundlage

Damit der Geschäftsbetrieb nach vollzogener Unternehmensgründung aufgenommen und erste Auszahlungen getätigt werden können, bedarf es einer Geld- oder Vermögenseinlage durch die Eigentümer. Deren Herkunft und Höhe schlägt sich im (bilanziellen) Eigenkapital nieder. Eine Unternehmung muss mindestens mit Eigenkapital und kann mit weiterem Fremdkapital finanziert sein.

2. Funktion der Gewinnverteilungs- und Mitbestimmungsbasis

Mitbestimmungsrechte sowie Gewinn- und Vermögensansprüche der Eigentümer leiten sich aus deren Anteilen am (bilanzierten) Eigenkapital unter Berücksichtigung der einschlägigen Gesetzesnormen und regelmäßig auch nach hierauf aufbauenden Vertragsgestaltungen ab.

3. Finanzierungsfunktion

Die Gegenwerte aus Beteiligungsfinanzierungen fließen typischerweise als liquide Geldmittel zu. Werden stattdessen Sachmittel, wie etwa Grundstücke oder Patente eingebracht, vermeidet dies den Abfluss vorhandener Zahlungsmittel durch eine sonst zahlungswirksame Ersatzbeschaffung.

4. Haftungs- und Verlustausgleichsfunktion

Dem Gläubigerschutzprinzip folgend werden im Liquidationsfall zuerst die Ansprüche der Fremdkapitalgeber aus den Verwertungserlösen des Unternehmensvermögens befriedigt (siehe dazu ausführlicher Modul 11.1). Erst dann erhalten die Eigentümer noch verbleibende Resterlöse. Somit stehen sämtliche verwertbaren Vermögensgegenstände (inklusive der auf die Eigentümer entfallenden Gegenwerte) als Haftungsmasse für das Fremdkapital zur Verfügung, um die Verbindlichkeiten im Insolvenzfall bedienen zu können.

Gleichzeitig bedeutet eine höhere Eigenkapitalausstattung auch einen stärkeren Puffer gegen laufende Verluste, weil Jahresfehlbeträge vom bilanziellen Eigenkapital abgezogen werden. Mit steigendem Eigenkapital nimmt somit die Widerstandsfähigkeit gegen eine bilanzielle Überschuldung als Insolvenztatbestand zu, insofern übt das bilanzielle Eigenkapital eine Verlustausgleichsfunktion aus.

Teilweise wird als fünfte Funktion auf eine Reputations- oder Repräsentationsfunktion verwiesen, da ein höherer Eigenkapitalpuffer Kreditwürdigkeit signalisiere und damit die Möglichkeiten der Aufnahme von Fremdkapital erleichtere. Hierbei handelt es sich jedoch nicht um eine originäre, sondern eine derivative Funktion, die sich aus der Haftungs- und Verlustausgleichsfunktion ableitet: Weil Eigenkapital eine Verteidigungslinie gegen laufende und Liquidationsverluste darstellt, spielt es in der Bonitätsbewertung der Banken eine zentrale Rolle.

Beispiel 1

Fortsetzung des Eingangsbeispiels Modul 1

▸▸▸ Die vier zur Beginn des Buches vorgestellten Unternehmer haben ihre Investitionspläne verwirklicht, stehen aber bereits vor neuen Herausforderungen auf der Finanzierungsseite:

- Der von A aufgebauten Internet-Plattform zum Kauf von Legosteinen ist ein großer Markterfolg beschieden. A benötigt daher dringend größere Räumlichkeiten zur Sortierung der »bunten Mischungen« und überlegt, eine Lagerhalle in der Nähe seines jetzigen Standorts zu erwerben. Bislang arbeitet er ausschließlich mit dem eigenen Kapital (Eigenkapitalquote 100 %). Aufgrund des Markterfolgs bietet ihm jetzt jedoch die örtliche Volksbank zur Finanzierung der Erweiterungsinvestition einen 10-Jahres-Kredit für »nahezu 0 % Zinsen«. Die Höhe des Eigenkapitalpuffers und der Rentabilität ermöglichen A somit eine Diversifikation der Finanzierungsquellen in den Bereich des Fremdkapitals hinein.
- Privatbankier B hat sich familienintern mit der Idee der Modernisierung der IT-Infrastruktur durchgesetzt. Fortwährende technische Probleme führen jedoch dazu, dass der geplante Videochat für Privatkunden immer nicht einwandfrei funktioniert. Seine Familie sieht sich außer Stande, noch weiteres Eigenkapital bereitzustellen. Zugleich halten sich andere Banken mit Überbrückungskrediten sehr zurück. Er sieht den einzigen Ausweg in einem Rückgriff auf die interne Finanzierung aus Vermögensumschichtung und überlegt daher, den Standort München in der Maximilianstraße aufzugeben und die dortige Immobilie zu veräußern.
- C finanzierte sich bisher über einen Kredit seines Auftraggebers. Mittlerweile hat sich sein Architekturbüro bei dem Bauprojekt in China einen guten Ruf er-

worben, so dass er auch mit anderen Bauträgern ins Geschäft kommen könnte. Daher sieht er sich nach neuen Finanzierungspartnern um. Die Industrial and Commercial Bank of China bietet ihm eine Kreditfinanzierung an. C würde damit unverändert mit Fremdkapital arbeiten, allerdings den Anbieter wechseln. Nachdenklich stimmt ihn jedoch, dass die ICBC als Sicherheit die Übertragung sämtlicher Rechte an den vom Architekturbüro bislang erstellten Entwürfen einfordert. Solche Vertragsklauseln war er von seinem bisherigen Financier nicht gewohnt.

- In dem von drei Unternehmen für den Kauf eines Kartenherstellers geschmiedeten Konsortium kommt es zu permanenten Kompetenzstreitigkeiten. Deshalb möchte einer der Automobilhersteller aus dem Eigentümerkreis aussteigen, so dass D seinen Vorstandskollegen den Vorschlag unterbreitet, diesen Anteil zu übernehmen. Hierfür wäre eine Investitionssumme von ca. 1 Mrd. € notwendig. Angesichts des großen Volumens denkt D über eine Kapitalmarktfinanzierung nach. Einerseits könnte die Unternehmung aufgrund ihrer finanziellen Stabilität eine Anleihe auflegen und – insbesondere aufgrund der Wertpapierkäufe durch die EZB – spielend am Markt unterbringen. Die Kostenbelastung hielte sich angesichts des Niedrigzinsniveaus in Grenzen. Doch durch diese Fremdkapitalaufnahme würde die Eigenkapitalquote des Unternehmens auf nur noch 10 % und damit einen für die Branche weit unterdurchschnittlichen Wert sinken. D tendiert daher dazu, neue Aktien auszugeben und damit das Eigenkapital zu stärken. ◂◂◂

9.4 Überblick zentraler Rechtsformen in Deutschland

In erster Linie über die Ausgestaltung der im letzten Abschnitt angesprochenen Eigenkapitalposition und den mit ihr verbundenen Rechten und Pflichten lassen sich verschiedene Rechtsformen deutscher Unternehmen unterscheiden.

Die folgende Tabelle vergleicht neben Mindestanzahl und -kapital bei Gründung auch die zur weiteren Beteiligungsfinanzierung bestehenden Möglichkeiten (vgl. weiter ausführlich Modul 11) sowie Erfolgsansprüche, Leitung und Haftung. Letztere wird dadurch differenziert, ob sie bei Insolvenz auf das eingezahlte Kapital beschränkt ist (**Kapitalgesellschaft**) oder auf Privatvermögen der Eigentümer (**Personengesellschaften**) im Haftungsfall unbeschränkt durchgegriffen werden kann.

Abgesehen von – existierenden, aber komplizierten – Möglichkeiten zum Rechtsformwechsel (Umwandlung) ist die Entscheidung über die **Rechtsform** dauerhaft und daher von **strategischer Bedeutung** (vgl. Süchting 1995, S. 34 f.). In der Praxis wird die Rechtsformentscheidung unter Berücksichtigung einer Vielzahl von formal-juristischen und pragmatischen Aspekten getroffen, z. B. Unternehmensstrategie und -größe, Anzahl und Präferenzen der Gesellschafter, Mindesteigenkapital oder administrative Pflichten (etwa notarielle Eintragung, Pflicht zur doppelten

Tab. 9.3

Überblick zentraler Rechtsformen in Deutschland

	Merkmale / Rechtsform	Gesetzliche Grundlage	(Mindest-) Gründungskapitalgeber	(Mindest-) Gründungskapitalhöhe	Erfolgsansprüche	Leitung	Haftung	Möglichkeiten weiterer Beteiligungskapitalaufnahme
	Einzelunternehmung	§§ 1-104 HGB	1 »Unternehmer«	keine Mindesteinlage, kein festes Eigenkapital	Unternehmer allein	Unternehmer allein	Unternehmer allein/ unbeschränkt (auch mit Privatvermögen)	durch nicht im Unternehmen gebundenes Vermögen des Unternehmers begrenzt
Personengesellschaften	**OHG**	§§ 105-160 HGB (§§ 705-740 BGB subsidiär)	2 Gesellschafter	Gesellschafter leisten Beiträge gemäß Gesellschaftsvertrag	4 % auf die Einlage, Rest nach Köpfen	jeder allein berechtigt	alle Gesellschafter haften gesamtschuldnerisch (auch mit Privatvermögen)	abhängig vom Privatvermögen der Gesellschafter, Aufnahme neuer Gesellschafter ändert Mehrheitsverhältnisse
	KG	§§ 161-177a HGB (§§ 105-160 HGB, 705-740 BGB subsidiär)	1 Komplementär, 1 Kommanditist	wie OHG, Kommanditist hat feste Einlage zu leisten	4 % auf die Einlage, Rest »angemessen«, angesichts Pflichtenverteilung eher zugunsten der Komplementäre	jeder Komplementär allein, in Einzelfällen müssen Kommanditisten Zustimmung erteilen	Komplementäre: wie OHG; Kommanditisten: nur mit der Einlage	für Komplementär wie OHG, insges. aber leichter, da weniger mitarbeits- und risikointensive Kommanditeinlagen möglich
Kapitalgesellschaften	**GmbH/UG**	GmbH-Gesetz	1 Gesellschafter (»1-Mann-GmbH«)	(Stamm-) Kapital ≥ 25 000 €; UG: (Stamm-) Kapital ≥ 1 €	nach den Anteilen am Stammkapital	Geschäftsführer (ggf. gemeinsam); Kontrolle: Gesellschafterversammlung u. ggf. Aufsichtsrat	in Höhe der Einlage, u. U. Nachschusspflicht	vergleichsweise leicht, unternehmerische Pflichten eher gering. Übertragungsprobleme
	AG	Aktiengesetz (AktG)	1 Aktionär	(Grund-) Kapital ≥ 50 000 €	nach den Anteilen am Grundkapital	Vorstand (i. d. R. gemeinsam); Kontrolle: Hauptversammlung und Aufsichtsrat	in Höhe der Einlage	besonders leicht, da Verbriefung in kleinen, fungiblen Anteilen

Tab. 9.3

Überblick zentraler Rechtsformen in Deutschland (Fortführung)

Rechtsform \ Merkmale		Gesetzliche Grundlage	(Mindest-) Gründungskapitalgeber	(Mindest-) Gründungskapitalhöhe	Erfolgsansprüche	Leitung	Haftung	Möglichkeiten weiterer Beteiligungskapitalaufnahme
Kapitalgesellschaften	KGaA	§§ 278-290 AktG	1 Komplementär, 1 Kommanditist (Kommanditaktionär)	Kommanditkapital ≥ 50 000 € (wie bei AG)	4 % auf die Einlage für Komplementäre und Aktionäre als Vorabdividende, Rest in »angemessenem« Verhältnis zwischen Komplementären und Aktionären	Komplementäre; Kontrolle: Hauptversammlung (Kommanditaktionäre) und Aufsichtsrat, jedoch eingeschränkter Einfluss	Komplementär: wie KG; Kommanditisten: nur mit in Aktien verbrieften Einlagen	einfachere Eigenkapitalbeschaffung durch Börsenfähigkeit
Sonstige	eG	Genossenschaftsgesetz	3 Genossen	kein festes Beteiligungskapital	den (eingezahlten) Geschäftsguthaben nach	Vorstand (i. d. R. gemeinsam); Kontrolle: General- oder Vertreterversammlung (Kopfstimmrecht) sowie Aufsichtsrat	in Höhe des Geschäftsanteils, ggf. Nachschusspflicht	abhängig v. satzungsmäßig festgelegter Stückelung, insgesamt aber eher leicht (Stückelung oft 300 € o. ä.)

Buchführung). Pauschal gesagt, muss auch das **Rechtskleid** – wie zuvor erwähnt die Finanzierung – **zum Geschäftsmodell der Unternehmung passen**. Aufgrund dessen variieren **Durchführungswege** sowie **Möglichkeiten** und **Grenzen** der Beteiligungskapitalaufnahme in Abhängigkeit von der gewählten Rechtsform, deren typische Formen und deren Häufigkeiten Abbildung 9.3 zusammenfasst. Ohne diese Rechtsformen an dieser Stelle im Detail behandeln zu können (Modul 11.2), soll die anschließende Fortführung des bekannten Beispiels diese Zusammenhänge illustrieren.

Abb. 9.4

Verteilung privatrechtlicher Unternehmensrechtsformen in Deutschland

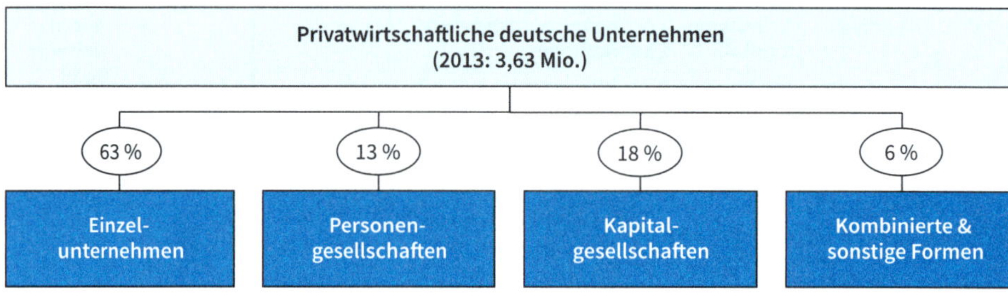

Quelle: Unternehmensregister per 2013, Destatis 2016

Beispiel 1 (Fortsetzung)

▸▸▸ Die Wahl der Rechtsform hat in den vier vorgestellten Unternehmen zu unterschiedlichen Lösungen geführt – mit entsprechenden Konsequenzen für ihre Handlungsspielräume in der Finanzierungspolitik:

- A hat bei seinen unternehmerischen Anfängen im Wohnzimmer als Einzelkaufmann operiert. Die derzeitige Rechtsform erscheint ihm aus Gründen der Leitungs- und Kontrollbefugnis grundsätzlich immer noch sachgerecht. Da er jedoch seinen Studienfreund als Finanzierungspartner gewinnen will, denkt er über die Rechtsform der OHG nach. Beiden ist wichtig, dass sie die weitere Entwicklung ihres Start-ups »möglichst ohne Einmischung von außen« gestalten können.
- B hält für das Privatbankhaus, das bisher als OHG firmiert, aus Finanzierungsgründen eine dringende Veränderung der Rechtsform für erforderlich. Um einerseits den Aspekt der »persönlichen Haftung als Qualitätssignal für den Finanzmarkt« nicht vollständig aufzugeben, andererseits die Eigenkapitalbasis zu vergrößern, schlägt er der Familie die Rechtsform der KG vor. Neben den unverändert persönlich haftenden Familienmitgliedern als Komplementären, hat er Kontakt zu einigen bisher vom Bankhaus schon betreuten Unternehmerfamilien geknüpft, die sich eine Rolle als Kommanditisten gut vorstellen können.
- C betreibt das mittelständische Architekturbüro als Genossenschaft, die er aufgrund der Gleichberechtigung der Partner immer als »wichtiges Element der Unternehmenskultur« begriffen hat. Angesichts der ausgeschriebenen Großprojekte dringen seine chinesischen Partner jedoch auf »mehr Transparenz« und wünschen sich die Umwandlung zu einer börsennotierten AG, die dann auch stärker von der Wirtschaftspresse beobachtet würde. Den damit verbundenen Anforderungen der Börsen und Corporate Governance möchte C aber gerne entgehen und bietet daher als Kompromiss die Umwandlung in

eine KGaA, jedoch ohne Börsennotierung an. Einen Teil seiner Partner kann er zu diesem Zweck davon überzeugen, in die Rolle eines Komplementärs zu wechseln.

- Als Finanzvorstand einer börsennotierten AG besitzt D den größten Handlungsspielraum bei der Gewinnung von Eigen- und Fremdmitteln. Durch den Zugang zum öffentlichen Kapitalmarkt ist die Unternehmung nicht allein auf die Finanzierungskraft der Banken angewiesen, was die Mobilisierung von Finanzierungen für Großprojekte oder Unternehmensübernahmen erleichtert. Allerdings sind hiermit umfangreiche gesetzliche Vorschriften (Publizität, Gesellschaftsrecht etc.) und der Zwang zu einer ausgefeilten Kapitalmarktkommunikation verbunden. ◀◀◀

9.5 Informationsungleichgewichte und Konsequenzen für die Finanzierung

Für welche Finanzierungsinstrumente aus dem großen Spektrum möglicher Alternativen sich der Finanzleiter einer Unternehmung letztlich entscheidet, hängt von einer Reihe von Faktoren ab. Hierbei lassen sich grob **investitions- und unternehmensspezifische Determinanten** unterscheiden. Erstere hängen etwa mit dem Volumen und der Laufzeit einer einzelnen zu finanzierenden Investition zusammen: Je kleiner der Betrag und kürzer die Laufzeit der Investition, desto weniger ist eine Anleiheemission möglich (desto eher bietet sich die Finanzierung über ein Kreditinstitut an), denn zumindest die öffentliche Platzierung von Bonds ist an bestimmte Mindestvolumina und -laufzeiten gebunden (was für die Bankfinanzierung nicht in diesem Maße gilt, vgl. Modul 11). Bei den unternehmensspezifischen Einflussgrößen spielt – wie zuvor schon gesehen – etwa die Rechtsform eine wichtige Rolle. Für die Ausgabe einer Anleihe (Aktie) muss die Unternehmung als Kapitalgesellschaft (Unterform: Aktiengesellschaft) firmieren.

Berücksichtigung von Transaktionskosten bei der Finanzierung

Vor dem Hintergrund des formulierten **Oberziels** der Unternehmung – **Wertschaffung** – wird die Auswahlentscheidung des Finanzleiters nicht zuletzt anhand der mit den jeweiligen Finanzierungsalternativen verbundenen Kosten fallen. Im Zusammenhang mit den in der Realität anzutreffenden unvollkommenen Märkten ist dabei der Begriff der **»Transaktionskosten«** zentral. Bei der Frage nach der Produktionstiefe einer Unternehmung (Selbstherstellung oder Fremdbezug, Make or Buy) wurden von Ronald H. Coase 1937 erstmals Transaktionskosten in die ökonomische Diskussion eingebracht. Da mit wirtschaftlichen Tauschakten auf Märkten Kosten für die Benutzung des Preismechanismus (»Marketing Costs«) verbunden seien, sollte die Betriebsgröße seiner Ansicht nach so lange ausgeweitet werden (vertikale Integration), wie die eingesparten Marketing Costs über den steigenden Organisationskosten lägen. Bis Anfang der 1970er Jahre blieben die Ausführungen von Coase weitgehend unbeachtet. Erst Oliver E. Williamson (1975 und 1985) entwickelte einen Bezugsrahmen zur Systematisierung, Erklärung und Bewältigung von Transaktionsproblemen. Unter dem Titel »Markt oder Hierarchie« beschäftigt sich sein Forschungsprogramm mit der Frage, warum wirtschaftliche Beziehungen teilweise über den Markt, zum Teil aber auch in Unternehmungen (hierarchisch) abgewickelt werden. Die Antwort lautet im Kern, dass immer dann Unternehmen entstehen, wenn die Kosten der marktlichen Koordination (= Transaktionskosten) besonders hoch sind.

Für Williamson stellen Transaktionskosten das ökonomische Pendant zum Reibungsbegriff der Physik dar: Während sich dort Energieverluste dadurch ergeben, dass Zahnräder nicht exakt ineinandergreifen oder nicht alle Teile einer Produktionsmaschine ausreichend »geschmiert« sind, fallen hier Aufwendungen in Form von **Informations- bzw. Kommunikationskosten für die Anbahnung, Vereinbarung, Abwicklung, Kontrolle und Anpassung des zwischen zwei Parteien geschlossenen Vertrages** an (Picot 1991).

Derartige Kosten entstehen sowohl bei Marktbeziehungen als auch im Fall der unternehmensinternen Leistungserstellung. Für das Niveau und die Struktur der Transaktionskosten bedeutet es aber einen Unterschied, ob Leistungen vom Markt bezogen oder in Eigenregie produziert werden. In Übertragung dieses Gedankens muss die Fragestellung »Make or Buy« an dieser Stelle lauten: **Wann schalten Unternehmen durch die Buchkreditaufnahme Finanzintermediäre wie Banken ein, wann treten sie ohne deren Hilfe direkt an Kapitalmärkte heran** (Anleiheemission, bei denen Banken allenfalls eine Verteilfunktion übernehmen)?

Auch mit der Eigentumsübertragung bei Finanztiteln und Zahlungsmitteln verbinden sich Faktoreinsatzkosten, die als **Transaktionskosten** bezeichnet werden können. Legt man wiederum die Unterteilung von Picot zu Grunde, so fallen diese bei **Finanzverträgen** etwa an für die:

- **Anbahnung**: Kapitalgeber und Kapitalnehmer müssen Suchkosten in Kauf nehmen, um den Marktpartner zu finden.
- **Vereinbarung**: Über die Modalitäten des Finanzkontraktes wird verhandelt, es sind Abstimmungen notwendig.
- **Abwicklung**: Konkrete Durchführung des Leistungsaustauschs durch Übertragung bzw. Transformation von Finanzmitteln.
- **Kontrolle**: Es entstehen Kosten für die Überwachung der Vertragsbestimmungen (etwa die Entwicklung und den Betrieb eines Systems zur Kontrolle des Zahlungseingangs).
- **Anpassung**: Zusatzkosten aufgrund nachträglicher Vertragsmodifikationen (z. B. Zahlungsaufschub).

Banken werden als Institutionen betrachtet, die sich auf den Umgang mit den für finanzielle Transaktionen erforderlichen Informationen spezialisiert haben. Sie besitzen dann eine ökonomische Existenzberechtigung, wenn es ihnen gelingt, Gläubiger und Schuldner zu geringeren Kosten als im Falle des direkten Kontaktes zusammenzuführen. Die Spezialisierungsvorteile können in sinkenden Stückkosten auf Grund der massenhaften Ausführung gleichartiger Leistungen oder Kosteneinsparungen aus der gemeinsamen Produktion ähnlicher Leistungen im Verbund bestehen (vgl. hier und im Folgenden Baltensperger/Milde 1987; Freixas/Rochet 1997).

Informationsbedingte Transaktionskosten

Transaktionskosten im weiteren Sinne können jedoch auch aus **Informationsproblemen** resultieren, die im Modul 7 bei der Darstellung des delegierten Portfolio-Managements kurz benannt wurden. Da menschliches Wissen ungleich verteilt ist, sehen sich potenzielle Vertragspartner grundsätzlich mit zwei Problemen konfrontiert:

- Sie sind **vor Vertragsabschluss** unsicher über die Qualität der Produkte bzw. Leistungen, die ihr Gegenüber anbietet (**Hidden Information**).
- Sie müssen **nach Eingehen des Kontraktes** mit der Möglichkeit rechnen, dass die Gegenpartei sich ohne ihr Wissen vertragswidrig verhält oder zumindest einen eingeräumten Handlungsspielraum in egoistischer Weise ausnutzt (**Hidden Action**; Begriffe nach Arrow 1985).

Screening

Die **Qualitätsunsicherheit** ist dadurch gekennzeichnet, dass das **Verhalten des Vertragspartners vor Vertragsschluss unbekannt** ist. Da die Marktparteien die Kosten der Informationsbeschaffung gegen die Nachteile abwägen, die aus einer Entscheidung bei unvollständiger Information erwachsen, kann die Kenntnis der Marktgegenseite durch hohe Kosten des Sortierens (**Screening**) und Beurteilens eingeschränkt sein. Darüber hinaus ist aber auch der Fall denkbar, dass nur pauschale und damit zu ungenaue Informationen verfügbar sind, etwa wegen der Notwendigkeit des Vertragsschlusses zu einem Zeitpunkt, in dem sich die Marktpartner kaum einschätzen können. Wenn die durch den Marktmechanismus erzeugten Preise, in denen eine Qualitätsbewertung zum Ausdruck kommt, zu stark vereinheitlichen, ebnen sie Qualitätsunterschiede ein (»gepoolter Markt«, Spremann 1990, S. 579). In der Folge sehen sich die Anbieter überdurchschnittlicher Qualität benachteiligt und verlassen den Markt. Es verbleiben folglich nur noch die Anbieter minderer Qualität, die mit einem relativ zu hohen Preis belohnt werden. Somit hat eine Gegenauswahl bzw. Negativauslese stattgefunden, die nach Akerlof als **»Adverse Selection«** bezeichnet wird (Akerlof 1970).

Problem der Adverse Selection

Jaffee/Russell (1976) und Stiglitz/Weiss (1981) übertrugen den Gedanken der Adverse Selection erstmals auf Finanzmärkte, um Zustände der Kreditrationierung zu erklären. Die Konditionsangebote der Kreditgeber sind demnach aufgrund ihrer unvollständigen Kenntnis der Bonität der einzelnen Kreditnachfrager auf eine durchschnittliche Kreditwürdigkeit abgestellt. Kreditnehmer guter Bonität ziehen sich dann vom Markt zurück, wenn ihnen wegen einer zu starken Subventionierung von schlechteren Kreditnachfragern keine Vorteile mehr aus der Fremdfinanzierungsbeziehung erwachsen. Während Kreditnehmer guter Qualität somit benachteiligt werden, bleibt dem Kreditgeber nur eine Bedienung der Nachfrager mit hohem Ausfallrisiko. Auf einem Markt mit potenziellen Schuldnern, deren Bonität sich kaum differenzieren lässt, erhalten somit einige Nachfrager keinen Kredit oder zumindest ein geringeres Volumen, als sie zu einem gedachten, markträumenden Zinssatz nachfragen würden.

Signaling

Da mit dem Screening zum Teil hohe Kosten verbunden sind, bietet sich zur Überwindung der Informationsasymmetrie eher der Weg der Offenbarung bzw. Selbstdeklaration (**Signaling**) an. Screening und Signaling können als zwei Seiten einer Medaille betrachtet werden: **Screening bezeichnet den Prozess der Infor-**

mationsgewinnung aus Sicht des schlechter Informierten, während Signaling die Informationsübertragung durch den besser Informierten meint. Bei der Selbstdeklaration versuchen Anbieter guter Qualitäten Kontrakte zu offerieren, aus denen für die uninformierte Gegenseite glaubhaft ein Qualitätsvorsprung hervorgeht. Für die Anbieter schlechter Qualitäten darf es dabei nicht profitabel sein, die guten zu imitieren. Auf dem Gebrauchtwagenmarkt könnte ein Signalkontrakt aus den Elementen »überdurchschnittlich hoher Preis« und »langfristige Mängelgarantie« bestehen. Nur für Besitzer guter Wagen ist ein derartiges Angebot risikolos. Die Anbieter schlechter Fahrzeuge können diesen Kontrakt nicht eingehen, da sie mit großer Wahrscheinlichkeit zur Garantieleistung herangezogen würden. Milde 1987 erklärt Angebote wie »Sie erhalten einen Kredit ohne Bonitätsprüfung!« ebenfalls mit dem Mechanismus der Selbstselektion. Das Institut bietet Verträge mit unterschiedlichem Zins an; eine Kreditgewährung ohne Kreditwürdigkeitsprüfung ist mit einem höheren Zinssatz verbunden. Nur gute Schuldner können es sich leisten, ihre Bonität überprüfen zu lassen, schlechte Schuldner zahlen lieber eine höhere Risikoprämie. Hierdurch ergeben sich für das anbietende Kreditinstitut Einsparungen bei den Prüfungskosten.

Incentive Signaling Approach

Entwickelt wurde die Signaling-Theorie von Spence 1973 für den Arbeitsmarkt, durch Ross (1977 und 1978) wurde sie auf Finanzmärkte übertragen. Seine Grundannahme war, dass die Kapitalmarktinvestoren auf Grund von Informationsnachteilen im Vergleich zum Management einer Unternehmung die »wahren« Unternehmenswerte nicht beurteilen könnten. Im Incentive Signaling Approach signalisiert die Unternehmensleitung durch die Wahl des Verschuldungsgrades die Risikoklasse und somit auch den Wert der Unternehmung, an den sich ihre Vergütung knüpft. Der Kapitalmarkt wird durch die Höhe des aufgenommenen Fremdkapitals (Signal) informiert: Je größer der Fremdkapitalanteil, desto höher ist der Unternehmenswert in t_0 (und damit die Entlohnung), umso höher aber auch die Gefahr bei einer negativen Wirkung des Leverage-Effekts (siehe auch Modul 13). Auf der Grundlage seines Insiderwissens wählt das Management einen bestimmten Fremdkapitalbetrag, und der Markt leitet hieraus den »richtigen« Wert der Unternehmung ab. Wenn im Zwei-Perioden-Fall die Tilgungsverpflichtung den in der zweiten Periode vorliegenden Unternehmenswert übersteigt (Überschuldungskonkurs), dann würde die Geschäftsleitung durch eine im Entlohnungssystem (Incentive Schedule) eingebaute Pönale bestraft. Die Bestrafung entspricht einer Belastung des Managements mit Signaling-Kosten im Falle des Aussendens falscher Signale. Im Ansatz von Ross signalisiert daher eine im Vergleich zu anderen Unternehmen höhere Verschuldung glaubhaft einen höheren Unternehmenswert und gewährleistet damit die Unterscheidbarkeit der auf dem Kapitalmarkt gehandelten Unternehmungen.

Gefahr des Moral Hazard

Die Gefahr verborgener Handlungen **nach Vertragsabschluss** wird als **Moral Hazard** bezeichnet (Holmström 1979). Im Gegensatz zum diskutierten Fall der Qualitätsunsicherheit ist das Verhalten der Vertragspartner dabei nicht exogen vorgegeben, sondern unterliegt der freien Willensbildung und lässt sich weder ex ante noch ex post hinreichend qualifizieren. Ursprünglich wurde Moral Hazard (ein moralisches Wagnis) im Rahmen der Beziehung einer Versicherungsgesellschaft mit ihren Kunden betrachtet. Sobald zwischen den beiden Parteien ein Vertrag (z. B. über eine

Sachversicherung) geschlossen ist, besteht für die Gesellschaft die Gefahr, dass der Versicherte eine »Vollkaskomentalität« entfaltet, nachlässig und bequem wird oder sogar bewusst einen Schaden herbeiführt.

Prinzipal/Agenten-Beziehung

Die sich mit Problemen der Delegation von Aufgaben beschäftigende **Agency-Theorie** (Jensen/Meckling 1976) stellt die Annahme des Moral Hazard in einen allgemeineren Zusammenhang. Ausgangspunkt der Theorie ist die Tatsache, dass in zahlreichen Vertragsbeziehungen ein **Prinzipal** (z. B. der Eigentümer einer Unternehmung) eine Aufgabe an einen **Agenten** (Geschäftsführer der Gesellschaft) überträgt und ihn für dessen Arbeit entlohnt. Zwar erfährt der Prinzipal das Ergebnis der Tätigkeiten des Agenten etwa aus dem Geschäftsabschluss, er kann jedoch auf Grund seines Informationsnachteils nicht feststellen, inwieweit dieses durch die Handlungen des Agenten oder aber exogene Einflüsse hervorgerufen wurde. Über Fleiß, Anstrengung und Sorgfalt des Agenten ist dem Prinzipal demnach kein sicheres Urteil möglich.

Unter diesen Voraussetzungen besteht erstens die Gefahr der Faulheit des Agenten (Drücken vor der Arbeit = Shirking); zweitens kann der Beauftragte Consumption on the Job betreiben (teure Dienstwagen und Reisen), da ihm z. B. als Manager ein Unternehmensgewinn nur anteilig, derartige Vergünstigungen während seiner Tätigkeit aber exklusiv zukommen. Darüber hinaus muss der Prinzipal drittens damit rechnen, dass der Agent Handlungen unternimmt, die aus seiner Sicht suboptimal sind, da sie z. B. seiner Risikoneigung nicht entsprechen (etwa im Bereich der Investitionspolitik).

Monitoring und Agency Costs

Zwei Wege lassen sich zur Lösung der aufgezeigten Probleme beschreiten (Ross 1973): Der Prinzipal kann zum einen versuchen, das Verhalten des Agenten durch **Anreize** – insbesondere im Bereich der Entlohnung – zu lenken. Ein hohes Aktivitätsniveau verspricht man sich im Allgemeinen durch die Anbindung des Managergehalts an den Unternehmensertrag. Zum anderen bietet sich eine **Verhaltenssteuerung** über direkte Handlungsanweisungen (wie z. B. die Vorgabe bestimmter Bilanzkennziffern) an. Da der Beauftragte jedoch annahmegemäß über einen Wissensvorsprung verfügt, kann der Auftraggeber nicht für alle zukünftigen Umweltzustände vertragliche Regelungen aufstellen, sondern muss einen **Handlungsspielraum** zugestehen. Eine Ausnutzung dieses Dispositionsbereichs wird der Prinzipal durch Überwachung und Kontrolle (**Monitoring**) der Managerentscheidungen zu verhindern suchen. In diesem Zusammenhang wurden drei Komponenten von **Agency Costs** herausgearbeitet:

- Bonding Costs für die vertragliche Vereinbarung eines Handlungsrahmens,
- Monitoring Costs der Überwachung sowie
- ein Residual Loss als Differenz zwischen einem für den Prinzipal optimalen Verhalten des Agenten und dem tatsächlichen.

Um den verbleibenden Verlust bzw. entgangenen Nutzen zu minimieren, werden die ersten beiden Kosten in Kauf genommen. Hieraus lässt sich jedoch keine präzise Handlungsanweisung im Hinblick auf den Umfang der Verhandlungs- und Überwachungstätigkeiten ableiten, da der Residual Loss nicht beziffert werden kann. Dafür müsste nämlich bekannt sein, unter welchen Bedingungen der maximale Nutzen des Auftraggebers erreicht wird; dann jedoch ließen sich die dafür erforderlichen Handlungen des Agenten auch vertraglich vereinbaren, womit dessen Handlungsspielraum entfiele und das Prinzipal-Agent-Problem gegenstandslos würde (Schneider 1995, S. 279).

Agency-Probleme in Finanzierungsbeziehungen

Unabhängig von diesem grundsätzlichen Quantifizierungsproblem wird die Agency-Theorie aber zumindest zur **Veranschaulichung von Konflikten auch in Finanzierungsbeziehungen** nutzbar gemacht. Wie auf der Ebene Anteilseigner – Manager, so zeigen sich ebenfalls in der Beziehung zwischen **Kapitalgeber (Prinzipal)** und **-nehmer (Agent)** Delegationsprobleme. Zwar enthält jeder Finanzierungsvertrag eine Regelung darüber, wie sich die unsicheren Erträge aus dem finanzierten Investitionsprogramm auf unterschiedliche Gruppen verteilen (etwa Eigen- und Fremdkapitalgeber, alte und neue Kapitalgeber, Manager – Eigentümer). Da dem Agenten jedoch ebenso wie in Arbeitsverträgen Handlungsspielräume zugestanden werden müssen, taucht wiederum das Moral Hazard-Problem auf – hier in Form von Entscheidungen des Schuldners nach Kapitalüberlassung, die den Wert des auf ihn entfallenden Ertragsanteils erhöhen. So könnte der Agent (z. B. der geschäftsführende Gesellschafter einer GmbH) etwa möglichst risikoreiche Investitionsprojekte verfolgen, weil ihm ein über die Zins- und Tilgungsleistungen hinausgehender Gewinn zustünde, der Prinzipal (eine kreditgebende Bank) aber an einer Risikominimierung interessiert sein. Er erhält höchstens den im Vorhinein vereinbarten Zinssatz, muss allerdings eventuelle Verluste mittragen. **Zentrales Element der finanziellen Agency-Theorie ist daher die Frage, wie sich durch die Vertragsform der Kapitalüberlassung eine möglichst weitgehende Zielharmonie zwischen den Beteiligten erreichen lässt.** Dabei werden den Gefahren für die Gläubiger mögliche Schutzvorkehrungen gegenübergestellt.

Diamond-Modell

Zur Lösung der zwischen Kapitalgeber und -nehmer auftretenden Interessenkonflikte schlägt Diamond 1984 die **Einschaltung eines Finanzintermediärs »Bank«** vor.

Diamond beschreibt den Fall einer Unternehmensfinanzierung für ein Projekt mit positivem Kapitalwert, die auf Grund ihres großen Volumens mehrerer Kapitalgeber bedarf und beleuchtet dabei die Delegationsprobleme zwischen den Fremdkapitalgebern (Prinzipals) und dem Management (Agents) einer Unternehmung. Typischerweise liegt eine **asymmetrische Informationsverteilung** vor, denn nur die Agenten können den realisierten Ertrag des Investitionsprojektes beobachten. Ein möglicher Schutz der Prinzipale vor Falschinformationen durch die Unternehmensleitung (etwa mit Hilfe von vertraglichen Vereinbarungen, Covenants) würde – so Diamond – den Nachteil der Inflexibilität in sich bergen. Schon bei geringen Konjunkturschwankungen oder Veränderungen exogener Faktoren wie der Löhne sei es schwierig, bestimmte Bilanzstrukturkennziffern oder Normrenditen einzuhalten bzw. zu erreichen. Daher müsse stets ein Handlungsspielraum für die Manager verbleiben, woraus eine **Kontrollaufgabe** für die **Fremdkapitalgeber** resultiere.

Als mögliche Fremdkapitalgeber betrachtet Diamond zunächst die Käufer von Wertpapieren der Unternehmung. Diese hätten nur einen geringen Anreiz, etwa durch die intensive Auswertung der Wirtschaftspresse oder eigene Anfragen an das Unternehmen, dessen Management zu überwachen. Ein »Do it yourself-Monitoring« des Anlegers sei insbesondere dann zu teuer, wenn dieser nur einen relativ kleinen Anteil an der Unternehmung besitze. In diesem Zusammenhang taucht die Public Goods Problematik auf: Wenn nur ein Investor die Unternehmung überwachen würde, so profitierten doch alle anderen ohne Gegenleistung hiervon (Trittbrettfahrer- bzw. Free Rider-Effekt). Da ein einzelner Anleger lediglich seinen persönlichen Nutzen (und nicht auch den der übrigen Marktteilnehmer) mit seinen Kosten konfrontiere, erscheine das Beobachten als zu kostspielig, so dass letztlich kein Investor zu Aufwendungen bereit sei und ein Kontrolldefizit entstehen könnte.

Kontrollfunktion von Banken

Unterstellt man Kosten für die Kontrolle der Unternehmung in Höhe von K (= Monitoring Costs pro Kapitalgeber), dann entstünden bei n benötigten Kapitalgebern auch $n \cdot K$ Überwachungskosten, die mit zunehmender Zahl der Kapitalgeber den Nutzen bzw. die Ersparnisse durch das Monitoring (S) übersteigen dürften. Diamond schlägt daher vor, zahlreiche kleinere Anleger könnten einen Finanzintermediär (Bank) beauftragen, für sie die Beobachtung der Unternehmung durchzuführen (**Delegated Monitoring**). Sobald eine Bank Einlagen bündele und als Kredit vergebe, könne eher ein Anreiz zur Unternehmensüberwachung vermutet werden, da sie einen größeren Kapitalbetrag investiert habe als der Käufer weniger Wertpapiere. Durch die Einschaltung des Intermediärs wird jedoch zunächst das originäre Agency-Problem aus der Beziehung der Kapitalanleger und der Unternehmung durch ein derivatives (Kapitalanleger – Bank) abgelöst: Es entstehen **Delegation Costs** (D) für die Kontrolle des Intermediärs, da auch dieser in Konkurs gehen kann. Eine Intermediation ist daher nur dann sinnvoll, wenn:

$$K + D < \min (S; n \cdot K),$$

also die Kosten einschließlich der Einschaltung des Intermediärs (K + D) unter den Ersparnissen durch das Monitoring (S) bzw. den Kosten des direkten Beobachtens ohne Intermediär ($n \cdot K$) liegen.

Diamond hält die Delegation Costs aber mit dem Hinweis auf die **Diversifikationsmöglichkeit** der Kreditinstitute für vernachlässigbar. Eine Risikostreuung folge erstens aus den Vorschriften der Bankenaufsicht, zweitens tendierten Kreditinstitute zur Stabilisierung ihres Ertrages bereits von selbst dazu, ihr Investitionsportefeuille nicht zu stark auf einzelne Kreditnehmer, Kundengruppen, Regionen usw. zu konzentrieren. Finanziert würden demnach Projekte mit nicht vollständig positiv korrelierten Erträgen. Da es unwahrscheinlich sei, dass alle Kreditnehmer einer Bank zu einem Zeitpunkt ihren Zahlungsverpflichtungen nicht mehr nachkommen könnten, gehe die Konkurswahrscheinlichkeit des Intermediärs und damit die Höhe der Delegationskosten des »Monitoring the Monitor« für den Einleger mit zunehmender Größe des Kreditbestands gegen null, so dass die Bank ein kostengünstiger **Kontrollagent der Sparer** sei.

Dass der Kapitalmarkt das Ausüben dieser Kontrollfunktion unterstellt, wurde auch in empirischen Studien gezeigt. So untersuchte z. B. James 1987 die Auswirkungen von Kreditvereinbarungen, privaten und öffentlichen Platzierungen von Schuldtiteln, indem er die Aktienkursveränderungen der jeweiligen Unternehmen am Publikationstag mit der Entwicklung eines repräsentativen Marktindex konfrontierte. Danach schlug sich die Ankündigung von Kreditprogrammen signifikant positiv, diejenige von privaten und öffentlichen Schuldtitelplatzierungen deutlich negativ im Kurs nieder. Der Aktienkurs sank dabei insbesondere dann, wenn aus den Veröffentlichungen der Unternehmung hervorging, dass mit dem Erlös der emittierten Wertpapiere Kredite zurückgeführt werden sollten. Der positive Effekt hingegen war unabhängig davon, ob sofort beanspruchte Kredite oder Kreditlinien zur Verfügung gestellt wurden. Auch die Art des finanzierten Projektes (sofern aus den Zeitungsberichten zu entnehmen) übte keinen signifikanten Einfluss auf die Börsenkursentwicklung aus.

Lummer/McConnell 1989 werteten die Zeitungsberichte über Kreditvereinbarungen zwischen börsennotierten US-Unternehmen und amerikanischen bzw. ausländischen Kreditinstituten aus. Im Hinblick auf die Kreditprogramme, die im Jahresabschluss als »neu« bezeichnet wurden, ergab sich keine merkbare Veränderung des Aktienkurses im Zeitpunkt ihrer Ankündigung. Selbst wenn Kreditverträge innerhalb einer neuen Bankverbindung zu günstigeren Bedingungen als in der alten abgeschlossen wurden, schlug sich dies nicht im Kurs nieder. Bei den Modifikationen bereits bestehender Kreditprogramme innerhalb einer etablierten Bankverbindung reagierte die Börse dagegen deutlich: positiv, bei eindeutig guten Nachrichten (wie z. B. gesunkenen Zins- bzw. Sicherheitsanforderungen), negativ auf entsprechend schlechte Mitteilungen (etwa eine Verminderung des ursprünglich zugesagten Kreditvolumens). Die Ergebnisse dieser empirischen Studien legten den Schluss nahe, dass allein die Einschaltung eines Kreditinstituts noch kein positives Signal darstellt. Nach dem Vertragsabschluss muss sich der Intermediär erst einen Informationsvorsprung erarbeiten. Im Laufe der Kundenbeziehung wachsen aus dem Monitoring seine Kenntnisse über den Kreditnehmer. Daher werden vom Markt nur die Folgeentscheidungen als Signal angesehen.

Reputationsaufbau in Finanzierungsbeziehungen

Bei **Beziehungen** (= mehrperiodige Verträge) kann es einem Agenten gelingen, **Reputation**, also einen guten Ruf aufzubauen. Durch den langjährigen Umgang erhält der Principal ein genaueres Bild vom Beauftragten und kann daher seine kostenintensiven Monitoring-Aktivitäten reduzieren (Milgrom/Roberts 1982). Die Reputation eines Agenten »rechtfertigt und fördert eine gewisse Erwartung« (Spremann 1996, S. 710) hinsichtlich seiner Handlungen im Sinne des Prinzipals. Berechtigt ist diese Erwartung, da der Aufbau der Reputation – im Gegensatz zu anderen Wohlstandspositionen des Agenten, die sich als Pfand eignen (z. B. Sicherheiten) – nur durch ein bestimmtes Verhalten gelingen konnte, dessen Fortsetzung auch für die Zukunft angenommen wird: durch vom Agenten bei früheren Gelegenheiten gezeigte Sorgfalt und damit Berechenbarkeit seines Arbeitsergebnisses. Zudem fördert sie dem Prinzipal genehme Handlungen, da der Agent seinen guten Ruf nicht verspielen möchte, um nicht erneut Signalkosten für seine gute Qualität aufwenden zu müssen. Die Reputation wird somit zu einem wertvollen Asset für den Agenten.

Der Begriff der Reputation wurde daher auch im Rahmen von Kreditbeziehungen untersucht (Diamond 1989 und 1991). Reputation (Standing, Kreditwürdigkeit, Bonität in Bezug auf einen finanziell guten Ruf) kann ein Unternehmen in diesem Zusammenhang erwerben, wenn es stets seinen Zins- und Tilgungsverpflichtungen nachkommt.

Relationship Lending

Verfügt ein Unternehmen über eine **Hausbank**, so lassen sich der Aufbau und die Konsequenzen eines guten Rufs besonders plastisch demonstrieren. Im Gegensatz zu den angelsächsischen Ländern unterhalten deutsche Unternehmen häufig dauerhafte, enge Verbindungen zu einer Bank, mit der sie ein größeres Geschäftsvolumen als mit jedem anderen Kreditinstitut abwickeln (Modul 12). Diese Hausbank betreut das Finanzierungs-, Anlage-, Wertpapier- und Beteiligungsgeschäft der Gesellschaft und erhält damit allein durch die Zahl der Geschäftsvorfälle (über die gesetzlich vorgeschriebenen Informationen hinaus) einen tieferen Einblick in die Unternehmung als andere Fremdkapitalgeber. In der Regel wird ihr Zugang auch zu sensiblen, vertraulichen Informationen gewährt, die noch nicht an den Markt gelangen sollen (etwa technische Neuentwicklungen). In diesem Zusammenhang sieht die Literatur einen **Bankkredit** auch als **Inside Debt** im Gegensatz zum **Arm's Length Debt** (Fama 1985 und Rajan 1992) in Form einer **Anleihe** an. Betont wird, dass gerade kleinere Banken in ihrem stark relationship-getriebenen Mittelstandsgeschäft individuelle **»soft information«** (Charakteristika des Unternehmers) aufnehmen, während größere Banken Vorteile aus der massenhaften Generierung standardisierter **»hard information«** ziehen könnten.

Zwar sind Long Term Relationships nicht immer »like marriage« (Haubrich 1989, S. 18), doch wird die Hausbank über die Dauer der Absatzbeziehung »familiar with financial histories« (Fama 1990, S. 85). Durch langjährige, persönliche Kenntnis des Managements können die zuständigen Mitarbeiter der Bank besser beurteilen, ob dauerhaft schlechte Unternehmensergebnisse tatsächlich durch exogene Einflüsse oder aber Fehler der Unternehmensleitung bedingt sind. Haubrich verwendet dafür die vereinfachende Formel, dass ein Agent negative Geschäftsergebnisse nicht ständig »auf die Umwelt schieben« könne. Ein guter Ruf hingegen schlägt sich z. B. in einem vergleichsweise niedrigeren Zinssatz bzw. höheren Kreditrahmen oder aber darin nieder, dass die Unternehmung Kredite mit geringeren Besicherungsanforderungen erhält oder die Hausbank im Falle einer Unternehmenskrise eher zur Unterstützung bereit ist.

Anreize zu Fleiß, Sorgfalt und Anstrengung des Managements ergeben sich aus der Möglichkeit der Bank, die Kreditbeziehung aufzukündigen. Eine derartige Sanktion stellt dann eine ernste Drohung dar, wenn das Unternehmen **»Informationally Captured«** ist (Sharpe 1990, S. 1070). Das mit der Dauer der Geschäftsbeziehung gegenüber dem Partner erworbene Standing lässt sich unter Umständen nicht ähnlich problemlos wie ein materieller Sicherungsgegenstand in andere Kreditbeziehungen einbringen (**Lock-in-Effekt**). Die in langjährigem Umgang gewonnenen Erfahrungen stellen exklusive Informationen dar, so dass eine Unternehmung bei einem Wechsel eventuell Konditionen hinnehmen müsste, die ihrer Bonität nicht gerecht würden.

Ein Schutz vor unerwünschten Handlungen der Unternehmung wird daher in einem zunehmenden Wert des Standings gesehen. Hat etwa im Laufe der Kreditbeziehung der von der Gesellschaft bei einer Finanzierung im Durchschnitt zu zahlende Zinssatz abgenommen, so erhöhen sich c.p. auf Grund des niedrigeren Kalkulationszinses die Barwerte der zukünftigen Einzahlungsüberschüsse aus ihrem Investitionsprogramm. Die Gesellschaft wird daher mit steigender Bonität immer stärker davor zurückschrecken, ihre Kreditwürdigkeit zu gefährden. Hat sich allerdings ein guter Ruf auch bei anderen potenziellen Prinzipalen verbreitet, kann die Reputation in dem Sinne »gemolken« werden (Nippel 1992, S. 991), dass sich eine Unternehmung aus der »informationellen Umklammerung« der Hausbank löst und den Wettbewerb möglicher Kapitalgeber ausnutzt.

Informationsasymmetrie und Wahl der Finanzierungsform

Demnach ist auch auf die **Wahl der Kapitalquellen** bezogen ein **Lebenszyklus** denkbar (Diamond 1991). Bei der erstmaligen Suche einer Unternehmung nach Finanzierungsmitteln besteht bei potenziellen Kapitalgebern eine starke Qualitätsunsicherheit, zudem ist die Angst vor Moral Hazard besonders ausgeprägt. Daher schalten sie als Kontrollagenten eine Bank ein und beobachten deren Entscheidungen in den folgenden Perioden. Die Unternehmung wiederum wird versuchen, durch einen dauerhaften, vertrauensvollen Umgang mit zunächst nur einer Bank einen guten Ruf aufzubauen, der auch an andere Banken oder sonstige mögliche Kapitalgeber dringt (Farinha/Santos 2002). Gelingt dieses, so kann sich die Gesellschaft in späteren Jahren über den anonymeren Wertpapiermarkt finanzieren, und das Delegated Monitoring verliert an Bedeutung. Der Kapitalgeber bringt dem Kapitalnehmer mit steigender Zahl der Perioden, in denen positive Erfahrungen gesammelt wurden, zunehmendes Vertrauen entgegen, dessen Wert aus Sicht des Finanzierten im Zeitverlauf steigt. Gleichzeitig nimmt die Notwendigkeit von Überwachungsmaßnahmen ab, so dass die Kontrollkosten sinken. Der von der Unternehmung selbst erkannte Wert des guten Rufs könnte demnach eventuelle Kontrolldefizite aufwiegen. Somit erscheint ein Intermediär »Bank« in der Rolle des Kontrollagenten für derartige Unternehmungen zwar überflüssig, dennoch wird er häufig von der Finanzierung der Gesellschaft nicht vollständig ausgeschlossen. Für den Fall, dass z. B. die Wertpapiermärkte aufgrund externer Faktoren eine Emission der Gesellschaft nicht aufnehmen könnten, wäre es erforderlich, doch wieder auf Kreditinstitute zurückzugreifen. Im Sinne einer Versicherung wird deshalb der vertrauensvolle Umgang mit der Bank nicht gänzlich aufgegeben. Damit würde sich auch das in der Realität selbst bei großen, renommierten Unternehmungen anzutreffende **Nebeneinander von Bank- und Kapitalmarktfinanzierung** erklären (Seward 1990).

Die Nachfrager nach Finanzmitteln lassen sich aus diesen Überlegungen heraus auf einem Kontinuum nach dem Grad der mit ihnen verbundenen Informationsprobleme anordnen (Abb. 9.5).

Eine erste Gruppe von Unternehmen kann sich weder über Intermediäre noch den Kapitalmarkt Finanzmittel beschaffen, da die mit einer Gläubigerposition verbundenen Informationsrisiken als zu hoch eingeschätzt werden; somit ergibt sich für sie ein Zwang zur Selbstfinanzierung. Vice versa besteht für diejenigen Unternehmen ein Zugang zur Wertpapierfinanzierung, die über einen allgemein verbreiteten, guten Ruf verfügen. Es wird unterstellt, dass sich diese Schuldner auf Grund

Abb. 9.5

Kontinuum der Kapitalnachfrager – geordnet nach dem Grad der Informationsasymmetrie

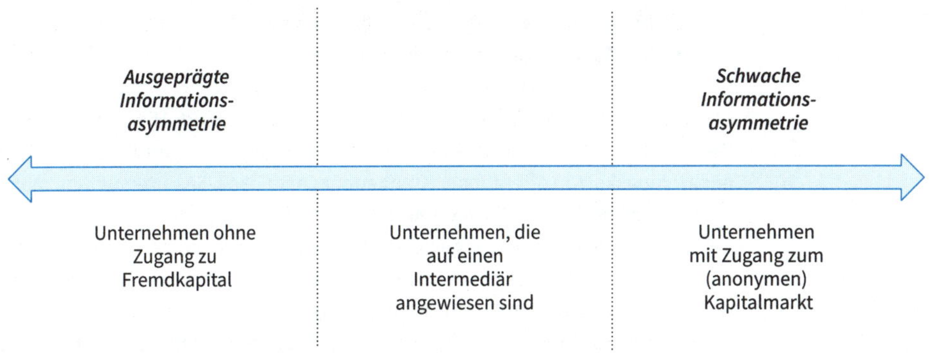

Quelle: Paul 1994, S. 116; ähnlich Berger/Udell 1993

der dann schwächer ausgeprägten Informationsasymmetrie auch mit geringeren Kosten beobachten lassen und ihnen dadurch der direkte Kontakt mit den Geldanlegern (statt unter Bemühung eines Mittlers) ermöglicht wird. Lediglich Unternehmen mit Informationsproblemen im mittleren Bereich des Kontinuums sind auf die Einschaltung eines Intermediärs angewiesen; ein Monitoring durch den Kapitalmarkt ist nicht oder nur zu prohibitiv hohen Kosten möglich. Sie können die Informationsasymmetrie (noch) nicht durch Reputation kompensieren.

Fraglich ist, wonach sich der **Grad der Informationsasymmetrie** bestimmt. In Erweiterung der Studien von James 1987 und Lummer/McConnell 1989 berichteten Slovin/Johnson/Glasock 1992, dass die Kursausschläge nach der Einschaltung eines Intermediärs bei **kleineren** Unternehmen besonders ausgeprägt gewesen seien. Die größten Kurssteigerungen nach dem Eingehen oder der Erneuerung eines Kreditprogramms zeigten sich in der Gruppe der »Small Firms«; keine signifikanten Reaktionen der Börse ergaben sich bei »Large Firms«. Dieses Resultat erscheint aus zwei Gründen plausibel. Zunächst kann bei börsengehandelten Unternehmen wohl von einer weitgehend gleichen Publizität ausgegangen werden, so dass ein Indikator für die Reputation vorhanden wäre. Dagegen fehlt häufig das Medium zur Verbreitung des guten Rufs, wenn die Wirtschaftspresse kleineren Unternehmen eine deutlich geringere Beachtung schenkt. Zum zweiten ergab die in den USA durchgeführte Befragung »National Survey of Small Business Finance«, dass kleinere und mittlere Unternehmen (bestimmt durch eine Mitarbeiterzahl von unter 500) ihre gesamten Finanztransaktionen zumeist mit nur einer Bank abwickeln. Dieses Institut erlangt dann einen sehr weitgehenden Einblick in die finanzielle Situation der Kreditschuldner.

Die Untersuchungen von Petersen/Rajan (1994) und Berger/Udell (1995), die sich auf die Gruppe kleinerer Unternehmen bezogen, belegen darüber hinaus den Einfluss des **Alters** eines Kreditnehmers: In beiden Studien sanken die Kapitalkosten mit zunehmender »Business History«. Die Erklärung dürfte darin liegen, dass bei der Bonitätsbewertung neu gegründeter Unternehmen die größten Unsicherheiten bestehen. Das Ausmaß der mit einem Unternehmen verbundenen Informationsprobleme kann neben seiner Größe und seinem Alter weiterhin durch die **Branche** und das **Geschäftsmodell** bestimmt werden, in der es operiert. Hierzu passen etwa die Beobachtungen von Calem/Rizzo (1992), die für den Zeitraum 1982 bis 1985 die Finanzierungskosten öffentlicher Krankenhäuser in den USA untersuchten. Auf Grund einer nur mit sehr spezifischem Know-how zu beurteilenden »Produktionstechnologie«, häufigen Veränderungen der Rahmenbedingungen durch den Gesetzgeber sowie einer im Durchschnitt des Sektors schlechten Ertragslage sehen sich diese als Gruppe am Kapitalmarkt mit hohen Risikoprämien konfrontiert. Es zeigte sich jedoch, dass einzelne Häuser sehr profitabel arbeiteten – diejenigen mit langjährigen Bankbeziehungen. Dieses Ergebnis kann als Bestätigung für zwei präsentierte Argumente angesehen werden. Erstens sind Banken Screening-Spezialisten, die den Adverse Selection-Zustand eines gepoolten Marktes überwinden und Qualitätsunsicherheit beseitigen können, zweitens üben sie bestimmte Anreizwirkungen im Rahmen eines Delegated Monitoring aus, allerdings nur dann, wenn sie der Wettbewerb auch zu einem solchen Verhalten »zwingt« (Rauterkus 2005).

Finance has to fit the business

Verallgemeinernd lässt sich sagen, dass die **Unsicherheiten hinsichtlich des sich vom jeweiligen Geschäftsmodell ableitenden zukünftigen Cashflows eines Unternehmens** umso größer sind, je kürzer seine bisherige Kredithistorie ist, je intransparenter die Branche, in der es sich bewegt oder auch je schneller die Veränderungen, denen die von ihm angebotenen Produkte bzw. Dienstleistungen sowie die Verfahren zu ihrer Erstellung unterliegen. Da es jedoch unmöglich erscheint, für alle Zukunftslagen Regelungen zu vereinbaren, ist im Hinblick etwa auf eine Umschuldung oder Aufstockung der **flexible Bankkredit** die dann geeignete Finanzierungsform. Seine Konditionen lassen sich in der Regel leichter an die veränderte wirtschaftliche Situation eines Schuldners anpassen als diejenigen einer Wertpapierfinanzierung. Zwar sind mit einem Kreditvertrag höhere Verwaltungskosten für die laufende Überwachung, andererseits auf Grund der regelmäßigeren, stärkeren Kontrolle aber auch niedrigere residuale Verluste der Gläubiger verbunden.

Je stabiler jedoch der Cashflow einer Unternehmung, desto eher verlieren die Flexibilitäts- und Kontrollvorteile der Bankenintermediation an Bedeutung (vgl. Houston/James 2001; Allen/Santomero 2001; Scholtens/van Wensveen 2000).

Die hier genannten Grobkriterien können immerhin zur Eingrenzung der in besonderem Maße auf die Intermediationsleistungen der Kreditinstitute angewiesenen Unternehmen beitragen. Zugleich machen die eher allgemeinen Ausführungen im Sinne von Musterbeispielen aber deutlich, dass es noch umfangreicherer Untersuchungen bedarf, um die »Übertrittsschwellen« zur Intermediation auf der einen und zur Kapitalmarktfähigkeit auf der anderen Seite genauer zu bestimmen.

Auf den Punkt gebracht

- Der Finanzleiter muss die für das Geschäftsmodell der Unternehmung passenden Finanzierungsinstrumente auswählen.
- Mit Blick auf die Mittelherkunft werden die Außenfinanzierung durch externe Kapitalgeber und die Innen-/interne Finanzierung aus Vermögensumschichtung sowie dem Umsatzprozess unterschieden.
- Die Formen des reinen Beteiligungs- und Kreditkapitals (sowie mögliche Zwischenformen) stellen unterschiedliche Kombinationen aus Risiko (z. B. Haftung) und Rendite (z. B. Gewinnanspruch) dar.
- Sowohl bei der Gründung als auch dem Going Concern der Unternehmung kommt dem Beteiligungskapital eine zentrale Rolle zu. Die jeweilige Rechtsform der Gesellschaft beeinflusst die Möglichkeiten der Gewinnung von Eigen- und auf dieser Basis auch Fremdkapital.
- Ungleich verteilte Informationen zwischen kapitalsuchender Unternehmung und möglichen Kapitalgebern können durch Screening und Signaling teilweise eingeebnet werden, womit jedoch Transaktionskosten verbunden sind. Der Grad der Informationsasymmetrie mit Blick auf den künftigen Cashflow der Unternehmung bestimmt die Höhe der Transaktionskosten, ist abhängig vom Geschäftsmodell der Unternehmung und (mit)entscheidend für die Wahl einer Bank- oder Kapitalmarktfinanzierung.

Modul 10 Innenfinanzierung

ZENTRALE INHALTE

- Durchführungsalternativen der Innenfinanzierung
- Selbstfinanzierung als unternehmerische Entscheidung
- Vor- und Nachteile der Innenfinanzierung aus Abschreibungs- und Rückstellungsgegenwerten
- Rolle von Pensionsrückstellungen in der Unternehmenspraxis

Einstiegsbeispiel

Finanzmittel benötigt

▶▶▶ Einzelunternehmerin E betreibt sehr erfolgreich einen Lebensmittel-Lieferdienst in deutschen Großstädten, kann das Wachstum ihres Unternehmens jedoch nicht länger durch weitere Eigenkapitalzuführungen aus ihrem Privatvermögen finanzieren. Aufgrund einer zu niedrigen Eigenkapitalquote bewilligt ihre Hausbank nicht den dringend benötigten Investitionsmittelkredit. Angesichts dieser Verknappung externer Finanzierungsmittel sucht E nun nach weiteren Möglichkeiten, liquide Mittel zur Ausweitung des Geschäftsbetriebes zu erhalten. ◀◀◀

Abbildung 10.1 greift aus dem im letzten Modul vorgestellten Grundraster der Finanzierungsarten die Innenfinanzierung heraus, die nun detailliert dargestellt wird.

10.1 Innenfinanzierung aus dem Umsatz

10.1.1 Selbstfinanzierung aus thesaurierten Gewinnen

Die Einbehaltung (Thesaurierung, vom griechischen »thesauros« = Schatzhaus) der als Teil der Umsatzerlöse aus dem Absatz von Waren und Dienstleistungen zufließenden Gewinnkomponente wird als **Selbstfinanzierung** bezeichnet. Hinsichtlich der Darstellung im Jahresabschluss ist dabei zu unterscheiden in

- **offene Selbstfinanzierung**, wenn der Gewinn buchhalterisch transparent ausgewiesen und dadurch für Dritte nachvollziehbar ist, und
- **stille** (verdeckte) **Selbstfinanzierung**, anderenfalls.

Abb. 10.1

Formen der Innenfinanzierung

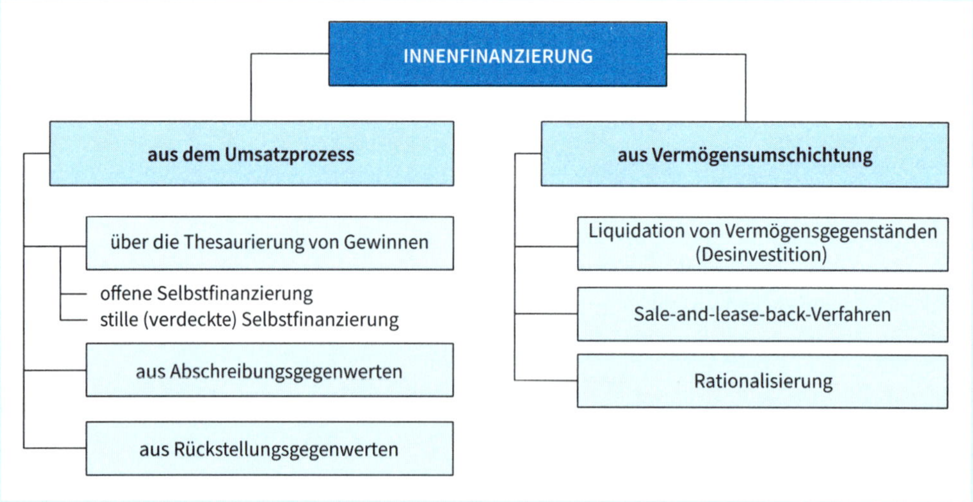

Offene Selbstfinanzierung

Charakteristisch für die offene Selbstfinanzierung ist der **sichtbare Anstieg** des Eigenkapitals in der Bilanz. Unter bestimmten Bedingungen (unter anderem in Abhängigkeit von der Rechtsform und der Höhe bereits gebildeter Rücklagen, vgl. dazu ausführlicher Pellens et al. 2014, S. 437 f.) sind satzungsmäßige und gesetzliche Gewinnrücklagen aus dem Jahresüberschuss der abgeschlossenen Periode oder aus früheren Geschäftsjahren verpflichtend zu dotieren. Der davon nicht betroffene Teil des Jahresüberschusses kann per Beschluss über die Gewinnverwendung durch die Eigentümer im Unternehmen behalten werden, die dadurch auf eine Ausschüttung verzichten. Diese Mittel fließen dann nicht aus der Unternehmung ab und stellen somit **frei verwendbare Finanzierungsmittel** dar. In Personengesellschaften schlägt sich die offene Selbstfinanzierung vor allem auf den Eigenkapitalkonten der Gesellschafter nieder, bei Kapitalgesellschaften und Genossenschaften werden thesaurierte Gewinne den **offen ausgewiesenen Gewinnrücklagen** ebenfalls als Teil des Eigenkapitals zugeführt.

Stille Selbstfinanzierung

Demgegenüber ist die stille Selbstfinanzierung im externen Rechnungswesen (und damit für Bilanzleser) **nicht erkennbar**. De facto erfolgte, aber noch nichtrealisierte Wertänderungen werden durch Unterbewertung von Vermögensgegenständen oder durch Überbewertung von Schulden (speziell von Rückstellungen) in **stille Reserven** verwandelt und deshalb nicht offen ausgewiesen (vgl. Wöhe et al. 2016, S. 417 ff.). Ihre alternative Bezeichnung als stille Rücklagen betont den **Eigenkapitalcharakter**.

Beispiel 1

Entstehen von stillen Selbstfinanzierungspotenzialen

▸▸▸ Unternehmerin E weist in ihrer Bilanz seit Jahren einen Videobeamer mit 1 € Restwert aus, obwohl sein Marktwert aufgrund guter Wartung bei 2.500 € liegt. Die Bewertungsdifferenz von 2.499 € wurde durch nicht-zahlungswirksamen Abschreibungsaufwand gelegt und hat in vorherigen Buchungsperioden die Steuer- und Ausschüttungsbemessungsgrundlage verringert. Ausschüttungen und Steuerzahlungen fielen dadurch niedriger aus; die gesparten Mittel können bis zum Verkauf des Videobeamers frei genutzt werden. ◂◂◂

Dieser Finanzierungseffekt beruht auf handels- und steuerrechtlichen Vorschriften (im Wesentlichen dem Niederstwertprinzip, § 253 HGB), Vermögensgegenstände mit niedrigeren Buchwerten im Vergleich zu ihren (potenziellen) Marktwerten bilanzieren zu können oder sogar zu müssen (für Schulden gilt dies analog, wenn der tatsächliche Wert (Marktwert) den Buchwert unterschreitet). Diese Bewertungsdifferenzen entstehen, wenn der erfolgswirksame Abschreibungsaufwand den tatsächlichen Werteverzehr eines Vermögensgegenstandes überschreitet. Aufgrund der so verringerten Ausschüttungs- und der Steuerbemessungsgrundlage kommt das Unternehmen bis zur Realisierung dieser stillen Reserven in späteren Perioden (z. B. durch Verkauf oder Ausmusterung des Vermögensgegenstands) in den Genuss von **Liquiditätsvorteilen**. Während dieser Zeit können die in Höhe der stillen Reserven gestundeten – aber nicht grundsätzlich vermiedenen – Auszahlungen an Eigentümer und Fiskus Ertrag bringend genutzt werden. Den Buchwert übersteigende Verkaufserlöse werden spätestens bei der Hebung stiller Reserven erfolgswirksam und führen bei vorausgesetzt positivem Jahresüberschuss zur Nachholung der bis dahin zinslos gestundeten Steuerzahlung und Gewinnausschüttung. Durch die Steuerpflicht offen ausgewiesener Gewinne ist das Finanzierungsvolumen bei der stillen Selbstfinanzierung mindestens um die gestundeten Steuern höher.

Dem stillen Selbstfinanzierungspotenzial wirkt jedoch die zunehmende Bedeutung internationaler Rechnungslegungssysteme entgegen, die stärker auf das Prinzip des true-and-fair-view ausgerichtet sind als das deutsche HGB.

Beispiel 2

Beenden von stillen Selbstfinanzierungspotenzialen

▸▸▸ Der Beamer wird nun liquiditätswirksam für 2.500 € verkauft. Zum einen bedeutet der liquiditätserhöhende Aktivtausch des Beamers gegen Kasse eine Desinvestition (vgl. Modul 10.2.1) in Höhe von 1 €. Zum anderen wird ein stilles Selbstfinanzierungspotenzial in Höhe von 2.499 € als außerordentlicher Ertrag realisiert und damit aufgelöst. In dieser Periode erhöhen sich die Steuer- und Ausschüttungsbemessungsgrundlage um 2.499 €. ◂◂◂

Determinanten des Selbstfinanzierungspotenzials

Die Höhe des Selbstfinanzierungspotenzials einer Unternehmung hängt in erster Linie von ihrer **Gewinnerzielungskraft** ab. Die Einsetzbarkeit des Gewinns für Finanzierungszwecke wird erstens durch die Verwendungsbeschlüsse bestimmt, die von den Ausschüttungsansprüchen der Eigentümer abhängen. Hieran knüpfen zweitens die Ansprüche des Fiskus an, der den Periodengewinn in Deutschland mit Einkommen- bzw. Körperschaftsteuer sowie mit Gewerbesteuer belegt. Als dritte Determinante wurde im Beispiel 2 auf die Bedeutung der Entwicklung der Marktwerte der Vermögensgegenstände hingewiesen.

Nachteile der Selbstfinanzierung

Im Vergleich zur Kreditfinanzierung unterliegt die Selbstfinanzierung keiner von externen (Fremd-)Kapitalgebern ausgeübten Kontrolle, wodurch eine größere Gefahr unverhältnismäßig riskanter oder anderweitig ineffizienter Verwendungen besteht. Daneben tritt die Minderung des Informationsgehalts des Jahresabschlusses bei der verdeckten Selbstfinanzierung (vgl. Bieg/Kußmaul/Waschbusch 2016, S. 376 ff.).

10.1.2 Finanzierung aus Abschreibungsgegenwerten

Unterscheidung von Abschreibungen

Die Abschreibung ist ein Verfahren, welches die Wertminderung mehrperiodig genutzter Wirtschaftsgüter als Aufwand über die Rechnungsperioden der voraussichtlichen Nutzungsdauer verteilt. Indes stellen Abschreibungen von Vermögensgegenständen eine (stets nur grobe) Annäherung dar, ihre tatsächliche Wertminderung auch im Rechnungswesen abzubilden. Analog zur Zweiteilung des betrieblichen Rechnungswesens sind dabei zu unterscheiden:

- **kalkulatorische Abschreibungen**, welche als **Kostengröße in die Kalkulationen** im Rahmen der Kostenrechnung des internen Rechnungswesens eingehen, um den Gegenwert des Werteverzehrs adäquat in die Produktpreise einzubringen sowie
- **bilanzielle Abschreibungen**, welche **GuV-wirksamen Aufwand** darstellen und eine sachgerechte bilanzielle Bewertung von Vermögensobjekten im externen Rechnungswesen sichern sollen.

Beispiel 3

Idealtypische Finanzierung aus Abschreibungsgegenwerten

►►► Eine Produktionsanlage wird zu 50.000 € angeschafft und über fünf Jahre linear mit jährlich 10.000 € bilanziell abgeschrieben. Der Gegenwert des jährlichen Werteverzehrs wird gleichmäßig auf die erwarteten Absatzmengen jeder Periode verteilt und dem Verkaufspreis je Stück kalkulatorisch zugeschlagen. Über die Umsatzerlöse fließen dann jedes Jahr verteilt auf die abgesetzten Produkte 10.000 € zu, denen aufgrund der Zahlungsunwirksamkeit der Abschreibungen keine Zahlungsmittelabflüsse gegenüberstehen und die damit im Unternehmen verbleiben. Nach fünf Jahren sind auf diese Weise 50.000 € angespart, die zur Anschaffung einer neuen Maschine verwendet werden, ohne dass es weiterer Finanzmittel bedarf. ◄◄◄

Bedingungen und Funktion des Finanzierungseffektes

Der von Abschreibungen ausgehender **Finanzierungseffekt** entsteht, wenn (vgl. Bieg/Kußmaul/Waschbusch 2016, S. 399 ff.):

1. kalkulatorische Abschreibungen in die Absatzpreise einkalkuliert werden, die den bilanziellen Wertminderungen der Anlagen mindestens entsprechen und
2. die unter (1) eingepreisten **Abschreibungsgegenwerte** als zahlungswirksamer Umsatz tatsächlich vereinnahmt werden und
3. bilanzielle Abschreibungen erfolgen, die aufgrund ihres nicht-zahlungswirksamen Charakters den Periodengewinn reduzieren und die unter (2) zugeflossenen Mittel dadurch den Ansprüchen von Anteilseignern (Ausschüttungen) und Fiskus (Steuern) in Höhe der Abschreibungsgegenwerte entziehen.

Sind diese Voraussetzungen erfüllt, setzen verdiente Abschreibungen das in den Abschreibungsobjekten gebundene Kapital frei (**Kapitalfreisetzungseffekt**), welches somit für die Finanzierung zur Verfügung steht. Wird das freigesetzte Kapital entsprechend reinvestiert, so können die Abschreibungsobjekte ohne zusätzliches Kapital ersetzt werden.

Darüber hinaus kann auf Basis des Kapitalfreisetzungseffektes auch die Periodenkapazität eines Unternehmens erweitert werden, wenn verdiente Abschreibungen ausschließlich zur Finanzierung weiterer Maschinenkapazitäten verwandt werden (**Kapazitätserweiterungs-** bzw. **Lohmann/Ruchti-Effekt** nach Lohmann 1949 und Ruchti 1942). Der vorgenannte Effekt wird nachfolgend in einer Modelldarstellung verdeutlicht (vgl. auch Süchting 1995, S. 258-263).

Die Gesamtnutzungsdauer einer Maschine sei als n definiert. Entsprechend ergibt sich die mittlere Nutzungsdauer als $\frac{n}{2}$. Unterstellt man nun eine unendliche Teilbarkeit der Maschinen, ein lineares Abschreibungsverfahren sowie eine Übereinstimmung von Abschreibungs- und Nutzungsverlauf, so ergibt sich der **Kapazitätserweiterungsmultiplikator** (KMP) als:

$$KMP_1 = \frac{n}{\left(\frac{n}{2}\right)} = 2$$

Demgemäß ist das ursprünglich investierte Kapital durchschnittlich nur zu 50 % gebunden, wodurch die verbleibenden 50 % zum Ausbau der Periodenkapazität verwandt werden können.

In der Realität müssen verdiente Abschreibungsraten hingegen angespart werden, da

- Maschinen nicht beliebig teilbar sind und
- (Ersatz-)Investitionsentscheidungen nicht unverzüglich erfolgen.

Diese Einschränkungen der eingangs dargelegten Prämissen erfordern die Berücksichtigung der Reinvestitionsperiode (RP):

$$KMP_2 = \frac{n}{\frac{n+RP}{2}} = 2 \cdot \frac{n}{n+RP}$$

Abb. 10.2

Grenzwertbetrachtung des Kapazitätserweiterungsmultiplikators

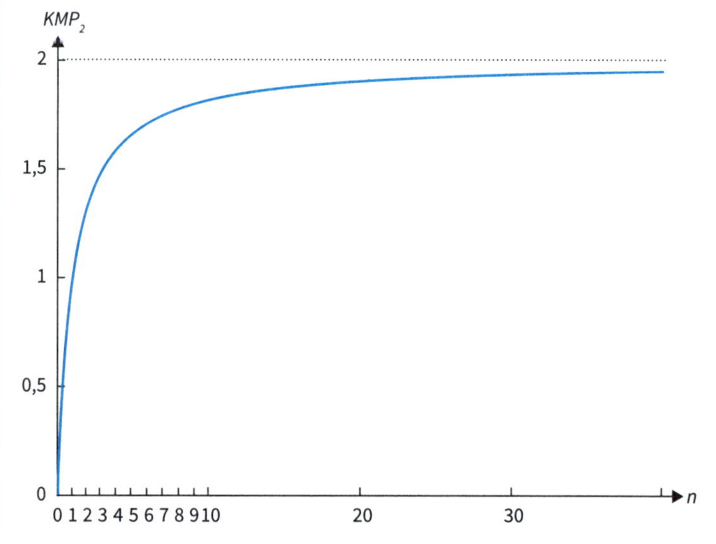

Unter der Annahme, dass letztere ein Jahr beträgt, ergibt sich die nachfolgende Modifikation des KMP:

$$KMP_2 = 2 \cdot \frac{n}{n+1}$$

Die Abhängigkeit des KMP vom Term $\frac{n}{n+1}$ legt eine von der Nutzungsdauer abhängige Grenzwertbetrachtung nahe: Mit steigender Nutzungsdauer nähert sich der KMP dem Wert zwei an, während der Kapazitätserweiterungseffekt bei sehr geringer Nutzungsdauer ausfällt.

Neben der Nutzungsdauer bedarf auch die Anzahl der Abschreibungsobjekte einer Berücksichtigung. Diese erfolgt durch **Reinvestitionsperioden**. Eine Reinvestitionsperiode bezeichnet dabei die Dauer, bis erstmals eine – aus Abschreibungsgegenwerten finanzierte – neue Maschine angespart wurde. Bei gegebener Nutzungsdauer und Abschreibungsmethode hängt die Reinvestitionsperiode somit von der Anzahl der Maschinen ab, ist also – unter der Annahme gleichartiger technischer Ausstattung – eine Funktion der Betriebsgröße.

In einem Kleinbetrieb mit nur einer Maschine mit 10-jähriger Nutzungsdauer und linearer Abschreibung ergibt sich eine Reinvestitionsperiode von RP = 10 Jahren, wodurch der genannte Multiplikator $KMP_2' = 2 \cdot \frac{10}{10+10} = 1$ beträgt und kein Kapazitätserweiterungseffekt eintritt. Wird hingegen unter sonst gleichen Rahmenbedingungen ein Großbetrieb mit 10 gleichartigen Maschinen betrachtet, so ergibt sich eine Reinvestitionsperiode von einem Jahr und ein deutlicher Kapazitätserweiterungseffekt: $KMP_2' = 2\frac{10}{10+1} \approx 1{,}82$

Neben der Nutzungsdauer und der Maschinenzahl (Betriebsgröße) kommt auch der Abschreibungsmethode eine erhöhte Bedeutung zu. Nachfolgend wird die Abschreibungsmethode mit dem Koeffizienten a ausgedrückt, welcher sich als Quotient von durchschnittlicher Kapitalbindung und durchschnittlichem Nutzungspotenzial ergibt.

$$a = \frac{\text{Ø Kapitalbindung}}{\text{Ø Nutzungspotenzial}} \begin{cases} <1, \text{ bei dem Verschleiß vorauseilender Abschreibung} \\ =1, \text{ bei Gleichklang von Abschreibung und Abnutzung} \\ >1, \text{ bei der Abschreibung vorauseilender Abnutzung} \end{cases}.$$

Unter der Annahme gleichmäßiger Nutzung ist der Fall a = 1 mit linearer und der Fall a < 1 mit degressiver Abschreibung gleichzusetzen. Es gilt:

$$KMP_3 = 2 \cdot \frac{n}{an+1}$$

Da der Nenner des Bruchs bei degressiver Abschreibung kleiner wird, steigt KMP an und der Kapazitätserweiterungseffekt nimmt zu – streng genommen liegt an dieser Stelle stille Selbstfinanzierung vor. Beschleunigt sich der Nutzungsverlauf und schließt so zum Abschreibungsverlauf auf, sinkt der Kapazitätserweiterungseffekt: Der Verfall des Nutzungspotentials »läuft den Reinvestitionen davon«.

Nachfolgend werden Kapitalfreisetzungs- und Kapazitätserweiterungseffekt anhand eines Beispiels verdeutlicht.

Beispiel 4

- Anschaffung von 5 Maschinen à 200 € zu Beginn der Planperiode
- Lineare Abschreibung über Nutzungsdauer von 4 Jahren
- Verwendung zwischenzeitlich freigesetzter liquider Mittel für Erweiterungsinvestitionen
- Erweiterungsinvestitionen erfolgen jeweils vor Beginn der Planungsperiode, in der die erste Abschreibung der angeschafften Maschinen erfolgt

Abbildung 10.3 zeigt die Freisetzung liquider Mittel in Höhe der kumulierten Abschreibungen (Kapitalfreisetzungseffekt). Während der vier Jahre, innerhalb derer die »Maschinen-Erstausstattung« genutzt werden kann, können die Abschreibungsgegenwerte für Erweiterungsinvestitionen verwandt werden; ab der fünften Periode werden Ersatzinvestitionen erforderlich.

Die Maschinen sind nicht teilbar und bedürfen einer Investition i. H. v. 200 €, wodurch zunächst ein Restbestand liquider Mittel verbleibt. Zusammen mit den Buchwerten repräsentiert dieser die gesamte Kapitalbindung von 1.000 €. Darüber hinaus ergibt sich der Anfangsbestand liquider Mittel der Folgeperiode als Summe des Restbestandes aus der Vorperiode und verdienten Abschreibungen der Folgeperiode.

Abb. 10.3

Kapitalfreisetzungs- und Kapazitätserweiterungseffekt

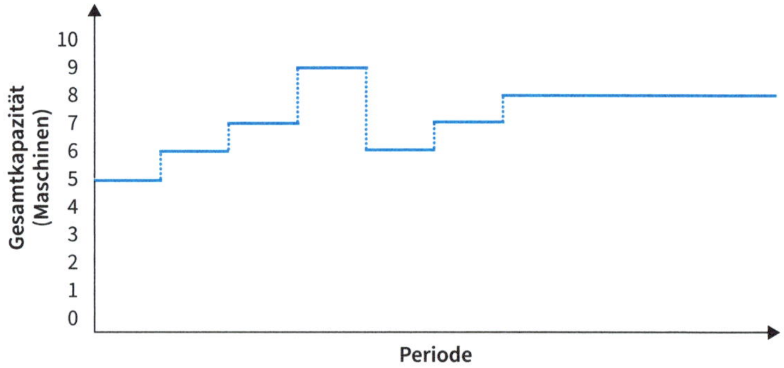

Maschine		**1**	**2**	**3**	**4**	**5**	**6**	**7**	**8**	**9**	**10**
Abschreibungen	1	50	50	50	50	50	50	50	50	50	50
	2	50	50	50	50	50	50	50	50	–	50
	3	50	50	50	50	–	50	50	50	50	50
	4	50	50	50	50	–	50	50	50	50	–
	5	50	50	50	50	–	–	50	50	50	50
	6		50	50	50	50	–	50	50	50	50
	7			50	50	50	50	–	50	50	50
	8				50	50	50	50	50	50	50
	9				50	50	50	50	–	50	50
	Σ	250	300	350	450	300	350	400	400	400	400
freigesetzte liquide Mittel vor Investitionen		250	350	500	550	450	400	400	400	400	400
Ersatzinvestitionen		–	–	–	400	400	400	400	400	400	400
Erweiterungsinvestitionen		200	200	400	–	–	–	–	–	–	–
freigesetzte liquide Mittel nach Investitionen		50	150	100	150	50	–	–	–	–	–
Buchwert der Maschinen		950	850	900	850	950	1000	1000	1000	1000	1000

Des Weiteren ist ersichtlich, dass sich die Gesamtkapazität ab der siebten Periode auf acht Maschinen »einpendelt«. Die Endphase dieses Einpendelns (Kapazitätserweiterungseffekt) zeigt sich auch anhand des Multiplikators $KMP_3 = 2 \cdot \frac{4}{1 \cdot 4 + 1} = 1{,}6$, dessen Multiplikation mit der Anfangskapazität zu einer finalen Gesamtkapazität von $1{,}6 \cdot 5 = 8$ führt.

Die Erweiterung der Periodenkapazität resultiert einzig aus altersbedingter Umschichtung des Maschinenparks. Während im Ausgangszustand ausschließlich neue Maschinen vorhanden waren, sind in späteren Perioden mehr Maschinen im Einsatz, die jedoch weniger Kapital binden. ◂◂◂

In einem letzten Schritt werden die eingangs hinsichtlich des Kapazitätserweiterungseffekts dargelegten Prämissen einer näheren Betrachtung unterzogen, wobei der Fokus auf Diskrepanzen zwischen Modell und Realität liegt. Im Modell

- wird eine Vielzahl homogener Maschinen zu einem gemeinsamen Zeitpunkt aus eigenen Mitteln angeschafft. Zeitliche gestreute Anschaffungstermine lassen den Kapazitätserweiterungseffekt tendenziell sinken;
- behalten die Maschinen ihre volle Leistungsfähigkeit über die gesamte Nutzungsdauer hinweg. In der Realität wird sich die Leistungsfähigkeit zum Ende der Nutzungsdauer hin verringern;
- bleiben die Marktpreise trotz einer Steigerung der Produktionsmenge konstant. Bei preiselastischer Nachfrage und gleichbleibender Konkurrenzsituation sollten die Preise indes sinken, was das Verdienen der Abschreibungen erschweren könnte.

Bedeutung in der Praxis

Die Finanzierung durch Abschreibungsgegenwerte besitzt insbesondere in Unternehmen mit hoher Anlagenausstattung und der dadurch gegebenen Möglichkeit zur Ausnutzung des Kapitalfreisetzungseffekts erhebliche praktische Bedeutung. Eine Pflicht zum Einsatz dieser sehr flexibel einsetzbaren Finanzierungsart oder zur zweckgebundenen Mittelverwendung als Ersatzbeschaffung besteht nicht. Nachteilig mindert die Erhöhung des Verkaufspreises durch die zusätzlichen Kalkulationselemente die Wettbewerbsfähigkeit des Produkts (das gilt analog für die offene Selbstfinanzierung und die in Modul 10.1.3 erörterte Finanzierung aus Rückstellungsgegenwerten). Märkte mit hohem Preiswettbewerb eignen sich daher weniger für diese Finanzierungsvariante. Die Bemessung des kalkulatorischen Zuschlags auf den Verkaufspreis erfordert zudem eine genaue Prognose der abzusetzenden Menge. Die in der Praxis immer noch anzutreffende Einschätzung von der Umsatzfinanzierung als einer quasi »automatischen« Finanzierung trifft demnach nicht zu.

10.1.3 Finanzierung aus Rückstellungsgegenwerten

Funktion von Rückstellungen

Rückstellungen sind dem Fremdkapital zuzurechnen. Im Sinne des Vorsichtsprinzips bilden sie noch **ungewisse Verbindlichkeiten** frühzeitig im Rechnungswesen ab. Mit hinreichend großer Wahrscheinlichkeit zu erwartende Auszahlungen (bzw. Mindereinzahlungen) werden als Aufwand (Buchungssatz »Aufwand an Rückstellung«) vorweggenommen und damit bereits in der Regel der **Periode ihrer tatsächlichen Verursachung** zugerechnet. Von den übrigen Verbindlichkeiten unterscheiden sich die Rückstellungen demnach dadurch, dass Höhe, Fälligkeitstermin und/oder Eintritt der Auszahlung noch nicht mit Sicherheit bestimmbar sind (§ 249 HGB). – In keinem Falle sind Rückstellungen inhaltlich mit den (nur im Deutschen) phone-

AUS DER PRAXIS

VW-Abgasaffäre weitet sich aus

»Rückstellung von 6,5 Mrd. € – […]Interne Prüfungen […] hätten ergeben, dass es bei weltweit rund elf Mio. Fahrzeugen des Konzerns auffällige Abweichungen zwischen Prüfstandswerten und dem realen Fahrbetrieb gebe. […]Der Konzern […] plant, zur Abdeckung notwendiger Servicemaßnahmen und weiterer Anstrengungen zur Wiedergewinnung von Kundenvertrauen im laufenden dritten Quartal 6,5 Mrd. € ergebniswirksam zurückzustellen. Die Ergebnisziele des Konzerns für 2015 würden angepasst.« (Quelle: Börsen-Zeitung, 23.9.2015)

tisch ähnlichen Rücklagen zu verwechseln, die eine Unterposition des Eigenkapitals darstellen.

Bedingungen für den Finanzierungseffekt

Die **Finanzierungswirkung** von Rückstellungen (vgl. ausführlich Bieg/Kußmaul/Waschbusch 2016, S. 382 ff.) ist indirekter Natur und basiert – in Teilen deckungsgleich zur Finanzierung aus Abschreibungsgegenwerten – auf drei Voraussetzungen:

1. Den Selbstkosten eines Produkts werden Rückstellungen in benötigter Höhe anteilig kalkulatorisch zugeschlagen und
2. die unter (1) eingepreisten **Rückstellungsgegenwerte** fließen in Form von Umsatzerlösanteilen als liquide Mittel tatsächlich zu und
3. die auf Verbindlichkeiten beruhenden Liquiditätsansprüche Dritter werden erst in zukünftigen Perioden fällig, weshalb die unter (2) verdienten Rückstellungsgegenwerte der Unternehmung bis zur Inanspruchnahme als frei verfügbare Liquidität zur Verfügung stehen.

Möglicher Eigenkapitalanteil

Erweist sich eine Rückstellung im Zeitpunkt ihrer Auflösung als gezielt oder unabsichtlich zu hoch dotiert, vergrößert der nicht für Zahlungszwecke benötigte Betrag als außerordentlicher Ertrag (Eigenkapitalanteil) in der GuV analog zur stillen Selbstfinanzierung (vgl. Modul 10.1.1) die Ausschüttungs- und Steuerbemessungsgrundlage. Da unabhängig von solchen **Eigenkapitalanteilen** die Rückstellungen regelmäßig pauschal dem Fremdkapital zugeordnet werden, kann im Ergebnis von einer Form interner Fremdfinanzierung gesprochen werden (vgl. Rehkugler 2007, S. 203).

Regelmäßige, kurzfristige Rückstellungen und ihre Gegenwerte können auch einen langfristigen Bodensatz an Finanzmitteln bilden. Jedoch gehen von langfristigen Rückstellungen die stärksten Finanzierungseffekte aus. Dies trifft insbesondere auf **Pensionsrückstellungen** zu, bei denen die verdienten Rückstellungsgegenwerte zwischen Pensionszusage und -zahlung bis zu mehreren Jahrzehnten im Unternehmen verbleiben und während dieser Zeit für Finanzierungszwecke genutzt werden können (vgl. Drukarczyk/Lobe 2014, S. 398 f.).

Bewertung leistungsorientierter Pensionszusagen

Um die Höhe dieses Finanzierungseffektes zu bestimmen, gilt es, neben den nötigen jährlichen Auszahlungen zu Rentenbeginn, den für die Bildung der Pensionsrückstellungen relevanten gegenwärtigen Wert der Pensionsverpflichtungen zu er-

Abb. 10.4

Bewertung leistungsorientierter Rückstellungsverpflichtungen

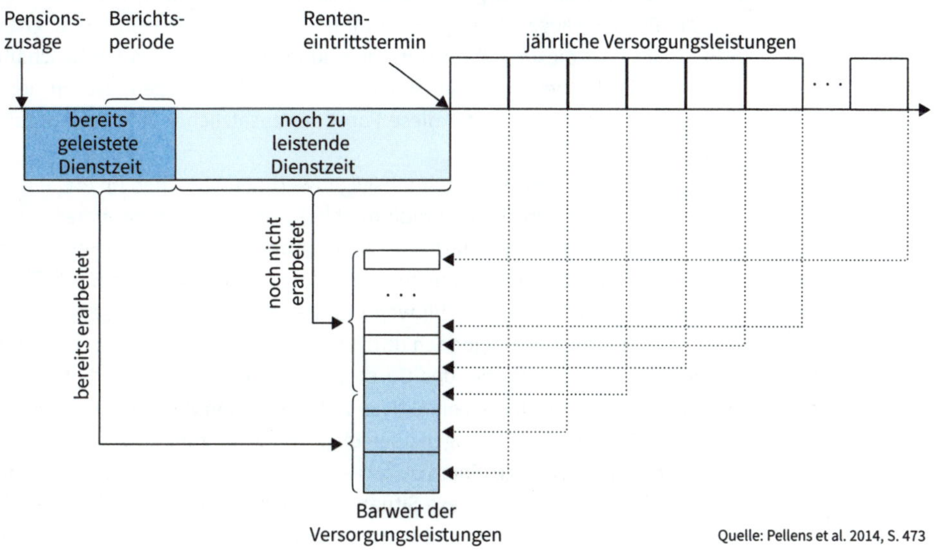

Quelle: Pellens et al. 2014, S. 473

mitteln. Diese Bewertung der Pensionszusagen erfolgt anhand des sogenannten **Anwartschaftsbarwertverfahrens** (vgl. Abb. 10.4). In einem ersten Schritt wird zunächst die Höhe der jährlichen Versorgungsleistung geschätzt, wobei sich die Leistungshöhe aus der wahrscheinlichen Lebenserwartung und den erwarteten Gehaltssteigerungen bis zum Renteneintritt errechnen lässt. In einem zweiten Schritt sind diese Versorgungsleistungen auf den Zeitpunkt des Renteneintritts mithilfe eines laufzeitadäquaten Kalkulationszinssatzes abzuzinsen und auf die Jahre der Dienstzeit umzuverteilen. Um den gegenwärtigen Wert der Pensionsverpflichtungen zu ermitteln, ist es notwendig, in einem dritten Schritt den durch bereits geleistete Dienstjahre erarbeiteten Anteil der Pensionsverpflichtungen auf den Bilanzstichtag abzuzinsen (vgl. Pellens et al. 2014, S. 472 f.).

Der **Gesamtfinanzierungseffekt** für alle Pensionsberechtigten eines Unternehmens hängt von der Relation aus Zuführungen und Abflüssen ab. Dabei können die Zuführungen für noch aktive Arbeitnehmer, denen im Idealfall die verdienten Rückstellungsgegenwerte (Einzahlungen) entsprechen, größer, gleich oder kleiner als die Pensionsauszahlungen für bereits Pensionsberechtigte in derselben Periode sein.

Beispiel 5

Gesamtfinanzierungseffekte bei Pensionsrückstellungen

▸▸▸ **Fall 1**: Die Zuführungen bzw. verdienten Rückstellungsgegenwerte übersteigen die Pensionsauszahlungen. Es kommt zu einem **positiven Finanzierungseffekt**. Typisch ist dieser Fall für Unternehmungen mit wachsenden Beschäftigtenzahlen und/oder betragsmäßig steigenden Individualzusagen (z. B. in der Gründungsphase) oder solche, die diese Form der zusätzlichen Altersversorgung neu eingeführt haben.
Fall 2: Die zugeführten Rückstellungsgegenwerte entsprechen (in etwa) den Pensionsauszahlungen. In diesem Stadium ist **kein zusätzlicher Finanzierungseffekt** gegeben; allerdings stehen die früher angesammelten Beträge als Bodensatz langfristig für Finanzierungszwecke zur Verfügung. Dieser Fall ist typisch für Unternehmungen mit über Jahre hinweg etablierten Pensionszusagesystemen. Der Gleichgewichtszustand ist jedoch durch Veränderungen in der Beschäftigtenzahl, der Individualzusagenhöhe, des Durchschnittsalters der Beschäftigten bzw. der Pensionäre oder der Quote von Aktiven zu Pensionsempfängern latent gefährdet.
Fall 3: Die Pensionsauszahlungen übersteigen die Zuführungen bzw. Rückstellungsgegenwerte. Es kommt zu einem **negativen Finanzierungseffekt**, d. h., es entsteht eine Liquiditätsbelastung. Diese Situation ist denkbar z. B. im Falle sinkender Beschäftigtenzahlen oder einer unerwartet hohen Durchschnittslebensdauer der Pensionsberechtigten. ◂◂◂

Bedeutung in der Praxis

Die große Bedeutung der internen Finanzierung durch Pensionsrückstellungen zeigt sich darin, dass diese bei der Mehrheit der deutschen Kapitalgesellschaften eine Größenordnung erreicht, die die des gezeichneten Kapitals übersteigt (vgl. Däumler/Grabe 2008). Ende 2013 betrugen die Ansprüche deutscher Privatpersonen aus Pensionsrückstellungen 318 Mrd. € (de.statista.com 2015). Da die Rückstellungsgegenwerte regelmäßig über viele Jahre bzw. Jahrzehnte für Finanzierungszwecke zur Verfügung stehen, sind Pensionsrückstellungen in ihrer finanzwirtschaftlichen Wirkung und Bedeutung hierzulande durchaus mit der **langfristigen Kredit- oder sogar der Beteiligungsfinanzierung** zu vergleichen. In den USA steht den Unternehmen diese Finanzierungsquelle regelmäßig nicht zur Verfügung, da sie die für die Altersvorsorge ihrer Beschäftigten vorgesehenen Beträge von externen Pensionsfonds am Kapitalmarkt anlegen lassen.

AUS DER PRAXIS

Pensionsrückstellungen bei thyssenkrupp

Zum Ende des Geschäftsjahres 2015 machten die in der Bilanz ausgewiesenen 7,7 Mrd. € Pensionsrückstellungen bei thyssenkrupp die Hälfte aller Verbindlichkeiten und 21 % der gesamten Bilanzsumme aus (Geschäftsbericht thyssenkrupp 2014/15, S. 55). Zum Vergleich betrug das gezeichnete Kapital zu diesem Zeitpunkt nur 1,45 Mrd. €.

10.2 Innenfinanzierung aus Vermögensumschichtung

Die **Veräußerung** (Liquidation; auch: in flüssige Mittel verwandeln) von Teilen des Umlauf- und Anlagevermögens hat unmittelbar eine Erhöhung des Kassenbestands zur Folge. Im Gegenzug verliert das Unternehmen die Möglichkeit, diesen Vermögensgegenstand weiter zu nutzen.

Auswahl geeigneter Vermögensgegenstände

Liquidationen von betriebsnotwendigem Vermögen ohne Ersatzanschaffung beeinträchtigen das betriebliche Leistungserstellungspotenzial und gefährden das Geschäftsmodell des Unternehmens. Sie sind insofern nur im Ausnahmefall zweckmäßig, z. B. zur dauerhaften Anpassung der Maschinenkapazität an eine rückläufige Nachfrage. Andernfalls drohen Störungen im Geschäftsablauf, deren spätere Behebung hohe Kosten verursachen kann. Daher sind zur Liquiditätsgewinnung vorrangig solche Vermögensteile zu liquidieren, die für die gewöhnliche Geschäftstätigkeit entbehrlich sind.

Beispiel 6

►►► Zur Erhöhung der liquiden Mittel kündigt ein mittelständischer Hersteller für Industrieschutzkleidung ein Festgeldkonto bei der örtlichen Sparkasse und veräußert nicht genutzte Grundstücke, größere Mengen nicht mehr benötigter Metallabfälle sowie eine Beteiligung an einem auswärtigen Logistikunternehmen. ◄◄◄

Die Auswahl diesbezüglich geeigneter Vermögensgegenstände sollte vor dem Hintergrund ihrer **Wertbeständigkeit** (z. B. Marktpreis von Wertpapieren), ihrer **Liquidierbarkeit** (z. B. Kündigungsfristen bei Festgeld), ihrer **Wirtschaftlichkeit** im Zuge einer Veräußerung (z. B. Gutachter- und Maklergebühren beim Verkauf von Immobilien sowie die benötigte Zeit bis zum tatsächlichen Verkauf) sowie **rechtlicher Anforderungen** (z. B. Klärung von Eigentumsverhältnissen) getroffen werden (vgl. dazu die Ausführungen zu Kreditsicherheiten in Modul 11). Wie zuvor schon in Modul 9 angesprochen, sei noch einmal erwähnt: Der Verkauf von Vermögensgegenständen geschieht stets über Märkte (für Immobilien, Maschinen, Patente etc.). Die Einordnung als Innenfinanzierung sollte nicht den Eindruck erwecken, es käme kein Geld von außen in die Unternehmung.

Auch hier gilt wieder: Finance has to fit the business. Die Möglichkeiten der Innenfinanzierung hängen vom Geschäftsmodell der Unternehmung ab. So werden speziell junge Unternehmen zumeist über wenig nicht-betriebsnotwendiges Vermögen verfügen, das sie veräußern können. Sie werden zudem vielfach erst einige Jahre benötigen, bis sie in der Gewinnzone sind, so dass die Voraussetzungen zur Thesaurierung nicht gegeben sind. Und vor allem dann, wenn ihre wichtigsten Assets aus dem Know-how der Gründer bestehen, haben sie auch kaum Möglichkeiten zur Abschreibung.

Definition
Sale-and-lease-back

Eine Alternative zum Verkauf von betriebsnotwendigem Vermögen stellt das Sale-and-lease-back-Verfahren als **Sonderform der Vermögensumschichtung** dar. Hier ist die Bezeichnung gleichzeitig das Programm: Vermögen wird liquiditätswirksam an eine Leasinggesellschaft (= **Leasinggeber**) verkauft und im selben Moment zurückgemietet. Dadurch werden aus Sicht des Verkäufers (= **Leasingnehmer**) liquide Mittel in Höhe des Verkaufserlöses gewonnen, denen eine zeitlich gestreckte Liquiditätsbelastung in Form regelmäßiger Leasingraten gegenübersteht, ohne dass auf die Nutzung desselben Vermögensgegenstandes verzichtet werden muss. Mit den Werkzeugen der Investitionsrechnung kann die Wertschaffung dieses Vorgangs bewertet werden, die nicht notwendigerweise gegeben sein muss, wenn z. B. für die schnelle Liquiditätsgewinnung mittel- und langfristig ungünstige Mietkonditionen akzeptiert werden.

Beispiel 7

Übergangslose Weiternutzung einer Immobilie mit Sale-and-lease-back

►►► Ein Finanzdienstleister mit akutem Liquiditätsbedarf verkauft seinen selbstgenutzten Büroturm in bester Frankfurter Innenstadtlage an eine Leasinggesellschaft und mietet ihn durch Sale-and-lease-back für die nächsten 25 Jahre zurück. Durch den unmittelbar zugeflossenen Verkaufserlös kann der Finanzdienstleister seinen Liquiditätsengpass entschärfen; zudem profitiert er auf der Erfolgsebene von der mit dem Verkauf verbundenen Auflösung stiller Reserven. Zwar übersteigt im vorliegenden Fall die Summe der in den kommenden 25 Jahre zu leistenden Leasingzahlungen den zu Beginn erhaltenden Verkaufserlös, doch der augenblickliche Liquiditätszuwachs besitzt bei ihm Priorität – in diesem Fall geht Liquidität vor Wertschaffung. ◄◄◄

Zuordnungsproblematik

Bei der Zuordnung von Sale-and-lease-back zur Innenfinanzierung wird auf den Verkauf (Sale) abgestellt. Der anschließende Mietvertrag (Lease) mit dem Leasinggeber würde grundsätzlich auch eine Einordnung des Verfahrens in den Bereich der externen Kreditfinanzierung rechtfertigen (vgl. Süchting 1995, S. 25).

Rationalisierung

Die Finanzierungswirkungen von betrieblichen Rationalisierungsmaßnahmen setzen bei der Verbesserung des Verhältnisses von Umsatz und Kapitaleinsatz im Sinne eines **schnelleren Kapitalumschlags** bzw. einer **kürzeren Kapitalbindungsdauer** (vgl. Bieg/Kußmaul/Waschbusch 2016, S. 420) sowie bei der **Senkung von Auszahlungen**, ohne dass die betriebliche Leistungsfähigkeit sinkt, an.

Beispiel 8

Rationalisierungsmaßnahmen

▶▶▶ Die Einführung des Just-in-Time-Prinzips bewirkt eine Lagerbestandsverringerung im Umlaufvermögen. Die zuvor im Lagerbestand gebundene Liquidität wird so freigesetzt und die künftigen Auszahlungen sinken.
Unter der Voraussetzung einer entsprechenden Marktnachfrage führt ein durch Effizienz- und Produktivitätsfortschritte gesteigertes Produktions- und Absatzvolumen zu höheren Einzahlungen aus dem Umsatzprozess bei gleichbleibenden Auszahlungen.
Durch den effizienteren Einsatz von Ressourcen, d. h. durch mögliche Einsparungen von Personal, Material, Energie etc., können die mit dem Produktionsprozess verbundenen Auszahlungen bei gleicher Produktionsleistung und unveränderten Einzahlungen gesenkt werden. Der (Gesamt-)Finanzierungssaldo ist dann positiv. ◀◀◀

Auf den Punkt gebracht

- Der Finanzleiter eines Unternehmens kann im Rahmen der Innenfinanzierung auf finanzielle Mittel aus dem Umsatz zurückgreifen oder Zahlungsmittel durch die Umschichtung von Vermögensgegenständen gewinnen.
- Aus dem Umsatzprozess heraus kann sich eine Unternehmung einerseits durch die Einbehaltung von Gewinnen selbst finanzieren. Andererseits kann sie durch das Einpreisen von kalkulatorischen Abschreibungen und Rückstellungen sowie die Durchsetzung dieser Preise am Markt die Umsatzerlöse und damit auch Einzahlungen erhöhen. Da den genannten Komponenten nicht unmittelbar Auszahlungen gegenüberstehen, ergibt sich eine zumindest temporäre Erhöhung des Finanzierungssaldos der Unternehmung.
- Die Finanzierung aus Vermögensumschichtungen hat zum Ziel, die Kapitalbindung im Unternehmen zu verkürzen. Dies wird erreicht, indem Vermögensgegenstände verkauft (und möglicherweise zurückgeleast) werden oder indem die betrieblichen Auszahlungen auf einem konstanten Leistungsniveau der Unternehmung gesenkt werden.

Modul 11 Außenfinanzierung

ZENTRALE INHALTE

- Systematisierung von externen Finanzierungsinstrumenten
- Bedeutung der Rechtsform für die Potenziale der Eigenkapitalerhöhung
- Finanzierungsvorteile börsennotierter Unternehmen
- Wege der Eigenkapitalerhöhung bei Aktiengesellschaften
- Definition und Bedeutung des Kreditrisikos bei Finanzierungen mit Fremdkapital
- Interne und externe Kreditratings
- Bewertung von Anleihen als verbrieftes Fremdkapital
- Formen von Bankkrediten und Alternativen (z. B. Leasing, Factoring)
- Ausgestaltung von Mezzaninkapital (z. B. Wandelschuldverschreibungen)

11.1 Systematisierung der Außenfinanzierung

Einstiegsbeispiel

►►► A hat mit seinem Lego-Konzept viel Interesse bei potenziellen Kunden geweckt, sein Auftragsbestand wächst von Monat zu Monat sprunghaft an. Doch befindet er sich in einem Dilemma: Ohne zusätzliche liquide Mittel können weder Material noch Personal zur Bearbeitung der Aufträge bezahlt werden. Innenfinanzierung scheidet aus seiner Sicht praktisch aus, da die Umsatzmargen sehr gering sind und er kein nicht-betriebsnotwendiges Vermögen besitzt, das er veräußern könnte. A schaut sich daher nach Finanzierungsquellen außerhalb der Unternehmung um und prüft, ob er noch andere Handlungsoptionen besitzt als das »sagenhaft günstige« Kreditangebot der Volksbank (Modul 9). ◄◄◄

Kriterien zur Systematisierung

Bei der Betrachtung der Innenfinanzierung in Modul 10 wurde deutlich, dass entgegen dem intuitiven Begriffsverständnis sehr wohl **außenstehende Rechtspersonen** bei der Erzielung von Umsatzerlösen oder dem Verkauf von Vermögen erforderlich sind. Mit ihnen geht die Unternehmung jedoch keine Finanzierungsverträge ein, bei der Außenfinanzierung hingegen schon. Den formalen und juristischen Aspekten muss daher im Folgenden mehr Aufmerksamkeit als bei der Innenfinanzierung gewidmet werden.

Zu diesem Zweck ist zunächst eine Verdichtung der vielfältigen Formen der externen Finanzierung zu Gruppen mit ähnlichen Eigenschaften sinnvoll. Sie erfolgt in drei Stufen (in Anlehnung an Horsch/Paul/Rudolph 2011, S. 390 f.):

1. Aufgrund weitgehender Unterschiede in den für Kapitalgeber und -nehmer geltenden Rechten und Pflichten (vgl. Tab. 9.2) heben sich die beiden Finanzierungsformen **Eigen- und Fremdkapital** klar voneinander ab und sind daher zu-

Abb. 11.1

Systematisierung von Instrumenten der Außenfinanzierung

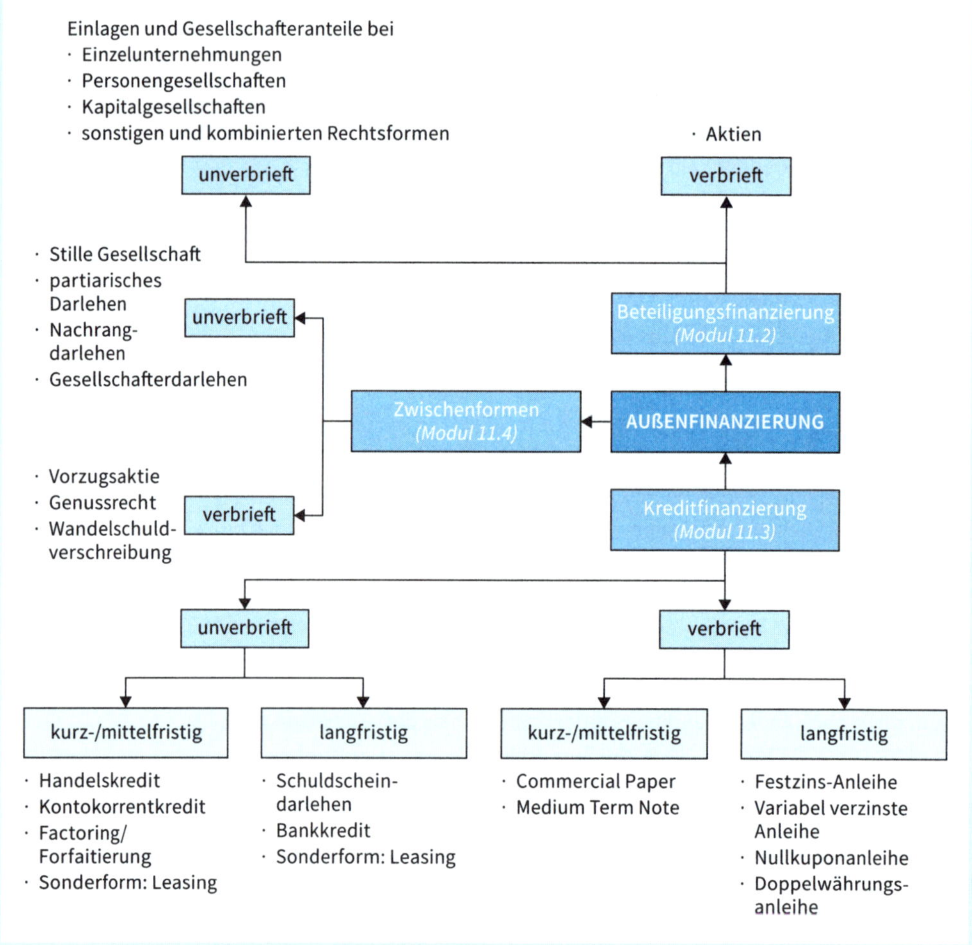

erst zu unterscheiden. Davon ausgehend lassen sich dann auch **Zwischenformen** abgrenzen.
2. Für beide so abgegrenzten Gruppen ist des Weiteren eine Unterscheidung sinnvoll, ob es sich um **verbriefte** (handelbare Wertpapiere) oder **unverbriefte** Instrumente handelt.
3. Bei der Beteiligungsfinanzierung von außen spielt ferner die **Rechtsform** (vgl. Tab. 9.3) der kapitalnehmenden Unternehmung eine wichtige Rolle bzw. bei der Kreditfinanzierung die Unterscheidung nach der **Fristigkeit** des überlassenen Fremdkapitals.

Abbildung 11.1 fasst diese dreistufige Gliederung grafisch zusammen, an der entlang die weiteren Betrachtungen in diesem Modul strukturiert sind.

11.2 Beteiligungsfinanzierung

Definition und Abgrenzung

Im Zuge der Finanzierung mit externem Beteiligungskapital fließen **liquide Mittel** (seltener auch Sachvermögen) **von außen** durch den oder die Eigentümer (von Personengesellschaften) bzw. die Anteilseigner (von Kapitalgesellschaften) zu. Damit sich die Bilanz sachgerecht verlängert, wird der Gegenwert der zugeführten Vermögensgegenstände der Aktivseite (typischerweise Barmittel) auf der Passivseite als **Eigenkapital** verbucht. Somit ist die Beteiligungsfinanzierung zum einen klar von der Außenfinanzierung mit Kreditkapital, zum anderen von Formen der internen Eigenfinanzierung abgegrenzt.

11.2.1 Beteiligungsfinanzierung nicht-börsennotierter Unternehmen

Aufgrund der medialen Dauerberichterstattung über börsennotierte (Groß-)Konzerne wie jüngst Volkswagen oder die Deutsche Bank mag es überraschen, dass gerade 665 aller 3,63 Mio. deutschen Unternehmen über eine Zulassung zum Handel ihres verbrieften Eigenkapitals (equity) an öffentlichen Aktienbörsen verfügen (**Public Equity**, vgl. Umsatzsteuerstatistik und Unternehmensregister 2013 sowie Weltbank, eigene Berechnungen). Das Gros der restlichen 99,98 % der Unternehmen deckt seinen Eigenkapitalbedarf außerhalb von organisierten Wertpapierbörsen mit **Private Equity**. Der Begriff Private Equity wird zuweilen auch enger abgegrenzt und synonym als Wagnisfinanzierung/Venture Capital verstanden (vgl. dazu Rudolph 2006, S. 220 f.). Allerdings erschwert das Fehlen öffentlicher Märkte potenziellen Anlegern die Suche geeigneter Investitionsziele aufgrund der **geringeren Handelbarkeit der Anteile** sowie der Schwierigkeit bei der **Beurteilbarkeit des** damit verbundenen **Risikos**. Als reine Kapitalanlage geht von nicht-börsennotierten Unternehmen daher eine geringere Attraktivität als von Beteiligungen an börsennotierten Unternehmen aus, denn die genaue Beurteilung der jeweiligen Chance-Risiko-Kombination erweist sich insbesondere für Unternehmensexterne als schwierig. Die Folgen dieser bereits im Modul 9.5 ausgiebig diskutierten Transaktionskosten bremsen die Fähigkeit zur Beschaffung neuen Beteiligungskapitals (»**Eigenkapitallücke**«), die automatisch auch die Verschuldungskapazität limitiert.

Das Potenzial zur Beteiligungsfinanzierung hängt ferner maßgeblich von der Rechtsform einer Unternehmung aufgrund von Unterschieden insbesondere bei der Ausgestaltung der Haftung sowie bei Größenbeschränkungen ab. Ihrer Wahl im Zeitpunkt der Gründung kommt somit eine **strategische Bedeutung** zu (vgl. Tab. 9.3).

11.2.1.1 Einzelunternehmen

Eingangsbeispiel (Fortsetzung)

Teil 1

►►► Bislang operiert Einzelunternehmer A aus dem Wohnzimmer seiner Mietwohnung heraus, das mittlerweile als Lager- und Geschäftsraum dient. Rechnungen und Aufträge bearbeitet er auf seinem privaten Laptop. Dafür hat er seine Lebensversicherung vorzeitig liquidiert. Weitere werthaltige Vermögensgegenstände besitzt A nicht. ◄◄◄

Unter allen Rechtsformen in Deutschland erfreuen sich Einzelunternehmen mit weitem Abstand der größten Beliebtheit, die sich durch die unkomplizierte Aufnahme des Geschäftsbetriebs erklärt: der **alleinige Inhaber** kann sofort und ohne behördliche Genehmigungen »loslegen«. Anstelle einer doppelten Buchhaltung genügt bis zum Erreichen einer bestimmten Betriebsgröße die wesentlich einfachere Einnahmen-Überschuss-Rechnung. Eine Mindestkapitaleinlage ist nicht erforderlich. Abstimmungsprobleme mit anderen Gesellschaftern bestehen per Definition nicht. **Geschäfts- und Privatvermögen sind nicht getrennt**, weshalb das Potenzial zur Beteiligungsfinanzierung auf das Privatvermögen des Inhabers (z. B. liquide Mittel, Geschäftsräume oder Fahrzeuge) beschränkt bleibt. Auch bei Haftungsfragen werden Geschäfts- und Privatvermögen gemeinsam betrachtet. Eine Verstärkung der Eigenkapitalbasis darüber hinaus kann über einen längeren Zeitraum kontinuierlich nur über die Innenfinanzierung, beispielsweise durch Gewinnthesaurierung erfolgen. Auch durch den Wechsel der Rechtsform ergeben sich Potenziale für neues, externes Beteiligungskapital – dann aber nicht mehr als Einzelunternehmer.

11.2.1.2 Personengesellschaften

Eingangsbeispiel (Fortsetzung)

Teil 2

►►► Der Studienfreund von A möchte nun dauerhaft mit in das Projekt einsteigen, allerdings nicht, ohne an den künftigen Gewinnen beteiligt zu werden. A findet die Idee gut und schlägt die Gründung einer offenen Handelsgesellschaft vor. Er hält es zudem für notwendig, dass der Studienfreund für die kommenden Aufgaben 30.000 € als Eigenkapital in die gemeinsame Unternehmung einbringt. Der Studienfreund hadert, da er die damit verbundenen Geschäftsrisiken bislang noch nicht richtig überschaut. ◄◄◄

Offene Handelsgesellschaft (OHG)

Mindestens zwei Gesellschafter schließen sich zu einer offenen Handelsgesellschaft (OHG) zusammen, um gemeinsam unternehmerisch tätig zu sein. Durch die gegenseitige Verantwortung ist der Betrieb an mehr formale Regeln geknüpft: Als Kaufmann im Sinne des HGB ist die OHG verpflichtet, nach Grundsätzen ordnungsmäßiger Buchführung zu bilanzieren. Die Gründung bedarf eines Gesellschaftervertrags als Willenserklärung der jeweils vollhaftenden Gesellschafter. Sofern die Gewinn- und Verlustverteilung nicht in einem Gesellschaftsvertrag separat geregelt ist, greift die gesetzliche Regelung, wonach alle Gesellschafter gewinnunabhängig 4 % als Verzinsung auf ihre jeweilige Einlage erhalten – sofern der Gewinn dafür ausreicht – und der darüberhinausgehende Gewinn unter allen Gesellschaftern gleichermaßen verteilt wird (§§ 120-122 HGB).

Gegenüber Einzelunternehmen ist die Einbringung zusätzlichen Beteiligungskapitals in der OHG auch über die **Aufnahme neuer Gesellschafter** möglich. Alle Gesellschafter sind zur Führung des Unternehmens mitberechtigt, wodurch sich die Entscheidungsfindung im Innenverhältnis mit steigender Gesellschafterzahl erschwert: Bei geforderter Einstimmigkeit können Einzelne den Geschäftsbetrieb blockieren, bei Mehrheitsentscheidungen können sich permanent überstimmte Gesellschafter benachteiligt sehen. Beim Ausscheiden eines Gesellschafters ist ferner über die Beteiligung an stillen Bewertungsreserven und -lasten Einigung zu erzielen (vgl. ausführlich Wöhe et al. 2016, S. 125 f.). Ein gutes Verhältnis der geschäftsführenden Gesellschafter untereinander fördert daher das Geschäftsklima.

Jeder Gesellschafter haftet für die Verbindlichkeiten der Gesellschaft **unmittelbar** und **gesamtschuldnerisch** (jeder haftet für alles), **unbeschränkt** (auch mit Privatvermögen), **rück- und abgangsbezogen**. Speziell die letzten beiden Aspekte sind für potenzielle Neugesellschafter wenig attraktiv, denn sie haften auch für Verbindlichkeiten, die bereits bei ihrem Eintritt bestehen (rückbezogen) sowie nach Ausscheiden für die bis dahin begründeten Verbindlichkeiten für weitere fünf Jahre (abgangsbezogen). Weitere Erschwernisse sind eine geringe Transparenz der Gesellschaftsgeschäfte und -risiken für außenstehende, potenzielle Neugesellschafter sowie eine geringe Handelbarkeit (Fungibilität) der Gesellschafteranteile durch das Fehlen von organisierten Eigenkapitalmärkten (Börsen). Dadurch entstehen sowohl für Alt- als auch für Neugesellschafter hohe Transaktionskosten mit Blick auf Gesellschafteränderungen.

Zusammengefasst sind die Potenziale zur Gewinnung von externem Beteiligungskapital bei der OHG größer als bei der Einzelunternehmung, bleiben dennoch der Höhe nach limitiert und können mit beträchtlichen Such- und Abstimmungskosten einhergehen.

Eingangsbeispiel (Fortsetzung)

Teil 3

►►► Der Studienfreund von A ist vom Erfolg der Geschäftsidee nun dermaßen überzeugt, dass er fortan größer denkt. Von der Aufnahme weiterer Gesellschafter bei unveränderter Rechtsform hält er wenig, denn die gemeinsame Entscheidungsfindung gestaltet sich schon mit A schwierig. Stattdessen besteht er darauf, gleich eine Kommanditgesellschaft zu gründen, bei der weitere Gesellschafter gegen Beteiligungskapital aufgenommen werden können, ohne dass die beiden Gründer die Kontrolle am Unternehmen mit ihnen teilen müssten. ◄◄◄

Kommanditgesellschaft (KG)

Diese Strategie kann aufgehen, denn die Kommanditgesellschaft (KG) vereint Elemente von Personen- und Kapitalgesellschaften durch die Unterscheidung der Gesellschafter in zwei Klassen nach dem Grad ihrer Haftung: Während das Recht zur Geschäftsführung analog zur OHG bei den **vollhaftenden Komplementären** liegt, sind die lediglich mit der Höhe ihrer Kapitaleinlage haftenden **Kommanditisten** von der Geschäftsführung ausgeschlossen. Ihnen steht lediglich das Informationsrecht über die jährliche Geschäftsentwicklung sowie die Zahlung einer Dividende zu. Der Problematik gegensätzlicher Geschäftsführerinteressen als Hindernis bei der Gewinnung neuer Kommanditisten (siehe OHG) wird so aus dem Wege gegangen. Dadurch ergeben sich speziell für Familienunternehmen Anreize zur Wahl dieser Rechtsform, weil mit der Übernahme der Kommanditanteile durch Außenstehende keine automatische Leitungsfunktion einhergeht.

Aus den bereits für die OHG angeführten pragmatischen Gründen sollte die Anzahl der Komplementäre beschränkt bleiben; dies gilt gerade nicht für die Zahl der Kommanditisten und damit für das Potenzial externen Beteiligungskapitals, auf das der Studienfreund von A abzielt. Somit erscheint die Kommanditgesellschaft für mittelgroße Unternehmen als attraktive Rechtsform, wobei die weiterhin nur geringe Handelbarkeit der Kommanditbeteiligung die Ausweitung der Kapitalbasis – analog zur OHG – erschwert (vgl. Perridon/Steiner/Rathgeber 2017, S. 427; Drukarczyk/Lobe 2014, S. 311 f.).

11.2.1.3 Kapitalgesellschaften

Kapitalgesellschaften ziehen bei der **Haftung** für unternehmerische Verbindlichkeiten eine **Grenze** bei den Vermögensgegenständen der Gesellschaft, ein Durchgriff auf das private Vermögen der Gesellschafter ist nicht vorgesehen. Doch diese auf den ersten Blick vorteilhafte Konstellation gegenüber den Rechtsformen des Einzelunternehmers oder der OHG kann anderweitige Einschränkungen mit sich bringen.

Gesellschaft mit beschränkter Haftung (GmbH) und Unternehmergesellschaft (UG)

Eigentümer einer Gesellschaft mit beschränkter Haftung (GmbH) haften analog den Kommanditisten einer KG bis zur Höhe ihrer verbuchten Einlage, sofern im Gesellschaftsvertrag keine Nachschusspflicht festgeschrieben ist. Ist die bei der GmbH Stammkapital genannte Einlage der Gesellschafter durch Jahresfehlbeträge verbraucht, erfolgt bei Insolvenz kein Durchgriff auf die privaten Vermögensgegenstände der Gesellschafter zwecks Tilgung der verbleibenden Unternehmensschulden. Das bei Gründung notariell nachzuweisende Stammkapital beträgt mindestens 25.000 € und kann von mehreren Eigentümern eingebracht werden.

Die **Haftungsbeschränkung** erleichtert die Aufnahme neuer Gesellschafter erheblich. Mit der im Vergleich zur Personengesellschaft geringeren Haftungsmasse kann allerdings eine geringere Kreditwürdigkeit aus Sicht der Fremdkapitalgeber einhergehen. Geschäftspartner von GmbHs vermeiden es daher tendenziell, zu Gläubigern ohne weitere Haftungsvereinbarung zu werden, z. B. indem Lieferanten Ware nur gegen Vorauszahlung liefern oder Banken zusätzliche Kreditsicherheiten einfordern. Auch GmbH-Anteile sind wenig fungibel und bedürfen zur Übertragung der notariellen Form. Ein kurzfristiger Verkauf von GmbH-Anteilen ist somit nicht ohne weiteres möglich und begrenzt die Attraktivität dieser Rechtsform für potenzielle Neugesellschafter.

Die 2008 neu geschaffene **Unternehmergesellschaft**, kurz: »UG (haftungsbeschränkt)« – im allgemeinen Sprachgebrauch als **Mini-GmbH** und 1-€-GmbH bezeichnet – erfordert gegenüber einer GmbH ein Mindeststammkapital bei Gründung von lediglich 1 €. Die Pflichtangabe »haftungsbeschränkt« weist Dritte auf die geringere Haftungsmasse bei Gründung explizit hin. Die UG richtet sich an **Existenzgründer**, die das GmbH-Mindeststammkapital nicht aufbringen können – auf Kosten eines expliziten Hinweises auf die verminderte Haftung, der ihre Kreditwürdigkeit nochmals reduziert. Erreicht das Stammkapital durch Zuführungen die Summe von 25.000 €, kann die UG formal unter Verzicht auf die Haftungsbeschränkung in eine »echte« GmbH umfirmieren.

Aktiengesellschaft (AG)

Das **in Aktien zerlegte Grundkapital** von Aktiengesellschaften (AG) in Höhe von mindestens 50.000 € ist nicht automatisch börsennotiert. Zwar ist die Aktionärshaftung mit der von Kommanditisten und GmbH-Gesellschaftern vergleichbar auf die Höhe der Kapitaleinlage beschränkt, der außerbörsliche Handel mit Aktien gestaltet sich durch die Verbriefung als übertragungsfähiges Wertpapier jedoch grundsätzlich einfacher. Der Handel von Aktien an öffentlichen **Wertpapierbörsen** bedarf einer Börsenzulassung, die gesondert zu beantragen ist (vgl. zu börsennotierten AGs Modul 11.2.2).

Das **Aktiengesetz (AktG)** regelt detailliert sowohl **Aktionärsrechte** als auch **Informationspflichten** der AG. Indem der Gesetzgeber durch diese »Signaling«-Pflichten die mit einem Aktieninvestment verbundenen Such- und Überwachungskosten senkt, stärkt er die Attraktivität von Aktieninvestments speziell für Privatanleger (Publikum) mit begrenzen Informationsmöglichkeiten (siehe Modul 9.5) deutlich.

AUS DER PRAXIS

Die Aktien der FC Bayern München AG sind nicht-börsennotiert. Die AG besitzt neben der Mehrheitsaktionärin FC Bayern München e. V. mit den Unternehmen Audi, Adidas und Allianz lediglich drei weitere Aktionäre, die zusammen 24,99 % des Grundkapitals und damit weniger als die Sperrminorität von 25 % (für grundsätzliche Entscheidungen, die mit ¾-Mehrheit zu treffen sind) halten. Die schrittweise Hinzunahme der drei Minderheitsaktionäre markierte die einzigen »Handelsaktivitäten« der Aktie seit 2001.

Die ebenfalls im AktG verankerte Möglichkeit zur **Delegierung der Unternehmensleitung** von den Eigentümern (Aktionäre) an Leitungsgremien (»Organe«) ermöglicht es der AG, auch im Fall einer hohen Zahl an Miteigentümern handlungsfähig zu bleiben. Die Mitwirkung der Aktionäre an der Geschäftsführung bleibt dann auf ihre regelmäßig jährliche Zusammenkunft zur Hauptversammlung, in der sie ihr Stimmrecht zur Kontrolle des geschäftsführenden Vorstands, zur Bestellung des den Vorstand kontrollierenden Aufsichtsrats und zu wichtigen Einzelentscheidungen ausüben, beschränkt. Den Delegationsgefahren in dieser **Prinzipal-Agenten-Konstellation** (siehe Modul 9.5) begegnet die AG oft mit der Gleichschaltung der Anreize von Aktionären (Agenten) und Vorstand (Prinzipal), indem ein Teil der Vorstandsvergütung an die Höhe der für die Aktionäre geschaffenen Wertsteigerung gekoppelt wird (Modul 18).

Kommanditgesellschaft auf Aktien (KGaA)

Die Kommanditgesellschaft auf Aktien (KGaA) ist eine Aktiengesellschaft, die anstelle eines Vorstands über persönlich haftende Gesellschafter (Komplementäre) analog zur KG verfügt. Das in Aktien zerlegte Grundkapital wird von den Kommanditisten aufgebracht. Liegt eine Börsenzulassung vor, können die Aktien der KGaA wie die von regulären Aktiengesellschaften an organisierten Wertpapierbörsen öffentlich gehandelt werden und umgehen so die geringe Handelbarkeit »reiner« KG-Kommanditanteile.

Eingetragene Genossenschaft (eG)

Das in Deutschland bereits 1889 erlassene Genossenschaftsgesetz zeugt von der langen Tradition dieser Rechtsform im Schnittfeld von Personen- und Kapitalgesellschaft. Heutige eingetragene Genossenschaften (eG) dienen als eigenständige und in der Regel gewinnorientierte, juristische Personen einem **gemeinschaftlichen Zweck**, deren Leistungen von den beteiligten **Mitgliedern** (»Genossen«) in Eigenregie nicht oder nur ineffizient bereitgestellt werden können (z. B. Einkaufs-, Winzer-, Bau- oder Kreditgenossenschaften). Die Mitglieder können zugleich Kunde, Lieferant und Kapitalgeber sein, die von den Funktionen der Genossenschaft profitieren. Neben diesen Vorteilen erhalten die Eigentümer eine Gewinnbeteiligung in Form einer Dividende.

Das Eigenkapital »atmet« mit der Anzahl an Genossen, die zum Ende eines Geschäftsjahres unter Einhaltung einer Kündigungsfrist ausscheiden können. Die eG zahlt den Nominalbetrag des zur Verfügung gestellten Eigenkapitals an den ausscheidenden Eigentümer zurück. Aufgrund dieser Gefahr einer **schwankenden Kapitalbasis** sind Genossenschaften deshalb wie Personengesellschaften und Einzelunternehmer verstärkt auf die Innenfinanzierung angewiesen. Zudem kann vereinbart werden, dass die Genossen für Verbindlichkeiten der eG über die bereits eingezahlten Geschäftsanteile hinaus zur Leistung von **Nachschüssen** verpflichtet sind; bei vielen Kreditgenossenschaften findet sich in der Satzung ein solcher Passus zum **Haftsummenzuschlag**. In der General- bzw. Vertreterversammlung wird nicht quotal nach der Höhe der Kapitalanteile, sondern demokratisch nach Köpfen abgestimmt, mehrere Genossenschaftsanteile erhöhen die Mitbestimmungsrechte nicht.

Kombinierte Rechtsformen

Das Innovationsstreben von Unternehmern hat neben den originären Rechtsformen weitere Misch- und Kombinationsvarianten hervorgebracht. Von praktischer Bedeutung ist insbesondere die **GmbH & Co. KG** (seltener sind die GmbH & Co.

KGaA oder die AG & Co. KGaA), in der als Komplementär eine GmbH mit dem Ziel installiert ist, die rechtlich unbegrenzte Komplementärshaftung faktisch auf das Vermögen der GmbH zu begrenzen. Konkret bedeutet dies, dass die Rolle des Vollhafters durch eine begrenzt haftende Kapitalgesellschaft ausgefüllt wird.

Beispiel 1

►►► Genau genommen sind die Aktionäre des börsengehandelten Fußballvereins »Borussia Dortmund« Kommanditaktionäre der als GmbH & Co. KGaA firmierenden, im Jahre 1999 ausgegliederten Lizenzspielerabteilung des Vereins. Komplementär dieser Gesellschaft ist die Borussia Dortmund Geschäftsführung-GmbH als hundertprozentige Tochter des Vereins, deren Geschäftsführer in Sport- und Wirtschaftsmedien einen hohen Bekanntheitsgrad genießen. Anders als die Aktionäre einer AG haben die Kommanditisten der GmbH & Co. KGaA den Auflagen des Ligaverbandes entsprechend weder Stimm- noch Mitspracherechte. ◄◄◄

11.2.2 Beteiligungsfinanzierung von börsennotierten Aktiengesellschaften

Vorteile der Börsennotierung

Durch eine Börsennotierung eröffnen sich AGs eine **breite Eigentümerbasis** als Quelle externen Beteiligungskapitals. Mit den Handelsplattformen Xetra, Börse Frankfurt und Tradegate betreibt die Deutsche Börse AG mit einem Handelsvolumen von 1,64 Bio. € (2015) die aktivsten Aktienmärkte in Deutschland (vgl. deutsche-boerse.com). Die **hohe Verkehrsfähigkeit** börsennotierter Anteilsscheine erlaubt Transaktionen im Sekundentakt, Hochfrequenzhändler handeln sogar im Millisekundenbereich. Die oftmals Hundertausende (Klein-)Investoren erlauben die Aufbringung insgesamt hoher Kapitalbeträge, so dass die AG Merkmale mit modernen Schwarmfinanzierungen (Crowd Financing, vgl. dazu Peer-to-Peer-Kreditplattformen in Modul 11.3.3.3) teilt. Dadurch ist die AG die präferierte Rechtform von **Großunternehmen** und Konzernen mit hohem Kapitalbedarf.

Arten von Aktien

Die Unterscheidung verschiedener **Aktienarten** erfolgt anhand ihrer jeweiligen Ausprägungen der Systematisierungskriterien **Gattung**, **Übertragung** und **Grundkapitalzerlegung** (Abb. 11.2):

AUS DER PRAXIS

Facebook-Aktie kostet 38 $

Bei seinem Börsengang gibt das soziale Netzwerk Facebook seine Aktien zu einem Preis von je 38 $ heraus. [...] Insgesamt will Facebook rund 421 Millionen Anteilsscheine ausgeben. Mit einem Volumen von bis zu 16 Milliarden $ (12,6 Milliarden €) ist der Börsengang damit eine der größten Neuemissionen aller Zeiten.
(Quelle: Handelsblatt-Online, 17.5.2012)

Abb. 11.2

Systematisierungskriterien von Aktien

Umfang der Rechte (Gattung)	Übertragungsmöglichkeiten	Zerlegung des Grundkapitals
• Stammaktien • Vorzugsaktien	• Inhaberaktien • Namensaktien • Vinkulierte Namensaktien	• Nennwertaktien • (nennwertlose) Stückaktien

Unternehmen können mehrere Aktienarten emittieren, **mindestens** jedoch **Stammaktien**. Unter den 110 größten börsennotierten Aktiengesellschaften aus Deutschland findet sich die nennwertlose, auf den Inhaber lautende Stammaktie am häufigsten.

Beispiel 2

Unterschiedliche Aktiengattungen

- Die Volkswagen AG hat sowohl nennwertlose Inhaber-Stammaktien als auch Inhaber-Vorzugsaktien,
- die Siemens AG hat nennwertlose Namensaktien und
- die Deutsche Lufthansa AG nennwertlose vinkulierte Namensaktien emittiert. ◂◂◂

Verbriefte Verwaltungs- und Vermögensrechte von Stammaktien

Anhand ihrer verbrieften Aktionärsrechte werden Stamm- von Vorzugsaktien unterschieden. Stammaktien (»Stämme«) gewähren den Aktionären sämtliche im Aktiengesetz vorgesehenen
- **Verwaltungsrechte** und
- **Vermögensrechte**.

Stämme stellen insofern den **Standardfall** dar, da sie mindestens emittiert werden müssen, während Vorzugsaktien optional sind. Die von ihnen verbrieften **Verwaltungsrechte** umfassen
- das Recht auf Teilnahme an und Auskunftserteilung in der Hauptversammlung (HV),
- Stimmrechte gemäß der Quote des gehaltenen Grundkapitals (für in der HV zur Abstimmung gestellte Anträge) sowie
- das Recht auf Anfechtung von HV-Beschlüssen.

Hinzu treten mit
- Dividendenzahlungen,
- Bezugsrechten bei Kapitalerhöhungen sowie
- Anteilen am nachrangigen Liquidationserlös im Insolvenzfall

Vermögensrechte.

Unterschiede von Vorzugs- gegenüber Stammaktien

Weitgehend deckungsgleich mit der Stammaktie verbriefen **Vorzugsaktien** (»Vorzüge«) bestimmte **Sonderrechte**. Die Unterschiede zur Stammaktie werden international unterschiedlich interpretiert. Üblich sind Abweichungen mit Blick auf

- die Anzahl der je Vorzugsaktie verbrieften Stimmrechte (z. B. mehrfach oder gar nicht stimmberechtigte Vorzugsaktien) oder auf
- die laufende Dividende, die zeitlich vorrangig (Vorabdividende), höher (Überdividende), geschützt vor Verlustteilnahme (Dividendengarantie) sowie eine Kombination der vorgenannten Varianten sein kann.

Beispiel 2 (Fortsetzung)

►►► Entsprechend notieren zwei getrennte Aktienkurse, z. B. für die Stämme und Vorzüge der Volkswagen AG: Am 15.7.2016 lagen ihre Preise bei 126,50 € für eine Stamm- sowie bei 116 € für eine Vorzugsaktie. ◄◄◄

Die Emission von Vorzugsaktien ist als Sonderfall deklariert und im Aktiengesetz auf maximal die **Hälfte des Grundkapitals begrenzt**. Das bilanzierte Eigenkapital und der Marktwert des Eigenkapitals, aus dem sich durch Division mit der Anzahl ausstehender Aktien der Börsenkurs einer Aktie ableitet, sind unterschiedliche Größen mit verschiedenen Bedeutungen. Der Buchwert des Eigenkapitals ist der Bilanz zu entnehmen, zur Berechnung des (theoretischen) Marktwertes (Ertragswert) siehe ausführlich Modul 8.3.

Nach deutschem Recht emittierte Vorzugsaktien (§§ 139-141 AktG, ausführlicher in Modul 11.4.2) sind **stimmrechtslos**. Als Ausgleich erhalten Vorzugsaktionäre eine im Vergleich zur Stammaktie höhere **Vorzugsdividende**, die bei ausgefallenen Dividendenzahlungen aufgrund von temporären Liquiditätsengpässen nachgezahlt werden muss. Da dieser Dividendenanspruch nicht verfällt, sondern erhalten bleibt und zu dem der Folgejahre hinzutritt, ist die (Vorzugs-)Dividende **kumulativ**. Zudem geht er künftigen Ansprüchen der Stammaktionäre voraus. Das Stimmrecht in der HV lebt bei ausfallender Vorzugsausschüttung bis zur vollständigen Nachzahlung wieder auf (§ 140 Abs. 2 AktG).

AUS DER PRAXIS

Mehr-Klassen-Gesellschaft Google

Die Google-Gründer [Larry Page und Sergey Brin] hatten beim Börsengang im Jahr 2004 Aktien der Klasse B bekommen, die zehn Mal mehr Stimmen als die A-Aktien für herkömmliche Investoren hatten. Das sollte ihnen die Freiheit geben, sich gegen ein Diktat externer Aktionäre sperren zu können. Später wurde noch eine Klasse C eingeführt, die gar keine Stimmrechte umfasst. Page und Brin behielten so die Kontrolle über Google, obwohl sie zuletzt nur noch einen Kapitalanteil von 13,1 % hielten. (Quelle: Handelsblatt-Online, 14.2.2015)

In dieser Form ist die Vorzugsaktie vor allem deswegen so beliebt, weil der Emittent bei Kapitalerhöhungen im Normalfall keine Verschiebungen der Mehrheits- und Herrschaftsverhältnisse unter den Altaktionären befürchten muss. Typische Anwendungsfälle hierfür sind stark gewachsene Familienunternehmen (siehe Aus der Praxis: »Vorzugsaktien der Henkel KGaA«). Vorzugsaktien sind daher speziell für rein finanziell orientierte Investoren, die an der Ausübung des Stimmrechts nicht interessiert sind, attraktiv.

Unternehmen anderer Länder, wie etwa Google in den USA, gehen noch weiter und unterscheiden **mehrere Klassen von Vorzugsaktien** zur **Differenzierung der Stimmrechte**. Eigentümern ist es damit möglich, durch den Besitz von Vorzugsaktien mit mehrfachen Stimmrechten den Einfluss auf das Unternehmen zu wahren und gleichzeitig durch den Verkauf von Aktien mit weniger oder keinem Stimmrecht Kursgewinne zu realisieren.

Übertragungsmöglichkeiten

Aktiengesellschaften können zwischen Inhaber- und Namensaktien wählen. Erstere lauten anonym auf den **Inhaber**, ohne einen konkreten Anspruchsberechtigten

AUS DER PRAXIS

Vorzugsaktien der Henkel KGaA

Im Oktober 1985 wurde die Henkel-Aktie erstmals an der Börse gehandelt. Zum ersten Mal sollten sich auch familienfremde Anleger am Unternehmen beteiligen können. Gleichzeitig sollte der Charakter eines Familienunternehmens gewahrt werden. Als Emissionsform wurde die Vorzugsaktie gewählt. Die Stammaktien blieben zunächst vollständig in Familienhand. Noch heute wird die Mehrheit dieser Aktien von Mitgliedern der Familie Henkel gehalten, die zu den Nachfahren des Unternehmensgründers Fritz Henkel gehören und 60,84 % der Stammaktien über einen Aktienbindungsvertrag langfristig gebündelt haben. Die Henkel-Vorzugsaktien befinden sich, mit Ausnahme der eigenen Aktien, vollständig im Streubesitz. (Quelle: Henkel KGaA 2015)

Vorzüge ohne Vorzug

Als BMW 1989 erstmals seine Vorzugsaktionäre bediente, lag der Dividendenvorteil gegenüber den Stammaktien noch bei acht Prozent. Bei Henkel und VW waren es zu Anfang sogar zehn Prozent, bei FMC erstmalig im Jahr 1997 knapp zwölf Prozent. Inzwischen nähert sich dieser Vorteil aber bedrohlich der Nullmarke an. Angesichts der in den vergangenen Jahren drastisch gestiegenen Dividenden sind es bei BMW gegenwärtig nur noch 0,9 Prozent, bei VW, FMC und Henkel immerhin noch zwischen zwei und drei Prozent. Der Grund: Bei einer auf drei € je Aktie gestiegenen Dividende, wie in diesem Jahr bei VW, macht ein Unterschied von sechs Cent nicht mehr viel aus. [...] Um die Vorzugsaktionäre nachhaltig und angemessen für ihr fehlendes Stimmrecht zu entschädigen, sollten die Unternehmen die ursprünglich geltenden prozentualen Vorteile wiederherstellen[.] (Quelle: Handelsblatt, 19.4.2012, S. 38 f.)

zu benennen. Der Besitz dieser Wertpapiere allein begründet – vergleichbar mit Bargeld – das Recht zur Ausübung der Aktionärsrechte, entsprechend hoch ist ihre Umlauf- und Verkehrsfähigkeit.

Nach internationalem Standard sind **Namensaktien** persönlich auf den Aktionär ausgestellt und im **Aktienregister** der AG eingetragen. Zur Weiterveräußerung wird der Eintrag im Aktienregister geändert, was im IT-Zeitalter nicht mehr länger als bei Inhaberakten dauert. Verglichen mit Inhaberaktien hat eine AG somit zusätzlich den Überblick über die Aktionärsstruktur und ist in der Lage, ihre Aktionäre im Bedarfsfall direkt anzusprechen. Anteilseignern wird es dadurch erschwert, unentdeckt größere Position auf- oder abzubauen.

Bei **vinkulierten Namensaktien** muss die AG der Übertragung zustimmen. Die Übertragbarkeit dieser Aktienart ist daher beschränkt und unterliegt dem Votum der AG zugunsten einer stärkeren Einflussmöglichkeit auf die Aktionärsstruktur zur Abwehr von Übernahmen.

Zerlegung des Grundkapitals

Maßgeblich für die Höhe der auf einen Aktionär entfallenden Vermögens- und Verwaltungsrechte ist der Anteil der **Nennwerte** (auch: Nennbeträge) aller von ihm gehaltenen Aktien am Grundkapital der AG. Das **Grundkapital** (auch: Gezeichnetes Kapital) findet sich als Unterposition des Eigenkapitals auf der Passivseite der AG-Bilanz, ist stets gleich der **Summe der Nennbeträge** aller emittierten Aktien und dient als formaler Verteilungsschlüssel für die Aktionärsrechte.

Mit Nennwert- und Stückaktien existieren zwei Varianten für die Aufteilung des Grundkapitals auf die emittierten Aktien eines Unternehmens: Im Falle von **Nennwertaktien** ist der Nennwert in der **Satzung** der Aktiengesellschaft **dauerhaft festgelegt** und beträgt mindestens 1 € oder ein ganzes Vielfaches davon (z. B. 5 € je Ak-

AUS DER PRAXIS

Eigenkapital der thyssenkrupp AG in Mrd. € per 30.9.2015

Gezeichnetes Kapital	1,449
Kapitalrücklage	1,473
Andere Gewinnrücklagen	1,494
Gewinn-/Verlustvortrag	1,473
Jahresüberschuss/-fehlbetrag	-0,122
Summe	5,767

Der Charakter des gezeichneten Kapitals als formaler Verteilungsschlüssel tritt bei der thyssenkrupp AG deutlich hervor, denn sein Anteil am Eigenkapital macht lediglich 25 % aus, so dass die davon ausgehende Finanzierungswirkung von untergeordneter Bedeutung ist. Weitere 25 % des Eigenkapitals machen die Kapitalrücklage, die durch den Verkauf junger Aktien gespeist wird, die anderen Gewinnrücklagen aus thesaurierten Gewinnen der Selbstfinanzierung (siehe Modul 10.2.1) sowie der aus Gewinnvortrag und Jahresfehlbetrag bestehende Bilanzgewinn aus. (Darstellung in Anlehnung an den Geschäftsbericht 2014/15)

tie). Aktien mit mehreren, unterschiedlichen Nennwerten sind möglich (z. B. Nennwertaktien mit 5 und 50 € je Aktie).

Mit der Einführung des Euros im Jahr 1999 haben die meisten deutschen AGs von Nennwert- auf **nennwertlose Stückaktien** umgestellt, da die Währungsumstellung häufig »krumme« Euro-Beträge zur Folge hatte. Im Gegensatz zu Nennwertaktien gibt es nur eine Klasse identischer Stückaktien **ohne festen Nennwert**. Ihr **rechnerischer Nennwert** bemisst sich als Division des bilanziellen Grundkapitals durch die Gesamtzahl ausgegebener Aktien. Er muss nicht zwangsläufig auf volle Euro lauten, mindestens aber 1 € betragen. Auf dem Kurszettel tragen Stückaktien häufig den Namenszusatz o.N. für »ohne Nennwert«.

Beispiel 3

►►► Das zuvor gerundet mit 1.449 Mio. € angegebene Grundkapital der thyssenkrupp AG beträgt 2015 exakt 1.448.801.144,32 € und ist in 565.937.947 € auf den Inhaber lautende Stückaktien eingeteilt. Jede Aktie gewährt gleiche Rechte und in der Hauptversammlung je eine Stimme (Geschäftsbericht 2014/15, S. 119). Der rechnerische Nennwert jeder Stückaktie beträgt demzufolge 2,56 €, ihr Anteil am gezeichneten Kapital beträgt 0,0000002 %. Im Mai 2016 wird eine »thyssenkrupp AG Inhaber-Aktien o.N.« mit gut 19 € gehandelt, so dass der Marktwert aller Aktien bei ca. 10,8 Mrd. € rangiert. ◄◄◄

Formen der Eigenkapitalerhöhung bei der AG

Vielfältige Motive geben im Laufe der Zeit Anlass zur Erweiterung der Beteiligungskapitalbasis durch eine Kapitalerhöhung, darunter:

- Bedarf an liquiden Mitteln
- Verbreiterung der Eigenkapital- und damit der Haftungsbasis sowie daraus abgeleitet
- Verbesserte Chancen der Fremdkapitalbeschaffung
- Mit ähnlicher Zielsetzung Ersatz von Fremd- durch Eigenkapital zur Verbesserung der Kapitalstruktur
- Beteiligung bestimmter Interessengruppen (z. B. Mitarbeiter, strategische Investoren)

Im folgenden Beispiel von Scout24 überlagern sich die Erstnotierung (**Going Public** oder **Initial Public Offering,** IPO) von Aktien an einer öffentlichen Aktien-

AUS DER PRAXIS

Scout24 erlöst mehr als eine Milliarde Euro

Der Internetportalanbieter Scout24 hat seine Aktien zu 30 € je Stück verkauft und feiert am Donnerstag sein Börsendebüt. Mit einem Gesamterlös von gut 1,15 Milliarden € erzielt das Unternehmen einen Bruttoerlös von 228 Millionen €. Insgesamt wurden 38,64 Millionen Aktien platziert, von denen aber nur 7,6 Millionen aus einer Kapitalerhöhung stammten. (Quelle: Faz.net, 1.10.2015)

börse und einer davon prinzipiell losgelöst durchführbaren Ausgabe neuer (»junger«) Aktien im Rahmen einer Eigenkapitalerhöhung. Beides ist unabhängig voneinander möglich, die Häufigkeit späterer Kapitalerhöhungen (Secondary Offerings) ist nicht begrenzt.

Unter Ausklammerung von reinen Sacheinlagen existieren dazu folgende **Durchführungswege** der Eigenkapitalerhöhung (kurz: Kapitalerhöhung):

1. **(Ordentliche)** Kapitalerhöhung gegen Einlage (§§ 182-191 AktG)
2. **Genehmigte** Kapitalerhöhung (§§ 202-206 AktG)
3. **Bedingte** Kapitalerhöhung (§§ 192-201 AktG)
4. Kapitalerhöhung aus **Gesellschaftsmitteln** (§§ 207-220 AktG)

Alle vier im Folgenden ausführlich vorgestellten Durchführungswege erfordern die Zustimmung von mindestens drei Vierteln des auf der HV vertretenen Grundkapitals, unabhängig vom Vorhandensein einer Börsenzulassung. Der Beschluss von Kombinationen verschiedener Kapitalerhöhungsarten ist möglich.

1. Kapitalerhöhung gegen Einlage

Bei dieser in der Praxis am häufigsten gewählten Variante werden neue »junge« Aktien gegen Zahlung des von der Unternehmung festzulegenden Verkaufspreises (Emissionspreis, Bareinlage) an Investoren verkauft. Die **jungen Aktien** treten dann zu den bereits am Markt vorhandenen Altaktien hinzu und können in gleicher Weise gehandelt werden.

Verwässerungen und Bezugsrechte

Um Altaktionäre vor **Verwässerungen** ihrer **Stimmrechts- und Vermögensquote** zu schützen, stehen ihnen **Bezugsrechte** genannte **Vorkaufsrechte** für die jungen Aktien entsprechend ihrer bisherigen Quote am Grundkapital zu. Für jede vor der Kapitalerhöhung im Besitz befindliche Aktie erhält ein Altaktionär ein Bezugsrecht, wobei es je nach Ausgestaltung der Kapitalerhöhung mehrere Bezugsrechte erfordern kann, um eine junge Aktie zu zeichnen.

Beispiel 4

►►► Aktionärin U besitzt 26 von 100 (26 %) der Stammaktien eines Unternehmens. Damit entfallen 26 % der gezahlten Dividende auf U, und sie repräsentiert 26 % der gesamten Stimmrechte. Die Aktionärin besitzt de facto ein Vetorecht für Entscheidungen, die mit Dreiviertel-Mehrheit zu treffen sind. Bei der Emission 100 weiterer junger Aktien würden beide Quoten – gesetzt den Fall, U bekäme keine Zuteilung – auf 13 % sinken, da die Aktionärin dann 26 von nunmehr insgesamt 200 Aktien halten würde. ◄◄◄

Ein **Ausschluss von Bezugsrechten** ist nur dann möglich, wenn die Kapitalerhöhung 10 % des vorhandenen Grundkapitals nicht übersteigt und der Ausgabepreis der jungen Aktien nah am Kurs der alten Aktien liegt (§ 186 AktG). Neben dem Argument einer Kostenersparnis für die Bezugsrechtsverwaltung kann der Ausschluss explizit gewünscht sein, zum Beispiel, wenn die jungen Aktien gezielt an einen neuen Investor fließen sollen.

AUS DER PRAXIS

Ausschluss von Bezugsrechten

Der US-Finanzinvestor KKR bei der Berliner Hertha, die Allianz Großaktionär von Bayern München und jetzt beteiligt sich Evonik an Borussia Dortmund [..]. Der Chemiekonzern aus Essen wird über eine Kapitalerhöhung ohne Bezugsrecht neuer Kommanditaktionär, erhält für 26,7 Mrd. € 9 % am BVB und wird damit zweitgrößter Einzelaktionär [der KGaA]. [.. Der BVB erhöht] das Grundkapital durch Ausgabe von 6,12 Millionen Aktien zu je 4,37 €. [..] Borussia will mit dem Erlös »wachstumsbeschleunigende Investitionen« ohne neue Fremdmittel finanzieren. (Quelle: Börsen-Zeitung, 26.6.2014, S. 7)

Sanochemia-Kapitalerhöhung floppt, Aktie bricht ein

Die Kapitalerhöhung der börsenotierten Wiener Sanochemia Pharmazeutika AG ist gefloppt: Statt der geplanten 16,25 Millionen € konnte das Unternehmen nur 4,48 Millionen € bei Investoren einsammeln. [...] Die Sanochemia-Aktien brachen an der Frankfurter Börse zu Mittag um acht Prozent auf 3,35 € ein.
(Quelle: Die Presse.com, 18.4.2011)

Mangelndes Anlegerinteresse

- France Telecom senkt die Preisspanne für die Mobilfunktochter Orange auf 9,5-11 €. Der Grund: Mangelndes Interesse[.] (Quelle: Handelsblatt, 7.2.2001)
- Nordsee-Aktien kaum gefragt – Der für den 2. Juli geplante Börsengang der Fischrestaurant-Kette wird abgesagt. (Quelle: Spiegel-Online, 28.6.2001)
- Wegen der schleppenden Nachfrage hatte Air Berlin aber in der vergangenen Woche seine Angebotsspanne auf 11,50 bis 14,50 € von 15 bis 17,50 € gesenkt und die Erstnotiz verschoben. Zudem wurde das Angebot auf insgesamt 42,5 Millionen von 49,8 Millionen Aktien verknappt. (Quelle: FAZ-Online, 7.2.2001)

Festlegung des Emissionspreises

Die Emission junger Aktien ist somit kein Selbstläufer und kann unter Umständen mangels ausreichender Nachfrage nicht die erforderlichen liquiden Mittel einspielen, wie die Beispiele von Orange, Nordsee und Air Berlin deutlich belegen. Ein kritischer Erfolgsfaktor für den Absatzerfolg ist die Wahl des **Emissionspreises**: Während ein hoher Emissionspreis den Mittelzufluss erhöht, verbessert ein niedriger die Absatzchancen. Als **juristische Untergrenze** für den Emissionspreis sieht das Aktiengesetz den Nennwert der Altaktien, mindestens aber 1 € (Verbot der Unter-pari-Emission). Eine **ökonomische Obergrenze** stellt der Kurs der Altaktien dar, da höhere Emissionspreise einen Preisaufschlag bedeuten würden, den Investoren durch den Kauf der günstigeren Altaktien an der Börse umgehen können.

Seit dem Börsengang der Deutsche Telekom AG im Jahr 1996, der dazu beitrug, Aktieninvestments auch bisher nicht kapitalmarkterfahrenen Privatanlegern in Deutschland näher zu bringen, ist dafür das **Bookbuilding-Verfahren** üblich. Hierbei wird nach ausführlichen Informationsveranstaltungen (Road Shows) für potenzielle Investoren eine Preisspanne für die jungen Aktien festgelegt. In deren Rahmen können Investoren verbindliche Zeichnungsangebote über ihre Wunschmengen und -preise abgeben. Die Gebote werden in einem zentralen Orderbuch zusammengefasst und schließlich in der Gesamtsicht daraufhin durchgesehen, zu welchem höchstmöglichen Kurs alle Aktien unterzubringen wären. Zu diesem werden die Aktien dann den Bietern entsprechend ihrer Gebote zugeteilt (vgl. Rehkugler 2007, S. 235). Daneben existiert das heute weniger verwendete **Festpreisverfahren**.

Bilanzielle Effekte

Bilanziell wirkt sich die Eigenkapitalerhöhung aus in

- der Erhöhung der **Barmittel**,
- der Erhöhung des **Grundkapitals** mit dem (rechnerischen) Nennwert als Bezugsgröße sowie
- der Erhöhung der **Kapitalrücklage** mit dem Emissionsagio (Differenz aus Emissionspreis und Nennwert) als Bezugsgröße.

Qualitätsunterschied von Grundkapital und Rücklagen

Über die in Modul 9.2 dargelegte Funktion des Grundkapitals als Verteilungsschlüssel für die Aktionärsrechte hinaus besteht im Hinblick auf die Rücklagen ein im Aktiengesetz begründetes **Qualitätsgefälle innerhalb des Eigenkapitals**: während Kapital- und Gewinnrücklagen zur bilanziellen Verbuchung realisierter Verluste zuerst reduziert werden sowie bei entsprechenden Mehrheitsverhältnissen unter bestimmten Bedingungen (§ 150 Abs. 3 AktG) durch Ausschüttung der Gegenwerte (liquide Mittel aus der Kasse) abgebaut werden können, ist das Grundkapital vor jeglicher selbstbestimmter Ausschüttung an die Eigentümer geschützt und steht den Gläubigern daher dauerhaft als Haftungskapital zum Verlustausgleich zur Verfügung. Das Grundkapital stellt insofern »härteres« Eigenkapital als die Rücklagen dar.

Mischkurs

Unmittelbar nach einer Kapitalerhöhung resultiert aus dem Börsenkurs der Altaktien (K_a) sowie dem Emissionspreis der jungen Aktien (K_n) ein neuer **Gleichgewichtspreis**, der zwischen K_a und K_n liegt. Dieser einheitliche Mischkurs M errechnet sich idealtypisch als mit der Anzahl alter (a) und neuer (n) Aktien gewichtetes arithmetisches Mittel aus K_a und K_n:

$$M = \frac{a \cdot K_a + n \cdot K_n}{a + n}$$

Beispiel 5

▸▸▸ Die Expo AG weist Grundkapital in Höhe von 10 Mio. € aus, das sich auf 10 Mio. Nennwertaktien mit einem Nennwert von je 1 € verteilt. Ihre Altaktien notieren an der Frankfurter Wertpapierbörse zu einem Kurs von 25 € je Aktie. Nun wird das Grundkapital im Rahmen einer ordentlichen Kapitalerhöhung um 2,5 Mio. € erhöht. Die 2,5 Mio. jungen Aktien gleichen Nennwerts werden zu einem Kurs von 20 €/Aktie, den das Unternehmen festgesetzt hat, emittiert, somit:

- Nennwert alter und junger Aktien: NW = 1 € je Aktie
- Anzahl alter Nennwertaktien: a = 10 Mio. Aktien
- Marktkurs der alten Aktien: K_a = 25 € je Aktie
- Anzahl junger Nennwertaktien: n = 2,5 Mio. Aktien
- Emissionskurs der jungen neuen Aktien: K_n = 20 € je Aktie

Die Erhöhung der Barmittel der Expo AG auf der Aktivseite beläuft sich durch den Verkauf der jungen Aktien auf 50 Mio. €. Die Gegenbuchung auf der Passivseite in Höhe von insgesamt 50 Mio. € teilt sich wie folgt auf: Das Grundkapital wird um die Summe der Nennwerte (NW) aller jungen Aktien in Höhe von 2,5 Mio. € dotiert. Der darüber hinausgehende Teil (Agio) wird der Kapitalrücklage zugewiesen. Es ergeben sich insgesamt c.p. folgende bilanzielle Änderungen auf der Aktivseite (Barmittel) und der Passivseite (Grundkapital und Kapitalrücklage):

$$\text{Barmittel:} \quad n \cdot K_n = 2{,}5\ \text{Mio. Aktien} \cdot 20\,\frac{€}{\text{Aktie}} = 50\ \text{Mio. €}$$

$$\text{Grundkapital:} \quad n \cdot NW = 2{,}5\ \text{Mio. Aktien} \cdot 1\,\frac{€}{\text{Aktie}} = 2{,}5\ \text{Mio. €}$$

$$\text{Kapitalrücklage:} \quad n \cdot (K_n - NW) = 2{,}5\ \text{Mio. Aktien} \cdot 19\,\frac{€}{\text{Aktie}} = 47{,}5\ \text{Mio. €}$$

Der Mischkurs einer Expo-Aktie beträgt unter Vernachlässigung von Transaktionskosten, Einflüssen der Besteuerung sowie marktüblichen Preisschwankungen dann 24 €/Aktie:

$$\text{Mischkurs}\ M = \frac{\left(10\ \text{Mio. Aktien} \cdot 25\,\frac{€}{\text{Aktie}} + 2{,}5\ \text{Mio. Aktien} \cdot 20\,\frac{€}{\text{Aktie}}\right)}{(10 + 2{,}5)\ \text{Mio. Aktien}} = 24\,\frac{€}{\text{Aktie}}$$ ◄◄◄

Die Gewährung von Bezugsrechten entschädigt die Altaktionäre für die ansonsten erlittene **Vermögensverwässerung** durch einen zu erwartenden Mischkurs unterhalb des Aktienkurses vor der Kapitalerhöhung (K_a – M). Rechnerisch egalisiert die entgeltfreie Zuteilung der **Bezugsrechte** diesen Wertverlust exakt, in der Realität der Aktienmärkte sind infolge weiterer kursbeeinflussender Faktoren Abweichungen davon nicht selten. Ein Altaktionär kann seine Bezugsrechte vollständig oder teilweise ausüben sowie sie über die Börse verkaufen oder weitere hinzuerwerben. Der Wert eines Bezugsrechts (BR) beträgt demnach BR = K_a – M, alternativ durch Einsetzen der obigen Formel für M:

$$BR = \frac{K_a - K_n}{\frac{a}{n} + 1}$$

Beispiel 5 (Fortsetzung)

►►► Eine Aktionärin der Expo AG besitzt vor der Kapitalerhöhung sechs Aktien im Gesamtwert von 6 Aktien · 25 €/Aktie = 150 € sowie weitere 20 € in ihrer Spekulationskasse, zusammen 170 €. Sie erhält sechs Bezugsrechte im Wert von je: BR = K_a – M = 1 €/Bezugsrecht. Durch das Bezugsverhältnis von alten zu jungen Aktien von a:n = 4:1 werden vier Bezugsrechte zum Bezug einer jungen Aktie benötigt. Sie entscheidet sich für den Bezug einer jungen Aktie zu 20 € und den Verkauf der zwei überschüssigen Bezugsrechte an der Börse. Nach der Kapitalerhöhung zeigt sich folgendes Bild (Fall 1):

Wert der sechs Altaktien zum einheitlichen Mischkurs: 6 Aktien · 24 €/Aktie:	144 €
+ Wert der jungen Aktie zum einheitlichen Mischkurs: 1 Aktie · 24 €/Aktie:	24 €
+ Erlös durch Verkauf zweier Bezugsrechte: 2 Bezugsrechte · 1 €/Bezugsrecht:	2 €
+ Spekulationskasse:	0 €
= Gesamtvermögen (unverändert):	170 €

Durch die Ausübung der Bezugsrechte wird die Gesamtvermögensposition der Aktionärin nicht verwässert, jedoch hat sich ihr Stimmrechtsanteil durch die Veräußerung der zwei überhängenden Bezugsrechte verringert.
Entschiede sich die Aktionärin alternativ für den vollständigen Verkauf ihrer Bezugsrechte, verändert sich auch in diesem Fall ihre Gesamtvermögensposition von 170 € nicht (Fall 2):

Wert der sechs Altaktien zum einheitlichen Mischkurs: 6 Aktien · 24 €/Aktie:	144 €
+ Erlös durch Verkauf von 6 Bezugsrechten: 6 Bezugsrechte · 1 €/Bezugsrecht:	6 €
+ Spekulationskasse:	20 €
= Gesamtvermögen (unverändert):	170 €

◀◀◀

Erweiterung um Dividendennachteile

Kapitalerhöhungen **zwischen** zwei **Dividendenterminen** reduzieren den Dividendenanspruch der jungen Aktien zeitanteilig (»pro rata temporis«) um die seit der letzten Dividendenzahlung bis zur Kapitalerhöhung verstrichenen Zeit. Dies ist nachvollziehbar, stehen die liquiden Mittel aus der Kapitalerhöhung der Unternehmung während dieses Zeitraums doch noch nicht zur Verfügung. Dieser gebotene **Dividendennachteil** (DN) **für die jungen Aktien** ist ökonomisch als Erhöhung des Emissionskurses zu interpretieren und reduziert den rechnerischen Wert des Bezugsrechts sowie den Mischkurs für die jungen Aktien. In der Praxis existieren bis zur folgenden Dividendenzahlung zwei mit »alt« und »jung« gekennzeichnete Mischkurse (vgl. Schwanke et al. 2007, S. 247 f.):

$$BR_{DN} = \frac{K_a - (K_n + DN)}{\frac{a}{n} + 1} = \frac{K_a - K_n - DN}{\frac{a}{n} + 1}$$

$$M_{alt;DN} = \frac{a \cdot K_a + n(K_n + DN)}{a + n}$$

$$M_{jung;DN} = M_{alt;DN} - DN$$

Beispiel 6

▸▸▸ Bei angenommener Emission zum 1. Juni, einer geplanten Dividende per 31. Dezember über 0,60 € je alter Aktie und einem zeitproportionalen Dividendennachteil ergeben sich aufgrund der fünf nicht dividendenberechtigten Monate für DN, BR_{DN}, $M_{alt;\,DN}$ und $M_{jung;\,DN}$:

$$DN = \frac{5}{12} \cdot 0{,}60\,\frac{€}{\text{Aktie}} = 0{,}25\,\frac{€}{\text{Aktie}}$$

$$BR_{DN} = \frac{25\,\frac{€}{\text{Aktie}} - 20\,\frac{€}{\text{Aktie}} - 0{,}25\,\frac{€}{\text{Aktie}}}{\frac{10\text{ Mio. Aktien}}{2{,}5\text{ Mio. Aktien}} + 1} = 0{,}95\,€$$

$$M_{alt;\,DN} = \frac{10\text{ Mio. Aktien} \cdot 25\,\frac{€}{\text{Aktie}} + 2{,}5\text{ Mio. Aktien} \cdot \left(20\,\frac{€}{\text{Aktie}} + 0{,}25\,\frac{€}{\text{Aktie}}\right)}{10\text{ Mio. Aktien} + 2{,}5\text{ Mio. Aktien}}$$

$$= 24{,}05\,\frac{€}{\text{Aktie}}$$

$$M_{jung;\,DN} = 24{,}05\,\frac{€}{\text{Aktie}} - 0{,}25\,\frac{€}{\text{Aktie}} = 23{,}80\,\frac{€}{\text{Aktie}}$$ ◂◂◂

2. Genehmigte Kapitalerhöhung

Eine genehmigte Kapitalerhöhung erweitert den zeitlichen Handlungsspielraum zur Durchführung der Kapitalerhöhung. Nach Beschluss auf der HV ist der Vorstand bemächtigt, binnen maximal fünf Jahren das Grundkapital ohne erneutes Befragen der Aktionäre zu erhöhen, sofern diese Erhöhung 50 % des bisherigen Grundkapitals nicht überschreitet. Dieser **Vorratsbeschluss** erhöht die Flexibilität für ein Abpassen einer für die Emission günstigen Marktsituation. Durchführung und Ablauf der Kapitalerhöhung erfolgen analog zur Kapitalerhöhung gegen Einlage.

3. Bedingte Kapitalerhöhung

Die Effektivität einer bedingten Kapitalerhöhung hängt vom Ausübungsgrad von **Bezugs- und Umtauschrechten** zum Bezug junger Aktien ab, die das Unternehmen zu diesem Zweck ausgibt. Der am Ende der mitunter mehrjährigen Umtauschfrist erzielte Emissionserlös ist somit anfangs unbestimmt. Der Nennbetrag des beding-

AUS DER PRAXIS

Gleichzeitige Preisnotierung alter und junger Aktien

Bis zur folgenden Dividendenzahlung waren alte und junge Aktien des Fußballclubs Borussia Dortmund getrennt handelbar, z. B. am 12.11.2014:
Borussia Dortmund GmbH & Co. KGaA Inhaber-Aktien o.N.: 4,38 €
Borussia Dortmund GmbH & Co. KGaA junge Inhaber-Aktien o.N.: 4,24 €
(Quelle: comdirect.de)

ten Kapitals darf im Falle einer vollständigen Ausübung aller Umtausch- und Bezugsrechte die Hälfte des vorhandenen Grundkapitals nicht überschreiten. Die bedingte Kapitalerhöhung findet gemäß § 192 AktG nur Einsatz zur

- Vorbereitung von **Fusionen**,
- Ausgabe von **Belegschaftsaktien** zur Gewinnbeteiligung von Arbeitnehmern und Mitgliedern der Geschäftsführung und vor allem
- zur **Sicherung der Rechte** von Inhabern von Options- und Wandelschuldverschreibungen (vgl. dazu Modul 11.4.2).

Die ökonomische **Entscheidung** des Berechtigten **zur Ausübung** der Umtausch- und Bezugsrechte ist an die Entwicklung des Aktienkurses des Unternehmens gekoppelt: übersteigt dieser den festgeschriebenen Emissionspreis für die jungen Aktien, lohnt sich die Ausübung. Andernfalls wäre die Beschaffung der Aktien über die Börse zum aktuellen Marktpreis günstiger.

Beispiel 7

►►► Der Finanzvorstand einer AG hat als Teil seiner Vergütung Bezugsrechte für den Erwerb von Aktien des eigenen Unternehmens zu einem Bezugspreis von 10 € je Aktie erhalten, die innerhalb der nächsten zwei Jahre ausgeübt werden können. Da der Aktienkurs während dieser Zeit die Marke von 8 € nicht überschreitet, sieht der Berechtigte von der Ausübung der Bezugsrechte für 10 €/Aktie bis auf Weiteres ab. ◄◄◄

4. Kapitalerhöhung aus Gesellschaftsmitteln

Anders als die drei zuvor dargestellten Wege einer effektiven, liquiditätserhöhenden Kapitalerhöhung, ist die Kapitalerhöhung aus Gesellschaftsmitteln eine **nominelle** ohne direkten Finanzierungseffekt. Stattdessen liegt ihr die buchmäßige Umwand-

AUS DER PRAXIS

Partner der amerikanischen Großbank Goldman Sachs haben Aktienoptionen ausgeübt, die ihnen Ende 2008 zugeteilt wurden. Damit haben sie ein gutes Geschäft gemacht. Denn der Aktienkurs des Instituts hat sich seit der Finanzkrise verdoppelt. Insgesamt 64 Goldman-Partner haben im vergangenen Monat von ihren Optionen Gebrauch gemacht, die ihnen 77 Millionen $ in Aktien einbrachten – nach Abdeckung der Kosten für die Optionen und einigen Steuern. [...] Im Dezember 2008, also mitten in der Phase starker Kursverfälle an der New Yorker Börse, hatte Goldman Sachs 36 Millionen Optionen bewilligt – mehr als das Fünffache der Optionen in den drei Vorjahren. Mit dem Schritt sollte den Spitzenkräften trotz der Gehaltseinbußen ein Anreiz gegeben werden, bei der Bank zu bleiben. Die amerikanische Großbank hatte ihre Gehaltskosten während der Finanzkrise fast halbiert. (Quelle: FAZ, 12.2.2014)

lung von offenen (Kapital- oder Gewinn-)Rücklagen in Grundkapital zu Grunde und ist somit ein **reiner Passivtausch** innerhalb des Eigenkapitals. Eine Vermögensänderung beim Aktionär resultiert daraus nicht.

Im Falle von Nennwertaktien bedeutet der Anstieg des Grundkapitals aus den Rücklagen automatisch, dass zur Beibehaltung des Nennwerts pro Aktie **Berichtigungsaktien** (auch: **Gratisaktien**) ausgegeben werden müssen. Dabei ist die Bezeichnung als Gratisaktien ($K_n = 0$) zwar einprägsam, aber inhaltlich irreführend, da die Erhöhung der Aktienanzahl (n) beim Altaktionär eine Verwässerung des Aktienkurses (K_a) mit sich bringt, wodurch die Gesamtvermögensposition unverändert bleibt. Der neue Mischkurs M_B lautet wegen K_n gleich 0:

$$M_B = \frac{a \cdot K_a}{a + n}$$

Beispiel 8

Nominale Kapitalerhöhung

►►► Die Fischer AG hat a = 1 Mio. Nennwertaktien mit einem Nennwert je Aktie von NW = 100 € emittiert. Das bilanzielle Grundkapital beträgt somit 100 Mio. €. In den Rücklagen befinden sich weitere 250 Mio. €. Der aktuelle Marktpreis der Aktien sei K_a = 450 €/Aktie. Entschließt sich die Fischer AG für eine Kapitalerhöhung aus Gesellschaftsmitteln, bei der 50 Mio. € von den Rücklagen in das Grundkapital umgebucht werden, sind n = 500.000 Gratisaktien zur Beibehaltung des Nennwerts von 100 € je Aktie zu emittieren. Der Nennwert je Aktie nach erfolgter Kapitalerhöhung beträgt folglich weiterhin (a + n) · NW / (a + n) = 1,5 Mio. Aktien · 100 €/Aktie / 1,5 Mio. Aktien = 100 €/Aktie. Jedem Altaktionär wird für je zwei Altaktien automatisch eine Gratisaktie ins Depot gebucht. Gleichzeitig sinkt der Aktienkurs aller Aktien auf:

$$M_B = 450 \frac{€}{\text{Aktie}} \cdot \frac{100 \text{ Mio. Aktien}}{(100 + 50) \text{ Mio. Aktien}} = 300 \frac{€}{\text{Aktie}}$$ ◄◄◄

Die Pflicht zur Ausgabe von Gratisaktien entfällt bei Stückaktien. Der rechnerische Nennwert ist hier gerade nicht fixiert und kann sich ändern, solange er mindestens 1 €/Aktie beträgt.

Im Ergebnis ändert sich das Eigenkapital sowohl bei Nennwert- als auch bei Stückaktien als Summe aus Rücklagen und Grundkapital **nicht der Höhe, wohl aber der Struktur** nach. Im Gegensatz zu anderen Kapitalerhöhungen stehen folglich andere Zielsetzungen als ein Zufluss neuer liquider Mittel im Vordergrund:

- Mit der Umwandlung von Rücklagen in Grundkapital geht eine **qualitative Stärkung des Eigenkapitals** durch eine Erhöhung des Grundkapitals einher, die insbesondere Kreditgeschäfte mit Fremdkapitalgebern durch eine höhere Kreditwürdigkeit erleichtern kann (siehe Ausführungen zum »Qualitätsgefälle« oben). Interpretieren Kapitalgeber die Größenordnung dieser Qualitätssteigerung in

Richtung eines gesunkenen Insolvenzrisikos, können die Kapitalkosten sinken – mit der Folge eines **höheren Unternehmenswerts**.

- Eine **indirekte Finanzierungswirkung** entsteht, wenn diese Form der Kapitalerhöhung zur »stillen Dividendenerhöhung« genutzt wird, indem die aus Unternehmenssicht unpopuläre Anhebung des Dividendenbetrages je Aktie ersetzt wird durch eine Erhöhung der Aktienzahl, auf die jeder Aktionär eine unveränderte Dividende je Aktie bezieht.
- Zur Erhöhung der Attraktivität einer Aktie praktizieren die Emittenten – insbesondere nach starken Kursanstiegen – häufig **Kursgestaltung**. Durch die Ausgabe junger Aktien an die Altaktionäre zu einem Emissionspreis von 0 €/Aktie verteilt sich der Unternehmenswert automatisch auf mehr Aktien mit der Folge sinkender Aktienkurse, was speziell für Kleinanleger attraktiv wirkt. Das gleiche Resultat wäre auch durch eine **Aktienteilung** (**Stock Split**) erreichbar. Mit dieser Erhöhung der Aktienanzahl bei unverändertem Grundkapital durch das Zerlegen (Splitten) einer alten Aktie in mehrere neue Aktien mit geringerem Nennwert kommt es zu einem analogen Kurseffekt. Um zu vermeiden, dass der Nennwert auf diese Weise unter die Mindestgrenze von 1 € sinkt, werden derartige Maßnahmen häufig von einer Kapitalerhöhung aus Gesellschaftsmitteln vorbereitet.

Rückkauf eigener Aktien

Neben der Kapitalerhöhung aus Gesellschaftsmitteln liegt eine Möglichkeit zur **Kurspflege** im Rückkauf eigener Anteile (§ 272 HGB). Setzt ein Unternehmen disponible Mittel, die ansonsten auch für eine (Mehr-)Dividende verfügbar gewesen wären, zum Kauf eigener Aktien ein, steigt der Aktienkurs gegenüber der Dividendenausschüttung. Die Aktionäre können über den Zeitpunkt der Realisierung dieser Kurssteigerungen – anders als bei der zu einem bestimmten Zeitpunkt ausgezahlten Bardividende – selbst entscheiden und dadurch deren Besteuerung gegebenenfalls vermeiden. Eine AG kann in begrenztem Maße eigene Aktien erwerben, etwa um sie den eigenen Mitarbeitern anzubieten (§ 71 Abs. 1 AktG). Die gehaltenen eigenen Aktien sind weder dividenden-, noch stimmberechtigt (§ 71b AktG), ihr Gegenwert ist vom Eigenkapital korrigierend abzuziehen. Die bilanzielle Wirkung beim Kauf eigener Anteile ist somit **mit einer Kapitalherabsetzung vergleichbar**.

Beispiel 9

Vergleich Bardividende und Aktienrückkauf

►►► Ausgehend von 1.000 € Bilanzsumme und 100 im Umlauf befindlichen Aktien zeigt Fall 1 in Abbildung 11.3 die unmittelbar kurssenkende Wirkung einer Bardividende von 100 € auf den Aktienkurs durch die Ausschüttung von Unternehmensvermögen: der Aktienkurs sinkt von 10 auf 9 €. Demgegenüber senkt in Fall 2 der Ankauf eigener Aktien über 100 € ebenfalls die Bilanzsumme in gleicher Höhe, jedoch bleibt der Aktienkurs konstant. In der Realität – bei anderen (und instabilen) Marktwert/Buchwert-Verhältnissen als in diesem Beispiel – führen Aktienrückkäufe regelmäßig zu Kurssteigerungen am Markt. ◄◄◄

Abb. 11.3

Wirkung von Bardividende und Aktienrückkauf

Aktiva	**in €**		**Passiva**
Ausgangslage			
Kasse + Vermögen	*1.000*	*Eigenkapital*	*1.000*
Aktienanzahl im Umlauf: 100 Aktienkurs* in €: 1.000/100 = 10			
Fall 1: Bardividende von 1 €/Aktie (Summe 100 €)			
Kasse + Vermögen	*900*	*Eigenkapital*	*900*
Aktien im Umlauf: 100 Aktienkurs* in €: 900/100 = 9			
Fall 2: Rückkauf von 10 Aktien (Summe 100 €)			
Kasse + Vermögen	*900*	*Eigenkapital*	*900*
Aktien im Umlauf: 90 Aktienkurs* in €: 900/90 = 10			

* Annahme: Marktwert/Buchwert-Verhältnis gleich 1

Quelle: in Anlehnung an Brealey/Myers/Marens 2012

11.3 Kreditfinanzierung und Substitute

11.3.1 Das Adressenrisiko als zentrale Risikokategorie

Das Denken »in Fremdkapital« erfordert einen Perspektivenwechsel, der sich am besten unter Zuhilfenahme von Tabelle 9.2 vollzieht. Anders als bei den Beteiligungskapitalgebern liegt der **zentrale Risikofokus** von Fremdkapitalgläubigern auf der **Bonität** eines **Kreditnehmers** (Schuldners). Als Kreditnehmer werden sowohl Private und Unternehmungen bezeichnet, die einen Buchkredit bei einer Bank, einem Lieferanten oder Abnehmer aufgenommen haben als auch diejenigen Unternehmen, die mit einer Anleiheemission am Kapitalmarkt aufgetreten sind.

AUS DER PRAXIS

- Entsprechende Bonität vorausgesetzt, können Sie auch bei Ihrer Hausbank oder Sparkasse einen Kredit beantragen (sparkasse.de)
- Young Visa Kreditkarte: Volljährigkeit und Bonität jeweils vorausgesetzt (commerzbank.de)
- Der Creditreform Bonitätsindex […] ermöglicht die schnelle und direkte Einschätzung der Bonität und des Ausfallrisikos eines Kunden (dresdenercreditreform.de)
- Ratingagentur stuft Bonität von sieben italienischen Banken herab (sueddeutsche.de)

Definition Bonität und Adressenrisiko

Die **Bonität** (auch: Kreditwürdigkeit) eines Kreditnehmers bezeichnet seine persönliche sowie materielle Fähigkeit und Bereitschaft, den aus einer Kapitalüberlassung resultierenden Zins- und Tilgungsverpflichtungen vertragsgemäß, d.h. pünktlich und in voller Höhe, nachzukommen. Ein daraus abgeleitetes Adressenrisiko von Kreditnehmern (im Finanzbereich »Adresse« genannt) umfasst folgende zwei Unterformen:

- **(Adressen-)Ausfallrisiko** (Adressenrisiko im engeren Sinne): Im Extremfall des finalen Bonitätsverlusts gerät der Kreditnehmer in Zahlungsverzug oder kann seiner Verpflichtung überhaupt nicht mehr nachkommen.
- **Bonitätsrisiko** (Adressenrisiko im weiteren Sinne): Die Bonität jedes Kreditnehmers unterliegt im Zeitablauf kontinuierlich graduellen Veränderungen, ohne dass eine Bonitätsverschlechterung zwangsläufig den Verlust der Bonität im Sinne der obigen Bonitätsdefinition bedeutet.

Zinsänderungs- und Liquiditätsrisiken

Neben dem Adressenrisiko tritt für Fremdkapitalgläubiger hinzu, dass die vereinbarten Zinsen sich im Zeitablauf als nicht marktgerecht erweisen (**Zinsänderungsrisiko**) und dass sich im Falle von handelbaren (verbrieften) Krediten trotz grundsätzlicher Marktfähigkeit eines Papiers keine Abnehmer finden können (**Liquiditätsrisiko**).

Bilanzielle Auswirkungen von Bonitätsänderungen

Bonitätsveränderungen schlagen sich spätestens dann in erfolgswirksamen Wertminderungen nieder, wenn die Schwelle zum Adressenausfall überschritten wird. (Bei nach HGB bilanzierenden Kreditgebern können auch andere Bonitätsveränderungen erfolgswirksam zu verbuchen sein. Die Anwendung des strengen bzw. gemilderten Niederstwertprinzips nach § 253 HGB richtet sich nach der Art des Vermögensgegenstands und seiner Zuordnung zum Anlage- bzw. Umlaufvermögen und ist im Einzelfall zu prüfen). Ein finanzieller Verlust ist für den Gläubiger damit jedoch nicht zwangsläufig verbunden, denn die Höhe der Wertminderungen (materielles Ausfallrisiko) bemisst sich zweidimensional nicht nur anhand der **Ausfallwahrscheinlichkeit**, sondern auch an der Höhe des **ausfallgefährdeten Kreditvolumens** als Produkt beider Größen (vgl. Abb. 11.4):

Materielles Ausfallrisiko = Ausfallwahrscheinlichkeit · ausfallgefährdetes Kreditvolumen.

Beide Faktoren können sich sowohl gegenseitig verstärken als auch kompensieren. Zur Minderung des ausfallgefährdeten Kreditvolumens lassen sich Gläubiger bei Vertragsschluss regelmäßig **Sicherheiten** einräumen, die bei schlagend werden-

AUS DER PRAXIS

Merkblatt für Unternehmerkredite

Der Zinssatz wird unter Berücksichtigung der wirtschaftlichen Verhältnisse des Kreditnehmers (Bonität) und der Werthaltigkeit der für den Kredit gestellten Sicherheiten von der Hausbank festgelegt.
(Quelle: Kreditanstalt für Wiederaufbau 2016)

dem Adressenrisiko Ausgleichszahlungen auf das noch ausstehende Kreditvolumen gewährleisten sollen.

Unterschiedliche Konstellationen des materiellen Ausfallrisikos:

- Minimales Ausfallrisiko (I): Für einen **vollständig** mit werthaltigen Vermögengegenständen **besicherten Kredit** bedeutet eine hohe Ausfallwahrscheinlichkeit abgesehen von entgangenen Zinsen (Opportunitätskosten) kein materielles Ausfallrisiko.
- Minimales Ausfallrisiko (II): Mit einem gänzlich **unbesicherten Kredit** (Blankokredit) geht ebenfalls kein materielles Ausfallrisiko einher, wenn keine Gefahr eines Adressenausfalls des Schuldners besteht.
- Maximales Ausfallrisiko: Dementsprechend bedeutet ein **höchst ausfallgefährdeter Blankokredit** c.p. das höchste materielle Ausfallrisiko.

Wertorientierte Sicht

Aus wertorientierter Sicht hat bereits jede graduelle Bonitätsveränderung eines Kreditnehmers eine Veränderung des Unternehmenswerts des Gläubigers zur Konsequenz, indem die (positive oder negative) Risikoänderung den Diskontierungs-

Abb. 11.4

Kreditwürdigkeit und Sicherheiten als Einflussfaktoren auf das materielle Ausfallrisiko

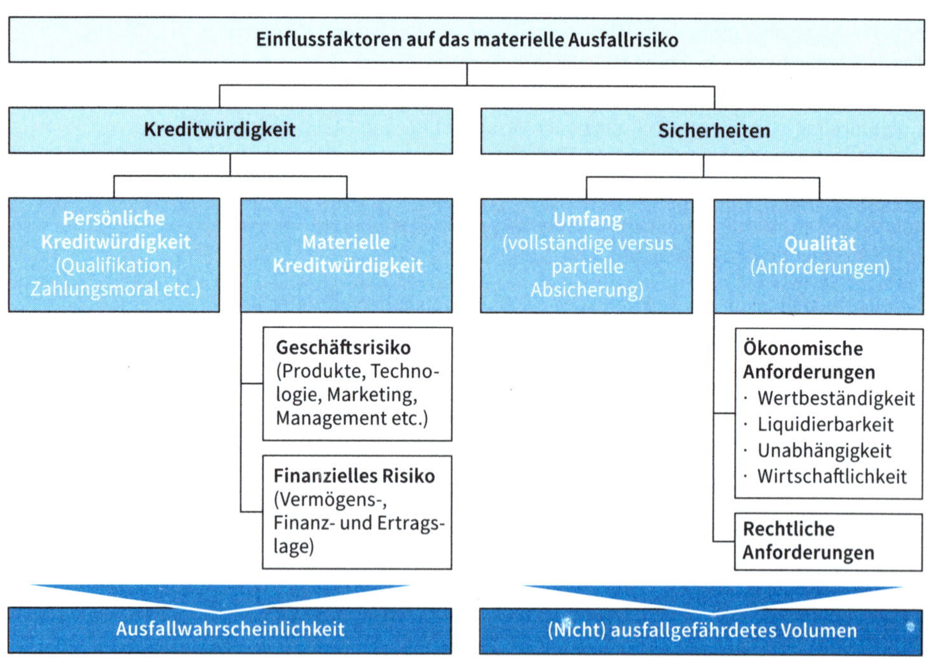

zins der noch ausstehenden Zins- und Tilgungszahlungen des Kredits und damit seinen Barwert beeinflusst. Weil in der Praxis die Zeiträume zwischen den Bonitätsmessungen einzelner Schuldner häufig mehrere Monate betragen können, ist eine diesbezügliche Messung des Unternehmenswerts unter Berücksichtigung aller Schuldnerbonitäten in »Echtzeit« nicht praktikabel.

Beide Treiber zur Bestimmung des materiellen Ausfallrisikos eines Schuldners gilt es nun genauer zu betrachten.

Messung des materiellen Ausfallrisikos

Vergleichbar mit dem IQ eines Menschen stellt auch die Ausfallwahrscheinlichkeit von Schuldnern ein abstraktes und in der Praxis nicht direkt messbares Konstrukt dar. Zu deren Messung haben sich Schätzverfahren anhand von Stellvertretergrößen etabliert, die inhaltlich auf die Bewertung der **persönlichen** sowie der **materiellen Kreditwürdigkeit** des Kreditnehmers ausgerichtet sind. Auswahl, Verknüpfung und Gewichtung der konkreten Stellvertretergrößen erfolgen regelmäßig im Rahmen von sogenannten **Kreditwürdigkeitsprüfungen**.

Persönliche Kreditwürdigkeit

Zur Analyse der persönlichen Kreditwürdigkeit werden jene beobachtbaren **Schuldnereigenschaften** bewertet, die für die Bedienung der Fremdkapitalgeberansprüche als relevant erachtet werden, etwa die bisher an den Tag gelegte Zahlungsmoral (z. B. im Rahmen bestehender Kredite), die Eigenkapitalquote oder die betriebswirtschaftliche Qualifikation des Managements.

Materielle Kreditwürdigkeit

Die Prüfung der materiellen Kreditwürdigkeit analysiert die zentralen Risikotreiber im **Geschäftsmodell des Kreditnehmers**, darunter:

- **Geschäftspolitische Risikotreiber**: z. B. Unternehmensstrategie, Länderrisiken für Absatz- oder Beschaffungsmärkte, Branchenaussichten, Konzentrationen bei Lieferanten oder Kunden, Wettbewerbsposition im Markt, Breite, Tiefe und Qualität des Produktportfolios, eingesetzte Technologien, Konkurrenzintensität, Stärke und Fähigkeit des Managements.
- **Risikotreiber der Vermögens-, Finanz- und Ertragslage**: z. B. Ertragskraft, Eigenkapitalquote, Gesamtkapitalrendite, Betriebsergebnismarge, Zinsdeckungsquote sowie Liquiditätskennzahlen (vgl. Wöhe et al. 2016, S. 225; Stein 2009).

Die geschäftspolitischen Risikotreiber sind größtenteils **»weiche Faktoren«** (Soft Facts), die jedoch anfällig für Unschärfen aufgrund von subjektiven Einflüssen bei der Erhebung sind. Als Datenquelle für die Finanzkennzahlen wird in der Praxis auf Geschäftsberichte sowie Zahlen des externen Rechnungswesens zurückgegriffen. Dem Vorteil einer höheren Objektivität und leichteren Verfügbarkeit bei der Erhebung dieser **»harten Faktoren«** (Hard Facts) steht ihre strikte Vergangenheitsorientierung nachteilig gegenüber.

Kreditratings

Kreditratings (kurz: Ratings) sind **Experteneinschätzungen**, die ein Urteil über die Bonität eines Kreditnehmers entlang der aufgezeigten Kriterien ermöglichen. Als Screening-Instrumente (siehe Modul 9.5) in Richtung der Kreditgeber erhöhen diese Kreditwürdigkeitsprüfungen die Fähigkeit, Ausfallrisiken von Schuldnern genauer zu bewerten und damit Unsicherheitszuschläge in den Kreditzinsen zu reduzieren. Bis in die späten 1990er Jahre basierten Kreditratings überwiegend auf dem (subjektiven) Wissen von erfahrenen Kreditexperten. Seitdem werden Auswahl, Gewichtung und Kombination der untersuchten Informationsbereiche und Kennzahlen stetig stärker computergestützt und automatisiert ermittelt – in sprachlicher Hinsicht wird »Rating« als Kurzform sowohl für den Rating**prozess** als auch für das Rating**ergebnis** verwendet.

Neben einem ausführlichen Analysebericht mündet das Ratingergebnis in eine leicht interpretier- und vergleichbare **Ratingnote** (vgl. Abb. 11.6). Anschließend wird die Ratingnote durch den Abgleich mit historischen Kreditakten in eine numerische **Ausfallwahrscheinlichkeit** (**Probability of Default**, **PD**) für einen üblicherweise einjährigen Betrachtungshorizont überführt (vgl. Abb. 11.7).

Abb. 11.5

Ratingkriterien für Unternehmen des Baugewerbes nach Moody's

Broad Rating Factor	Factor Weighting	Rating Sub Factor	Sub Factor Weighting	Sub Factor Focus
Scale	25 %	Total Revenue	15 %	Market Strength
		EBITA	10 %	Profitability
Business Profile	25 %	Diversity	15 %	Geografic and segments diversity
		Exp. Revenue & Margin Stability	10 %	Competitive advantage and resistance to short-term economic disruptions
Leverage and Coverage	30 %	EBITDA/Interest Expense	10 %	Interest coverage
		Debt/EBITDA	10 %	Leverage
		FFO/Debt	10 %	Cashflow
Financial Policy	20 %	Financial Policy	20 %	Management's risk-tolerance
Total	**100 %**	**Total**	**100 %**	

Further rating considerations quality of management, corporate governance, financial controls, liquidity management, event risk and seasonality.

Quelle: in Anlehnung an Moody's 2014

Je nachdem, ob der Kreditgeber das Rating selber durchführt oder dafür Dritte beauftragt, werden **interne** von **externen Ratings** unterschieden. Je homogener die bewerteten Kreditnehmer sind (z. B. in Hinsicht auf ihre Rechtsform, Größe oder Branche), desto genauere Ratingergebnisse lassen sich erzielen. Aufgrund ihrer hohen Relevanz für die Kreditvergabe und -preisstellung betrachten viele Ratingentwickler die genaue Funktionsweise der eingesetzten Verfahren als streng gehütetes **Geschäftsgeheimnis** (vergleichbar mit der Coca Cola-Formel), denn präzisere Verfahren bedeuten Wettbewerbsvorteile durch genauer kalkulierbare Ausfallraten und damit Kreditpreise (vgl. für eine Übersicht zu Ratingverfahren Kaltofen 2006, S. 107–166; Stein/Kaltofen/Paul 2009, S. 351–372).

Kreditrisikomessung durch externe Agenturen

Externe Ratingagenturen sind Spezialisten für die Erstellung von Ratings von Unternehmen, Non-Profit-Organisationen, Banken und Gebietskörperschaften. Das Votum der weltweit größten Ratingagenturen Standard & Poor's, Moody's und Fitch

AUS DER PRAXIS

»There are two superpowers in the world today in my opinion. There's the United States and there's Moody's Bond Rating Service. The United States can destroy you by dropping bombs, and Moody's can destroy you by downgrading your bonds. And believe me, it's not clear sometimes who's more powerful.«
(Thomas L. Friedman, New York Times-Kolumnist und Pulitzer-Preisträger in einem TV-Dialog 13.02.1996)

Ratings ist für die Kapitalmärkte derart **richtungsweisend** in der Bewertung von Ausfallrisiken, dass Thomas Friedman auf diese **faktische Beherrschung der Marktmeinung** in seinem Zitat pointiert Bezug nimmt. Neben diesen Global Playern existieren weitere, kleinere Agenturen, zu denen in Deutschland Euler Hermes, Creditreform sowie die SCHUFA (für Privatkundenratings) zählen.

Abb. 11.6

Ratingskalen international führender Ratingagenturen

	Standards & Poor's	Moody's	Fitch	Erläuterung
Investment Grade	AAA	Aaa	AAA	**Sehr gut:** Höchste Bonität, praktisch kein Ausfallrisiko
	AA+ AA AA–	Aa1 Aa2 Aa3	AA+ AA AA–	**Sehr gut bis gut:** Hohe Zahlungswahrscheinlichkeit
	A+ A A–	A1 A2 A3	A+ A A–	**Gut bis befriedigend:** Angemessene Deckung von Zins und Tilgung; Elemente, die auf Veränderungen der Konjunktur reagieren
	BBB+ BBB BBB–	Baa1 Baa2 Baa3	BBB+ BBB BBB–	**Befriedigend**: Angemessene Deckung von Zins und Tilgung, aber auch spekulative Charakteristika oder mangelnder Schutz gegen konjunkturelle Veränderungen
Speculative Grade	BB+ BB BB–	Ba1 Ba2 Ba3	BB+ BB BB–	**Ausreichend:** Sehr mäßige Deckung von Zins und Tilgung, auch in gutem wirtschaftlichem Umfeld
	B+ B B–	B1 B2 B3	B+ B B–	**Mangelhaft:** Geringe Sicherung von Zins und Tilgung
	CCC CC	Caa1,Caa2, Caa3 Ca	CCC CC C	**Ungenügend:** Niedrigste Qualität, geringster Anlegerschutz, Gefahr eines Zahlungsverzuges
	SD/D	C	DDD DD D	**Zahlungsunfähig:** in Zahlungsverzug

Anzahl und Interpretation der jeweils ca. 20 Ratingnoten (Notches) der drei international führenden Agenturen sind weitgehend deckungsgleich (Abb. 11.6). Einheitlich lautet die beste Ratingnote (Top Notch) für die höchste Bonität – und damit die geringste Ausfallwahrscheinlichkeit – AAA bzw. bei Moody's leicht abweichend Aaa. Die nächsten Hauptkategorien sind jeweils dreifach abgestuft, z. B. in AA+, AA und AA- (sprich: Zweifach-A minus). Die Bezeichnung der oberen und unteren Hälfte dieses Notenspektrums als **Investment Grade** und **Speculative Grade** ist international üblich. Aufgrund der höheren damit einhergehenden Ausfallrisiken wird die untere Notenhälfte auch (euphemistisch) als »High Yield« (Hochzinssegment), gelegentlich auch abwertend als »Junk« (»Schrottsegment«) bezeichnet.

Die von Standard & Poor's ermittelten **Ausfallraten** von Unternehmensanleihen in Abbildung 11.7 nehmen für schlechtere Ausgangsratings kontinuierlich zu. Lesebeispiel: 3,8 % der mit B bewerteten Unternehmen sind im langjährigen historischen Durchschnitt nach einem Jahr in Zahlungsschwierigkeiten geraten, das entspricht 38 von 1.000 Unternehmen. 15 Jahre nach festgestelltem B-Rating sind bereits 288 Unternehmen zahlungsunfähig. Die im Zeitverlauf ansteigenden Ausfallraten der Unternehmensanleihen spiegeln oftmals auch Wanderungsbewegungen zwischen den Ratingklassen wider. Wie in Abbildung 11.8 gezeigt, lassen sich diese Entwicklungen innerhalb sogenannter Migrationsmatrizen darstellen. So ergibt sich, dass Unternehmen mit einem anfänglichen B-Rating nach einem Jahr ihr Rating zu 74,27 % bestätigen können, wobei Unternehmen dieser Ratingklasse nach sieben Jahren nur zu 15,28 % ihr Rating behalten und sogar 46,78 % der Unternehmen nicht mehr geratet werden. Sehr anschaulich bedeuten demnach auch **längere Investitionszeiträume** höhere Ausfallrisiken für einen Investor, weshalb die

Abb. 11.7

Ausfallraten von Unternehmensanleihen nach Ratingklassen im Durchschnitt der Jahre 1981–2015 in Prozent

Anfängliche Ratingnote	Ausfallraten nach … Jahren in %			
	1 J.	5 J.	10 J.	15 J.
AAA	0,0	0,4	0,7	1,0
AA	0,0	0,3	0,8	1,2
A	0,1	0,6	1,5	2,3
BBB	0,2	1,8	3,9	5,7
BB	0,7	7,5	13,5	16,4
B	3,8	18,3	25,4	28,8
CCC/C	26,4	46,4	50,6	43,3
Investment Grade	0,1	1,0	2,2	3,1
Speculative Grade	3,8	15,2	21,6	24,8
All Rated	1,5	6,2	9,1	10,7

Quelle: S&P 2016

Renditen zur Kompensation dieses Laufzeitrisikos mit längerfristiger Kapitalüberlassung (bei normaler Zinsstruktur) ansteigen.

Anreizkonflikte bei externen Ratings

Beauftragung und Vergütung externer Ratingagenturen erfolgen durch das geratete Unternehmen. Der sich daraus abzeichnende **Anreizkonflikt** einer möglichst guten Bewertung des zahlenden Kunden wird durch die Notwendigkeit des **Reputa-**

Abb. 11.8

Rating-Migrationsmatrix von Unternehmensanleihen im Durchschnitt der Jahre 1981-2015 in Prozent

von/nach	AAA	AA	A	BBB	BB	B	CCC/C	D	NR
1 Jahr									
AAA	87,08	9	0,53	0,05	0,08	0,03	0,05	0	3,18
AA	0,53	86,69	8,06	0,53	0,06	0,07	0,02	0,02	4,02
A	0,03	1,81	87,65	5,39	0,33	0,13	0,02	0,06	4,58
BBB	0,01	0,11	3,55	85,43	3,82	0,52	0,12	0,19	6,24
BB	0,01	0,03	0,13	5,08	76,78	6,96	0,64	0,73	9,63
B	0	0,03	0,09	0,21	5,25	74,27	4,39	3,77	11,99
CCC/C	0	0	0,14	0,2	0,61	12,84	44,19	26,36	15,66
3 Jahre									
AAA	65,52	21,93	2,37	0,32	0,19	0,08	0,11	0,13	9,35
AA	1,24	65,31	18,94	2,17	0,37	0,23	0,03	0,13	11,58
A	0,06	4,23	68,15	11,89	1,38	0,48	0,1	0,27	13,43
BBB	0,02	0,31	8,57	64	7,05	1,75	0,31	0,95	17,04
BB	0,01	0,06	0,56	11,42	46,05	11,67	1,3	4,21	24,72
B	0	0,03	0,24	0,88	10,75	41,08	4,56	13,13	29,32
CCC/C	0	0	0,15	0,65	1,69	16,67	10,74	41,42	28,68
5 Jahre									
AAA	49,52	28,22	4,88	0,82	0,25	0,16	0,08	0,35	15,71
AA	1,53	49,71	25,09	3,81	0,61	0,4	0,05	0,35	18,44
A	0,08	5,3	54,54	15,13	2,23	0,75	0,16	0,59	21,21
BBB	0,03	0,49	10,45	50,53	7,64	2,38	0,42	2,03	26,03
BB	0,01	0,08	1,09	12,83	30,07	11,12	1,34	8,07	35,37
B	0,02	0,03	0,3	1,67	10,66	24,39	2,92	19,88	40,14
CCC/C	0	0	0,13	0,74	2,96	12,28	2,61	46,99	34,28
7 Jahre									
AAA	38,69	30,81	7,04	1,52	0,28	0,2	0,11	0,54	20,81
AA	1,57	38,98	28,16	4,97	0,81	0,41	0,03	0,58	24,49
A	0,08	5,49	45,09	16,77	2,75	0,89	0,16	1,02	27,74
BBB	0,04	0,63	10,76	41,49	7,45	2,56	0,41	3,15	33,52
BB	0	0,09	1,46	12,45	21,35	9,76	1,03	11,56	42,3
B	0,01	0,02	0,41	2,1	8,7	15,28	1,76	24,95	46,78
CCC/C	0	0	0,26	0,98	3,14	8,14	1,34	50,31	35,84

Quelle: S&P 2016

tionserhalts durch im Nachhinein zutreffende Ratingurteile entschärft. Schließlich handelt es sich bei Ratings letztlich nur um eine seitens der Ratingagentur geäußerte Meinung, deren Genauigkeit in hohem Maße die Reputation einer Agentur ausmacht. Die Finanzmarktkrise ab 2007 hat nicht zuletzt deutlich gemacht, dass Ratings keine absolute Sicherheit, sondern allenfalls eine Unsicherheitsreduktion ermöglichen und sich im Nachhinein mitunter auch als (völlig) unzutreffend erweisen können.

Über die **Haftung von Ratingagenturen** wird kontrovers diskutiert. Zentrale Probleme bei der Formulierung einer Anspruchsgrundlage bei vermeintlichen Fehlbewertungen sind die Nachweise des entstandenen Schadens sowie der objektiven Pflichtverletzung. Die Ratingagenturen selber stufen ihre Ratingurteile als durch die Meinungsfreiheit geschützt ein, deren inhaltliche Richtigkeit aufgrund des Prognosecharakters ihrerseits nicht garantiert wird. Und schließlich sei niemand verpflichtet, sich dem Urteil einer Ratingagentur anzuschließen. De facto wird an den Finanzmärkten den Ratingveränderungen der international führenden Agenturen aber eine hohe Bedeutung beigemessen (siehe Eingangszitat von Friedman). Die Herabstufung eines Kreditnehmers kann seine Vertrauenswürdigkeit sogar so weit beschädigen, dass sich erst dadurch finanzielle Schieflagen durch vorsichtigere Kreditvergaben an das Unternehmen im Sinne einer sich selbst erfüllenden Prophezeiung ergeben.

Interne Kreditrisikomessung durch den Kreditgeber

Von den ca. 3,6 Millionen deutschen Unternehmen verfügen nur etwa 500 über ein externes Kreditrating, weshalb durch den Kreditgeber veranlasste und intern durchgeführte Ratings diese **Ratinglücke** schließen müssen. Aufgrund ihres Geschäftsmodells trifft dies vor allem auf Banken, grundsätzlich aber auf alle regelmäßig fremdkapitalgebenden Unternehmen zu, für die Kreditrisiken ihrer Kapitalnehmer bestehen. Möbelgeschäfte, Autohäuser, Versandhändler oder Mobilfunkgesellschaften fallen darunter ebenso wie Unternehmen in Branchen mit üblicherweise hohen Forderungsbeständen durch gewährte Zahlungsziele, z. B. in der Metallverarbeitung oder im Handel. Insbesondere Banken entwickeln ihre internen Ratings häufig selbst, während die Entwicklung in anderen Branchen überwiegend ausgelagert und Ratingmodelle fertig eingekauft werden.

Kreditsicherheiten zur Minderung des ausfallgefährdeten Kreditvolumens

Bei Insolvenz des Kreditnehmers erhalten Gläubiger aus den Liquidationserlösen durchschnittlich ca. 10 % der ausstehenden Forderungen zurück (**Insolvenzquote**), somit beläuft sich das ausfallgefährdete Volumen typischerweise auf 90 % der noch ausstehenden Kreditsumme. Personal- und Sachsicherheiten, Kreditversicherungen sowie besondere Bestimmungen innerhalb des Kreditvertrags (**Covenants**) als vertragliche Disziplinierungsmaßnahmen des Schuldners tragen zur Senkung des ausfallgefährdeten Volumens bis hin zur vollständigen Abdeckung des noch ausstehenden Kreditbetrages bei.

Personalsicherheiten

Zur Verringerung des Bonitätsrisikos können bei Vertragsschluss **Dritte** benannt werden, die bei Zahlungsausfall des ursprünglichen Kreditnehmers automatisch und **verbindlich** an dessen Stelle treten und fortan für die Kreditverbindlichkeit **haften**. Die Güte einer Personalsicherheit hängt von der Bonität der zusätzlich haftenden Personen ab und ist ihrerseits Gegenstand einer Kreditwürdigkeitsprüfung durch den Kreditgeber. Natürliche Personen haften als **Bürgen**, während Unternehmen und andere juristische Personen (z. B. die Muttergesellschaft) durch **Garantien** und **Patronatserklärungen** zu Sicherungsgebern werden können.

Sachsicherheiten

Sachsicherheiten treten als **dingliche Haftung** mittels konkreter Vermögensgegenstände neben die persönliche Haftung des Schuldners. Der Kreditgeber hat im Sicherungsfall das Recht, durch **Verwertung der Sicherheiten** seine Kreditforderung abzudecken. Typische Sachsicherheiten sind:

- Eigentumsvorbehalt (§ 449 Abs. 1 BGB)
- Hypothek (§§ 1113 ff. BGB)
- Verpfändung (§§ 1204 ff. BGB)
- Sicherungsabtretung (§§ 398 ff. BGB)
- Sicherungsübereignung (§§ 929, § 930 BGB)
- Sicherungsgrundschuld (§ 1192 Abs. 1a BGB)

Das Pfandrecht, die Übereignung einer Sache oder die Übertragung eines Rechts führen zu einer **unmittelbaren Rechtsänderung**, wonach der Sicherungsnehmer neuer Eigentümer, unmittelbarer Besitzer oder Inhaber des Gegenstands wird, während gleichzeitig der Sicherungsgeber diese Rechtsstellung verliert.

Demnach ist entlang der Kriterien ihrer Wertbeständigkeit, Liquidierbarkeit und Wirtschaftlichkeit zu prüfen, inwieweit sich Vermögensgegenstände als Sachsicherheit für ein Kreditgeschäft eignen (vgl. Süchting 1995, S. 212 ff.):

- **Wertbeständigkeit** drückt sich im Überhang ihres Liquidationswertes über den angesetzten Beleihungswert bis Vertragsende aus. Das Potenzial für Wertverluste der Sicherungsgegenstände speziell auf längere Sicht ist damit im Vorfeld abzuschätzen (beispielsweise ist der potenzielle Wertverfall bei Kfz und Wertpapieren stärker und bei Immobilien und Festgeld weniger stark ausgeprägt).
- Eine zügige **Liquidierbarkeit** der Kreditsicherheit hält (Transaktions-)Kosten sowie Opportunitätskosten gering. Als in dieser Hinsicht unproblematisch gelten marktfähige Wertpapiere, Kfz und Nutzfahrzeuge, denen gegenüber Spezialmaschinen oder Grundstücke von geringer Liquidierbarkeit zeugen. Dies gilt auch,

AUS DER PRAXIS

Existenzgründerportal des Bundesministeriums für Wirtschaft

Eine Bank oder Sparkasse wird Ihnen nur dann ein Darlehen geben, wenn sie sicher ist, dass sie das geliehene Geld von Ihnen zurückbekommen wird. Diese Gewissheit vermitteln Sie durch Ihre fachlichen und kaufmännischen Qualifikationen, einen überzeugenden Businessplan, einen nachvollziehbaren Finanzplan und so genannte bankübliche Sicherheiten. [...] Für [eine Bank] sind vor allem folgende Fragen wichtig:

- Sind die in Aussicht gestellten Sicherheiten ausreichend?
- Lässt sich die Sicherheit leicht vereinbaren und einfach überwachen?
- Ist die Sicherheit schnell zu verwerten?

(Quelle: existenzgruender.de des BMWi)

wenn der Zugriff auf den Sicherungsgegenstand faktisch oder rechtlich verwehrt wird.

- Kosten im Zusammenhang mit ihrer Bestellung, Verwaltung und Verwertung beeinträchtigen die **Wirtschaftlichkeit** von Sicherheiten generell negativ. Umfangreiche Besichtigungen, komplexe Bewertungsfragen oder einzuholende Gutachten verursachen Kosten. Börsengängige Wertpapiere in einem dem Kreditgeber verpfändeten Depot sind in dieser Hinsicht ein Beispiel für eine sehr wirtschaftliche Kreditsicherheit.

Akzessorische und fiduziarische Sicherheiten

Akzessorische Kreditsicherheiten sind an **konkrete Forderungen** gebunden und erlöschen, sobald die Forderung, z. B. nach vollständiger Tilgung, untergeht. Hierzu zählen die Bürgschaft, das Pfandrecht sowie die Hypothek. Dahingegen werden Kreditsicherheiten als **fiduziarisch** bezeichnet, wenn diese im Sinne einer **beständigen Gesamtsicherheit** zwar der Höhe nach haften, jedoch nicht individuellen Forderungen zugeordnet sind, z. B. Garantien, Patronatserklärungen, Sicherungsübereignungen sowie Grundschulden. Sie eignen sich für nach Anzahl und Höhe variabler Kredite bis in Höhe des Gesamtsicherheitswerts (z. B. bei schwankender Ausnutzung von Kontokorrentkrediten). Kreditvereinbarungen können daher ohne eine erneute Stellung von Sicherheiten zeit- und kosteneffizient neu getroffen oder ausgeweitet werden.

Ausfallversicherungen

Darüber hinaus können sich Gläubiger bei Versicherungsunternehmen gegen Forderungsausfälle ihrer Schuldner durch die Zahlung einer Prämie versichern. Allerdings ist die Anwendbarkeit dieser **Delkredereversicherung** auf Kreditrisiken aus Handelsbeziehungen (z. B. Forderungen aus Lieferungen und Leistungen) limitiert. Der Ausfall von reinen Finanzgeschäften, wie die in den Folgekapiteln ausführlich vorgestellten Anleihen sowie Bankkredite, ist damit in der Regel nicht abdeckbar (vgl. Wöhe et al. 2016, S. 238-242; Kapitalmarktgehandelte und somit verbriefte Kreditderivate (z. B. Credit Default Swaps, Credit Linked Notes, Total Returns Swaps), die einen analogen Risikotransfer im Rahmen der klassischen Unternehmensfinanzierung erlauben, werden in Modul 15 behandelt).

Covenants

Covenants ergänzen das Spektrum der Kreditsicherheiten in Form von **vertraglich festgehaltenen Vereinbarungen** (Kreditklauseln) zwischen den Kreditparteien, deren Verletzung dem Anleihegläubiger Kündigungs- und Nachverhandlungsrechte verschaffen (vgl. Rehkugler 2007, S. 248 f.). Der Kreditgeber kann sich beispielsweise verpflichten, bestimmte

- Handlungen zu unterlassen (sog. **Negative Covenants**, z. B. Ausschüttungsbeschränkung, weitere Kreditaufnahmen, Vermögensverkäufe),
- Handlungen gerade vorzunehmen (sog. **Affirmative Covenants**, z. B. Einhaltung einer Mindesteigenkapitalquote = Financial Covenant, Abstimmung mit Kreditgeber zu Managementwechseln oder Akquisitionsplänen, Übermittlung von Planungsrechnungen = Information Covenant).

Die Vereinbarung von Covenants gewährt Kreditgebern entgegen der in Modul 9.4 dargestellten Reinform von Kreditkapital somit die Möglichkeit, operative und strategische Entscheidungen auch außerhalb von finanziellen Schieflagen eines Unternehmens mit zu treffen.

11.3.2 Systematisierung von Kreditinstrumenten nach Fristigkeit und Handelbarkeit

Auch wenn der »Wie-für-mich-gemacht-Kredit« eine Erfindung der Werbeindustrie ist, kommt darin die durchaus zutreffende Notwendigkeit geeigneter Produktmerkmale zum Ausdruck, denn Kredit ist nicht gleich Kredit. Für ein besseres Verständnis der Kreditfinanzierung werden daher nun einzelne Instrumente in einem ersten Schritt nach dem **Merkmal der Fristigkeit** der Kapitalüberlassung in **langfristige** (mit Laufzeiten von vier Jahren und darüber) sowie in **kurz- bzw. mittelfristige** (bis zu einem Jahr bzw. zwischen einem und vier Jahren) **Finanzierungsformen** aufgeteilt. Grundsätzlich können auch die langfristigen Kreditformen mit kürzeren Laufzeiten ausgestaltet werden, der Übergang zu den kurz- und mittelfristigen Instrumenten ist in der Praxis fließend.

Darauf aufsetzend hatte Abbildung 11.1 die Kreditfinanzierungsformen in einem weiteren Schritt in **handelbare** (verbriefte) und **nicht handelbare** (unverbriefte) Instrumente unterschieden. Die verbriefte Form von Krediten (Anleihen) vergrößert das Absatzpotenzial – und dadurch die Attraktivität auf Seiten der Kapitalgeber – durch die Möglichkeit, die eingegangene Kreditbeziehung durch Veräußerung an den Kapitalmärkten jederzeit zu beenden oder weiter aufzustocken. Bei unverbrieften Kreditformen (z. B. Bankkredit) fehlt diese Möglichkeit weitgehend. In Analogie zur Beteiligungsfinanzierung spricht man bei verbrieften bzw. unverbrieften Kreditformen von **Public bzw. Private Debt**.

11.3.3 Langfristige Instrumente der Kreditfinanzierung

11.3.3.1 Verbriefte Kreditformen

Konzept der Anleihefinanzierung

Anleihen (auch: Obligationen, Schuldverschreibungen, Bonds) sind langfristige, festverzinsliche Darlehen in wertpapiermäßig verbriefter Form. Analog zu Aktien im Rahmen der Beteiligungsfinanzierung, wird der Gesamtkreditbetrag in **Teilschuldverschreibungen** zerlegt und an öffentlichen Anleihebörsen gehandelt. Nach der Art des Schuldners unterscheidet man **Unternehmensanleihen** (Corporate Bonds) von **Staatsanleihen** (Sovereign Bonds).

Börsenhandel

Die Emission von Anleihen setzt – anders als bei Aktien – **keine spezielle Rechtsform** des Emittenten voraus und steht damit grundsätzlich auch Personengesellschaften oder Gebietskörperschaften offen. In Europa erfolgt die Anleiheemission vorzugsweise am €-Kapitalmarkt. Zur Steigerung der Attraktivität dieses Finanzierungsinstruments existieren in Deutschland seit 2010 spezielle Handelssegmente für Anleihen mittlerer Unternehmen mit kleineren Emissionsvolumina (z. B. das Segment BOND-M an der Stuttgarter Börse). Unter Berücksichtigung der für eine Anleiheemission anfallenden Kosten (z. B. für Rating, Emissionsprospekt, Handelsplattform, Berater, Marketing etc.) beginnt das ökonomisch sinnvolle Gesamtkre-

AUS DER PRAXIS

Mitte 2016 beträgt das ausstehende Anleihevolumen der Bundesrepublik Deutschland 1,13 Bio. €. Zum gleichen Zeitpunkt ist z. B. die Deutsche Telekom AG mit ca. 45 Mrd. € ausstehendem Anleihevolumen der drittgrößte Emittent von Corporate Bonds in Deutschland.

ditvolumen bei ca. 10 Mio. €. Die Kreditvolumina einzelner Anleihetranchen deutscher Großkonzerne rangieren langfristig zwischen 500 Mio. und 2 Mrd. €.

Teilschuldverschreibungen notieren in Prozent ihres Nennbetrags (auch: Kreditbetrag, Nominalbetrag). Der Marktwert (in €) einer Teilschuldverschreibung ist gleich dem Produkt dieses Prozentwerts und dem Nominalbetrag (in €).

Beispiel 10

►►► Bei einem Kurs von 101,50 % und einem Nominalbetrag von 1.000 € je Teilschuldverschreibung beträgt ihr aktueller Marktwert (101,50 % · 1.000 €) = 1.015 €. ◄◄◄

Ausstattungsmerkmale

Jede Anleihe weist individuelle Ausstattungsmerkmale bezüglich

1. **Laufzeit**,
2. **Tilgungs- und Kündigungsmodalitäten**,
3. **Zinskupon** (Nominalzins) sowie
4. **Besicherung**

auf. Emittenten können gleichzeitig Anleihen mit unterschiedlichen Ausstattungsmerkmalen ausgeben.

1. Laufzeit

Praxisübliche **Laufzeiten** langfristiger Anleihen betragen zwischen 5 und 15 Jahre. Als Anleihen mittlerer Laufzeit ausgewiesene Medium Term Notes (siehe Modul 11.3.4) sind nach zwei bis fünf Jahren fällig. In Niedrigzinsphasen sind die Laufzeiten tendenziell länger als in Phasen höherer Marktzinsen, um von den günstigen Konditionen möglichst lange zu profitieren.

2. Tilgung und Kündigung

Zur Tilgung einer Anleihe existieren verschiedene Gestaltungsmöglichkeiten:

- **Endfällige** Tilgung in einem Betrag am Ende der Laufzeit
- Tilgung **in einem Betrag** nach Kündigung (deren Bedingungen im Emissionsprospekt zu vermerken sind)
- **Raten-** oder **Annuitätentilgung**
- Tilgung durch **freihändigen Rückkauf** an der Börse

Von der Tilgung in einem Betrag geht eine starke Liquiditätsbelastung für den Kreditnehmer aus, der häufig mit der Emission einer weiteren Anleihe begegnet wird. Das damit verbundene **Anschlussfinanzierungsrisiko** kann im Einzelfall die Zahlungsfähigkeit existenzbedrohend gefährden. Im Falle der ratenweisen Tilgung muss durch Auslosung bestimmter Serien oder Nummernkreise ermittelt werden, welche Teilschuldverschreibungen konkret getilgt werden. Für den Anleger resultiert aus der damit verbundenen Variabilität der effektiven Laufzeit ein **Auslosungsrisiko** (Steiner/Uhlir 2001, S. 52 ff.). – Der freihändige Rückkauf an der Börse bietet sich an, wenn die Anleihe zwischenzeitlich unter dem Rückzahlungskurs notiert.

Beispiel 11

Freihändiger Rückkauf

▸▸▸ Eine Anleihe notiert 3 Jahre vor Fälligkeit durch Ratingverschlechterungen bei 75 % des Nominalwertes. Der Emittent entschließt sich aufgrund einer dennoch gut gefüllten Kasse, Teile der eigenen Anleihe zum Marktkurs zurückzukaufen und damit weitere Zinszahlungen sowie die Rückzahlung zu 100 % zu vermeiden. ◂◂◂

3. Verzinsung

Investoren von Festzinsanleihen werden durch regelmäßige Zinszahlungen auf das noch nicht getilgte Anleihekapital vergütet. In der Praxis liegt zumeist nur ein Nominalzinssatz (**Zinskupon**) für die gesamte Laufzeit zugrunde, dessen Höhe sich nach dem Ausfallrisiko der Anleihe richtet.

Komponenten des Effektivzinses

Neben der Emission bzw. Rückzahlung zu **pari** (100 % des Nennbetrags) sind auch Ausgabe- und Rückzahlungsbeträge unter (< 100 %) oder über pari (> 100 %) möglich. Aus einem Ausgabekurs unter dem Rückzahlungskurs ergibt sich ein **Disagio** (Abschlag), im umgekehrten Fall ein **Agio** (Zuschlag).

Beispiel 12

Positives Zinselement

▸▸▸ Eine Anleihe weist einen Nominalzins von 6 % auf und soll in einem Jahr mit 108 % des Nominalvolumens endfällig getilgt werden. Beträgt der Marktkurs der Anleihe aktuell 101 %, kann sich ein Anleger bei Tilgung der Anleihe über eine Effektivrendite von 6 % + (108 – 101)% = 13 % freuen.

Negatives Zinselement

Hat der Emittent die Tilgung auf nur 95 % des Nominalkreditvolumens festgesetzt, lautet die Effektivrendite des Anlegers bei Tilgung in einem Jahr unter sonst gleichen Bedingungen 6 % + (95 – 101)% = 0 %. ◂◂◂

Es ist daher geboten, von der Nominal- die **Effektivverzinsung** (Yield-to-Maturity, YTM) zu unterscheiden, die neben dem Nominalzins weitere Einflussgrößen umfasst und allein maßgeblich für die tatsächliche jährliche Anlegerrendite (Effektivrendite) ist. Formal ist sie der **interne Zinsfuß**, mit dem Zins- und Tilgungszahlungen betrags- und zeitpunktbezogen diskontiert werden müssen, damit sich der aktuelle Anleihekurs ergibt.

Demzufolge wird der aktuelle Marktkurs K_0 einer Anleihe als Barwert ihrer mit der Effektivrendite r_{eff} abgezinsten Zahlungsströme aus Zinskupon (Z_t) und Rückzahlung (R_t) jeder Periode t bis zur Fälligkeit in T (in Jahren) wie folgt definiert:

$$K_0 = \sum_{t=1}^{T} \frac{Z_t + R_t}{(1 + r_{eff})^t}$$

Durch Umstellen der Gleichung kann die Effektivrendite r mit dem Instrumentarium zur Ermittlung des **internen Zinssatzes** (Modul 4) ermittelt werden:

$$0 = -K_0 + \sum_{t=1}^{T} \frac{Z_t + R_t}{(1 + r)^t}$$

Näherungsformel für die Effektivrendite

Die **näherungsweise Berechnung** der jährlichen Effektivrendite erfolgt einfacher, dafür weniger genau anhand folgenden Zusammenhangs:

$$\tilde{r} = \frac{Z + \frac{K_T - K_0}{T}}{K_0}$$

mit $\tilde{r}$: jährlicher Effektivzins bis zur Fälligkeit, Z: Nominalzins (in %), K_T: Rückzahlungskurs (in %), K_0: aktueller Kurs (in %) und T: Restlaufzeit in Jahren.

Beispiel 13

▶▶▶ Eine am 25.2.2014 emittierte, unkündbare Festzinsanleihe der thyssenkrupp AG (WKN: A1R041) über 1 Mrd. € soll am 25.10.2019 mit K_T = 100 % des Nominalbetrags von 1.000 € je Teilschuldverschreibung getilgt werden. Der Nominalzinssatz beträgt Z = 3,125 % p. a. Am 4.4.2014 notiert die Anleihe an der Stuttgarter Börse bei K_0 = 101,07 % und weist eine Restlaufzeit von T = 5,6 Jahren auf. Während die exakte Effektivverzinsung r_{eff} für die thyssenkrupp-Anleihe 2,906 % p. a. beträgt, erzielt die Näherungsformel eine brauchbare Annäherung:

$$\tilde{r} = \frac{3{,}125\,\% + \frac{100\,\% - 101{,}07\,\%}{5{,}6}}{101{,}07\,\%} = 2{,}903\,\%\ \text{p.a.}$$

Der höhere Kaufkurs gegenüber der Rückzahlung von (100 – 101,07)% = -1,07 % bedeutet ein negatives Zinselement, das auf die Restlaufzeit von 5,6 Jahren verteilt wird und damit letztendlich in eine Effektivrendite (von 2,903 %) unterhalb des Nominalzinssatzes mündet. ◀◀◀

Die Möglichkeit zur **frühzeitigen Tilgung** kann bei der Berechnung des Effektivzinses über die Näherungsformel dadurch berücksichtigt werden, dass die Restlaufzeit (RLZ) als Mittelwert der kürzesten (die vorzeitige Kündigung wird vollzogen) sowie der längsten Restlaufzeit (die Anleihe läuft bis zum geplanten Fälligkeitszeitpunkt) verwendet wird:

$$T = \frac{\text{kürzeste RLZ} + \text{längste RLZ}}{2}$$

Ratings und Kreditzinsen

Die für jede Ratingkategorie jeweils geltenden **Effektivrenditen** am Kapitalmarkt setzen sich – wie für das Beteiligungskapital im Rahmen des CAPM gezeigt (Modul 7) – zusammen aus

1. dem **risikolosen Zinssatz** als Basisbestandteil sowie
2. einem unternehmensindividuellen **Risikoaufschlag** in Abhängigkeit von der Ratingkategorie (weitere Zuschläge für besonders schwach liquide Anleihen sowie aufgrund einer hohen Nachfrage sind ferner möglich).

Zwar werden Anleihen bei Fälligkeit zum vorher festgelegten Rückzahlungskurs getilgt, dennoch bergen sie für Investoren das Risiko, dass es **während der Laufzeit** aufgrund von zwischenzeitlichen Zins- oder Risikoanstiegen zu **Marktkursveränderungen** kommt:

1. Erhöht (senkt) sich der risikolose Basiszinssatz, passt sich die Effektivrendite nach oben (unten) an. Die davon unbeeinträchtigten Zins- und Tilgungszahlungen werden hierdurch stärker (schwächer) diskontiert mit der Folge eines sinkenden (steigenden) Anleihekurses und vice versa.
2. Der gleiche Effekt auf den Marktkurs tritt ein, wenn sich das Kreditrating (z. B. aufgrund getrübter Geschäftsaussichten) verschlechtert (verbessert), so dass höhere (niedrigere) Risikozuschläge gerechtfertigt sind.

Auf effizienten Märkten weisen Anleihen mit identischen Eigenschaften auch die gleiche Effektivrendite auf **(Law of One Price)**.

Beispiel 14

►►► Durch unglückliche Managemententscheidungen ist die Existenz der Inloxx GmbH akut gefährdet. Am Kapitalmarkt bricht der Kurs ihrer in einem Jahr fälligen Anleihe auf 65 % ein. Daraus resultieren mehrere Effekte:

- Gegenwärtige Anleihebesitzer müssen mit einer höheren Wahrscheinlichkeit von Zahlungsstörungen noch ausstehender Zins- und Tilgungszahlungen rechnen. Sofern die Anleihe zuvor zu einem höheren Kurs als 65 % erstanden wurde, realisieren Anleihebesitzer beim Verkauf über die Börse zu 65 % jetzt einen Kursverlust.
- Neuinvestoren erstehen die Anleihe zu 65 %. Gemäß der Näherungsformel beträgt die mögliche Effektivrendite bei einem angenommenen Nominalzins von 5 % p. a. und einem Rückzahlungskurs von $K_T = 100\,\%$ aktuell $\tilde{r} = 58{,}9\,\%$ p. a. Dieser hohen Renditechance steht das entsprechend hohe Risiko gegenüber, dass die Unternehmung die Anleihe bei Fälligkeit in einem Jahr nicht oder nicht vollständig bedient. ◄◄◄

Abbildung 11.9 verdeutlicht die Auswirkungen von Änderungen der Effektivrendite (YTM) auf den Kurs K_0 einer mit 5 % p. a. nominal verzinsten Anleihe, ausgehend von einer anfänglichen YTM von 5 %. Steigende (sinkende) Effektivzinsen korrespondieren mit niedrigeren (höheren) Marktkursen. Die Kurse von länger (kürzer) laufenden Anleihen reagieren dabei stärker (weniger stark) sensitiv auf Änderungen der Effektivrendite.

Abb. 11.9

Auswirkungen von YTM-Änderungen auf den Anleihekurs für verschiedene Restlaufzeiten

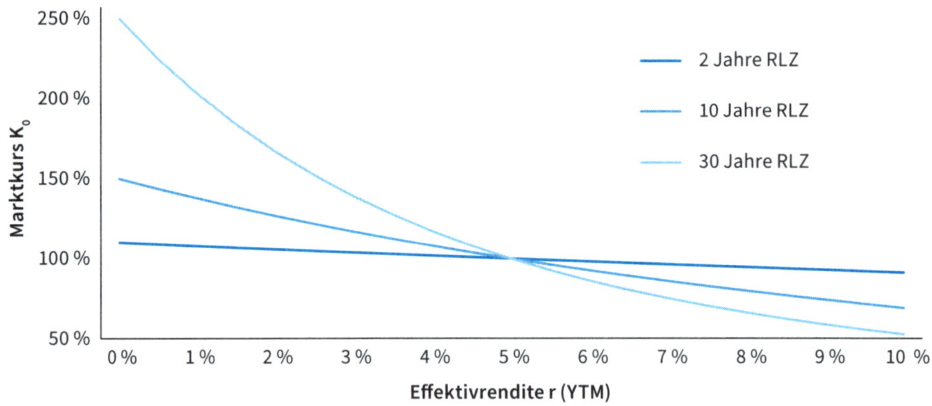

Das in Abbildung 11.10 ersichtliche Auf und Ab der Effektivrenditen im Zeitverlauf von AAA- bis BBB-gerateten Unternehmenskrediten geht insofern zurück auf Veränderungen

1. des risikolosen Basiszinses (näherungsweise dargestellt anhand der Effektivrendite einer AAA-gerateten deutschen Bundesanleihe) sowie
2. der für die unterschiedlichen Ratingkategorien erwarteten Ausfallraten, die z. B. im Nachgang der Lehman-Pleite 2008/09 oder der europäischen Staatsschuldenkrise um Griechenland im Jahr 2011/12 höher als in anderen Marktphasen ausfielen.

Übereinstimmend mit dem aus Modul 6 bekannten Rendite-Risiko-Zusammenhang korrespondieren **schlechtere Ratingkategorien** mit **höheren Risikoaufschlägen** und damit **höheren Effektivrenditen**.

Stückzinsen

Beim **Handel** von Anleihen **zwischen** zwei **Zinsterminen** entrichtet der Käufer neben dem aktuellen Marktpreis der Anleihe automatisch **Stückzinsen** an den Verkäufer. Stückzinsen entschädigen den Alteigentümer einer Anleihe für den seit der

Abb. 11.10

Durchschnittliche Effektivrenditen von Unternehmens- und Bundesanleihen für die Ratingklassen von AAA bis BBB in Prozent (Angaben über alle Restlaufzeiten)

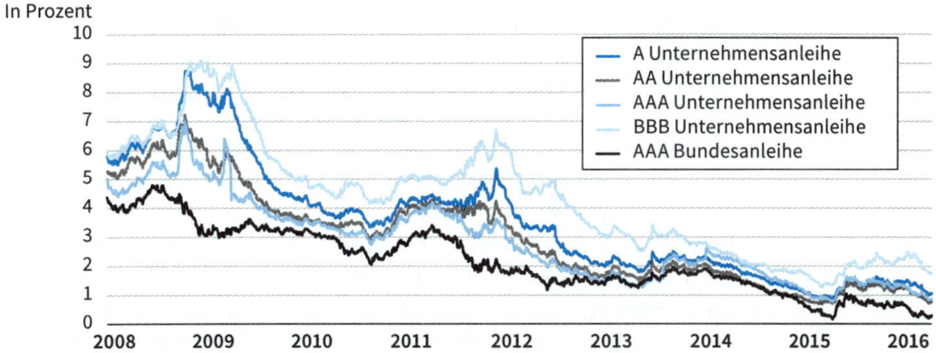

Quelle: Thomson Reuters Datastream

letzten Kuponzahlung aufgelaufenen Anspruch auf die kommende Zinszahlung, die das Unternehmen am Fälligkeitstag jedoch ausschließlich an den aktuellen Eigentümer der Anleihe auszahlt. Der Stichtag für die Entrichtung von Stückzinsen bildet die **Stückzinsvaluta**, welche auf die Mitte der üblicherweise zwei Tage auseinan-

AUS DER PRAXIS

Die ganze Welt will unsere Bundesanleihen – Wer Deutschland Geld leiht, macht Verlust. Trotzdem tun das alle.

Erstmals ist ihre Rendite unter null Prozent gerutscht, sie ist negativ. Minus 0,024 Prozent waren es am Tiefpunkt. Das heißt, Anleger, die sie kaufen und bis zum Ende der Fälligkeit halten, machen garantiert einen Verlust. […] Sparen wird so bestraft. Denn negative Rendite bedeutet: Die Anleger müssen dafür zahlen, dass sie Geld verleihen. Was für eine verrückte Zinswelt! Und der Schuldner verdient sogar noch daran. Er muss weniger zurückzahlen, als er ausgeliehen hat. […] In solchen nervösen Zeiten suchen die Anleger nach sicheren Anlagen, und das sind traditionell deutsche Bundesanleihen. Der deutsche Staat wird als sehr solide angesehen, hier ist das Geld gut aufgehoben. Solche Länder, die Ratingagenturen mit der Höchstnote AAA adeln, gibt es immer weniger auf der Welt: genau elf. […] Die große Nachfrage treibt die Kurse, und im Umkehrschluss sinken die Renditen. […] Das liegt an der verschwindenden Inflation und dem immer schwächeren Wirtschaftswachstum. […] Die Finanz- und Euro-Krise hat das noch verstärkt. (Quelle: FASZ 19.6.2016, S. 35)

derliegenden Zeitpunkte zwischen Geschäftsabschluss und Erfüllung durch Lieferung und Zahlung fällt.

Beispiel 15

▸▸▸ Jeweils am 18. Januar eines Jahres zahlt die Schröder KG den vereinbarten Nominalzins von 6,25 % auf den Nominalbetrag ihrer Unternehmensanleihe von 1.000 € pro Teilschuldverschreibung (siehe Abb. 11.11). Ein Anleger verkauft eine Teilschuldverschreibung am 4. Oktober über die Börse und verbucht am 6. Oktober den entsprechenden Zahlungseingang auf seinem Konto. Der Verkäufer hat somit einen zeitanteiligen Stückzinsanspruch für 261 (vom 18. Januar bis zum 5. Oktober) von 365 Tagen in Höhe von 44,69 € (= 1.000 € · 6,25 % · (261/365)), die der Käufer der Anleihe automatisch an den Verkäufer entrichtet. Nach weiteren 104 Tagen erhält der Käufer vom Unternehmen zum nächsten Zinszahlungstermin die vollen Jahreszinsen in Höhe von 62,50 €. Abzüglich der Stückzinsen bleiben ihm noch 17,81 €, die genau seiner zeitanteiligen Investitionsdauer von (104/365) des letzten Zinsjahres entsprechen. ◂◂◂

Abb. 11.11

Zeitschema zur Berechnung von Stückzinsen bei Anleihegeschäften

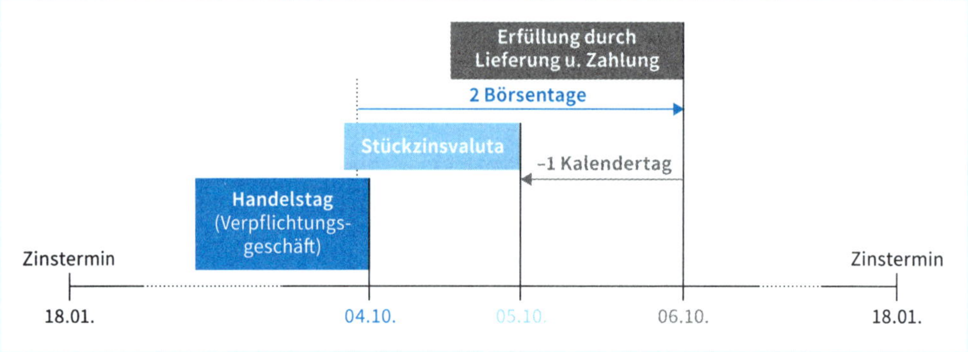

4. Besicherung

Eine **Besicherung** verbessert die Position der Anleihegläubiger bei Zahlungsunfähigkeit des Emittenten gegenüber anderen Gläubigern durch die exklusive Verwertung der Sicherheiten oder die Weiterführung des Kreditvertrags durch Dritte. Gemäß der so verbesserten Risikoposition der Investoren sinkt deren Effektivrenditeanspruch bzw. aus Sicht der Unternehmung der Kapitalkostensatz. Für eine Übersicht von Sicherungsinstrumenten sei auf Modul 11.3.1 verwiesen.

11.3.3.2 Weitere Anleiheformen

Neben ihrer eigenständigen Bedeutung als Finanzierungsform fungiert die Grundform der Festzinsanleihe als Basis für verschiedenste Abwandlungen, die an den zuvor besprochenen Ausstattungsmerkmalen ansetzen. Die bedeutendsten Varianten sind:

- Variabel verzinste Anleihen
- Nullkuponanleihen
- Doppelwährungsanleihen
- Wandelschuldverschreibungen
- »Fan«-Anleihen

Variabel verzinste Anleihen

Kennzeichnendes Merkmal von variabel verzinsten Anleihen (Floating Rate Notes, FRN) ist die regelmäßige (z. B. halbjährliche) Anpassung des Nominalzinssatzes an den in den Anleihebedingungen genannten und in der Höhe **variablen Referenzzinssatz** (z. B. Euribor). Dennoch zählt diese **zinsgerichtete Modifikation** zu den festverzinslichen Anleihen, da sich »festverzinslich« auf die nach wie vor bestehende Unabhängigkeit vom laufenden Unternehmensgewinn/-verlust bezieht (»Festverzinsung« ist insofern das Gegenteil von »Residualgewinn«). Bei Floating Rate Notes besteht ein Zinsänderungsrisiko (aus sinkenden Zinseinkünften) für den Anleger für den Zeitraum bis zur nächsten Zinsanpassung. Umgekehrt ist der Emittent dem Risiko steigender Zinszahlungen ausgesetzt, wodurch seine Kalkulationsgrundlage unsicherer wird. Die Chance wiederum besteht für beide Seiten in der hohen Marktnähe der gezahlten Zinsen. Hierdurch notieren FRNs nahe am Emissionskurs, wodurch Kursrisiken erheblich reduziert werden (vgl. Perridon/Steiner/Rathgeber 2017, S. 409 f.)

Zero Bonds

Nullkuponanleihen (Zero Bonds) kommen ohne laufende Nominalzinszahlungen aus. Stattdessen werden die Zinsen bei Endfälligkeit inklusive Zinseszinsen zusammen mit der Tilgung ausgezahlt. Die Effektivrendite von Zero Bonds wird insofern allein aus einem über die Laufzeit verdienten Disagio gespeist, das hoch genug ausfallen muss, um eine dem Risiko angemessene Effektivrendite zu gewährleisten.

Beispiel 16

▸▸▸ Eine Nullkuponanleihe mit fünfjähriger Restlaufzeit notiert bei $K_0 = 65\,\%$. Die Rückzahlung soll in fünf Jahren zu $K_5 = 100\,\%$ erfolgen. Laufende Zinszahlungen finden definitionsgemäß nicht statt. Mittels investitionsrechnerischer Verfahren ermittelt sich der jährliche Effektivzins (r) als interner Zinsfuß folgender Zahlungsreihe:

$$K_0 = \frac{K_5}{(1+r)^5} \rightarrow 65\,\% = \frac{100\,\%}{(1+r)^5} \leftrightarrow \frac{65\,\%}{100\,\%} = \frac{1}{(1+r)^5} \leftrightarrow \sqrt[5]{\frac{100\,\%}{65\,\%}} - 1 = r = 9\,\%\text{ p.a.}$$

◂◂◂

Aus Emittentensicht schonen Zero Bonds die liquiden Mittel durch den Wegfall der laufenden Zinszahlungen sowie durch eingesparte Verwaltungskosten für Kuponeinlösungen. Darüber hinaus kann aufgrund potenzieller (kompensierend wirkender) Vorteile für die Kapitalgeber im Allgemeinen eine unter dem Kapitalmarktzinsniveau liegende Verzinsung durchgesetzt werden: Für den Anleger entfällt ein Wiederanlagerisiko der laufenden Zinszahlungen, das bei Straight Bonds darin besteht, dass das Marktzinsniveau zum Zeitpunkt der Zinsgutschriften gesunken sein kann. Sofern die Versteuerung des Zinsertrags (bei Zero Bonds im Privatbesitz) erst im Zeitpunkt des Zuflusses (Veräußerung der Anleihe oder Tilgung) erfolgen muss, kommt es ferner zu einem Steuerstundungseffekt oder sogar zu einem **Steuersparеffekt**, z. B. wenn die Tilgung in die Ruhestandsphase des Anlegers mit reduzierten Einkommensteuersätzen fällt. Berücksichtigt man steuerliche Freibeträge, kann sich dieser Vorteil allerdings in einen Nachteil wandeln, da die Versteuerung des vereinnahmten Disagios en bloc am Ende der Laufzeit die Wahrscheinlichkeit erhöht, dass ansonsten möglicherweise eingehaltene Freigrenzen überschritten werden (vgl. Zantow/Dinauer/Schäffler 2016, S. 250 f.).

Daneben gilt es für Anleger jedoch zu beachten, dass sich Kurschancen und -risiken bei Zero Bonds aufgrund des Zinseszinseffektes verstärken. Praktisch bedeutet dies, dass der Kurs aufgrund einer Hebelwirkung in einer Hochzinsphase stärker fallen wird als der einer gewöhnlichen Anleihe. Wenn die Laufzeit des Zero Bonds und der Anlagehorizont des Kapitalgebers übereinstimmen, entfällt allerdings die Notwendigkeit einer Veräußerung vor Fälligkeit und damit auch die Realisierung eines solchen Kursverlustes.

Doppelwährungsanleihen

Doppelwährungsanleihen als **tilgungsgerichtete Abwandlung** des Straight Bonds sind dadurch gekennzeichnet, dass Kapitalaufnahme und -rückzahlung in unterschiedlichen Währungen erfolgen. Die Zinszahlungen können sowohl in der Aufnahme- als auch in der Rückzahlungswährung vereinbart werden. Entsprechend wird der Kurs der Doppelwährungsanleihe von den Marktzinsen der beiden Währungsgebiete sowie vom Wechselkurs zwischen Mittelaufnahme- und Mitteltilgungswährung beeinflusst. Am deutschen Kapitalmarkt emittierte Doppelwährungsanleihen sehen häufig die Ein- und Zinszahlung in € sowie die Rückzahlung in $ vor (vgl. Perridon/Steiner/Rathgeber 2017, S. 411). Anleihen dieses Typs bieten Emittenten über den Finanzierungseffekt hinaus die Möglichkeit, bestehende Wechselkursrisiken auszuschalten.

Beispiel 17

►►► Ein deutsches Unternehmen, das für die Zukunft periodische $-Eingänge aus dem Verkauf seiner Produkte erwartet, deren Wechselkursentwicklungen ihm zu unsicher bzw. zu unvorteilhaft erscheinen, emittiert als Gegensteuerungsmaßnahme eine Doppelwährungsanleihe, deren Kapitaldienstverpflichtungen den Währungseingängen in $ entsprechen. Bei perfekter Kongruenz werden durch diese Variante eines Finanzhedgings (vgl. einführend Horsch/Schulte 2016, S. 385 ff.) künftige Zahlungseingänge in $ in eine gegenwärtige Zahlung (bei Emission) in € transformiert. ◄◄◄

Wandelschuldverschreibungen

Unter die weiteren Formen fallen auch Wandelschuldverschreibungen, die aufgrund ihrer besonderen Eigenschaften jedoch eine gewisse Nähe zur Beteiligungsfinanzierung aufweisen und daher später (vgl. Modul 11.4.2.1) als Zwischenform behandelt werden.

AUS DER PRAXIS

Der FC Gelsenkirchen-Schalke 04 e. V. plant in einer neuen Anleiheemission seine Anleihe 2012/2019 (WKN: A1ML4T) im Volumen von 50 Mio. € vorzeitig zu refinanzieren. Interessierte Investoren haben die Wahl zwischen zwei Anleihen: einer 5-jährigen mit einem Zinssatz von 4,25 % p. a. (Anleihe 2016/2021) und einer 7-jährigen mit einem Zinssatz von 5,00 % p. a. (Anleihe 2016/2023).
(Quelle: anleihe.schalke04.de)

»Fan«-Anleihen

Anleihegläubiger mit einer **emotionalen Bindung zum Emittenten** (z. B. Fußballfans zu ihrem Lieblingsverein) sind über die wirtschaftliche Rationalität hinaus bereit, Anleihen auch zu für sie ungünstigen Konditionen zu zeichnen. Dies zeigt sich einerseits in einem dem Risiko der Investition oftmals nicht angemessenen Effektivzins sowie in der optionalen Wahl von **Schmuckurkunden** (effektive Stücke) anstelle einer Verwahrung in einem Bankdepot. Entscheidet sich der Gläubiger für den Bezug einer Schmuckurkunde, erhält er laufende Zinszahlungen nur gegen Herauslösen und Abgabe des Zinskuponscheins (Bogen) aus der Schmuckanleihe sowie die Rückzahlung nur gegen Rückgabe des verbleibenden Anleihemantels bei Fälligkeit. Der zu erwartende Verzicht vieler Anleger auf diese Maßnahmen senkt die Kapitalkosten des Emittenten zusätzlich, da er auf die Nichteinlösungen von Zinsen und Tilgung spekuliert. »Fan«-Anleihen sind daher keine eigene Anleiheform, sondern stellen auf ihre i. d. R. emittentenfreundlichen Konditionen ab.

11.3.3.3 Unverbriefte Kreditformen

Einstiegsbeispiel (Fortsetzung)

Teil 4

▸▸▸ Weder für den China-Expandeur C und schon gar nicht für den Lego-Unternehmer A kommt die Nutzung des Anleihemarktes in Frage, da sich die Emissionsnebenkosten für ihre vergleichsweise geringen Kapitalbedarfe nicht rechnen. Stattdessen schauen sich beide nach Alternativen um und werden bei den unverbrieften Kreditinstrumenten fündig. Zwar limitieren der Verzicht auf den Kapitalmarkt die Bereitstellung großer Kreditvolumina (was A und C auch gar nicht im Sinn haben), dafür können die Konditionen unverbriefter Kreditvereinbarungen stärker individuell zwischen Kreditnehmer und -geber ausgestaltet werden, da es sich dabei zumeist um Zwei-Parteien-Geschäfte handelt. ◂◂◂

Schuldscheindarlehen

Schuldscheindarlehen sind anleiheähnliche, dabei jedoch individuell verhandelbare Großkredite ab üblicherweise 25 Mio. Kreditvolumen und Laufzeiten ab 2 Jahren. Sie werden zwischen Unternehmen ausgehandelt und sind daher reine B2B-Finanzierungen. Die Unterlegung mit dem namengebenden **Schuldschein** erleichtert die Dokumentation von Ansprüchen und auch die Transferierbarkeit, er ist jedoch kein fungibles Wertpapier, daher liegt formal keine Verbriefung vor.

Aus Gläubigersicht sind Schuldscheindarlehen vor allem infolge ihres **Renditevorteils** gegenüber Anleihen vergleichbarer Bonität interessant, der als Entgelt für die fehlende Handelbarkeit an öffentlichen Börsen zu sehen ist (vgl. Horsch/Paul/Rudolph 2011, S. 411). Zumeist vollstreckbare Grundschulden als Sicherheiten steigern ferner ihre Attraktivität. Für den Schuldner fallen geringere laufende Kosten (z. B. Wegfall Anleihen-Emissionsprospekt, keine Kosten für Börsennotierung) an. **Flexibilität** bei der Kreditinanspruchnahme und vermiedene Publizitätspflichten sind Hauptmotive für die Aufnahme von Schuldscheindarlehen aus Sicht der kapitalsuchenden Unternehmen.

Lebensversicherer und Pensionskassen dürfen die Prämien ihrer Kunden qua Gesetz nur eingeschränkt auf dem Kapitalmarkt in Aktien oder Anleihen investieren, weshalb sie sich zu Hauptgläubigern von erstklassigen Schuldscheindarlehen als alternative Investitionsmöglichkeit entwickelt haben. Als erstklassig gilt dabei ein ausgewählter Kreis eher großer Unternehmen mit guter Bonität, so dass die Hauptnachfrager die **Schuldscheinfähigkeit** kapitalsuchender Unternehmen durch ihre eigenen Anforderungen faktisch diktieren.

Bankdarlehen

Anleihe- und Schuldscheinfinanzierung bedeuten für Unternehmen mit Kreditbedarfen ab ca. 25 Mio. € eine sinnvolle Diversifikation ihrer langfristigen Finanzierungsquellen. Unternehmensgrößen- und rechtsformunabhängig ergänzen langfristige Bankkredite diesen Kanon nicht nur, sie bilden aufgrund leichterer Zugangsmöglichkeiten und geringerer Mindestkreditgrenzen für die meisten Unternehmen den **Basisfall** der externen Langfristfinanzierung. Der zuvor beschrie-

AUS DER PRAXIS

Immer mehr große Unternehmen begeben Schuldscheine

Der Schuldschein funktioniert wie eine Unternehmensanleihe, wird aber in einem ausgewählten Investorenkreis placiert. Dadurch entfallen die Dokumentationsauflagen, die für börsennotierte Unternehmensanleihen erforderlich sind. […] Porsche begab im März einen Schuldschein über 1,1 Mrd. €. […] Die Rekordemission stammt von dem Automobilzulieferer ZF Friedrichshafen, der im vergangenen Jahr einen Schuldschein über 2,3 Mrd. € placiert hatte. Derzeit befinden sich Schuldscheine über 77,27 Mrd. € im Umlauf. […] Laut [der Beratungsgesellschaft] Capmarcon entwickelt sich der Schuldscheinmarkt für Großunternehmen zunehmend zur Alternative von Anleihefinanzierungen und Konsortialkrediten mehrerer Banken. […] Gerade für mittelständische Unternehmen bietet der Schuldschein die Gelegenheit, sich neue Investoren jenseits der klassischen Hausbanken zu erschließen. (Quelle: FAZ, 7.7.2016, Nr. 156, S. 39)

AUS DER PRAXIS

E.on-Tochter Uniper sichert sich Milliardenkredit

Die vom E.on-Konzern abzuspaltende Kraftwerkssparte Uniper hat [...] für die Zeit nach der Abspaltung [...] mit einem Bankenkonsortium Kreditzusagen im Umfang von insgesamt 5 Milliarden € vereinbart, teilte Uniper am Donnerstag mit. Die Vereinbarung umfasst zwei Tranchen über jeweils 2,5 Milliarden € mit Laufzeiten von drei Jahren. Mit den Krediten sei die unabhängige Finanzierung der Uniper-Gruppe langfristig gesichert, sagte Finanzchef Christopher Delbrück laut Mitteilung. (Quelle: Faz.net, 2.6.2016)

benen Rating-Lücke begegnen Banken mit **internen Kreditnehmer-Ratings**, um die Preisstellung analog zu Anleihen am individuellen Bonitätsrisiko orientieren zu können.

Dem Leitgedanken von Hübners »Goldener Finanzierungsregel« folgend, sind langfristige Bankkredite überwiegend mit konkreten Investitionsprojekten verbunden, entsprechend projektspezifisch und kundenindividuell sind ihre Ausgestaltungen (»Finance has to fit the business«). Hierzu schließt die kreditgebende Bank mit dem Schuldner einen **formalen Finanzkontrakt** ab, der im Wesentlichen die bereits von der Anleihe bekannten Eigenschaften Kreditbetrag, Verzinsung, Laufzeit, Rückzahlungsmodalitäten sowie regelmäßig auch Details zur Besicherung (vgl. Modul 11.3.1) regelt, darunter folgende Standardvarianten (vgl. Hartmann-Wendels et al. 2015, S. 180-182):

- **Investitionskredite** sind besicherte Darlehen zur Finanzierung von betrieblichem Anlagevermögen. Während der betrieblichen Nutzungszeit des finanzierten Objektes sollen die Rückflüsse daraus idealerweise Zins und Tilgung (vgl. Kapitalwiedergewinnungseffekt, Modul 10) der als Annuitätendarlehen (Modul 4.3) ausgestalteten Kredite decken. Staatlich geförderte Investitionskreditprogramme (etwa durch die KfW oder die NRW.Bank) weisen oftmals günstigere Konditionen für den Kreditnehmer auf. Den Geschäftsbanken kommt dann lediglich die Rolle der Weiterleitung des Kreditbetrags, die Abwicklung des Zahlungsverkehrs sowie die Übernahme des Ausfallrisikos zu.
- Die praxisüblich längsten Finanzierungszeiträume von bis zu 30 Jahren bringen **Real- bzw. Immobilienkredite** zur Finanzierung von Bauvorhaben mit sich. Dabei dienen die finanzierten Objekte gleichzeitig durch Hypotheken oder Grundschulden als Sicherheit. Die Zinskonditionen werden nach einer Festzinsphase von z. B. 10 Jahren den dann aktuellen Zinssätzen angepasst, wobei gegen Ende jeder Zinsbindungsfrist die Möglichkeit zur vollständigen Tilgung des Kredits besteht.
- Können oder wollen einzelne Banken eine Investition nicht alleine finanzieren, bieten **Kreditkonsortien** die Möglichkeit eines Zusammenschlusses mehrerer Banken zwecks gemeinsamer Finanzierung (Konsortialkredit, **syndizierter Kredit**). Aufgaben und Pflichten werden zwischen den Parteien individuell verhandelt, aufgeteilt und vertraglich festgelegt.

- Ebenfalls geht von regelmäßig kurzfristigen Krediten eine de facto längerfristige Finanzierungswirkung aus, wenn diese nahtlos und regelmäßig verlängert (prolongiert) werden (vgl. dazu ausführlich Modul 11.3.4).

Bankenregulierung

Kreditinstitute zählen zu den **besonders stark regulierten** Branchen, d.h. der Gesetzgeber greift gezielt in die Geschäftstätigkeit der Banken ein. In Deutschland teilen sich Bundesbank und BaFin (Bundesanstalt für Finanzdienstleistungsaufsicht) die Rolle der operativen **Bankenaufsicht** (für eine Einführung in die Bankenregulierung vgl. Paul 2015). Als Regulierungsbegründung wird der Einlegerschutz und die **Aufrechterhaltung der Finanzsystemstabilität** angeführt, wenngleich die konkrete Umsetzung in Wissenschaft und Praxis kontrovers diskutiert wird. Diese Rahmenbedingungen schlagen bis auf die Ebene der kreditsuchenden Unternehmen durch, die sich somit indirekt den gleichen Regeln unterwerfen müssen.

Die nach dem Sitz der Bank für Internationalen Zahlungsausgleich in Basel benannten Regulierungspakete »**Basel II**« und »**Basel III**« haben klare Anreize zugunsten einer stärker bonitätsorientierten Kreditpolitik mit kürzeren Laufzeiten gesetzt. Damit gestaltet sich die langfristige Bankenfinanzierung insbesondere für eigenkapital- und bonitätsschwächere Unternehmen schwieriger. Eine gewisse Lückenschließung leisten in Deutschland einerseits verschiedene Spezialanbieter, zu denen neben den oben angeführten Förderbanken auch solche für unverbrieftes langfristiges Kreditkapital (z. B. AKA AusfuhrKredit-Gesellschaft im Exportkreditgeschäft) zählen sowie andererseits alternative Finanzierungsformen wie Mezzaninkapital (siehe Modul 11.4) und über Kreditplattformen vermitteltes Fremdkapital.

Banken als Intermediäre

Banken sind zentrale Anlaufstellen für Kreditsuchende und Anleger, die sich ansonsten einzeln nach passenden Gegenparteien für Finanzgeschäfte unter Inkaufnahme erheblicher Such- und Informationskosten umsehen müssten. Als Zwischenhändler (**Intermediäre**) transformieren Banken unterschiedlichste Laufzeitwünsche, Bonitäten und Geldbeträge der Kapitalanleger und -nachfrager in bedarfsgerechte Spareinlagen und Kredite. Deren Produktmerkmale und Vertriebskanäle gelten vielerorts jedoch als nicht mehr zeitgemäß, weshalb der ehemalige US-Zentralbankchef Paul Volcker 2009 provokant feststellte, dass der Geldautomat die letzte echte Finanzinnovation im Bankensektor gewesen sei (Hosking/Jagger 2009).

Kreditplattformen

Diese Beobachtung trifft seither auf den in Modul 12 beschriebenen Megatrend einer fortschreitenden **Digitalisierung** in der Gesellschaft. In diesem Zuge hat die Affinität insbesondere der jüngeren Bevölkerungsteile stark zugenommen, auch vertrauensempfindliche Bankgeschäfte rein internetbasiert durchzuführen; eine Entwicklung, die der Entstehung von **Kreditplattformen** stark zuträglich war. Hervorgegangen aus der technikaffinen Gründergeneration, kombinieren derartige **Peer-to-Peer-Plattformen** Finanzierungsgeschäfte mit digitaler Technologie, daher ihre Bezeichnung als **FinTechs** (vgl. einführend Paul 2016). Die Plattformbetreiber treten nur noch als Vermittler zwischen Anlegern und Kreditsuchern auf, ohne dass es einer Bank als Kreditgeber bedarf (»**Disintermediation**«). Ihr Geschäftsmodell liegt in der Erzielung von Vermittlungsgebühren, so dass ihre Regulierungsintensität weit unter der von traditionellen Banken liegt. Über **Schwarmfinanzierun-**

AUS DER PRAXIS

Die junge, wilde und digitale Finanzbranche

Ein Wirtschaftszweig nach dem anderen wird durchs Internet revolutioniert: Nach der Buch- und der Brillenbranche, der Musik- und der Reisebranche wird nun der Finanzsektor auf den Kopf gestellt. Die traditionellen Geldhäuser [...] müssen sich den sogenannten FinTechs (Finanz-Technologie-Unternehmen) erwehren. Die digitalen Herausforderer locken mit Transparenz, Schnelligkeit und günstigen Konditionen. (Quelle: Welt.de, 10.9.2015)

gen (Crowdlending) schließen sich verschiedenste Investoren zusammen, um kreditsuchende Unternehmen gemeinschaftlich zu finanzieren. Kreditgeschäfte laufen dann an den Banken vorbei, die somit von den neuen Wettbewerbern in ihrer ureigenen Domäne attackiert werden. Der Plattformbetreiber Lendico bringt dieses Selbstbild im Slogan »Geld braucht keine Bank!«, dem man »wohl aber Banking« hinzufügen müsste, auf den Punkt.

Zwar schalten auch Kreditplattformen eine Bank zwischen, jedoch nur zwecks Abwicklung des Zahlungsverkehrs; das **Kreditrisiko** verbleibt bei den Anlegern, für die sich dadurch die Möglichkeit eröffnet, direkt in Privat- und Unternehmenskredite zu investieren und ihre **Portfoliodiversifizierung** durch eine weitere Anlageklasse auszubauen. Auf der anderen Seite existiert für Kreditnachfrager keine Garantie, zum Zuge zu kommen. Die Kreditzinsen liegen über denen von Bankkrediten, weil der persönliche und räumliche Abstand zwischen den Beteiligten eine größere Restunsicherheit zurücklässt, als es bei traditionellen Bankgeschäften der Fall ist.

Einstiegsbeispiel (Fortsetzung)

Teil 5

▸▸▸ Die Familie von B hat nunmehr eine geeignete IT-Infrastruktur identifiziert und befasst sich mit konkreten Planungen für eine Kreditfinanzierung der Kauf- und Installationskosten für die Großanlage. Der IT-Anbieter fragt den zuständigen Projektverantwortlichen der Familie von B daraufhin: »Warum leasen Sie die Anlage denn nicht?«, worauf man sich noch einmal zur Beratung zurückzieht, denn eine gehaltvolle Entscheidung zwischen Kredit und Leasing bedarf der Berücksichtigung gleich mehrerer Entscheidungsdimensionen. ◂◂◂

Leasing als Alternative zum Bankkredit

Sowohl sprachlich (to lease = mieten, pachten) als auch rechtlich ist Leasing am ehesten mit einem Mietverhältnis vergleichbar. Große inhaltliche Überschneidungen bestehen jedoch auch zum kreditfinanzierten Kauf (Süchting 1995, S. 170): Wie ein Kreditkauf ermöglicht auch Leasing die Nutzung eines Investitionsobjektes, ohne dass dazu anfangs eigene liquide Mittel erforderlich sind (Anzahlungen und Eigenanteile können vereinbart werden). Dazu beschafft und finanziert der **Leasinggeber** das **Leasingobjekt** und überlässt es dem **Leasingnehmer** als Nutzer gegen Zahlung regelmäßiger Leasingraten. Aufgrund dieser konzeptionellen Nähe gilt Leasing als **Kreditsubstitut** (Kreditersatz), doch es bestehen auch Unterschiede zwischen beiden Formen, in dreierlei Dimensionen.

Dimension 1: Vergleich der Leistungspakete

Eigenschaften von Kredit und Leasing

Ein erster wichtiger Unterschied zwischen Leasing und dem Kreditkauf besteht am Ende der Finanzierungslaufzeit. Beim Kreditkauf sind Finanzierung und Nutzung voneinander unabhängige Vorgänge: Die Kredittilgung erfolgt in liquiden Mitteln, dafür steht das Investitionsobjekt dem Kreditnehmer auch darüber hinaus zur Verfügung. Beim Leasing bedeutet die (Sach-)Tilgung den **Rücktransfer des Leasingobjekts** an den Leasinggeber, so dass das geleaste Objekt nach dem Ende der Finanzierung dem Leasingnehmer nicht weiter zur Verfügung steht.

Ein zweiter Unterschied liegt in den **abweichenden Produkteigenschaften** eines Leasingvertrags, die einen Preisvergleich mit dem Kreditkauf erschweren: Typische Merkmale des Leistungsspektrums sind Nutzungseinschränkungen des Leasingobjektes (z. B. Kilometer- oder Betriebsstundengrenzen), Mietverlängerungs- und Kaufoptionen am Ende der Laufzeit, Versicherungen und Servicedienstleistungen (z. B. Wartung).

Als weiterer Unterschied stellen Leasinggesellschaften **niedrigere Anforderungen an die Kreditwürdigkeit** einer Unternehmung als Banken. Dies kann dazu beitragen, den unternehmerischen Gesamtfinanzierungsspielraum auszudehnen. Dafür spricht, dass sich die Leasinggesellschaften in der dinglichen Sicherung ihrer Finanzierung meist auf das juristische Eigentum an dem Leasingobjekt beschränken und dieses bis zu 100 % beleihen, während Banken im Falle des Kreditkaufs nur anteilig beleihen und darüber hinaus Zusatzsicherheiten verlangen, die Unternehmen ggf. nicht bereitstellen können oder wollen.

Leasing ist lukrativ, daher haben viele Hersteller von Leasingobjekten diese Dienstleistung (wie auch die Kreditfinanzierung) in ihre Wertschöpfungskette integriert (z. B. BMW Leasing, Siemens Financial Services). **Direktes Leasing** über den Hersteller erfordert keine weiteren Intermediäre (Zwischenhändler), dafür können unabhängige Leasinggesellschaften im Zuge **indirekten Leasings** zumeist eine breitere Herstellerpalette anbieten. Verleast werden hauptsächlich – aber nicht nur – Kfz, wenngleich ihr Anteil am jährlichen Leasing-Neuvolumen in Höhe von ca. 50 Mrd. € etwa drei Viertel beträgt; auch Produktionsequipment und IT-Infrastruktur gehören (wie im Eingangsbeispiel) dazu. Gemessen am gesamtwirtschaftlichen Neu-Investitionsvolumen in Deutschland von ca. 340 Mrd. € (2015) beträgt der Anteil der mit Leasing finanzierten Investitionen ca. 15 % (vgl. Abb. 11.12).

Financial vs. Operating Leasing

Die in Deutschland vorherrschende Variante des **Finanzierungsleasings** (Financial Leasing) ist von einem beidseitig unkündbaren Mietverhältnis während der Grundleasingzeit geprägt. Decken die vereinbarten Leasingraten währenddessen sämtliche Kosten des Leasinggebers (Wertverfall des Leasingobjektes, Finanzierungs- und Verwaltungskosten) zuzüglich einem Gewinnaufschlag, handelt es sich um **Vollamortisationsverträge**. Hier trägt der Leasingnehmer das volle Investitionsrisiko, da die Leasingraten unabhängig von der tatsächlichen Nutzung ohne Kündigungsmöglichkeit zu entrichten sind. Die bei kurzfristig angelegten Nutzungs-

Abb. 11.12

Leasinginvestitionen und typische Objektgruppen in Deutschland

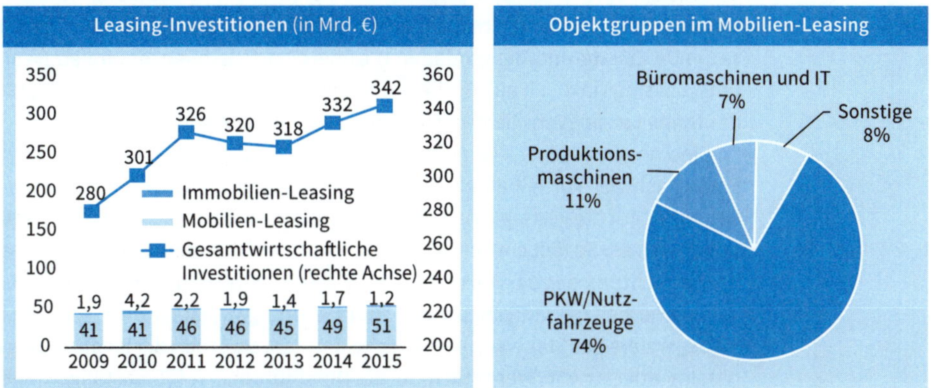

Quelle: Bundesverband Deutscher Leasing-Unternehmen, Jahresbericht 2016

dauern im Zuge des **Operating Leasing** üblichen **Teilamortisationsverträge** erfordern nach Ablauf der Grundmietzeit eine Weitervermietung oder eine Veräußerung zum Restwert, um die restlichen Kosten aus Sicht des Leasinggebers zu decken; das Investitionsrisiko dieser kurzfristiger ausgestalteten, kündbaren und kaum von Mietverträgen unterscheidbaren Verträge liegt damit eindeutig auf seiner Seite.

Dimension 2: Vergleich der Finanzierungskosten

Skalen- und Kostenvorteile von Leasing

Für einen Vergleich zwischen Leasing und Kreditkauf existiert eine Reihe von **preisrelevanten Faktoren**, deren Gesamteffekt per se weder die eine noch die andere Variante begünstigt. Als finanzielle Vorzüge des Leasings gelten **Skalen- und dadurch Kostenvorteile** auf Seiten **der Leasinggeber** hinsichtlich der Finanzierung, der Beschaffung und der Verwertung der Leasingobjekte, die in Form günstigerer Konditionen an die Leasingnehmer weitergegeben werden können. Dagegen steht, dass der Leasingnehmer über die anfallenden Kosten für das Investitionsobjekt (Hersteller-Anteil) und dessen Finanzierung (Bank-Anteil) hinaus einen Beitrag zur Deckung von **Kosten und Gewinn der Leasinggesellschaft** aufzubringen hat. Diesen müsste der Leasingnehmer nicht leisten, wenn er auf die Einschaltung des zusätzlichen Intermediärs in Gestalt der Leasinggesellschaft verzichtet und seine Investition direkt durch Aufnahme eines Bankdarlehens finanziert hätte (vgl. Süchting 1995, S. 173 ff.).

Beide – Leasing und Kreditkauf – beanspruchen durch regelmäßige Zahlungsverpflichtungen direkt die liquiden Mittel des Objektnutzers. Bei zu starker Belastung mit festen Zahlungsverpflichtungen drohen indirekt schlechtere Finanzierungskonditionen für die Schuldner beider Varianten: Bei Kreditkäufen hat der damit einhergehende Anstieg des Fremdkapitals c. p. eine negative Wirkung auf das Rating zur Folge. Nicht so bei Leasing, wo die **Bilanzierung** des Investitionsobjektes beim Leasinggeber oder -nehmer von den jeweiligen vertraglichen Details abhängt, so dass ein **verzerrtes Bonitätsbild** im Vergleich zum Kreditkauf entstehen kann. Moderne Ratingverfahren bereinigen die untersuchten Bilanzdaten um derartig verzerrende Effekte und heben dadurch frühere Vorteile bilanzneutralen (»versteckten«) Leasings faktisch auf. Größere und mittlere Kapitalgesellschaften müssen bedeutende Leasingverpflichtungen ohnehin im Anhang angeben.

Eine angemessene – wenngleich wenig zufriedenstellende – Antwort auf die Frage nach der Vorteilhaftigkeit lautet daher »Es kommt darauf an.«. Zum einen kommt es auf die vertraglichen Einzelheiten, zum anderen auf die betrachtete Zieldimension an. So fällt ein Vorteilhaftigkeitsvergleich für identische Konstellationen bei Betrachtung der **Barwerte der Cashflows**, der **periodischen Steuerbelastungen** sowie der **periodischen Gewinnauswirkungen** häufig unterschiedlich aus. Insbesondere das Steuerrecht unterscheidet stark zwischen der Finanzierung durch Leasing oder Kredit. Wesentlich für die Durchführung von Belastungsvergleichen sind die Fragen, wem das wirtschaftliche Eigentum an einem Leasinggegenstand (rechtlicher Eigentümer ist immer der Leasinggeber) zuzurechnen und – daraus folgend – bei wem dieser zu bilanzieren ist. Ferner müssen die Auswirkungen von Abschreibungen und unterschiedlichen Nutzungsdauern zwischen beiden Varianten berücksichtigt werden. Die danach bemessenen Ergebnisse sind jeweils im Einzelfall zu prüfen, auch wenn Brancheninsider pauschal in Aussicht stellen, dass, »[d]ie bilanzverkürzende Wirkung von Leasing und steuerliche Vorteile zusätzliche Hebel für ein geschicktes Liquiditätsmanagement« (Ninow 2016, S. 8) seien (für eine Einführung in die bilanziellen und steuerlichen Auswirkungen von Leasing im Vergleich zum Kreditkauf vgl. Bieg/Kußmaul/Waschbusch 2016, S. 81 ff.).

Abschlussbetrachtung

Leasing eröffnet als Kreditsubstitut weitere Möglichkeiten, Sachinvestitionen langfristig zu finanzieren. Flexibel wählbare Produkterweiterungen wie optionale Mietverlängerungen, Versicherungen oder Wartungsdienste stellen aus Sicht von Leasingnehmern eine bequeme Paketlösung dar. Preislich bieten Spezialisierungs- und Größenvorteile der Leasinggeber Potenziale für günstigere Konditionen gegenüber dem Kreditkauf. Höhe und zeitliche Verteilungen von Zahlungsströmen und Steuerzahlungen während der Nutzungsdauer sind im Einzelfall darauf zu prüfen, ob sie mit dem Gesamtfinanzierungsplan des Leasingnehmers vereinbar sind.

11.3.4 Kurz- und mittelfristige Instrumente der Kreditfinanzierung

11.3.4.1 Verbriefte Instrumente: Commercial Paper und Medium Term Notes

Kapitalmarktfähigen Unternehmen steht neben langfristig emittierten Anleihen die Möglichkeit offen, den Geld- und Kapitalmarkt auch für kurz- bis mittelfristige Fremdkapitalbedarfe zu nutzen. Für Laufzeitbänder von bis zu zwei Jahren haben sich Commercial Paper (CP) sowie für bis zu fünf Jahren Medium Term Notes (MTN) als **verbriefte, ungesicherte Inhaberschuldpapiere** etabliert (entgegen der expliziten Betitelung als mittelfristiges Wertpapier existieren MTN auch mit Laufzeiten von bis zu 30 Jahren).

Im Rahmen eines **Finanzierungsprogramms** können CP und MTN revolvierend (wiederkehrend, erneuernd) zeitlich variabel mit flexiblen Volumina und Laufzeiten emittiert werden. Dazu schließen das kreditsuchende Unternehmen und ein bei der Platzierung unterstützender Bankpartner einen längerfristigen Rahmenvertrag über eine **Daueremission**. Das Risiko, nicht alle Wertpapiere zu verkaufen (Platzierungsrisiko) verbleibt beim Emittenten, weshalb in dieser Rolle nur allererste Adressen zu finden sind, die das Risiko einer misslingenden Platzierung verkraften. Durch die revolvierenden Emissionen in wiederkehrenden Tranchen über einen längeren Zeitraum werden die isoliert betrachtet kurz- und mittelfristigen Papiere in der Gesamtsicht zu Instrumenten der langfristigen Kreditfinanzierung. Die davon ausgehende Flexibilität macht insbesondere CP-Programme aus Unternehmenssicht zu einer Alternative zur Kontokorrentkreditlinie.

11.3.4.2 Unverbriefte Instrumente

Kurz- und mittelfristiges Fremdkapital ohne Nutzung des Kapitalmarktes ist vor allem dies: sehr **flexibel**, aber auch sehr **teuer**. In diese Kategorie fallende Instrumente dienen weniger der dauerhaften Finanzierung, sondern der Aufrechterhaltung des Geschäftsbetriebs »im Alltag« sowie der Absatzförderung.

Handelskredit

Beispiel 18

►►► Die Einkaufsabteilung der G-GmbH plant die Anschaffung 100 neuer Bürostühle. Es liegen zwei Angebote im Warenwert von 49.900 € vor, die sich nur darin unterscheiden, dass Lieferant 1 auf Vorkasse gegen 1,5 % Rabatt spätestens 18 Tage vor Lieferung besteht, während Lieferant 2 den Kauf auf Rechnung mit einem Zahlungsziel von 30 Tagen sowie einem Skontoabzug von 1,5 % bei Zahlung innerhalb von 12 Tagen nach Lieferung anbietet. Wie soll sich die G-GmbH entscheiden? ◄◄◄

Formen von Handelskrediten

Bei genauerem Hinsehen laufen beide Angebote auf Kreditgeschäfte hinaus. Aus Sicht der G-GmbH in der Rolle des Warenkäufers handelt es sich um einen

- **Beschaffungskredit** mit Lieferant 1 als Kreditnehmer sowie um einen
- **Lieferantenkredit** mit Lieferant 2 als Kreditgeber.

Beschaffungskredit

Im Zuge des Beschaffungskredits leistet die G-GmbH als Kunde des zugrundeliegenden Handelsgeschäfts eine **Vorauszahlung** an den Lieferanten 1. Diese finanzielle Vorleistung des Abnehmers stellt de facto einen **Kredit an den Lieferanten** dar und ist vor allem bei Auftragsfertigung üblich, z. B. beim Großanlagen- oder Spezialmaschinenbau. Sie stellt für den Produzenten einen oft unverzichtbaren Finanzierungsbeitrag dar und trägt dazu bei, sein Risiko im Hinblick auf eine Nichtabnahme

AUS DER PRAXIS

Wann geht Tesla das Geld aus?

Die Präsentation des neuen massentauglichen Modells wurde im Frühjahr zu einem regelrechten Triumph: Inzwischen liegen dem Konzern rund 400.000 Vorbestellungen vor – und das, obwohl die meisten Fahrzeuge wohl erst 2018 oder 2019 ausgeliefert werden können. [...] Der Segen dieses spektakulären Verkaufserfolgs ist gleichzeitig aber auch ein Fluch. Das Hauptproblem ist, dass die Produktionskapazitäten für die geplante Massenfertigung des Model 3 noch gar nicht vorhanden sind. [...] In dieser Lage waren die 400.000 Reservierungen für das Model 3 ein willkommener warmer Regen. Da jeder Besteller 1.000 $ hinterlegen musste, dürften Tesla rund 400 Millionen $ als »zinslose Darlehen« zugeflossen sein.
(Quelle: Finanzen.net, 20.6.2016)

oder Zahlungsunfähigkeit des Vertragspartners zu senken. Obwohl Beschaffungskredite in der Regel nominalzinslos gewährt werden, liegt das Zinselement in einem Preisnachlass auf den Gesamtbetrag. Die durch die Vorfinanzierung eingesparten Zinskosten beim Lieferanten werden damit an den Kunden weitergegeben, um seinerseits entstandene Zinskosten für die Vorfinanzierung zu kompensieren. Zur Absicherung des Kunden dient regelmäßig eine durch den Lieferanten beigebrachte Bankgarantie, die dem Abnehmer (Konventional-)Strafzahlungen für den Fall von Leistungsstörungen verspricht (vgl. Drukarczyk/Lobe 2008, S. 265 f.).

Lieferantenkredit

Demgegenüber stellen Lieferantenkredite aus Verkäufersicht einen Teil der **Absatzförderung** dar. Diese Kreditform entsteht nicht durch die explizite Vergabe liquider Mittel, sondern durch die **Gewährung von Zahlungszielen durch den Verkäufer** (= Kreditgeber) an den Käufer (= Kreditnehmer). Bei Nutzung des Zahlungsziels steht der G-GmbH analog zur Inanspruchnahme eines Bankkredits der Rechnungsbetrag bis zur Fälligkeit frei zur Verfügung.

Für die Krediteinräumung – die Besicherung erfolgt regelmäßig allein durch die Vereinbarung eines Eigentumsvorbehalts – zahlt der Abnehmer einen Zins in Form nicht genutzter Preisabzugsmöglichkeiten (**Skonto**): Nimmt der Abnehmer das Zahlungsziel und damit den Lieferantenkredit in Anspruch, zahlt er den vollen Rechnungsbetrag. Zahlt er innerhalb der kürzeren **Skontofrist**, wird das vorab in den Preis einkalkulierte Zinselement (**Skontosatz**) wieder abgezogen. Die Nutzung des Lieferantenkredits erfolgt formlos durch das Verstreichenlassen der Skontofrist seitens des Schuldners. Erst bei Umrechnung in einen Jahreszins zeigt sich die regelmäßig hohe Zinsbelastung bei Inanspruchnahme von Lieferantenkrediten.

Einfache (statische) Skontoberechnung

Für die G-GmbH beträgt die Skontofrist 30 – 12 = 18 Tage, so dass das Zinselement von 1,5 % zu Vergleichszwecken zunächst auf die übliche Bezugsbasis für Zinsen von einem Jahr umbasiert wird. Eine Faustformel für die einfache, statische Ermittlung des jährlichen Effektivzinses r_{LK} lautet (vgl. z. B. Bieg/Kußmaul/Waschbusch/Waschbusch 2016, S. 227):

$$r_{LK} = \frac{\frac{\text{Skontosatz}}{100\,\% - \text{Skontosatz}}}{\text{Zahlungsziel} - \text{Skontofrist}} \cdot 360 \frac{\text{Tage}}{\text{Jahr}},$$

$$\text{hier: } r_{LK} = \frac{\frac{1{,}5\,\%}{100\,\% - 1{,}5\,\%}}{(30-12)\,\text{Tage}} \cdot 360 \frac{\text{Tage}}{\text{Jahr}} = 30{,}46\,\%\ \text{p.a.}$$

Dynamische Skontoberechnung

Präziser ist eine dynamische Rechnung, die von einer unterjährigen Verzinsung ausgeht. Ist r_{LK} als statischer Zins ermittelt, ergibt sich die dynamische Verzinsung unter Berücksichtigung der Anzahl der unterjährigen Zeiträume m (hier: m = 20 Teilperioden von je 18 Tagen = 360 Tage/Jahr) mit:

$$r_{LK}^{dyn} = \left(1 + \frac{r_{LK}}{m}\right)^m - 1,$$

$$\text{hier: } r_{LK}^{dyn} = \left(1 + \frac{30{,}46\,\%}{20}\right)^{20} - 1 = 35{,}3\,\%\ \text{p.a.}$$

Im Rechnungswesen wird vereinfachend jeder Monat mit 30 Tagen angenommen, ein Jahr: 12 · 30 = 360 Tage.

Die Zahlenwerte des Beispiels sind handelsüblich, womit deutlich wird, dass Lieferantenkredite zu den **sehr teuren kurzfristigen Krediten** gehören (vgl. analog Zantow/Dinauer/Schäffler 2016, S. 192 f.). Für die Nutzung des Lieferantenkredits sprechen die geringen Formalitäten, die geringen Ansprüche an die Kreditwürdigkeit durch pauschale Gewährung sowie die in der Entscheidungssphäre des Kreditnehmers liegende Erhältlichkeit und folgenlose Dehnbarkeit des Zahlungsziels.

Die G-GmbH sollte sich aus Kostengründen für die Anzahlung entscheiden, sofern sie die Ausfallrisiken von Lieferant 1 für vertretbar hält und die Liquiditätslage die Vorauszahlung zulässt.

Kontokorrentkredit

In der Alltagssprache als Girokonto bezeichnet, dienen Kontokorrentkonten (von ital. »laufende Rechnungen«) der Zahlungsabwicklung zwischen Handelspartnern. Erst mittels eines separat zu schließenden Kreditvertrags mit der kontoführenden Bank wird dem Kontoinhaber eine **Kreditlinie** eingeräumt, über die er gegen Zahlung von Sollzinsen jederzeit in variabler Höhe disponieren kann (daher auch: Dispositionskredit, kurz: Dispo). Der Kontostand kann dann bis zur vereinbarten Kredithöhe in Anspruch genommen, aber auch jederzeit durch Gutschriften zurückgeführt werden, weshalb Kontokorrentkredite de jure zu den kurzfristigen Finanzierungsformen zählen. Dauernde, revolvierende Inanspruchnahmen der Kreditlinie **(Prolongationen)** bedeuten jedoch de facto einen **mittel- bis langfristigen Finanzierungscharakter**.

Kontokorrentkredite sichern als Betriebsmittelkredite die Finanzierung des Produktions- und Umsatzprozesses sowie die Zahlungsbereitschaft bei **Spitzenbelastungen für die Liquidität** (z. B. bei Steuer- oder Gehaltsterminen). Die **hohe Flexibilität** im Ausmaß der Nutzung und die jederzeitige Ziehungsmöglichkeit durch den

Kontoinhaber lassen sich die Banken als Kreditgeber durch Sollzinsen, Kontoführungsgebühren und gegebenenfalls Bereitstellungsprovisionen entgelten. Das Sollzinsniveau ist davon abhängig, ob und wie der Kontokorrentkredit besichert ist. Aufschläge von 8 bis 14 Prozentpunkten auf den risikolosen Jahreszinssatz sind marktüblich. Es überrascht daher nicht, dass miteinander verbundene Unternehmen die Organisation der gemeinsamen Kassenhaltung über die Zeit optimiert haben, um sowohl Finanzierungskosten zu sparen als auch unabhängiger von externen Kapitalgebern zu werden (siehe Abb. 11.13).

Abb. 11.13

Kurzfristfinanzierung durch Banken sowie durch verbundene Unternehmen in Prozent der Bilanzsumme zwischen 1997 und 2014

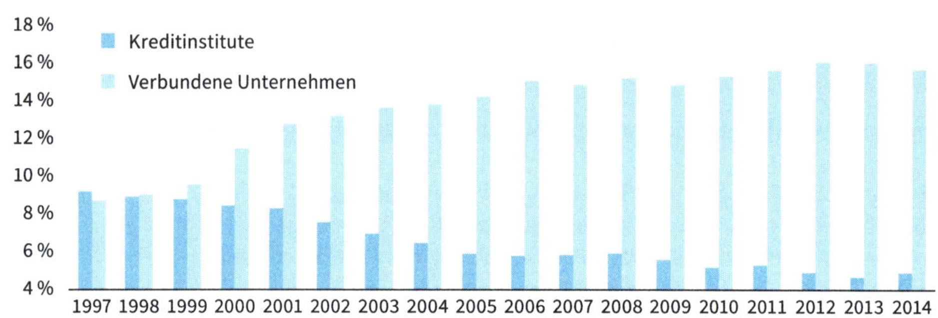

Quelle: Deutsche Bundesbank (2015); Betrachtet sind alle nicht-finanziellen Unternehmen ohne Land-, Forstwirtschaft und Fischerei, Grundstücks- und Wohnungswesen, Verwaltung und Führung von Unternehmen und Betrieben sowie nicht-unternehmensbezogene Dienstleistungen.

Factoring und Forfaitierung

Mehr als 370 Mrd. € der erwirtschafteten Umsätze sind als Forderungen aus Lieferungen und Leistungen in den Bilanzen deutscher Unternehmen vermerkt und sehen einer – mehr oder weniger – sicheren Bezahlung in der Zukunft entgegen (Quelle: Dt. Bundesbank, Verhältniszahlen aus Jahresabschlüssen deutscher Unternehmen von 2013 bis 2014, Stand Mai 2016; eigene Berechnungen für 2013). Damit sich diese Unternehmen nicht bis zur Fälligkeit gedulden müssen, um einen Zahlungseingang zu verzeichnen, können Forderungen weiterverkauft werden. Ein derartiges Factoring (von lat. »Rechnung«) ist ein Finanzierungsgeschäft, bei dem ein darauf spezialisiertes Finanzinstitut (**Factor**)

- die bei seinem Klienten entstehenden Forderungen ankauft und diese bis zu ihrer Fälligkeit teilweise bevorschusst (**Finanzierungsfunktion**),
- das Risiko des Forderungsausfalls übernimmt (**Delkredere- bzw. Kreditversicherungsfunktion**) und

- für seinen Klienten gegebenenfalls eine Reihe weiterer Dienstleistungen rund um die Verwaltung des nicht verkauften Forderungsbestandes (wie die Debitorenbuchhaltung oder das Mahnwesen) wahrnimmt (**Dienstleistungsfunktion**).

Nimmt ein Factor die Delkrederefunktion nicht wahr, wird von **unechtem**, sonst von **echtem Factoring** gesprochen. Obwohl mit dem Verkauf von Forderungen eine Teilliquidation von Vermögen verbunden ist und das Factoring insofern auch der internen Finanzierung aus Vermögensumschichtung zugerechnet werden könnte, steht hier die Interpretation des Factors als externer Finanzier im Vordergrund, die eine Einordnung in den Bereich der kurzfristigen Kreditfinanzierung rechtfertigt.

Um die aus der Delkrederefunktion erwachsenden Einzelrisiken zu begrenzen, wird ein Factor regelmäßig nur Forderungsbündel im Zuge von **Rahmenverträgen** statt Einzelforderungen ankaufen, um zu verhindern, dass ein Klient nur besonders risikobehaftete Forderungen abtritt. Darüber hinaus wird er eine Prüfung der Kreditwürdigkeit des Klienten sowie – wenn auch ungleich schwieriger – der Drittschuldner vornehmen. Der als Abschlag auf den Rechnungsbetrag veranschlagte Factorzins richtet sich an der Bonität der Schuldner der übertragenen Rechnungen aus, um etwaige Zahlungsausfälle zu berücksichtigen, die dann beim Factor liegen. Schließlich wird häufig für jeden Drittschuldner eines Klienten ein Limit festgesetzt, bis zu dem der Factor Forderungen ankauft.

Die **Kosten** des Factoring setzen sich zusammen aus

- einem **Factorzins** für die Bevorschussung, der sich am Kontokorrentzins von Banken orientiert,
- einer **Risikoprovision** (ca. 0,2 – 1,5 % der Forderungsbeträge) und
- einem **Entgelt** für erbrachte **Dienstleistungen** (ca. 0,5 – 2,5 % der Forderungsbeträge).

Beispiel 19

►►► Der Factorer »Inkasso-M« kauft regelmäßig Forderungen eines öffentlichen Verkehrsbetriebs an. In der Vergangenheit konnten durchschnittlich 93 % der angekauften Rechnungsbeträge durchgeholt werden. Zur Deckung weiterer Kosten zahlt der Factor 85 Cent für jeden € angekaufter Rechnungsbeträge. Der Verkehrsbetrieb verzeichnet einen sofortigen Zahlungseingang, muss jedoch auf 15 % der ausstehenden Rechnungsbeträge verzichten. Insofern leistet Factoring ein anschauliches Beispiel für das Spannungsverhältnis zwischen Rentabilität und Liquidität. ◄◄◄

Neben vielen Gemeinsamkeiten weisen das Factoring und die **Forfaitierung** den Unterschied auf, dass es sich bei letztgenannter Variante um den Verkauf von einzelnen, gegenüber einen Pauschalvolumen konkret benannten Forderungen ohne Dienstleistungsfunktion sowie ohne Rückgriffmöglichkeiten des Factors auf den Forderungsverkäufer handelt. Aufgrund dessen ist die Forfaitierung für Forderungen erster Bonität reserviert.

Vor- und Nachteile

Vorteile des Factoring bestehen für den Klienten darin, dass er seinen Abnehmern Zahlungsziele einräumen kann, ohne selbst einen temporären Liquiditätsverzicht oder Ausfallrisiken einzugehen. Damit gelingt eine umsatznahe Refinanzierung durch das »Auftauen« der ansonsten illiquiden Forderungen in der Bilanz. Darüber hinaus bietet der einhergehende Fremdbezug von Dienstleistungen Raum für (die Factorgebühr übersteigende) Einsparungen von Personal- und Sachkosten im Bereich zuvor selbst erstellter Leistungen, z. B. der Debitorenbuchhaltung. **Flexibilität** bei der Kreditaufnahme und eine mögliche Verbesserung von Bilanzrelationen gehören zu den weiteren Vorteilen. **Nachteile** ergeben sich aus etwaigen **Abhängigkeiten** gegenüber dem Factor, insbesondere für den Fall, dass dieser Dienstleistungen übernimmt, die der Klient nicht kurzfristig wieder selbst ausüben kann. Zudem drohen **Imageschäden**, falls Drittschuldner den ihnen angezeigten Forderungsverkauf als Indiz für finanzielle Schwierigkeiten bzw. Liquiditätsengpässe beim Geschäftspartner deuten. Zudem kann ein zu aggressives Auftreten des Factors beim Inkasso (Durchholen von Zahlungen) negativ auf den ursprünglichen Forderungsbesitzer (Klient) zurückwirken. Mitunter unbegründete Anpassungsreaktionen anderer Handelspartner können die Folge sein – z. B. die Verschärfung der Zahlungskonditionen an den Klienten.

11.4 Zwischenformen aus Beteiligungs- und Kreditfinanzierung (Mezzaninkapital)

11.4.1 Begriff und Charakteristik mezzaniner Finanzinstrumente

Werden reines Eigen- und Fremdkapital als die Farben schwarz und weiß aufgefasst, stellt Mezzaninkapital die Mischformen von hell- bis dunkelgrau dar, dessen Instrumente

- bilanziell entweder als Beteiligungs- oder als Kreditkapital einzuordnen sind,
- aus der ökonomischen Perspektive jedoch Eigenschaften beider Kapitalformen (siehe Abb. 9.1) beinhalten und somit
- als **Mischformen** zwischen den »Reinformen« aus Beteiligungs- und Kreditfinanzierung einzuordnen sind (vgl. Süchting 1995 S. 120).

Übersicht mezzaniner Formen

Aufgrund der Fülle verfügbarer Instrumente gilt Mezzaninkapital als eine eigenständige Finanzierungsform, die je nach Ausgestaltung stärker eigenkapital- bzw. kreditkapitalähnlich oder gänzlich hybrid sein können. Ausgehend von den in Tabelle 9.1 gegenübergestellten Eigenschaften reinen Eigen- und Fremdkapitals verdeutlicht Abbildung 11.14 die ökonomische Stellung sowie die **Rendite-Risiko-Position** typischer mezzaniner Formen.

Abgrenzung zu reinem Eigen- und Fremdkapital

Durch seine Sandwich-Position resultiert für Mezzaninkapital eine im Vergleich zum Fremdkapital höhere und zum Eigenkapital niedrigere Rendite-Risiko-Konstellation: Folglich beanspruchen Mezzaninkapitalgeber einerseits höhere Zinsforderungen (interest kicker) als klassische Fremdkapitalgeber, andererseits ist eine

Abb. 11.14

Zwischenformen der Finanzierung

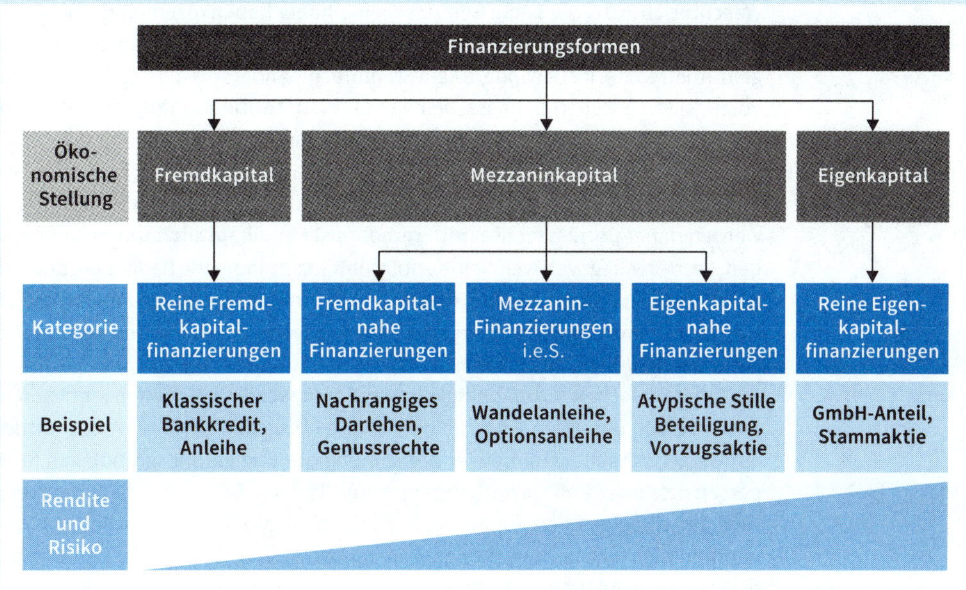

Beteiligung am Unternehmenserfolg zumeist nur optional (equity kicker). Mezzanines wird daher auch als »billiges« Eigenkapital aufgefasst (vgl. Rudolph 2006, S. 351 f.).

11.4.2 Mezzanine Finanzierungsinstrumente und Substitute

11.4.2.1 Verbriefte Zwischenformen der Finanzierung

Vorzugsaktien

Bei der im Zuge der Beteiligungsfinanzierung eingeführten Vorzugsaktie (siehe Modul 11.2.2) handelt es sich genau genommen um eine eigenkapitalnahe Zwischenform: Im rechtlichen Sinne ist der Vorzugsaktionär zwar Miteigentümer und somit Eigenkapitalgeber. Aus ökonomischer Perspektive hingegen ist das Urteil nicht eindeutig: Bezüglich seines Stimmrechts ist er im Normalfall wie ein Anleihegläubiger gestellt, in schlechten Zeiten dagegen nähert er sich über ein wiederauflebendes Stimmrecht sowie einen Residualanspruch auf den Liquidationserlös wieder dem Status eines Eigenkapitalgebers. Die Vorzugsdividende selbst positioniert ihn ebenfalls in einer zwischengelagerten Position: einerseits vor den Stammaktionären, andererseits hinter »echten« Fremdkapitalgebern.

Genussrechte

Anders als Vorzugsaktien sind Genussrechte (auch: Genussscheine oder Genüsse) fremdkapitalnahe Wertpapiere, die um ansonsten nur Beteiligungskapitalgebern zustehende Vermögensrechte ergänzt sind (vgl. etwa Bieg/Kußmaul/Waschbusch 2016, S. 237 ff.): Genussscheininhaber haben regelmäßig Anspruch auf Beteiligung am Gewinn und/oder am Liquidationserlös, jedoch keine weiteren Eigentümerrechte, insbesondere kein Stimmrecht. Anders als die für AGs reservierten Vorzugsaktien stellen Genussscheine eine **rechtsformunabhängige Mezzaninvariante** dar, die vom Gesetzgeber kaum geregelt ist.

Bilanziell handelt es sich dabei um Fremdkapital, ökonomisch ist eine Zuordnung dagegen nicht eindeutig. Je nach individueller Ausgestaltung der Emission werden daher **Genussrechte mit Fremd- und Eigenkapitalcharakter** unterschieden. Letzterer liegt vor, wenn eine erfolgsabhängige laufende Bedienung durch eine Beteiligung an den (stillen) Rücklagen des Unternehmens sowie – in seltenen Fällen – eine unbegrenzte Laufzeit ergänzt wird (vgl. ausführlich anhand verschiedener Emissionen Wöhe et al. 2016, S. 313 ff.).

Zur steuerlichen Vorteilhaftigkeit von Genussscheinemissionen – etwa im Vergleich zu Vorzugsaktien – führt die mögliche Abzugsfähigkeit der Ausschüttungen auf Genussscheinkapital bei der Berechnung der Bemessungsgrundlagen für Körperschaftssteuer und Gewerbeertragsteuer (**tax shield**), wofür die Finanzverwaltung einschlägige Bedingungen formuliert hat. Unabhängig davon liegt aus Unternehmenssicht wie bei der Vorzugsaktie die Attraktivität dieser Zwischenform darin, risiko- und verlusttragende Mittel zu beschaffen, ohne die Machtverhältnisse unter den Eigentümern zu verändern. Ein Vorteil aus Kapitalnehmersicht ist zudem **die weit reichende Gestaltungsfreiheit** bei der Auflage dieser Titel, obgleich sie umgekehrt dem Kapitalgeber die Bewertung der darin liegenden Chance-Risiko-Position erschwert.

AUS DER PRAXIS

Der Konzern [Prokon] betreibt mehr als 300 Windparks[.] Er hatte sich fast ausschließlich über sogenannte Genussrechte finanziert, über die der Konzern vor allem bei Kleinanlegern rund 1,4 Milliarden € eingesammelt hatte. Er war in Liquiditätsnöte geraten, nachdem eine Reihe von Anlegern die Genussrechte kurzfristig gekündigt hatte. Genussrechte sind eine Mischform von Anleihe und Aktie. […] Ihr Rückzahlungswert wird meist gesenkt, wenn das Unternehmen Verluste macht. Sie sind daher mit hohen Risiken verbunden.
(Quelle: Süddeutsche Zeitung 26.2.2014)

Wandelschuldverschreibungen

Wandelschuldverschreibungen sind anleihebasierte Instrumente, die dem Anleger über die üblichen Merkmale einer Anleihe hinaus weitere Sonderrechte (»Sweetener«) für den Bezug von Aktien des Anleiheemittenten verbriefen. Die zwei typischen Formen von Wandelschuldverschreibungen (im weiteren Sinne) sind

- **Wandelanleihen** im engeren Sinne (»Convertible Bond«): Schuldverschreibung mit einem Zusatzrecht auf **Umtausch** von Teilschuldverschreibungen in Aktien sowie

Abb. 11.15

Wandel- und Optionsanleihe

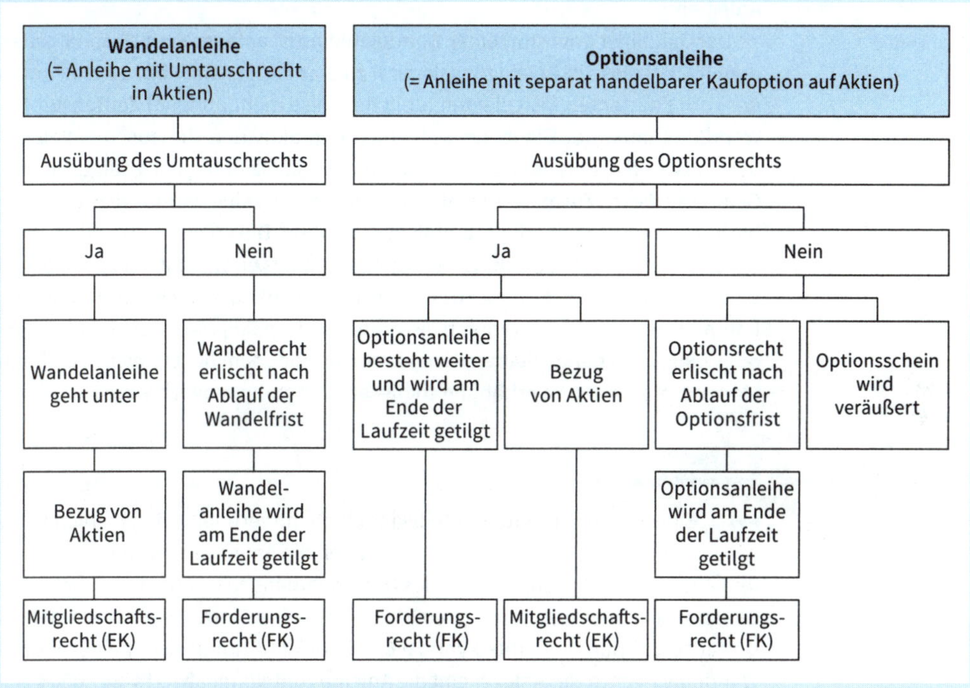

- **Optionsanleihen** (»Stock Warrant Bond«): Schuldverschreibung mit einem Zusatzrecht auf **Bezug** von Aktien durch die Einlösung von Optionsscheinen.

Sowohl Wandel- als auch Optionsanleihen bestehen aus einer Anleihe- und einer Aktienkomponente. Im Gegensatz zur **Wandelanleihe**, bei der ein Investor **entweder** nur Gläubiger **oder** (nach der Umwandlung) nur Eigentümer ist, zeichnet sich die Rechtsstellung eines Optionsanleihe-Investors nach der Optionsausübung durch einen »**sowohl als auch**«-Charakter aus (besitzt ein Wandelanleihegläubiger zusätzlich (zufällig) Aktien der gleichen Unternehmung, kann er auch vor der Umwandlung Fremd- und Eigenkapitalgeber sein. Das ist hier aber nicht gemeint). Daher ist es präziser, hier von **hybridem Kapital** statt von einer Mischform von Beteiligungs- und Kreditkapital zu sprechen.

Der Emission von Wandelschuldverschreibungen geht eine auf der Hauptversammlung mit Dreiviertelmehrheit zu beschließende bedingte Kapitalerhöhung (vgl. Modul 11.2.2) voraus, »die nur so weit durchgeführt werden soll, wie von einem Umtausch- oder Bezugsrecht Gebrauch gemacht wird, das die Gesellschaft auf die neuen Aktien [...] einräumt« (§ 192 Abs. 1 AktG). Den Alt-Aktionären steht das gesetzliche Bezugsrecht zu.

Aus Sicht der Emittenten rechtfertigen die Sonderrechte eine Senkung der Nominalzinsen unter das Niveau klassischer Anleihen der gleichen Risikokategorie. Wandelschuldverschreibungen sind daher aus Sicht des Emittenten günstiger als Anleihen.

Wandelanleihen

Der Gläubiger (Investor) einer Wandelanleihe ist anfangs Fremdkapitalgeber mit dem **Recht**, diese in Beteiligungskapital zu **wandeln** (siehe Abb. 11.15). Innerhalb der vom Emittenten festgelegten (üblicherweise mehrjährigen) Zeitfenster für die Wandlung muss der Gläubiger willentlich und aktiv den Umtausch einleiten. Andernfalls wird die Wandelanleihe am Ende der Laufzeit regulär getilgt. Nimmt der Gläubiger dieses Zusatzrecht wahr, so wandelt sich seine vormalige Kredit- augenblicklich in eine Beteiligungskapitalgeberposition. Die Anleihe geht mit allen Rechten unter, und die Rückzahlung des Nominalbetrags erfolgt mit der zuvor festgelegten Anzahl an Aktien. Es findet damit ein Terminverkauf von Aktien statt, in dessen Rahmen (gewissermaßen »durch die Hintertür«) ein Emissionskurs für die (eigenen oder jungen) Aktien erzielt werden kann, der über dem liegt, welcher im Rahmen einer normalen Kapitalerhöhung zu diesem Zeitpunkt möglich wäre.

Beispiel 20

▸▸▸ Eine auf 1.000 € lautende Teilwandelanleihe verbrieft einen jährlichen Nominalzins von 2,5 % und berechtigt den Inhaber, die Anleihe in drei Jahren ohne weitere Zuzahlung in 50 junge Aktien des Unternehmens zu wandeln. Der rechnerische Emissionspreis beträgt somit (1.000 / 50) € = 20 € je Aktie. Liegt der Aktienkurs im Umtauschzeitpunkt oberhalb von 20 €, z. B. bei 23 €, lohnt sich die Ausübung des Wandlungsrechts: der Anleger gibt die Anleihe zum Nominalwert von 1.000 € zurück (verdient fortan keine Zinsen mehr) und erhält im Gegenzug 50 junge Aktien mit einem aktuellen Marktstückpreis von 23 €. Sein Portfoliowert beträgt dann augenblicklich 1.150 €, das Risiko entspricht fortan dem eines reinen Aktieninvestments. ◂◂◂

Die Umwandlung der Anleihe in Aktien ist für einen Investor demnach lohnend, sobald der Marktwert der zu beziehenden Aktien den Wert der Anleihe überschreitet. Das so entstehende **Rendite-Risiko-Profil** aus Sicht des Kapitalgebers ist dann **asymmetrisch**: Bei steigenden Aktienkursen ähnelt die Wertentwicklung einer Wandelschuldverschreibung jener der zugehörigen Aktie. Bei fallenden Aktienkursen wiederum wird die Zinskomponente der Wandelanleihe zunehmend dominanter und begrenzt somit deren Wertverfall.

Optionsanleihen

Die Emission von Optionsanleihen folgt den gleichen grundsätzlichen Erwägungen wie die Wandelanleihe. Jedoch tritt neben die Rechte aus der Obligation kein optionales Tausch-, sondern ein **zusätzliches Bezugsrecht auf Aktien**. Im Gegensatz zur Wandelanleihe existiert die Optionsanleihe auch nach Ausübung dieses Rechts fort. Insofern verändert sich ein Anleihezeichner mit Ausübung der Option vom reinen Gläubiger zum kombinierten Beteiligungs- und Kreditkapitalgeber (siehe Abb. 11.15).

AUS DER PRAXIS

Aurelius SE & Co. KGaA legt Konditionen für Wandelanleihe fest

Emissionsvolumen: 166,3 Mio. €
Emissionsdatum: 1.12.2015
Laufzeit: 5 Jahre
Nominalzins: 1,0 % p. a.
Nominalbetrag je Teilschuldverschreibung: 100.000 €
Ausgabe- und Rückzahlungskurse: je 100 %
Bezugspreis (Wandlungspreis) in junge Aktien: 52,52 € je Aktie
Die Anleihe wird in 3,166 Millionen Aktien – dies entspricht 9,994 % des derzeitigen Grundkapitals der Gesellschaft – umtauschbar sein, indem von dem Recht zur Ausgabe von Wandelanleihen unter Ausschluss der Bezugsrechte der Aktionäre Gebrauch gemacht wird. Der [...] Wandlungspreis [...] wurde mit einer Wandelprämie von 30,0 % über dem [...] Durchschnittskurs der AURELIUS Aktie im XETRA-Handel [...] festgesetzt. (Quelle: aureliusinvest.de, 10.6.2016)

Verzichtet der Inhaber der Optionsanleihe auf die Ausübung, kann der verbriefte **Optionsschein** zum Bezug der Aktien separat über die Börse gegen Entgelt übertragen werden. Insofern kann es an der Börse zu drei unterschiedlichen Notierungen kommen:

- Anleihe mit Optionsschein (»cum«)
- Anleihe ohne Optionsschein (»ex«)
- Separater Optionsschein (Warrant)

Der rechnerische Wert (auch: innere Wert) des Optionsscheins ergibt sich dabei (vereinfacht) mindestens als Differenz von Tageskurs und festgelegtem Bezugspreis der Aktie (vgl. zur **Optionsbewertung** ausführlich Modul 15). Je länger die verbleibende Ausübungsfrist ist, desto größer ist die Chance von (weiteren) Kurssteigerungen bis zum Ende der Frist. In der Folge werden regelmäßig Prämien über den rechnerischen Wert hinaus bezahlt, in denen dieses Chancepotenzial zum Ausdruck kommt.

Sonderform Pflichtwandelanleihe

Im Zuge der Erfahrungen der Finanzkrise haben Unternehmen und Banken begonnen, »**CoCo-Bonds**« (»Contingent Covertible Bonds«) genannte **Pflichtwandelanleihen** als Krisenpuffer zu emittieren, die in mehreren Varianten existieren. Im Falle einer drohenden Insolvenz des Emittenten werden diese Wandelanleihen entweder **automatisch in Eigenkapital gewandelt** (das Recht zur Wandlung liegt damit beim Emittenten und nicht beim Inhaber) oder ihr Nennwert wird abgeschrieben und die Anleihe nicht zurückgezahlt. In beiden Varianten haften CoCo-Bonds wesentlich stärker als normale Anleihen. Im Gegenzug erhalten die Investoren einen gegenüber normalen Wandelanleihen höheren Nominalzins.

AUS DER PRAXIS

Moody's erwartet Welle von CoCo-Anleihen

Die Rating-Agentur Moody's bewertet die Ausgabe von speziellen Anleihen, die zur Not in Aktien gewandelt oder einfach abgeschrieben werden können, positiv für die deutschen Banken. Die acht größten deutschen Geldhäuser könnten in den kommenden Jahren von diesen sogenannten CoCo-Bonds (Contingent Convertible Bonds) gut 15 Milliarden € emittieren, um die regulatorischen Vorgaben zu erfüllen.« (Quelle: Handelsblatt 2014)

11.4.2.2 Unverbriefte Zwischenformen der Finanzierung

Unverbrieftes Mezzaninkapital eignet sich aufgrund geringerer Anforderungen an das Finanzierungsvolumen und die Rechtsform speziell für kleine bis mittlere Unternehmungen, steht Großunternehmen aber ebenfalls offen.

Stille Gesellschaft

Stille Gesellschaften sind eine Sonderform der Gesellschaft, die ihren Namen von der nach außen nicht erkennbaren Beteiligung von (natürlichen oder juristischen) Personen an einem Handelsgewerbe durch eine Vermögenseinlage beziehen. Als (reine) **Innengesellschaft** ist sie für Außenstehende nicht erkennbar. Hingegen müssen stille Beteiligungen an Aktiengesellschaften veröffentlicht werden. Im **Außenverhältnis** ist der stille Gesellschafter (»Stiller«) Gläubiger der Gesellschaft mit Gewinnbeteiligung und steht daher eher in einem Schuld- als in einem Gesellschaftsverhältnis (§§ 230-237 HGB) zum Unternehmen. Die Konzeption der stillen Gesellschaft ist durch entsprechende Vertragsgestaltung flexibel in Richtung der Beteiligungs- oder der Kreditfinanzierung gestaltbar.

Typische stille Gesellschaft

Die typische stille Gesellschaft kommt insbesondere dann in Betracht, wenn der Stille weder nach außen in Erscheinung treten noch aktiv an der Geschäftsführung teilnehmen will. Er haftet in Höhe seiner Einlage, sofern der Gesellschaftsvertrag keine andere Regelung aufweist, ist nicht am Betriebsvermögen beteiligt, trägt kein Unternehmerrisiko und ist folglich **kein Mitunternehmer** im juristischen Sinne (§ 15 I 1 Nr. 2 EStG). Dafür erhält er Kontroll- und Informationsrechte und ist sowohl am Unternehmensgewinn als auch -verlust beteiligt. Daneben kann eine fixe Zinszahlung treten. Beide Erfolgsarten stellen für das Unternehmen erfolgswirksame Aufwendungen dar. Im Insolvenzfall nimmt der Stille die Rechtsstellung eines Gläubigers ein. Der typischen stillen Beteiligung wird daher unabhängig von ihrer juristischen Einordnung ökonomisch **Kreditkapitalcharakter** zugebilligt (vgl. etwa Wöhe et al. 2016, S. 174 f.).

Atypische stille Gesellschaft

In einer **atypischen stillen Gesellschaft** ist der Stille nicht nur am laufenden Gewinn und Verlust, sondern auch am Vermögen der Gesellschaft beteiligt, einschließlich der stillen Reserven. Daneben können dem atypisch Stillen auch Geschäftsführungs- und Vertretungsbefugnisse eingeräumt werden, so dass er im Innen- und Außenverhältnis faktisch wie ein **Mitunternehmer** agiert.

Partiarisches, Nachrang- und Gesellschafterdarlehen

Partiarische Darlehen, Nachrang- und Gesellschafterdarlehen sind der stillen Gesellschaft konzeptionell ähnlich, unterscheiden sich jedoch im Detail. Zwar stellen alle Formen **formaljuristisch Kreditkapital** dar, verkörpern ökonomisch jedoch nicht dessen Reinform.

Das **partiarische Darlehen** hebt sich von der stillen Beteiligung dadurch ab, dass kein Gesellschaftervertrag, sondern ein Kreditvertrag mit einer besonderen Ergänzung geschlossen wird, wonach die Darlehensverzinsung von bestimmten Gewinnpositionen des Kreditnehmers abhängt. Die Erfolgsabhängigkeit der Vergütung des Kapitalgebers ist beteiligungskapitaltypisch und rückt diese Darlehensform daher ein Stück weit in diese Richtung.

Demgegenüber zeigt sich der mezzanine Charakter des **Nachrangdarlehens** primär im Misserfolgsfall: Seine Kapitalgeber sind bei Insolvenz den anderen Gläubigern nachgeordnet, sie reihen sich daher in die Anspruchsberechtigten nach den reinen Kredit-, aber vor den Beteiligungskapitalgebern ein. Kreditsicherheiten werden in der Regel nicht vereinbart. Dieses Zusatzrisiko lassen sie sich vom Kapitalnehmer mit einer höheren Risikoprämie im Zins (der in der Höhe erfolgsunabhängig sein kann) entgelten. Die Haftungsbasis der übrigen Fremdkapitalgeber wird dadurch verbessert.

Eng verwandt damit sind **Gesellschafterdarlehen**, die von bestehenden Beteiligungskapitalgebern zur Verfügung gestellt werden. Zwischenform sind sie durch die Doppelrolle des Kapitalgebers, die mögliche Wertung durch den (Steuer-)Gesetzgeber als verdeckte Beteiligung sowie durch die Nachrangigkeit der Ansprüche im Insolvenzfall (§ 39 InsO, vgl. Bieg/Kußmaul/Waschbusch 2016, S. 237 f.).

Auf den Punkt gebracht

- Bei der externen Finanzierung geht die Unternehmung mit außenstehenden Rechtspersonen Finanzierungsverträge ein.
- Der Wahl der Rechtsform bei der Gründung der Unternehmung kommt eine strategische Bedeutung für die künftigen Potenziale zur Erhöhung des Beteiligungskapitals zu.
- Die Chance-Risiko-Position von nicht-börsennotierten Unternehmen ist für Außenstehende schwer zu greifen, denn die Informationsbeschaffung ist mit hohen Transaktionskosten verbunden. Dementsprechend schwierig kann die Suche nach neuen Investoren sein.
- Börsennotierte Unternehmen besitzen die größte Auswahl an Finanzierungsquellen, sind jedoch in hohem Maße informationspflichtig gegenüber dem Kapitalmarkt.
- Bei Kapitalerhöhungen sind die Vermögens- und Einflusspositionen der bisherigen Eigentümer zu schützen. Mit Blick auf Aktiengesellschaften geschieht dies mittels Bezugsrechten.
- Das Kreditrisiko ist das zentrale Risiko von Fremdkapitalgläubigern. Sicherheiten senken den tatsächlich erlittenen Verlust bei Zahlungsunfähigkeit des Kreditnehmers.
- Ratings sind Expertenurteile über das Kreditrisiko von Schuldnern. Die Ratingurteile der international führenden Ratingagenturen finden an den Kapitalmärkten starke Beachtung, gleichwohl sie lediglich eine Meinung darstellen.
- Anleihen sind verbrieftes Fremdkapital, für das öffentliche Börsen existieren. Ihre Effektivrendite kann mithilfe der Instrumente der Investitionsrechnung ermittelt werden.
- Bankkredite stellen den Standardfall unverbrieften Fremdkapitals dar. Ihre Bedeutung schwindet jedoch aufgrund von Alternativen wie Leasing, Factoring, Kreditplattformen sowie eines besseren Cash-Managements in Konzernen.
- Mezzaninkapital ist eine eigene Finanzierungsform, die Merkmale sowohl von reinem Eigen- als auch Kreditkapital aufweist.

Modul 12 Finanzsysteme als institutionelles Umfeld der Finanzierungspolitik

ZENTRALE INHALTE

- Besonderheiten der Finanzierung deutscher Unternehmen
- Wesentliche Unterschiede angelsächsischer und kontinentaleuropäischer Finanzsysteme
- Markt- versus bankorientierte Finanzsysteme und Konsequenzen für Innovationsdynamik und Stabilität einer Volkswirtschaft
- Zusammenhang von Regulierung und Verbriefung
- Rolle der Verbriefung in der Finanzkrise
- Asset Backed Finance als Beispiel für die Vernetzung von Finanzsystemen
- FinTechs als neue Intermediäre
- Finanzierungsanforderungen der Industrie 4.0

Einstiegszitat

►►► »Stellen Sie sich ein finnisches Start-up-Unternehmen vor, das kein Darlehen von der Bank bekommt. Bislang hat das Unternehmen in dieser Situation wenige Optionen. Die Kapitalmarktunion wird wichtige alternative Finanzierungsquellen wie Business Angels, Risikokapital und marktbasierte Finanzierung bieten, um Start-ups ihren Start zu erleichtern.«
(EU-Kommissionspräsident Jean-Claude Juncker, Rede zur Lage der Union, 14.09.2016) ◄◄◄

Im vorausgegangenen Modul 11 konnten nur die wichtigsten Finanzierungsinstrumente behandelt werden. Dennoch wurde deutlich, dass der Finanzleiter einer Unternehmung über einen großen Auswahlbereich verfügt. In diesem Modul wird daher zunächst der Frage nachgegangen, auf welche der genannten Instrumente speziell deutsche Unternehmen zurückgreifen und inwiefern sie sich dabei von Unternehmen im Ausland unterscheiden. Zur Erklärung von nationalen Besonderheiten – wie sie etwa im Einstiegszitat formuliert wurden – ist das Umfeld, sind die Rahmenbedingungen zu charakterisieren, in dem Finanzierungstransaktionen organisiert, abgewickelt und kontrolliert werden. Ein so beschriebenes **Finanzsystem** ist nicht statisch, sondern im Zeitablauf immer wieder Veränderungen unterworfen. Daher beleuchtet der letzte Teil des Kapitels wichtige Treiber des Wandels von Finanzsystemen, wie z. B. technologische oder regulatorische Entwicklungen. Für den Finanzleiter der Unternehmung ist die Kenntnis dieser Trends unverzichtbar, um die Vorteilhaftigkeit unterschiedlicher Finanzierungsmärkte, -intermediäre und -instrumente einschätzen und im Rahmen der von ihm verantworteten, wertorientierten Finanzierungspolitik berücksichtigen zu können.

12.1 Finanzierungsstrukturen deutscher Unternehmen im internationalen Vergleich

Im Modul 1 wurde aus einer einzelwirtschaftlichen Perspektive heraus die Praxisformel »Finance has to fit the business« aufgegriffen. Analog gilt auch in makroökonomischer Sicht, dass das Finanzsystem einer Volkswirtschaft zu ihrer Unternehmensstruktur »passen« muss. Die **Finanzwirtschaft** ist insofern **Reflex** der **Realwirtschaft**.

Bedeutung des deutschen Mittelstands

Als zentrale Besonderheit gegenüber dem angelsächsischen Raum ist dabei hervorzuheben, dass die Unternehmenslandschaft in Kontinentaleuropa, ganz speziell in Deutschland durch den Mittelstand geprägt wird (zum Folgenden Paul/Stein 2015). Dabei erweist es sich als problematisch, dass für den Mittelstand – auch als KMU (kleine und mittlere Unternehmen) bezeichnet – keine allgemeingültige Abgrenzung besteht. In Deutschland gilt die KMU-Definition des IfM Bonn als akzeptiert, daneben besitzt die KMU-Definition der Europäischen Kommission Relevanz, etwa bei der Gewährung öffentlicher Finanzierungshilfen. Nach der Definition des IfM gehören solche Unternehmen zu den KMU, die weniger als 500 Arbeitnehmer beschäftigen und einen Jahresumsatz unter 50 Mio. € erzielen:

Abb. 12.1

Mittelstandsdefinition des IfM Bonn

Unternehmensgröße	Zahl der Beschäftigten	Umsatz €/Jahr
Klein	<10	< 1 Mio.
Mittel	10–499	1 bis < 50 Mio.
Groß	500 und mehr	50 Mio. und mehr

Nach der Empfehlung der EU-Kommission sind die KMU dagegen bezüglich der Mitarbeiterzahl enger (unter 250) abgegrenzt. Statt des Umsatzes kann alternativ auch die Jahresbilanzsumme herangezogen werden (höchstens 43 Mio. €):

Abb. 12.2

Mittelstandsdefinition der EU-Kommission

Unternehmens-größe	Zahl der Beschäftigten	Umsatz €/Jahr	Jahresbilanz-summe €
Kleinst	<10	bis 2 Mio.	bis 2 Mio.
Klein	10 – 49	bis 10 Mio.	bis 10 Mio.
Mittel	50 – 249	bis 50 Mio.	bis 50 Mio.

Legt man nun die Definition des IfM Bonn zugrunde, sind in Deutschland laut Umsatzsteuerstatistik (jüngste Daten stammen aus 2014; vgl. IfM Bonn 2016) **99,6 % aller erfassten 3,6 Mio. Unternehmen KMUs**. Davon zählte der überwiegende Teil (87 %) zu den Kleinunternehmen. Bei den KMUs sind knapp 60 % der sozialversicherungspflichtig Beschäftigten tätig. Ihr Anteil am Umsatz beträgt 35 %, an der Wertschöpfung etwa 56 %. Bei der Branchenzugehörigkeit entfallen die meisten Unternehmen auf den Dienstleistungssektor (rund 43 %), 20 % gehören zum Handel und rund 11 % zum Baugewerbe. 8 % können dem industriellen Mittelstand zugerechnet werden. Bei den Rechtsformen dominieren die Einzelunternehmen (69 %). Auf die Kapitalgesellschaften entfällt ein Anteil von 15 %, auf Personengesellschaften 13 %. In der Euro-Zone trägt der KMU-Sektor mit 60 % zur Wertschöpfung und ca. 70 % zur Beschäftigung bei (DSGV 2016; Schackmann-Fallis/Schulz 2015).

Mit Blick auf den weiter unten noch ausführlicher behandelten Finanzierungsbedarf der Mittelständler ist bemerkenswert, dass Unternehmen am oberen Ende der »offiziellen« KMU-Definitionen offenbar schon seit längerem recht dynamisch in neue Größenordnungen hineinwachsen (zum Folgenden siehe Creditreform/IKB 2014). Wachstumstreiber wie die Erschließung neuer Märkte und eine zunehmende Internationalisierung sind hierfür verantwortlich. Parallel dazu kann in diesem Unternehmenssegment eine rege Übernahmeaktivität beobachtet werden. Viele Unternehmen sind bestrebt, durch Akquisitionen ihre Marktstellung abzusichern oder ihre Produkt- und Dienstleistungspalette zu ergänzen. Vielfach ersetzt der Beteiligungserwerb den Aufbau eigener (Fertigungs-)Kapazitäten. In diesem Zuge – und durch die auch im Mittelstand gestiegene Bedeutung von Forschung und Entwicklungsaktivitäten, Schulung und Fortbildung sowie die Anschaffung von Software (siehe 12.3.3) entwickelt sich das Sachanlagevermögen unterproportional zu den gesamten Aktiva.

Dabei verlassen die Unternehmen zwar mit einem Umsatz zwischen 50 Mio. und 3 Mrd. € den Umsatzbereich, der definitionsgemäß als Grenze für den Mittelstand gesehen wird. Für viele Beobachter bilden aber gleichwohl gerade diese Unternehmen, die nur formal aus dem Kreis des Mittelstands ausscheiden, seinen eigentlichen Kern. Dieser hat sich unterhalb der Gruppe der Großkonzerne fest etabliert, wies in den letzten Jahren die höchste Umsatz- und Renditedynamik aus und ist zu einem wesentlichen Träger der Wertschöpfung in Deutschland geworden.

Prägung durch Unternehmer

Gerade mit Blick auf diese Unternehmen gilt, dass sich der Mittelstand nicht ausschließlich über Umsätze, Mitarbeiterzahlen oder Rechtsformen abgrenzen lässt. Vielmehr zählt die Unternehmerpersönlichkeit, die leitend für die Geschicke des Unternehmens in allen Teilbereichen verantwortlich ist in besonderem Maße. **Entscheidungen** im Mittelstand sind sehr **stark personengebunden**. In den meisten Fällen sind die Firmen vom Inhaber selbst geführt, so dass sich dort in der Person des Unternehmers Eigentum und Leitung, Risikoneigung und Erfolg, Innovationskraft und betriebswirtschaftliches Know-how vereinigen, was die wirtschaftliche Sphäre dieser Unternehmen entscheidend prägt (vgl. auch Ulrich 2010).

Dies korrespondiert mit einem ausgeprägten **Streben nach Unabhängigkeit** (»Herr-im-eigenen-Haus-Mentalität«). Die Anwendung moderner Instrumente der Unternehmenssteuerung und die Offenlegung sensibler Firmendaten gehört dagegen nicht unbedingt zum Selbstverständlichen. Teilweise fehlt es an der notwendigen Grundphilosophie der Transparenz (siehe weiter Modul 16), vielfach jedoch auch – angesichts der dominierenden kleinteiligen Struktur – an der Verfügbarkeit von Ressourcen. Eine eher informelle statt formalisierte Organisation und Führungskultur herrscht vor. Das mittelständische Management wird durch ein eher implizites Entscheidungs- und Planungsverhalten charakterisiert; die explizite Formulierung von Zielen, Strategien und einem daraus abgeleiteten Maßnahmen-Mix rücken mitunter in den Hintergrund (vgl. auch Börner/Rühle 2011; Börner/Grichnik/Reize 2010).

Die skizzierten allgemeinen Charakteristika mittelständischer Unternehmen haben Auswirkungen auf ihre Finanzierungssituation. So sind vor dem Hintergrund der typischen Rechtsformwahl und der vorherrschenden Unternehmensgrößen mittelständische Unternehmen **überwiegend nicht emissionsfähig** und haben damit **keinen Zugang zur Börse**. Hierdurch wird die Palette der nutzbaren Finanzierungsinstrumente eingeschränkt. Die **Unternehmensanteile** sind nicht in Form von Aktien auf eine größere Anzahl von Investoren verteilt, sondern werden in der Regel **von einer geringen Anzahl an Eigentümern** gehalten (Alleingesellschafter, Familie, Freunde, andere Privatpersonen; vgl. auch Becker/Ulrich/Zimmermann 2013). »Fremde« Inhaber von Geschäftsanteilen, wie z. B. Mitarbeiter oder Beteiligungskapitalgesellschaften sind fast zu vernachlässigen. Die faire Bewertung (eines Eigenkapitalmarktwertes) durch Investoren spielt von daher allenfalls eine untergeordnete Rolle.

Streben nach Unabhängigkeit

Prägend für die Wahl des Finanzierungs-Mix ist zudem das bereits angesprochene Unabhängigkeitsstreben: In einer Umfrage unter 1.000 Mittelständlern zur Planung der Finanzausstattung vergaben die Unternehmer 92 von 100 möglichen Wichtigkeitspunkten für den »**Erhalt der wirtschaftlichen Selbstständigkeit**« als überragendes Finanzziel der Mittelständler, was auch durch die hohe Zustimmung für das Ziel »Unabhängigkeit von Banken« (86 Punkte) unterstrichen wird. An zweiter und dritter Stelle kommen die vor dem Hintergrund der Finanzkrise wesentlich bedeutsamer gewordene »Sicherung der Liquidität« (90 Punkte) und die »Finanzierungssicherheit« (88 Punkte). Demgegenüber rücken Ziele wie das Streben nach Rentabilität, Kapitalstrukturziele und das Rating in den Hintergrund (62–84 Punkte).

Abb. 12.3

Finanzierungspolitische Ziele deutscher KMU

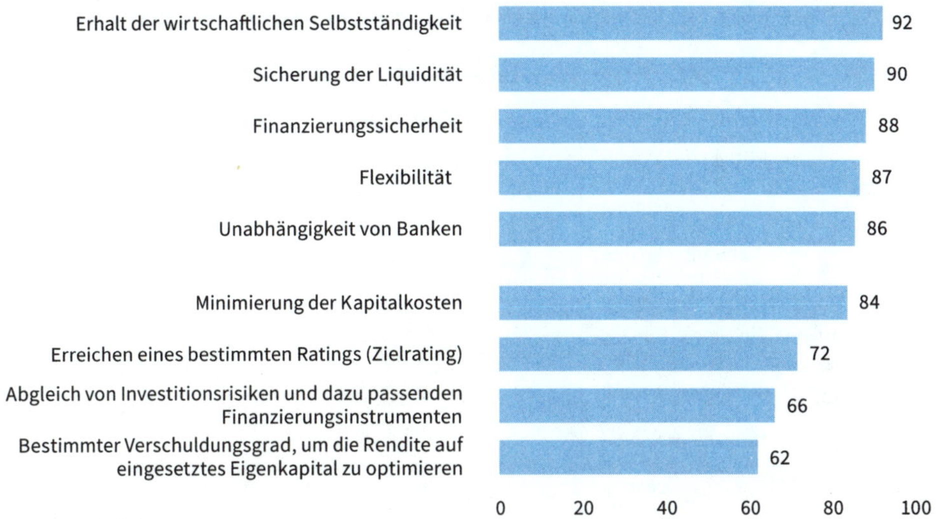

Quelle: NRW Bank 2009

Dominanz der internen Finanzierung

Deshalb dominiert – wie auch die folgende Abbildung 12.4 zeigt – in den KMU die interne Finanzierung (Modul 9, Umsatzprozess, Einbehaltung von Gewinnen, Finanzierung aus Abschreibungen und Rückstellungen). Im Vergleich zu einer Finanzierung über neues Beteiligungskapital bringt die **Selbstfinanzierung** eine Reihe von **Vorzügen** mit sich:

- Emissionskosten werden vermieden (feste Zins- und Tilgungsbelastungen wie beim Kreditkapital entfallen ohnehin),
- die Herrschaftsverhältnisse werden aufrechterhalten und
- über die Finanzmittel kann frei verfügt werden, z. B. für risikoreiche Investitionen.

Abb. 12.4

Kapitalquellen und ihre Nutzung

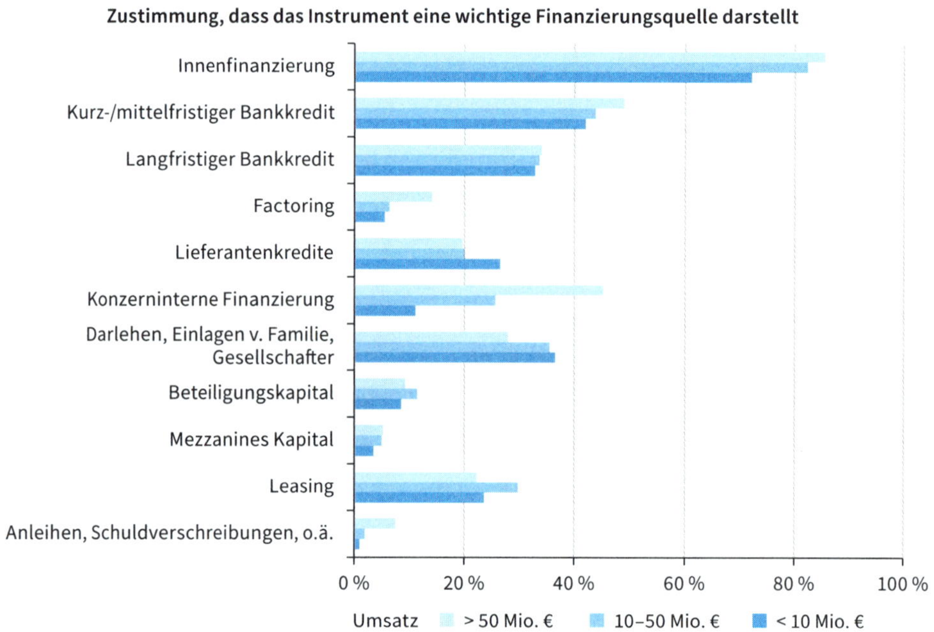

Quelle: modifiziert nach KfW 2013

Wie die folgende Abbildung 12.5 zeigt, wird auch mit Blick auf alle deutschen Unternehmen die **Außen-** ganz klar **von der Innenfinanzierung dominiert**. Im Zuge der sich an die Finanzkrise (ab 2008) anschließenden, schweren Wirtschaftskrise mit einem Einbruch des BIP um 5 % wurde sogar über alle Unternehmen hinweg die Außenfinanzierung im Saldo auf unter null zurückgeführt.

Voraussetzung für einen Zufluss an Liquidität im Rahmen interner Finanzierung ist – wie in Modul 10 verdeutlicht – allerdings, dass die kalkulierten Preisbestandteile auch tatsächlich von den Kunden vergütet werden. Bei gegebener Marktstellung und Gewinnsituation hängt die Ergiebigkeit dieser Finanzierungsquelle insbesondere davon ab, in welchem Ausmaß die Anteilseigner willens und in der Lage sind, auf die Ausschüttung von Gewinnen bzw. Privatentnahmen zu verzichten. Diesbezüglich – so zeigt es die gesamtwirtschaftliche Finanzierungsrechnung der Deutschen Bundesbank – konnten die Unternehmen in den zurückliegenden, **konjunkturell** nach dem Einbruch 2009 **guten Jahren** über zwei Drittel ihrer Sach- und Finanzinvestitionen mit einbehaltenen Gewinnen und zahlungswirksam verdienten Abschreibungsgegenwerten finanzieren.

Abb. 12.5

Außen- versus Innenfinanzierung von nichtfinanziellen Kapitalgesellschaften

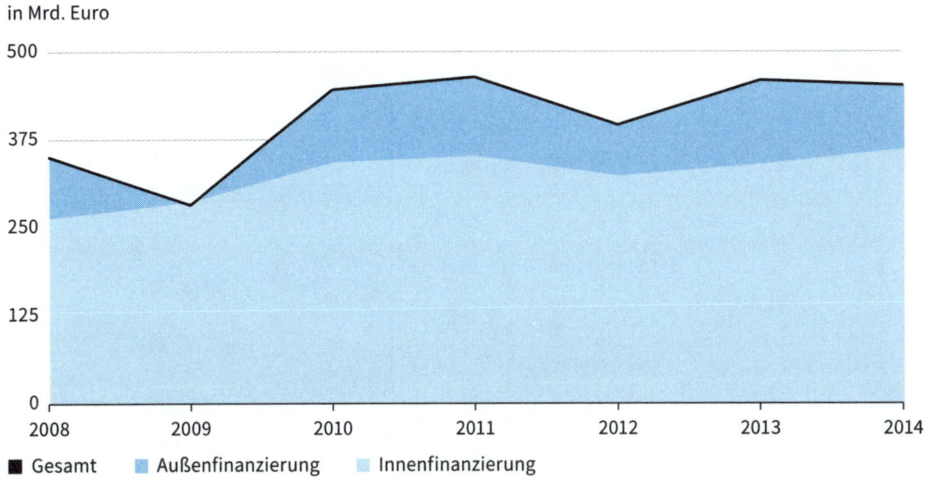

Quelle: Deutsche Bundesbank 2016

Externe Finanzierung: Eigenkapitallücke verringert

Im Hinblick auf eine darüber hinaus gehende externe Finanzierung war das Bild bei den KMUs **bis zur Jahrtausendwende** durch eine **gefährliche Eigenkapitallücke** geprägt; viele Unternehmen ließen es speziell zur Optimierung ihrer Steuerposition an der notwendigen Ausstattung mit Eigenkapital und damit Verlustauffangpotenzial fehlen. Begünstigt durch eine strengere Bonitätsbewertung der Banken angesichts veränderter regulatorischer Anforderungen (»Basel II/III«), die genannte komfortable konjunkturelle Entwicklung sowie mehrere Reformen der Einkommen- und Körperschaftsteuer hat sich die **Eigenkapitaldotierung** indes **in den letzten Jahren deutlich erhöht**, wie die folgende Abbildung 12.6 in Bezug auf die Entwicklung der Eigenkapitalquote nach Umsatzgrößenklassen zeigt.

Hierzu trugen jedoch auch die oben angesprochenen, komplexer gewordenen Investitionsstrukturen bei. Die Unternehmen benötigen mehr finanziellen Spielraum, den sie angesichts sich immer schneller wandelnder Rahmenbedingungen auf den Märkten flexibel für Sachinvestitionen, Akquisitionen und die immer bedeutender werdenden immateriellen Investitionen nutzen können. Angesichts der gerade im Zuge der Internationalisierung gestiegenen Investitionsrisiken sollte diese Finanzierung möglichst langfristig und frei von festen Bedienungs- und Rückzahlungslasten sein. Insofern steigt insbesondere der Bedarf an Eigenkapital.

Abb. 12.6

Entwicklung der Eigenkapitalquote von Unternehmen in Prozent nach Umsatzgrößenklasse

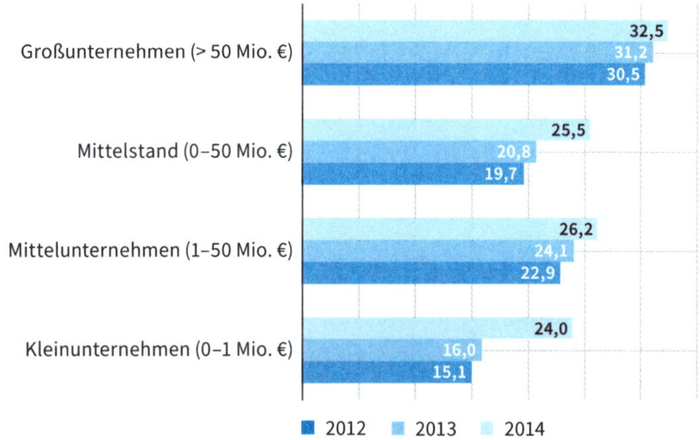

Quelle: DSGV - Diagnose Mittelstand 2016

Abbildung 12.7 stellt die Entwicklung des Eigenkapitals aller deutschen Unternehmen in einer längerfristigen Perspektive dar. Dabei mag überraschen, dass sogar in der Krise ein Anstieg der Eigenkapitalquoten beibehalten werden konnte, obwohl die Eigenkapitalausstattung aufgrund der Krise und den damit verbundenen Verlusten absolut gesehen gesunken ist. Die steigende Eigenkapitalquote ist zumindest in den Krisenjahren jedoch auf eine rückläufige Bilanzsumme als Ergebnis sowohl eines bewussten Krisenmanagements der Unternehmen (Aufschub von Investitionen, deutlicher Abbau der Vorräte und Kundenforderungen) als auch von erzwungenen Abschreibungen auf bestimmte Vermögensgegenstände (z. B. Beteiligungen, Wertpapiere) zurückzuführen.

Insgesamt haben die Unternehmen am Faktor Eigenkapital gemessen ihre **Bonität erhöht**. Aus der folgenden Abbildung 12.8 geht hervor, dass der Anteil der Unternehmen mit einer Eigenkapitalquote über 30 % (unter 10 %) allein zwischen 2008 und 2013 von 41,3 auf 46,6 % gestiegen (von 33,9 auf 30 % gesunken) ist. Infolgedessen ist sowohl die von ihnen angestrebte **Unabhängigkeit** gegenüber unterschiedlichen Fremdkapitalgebern als auch ihr **Risikopuffer für das Auffangen von Verlusten gewachsen**.

Fremdkapital: Bankkredite dominieren immer noch

Schaut man auf den Fremdkapitalbereich, so ist zunächst festzuhalten, dass sich die Wirtschaft in Deutschland zu einem bedeutenden Anteil von etwa 33 % an den Verbindlichkeiten insgesamt über Kredite finanziert, zum überwiegenden Teil durch Kreditinstitute bereitgestellt. **Deutschland** galt insofern stets als **Paradebeispiel für ein bankorientiertes Finanzsystem.** Parallel zur stärkeren Gewichtung der Ei-

Abb. 12.7

Eigenkapital deutscher Unternehmen 2000–2014 in Prozent der Bilanzsumme

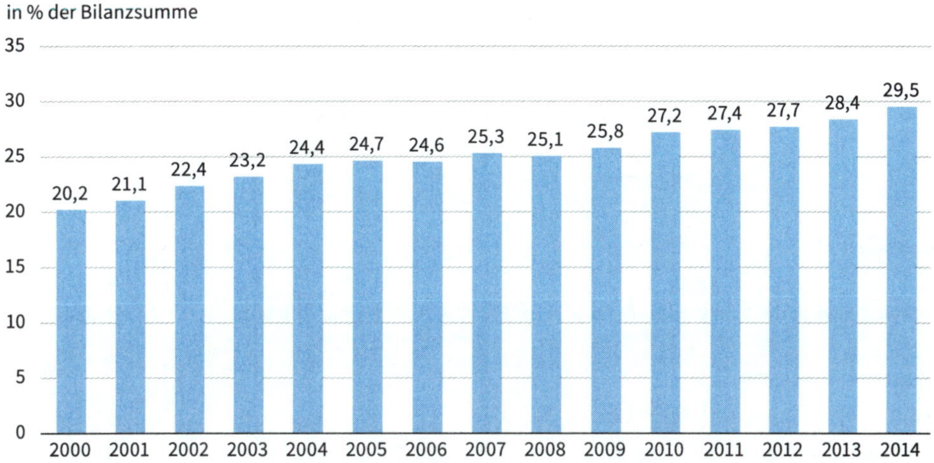

Quelle: Deutsche Bundesbank 2015

Abb. 12.8

Verteilung deutscher Unternehmen nach Höhe der Eigenkapitalquote

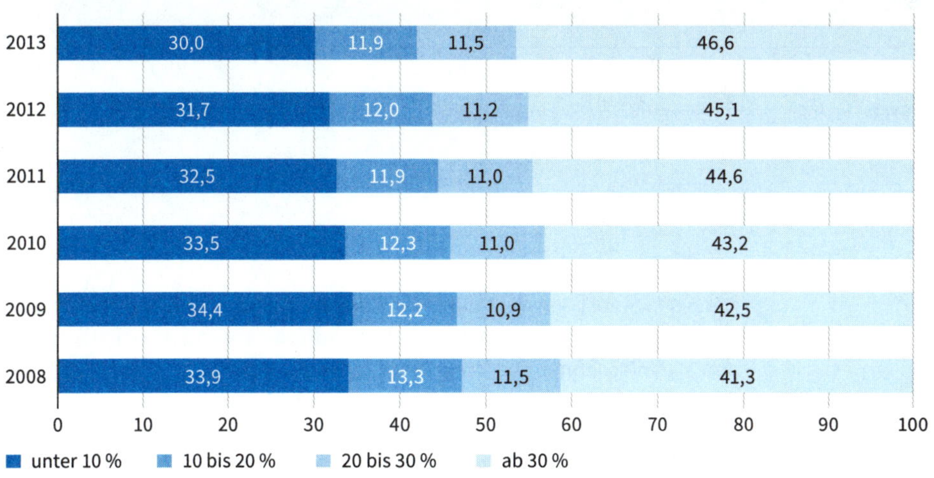

Quelle: Creditreform Rating 2015

genmittel im Finanzierungsmix ist jedoch eine rückläufige Inanspruchnahme des (zumeist langfristigen) Bankkredits zu beobachten. Sein Anteil an den Gesamtverbindlichkeiten deutscher Unternehmen sank von rund 32 % im Jahr 1991 auf 18 % im Jahr 2010. **Stark zugenommen** haben hingegen (eher kürzerfristige) **Kredite von anderen Gläubigern** (darunter Versicherungen, sonstige Finanzinstitute und andere Unternehmen). Ihr Anteil hat sich von ca. 6 % 1991 auf knapp 14 % 2010 mehr als verdoppelt (Deutsche Bundesbank 2012).

Der Anteil der Bankkredite an der Bilanzsumme ist insbesondere bei den Unternehmen mit einem Jahresumsatz von über 50 Mio. € während der letzten Jahre kontinuierlich gesunken (Abb. 12.9).

Abb. 12.9

Sinkendes Gewicht der Bankkredite (in Prozent der Bilanzsumme) im Finanzierungsmix der Unternehmen

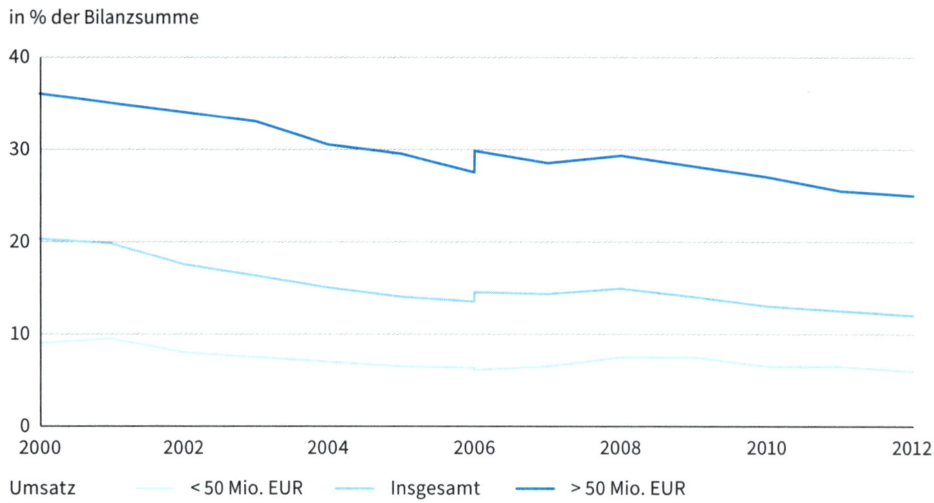

Quelle: Deutsche Bundesbank 2015

Nach den Statistiken der Deutschen Bundesbank hat sich bei größeren Unternehmen in den letzten Jahren gerade die **Kreditgewährung innerhalb von Konzernen** als Unternehmensverbünden überproportional erhöht und damit zunehmend auch in der Mittelstandsfinanzierung an Bedeutung gewonnen. Dies korrespondiert mit der schon angesprochenen Übernahmeaktivität: Mehr als die Hälfte aller beim Bundeskartellamt registrierten Firmenerwerbe entfallen auf den gehobenen Mittelstand. Mit den Unternehmenskäufen verfolgen die Unternehmen zwar in erster Linie das Ziel, ihre Marktstellung abzusichern oder ihr Leistungsspektrum abzurunden. Aus den neuen Firmenverbünden resultieren aber eben auch neue

Finanzierungsmuster. Hierzu zählt auch die verstärkte Finanzierung über den Anleihemarkt – eine noch zu erörternde Alternative für größere Mittelständler.

Speziell für kleinere und mittelgroße Mittelständler sind **Handelskredite** von besonderer Bedeutung (Friderichs/Körting 2011). Die Kreditgläubiger setzen solche zwischenbetrieblichen Finanzierungen im Rahmen ihrer Kontrahierungspolitik als wichtiges Mittel der Absatzförderung ein. Von Kreditversicherern kommt der Hinweis, dass der Lieferantenkredit mit einem Gesamtvolumen von ca. 300 Mrd. € mittlerweile eine der wichtigsten kurzfristigen Kreditformen in Deutschland darstellt (Homepage Creditreform Kreditversicherung 2016).

Obwohl die **Bedeutung der Bankkredite** somit **nachgelassen** hat, andere Kreditformen oder Kreditsubstitute (wie die schon lange etablierten Varianten von **Factoring** und **Leasing**) stärker in Anspruch genommen wurden, stellen sie jedoch **noch immer** die **wesentliche Fremdkapitalquelle insbesondere kleinerer und mittelgroßer Unternehmen** dar. So betrug der Anteil der Bankkreditverbindlichkeiten am Fremdkapital deutscher Unternehmen mit einem Umsatz unter 1 Mio. € 65 %, bis 5 Mio. € über 50 % und bis 50 Mio. € nur knapp unter 50 % (Schackmann-Fallis/Schulz 2015, S. 222 mit Zahlen von 2012).

Moderne Finanzierungsinstrumente randständig

Alternative, »moderne« Finanzierungsinstrumente spielen daher speziell bei der Mehrzahl der Mittelständler praktisch keine Rolle. Dieser Eindruck erhärtet sich, wenn die Kombination der Finanzierungsformen in den Unternehmen betrachtet wird. Abbildung 12.10 gibt hierzu das Ergebnis einer Befragung unter 1.000 mittelständischen Unternehmen wieder (NRW Bank 2009): Mit Hilfe einer Cluster-Analyse wurde dort die Vielzahl der abgefragten Finanzierungsformen zu sechs Bündeln kombiniert:

- Bündel 1 beschreibt die Selbstfinanzierung aus dem Umsatzprozess plus Leasing.
- Bündel 2 bezieht sich auf Instrumente der Geschäftspartnerfinanzierung, also Kundenanzahlungen und Lieferantenkredite.
- Bündel 3 fasst die Gesellschafterfinanzierung (Einlagen und Darlehen) zusammen.
- Bündel 4 beschreibt die klassische Bankkreditfinanzierung (kurz-, mittel- und langfristige gewerbliche Bankkredite).
- Bündel 5 steht für die öffentliche Förderfinanzierung (Kredite und Zuschüsse).
- Im Bündel 6 werden schließlich verschiedene Varianten des Mezzanine-Kapitals, Factoring, Schuldscheindarlehen, Anleihen, Forderungsverbriefung sowie Avale/Akkreditive/Bürgschaften zu »modernen Finanzinstrumenten« zusammengefasst.

In einem weiteren Schritt konnten hieraus sechs Gruppen von Unternehmen mit unterschiedlichen Finanzierungsprofilen identifiziert werden. Dabei signalisieren in Abbildung 12.10 Werte > 0 eine stärkere Bedeutung des jeweiligen Instrumentenbündels, Werte < 0 eine schwächere im Vergleich zum Durchschnitt.

- Demnach werden für den Mittelstand »moderne« Finanzierungsinstrumente allein von »emanzipierten« Unternehmern deutlich stärker als im Durchschnitt aller Befragten genutzt (Anteil in der Stichprobe 16,7 %).

- »Allrounder« sind in der Unternehmensfinanzierung dagegen kaum anzutreffen.
- Die mittelständischen Unternehmen sind zumeist auf einzelne Hauptfinanzierungsquellen konzentriert, so beim »Familienfinanzierer« (der überproportional die Finanzkraft seiner Gesellschafter nutzt; 22,7 %),
- dem »Selbstfinanzierer« (der wenig auf Bankkredite und stattdessen stark auf die Finanzierung aus dem Umsatz setzt; 18,5 %),
- dem »Geschäftspartnerfinanzierer« (der seine Liquidität überproportional aus Kundenanzahlungen gewinnt; 9,8 %) oder
- der »Kreditgeisel« (die aufgrund von Restriktionen bei der Innenfinanzierung auf Bankkredite angewiesen ist; 16,1 %).
- Eine nennenswerte Inanspruchnahme von Fördermitteln ist allein durch die bereits erwähnten Familienfinanzierer sowie die ebenfalls stark auf Bankkredite setzenden »Förderfüchse« (16,2 %) zu verzeichnen.

Abb. 12.10

Finanzierungsprofile im Mittelstand

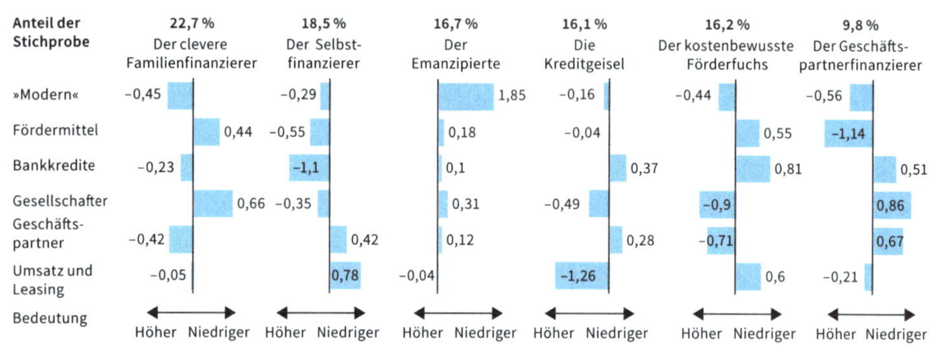

Quelle: NRW Bank 2009

Gerade bei den Mittelständlern herrscht in der Breite also große Skepsis gegenüber Mezzanine- und »fremdem« Eigenkapital. Fragt man Unternehmer nach ihren wesentlichen Vorbehalten, so stellt man zunächst fest, dass sich nur wenige überhaupt eine Bewertung dieser Alternativen zutrauen. Diejenigen, die eine Bewertung abgeben, befürchten neben dem Verlust des eigenen unternehmerischen Einflusses insbesondere erhöhte Anforderungen in Bezug auf Offenlegungspflichten sowie organisatorischen Aufwand. Der vermutete Nutzen wiegt aus Sicht der Unternehmer die hierdurch bedingten Transaktionskosten nicht auf.

Zusammengefasst kann festgehalten werden, dass sich also gerade **kleine und mittlere Unternehmen** bei der Mittelzuführung von außen weitestgehend auf die

Insiderfinanzierung (Bereitstellung der Mittel durch den Alleineigentümer, Familie und ggf. Freunde) beschränken **oder** sie typischerweise auf die Einschaltung eines Intermediärs – in den meisten Fällen ist das die **Hausbank** – angewiesen sind. Viele Mittelständler weisen immer noch enge, langjährige Beziehungen zu ihrer Hausbank auf. Insoweit überrascht es auch nicht, dass die eher kleinteilige deutsche **Unternehmenslandschaft** ihr **Spiegelbild** in einer **stark dezentralen, in der Fläche breit vertretenen Bankindustrie** findet, die international nahezu einzigartig ist. 2015 bestand die deutsche Kreditwirtschaft aus 1.793 Banken, darunter 1.025 Kreditgenossenschaften und 413 Sparkassen. Entsprechend resümierte zuvor auch die Deutsche Bundesbank (2012, S. 23):

»So dominierten meist langfristige Kreditbeziehungen, die oftmals zu nur einer Bank – der sogenannten Hausbank – bestanden. Dies führte dazu, dass im Gegensatz zu Kapitalgebern, deren Geschäftsbeziehungen zu den Unternehmen weniger eng waren, Banken in Deutschland häufig über einen privilegierten Zugang zu Informationen verfügten, der sie in die Lage versetzte, die wirtschaftliche Situation des Unternehmens adäquat einzuschätzen. Dies wirkt sich auch positiv auf die Finanzierungskosten der Unternehmen aus.«

Nutzung verbriefter Finanzierungsformen

Gerade größere mittelständische Unternehmen greifen jedoch immer stärker auf verbriefte Refinanzierungsformen zurück. Sie besitzen sowohl einen Finanzierungsbedarf, der die mit Kapitalmarktemissionen verbundenen Aufwendungen lohnt als auch Willen und Fähigkeit, den dadurch bedingten **Transparenzzwängen** zur Überbrückung der asymmetrischen Informationsverteilung zwischen Investor und Schuldner nachzukommen.

Eine zunehmend genutzte Alternative zum klassischen Bankkredit ist das **Schuldscheindarlehen**, das als **»Einstiegsmodell einer Kapitalmarktfinanzierung«** angesehen werden kann (Creditreform/IKB 2014). Ähnlich dem syndizierten Buchkredit werden einzelne Darlehenstranchen bei Investoren (vor allem aus dem Versicherungsbereich) ohne Börsennotierung der Papiere privat platziert. Als Mindestvolumina werden für die Gesamtemission etwa 30 Mio. € genannt, sodass sich der Kreis der hierfür in Betracht kommenden Unternehmen auf den größeren Mittelstand und Großunternehmen beschränkt. Diese haben – dies zeigt Abbildung 12.11 – in der letzten Dekade zunehmend von diesem Instrument Gebrauch gemacht. Das Emissionsvolumen weist einen insgesamt steigenden Trend auf. Das Jahr 2008 ragt hierbei heraus, da die Bondmärkte »verklemmt« waren. Der sich anschließende Einbruch des Marktes ist jedoch mittlerweile aufgeholt.

Anleihefinanzierung

Wurden Unternehmensanleihen hierzulande in der Vergangenheit nahezu ausschließlich von Großunternehmen emittiert, so spielt dieses Instrument zunehmend auch für den gehobenen Mittelstand eine Rolle (vgl. auch Bösl/Hasler 2012). Sowohl die Zahl der Emittenten als auch die Emissionsvolumina haben speziell in den Jahren nach der Finanz- und Wirtschaftskrise deutlich zugenommen. Abbildung 12.12 belegt, dass dem Unternehmenssektor zuletzt **mehr neue (Netto-)Finanzierungsmittel über Anleihen als über die Aufnahme von Bankkrediten** zugeflossen sind. Mit Blick auf die Bestandsgrößen dominierte jedoch bis zuletzt mit weitem Abstand der unverbriefte Kredit gegenüber festverzinslichen Wertpapieren. Mitte 2014 beliefen sich die Verbindlichkeiten nicht-finanzieller Unternehmen auf

Abb. 12.11

Schuldscheindarlehen – Deutlich gestiegenes Emissionsvolumen

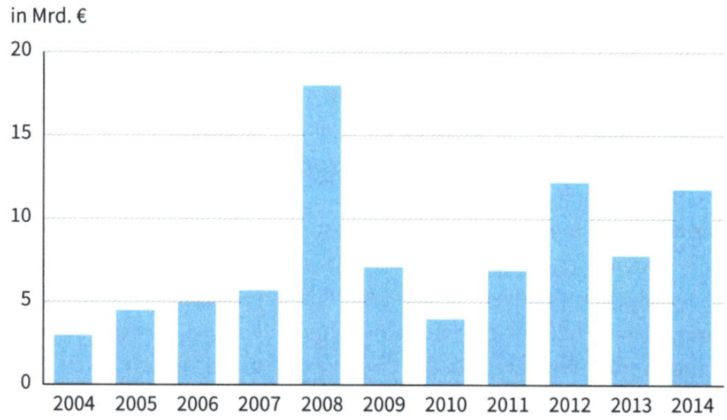

Quelle: LBBW Corporate Capital Research 2016

Abb. 12.12

Mittelzuflüsse über Anleihen und Bankkredite in den Unternehmenssektor

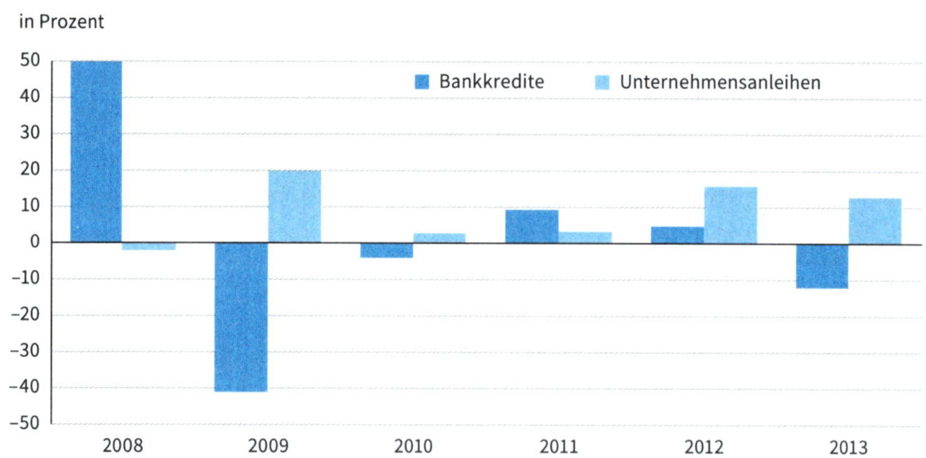

Quelle: Deutsche Bundesbank 2014; eigene Berechnungen

1.427 Mrd. €, davon 796 Mrd. € gegenüber inländischen Kreditinstituten. Auf festverzinsliche Anleihen entfielen nur 138 Mrd. €, also lediglich ein Zehntel.

»Mittelstandsanleihen« mit bislang wenig Erfolg

In diesem Zusammenhang war die Entwicklung des Marktes sogenannter **»Mittelstandsanleihen«** besonders spektakulär (zu diesem Marktsegment Horsch/Ueberschär 2013, Ueberschär 2013). An mehreren deutschen Börsenplätzen sind in den letzten Jahren Spezialsegmente eingerichtet worden, um mittelständischen Unternehmen den Weg zum Kapitalmarkt zu ebnen (z. B. bondm, der mittelstandsmarkt, Entry Standard usw.). Hiermit sank die Untergrenze des Emissionsvolumens auf ca. 10 Mio. €, bei zwei Dritteln lag der aufgenommene Betrag zwischen 25 und 75 Mio. € (Creditreform/IKB 2014). Im Vergleich dazu beträgt die Fremdkapitalaufnahme eines Firmenkunden z. B. in der Sparkassen-Finanzgruppe im Median 0,5 Mio. €, was die erhebliche Diskrepanz in den aufzunehmenden Volumina verdeutlicht (Schackmann-Fallis/Schulz 2015, S. 220). Wenn die Deutsche Börse empfiehlt, dass Unternehmen als Anleiheemittenten einen Jahresumsatz von 100 Mio. € aufweisen sollten, unterstreicht auch dies, dass **dieses Finanzierungsinstrument nur für große Mittelständler und Großunternehmen** in Betracht kommt.

Das Generieren derart hoher Beträge in einem Segment von Kapitalmarkt-Newcomern lässt sich zum einen mit der nahezu fieberhaften Suche unterschiedlichster Investorengruppen nach Möglichkeiten der Renditeerzielung im derzeitigen Niedrigzinsumfeld erklären. Zum anderen wurden gerade Privatanleger von Unternehmen mit starken, massenmarktnahen Marken angezogen, bei denen auf ein intensives Screening der finanziellen Situation offenbar verzichtet wurde.

Auch wenn sich das Gros der mittelständischen Emittenten positiv entwickelt, waren in diesem neuen Segment **einige spektakuläre Ausfälle** zu verzeichnen. Von rund 160 zwischen 2010 und 2015 begebenen Anleihen sind gut 50 ausgefallen. Über 6,5 Mrd. € wurden eingesammelt, 1,9 Mrd. € sind von Insolvenzen und Zahlungsverzögerungen betroffen – also etwa 30 % (Seibel/Zschäpitz 2016, Mausbach/Simmert 2016). Betroffen waren vor allem Emittenten aus der Branche regenerativer Energien, die ihr Geschäftsmodell teilweise nicht schnell genug den sich dramatisch verändernden (politischen) Rahmenbedingungen anpassen konnten. Teilweise wurde aber auch Missmanagement, Fahrlässigkeit oder gar betrügerisches Handeln aufgrund mangelnder Transparenz und damit »Kapitalmarktreife« zu spät aufgedeckt, so dass eine Insolvenz nicht mehr zu vermeiden war. Insofern zeigt sich aber auch die **Notwendigkeit**, die **Qualitätsanforderungen** in diesen Börsensegmenten zu **erhöhen**, will man perspektivisch noch mehr Mittelständlern die Brücke zum Kapitalmarkt bauen.

Vergleich USA/Europa

In **internationaler Perspektive** zeigen sich deutliche Unterschiede zwischen den Finanzierungsstrukturen. Stellt man – wie in den Abbildungen 12.13 und 12.14 – den Unternehmenssektor in den EU 28-Ländern und den USA gegenüber, dann ist mit Blick auf die externe Finanzierung hervorzuheben:

- Der Anteil des **Eigenkapitals** ist zwar in der EU und den USA in etwa gleich, in den USA besteht jedoch ca. ein Drittel aus börsennotierten Aktien, in der EU wesentlich weniger.

Abb. 12.13

Finanzierung der Unternehmen in den EU 28 und den USA

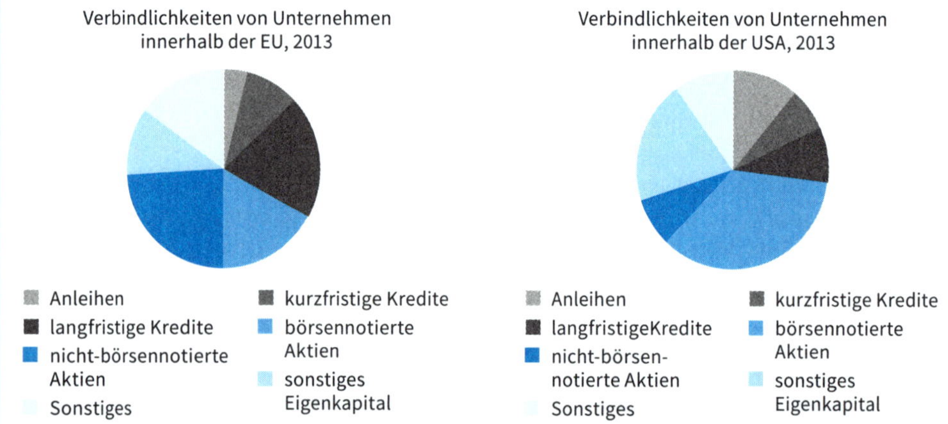

Quelle: European Commission 2015a

Abb. 12.14

Struktur der Fremdfinanzierung: Kredite versus Anleihen im Ländervergleich

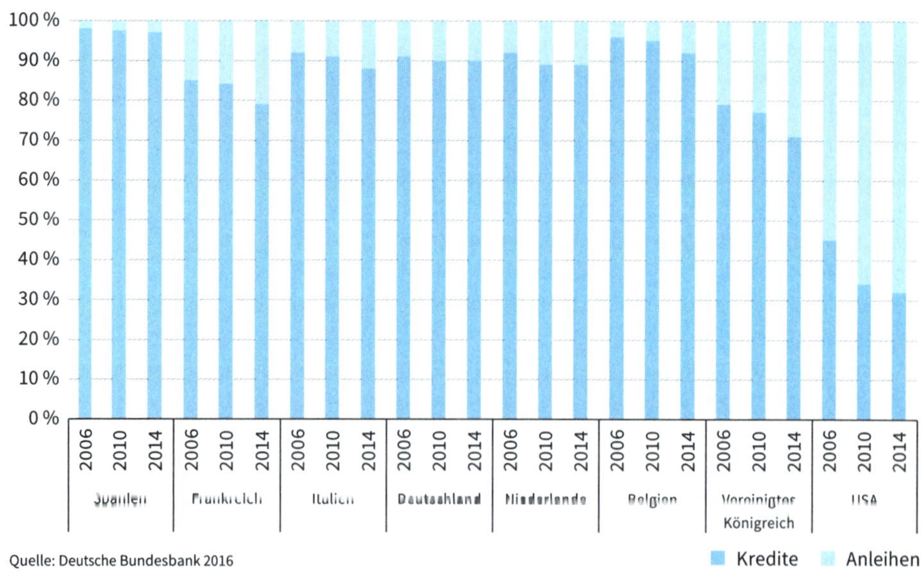

Quelle: Deutsche Bundesbank 2016

- In den **USA** wird die **Fremdfinanzierung eindeutig von Anleihen dominiert** (Anteil 2014 fast 70 %), während in **Europa** der unverbriefte (Bank-)**Kredit die wichtigste Form der Fremdfinanzierung** ist.
- Der **Anteil** der **Anleihen** an der Fremdfinanzierung **differiert** jedoch **innerhalb Europas**. Er liegt in Deutschland (und Italien) wie erwähnt bei etwa 10 %, noch niedriger z. B. in Spanien und Belgien, etwas höher in Frankreich. Die Unternehmen im Vereinigten Königreich sind denen in den USA noch am ähnlichsten, dort liegt der Anleiheanteil bei immerhin ca. 30 %.

Anleihefinanzierung in USA weit vor Europa

Trotz der nationalen Unterschiede weist das Gesamtbild in **Europa** eine **starke Bankendominanz in der Unternehmensfinanzierung** aus. Die folgende Abbildung 12.15 unterstreicht dies, indem die Größe der Banken-, Anleihe- und Eigenkapitalmärkte ins Verhältnis zum Bruttoinlandsprodukt gesetzt wird.

Kapitalmarkt- versus Bankendominanz in der Unternehmensfinanzierung …

Abb. 12.15

Größe des Finanzsektors und des Kapitalmarkts in % des Bruttoinlandsprodukts

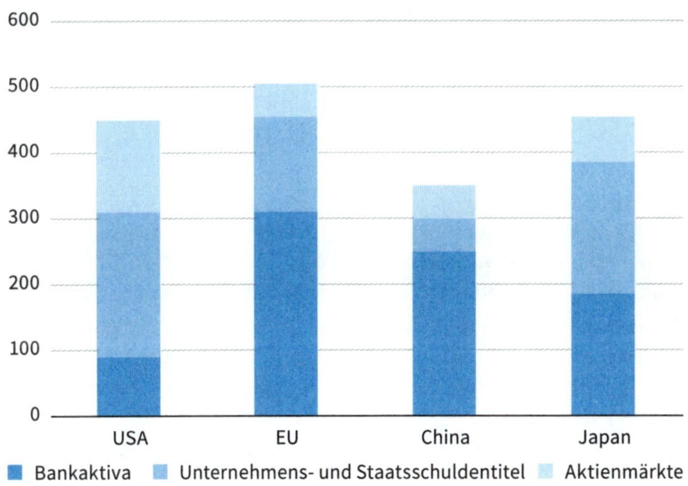

Quelle: Véron/Wolff 2016, S. 5

Analog dieser Struktur der Kapitalnachfrage zeigt sich die Bedeutung des Bankensektors auch mit Blick auf das **Kapitalangebot**. Aus Abbildung 12.16 geht hervor, dass die privaten Haushalte in **Deutschland** ihr Geld im Zeitablauf vergleichsweise stabil **überwiegend** bei **Banken** sowie (Lebens-)Versicherungen angelegt haben, während sie **kaum** in **Aktien** und **Anleihen** investiert waren.

… und der Vermögensanlage

Abb. 12.16

Struktur des Geldvermögens privater Haushalte in Deutschland in Zeitablauf

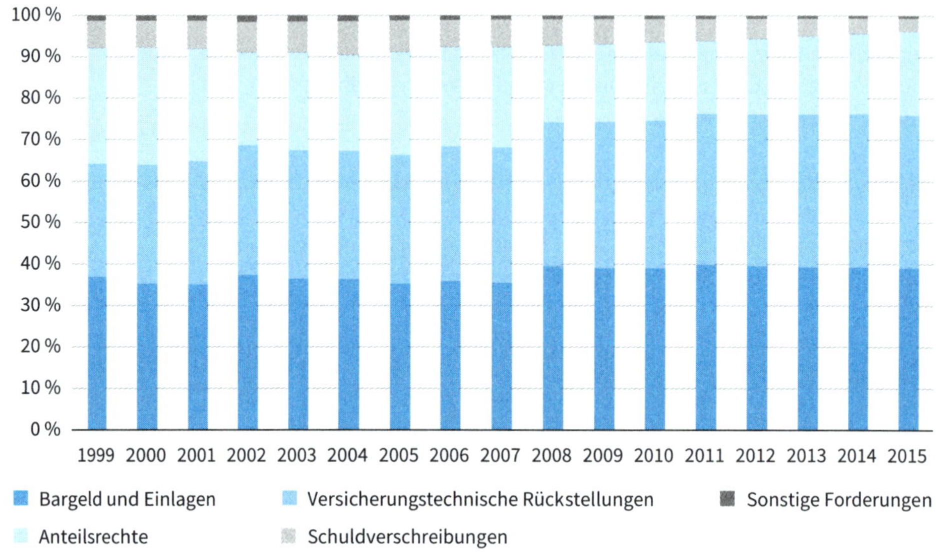

Quelle: Deutsche Bundesbank 2016

In den **USA** findet die herausgearbeitete Wertpapierorientierung in der Unternehmensfinanzierung ihr Pendant in der **Wertpapierpräferenz der privaten Haushalte**. Im Gegensatz zu Deutschland wird nur ein geringer Teil der Vermögensanlage über Banken organisiert (in 2014 ca. 14 % gegenüber 40 %), der Aktienanteil an der Vermögensanlage beträgt jedoch über 30 % gegenüber nur 10 % in Deutschland, wie Abb. 12.17 zeigt.

Bedeutung der US-Pensionsfonds

Bedeutender als Banken und (Lebens-)Versicherungen sind in den USA (und einigen wenigen europäischen Ländern) **Pensionsfonds** als sogenannte **Institutionelle Investoren**. Unternehmen in Deutschland bilden die für die Erfüllung der Ruhestandszusagen erforderlichen Beträge zumeist durch Rückstellungen ab und nutzen sie bis zur Auszahlung für die interne Finanzierung (Modul 10). US-amerikanische Unternehmen geben die entsprechenden Gelder an Investmentgesellschaften, die diese wiederum primär in Aktien und Anleihen anlegen. Auf diese Weise kommt zum »direkten« auch ein erheblicher Anteil »indirekten« Wertpapierbesitzes der US-Privathaushalte. Gleichzeitig repräsentieren Pensionsfonds daher bedeutende Institutionelle Investoren, wie ein Größenvergleich mit ihren europäischen Pendants sowie den europäischen Versicherern verdeutlicht (Abb. 12.18). – Nach diesen empirischen Schlaglichtern werden die beiden Prototypen von Finanzsystemen noch einmal strukturiert gegenüber gestellt.

Abb. 12.17

Struktur des Geldvermögens privater Haushalte in den USA im Zeitablauf

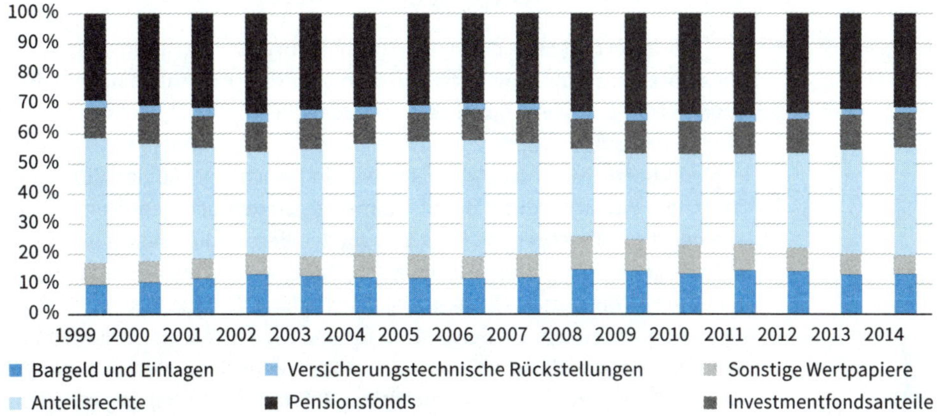

Quelle: OECD 2016, eigene Darstellung

Abb. 12.18

Größe der Pensionsfonds und Versicherungsgesellschaften in der EU und den USA in Relation zum Bruttoinlandsprodukt gemessen am Anlagevolumen

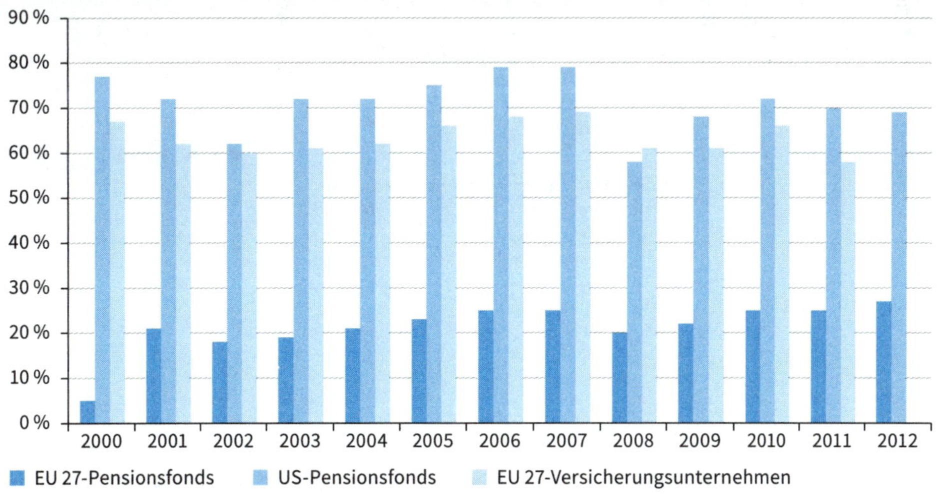

Quelle: European Commission 2015b

12.2 Prototypen von Finanzsystemen

12.2.1 Markt- versus Bankorientierung

Definition Finanzsystem

In allgemeiner und zugleich umfassendster Form lässt sich ein Finanzsystem als das »**gesamte Zusammenspiel bzw. Zusammenwirken des Angebots und der Nachfrage nach Finanzierungsmitteln**« (Rudolph 2006, S. 547 f.) definieren. Den Kern eines Finanzsystems bilden die in Abbildung 12.19 zusammengestellten Elemente:

Grundsätzlich könnten Kapitalanbieter und -nachfrager liquide Mittel direkt austauschen. Wie in Modul 9 bereits dargelegt, stehen dem jedoch zumeist unterschiedliche Präferenzen mit Blick z. B. auf den Betrag, die Laufzeit und den Risikogehalt der Kapitalübertragung entgegen. Daher werden **Intermediäre** eingeschaltet, die die **Transaktionskosten** zur Überwindung der bestehenden Friktionen im Geldstrom **absenken**. Ein Beispiel hierfür sind Banken, die als »Zwischenhändler in Geld« agieren und dazu beitragen – so war zum Ende des 9. Moduls hervorgehoben worden –, die Probleme asymmetrischer Informationsverteilung zwischen Kapitalanbieter und -nachfrager durch Monitoring-Aktivitäten zu vermindern. Das Finanzsystem besteht nun aus unterschiedlichen (Teil-)**Finanzmärkten**, vor allem für Eigen- und Fremdkapital. Institutionell betrachtet stellen sie Regel- und Handlungssysteme für die dort auftretenden Anbieter und Nachfrager sowie **Finanzintermediäre** dar, die jeweils spezifische **Finanzinstrumente** einsetzen.

Abb. 12.19

Zentrale Elemente eines Finanzsystems

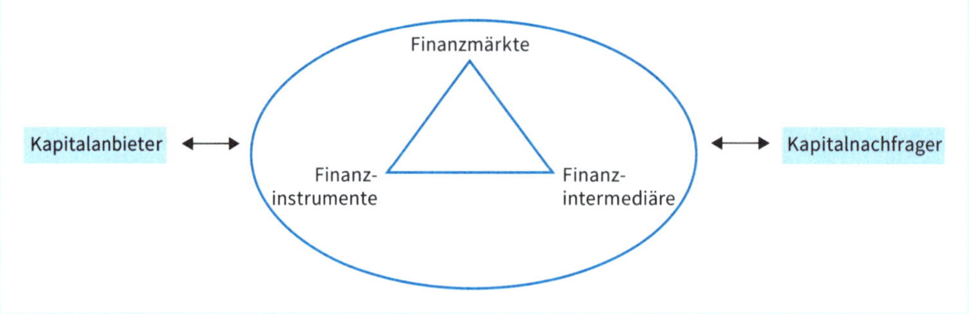

So wurden etwa im Jahr 2014 auf Ebene der EU 94 Bio. € von den Kapitalanbietern bereit- und über unterschiedliche Finanzintermediäre den Kapitalnachfragern zur Verfügung gestellt. Die im Fokus dieses Buches stehenden realwirtschaftlichen **Unternehmen** erwiesen sich dabei im Umfang von gut 15 Bio. € als **struktureller Defizitsektor** (Abb. 12.20).

Abb. 12.20

Finanzintermediäre als Mittler zwischen Kapitalanbietern und -nachfragern in Europa

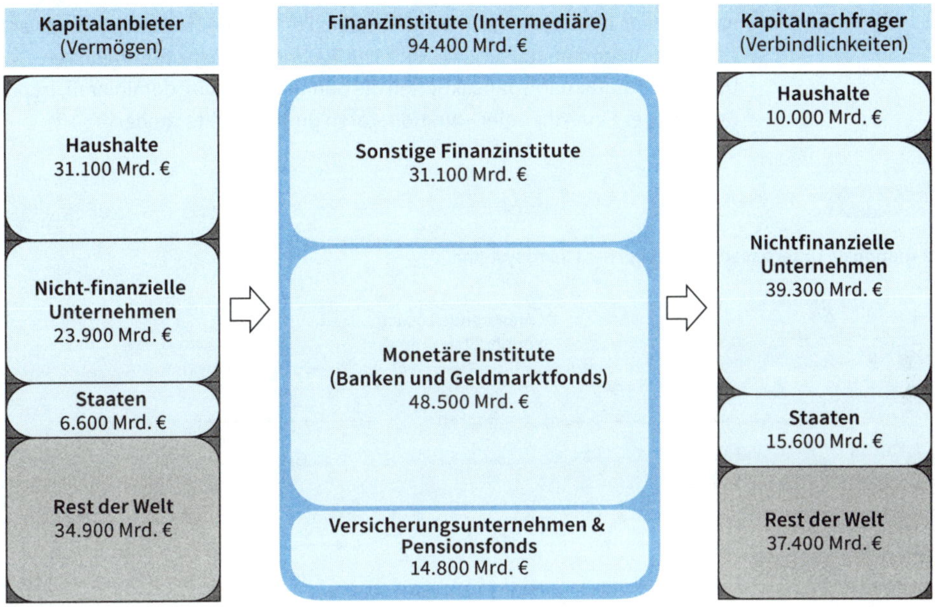

Quelle: European Commission 2015a

Internationale Unterschiede der Finanzsysteme

Die Ausführungen im vorangegangenen Abschnitt haben deutlich gemacht, dass sich das **Design der Finanzsysteme international signifikant unterscheidet**, wie Abbildung 12.21 noch einmal verdeutlicht. In **Kontinentaleuropa** werden (so auch Abb. 12.20) vor allem **Banken** als Intermediäre eingeschaltet. Sie kommen ihrer Funktion nach, indem sie insbesondere **Einlagen** von den Kapitalanbietern entgegennehmen und **Kredite** an die Kapitalnachfrager vergeben. In den **USA** besitzen dagegen **Wertpapiere** eine wesentlich höhere Bedeutung im Liquiditätstransfer – sowohl zur Deckung des Kapitalbedarfs als auch zur Vermögensanlage. Als Finanzintermediäre treten – ähnlich Banken – unterschiedliche Typen von **Investment-**(speziell die zuvor erwähnten Pensions-)**fonds** auf, die die von den privaten Haushalten erhaltenen Finanzmittel einer **(Betrags-, Laufzeit-, Risiko-)Transformation** unterziehen und anschließend an die Kapitalnachfrager weiterreichen, indem sie von ihnen emittierte Aktien und Anleihen erwerben. **Investment Banken** sind häufig auch in die »Konstruktion« der Finanztitel eingebunden.

Neben solchen »**Finanzproduzenten**« finden sich Intermediäre in der Rolle der »**Finanzhändler**«, die keine neuen Finanztitel kreieren, sondern bereits bestehende vertreiben. Da der Handel vielfach über Börsen läuft, bedarf es darüber hinaus der

»**Finanzauktionatoren**«, die geeignete Transaktionsplattformen zur Verfügung stellen. Und in einem weiten Begriffsverständnis können auch Sachverständige, Analysten oder Rating-Agenturen zu den Finanzintermediären gezählt werden, da sie Informationen über die Kapitalnachfrager an Märkte bringen (»**Finanzgutachter**«, Begriffe nach Breuer 1993, siehe dazu auch Rudolph 2006, S. 559, Horsch 2008). Zwar finden sich auch in Kontinentaleuropa sämtliche Typen von Finanzintermediären. Da in den USA aber Kapitalmarkttransaktionen die Bankfinanzierung dominieren, ist auch das Gewicht der Finanzhändler, -auktionatoren und -gutachter höher.

Abb. 12.21

Internationale Unterschiede im Design der Finanzsysteme

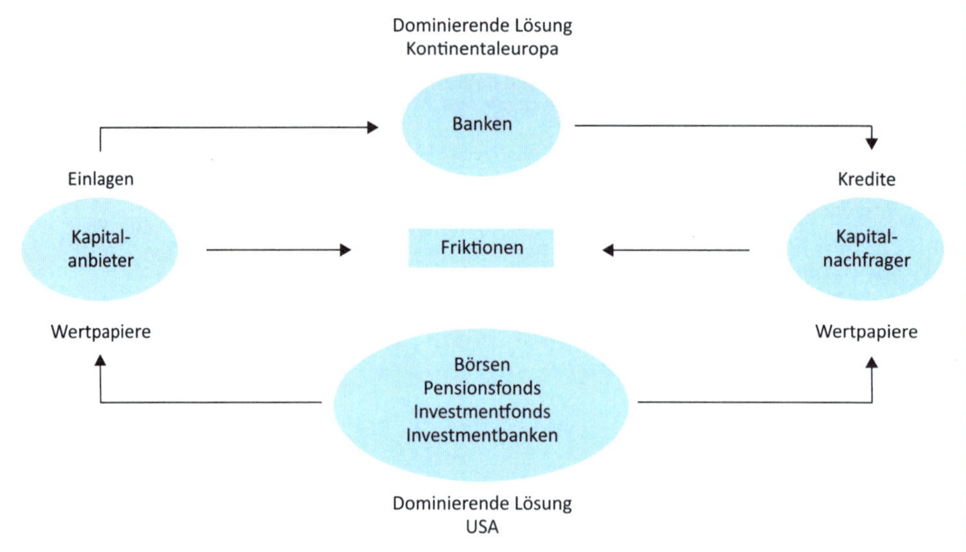

Die folgende Abbildung 12.22 greift diese zentralen Unterschiede in den Finanzsystemen noch einmal mit Blick auf die Unternehmensfinanzierung in kompakter Form auf und erweitert die Perspektive in **geographischer Hinsicht**. Während in den USA wie gesehen die Aktien- und Anleihefinanzierungen die höchsten Gewichte besitzen (die »Securitisation« = Verbriefung wird in Modul 12.3 behandelt), kommt dem Finanzintermediär Bank sowohl in der EU als auch Japan eine deutlich höhere Bedeutung zu. In China wiederum wirkt der Markt für Unternehmenskredite vergleichsweise unterentwickelt.

Im **Zeitverlauf** weisen die **Finanzsysteme** trotz der Globalisierung der Weltwirtschaft eine **hohe Stabilität** auf. So ist z. B. der Anteil der Eigenkapital- an der Gesamtfinanzierung der US-amerikanischen Unternehmen über die letzten 30 Jahre

Abb. 12.22

Struktur der Unternehmensfinanzierung im internationalen Vergleich in Prozent des Bruttoinlandsprodukts

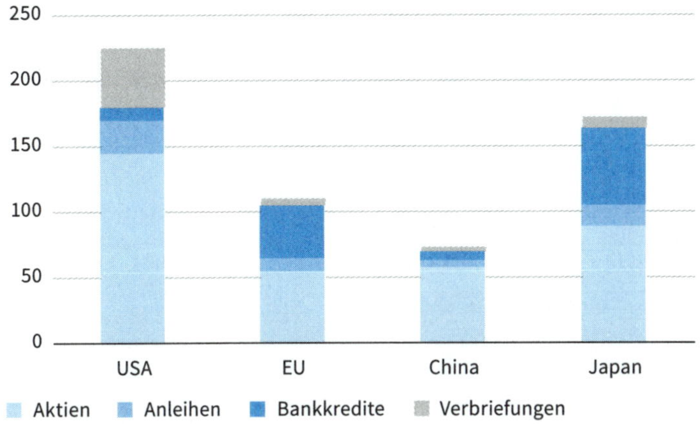

Quelle: Véron/Wolff 2016, S. 5

hinweg nahezu konstant geblieben (Abb. 12.23). Kontinuierlich verringert hat sich der Anteil des Bankkredits durch Verbriefung. In der Euro-Zone und Großbritannien verzeichneten Bankkredite dagegen bis zur Kulmination der Finanzmarktkrise durch die Insolvenz von Lehman Brothers im Herbst 2008 zunächst eine starke Expansion. Seither hat sich ihr Anteil an der Unternehmensfinanzierung indes wieder deutlich verringert.

Ursachen der Unterschiede

Sowohl die benannten Unterschiede in den Finanzsystemen selbst als auch deren Dauerhaftigkeit werfen die Frage nach ihren Ursachen auf. Einen Faktor stellt – wiederum der Regel »Finance has to fit the business« folgend – in diesem Zusammenhang die unterschiedliche **Struktur des Unternehmenssektors** dar. So sind die **Zahl und Bedeutung größerer Unternehmen** verglichen mit Europa **in den USA wesentlich höher**. Als »Large Companies« werden dort Unternehmen ab 500 Mitarbeitern in den offiziellen Statistiken geführt – 50 % der Beschäftigten arbeiten in diesem Segment. In der EU arbeiten dagegen nur 30 % in »Großunternehmen«, für die die statistische Schwelle bei lediglich 250 Mitarbeitern liegt. Auf der anderen Seite sind in »Kleinunternehmen« mit weniger als 20 Mitarbeitern in der EU 40 %, in den USA lediglich 20 % der Mitarbeiter beschäftigt (European Commission 2015c, S. 61 f.). Je kleiner aber ein Unternehmen, desto geringer ist sein Kapitalbedarf, so dass Kapitalmarktfinanzierungen weniger in Frage kommen. Auch das finanztechnische Know-how der Inhaber/Geschäftsführer und ihre Bereitschaft zu finanzieller Transparenz sind hierfür bei kleineren und mittelgroßen Unternehmen nicht ausreichend.

Abb. 12.23

Entwicklung der Struktur der Unternehmensfinanzierung in den USA, der Euro-Zone und Großbritannien im Zeitverlauf in Relation zum Bruttoinlandsprodukt

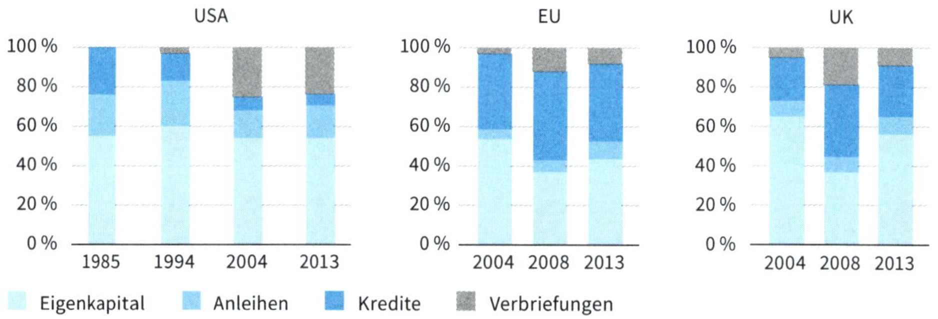

Quelle: Véron/Wolff 2016, S. 6

Darüber hinaus sind die **historischen Startbedingungen** und die sich daraus ergebenden **Pfadabhängigkeiten** in den Finanzsystemen zu berücksichtigen. So bildete sich in Europa bereits ab dem ausgehenden Mittelalter im 15. Jahrhundert ein zunehmend leistungsfähigeres Bankensystem heraus, das auch die vor allem im Zuge der Industrialisierung sprunghaft ansteigenden Kapitalbedarfe weitgehend decken konnte. Die Notwendigkeit großvolumiger Wertpapierfinanzierungen war demnach geringer, was die Entwicklung der Kapitalmärkte verzögerte. Umgekehrt hatte das US-amerikanische Bankensystem nicht zuletzt aufgrund der unterschiedlichen Gesetzgebung in den einzelnen Bundesstaaten lange Zeit einen Entwicklungsrückstand.

Dies leitet über zum sehr bedeutenden Faktor der **Regulierung**. Nach der Weltwirtschaftskrise 1929 wurde in den USA durch den Glass-Steagall Act von 1933 ein bis 1999 bestehendes Trennbankensystem eingeführt. Danach mussten sich Banken entscheiden, ob sie im durch Einlagen und Kredite geprägten Commercial oder dem wertpapierdominierten Investment Banking tätig sein wollten. Durch staatlichen Eingriff wurde insofern ein Teil des Finanzsystems zur Spezialisierung auf Kapitalmarkttransaktionen gezwungen. Hinzu kamen Beschränkungen der Commercial Banks in ihrer Standort- und Preispolitik und damit ihren Entwicklungsmöglichkeiten. Zu den regulatorischen Rahmenbedingungen zählen auch die unterschiedlichen **Rechtssysteme**. So unterscheidet sich etwa die Möglichkeit zur Durchsetzung individueller Rechtsansprüche, wie sie z. B. für individuelle Investoren gegenüber Unternehmen bedeutend sind, in angelsächsischen Rechtssystemen (Common Law) von den durch das Civil Law dominierten Rechtssystemen in den meisten europäischen Ländern. Auch **Steuersysteme** können die Entwicklung von Finanzsystemen beeinflussen – etwa wenn wie in Europa häufig Fremd- gegenüber Eigenkapital begünstigt und auf diese Weise die Entwicklung von Aktienmärkten gebremst wird.

Bereits hingewiesen wurde auf die Unterschiede in den Systemen der **Altersvorsorge**, die die Vermögenslage privater Haushalte in den USA wesentlich stärker an die Kapitalmarktentwicklungen koppeln. Dass sich diese Systeme etablieren konnten, weist aber auch auf einen **Mentalitätsunterschied** zwischen Kontinentaleuropa und den USA hin. Offenbar ist die Risikobereitschaft privater Haushalte in den USA, unter denen fast 60 % direkt und indirekt Aktien besitzen, größer als in Europa – speziell in Deutschland, wo dieser Wert bei knapp 15 % liegt.

Allein diese zentralen Faktoren machen deutlich, dass die Unterschiede zwischen Finanzsystemen **nicht monokausal** erklärt werden können. Das Set genannter und weiterer ökonomischer, kultureller und soziologischer Faktoren haben ihre Entwicklung geprägt. Speziell letztere wandeln sich – wenn überhaupt – nur über lange Zeiträume. Dies ist auch der Grund dafür, dass trotz aller Bemühungen um die Harmonisierung der europäischen Finanzmärkte immer noch gravierende Unterschiede mit Blick auf das Gewicht von Bankfinanzierung einerseits, Aktien- und Anleihefinanzierung andererseits bestehen (vgl. Abb. 12.24).

Abb. 12.24

Gewicht von Bank-, Aktien- und Anleihefinanzierung in den Unternehmen der EU in Relation zum Bruttoinlandsprodukt

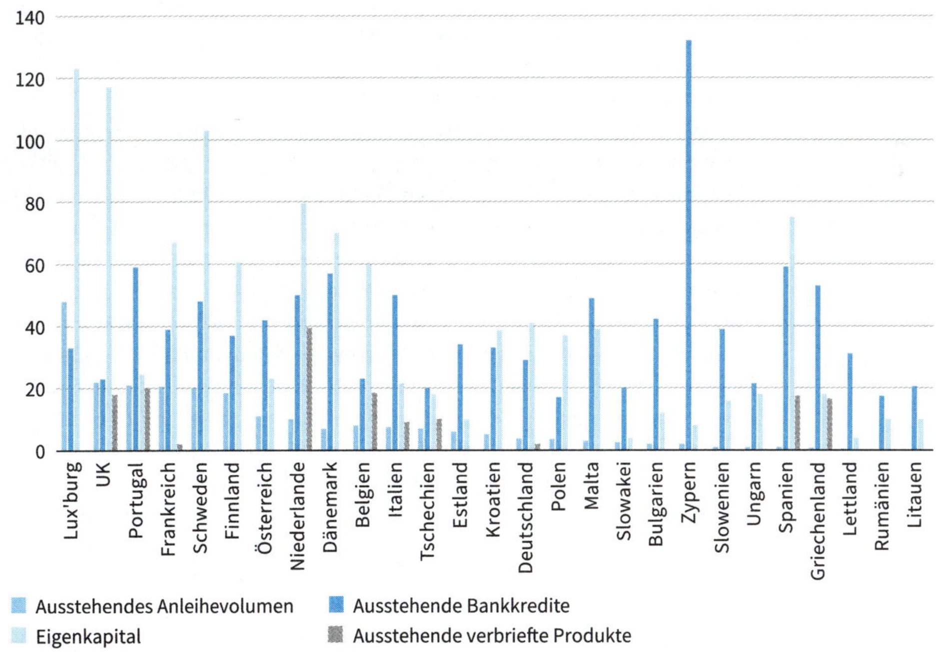

Quelle: Véron/Wolff 2016, S. 7

Prototypen von Finanzsystemen

Trotz dieser am Beispiel Europas demonstrierten Diversität der realen Finanzsysteme hat es sich in der Literatur eingebürgert, diese auf zwei Prototypen zu reduzieren, um damit leichter ihrem möglichen Einfluss auf Innovation, Wachstum, Beschäftigung etc. einer Volkswirtschaft nachgehen zu können. Auf diese Weise gegenübergestellt werden **»marktorientierte/-basierte/-dominierte«** und **»bank- bzw. kontrollorientierte/-basierte/-dominierte« Systeme** (vgl. grundlegend, ausführlich und mit weiteren Verweisen Allen/Gale 2000, Krahnen/Schmidt 2004, Schmidt/Hackethal/Tyrell 2002, Rudolph 2006, Brealey/Myers/Allen 2016, S. 861 ff., Kaserer/Rapp 2014 und jüngst Beck/Kaserer/Rapp 2015). Die folgende Abbildung 12.25 folgt dieser Unterscheidung, auch wenn die Bezeichnungen streng genommen nicht trennscharf sind. »Markt« und »Bank« schließen sich nicht aus, wird doch im einen Fall die Gesamtheit der Institutionen, Instrumente usw., im zweiten Fall der dominierende Intermediär benannt. »Markt« und »Kontrolle« sind ebenfalls keine Gegensätze, da auch die auf Märkten tätigen Institutionen (z. B. große Pensionsfonds) versuchen, Kontrolle über die Kapitalnachfrager auszuüben. Eine sinnvollere Unterscheidung könnte nach den vorangegangenen Ausführungen möglicherweise eher an den in der Unternehmensfinanzierung besonders bedeutenden Instrumenten ansetzen und **»wertpapierdominierte«** von **»(bank)kreditdominierten«** Systemen trennen.

Zusammenspiel der Elemente von Finanzsystemen

Auch wenn zuvor schon durch die Gegenüberstellung der USA und Europas zentrale Elemente markt- bzw. bankorientierter Finanzsysteme angesprochen wurden, sollen diese nun noch einmal in ihrem **Zusammenspiel** dargestellt und ergänzt werden. Es wird erkennbar, dass diese Elemente aufeinander abgestimmt sind und sich gegenseitig ergänzen (**Komplementarität**). Diese Passung kann auch als **Konsistenz** bezeichnet werden, die für **Stabilität** sorgt (Schmidt/Hackethal/Tyrell 2002, S. 18 f.).

Mit Blick auf die Beschaffung von **Eigenkapital** liegt der wesentliche Unterschied darin, dass marktorientierte Finanzsysteme durch einen hohen Anteil börsennotierter (Groß-)Unternehmen gekennzeichnet sind und die Aktienmärkte daher eine große Bedeutung besitzen. Die Unternehmensanteile sind meist breit gestreut und sowohl Publikumsaktionäre als auch Institutionelle Investoren (z. B. Pensionsfonds) durch eine Portfolioorientierung gekennzeichnet. Sie geben über ihre Aktienkäufe bzw. -verkäufe Signale der Zustimmung zur oder Ablehnung der Unternehmenspolitik an das Management. Insofern stellt der **Markt** ihren Einflusskanal dar. In bankbasierten Finanzsystemen sind Bedeutung und Größe der Aktienmärkte dagegen niedriger. Es dominieren nicht-börsennotierte, vielfach mittelständische Unternehmen. Die Eigentümerstruktur ist stärker auf den Unternehmer, seine Familie oder wenige Institutionelle Investoren konzentriert. Sie alle verbindet eine häufig dauerhafte Halteabsicht der Eigenkapitalanteile, so dass sie versuchen, über die damit verbundenen Mitgliedschaftsrechte **Kontrolle** auszuüben.

Wichtigstes Instrument im Bereich des **Fremdkapitals** sind in marktorientierten Systemen mit **Anleihen** Wertpapiere, deren Investoren breit gestreut sind und häufig wechseln können. Man spricht in diesem Zusammenhang auch vom **»Arm's Length Debt«**, womit die eher distanzierte, kurzfristigere, auf Einzeltransaktionen statt Dauerhaftigkeit ausgerichtete Beziehung zwischen der Unternehmung und ihren Gläubigern beschrieben wird (Rajan 1992). In bankbasierten Systemen hingegen dominieren **(Buch-)Kreditbeziehungen**. Die Gläubigerstruktur ist hoch kon-

Abb. 12.25

Prototypische Gegenüberstellung wichtiger Elemente von Finanzsystemen

Finanzsystem

	Marktorientiert = Outsider System	Kontrollorientiert = Insider System
Eigenkapital	• Aktienmärkte sehr bedeutend • Hoher Anteil börsennotierter Unternehmen • Hoher Anteil breit gestreuter Publikumsfinanzierung • Portfolioorientierung der Anleger, Einwirkung über Kauf-/Verkaufssignale	• Aktienmärkte wenig liquide, niedrige Marktkapitalisierung • Dominanz nicht-börsenorientierter Marktteilnehmer • Konzentrierter Eigenkapitalbesitz • Kontrollorientierung über Mitgliedschaftsrechte
Fremdkapital	• Gläubiger transaktionsorientiert • Arm‘s Length Debt in Form von Anleihen • Breite Streuung der Fremdkapitalgeber	• Relationship Lending • Dominanz der Kreditbeziehungen • Konzentration der Gläubiger (Hausbank(en))
Principal-Agent-Konflikt	• Eigentümer versus Management	• Institutionelle versus Minderheitsaktionäre • Bank versus Unternehmenseigner
Schutzvorschriften	• Kapitalmarktorientierte Regeln zur Rechnungslegung und Publizität • Vorschriften zur Corporate Governance im Gesellschaftsrecht: Begrenzte Rolle der Kontrollgremien (One Board System) • Kapitalmarktregeln: strikte Ablehnung Insiderhandeln; feindliche Übernahmen häufig; hoher Schutz Minderheitsaktionäre • Insolvenzregeln auf Gesamtheit der Stakeholder ausgerichtet	• Gläubigerschutzorientierte Regeln zur Rechnungslegung und Publizität • Vorschriften zur Corporate Governance im Gesellschaftsrecht: Bedeutende Rechte der Kontrollgremien (Two Board System) • Kapitalmarktregeln: weiches Verbot Insiderhandeln; feindliche Übernahmen selten; schwacher Schutz Minderheitsaktionäre • Insolvenzregeln gläubigerorientiert

Quelle: in Anlehnung an Rudolph 2006, S. 551

zentriert auf eine (oder wenige) **Hausbank**(en), die in langjährigen Beziehungen zu den Schuldnern steht (stehen). Die Einflussrechte resultieren aus individuellen vertraglichen Regelungen (**Covenants**) im Gegensatz zu den bei Anleihen meist **standardisierten Sicherungsklauseln**. Werden die im marktorientierten System eher anonymen Beziehungen als **outside control** bezeichnet, besitzen die Gläubiger in bankbasierten Systemen einen privilegierten Zugang zu Informationen und können insoweit eine **inside control** ausüben. Hierzulande waren die Hausbanken bis weit in die 1990er Jahre hinein über einen wechselseitigen Beteiligungsbesitz und auf dieser Basis auch Aufsichtsratssitze zusätzlich verflochten. Sie konnten somit über mehrere Kanäle z. T. exklusive Informationen gewinnen und Einfluss ausüben. Dieses Netzwerk – als **»Deutschland AG«** tituliert – löst sich erst in der letzten Dekade durch veränderte steuerliche Rahmenbedingungen und die Notwendigkeit zur Kapitalfreisetzung der Banken allmählich auf.

Aus den unterschiedlichen Hauptkapitalgebern resultieren auch anders gelagerte **Prinzipal-Agenten-Konflikte**. Entwickeln sich diese in marktorientierten Systemen primär zwischen den **Shareholdern** und dem **Management** des Unternehmens, entspringen sie in bankbasierten Systemen zum einen den Interessenskonflikten zwischen der (den) **Hausbank**(en) und dem **Management**. Zum anderen folgen aus dem konzentrierten Anteilsbesitz häufig auch Konflikte unter den Shareholdern, nämlich zwischen den dominierenden **Institutionellen Investoren** und den **Minderheitsaktionären**.

Zur Abmilderung der genannten Konflikte bestehen in Finanzsystemen beiderlei Typs **Schutzvorschriften**, die jedoch durch eine unterschiedliche Grundphilosophie gekennzeichnet sind (La Porta et al. 1997, 1998; Rajan/Zingales 2003). In marktorientierten Systemen sind Rechnungslegung und Publizität darauf konzentriert, den Investoren eine fundierte Basis für die angesprochenen Kauf- bzw. Verkaufssignale zu geben. Daher steht die **Informationsfunktion** und damit die möglichst frühzeitige Vermittlung eines realistischen Bildes der Risiken und Chancen eines Investments für alle Marktteilnehmer im Vordergrund (**Externalisierung** der Informationen). Bankbasierte Systeme sind dagegen durch **gläubigerschutzorientierte** Rechnungslegungs- und Publizitätsregeln gekennzeichnet, die die Risikoseite betonen und die **Internalisierung** von Informationen erlauben. – Auch das die Corporate Governance der Unternehmen prägende Gesellschaftsrecht sowie das Insolvenzrecht sind im einen Fall stark an den Interessen der Shareholder, im anderen Fall an denen der Gläubiger ausgerichtet; hierauf werden die Module 17 und 18 näher eingehen.

12.2.2 Stärken und Schwächen der Finanzsysteme

Markt- und bankbasierte Finanzsysteme haben sich nebeneinander entwickelt und behauptet; offenbar können sie also beide für die Unternehmensfinanzierung effektive Rahmenbedingungen sein. Die in den letzten Jahren deutlich angewachsene theoretische und empirische Literatur zu diesem Thema legt es indes nahe, dass beide Systeme ihre spezifischen Stärken und Schwächen besitzen (Levine 2002). Im Kern wird argumentiert: **Marktorientierte** Systeme befördern in stärkerem Maße **die Innovations- und Wachstumsdynamik** einer Volkswirtschaft, bankbasierte Finanzsysteme bewirken eine höhere **Nachhaltigkeit von Innovationen** und volkswirtschaftliche Stabilität.

Aus einer grundsätzlichen, nicht allein auf Finanzsysteme gerichteten Perspektive heraus sah der Nobelpreisträger von Hayek (Modul 1) die **wichtigste Funktion von Märkten** in der **»Verwertung von Wissen«**. Unvollständiges und zwischen den Wirtschaftssubjekten ungleich verteiltes Wissen führe nicht zur Behinderung des Wettbewerbs und sei keineswegs beklagenswert; denn erst Wissensunterschiede führten, soweit erkannt, zu Handlungen der Akteure, die den Wettbewerb und die wirtschaftliche Entwicklung fördern und vorantreiben. Wissensvorteile ermöglichen es Akteuren, Wettbewerbsvorteile aufzubauen. Durch die Beobachtung realer

Markthandlungen und insbesondere von Wettbewerbsvorteilen werden andere Wirtschaftssubjekte wiederum auf ihre eigenen Wissensdefizite aufmerksam. Ihre schlechtere Wettbewerbsposition gibt ihnen einen Anreiz, ihr Wissen zu vertiefen bzw. zu erweitern, vor allem in Bezug auf wirtschaftliche Tatbestände wie Tauschgelegenheiten und -verhältnisse. Der **Preismechanismus** wird so zum **Medium der Wissensaufdeckung und -vermittlung**, da Preise die Gesamtheit des zum Wirtschaftsgut aktuell vorhandenen Wissens reflektieren und die Akteure über die Angemessenheit ihrer Erwartungen und Planungen sowie die Defizite ihres Wissensstandes informieren und dadurch zu wettbewerblichem Handeln anreizen.

Das wissensorientierte Streben und Handeln der Akteure führt zu kontinuierlichen Prozessen individueller Wissenspreisgabe und -verbreitung, die das weit verstreute Wissen einer Gesellschaft verwerten (von Hayek 1952). Dabei entstehen auch Anreize, bislang nicht vorhandenes Wissen zu schaffen. Ein solcher **»Wettbewerb als Entdeckungsverfahren«** (von Hayek 1969) ist nur dann funktionsfähig, wenn die Individuen zur Einebnung der asymmetrischen Informationsverteilung, also zum »Wegschwemmen« der Wissensunterschiede motiviert sind, etwa durch Erzielung von Gewinnen. Daher setzt die durch Hayek geprägte evolutorische Wirtschaftstheorie bei der Organisation des »Suchprozesses« nach Tauschgelegenheiten auf das dezentralisierte Wissen aller Wirtschaftssubjekte, die um ihren individuellen Vorteil bemüht sind:

»Die Summe an Informationen, die sich in den Preisen widerspiegelt oder niederschlägt, ist vollständig das Ergebnis des Wettbewerbs oder zumindest der Offenheit des Marktes für jeden [...]. Der Wettbewerb wirkt als Entdeckungsverfahren, nicht nur dadurch, daß er jedermann, der die Gelegenheit hat, besondere Umstände auszunutzen, die Möglichkeit gibt, dies profitabel zu tun, sondern auch dadurch, daß er den anderen Parteien die Information vermittelt, daß es eine solche Gelegenheit gibt. Dank dieser Vermittlung von Information in kodierter Form sichern die konkurrierenden Anstrengungen des Marktspiels die Nutzbarmachung weit verstreuten Wissens.« (von Hayek 1981, S. 161)

Marktorientierte Finanzsysteme: Mehr Innovationsdynamik ...

Diesen Mechanismus nutzend, werden in marktorientierten Finanzsystemen Informationen daher wesentlich schneller an eine große Zahl möglicher Investoren transportiert. Angesichts der Vielfalt (**Diversität**) der Meinungen und Einschätzungen gerade mit Blick auf **bahnbrechende Innovationen** wie gänzlich neue Geschäftsmodelle, bislang vollständig unbekannte Produkte, Herstellungsverfahren, Vertriebswege usw. ist die Wahrscheinlichkeit hoch, dass sich in der nahezu unendlichen Masse potenzieller Investoren auch solche finden, die auf den Markterfolg dieser Neuerungen setzen (Allen/Gale 1999, Levine 2002). Ist die Zahl der Kapitalanleger hinreichend groß, sollte auch eine »faire« Bewertung der kapitalnachfragenden Unternehmung und Ableitung der Risikoprämie der Investoren gewährleistet sein. Über das dominierende Instrument des Wertpapiers (in der Form der Aktie bzw. der Anleihe) kann das Risiko des Investments entsprechend den Präferenzen der Investoren allokiert, breit gestreut und damit »auf viele Schultern verteilt« werden. Aufgrund der hohen Handelbarkeit (Fungibilität) der Papiere ist den Investoren ein jederzeitiger Aus- und auch wieder Einstieg möglich, wenn sich ihre Einschätzung des finanzierten Unternehmens verändert haben sollte.

Um möglicherweise hochinnovative, aber noch nicht börsenreife Unternehmen mit Eigenkapital auszustatten, haben sich in marktorientierten Finanzsystemen **spezielle Intermediäre** herausgebildet. **Venture Capital**-Gesellschaften als Untergruppe von **Private Equity**-Gebern stellen außerbörslich privates Haftkapital für besonders riskante Lebensphasen der Unternehmung – so auch die Frühphase bis zur und nach der Gründung – zur Verfügung (ausführlich Rudolph 2006, S. 217 ff., Weber 2006). Von großer Bedeutung waren und sind diese Intermediäre speziell im Hochtechnologiesegment. Gründer streben hier oft radikale Veränderungen an, haben aber zumeist weder eine Kredithistorie noch materielle Sicherheiten, sondern lediglich ihr Know-how vorzuweisen. Diese Gruppe ist von den standardisierten Bonitätsbeurteilungsverfahren der Banken kaum richtig einzuordnen. Venture Capital-Geber – gerade wenn sie mehrere Beteiligungen in einer Branche besitzen – haben in diesen Fällen eine bessere Beurteilungskraft mit Blick auf neue Geschäftsmodelle und stellen den Gründern zumeist auch »smart money« in Form von Expertise, Netzwerkkontakten etc. zur Verfügung. Dies tun auch **Business Angels**, d. h. Privatpersonen, die häufig selbst unternehmerisch tätig waren oder sind und sich sowohl mit Privatkapital an Start-ups beteiligen als auch Hilfestellung durch ihr Know-how leisten. Bezeichnend für den Unterschied der Finanzsysteme, aber auch die Risikoeinstellung der Investoren ist es, dass im Gegensatz zur erheblichen Größe der privaten Venture Capital-Fonds in den USA, dieses Kapitalmarktsegment in Europa und speziell Deutschland unterentwickelt ist. Hierzulande mühen sich öffentliche Venture Capital-Geber (z. B. Förderbanken) seit Jahren, einen leistungsfähigeren Markt für »Risikokapital« anzuschieben.

Bei Kapitalmarktfinanzierungen sind die **Beziehungen** zwischen den Unternehmen und ihren Investoren sowohl **standardisiert** als auch **distanziert**. Ersteres hat den Vorteil, dass die Mindestanforderungen z. B. an die Corporate Governance des Kapitalnehmers, die für den Erfolg der Unternehmung und den Schutz der Kapitalanleger gerade bei bahnbrechenden, Hochrisiko-Investitionen unerlässlich sind, eingehalten werden (Kaserer/Rapp 2014). Die größere Anonymität des Wertpapiermarktes bringt es mit sich, dass eher eine **»Strategie der großen Sprünge«** (Big Leaps) eingeschlagen wird. Diese besitzt zwar eine geringere Treffsicherheit, aber auch eine bessere Kommunizierbarkeit gegenüber den Stakeholdern, die »nicht immer wieder von der Richtigkeit der langfristigen Strategie überzeugt werden müssen« (Rudolph 2006, S. 555). In Zeiten tiefgreifender technologischer Umbrüche liegt hier ein großer Vorteil: Das eher kurzfristige Denken der Investoren (**short termism**, Dallas 2012) fördert die **schnellere Umsetzung auch radikaler Wandlungen** (in) der Unternehmung und wirkt im Erfolgsfall als Wachstumstreiber.

Durch den vergleichsweise leichten Zugang zu einem breiten Aktien- und Anleihemarkt besitzen die Unternehmen zudem eine **höhere finanzielle Flexibilität** und damit Reaktionsgeschwindigkeit (Rapp/Schmidt/Urban 2014): Investitionen besonderer Größe und/oder außergewöhnlich hohen Risikos (z. B. Unternehmensübernahmen) können ohne langen Vorlauf realisiert werden. Denn sollte die bisherige Eigen- und/oder Fremdkapitalausstattung hierfür nicht ausreichen, können die Unternehmen – entsprechende Bonität vorausgesetzt – davon ausgehen, dass sie eine ausreichende Zahl von Investoren gewinnen werden.

Auch wenn Innovationen nicht monokausal durch die Finanzierungsseite von Unternehmen angestoßen und ermöglicht werden, gibt es doch einen empirisch nachweisbaren, **starken Nexus zwischen den Innovationen einer Unternehmung und ihrer Finanzierung** – ohne die Wirkungsrichtung immer präzise bestimmen zu können. Denn wenn man misst, dass Unternehmen, die stark auf Innovationen setzen, auch einen »moderneren« Finanzierungsmix aufweisen, der Instrumente außerhalb der Banken einschließt (Belege bei Paul/Stein 2010) sowie europäische Unternehmen mit hoher Intensität in Forschung und Entwicklung eine höhere Eigenkapitalausstattung besitzen, kann die Innovations- von der Finanzseite getrieben sein oder umgekehrt. Es dürfte jedoch kein Zufall sein, dass gerade diejenigen Unternehmen, die in den letzten Jahren bahnbrechend wirkten, aus den USA kamen – also dem Paradebeispiel eines Landes mit marktorientiertem Finanzsystem (Hsu/Tian/Xu 2014). Unter den nach ihrer Börsenbewertung 10 wertvollsten Unternehmen der Welt befinden sich Apple, Google und Microsoft derzeit auf den Podiumsplätzen, es folgen Amazon und Facebook kurz dahinter.

… aber auch Volatilität

Wenn für marktorientierte Finanzsysteme ein im Vergleich **stärkerer Einfluss auf das Wirtschaftswachstum** konstatiert wird (Demirgüç-Kunt/Levine 2001, Gambacorta/Yang/Tsatsaronis 2014; European Commission 2015a; Beck/Kaserer/Rapp 2015), so hat dies eine positive und eine negative Seite: Aufschwünge, auch Erholungen nach schweren Krisenphasen, erfolgen schneller und mit größerer Wirkkraft (Allard/Blavy 2011). Andererseits schlagen Finanzmarktzyklen auch stärker negativ auf die Volkswirtschaft durch, wie z. B. das Platzen der »Dot.com-Blase« in den USA Anfang der 2000er Jahre zeigte. Der Euphorie über die ersten internetbasierten Geschäftsmodelle folgte Ernüchterung und ein dramatisches Abstürzen der Kurse. Dieses Beispiel macht zudem deutlich: Das kurzfristige Denken der Investoren kann zu Überreaktionen führen, indem sie ebenso (vor)schnell, wie sich haben begeistern lassen, nun (zu schnell) den Glauben an den Erfolg bestimmter Geschäftsmodelle verlieren und desinvestieren. Dabei zeigt sich vielfach ein **Herdenverhalten**, bei dem Meinungsführern gefolgt wird, statt eigene, fundierte, aber zeitintensivere Analysen anzustellen (De Bondt/Thaler 1987 und Modul 13 zu der diese Phänomene aufgreifenden Behavioral Finance). – In der Gesamtschau tragen marktorientierte Finanzsysteme demnach (mit allen Vor- und Nachteilen) zu mehr **Volatilität** der wirtschaftlichen Entwicklung bei.

Bankorientierte Finanzsysteme: Kontinuierliche Innovationen, mehr Nachhaltigkeit

Auch in bankorientierten Finanzsystemen werden unternehmerische Innovationen unterstützt, diese besitzen aber andere Charakteristika. Sie sind meist stark mit der Person des Unternehmers verbunden (und daher nur aus dem langjährigen Kontakt zwischen Bank und Unternehmen beurteilbar) und hochkomplex (damit schwer kommunizierbar). Der kontinuierliche, vertrauensvolle Umgang zwischen Gläubiger und Schuldner ermöglicht es, eine **langfristige Strategie** aus einer Folge kleiner und präziser Schritte (Small Steps) zu verfolgen. Zwischenzeitliche Anpassungen sowohl der real- als auch der finanzwirtschaftlichen Seite (Aufstockungen des Betrages, Zahlungsstundungen etc.) der Investitionen sind aufgrund des kontinuierlichen, persönlichen Kontakts zwischen Unternehmen und Bank wesentlich leichter möglich. Sie verursachen geringere Kosten, da nur mit **einer** (bekannten) **Partei** statt einer Vielzahl (anonymer) Wertpapierinvestoren verhandelt werden muss (**Flexibilitätsvor-**

teile der Bankenintermediation, vgl. auch Modul 9). Und sie können auch durch nur eine Partei effektiver überwacht werden (**Delegated Monitoring**, ebenfalls Modul 9). Die Internalisierung exklusiver Informationen macht es den Unternehmen auch möglich, ihre Innovationen länger »unter der Decke« zu halten und gegenüber ihren Konkurrenten **Wettbewerbsvorteile aufzubauen**. Dies entspricht dem Wunsch vieler gerade kleiner und mittelgroßer Unternehmen nach eher **weniger Transparenz** über das eigene Handeln (vgl. auch Modul 16). Als Resultat besitzt speziell die deutsche Volkswirtschaft zahlreiche Weltmarktführer, die der breiteren Öffentlichkeit nahezu unbekannt sind (»**Hidden Champions**«).

Aufgrund der vergleichsweise beschränkten Möglichkeit der Wertpapier-Finanzierung müssen Unternehmen in bankbasierten Finanzsystemen jedoch vergleichsweise **konservativere Strategien** mit Blick auf ihre **Kapitalstrukturen** verfolgen. Da die Unsicherheit über die Verfügbarkeit von Eigenkapital größer als in marktorientierten Systemen ist, müssen sie mehr von dieser – vergleichsweise teureren – Ressource vorhalten, um ihre Flexibilität und unternehmerischen Reaktionsmöglichkeiten nicht zu gefährden (Kaserer/Rapp 2014).

Viel spricht daher dafür, dass in bankorientierten Finanzsystemen weniger solche Innovationen eine Chance haben, die disruptive Einschnitte bedeuten, sondern eher **kontinuierliche Weiterentwicklungen** in tendenziell **reifen Industrien** und deren **nachhaltige Umsetzung**.

Geringere Wachstumsdynamik, mehr Stabilität

In Bezug auf die Wachstumsimplikationen des Finanzsystems zeigen sich wieder zwei Seiten einer Medaille. Wenn bankbasierten Systemen die Wachstumsdynamik marktorientierter Systeme fehlt (European Commission 2015a, S. 19 ff.), so fallen volkswirtschaftliche Aufschwünge schwächer aus, und es dauert länger, bis Krisen überwunden sind. Ein »**bankbias**« (Langfield/Pagano 2015) – wie in Europa – impliziert auch ein **höheres systemisches Risiko** (in) der Kreditwirtschaft: krisenhafte Ansteckungseffekte unter Banken, die ihre Finanzierungskraft über längere Zeiträume beschädigen können. Kleinen und mittelgroßen Unternehmen, die in Bankbeziehungen »eingeschlossen« sind, fehlt dann die Finanzierungsalternative, und es droht die **Gefahr, dass wertschaffende Investitionen unterbleiben**. Andererseits wirkt das bankendominierte Finanzsystem aber auch **schockabsorbierend**, da die **Relationships** bei Krisen der Kreditnehmer die wichtigste Außenfinanzierungsquelle nicht sofort versiegen lassen. Empirische Studien deuten auf ein **besonders Verantwortungsbewusstsein der Hausbank(en)**, da diese die zur Verfügung gestellten Kreditvolumina eher noch ausweiten. Auch hier sind die Ergebnisse indes nicht eindeutig und könnten sowohl von der Zahl der Hausbanken als auch der Art der Krisen (eines einzelnen Unternehmens, einer Branche usw.) abhängen (vgl. Berger/Udell 2006, Elsas 2001, 2005, Elsas/Krahnen 1998, Rauterkus 2009, Chirinko/Elston 2006, Fuss/Vermeulen 2008, Hernández-Cánovas/Martinez-Solano 2010, Arbeitskreis Finanzierung 2014, Bolton/Freixas/Gambacorta/Mistrulli 2016).

An dieser Stelle sei noch einmal betont, dass die vorstehenden Ausführungen lediglich **Tendenzaussagen** sind, die sich auf die Innovations- und Wachstumswirkungen für ein »Durchschnittsunternehmen« der jeweiligen Volkswirtschaften beziehen, das in der Realität so aber nicht existiert. Gerade mit Bezug auf **Großunternehmen** hat sich die vormals strenge **Dichotomie »Kapitalmarkt versus Bank«**

aufgelöst, ist in der Finanzierung ein **Neben- bzw. Miteinander der Nutzung beider Kapitalquellen** erkennbar (Demirgüç-Kunt/Feyen/Levine 2013, Arbeitskreis Finanzierung 2014). Diese Unternehmen haben sich auch in bankbasierten Systemen in den beiden letzten Dekaden stärker von der Finanzierung über Kreditinstitute abgewandt, ohne vollständig auf sie zu verzichten (vgl. die Zustandsbeschreibung bis 2000 bei Rudolph 2002, für die Entwicklung danach Beck/Kaserer/Rapp 2015). Auch deshalb ist der in der Literatur vielfach benutzte Begriff der **»Disintermediation«** unzutreffend. Selbst wenn die Bankenintermediation mit Blick auf Großunternehmen gelitten hat, spielen nun eine Reihe anderer Intermediäre (Investmentfonds, Börsen etc.) eine größere Rolle (vgl. bereits Paul 1994, S. 52 ff.). Statt einer »generellen« Disintermediation im Sinne eines »ersatzlosen« Funktions- und Bedeutungsverlustes von Intermediären sind verschiedene »ersetzende« Formen anzutreffen (Begriffe nach Horsch 2008, S. 82 f.).

Kapitalmarktunion: Das Beste aus zwei Welten?

Vor diesem Hintergrund richtet sich das im Einstiegszitat angesprochene, 2015 begonnene Kommissionsprojekt zur Schaffung einer **Kapitalmarktunion** darauf, bis 2019 speziell **kleineren und mittelgroßen Unternehmen** auch den **Kapitalmarktzugang** zu verschaffen, damit neue Finanzierungsoptionen zu eröffnen und Innovationen auszulösen (Europäische Union 2015a, Deipenbrock 2017). Kombiniert werden soll damit **»das Beste aus zwei Welten«** – wie im Einstiegszitat benannt: ergänzend zum bankorientierten Finanzsystem Elemente des marktorientierten. Auch Teile der neueren Literatur sprechen sich dafür aus, Finanzsysteme anzustreben, die Elemente beider Prototypen miteinander verzahnen und sich im Sinne einer **»co-evolution«** wechselseitig anpassen (Song/Thakor 2010, Demirgüç-Kunt/Feyen/Levine 2013, Levine/Lin/Xie 2015).

Ob es aber auf diese Weise zu einer **Konvergenz der Systeme** kommt, erscheint **fraglich**, denn – zurückkommend auf Schmidt/Hackethal/Tyrell (2002) – bedeutend für das Funktionieren eines Finanzsystems ist die **Passung seiner Elemente**. Es muss daher skeptisch gesehen werden, dass Maßnahmen wie z. B. eine Verringerung der Anforderungen an die Prospekte von Anleihen ausreichen sollen, größere Mittelständler in Europa zu einer Kapitalmarktemission zu bewegen. Denn für die unterschiedlichen »Finanzierungskulturen« sind – wie angesprochen – eben auch unterschiedliche (z. B. Risiko-)Einstellungen und Mentalitäten (etwa mit Blick auf Transparenz) verantwortlich, die sich nur schwer harmonisieren lassen dürften und die **trotz der Globalisierung** eine **hohe Persistenz** aufweisen.

Im folgenden Abschnitt werden exemplarisch drei wichtige Treiber der Entwicklung von Finanzsystemen vorgestellt und anhand aktueller Beispiele verdeutlicht. Dabei beginnt die Betrachtung mit der durch die Regulierung der Finanzmärkte hervorgerufenen Verbriefung. Es folgt die Beleuchtung des Einflusses technologischer sowie realwirtschaftlicher Veränderungen (plastische Beispiele für die Wirkung dieser Treiber bis Mitte der 1990er Jahre bei Süchting 1995, S. 402 ff.).

12.3 Treiber der Entwicklung von Finanzsystemen

12.3.1 Regulierung: Das Beispiel der Verbriefung

12.3.1.1 Zentrale Elemente von Verbriefungs-Transaktionen

Definition und Bewertungswandel

Unter Verbriefung bzw. Securitization wird allgemein die **Tendenz zur Ausgestaltung von Finanzierungsbeziehungen in Form von Wertpapieren** verstanden. Dabei lassen sich unterscheiden

- die **Verdrängung** von Bankkrediten durch Wertpapierfinanzierungen und
- die **Auslagerung** von Buchkrediten (bzw. den mit ihnen verbundenen Risiken) aus den Bilanzen von Finanzdienstleistern und auch Nichtbanken sowie ihre Nutzung als Unterlage in Wertpapierfinanzierungen.

Im letzten Abschnitt wurde bereits auf den Prozess der Substitution der (zumeist) von Banken vergebenen Buchkredite durch Wertpapierfinanzierungen eingegangen, im Zuge dessen sich gerade Großunternehmen seit den 1990er Jahren verstärkt Kapitalmarktfinanzierungen zugewandt haben. Die folgenden Ausführungen konzentrieren sich daher auf die zweite Unterform, die als **Asset Backed Securitization** bezeichnet wird. Ihre Bewertung hat in der zurückliegenden Dekade eine erstaunliche **Metamorphose** durchlaufen (Paul/Frank 2015). Vor 20 Jahren wurden dieser Finanzinnovation (zumindest in Deutschland) nur geringe Zukunftsaussichten eingeräumt, da es sich um den »letzten finanziellen Rettungsanker« für Unternehmen handle. Im Finanzmarktförderplan 2006 der Bundesregierung war dagegen von einem »Schwerpunkt Verbriefung« die Rede, der »von besonderer Bedeutung für die Finanzierungsbedingungen am Wirtschaftsstandort Deutschland« sei. In der Finanzmarktkrise wurde die Verbriefung als »Brandbeschleuniger« bezeichnet, doch seit 2014 setzt die EZB bei der »Brandbekämpfung« u. a. auf den Ankauf von Asset Backed Securities (ABS).

Konstruktionselemente ABS

Kern einer ABS-Transaktion ist die rechtliche **Verselbstständigung** bestimmter Vermögensgegenstände (**Assets**) – dies sind zumeist **Forderungen** – und deren Verwendung als alleinige Unterlage (**Collateral**) für so gesicherte (**Backed**), am Kapitalmarkt handelbare Wertpapiere (**Securities**), die von einer Zweckgesellschaft emittiert werden: **Asset Backed Securities (ABS)**. Bedient werden die Ansprüche der Wertpapierinvestoren dann allein aus der Cashflow-Struktur, die aus den verselbstständigten Vermögenswerten resultiert; eventuell kommen in meist eng begrenztem Umfang Sicherungsleistungen dritter Parteien hinzu. Insofern ergibt sich ein gewichtiger **Unterschied zu einer Unternehmensanleihe üblicher Ausstattung**, wie sie in Modul 11 beschrieben wurde. Zur Ableitung der Zins- und Tilgungsleistungen für die Investoren dient bei Corporate Bonds der gesamte Unternehmens-Cashflow und im Konkursfall auch der Verwertungserlös aus den gesamten Aktiva der Unternehmung gemäß Rangfolge der Gläubiger (Modul 17). ABS-Investoren sind nahezu ausschließlich auf die **Cashflows (CF) der ausgelagerten Forde-**

rungen (und deren eventuelle Besicherungsgegenstände) angewiesen. Damit ergibt sich folgende **Grundkonstruktion** der ABS-Finanzierung (vgl. zu den institutionellen Details Arbeitskreis Finanzierung 1992, Paul 1994, Rudolph et al. 2012, Kapitel 3):

Abb. 12.26

Grundkonstruktion der ABS-Finanzierung

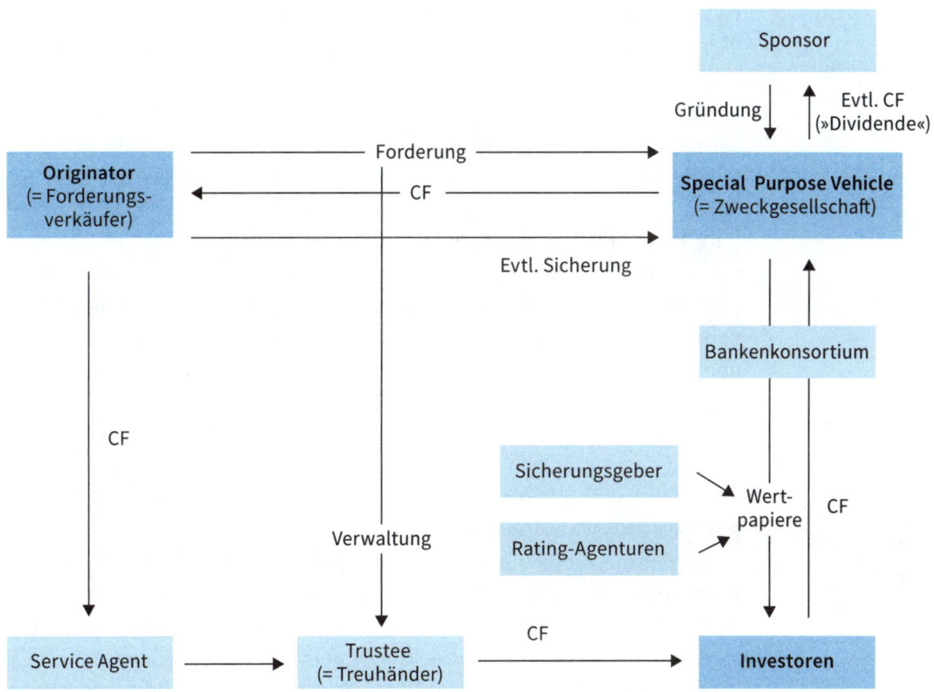

Quelle: Paul 1994, S. 131

ABS-Beziehungsdreieck

Im Mittelpunkt steht das Beziehungsdreieck **Originator** (Forderungsverkäufer) – **Special Purpose Vehicle** (Zweckgesellschaft) – **Investoren** (Wertpapierkäufer). Eine Unternehmung oder Bank verkauft im »True Sale«-Fall abschließend und ohne Rückgriffsrecht im Insolvenzfall Forderungen an eine Zweckgesellschaft (SPV); im Gegenzug fließen ihr Cashflows zu. In der **synthetischen Variante** von Verbriefungstransaktionen wird vom Originator ausschließlich das Ausfallrisiko eines Kreditportfolios übertragen, die Forderungen selbst verbleiben in seiner Bilanz. Bei einer solchen Unfunded-Verbriefung entfällt der Liquiditätszufluss.

Das **SPV** wurde von einem **Sponsor** gegründet, der dieses in der Mehrzahl der Fälle auch (anteilig) besitzt. Das Vehikel tritt als Emittent auf und placiert (über ein Bankenkonsortium) ABS bei den Investoren. Das **Vehikel** ist eine reine **»Durchleitungsröhre«** (conduit) für die Cashflows der Forderungsschuldner, die un- oder kaum verändert (pay bzw. pass through) an die ABS-Investoren weitergereicht werden. In der Regel sind die Wertpapiere mit sehr geringen, am durchschnittlichen Verlust der Vorperioden ausgerichteten **Sicherungszusagen** aus der Struktur selbst, durch den Originator oder dritte Parteien versehen. **Rating-Agenturen** prüfen als »Anwälte der Investoren« die Wertpapierunterlegung sowie die komplette Emissionsstruktur zum Zwecke der Qualitätseinstufung der Papiere.

Theoretisch könnte das SPV das Management für die ihm übertragenen Forderungen, z. B. die Überwachung der Zahlungseingänge, selbst durchführen. Da das Vehikel jedoch lediglich zur Separation der Vermögenswerte aus (insbesondere) insolvenz- und handelsrechtlichen Gründen konstruiert wird, erfüllt oftmals der Originator dessen wirtschaftliche Aufgaben, indem er die Rolle des **Service Agent** übernimmt. Bei den übertragenen Forderungen führt er u. a. die Debitorenbuchhaltung, betreibt das Mahnwesen und leitet die Cashflows zu den vereinbarten Terminen an den Treuhänder (**Trustee**) weiter. Dieser ist damit erstens in die zwischen dem Service Agent und den Investoren fließenden Zahlungsströme (Zins und Tilgung) eingeschaltet und fungiert hier als Hauptzahlstelle. Zweitens verwaltet er die übertragenen Forderungen treuhänderisch für die Investoren; ihm kommt daher auch die Verwertung im Insolvenzfall oder teilweise schon bei Zahlungsausfällen bzw. -verzögerungen in bestimmter Höhe zu. Neben dieser Aufgabe im »worst case« hat er die regelmäßigen Berichte des Servicer zu prüfen und ist eventuell auch für die Reinvestition überschüssiger Cashflows zuständig. Insgesamt agiert er damit ebenfalls als Sachwalter der Anleger.

Entstehung und Arten von ABS

Bei den aus dieser Transaktion hervorgehenden ABS lassen sich (in chronologischer Reihenfolge ihrer Entwicklung) folgende **Arten** unterscheiden:

- **Mortgage Backed Securities**, die bereits während der 1970er Jahre in den USA entstandene Form der Verbriefung hypothekarisch gesicherter Kredite. Hierbei werden Verbriefungen von privaten (residential) und gewerblichen (commercial) Hypothekenkrediten unterschieden (RMBS/CMBS). Auslöser der Verbriefung war die bereits angesprochene **Regulierungsvorschrift**, die die Geschäftstätigkeit eines Kreditinstituts auf den Bundessstaat seines Hauptsitzes beschränkte. Über die **Weitergabe** von ursprünglichen Buchkrediten an den Wertpapiermarkt wurden **zwei traditionell getrennte Teilsegmente des Finanzsystems miteinander vernetzt** (in den USA wird daher auch von **»Credit Securitization«** gesprochen). Durch diese Umgehung der gesetzlichen Vorschrift (**Regulierungsarbitrage**) gelang ein Kapitalausgleich zwischen Bundesstaaten mit hoher Nachfrage nach Immobilienfinanzierungen und solchen mit einem Finanzmittelüberschuss aufgrund einer besonders ausgeprägten Spartätigkeit und mangelnder Kreditnachfrage. Dieser Umgehungsprozess wurde sogar politisch dadurch gefördert, dass mehrere staatliche Einrichtungen (FNMA Federal National Mortgage Association (»Fannie Mae«), GNMA Government National Mortgage Association, FHLMC Federal Home Loan Mortgage Corporation (»Freddie Mac«)) Ausfallgarantien für die Hypotheken gaben, die die Verbriefung wesentlich erleichterten. Die MBS besitzen insofern Ähnlichkeit mit dem seit fast 300 Jahren in Deutschland von Hypothekenbanken ausgegeben Pfandbriefen, unterscheiden sich von diesen jedoch wiederum durch die direkte Durchleitung der Cashflows genau spezifizierter Forderungen.

- **Asset Backed Securities im engeren Sinne**, also Verbriefungen von (insbesondere) Auto- und weiteren Konsumentenfinanzierungen, Forderungen aus (echten) Kreditkarten (in den USA und Großbritannien als Pendant zum Dispositionskredit verbreitet), Leasingforderungen und Studierendenkrediten, die in den 1980er Jahren entstanden.
- **Collateralised Debt Obligations (CDOs)** sind ein Sammelbegriff für Verbriefungen von **Unternehmenskrediten** (Collateralised Loan Obligations, CLOs) und **Unternehmensanleihen** (Collateralised Bond Obligations, CBOs) sowie die erneute Einkleidung bereits verbriefter Forderungen in Wertpapiere (**Mehrfachverbriefungen**).

Diese für ABS primär verwendten Forderungsarten weisen auf die **zwingenden Voraussetzungen einer Verbriefung** hin: (1) Separierbarkeit (auch der eventuell eingeräumten Sicherheiten), (2) Ableitbarkeit eines Cashflow dem Grunde nach und (3) dessen Prognostizierbarkeit: Umfangreiches, weit in die Vergangenheit zurückreichendes und z.T. auch öffentlich verfügbares statistisches Material über Zahlungsausfälle, -verzögerungen, vorzeitige Tilgungen in Abhängigkeit von Marktzinsänderungen usw. erlauben bei diesen Forderungen vergleichsweise treffgenaue Cashflow-Prognosen. Damit ermöglichen sie die Ableitung relativ enger Bandbreiten bei der Dimensionierung notwendiger Sicherungslinien und reduzieren die Unsicherheiten der ABS-Investoren im Rahmen des Pricing, führen also zu (Kapital-)Kostenvorteilen für den Originator. Solche resultieren auch aus weiteren, die Verbriefung gerade dieser Kreditformen **begünstigenden Faktoren**, wie z. B. die Gleichartigkeit der Vermögensgegenstände, deren Mindestvolumen und -laufzeit sowie ihre Besicherung mit marktgängigen Objekten hoher Wertbeständigkeit (z. B. Häuser, Fahrzeuge).

Sicherungskonstruktionen

Sicherungskonstruktionen sind notwendig, um verspätet eingehende oder definitiv ausbleibende Zahlungen der Forderungsschuldner (**Liquiditäts-** bzw. **Ausfallrisiko**) bis zu einer gewissen Grenze aufzufangen. Neben z. B. Garantien von Banken dominieren Sicherungen in der Emissionsstruktur, vor allem

- die **Overcollateralization (Übersicherung)**: Hierbei übersteigt das an das SPV übertragene Forderungsvolumen den Nominalwert der emittierten Wertpapiere. Es soll sichergestellt werden, dass auch bei Cashflow-Defiziten ausreichend Liquidität zur Begleichung der Zins- und Tilgungsansprüche der Investoren vorhanden ist. Nicht benötigte Gelder fließen letztlich an den Originator zurück.
- die **Subordination (Nachordnung)**: Kreiert werden zwei (oder mehrere) unterschiedliche Klassen von ABS. Die Investoren erwerben die Senior Class(es), der Originator oder eine dritte Partei die Junior Class, die lediglich einen Bruchteil der Emission umfasst. Von den Forderungen eingehende Cashflows werden nach dem **Wasserfall-** oder **Kaskadenprinzip** zunächst auf die Senior Class(es)

und erst wenn deren Ansprüche vollständig bedient sind auf die Junior Class zugeteilt. Die Junior-Tranchen (auch als »equity/first loss piece« bezeichnet) sind also den Senior-Tranchen nachgeordnet, dienen ihnen als Verlustpuffer. Kommt es zu Zahlungsverzögerungen oder Forderungsausfällen, werden die Ansprüche der Junior-Investoren nicht vollständig befriedigt.

- der **Spread Account (Margenkonto)**: Auf dieses Konto fließt die Differenz zwischen den auf die Forderungen eingehenden Zinsen (und eventuell auch der Tilgungsleistungen) sowie den zur Bedienung der ABS erforderlichen Cashflows. Aus diesem »Sammelbecken« kann ein an bestimmten Auszahlungsterminen auftretendes Defizit gedeckt werden. Der Schlusssaldo dieses Kontos steht wiederum dem Originator zu.

12.3.1.2 Wertschaffung durch Verbriefung?

Motive für die Verbriefung

Mit der Verbriefung kann eine Unternehmung erstens ihre in den Forderungen **»eingefrorene« Liquidität »auftauen«**. Während sich ein solcher Freisetzungseffekt nur in der True-Sale-Variante realisieren lässt, können **Klumpenrisiken** im Forderungsbestand (z. B. mit Blick auf einzelne Schuldner, Branchen oder Regionen) auch durch synthetische Verbriefungen gezielt **reduziert** werden. Der Originator kann sich somit auf bestimmte Märkte spezialisieren und dennoch ein diversifiziertes Forderungsportfolio halten. Beide Motive führen dazu, dass ABS-Transaktionen ein nützliches Werkzeug im Liquiditäts- und Bonitätsrisikomanagement von Nichtbanken und Banken sein und Wert stiften können (Krahnen 2005; Loutskina 2011; Farruggio/Michalak/Uhde 2012; Michalak/Uhde 2012; Farruggio/Uhde 2015).

Drittens können speziell Kreditinstitute profitieren, indem sie mittels einer ABS-Transaktion die **Eigenkapital-Anforderungen der Bankenaufsicht erfüllen** (ausführlich dazu Ricken 2007). Auch hier erweist sich die **Regulierung** wieder als ein **Verbriefungstreiber** (Keys et al. 2009): Die aufsichtlichen Regeln fordern in Abhängigkeit vom Kreditvolumen ein bestimmtes Mindesteigenkapital. Wird dieses gerade erreicht, ist einer Bank Zusatzgeschäft nur bei einer Eigenkapitalaufstockung möglich. Mit dem Forderungsverkauf kann sie c.p. ohne zusätzliches regulatorisches Eigenkapital neue Kredite vergeben (auch eine Art »**A**nti-**B**lockier-**S**ystem«). Empirische Untersuchungen zeigen einen positiven Zusammenhang zwischen den Verbriefungsaktivitäten der US-Banken und ihrer Kreditvergabe an kleinere und mittelgroße Unternehmen sowie speziell Start-ups (Baradwaj/Dewally/Shao 2015).

In der Praxis wird darüber hinaus als Hauptvorteil eine mögliche **Senkung der Finanzierungskosten** genannt (vgl. die Homepage der von der Finanzbranche getragenen »True-Sale-Initiative«). Dieser Vorteil wird auch für realwirtschaftliche Unternehmen ins Feld geführt, so z. B., wenn Auto-ABS als »Rückgrat der Refinanzierung der deutschen Autoindustrie bezeichnet werden (Fiedler 2016): »Um attraktive Finanzierungsangebote für die Kunden zu entwickeln, bedarf es für die automobilen Finanzdienstleister einer guten Unternehmensfinanzierung. Denn bei der Kalkulation der Finanzierungskosten spielen die Kapitalkosten eine entscheidende

Rolle. Schließlich können umso günstigere Finanzierungen angeboten werden, je geringer die Kapitalbeschaffungskosten sind.«

Die folgenden Ausführungen prüfen daher, ob der Finanzleiter einer Unternehmung als Originator einer ABS-Transaktion bei der Beschaffung von Liquidität **Kosten »sparen«** und **zur Wertschaffung beitragen** kann. Dies erfolgt vergleichsweise ausführlich, da zum einen die **Verbriefung** ein **Paradebeispiel für die Kombination von Bank- und Kapitalmarktfinanzierung** ist und zum anderen bei den Vorteilhaftigkeitsüberlegungen Verbundeffekte in der Kapitalstruktur eine wichtige Rolle spielen, die auch Inhalt des folgenden Moduls 13 sind.

Bilanzwirkung

Abgestellt wird gemäß Abbildung 12.27 auf einen abschließenden Verkauf von Forderungen durch eine Unternehmung, mit dem im ersten Schritt ein **Aktivtausch** in Kasse stattfindet (in Anlehnung an und mit weiteren Verweisen Paul 2004; analoge Überlegungen für Banken als Originator bei Ricken 2007). In einem zweiten Schritt kann die gewonnene Liquidität vom Originator für **investive Zwecke** (bilanziell wiederum Aktivtausch) und/oder zur **Schuldentilgung** (Bilanzverkürzung) verwendet werden. Insofern liegt eine Art **»Factoring mit Kapitalmarktanschluss«** vor.

Vorteile der Risikoseparation

Grundvoraussetzung für mögliche Finanzierungsvorteile sind zumindest partiell unvollkommene Märkte, denn der Unternehmens-Cashflow wird bei ABS lediglich anders aufgeteilt als z. B. bei einer konventionellen Kreditfinanzierung. Solange die

Abb. 12.27

Wirkungen von ABS in der Bilanz des Originators

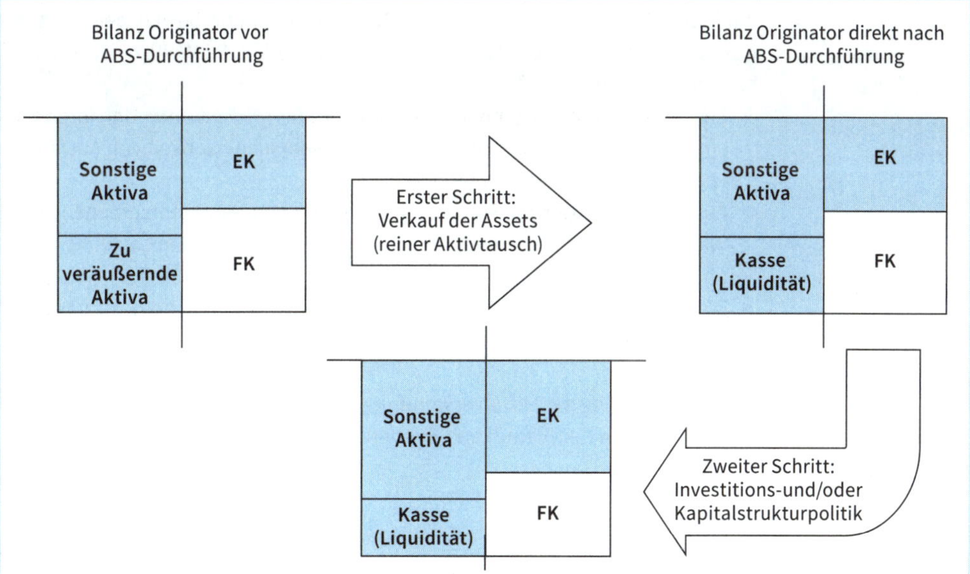

Unternehmung indes in ihrer Risikoklasse verharrt, hat dieses in einer »Modigliani/Miller-Welt« (Modul 13) keinen Einfluss auf ihre Kapitalkosten.

Je größer aber die **Informationsineffizienzen** auf dem relevanten Markt, desto eher kann die ABS-Finanzierung möglicherweise Mehrwert schaffen. Die Auslagerung von Vermögenswerten separiert diese vom allgemeinen Geschäfts- und Management-Risiko des forderungsverkaufenden Unternehmens und macht sie damit für die Finanzmarktteilnehmer leichter bewert- und absicherbar. Auch eine Aufspaltung des Poolrisikos in Teilrisiken und deren Übernahme durch Spezialisten bzw. Investoren unterschiedlicher Risikoneigung wird möglich. Die Käufer der ABS könnten daher bereit sein, geringere Renditeforderungen als bei traditionellen (verbrieften oder unverbrieften) Kreditvergaben an den Originator zu stellen, da sie die eventuell auftretenden, **negativen Verbundeffekte in dessen Gesamtinvestitionsbündel vermeiden** und **geringeren Informationsasymmetrien ausgesetzt** sind. Gerade bei der Kreditvergabe an mittelständische Unternehmen, die allein aufgrund der zumeist geringeren Publizität schwerer zu beobachten sind, könnte dies ein gewichtiger Punkt sein.

Forderungsauswahl und Finanzierungskosten

Für die Quantifizierung der Renditeforderungen der Kapital-, hier fokussiert auf die Fremdkapitalgeber ist jedoch eine **dynamische Sicht** erforderlich, die zunächst die Zusammenstellung des Referenzportfolios zu fokussieren hat. Betrachtet sei eine mittelständische Unternehmung M. Forderungen aus Warenlieferungen gegenüber ihren Kunden verbrieft M aufgrund des vergleichsweise geringen Volumens nicht mit einer eigenständigen Emission, sondern verkauft sie an ein Vehikel, das einen Korb von Forderungen unterschiedlicher Originatoren sammelt und an den Markt bringt (Multi-Seller-ABS). Insofern ergibt sich für sie die Möglichkeit einer »indirekten« Kapitalmarktfinanzierung. Die Unternehmung besitzt bei der **Auswahl der Forderungen** für die ABS-Transaktion prinzipiell die Wahl zwischen den drei folgenden Wegen:

- Sie verbrieft überwiegend die besonders **risikoreichen** unter den ihren Kunden eingeräumten Lieferantenkrediten (hohe Wahrscheinlichkeit von Ausfällen bzw. verspätet eingehenden Zahlungen).
- Auf das SPV werden die Forderungen **höchster Qualität** (entsprechend niedrige Wahrscheinlichkeit von endgültigen oder vorübergehenden Cashflow-Defiziten) übertragen.
- Die Qualität des verbrieften Assetpools entspricht **genau** dem **Durchschnitt** ihres Forderungsbestandes.

Ohne Betrachtung der Mittelverwendung folgt hieraus für die Entwicklung der Renditeforderungen der Fremdkapitalgeber:

Abb. 12.28

Renditeforderungen der Fremdkapitalgeber in dynamischer Sicht

Risiken		Ohne Betrachtung der Mittelverwendung	Mittelverwendung			
			Tilgung	Reinvestition Risiko der Forderungen im Vergleich zum Portefeuilledurchschnitt vor ABS		
Verbriefter Forderungen	Rest-portefeuille			niedriger	höher	identisch
Hoch →	Niedriger »Lemon Selling«	↓ ↑	↕	↕	↕	↓ ↑
Niedrig →	Höher »Cherry Picking«	↑	↕	↕	↑	↑
Durchschn. →	Durchschn. »Market Discipline«	↔	↓	↓	↑	↔

(1) Verbrieft M ihre **risikoreichsten** Forderungen (**»Lemon Selling«**), dann sinkt c.p. das Risiko des Restportefeuilles. Wird dieses den Kapitalgebern kommuniziert (und möglicherweise auch im Geschäftsbericht sichtbar), so dürften ihre Renditeforderungen zurückgehen. Bei einer derartigen Strategie steht M jedoch vor einem Problem: Ist den ABS-Investoren und den Sicherungsgebern der hohe Risikogehalt des ausgelagerten Forderungspools bereits zum Zeitpunkt der Emission bewusst, werden sie eine entsprechende Risikoprämie fordern. Dadurch kann der Versuch der Risikoüberwälzung für den Originator den Charakter eines Nullsummenspiels annehmen und zumindest unter dem Gesichtspunkt der Erzielung von Kosteneinsparungen unattraktiv werden.

Zur Vermeidung einer derartig hohen Risikoprämie kann M aber auch versuchen, die übrigen an der ABS-Finanzierung beteiligten Parteien über das wahre Ausmaß der mit den Forderungen verbundenen Risiken zu täuschen (**»Moral Hazard-Strategie«**). Gelingt ihr dieses, dann wird das Standing jedoch beschädigt, sobald die Risiken der Forderungen schlagend werden. Durch die monatlichen Berichte des Treuhänders an die Rating-Agenturen dürften sich die Informationen über die Quote der Cashflow-Defizite in der von M bestückten Transaktion schnell verbreiten. Neben der Rufschädigung besteht die Gefahr, dass die Kapitalgeber von diesen Informationen über den ausgelagerten Forderungspool einen Rückschluss auf die bei M verbliebenen Forderungen ziehen und dort vergleichbare Ausfälle und Zahlungsverzögerungen befürchten. In beiden Fällen muss M mit höheren Renditeforderungen der Fremdkapitalgeber in der Zukunft rechnen. Außerdem werden die Sicherungsgeber und Investoren aufgrund ihrer negativen Erfahrungen bei eventuell folgenden ABS-Emissionen von M im Vorhinein eine höhere Risikoprämie verlangen. Um diese Gefahren abzuwenden, könnte sich M zu einem **»Moral Recourse«**, also einem Rückkauf »schlecht gewordener« Forderungen über die ursprüngliche Zusage hinaus genötigt sehen. Bei der Formulierung ihrer Renditeforderung haben die Fremdkapitalgeber daher zwei Aspekte zu berücksichtigen: Einem verminderten Risiko des Restportefeuilles können das Fehlverhalten des Schuldners und/oder Extrabelastungen in der Zukunft gegenüberstehen. Insofern sind auch die Auswirkungen der Assetauswahl auf die Höhe der Finanzierungskosten nicht eindeutig zu prognostizieren (Pfeile in beide Richtungen).

(2) Mit einer Verbriefung der tendenziell **risikoärmsten** Forderungen (**»Cherry Picking-Strategie«**) wird risikoscheuen ABS-Investoren ein direkter Zugriff auf bestimmte Assets und somit ein stärkerer Schutz vor dem Bonitätsrisiko eingeräumt. In der Bilanz von M verbleiben dann aber die risikoreicheren Forderungen, was (wenn auch zeitverzögert) zu insgesamt steigenden Renditeforderungen, die Kapitalgeber an M richten, führen wird.

(3) Wenn M in dynamischer Sicht keine erhöhten Verzinsungsansprüche seiner Gläubiger befürchten will, **scheiden** somit für die Auswahl der zu verbriefenden Forderungen **sowohl** eine **Negativ- als auch** eine **Positivselektion aus**. Bedenkt man weiterhin, dass M schon aufgrund der hohen Einmalkosten einer ABS-Emission durch die aufwändige Entwicklung des Designs der Transaktionsstruktur bestrebt sein müsste, diese Finanzierung in periodischen Abständen zu wiederholen, dann folgt daraus: Der Kapitalmarkt diszipliniert M, einen möglichst exakt der **durchschnittlichen Qualität** ihres Forderungsbestandes entsprechenden Pool für die Verbriefung auszuwählen (**»Market-Discipline-Hypothese«**), wodurch die Renditeforderungen der Kapitalgeber von M auf dem Niveau vor der ABS-Transaktion verbleiben.

Konsequenzen der Reinvestition

Um die Renditeforderungen der Fremdkapitalgeber **vollständig** abschätzen zu können, müssen die Überlegungen dieses Abschnitts zu den Konsequenzen der **Forderungsauswahl** um den Einfluss der **Liquiditätsverwendung** ergänzt werden. Die Pfeilrichtungen in Abbildung 12.28 deuten den **möglichen Gesamteffekt** aus dem Einfluss der **Portefeuilleauswahl und** einer der **Mittelverwendungen** an.

Zwei grundsätzliche Alternativen stehen M für die Verwendung der durch die ABS-Transaktion gewonnenen Liquidität zur Verfügung: Sie kann zum einen **Verbindlichkeiten tilgen**, zum anderen ergibt sich die Möglichkeit zur **Reinvestition**.

Die **Tilgung** bewirkt c.p. eine **Verringerung des Kapitalstrukturrisikos**, da die Fixkostenlast der Schuldzinsen abnimmt; isoliert gesehen folgt hieraus auch ein vermindertes Bonitätsrisiko. Eine **Kombination** dieses Effekts mit den zuvor aufgezeigten Auswirkungen unterschiedlicher Arten der Forderungsauswahl führt zu den folgenden Resultaten: Im Lemon Selling-Fall verstärkt das verringerte finanzielle Risiko die positive Wirkung des qualitativ verbesserten Restportfolios. Je nach Ausmaß des Effekts gleicht sich dann der negative Einfluss eines nach der Aufdeckung hoher Ausfälle im verbrieften Forderungspool beschädigten Rufs teilweise oder vollständig aus, so dass die Renditeforderungen der Fremdkapitalgeber gegenüber der Ausgangssituation vor der Verbriefung insgesamt nur leicht ansteigen, gleichbleiben oder – im Falle einer Überkompensation – sogar sinken (Doppelpfeil). Eine positive Wirkung ergibt sich auch bei der aus der Market Discipline-Hypothese abgeleiteten Strategie der Verbriefung eines Forderungspools durchschnittlicher Qualität. Da in diesem Fall kein Grund für eine Veränderung der Renditeansprüche zu erkennen ist, wird der Effekt der Senkung des Kapitalstrukturrisikos nicht konterkariert. Dagegen sind als Folge der Cherry Picking-Strategie steigende Renditeforderungen zu befürchten. Fraglich ist, inwiefern sich kompensatorische Wirkungen durch das mittels Tilgung verringerte finanzielle Risiko einstellen (wiederum Doppelpfeil).

Für die **Reinvestition** bieten sich verschiedene Möglichkeiten an, so die Aufstockung des Sachanlagevermögens (z. B. Aufbau neuer Produktionskapazitäten) oder Finanzanlagevermögens (etwa Erwerb von renditeträchtigen Wertpapieren). Unabhängig von der konkreten Verwendungsart ist unter dem Gesichtspunkt der Kapitalkosten von Bedeutung, ob die neuen Investitionen im Verhältnis zum Durchschnittrisiko aus den bisherigen Investitionen von M sicherer, risikoreicher oder aber identisch sind. Einer Tilgung entsprechende Konsequenzen für die Renditeforderungen dürften sich ergeben, wenn risikoarme Investitionen (z. B. Kauf deutscher Staatsanleihen) eingegangen werden, da die Gefahr von Gewinnschwankungen sinkt. Umgekehrt wird dieses Risiko verschärft, wenn M das verbliebene Restportfolio um Investitionen höheren Risikos ergänzen muss – etwa weil sie sich zu einer Änderung des Geschäftsmodells durch Produktion und Vertrieb in ihr bislang unbekannten Märkten gezwungen sieht. Investiert M in der vor der Verbriefung bestehenden Durchschnittsqualität (identischer Ersatz von Fertigungsaggregaten), dann hat sich das Risiko von Gewinnschwankungen nicht verändert, so dass idealtypisch allein die durch die Auswahlstrategie hervorgerufenen Effekte »durchschlagen«.

Zusammengefasst kann daher **nicht pauschal** von **geringeren Finanzierungskosten** – etwa im Vergleich zu einer konventionellen Kredit- oder Anleihefinanzierung – ausgegangen werden. Stattdessen ist eine Analyse von Kostenvorteilen einzelfallbezogen und dynamisch aufzusetzen; sie hat sowohl die jeweilige Forderungsauswahl als auch die Reinvestition liquider Mittel sowie das Ausmaß von (vor allem Informations-)Ineffizienzen zu berücksichtigen, um zu beurteilen, ob eine ABS-Transaktion Wert schaffen kann.

Nach dieser **einzelwirtschaftlichen Betrachtung** der Vernetzung von Bank- und Kapitalmarktfinanzierung werden im Folgenden mit Blick auf die jüngste Finanzkrise deren **Konsequenzen auf Systemebene** verdeutlicht (vgl. zur folgenden Darstellung der Finanzkrise Paul 2012 sowie Rudolph 2013).

12.3.1.3 Rolle der Verbriefung in der Finanzkrise

Krisenursachen

Im Zuge der geopolitischen Reaktion auf die Dot.com-Krise im Januar 2001 und später dann beschleunigt nach den Terroranschlägen des 11. September leitete die US-Zentralbank (Federal Reserve Bank) eine Geldmengenausweitung ein, die die amerikanischen **Leitzinsen** von 6,5 % auf ein **historisch niedriges Niveau** von knapp über 1 % schleuste und dann dort bis weit in 2004 beließ. Die zunächst geringe Zinslast machte es vielen Beziehern niedriger Einkommen möglich, sich für den **Erwerb von Immobilien** bei Kreditinstituten zu verschulden. Der Erwerb speziell von Wohneigentum durch soziale Minderheiten und Migranten wurde **politisch stark gefördert**. Dazu dienten auch die **staatlichen Kreditaufkauf- und -garantieagenturen Fannie Mae und Freddie Mac**. Diese Subventionen verstärkten den deutlich höheren Anteil der Bevölkerung, der in Wohneigentum lebt (USA 73 %, Deutschland 43 %). Allerdings ergab sich daraus auch eine Strukturverschiebung des hypothekarischen Finanzierungsgeschäfts, da zunehmende Teile der subventionierten Haushalte keine erstklassige Bonität besaßen (**Subprime-Segment**).

Der vorher schon einsetzende Preisanstieg bei Immobilien wurde aber nicht nur dadurch beschleunigt. Hierzu trugen auch die nach dem Platzen der Internetblase am Aktienmarkt in diesem Segment angelegten Gelder sowie die aus China und dem Nahen Osten »recycelten« Ersparnisse (**»global savings glut«**) bei. Die in manchen Regionen der USA geradezu explodierenden Preise für Grundstücke und Gebäude luden im Sinne eines sich zunächst selbst verstärkenden Kreislaufs sowohl Verbraucher als auch Institutionelle Investoren zum weiteren Immobilienerwerb ein.

Rückblickend lässt sich nachweisen, dass nicht nur die privaten Haushalte, sondern auch Banken angesichts im Wert kontinuierlich steigender Sicherheiten in ihrer **Prüfung der Kreditnehmer** (zu einem Stück wohl auch aus **übertriebenem Renditestreben) immer sorgloser** wurden und auch Zuführgeschäft von **Kreditvermittlern**, die im Stile von »Drückerkolonnen« agierten, nahezu unkritisch akzeptierten (Keys et al. 2010). In diesem Zusammenhang wird von **»ninja«loans** gesprochen (no income, no job or assets). Vor dem Hintergrund der Immobilienpreissteigerungen erklären sich auch die »piggy backs« (Huckepackkredite), bei denen eine immer weiter reichende Verschuldung in Form von Kreditkarten- oder Konsumfinanzierungen auf ein und dasselbe Objekt basiert wurden. Im Jahr 2003 etwa nahmen private Haushalte in den USA doppelt so viel Hypothekarkredite auf wie sie für den Erwerb von Wohneigentum verwendeten.

Krisenexposition durch Verbriefung

Diese Geschäftsexpansion konnte von den Banken praktisch ohne Ausweitung ihres aufsichtsrechtlich relevanten Eigenkapitals dargestellt werden, indem sie weite Teile ihres Kreditportefeuilles **verbrieften**. Gerade diese Möglichkeit verleitete aber offenbar viele Kreditinstitute, ihren **Monitoring-Aktivitäten** als wichtiger Grundlage ihrer Intermediationsfunktion (Modul 9) **nicht ausreichend nachzukommen**, denn sie behielten die vergebenen Kredite nicht in den eigenen Büchern, sondern gaben sie an den Kapitalmarkt weiter (»originate and distribute«). Zur Mitte 2008 waren so bereits mehr als 60 % aller Hypotheken in den USA verbrieft, darüber hinaus vor allem Konsumentenfinanzierungen unterschiedlichster Art (vor allem Autofinanzierungen und Kreditkartenforderungen), Studentendarlehen, Handels- und Leasingfinanzierungen. Eine sorgfältige Formulierung von Risikoprämien unterließen auch die Rating-Agenturen und dritte Parteien, die Besicherungen bereitstellten.

In den **Zweckgesellschaften** wurde eine massive **Fristentransformation** betrieben, d. h. die erworbenen, mittel- bis langfristigen Hypothekardarlehen wurden revolvierend durch kurzfristige **Commercial Paper** (Modul 11) refinanziert. Dies schafft Mehrwert bei einer normalen Zinsstrukturkurve, bei der aufgrund der größeren Zukunftsunsicherheit langfristige Zinsen höher sind als kurzfristige, und einer normalen Marktverfassung, bei der immer wieder der Geldanschluss für die auslaufenden kurzfristigen Papiere gefunden werden kann. Kreditinstitute konnten mit diesen Konstruktionen die Eigenkapitalvorschriften erfüllen, indem sie Risiken durch die Verbriefung von ihrer Bilanz nahmen.

Die auf diese Weise entstandenen **Wertpapiere wurden an Finanzintermediäre auf der ganzen Welt verkauft.** Sie boten ihnen attraktive Renditen, während die durch die Globalisierung zunehmende Konkurrenzintensität die Renditeerzielung in den klassischen Geschäftsfeldern erschwert, gleichzeitig aber den **Shareholder-Value-Druck zur Renditeerzielung immer weiter erhöht** hatte. Der US-Notenbank zufolge wurden 2007 39 % der ABS, die in irgendeiner Form US-amerikanische Assets enthielten, von ausländischen Investoren gehalten. Diese 39 % entsprachen laut Fed einer Summe von 2.365 Mrd. $. Auf diese Weise wurden über ABS nicht nur Kredit- und Kapitalmärkte, sondern auch die **Finanzsysteme weltweit noch stärker vernetzt**.

Vielfach wurden die bereits verbrieften Papiere erneut, mitunter **mehrfach weiterverbrieft**. Auf diese Weise gelangten hypothekarisch besicherte Forderungen aus dem Subprime-Segment auch als Beimischung in die unterschiedlichsten, mitunter auch vermeintlich »sicheren« Wertpapierkörbe (z. B. auch von Geldmarktfonds). Selbst vergleichsweise schlecht bewertete (z. B. BBB) Papiere wurden »veredelt«, indem die besten Kredite dieses Topfes herausgenommen und erneut in – besser geratete – Wertpapiere gekleidet wurden (»Aus Landwein wird Qualitätswein«, Sachverständigenrat 2007, S. 112). Diese **Vielfachverbriefungen** führten nicht nur zu **Intransparenz** über, sondern auch zu Verstärkungen der in den Emissionen enthaltenen Risiken. **Mit einem grundsätzlich sinnvollen Instrument der Risikoteilung (nämlich der Verbriefung) wurde so durch die Übertreibungen der Praxis aus (beherrschbarer) Komplexität eine (unbeherrschbare) Undurchsichtigkeit.**

Krisenauslöser: Doppelter Preisschock

Konkret ausgelöst wurde die Krise durch eine **zweifache Preisüberraschung**. Ab 2004 **stiegen** zum einen die **US-Leitzinsen** bis Mitte 2007 von 1 % auf 5,25 % an. Zum anderen **gingen die Preise für Wohnungseigentum** in dramatischer Weise **zurück**. Diese beiden Entwicklungen sind nicht unabhängig voneinander. Die steigenden Zinsen machten es nämlich vielen Schuldnern unmöglich, Zins und Tilgung zu leisten, so dass sie ihre Immobilie verkaufen oder schlichtweg verlassen mussten. Letzteres ist in den USA aufgrund des nicht gegebenen Durchgriffsrechts der Banken auf das laufende Einkommen und sonstige Vermögen des privaten Haushalts mit vergleichsweise geringen Konsequenzen für den Schuldner verbunden.

Hintergrund ist dabei die in den USA verbreitete Variante der **»2/28er Hypothek«**. Feste, häufig auch stark subventionierte Zinszahlungen werden in diesen Konstruktionen im Gegensatz zu deutschen Hypothekenfinanzierungen mit langfristiger Festzinsbindung nur für die ersten zwei Jahre vereinbart. Danach gelten variable Zinsen, was den Haushalten in Zeiten des Zinsanstiegs zum Verhängnis wurde. Zwar hatte die US-Notenbank inzwischen in rasantem Tempo ihren Leitzins heruntergeschleust, doch es stieg die Zahl der Haushalte, die ihre Verpflichtungen aufgrund von Arbeitslosigkeit nicht erfüllen konnten oder schlicht wegen zu niedriger Hauspreise nicht erfüllen wollten. Und hier rächte sich nun der **be-**

sondere Charakter der ABS-Papiere: Wenn von den Schuldnern keine oder deutlich unter den Planungen liegende Cashflows eingehen, fehlen auch für die Wertpapier-Investoren notwendige Cashflows. Die Sicherungskonstruktionen waren nur auf Normal- und nicht Stresssituationen wie den Zusammenbruch des Häusermarktes insgesamt ausgerichtet. Der für die verbrieften Forderungskörbe vermuteten und in der Vergangenheit auch anzutreffenden Diversifikation war der Boden entzogen.

Krisenkulmination: Vertrauensschocks

Zentrales Defizit der Banken (vor allem in den USA) war aber nicht nur die mangelnde Bonitätsprüfung bzw. -prognose für Stressfälle. Völlig **unterschätzt** wurde von den Kreditinstituten und Kapitalsammelstellen weltweit das **Liquiditätsrisiko**. Die sich ab Frühjahr 2007 einstellenden Ausfälle bei den Subprime-Papieren führten zu einem bisher nicht dagewesenen **Vertrauensverlust** gegenüber diesen Papieren und den sie haltenden Finanzinstituten. Durch dieses **»Headline-Risiko«** wurden die Wertpapiere praktisch kollektiv und ohne Einzelbetrachtung illiquide, d. h. nahezu unverkäuflich, gleichzeitig konnten die Banken aber auch nicht in gewohntem Maße auf die Refinanzierung untereinander zurückgreifen, da sie sich wegen des nicht bekannten Umfangs solcher Papiere in ihren Bilanzen gegenseitig nicht mehr trauten.

Ein erster Kulminationspunkt der Krise wurde erreicht, als nach Schließung zweier Hedgefonds von Bear Stearns (Juni 2007) in Deutschland insbesondere die IKB, SachsenLB, BayernLB und WestLB mit massiven Staatshilfen gestützt werden mussten (Juli bis September 2007), es in Großbritannien mit Northern Rock sogar zu einer Verstaatlichung kam, nachdem besorgte Einlagenkunden die Bankschalter gestürmt hatten. Wurden die Probleme der US-Finanzinstitute zunächst primär durch im Zeitvergleich überproportionale Ausfallraten im Bereich der Subprime-Verbriefungen verursacht, zeigten sich kontinentaleuropäisch insbesondere Liquiditätsprobleme, da sich geplante Refinanzierungen aufgrund der Vertrauensstörungen zunächst auf den Wertpapier- und dann auch auf den Interbankenmärkten nicht mehr darstellen ließen.

Wenn aber im Frühjahr 2008 der Eindruck entstand, die Finanzmarktkrise habe sich beruhigt, so hing dies vor allem mit den massiven Liquiditätsspritzen der Notenbanken zusammen, die weitere Marktverklemmungen zunächst verhinderten. Doch zum einen waren die Probleme der Subprime-Schuldner nach wie vor ungelöst, zum anderen hatten bereits **Übersprungseffekte auf andere Finanzmärkte** und dann auch die Realwirtschaft eingesetzt, der **Vertrauensverlust hatte sich verselbstständigt**. Es entstand ein **Teufelskreis aus Forderungsabwertung, Zweifeln an der Bonität speziell von Banken, daraus resultierenden Liquiditätsproblemen und Versuchen der Risikoreduktion durch Einschränkungen der Kreditvergabe**. Gerade letzteres im Verbund mit den Belastungen der privaten Hypothekenschuldner führte in den USA zu deutlichen Rückgängen des Konsums, was sich zunächst in der Automobilindustrie, im weiteren Jahresverlauf auf nahezu allen Güter- und Dienstleistungsmärkten zeigte. Die rezessive volkswirtschaftliche Entwicklung machte wiederum neue Wertberichtigungen in weiteren Segmenten des Firmenkundengeschäfts (z. B. dem Bereich der Unternehmenskäufe und -verkäufe) erforderlich.

Lehman-Insolvenz

Die US-Regierung versuchte diesen Prozess mit umfangreichen **Bankenrettungspaketen und Konjunkturhilfen** in Höhe von letztlich rd. 2 Bio. US-$ zu stoppen. Um aber keine Hoffnungen auf unbegrenzte staatliche Rettungsaktionen (bail out) zu wecken, ließ man dagegen die Investmentbank **Lehman Brothers** in die **Insolvenz** abrutschen **(15. September 2008)**. Trotz der nachfolgenden Rettungsaktion für den zu dieser Zeit weltweit größten Erstversicherer AIG (siehe Modul 14.2.3.2) aufgrund seines Engagements als Sicherungsgeber für Verbriefungen ging damit der verbliebene **Rest an Vertrauen in die Stabilisierbarkeit des Finanzsystems verloren**.

Krisenglobalisierung: Problem der doppelten Verzahnung

Offenbar war der Schock über die jahrelang intransparenten Probleme des Bankensektors so massiv, dass aus einer ursprünglich eng begrenzten Finanzsegmenteine globale Finanzsystem- und schließlich sogar Weltwirtschaftskrise resultierte. Die doppelte Verzahnung (Bank- und Kapitalmarktfinanzierung sowie nationale Finanzmärkte miteinander) hatte dazu geführt, dass sich Leistungsstörungen bei amerikanischen Immobilienkrediten auf die Existenz (einiger) deutscher Banken und damit am Ende sogar auch die Finanzierungsspielräume ihrer Kunden auswirkten.

Entwicklung des Marktvolumens

Abbildung 12.29 stellt die Verbriefungsmärkte in den USA und Europa gegenüber. In den USA wuchs der **Bestand** ausstehender ABS von 2 Bio. US-$ 1990 auf 6 Bio. US-$ 2000 und steigerte sich bis auf über 12 Bio. $ im Jahr des Krisenausbruchs (2007). Seither sind die Neuemissionen deutlich zurückgegangen, so dass das Volumen auf 10 Bio. US-$ zurückfiel. In Europa wurde der für Verbriefungen notwendige Rechtsrahmen – vor allem in Form einer Genehmigung durch die Aufsichtsbehörden bei Banken als Originatoren – erst deutlich später geschaffen (in Deutschland erst Mitte der 1990er Jahre). Als »Nachzügler« wuchs der europäische Markt dann auf wesentlich niedrigerem Niveau stärker als in den USA, ging allerdings krisenbedingt auch deutlicher zurück.

Der Blick auf die **Neuemissionen** in Europa und Deutschland (Abb. 12.30) zeigt noch deutlicher den **Einbruch der ABS-Aktivitäten nach dem Jahr der Krisenkulmination 2008**. Sieht man von Sondereffekten im Jahr 2015 ab, haben die Märkte das Vorkrisenniveau nicht mehr erreicht. – Den weitaus größten Anteil am Verbriefungsmarkt haben in Europa (in den USA sogar noch ausgeprägter) hypothekarische Verbriefungen (ca. 60 %), gefolgt von Auto- und Consumer-ABS (jeweils deutlich über 10 %). Die verbrieften Assets stammen zu etwa 25 % aus Großbritannien, gefolgt von den Niederlanden (ca. 20 %), Spanien und Italien (je etwa 16 %).

In den letzten beiden Jahrzehnten beliefen sich die **Ausfallquoten** für RMBS und CMBS in den USA auf durchschnittlich 8 bzw. 3,5 %. Während die amerikanischen Verbriefungen in den Jahren von 2007 bis 2013 eine kumulierte Ausfallrate von 17,4 % aufwiesen, zeigten europäische ABS in diesem Zeitraum eine Ausfallrate von nur 1,4 %. In einzelnen Marktsegmenten, wie zum Beispiel europäischen Auto-ABS, kam es zu gar keinen Ausfällen (Fiedler 2016, S. 886). Weltweit lag die durchschnittliche Anzahl von Ausfällen (für alle Verbriefungsprodukte zusammen) von 2000 bis 2006 bei ca. 150 Emissionen und stieg 2008 und 2009 auf jeweils etwa 12.000 an. Auch wenn sich die Zahl der Ausfälle in den letzten Jahren signifikant verringert hat

Abb. 12.29

Ausstehende Verbriefungen in USA und Europa

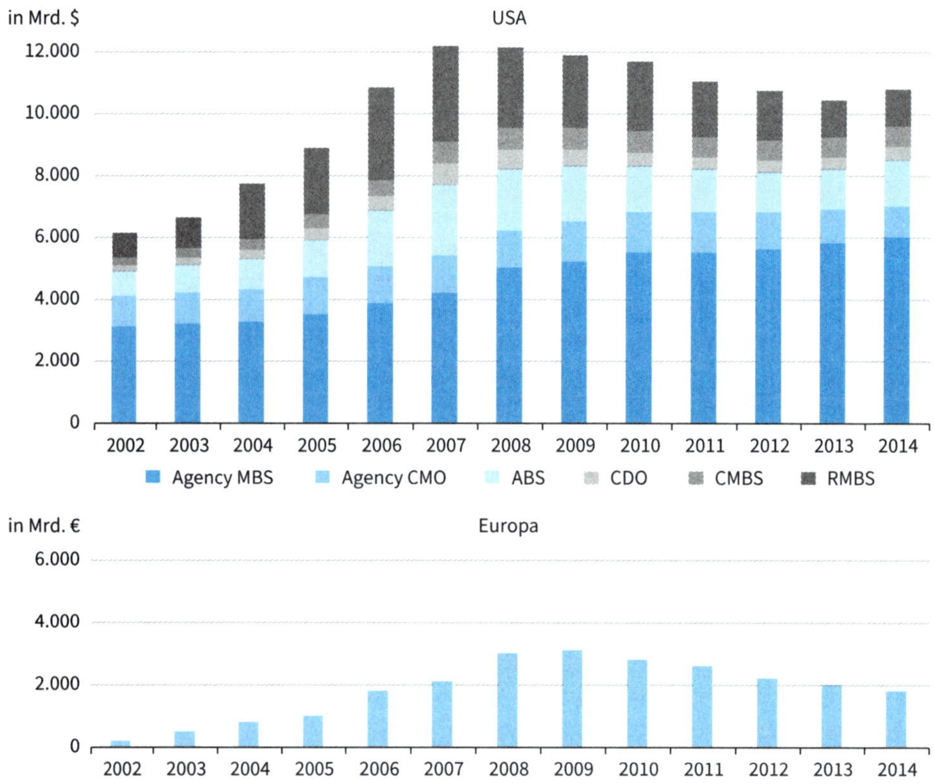

Quelle: Véron/Wolff 2016, S. 6

und 2014 nur 600 betrug, hat der Ruf des Verbriefungsmarktes – wie erwähnt – während der Krise stark gelitten (Deutsche Bank Research 2016).

Regulierung als Bremse und Treiber

Darauf reagierten die **Bankaufsichtsbehörden** und erhöhten die **Eigenkapitalanforderungen** für Kreditinstitute als Investoren in verbrieften Produkten. Auch wurden Selbstbehalte für Banken als Originatoren eingeführt, die dazu führten, dass sie gewichtige Teile einer Emission mit den von ihnen vergebenen und anschließend veräußerten Krediten in die eigenen Bücher nehmen mussten (Rudolph et al. 2012, S. 194). Bestimmte Arten von Verbriefungen wurden für Banken damit so teuer und unattraktiv, dass hierdurch die Nachfrage nach diesen Papieren erheblich eingeschränkt wurde – auch dies erklärt den deutlichen Marktrückgang (Deutsche Bank Research 2016). In diesem Fall wirkte die **Regulierung** als **Entwicklungsbremse**.

Abb. 12.30

Neuemissionen auf dem europäischen und deutschen Verbriefungsmarkt

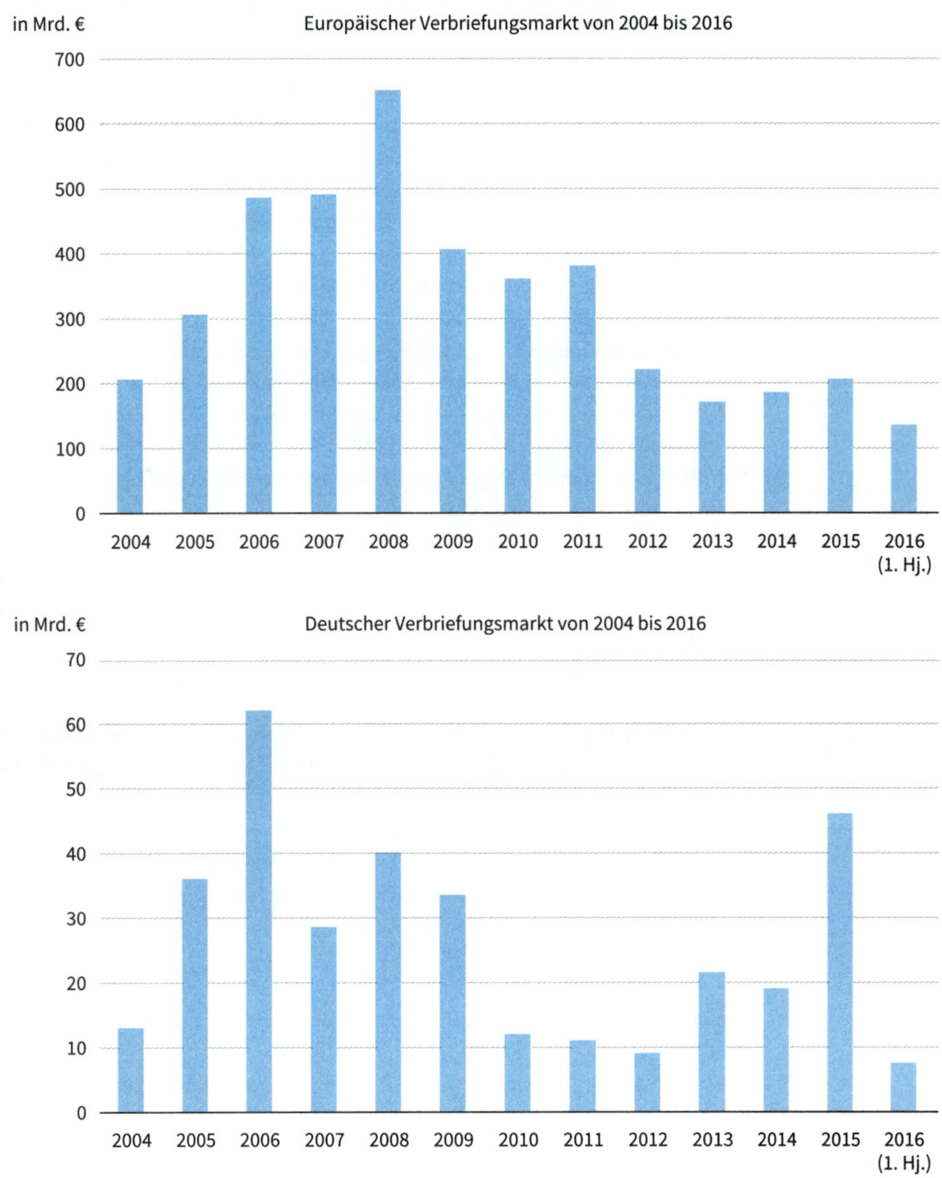

Quelle: DZ Bank 2016

In den letzten Jahren hat die **Regulierung** dann wieder eine eher **treibende Rolle** für den Verbriefungsmarkt eingenommen. Hintergrund sind die schon angesprochenen Überlegungen, Unternehmen einen besseren Kapitalmarktzugang zu ermöglichen (**Kapitalmarktunion**) und die Handlungsmöglichkeiten für das Liquiditäts- und Risikomanagement der Banken zu erweitern. In diesem Zusammenhang wird nun der **Nutzen der Verbriefung** wieder stark betont (European Commission 2015a). Um den Markt wiederzubeleben, sollen Anforderungen für Verbriefungen definiert werden (»Simple, Transparent, Standardised«), bei deren Erfüllung die regulatorischen Belastungen für Originatoren und Investoren abgesenkt wären. Um die Schaffung eines solchen **Qualitätsstandards** bemühen sich Teile der deutschen Kreditwirtschaft und ausländische Banken bereits seit über 10 Jahren in der **»True-Sale-Initiative«**.

Zudem wurden mittlerweile sogenannte **»Kreditfonds«** in Europa zugelassen, um auch großvolumige Spezialkredite (für die Finanzierung z. B. von Infrastruktur in den Sektoren Verkehr, Kommunikation, Energie, Ver- und Entsorgung), die nur schwer handelbar sind, für den Kapitalmarkt zugänglich zu machen. Kreditfonds ähneln Verbriefungen stark, grenzen sich von diesen jedoch dadurch ab, dass die Anzahl der Forderungen, die der Fonds ausreicht, wesentlich geringer als bei einem ABS-Pool ist und in der Regel keine Tranchierung zum Zwecke der Nachordnung vorgenommen wird (Creditreform 2016).

Schließlich verfolgt die **EZB** seit 2012 eine sehr expansive Geldpolitik, in deren Rahmen im November 2014 auch ein Asset Backed Securities Purchase Program (**ABSPP**) gestartet wurde. Bis Mitte 2016 wurden dadurch ABS im Gesamtvolumen von 20 Mrd. € angekauft, 30 % sogar direkt bei den Emittenten. Diese Summe erscheint angesichts des gesamten, von Staatsanleihen dominierten Wertpapierankaufprogramms der EZB (1,2 Bio. € von 11/2014 bis 7/2016) gering. Ihre Aktivitäten sind vor dem Hintergrund des bescheidenen Neuemissionsvolumens europäischer ABS in den letzten Jahren jedoch ein »wesentlicher Markttreiber und Impulsgeber« (DZ Bank Research 2016, S. 7).

Insgesamt macht gerade das Beispiel der Verbriefung deutlich, wie die staatliche Regelsetzung die Entwicklung von Finanzsystemen und damit die Rahmenbedingungen der Finanzierungspolitik beeinflusst.

12.3.2 Technologie: Das Beispiel der FinTechs

Einstiegszitate

►►► »Private Anleger interagieren direkt mit privaten Kreditnehmern. [...] Durch das Ausschalten von Banken als Mittelsmann profitieren sowohl Kreditnehmer als auch Anleger von besseren Konditionen: Anleger [...] sichern sich auch das gute Gefühl, ihren Mitmenschen zu helfen.« (Homepage von auxmoney, 26.10.2016)
»Geld braucht keine Bank« (Homepage von Lendico, 26.10.2016)
»Der Kreditmarktplatz« (Homepage von kapilendo, 26.10.2016) ◄◄◄

Digitalisierung als technologische Revolution

Die **Digitalisierung von Finanzdienstleistungen** ist derzeit einer der stärksten Treiber für die Entwicklung des Finanzsystems. Wie in anderen Branchen – Musik, Handel, Verlage – wurde der Trend zunächst unterschätzt. Doch innerhalb des letzten Jahrzehnts ist die Technologieverfügbarkeit sowohl auf der Infrastruktur- als auch auf der Endgeräteebene dramatisch angestiegen. Seit 2002 ist es technisch möglich, mehr Informationen digital als analog zu speichern, und mittlerweile sind auch mehr als 90 % der weltweiten Speicherkapazitäten digital ausgelegt (Hilbert/López 2011). In Deutschland nutzten 2015 88 % der Haushalte einen schnellen Breitband-Anschluss für den Zugang zum Internet, 63 % der über 14-jährigen besaßen ein Smartphone (Bitkom 2015). Speziell mit der explosionsartigen Verbreitung der Smartphones werden die etablierten Banken nun aus immer mehr Richtungen mit zuvor ungeahnter Dynamik immer heftiger attackiert. Immer stärker zeigt sich die disruptive Kraft neuer Anbieter in der Finanzwirtschaft, die den Schumpeterschen Prozess der »schöpferischen Zerstörung« forcieren. Eine zuvor nicht gekannte Innovationsgeschwindigkeit sorgt für eine Kompression klassischer Lebenszyklen von Geschäftsmodellen – **»Schumpeter im Zeitraffer«** (Paul 2016).

FinTech – Definition und Typen

Derzeit sollen geschätzt etwa 12.000 Start-ups weltweit in die Domäne der klassischen Banken vordringen wollen. Für sie hat sich der Sammelbegriff **»FinTech«** (als Kombination von financial services und technology) etabliert. FinTechs streben in der Regel nicht den Status einer Universalbank an, sondern spezialisieren sich auf einen (einzelne) **Teil(e) der Wertschöpfungskette** von Finanzdienstleistungen. Nach den so gesetzten Schwerpunkten in ihren Geschäftsmodellen lassen sich vor allem vier FinTech-**Typen** unterscheiden (Prystav/Paul/Stein 2014):

1. **Neue Zahlungsverkehrsspezialisten**: Anbieter dieser Kategorie bieten Alternativen zur klassischen Banküberweisung. Schwerpunkte sind die Zahlungsabwicklung für Online-Händler (insbesondere PayPal mit über 20 Mio. Kunden in Deutschland), Person-to-Person-Payments, auch landes- und währungsübergreifend sowie endgerätbasierte Mobile Payments im Nahbereich.
2. **Neue Spezialisten im Kreditgeschäft**: Als Alternative zu einem klassischen Bankkredit können Nutzer z. B. beim größten deutschen Anbieter auxmoney über eine Plattform Darlehen an andere Nutzer vergeben. Die Plattformbetreiber unterstützen diesen Prozess durch Bonitätsinformationen und den Vorschlag »angemessener« Zinssätze.
3. **Neue Spezialisten für Wagnisfinanzierungen**: Plattformen wie etwa hierzulande prominent Seedmatch bieten Einzelpersonen, Gruppen und Start-ups die Möglichkeit, bei der Netzgemeinschaft Kapital zur Realisierung eigener Projektideen einzuwerben, die über die Plattform vorgestellt werden. Je nach Variante kann es sich um Eigenkapital- oder Mezzaninebeteiligungen handeln, die gegebenenfalls auch später über die Plattform handelbar sind.
4. **Neue Spezialisten für Vermögens-Anlage, -Vermittlung, -Verwaltung und -Beratung**: Hierunter fallen vor allem Social-Trading-Plattformen wie z. B. in Deutschland populär wikifolio, auf denen Nutzer nach dem Facebook-Prinzip die Investments erfolgreicher Anleger in der Community in ihrem eigenen Depot spiegeln können.

Crowdfunding

Aus der Sicht des Finanzleiters einer Unternehmung kommen grundsätzlich alle vier Typen als Anbieter für solche Leistungen in Betracht, die traditionell über die (Haus-)Bank(en) abgewickelt werden. Unter dem im vorangegangenen Kapitel diskutierten Aspekt des Finanzsystems sind jedoch besonders die alternativen Wege der Beschaffung von **Eigen- und Fremdkapital** von Interesse, die unter dem Begriff des **Crowdfunding** zusammengefasst werden (einführend Fiedler/Horsch 2014). Die folgende Abbildung 12.31 zeigt für die EU, dass der Markt stark von den Kreditplattformen dominiert wird, auf denen etwa hälftig Darlehen an Privatpersonen und Unternehmen arrangiert werden. Das Marktvolumen insgesamt mag noch bescheiden wirken, ist im Laufe der letzten Jahre jedoch rasant gewachsen. Innerhalb Europas nimmt Großbritannien eine Vorreiterrolle bei der Zahl der FinTechs und der von ihnen vermittelten Finanzierungsvolumina ein, Deutschland ist (auch hier) Nachzügler.

Abb. 12.31

Crowdfunding in der EU 2015

	Ingesamt eingesammelt (EUR)	Durchschnittlich eingesammelt (EUR)	Zahl der Kampagnen	Zahl der Plattformen
Eigenkapital	422.039.462	504.832	836	60
Anleihen und Schuldverschreibungen	103.368.785	1.590.289	65	8
Kredite, davon ...	3.209.368.439	15.688	204.575	77
... besicherte Unternehmenskredite	453.423.956	79.132	5.730	6
... unbesicherte Unternehmenskredite	728.839.337	58.154	12.533	16
... besicherter Einzelkredit	63.497.821	35.834	1.772	3
... unbesicherter Einzelkredit	1.266.723.276	7.082	178.854	14

Quelle: European Commission 2016, S. 10

Lending-Plattformen

Die Funktionsweise der Lending-Plattformen lässt sich am Beispiel des deutschen Marktführers **auxmoney** kurz so zusammenfassen: Die Kreditnachfrager (Privatpersonen, Kleinunternehmer) stellen ihre Projekte, sich selber, ihren Liquiditätsbedarf und ihre Sicherheiten über ein standardisiertes Profil auf der Plattform vor, so dass andere Nutzer entscheiden können, ob sie sich mit einem Betrag nach Wahl (ab 25€) an der Kreditvergabe beteiligen möchten. auxmoney verfügt mit dem »auxmoney-Score« über ein eigenes Kreditscoring, in das nach eigener Aussage über 300 bonitätsrelevante Merkmale einfließen, die z. T. von externen Anbietern von Bonitätsurteilen wie Arvato Infoscore, Schufa und Creditreform bezogen werden. Mit ihrer Hilfe wird das Kreditgesuch in die Klassen AAA bis X einteilt. Das Ratingergebnis wird als zentrales Element in den Profilen sowie Suchergebnislisten visuell hervorgehoben. Darüber hinaus richtet sich der von auxmoney für das jeweilige Kreditgesuch festgelegte Zinssatz nach dieser Bonitätsnote. Aus einem mittleren Rating in der Klasse B resultiert bspw. ein Zinssatz zwischen 8 und 11,2 %.

Zwar wird explizit – so auch im Einstiegszitat – das »**Ausschalten der Banken als Mittelsmann**« als Vorteil des eigenen Angebots kommuniziert, tatsächlich wäre der Geschäftsbetrieb ohne eine Partnerbank mit entsprechender Lizenz der BaFin rein rechtlich in Deutschland schwierig. Daher kooperiert auxmoney mit der SWK Bank, die sich um die Vergabe und Abwicklung der Kredite kümmert. Streng genommen ist daher der international übliche Begriff **Peer-to-Peer-Lending** (P2P-Lending, Berger/Gleisner 2009) zumindest hierzulande insoweit kritisch, als die Kredite von dieser **Partnerbank** der Plattform herausgelegt werden (Rudolph/Zech 2016, S. 637). Finden sich genügend Anleger für ein Kreditgesuch, so vermittelt auxmoney den Abschluss des Vertrages an die Partnerbank. Diese veräußert den Rückzahlungsanspruch aus dem Kreditvertrag in Teilforderungen an einzelne Anleger mittels Forderungskaufverträgen (ebenda, S. 638).

Intermediationsbegründungen

Die Plattform, die in ihrer Funktion einer Börse ähnelt, stellt offenbar eine **neue Form der Finanzintermediation** dar. Greift man auf die zuvor dargestellten theoretischen Grundlagen zurück, setzt ihre Entwicklung voraus, dass Kapitalanbieter und -nachfrager effektiver oder effizienter als auf einem der bestehenden Wege zusammengeführt werden. Worin bestehen aber die **Nutzenvorteile** z. B. gegenüber dem Kredit einer traditionellen Bank? Wie bei den meisten FinTechs werden in der Kommunikation **Convenience-Faktoren** für die Nutzer herausgestellt, wie etwa das einfache Einstellen eines Kreditgesuchs, Schnelligkeit und Transparenz der Bonitätsbeurteilung oder der »menschliche« Faktor durch die »persönliche« Beziehung zwischen Kapitalgeber und -nehmer. Noch bedeutender dürfte indes sein:

- **Kapitalnachfrager** können auch ohne den organisierten Kapitalmarkt eine Vielzahl potenzieller Kapitalanbieter erreichen. Wie bei diesem ergibt sich somit eine höhere Chance als bei einer Bankansprache, Investoren zu finden, die vom Erfolg des zu finanzierenden Projekts überzeugt sind. Dies gilt gerade bei Kreditgesuchen, denen Banken aus Gründen der Regulatorik oder der Wirtschaftlichkeit nicht nachkommen wollen bzw. können: kleinteiliges Geschäft mit unüblichen (geringen, »krummen«) Beträgen bzw. Laufzeiten und vergleichsweise hohem Risiko. Tatsächlich konnte mit Daten von auxmoney empirisch gezeigt werden, dass die dort vergebenen Kredite im Durchschnitt riskanter und daher auch höher verzinst waren als bei Banken. Um die Risikounterschiede bereinigt, waren die Zinssätze miteinander vergleichbar (de Roure/Pelizzon/Tasca 2016). – Darüber hinaus wurde experimentell gezeigt, dass Investoren auf Plattformen dann bereit sind, auch in Kreditgesuche mit schlechten Bonitätsratings zu investieren, wenn ihnen der Verwendungszweck z. B. aufgrund bestimmter Wertvorstellungen »sinnvoll« erschien und sie sich mit dem Projektzweck bzw. Geschäftskonzept identifizieren konnten. In diesen Fällen gaben sie sich auch mit weniger Informationen über den Kapitalnachfrager zufrieden als Banken (Herzenstein/Sonenshein/Dholakia 2012; Prystav 2016).

- **Kapitalanbieter** erhalten die Möglichkeit zur Investition in Assetklassen, die ihnen zuvor nicht zugänglich waren. So haben etwa bei auxmoney nicht nur Privatpersonen Kapital zur Verfügung gestellt. Auch Institutionelle Investoren wie Investmentfonds oder Versicherungsunternehmungen haben Kreditportfolios erworben. Zudem haben Banken in Querschnitte aus den Kreditgesuchen investiert, die sie im Direktgeschäft nicht bedienen würden (Kullrich 2016). Letzteres deutet auch darauf hin, dass eine Plattform in bestimmten Fällen ein überlegenes Screening betreibt, dadurch die Bonität der Kapitalnachfrager präziser einschätzen und somit die der Finanzierungsbeziehung innewohnende asymmetrische Informationsverteilung effektiver bewältigen kann. Bei auxmoney gehen dafür neben den erwähnten (zumeist Finanz-)Daten der Auskunfteien auch Verhaltensdaten aus der direkten Interaktion mit dem Kreditsuchenden in das Rating ein, wie z. B. Reaktionszeiten auf E-Mails, Nutzungszeit/Verweildauer auf der Plattform o. ä. (o. V.: Woher weiß der Schwarm, wer kreditwürdig ist?, 2016).

Marktvervollständigung

Am Beispiel der Lending-Plattformen wird deutlich: Bezogen auf das **Finanzsystem** hat die **technologische Veränderung** zu einer **Marktvervollständigung** geführt: Durch das Entstehen eines neuen Intermediärs kann eine größere Zahl von Kapitalanbietern und -nachfragern als über die bisherigen Formen der Bank- bzw. Kapitalmarktfinanzierung zusammengeführt werden. **Für den in diesem Buch fokussierten Finanzleiter einer Unternehmung erweitert sich dadurch das Feld der Finanzierungsalternativen.** Mit seiner bekannten Prognose aus dem Jahr 2000 – »Banking is necessary, banks are not« – sah Bill Gates demnach nur einen Teil der durch die Digitalisierung ausgelösten Veränderungen im Finanzsystem voraus. Zwar nimmt die Bedeutung des Intermediärs »Bank« vor allem im Zahlungsverkehr und anderen Bereichen speziell des Privatkundengeschäfts zugunsten unterschiedlicher FinTechs ab. Dies ist z. B. an der begonnenen, dramatischen Abschmelzung der stationären Vertriebsapparate der Kreditinstitute deutlich zu erkennen. Neben dieser **Verdrängung** zeigt das Beispiel der Kredit-Plattformen aber **auch komplementäre Rollen** in anderen Bereichen auf. Und schließlich erwerben Banken zunehmend FinTechs oder nehmen im Rahmen von Kooperationen Impulse zur Veränderung auf, ebenso wie einzelne FinTechs eine Sortimentserweiterung anstreben. Dies deutet eher auf die **Konvergenz der Geschäftsmodelle** »klassischer« und »neuer« Banken hin.

Crowdinvesting

Beim Crowdinvesting ist die Konstruktion der Zusammenführung von Kapitalnachfrage und -angebot über eine Plattform ähnlich derjenigen im Lending-Bereich. Im Unterschied dazu wird jedoch **Haftkapital** bereitgestellt, werden die **Anleger** also zu **Miteigentümern**. Wurden anfangs stille Beteiligungen eingesetzt, sind derzeit partiarische Nachrangdarlehen üblich, mit denen in bestimmten Grenzen Prospektpflichten vermieden werden können. Die Mindestanlagesummen der Investoren liegen zumeist bei 250 €.

Darüber hinaus ermöglicht die Finanzierung über die Crowd speziell für Start-ups das **Nutzen viraler Effekte**: Das neue Unternehmen bzw. seine Produkte können über das Internet schneller bekannt gemacht werden, ohne über ein Budget für umfangreiche Marketingkampagnen zu verfügen. Als ergänzenden Service bietet der deutsche Marktführer Seedmatch Gründern **Beratungsleistungen** an, insbesondere hinsichtlich der Aufbereitung des Businessplans mit dem Ziel, die Attraktivität für Investoren zu erhöhen. Den **Austausch** der Gründer mit den Investoren zu ermöglichen, bildet eine weitere zentrale Aktivität auf der Plattform und erfordert ein professionelles Community Management sowohl während als auch nach Abschluss des Funding-Prozesses.

Zunächst müssen die Start-ups allerdings den **Auswahlprozess** von Seedmatch erfolgreich durchlaufen. Diese Auswahl ist für die Investoren erfolgskritisch, denn die Erlösgenerierung erfolgt durch eine prozentuale Beteiligung am Funding-Volumen der von der Community finanzierten Projekte. Im Fall von Seedmatch sind dies 5 bis 10 %. Die Umsatztreiber sind die Anzahl der auf der Plattform vorgestellten Projekte, deren Volumen sowie die Quote der Projekte, die das avisierte Finanzierungsziel auch erreichen – denn nur dann wird die Provision fällig. Die Herausforderung für Seedmatch besteht darin, eine Balance zu finden zwischen der Anzahl der zugelassenen Projekte, deren Qualität und einer Einschätzung des in der Community vorhandenen Finanzierungspotenzials. Stehen zu viele Projekte gleichzeitig zur Finanzierung offen, steigt die Gefahr, dass das Finanzierungsvolumen der Nutzer für ein erfolgreiches Funding aller Vorhaben zu niedrig ist. Selbst bei durchgehend hoher Projektqualität blieben dann die Provisionen für den Plattformbetreiber aus.

Die folgende Abbildung 12.32 zeigt, dass über Crowdinvesting in Deutschland bisher tatsächlich vor allem Start-ups finanziert wurden (50 %); die Eigenkapitalbereitstellung für kleinere und mittelgroße Unternehmen spielte dagegen kaum eine Rolle (2 %). Wie schon zuvor bei den Lending-Plattformen zeigt sich auch an dieser Stelle **weniger eine Konkurrenz zu den Angeboten von Kreditinstituten, sondern eher eine ergänzende Rolle** insbesondere in dem hierzulande noch unterentwickelten Bereich des Venture Capital über Private Equity.

Abb. 12.32

Crowdinvesting in Deutschland 2011–2016

Investment-Segment	Investment-Runden	Volumen		Ø-Rendite p.a. erfolgreiche Investmentrunden
		investiert	ausgefallen	
Start-up	214	62,5 Mio. €	9,7%	27,4%
Immobilien	49	46,9 Mio. €	0,0%	5,9%
Energie	94	12,1 Mio. €	0,0%	–
KMU	16	2,6 Mio. €	1,8%	9,8%
Film	4	1,5 Mio. €	0,0%	5,7%
GESAMT	377	125,6 Mio. €	4,9%	–

Quelle: Crowdfunding.de Marktreport 2016

12.3.3 Realwirtschaft: Das Beispiel der Industrie 4.0

AUS DER PRAXIS

Die Speedfactory ist für adidas eine Revolution

Wie eine Turnschuhfabrik sieht die Halle im mittelfränkischen Ansbach nicht aus, sondern eher wie eine Produktionsanlage für Computerchips: Die Wände sind schneeweiß, es gibt keine ratternden Nähmaschinen, nur eine Handvoll Mitarbeiter arbeitet an den Apparaten, ein Roboterwagen fährt zwischen zwei Maschinen hin und her und transportiert zugeschnittene Stoffe. Doch in nur etwa fünf Stunden entsteht hier aus Garn, vier verschiedenen Kunststoffkügelchen und einem Paar Schnürsenkel ein adidas-Laufschuh. Bislang dauert es etwa drei Monate ab der Bestellung, bis ein fertiger Turnschuh in Deutschland ankommt. Schon im kommenden Jahr soll die Serienfertigung in der ersten Speedfactory beginnen. Von einer »Revolution« spricht Konzernchef Herbert Hainer. Adidas will damit sein komplettes Geschäftsmodell auf den Kopf stellen. Statt Schuhe und Kleidung in Fernost zu produzieren, soll künftig wieder vor Ort beim Kunden, also auch in Deutschland gefertigt werden. Und zwar nach Bedarf und auf die Wünsche des Kunden zugeschnitten. »Als ich 1987 bei adidas angefangen habe, wurde die Produktion gerade nach Asien verlagert«, sagt Hainer. »Jetzt schließt sich der Kreis und die Fertigung kommt zurück.«

In der Halle in Ansbach arbeiten gleich ein halbes Dutzend Maschinen zusammen, um die Schuhe zu produzieren. Eine Strickmaschine stellt zunächst den Stoff für die Oberfläche der Sneaker her, eine weitere schneidet ihn mit einem Laser zu. Auf der anderen Seite der Halle wird derweil aus Kunststoffteilen die Sohle gespritzt und zusammengesetzt. Auch Sohlen aus dem 3D-Drucker sollen künftig möglich sein. Statt Oberteil und Sohle am Schluss wie bisher zu verkleben, erhitzt eine weitere Maschine die Teile und schweißt sie zusammen. Dafür sind kaum noch Mitarbeiter nötig. Tatsächlich war die Herstellung von Sportartikeln bislang kaum automatisiert. Vor allem in China, Vietnam und Indonesien wird derzeit noch von Hand gearbeitet. Doch das soll sich nun nach und nach ändern.

In den kommenden Jahren sollen jeweils rund 500.000 Paar in Deutschland hergestellt werden. Angesichts der gut 300 Mio. Paar, die adidas im vergangenen Jahr weltweit verkauft hat, ist das nicht viel. »Die Speedfactory wird die Produktion in Asien nicht überflüssig machen«, sagt auch Vorstandschef Hainer. Zumindest vorerst nicht. Doch das könnte sich schnell ändern, schon 2017 will adidas eine zweite Speedfactory in den USA eröffnen, weitere Länder sollen folgen. Die Maschinen in den Fabriken sollen untereinander kommunizieren und selbstständig Erfahrungen austauschen können. »Es wird noch einige Jahre dauern, bis wir einen signifikanten Teil der Produktion ersetzen«, sagt Hainer. Aber der Anfang ist gemacht. Zunächst sollen vor allem teurere, komplexere Schuhe in den Speedfactories produziert werden wie zum Beispiel Laufschuhe. »Wir glauben, dass wir hier bessere Qualität produzieren können als in Fernost«, sagt der Vorstandschef.

Ganz auf menschliche Mitarbeiter kann adidas auch in der Speedfactory nicht verzichten. Etwa 160 Angestellte soll es in der Fabrik in Ansbach geben, die jährlich eine halbe Mio. Schuhe produziert. Allerdings ändern sich die Qualifikationen, die die Mitarbeiter mitbringen müssen. Statt einfacher Tätigkeiten wie dem Verkleben von Schuhen werden in den neuen Fabriken vor allem Techniker benötigt, die die Maschinen bedienen und warten können.
Betrieben werden die neuen Fabriken nicht von adidas selbst, sondern vom bisherigen Zulieferer Oechsler. Gemeinsam mit dem Mittelständler hat der Dax-Konzern die neuen Fertigungsanlagen entwickelt. Es gibt ein Abkommen, dass die Technik nicht an Konkurrenten von adidas verkauft werden darf. »Wir glauben, dass wir einen deutlichen Vorsprung vor der Konkurrenz haben«, sagt Hainer. Mehrere Jahre sei man Nike und anderen voraus.
Die möglichen Auswirkungen der neuen Produktionsmethode sind gewaltig. Sie soll Lager für Turnschuhe überflüssig machen, weil vor Ort genau die Menge an Sneakern hergestellt werden kann, die auch tatsächlich verkauft werden. Hainer träumt schon davon, dass die Kassen der großen Händlerketten tages- oder sogar stundengenau übermitteln, wie viele Exemplare eines Modells verkauft wurden und entsprechend beliefert werden.
Auch Produktionsanlagen direkt angeschlossen an den Laden seien denkbar. Durch die kurzen Wege sind auch personalisierte Modelle möglich, auf die man bislang wochen- oder monatelang hätte warten müssen: Schuhe können an den eigenen Fuß angepasst, in den Wunschfarben oder mit eigenen Fotos bedruckt werden – alles innerhalb weniger Stunden oder maximal Tage. Hainer glaubt an deutliche Effizienzgewinne, auch weil die Maschinen rund um die Uhr arbeiten können. Wie viel das Unternehmen in die Entwicklung investiert hat, verrät adidas nicht. Oechsler habe sich an den Kosten beteiligt, sagt Hainer.
Teurer sollen die Schuhe »Made in Germany« für die Kunden nicht werden. »Konsumenten interessiert natürlich überhaupt nicht, ob ein Schuh bei Oechsler in Ansbach oder in Fernost produziert wurde«, glaubt Hainer. Doch für die Verbraucher könnte sich durch die Speedfactories trotzdem einiges ändern: Schnäppchen im Schlussverkauf werden wohl deutlich seltener, weil die Schuhe nur noch nach Bedarf produziert werden und nicht die alten Modelle, die nicht verkauft wurden, zu Schleuderpreisen unters Volk gebracht werden müssen, um Platz für neue zu machen. Für adidas würde sich das vor allem bei der Gewinnmarge bemerkbar machen. Das Unternehmen misst in der sogenannten Durchverkaufsrate, wie viele Schuhe tatsächlich zum vorgesehenen Preis verkauft werden konnten. Diese Rate soll deutlich steigen und mit ihr die Gewinne von adidas. Hainer hält es auch für möglich, dass Sneaker künftig wie Autos nur in einer Grundausstattung angeboten werden. Wer die Sonderausstattung wie besondere Sohlen oder ausgefallene Designs möchte, muss draufzahlen. (Quelle: Vetter 2016)

Vierte industrielle Revolution

Derzeit vollzieht sich ein realwirtschaftlicher Umbruch, der vielfach als revolutionär eingestuft wird. Durch den Einfluss der **Digitalisierung** verändern sich – ebenso wie zuvor für die Kreditwirtschaft angesprochen – die Geschäftsmodelle, Produkte und Leistungen sowie vor allem die Prozesse in den Unternehmen so gravierend wie seit Jahrzehnten nicht mehr. Autonom fahrende Autos, miteinander kommunizierende Maschinen, sich selbst steuernde cyber-physische Systeme, Smart Factory, Big Data und das Internet der Dinge sind nur einige der zentralen Schlagworte in diesem Zusammenhang. Als Sammelbegriff hierfür hat sich **»Industrie 4.0«** etabliert. Damit ist die die **vierte industrielle Revolution** nach der Einführung mechanischer Produktionsanlagen Ende des 18. Jahrhunderts, der Einführung arbeitsteiliger Massenproduktion mithilfe elektrischer Energie ab 1870 und dem Einsatz der Elektronik und IT zur weiteren Automatisierung der Produktion seit den 1970er Jahren gemeint. Diese »Industrie 4.0« gilt als das Zukunftsthema der Wirtschaft.

Die Digitalisierung wird insofern als **disruptiv** (Christensen 2011) bezeichnet, als Strukturen bestehender Märkte aufgebrochen, die bisherigen Anbieter und von ihnen eingesetzten Technologien in Frage gestellt sowie vollständig neue Spielregeln für ganze Branchen definiert werden. Wenn die Formel **»Finance has to fit the business«** zutrifft, dann stehen mit der Disruption von Geschäftsmodellen und neuartigen Formen der Organisation und Steuerung von Wertschöpfungsketten auch die Anforderungen an den Finanzleiter im Rahmen der Unternehmensfinanzierung vor radikalen Veränderungen. Spiegelbildlich müssen sich die Kreditinstitute, die im bankdominierten deutschen Finanzsystem den Löwenanteil der externen Unternehmensfinanzierung bereitstellen, fragen, wie sie diesen Anforderungen gerecht werden können (zum Folgenden Paul 2016, 2017).

Vernetzung als Kernelement

Ein finanzierungsrelevantes Kernelement der Industrie 4.0 ist die mit der Digitalisierung verbundene **umfassende Vernetzung** von Personen, Dingen und Maschinen in Wertschöpfungsketten (zur Industrie 4.0 grundlegend BITKOM/Fraunhofer-Institut 2014 und agiplan 2015). In cyber-physische Systeme sind Geräte, Objekte, Produktionsanlagen, Logistikkomponenten usw. eingebettet, die kommunikations- und internetfähige Module enthalten, um mittels spezieller Sensorik ihre Umwelt erfassen, speichern und dadurch auf die physische Welt einwirken zu können. In **vertikaler** Hinsicht werden damit die betrieblichen Funktionalbereiche – von Forschung und Entwicklung über Einkauf und Fertigung bis zum Absatz – in der Unternehmung selbst stärker miteinander verzahnt. In Smart Factories kommunizieren Produkte, Transportmittel und Werkzeuge miteinander und handeln selbstständig die nächsten Produktionsschritte aus.

Durch **horizontale** Vernetzung verändert sich das Zusammenspiel der Unternehmung sowohl mit Lieferanten oder anderen Kooperationspartnern als auch den Kunden. Im Automobilbereich beinhalten Smart Services nicht nur den vom Kunden im Internet bedienbaren Konfigurator für sein neues Fahrzeug, sondern umgekehrt auch die vom Auto ausgehende Information über notwendige Servicearbeiten, Wartungs-, Mobilitäts- oder andere Dienstleistungsangebote. Die Digitalisierung erlaubt dann – wie am Beispiel adidas zu sehen – die Integration und Optimierung des Warenflusses vom Kunden über das eigene Unternehmen bis hin zum Lieferanten und zurück. Durch die Digitalisierung soll es somit möglich werden, individuelle Produkte zu den Kosten einer Massenfertigung zu entwickeln und herzustellen (**Mass Customization** bzw. **Mass Personalization**).

Supply-Chain-Finance

Als Konsequenz dieser zunehmenden Vernetzung haben sich neue Formen der **Finanzierung entlang der Wertschöpfungskette** von Unternehmen herausgebildet (**Supply-Chain- bzw. Value-Chain-Finance**, Wuttke/Blome/Henke 2013, Templar/Hofmann/Findlay 2016). Abgestellt wird hierbei auf die stärkere Verzahnung von Lieferanten und Abnehmern auch im Rahmen der Finanzierung. Länger schon etabliert ist das in Modul 9 dargestellte traditionelle Factoring, bei dem ein Lieferant = Gläubiger die Forderungen gegenüber seinen Abnehmern = Schuldnern verkauft, um schneller Liquidität zu erhalten. Beim **Reverse Factoring** organisiert der Debitor, dass seine Lieferanten ihre ihm gegenüber bestehenden Forderungen an einen Factor verkaufen. Dabei bestätigt und garantiert er die von ihm geschuldeten Zahlungen im Rahmen eines abstrakten Schuldanerkenntnisses gegenüber dem Factor. Dadurch kann ein Abnehmer die Liquidität seines Lieferanten sicherstellen, was z. B. in der Automobilindustrie eine große Bedeutung besitzt. Zahlungsschwierigkeiten einer Partei in mehrstufigen Produktionsketten können aufgrund des Just-in-Time-Prinzips schnell zu einem Stillstand der Bänder führen. – Im Rahmen des **Finetrading** verkaufen die teilnehmenden Lieferanten des die Transaktion veranlassenden Debitors ihre Waren – und nicht ihre Forderungen – an eine Zwischenhandelsgesellschaft (Finetrader) und werden bei Lieferung bezahlt. Dieser Intermediär verkauft die Waren an den Debitor weiter, wobei er hierbei an den wirtschaftlichen Bedürfnissen der Parteien ausgerichtete Zahlungsziele vereinbaren kann. Sowohl bei Reverse-Factoring- als auch Finetrading-Transaktionen geht die **Finanzierungsinitiative, -auswahl-, -steuerung und -kontrolle** vom Debitor als fokalem Unternehmen des Netzwerks aus. Seine Initiative ist indes nicht selbstlos: Die schnellere Bezahlung des Lieferanten kann zu einer Verbesserung der Einkaufskonditionen führen (Klüwer 2016).

Projekt- statt Unternehmensfinanzierung

Was bedeutet die Vernetzung der Realwirtschaft für das **Finanzierungsangebot** der **Banken**? Die Intensivierung der unternehmensübergreifenden Kooperationen von Wertschöpfungspartnern wirft die Frage auf, worauf sich ihre Bonitätseinschätzung beziehen soll. Die **klassische Unternehmensfinanzierung** wird nämlich immer mehr zu einer vom Gesamtunternehmen losgelösten **Projektfinanzierung** (zur Projektfinanzierung Böttcher/Blattner 2013), der Einzel- wandelt sich zum **Value-Chain-Kredit**. Größere Investitionen werden zunehmend im Netzwerk mehrerer Unternehmen getätigt, deren Abhängigkeit von Konstanz und Qualität der Partner steigt. Für den Erfolg des Projekts und damit die Fähigkeit zur Zahlung der Kreditverpflichtungen ist damit nicht mehr nur ein einzelner Spieler, sondern das Geflecht der Beteiligten – mit zum Teil unterschiedlichen Bonitäten – verantwortlich. Was zuvor als Sonderfall bei der Finanzierung großer Infrastrukturvorhaben in der Energieerzeugung oder bei Verkehrswegen galt, wird immer häufiger anzutreffen sein: Das **Projektrating entkoppelt sich vom Unternehmensrating**. Kreditinstitute werden daher künftig bei ihren Kunden ähnlich agieren wie der Regulator ihnen gegenüber: Prüft die Aufsicht seit der Finanzkrise immer stärker die Verflechtung der Institute untereinander, um systemische Risiken zu erkennen, müssen Banken im Rahmen der Bonitätsbeurteilung die Netzwerke ihrer Kunden genauer aufschlüsseln.

Erschwerte Sicherheitenbewertung

Der erwartete Verlust eines Kredits (Expected Loss) ergibt sich – wie in Modul 11 dargestellt – aber nicht nur aus der Ausfallwahrscheinlichkeit (Probability of Default) des Kunden, sondern auch aus der Verlustquote (Loss given Default). Diese wird vor allem beeinflusst durch die Werthaltigkeit der **Sicherheiten**, die **Kreditverträgen** zumindest im **Mittelstand** vielfach noch zugrunde liegen. Hier führt Industrie 4.0 zu zwei Veränderungen: Zum einen werden die Unternehmensinvestitionen im Zuge der Digitalisierung weniger durch klassisches Anlagevermögen, sondern immer mehr durch **immaterielle Assets** wie insbesondere Software und Patente (Intellectual Property), neue Geschäftsideen, Forschungsergebnisse, aber auch Betreuungs-, Pflege- und Ausbildungsaufwand usw. geprägt (Demmer/Kann 2016), die vielfach so unternehmensspezifisch sind, dass sich die Berechnung von Beleihungswerten und -grenzen kaum auf allgemein akzeptierte Marktpreise wie bei Rohstoffen, Fahrzeugen oder selbst Immobilien stützen kann. Zum anderen führt der zuvor angesprochene Vernetzungstrend dazu, dass »Stand-alone-Bewertungen« von Teilen eines größeren Investitionsprojekts wenig tragfähig sind.

Höhere Kreditvolumina, längere Laufzeiten

Setzt sich der Trend zunehmender unternehmensinterner und -externer Vernetzung von Partnern und Projektschritten in Echtzeit fort, dann müsste zum einen der **klassische Betriebsmittelkredit an Bedeutung verlieren**. Auf den jeweiligen Kunden zugeschnittene Produkte und vom Zeitpunkt seiner Bestellung ausgehende Beschaffungsvorgänge in den Unternehmen sollten helfen, deren Lagerhaltung drastisch zu reduzieren. Zum anderen dürften die Volumina der notwendigen Investitionen über die Wertschöpfungskette hinweg und damit auch die für die beteiligten Unternehmen notwendigen **Kreditbeträge** (Exposure at Default) aber **steigen**. Zudem ist zu erwarten, dass sich die **Projektlaufzeiten** speziell im Übergangsprozess zur »Industrie 4.0« **verlängern**, da weitreichende strukturelle Veränderungen der (Beschaffungs-, Produktions- und Absatz-)Prozesse erfolgen.

Höhere Beträge, längere Laufzeiten und das erhöhte Risiko bei Krediten für innovative Investitionsvorhaben können aber dazu führen, dass Banken diese in ihren Rating-Systemen ähnlich einstufen müssen wie Kredite an Start-ups (Saam/Viete/Schiel 2016). Dies wäre dann gegenüber »normalen« Unternehmenskrediten mit erheblichen Mehrbelastungen in Form von Eigenkapitalanforderungen verbunden, so dass Banken eine Kreditvergabe noch sorgfältiger als bisher prüfen werden.

Ausbau der Finanzkommunikation

Auf Seiten der Unternehmen gewinnt dadurch die Qualität der **Kommunikation mit ihren Banken** erheblich an Bedeutung. Wie in Modul 16 noch ausführlich dargestellt wird, hat hier speziell der **Mittelstand** deutlichen **Nachholbedarf**. Die vergleichsweise leichte Kreditverfügbarkeit der letzten Jahre hat die dort anzutreffenden Defizite eher noch verstärkt. Die wichtigste Hemmschwelle für mehr Transparenz sind noch immer Ängste der Unternehmer, der Konkurrenz zu viel Informationen preiszugeben, Banken eventuelle Abweichungen gegenüber den Planungen erklären zu müssen oder Dritten zu zeigen, wie erfolgreich man ist. Doch eine schlechte Finanzkommunikation hat zur Folge, dass sich die Anforderungen der Kapitalgeber an künftige Informationen und deren formale Aufbereitung drastisch erhöhen.

In Zeiten erhöhter **technologischer Unsicherheit** muss **für ein gutes Rating** noch **aktiver informiert** werden. Dabei sollten vor allem die Veränderungen des Geschäftsmodells durch die Digitalisierung erläutert, unterschiedliche Zukunftsszenarien durchgespielt und wichtige Innovationen bei den Produkten und Prozessen des Unternehmens vorgestellt werden, um Banken die unternehmerische Sichtweise zu vermitteln. Auch dies wird immer mehr zu einer Aufgabe, die nicht mehr nur jedes einzelne Unternehmen, sondern stärker noch das Netzwerk bzw. die Wertschöpfungskette, in die es eingebunden ist, gemeinsam erfüllen muss.

Neue Anforderungen an Bankmitarbeiter

Spiegelbildlich verändern sich Anforderungen an die Risikomanager bei der Weiterentwicklung der Ratingverfahren sowie die Firmenkundenbetreuer der Banken. Erforderlich ist eine **höhere Expertise mit Blick auf die digitalisierte Industriewelt**. Neben »klassischen« Bankern müssen daher verstärkt auch Mitarbeiterinnen und Mitarbeiter gewonnen werden, die ihren Karriereweg zuvor außerhalb der Bankenwelt gegangen sind. Nur dann können die Firmenkundenbetreuer mit dem Unternehmer »auf Augenhöhe« kommunizieren und mittels umfassender Beratung einen Wettbewerbsvorteil gegenüber den auch bereits in der Unternehmensfinanzierung aktiven FinTechs erarbeiten.

Die durch die Digitalisierung ausgelöste »Industrie 4.0« bringt insofern radikale Umwälzungen für die Geschäftsmodelle nahezu aller Branchen mit sich. Der **Finanzleiter** einer Unternehmung muss diesen Umbruchprozess im Rahmen seiner Wertschaffungsfunktion mitgestalten. Da sich seine Anforderungen an das Finanzsystem verändern werden, müssen auch die Finanzintermediäre – in Deutschland vor allem die Kreditinstitute – ihr Kernprodukt mit gleicher Radikalität anpassen und als »Kredit 4.0« zukunftsfähig machen.

Auf den Punkt gebracht

- Deutsche Unternehmen sind zu einem hohen Grade innenfinanziert. Durch einbehaltene Gewinne aber auch Maßnahmen der Außenfinanzierung haben sie im Laufe der letzten Jahre ihre Eigenkapitalquote verstärkt. Fremdkapital wird immer noch überwiegend von Banken zur Verfügung gestellt. Eine Ursache hierfür ist der hohe Anteil kleiner und mittelgroßer Unternehmen.
- Das deutsche Finanzsystem wird daher als »bankbasiert« bezeichnet, dem als Gegenpol das »marktbasierte« Finanzsystem in den USA gegenübergestellt wird. Dort ist die Unternehmensfinanzierung im Eigenkapitalbereich stärker auf Aktien, im Fremdkapitalbereich stärker auf Anleihen fokussiert.
- Marktorientierte Systeme befördern in stärkerem Maße die Innovations- und Wachstumsdynamik einer Volkswirtschaft, tragen jedoch zu mehr Volatilität bei. Bankbasierte Finanzsysteme bewirken eine höhere Nachhaltigkeit von Innovationen und volkswirtschaftliche Stabilität.
- Wie das Beispiel der Verbriefung zeigt, übt die Regulierung der Finanzsysteme einen starken Einfluss auf ihre Entwicklung aus. ABS-Finanzierungen haben zum einen die Bank- und Kapitalmarktfinanzierung und zum anderen die Finanzsysteme weltweit vernetzt. Dies kann für die Risikoallokation nützlich sein, wirkte sich im Fall der Finanzkrise jedoch fatal aus. Sowohl einzel- als auch gesamtwirtschaftlich hängt es daher sehr von der individuellen Gestaltung der Transaktion ab, ob sie nachhaltig Wert schafft.
- Die Digitalisierung verändert die Finanzsysteme in technologischer Hinsicht. Es entstehen neue Intermediäre (z. B. Plattformen für Kredit- und Beteiligungskapital), die das Feld der Finanzierungsalternativen für den Finanzleiter erweitern.
- Zugleich vollzieht sich durch die Digitalisierung ein realwirtschaftlicher Umbruch zur »Industrie 4.0«. Die vertikale und horizontale Vernetzung verändert die Anforderungen sowohl an die Finanzierungsanbieter als auch den Finanzleiter, der z. B. viel intensiver über die technologiebedingten Veränderungen des Geschäftsmodells informieren muss.

Modul 13 Relevanz und Wertbeitrag der Kapitalstruktur

ZENTRALE INHALTE

- Theoretische Grundlagen der Kapitalstruktur, insbesondere Leverage-Effekt
- Zusammenhang von Kapitalstruktur und Unternehmenswert
- Überblick über die kapitalstrukturtheoretischen Modelle und Ansätze
- »Traditionelle These« zur optimalen Kapitalstruktur
- Modigliani-Miller-Theorem
- Trade-off-Theorie
- Informationsökonomische Ansätze
- Pecking-Order- und Market-Timing-Theorie
- Einfluss des Ratings auf die Kapitalstruktur

Einstiegsbeispiel

►►► Der Finanzleiter der Leverice-AG plant, ein Tochterunternehmen im Ausland zu gründen. In diesem Kontext stellt er sich die Frage, ob er dieses Tochterunternehmen ausschließlich durch Fremdkapital bzw. ausschließlich durch Eigenkapital finanzieren soll, oder ob eine Mischfinanzierung aus Eigen- und Fremdkapital sinnvoller ist. Mit Blick auf eine mögliche Mischfinanzierung fragt sich der Finanzleiter weiter, in welchem Verhältnis Eigen- und Fremdkapital aufgenommen werden sollten und ob das Verhältnis einen Einfluss auf den Wert des Tochterunternehmens hat. ◄◄◄

13.1 Kapitalstruktur und Unternehmenswert

Inhalt dieses Moduls ist die Bestimmung einer optimalen Kapitalstruktur (eines optimalen Verschuldungsgrads) auf Unternehmensebene. Darunter versteht man die Anteile von Eigen- und Fremdkapital auf der Passivseite der Bilanz. Aus Sicht der wertorientierten Unternehmensführung ist in diesem Kontext insbesondere die Frage relevant, ob die Kapitalstruktur einen Beitrag zum Wert des Unternehmens leisten kann und ob es ein optimales Verhältnis gibt. Eine erste Antwort auf diese Frage geben die für die Kapitalstrukturentscheidung entwickelten traditionellen und neoklassischen Modelle, die einen friktionslosen Kapitalmarkt unterstellen

(Abstraktion von Steuern und Transaktionskosten) und von vollständiger Informationslage ausgehen. Eigen- und Fremdkapitalgeber können folglich zukünftige Umweltzustände perfekt vorhersehen und Wahrscheinlichkeiten für den Eintritt dieser Zustände benennen. Dies versetzt sie in die Lage, die den Umweltzuständen entsprechenden Renditeforderungen im Sinne von Risikoprämien perfekt zu formulieren (Schneider 1992, S. 575). Diese strengen Prämissen werden dann innerhalb der Trade-off-Theorie und der informationsökonomischen Ansätze zur Erklärung der (optimalen) Kapitalstruktur aufgehoben.

In der Realität – der wir uns im weiteren Verlauf des Moduls annähern – können aber ex-post-Überraschungen (es kommt anders, als man dachte) »vernünftigerweise von keinem Planenden ausgeschlossen werden, auch wenn er ihre Gründe und Höhe nicht voraus zu planen vermag.« (Schneider 1992, S. 575). Eigenkapital als Puffer für nicht planbare Ex-post-Verluste ist damit streng genommen rational ebenfalls nicht planbar, da Menschen nicht wissen können, welches Wissen ihnen nach ihrer Planung zugeht.

Bevor auf die einzelnen Konzepte zur Erklärung einer (optimalen) Kapitalstruktur und den jeweils möglichen Beitrag zum Unternehmenswert eingegangen wird, sollen zunächst die wesentlichen kapitaltheoretischen Begriffe erläutert werden.

Kapitalstruktur

Die **Kapitalstruktur** eines Unternehmens zeigt die Zusammensetzung der gesamten zur Finanzierung eines Unternehmens benötigten Mittel, also das Verhältnis der von den Eigentümern bereitgestellten Mittel (Eigenkapital) und der von Gläubigern bereitgestellten Mittel (Fremdkapital):

$$KS = \frac{EK}{FK}$$

KS: Kapitalstruktur des Unternehmens
EK: Menge an Eigenkapital
FK: Menge an Fremdkapital

Im Folgenden soll die Kapitalstruktur statisch durch den als **Verschuldungsgrad** bezeichneten Quotienten aus dem Barwert von Fremd- und Eigenkapitalgeberansprüchen abgebildet werden (vgl. bspw. auch Schmidt/Terberger 1997, S. 238 f.):

$$VG = \frac{FK}{EK}$$

VG: Verschuldungsgrad des Unternehmens

Kapitalkosten

Abbildung 13.1 zeigt die Entwicklung des Verschuldungsgrades deutscher Unternehmen über den Zeitraum von 1997 bis 2014.

Die Renditeforderungen der Kapitalgeber entsprechen aus Sicht des Unternehmens den **Kapitalkosten**. Diese sind nicht nur für die Investitionsrechnung (vgl. Modul 4) und die Unternehmensbewertung (vgl. Modul 8) von Bedeutung, sondern sie sind auch für die Festlegung der Kapitalstruktur als relevante Entscheidungsfaktoren zu betrachten.

Abb. 13.1

Kapitalstruktur und Verschuldungsgrad deutscher Unternehmen 1997-2014

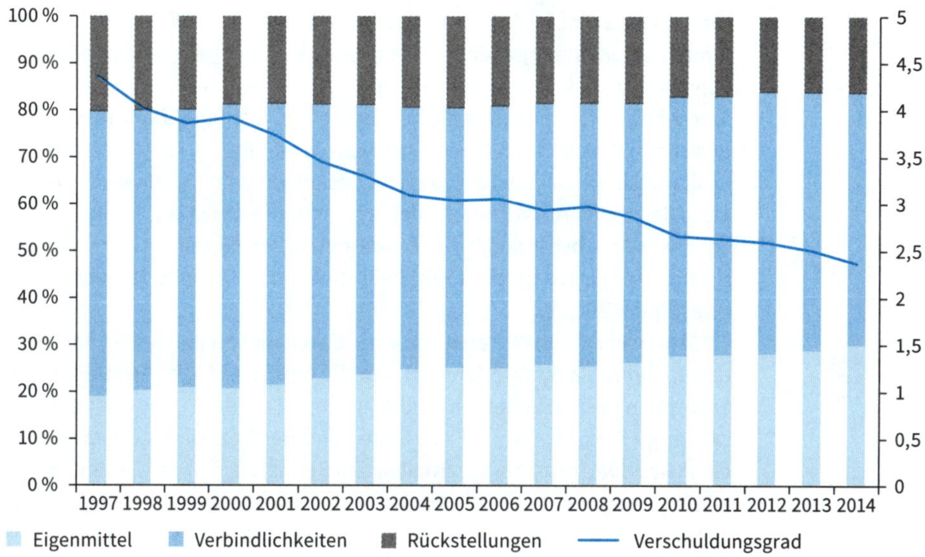

Hochgerechnete Angaben aus Jahresabschlüssen deutscher Unternehmen (alle Sektoren) von 1997 bis 2014, Deutsche Bundesbank (2015): Statistische Sonderveröffentlichung 5, Dezember 2015, Frankfurt am Main.
Primärachse (links): Anteil der Eigenmittel, Verbindlichkeiten und Rückstellungen in der Bilanz in Prozent;
Sekundärachse (rechts): Verschuldungsgrad = (Verbindlichkeiten + Rückstellungen) / Eigenmittel.

Quelle: Deutsche Bundesbank 2015

Die Kosten, die ein Unternehmen für das **Fremdkapital** zu tragen hat, lassen sich **direkt** aus dem im Kreditvertrag/den Anleihebedingungen fixierten Zinssatz ermitteln. Dieser deckt aus Sicht der Fremdkapitalgeber neben den Kosten aus der Kapitalüberlassung i. d. R. auch das Kreditrisiko ab. Üblicherweise wird auf die Effektivverzinsung abgestellt, die zusätzlich die Abschlussgebühr und ein etwaiges Disagio beinhaltet. Die **Eigenkapitalkosten** sind demgegenüber **indirekt** zu bestimmen. Ausgangspunkt ist eine Mindestverzinsung des Eigenkapitals, die aus Sicht der Eigenkapitalgeber zusätzlich noch das Investitionsrisiko decken muss. Für die Bestimmung der Mindestverzinsung dienen die Opportunitätskosten einer risikolosen Alternativanlage am Kapitalmarkt. Ein entsprechender Risikoaufschlag (Risikoprämie) spiegelt dann das zusätzliche Investitionsrisiko wider.

Aus Sicht unternehmerischer Finanzierungsentscheidungen gilt, dass Eigenkapital im Vergleich zum Fremdkapital »teurer« ist (vgl. Modul 9). Eigenkapitalgeber haften im Gegensatz zu den Fremdkapitalgebern für potenzielle Verluste des Unternehmens, und die Eigenkapitalgeberansprüche werden im Insolvenzfall nachrangig (also erst nach den Ansprüchen der Fremdkapitalgeber) bedient, weshalb Eigenkapitalgeber grundsätzlich eine höhere Risikoprämie verlangen.

Leverage-Effekt und Kapitalstrukturrisiko

Dass sich unter bestimmten Umständen die Renditeforderungen der Eigenkapitalgeber anpassen, wenn sich im Laufe der Zeit die Kapitalstruktur eines Unternehmens ändert, kann zunächst mit Hilfe der sog. **Hebelwirkung des Fremdkapitals** für die Rendite der Unternehmung gezeigt werden. Ausgangspunkt ist die Gesamtkapitalrentabilität (r_{GK}) eines Unternehmens. Sie ist ein Maß für die Effizienz der gesamten unternehmerischen Investitionstätigkeit und hängt allein vom Erfolg aller durchgeführten Investitionen ab. Insbesondere wird sie nicht von der Finanzierungsentscheidung berührt (Fisher-Separation, Modul 6). Da Investitionen unter Unsicherheit nicht risikolos sind, ist auch die Rendite auf das eingesetzte Gesamtkapital unsicher. Die Tatsache, dass die Gesamtkapitalrentabilität vom Investitionsrisiko determiniert wird, bezeichnet man als **Geschäftsrisiko**. Finanziert ein Unternehmen seine Investitionen bspw. vollständig aus Eigenkapital, so hängt die Verzinsung des Eigenkapitals ausschließlich vom Erfolg der Investitionen und vom Investitionsrisiko ab.

Geht man nun im Weiteren von einer Eigen- **und** Fremdkapitalfinanzierung des Unternehmens aus, unterscheidet sich die erwartete Eigenkapitalrendite von der erwarteten Gesamtkapitalrentabilität. Während auf das Fremdkapital »feste« Zinszahlungen in Höhe von $r_{FK} \cdot FK$ zu leisten sind, verfügen die Eigenkapitalgeber über einen Residualanspruch. Sie erhalten den Betrag, der von der Gesamtkapitalrentabilität $r_{GK} \cdot (EK + FK)$ übrig bleibt, nachdem die Fremdkapitalzinsen $r_{FK} \cdot FK$ abgezogen wurden. Wird diese Bedingung in Relation zum eingesetzten Eigenkapital gesetzt, so erhält man:

$$r_{EK} = \frac{r_{GK} \cdot (EK + FK) - r_{FK} \cdot FK}{EK}$$

r_{GK}: Gesamtkapitalrentabilität

Nach Umformung dieser Gleichung gilt:

$$r_{EK} = r_{GK} + (r_{GK} - r_{FK}) \cdot \left(\frac{FK}{EK}\right)$$

Es wird zunächst deutlich, dass die Differenz ($r_{GK} - r_{FK}$) eine positive Gewinnmarge darstellt, die entsteht, wenn Fremdkapital zu r_{FK} beschafft und zu r_{GK} investiert wird und dabei $r_{GK} > r_{FK}$ gilt. Ist die erwartete Gesamtkapitalrentabilität größer als der Fremdkapitalzinssatz und sind beide unabhängig von der Kapitalstruktur bzw. vom Verschuldungsgrad als konstant gegeben, steigt die erwartete Eigenkapitalrendite (r_{EK}) linear mit dem Verschuldungsgrad $\left(\frac{FK}{EK}\right)$ an. Das Produkt $(r_{GK} - r_{FK}) \cdot \left(\frac{FK}{EK}\right)$ ist als eine Risikoprämie der Eigenkapitalgeber für eine zunehmende Verschuldung zu interpretieren (vgl. auch Schmidt/Terberger 1997, S. 244), denn es gilt: Je höher ceteris paribus der Verschuldungsgrad (»**leverage**«), desto höher die erwartete Eigenkapitalrendite, wenn $r_{GK} > r_{FK}$ erfüllt ist. Diese aufgrund der Substitution von »teurem« Eigenkapital durch »billiges« Fremdkapital induzierte Steigerung der erwarteten Eigenkapitalrendite wird als **Leverage-Effekt** bzw. als Hebelwirkung des eingesetzten Fremdkapitals bezeichnet (vgl. dazu auch Brealey/Myers/Allen 2017,

S. 480; Süchting 1995, S. 446). Mit anderen Worten hat der Leverage-Effekt eine positive Wirkung, wenn mit dem aufgenommenen Fremdkapital »intern mehr erwirtschaftet wird als extern bezahlt« werden muss.

Offensichtlich gilt der Leverage-Effekt jedoch auch in umgekehrter Richtung: Sinkt die erwartete Gesamtkapitalrentabilität unter den Fremdkapitalzins, gilt also $r_{GK} < r_{FK}$, dann sinkt auch die erwartete Eigenkapitalrendite linear mit dem Verschuldungsgrad. Dieser Effekt wird als **Kapitalstrukturrisiko** (finanzielles Risiko, Leverage-Risiko) bezeichnet und entsteht durch die Notwendigkeit der festen Verzinsung des Fremdkapitals. Die Erträge aus den Investitionen werden durch die Zahlung von Fremdkapitalzinsen geschmälert und gleichzeitig sinkt der Eigenkapitalanteil. Dies erhöht die Streuung (Schwankung) der Eigenkapitalrenditen, was mit einer Zunahme des finanziellen Risikos gleichzusetzen ist.

Beispiel 1

Leverage-Effekt

▸▸▸ **Beispiel 1:** Das gesamte eingesetzte Kapital der Leverice-AG beträgt 5.000 € und wurde jeweils zu 50 % durch Eigenkapital und Fremdkapital finanziert. Die Gesamtkapitalrentabilität (r_{GK}) beträgt 6 %, und für das Fremdkapital (r_{FK}) ist ein Zinssatz in Höhe von 4 % zu zahlen. Der Verschuldungsgrad (VG) der Leverice-AG bestimmt sich somit durch $VG = \frac{FK}{EK} = \frac{2.500}{2.500} = 1$.
Der Gewinn vor Zinszahlung berechnet sich durch $r_{GK} \cdot GK = 6\,\% \cdot 5.000\,€ = 300\,€$. Die Fremdkapitalzinsen belaufen sich auf $r_{FK} \cdot FK = 4\,\% \cdot 2.500\,€ = 100\,€$. Den Gewinn nach Zinsen in Höhe von 300 € – 100 € = 200 € erhalten die Eigentümer des Unternehmens als Residualgewinnanspruch. Die erwartete Eigenkapitalrendite beträgt damit $r_{EK} = \frac{200\,€}{2.500\,€} = 8\,\%$. Dies lässt sich ebenso mit der Leverage-Formel als $r_{EK} = r_{GK} + (r_{GK} - r_{FK}) \cdot \left(\frac{FK}{EK}\right) = 6\,\% + (6\,\% - 4\,\%) \cdot 1 = 8\,\%$ berechnen. Der Leverage-Effekt hebelt die Differenz aus Gesamtkapitalrentabilität und Fremdkapitalzinsaufwand (300 € – 100 € = 200 €) auf eine Rendite von 8 % auf das eingesetzte Eigenkapital (2.500 €).
Beispiel 2: Die Ballve-AG verfolgt das selbe Geschäftsmodell wie die Leverice-AG und hat ebenfalls ein Gesamtkapital von 5.000 €. Allerdings finanziert sich die Ballve-AG zu 90 % über Fremdkapital bei sonst gleichen Bedingungen zur Leverice-AG. Der Verschuldungsgrad der Ballve-AG beträgt also $VG = \frac{FK}{EK} = \frac{4.500}{500} = 9$. Im Vergleich zur Leverice-AG ändert sich der Gewinn vor Zinszahlung nicht und beträgt weiterhin 300 €. Aufgrund des gestiegenen Fremdkapitalanteils belaufen sich die Fremdkapitalzinsen jedoch nun auf $r_{FK} \cdot FK = 4\,\% \cdot 4.500\,€ = 180\,€$ und der Residualgewinn der Eigentümer beträgt 300 € – 180 € = 120 €. Die erwartete Eigenkapitalrendite beträgt nun $r_{EK} = \frac{120\,€}{500\,€} = 24\,\%$ und hat sich aufgrund des Leverage-Effekts im Vergleich zur Leverice-AG ohne Veränderungen im operativen Geschäft verdreifacht.

Beispiel 3: Die Celcia-AG muss, bei gleicher Kapitalstruktur wie die Leverice-AG, für ihr Fremdkapital Zinsen in Höhe von 8% zahlen und weist eine Gesamtkapitalrentabilität von 1% aus. Der Verschuldungsgrad der Celcia-AG beträgt somit ebenfalls $VG = \frac{FK}{EK} = \frac{2.500}{2.500} = 1$. Der Gewinn vor Zinszahlung berechnet sich nun als $r_{GK} \cdot GK = 1\,\% \cdot 5.000\,€ = 50\,€$. Die Fremdkapitalzinsen belaufen sich auf $r_{FK} \cdot FK = 8\,\% \cdot 2.500\,€ = 200\,€$. Den Verlust nach Zinsen in Höhe von 50 € – 200 € = –150 € tragen die Eigentümer der Celcia-AG. Die erwartete Eigenkapitalrendite beträgt damit $r_{EK} = \frac{-150\,€}{2.500\,€} = -6\,\%$. Diese lässt sich ebenso mit der Leverage-Formel als $r_{EK} = r_{GK} + (r_{GK} - r_{FK}) \cdot \left(\frac{FK}{EK}\right) = 1\,\% + (1\,\% - 8\,\%) \cdot 1 = -6\,\%$ berechnen. Der Leverage-Effekt hat sich im Vergleich zur Leverice-AG umgekehrt. ◄◄◄

Weighted Average Cost of Capital

Geht man von einer Eigen- und Fremdkapitalfinanzierung des Unternehmens aus, sind die Gesamtkapitalkosten eines Unternehmens als durchschnittliche Finanzierungskosten (als Weighted Average Cost of Capital vor Steuern, WACC) wie folgt zu bestimmen (vgl. dazu Modul 1 und 8):

$$k = r_{EK} \cdot \left(\frac{EK}{GK}\right) + r_{FK} \cdot \left(\frac{FK}{GK}\right)$$

k: Durchschnittliche Gesamtkapitalkosten (WACC)
r_{EK}: Renditeforderung der Eigenkapitalgeber (Eigenkapitalkosten)
r_{FK}: Renditeforderungen der Fremdkapitalgeber (Fremdkapitalkosten)
GK: Gesamtkapital des Unternehmens (Eigenkapital + Fremdkapital)

Die nachfolgende Abbildung 13.2 (wiederholt Abb. 7.4, S. 236) zeigt die Herleitung der Kapitalkosten vor und nach Steuern in einem Praxisbeispiel.

AUS DER PRAXIS

Berechnung der Kapitalkosten der E.on SE

»Wir ermitteln die Kapitalkosten als **gewichteten Durchschnitt der Eigen- und Fremdkapitalkosten**. Die Renditeansprüche der Eigen- und Fremdkapitalgeber fließen gewichtet mit den jeweiligen Marktwerten in die Mittelwertbildung ein. Die Eigenkapitalkosten entsprechen der Rendite, die Anleger bei einer Investition in die E.on-Aktie erwarten. Als Kosten des Fremdkapitals setzen wir die langfristigen Finanzierungskonditionen des E.on-Konzerns an. Die Prämissen der Kapitalkostenfestlegung werden jährlich überprüft. Die Aktualisierungen der Prämissen im Jahr 2014 haben zu geringfügigen Veränderungen der Kapitalkosten geführt. Die Kapitalkosten nach Steuern des E.on-Konzerns sind von 5,5 Prozent auf 5,4 Prozent gesunken.« (Quelle: E.on Geschäftsbericht 2014, S. 47)

Abb. 13.2

Kapitalkostenbestimmung bei E.on

Kapitalkosten		
	2014	**2013**
Risikoloser Zinssatz	2,5%	2,5%
Marktprämie[1)]	5,5%	5,5%
Unverschuldeter Beta-Faktor	57,0%	59,0%
Verschuldeter Beta-Faktor[2)]	99,0%	102,0%
Eigenkapitalkosten nach Steuern	**7,9%**	**8,1%**
Durchschnittlicher Steuersatz	27,0%	27,0%
Eigenkapitalkosten vor Steuern	10,8%	11,1%
Fremdkapitalkosten vor Steuern	3,9%	3,9%
Grenzsteuersatz	27,0%	27,0%
Fremdkapitalkosten nach Steuern	**2,8%**	**2,8%**
Anteil Eigenkapital	50,0%	50,0%
Anteil Fremdkapital	50,0%	50,0%
Kapitalkosten nach Steuern	5,4%	5,5%
Kapitalkosten vor Steuern	7,4%	7,5%

1) Die Marktprämie entspricht der langfristigen Überrendite des Aktienmarkts im Vergleich zu Bundesanleihen.
2) Der Beta-Faktor dient als Maß für das relative Risiko einer einzelnen Aktie im Vergleich zum gesamten Aktienmarkt: Ein Beta größer 1 signalisiert ein höheres Risiko, ein Beta kleiner 1 dagegen ein niedrigeres Risiko als der Gesamtmarkt.

Quelle: E.on Geschäftsbericht 2014, S. 47

In Modul 8 wurde bereits ausgeführt, dass der WACC sowohl bei Berücksichtigung von Steuern (**tax shield**) als auch aufgrund unterschiedlicher **Kapitalstrukturrisiken** adjustiert werden muss. Letztere beziehen sich auf die Schwankungen der von der Unternehmung (oder einer einzelnen Investition) erwirtschafteten Cashflows, welche sich aus der gezielten Verschuldung des Unternehmens und somit aus der Steuerung der Kapitalstruktur ergeben. Die Adjustierung des Beta-Faktors fußt dabei auf der Überlegung, dass die Unternehmung einer Vielzahl von **Risikofaktoren** ausgesetzt ist, die wie folgt systematisiert werden können:

- Markt- und Wettbewerbsfaktoren wie zum Beispiel Inflation, Wechselkurse, gesamtwirtschaftlicher Regulierungsrahmen, Konkurrenzsituation und Branchenfaktoren.
- Firmenspezifische Risikofaktoren, die aus dem **operativen Leverage** (Anteil der Fixkosten aus der Produktion, Beschaffung, etc. an den Gesamtkosten) und dem **finanziellen Leverage** (Anteil der Fixkosten aus der Kapitalstruktur) erwachsen.

Da Externen zumeist nur die Gewinn- und Verlustrechnung, nicht aber die Kosten- und Erlösrechnung zur Verfügung steht, kann der operative Leverage **nicht ermittelt** werden. Ein **Beta-Faktor**, der das **»reine« Risiko** aus Markt- und Wettbewerbsbedingungen beschreibt, lässt sich folglich **nicht bestimmen**, da man die

Beta-Faktoren der jeweiligen Unternehmen nicht um den operativen Leverage bereinigen kann.

Daher nimmt man im Regelfall an, dass das Geschäftsrisiko, bestehend aus operativem Leverage sowie den Risiken des Markt- und Wettbewerbsumfelds, bei Unternehmen derselben Branche identisch ist. Es erfolgt daher nur eine Adjustierung des Beta-Faktors bei abweichenden Kapitalstrukturen. Diese Adjustierung, auch **Unlevering und Relevering des Beta-Faktors** genannt, soll nun kurz erläutert werden (siehe hierzu auch Berk/DeMarzo 2016, S. 400 ff. und Brealey/Myers 2016, S. 488 ff.).

Um die Kapitalkosten eines bestimmten Unternehmens zu berechnen, werden die Kapitalkosten von geeigneten Vergleichsunternehmen (**peer group**) genutzt. Da jedoch die Kapitalstruktur (Verschuldungsgrad) der einzelnen peers zumeist von der des betrachteten Unternehmens abweicht, werden die Vergleichsunternehmen zunächst »entschuldet« (unlevern), um im nächsten Schritt die Kapitalstruktur der – dann – rein eigenkapitalfinanzierten peer group wieder so stark zu »verschulden« (relevern), dass sie der des zu betrachtenden Unternehmens entspricht, was abschließend die Ableitung der Kapitalkosten ermöglicht.

Unlevering des Beta-Faktors

Nehmen wir hierfür zunächst an, dass wir den Beta-Faktor eines **rein eigenfinanzierten Unternehmens/Investitionsprojekts** ermitteln wollen, dessen Anteile nicht an einem organisierten Markt gehandelt werden. Im Idealfall sind die Vergleichsunternehmen (z. B. Unternehmen derselben Branche) ebenfalls unverschuldet (»all-equity case«), sodass der Branchendurchschnitt des Beta-Faktors unmittelbar als Schätzung für das Beta des interessierenden Unternehmens/Investitionsprojektes verwendet werden kann und wir die Eigenkapitalkosten des Unternehmens/Investitionsprojektes mithilfe des CAPM berechnen können. Finden sich nur vergleichbare, **verschuldete** Unternehmen, ist deren Beta-Faktor aufgrund des abweichenden finanziellen Leverages alleine nicht mehr repräsentativ für das Unternehmen/Investitionsprojekt. Das Eigenkapital der Vergleichsunternehmen ist dann mit einem **höheren Risiko** behaftet. Der durchschnittliche Beta-Faktor würde den Beta-Faktor des eigenfinanzierten Unternehmens/Projektes **überschätzen**. Zur Ermittlung adäquater Eigenkapitalkosten ist ein in der Literatur sog. »**Unlevering**« der beobachtbaren **Levered Betas** der Vergleichsunternehmen vorzunehmen. Hierbei soll eine Situation hergestellt werden, in welcher der Investor wieder dem »reinen« Geschäftsrisiko ausgesetzt wäre und somit, wie im Falle eines unverschuldeten Unternehmens, einen Anspruch auf die gesamten Cashflows der Unternehmung besitzt. Ein solcher Anspruch kann bei verschuldeten Unternehmen nur durch die Fiktion einer vollständigen Unternehmensübernahme und damit dem **Halten des gesamten Eigen- und Fremdkapitals** wieder hergestellt werden.

Durch Bildung eines **Portfolios** aus sämtlichen Eigen- und Fremdkapitalien der jeweiligen Vergleichsunternehmen gelingt es, das Risiko des Unternehmens/Investitionsprojektes an das Geschäftsrisiko der Unternehmung anzugleichen. Unter der Annahme, dass die Aufnahme von Fremdkapital nicht risikolos ist, ergibt sich der sog. **»Unlevered« Beta-Faktor** β_i^{uv} eines Unternehmens als mit Eigen- und Fremdkapitalquote (zu Marktwerten!) gewichteter Durchschnitt aus Eigenkapital-Beta-Faktor β_i^{v} und Fremdkapital-Beta-Faktor β_i^{FK}. Letzterer wird analog zum Eigenkapital-Beta-Faktor als Sensivität der Effektivrendite einer Anleihe gegenüber Schwankungen eines Anleiheindizes in einer bestimmten Rating-Klasse ermittelt.

$$\beta_i^{uv} = \frac{EK}{(EK+FK)} \beta_i^{v} + \frac{FK}{(EK+FK)} \beta_i^{FK}$$

Der branchendurchschnittliche Unlevered Beta-Faktor kann dann, bei reiner Eigenfinanzierung, unmittelbar zur Berechnung der Eigen- bzw. Gesamtkapitalkosten des Unternehmens/Investitionsprojekts verwendet werden. Analog zu dem Unlevered Beta-Faktor entsprechen die sogenannten **Unlevered Cost of Capital** einer Unternehmung ihren Kapitalkosten bei fiktiver reiner Eigenfinanzierung:

$$k_u = \frac{EK}{(EK+FK)} r_{EK} + \frac{FK}{(EK+FK)} r_{FK}$$

Sie beschreiben die Kapitalkosten, die ein Investor verlangen würde, wenn er lediglich dem Geschäftsrisiko – also nur den Schwankungen der mit den Aktiva erzielten Cashflows – ausgesetzt wäre.

Die **Unlevered Cost of Capital (WACC vor Steuern)** beschreiben die Rendite, die Investoren »rein« für das aus Markt- und Wettbewerbsbedingungen (und in der Regel aus dem Operating Leverage) resultierenden Risiko verlangen. Diese können nur zur Bewertung **rein eigenfinanzierter Unternehmen/Projekte** bzw. Unternehmen/Projekte mit dem gleichen Geschäftsrisiko und **der gleichen Kapitalstruktur** wie die Vergleichsunternehmen verwendet werden. Bei **abweichenden Verschuldungsgraden** ist der **WACC** entsprechend auf die Kapitalstruktur des interessierenden Unternehmens/Projektes **umzurechnen**.

Relevering des Beta-Faktors

Vorgehen zur Adjustierung des WACC bei abweichendem finanziellen Leverage:

- **Unlevering** der Equity Betas der Vergleichsunternehmen (Ermittlung der Unlevered Betas β^{UV}) und Durchschnittsbildung:

$$\beta_{\varnothing}^{uv} = \frac{1}{N} \sum_{i=1}^{N} \frac{EK_i}{EK_i + FK_i} \beta_i^{v} + \frac{FK_i}{EK_i + FK_i} \beta_i^{FK}$$

- **Relevering** des durchschnittlichen Unlevered Betas auf die Kapitalstruktur des spezifischen Unternehmens/Projektes:

$$\beta_i^{v} = \beta_{\varnothing}^{uv} + \left(\frac{EK_i}{FK_i}\right)(\beta_{\varnothing}^{uv} - \beta_i^{FK})$$

- Schätzung der Eigenkapital-/Fremdkapitalkosten des Unternehmens/Projektes z. B. mithilfe des CAPM:

$$r_{EK}^{L} = r_f + (r_{\varnothing}^{EK} - r_f)\beta_i^{v}$$

mit r_{EK}^{L}: Levered Eigenkapitalrendite des Unternehmens
r_f: risikoloser Zinssatz
$r_{\varnothing}^{EK}$: durchschnittliche Eigenkapitalrendite der Vergleichsunternehmen

$$r_{FK} = r_f + (r_{\varnothing}^{FK} - r_f)\beta^{FK}$$

mit r_{FK}: Fremdkapitalkosten des Unternehmens
$r_{\varnothing}^{FK}$: durchschnittliche Fremdkapitalkosten der Vergleichsunternehmen

$k_u = r_f + (k_{ø}^{u} - r_f)\beta_{ø}^{uv}$

mit $k_{ø}^{u}$: durchschnittliche Unlevered Cost of Capital der Vergleichsunternehmen
k_u: Unlevered Cost of Capital des Unternehmens

Nach Umformung und Einsetzen in die Gleichung $\beta_i^v = \beta_{ø}^{uv} + \left(\frac{FK}{EK}\right)(\beta_{ø}^{uv} - \beta_i^{FK})$:

$$r_{EK}^{L} = k_U + \frac{FK}{EK} \cdot (k_U - r_{FK})$$

- Berechnung des adjustierten WACC

Durch Einsetzen in die Formel zur Berechnung der WACC nach Steuern ergibt sich:

$$k = \frac{EK}{FK + EK} \cdot r_{EK}^{L} + \frac{FK}{FK + EK} \cdot r_{FK} \cdot (1 - s)$$

Abschließend ist festzuhalten, dass der Prozess des Unlevering und Relevering des Beta-Faktors eine adäquate Berechnung der Kapitalkosten einer Unternehmung ermöglicht, welche dem unternehmensspezifischen Kapitalstrukturrisiko Rechnung trägt.

Zusammenhang von Kapitalstruktur und Unternehmenswert

Ein erster Zusammenhang von (optimaler) Kapitalstruktur und **Gesamtwert eines Unternehmens** lässt sich bereits an dieser Stelle über die folgende einfache Gleichung zur Berechnung des Unternehmenswerts verdeutlichen (vgl. auch dazu ausführlich Modul 8):

$$UW = \sum_{t=1}^{T} \frac{CF_t}{(1+k)^t}$$

UW: Unternehmenswert zum Bewertungsstichtag
t : Periodenindex
T : Anzahl der Perioden (Planungshorizont)
CF_t : erwartete künftige Cashflows in der Periode t
k : Kapitalkosten (Kalkulationszinsfuß)

Offensichtlich ist gemäß dieser Gleichung die optimale Kapitalstruktur genau dann erreicht, wenn ceteris paribus die Gesamtkapitalkosten (k) minimal sind und in der Folge der Unternehmenswert (UW) maximiert wird. Da die Gesamtkapitalkostenbestandteile (r_{EK}; r_{FK}) bei sich im Zeitverlauf verändernder Kapitalstruktur jedoch nicht notwendigerweise konstant sind, ist im weiteren Verlauf zu fragen, ob und wie sich trotz der Änderung von Eigen- und Fremdkapitalkosten dennoch eine optimale Kapitalstruktur bestimmen lässt.

13.2 Kapitalstrukturmodelle

Im Folgenden werden einzelne Modelle und Ansätze vorgestellt, die einen Beitrag zur Erklärung der (Nicht-)Existenz einer optimalen Kapitalstruktur bzw. eines optimalen Verschuldungsgrads liefern (vgl. Tab. 13.1). Die Darstellung der Modelle und

Tab. 13.1

Kapitalstrukturtheoretische Modelle und Ansätze		
Traditionelles Kapitalstrukturmodell (Traditionelle These)	Neoklassische bzw. marktorientierte Kapitalstrukturmodelle (Modigliani-Miller-Theorem und Trade-off-Theorie)	Informationsökonomische Ansätze
Wertschaffung: ja	Wertschaffung: nein	Wertschaffung: ja

Quelle: in Anlehnung an Perridon/Steiner/Rathgeber 2012, S. 487 f.

Ansätze erfolgt chronologisch, um die Entwicklung der Kapitalstrukturdiskussion in der wirtschaftswissenschaftlichen Forschung zu verdeutlichen. Im Sinne einer wertorientierten Unternehmensführung wird zudem für die einzelnen Modelle und Ansätze geprüft, ob die Kapitalstruktur einen Einfluss auf den Unternehmenswert hat (Wertschaffung). In diesem Kontext wird generell unterstellt, dass eine Maximierung des Anteilseignervermögens bzw. des Marktwerts des Unternehmens erreicht ist, wenn die durchschnittlichen Kapitalkosten des Unternehmens minimiert werden.

13.2.1 Traditionelles Kapitalstrukturmodell

Das **traditionelle Kapitalstrukturmodell** leitet die Kapitalkostenverläufe des Unternehmens aus **Annahmen** über das **Verhalten** der Eigen- und Fremdkapitalgeber ab und berücksichtigt den Kapitalmarkt nicht. Es wird unterstellt, dass sich die Kapitalgeber aufgrund einer bestehenden Unsicherheit über zukünftige Umweltzustände nicht risikoneutral verhalten. Vielmehr wird davon ausgegangen, dass die Renditeforderungen der Eigen- und Fremdkapitalgeber in Abhängigkeit ihrer Sensitivität gegenüber dem Verschuldungsrisiko formuliert werden. Hierauf basierend lassen sich einzelne Thesen zum Verlauf der Kapitalkosten ableiten (vgl. für einen Überblick Süchting 1995, S. 466 ff.).

Traditionelle These

Der »**traditionellen These**« folgend (vgl. Gutenberg 1987) **existiert eine optimale Kapitalstruktur** des Unternehmens. Zur Herleitung des Optimums werden drei Effekte angeführt.

1. Ausgangspunkt ist das vollständig aus Eigenkapital finanzierte Unternehmen. Solange die Eigenkapitalgeber (und Fremdkapitalgeber) ihre jeweiligen Renditeforderungen (Zinsforderungen) nicht erhöhen, wird »teures« Eigenkapital durch »billigeres« Fremdkapital ersetzt, um die durchschnittlichen Gesamtkapitalkosten des Unternehmens zu senken (Substitutionseffekt).
2. Mit zunehmender Verschuldung steigt jedoch das Investitionsrisiko aus Sicht der Eigenkapitalgeber aufgrund des zunehmenden Kapitalstrukturrisikos an (»Eigenkapital wird riskanter«). Dieses erhöhte Risiko lassen sich die Eigenkapitalgeber »irgendwann« durch eine Risikoprämie entgelten. Sie preisen das gestiegene Investitionsrisiko in ihre Renditeforderung ein.
3. Mit weiterer (starker) Verschuldung werden auch die Fremdkapitalgeber »irgendwann« ihre Renditeforderungen anpassen, wenn sie die an das Unternehmen ver-

gebenen Kredite für zu riskant halten und eine höhere Risikoprämie fordern. Die Fremdkapitalgeber reagieren später als die Eigenkapitalgeber auf eine zunehmende Verschuldung, weil mögliche Unternehmensverluste vorrangig von den Eigenkapitalgebern zu tragen sind, bevor sie auf das Fremdkapital durchschlagen (vgl. Schmidt/Terberger 1997, S. 247). Zudem wird implizit unterstellt, dass auch die Altgläubiger unter den Fremdkapitalgebern ihre Risikoprämien nachträglich noch erhöhen können (vgl. auch Perridon/Steiner/Rathgeber 2017, S. 497 f.).

Wie in Abbildung 13.3 gezeigt wird, ist die Kapitalstruktur $\left(\frac{FK}{EK}\right)^*$ genau dann optimal, wenn die durchschnittlichen Gesamtkapitalkosten k (bei k*) minimiert werden. Die Funktion $k\left(\frac{FK}{EK}\right)$ weist einen U-förmigen Verlauf auf, der zeigt, dass die Substitution von teurem Eigenkapital durch billiges Fremdkapital die durchschnittlichen Gesamtkapitalkosten mit zunehmender Verschuldung reduziert und im Optimum der Kapitalstruktur minimiert. Mit weiterer Verschuldung (rechts vom Optimum) wirkt der positive Effekt der Substitution zwar weiter, allerdings wird er von den ansteigenden Eigenkapitalgeberforderungen und Fremdkapitalkosten übertroffen, so dass die durchschnittlichen Gesamtkapitalkosten wieder ansteigen.

Obwohl intuitiv leicht nachvollziehbar, sind die Annahmen über das Verhalten der Kapitalgeber problematisch. Kritisiert wird zunächst, dass die jeweils unterstellten Verläufe von Eigen- und Fremdkapitalkostensatz als Funktion des Verschuldungsgrads nicht theoretisch fundiert sind. Nur unter strengen Voraussetzungen

Abb. 13.3

Kapitalkostenverlauf gemäß traditioneller These

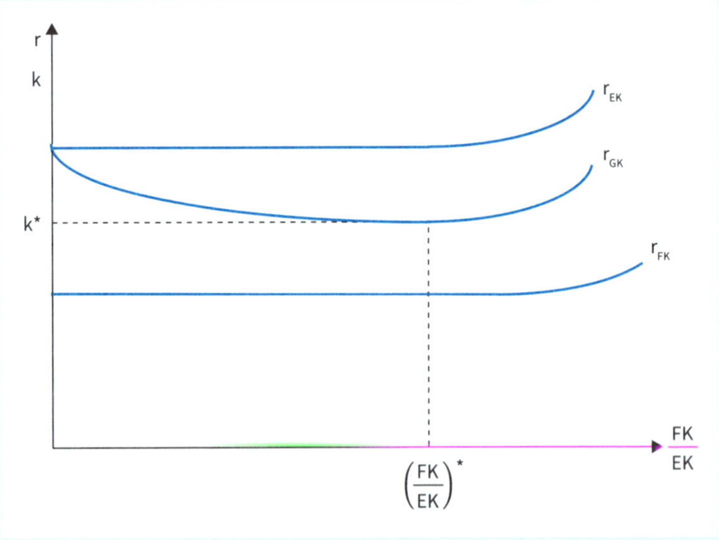

gilt, dass ein sinkender Verschuldungsgrad das Kapitalstrukturrisiko minimiert (vgl. Schneider 1992, S. 575). Ebenso muss hinterfragt werden, warum die Eigenkapitalgeber annahmegemäß erst ab einem bestimmten Verschuldungsgrad und nicht bereits mit der beginnenden Substitution von Eigen- durch Fremdkapital ihre Renditeforderungen anpassen. In diesem Kontext sind mit dem **Bruttoansatz** und dem **Nettoansatz** zwei weitere Thesen der (optimalen) Kapitalstruktur entwickelt worden.

Bruttoansatz

Der **Brutto(gewinn)ansatz** geht davon aus, dass die Fremdkapitalgeber auf die Variation des Verschuldungsgrades nicht reagieren. Die Fremdkapitalgeberforderungen (r_{FK}) bleiben also auch bei steigender Verschuldung konstant. Die Eigenkapitalkosten (r_{EK}) steigen dem hingegen linear mit dem Verschuldungsgrad an, da – aus Sicht der Eigenkapitalgeber – mit zunehmender Verschuldung das Kapitalstrukturrisiko steigt. Dieses Risiko lassen sie sich durch höhere Risikoprämien entgelten. In diesem Zusammenhang wird unterstellt, dass die gestiegenen Eigenkapitalgeberforderungen genau durch den Substitutionseffekt steigender Verschuldung ausgeglichen werden. Im Ergebnis gibt es kein Minimum der Gesamtkapitalkosten (r_{GK}) und **keinen** korrespondierenden **optimalen Verschuldungsgrad** (Abb. 13.4). Die Kapitalstrukturpolitik beeinflusst die durchschnittlichen Gesamtkapitalkosten und mithin den Unternehmenswert damit nicht, da der Bruttogewinn mit einem über unterschiedliche Verschuldungsgrade konstanten Kapitalisierungszinsfuß diskontiert bzw. verrentet wird.

Nettoansatz

Der **Netto(gewinn)ansatz** geht davon aus, dass weder Eigenkapitalgeber noch Fremdkapitalgeber auf die Variation des Verschuldungsgrades reagieren, d. h. Eigenkapitalgeberforderungen (r_{EK}) und Fremdkapitalgeberforderungen (r_{FK}) bleiben

Abb. 13.4

Kapitalkostenverlauf gemäß Bruttoansatz

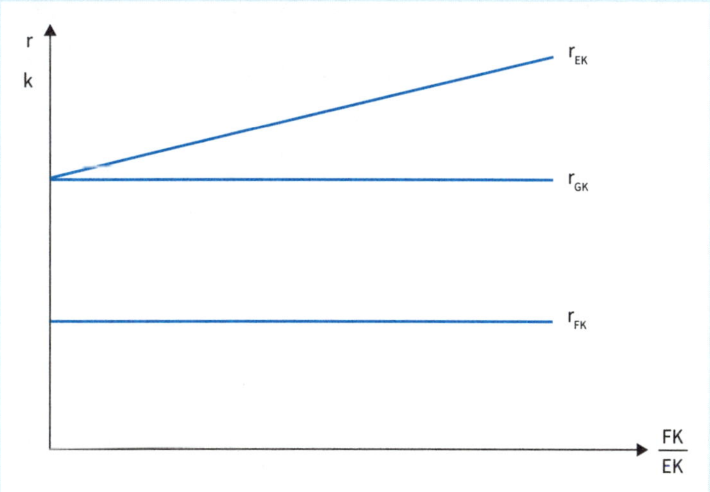

auch bei steigender Verschuldung unverändert, der Nettogewinn wird also mit einem gleichbleibenden Zinssatz diskontiert bzw. verrentet. Folglich sinken die durchschnittlichen Gesamtkapitalkosten (r_{GK}) bei einem zunehmenden Verschuldungsgrad aufgrund des Substitutionseffekts. Im Ergebnis existiert ein optimaler **Verschuldungsgrad**, der theoretisch bei einer unendlichen Verschuldung liegt, da sich die Gesamtkapitalkosten dort asymptotisch den Fremdkapitalkosten annähern (Abb. 13.5). Eine unendliche Verschuldung als optimalen Verschuldungsgrad zu postulieren würde indes bedeuten, dass die Fremdkapitalgeber gleichsam zu Eigentümern des Unternehmens werden. Dieses Ergebnis scheint problematisch, denn als Eigentümer tragen die Fremdkapitalgeber auch das unternehmerische Gesamtrisiko, so dass es wenig plausibel erscheint, dass sie mit zunehmender Verschuldung ihre Risikoprämien nicht erhöhen, sondern stillhalten.

Abb. 13.5

Kapitalkostenverlauf gemäß Nettoansatz

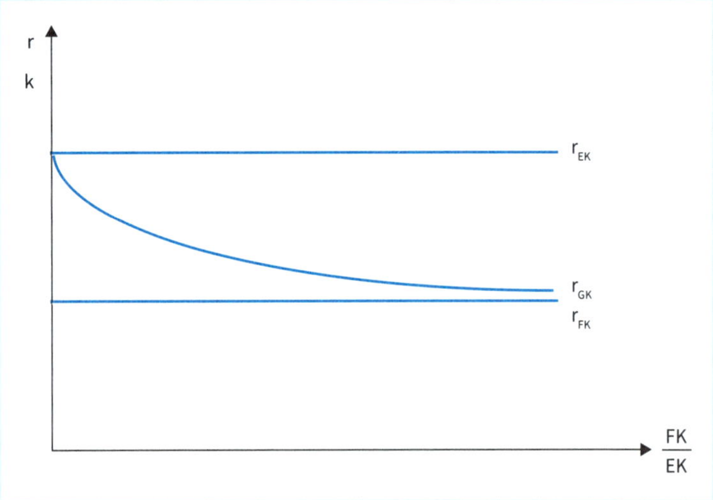

Optimale Kapitalstruktur und Unternehmenswert

Im Rahmen der traditionellen These wurde die optimale Kapitalstruktur (der optimale Verschuldungsgrad) mit Hilfe der Kapitalkosten hergeleitet. Vor dem Hintergrund der wertorientierten Unternehmensführung wird nun weiter gefragt, welcher Zusammenhang zwischen der optimalen Kapitalstruktur gemäß traditioneller These und dem Unternehmenswert besteht. Ausgehend vom Marktwert des Unternehmens ist die Kapitalstruktur genau dann optimal, wenn sie die Summe aus Marktwert des Eigenkapitals und Marktwert des Fremdkapitals maximiert. Wird zudem angenommen, dass das Fremdkapital risikolos ist und auch Altgläubiger unter den Fremdkapitalgebern ihre Renditeforderungen mit zunehmendem Verschuldungsgrad anpassen können (vgl. zur Auflösung dieser Annahme Perridon/Steiner/

Rathgeber 2017, S. 497 ff.), sind die Zielsetzungen der Minimierung der Gesamtkapitalkosten und der Maximierung des Gesamtmarktwerts des Unternehmens äquivalent. Zur Verdeutlichung dient das folgende Rechenbeispiel.

Beispiel 2

Zusammenhang von optimaler Kapitalstruktur und Gesamtwert des Unternehmens

►►► Die Peckering-AG erwirtschaftet einen Bruttogewinn (BG) vor Abzug von Fremdkapitalzinsen (und Steuern) in Höhe von 100 € pro Periode. Das zu Beginn der ersten Periode eingesetzte Gesamtkapital zu Marktwerten (GK_{MW}) beträgt 1.000 € und setzt sich jeweils zur Hälfte aus Eigenkapital und Fremdkapital zusammen. Der Verschuldungsgrad der AG (zu Marktwerten) ist somit $VG = \frac{FK_{MW}}{EK_{MW}} = \frac{500}{500} = 1$. Die Gesamtkapitalrentabilität berechnet sich als $r_{GK} = \frac{BG}{GK_{MW}} = \frac{100}{1.000} = 10\,\%$. Annahmegemäß beträgt der Fremdkapitalzins konstant 2 %, so dass pro Periode Zinsen in Höhe von 10 € zu zahlen sind. Weiter wird angenommen, dass der Bruttogewinn nach Bedienung der Fremdkapitalgeber voll an die Eigentümer der AG ausgeschüttet wird. Der ausschüttbare Betrag nach Zinsen (Dividende) beläuft sich somit auf 90 € und die Eigenkapitalrendite entspricht $r_{EK} = \frac{\text{BG nach Zinsen}}{EK_{MW}} = \frac{90}{500} = 18\,\%$.

Abb. 13.6

Kapitalkostenminimum und Unternehmenswertmaximum

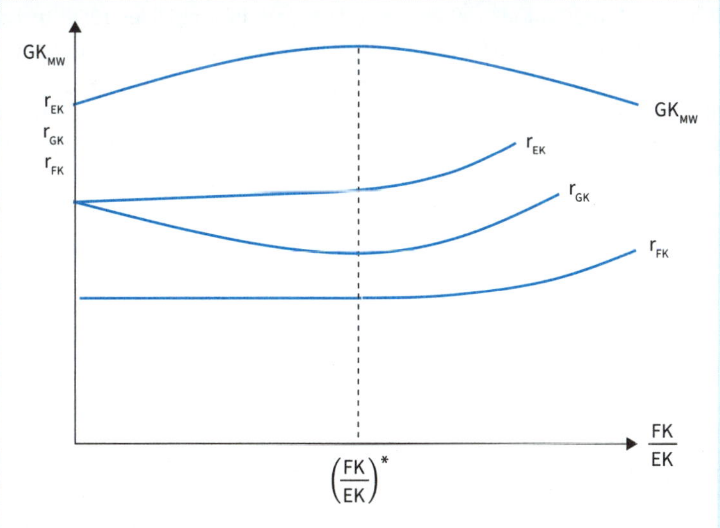

In der nächsten Periode soll zusätzliches Fremdkapital in Höhe von 250 € aufgenommen werden. Der Marktwert des Fremdkapitals steigt auf 750 € und der Verschuldungsgrad damit auf 1,5. Die Zinslast der Leverice-AG erhöht sich auf 15 € und die ausschüttbare Dividende für die Eigentümer sinkt in der Folge auf 85 €. Aufgrund der gestiegenen Verschuldung erhöhen die Eigenkapitalgeber ihre Risikoprämie bspw. um 2 Prozentpunkte auf 20 %. Der neue rechnerische Marktwert des Eigenkapitals berechnet sich dann durch Umstellen der Formel zur Berechnung der Eigenkapitalrendite als $EK_{MW} = \frac{\text{BG nach Zinsen}}{r_{EK}} = \frac{85}{0{,}2} = 425\,€$. Der neue Gesamtwert des Unternehmens zu Marktwerten beträgt folglich $GK_{MW} = 750\,€ + 425\,€ = 1.175\,€$ und die neue Gesamtkapitalrentabilität beläuft sich auf $r_{GK} = \frac{BG}{GK_{MW}} = \frac{100}{1.175} = 8{,}85\,\%$.
Es wird deutlich, dass mit zunehmender Verschuldung nicht nur die Gesamtkapitalkosten gesenkt (= Gesamtkapitalrentabilität) werden, sondern sich auch der Gesamtwert der Leverice-AG erhöht. Gemäß der traditionellen These würde es sich lohnen, solange die Verschuldung zu erhöhen, bis das Minimum der Gesamtkapitalkosten erreicht ist und in genau in diesem Minimum der Gesamtwert der Leverice-AG maximal ist (vgl. Abb. 13.6). Die Zielsetzung der Gesamtkapitalkostenminimierung und Unternehmenswertmaximierung sind also äquivalent. ◄◄◄

13.2.2 Neoklassische bzw. marktorientierte Kapitalstrukturmodelle

13.2.2.1 Modigliani-Miller-Theorem (MMT)

Im Gegensatz zum traditionellen Kapitalstrukturmodell (zur traditionellen These) basiert das **Modigliani-Miller-Theorem** (MMT; Modigliani/Miller 1958) nicht auf spezifischen Annahmen über das Verhalten der Kapitalgeber eines Unternehmens. Vielmehr zählt das MMT zu den marktorientierten Ansätzen, welche die Zusammenhänge zwischen Kapitalkostensätzen, Kapitalstruktur und Marktwert eines Unternehmens unter den Prämissen des **neoklassischen Kapitalmarktmodells** analysieren.

Neoklassisches Kapitalmarktmodell

Im neoklassischen Sinne zeichnet sich der vollständige und vollkommene Kapitalmarkt (auch: der perfekte Kapitalmarkt) durch die folgenden Eigenschaften aus, die bereits in den vorherigen Modulen erwähnt wurden: Ein Kapitalmarkt ist vollständig, wenn jeder beliebige Zahlungsstrom in jeder Stückelung zustandsunabhängig gehandelt werden kann. Er ist vollkommen, wenn die Marktteilnehmer als reine Mengenanpasser objektiv rational handeln und dem Ziel der Gewinn- bzw. Nutzenmaximierung folgen. Friktionen des Kapitalhandels, wie Transaktionskosten, Steuern und Informationsasymmetrien existieren nicht. Aufgrund der vollständigen Informationslage der Kapitalmarktteilnehmer herrscht Arbitragefreiheit im Kapitalmarktgleichgewicht (vgl. auch Kruschwitz/Hasmann 2012, S. 403 f.), d. h. es lassen sich keine risikolosen Gewinne durch das Ausnutzen von Preisdifferenzen aus über- oder unterbewerteten Finanztiteln erzielen (vgl. ausführlich hierzu

Modul 7). Vielmehr gilt auf dem vollkommenen Kapitalmarkt das Gesetz des Einheitspreises, wonach homogene (risiko- und ausstattungsgleiche) Finanztitel auch gleiche Preise aufweisen müssen.

Das MMT zeigt nun unter Nutzung der **Arbitragefreiheitsbedingung** eines perfekten Kapitalmarkts im Zuge einer partiellen Gleichgewichtsanalyse, dass zwei »gleichartige« Unternehmen, die sich nur hinsichtlich des Kapitalstrukturrisikos unterscheiden, keine unterschiedlichen Marktwerte (Preise) im Kapitalmarktgleichgewicht haben können, wie es die traditionelle These behauptet. »Gleichartige« Unternehmen liegen dann vor, wenn sie einer gemeinsamen leistungswirtschaftlichen **»Risikoklasse«** (Modigliani/Miller 1958, S. 266 f.) zugeordnet werden können, wenn sie sich also im Hinblick auf das oben definierte Geschäftsrisiko nicht unterscheiden.

Im Rahmen ihrer kapitalmarkttheoretischen Analyse entwickeln Modigliani und Miller zwei **Theoreme** (vgl. Berk/DeMarzo 2015, S. 477 ff.):

Theoreme nach Modigliani und Miller

- Erstes Theorem: Der Marktwert eines Unternehmens ist im Gleichgewicht eines vollkommenen Kapitalmarkts unabhängig von der Kapitalstruktur, weil bestehende Marktwertunterschiede zwischen Unternehmen derselben leistungswirtschaftlichen Risikoklasse, aber mit unterschiedlichem Kapitalstrukturrisiko, von rational handelnden Investoren durch Arbitragegeschäfte am Kapitalmarkt unmittelbar ausgeglichen würden. Eine den Gesamtkapitalkostensatz minimierende bzw. den Unternehmenswert maximierende optimale Kapitalstruktur existiert nicht. **Kapitalstrukturänderungen** haben demnach **keinen Einfluss auf den Marktwert** eines Unternehmens. Sie sind im Rahmen wertorientierter Unternehmensführung irrelevant **(Irrelevanztheorem)**.
- Zweites Theorem: Die von den Eigenkapitalgebern erhobene Renditeforderung ist eine lineare Funktion des Verschuldungsgrades des Unternehmens **(linearer Eigenkapitalkostenverlauf)**. Der durchschnittliche Gesamtkapitalkostensatz ist demgegenüber unabhängig von der Kapitalstruktur und leitet sich ausschließlich aus dem Geschäftsrisiko des Unternehmens ab.

Arbitragebeweis

Die Gültigkeit ihrer Theoreme zeigen Modigliani und Miller mit Hilfe des sogenannten **Arbitragebeweises**. Ausgangspunkt der Überlegung sind zwei Unternehmen, die Leverice-AG und Ballve-AG (Tab. 13.2). Beide Unternehmen sind homogen in dem Sinne, dass sie derselben leistungswirtschaftlichen Risikoklasse angehören und folglich ein identisches operatives Ergebnis (vor Abzug von Fremdkapitalzinsen) in Höhe von 10.000 € erzielen. Die Leverice-AG wurde ausschließlich aus Eigenkapital finanziert, wohingegen die Ballve-AG Fremdkapital in Höhe von 30.000 € aufnehmen musste, für das sie Zinsen in Höhe von 1.500 € zahlt. Annahmegemäß beinhaltet der Fremdkapitalzinssatz in Höhe von 5 % keine Risikoprämie und bleibt über die Zeit konstant. Er entspricht damit dem risikolosen Kapitalmarktzins. Die Renditeforderungen der Eigenkapitalgeber (r_{EK}) der Leverice-AG und Ballve-AG betragen jeweils 10 %. Den Prämissen des vollkommenen Kapitalmarktmodells folgend, wird von Marktunvollkommenheiten wie Transaktionskosten, Steuern und Informationsasymmetrien abgesehen. Zudem wird angenommen, dass die Zahlungsströme ewig fließen und das operative Ergebnis nach Bedienung der Fremdkapitalgeberansprüche vollständig an die Eigentümer ausgeschüttet wird.

Das operative Ergebnis nach Fremdkapitalzinsen beträgt für die Leverice-AG 10.000 €. Aufgrund des Fremdkapitalanteils zahlt die Ballve-AG Fremdkapitalzinsen in Höhe von 1.500 € und erzielt ein operatives Ergebnis nach Zinsen in Höhe von 8.500 €. Der (rechnerische) Marktwert des Eigenkapitals (EK_{MW}) berechnet sich als $EK_{MW} = \frac{\text{Operatives Ergebnis nach Zinsen}}{r_{EK}}$. Für die Leverice-AG beträgt er demnach 100.000 € und für die Ballve-AG 85.000 €. Der Marktwert des Fremdkapitals (FK_{MW}) berechnet sich als $FK_{MW} = \frac{\text{Fremdkapitalzinsen}}{r_{FK}} = \frac{1.500}{0,05} = 30.000$ €. Der Gesamtkapitalmarktwert für die unverschuldete Leverice-AG entspricht dem Marktwert des Eigenkapitals in Höhe von 100.000 €. Für die Ballve-AG entspricht er der Summe aus Marktwert des Eigen- und Fremdkapitals und beträgt somit 115.000 €. Für die unverschuldete Leverice-AG entspricht der Gesamtkapitalkostensatz dem Eigenkapitalkostensatz in Höhe von 10 %. Der durchschnittliche Gesamtkapitalkostensatz (WACC) der verschuldeten Ballve-AG ergibt sich als $r_{GK} = r_{EK} \cdot \left(\frac{EK}{GK}\right) + r_{FK} \cdot \left(\frac{FK}{GK}\right)$. Er beträgt 8,7 %. Der Verschuldungsgrad der Ballve-AG liegt bei:

$$VG = \frac{FK_{MW}}{EK_{MW}} = \frac{30.000}{85.000} = 35,3\,\%$$

Unter den in Tabelle 13.2 zusammengefassten finanziellen Bedingungen ist es für einen rational handelnden Aktionär der Ballve-AG möglich, einen risikolosen Arbitragegewinn zu erzielen. Dieser **Arbitrageprozess** wird nun genauer dargestellt und in Tabelle 13.3 noch einmal skizziert. Der Ausgangspunkt hierfür ist zunächst der unterschiedliche Risikogehalt der Aktienanteile an der Leverice-AG und an der Ballve-AG. Im Gegensatz zu den Eigenkapitalgebern der unverschuldeten Leverice-AG ist

Tab. 13.2

Arbitragebeweis nach Modigliani und Miller (Ausgangssituation)

	Leverice-AG	Ballve-AG
Operatives Ergebnis vor Fremdkapitalzinsen	10.000	10.000
Fremdkapitalzinsen	0	1.500
Operatives Ergebnis nach Fremdkapitalzinsen	10.000	8.500
Eigenkapitalrendite (r_{EK})	10 %	10 %
Eigenkapital zum Marktwert (EK_{MW})	100.000	85.000
Fremdkapitalzins (r_{FK})	0	5 %
Fremdkapital zum Marktwert (FK_{MW})	0	30.000
Gesamtkapital zum Marktwert (GK_{MW})	100.000	115.000
Durchschnittliche Gesamtkapitalrentabilität (r_{GK})	10 %	8,7 %
Verschuldungsgrad (VG)	0	35,3 %

der Aktionär der Ballve-AG aufgrund des Fremdkapitalanteils einem Kapitalstrukturrisiko ausgesetzt. Gemessen an der Gesamtkapitalrentabilität arbeitet die Ballve-AG zudem weniger rentabel. Der Aktionär kann sich nun »besser stellen«, wenn er Anteile an der Ballve-AG gegen Anteile an der Leverice-AG tauscht.

Der Aktionär der Ballve-AG verkauft beispielsweise Aktienanteile in Höhe von 1 % und erhält dafür eine Zahlung von 850 €. Gleichzeitig nimmt er einen Kredit in Höhe von 300 € zum risikolosen Fremdkapitalzinssatz von 5 % auf. Die Höhe des Kredits beträgt exakt 300 €, weil es das Ziel ist, das Kapitalstrukturrisiko (den Verschuldungsgrad) der Ballve-AG innerhalb des privaten Portfolios des Aktionärs nachzubilden (»**homemade leverage**«). Aus den zugeflossenen liquiden Mitteln kauft der Aktionär Aktienanteile in Höhe von 1 % der Leverice-AG und bezahlt dafür 1.000 €. Bei einem Aktienanteil von 1 % und einem ausschüttbaren operativen Ergebnis von 10.000 € beträgt die anteilige erwartete Ausschüttung 100 €. Die Opportunitätskosten des Aktionärs ergeben sich aus dem Verzicht auf die anteilige Ausschüttung der Ballve-AG aufgrund des Verkaufs von 1 % an Aktienanteilen. Bei einem Aktienanteil von 1 % und einem ausschüttbaren operativen Ergebnis von 8.500 € betragen die Opportunitätskosten 85 €. Für den aufgenommenen Kredit muss der Aktionär zudem Zinsen in Höhe von 15 € zahlen. Sein Gewinn aus dieser Transaktion beläuft sich somit auf 150 €.

Diesen Gewinn erzielt der Aktionär, obwohl sich aus seiner Sicht das Kapitalstrukturrisiko (und Geschäftsrisiko) nicht verändert hat, und er auch keine zusätzlichen finanziellen Mittel einsetzen musste. Ein solcher Gewinn verstößt gegen das ökonomische Grundprinzip, nach dem es keine Leistung »umsonst« gibt (»there is no free lunch«) und wird als risikoloser Arbitragegewinn bezeichnet. Solange die Erzielung von solchen Arbitragegewinnen möglich ist, befindet sich der vollständige und vollkommene Kapitalmarkt nicht im Gleichgewicht.

Positiv formuliert ist also unter den Prämissen des neoklassischen Kapitalmarktmodells die Erzielung von risikolosen Gewinnen aus Arbitragegeschäften nicht möglich. Es herrscht Arbitragefreiheit auf dem Kapitalmarkt in dem Sinne, dass die Leverice-AG und Ballve-AG als Unternehmen derselben leistungswirt-

Tab. 13.3

Arbitragebeweis nach Modigliani und Miller (Arbitrageprozess)

1 % Aktienanteil an der Ballve-AG verkauft	+850
Kreditaufnahme	+300
Verschuldungsgrad (Aktionärsportfolio)	300/850 = 35,3 %
1 % Aktienanteil an der Leverice-AG gekauft	–1.000
Erwartete Ausschüttung aus dem 1 % Aktienanteil an der Leverice -AG	+100
Aufgegebene Ausschüttung aus dem 1 % Aktienanteil an der Ballve-AG	–85
Kreditzinsen in Höhe von 5 %	–15
Arbitragegewinn	**+150**

schaftlichen Risikoklasse auch identische Marktwerte innerhalb dieser Risikoklasse aufweisen müssen (Gesetz des Einheitspreises). Folglich wurde im vorliegenden Beispiel nur eines der beiden Unternehmen »korrekt« bewertet. Es wird nun angenommen, dass die unverschuldete (u) Leverice-AG den »korrekten« Gesamtkapitalmarktwert ($GK_{MW,u} = EK_{MW,u}$) aufweist. Dann müsste bei einem konstanten Fremdkapitalzinssatz und einem resultierenden Marktwert des Fremdkapitals in Höhe von 30.000 € der Marktwert des Eigenkapitals der verschuldeten (v) Ballve-AG auf 70.000 € sinken, um die Gleichgewichtsbedingung ($GK_{MW,u} = GK_{MW,v}$) auf dem Kapitalmarkt herzustellen.

Diese Erhöhung des Verschuldungsgrads hat zwei Folgen. Erstens kann bei einem risikolosen und konstanten Fremdkapitalzinssatz die Gleichgewichtsbedingung nur durch eine steigende Renditeforderung der Eigenkapitalgeber erfüllt werden. Bei einem börsennotierten Unternehmen würden die Verkäufe der Aktien einen Kursdruck auslösen, und der als konstant angenommene Gewinn führte auf dieser gesunkenen Basis zu einer höheren (marktwertbasierten) Eigenkapitalrendite. Wie in Tabelle 13.4 gezeigt wird, muss die Eigenkapitalrendite auf 12,14 % steigen. Sie steigt linear mit dem Verschuldungsgrad der Ballve-AG gemäß der Funktion $r_{EK} = r_{EK} + (r_{EK} - \overline{r_{FK}}) \cdot \left(\frac{FK_{MW}}{EK_{MW}}\right)$ an. Die Eigenkapitalgeber lassen sich das gestiegene Kapitalstrukturrisiko durch höhere Risikoprämien entgelten. In der Folge ändert sich die durchschnittliche Gesamtkapitalrentabilität nicht. Sie ergibt sich somit ausschließlich aus dem Geschäftsrisiko des Unternehmens und damit unabhängig vom Verschuldungsgrad.

Tab. 13.4

Arbitragebeweis nach Modigliani und Miller (Gleichgewichtsbedingung)

	Leverice-AG	Ballve-AG
Operatives Ergebnis vor Fremdkapitalzinsen	10.000	10.000
Fremdkapitalzinsen	0	1.500
Operatives Ergebnis nach Fremdkapitalzinsen	10.000	8.500
Eigenkapitalrendite (r_{EK})	10 %	**12,14 %**
Eigenkapital zum Marktwert (EK_{MW})	100.000	**70.000**
Fremdkapitalzins (r_{FK})	0	5 %
Fremdkapital zum Marktwert (FK_{MW})	0	30.000
Gesamtkapital zum Marktwert (GK_{MW})	100.000	**100.000**
Durchschnittliche Gesamtkapitalrentabilität (r_{GK})	10 %	**10 %**
Verschuldungsgrad (VG)	0	**42,9 %**

Zweitens sind unter der Gleichgewichtsbedingung Arbitrageprozesse nicht mehr möglich (Tab. 13.5). Er herrscht Arbitragefreiheit.

Tab. 13.5

Arbitragebeweis nach Modigliani und Miller (Arbitragefreies Gleichgewicht)

1 % Aktienanteil an der Ballve-AG verkauft	**+700**
Kreditaufnahme	+300
Verschuldungsgrad (Aktionärsportfolio)	**300/700 = 42,9 %**
1 % Aktienanteil an der Leverice-AG gekauft	-1.000
Erwartete Ausschüttung aus dem 1 % Aktienanteil an der Leverice-AG	+100
Aufgegebene Ausschüttung aus dem 1 % Aktienanteil an der Ballve-AG	–85
Kreditzinsen in Höhe von 5 %	–15
Arbitragegewinn	**0**

Zusammenfassung und kritische Würdigung

Zusammenfassend lässt sich festhalten, dass bei Gültigkeit des Irrelevanztheorems von Modigliani und Miller der **Marktwert** eines Unternehmens im Gleichgewicht eines perfekten Kapitalmarkts **unabhängig von der Kapitalstruktur** ist. Kapitalstrukturänderungen bzw. Veränderungen des Verschuldungsgrads haben keinen Einfluss auf den Marktwert, d. h. sie schaffen aus Unternehmenssicht keinen Mehrwert und sind somit irrelevant im Rahmen wertorientierter Unternehmensführung. Unter gleichen Annahmen hat auch die Entscheidung über die Thesaurierung versus Ausschüttung keinen Einfluss auf den Unternehmenswert, es existiert also gleichsam **kein Optimum der Dividendenpolitik**.

Im Gegensatz zur traditionellen These (jedoch im Einklang mit dem Bruttoansatz) zeigt das MMT, dass im Kapitalmarktgleichgewicht der Eigenkapitalkostensatz nicht einmal im Bereich sehr geringer Verschuldungsgrade annähernd konstant ist. Eine den Gesamtkapitalkostensatz minimierende bzw. den Unternehmenswert maximierende optimale Kapitalstruktur existiert daher nicht (Abb. 13.7). Insofern sind die Abbildungen 13.4 und 13.7 identisch, jedoch hat sich die Argumentationsreihenfolge geändert: Während im Bruttoansatz der konstante Gesamtkapitalkostensatz aus den Annahmen über das Verhalten der Kapitalgeber resultiert, ist er innerhalb des MMTs der Ausgangspunkt der Überlegungen.

Das Fehlen einer optimalen Kapitalstruktur hat wiederum zur Folge, dass im Rahmen von Investitionsentscheidungen (vgl. Modul 4.3) die **Zusammensetzung** der Finanzierung der jeweiligen Investition keine Rolle spielt. Im Sinne des Fisher'schen Separationstheorems (Fisher 1930) lassen sich Investitions- und Finanzierungsentscheidungen voneinander trennen. Dies wiederum bedeutet, dass der im Rahmen der Kapitalwertmethode zur Bestimmung der Vorteilhaftigkeit von Investitionsentscheidungen zu verwendende Kalkulationszinsfuß (vgl. Modul 4.2) ausschließlich aus dem Geschäftsrisiko abzuleiten ist.

Abb. 13.7

Kapitalkostenverlauf gemäß Modigliani-Miller-Theorem

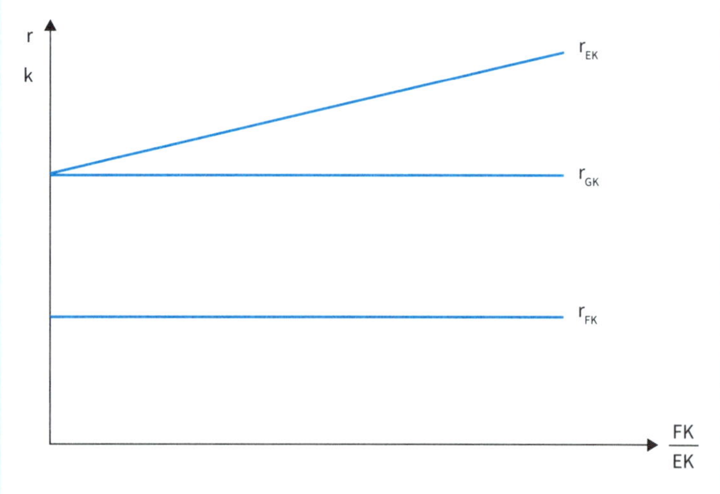

Der Frage, ob das MMT auch in der Realität gültig ist, wurde in zahlreichen empirischen Untersuchungen nachgegangen. Die empirische Evidenz ist jedoch nicht eindeutig, da die Hauptschwierigkeit darin besteht, das leistungswirtschaftliche Risiko vom Kapitalstrukturrisiko zu trennen und beide Aspekte empirisch zu modellieren (vgl. auch Perridon/Steiner/Rathgeber 2017, S. 512).

Die Leistung von Modigliani und Miller besteht in erster Linie darin, ein Referenzmodell für die Kapitalstrukturwahl unter idealen Bedingungen entwickelt zu haben (vgl. ausführlich Schneider 1992, S. 546 ff.). Als **didaktische Denkhilfe** definiert das MMT einen »**Eichstrich**«, von dem in der Realität – je nachdem, in welchem Maße die Prämissen des vollkommenen und vollständigen Kapitalmarkts (nicht) erfüllt sind – stets mehr oder weniger abgewichen wird. Dieser Orientierungspunkt führt dazu, dass das Irrelevanztheorem durchaus Relevanz besitzt, oder, um es mit Miller (1988, S. 100) zu sagen: »Looking back now, perhaps we should have put more emphasis on the other, upbeat side of the »nothing matters« coin; showing what **doesn't** matter can also show, by implication, what **does**.«

Somit kann eine kritische Würdigung des MMTs nur aus einer theoretischen Perspektive erfolgen, indem der Prämissenrahmen eines vollständigen und vollkommenen Kapitalmarktes tiefergehend hinterfragt wird. Zunächst muss **allgemein** überlegt werden, ob der Fremdkapitalzins tatsächlich risikolos und damit unabhängig von der Kapitalstruktur eines Unternehmens ist. Zudem ist zu bezweifeln, dass sich Fremdkapitalzins und Marktwert des Fremdkapitals im Zeitablauf nicht ändern. Ebenso ist in Frage zu stellen, ob ein arbitragefreies Kapitalmarktgleichgewicht tatsächlich existiert, folglich die Kapitalmarktinvestoren also im Falle einer

Fehlbewertung von Unternehmen das sich bietende Arbitragegeschäft nicht ungenutzt lassen und der Kapitalmarkt sofort in sein Gleichgewicht zurückgeführt wird. Streng genommen basiert mit Blick auf diesen Aspekt auch das MMT auf einer These über das Verhalten der Kapitalmarktteilnehmer (vgl. dazu auch Schmidt/Terberger 1997, 256 f.).

Fokussiert man **spezieller** auf die real existierenden Friktionen in Kapitalmärkten, werden also Marktunvollkommenheiten wie die Existenz von finanzierungsabhängigen Steuern, Insolvenzkosten oder Agency-Kosten aufgrund von Informationsasymmetrien und unvollständigen Verträgen zugelassen, wird die Gültigkeit des MMT noch weiter in Frage gestellt. Einzelne Denkansätze, die diese Friktionen thematisieren, werden im Folgenden dargestellt (vgl. auch Rudolph 2006, S. 93-116, Berk/DeMarzo 2015, S. 509 ff.).

Die **Trade-off-Theorie** ist eine Erweiterung des MMTs um Steuern und Insolvenzkosten. Ausgangspunkt der Überlegung ist die diskriminierende Besteuerung von Eigen- und Fremdkapital.

Berücksichtigung des Steuervorteils des Fremdkapitals

Während Gewinnausschüttungen an die Eigenkapitalgeber vollständig der Besteuerung auf Unternehmensebene unterliegen, sind Fremdkapitalzinsen steuerlich abzugsfähig (»tax shield«, vgl. dazu auch Modul 8). Modigliani und Miller selbst erkannten als Erste, dass diese steuerliche Abzugsfähigkeit von Fremdkapitalzinsen zu einer Modifikation ihres Modells führen muss (vgl. Modigliani/Miller 1963, S. 433 f.), da ein steigender Verschuldungsgrad ceteris paribus zu einer geringeren Steuerbelastung und mithin zu einem steigenden Unternehmenswert führt. In der Konsequenz werden die Aussagen des ursprünglichen MMTs widerlegt. So sollten sich die Marktwerte unverschuldeter und verschuldeter Unternehmen einer Risikoklasse schon allein aufgrund der Wirkung des Steuervorteils von Fremdkapitalzinsen auf den Unternehmenswert unterscheiden. Zudem wäre es streng genommen rational, den Verschuldungsgrad auf ein Maximum auszuweiten, um den Vorteil der steuerlichen Abzugsfähigkeit von Fremdkapitalzinsen zu maximieren. Demnach ergäbe sich ein optimaler Verschuldungsgrad, der bei einer maximalen Aufnahme von Fremdkapital liegt.

Berücksichtigung von Insolvenzkosten

Robichek und Myers sowie Hirshleifer weisen darauf hin, dass ein solches Verhalten in der Realität jedoch nicht zu beobachten ist. Als Grund führen sie an, dass mit einer wachsenden Verschuldung auch die Insolvenzwahrscheinlichkeit des Unternehmens und gleichsam die erwarteten Kosten aus dieser Insolvenz (z. B. Verfahrenskosten, ausbleibende Investitionsmöglichkeiten) ansteigen (Robichek/Myers 1965, S. 20 ff.; Hirshleifer 1970, S. 264; Brealey/Myers 2016, S. 510; Copeland/Weston/Shastri 2008, S. 593). Solche erwarteten Insolvenzkosten schlagen sich wiederum negativ im Unternehmenswert nieder, wodurch erklärt wird, warum eine maximale Verschuldung nicht rational sein kann.

Bestimmung der optimalen Kapitalstruktur

Wird unterstellt, dass sowohl die Steuerwirkung als auch die Insolvenzkosten bei steigender Verschuldung nicht vernachlässigbar gering ausfallen, liegen zwei gegenläufige Effekte vor (»**trade off**«), die bei der Wahl der Kapitalstruktur zu berücksichtigen sind. So postuliert die Trade-off-Theorie, dass die Verschuldung eines Unternehmens so lange erhöht werden sollte, bis der marginale Steuervorteil aus der Fremdfinanzierung den marginalen erwarteten Insolvenzkosten entspricht. Unter dieser Bedingung wird die optimale Zielkapitalstruktur erreicht und mithin der Unternehmenswert maximiert (vgl. Abb. 13.8). Im Widerspruch zum Irrelevanztheorem haben Veränderungen des Verschuldungsgrads somit einen Einfluss auf den Marktwert des Unternehmens.

Abb. 13.8

Optimaler Verschuldungsgrad gemäß Trade-off-Theorie

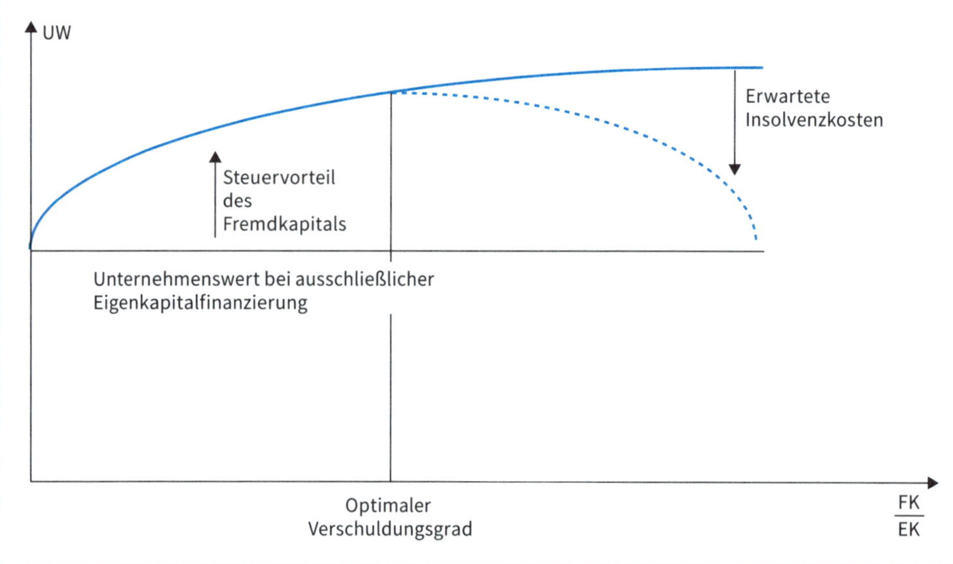

Je nachdem, um welchen »Typ« von Unternehmen es sich handelt, differenziert die Trade-off-Theorie in folgende optimale Zielkapitalstrukturen: Start-up- bzw. Wachstumsunternehmen, die in der Anfangsphase regelmäßig einem hohen Insolvenzrisiko ausgesetzt sind, sollten einen niedrigen Verschuldungsgrad wählen. Dies gilt ebenso für etablierte Unternehmen, sofern sie wenig profitabel arbeiten und eine hohe Cashflow-Volatilität aufweisen. Dementgegen sollten profitable Unternehmen mit einem stabilen Cashflow und einem hohen Anteil materieller Vermögengegenstände aufgrund des hohen zu versteuernden Einkommens und der geringen Insolvenzgefahr die Möglichkeit der steuerlichen Abzugsfähigkeit von Fremdkapitalzinsen nutzen und einen hohen Verschuldungsgrad anstreben.

Kritische Würdigung

Regelmäßig kritisiert wird die Trade-off-Theorie hinsichtlich der Idee, die Wahl der optimalen Kapitalstruktur ausschließlich mit Hilfe der Steuerwirkung und der Insolvenzkosten erklären zu wollen. So wird zunächst bemängelt, dass die Berechnung des steuerlich abzugsfähigen Betrages infolge der Fremdfinanzierung noch möglich, die exakte Bestimmung der Insolvenzwahrscheinlichkeit und die Prognose der zu erwartenden Insolvenzkosten jedoch mit erheblichen Schwierigkeiten verbunden sind (vgl. etwa Brealey/Myers/Allen 2016, S. 514). Aus diesem Grund kann allenfalls ein **Korridor für die optimale Zielstruktur** bestimmt werden. Miller kritisiert zudem, dass die drohenden Insolvenzkosten vernachlässigbar gering seien, kein echtes Gegengewicht gegenüber dem Steuervorteil darstellten und somit überhaupt nicht von einem »trade off« ausgegangen werden könne (vgl. Miller 1973, S. 263).

Market-Timing-Theorie

Schließlich postuliert die Market-Timing-Theorie, dass die Entscheidung über die Aufnahme von Eigen- oder Fremdkapital durch die herrschenden **Kapitalmarktbedingungen** determiniert wird und rückt damit das »**market timing**« in den Vordergrund (vgl. Baker/Wurgler 2002). Beispielsweise werden Kapitalerhöhungen (Erhöhung des Eigenkapitals) bei börsennotierten Unternehmen nach Möglichkeit dann durchgeführt, wenn die Aktienkurse hoch sind. Umgekehrt wird Fremdkapital aufgenommen, wenn das allgemeine Zinsniveau gering ist. Sind weder der Markt für Eigenkapital noch der Markt für Fremdkapital optimal, wird die Kapitalaufnahme verschoben.

Im Laufe der Zeit wurde eine Vielzahl möglicher Determinanten der Wahl der Kapitalstruktur in empirischen Studien überprüft (»Capital Structure Puzzle«; Myers 1984). Insgesamt weist die empirische Evidenz auf einen signifikanten Effekt der Besteuerung auf die Wahl der Kapitalstruktur hin, jedoch kann nicht gezeigt werden, dass die Unternehmen ihre Kapitalstruktur auch tatsächlich optimieren. Zudem zeigen einige empirische Arbeiten, dass insbesondere profitable Unternehmen einen geringen Verschuldungsgrad und eine hohe Eigenkapitalquote aufweisen, obwohl gerade diese Unternehmen den Steuervorteil nutzen könnten und eine nur geringe Insolvenzwahrscheinlichkeit besitzen.

13.2.3 Informationsökonomische Ansätze

Die informationsökonomischen Ansätze umfasst solche Kapitalstrukturtheorien, die auf der Annahme ungleich verteilter Informationen zwischen den Kapitalnehmern (Unternehmen, insbesonders Management) und den Eigen- und Fremdkapitalgebern basieren. Neben Steuern und Insolvenzkosten wird somit der starre Prämissenrahmen des neoklassischen Modells durch die Informationsasymmetrie als eine zusätzliche Marktunvollkommenheit weiter aufgebrochen. Obwohl die Kernaussagen der Informationsökonomie bereits in Modul 9 dargestellt wurden, seien sie noch einmal kurz zusammengefasst, um sie anschließend für die Diskussion der Kapitalstruktur nutzbar zu machen.

Prinzipal-Agent-Theorie

Als Analyseinstrument dient dem informationsökonomischen Ansatz die **Prinzipal-Agent-Theorie** (**Agency-Theorie**, vgl. Ross 1973; Jensen/Meckling 1976), welche sich mit den Problemen aus einer asymmetrischen Informationsverteilung zwischen Vertragspartnern sowie den daraus resultierenden unterschiedlichen Interessen und Handlungen der Kontraktparteien beschäftigt. Bezogen auf das Untersuchungsobjekt »optimale Kapitalstruktur eines Unternehmens« wird zunächst modelliert, dass die Manager des Unternehmens als Agenten (Auftragnehmer) und die Eigen- und Fremdkapitalgeber als Prinzipale (Auftraggeber) innerhalb des Finanzkontrakts auftreten. Im Rahmen eines vollständigen Vertrags und unter symmetrischer Informationsverteilung verwenden die Manager das ihnen überlassene Kapital dann in der Art und Weise, dass die Interessen der Kapitalgeber bestmöglich befriedigt werden und erhalten im Gegenzug eine entsprechende Entlohnung. Ceteris paribus wird ein Wohlfahrtsoptimum aus der Investition des überlassenen Kapitals dann erreicht, wenn neben der Rückzahlung des eingesetzten Kapitals auch die Zinszahlungsansprüche der Fremdkapitalgeber vollständig erfüllt werden und den Eigenkapitalgebern der Residualgewinn zufällt.

Adverse Selection und Moral Hazard

Unter den Annahmen **asymmetrischer Informationsverteilung** (und unvollständiger Verträge, vgl. Hart 1995) können jedoch wohlfahrtsschädigende Effekte eintreten. In der Regel sind die Manager als Kapitalnehmer besser über die Verwendung des ihnen überlassenen Kapitals informiert als die Eigen- und Fremdkapitalgeber. Diese Tatsache kann aus Sicht der Kapitalgeber zu einer Unsicherheit vor (**Qualitätsunsicherheit ex ante**) und nach (**Verhaltensunsicherheit ex post**) dem Abschluss des Finanzkontrakts führen (vgl. etwa Myers 1977). Ex ante herrscht Unsicherheit über die tatsächliche Qualität des Managers. Für die Kapitalgeber stellt sich die Frage, ob der Manager tatsächlich die Fähigkeit und Kompetenz besitzt, das ihm überlassene Kapital in solche Investitionsobjekte zu lenken, die den Gewinn des Unternehmens und mithin den jeweiligen Nutzen der Kapitalgeber maximieren (Gefahr der »adverse selection«). Ex post besteht Unsicherheit über das Verhalten des Managers während und nach der Vertragslaufzeit. Auch wenn es sich um einen Manager hoher Qualität handelt, können die Kapitalgeber nicht sicher sein, dass er im Zeitablauf auch tatsächlich in ihrem Interesse gehandelt hat. Vielmehr besteht die Gefahr, dass er das Kapital zur Maximierung seines eigenen Nutzens einsetzt (Gefahr des »moral hazard«).

Signaling, Screening und Interessenharmonisierung

Zur Milderung oder gar Beseitigung dieser zwei Gefahren aus asymmetrischer Informationsverteilung werden im Rahmen der Agency-Theory das **Signaling**, das **Screening** und die **Interessenharmonisierung** vorgeschlagen. Teils sind für den Erfolg dieser Instrumente spezielle Anreize und Bedingungen notwendig, teils resultieren aus der Umsetzung entsprechende Kosten, die als **Agency-Kosten** zusammengefasst werden. Diese Agency-Kosten reduzieren das Wohlfahrtsmaximum und führen demzufolge aus gesamtwirtschaftlicher Perspektive allenfalls zu Second-best-Lösungen. **Signaling** meint, dass der Manager vor Vertragsabschluss den Kapitalgebern seine Fähigkeiten und Kompetenzen offenlegt. Der Anreiz, die eigene Qualität zu signalisieren, besteht im Wesentlichen darin, die sog. »Lemon-Problematik« auszuschließen (vgl. dazu Akerlof 1970). **Screening** bedeutet, dass sich die Kapitalgeber selbst die notwendigen Informationen beschaffen, um die Qualität des Managers zu beurteilen und ihn während der Vertragslaufzeit durchgängig zu überwachen. Offensichtlich kann dieser Prozess mit einem hohen Aufwand und entsprechend hohen Kosten verbunden sein. Zudem hängt der Erfolg davon ab, ob die Kapitalgeber die Expertise besitzen, die beschafften Informationen richtig beurteilen zu können. Schließlich kann mit Hilfe einer monetären Beteiligung des Managers an den durchzuführenden Investitionsprojekten eine **Harmonisierung der Interessen** von Management und Kapitalgebern gelingen.

Auf den Überlegungen der Agency-Theorie aufbauend, lassen sich mit den **Agency-Kosten-Ansätzen** und dem **Pecking-Order-Modell** zwei informationsökonomische Denkrichtungen zur Erklärung der Kapitalstruktur eines Unternehmens unterscheiden.

Agency-Kosten-Ansätze zur Erklärung der Kapitalstruktur

Im Rahmen der Agency-Kosten-Ansätze wird zunächst zwischen den **Agency-Kosten des Eigenkapitals** und den **Agency Kosten des Fremdkapitals** differenziert (vgl. Perridon/Steiner/Rathgeber 2017, S. 546 ff.). **Agency-Kosten des Eigenkapitals** werden durch den Interessenskonflikt zwischen den Managern eines Unternehmens und dessen Eigenkapitalgebern induziert. Während der Fokus der Eigenkapitalgeber auf die Maximierung des Shareholder Values nach entsprechender Entlohnung des Managements gerichtet ist, könnten die Manager an überdurchschnittlich hohen Gehältern, aber auch an nicht-pekuniären Vergütungen im Sinne des »consumption on the job« (z. B. luxuriöses Büro, Dienstwagen) sowie an einer Steigerung ihrer Reputation interessiert sein. Stehen die möglichen Interessen des Managements einer Shareholder Value-Maximierung entgegen, führt dies unweigerlich zu einer Nutzenreduktion für die Eigenkapitalgeber. Der potenzielle Zielkonflikt kann behoben werden, wenn die Eigenkapitalgeber die Tätigkeit des Managements laufend überwachen oder die Vergütung der Manager vom Erfolg des Unternehmens (von der Steigerung des Shareholder Values) abhängig machen. Dies gelingt z. B. durch erfolgsabhängige Bonuszahlungen oder durch eine Vergütung mit Aktien oder Aktien-Optionen des Unternehmens (Leland/Pyle 1977).

Unabhängig davon, welche Maßnahmen ergriffen werden, führen diese stets zu Kosten, welche die Eigenkapitalgeber des Unternehmens zu tragen haben und die daher als Agency-Kosten des Eigenkapitals bezeichnet werden. Bezogen auf die Kapitalstruktur eines Unternehmens wird nun angenommen, dass sich die Agency-Kosten des Eigenkapitals mit einem zunehmenden Verschuldungsgrad senken lassen. Es wird argumentiert, dass sich die zusätzliche **Aufnahme von Fremdkapital disziplinierend** auf das Management auswirkt, weil das Insolvenzrisiko des Unternehmens mit zunehmender Verschuldung steigt (vgl. Ross 1977). Vor diesem Hintergrund werden Manager eher an einer Maximierung des Shareholder Values und damit an einem Fortbestand des Unternehmens (und ihrer Tätigkeit) interessiert sein (Copeland/Weston/Shastri 2008, S. 425 ff.). Somit führen Agency-Kosten des Eigenkapitals zu einer bevorzugten Aufnahme von Fremdkapital und einer Steigerung des Verschuldungsgrades.

Ein steigender Verschuldungsgrad wiederum führt zu steigenden **Agency-Kosten des Fremdkapitals**, da sich aus Sicht der Fremdkapitalgeber die Ausfallwahrscheinlichkeit des Fremdkapitals sowie die Insolvenzkosten erhöhen. Agency-Kosten des Fremdkapitals sind also gleichsam das Resultat eines Interessenkonflikts zwischen den Eigen- und Fremdkapitalgebern eines Unternehmens. Die Besonderheit liegt nun darin, dass einzelne Instrumente zur Minderung der Agency-Kosten des Fremdkapitals den Interessen der Eigenkapitalgeber entgegenstehen. Die von den Eigenkapitalgebern präferierte Maximierung des Shareholder Values lässt sich insbesondere mittels Durchführung hochrentabler Investitionsprojekte realisieren, die ein entsprechend hohes Risiko aufweisen. Im Falle einer Fehlinvestition werden die Verluste zwar von allen Kapitalgebern getragen, im Erfolgsfall erhalten die Fremdkapitalgeber jedoch lediglich ihre vertraglich vereinbarten Zins- und Tilgungszahlungen. Den Eigenkapitalgebern fallen demgegenüber die Residualgewinne aus der Investition zu (vgl. Jensen/Meckling 1976). Aus diesem Grund könnten die Fremdkapitalgeber versuchen, die Realisierung riskanter Investitionsprojekte zu erschweren, indem sie das Volumen ihrer Kapitalüberlassung rationieren. In der Folge sinkt der Verschuldungsgrad des Unternehmens und mögliche **Unterinvestitionen** drohen (vgl. Myers 1977). Eine schwächere Disziplinierung des Managements aufgrund eines sinkenden Verschuldungsgrades und die Gefahr von Unterinvestitionen stehen einer Maximierung des Shareholder Values entgegen. Im Endergebnis wirken die Agency-Kosten des Eigen- und Fremdkapitals also genau gegensätzlich auf die Kapitalstruktur eines Unternehmens. Aus diesem Grunde postuliert die auf Agency-Kosten basierende Kapitalstrukturtheorie die Existenz eines optimalen Verschuldungsgrades. Das **Optimum** wird demnach genau dann erreicht, wenn die **Summe der Agency-Kosten des Eigenkapitals und der Agency-Kosten des Fremdkapitals minimal** ist.

Pecking-Order-Modell

Wie die Agency-Theory unterstellt auch die **Pecking-Order-Theorie** (vgl. Myers 1984; Myers/Majluf 1984) asymmetrisch verteilte Informationen zwischen dem Management eines Unternehmens und dessen Kapitalgebern. Im Mittelpunkt dieser Theorie steht jedoch die Herleitung einer **Hierarchie** (pecking order) der Finanzierungsarten des Unternehmens.

So postuliert die Pecking-Order-Theorie, dass das Management zur Durchführung von Investitionsprojekten zunächst auf die Innenfinanzierung zurückgreift, bevor sie externes Fremdkapital und in einem letzten Schritt externes Eigenkapital aufnimmt. Der Grund für diese Finanzierungsreihenfolge besteht darin, dass das Management zunächst versucht, eine Kontrolle seiner Investitionsentscheidungen durch die externen Kapitalgeber zu verhindern. Nur solche Unternehmen, die eine eingeschränkte Möglichkeit zur Innenfinanzierung besitzen, werden überhaupt stärker auf die Außenfinanzierung zurückgreifen, wobei hier die Fremdfinanzierung der Beteiligungsfinanzierung vorgezogen wird, weil Fremdkapitalgeber grundsätzlich weniger Möglichkeiten besitzen, in die Investitionspolitik des Managements einzugreifen (vgl. Jensen 1986). Folglich ist die Kapitalstruktur des Unternehmens nach der Pecking-Order-Theorie das Residualergebnis aus der Innenfinanzierungskraft und zusätzlich bestehendem Kapitalbedarf der jeweiligen Unternehmung.

13.3 Einfluss des Ratings auf die Kapitalstruktur in der Praxis

In der Praxis wird die Kapitalstruktur der Unternehmen – über die genannten Einflussfaktoren hinaus – stark durch die Anforderungen der Rating-Agenturen bestimmt. Diese sind zumindest für diejenigen Unternehmen von großer Bedeutung, die Kapitalmarktfinanzierungen als wesentlichen Teil ihres Finanzierungsmix ansehen. Sie werden sich in einem ersten Schritt ein erreichbares **Zielrating** vorgeben, mit dem sie ihre Kapitalkosten optimieren können. Wie die folgende Abbildung 13.9 zeigt, dürfte dies in dem Areal zwischen A und BB (in der Terminologie von Standard & Poor's) liegen. Denn für eine noch bessere Einstufung steigen die notwendigen Eigenkapitalquoten (und damit -kosten) überproportional an. Ver-

Abb. 13.9

Verbindung zwischen Zielrating und Kapitalkostenoptimum

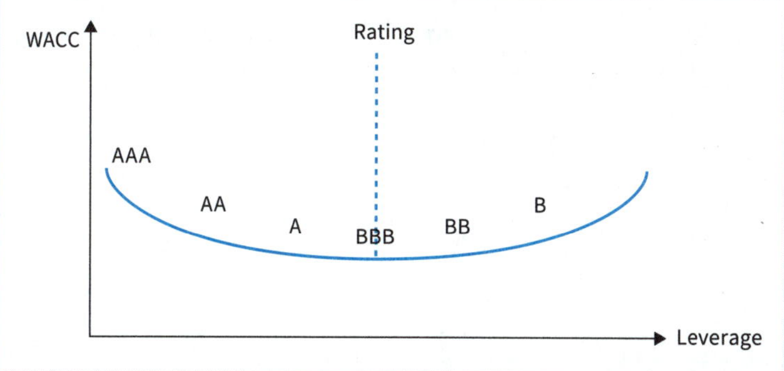

schlechtert man sich dagegen in den B-Bereich, kann zwar verstärkt mit Fremdkapital gearbeitet werden, dessen Kosten nun aber den WACC erhöhen.

Die nachfolgende Matrix (Abb. 13.10) macht nun deutlich, welche Anforderungen Standard & Poor's an das Errreichen eines z. B. BBB-Ratings stellt. Es bestätigt sich die im ersten Modul eingeführte Praxisformel: »**Finance has to fit the business**«, denn es findet eine Abwägung der Risiken **aus dem Geschäftsmodell** (»**Business Risk**«) und aus der Kapitalstruktur (»**Financial Risk**«) statt. Ist z. B. das Business Risk Profile »Excellent«, erhält man ein BBB-Rating auch noch mit einem als »Aggressive« eingestuften Financial Risk Profile (Debt/Capital-Ratio 50-60 %, siehe Abb. 13.11). Hat man dagegen eine höhere Eigenkapitalquote (Financial Risk Profile »In-

Abb. 13.10

Business und Financial Risk Matrix

Business Risk Profile	Financial Risk Profile					
	Minimal	Modest	Intermediate	Significant	Aggressive	Highly Leveraged
Excellent	AAA/AA+	AA	A	A–	BBB	--
Strong	AA	A	A–	BBB	BB	BB–
Satisfactory	A–	BBB+	BBB	BB+	BB–	B+
Fair	--	BBB–	BB+	BB	BB–	B
Weak	--	--	BB	BB–	B+	B–
Vulnerable	--	--	--	B+	B	B– or below

Quelle: S&P Global Intelligence 2016

Abb. 13.11

Financial Risk Indikatoren

	FFO/Debt (%)	Debt/EBITDA	Debt/Capital (%)
Minimal	greater than 60	less than 1.5	less than 25
Modest	45–60	1.5–2.0	25–35
Intermediate	30–45	2–3	35–45
Significant	20–30	3–4	45–50
Aggressive	12–20	4–5	50–60
Highly Leveraged	less than 12	greater than 5	greater than 60

Quelle: S&P Global Intelligence 2016

termediate«), kann sich die Unternehmung auch ein höheres Geschäftsrisiko (»Satisfactory«) erlauben.

Unabhängig davon, dass die von den Rating-Agenturen gesetzten Schwellenwerte weder theoretisch noch empirisch hinreichend begründet sind, **normieren** sie doch die **Kapitalstrukturen** kapitalmarktabhängiger Unternehmen.

Zusammenfassend stellt die Wahl der Kapitalstruktur in der Realität einen komplexen Prozess dar, bei dem der Finanzleiter der Unternehmung eine Reihe von sehr unterschiedlichen Faktoren berücksichtigen muss. Zentral sind dabei:

- Die im Geschäftsmodell der Unternehmung angelegten Risiken
- Die Renditeperspektive (Leverage-Effekt)
- Rating-Vorgaben
- Eigentümer-Präferenzen (z. B. Streben nach Unabhängigkeit im Mittelstand)
- Einflüsse der Rechtsform (Mindestkapitalausstattung)
- Steuerliche Konsequenzen
- Agency-Kosten
- Insolvenzkosten
- Strategische Überlegungen, die finanzielle Flexibilität erfordern (z. B. für die Übernahme anderer Unternehmen)
- Marktopportunitäten (Börsenhausse oder -baisse)
- In bestimmten Branchen staatliche Vorgaben (z. B. Bank- und Versicherungsunternehmen)

Auf den Punkt gebracht

- Der Leverage-Effekt beschreibt die Möglichkeit, durch eine Ausweitung der Verschuldung die Eigenkapitalrendite und damit den Unternehmenswert zu beeinflussen.
- Gemäß der »traditionellen These« existiert eine optimale Kapitalstruktur im Minimum der durchschnittlichen Gesamtkapitalkosten des Unternehmens. Die Kapitalstruktur kann folglich zur Wertschaffung beitragen.
- Der Brutto- und der Nettoansatz als zwei weitere traditionelle Ansätze zur Erklärung der Kapitalstruktur variieren die Annahmen über das Verhalten der Kapitalgeber und führen im Vergleich zur traditionellen These zu abweichenden Ergebnissen hinsichtlich einer optimalen Kapitalstruktur.
- Das Modigliani-Miller-Theorem analysiert den Zusammenhang zwischen Kapitalkosten, Kapitalstruktur und Marktwert eines Unternehmens unter den Prämissen des neoklassischen Kapitalmarktmodells. Mit Hilfe eines Arbitragebeweises wird gezeigt, dass Kapitalstrukturänderungen keinen Einfluss auf den Marktwert eines Unternehmens haben (Irrelevanztheorem) und die Eigenkapitalgeberforderungen eine lineare Funktion des Verschuldungsgrades des Unternehmens sind.
- Die Trade-off-Theorie ist eine Erweiterung des Modigliani-Miller-Theorems um Steuern und Insolvenzkosten. Für die optimale Zielkapitalstruktur des Unternehmens gilt, dass so lange zusätzliches Fremdkapital aufgenommen werden sollte, bis der marginale Steuervorteil aus der Fremdfinanzierung den marginalen Insolvenzkosten entspricht.
- Die informationsökonomischen Ansätze unter den Kapitalstrukturtheorien fußen auf der Annahme ungleich verteilter Informationen zwischen Kapitalnehmern (Management des Unternehmens) und Kapitalgebern sowie den daraus resultierenden Agency-Kosten. Die optimale Kapitalstruktur ist genau dann erreicht, wenn die Summe der Agency-Kosten minimal ist.
- Schließlich basiert die Pecking-Order-Theorie ebenfalls auf der Annahme asymmetrisch verteilter Informationen zwischen Kapitalnehmern und -gebern und leitet daraus eine Präferenzhierarchie der Finanzierungsarten des Unternehmens ab. Die Kapitalstruktur ist folglich ein Residualergebnis aus Innenfinanzierungskraft und zusätzlich bestehendem Bedarf an externem Kapital.
- Die Wahl der Kapitalstruktur orientiert sich in der Praxis oftmals an den Vorgaben der Rating-Agenturen. Die Existenz eines Zielratings determiniert hierbei im Zusammenspiel zwischen Business und Financial Risk die Kapitalstruktur einer Unternehmung.

Teil IV

Absicherung der Wertschaffung: Finanzielles Risikomanagement

Modul 14 Identifikation und Quantifizierung finanzieller Risikopositionen

ZENTRALE INHALTE

- Begründung des Risikomanagements
- Unterschiedliche Kategorien finanzwirtschaftlicher Risikoarten
- Bestimmung von Risikoquellen
- Modellierung und Messung von Risiken
- Vor- und Nachteile unterschiedlicher Messverfahren (u. a. Value at Risk)
- Backtesting und Stresstesting

14.1 Zur Notwendigkeit des Managements finanzieller Risiken

Einstiegsbeispiel

►►► Während der Finanzmarktkrise von 2007 bis 2009 erlitten zahlreiche Banken und Versicherungen Verluste in Milliardenhöhe durch Abschreibungen auf von ihnen gehaltene Wertpapiere. In Deutschland waren zahlreiche Landesbanken, u. a. die HSH Nordbank, die Landesbank Hamburgs und Schleswig-Holsteins, am stärksten betroffen und musste durch Liquiditätsgarantien des Bundes vor der Insolvenz gerettet werden. Im Jahr 2009 stellten Wirtschaftsprüfer etliche Verstöße der Bank gegen die gesetzlichen Mindestanforderungen an das Risikomanagement fest. ◄◄◄

14.1.1 Risikomanagement – Versuch einer Definition

Der Fokus der Ausführungen in den vorherigen Modulen lag schwerpunktmäßig auf der Wahrnehmung von Chancen durch unternehmerische Tätigkeit. Unterschiedliche Investitionsprojekte lieferten unterschiedlich gute Aussichten auf zukünftige Gewinne, und nicht vorteilhafte Investitionsprojekte (bspw. bewertet mit Hilfe des Kapitalwertkriteriums) wurden nicht durchgeführt. In der Realität wird die Nutzung dieser Chancen und die Erzielung von Gewinnen jedoch nicht ohne ein gleichzeitiges Eingehen von Risiken möglich sein. In manchen Situationen können Risiken vollständig vermieden werden, in anderen Situationen können bewusst eingegangene Risiken zumindest kontrolliert werden. Die wertorientierte Unternehmensführung erfordert vom Finanzleiter nicht nur die Schaffung von Werten, sondern auch die **nachhaltige Absicherung der Wertschaffung** (vgl. vertiefend Kersten/Hohrath/Winter 2008).

Abb. 14.1

Aufgaben des Finanzleiters im Rahmen der Wertschaffung

In diesem Modul werden die Risiken der unternehmerischen Tätigkeit und der systematische Umgang mit diesen diskutiert. Dies geschieht nicht nur im Zusammenhang mit »Risikospezialisten« wie Banken und Versicherungen, sondern vor allem am Beispiel von Industrieunternehmen. Für Banken und Versicherungen stellen das aktive Eingehen von finanzwirtschaftlichen Risiken und deren Steuerung einen wichtigen Teil ihrer Unternehmensaufgabe und letztlich auch eine Kernkompetenz dar. Je **routinierter** ihr **Umgang** mit **Risiken** ist, desto erfolgreicher werden sie am Markt bestehen können. Ähnlich sind auch Industrieunternehmen Risiken ausgesetzt, die diese auf systematische Art und Weise reduzieren oder transferieren wollen.

Risiko

Eine Beschäftigung mit dem Risikomanagement von Unternehmen erfordert zunächst eine Klärung der Frage, was überhaupt als »Risiko« für ein Unternehmen

AUS DER PRAXIS

Der Zusammenbruch der Barings Bank

Die Frage, ob ausschließlich negative Abweichungen einer Zielgröße von einem Referenzwert als Risiko aufzufassen sind, ist durchaus kritisch zu beurteilen. Als Beispiel für den umgekehrten Fall, also die Situation, dass auch extreme positive Abweichungen ein Risiko signalisieren können, ist das der britischen Barings Bank. Diese bereits im 18. Jahrhundert gegründete Investmentbank geriet 1995 weltweit in die Schlagzeilen, als sie vollkommen überraschend quasi über Nacht insolvent wurde. Auslöser für die finanzielle Schieflage der Bank waren nicht-autorisierte Spekulationsgeschäfte mit Derivaten eines einzelnen Händlers der Bank, der über wenige Monate einen Verlust in Höhe von 1,4 Mrd. US-$ verursachte. Begünstigt durch fehlende Kontrollmechanismen im Risikomanagement hatte der Händler vor dem Zusammenbruch der Bank Gewinne aus seinen Spekulationsgeschäften an seine Vorgesetzten gemeldet – und Verluste auf ein separates Konto gebucht, auf dem sich diese anhäuften. Da er äußerst riskante Geschäfte tätigte, wurde er auf Grund der hohen vermeintlichen Gewinne schnell innerhalb der Barings Bank zum Chefhändler für Derivate an der Börse in Singapur befördert. Diese Position sowie die fehlende Kontrolle durch die Zentrale der Bank in London ermöglichten schließlich im Frühjahr 1995 die finalen Spekulationen, die zum Kollaps der Bank führten.

angesehen werden soll. Generell wird unter einem **Risiko** eine Situation verstanden, in der auf Grund der Unsicherheit über das Eintreten möglicher Umweltzustände die Erreichung bestimmter unternehmerischer Ziele gefährdet wird. Alternativ kann unter Risiko auch die Abweichung einer Kenngröße von ihrem erwarteten Zielwert, bspw. einer Profitabilitäts- oder Umsatzkennzahl, einem erwarteten Wert, Gewinn oder der Rendite eines Portfolios verstanden werden. Für die Zwecke der Finanzierungspolitik bietet es sich dann an, nur solche Risiken zu betrachten, die einen direkten oder indirekten Einfluss auf die Vermögenslage und somit auch auf den Shareholder Value des Unternehmens besitzen. Im Folgenden sollen Risiken daher stets als **zufallsbedingte negative Abweichungen finanzieller Größen von zuvor definierten Referenzwerten von Vermögenspositionen** aufgefasst werden. Gemeinsamkeit aller genannten Definitionen ist, dass Risiken stets stochastischer, also zufälliger Natur sind. Ist ein Risiko eingetreten und bekannt, so ist der zuvor nur als möglich angesehene Verlust realisiert und die Möglichkeiten des Risikomanagements ausgeschöpft (und sein Versagen möglicherweise dokumentiert).

Risikomanagement

Als **Risikomanagement** wird die **Gesamtheit der Maßnahmen zur gezielten Identifikation, Messung, Steuerung und Kontrolle von Risiken** im Unternehmen und der für das Unternehmen relevanten Umwelt verstanden. Es besitzt eine Stabilisierung bzw. Erhöhung des Shareholder Values als übergeordnete Ziele. Risikomanagement stellt einen fortlaufenden, kontinuierlichen Prozess dar. Da es sich um eine zentrale Führungsaufgabe handelt, müssen für ein funktionsfähiges Risikomanagement von der Unternehmensleitung Ziele und Strategien festgelegt werden, die global für das gesamte Unternehmen gelten.

Risikomanagementprozess

Die obige Definition des Risikomanagements zeigt sofort die zentralen Aufgaben eines Finanzleiters in seiner Funktion als oberster »Risikoleiter«, die im Rahmen des **Risikomanagementprozesses** zu erfüllen sind:

- **Risikoidentifikation:** Am Anfang des Risikomanagementprozesses steht die Identifikation möglicher Risiken für das Unternehmen, wobei diese grundsätzlich aus dem Inneren des Unternehmens (z. B. illegales Verhalten von Mitarbeitern), aber auch von außen auf das Unternehmen wirken können (z. B. Wechselkursänderungen). Der Finanzleiter muss in diesem Schritt entscheiden, welche Risiken für das Unternehmen von Relevanz sind und die finanzielle Lage des Unternehmens signifikant beeinträchtigen könnten. Wenngleich für viele Industriesektoren die wichtigsten Risiken grundsätzlich bekannt sein dürften (bspw. unterliegen Banken stets dem Risiko, dass vergebene Kredite ausfallen könnten), ist dieser erste Schritt nicht als trivial anzusehen, wie der VW-Abgasskandal 2015 zeigte.
- **Risikomessung:** Die bloße Identifikation eines Risikos ermöglicht jedoch in der Regel noch nicht den sachgerechten Umgang mit diesem. Im zweiten Schritt des Risikomanagementprozesses ist daher die Messung bzw. Bewertung sämtlicher zuvor erkannter Risiken notwendig. Die Verfahren der Risikobewertung sind vielfältig und greifen im Rahmen des quantitativen Risikomanagements oft auf Methoden der Statistik und der Finanz- und Versicherungsmathematik zurück. Insbesondere für selten eintretende oder nur schwer messbare Risiken kommen jedoch auch Verfahren des qualitativen Risikomanagements zum Einsatz, bei denen bspw. Expertenurteile anstelle quantitativer Kennzahlen die Risikobewertung unterstützen sollen.
- **Risikosteuerung:** Im Anschluss an die Messung der Risiken muss vom Finanzleiter unter Absprache mit der Unternehmensführung beschlossen werden, wie mit den Risiken verfahren werden soll. Grundsätzlich kann der Finanzleiter versuchen, bestimmte Risiken vollständig zu vermeiden (z. B. indem ein Geschäft nicht abgeschlossen wird). Ebenso sinnvoll können der Versuch einer Risikoreduktion (z. B. über den Abschluss eines Sicherungsgeschäfts bzw. durch die Diversifikation der Investitionen über mehrere Anlageklassen hinweg), eines Risikotransfers (z. B. auf ein Versicherungsunternehmen) oder einer Risikobegrenzung (z. B. über die Einrichtung von Limiten) sein.
- **Risikokontrolle und Risikokommunikation:** Schließlich müssen sowohl die identifizierten Risiken, die Adäquanz der verwendeten Modelle zur Risikomessung als auch die getroffenen Maßnahmen der Risikosteuerung überprüft und gegebenenfalls verbessert werden. Dabei ist stets zu analysieren, ob der Nutzen der getroffenen Maßnahmen die hierdurch verursachten Kosten rechtfertigt. Die Ergebnisse der Risikosteuerung und der Risikokontrolle müssen dann sowohl an interne (Vorstand, Aufsichtsrat, etc.) als auch externe Adressaten (Aufsichtsbehörden, Wirtschaftsprüfer, Investoren, etc.) kommuniziert werden.

Das Zusammenspiel der einzelnen Komponenten des Risikomanagementprozesses ist in der folgenden Abbildung 14.2 dargestellt.

Abb. 14.2

Prozess des Risikomanagements

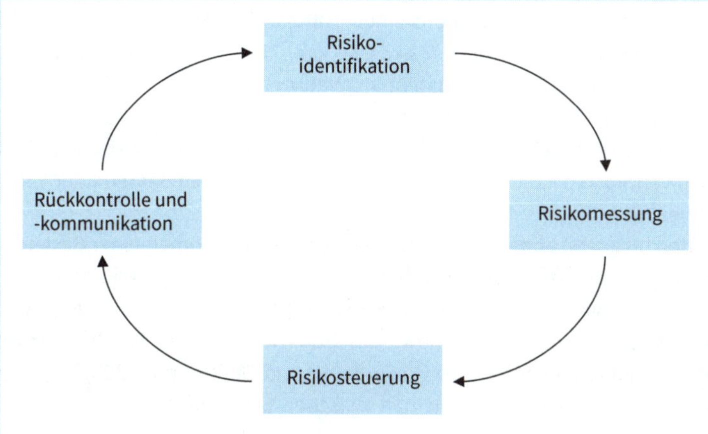

14.1.2 Irrelevanz des Risikomanagements auf vollkommenen Kapitalmärkten

Die Notwendigkeit eines Risikomanagements in Unternehmen scheint auf den ersten Blick intuitiv einzuleuchten, selbst wenn ein Risikomanagement nicht von einer Aufsichtsbehörde eingefordert wird. Die Sinnhaftigkeit der Durchführung von Maßnahmen des Risikomanagements ist finanzierungstheoretisch jedoch nicht so offensichtlich, wie dies vielleicht scheinen mag. Wie bereits zu Beginn dieses Moduls erwähnt wurde, ist das zentrale Ziel des Risikomanagements eine Absicherung des Shareholder Value-Plans der Unternehmung.

Modigliani-Miller-Theorem

Die mögliche Irrelevanz des Risikomanagements für den Shareholder Value ist jedoch eine unmittelbare Konsequenz des **Modigliani-Miller-Theorems** (vgl. Modigliani/Miller 1958 und Modul 13). Es besagt, dass in einer Welt ohne Steuern, Insolvenzkosten, Agency-Kosten und asymmetrisch verteilten Informationen sowie mit einem vollkommenen Kapitalmarkt die Kapitalstruktur eines Unternehmens keinen Einfluss auf den Unternehmenswert und damit auch auf den Shareholder Value besitzt. Eine unmittelbare Konsequenz hieraus ist, dass auch ein Risikomanagement unter den gesetzten Annahmen keinen Einfluss auf den Shareholder Value hat. Genauer gesagt ist es für das Unternehmen irrelevant, ob es Maßnahmen des Risikomanagements (wie z. B. ein Absicherungsgeschäft) durchführt oder das Risiko einfach trägt, da die Kosten für das Unternehmen (und seine Eigentümer) in beiden Fällen identisch sind. Führen beide Situationen zu gleichen Kosten, dann kann das Risikomanagement jedoch den Shareholder Value nicht beeinflussen. Wie lässt sich aber dann das in der Praxis stattfindende Risikomanagement (und damit die Relevanz für den Shareholder Value) erklären? Die Antwort hierauf liegt in den restriktiven Annahmen der Modigliani-Miller-Modellwelt. Werden diese gelockert, lassen sich sofort mehrere Erklärungen für die Sinnhaftigkeit eines Risikomanagements auf Unternehmensebene identifizieren (vgl. hierzu McNeil/Frey/Embrechts 2005, S. 17):

- Besitzt das Risikomanagement einen **Transaktionskostenvorteil** gegenüber dem einfachen Tragen eines Risikos, so kann die Durchführung der Risikomanagementmaßnahme den Shareholder Value erhöhen.
- Maßnahmen des Risikomanagements können die **Insolvenzwahrscheinlichkeit** eines Unternehmens **senken**. Im Falle der Existenz direkter und indirekter Insolvenzkosten kann das Risikomanagement somit den Shareholder Value erhöhen.
- In den meisten Ländern der Welt unterliegen Unternehmen einer Besteuerung ihrer Gewinne. Ist die zu zahlende Steuerlast eine konvexe Funktion in den Unternehmensgewinnen, so kann ein Risikomanagement über die Verringerung der Variabilität in den Cashflows des Unternehmens die **Steuerlast senken** und damit den Nachsteuergewinn erhöhen (vgl. Smith/Stulz 1985).
- Auf Grund von Agency-Problemen zwischen Eigen- und Fremdkapitalgebern kann es zu einer Situation kommen, in der ein Unternehmen Investitionsprojekte trotz eines positiven Kapitalwerts nicht durchführt (vgl. Modul 4). In dieser Situation kann ein Risikomanagement helfen, dass stets ausreichend **Liquidität** für die Realisierung vorteilhafter Investitionsprojekte zur Verfügung steht (vgl. Froot/Scharfstein/Stein 1993).

Insgesamt lässt sich somit festhalten, dass ein Risikomanagement auf unvollkommenen Märkten mit Friktionen signifikant sowohl zur Erhöhung als auch Stabilisierung des Shareholder Values eines Unternehmens beitragen kann.

14.2 Systematisierung von Risikoarten

Ziel dieses Unterkapitels ist zunächst die Abgrenzung finanzieller von realwirtschaftlichen Risiken. Im Anschluss hieran werden die wichtigsten finanziellen Risiken, denen Unternehmen ausgesetzt sind, definiert und ihre Besonderheiten im Kontext ihrer Handhabung im Risikomanagement diskutiert (vgl. auch Diederichs 2012, Wolke 2015).

14.2.1 Finanzielle versus realwirtschaftliche Risiken

Finanzielle Risiken

In Analogie zur entsprechenden Unterscheidung in der neoklassischen Wirtschaftstheorie können auch Unternehmensrisiken grob in finanzielle und realwirtschaftliche Risiken unterteilt werden. Als **finanzielle Risiken** (auch: Finanzrisiken) werden solche Risiken verstanden, die ihren Ursprung in den Investitions- und Finanzierungsaktivitäten eines Unternehmens und damit in der Interaktion mit den Finanzmärkten haben. Insbesondere sind dies solche Risiken, die durch Veränderungen von Marktpreisen entstehen. Ebenso können auch Ausfälle von Schuldnern aus Lieferforderungen oder vergebenen Krediten zu finanziellen Verlusten führen. Schließlich kann auch eine unzureichende Liquidität einzelner Anlagegüter bzw. die möglicherweise hieraus resultierende unzureichende Liquidität des gesamten Unternehmens ein den Fortbestand gefährdendes Risiko darstellen. Diesen Unterarten der finanziellen Risiken ist gemein, dass sie nicht direkt aus der Produktionstätigkeit des Unternehmens, sondern lediglich aus den mit ihr verbundenen Zahlungsströmen resultieren. Eine weitere Gemeinsamkeit dieser Risiken besteht darin, dass sie in letzter Konsequenz für das Unternehmen ein Verlustpotential darstellen, und ein Risikomanagement die Verringerung der möglichen Verluste anstreben wird.

Realwirtschaftliche Risiken

Im Gegensatz zu den finanziellen Risiken entstehen **realwirtschaftliche Risiken** aus der Produktion von Gütern und Dienstleistungen durch ein Unternehmen. Folglich umfassen sie eine Reihe höchst unterschiedlicher Gefahren für den Unternehmenserfolg. Beispielsweise existiert grundsätzlich das unternehmerische Risiko, dass Produkte (oder Dienstleistungen) nicht abgesetzt werden können und das Unternehmen Umsatz- und Gewinneinbrüche erleidet. Ebenfalls kann die Produktion von Gütern durch Unfälle, Brände, Katastrophen und ähnliche Vorfälle gestört werden, so dass es zu Verzögerungen und Ausfällen im Produktionsablauf kommt. Zahlreiche dieser Risikoarten wurden durch die Bankenregulierung im Rahmen von Basel II/III unter dem Begriff der **operationellen Risiken** zusammengefasst. Diese werden im Anschluss an die Diskussion der wichtigsten finanziellen Risiken in diesem Modul vorgestellt. Abbildung 14.3 fasst die wesentlichen Risikoarten nochmals kompakt zusammen.

Abb. 14.3

Wesentliche Risikoarten

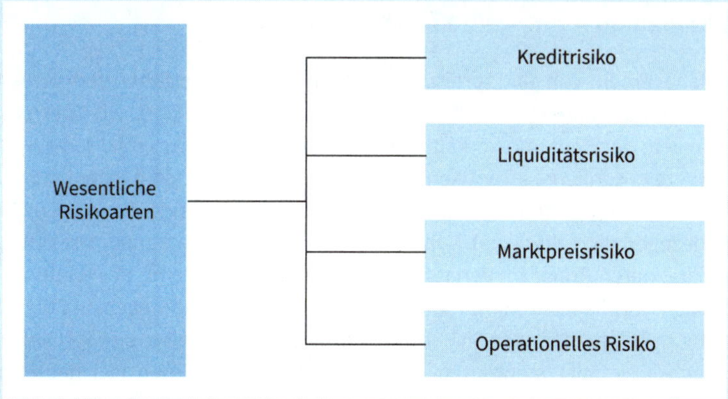

14.2.2 Marktpreisrisiken

Marktpreisrisiken stellen Risiken dar, die sich durch die Veränderung relevanter Marktpreise ergeben und in Folge ungünstiger Preisentwicklungen für die jeweilige Unternehmung zu Verlusten führen können. Sie entstehen immer dann, wenn eine von einem Unternehmen erstellte oder aber benötigte Ware (oder Finanzanlage), auf einem Markt (oder mehreren Märkten) gehandelt wird und der Preis dieses Gutes Schwankungen unterliegt. Je nach Art des Gutes lassen sich dann unterschiedliche Formen von Marktpreisrisiken unterscheiden.

14.2.2.1 Rohstoffrisiken

Rohstoffrisiken umfassen zunächst solche möglichen Verluste, die auf Grund von **Preisschwankungen** bestimmter, für den Produktionsbetrieb benötigter Rohstoffe entstehen, wie z. B. Kerosin für Fluggesellschaften. Ebenso können Verluste aber auch dadurch entstehen, dass benötigte Rohstoffe zu spät, nicht in der erforderlichen Menge, nur zu höheren als den kalkulierten Preisen, oder aber auch überhaupt nicht geliefert werden. Rohstoffrisiken im zuerst genannten Fall entstehen grundsätzlich dann, wenn sich die Preise für einen Rohstoff advers in der Zukunft entwickeln, d. h., wenn auf der Beschaffungsseite ein relevanter Rohstoffpreis steigt bzw. auf der Absatzseite ein relevanter Preis sinkt. Je nach Art des Rohstoffes bzw. der Handelsware können die jeweiligen Marktpreise unterschiedlich stark schwanken und auch natürlichen **Saisonalitäten** unterliegen. Einen Eindruck von der Stärke der Schwankungen in den Preisen ausgewählter Rohstoffe vermittelt Abbildung 14.4, in der die Kurse verschiedener Rohstoffe gezeigt werden.

Zusätzlich zum reinen Preisrisiko wird auch das Risiko einer unzureichenden oder unsicheren Versorgung mit einem benötigten Rohstoff zu den Rohstoffrisiken hinzugezählt. Auch in diesen Fällen können sich Rohstoffrisiken in Verlusten für ein

AUS DER HISTORIE

Risikomanagement – ein Konzept der Neuzeit?

Das Management von Marktpreisrisiken ist ein seit Jahrhunderten verfolgtes Anliegen von Kaufleuten. Die einfache Einsicht, dass überall dort, wo Güterpreise schwanken, der Kauf und Verkauf dieser Güter ein Verlustpotential birgt, veranlasste bereits Kaufleute im antiken Mesopotamien, Indien und Griechenland dazu, einfache Sicherungsstrategien und -geschäfte zu verfolgen (vgl. Swan 2000). Vielfach bezogen sich diese auf Rohstoffe und insbesondere agrarwirtschaftliche Produkte, deren Preise im Verlauf der Jahreszeiten (und damit des Wetters und der Ernte- und Saatzeiten) natürlichen Schwankungen unterliegen. In Folge des Bedarfs an entsprechenden Sicherungsgeschäften entwickelten sich im Laufe der Zeit auch die ersten Warentermin- und Derivatebörsen, an denen auch heute noch (in größerem Umfang und mit komplexeren Wertpapieren) insbesondere zum Zwecke des Risikomanagements Handel betrieben wird.

Abb. 14.4

Kurse ausgewählter Rohstoffe

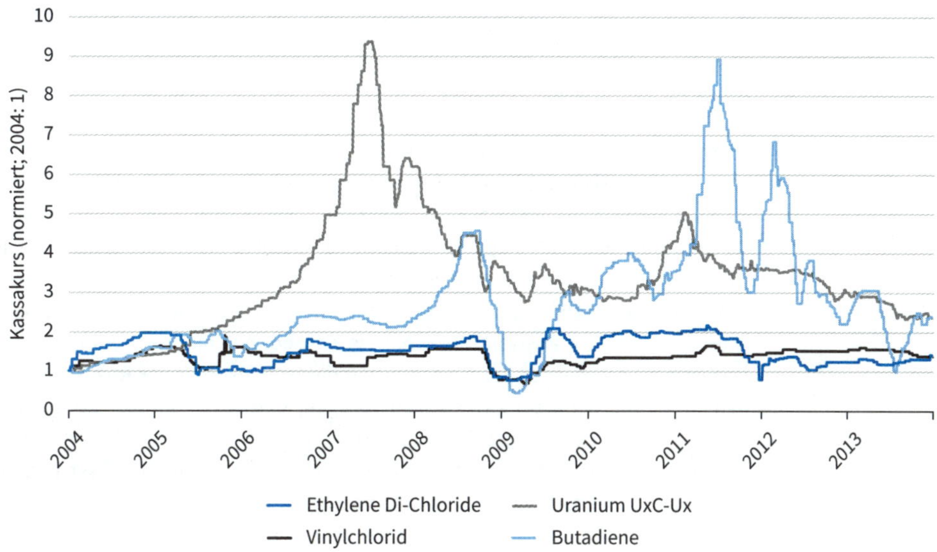

Quelle: Datastream

Unternehmen niederschlagen, nämlich dann, wenn es auf Grund von Lieferengpässen bei Rohstoffen zu einer Verzögerung oder sogar einem Stopp im Produktionsablauf und somit zu Umsatzeinbußen kommt.

14.2.2.2 Währungsrisiken

Eng verknüpft mit den Rohstoffrisiken eines Unternehmens sind seine Währungsrisiken. Den Währungsrisiken werden solche Verlustrisiken eines Unternehmens zugeordnet, die durch den Abschluss von Geschäften in einer **Fremdwährung** entstehen. Produziert bspw. ein Automobilhersteller seine Modelle in Deutschland und verkauft diese in Japan, so stehen den Produktionskosten in € Umsätze in Japanischen ¥ gegenüber. Ändert sich nun der Wechselkurs des € zum ¥ (also der Marktpreis der Fremdwährung ¥), so erhält der Automobilhersteller für seine in Japan abgesetzten Produkte höhere oder niedrigere Umsatzerlöse in €. Wie man leicht erkennt, treten Rohstoff- und Währungsrisiken häufig gemeinsam auf, nämlich immer dann, wenn Rohstoffe in einer Fremdwährung bezogen werden. Sowohl für Rohstoff- als auch Währungsrisiken stehen dem Finanzleiter zudem recht ähnliche Methoden zur Vermeidung bzw. Verringerung dieser Risiken zur Verfügung. So ist eine naheliegende, aber zugleich kostenintensive Strategie zur vollständigen Vermeidung von Währungsrisiken die Verlagerung des Produktionsstandortes in den ausländischen Absatzmarkt (in ähnlicher Weise könnte ein Unternehmen die Produktion auch in die Nähe von Rohstofflieferanten verlegen). Schließlich können beide Risikoarten durch den Abschluss von **Absicherungsgeschäften** mit gegenläufiger Wertentwicklung verringert werden.

14.2.2.3 Wertpapierrisiken

Wertpapiere unterliegen, sofern sie frei auf einem Markt gehandelt werden, grundsätzlich dem Risiko, dass sich ihr jeweiliger Marktpreis für den Halter des Wertpapiers ungünstig entwickelt. Alle üblicherweise an Wertpapierbörsen gehandelten Wertpapiere wie z. B. Aktien, Unternehmensanleihen, aber auch Zertifikate auf Aktienindizes unterliegen diesem Risiko, das sich zum einen in fallenden Kursen, zum anderen aber auch bereits in einer volatilen und damit schlecht prognostizierbaren **Kursentwicklung** ausdrücken kann. Als Konsequenz hieraus zielen die gängigen statistischen Verfahren zur Modellierung dieser Risiken in der Regel auf die möglichst genaue Schätzung der gegenwärtigen, und die Prognose der zukünftigen Kursvolatilität des Wertpapiers bzw. die Abschätzung der möglichen zukünftigen Kursverluste nach unten ab. Dabei ist eine klare Abgrenzung von Wertpapier- und dem noch darzustellenden Zinsrisiko häufig nur schwer möglich. Insbesondere ist dies dann der Fall, wenn ein Wertpapier einzig und allein auf Grund von Marktzinsschwankungen Kursveränderungen erfährt. Genauso kann bei dem Kauf einer Anleihe das Risiko hinzukommen, dass der Emittent der Anleihe ausfällt und der Käufer den investierten Nominalbetrag nicht zurückerhält. In diesem Fall wird der einsetzende Kursverfall (nämlich auf einen Betrag nahe null) jedoch als (in der Gegenpartei liegendes) Kreditrisiko und nicht als (marktbedingtes) Wertpapier- oder Kursrisiko aufgefasst.

Marktpreisrisiken, wie auch alle anderen Risikoarten, sollten niemals isoliert betrachtet werden: Eine Vermögensposition eines Unternehmens wird regelmäßig mehreren Risiken gleichzeitig ausgesetzt sein, z. B. beim Kauf einer ausländischen Aktie dem Währungsrisiko und dem Risiko eines Kursverfalles.

14.2.2.4 Zinsrisiken

Das Zinsrisiko, genauer gesagt das Zinsänderungsrisiko, umfasst Vermögensverluste, die auf Grund von Veränderungen der für eine Vermögensposition relevanten Marktzinsen entstehen. Grundvoraussetzung für das Entstehen eines Zinsänderungsrisikos ist die Abhängigkeit des Wertes einer Vermögensposition von einem Zinssatz. Hierbei kann es sich bspw. um ein zinstragendes Wertpapier, aber auch um einen vergebenen Kredit handeln. Ebenso unterliegen Wertpapiere, deren Wert sich über ein Barwertkalkül bestimmt, einem Zinsänderungsrisiko (in diesem Fall ändert sich der für das Diskontieren der zukünftigen Zahlungen zu verwendende Marktzins). Liefern diese Vermögenspositionen **feste** Zinszahlungen, so führen schwankende Marktzinsen ebenfalls zu einem indirekten Zinsänderungsrisiko in Form von Opportunitätskosten.

Beispiel 1

Zinsrisiken im Industrieunternehmen

►►► Die Adversia AG erzielt in ihrem Heimatmarkt ein unerwartet starkes Umsatzwachstum. Der Finanzleiter des Unternehmens entscheidet, dass die aus den höheren Umsätzen generierten und nicht für realwirtschaftliche Investitionen benötigten Barmittel bei einer Bank festverzinslich anlegt werden sollen. Steigen nun die Marktzinsen, entstehen dem Unternehmen Opportunitätskosten, da der Finanzleiter die Barmittel zu einem höheren Zinssatz hätte anlegen können.

Zinsrisiken in einer Bank

Im zweiten Fall sei angenommen, eine Bank hätte einen Kredit zu einem festen Zinssatz vergeben. Bei steigenden Marktzinsen hätte die Bank den Kredit zu einem höheren Zinssatz als vereinbart herausgeben können. In diesem Fall würde sich der Wiederverkaufswert des Kredits für die Bank ungünstig verändern. Würde die Bank den Kredit hingegen nicht vor dem Laufzeitende abtreten oder verkaufen, würde die Marktzinsänderung zu keinem im Jahresabschluss sichtbaren oder sich in Cashflows niederschlagenden Verlust führen. ◄◄◄

Im Gegensatz zu den in den Beispielen genannten Situationen führen Marktzinsänderungen bei zinstragenden Wertpapieren unmittelbar zu Kursverlusten. Der Grund hierfür liegt darin, dass der Kurs eines Festzinspapiers letztlich gleich dem Barwert der zukünftig zu erwartenden Zinszahlungen zuzüglich des Nominalinvestitionsbetrages ist und Zinsänderungen sich somit direkt in schwankenden Kursen widerspiegeln. Sind die Zinszahlungen im Gegensatz hierzu **variabel**, bspw. indem sich Zinszahlungen an einem Marktzins wie dem 3-Monats-EURIBOR orientieren, so führen schwankende Marktzinsen in der Regel zu geringeren Kursverlusten, da Veränderungen in den erwarteten (variablen) Zinszahlungen durch die hierdurch einhergehenden Änderungen der Diskontierungsfaktoren ausgeglichen werden.

14.2.3 Kreditrisiken

14.2.3.1 Kreditrisiken i.e.S.

Besitzt ein Unternehmen Forderungen gegenüber Privatpersonen oder einem anderen Unternehmen (in der Regel werden dies die Kunden des Unternehmens sein), so sieht es sich der Gefahr ausgesetzt, dass der **Schuldner** die Forderung nicht oder nur teilweise (und damit nicht wie vertragsmäßig zugesichert) erfüllen kann. Dieses Risiko eines Ausfalls des Schuldners wird in der Finanzwirtschaft allgemein als Kreditrisiko, Adressrisiko oder auch Adressenausfallrisiko bezeichnet. Für Banken stellen Kreditrisiken mithin die wichtigste Risikoart dar, da ihr Geschäftsmodell grundlegend auf der Vergabe von Krediten basiert.

Debitorenrisiko

Letztlich besitzt jedoch jedes Unternehmen Kreditrisiken, sofern die von ihm angebotenen Güter und Dienstleistungen unter Gewährung eines **Zahlungsziels** abgesetzt werden. Zur Abgrenzung zu den Kreditrisiken bei Banken spricht man bei Industrieunternehmen dann synonym vom **Debitorenrisiko**. Dieses ist je nach Branche, in der ein Unternehmen tätig ist, mehr oder weniger bedeutsam für das Risikomanagement des Unternehmens. So wird das Debitorenrisiko im Einzelhandel eine eher untergeordnete Rolle spielen. Bei Energieversorgern, die Forderungen aus Strom- und Gasrechnungen gegenüber Tausenden von Endverbrauchern besitzen, wird das Debitorenrisikomanagement dagegen regelmäßig im Umfang und Stile einer Bank betrieben werden müssen.

Kreditrisiko im engeren Sinne

Kreditrisiken (im Folgenden soll nicht weiter zwischen Debitoren- und Kreditrisiken unterschieden werden) lassen sich dann weiter unterscheiden in Kreditrisiken im engeren und im weiteren Sinne. **Kreditrisiken im engeren Sinne** beschreiben das Risiko, dass ein Schuldner tatsächlich ausfällt und seine Schuld endgültig nicht mehr vollständig erfüllen kann. In diesem Fall wird der Gläubiger eine Abschreibung auf seine Forderung vornehmen und Maßnahmen zu ihrer Abwicklung einleiten (siehe auch Modul 11).

Kreditrisiken im weiteren Sinne

Im Gegensatz zu den Kreditrisiken im engeren Sinne wird unter dem **Kreditrisiko im weiteren Sinne** die Gefahr verstanden, dass sich lediglich die Ausfallwahrscheinlichkeit eines Schuldners verschlechtert, ohne dass es zum tatsächlichen Ausfall des Schuldners kommt. Während Kreditrisiken im engeren Sinne häufig im standardisierten Privatkundengeschäft vorliegen, sind Kreditrisiken im weiteren Sinne überwiegend im Geschäft mit Groß- und Geschäftskunden vorzufinden. Bei diesen ist ein vollständiger Ausfall einer Forderung zumindest in einer kurzfristigen Sicht unwahrscheinlich. Langfristig kann sich jedoch die Ausfallwahrscheinlichkeit kontinuierlich erhöhen. Im Rahmen des Kreditrisikomanagements müssen auch Kreditrisiken im weiteren Sinne erkannt, gemessen und idealerweise abgesichert werden.

Kreditrisiken im engeren und im weiteren Sinne unterscheiden sich grundsätzlich hinsichtlich ihrer Handhabung im Rahmen des Risikomanagements. Das Management von Kreditrisiken im engeren Sinne ist typischerweise die Hauptaufgabe im Risikomanagement von Banken und Industrieunternehmen mit Forderungen gegenüber Kunden und Endabnehmern. In diesen Fällen kommen Prognosemodelle zum Einsatz, mit denen versucht wird, die Ausfallwahrscheinlichkeit und die am Ende der Kreditlaufzeit erwarteten Verluste vorherzusagen. Im Gegensatz hierzu beeinflussen Kreditrisiken im weiteren Sinne vor allem die Marktpreise ausfallgefährdeter Wertpapiere (bspw. Unternehmensanleihen). Aufgabe des Kreditrisikomanagements ist hier weniger die Bestimmung der Ausfallwahrscheinlichkeit, sondern vielmehr die tagesaktuelle Bewertung dieser Wertpapiere unter Nutzung sogenannter Mark-to-Market-Modelle.

14.2.3.2 Gegenparteirisiken

Kontrahent

Die zuvor vorgestellten Arten von Kreditrisiken betrafen Geschäftsbeziehungen zwischen einem Unternehmen und seinen Kunden. Tritt ein Unternehmen mit einem weiteren professionellen Marktteilnehmer (man spricht in diesem Fall von einem **Kontrahenten**) in eine vertragliche Geschäftsbeziehung ein, aus der heraus dem Unternehmen eine Forderung auf eine Einzahlung erwächst, so wird das Risiko eines Ausfalls dieser Einzahlung als **Gegenparteirisiko** bzw. **Kontrahentenrisiko** (Counterparty risk) bezeichnet.

Over-the-counter-Wertpapierhandel

Eine besondere Bedeutung besitzen Kontrahentenrisiken im **außerbörslichen Handel** mit Wertpapieren (sog. Over-the-Counter- bzw. OTC-Handel). Bei dieser Art des Wertpapierhandels finden die Transaktionen direkt zwischen zwei Marktteilnehmern und nicht über die Zwischenstation einer Börse statt. Ein Vorteil des OTC-Handels besteht darin, dass in ihm beide Vertragsparteien beliebige, z. T. sehr individuelle Konditionen (z. B. Laufzeiten, Beträge, etc.) aushandeln können, während an Börsen nur standardisierte Produkte gehandelt werden. Ein Nachteil hierbei ist aber, dass bei einem Ausfall des Vertragspartners (der Gegenpartei), die Abwicklung der Transaktion und insbesondere die Begleichung finanzieller Forderungen nicht durch eine Börse garantiert werden. Eine Möglichkeit zur Beseitigung des Gegenparteirisikos besteht in der Einrichtung eines zentralen Kontrahenten (Central Counterparty), der für alle Marktteilnehmer das sogenannte Clearing übernimmt.

Clearing

Unter **Clearing** wird der gesamte Prozess der Abwicklung einer finanziellen Transaktion verstanden. Insbesondere fallen hierunter: das Feststellen und Verrechnen gegenseitiger Forderungen, Verbindlichkeiten und Lieferverpflichtungen sowie die Übermittlung und Abstimmung der für die Abwicklung relevanten Informationen. Da im OTC-Handel mit zentralem Kontrahenten die Marktteilnehmer nicht direkt miteinander, sondern stets indirekt über den zentralen Kontrahenten Geschäfte abschließen, kommt es in diesen Fällen zu keinen Kontrahentenrisiken.

AUS DER PRAXIS

Kontrahentenrisiken – Der Fall der American International Group

Gegenparteirisiken sind vor allem durch die Finanzmarktkrise von 2007-2009 in das Bewusstsein der Finanzmarktteilnehmer gerückt. In den Jahren vor dem Zusammenbruch von Lehman Brothers 2008 und zu Beginn der Krise hatten sich zahlreiche Banken über sogenannte Credit Default Swaps, eine Art von derivativer Kreditausfallversicherung, gegen den Ausfall anderer Unternehmen abgesichert. Auf Grund des Abschlusses dieser Derivatgeschäfte fühlten sie sich zu Beginn der Finanzmarktkrise zunächst sicher gegenüber den befürchteten Insolvenzen einzelner Banken. Jedoch stellte sich gegen Ende des Jahres 2008 heraus, dass die U.S.-amerikanische Versicherungsgruppe American International Group (AIG) über eine Tochtergesellschaft einen signifikanten Anteil der am Finanzmarkt abgeschlossenen Credit Default Swaps als Gegenpartei gezeichnet hatte. Wäre AIG insolvent geworden, so wäre sie als Gegenpartei in Kreditausfallversicherungen mit einem Volumen von mehr als 400 Mrd. US-$ an abgesicherten Forderungen ausgefallen. Dies bewog die US-Regierung wenige Tage nach der Lehman-Insolvenz dazu, AIG im Rahmen der größten Rettungsaktion in der Geschichte der USA vor der drohenden Insolvenz zu bewahren.

14.2.4 Liquiditätsrisiken

Auslöser für die Illiquidität des Unternehmens ist (wie der Name es bereits andeutet) regelmäßig die fehlende Fähigkeit des Unternehmens, seinen kurzfristigen Zahlungsverpflichtungen nachkommen zu können. Die dargestellten Marktpreis- und Kreditrisiken führen nicht nur zu Verlusten, so dass Überschuldung drohen kann, sondern führen vielfach gleichzeitig auf der Zahlungsmittelebene zu einem **Liquiditätsrisiko**. Im Folgenden wird dieses gemeinsam mit seinen verschiedenen Unterarten vorgestellt.

Üblicherweise wird unter der Liquidität eines Unternehmens zu einem gegebenen Zeitpunkt seine Fähigkeit zur Erfüllung sämtlicher fälliger Zahlungsverpflichtungen verstanden (siehe auch Modul 2). Die Fähigkeit zur Begleichung seiner kurzfristigen Schulden erhält das Unternehmen durch das Bereithalten ausreichender Barmittel bzw. kurzfristig veräußerbarer Vermögenswerte. Die Liquidität des Unternehmens ist eine Grundvoraussetzung für sein Fortbestehen am Markt, und eine Illiquidität gepaart mit dem Fälligwerden kurzfristiger Verbindlichkeiten zieht grundsätzlich die **Unternehmensinsolvenz** nach sich. Erfolgt der Insolvenzantrag beim zuständigen Insolvenzgericht trotz fehlender Liquidität nicht, so kann dies den Straftatbestand der Insolvenzverschleppung mit persönlichen Konsequenzen für die Unternehmensleitung erfüllen.

Liquiditätsrisiko

Als **Liquiditätsrisiko** wird dann die Gefahr bezeichnet, dass ein Unternehmen nicht über ausreichend liquide Mittel verfügt, um sämtliche kurzfristig fälligen Zahlungsverpflichtungen begleichen zu können. Das Liquiditätsrisiko kann auf zwei Weisen im Unternehmen entstehen. Einerseits können die liquiden Mittel unerwartet stark aus dem Unternehmen abfließen (z. B. durch ungeplante Reparaturen) bzw. geplante Einzahlungen ausbleiben, so dass die Bedienung der in naher Zukunft fällig werdenden Schulden in Frage gestellt wird. Andererseits können aber auch bei gleichbleibenden liquiden Mitteln Verbindlichkeiten kurzfristig fällig werden, so dass der kurzfristige Bedarf an liquiden Mitteln unerwartet steigt. Ebenso denkbar ist, dass auslaufende Kredite nicht verlängert bzw. nicht durch neue Kredite abgelöst werden können. Das Liquiditätsrisiko eines Unternehmens wird daher auch oft als **Refinanzierungsrisiko** bezeichnet.

Besondere Bedeutung besitzt das Liquiditätsrisiko bei Banken. Da diese in ihrem Kerngeschäft kurzfristige Einlagen von Kunden einnehmen und diese Finanzmittel langfristig in Form von Krediten vergeben, kann ein massiver, gleichzeitig eintreffender Abzug der kurzfristigen Kundeneinlagen (sog. Schaltersturm oder auch Bank-Run) zur Zahlungsunfähigkeit einer Bank führen.

Liquidierbarkeit

Eng verbunden mit dem hier dargestellten Konzept des Liquiditätsrisikos eines Unternehmens ist das Konzept der **Liquidierbarkeit** eines Vermögenswertes (bzw. der Marktliquidität). Hierunter wird die Leichtigkeit verstanden, mit der ein Vermögenswert gekauft oder veräußert werden kann, ohne dass diese Transaktion einen Einfluss auf den Marktpreis des Assets besitzt. Im Idealfall kann ein Vermögenswert zu seinem fairen Marktwert, zeitlich unmittelbar und ohne Auswirkung auf den Marktpreis ge- oder verkauft werden. Ist bspw. ein Wertpapier dagegen nicht liquide, so muss der Verkäufer entweder einen Preisabschlag für den sofortigen Verkauf in Kauf nehmen oder aber eine gewisse Zeit warten, bis der Verkauf zum gewünschten Preis zustande kommt.

Geld-Brief-Spanne

Ein Indikator für die Liquidität eines gehandelten Vermögenswertes ist die Differenz zwischen seinem Kauf- und seinem Verkaufspreis. Diese als **Geld-Brief-Spanne** (**Bid-Ask-Spread**) bezeichnete Größe zeigt die Kosten (nämlich den Preisabschlag) für den Initiator einer Transaktion an, die dieser für den unmittelbaren Abschluss des Handels tragen muss. Ein Anstieg in der Geld-Brief-Spanne eines börslich oder außerbörslich gehandelten Vermögenswertes zeigt somit die Liquidität (genauer gesagt einen Teil der Liquiditätskosten) dieses Gutes an. In Abbildung 14.5 wird beispielhaft die zeitliche Entwicklung der Geld-Brief-Spanne (in €) der Aktie der Deutsche Bank AG im Jahr 2008 auf dem Höhepunkt der Finanzmarktkrise gezeigt.

Abb. 14.5

Geld-Brief-Spanne der Aktie der Deutsche Bank AG im Jahr 2008

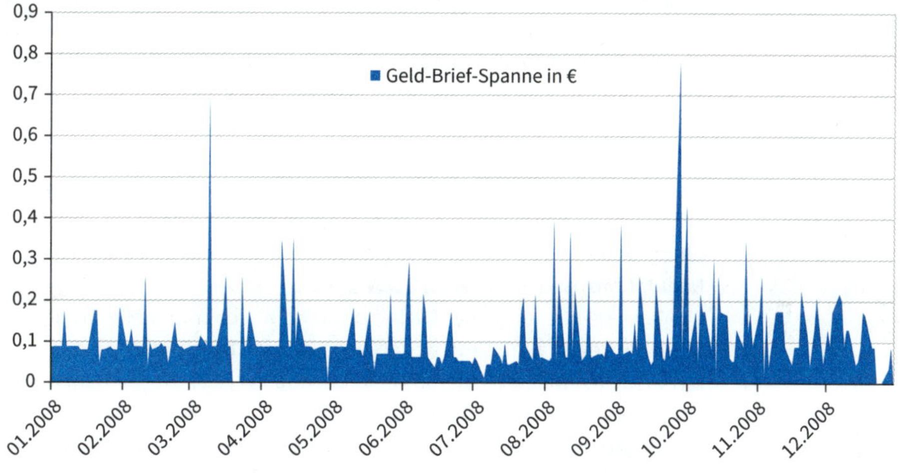

Quelle: Datastream

Wie man aus Abbildung 14.5 erkennt, unterliegt die Liquidität einer Aktie mitunter starken Schwankungen. Insbesondere gab es in dem betrachteten Zeitraum mehrere Phasen, in denen die Kosten für den sofortigen Abschluss einer Transaktion stark angestiegen sind. Insgesamt ist die gezeigte Geld-Brief-Spanne jedoch im gesamten Jahr 2008 vergleichsweise niedrig gewesen, so dass von einer liquiden Aktie gesprochen werden kann (dies ist nicht überraschend, da es sich um eine im DAX gelistete Aktie einer auch global aktiven und großen Bank handelt).

Das Liquiditätsrisiko eines Unternehmens und die Liquidität seiner Assets sind direkt miteinander verknüpft. Eine sich verschlechternde Liquidierbarkeit der von einem Unternehmen gehaltenen Vermögenswerte und Wertpapiere kann das Liquiditätsrisiko des Unternehmens verstärken bzw. die Illiquidität auslösen.

14.2.5 Operationelle Risiken

Die bis zu dieser Stelle diskutierten Risikoarten wirken von außen auf das Unternehmen (z. B. Währungskursänderungen) und betreffen oftmals sein Kerngeschäft (z. B. Kreditrisiken bei Banken oder Rohstoffpreisrisiken in der produzierenden Industrie). Verlustgefahren können aber auch endogen durch fehlerhafte interne Prozesse im Unternehmen, durch maschinelle Defekte oder durch exogene Ereignisse außerhalb des eigentlichen Kerngeschäfts des Unternehmens entstehen. Besonders im letzten Fall (bspw. bei Naturkatastrophen o. ä.) kann es dann zu unerwarteten Großverlusten kommen, falls das Risikomanagement zuvor nur die Risiken im Geschäftsablauf überwacht und gesteuert hat.

Operationelle Risiken wurden zum ersten Mal im Rahmen der Bankenregulierung positiv definiert (vgl. § 269 Abs. 1 Solvabilitätsverordnung und Hartmann-Wendels/Pfingsten/Weber 2015, S. 381 f.). Die dort getroffene Definition trifft aber auch auf Industrieunternehmen zu, daher soll sie an dieser Stelle wiedergegeben werden.

Unter einem **operationellen Risiko** wird die Gefahr von Verlusten verstanden, die infolge der Unangemessenheit oder des Versagens von internen Verfahren, Menschen und Systemen oder in Folge von externen Ereignissen eintreten. Diese Definition schließt Rechtsrisiken ein, beinhaltet aber nicht strategische Risiken oder Reputationsrisiken (vgl. etwa SolvV § 269).

Man erkennt an dieser Definition, dass sie operationelle Risiken eben **nicht** mehr als Residualgröße zu anderen Risikoarten beschreibt, sondern die wichtigsten Ursachen für einen hieraus entstehenden Verlust explizit benennt. Somit zählen insbesonders das allgemeine Geschäftsrisiko sowie Reputations- und Rechtsrisiken **nicht** zu den operationellen Risiken. Prominentestes Beispiel für ein operationelles Risiko ist der bereits oben beschriebene Alleingang eines einzelnen Händlers der Barings Bank plc in den 1990er Jahren. Es verdeutlicht geradezu exemplarisch, wie zudem mehrere der in der Definition genannten Risikofaktoren zusammenspielen und zu einem operationellen Risiko führen können. So begünstigte das Fehlen bzw. Versagen der internen Kontrollverfahren das illegale Verhalten des bankeigenen Mitarbeiters. Verschärft wurde das Risiko schließlich durch das Eintreten eines externen Ereignisses, in diesem Fall des großen Hanshin-Erdbebens in Kobe 1995 und die dadurch bedingten Kursrückgänge, durch die die Verluste des illegal handelnden Mitarbeiters verstärkt wurden und von diesem nicht länger verheimlicht werden konnten.

14.2.6 Aktuarielle Risiken

Eine Sonderstellung in der Liste der finanzwirtschaftlichen Risikoarten nehmen die sogenannten **aktuariellen Risiken** ein, da sie ausschließlich in Versicherungsunternehmen auftreten können. Dort stellen sie aber eine Hauptquelle für die Unsicherheit zukünftiger Zahlungsströme dar.

Als **aktuarielles Risiko** wird die Möglichkeit beschrieben, dass ein Modell (bzw. in ihm getroffene Annahmen) zur Berechnung einer risikoadäquaten Versicherungsprämie nicht realitätsnah ist oder durch unvorhersehbare externe Ereignisse falsche Ergebnisse liefert. Eine solche Fehlberechnung der von den Versicherungsnehmern zu verlangenden Prämien entsteht insbesondere durch eine Unterschätzung der Eintrittswahrscheinlichkeit und der Höhe möglicher Schäden. Zur Begrenzung solcher aktuariellen Risiken verfolgt das Aktuariat, d.h. die versicherungsmathematische Abteilung einer Versicherung, daher stets das Ziel der Verbesserung der Schätzung der Schadenverteilungen im Versicherungsportfolio sowie die stetige Überprüfung und Überarbeitung der versicherungsmathematischen Prognosemodelle für die zu erwartenden Versicherungsschäden. Da aktuarielle Risiken eine spezielle Problemstellung für Versicherungen darstellen, soll auf eine ausführliche Betrachtung an dieser Stelle verzichtet werden. Die nachfolgend noch vorzustellenden Modellrisiken können hingegen als eine Verallgemeinerung der aktuariellen Risiken verstanden werden, da sie ebenfalls auf eine inadäquate Modellierung möglicher Verluste abstellen.

14.2.7 Exkurs: Modellrisiken

Verluste können dem Unternehmen nicht nur auf Grund sich verändernder Marktpreise oder steigender Kreditausfallwahrscheinlichkeiten entstehen, sondern auch auf Grund einer **fehlerhaften Risikomodellierung**. Im einfachsten Beispiel hierfür könnte der Finanzleiter ein grundsätzlich ungeeignetes Modell für die Schätzung der Verluste ausgewählt haben. Aber auch ein für den jeweiligen Zweck gut geeignetes Modell kann immer noch falsch kalibriert (eingestellt, justiert) oder mit gestörten (d.h. fehlerhaft gemessenen) Daten geschätzt werden, so dass in Folge die Qualität der Risikoprognose stark leidet. Da es sich hierbei um ein Meta-Risiko für das Unternehmen handelt, hat sich hierfür in der Literatur ein eigener Begriff etabliert:

Das **Modellrisiko** ist das Risiko, dass einem Unternehmen durch die Verwendung eines die Realität verkürzenden Modells bzw. die falsche Kalibrierung, Schätzung oder Verwendung eines Modells ein finanzieller Verlust entsteht.

Die Definition des Modellrisikos lässt erkennen, dass darunter unterschiedliche Facetten eines unsachgemäßen Modelleinsatzes zusammengefasst werden. Zur Verdeutlichung dieser unterschiedlichen Risikoquellen werden in der nachfolgenden Abbildung 14.6 ausgewählte Ursachen für das Entstehen von Modellrisiken exemplarisch aufgeführt.

Für die genannten Quellen des Modellrisikos lassen sich im finanzwirtschaftlichen Risikomanagement zahlreiche Beispiele finden. Sie werden nachfolgend am Beispiel der Bewertung einer risikolosen Kuponanleihe verdeutlicht.

Abb. 14.6

Ursachen des Modellrisikos

- **Verwendung des falschen Modells:** Das Modell ist für den angedachten Zweck grundsätzlich ungeeignet.
- **Fehlerhafte Umsetzung/Programmierung eines Modells:** Ein prinzipiell geeignetes Modell wird fehlerhaft umgesetzt bzw. fehlerhaft am Computer programmiert. Ebenso können zu grobe Abschätzungen von Modellvariablen oder zu stark vereinfachende Annahmen zu Fehlern im Modell führen.
- **Falsche Verwendung des Modells:** Ein geeignetes Modell wird (z. B. auf Grund gestörter, d.h. fehlerbehafteter Eingangsdaten) fehlerhaft kalibriert. Gleichermaßen können zu wenige Daten zu einer nicht zufriedenstellenden Schätzung der Modellparameter bzw. ein zu viele Parameter beinhaltendes Modell zu einem Overfitting der Daten führen (in diesem Fall wird ebenfalls das in den Daten enthaltene Rauschen mitmodelliert). Im Ergebnis liefert das Modell verzerrte und damit unbefriedigende Ergebnisse.
- **Überinterpretation der Ergebnisse:** Ein richtig gewähltes, umgesetztes und geschätztes Modell liefert Ergebnisse, die jedoch vom Modellierer falsch interpretiert werden oder aber vom Modellierer für einen anderen als den angedachten Zweck verwendet werden.

Beispiel 2

Modellrisiken bei der Bewertung risikoloser Anleihen

►►► Der Finanzleiter der Adversia AG möchte eine Anleihe eines nicht ausfallgefährdeten Staates bewerten. Zwar liegt ihm der Marktpreis der Anleihe am heutigen Tag vor, der Finanzleiter vermutet jedoch eine Fehlbewertung der Anleihe am Markt im Vergleich zu ihrem theoretisch angemessenen Preis und beabsichtigt, durch die Ausnutzung der Fehlbewertung einen Arbitragegewinn zu realisieren. Für die Bewertung der Anleihe betrachtet er zunächst die Summe der zukünftigen Cashflows der Anleihe, verwirft dieses Modell jedoch sofort als zu vereinfachend, da es den Einfluss des Zinssatzes auf die zukünftigen Einzahlungen nicht berücksichtigen würde (**falsches Modell**). Für die Berechnung des Barwerts der Einzahlungen der Anleihe identifiziert der Finanzleiter schließlich den 3-Monats-EURIBOR als relevanten Marktzinssatz. Der Einfachheit halber verwendet er keine fristigkeitsabhängigen Zinssätze, sondern für alle Einzelbarwerte denselben Zinssatz (**Modellrisiko durch vereinfachende Annahmen**). Die Cashflows der Anleihe sind bei ihrer Emission eindeutig festgelegt worden, so dass der Finanzleiter eine Verzerrung des Ergebnisses durch Datenfehler ausschließen kann. Er übersieht jedoch, dass sich der Zeitpunkt der Bewertung genau zwischen zwei Zinsterminen befindet und die erste Einzahlung um Stückzinsen korrigiert werden muss (**fehlerhafte Kalibrierung des Modells**). Den anschließend als Barwert der Cashflows der Staatsanleihe berechneten theoretischen Preis kann der Finanzleiter offensichtlich nur für diese Anleihe verwenden (sonst: **Überinterpretation der Ergebnisse**). ◄◄◄

Man erkennt, dass Modellrisiken auf unterschiedliche Arten entstehen können und oftmals auch nur schwer als Fehler zu erkennen sind. Im einfachsten Fall verwendet der Finanzleiter einfach nur einen falschen Satz an Input-Daten und jedes ansonsten richtige Modell erzeugt (ganz getreu dem umgangssprachlichen »Garbage In – Garbage Out«-Prinzip) eine fehlerhafte Risikoprognose.

Zur **Begrenzung von Modellrisiken** existieren mehrere allgemeine Vorgehensweisen. Ein erster einfacher Ansatz zur Vermeidung eines zu hohen Modellrisikos besteht in der Verwendung mehrerer, unterschiedlicher Modelle. Die Ergebnisse der konkurrierenden Modelle können anschließend miteinander verglichen und die festgestellten Unterschiede interpretiert werden. Denkbar ist ebenfalls eine Durchschnittsbildung (model averaging) der Ergebnisse bzw. die Verwendung eines extremen Ergebnisses eines Modells (z. B. im Sinne eines **worst-case-Szenarios**). Grundsätzlich sinnvoll sind stets die Überprüfung sämtlicher getroffener Modellannahmen und die Untersuchung der Sensitivität der Ergebnisse bei einer Lockerung (bzw. Verschärfung) der getroffenen Annahmen. Durch solche **Sensitivitätsanalysen** kann dann das Ausmaß des möglichen Modellrisikos abgeschätzt werden. Für bestimmte Risikomodelle bietet sich des Weiteren die Durchführung von (später noch genauer dargestellten) **Backtests** oder **Stresstests** an. Schließlich sollte die Risikomodellierung stets dem **Sparsamkeitsprinzip** (parsimony) folgen. Es fordert, dass beim Vorliegen mehrerer Modelle mit gleichem Zweck dasjenige Modell verwendet werden sollte, das mit weniger Parametern auskommt.

14.3 Identifikation von Risikoquellen

Eine zentrale Aufgabe des Risikomanagements besteht in der Identifikation und Messung von Risiken bzw. den Treibern möglicher Verlustrisiken (vgl. grundlegend Oehler/Unser 2013, Wolke 2015).

Risikofaktoren

Diese Treiber sollen im Folgenden als **elementare Risikofaktoren** bezeichnet werden. Sie werden als »**elementar**« bezeichnet, weil sie zum einen in der Analyse möglicher Verlustrisiken als kleinste, nicht vom Unternehmen direkt beeinflussbare Verursacher von Unsicherheit hinsichtlich zukünftiger Zahlungsströme angesehen werden können (z. B. ein Marktzinssatz oder die Ausfallwahrscheinlichkeit eines Schuldners). Zum anderen sind sie elementar in der Hinsicht, dass sie die **wesentlichen** Einflussgrößen für das Verlustrisiko einer Investition darstellen. Die Modellierungsaufgabe des Finanzleiters im Rahmen der Risikoidentifikation und der Risikomessung kann dann wie folgt zusammengefasst werden:

1. Im ersten Schritt der Modellierung muss der Finanzleiter die elementaren Risikofaktoren identifizieren, die den Wert einer risikobehafteten Investition beeinflussen.
2. Im Anschluss hieran muss der Finanzleiter eine Bewertungsformel aufstellen, die die möglichen Veränderungen der Risikofaktoren in Relation zu den möglichen Gewinnen und Verlusten aus der Investition setzt. Gegebenenfalls erweist sich

die Bewertungsformel als mathematisch zu kompliziert (bspw. bei einer nicht-linearen Funktion), so dass eine vereinfachende Approximation notwendig ist.

3. Im letzten Schritt muss der Finanzleiter über sinnvolle Verteilungsannahmen die gemeinsame Wahrscheinlichkeitsverteilung der Risikofaktoren modellieren und durch das Einsetzen in die Bewertungsformel die erwarteten zukünftigen Verluste prognostizieren.

Nachfolgend soll zunächst auf elementare Risikofaktoren im finanzwirtschaftlichen Bereich und Techniken zu ihrer Identifikation eingegangen werden, bevor anschließend einige grundlegende Überlegungen zur Auswahl der Bewertungsformel für eine Investition (das sog. **Risikomapping**) angestellt werden.

14.3.1 Elementare Risikofaktoren

Die Ableitung elementarer Risikofaktoren für eine gegebene Vermögensposition kann grundsätzlich auf **theoretisch-induktivem** oder aber auf **empirisch-deduktivem** Wege erfolgen. Bei der theoretisch-induktiven Vorgehensweise versucht der Finanzleiter anhand theoretischer Überlegungen zu ermitteln, welche Risikofaktoren theoretisch einen Einfluss auf den Wert der Vermögensposition haben **sollten**. Ein einfaches Beispiel mit zwei Risikofaktoren ist hierfür die Bestimmung des Wertes einer zinstragenden Anleihe eines ausfallgefährdeten Unternehmens.

Beispiel 3

Identifikation von Risikofaktoren

▶▶▶ Der Finanzleiter der Adversia AG soll nun das Risiko aus einer Investition in eine riskante Unternehmensanleihe schätzen. Er stellt hierfür die folgende (vereinfachte) Bewertungsformel auf:

$$P_0 = \sum_{t=1}^{T} Y_t \frac{CF_t}{(1 + r_{0,t} + c_{0,t})^t}$$

Hierbei ist der (theoretische) Preis P_0 der Anleihe im Zeitpunkt $t = 0$ gegeben durch die Summe der mit den Markt-Spot-Zinssätzen $r_{0,t}$ zuzüglich einer Risikoprämie $c_{0,t}$ (den sog. Credit Spreads) diskontierten **erwarteten** Zahlungen CF_t. Letztere ergeben sich aus den Rückzahlungen der Anleihe gewichtet mit der jeweiligen Wahrscheinlichkeit Y_t, dass das Unternehmen bis zum Zeitpunkt t noch nicht ausgefallen ist. Als für die Risikoabschätzung relevante Risikofaktoren identifiziert der Finanzleiter somit:

- Veränderungen in der Zinsstrukturkurve am Markt, d. h. den Zinssätzen $r_{0,t}$,
- Veränderungen in den Risikoprämien $c_{0,t}$ der Unternehmensanleihe

Mittels historischer Daten der Anleihe und der Zinsstrukturkurve könnte der Finanzleiter nun die Veränderungen in den drei Risikofaktoren schätzen und über die Bewertungsformel für P_0 den zukünftigen Preis der Anleihe prognostizieren. ◀◀◀

Anhand des dargestellten Beispiels lässt sich ebenfalls die empirisch-deduktive Vorgehensweise bei der Ableitung elementarer Risikofaktoren aufzeigen. So könnte der Finanzleiter bspw. mittels einer statistischen Korrelationsanalyse die Abhängigkeit zwischen historischen Preisen der Unternehmensanleihe und potenziell in Frage kommenden Risikofaktoren bestimmen. Sollte sich hierbei statistisch gesichert herausstellen, dass die Anleihepreise in der Vergangenheit signifikant von bestimmten Risikofaktoren beeinflusst wurden, so wären dies mögliche Kandidaten für die weitere Risikomodellierung.

Regelmäßig werden beide Vorgehensweisen in der Praxis aneinander gekoppelt in der Form auftreten, dass die Risikomodellierung auf aus der Theorie stammenden und empirisch bestätigten Risikofaktoren basiert.

Die dargestellten Wege zur Ermittlung von Risikofaktoren sind offensichtlich nur für quantitativ messbare Verlustrisiken (z. B. Aktienkursrisiken oder Währungsrisiken) anwendbar. Für nicht quantifizierbare (bzw. selten auftretende und damit schwer messbare) Risiken stehen dem Finanzleiter verschiedene Methoden des **qualitativen Risikomanagements** zur Verfügung, mit denen zumindest die Identifikation der wichtigsten elementaren Risikofaktoren angestrebt wird. Hierbei wird vom Finanzleiter versucht, mittels (Experten-)Interviews, Mitarbeiterbefragungen oder aber auch einfachen Brainstorming-Aktivitäten bislang unbekannte Quellen und Treiber von finanziellen Risiken im Unternehmen aufzudecken.

14.3.2 Risikomapping

Parallel zur Identifikation der zentralen Risikofaktoren, die den Wert einer Vermögensposition beeinflussen, muss der Finanzleiter den **funktionalen Zusammenhang** bestimmen, in dem die Risikofaktoren zum Wert des Investments stehen. Genauer gesagt muss eine Bewertungsformel für die Vermögensposition aufgestellt werden, die zum einen die tatsächlich in der Realität beobachtbaren Marktpreise der entsprechenden Wertpapiere möglichst genau widerspiegelt. Zum anderen muss die Bewertungsformel von einer mathematischen Gestalt sein, die eine möglichst einfache statistische Modellierung und Simulation zukünftiger Verluste ermöglicht. Für einfache Finanzinstrumente, wie z. B. die oben im Beispiel besprochenen Zinsinstrumente, ist das Aufstellen der Bewertungsformel vergleichsweise leicht und das Zusammenspiel der Risikofaktoren (im Beispiel ist es nur ein Faktor, nämlich der Referenzzinssatz) mit dem Preis der Anleihe mathematisch präzise zu erfassen. Deutlich schwieriger gestaltet sich dagegen das Risikomapping für **derivative Wertpapiere**, deren Wert von der Preisentwicklung anderer Finanzinstrumente abgeleitet ist, wodurch sowohl die Menge der relevanten Risikofaktoren als auch die funktionale Form ihres Einflusses auf den Preis des Finanzderivats nicht unmittelbar offensichtlich sind. Die beschriebenen Ideen zur Aufstellung eines Risikomappings sollen nachfolgend formalisiert werden (vgl. hierzu insbesonders McNeil/Frey/Embrechts 2015).

Angenommen, der Wert einer Vermögensposition zu einem Zeitpunkt t sei gegeben mit V_t und der Wert der Position sei abhängig von den Ausprägungen von d Risikofaktoren:

$$Z_t = (Z_{1,t}, Z_{2,t}, \ldots, Z_{d,t})$$

Risikomapping

Dann ist ein (mögliches) **Risikomapping** gegeben durch eine Funktion f, die in Abhängigkeit des Betrachtungszeitpunkts und den Ausprägungen der Risikofaktoren den Wert der Vermögensposition angibt, also

$V_t = f(t, Z_t)$.

Zur Bewertung des Finanzinstruments können selbstverständlich mehrere alternative Risikomappings in Betracht gezogen werden. Beispielsweise könnte ein Risikomapping mehr (weniger) Risikofaktoren beinhalten als eine alternative Bewertungsformel. Aber auch bei einem identischen Vektor Z_t an Risikofaktoren können sich zwei alternative Risikomappings noch hinsichtlich des durch sie modellierten funktionalen Zusammenhangs zwischen den Risikofaktoren unterscheiden.

14.4 Verfahren der Risikomessung

Aufbauend auf der Identifikation und dem Mapping der Risikofaktoren muss der Finanzleiter im nächsten Schritt die als relevant klassifizierten Risikopositionen **quantifizieren** (vgl. Altman/Saunders 1998, Kupiec 1995). Die Messung finanzwirtschaftlicher Risiken ist selbst Gegenstand eines eigenen Forschungsbereichs, nämlich des **quantitativen Risikomanagements**, in dem Modelle der ein- und mehrdimensionalen Statistik für die möglichst genaue Schätzung und Prognose zukünftiger Verluste entwickelt und eingesetzt werden. Im Fokus der Betrachtungen stehen dabei stets zwei grundlegende Fragen:

1. Welches **Verteilungsmodell** beschreibt die zufällige Entwicklung der Vermögenswertänderungen einer riskanten Position am besten?
2. Mit welcher **Kennzahl** der gewählten Verteilung soll das Risiko quantifiziert werden?

Die erste Frage ist aus praktischer Sicht die bedeutendere der beiden, gleichwohl ist sie jedoch vor allem in statistisch/ökonometrischer und weniger in ökonomischer Hinsicht interessant. Auf sie wird am Ende dieses Unterkapitels kurz eingegangen. Interessanter sind aus finanzierungspolitischer Sicht die Fragen, welchen Informationsgehalt eine Risikokennzahl einem Finanzleiter liefert und welche Risikokennzahlen dieser für bestimmte Zwecke (z. B. für die Risikoberichterstattung an den Vorstand oder die Aufsichtsbehörde bzw. die unternehmensinterne Risikosteuerung) einsetzen sollte. Aus wissenschaftlicher Sicht noch wichtiger ist außerdem, welche Eigenschaften eine Risikokennzahl aus theoretischer Sicht idealerweise für eine ökonomisch sinnvolle Risikomessung aufweisen sollte. Die folgenden Ausführungen widmen sich diesen Fragen und stellen die Grundlagen der Risikomessung auf Basis statistischer Gewinn- und Verlustverteilungen dar, so wie sie im quantitativen Risikomanagement und in der Finanzmathematik verwendet werden.

14.4.1 Gewinn- und Verlustverteilungen

Verlustverteilung

Grundlage des quantitativen Risikomanagements bilden die **Gewinn- und Verlustverteilungen** (profit and loss distributions, kurz: P&L) der den Finanzleiter interessierenden Vermögenspositionen.

Formal stellen die Gewinne und Verluste einer Vermögensposition die Veränderung im Wert der Position über eine Zeitperiode [t;t+1] dar, also

$$PL_{t+1} = V_{t+1} - V_t$$

mit PL_{t+1} als zukünftigem Gewinn/Verlust aus der Position. Für eine riskante Investition ist der zukünftige Wert V_{t+1} stochastisch, so dass auch PL_{t+1} eine Zufallsvariable darstellt, deren Verteilung prägnant als **Gewinn- und Verlustverteilung** der Investition bezeichnet wird.

Zur Veranschaulichung einer solchen Verteilung ist in Abbildung 14.7 ein Histogramm der täglichen Kursveränderungen (in €) der Aktie der Daimler AG im Jahr 2014 dargestellt.

Für den Finanzleiter sind zwar auch die möglichen Gewinne aus einer Investition von Interesse, häufig ist er jedoch nur an der Messung und Steuerung des reinen Verlustrisikos interessiert. Zu diesem Zweck wird die Gewinn- und Verlustverteilung abgeschnitten, und es werden lediglich die Verluste betrachtet. Da die resultierende

Abb. 14.7

Empirische Verteilung der Tagesgewinne und -verluste aus einem Investment bestehend aus einer Aktie der Daimler AG im Jahr 2014

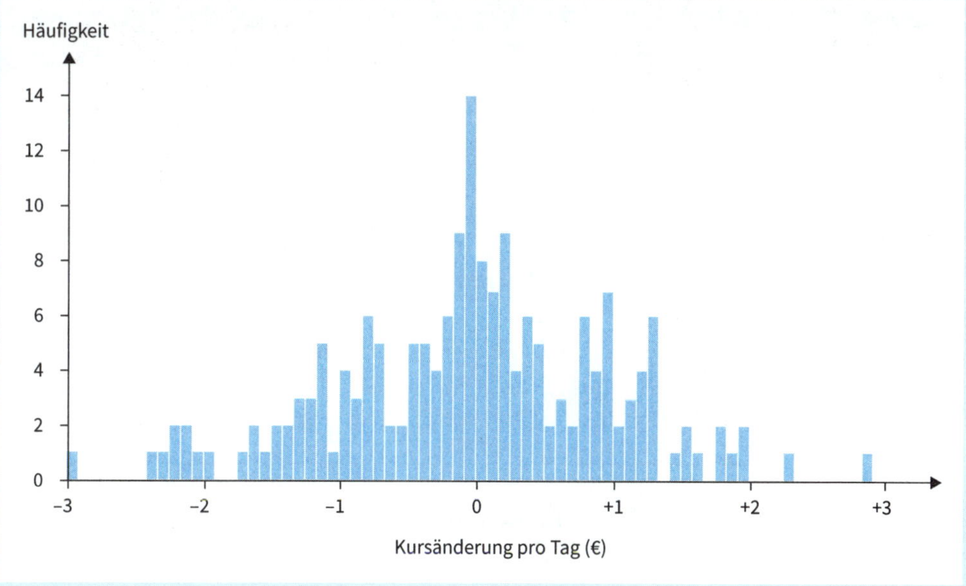

Verteilung ausschließlich negative Werte (oder die Null) annehmen kann, wird zur Vereinfachung der weiteren Berechnung das Vorzeichen der Verlustverteilung gewechselt, und Verluste werden als **positive reelle Zahlen** aufgefasst. Eine Verlustverteilung L_{t+1}ist dann definiert über die Beziehung

$$L_{t+1} = \begin{cases} -(V_{t+1} - V_t) & \text{für } V_t > V_{t+1} \\ 0 & \text{sonst} \end{cases}.$$

Eine beispielhafte Verlustverteilung der Tagesverluste aus einem Aktieninvestment ist in Abbildung 14.8 dargestellt.

Verlustverteilungen gemäß dieser Definition sind stets Verteilungen nichtnegativer Zufallsvariablen so dass z. B. positive Ausprägungen von L_{t+1} einen Verlust (und nicht wie vielleicht intuitiv zu erwarten wäre einen Gewinn) anzeigen. Die so gewählte Definition ist in zweierlei Hinsicht für die weitere Modellierung vorteilhaft: Zum einen erleichtert die Definition von Verlusten als positive Zahlen die nachfolgenden Berechnungen von Risikokennzahlen, da nicht in jedem Schritt auf das richtige Vorzeichen der Lösung geachtet werden muss. Zum anderen können problemlos Modelle und Ergebnisse der Versicherungsmathematik, die größtenteils eine Theorie der positiven reellen Zufallsvariablen darstellt, in das quantitative Risikomanagement übernommen werden.

Abb. 14.8

Empirische Verteilung der Tagesverluste aus einem Investment bestehend aus einer Aktie der Daimler AG im Jahr 2014

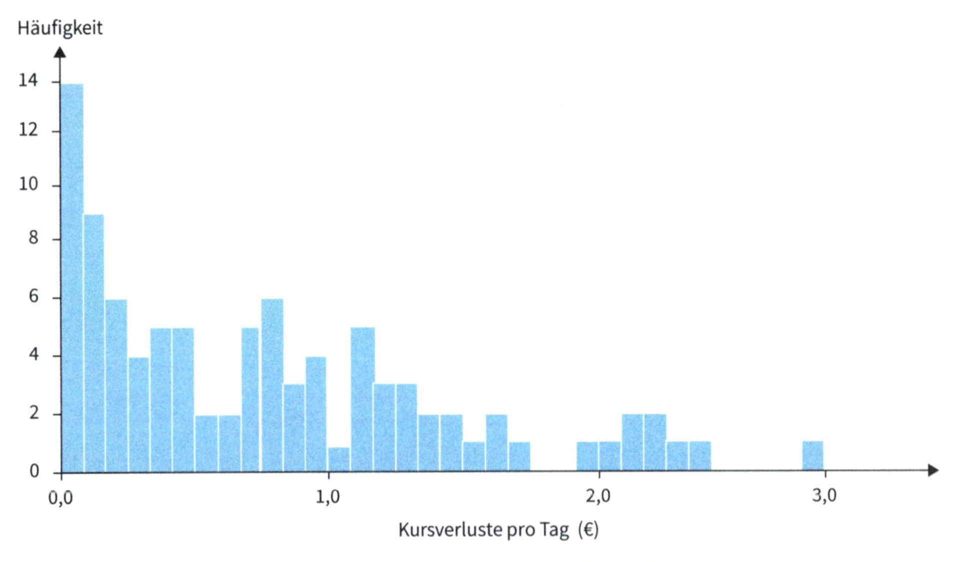

Sobald die Verlustverteilung modelliert worden ist, können auf ihrer Basis **Kennzahlen** berechnet werden, mit deren Hilfe der Finanzleiter das Risiko der Vermögensposition beurteilen und steuern kann. Nachfolgend werden wichtige Beispiele für Risikokennzahlen auf Basis von Verlustverteilungen vorgestellt.

14.4.2 Erwartungswert und Volatilität

Erwartungswert

Zwei elementare Kennzahlen einer statistischen Verteilung stellen ihr **Erwartungswert** und ihre **Varianz** dar, die in Modul 5 bereits angesprochen wurden.

Der **Erwartungswert** einer Verteilung ist (wie der Name es bereits vermuten lässt) der Wert, den die Verteilung im Mittel annimmt. Als wichtiger Lageparameter einer Verteilung beschreibt er, um welchen Wert die zufälligen Ausprägungen der Verteilung im Durchschnitt aller Beobachtungen streuen. Der Erwartungswert ist für den hier interessierenden Fall einer stetigen Verlustverteilung L (der Zeitindex $t+1$ sei an dieser Stelle aus Vereinfachungsgründen unterdrückt) definiert als

$$E(L) = \int_{\mathbb{R}} l f_L(l) dl$$

mit f_L als Dichtefunktion der Verlustverteilung L.

Varianz/Standardabweichung

Der Erwartungswert $E(L_{t+1})$ einer Verlustverteilung beschreibt anschaulich gesprochen den durchschnittlichen, zu erwartenden zukünftigen Verlust zum Zeitpunkt $t+1$. Er ist somit eine erste Kennzahl, die dem Finanzleiter einen Eindruck vom zu erwartenden Verlustpotential der betrachteten Vermögensposition geben kann.

Eine zweite wichtige Kennzahl einer Verlustverteilung ist ihre **Varianz** bzw. ihre **Standardabweichung** (auch als **Volatilität** bezeichnet). Sie ist für eine stetige Verlustverteilung definiert als

$$Var(L) = \int_{\mathbb{R}} [l - E(l)]^2 f_L(l) dl$$

mit E(L) als Erwartungswert der Verluste. Die Quadratwurzel der Varianz $\sqrt{Var(L)}$ wird als Standardabweichung bzw. Volatilität der Verteilung bezeichnet. Die Varianz bzw. Volatilität sind Kennzahlen für die Streuung der möglichen Verluste um den erwarteten Verlust. Während eine Verteilung mit einer Varianz von Null eine deterministische Größe beschreibt, ist für eine Verteilung mit hoher Varianz eine Aussage über zukünftige Verluste nur sehr schwer möglich.

In der klassischen Portfoliotheorie stellt die Varianz von Wertpapierrenditen die primäre Kennzahl für das Risiko eines Investments in diese Finanztitel dar (vgl. Markowitz 1952), da sie das Ausmaß des zufälligen Schwankens der möglichen Gewinne und Verluste beschreibt. Umgekehrt ist die Erwartungsrendite, also der Erwartungswert der Renditen der betrachteten Wertpapiere in einem Portfolio die Zielgröße fast sämtlicher Modelle zur optimalen Portfoliowahl. Optimal ist ein gegebenes Portfolio dann, wenn es bei vorgegebener Volatilität die höchste Erwartungsrendite oder umgekehrt bei einer vorgegebenen Erwartungsrendite die geringste Volatilität aufweist.

Trotz dieser Bedeutung für die Portfoliotheorie ist der Nutzen beider Kennzahlen für das finanzwirtschaftliche Risikomanagement geringer. Zum einen ist der Erwartungswert der Verlustverteilung nur bedingt für die **Risikosteuerung** geeignet. Angenommen, ein Unternehmen halte für den durchschnittlich zu erwartenden Verlust sämtlicher Investitionen ausreichend Eigenkapital vor, um hiermit eintretende Verluste im Notfall tragen zu können. So könnte jedoch jeder größere unerwartete Verlust kurzfristig zur Überschuldung des Unternehmens führen. Ebenso eignet sich auch die Varianz nur bedingt für die Steuerung von Risiken, da sie für Gewinn- und Verlustverteilungen Gewinne und Verluste gleichgewichtet und somit auch starke Schwankungen im Bereich der möglichen Gewinne von der Kennzahl als Risiko aufgefasst werden. Für Verlustverteilungen zeigt die Varianz schließlich (definitionsgemäß) nur das Ausmaß der Streuung der Verluste, jedoch keine Untergrenze oder einen Maximalverlust, auf den sich der Finanzleiter einstellen könnte. Diese beschriebenen Nachteile werden (teilweise) durch den im Anschluss beschriebenen **Value at Risk** behoben.

14.4.3 Value at Risk

Auf Grund der Unzulänglichkeiten der zuvor genannten Kennzahlen einer Verlustverteilung für die Risikosteuerung hat sich in den vergangenen knapp 20 Jahren der **Value at Risk** als bevorzugte Kennzahl im Risikomanagement insbesonders von Finanzinstitutionen etabliert. Entstanden ist dieser aus dem Wunsch nach einer Obergrenze für die möglichen zukünftigen Verluste aus einer Investition.

Value at Risk

Der Value at Risk (kurz: VaR) beschreibt anschaulich gesprochen den **Verlust, der mit einer bestimmten Vertrauenswahrscheinlichkeit nicht bzw. lediglich in einer festgelegten, geringen Anzahl an Fällen überschritten wird**. Formal ist er definiert als α-Prozent-Quantil der Verlustverteilung, also

$$\mathrm{VaR}_\alpha(L) = \inf\{l \in \mathbb{R} : P(L > l) \leq 1 - \alpha\}.$$

Der VaR ist somit zu einem vorgegebenen Konfidenzniveau von 1 – α (z. B. 99 %) die Ausprägung der Verlustverteilung, so dass mit Wahrscheinlichkeit von α ein höherer Verlust eintritt. Mit Hilfe der Verteilungsfunktion der Verluste kann die obige Definition noch vereinfacht werden zu

$$\mathrm{VaR}_\alpha(L) = \inf\{l \in \mathbb{R} : F_L(l) \geq \alpha\} = F_L^{-1}(\alpha) =: Q_L(\alpha)$$

mit $Q_L(\alpha)$ als über die Inverse der Verteilungsfunktion F_L von L definierter **Quantilsfunktion** (falls diese existiert). In der nachfolgenden Abbildung 14.9 wird der Value at Risk an der Dichtefunktion einer beispielhaften Gewinn- und Verlustverteilung veranschaulicht.

In der Regel (z. B. in 99 % aller Fälle) wird der Value at Risk unterschritten, so dass ein Finanzleiter, der die Risikosteuerung auf das Eintreten des VaRs ausgerichtet hat, von geringeren Verlusten nicht überrascht werden sollte (»wahrscheinlicher Maximalverlust«). Der Finanzleiter könnte bspw. in Höhe des geschätzten VaRs einen Kapitalpuffer vorhalten, um Verluste bis zur Höhe des VaRs ausgleichen zu können. Da eine solche Abschätzung natürlich nicht alle möglichen Verluste berücksichtigen kann (dann wären sämtliche Verluste bekannt und somit auch

Abb. 14.9

Value at Risk einer stilisierten Gewinn- und Verlustverteilung

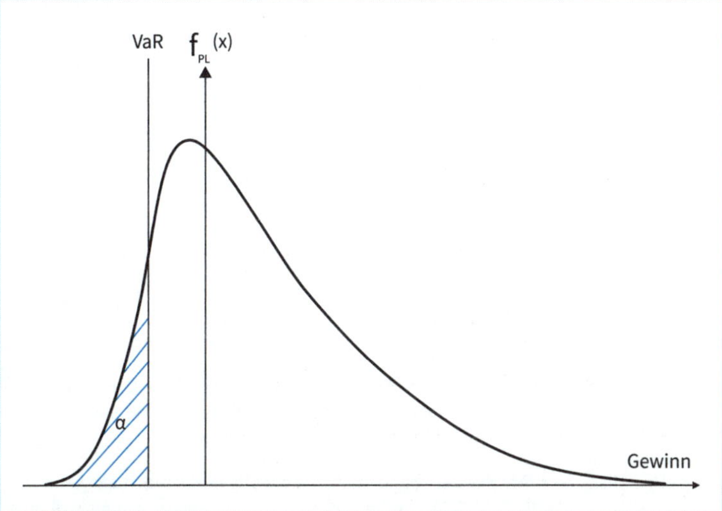

nicht mehr zufällig), muss bei der Berechnung einer solchen Obergrenze ein geringes Restrisiko in Kauf genommen werden. Dieses besteht darin, dass die Verlustobergrenze in wenigen Fällen doch überschritten wird und dem Unternehmen ein Verlust in letztlich unbekannter Höhe jenseits des Value at Risks entsteht. Das von einem Unternehmen im internen Risikomanagement benutzte Konfidenzniveau spiegelt dann letztlich den Risikoappetit des Managements wider. Gleichzeitig trifft der VaR aber somit auch keine Aussage über den Worst Case.

Für die Berechnung des VaRs muss der Finanzleiter die Verteilungsfunktion F_L der Verluste (bzw. äquivalent hierzu die Quantilsfunktion) spezifizieren. Für diese Aufgabe stehen verschiedene Möglichkeiten zur Verfügung, die sich hinsichtlich der für die Schätzung von $F_L^{-1}(\alpha)$ benötigten Daten und der getroffenen Annahmen über das Verteilungsgesetz der Verluste L unterscheiden. Eine kurze Zusammenfassung der wichtigsten Schätzverfahren enthält Abbildung 14.10 (eine ausführliche Diskussion des Value at Risks findet sich bei Jorion 2006).

Größere Bekanntheit erfuhr der VaR zu Beginn der 1990er Jahre, als die US-Investmentbank J. P. Morgan (und später das Spin-Off-Unternehmen RiskMetrics) den VaR verstärkt in ihrem Risikomanagement einsetzte und Informationen über die verwendeten Berechnungsmethoden öffentlich zur Verfügung stellte. In Folge dessen gingen zahlreiche andere Finanzinstitute dazu über, in ihrem Risikomanagement den VaR als Kennzahl für ihr aktuelles Risikoexposure auszuweisen. Der Gebrauch des VaRs als Risikokennzahl wurde jedoch auch durch die Finanzmarktregulierung stark unterstützt. So gestattete es Ende der 1990er Jahre beispielsweise die US-amerikanische Börsenaufsicht SEC Aktiengesellschaften, ihrer Pflicht zur

Abb. 14.10

Methoden zur Schätzung des Value at Risks

- **Varianz-Kovarianz-Methode/Parametrische Modelle:** Für die Verlustverteilung F_L bzw. die ihr zu Grunde liegenden Risikofaktoren wird ein parametrisches Verteilungsmodell unterstellt. Beispielsweise kann für die Risikofaktoren angenommen werden, dass diese normal- bzw. Student's t-verteilt sind. Im erstgenannten Fall wird das resultierende Modell als Varianz-Kovarianz-Verfahren bezeichnet, da die für die Modellierung verwendete multivariate Normalverteilung insb. durch die Varianz-Kovarianz-Matrix der Risikofaktoren bestimmt wird. Nach der Annahme eines konkreten Verteilungsmodells müssen dann lediglich die Modellparameter unter Verwendung historischer Daten geschätzt werden, um die Verlustverteilung vollständig charakterisieren zu können.

- **Historische Simulation:** Im Gegensatz zur parametrischen Modellierung der Verlustverteilung wird bei der Historischen Simulation eine nichtparametrische Schätzung des VaRs vorgenommen. Mit Hilfe der dem Finanzleiter zur Verfügung stehenden Daten wird die empirische Verteilungsfunktion der in der Vergangenheit beobachteten Verluste (bzw. der Ausprägungen der Risikofaktoren) geschätzt. Der VaR wird dann als Quantil der empirischen Verlustverteilung bestimmt.

- **Monte-Carlo-Simulation:** Ein Nachteil der parametrischen Modelle besteht darin, dass in der Regel für sämtliche Risikofaktoren eine identische Verteilungsfamilie angenommen werden muss, damit das Verteilungsgesetz der aus den Risikofaktoränderungen resultierenden Verluste analytisch bestimmt werden kann. So müssen bspw. sämtliche Risikofaktoren als normalverteilt angenommen werden, damit die sich ergebende Verlustverteilung ebenfalls einer Normalverteilung folgt. Zur Behebung dieses Nachteils kann der VaR mittels Monte-Carlo-Simulation geschätzt werden. Hierbei können für die interessierenden Risikofaktoren unterschiedliche parametrische Verteilungsfamilien unterstellt werden. Mit Hilfe historischer Daten werden anschließend sämtliche Verteilungen (d. h. ihre Parameter) geschätzt. Aus den angepassten Verteilungen werden Zufallszahlen generiert, aus denen mittels eines unterstellten Risikomappings simulierte Verluste berechnet werden. Die empirische Verteilungsfunktion dieser simulierten Verluste (genauer gesagt die empirischen Quantile) liefert dann die gesuchte VaR-Schätzung. Dem Vorteil der im Vergleich zum Varianz-Kovarianz-Ansatz flexibleren Modellierung steht der Nachteil eines deutlich erhöhten Rechenaufwands gegenüber, da für statistisch verlässliche Schätzungen regelmäßig mehrere Tausend simulierte Verluste berechnet werden müssen.

verbesserten Offenlegung von Risiken aus Derivatgeschäften durch die Publikation von VaR-Kennzahlen nachzukommen. Noch bedeutender für die Entwicklung des VaRs zur Standardrisikokennzahl in der Finanzwirtschaft war jedoch die Entscheidung des Basler Ausschusses für Bankenaufsicht im Rahmen der unter dem Namen »Basel II« bekannt gewordenen Eigenkapitalvorschriften, den VaR als Grundlage für die Berechnung des benötigten Risikokapitals einer Bank zuzulassen (siehe Basler Ausschuss 2006, und Jorion 2006).

Beispiel 4

Value at Risk-Schätzung mittels historischer Simulation

▸▸▸ Der Finanzleiter der Adversia-AG überlegt die Investition überschüssiger liquider Mittel in Aktien der Deutsche Bank AG. Zur Risikoabschätzung dieses Investitionsprojektes möchte er nun den Value at Risk der Aktie der Deutschen Bank berechnen. Den Zeitraum von April 2015 bis Juni 2016 hält er für diese Analyse für repräsentativ für die kommende Zeit. Für die 300 Handelstage bestimmt der Finanzleiter als

Abb. 14.11

Value at Risk-Schätzung mittels historischer Simulation

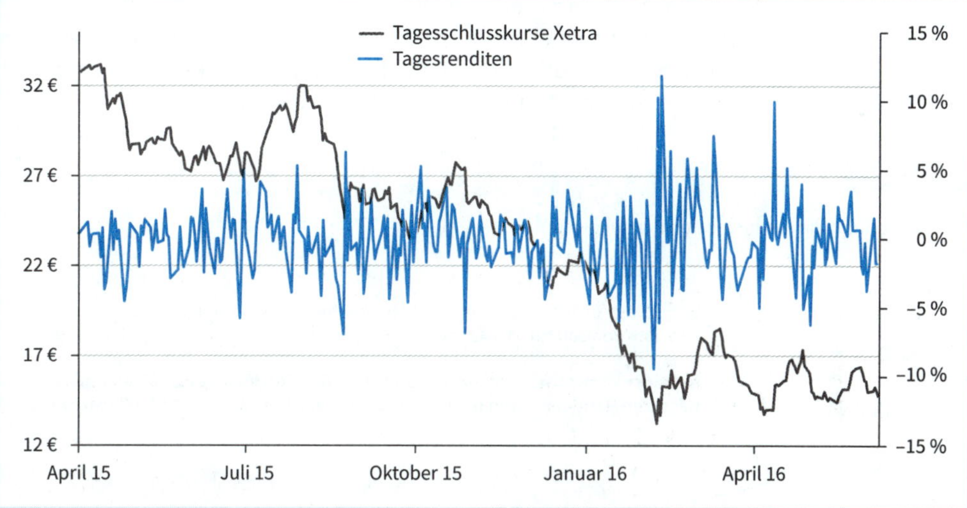

Erstes die diskreten Kursrenditen und stellt diese den entsprechenden Schlusskursen gegenüber (vgl. Abb. 14.11).
Die zunächst chronologisch geordneten Schlusskurse und Tagesrenditen werden dann in die Tabelle 14.1 übernommen. Anschließend werden die Tagesrenditen der

Tab. 14.1

Berechnung: Value at Risk-Schätzung mittels historischer Simulation

t	Datum	Schlusskurs X_t	Tagesrenditen $r_t=X_t/X_{t-1}-1$	Absteigende Sortierung aller r_t	Eintrittswahrscheinl. für r_t $w_t=1/300$	Kumul. Eintrittswahrscheinl. $W_t=w_{-299}+...+w_t$
-300	01.04.2015	32,69				
-299	02.04.2015	32,77	0,24 %	11,80 %	0,33 %	0,33 %
-298	07.04.2015	33,15	1,14 %	10,20 %	0,33 %	0,67 %
-16	18.05.2016	14,75	2,32 %	-4,43 %	0,33 %	94,67 %
-15	19.05.2016	14,94	1,32 %	-4,44 %	0,33 %	95,00 %
-14	20.05.2016	15,14	1,31 %	-4,59 %	0,33 %	95,33 %
-4	03.06.2016	15	-3,82 %	-6,14 %	0,33 %	98,67 %
-3	06.06.2016	15,05	0,33 %	-6,27 %	0,33 %	99,00 %
-2	07.06.2016	15,27	1,46 %	-6,88 %	0,33 %	99,33 %
-1	08.06.2016	14,99	-1,80 %	-6,97 %	0,33 %	99,67 %
0	09.06.2016	14,73	-1,77 %	-9,50 %	0,33 %	100,00 %

Höhe nach absteigend sortiert. In diesem einfachen Beispiel wird dann jeder Beobachtung die gleiche Eintrittswahrscheinlichkeit beigemessen. Die jeweiligen Eintrittwahrscheinlichkeiten werden abschließend kumuliert, um die entsprechende Verteilungsfunktion zu konstruieren.

Nach dem Sortieren der Beobachtungen kann dann die empirische Verteilungsfunktion für ein hypothetisches Portfolio aus z. B. 2.000 Aktien gezeichnet und der Value at Risk (in diesem Fall zum 95 %-Niveau) bestimmt werden. ◂◂◂

Abb. 14.12

Verteilungsfunktion der möglichen Portfoliowertänderungen

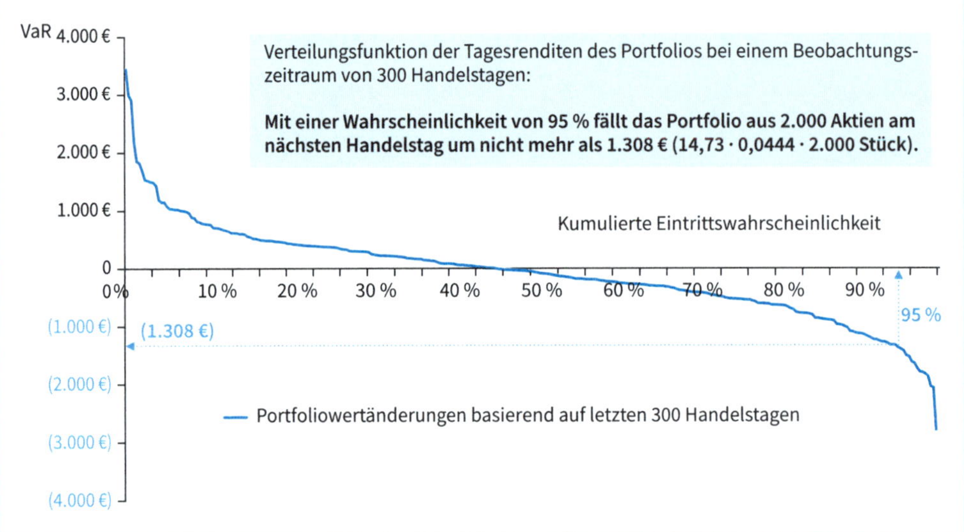

Das **Anwendungsspektrum** des VaR ist **vielfältig**, weshalb er nicht nur von Banken, sondern auch von Industrieunternehmen (z. B. bei Energieversorgern, Automobilherstellern, Fluglinien, etc.) eingesetzt wird. Zudem eignet er sich nicht nur zur Messung von Aktienkursrisiken, sondern auch von anderen Ausprägungen des Marktpreisrisikos (z. B. Änderungen von Metall-, Strom-, Gas-, Öl- oder Kerosinpreisen). Schließlich können durch entsprechende Erweiterungen auch andere Risikoarten auf Basis dieses Konzepts quantifiziert werden. Beispielsweise gilt etwa der Liquidity at Risk nicht nur in Finanzinstitutionen, sondern inzwischen zunehmend auch in Industrieunternehmen als etabliertes Verfahren zur Messung des Liquiditätsrisikos.

Liquidity at Risk

Der **Liquidity at Risk (LaR)** ist eine Kennzahl im Liquiditätsrisikomanagement, die dem zur Messung von Marktpreisrisiken bereits erörterten VaR konzeptionell sehr nahe steht. Die Ermittlung beruht prinzipiell auf den gleichen statistischen Methoden. Allerdings stellt der LaR ein Verfahren zur Schätzung des Liquiditätsrisikos dar und bezieht sich daher nicht auf die Verteilung von Verlusten aus Marktpreisänderungen, sondern auf die **Verteilung des geschäftstäglichen Saldos »autonomer« Ein- und Auszahlungen** (vgl. hierzu auch Zeranski 2006, S. 207 f.). Letztere bezeichnen Zahlungsströme, die sich zumindest kurzfristig dem Einflussbereich des Finanzleiters entziehen und daher nur schwer planbar sind. Wird dieser Saldo als Risikogröße verwendet, gibt der LaR den mit einer bestimmten Vertrauenswahrscheinlichkeit innerhalb eines definierten Zeitraums maximal zu erwartenden Nettozahlungsmittelabfluss an. Diese Größe ist für den Finanzleiter ein zentraler Indikator, um die Liquiditätsreserve so zu dimensionieren, dass die Zahlungsfähigkeit des Unternehmens auf geschäftstäglicher Basis sichergestellt ist.

Wenngleich der LaR als Pendant zum VaR ursprünglich für den Einsatz in Finanzinstituten entwickelt wurde, kann das Verfahren grundsätzlich ebenso im Rahmen der dispositiven Liquiditätssicherung von Industrie- und Handelsunternehmen genutzt werden. Ein Teil der in naher Zukunft entstehenden Zahlungen sind vertraglich fixiert und die Zahlungshöhe und der Termin damit im Vorfeld bekannt (z. B. Löhne). Diese Zahlungen werden der sogenannten deterministischen Komponente der Gesamtheit autonomer Zahlungen zugerechnet, da sie bereits frühzeitig in der täglichen Liquiditätsdispositionsrechnung durch die Finanzplanung antizipiert werden können. Das Liquiditätsrisiko von Unternehmen resultiert folglich vor allem aus der **nicht antizipierbaren Residualgröße**, dem Saldo der stochastischen autonomen Ein- und Auszahlungen (z. B. für unerwartete Reparaturen o. Ä.). Dieser kann vorab lediglich in Form eines Erwartungswerts in die Finanzplanung eingehen. Die Abweichungen der realisierten Größe von diesem Erwartungswert stellen die relevante Risikogröße des LaR für Unternehmen dar. Vor diesem Hintergrund ändert sich auch die Interpretation der Kennzahl, die nun den innerhalb eines vorgegebenen Zeitintervalls maximal zu erwartenden, über die bei der Finanzplanung berücksichtigten Größen hinausgehenden Teil des Zahlungsmittelbedarfs angibt (siehe Schöning et al. 2011 für eine ausführliche Diskussion dieser Grundkonzeption).

Liquidity Value at Risk

Aufgrund des fehlenden Bezugs zur Ertragsrechnung eignet sich der LaR für Banken und Industrieunternehmen zwar als Grundlage zur Bestimmung der Liquiditätsreserve, im Gegensatz zum VaR jedoch nicht zur Ermittlung des benötigten Risikoeigenkapitals (vgl. Deutsche Bundesbank 2008, S. 64). Im Gegensatz dazu erweist sich die Kennzahl des **Liquidity Value at Risk (L-VaR)**, die ursprünglich auf die Messung des aus der Fristentransformation resultierenden Liquiditätsrisikos von Banken abzielte, als geeignet. Dieses Risiko wird auch als strukturelles Liquiditätsrisiko bezeichnet. Der L-VaR bezieht sich auf die **Vermögensebene** und beschreibt den bei einer bestimmten Vertrauenswahrscheinlichkeit über eine bestimmte Periode maximal zu erwartenden Verlust, der insbesondere durch **unerwartet hohe Refinanzierungskosten** verursacht wird. Auch hier ist eine Übertragung auf Nichtbanken möglich. Anknüpfend an Abbildung 2.14 (Beranek-Modell) in Modul 2, könnte dabei auf die historische Verteilung der **Short Costs** abgestellt werden.

Neben der Schätzung des LaR und des L-VaR werden zur Dimensionierung und Überwachung der **Liquiditätsreserve** auch die verschiedenen Instrumente der von Banken entwickelten **Cash-Management-Systeme** (bei denen die verschiedenen Bankkonten einer Unternehmung zur Vermeidung unwirtschaftlicher dezentraler Kassenhaltung täglich auf ein Masterkonto geroutet werden) sowie die Ergebnisse von **Liquiditätsstresstests** herangezogen. Letztere berücksichtigen den Liquiditätsbedarf in verschiedenen Szenarien extremer und unerwartet auftretender Zahlungsverpflichtungen. Somit variiert die vorgehaltene Liquiditätsreserve gemäß neuerer Kassenhaltungsmodelle auch in Abhängigkeit der Volatilität des sich vom jeweiligen **Geschäftsmodell** ableitenden Cashflows – man denke an ein Start-up mit innovativen Produkten einerseits, einen etablierten Mobilfunkanbieter mit stabiler Kundenbasis andererseits (vgl. Acharya et al. 2007; Opler et al. 1999; Riddick und Whited 2007) – sowie der bestehenden finanziellen Beschränkungen des Unternehmens, speziell in **Krisenzeiten** (vgl. Almeida et al. 2004; Han und Qiu 2007).

Abschließend kann festgestellt werden, dass ein gewichtiger Vorteil des VaR in der Flexibilität seiner Anwendbarkeit auf verschiedene Risikoarten – bei gleichbleibender betriebswirtschaftlicher Interpretation – zu sehen ist. Die Voraussetzung ist jeweils die Möglichkeit zur stochastischen Modellierung des Risikos.

Kritik am VaR

In den vergangenen Jahren, und vor allem im Nachgang zur Finanzmarktkrise von 2007-2009, ist der Value at Risk aus unterschiedlichen Gründen kritisiert worden. Vorallem wird der flächendeckende Einsatz des VaRs in Banken als ein Grund für die übermäßig starken Schwankungen in den Verschuldungsgraden von Banken sowie die zu große Risikoaufnahme durch Finanzinstitute im Vorfeld der Finanzmarktkrise verantwortlich gemacht (siehe Basak/Shapiro 2001 und Adrian/Shin 2014), denn mögliche Extremverluste werden bewusst ausgeblendet. Der zuletzt genannte Nachteil des VaRs hat zur Entwicklung weiterer Risikokennzahlen auf Basis des VaRs geführt, von denen im nächsten Unterabschnitt exemplarisch der Expected Shortfall vorgestellt wird.

14.4.4 Expected Shortfall

Wie dargestellt, liefert der Value at Risk (grob gesprochen) eine Untergrenze für die als noch akzeptabel anzusehenden, möglichen Verluste aus einer Vermögensposition. Eine (ihm insbesondere in der Praxis zugeschriebene) Eigenschaft besitzt der VaR jedoch nicht: Mit ihm lassen sich keine Aussagen über den Maximalverlust bzw. über extreme Verluste im Rand der Verlustverteilung treffen. Anschaulich gesprochen zeigt der VaR auf, welcher Verlust in z. B. maximal 99 % aller Fälle höchstens eintritt, es kann jedoch auf Basis dieser Schätzung keine Aussage über den möglichen Verlust in den verbleibenden 1 % aller Fälle getroffen werden. Diese Extremverluste stellen aber gerade die besonders existenzbedrohenden Situationen für ein Unternehmen dar, die ein Risikomanagement erkennen und auf die es vorbereitet sein sollte. Gleichzeitig kann nicht wirklich von einem Nachteil des VaRs gesprochen werden (vgl. hierzu Albrecht/Huggenberger 2015, S. 61), da das Ausblenden der extremen Verluste gerade elementarer Bestandteil seiner Definition ist. Auf Grund dieser Überlegungen bietet sich die Betrachtung des **Expected Shortfalls** als ein mit dem VaR verwandtes Risikomaß an, das im Gegensatz zum VaR vor allem die Höhe der extremen Verluste einer Vermögensposition berücksichtigt.

Expected Shortfall

Der Expected Shortfall (kurz: ES) ist definiert als **arithmetischer Durchschnitt der Verluste, die den Value at Risk übersteigen**. Alternativ kann er auch aufgefasst werden als durchschnittlicher Value at Risk für Signifikanzniveaus zwischen 0 und α (z. B. 0 %–1 %). Er beschreibt somit den durchschnittlichen Extremverlust eines Unternehmens jenseits des VaRs. Formal lässt sich der ES definieren als

$$ES_\alpha(L) = \frac{1}{\alpha}\int_0^\alpha \inf\{l \in \mathbb{R}: P(L > l) \le 1-\alpha\}$$

Alternativ kann der ES, wie oben beschrieben, auch mittels

$$ES_\alpha(L) = \frac{1}{\alpha}\int_0^\alpha VaR_\alpha(L)$$

als durchschnittlicher Value at Risk im extremen Randbereich der Verlustverteilung aufgefasst werden. Noch eingängiger wird der ES, wenn eine stetige Verlustverteilung betrachtet wird. In diesem Fall lässt sich der ES als bedingter Erwartungswert

$$ES_\alpha(L) = E(L|L > VaR_\alpha(L))$$

der den VaR übersteigenden Verluste darstellen (in diesem Fall entspricht der ES der sog. Tail Conditional Expectation). Ein beispielhafter Expected Shortfall ist in Abbildung 14.14 zusammen mit dem zugehörigen Value at Risk für die Dichtefunktion einer Gewinn- und Verlustverteilung gezeigt.

Der Expected Shortfall besitzt gegenüber dem Value at Risk den Vorteil, dass mit ihm auch Extremrisiken gemessen werden können. Auch aus mathematischer Sicht

Abb. 14.13

Expected Shortfall und Value at Risk einer stilisierten Gewinn- und Verlustverteilung

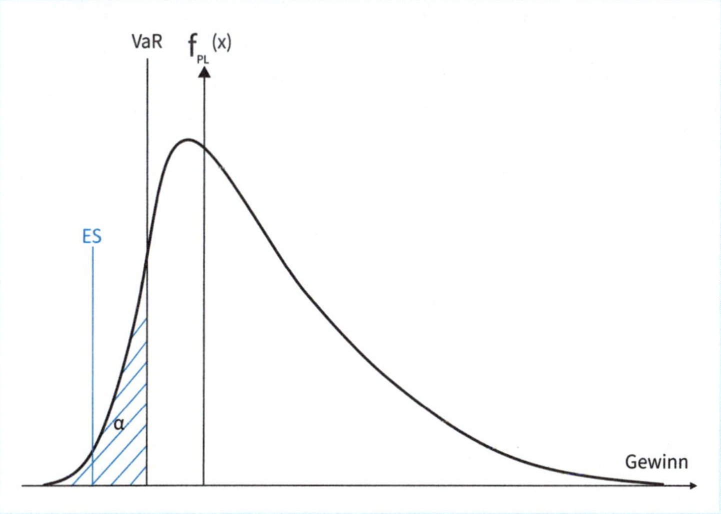

besitzt der ES gegenüber dem VaR wichtige konzeptionelle Vorteile. Gleichzeitig werden diese Vorteile jedoch mit einem erheblichen Nachteil für seinen praktischen Gebrauch im Risikomanagement erkauft. Durch den Fokus auf extremen Risiken wird die Überprüfung der Güte von ES-Schätzungen durch die in der Definition des ES begründeten kleinen Datenlage erheblich erschwert. Dieses Problem wird im folgenden Beispiel kurz illustriert:

Beispiel 5

Datenlage bei VaR- und ES-Schätzungen

►►► Angenommen, ein Finanzleiter möchte für ein riskantes Anlageportfolio den täglichen VaR und ES zum Niveau $\alpha = 1\,\%$ schätzen. Der Finanzleiter betrachtet einen Zeitraum von 100 Handelstagen, für die tägliche Schätzungen der beiden Risikokennzahlen sowie die tatsächlich im Portfolio erlittenen Verluste vorliegen. Der Finanzleiter kann die Güte der Risikoschätzung nun wie folgt beurteilen:

- Die Güte der VaR-Schätzungen kann anhand eines Vergleichs der 100 täglichen Verluste mit den geschätzten VaRs erfolgen. Der Finanzleiter erwartet natürlich wegen $\alpha = 1\,\%$ genau eine Überschreitung, die Datenbasis für diesen Abgleich stellen aber die 100 ursprünglichen Handelstage dar.
- Die Güte der ES-Schätzungen kann ausschließlich anhand der Daten der Handelstage überprüft werden, an denen der VaR überschritten wurde. Die Beurteilung der Modellgüte erfolgt daher letztlich auf Basis eines einzelnen Datenpunktes (von ursprünglich 100 Werten). ◄◄◄

AUS DER PRAXIS

Risikomaße in der Basel III-Bankenregulierung

Während im Rahmen des Basel II-Projektes zur Regulierung von Banken noch Risikoschätzungen mittels des Value at Risks verlangt wurden, haben die Erfahrungen während der Finanzmarktkrise von 2007-2009 die Aufsichtsbehörden dazu veranlasst, Banken zu einer stärkeren Kontrolle möglicher Extremrisiken zu verpflichten. Konkret fordert der Basler Ausschuss in seinem überarbeiteten Konsultationspapier von 2013, dass die Risiken im Handelsbuch einer Bank von nun an nicht mehr mit dem VaR, sondern mit dem ES gemessen werden sollen:
»Move from Value at Risk (VaR) to Expected Shortfall (ES): A number of weaknesses have been identified with using VaR for determining regulatory capital requirements, including its inability to capture »tail risk«. For this reason, the Committee proposed in May 2012 to replace VaR with ES. ES measures the riskiness of a position by considering both the size and the likelihood of losses above a certain confidence level. The Committee has agreed to use a 97.5 % ES for the internal models-based approach and has also used that approach to calibrate capital requirements under the revised market risk standardised approach.«
(Quelle: Basler Ausschuss für Bankenaufsicht 2013, S. 3)

Trotz dieser Schwierigkeiten bei der Evaluierung von ES-Schätzungen hat insb. die im Gegensatz zum VaR beim ES mögliche Messung von Extremrisiken in der Praxis zu einer teilweisen Ablösung des VaRs durch den ES geführt. Deutlich wird dieser Bedeutungsgewinn des Expected Shortfalls insbesondere durch den vom Basler Ausschuss für Bankenaufsicht angeregten Wechsel vom VaR zum ES als Risikomaß der Wahl für die Messung von Marktpreisrisiken von Banken.

Zusammengefasst lässt sich festhalten, dass der Expected Shortfall getrieben durch die Bankenregulierung in Zukunft noch weiter an Bedeutung gewinnen wird. Eine vollständige Ablösung des Value at Risks durch den ES erscheint aber auf Grund der genannten Schwierigkeiten beim ES als unwahrscheinlich.

14.4.5 Backtesting und Stresstesting

Die Risikomessung mit statistischen Methoden unterliegt (wie oben gesehen) stets einem mehr oder weniger starken Modellrisko. Dies bedeutet aber nicht, dass der Finanzleiter nach der Wahl eines bestimmten Modells das Modellrisko als gegeben akzeptieren muss. Vielmehr muss er die Qualität der geschätzten Risikovorhersagen regelmäßig und fortlaufend kontrollieren und bei nicht ausreichender Prognosegenauigkeit Ursachenforschung betreiben. Wie kann der Finanzleiter jedoch die Güte seiner Risikoprognosen überprüfen, wenn die zu prognostizierenden Größen in der Zukunft liegen und damit unbekannt sind? Eine einfache Antwort liefert das sog. **Backtesting** als allgemeine Vorgehensweise zur Überprüfung der Prognosegüte eines Risikomodells:

Backtesting

Backtesting bezeichnet den Prozess der **Evaluierung eines Risikomodells durch Anwendung auf historische Daten** und anschließende Überprüfung der Angemessenheit des Modells. Der Finanzleiter geht hierbei so vor, dass er zunächst einen Zeitraum auswählt, auf dessen Basis das Backtesting durchgeführt werden soll. Für diesen Zeitraum wird dann ein relevanter historischer Datensatz zusammengestellt (z. B. 500 Handelstage), d. h. sämtliche Werte der Risikopositionen sind bekannt. Der Datensatz wird nun in einen Trainingsdatensatz (man spricht auch vom »**in-sample**«) und einen Testdatensatz (das »**out-of-sample**«) geteilt. Das zu überprüfende Modell wird auf Basis des in-samples (z. B. die ersten 300 der 500 beobachteten Handelstage) geschätzt, und für jeden Tag des out-of-samples werden Prognosen für die Zeitpunkte im out-of-sample (die Tage 301 bis 500) erstellt. Die Prognosewerte des Modells werden schließlich für jeden Tag des out-of-samples mit den tatsächlichen Werten der Verlustverteilung (die ja bekannt sind, jedoch nicht bei der Modellkalibrierung verwendet wurden) verglichen. Idealerweise sollte das Modell jeden realisierten Wert im out-of-sample exakt vorhersagen. Da dies natürlich realistischerweise nicht zu erwarten ist, wird die Güte des Risikomodells anhand des Umfangs der Abweichungen zwischen den vom Modell prognostizierten und den tatsächlichen Verlusten beurteilt. Auf Basis der gefundenen Ergebnisse und der identifizierten Schwachstellen wird das Modell dann verbessert bzw. korrigiert.

Eine regelmäßige Überprüfung der genutzten quantitativen Risikomodelle liegt im Interesse eines jeden Unternehmens und seiner Manager. Finanzinstitute sind jedoch zusätzlich (aufsichts)rechtlich zur regelmäßigen Überprüfung der Prognosegüte ihrer Risikomodelle verpflichtet. So verlangt § 318 Satz 1 der Solvabilitätsverordnung für Banken, dass »die Prognosegüte eines Risikomodells mittels eines täglichen Vergleichs des anhand des Risikomodells auf der Basis einer Haltedauer von einem Arbeitstag ermittelten potenziellen Risikobetrags mit der Wertveränderung der in die modellmäßige Berechnung einbezogenen einzelnen Finanzinstrumente oder Finanzinstrumentsgruppen zu ermitteln« ist.

Ausgangspunkt für sämtliche Backtests sind die auf Basis der Value at Risk-Überschreitungen für jeden Tag t + 1 des out-of-samples konstruierten Indikatorvariablen (nachfolgend werden diese als VaR-Indikatoren bezeichnet):

$$I_{t+1} = \begin{cases} 1, \text{ für } L_{t+1} > VaR_{\alpha}(L) \\ 0, \text{ für } L_{t+1} \leq VaR_{\alpha}(L) \end{cases}$$

Die Indikatorvariablen I_{t+1} zeigen hierbei an, ob der Verlust zum Zeitpunkt t + 1 den zugehörigen Value at Risk überschreitet (Wert 1) oder nicht (Wert 0). Ein Backtest kann dann auf Basis des Vektors $\{I_{t+1}\}_{t=0}^{T}$ der VaR-Indikatoren für den T Zeitpunkte (z. B. Tage) umfassenden Datensatz erfolgen.

Neben dem Backtesting kann die Güte eines Risikomodells bzw. des Risikomanagements des gesamten Unternehmens mittels sogenannter Stresstests überprüft werden.

Stresstesting

Als **Stresstest** wird der Vorgang bezeichnet, bei dem die Auswirkungen von Extrem- oder Krisenszenarien auf die Ergebnisse/Prognosen eines Risikomodells bzw. das gesamte Unternehmen untersucht werden. Hierbei werden für die Modellparameter bzw. für wichtige exogene Risikofaktoren auf das Unternehmen extreme, für das Unternehmen ungünstige Szenarien unterstellt. In Form einer Szenarioanalyse werden dann die Auswirkungen auf die vom Modell erstellten Risikoprognosen bzw. auf zentrale Unternehmenskennzahlen (z. B. den Verschuldungsgrad, die Profitabilität, die Insolvenzwahrscheinlichkeit, etc.) bestimmt. Sollten die unterstellten Szenarien zu einer Situation führen, in der die Liquidität oder Kapitalausstattung des Unternehmens bedroht wäre, so sollten als Konsequenz aus dem Stresstest entsprechende Maßnahmen zur Verbesserung der Liquiditätslage bzw. der Solvenz des Unternehmens getroffen werden. Die so beschriebenen Stresstests werden allgemein als **Mikrostresstests** bezeichnet, da mit ihnen die Auswirkungen der Risikofaktorveränderungen auf ein einzelnes Unternehmen untersucht werden. Daneben können (üblicherweise von Zentralbanken) auch sogenannte **Makrostresstests** durchgeführt werden, bei denen die Widerstandsfähigkeit eines gesamten Industriesektors gegenüber einer extremen Verschlechterung exogener Risikofaktoren getestet wird. Ein Beispiel für einen Mikrostresstest wird im folgenden Beispiel erläutert.

Beispiel 6

Stresstesting

▶▶▶ Die Finanzabteilung der Adversia-AG hat für das gesamte Kreditrisikoportfolio des Unternehmens, das zu großen Teilen aus Forderungen aus Lieferungen an Kunden besteht, die vereinfachende Annahme getroffen, dass die möglichen Verluste normalverteilt seien mit den beiden Parametern (in Mio. €)

$$E(L) = 1{,}5 + 12 \cdot AL - 25 \cdot \Delta BIP$$

und

$$var(L) = 2{,}34 + 8 \cdot \Delta BIP$$

mit AL als Arbeitslosenquote und ΔBIP als Veränderung des Bruttoinlandsprodukts des Heimatlands der Adversia-AG. Der Erwartungswert und die Varianz der möglichen Verluste durch Forderungsausfälle werden somit als abhängig von der allgemeinen Beschäftigung und dem Wirtschaftswachstum angenommen. Das Risikomanagement der Adversia-AG möchte nun das unterstellte Modell einem Stresstesting unterziehen, um abschätzen zu können, mit welchen Verlusten in für das Unternehmen besonders schlechten Umweltzuständen zu rechnen wäre. Hierfür wird unterstellt, dass die Arbeitslosenquote auf 15 % steigt – bei einem gleichzeitigen Einbruch der gesamten Volkswirtschaft, ausgedrückt durch ein Absinken des BIP um 3 %. Unter diesen Annahmen würde der erwartete Verlust 4,05 Mio. € betragen. Ein Schrumpfen des BIP um 10 % würde den erwarteten Verlust sogar auf 5,8 Mio. € erhöhen. ◀◀◀

AUS DER PRAXIS

Europäischer Bankenstresstest

Im Jahr 2014 wurde von der zuvor eingerichteten Europäischen Bankaufsichtsbehörde (EBA) in Zusammenarbeit mit der Europäischen Zentralbank eine umfassende Prüfung der Finanzstärke von 130 europäischen Banken im Rahmen eines Makrostresstests durchgeführt. Dieser bestand zum einen aus einer rückblickenden Prüfung der Aktivpositionen der Banken (sog. Asset quality review, AQR), zum anderen waren zukunftsorientierte Stresstests Bestandteil der aufsichtlichen Prüfung. Insbesondere mussten die Banken die Auswirkungen eines Szenarios auf ihr Unternehmen ermitteln, in dem für die Jahre 2014 bis 2016 ein Wachstum des realen Bruttoinlandsprodukts in der EU um -0,7 %, -1,5 % und 0,1 % unterstellt wurde. Insgesamt wurde auf diese Weise bei 25 europäischen Banken im Falle eines solchen Marktumfeldes eine unzureichende Kapitalausstattung festgestellt, die die Banken im Nachgang zum Stresstest beheben mussten.

Während Mikrostresstests regelmäßig in unterschiedlichen Unternehmen der Finanz- und der Realwirtschaft zum Einsatz kommen, sind Makrostresstests in der Regel ein Instrument der Bankenaufsicht, um die Stabilität der Finanzmärkte überprüfen zu können. Der vermutlich bekannteste Makrostresstest ist der Europäische Bankenstresstest, mit dessen Hilfe das Europäische System der Zentralbanken (ESZB) die Stabilität des europäischen Bankensystems überprüft.

Auf den Punkt gebracht

- In der Absicherung der Wertschaffung liegt die Notwendigkeit eines finanzwirtschaftlichen Risikomanagements im Unternehmen.
- Die Grundlage eines finanzwirtschaftlichen Risikomanagements bildet die Definition, Identifikation und Messung wesentlicher Risikoarten. In diesem Zusammenhang dienen das sogenannte Risikomapping und die Modellierung von Verlustverteilungen als Basis des quantitativen Risikomanagements.
- Für den Finanzleiter einer Unternehmung sind sowohl Risiken aus dem spezifischen Geschäftsmodell (z. B. Liefer- und Absatzpreise) als auch dessen Finanzierung (etwa Zins-, Währungs-, Liquiditätsschwankungen) von Bedeutung.
- Der Value at Risk und der Expected Shortfall sind die in der Praxis am weitesten verbreiteten, auf Verlustverteilungen basierten Risikomaße, die für verschiedene Risikoarten verwendet werden können.
- Unter dem Value at Risk wird die negative Wertänderung eines Assets verstanden, die mit einer bestimmten Wahrscheinlichkeit innerhalb eines bestimmten Zeitraums nicht überschritten wird.
- Der Expected Shortfall ist definiert als Durchschnitt der Verluste, die den Value at Risk übersteigen.
- Die Güte der eingesetzten Messmodelle lässt sich prüfen, indem ihre Prognosekraft rückwirkend mit historischen Daten kontrolliert wird (Backtesting).
- Notwendig sind Risikoabschätzungen nicht nur für »normale« Marktsituationen, sondern auch für Extremfälle (Stresstests).

Modul 15 Absicherungsstrategien mit derivativen Finanzinstrumenten

ZENTRALE INHALTE

- Grundlagen des Handels mit Finanzderivaten
- Arten von Finanzderivaten
- Finanzderivate und ihre Bewertung mittels Binomial- und Black-Scholes-Modell
- Nutzung von Realoptionen zur Unternehmensbewertung
- Chancen und Risiken des Handels mit Finanzderivaten
- Absicherungsstrategien für ausgewählte Risikoarten

15.1 Grundlagen des Derivatgeschäfts

Einstiegsbeispiel

▸▸▸ H ist Eigentümer eines kleinen landwirtschaftlichen Unternehmens, das sich auf den Anbau von Getreide spezialisiert hat. In einem üblichen Geschäftsjahr erntet H den Sommer über das Getreide und verkauft den Großteil seiner Ernte direkt an Abnehmer in der Region. Sein Umsatz und damit auch sein Gewinn hängen jedoch stark davon ab, auf welchem Niveau die aktuellen Marktpreise für die von ihm produzierten Getreidearten im Herbst eines jeden Jahres liegen. Zugunsten einer genauen Umsatzprognose würde H den Verkaufspreis für sein Getreide gerne bereits zu Beginn des Jahres bei der Aussaat festlegen.
J ist der Finanzleiter eines großen Automobilherstellers. Für die Produktion benötigt das Unternehmen regelmäßig in großen Mengen Metalle, die in den unterschiedlichen Modellen des Unternehmens verbaut werden. Für die nächsten Jahre rechnet J mit leicht ansteigenden Verkaufszahlen bei faktisch gleichbleibenden Absatzpreisen für alle angebotenen Fahrzeugmodelle. Auf der Seite der Kosten für die Produktion konnte J in den vergangenen Monaten jedoch erhebliche Schwankungen der Marktpreise für Stahl und Aluminium beobachten. Um die Gewinnprognose für sein Unternehmen nicht zu gefährden, würde J gerne die Kosten für die in den nächsten Monaten, vielleicht sogar Jahren, benötigten Metalle nach oben beschränken und bereits heute verbindliche Preise für den Bezug der Rohstoffe vereinbaren.

K verantwortet den Finanzbereich in einem regionalen Energieversorgungsunternehmen und ist zugleich mit dem Risikomanagement betraut. Der Energieversorger hat auf der Einkaufsseite langfristige Verträge mit Lieferanten von Erdgas und Kohle abgeschlossen, in denen die Lieferpreise für die benötigten Primärenergieträger für die Vertragslaufzeit von drei Jahren fixiert sind. Auf der Verkaufsseite sieht sich K jedoch dem Problem ausgesetzt, dass die Verkaufspreise für Gas und Strom im Großkundengeschäft über sogenannte Ölpreisformeln an die Entwicklung des Weltmarktpreises für Erdöl gebunden sind. Steigt der Weltmarktpreis z. B. für die Sorte Brent Oil, so steigt auch der Umsatz des Energieversorgers. Ist der Ölpreis dagegen auf niedrigem Niveau, so ist auch ein Verkauf des produzierten Stroms unter Einstandspreis und damit ein Verlust denkbar. Gegen diese unerwünschten Risiken würde sich K gerne absichern. ◄◄◄

Diese drei Beispiele verdeutlichen eine häufig vorkommende Herausforderung für einen Finanzleiter: Marktpreise für Wertpapiere, Waren, Rohstoffe und auch Dienstleistungen unterliegen Schwankungen, bedeuten eine schlechte Prognostizierbarkeit von (Umsatz-)Erlösen und Kosten im Produktionsablauf und können zu zukünftigen Gewinnen, aber eben auch Verlusten und Zahlungsmitteldefiziten führen. Da das Ausnutzen solcher Preisschwankungen jedoch in allen drei Fällen nicht das primäre Geschäftsziel der Unternehmen ist (sondern die Produktion von Getreide, Automobilen und Strom), wird der Finanzleiter unter dem Aspekt der Wertschaffung auf mögliche Gewinnchancen verzichten, wenn er im Gegenzug sein Verlustrisiko reduzieren und **Planungssicherheit** gewinnen kann.

Dieser einfache Wunsch nach Absicherung gegen Preisschwankungen führte bereits vor Jahrhunderten zur Bildung erster Warenterminbörsen, an denen Kaufleute die ersten Formen von **Derivatgeschäften** abschließen konnten. Charakteristisch für diese Geschäfte war (und ist immer noch) das Auseinanderfallen der Zeitpunkte für den Vertragsabschluss sowie die Lieferung und Leistung der Waren bzw. die Zahlung. Während bei gewöhnlichen **Kassageschäften** im Zeitpunkt des Vertragsabschlusses die gegenseitigen Ansprüche auf Lieferung der Ware und Zahlung des Kaufpreises unmittelbar erfüllt werden müssen, liegen bei einem **Termingeschäft** die Lieferung und Leistung in der Zukunft. In allen drei Beispielen könnte somit die gewünschte Absicherung über den Abschluss eines Termingeschäfts, das sich entweder auf Getreide, Metalle oder Öl bezieht, erfolgen.

Im Rahmen dieses Moduls werden die Grundlagen der Funktionsweise dieser Terminmärkte und der auf ihnen gehandelten Finanzinstrumente behandelt.

15.1.1 Termin- und Derivatmärkte

In den vergangenen Modulen wurde an unterschiedlichen Stellen von Gütern und den für sie geltenden Marktpreisen gesprochen. Anleger können Aktien erwerben, Unternehmen kaufen Rohstoffe und Zwischenprodukte, und Konsumenten nehmen den Unternehmen die produzierten Endprodukte ab. Unscharf war in all diesen Fällen von den Marktpreisen für die Güter die Rede. Genauer hätte von **Kassa-**

preisen gesprochen werden müssen, denn implizit wurde stets davon ausgegangen, dass z. B. ein Anleger eine Aktie in **diesem Moment** kauft und das Eigentum der Aktie **sofort** auf ihn übergeht. Gleichzeitig war der Käufer auch zur **unmittelbaren Zahlung des Kaufpreises** verpflichtet. Bevor die alternative Vertragsausgestaltung, nämlich das Termingeschäft, vorgestellt wird, sollen daher zunächst Kassageschäft und Kassapreis definiert werden.

Kassapreis und Kassageschäft

Unter dem **Kassapreis** (auch Kassakurs bzw. **spot price**) versteht man den Preis einer Ware, den Handelspartner bei einer **sofortigen** bzw. sehr kurzfristigen Erfüllung der beiderseitigen Leistungsversprechen vereinbaren. Kurzfristig heißt in diesem Zusammenhang, dass die Lieferung der Ware und die Bezahlung des Kaufpreises unmittelbar, spätestens aber (i. d. R.) nach zwei Handelstagen zu erfolgen haben. Der Kassapreis ist somit der Preis, den ein Marktteilnehmer bezahlen muss, sofern er auf sofortige Lieferung der gekauften Ware angewiesen ist. Ein solches Geschäft wiederum wird als **Kassageschäft** bezeichnet. Märkte, auf denen Waren (und hierunter fallen dann natürlich auch Wertpapiere) zur sofortigen Lieferung angeboten werden, auf denen also Kassageschäfte abgeschlossen werden, heißen folglich auch **Kassamärkte** bzw. **Spotmärkte**.

Im Gegensatz zu Kassageschäften werden bei Termingeschäften Waren auf Ziel ver- bzw. gekauft.

Beispiel 1

▸▸▸ Der Handel einer T-Aktie zum aktuellen Marktpreis von z. B. 16 € stellt den Normalfall eines Kassageschäfts dar. Es handelt sich dagegen um ein Termingeschäft (genauer ein Forwardgeschäft), wenn heute vereinbart wird, die T-Aktie in 8 Monaten zu handeln. Hierbei werden Preis (z. B. verbindlich 17,50 €) und Menge (z. B. 10 Aktien) bereits heute unwiderruflich für den in der Zukunft liegenden Handelstermin festgelegt. ◂◂◂

Terminpreis und Termingeschäft

Vereinbaren die Vertragspartner in einem Handelsgeschäft heute (Verpflichtungsgeschäft), dass die Ware nicht sofort, sondern erst **in der Zukunft** geliefert (und auch bezahlt) werden soll (Verfügungsgeschäft), so spricht man von einem **Termingeschäft**. Im Gegensatz zum Kassageschäft liegt die Erfüllung der beiderseitigen Vertragspflichten somit in der Zukunft. Der Preis für die zukünftige Lieferung der Ware, der aber bereits beim Vertragsabschluss vereinbart wird, wird als **Terminpreis** (oder auch Terminkurs bzw. **forward price**) bezeichnet. Für Termingeschäfte haben sich über die Jahrhunderte ähnlich wie für Kassageschäfte spezialisierte Märkte und Börsen entwickelt, die zusammenfassend als **Terminmärkte** bezeichnet werden.

Kassa- und Terminpreise existieren nicht nur beim Kauf und Verkauf von Handelswaren, sondern auch bei der Kapitalüberlassung. In diesen Fällen wird für die sofortige Kapitalüberlassung ein Kassazinssatz (spot rate) bzw. für die Kapitalüberlassung ab einem zukünftigen Zeitpunkt ein Terminzinssatz (forward rate) vereinbart.

Grundlagen des Derivatgeschäfts

Termingeschäfte stellen Transaktionen dar, bei denen der Wert des Geschäfts für die Vertragspartner in nicht unerheblicher Weise von der Entwicklung des zugehörigen Kassakurses abhängt. Der Wert des Termingeschäfts kann somit vom Kassakurs **abgeleitet** werden. Diese Abhängigkeit zwischen einem Finanzgeschäft und einem zugrunde gelegten Vermögensgegenstand ist charakteristisch für eine Vielzahl von Finanzgeschäften, die als **Derivate** bezeichnet werden.

Derivate

Ein Finanzderivat (auch: derivatives Finanzinstrument, kurz: **Derivat, derivative**) ist ein Vertrag bzw. ein Finanzinstrument, dessen wirtschaftlicher Wert sich vom Wert einer Referenzgröße **ableiten** lässt. Die Referenzgröße wird als Basiswert (**underlying**) bezeichnet. Üblicherweise werden als Basiswerte Wertpapiere, Indizes, Rohstoffe, Edelmetalle, Zinssätze oder andere Handelswaren verwendet (vgl. ebenso Rudolph/Schäfer 2010).

Finanzderivate können grob in drei Klassen von Geschäften unterteilt werden:

- Festgeschäfte
- Optionen
- Swaps

Die bereits oben beschriebenen Käufe (bzw. Verkäufe) auf Ziel zählen zu den **Festgeschäften**, die stets von beiden Vertragsseiten zu erfüllen sind. Im Gegensatz hierzu besitzt bei **Optionen** eine Vertragsseite (der Optionskäufer) das Recht, aber nicht die Pflicht, den im Derivatvertrag vorgesehenen Tausch von Ansprüchen und Rechten durchzuführen. So kann bspw. der Käufer einer Kaufoption auf eine Aktie bei der Fälligkeit der Option entscheiden, ob er die Aktie (das Underlying) zum vorab festgelegten Preis (dem Strike) vom Optionsverkäufer kaufen oder ob er die Option verfallen lassen möchte. Schließlich werden bei **Swaps** üblicherweise feste und variable Zahlungsströme zwischen den Vertragsparteien getauscht.

Eine Übersicht über die weltweit (an ihrem Handelsumsatz gemessen) bedeutendsten Aktien- und Derivatbörsen enthält die Tabelle 15.1.

Motive zur Nutzung von Derivaten

Die drei zentralen Motive für die Nutzung von Derivaten sind **Arbitrage, Spekulation** und **Hedging**.

- **Arbitragegeschäfte** werden mit dem Ziel vollzogen, Kursunterschiede des gleichen Basiswerts an unterschiedlichen Handelsplätzen zur Erzielung risikoloser Gewinne im Wege der Durchführung von Simultantransaktionen auszunutzen.
- **Spekulationsgeschäfte** gehen mit dem Ziel einher, erwartete Preisentwicklungen durch Eingehen offener Positionen auszunutzen.
- **Hedgegeschäfte** dienen zur Absicherung preissensitiver Positionen durch Eingehen einer Gegenposition. In der unternehmerischen Finanzierungspolitik besitzen diese Geschäfte eine hohe Bedeutung. Aus diesem Grund werden einige in der Praxis übliche Absicherungsstrategien im Abschnitt 15.3 detaillierter behandelt.

Börsenhandel vs. OTC-Handel

Eine **Börse** ist ein **organisierter Markt**, auf dem zugelassene Händler vertretbare Sachen nach zuvor festgelegten Regeln untereinander handeln können. Die Börse übernimmt hierbei verschiedene Dienstleistungen für die Akteure, insbesondere die Zulassung und Prüfung der Händler, die Zusammenführung von Angebot und

Tab. 15.1

Weltweit größte Aktien- und Terminbörsen

	Name	**Standort**
Aktien	Shanghai Stock Exchange	Shanghai, China
	Shenzhen Stock Exchange	Shenzhen, China
	NYSE	New York, USA
Aktien-Optionen/ Futures	ICE Futures Europe	London, UK
	National Stock Exchange India	Mumbai, Indien
	EUREX	Zürich, Schweiz
Anleihen	BME Spanish Exchanges	Madrid, Spanien
	London SE Group	London, UK
	NASDAQ OMX Nordic Exchange	New York, USA
Rohstoff-Optionen/ Futures	CME Group	Chicago, USA
	ICE Futures Europe	London, UK
	London Metal Exchange	London, UK
Strom (Europa)	OMI	Madrid, Spanien
	Nord Pool Spot	Lysaker, Norwegen
	European Energy Exchange	Leipzig, Deutschland

Nachfrage sowie die Abwicklung und Absicherung der zwischen den Händlern geschuldeten Zahlungen. An Börsen werden definitionsgemäß nur **stark standardisierte** Produkte gehandelt.

Im Gegensatz zu einer Börse werden im bereits in Modul 14 kurz beschriebenen **außerbörslichen Handel** (Over-the-counter- bzw. **OTC-Handel**) Transaktionen ohne Einbindung einer Börse direkt zwischen den Vertragsparteien ausgehandelt und abgewickelt. Somit können die Vertragspartner bei OTC-Geschäften die Vertragskonditionen **frei ausgestalten**, sind jedoch wie bereits beschrieben einem Gegenparteirisiko ausgesetzt (zur Regulierung von OTC-Geschäften vgl. Temporale 2015).

Derivate werden sowohl an Derivatbörsen als auch außerbörslich gehandelt, wobei tendenziell der außerbörsliche Handel überwiegt. Der Grund hierfür ist, dass die nachfolgend erläuterten Derivate von Unternehmen überwiegend für Absicherungsgeschäfte genutzt werden, für die eine individuelle Vertragsausgestaltung notwendig ist. Da dies mit den an Börsen gehandelten standardisierten Wertpapieren nicht bzw. nur schwer möglich ist, schließen Unternehmen stattdessen häufig individuell gestaltete außerbörsliche Derivatgeschäfte mit Institutionellen Investoren (sehr häufig sind dies Investmentbanken) ab.

15.1.2 Arten von gehandelten Derivaten

Als erste Art von Derivaten werden die bereits im Einstiegsbeispiel angerissenen Termingeschäfte definiert. Diese als Forwards bzw. Futures bezeichneten Käufe/Verkäufe auf Ziel stellen die einfachste Form eines Derivats dar und können auf unterschiedliche Art zur **Absicherung** (**Hedging**) eines Kassageschäfts genutzt werden (für weiterführende Ausführungen zu Forwards und Futures vgl. Albrecht/Maurer 2016).

15.1.2.1 Forwards und Futures

Forward

Ein **Forward** ist eine Vereinbarung im Zeitpunkt s darüber, eine bestimmte Anzahl an Underlyings mit aktuellem Kassakurs K_s zu einem festen Preis F_s an einem zukünftigen Termin T ($s < T$) zu kaufen oder verkaufen. Der Käufer in einem Forwardkontrakt geht eine **Long-Position** ein, während der Verkäufer eine zur Kauf-Position in ihrer Wirkung umgekehrte **Short-Position** eingeht. Ein Forward stellt ein **unbedingtes Termingeschäft** dar, so dass beide Seiten nach Abschluss des Forwards ihre beiderseitigen Zahlungsverpflichtungen erfüllen müssen: der Käufer muss den vereinbarten Terminkurs F_s an den Verkäufer bezahlen und erhält hierfür entweder

1. eine Ausgleichszahlung zwischen dem vereinbarten Terminkurs F_s und dem im Zeitpunkt der Fälligkeit des Forwards am Markt gültigen Kassakurs K_T (**Cash settlement**) oder
2. das dem Forward zugrundeliegende Underlying zum vereinbarten Termin und am vereinbarten Ort (**Physical settlement**).

Geht ein Unternehmen ein Forward-Geschäft als Käufer (Long-Position) ein, so erzielt es einen Gewinn (Verlust), wenn der Kassakurs während der Laufzeit des Forwards über (unter) den vereinbarten Terminkurs steigt (sinkt), wenn also $K_T > F_s$ ($K_T < F_s$) gilt. Der Gewinn G_T eines solchen Long Forwards im Zeitpunkt der Fälligkeit wird in der Abbildung 15.1 auf der Folgeseite in Abhängigkeit vom Kassakurs K_T grafisch dargestellt.

Beispiel 2

Forwards und Margin-Zahlungen

▸▸▸ Der Eigentümer H des landwirtschaftlichen Unternehmens hat sich dazu entschieden, einen Teil seiner erzeugten Produkte über eine Short-Position in einem Forward-Geschäft an einen regionalen Lebensmittelproduzenten L auf Ziel mit physischer Erfüllung des Forwards zu verkaufen. Der Forward bezieht sich auf 1.000 Tonnen Weizen, die am Ende des Jahres zu einem festen Terminkurs von 150 €/t verkauft werden. Sollte der Marktpreis für Weizen unter den Preis von 150 €/t sinken, so hätte sich H durch den Abschluss des Forwards den Preis gesichert und mögliche Umsatzeinbußen verhindert. Sollte der Preis hingegen steigen, so würden H lediglich Opportunitätskosten entstehen, da er den Weizen teurer hätte verkaufen können.

Abb. 15.1

Gewinn/Verlust eines Long-Forwards

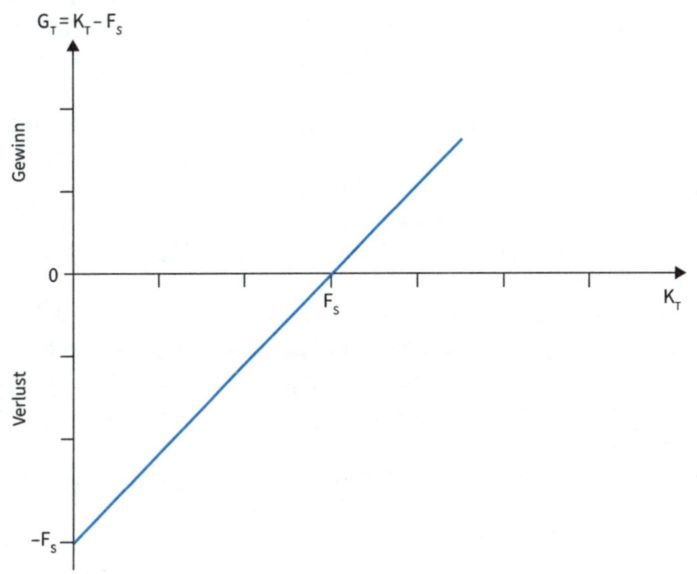

In Abwandlung des obigen Beispiels hätte H ebenfalls aus Spekulationsgründen einen Short Forward auf Heizöl (in dessen Besitz er nicht ist) mit Cash settlement (in Geld, ohne Lieferung der Ware) abschließen können. Wiederum erhofft sich H einen fallenden Kassakurs (nun für Heizöl), so dass er im Zeitpunkt der Fälligkeit einen Gewinn in Höhe von $F_S - K_T$ realisieren kann. Bei einer für H ungünstigen Entwicklung des Kassakurses ist er jedoch einem unbegrenzten Verlustpotenzial ausgesetzt. Steigt der Kassakurs über den vereinbarten Forward-Preis, so muss H im Zeitpunkt der Fälligkeit dem Käufer des Forwards den Differenzbetrag zahlen. Ein solcher Verlust ist jedoch möglicherweise bereits während der Laufzeit des Forwards absehbar, nämlich dann, wenn im Zeitpunkt $t < T$; $K_t > F_S$ gilt. Der Käufer des Forwards ist dann dem Gegenparteirisiko ausgesetzt, dass H den Verlust aus dem Forward oder aber einen noch höheren Verlust (falls der Kassakurs bis zum Ende des Kontrakts noch weiter steigt) nicht begleichen kann. Aus diesem Grund ist in Forward-Geschäften (und auch zahlreichen OTC-Handelsplätzen) die Zahlung sogenannter Margin-Zahlungen üblich. Diese stellen verzinsliche Ausgleichszahlungen dar, die fällig werden, sobald für eine Vertragsseite zu hohe Verluste aus dem Forward aufgelaufen sind. Insofern stellen Margin-Zahlungen einen Schutz vor dem überraschenden Ausfall einer Vertragsseite dar. ◀◀◀

Margin und Glattstellung

Unter einem **Margin** bzw. einer **Margin-Zahlung** versteht man die Sicherheitsleistung, die eine Vertragspartei als Pfand für die Begleichung möglicher sich ansammelnder Verluste hinterlegen muss. Margin-Zahlungen dienen somit der Absicherung bzw. Begrenzung der Glattstellungskosten (d. h. der Ausgleichszahlung), die im Rahmen eines Forwards zu bezahlen sind, wenn der Vertrag vor Fälligkeit aufgelöst und die damit verbundenen finanziellen Positionen **glattgestellt** werden sollen.

Forward-Geschäfte besitzen den Vorteil, dass ihre **Vertragskonditionen individuell ausgehandelt** werden können. Offensichtlich geht dieser Vorteil mit einer geringen Fungibilität und Verfügbarkeit solcher Geschäfte einher. Für ausgewählte Underlyings werden daher an Börsen standardisierte Forward-Geschäfte in Form spezieller Wertpapiere gehandelt. Diese börsengehandelte Variante eines Forwards wird als Future bezeichnet.

Future

Ein **Future** ist die **börsengehandelte** Form eines Forwards. Daher ist der Future hinreichend **standardisiert**. Innerhalb eines Kontraktes werden einheitlich festgelegte Mengen und Qualitäten der Underlyings, zu einem vorab fixierten Fälligkeitstermin, an einem festgelegten Handels- und Erfüllungsort, über die Börse gehandelt. Der Käufer (Long-Position) des Futures verpflichtet sich im Zeitpunkt s zur Abnahme und Bezahlung einer festgelegten Anzahl an Underlyings an einem zukünftigen Termin T ($s < T$). Der festgelegte Preis ist im Gegensatz zum Forward nicht frei verhandelbar, sondern entspricht dem zum Zeitpunkt s für eine Laufzeit von $T - s$ am Terminmarkt geltenden Future-Kurs $Fs = F(s, T)$. Da im Gegensatz zum Forward zu jedem Zeitpunkt ein Future-Kurs am Markt beobachtbar ist, kann stets die Differenz zwischen dem Kassakurs und dem Future-Kurs angegeben werden.

Basis

Diese $B_t = F_t - K_t$ Differenz zwischen dem Kassakurs und dem Future-Kurs (üblicherweise des Futures mit der kürzesten Restlaufzeit) wird als **Basis** bezeichnet.

Sowohl für einen Forward als auch einen Future gilt definitionsgemäß, dass sich im Zeitpunkt der Fälligkeit des Geschäfts Kassa- und Terminkurs entsprechen müssen und die Basis somit $B_T = 0$ sein muss (**Konvergenz des Future-Kurses** gegen den Kassakurs). Außerdem kann ein Future zu jedem Zeitpunkt t durch Zahlung der Differenz $F_s - F_t$ glattgestellt werden. Um eine zu hohe Ausgleichszahlung am Ende der Laufzeit des Futures zu verhindern, werden die täglichen Gewinne und Verluste aus dem Future-Geschäft von der Börse auf den Margin-Konten der Vertragspartner gutgeschrieben. Im Rahmen dieses als **marking-to-market** bezeichneten Vorgangs werden an jedem Handelstag t mit vorangegangenem Handelstag t' Margin-Zahlungen in Höhe von $F_t - F_{t'}$ auf dem Margin-Konto verbucht. Weist das Margin-Konto eines Händlers keine ausreichende Deckung auf, so muss dieser entweder einen Geldbetrag nachschießen oder aber die offenen Future-Positionen werden von der Börse zum aktuellen Kassakurs glattgestellt. Schließlich besitzt ein Future aufgrund der engen Verwandtschaft zum Forward einen identischen Verlauf der Gewinnfunktion in Abhängigkeit vom Kassakurs (siehe Abb. 15.1).

mit der Optionswert im Zeitpunkt der Fälligkeit. Dann besitzt der Long Call für den Käufer/Inhaber der Option das folgende Auszahlungsprofil:

$C_T = \max\{S_T - K; 0\}$

Beispiel 3

Auszahlungsprofil eines Long Calls

▶▶▶ Investor A besitzt eine europäische Kaufoption auf eine Aktie der Black AG mit einem vereinbarten Strike/Ausübungspreis von 100 €. Im Zeitpunkt der Fälligkeit hält der Investor zwei zukünftige Aktienkurse für denkbar: 80 € bei einer schlechten, 125 € bei einer guten Geschäftsentwicklung der Black AG. Im ersten Fall würde A bei Fälligkeit der Option diese verfallen lassen. Über die Option besitzt er das Recht, eine Aktie für 100 € zu kaufen. Da diese am Markt jedoch nur 80 € kosten würde, bezieht er die Aktie (wenn überhaupt) über den Markt und nutzt das Kaufrecht aus der Option nicht. Steigt der Aktienkurs jedoch auf 125 €, so würde A die Option ausüben. Er bezieht eine Aktie zum festgelegten Strike X = 100 € und kann sie unmittelbar wieder am Markt zum dann gültigen Preis von 125 € verkaufen. Das Ausüben der Option liefert ihm so einen Gewinn von 125 € – 100 € = 25 € (Auszahlung: $S_T - K$). Da A die Option stets verfallen lassen kann, ist sein Verlust auf die bezahlte Optionsprämie begrenzt. ◀◀◀

Das obige Beispiel verdeutlicht den möglichen Gewinn für den Inhaber der Option bei Fälligkeit im Zeitpunkt T. Man beachte hierbei, dass die gesamte Gewinn- oder Verlustposition des Optionsinhabers natürlich stark davon abhängt, wie hoch der Preis C_0 der Option im Zeitpunkt $t = 0$ des Erwerbs gewesen ist. Das Auszahlungsprofil C_T sowie das Gewinn-/Verlustprofil $G_T = C_T - C_0$ für den Long Call werden in der Abbildung 15.3 auf der Folgeseite gezeigt.

Die Abbildung illustriert die Chancen eines Long Calls für einen Investor. Der mögliche Verlust seiner Investition ist auf den ursprünglichen Preis C_0 des Calls beschränkt. Gleichzeitig ist mit der Option bei steigendem Underlyingkurs (zumindest theoretisch) ein unbegrenztes Gewinnpotential verbunden.

Short Call

Für den **Verkäufer** (bzw. Stillhalter) dieser (europäischen) **Kaufoption** ergibt sich eine zu der des Käufers genau entgegengesetzte Gewinn-/Verlustposition. Das Auszahlungsprofil der vom Verkäufer gehaltenen **Short Call-Position** ist gegeben mit:

$C_T = -\max\{S_T - K; 0\} = \min\{K - S_T; 0\}$

Im Gegensatz zum Käufer des Calls hat der Verkäufer **kein Wahlrecht**. Entscheidet sich der Käufer des Calls zur Ausübung, muss der Verkäufer das Underlying liefern oder die Differenz $K - S_T$ auszahlen. Lässt der Käufer die Option verfallen, so wird keine Zahlung fällig. Für die Übernahme dieser (wiederum theoretisch) unbegrenzten Verlustmöglichkeit wird der Verkäufer aber in $t = 0$ mit dem Optionspreis C_0 vergütet. Das Auszahlungsprofil C_T sowie das Gewinn-/Verlustprofil $G_T = C_T - C_0$ für den Short Call werden in der Abbildung 15.4 auf der Folgeseite gezeigt.

Abb. 15.3

Gewinn/Verlust eines Long Calls bei Fälligkeit in T

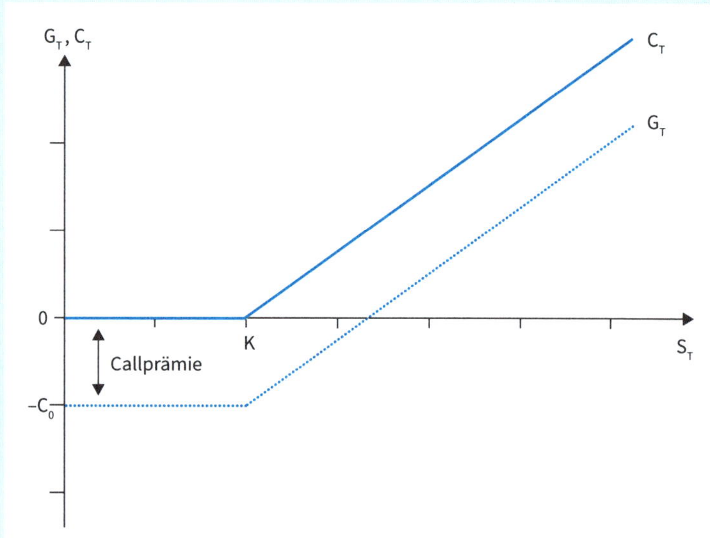

Abb. 15.4

Gewinn/Verlust eines Short Calls bei Fälligkeit in T

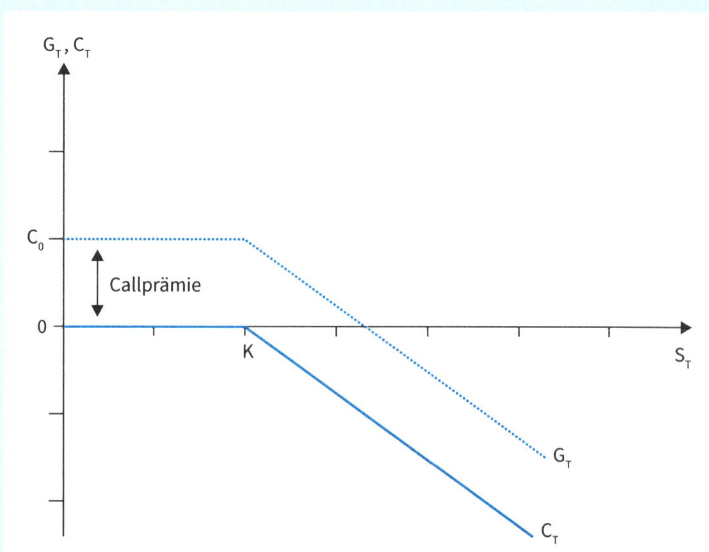

AUS DER PRAXIS

Warren Buffetts Sicht auf Derivate

Bereits bei einer einfachen Optionsposition wie einem Short Call wird das unbegrenzte Verlustpotential eines solchen Finanzinstruments sichtbar: Einer vergleichbar geringen Einzahlung von C_0 steht das Risiko eines nach unten unbeschränkten Verlustes gegenüber, sofern der Preis des Underlyings immer weiter steigt. Ein einzelnes, auf den ersten Blick harmlos wirkendes Geschäft kann somit zur Insolvenz eines gesamten Unternehmens führen. Umgekehrt kann auch der Käufer der Option nicht mit Sicherheit auf die Zahlung des Verkäufers vertrauen, da aufgrund des Gegenparteirisikos (und ohne weitere Besicherung des Geschäfts) der Käufer bei einem Ausfall des Stillhalters seine Forderung abschreiben müsste. Diese (und weitere) mögliche Gefahren beim Handel mit Derivaten verleiteten den US-amerikanischen Großinvestor Warren Buffett u. a. 2002 in einem Brief an die Aktionäre seiner Investmentgesellschaft Berkshire Hathaway zu dem folgenden, mittlerweile berühmten Zitat:
»In my view, derivatives are financial weapons of mass destruction, carrying dangers that, while now latent, are potentially lethal.«

Long Put

Als weitere Art einer Plain-Vanilla-Option ist die Verkaufsoption einzustufen.

Der **Kauf** einer (europäischen) **Verkaufsoption** wird als **Long Put** bezeichnet. Der Käufer erwirbt dabei das Recht, am Ende der Laufzeit T der Option eine festgelegte Anzahl von Underlyings (z. B. eine Aktie) zum Strike K zu **verkaufen**. Der Long Put besitzt für den Käufer/Inhaber der Option das Auszahlungsprofil

$$P_T = \max\{K - S_T; 0\}.$$

Liegt der Underlyingkurs S_T unter dem Strike K, so lohnt es sich für den Inhaber der Option, am Kassamarkt das Underlying im Zeitpunkt $t = T$ zum Marktpreis S_T zu erwerben und über die Ausübung der Option zum Strike K mit Gewinn zu verkaufen. Sollte der Underlyingkurs dagegen über dem Strike liegen ($S_T > K$), so lässt der Käufer die Option verfallen. Das Auszahlungsprofil sowie das um die Putprämie P_0 verringerte Gewinn-/Verlustpotential des Long Puts werden in Abbildung 15.5 gezeigt.

Wie bereits beim Call ist auch bei der Verkaufsoption die Short-Position des Optionsverkäufers spiegelbildlich zu der des Käufers (bzw. zur Long-Position).

Short Put

Die Vermögensposition des **Verkäufers**/Stillhalters einer (europäischen) **Verkaufsoption** wird als **Short Put** bezeichnet. Der Verkäufer verpflichtet sich im Rahmen des Derivatgeschäfts zur Abnahme einer festgelegten Anzahl an Underlyings zum Strike K. Der Short Put besitzt für den Stillhalter der Option das Auszahlungsprofil

$$P_T = -\max\{K - S_T; 0\} = \min\{S_T - K; 0\}.$$

Abb. 15.5

Gewinn/Verlust eines Long Puts bei Fälligkeit in T

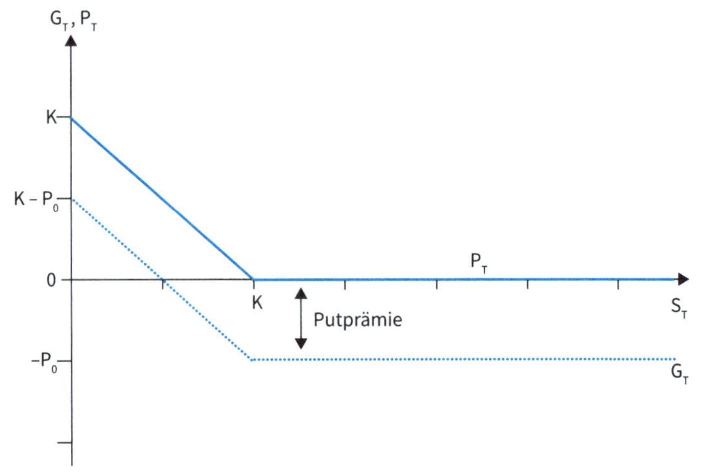

Abb. 15.6

Gewinn/Verlust eines Short Puts bei Fälligkeit in T

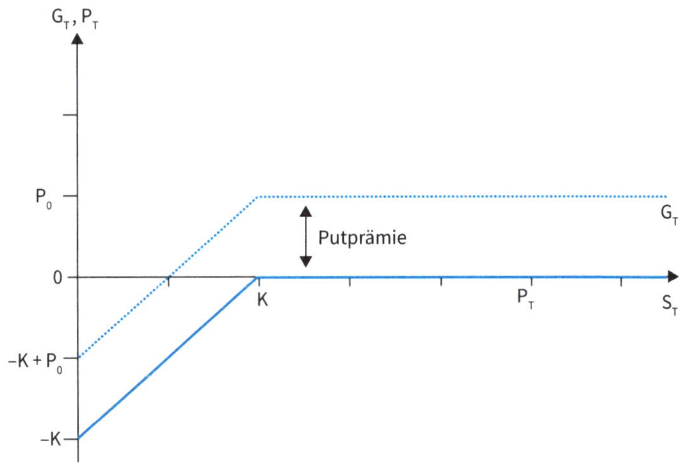

Beispiel 4

Hedging mit Forwards/ Futures und Optionen

▸▸▸ Den Unterschied zwischen Forwards/Futures und Optionen verdeutlicht noch einmal das folgende Beispiel:
Betrachtet wird hier eine deutsche Industrieunternehmung, die in 18 Monaten 100 Mio. $ zum Kauf einer Produktionsanlage in den USA benötigt und insoweit einem Währungsrisiko ausgesetzt ist. Gegenwärtig beläuft sich der Kassakurs auf:

$$0{,}8040\ \frac{\$}{€}\ \text{bzw.}\ \frac{1}{0{,}8040} \approx 1{,}24\ \frac{€}{\$}$$

Der Unternehmung stehen mit Blick auf die Devisenbeschaffung in 18 Monaten nun die nachfolgend genannten Handlungsalternativen zur Verfügung, um ihre Risikoposition abzusichern bzw. sie mit ihrem Risikoappetit in Einklang zu bringen:

1. **Keine Sicherung**
2. **Devisentermingeschäft** in Form eines Forwards mit einer Bank als Vertragspartner: 100 Mio. $, Terminkurs (Geld) per 18 Monate zum Kurs von 1,33 $\frac{€}{\$}$
3. **Devisenoption**: Erwerb eines $-Call, 18 Monate, Basispreis 1,33 $\frac{€}{\$}$, Optionsprämie 0,07 $\frac{€}{\$}$

Sofern sich die Unternehmung gegen eine Absicherung entscheidet, obliegen ihr sämtliche Chancen und Risiken. Während ein steigender €/$-Kurs (= fallender $/€) zu Verlusten führt, deren Ausmaß nicht begrenzt ist, profitiert das Unternehmen von einer vorteilhaften Kursentwicklung im selben Maße.
Entscheidet sich die Unternehmung für die vollumfängliche Absicherung mittels eines Forwards, so erlangt sie die Sicherheit eines ex ante fixierten Kurses von 1,33 $\frac{€}{\$}$, muss jedoch zugleich die Gegenseite für die Risikoübernahme entschädigen und nimmt sich jegliche Kursänderungschance.
Im Falle einer Devisenoption erfolgt eine Absicherung der Risikoposition gegen Verluste in unbegrenzter Höhe (siehe 1.), wobei jedoch die Chance erhalten bleibt, von vorteilhaften Kursentwicklungen zu profitieren. Man sichert sich den Kurs von 1,33 $\frac{€}{\$}$ und muss dafür allerdings zusätzlich eine Prämie in Höhe von 0,07 $\frac{€}{\$}$ an den Stillhalter zahlen. Hierdurch ist man jedoch wie im Fall 2. gegen einen steigenden Wechselkurs vollständig abgesichert. Sinkt der Wechselkurs unter den abgesicherten Kurs von 1,33 $\frac{€}{\$}$, profitiert man von dieser Entwicklung wie im Fall 1. abzüglich der vorab gezahlten Optionsprämie. Die Optionsprämie ist der Preis dieser per se wünschenswerten Konstellation aus Risikoabsicherung und Chancenerhalt. Diesen Preis muss der Finanzleiter zahlen, will er sich vor dem Hintergrund des Oberziels »Wertschaffung« Flexibilität erhalten. ◂◂◂

Abb. 15.7

Hedging von Wechselkursrisiken

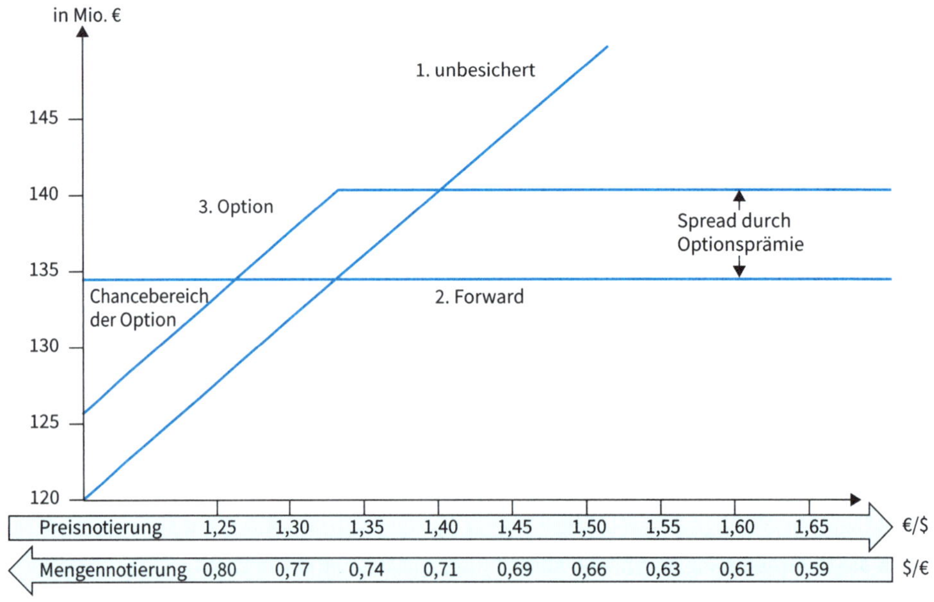

Derivateeinsatz und Rentabilität der Unternehmung

Derivategeschäfte können neben Sicherungszwecken auch dazu genutzt werden, die (Eigenkapital-)Rentabilität einer Unternehmung über explizite und implizite Hebeleffekte zu beeinflussen. Der explizite Hebel zeichnet sich dadurch aus, dass durch die Aufnahme von Fremdkapital das Handelsvolumen und damit auch der absolute Gewinn oder Verlust gesteigert werden kann. Gleichzeitig sind die für die Fremdkapitalaufnahme zu zahlenden Kreditzinsen im Vergleich zur Gesamtkapitalrendite relativ gering, sodass die Rendite bezogen auf das eingesetzte Eigenkapital entsprechend größer oder kleiner als bei reiner Eigenfinanzierung ausfällt.

Für Derivate wird – anders als bei Kassageschäften – kaum (Start-)Kapital benötigt, um über den impliziten Hebel an den Wertänderungen des Underlyings zu partizipieren. Das einfache Rechenbeispiel in Tabelle 15.2 verdeutlicht, dass Wertänderungen des Underlyings aufgrund des geringen benötigten Kapitals eine hohe Wirkung auf die Gesamtkapitalrendite des Derivats (in beide Richtungen) ausüben können.

Beide Hebeleffekte können sich gegenseitig verstärken, z. B. über kreditfinanzierte Derivategeschäfte, denn sie sind über den Financial Leverage-Effekt direkt miteinander verbunden (siehe hierzu auch Modul 13).

Tab. 15.2

Implizite Hebelwirkung bei Derivategeschäften

	Szenario 1		Szenario 2	
Wertpapier	Aktie	Option	Aktie	Option
Einstandskurs	20 €	5 €	20 €	5 €
Schlusskurs	30 €	15 €	15 €	0 €
Rendite	50 %	200 %	-25 %	-100 %

Annahme: Der Einstandskurs entspricht dem Strikepreis der Option, und die Option wird zum Schlusskurs fällig.

15.1.2.3 Swaps und Swaptions

Eine weitere Art von Finanzderivaten stellen sogenannte Swap-Geschäfte (kurz: Swaps) dar. Die Grundidee dieser Art von Geschäften zwischen zwei Investoren ist, dass beide Vertragsparteien zwei zukünftige **Zahlungsreihen tauschen**. In der Regel ist eine der beiden Zahlungsreihen variabel, während die andere Reihe aus fixen Zahlungen besteht. Ebenfalls denkbar ist der Tausch zweier unterschiedlicher, im Zeitablauf variabler Zahlungsreihen.

Swap

Unter einem **Swap** versteht man ein derivatives Finanzinstrument, bei dem sich zwei Vertragsparteien zum Austausch zukünftiger Zahlungen verpflichten. Swaps stellen bis auf wenige Ausnahmen außerbörslich gehandelte Finanzinstrumente dar. Die getauschten Zahlungsströme entstehen üblicherweise aus anderen, dem Swap zugrundliegenden Geschäften (z. B. Krediten und Forderungen), der Swap ist jedoch rechtlich unabhängig von diesen Underlyings. Wichtige Arten von Swaps sind etwa:

- **Zinsswaps** (interest rate swaps): Bei Zinsswaps tauschen die Vertragsparteien variable gegen fixe Zinszahlungen (z. B. 3 % fix gegen variable Geldmarktzinsen wie z. B. den 6-Monats-EURIBOR).
- **Währungsswaps** (currency swaps bzw. FX-swaps): FX-Swaps beinhalten den Tausch von Zinszahlungen auf ein hypothetisches Darlehen in zwei unterschiedlichen Währungen.
- **Commodity-Swaps**: Tausch eines variablen Kassa- oder Futurekurses eines Rohstoffs (z. B. Rohöl, Erdgas, Stahl, etc.) gegen fixe Zahlungen.
- **Credit Default Swaps (CDS)**: Bei den später noch detaillierter darzustellenden CDS-Geschäften tauschen die Parteien das Ausfallrisiko einer Referenzeinheit (z. B. ein Unternehmen oder eine Anleihe) gegen die Zahlung einer fixen Risikoprämie.

Abb. 15.8

Hedging von Zinsrisiken mit Swaps

	Bank X	**Unternehmen Y**
Zinsfixe Mittelbeschaffung (Festsatzanleihe)	10,5 %	12 %
Zinsvariable Mittelbeschaffung (Floating Rate Note)	Euribor + 0,5 %	Euribor + 1,5 %
Betragsvolumen: Zinszahlung: Laufzeit:	100 Mio. € halbjährlich 8 Jahre	100 Mio. € halbjährlich 8 Jahre

Unternehmen Y – Ziel: möglichst kostengünstige Festsatzfinanzierung

Zins-Swap:		**Alternativlösung:**	
FRN-Emission:	– (Euribor + 1,5 %) (variabel)	Festsatzanleihe-Emission:	12 %
Swap-Inflow:	+ (Euribor + 1,5 %) (variabel)		
Swap-Outflow:	–11,75 % (fix)	**Zinsersparnis** durch Swap für die Unternehmung: 0,25 %	
Nettokosten:	11,75 % (fix)		

Bank X – Bereitschaft für zinsvariable Finanzierung

Zins-Swap:		**Alternativlösung:**	
Festsatzanleihe-Emission:	– 10,5 % (fix)	FRN-Emission:	Euribor + 0,5 %
Swap-Inflow:	+ 11,75 % (fix)		
Swap-Outflow:	– (Euribor + 1,5 %) (variabel)	**Zinsersparnis** durch Swap für die Bank: 0,25 %	
Nettokosten:	Euribor + 0,25 % (variabel)		

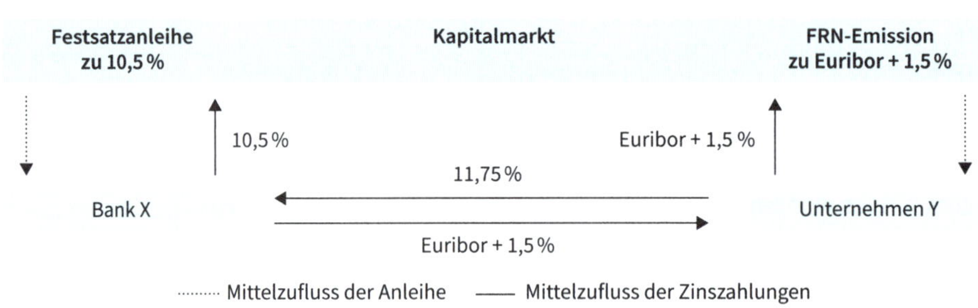

Quelle: Süchting 1995, S. 431

Beispielhaft zeigt die vorstehende Abbildung 15.8 die Absicherung von Zinsrisiken mittels Swap. Um sich gegen das Zinsänderungsrisiko zu schützen, sucht eine Unternehmung eine möglichst kostengünstige Festsatzfinanzierung, die es auf dem Wege des Zins-Swaps mit einer Bank erhält. In diesem Zusammenhang nimmt die Unternehmung eine eigentlich nicht gewünschte zinsvariable Floating Rate-Anleihe auf, die Bank eine Festsatzanleihe, und beide Partner tauschen ihre Zinsverpflichtungen aus.

Im Ergebnis zeigt sich, dass die Beteiligten im Vergleich zu den Alternativlösungen der jeweiligen Direktfinanzierungen ihre Ziele mit Kostenvorteilen erreichen. Die gezeigte Bank besitzt, verglichen mit dem Unternehmen Y, einen Bonitätsvorsprung und kann sich auf den Finanzmärkten kostengünstiger finanzieren. Sie kann diesen Vorteil – hier für eine zinsvariable Finanzierung – aber noch um 0,25 % vergrößern, weil ihr der Swap-Partner über die Begleichung ihrer Festzinsverpflichtung hinaus 1,25 % zur Verfügung stellt. Hiervon muss sie nur 1 % mehr für die Bedienung der von ihr eingetauschten zinsvariablen Verpflichtung abgeben, als wenn sie die Floating Rate Note selbst emittiert hätte. Auch für die Unternehmung ergibt sich eine um 0,25 % niedrigere zinsfixe Belastung. Trotz der **absolut** günstigeren Stellung der Bank auf beiden Teilmärkten ist es also für die Beteiligten von Nutzen, wenn sich die Unternehmung dort verschuldet, wo sie noch **relativ** besser steht (**komparativer Kostenvorteil**). Erfahrungsgemäß ist dies eher im zinsvariablen Bereich der Fall, wo die Anleger möglichen Bonitätsproblemen des Emittenten aufgrund ihrer eher kurzfristigen Orientierung weniger Beachtung schenken.

Werden zinsvariable Positionen gegen zinsfeste Positionen in einer anderen Währung getauscht und wird damit eine Absicherung sowohl gegen das Wechselkurs- als auch gegen das Zinsänderungsrisiko vorgenommen, so spricht man von einem Cross Currency Interest Rate Swap (Beispiel entnommen aus Süchting 1995, S. 431 ff.).

Swaption

Ähnlich wie bei Compound-Optionen können auch auf den Abschluss eines Swaps Optionen gezeichnet werden. Bei solchen **Swaptions** erwirbt der Optionskäufer das Recht, aber nicht die Pflicht, ein im Optionsvertrag spezifiziertes Swapgeschäft abzuschließen. Bei einer **payer swaption** kann der Optionsinhaber in einen **payer swap** einsteigen, d. h. einen Swap, in dem er fixe Beträge zahlt und variable Zahlungen erhält. Im Gegensatz hierzu hat der Optionskäufer bei einer receiver swaption das Recht, einen **receiver swap** abzuschließen, bei dem er fixe für variable Zahlungen erhält.

15.1.2.4 Kreditderivate

Eine besondere Kategorie von Finanzderivaten bilden **Kreditderivate**. Charakteristisch für diese Art von Derivaten ist, dass sie die Übertragung von Kreditrisiken bezwecken. Aufgrund dieser eher losen Definition werden verschiedene, in ihrer Struktur recht unterschiedliche Finanzinstrumente zu den Kreditderivaten gezählt:

Credit Default Swap

Bei einem **Credit Default Swap (CDS)** verpflichtet sich der Sicherungsgeber gegenüber dem Sicherungsnehmer dazu, diesen im Falle des Ausfalls einer Referenzeinheit (z. B. ein Unternehmen, ein Land, ein Wertpapier, etc.) mit einem festgelegten Betrag zu entschädigen. Für diese ggf. zu erbringende Entschädigungsleistung erhält der Sicherungsgeber vom -nehmer eine regelmäßig bis zum Ende des Vertrags (oder dem Zeitpunkt des Ausfalls der Referenzeinheit) zu erbringende Prämienzahlung (den sog. **CDS spread**).

Der Abschluss eines CDS entspricht in seiner ökonomischen Wirkung der einer gewöhnlichen **Kreditausfallversicherung**. Im Unterschied zu einer Versicherung kann jedoch ein CDS auch abgeschlossen werden, ohne dass der Sicherungsnehmer einen Anspruch auf die Referenzeinheit besitzt. Gleichzeitig ermöglichen CDS-Geschäfte die Vervollständigung des Kapitalmarktes, da sie den Investoren eine Gelegenheit bieten, ohne den ansonsten im Rahmen der Kreditvergabe notwendigen Kapitaleinsatz in Ausfallrisiken zu investieren.

Total Return Swap

Vergleichbar mit einem CDS sind die **Total Return Swaps**, bei denen zwei Vertragsparteien feste Zinszahlungen gegen sämtliche Erträge und Wertänderungen (d. h. den total return) eines Vermögensgegenstandes tauschen. Als Referenzeinheit werden üblicherweise Aktienindizes, Kreditforderungen oder Anleihen verwendet.

Collateralized Debt Obligation

Ebenfalls zu der Gruppe der Kreditderivate werden die sog. **Collateralized Debt Obligations** (kurz: CDOs) gezählt. CDOs stellen Spezialfälle forderungsbesicherter Wertpapiere (Asset Backed Securities, vgl. Modul 12) bzw. strukturierter Kreditprodukte dar. In ihrer Grundform bestehen sie aus einem Portfolio festverzinslicher Wertpapiere (z. B. Anleihen, verbriefte Kreditforderungen), die an eine Zweckgesellschaft (Special Purpose Vehicle, kurz: SPV) veräußert werden. Diese emittiert zur Finanzierung des Wertpapierankaufs ihrerseits Anleihen mit unterschiedlichen Zahlungsansprüchen und Ratings (man spricht in diesem Zusammenhang auch von Tranchen). Die verschiedenen Anleihen der SPV berechtigen zum Bezug der eigenommenen Zahlungsströme aus dem ursprünglichen Portfolio, wobei die Zahlungen nach dem Wasserfallprinzip zunächst an die Eigentümer der Tranche mit dem besten Rating (senior tranche) gezahlt werden, dann an die Tranche mit dem zweitbesten Rating (häufig auch als mezzanine tranche bezeichnet) usw. Die Investoren der equity tranche mit dem schlechtesten Rating tragen somit als erste die möglichen Ausfälle einzelner Forderungen aus dem im CDO strukturierten Portfolio.

CDOs müssen nicht zwingend aus verbrieften Kreditforderungen bestehen. Ebenfalls marktüblich sind **synthetische CDOs**, die aus einem strukturierten Portfolio von CDS-Kontrakten bestehen.

Credit-Linked Note

Eine weitere Art von Kreditderivaten bilden die **Credit-Linked Notes (CLNs)**. Bei diesen handelt es sich um gewöhnliche Anleihen, in die ein Credit Default Swap eingebaut ist. Der Emittent einer CLN begibt eine Anleihe, deren Rückzahlung an das Eintreten eines Ausfallereignisses (credit event) geknüpft ist. Tritt bei der Referenzeinheit (die nicht mit dem Emittenten übereinstimmt) ein Zahlungsausfall bzw. eine Insolvenz ein, so ist das emittierende Unternehmen von der Pflicht der Rückzahlung der Anleihe befreit. Die Absicherungswirkung des gewöhnlichen CDS wird somit mit der Möglichkeit der Fremdkapitalaufnahme mittels einer Anleihe kombiniert.

Weiterführende Informationen zu den unterschiedlichen Ausgestaltungsformen von Kreditderivaten sowie den Modellen zu ihrer Bepreisung finden sich z. B. in Rudolph/Schäfer 2010.

15.2 Bewertung von Derivaten

Im letzten Unterkapitel wurden die wichtigsten Arten von Finanzderivaten vorgestellt. Für elementare Derivate wie Forwards, Futures, Swaps und insbesondere Plain-Vanilla-Optionen wurde aufgezeigt, welche Zahlungsströme mit den jeweiligen Long- und Short-Positionen in einem Derivat verbunden sind. Bei diesen Betrachtungen wurde davon ausgegangen, dass für einen Investor der Preis des Derivats (der Futurekurs, der vereinbarte Forward-Preis, der Preis einer Call-Option, etc.) am Markt beobachtbar war. Für manche Derivate kann dies jedoch nicht immer der Fall sein, da sie nicht täglich gehandelt werden. Außerdem müssen die am Markt beobachtbaren Preise nicht immer dem wirtschaftlichen Wert des Derivatgeschäfts entsprechen, so dass der Investor eine eigene Bewertung des Derivats vornehmen sollte. In diesem Unterkapitel werden daher die gängigsten Verfahren und Modelle zur Bewertung wichtiger ausgewählter Derivate vorgestellt.

15.2.1 Bewertung von Forwards/Futures und Swaps

Wie gesehen, unterscheiden sich Forwards und Futures lediglich durch das tägliche marking-to-market des Futures mittels des an der Börse beobachtbaren Futurekurses: Während sich bei einem Forward die täglichen Gewinne/Verluste bis zum Laufzeitende des Geschäfts ansammeln, werden diese bei einem Future börsentäglich auf dem Margin-Konto gutgeschrieben und verzinst, so dass Unterschiede in den Preisen von Forwards und Futures mit identischer Ausgestaltung lediglich durch Zinseffekte zustande kommen. Zur Vereinfachung sollen diese Zinseffekte im Folgenden vernachlässigt werden. Ebenfalls wird angenommen, dass sich von dem Underlying, auf das sich der zu bewertende Forward bezieht, keine Zins- oder Dividendenzahlungen ableiten. Der nun zu bestimmende arbitragefreie Preis eines Forwards ist dann ebenfalls auf einen Future übertragbar.

Ausgangspunkt ist die einfache Überlegung, dass ein Investor durch gleichzeitige Investitionen in Kassa- und Forwardgeschäfte keine risikolosen Gewinne erzielen können sollte. Anschaulich impliziert diese Überlegung die Forderung, dass der Forwardpreis gleich der Summe aus dem Kassakurs und den Nettofinanzierungskosten, die das hypothetische Halten des Underlyings bis zur Fälligkeit des Forwards verursachen würde (**Cost-of-carry**), sein muss:

Forwardpreis = Kassapreis + Cost-of-carry

Für die analytische Herleitung werden zwei alternative Investitionsstrategien miteinander verglichen:

1. Kauf des Underlyings mittels eines Forwards/Futures in t = s und Glattstellung in t = T:

   $G_T = K_T - F_s$

2. Direkter Kauf des Underlyings auf Kredit in t = s mit Glattstellung in t = T mit einer Kreditaufnahme K_s, einem Kauf des Underlyings in t = s, einer Verzinsung des Kapitals bis t = T und einem Verkauf des Underlyings und der Ablösung des Kredites in t = T:

   $G_T = K_T - K_s\,(1 + r_{s,T})$

   mit $r_{s,T}$ als akkumulierter Zinssatz für die verzinsliche Ansammlung eines angelegten oder aufgenommenen Kapitalbetrags in Höhe von einer Geldeinheit von s bis T.

Beide Investitionsstrategien stimmen im Zeitpunkt T überein, so dass auch beide Strategien aus Arbitragegründen denselben Preis besitzen müssen. Das Gleichsetzen beider Gleichungen für G_T führt zum nachfolgenden zentralen Ergebnis.

Cost-of-carry-Preis eines Forwards/Futures

Der sogenannte **Cost-of-carry-Preis** eines Forwards (bzw. unter den getroffenen Annahmen auch eines Futures) ist gegeben mit

$F_t = K_t\,(1 + r_{t,T})$.

Der arbitragefreie Forwardkurs entspricht somit dem über die Laufzeit des Forwards aufgezinsten Kassakurs.

Für **Swap-Geschäfte** gestaltet sich die Bewertung in der Regel noch einfacher. Diese bestehen, wie bereits oben beschrieben, in ihrer Grundform aus einem reinen Tausch fixer gegen variabler Zahlungen zu den jeweiligen Zeitpunkten, bspw.

$-Z_{fix}, -Z_{fix}, \ldots, -Z_{fix}$ im Austausch für $+Z_{var}, +Z_{var}, \ldots, +Z_{var}$.

Beide Seiten des Swaps (**legs**) sind somit identisch mit den Zinszahlungen eines Kredites mit fixer Zinszahlung (bzw. einer Short-Position in einer Kuponanleihe) und den Zinszahlungen aus einem Wertpapier mit variabler Verzinsung (z. B. einer Geldmarktanleihe bzw. einer sog. Floating Rate Note), jeweils ohne Miteinbeziehung der Nominalzahlung. Die Bewertung eines Swaps kann dann wie im folgenden Beispiel dargestellt über eine Duplikation seiner Zahlungen erfolgen. Hierbei soll angenommen werden, dass es sich um einen Payer Swap handelt, der fixe Zinsen auszahlt und variable Zinsen erhält:

Tab. 15.3

Bewertung eines Swap-Geschäfts mittels Duplikation

Geldmarktanleihe (long)	$-G_0$	$+Z_{var}$	$+Z_{var}$	$+Z_{var}$	$+Z_{var}$	$+Z_{var} + N$
Kuponanleihe (short)	$+K_0$	$-Z_{fix}$	$-Z_{fix}$	$-Z_{fix}$	$-Z_{fix}$	$-Z_{fix} - N$
Swap	?	$-Z_{fix}$ $+Z_{var}$	$-Z_{fix}$ $+Z_{var}$	$-Z_{fix}$ $+Z_{var}$	$-Z_{fix}$ $+Z_{var}$	$-Z_{fix}$ $+Z_{var}$

Die durch den Swap ausgelöste Zahlungsreihe ist identisch mit der Summe der Zahlungen aus einer Long-Position in einer Geldmarktanleihe, bezogen auf denselben variablen Zinssatz wie im Swap und einer Short-Position in einer Kuponanleihe mit einer fixen Verzinsung, die dem fixen Swapsatz entspricht. Der Wert/Preis des Swaps, den eine Vertragsseite an die andere beim Abschluss des Geschäfts zahlen muss, ist dann die Summe der Preise der beiden Duplikationsgeschäfte, also $-G_0 + K_0$. Hätten diese homogenen Cashflows unterschiedliche Preise, würden Arbitragegeschäfte angelockt, die wiederum eine preisliche Identität herstellen müssten.

15.2.2 Bewertung von Finanzoptionen mit dem Binomialmodell

Zeitwert einer Option

Bei den im letzten Kapitel vorgestellten einfachen Gewinn-/Verlustprofilen war der Preis der jeweiligen Option für die Marktteilnehmer bereits gegeben. Wie gezeigt, kann der Preis einer Call-Option (Put-Option) bei Fälligkeit formal durch die Differenz zwischen dem Kurs des Underlyings (Strike) und dem Strike (Kurs des Underlyings) errechnet werden. Dieser sogenannte **innere Wert** einer Option spiegelt den tatsächlichen Optionspreis jedoch nur unzureichend wider. Dies ist der Fall, da letzterer ebenfalls vom Gewinnpotential der Option über die Laufzeit hinweg beeinflusst wird, welches auch als **Zeitwert der Option** bezeichnet werden kann.

Abb. 15.9

Wert einer Call-Option vor Fälligkeit T

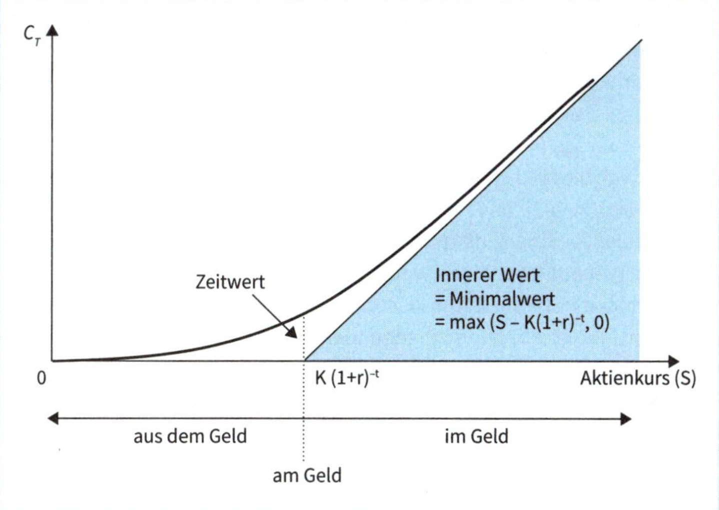

Wie Abbildung 15.9 zeigt, ergibt sich der aktuelle Optionspreis C_t aus der Summe von innerem Wert und Zeitwert der Option. Notiert der aktuelle Kurs des Underlyings S weit **unter** dem Strike K, also **aus dem Geld**, wird der Optionskäufer die Option bei Fälligkeit mit ziemlicher Sicherheit nicht ausüben. Im Gegensatz dazu ist die Optionsausübung bei einem aktuellen Kurs des Underlyings S, der weit **über** dem Strike K (also **im Geld**) notiert höchst wahrscheinlich. In diesen beiden Szenarien ist der **Zeitwert** gering, da dieser eine **Prämie für die Unsicherheit der Optionsausübung** darstellt. Folglich ist der Zeitwert der Option **am Geld**, also in Situationen, in denen der Kurs des Underlyings am Strike notiert, aufgrund der hohen Unsicherheit der Optionsausübung am höchsten.

Wie aber kann man beurteilen, ob die **Optionsprämie** angemessen (»**fair**«) ist?

Offensichtlich müssen dafür eine Reihe von Faktoren berücksichtigt werden, etwa das aktuelle Kursniveau des Underlyings, dessen potentieller Kursverlauf bis zum Ende der Laufzeit und der Basispreis. Erst mit dem Aufkommen des börsenmäßigen Handels von Finanzderivaten in den 1970er Jahren gelang die Entwicklung von **zwei** bis heute weit verbreiteten **Optionspreistheorien**. Sie unterscheiden sich durch die zeitliche Modellierung der Veränderungsraten des betrachteten Underlyings (in der folgenden Überlegung bleiben wir bei Aktien): Cox/Ross/Rubinstein (1979) leiteten den fairen Optionspreis aus einem zeitdiskreten Modell ab, bei dem sich der Aktienkurs annahmegemäß nur zu bestimmten Zeitpunkten ändert. Da es sich dabei um einen unmittelbar eingängigen Ansatz handelt, startet die folgende Betrachtung hiermit. Black und Scholes (1973) sowie Merton (1973) entwickelten dagegen ein Modell, das eine zeitkontinuierliche Wertänderung des Underlyings annimmt (15.2.3). In beiden Fällen setzt die Darstellung bei einer eher **intuitiven** Erklärung an, die dann stärker **formalisiert** wird.

Die Optionspreistheorien wurden in neoklassischer Denktradition entwickelt und unterstellten – wie zuvor etwa das CAPM (Modul 7) – den **vollkommenen und vollständigen Kapitalmarkt**. Dort müssen:

- **gleichartige Zahlungsströme** den **gleichen** Preis besitzen, da ansonsten eine risikolose Arbitrage (»money making machine«) für jeden Marktteilnehmer möglich wäre (vgl. die Modigliani/Miller-Argumentation im Modul 13). Insofern lassen sich bei **Arbitragefreiheit** im **Kapitalmarktgleichgewicht** auch zuvor unbekannte Preise für Finanzinstrumente ermitteln, indem ihr Cashflow aus solchen Titeln nachgebaut (**repliziert**) wird, deren Preise bekannt sind.
- sich **risikolose Portfolios** zum **risikolosen Kapitalmarktzins** r_f rentieren. Ist in dieses Portfolio eine Option eingebunden und sind die Preise der übrigen Titel bekannt, so ist ebenfalls eine arbitragefreie Gleichgewichtsbepreisung der Option möglich.

Binomialmodell von Cox/Ross/Rubinstein

Cox/Ross/Rubinstein unterstellen bei ihrer **zeitlich diskreten Modellierung** von Aktienkursen, dass in einem Zeitschritt (z. B. $t_0 \rightarrow t_1$) eine abzählbare Anzahl an Wertänderungen des jeweiligen Aktienkurses zu beobachten ist. Dabei kann die einfachste Annahme lauten, dass eine Wertveränderung der Aktie in einem betrachteten Zeitpunkt jeweils invariant um den Faktor u aufwärts bzw. um den Faktor d abwärts möglich ist. Anhand der Volatilitätseinschätzung der Anleger oder auf empirischer Basis lässt sich die Höhe der Faktoren u und d ermitteln (in der folgenden Abb. 15.10: u = 1,2 d = 0,8). Wahrscheinlichkeiten für den Eintritt von u oder d liegen nicht vor. Hierdurch wird eine diskrete Modellierung möglicher Aktienkursentwicklungen erreicht. Im Übrigen sei angenommen, der risikolose Kapitalmarktzins läge bei 12 % p. a., der für die Ermittlung der kontinuierlichen Verzinsung in die Potenz der Eulerschen Zahl e (≈2,7128) gestellt wird (Auf-/Abzinsungsfaktor bei Bruchteilen von Jahren $e^{r \cdot T}$ bzw. $e^{-r \cdot T}$).

Beispiel 5

►►► Abbildung 15.10 geht von einer Kaufoption auf eine Aktie mit einem Basispreis von 11 Geldeinheiten aus. In t_0 liegt der Aktienkurs S_0 bei 10. Aufgrund der eben erwähnten Veränderungsfaktoren kann sich der Aktienkurs in t_1 daher nur bei 12 oder 8 befinden. Folglich ist der Wert der Option in t_1 bekannt – er kann bei f_u = 1 oder f_d = 0 liegen. Vor diesem Hintergrund zu ermitteln ist der faire Preis dieser Option in t_0. ◄◄◄

Abb. 15.10

Das Bewertungsmodell nach Cox/Ross/Rubinstein

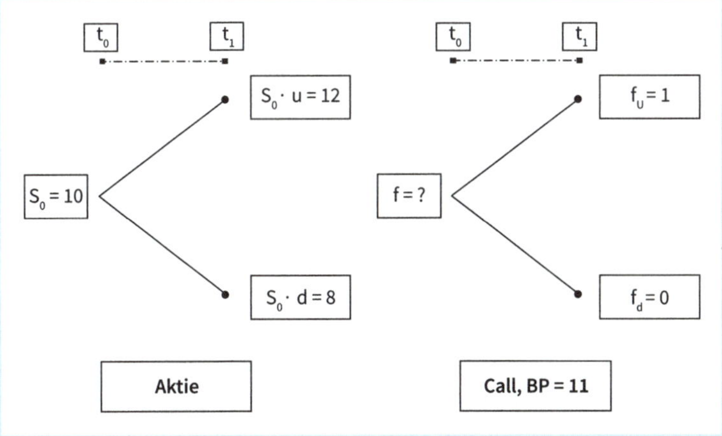

Hierfür wird zunächst ein in t_1 risikoloses Portfolio gebildet. Wie Abbildung 15.11 zeigt, müsste es aus 0,25 Aktien und einer Short-Position im Call bestehen. Unabhängig davon, welche Richtung der Aktienkurs von t_0 aus nimmt, läge der Portfoliowert dann in t_1 bei 2. Aufgrund der **Arbitragefreiheitsbedingung** wird ein Investor in t_0 nur bereit sein, den Barwert dieses Zukunftswerts zu bezahlen: 1,941. Für die in das Portfolio eingebundene Option lässt sich demnach ein Preis von 0,559 in t_0 ermitteln.

Abb. 15.11

Beispielrechnung Binomialmodell

Erläuterung Rechenschritte	Rechnung
(1) Bildung eines in t_1 risikolosen Portfolios	$\Delta \cdot 12 - 1 = \Delta \cdot 8 - 0$ $\Delta = 0{,}25$ **[sog. Delta Hedge Ratio]** Kauf 0,25 Aktien, Verkauf eines Calls (Short-Position)
(2) Risikoloser (»egal welcher Zustand«) und auch zahlungswirksamer (Deckung in Geld) Wert dieses Portfolios in t_1	$0{,}25 \cdot 12 - 1 = 2$ (Probe: $0{,}25 \cdot 8 = 2$)
(3) Auf dem vollkommenen (arbitragefreien) Kapitalmarkt wird ein Investor in t_0 nur bereit sein, den entsprechenden Barwert auszugeben, um den Anspruch auf das dargestellte Zahlungsstromprofil in t_1 zu erwerben	Zusatzannahme: T (= Zeitraum t_0–t_1) = 3 Monate (a) $2 \cdot e^{-r \cdot t} = 2 \cdot 2{,}71828^{-0{,}12 \cdot 3/12} = 1{,}941$ [Kapitalisierungszinssatz r, da **risikolos**] (b) $0{,}25 \cdot 10 - f = 1{,}941 \rightarrow$ **f = 0,559 [GE]** f → heutiger Optionspreis entspricht dem abgezinsten Zukunftspreis

Beispielrechnung (ebenfalls folgender Mehrperiodenfall) ist orientiert an Hull 2015, S. 350–352.

Delta Hedge Ratio

In Abbildung 15.11 wird der Aktienanteil Δ als **Delta Hedge Ratio** bezeichnet. Sie leitet sich als Verhältniszahl aus den Abständen vom möglichem Wert der Option im betrachteten Zukunftszeitpunkt und möglichem Wert der Aktie ab:

$$\Delta = \frac{f_u - f_d}{S_0 \cdot u - S_0 \cdot d}$$

Im gegebenen Beispiel ist die mögliche Wertdifferenz in der Aktie vier Mal so hoch wie in der Option.

Bewertung mit risikoneutralen Wahrscheinlichkeiten

Alternativ kann der Optionspreis auch mit Hilfe **risikoneutraler Wahrscheinlichkeiten** ermittelt werden (risk-neutral-pricing). Die Bezeichnung als risikoneutral kann wie folgt erklärt werden: In der realen Welt werden Wertpapierpreise stets das Risiko des jeweiligen Finanzinstruments widerspiegeln. Somit wird der faire Preis des Wertpapiers aber auch stets vom Erwartungswert der (diskontierten) Zahlungen aus dem Wertpapier abweichen, denn üblicherweise sind Investoren risikoavers, so dass der Preis unter dem Erwartungswert der zukünftigen Zahlungen liegen wird. Die Bewertung eines Wertpapiers würde somit erfordern, von Investor zu Investor verschiedene Diskontierungszinssätze zu verwenden, die die jeweilige Risikoneigung reflektieren. Die risikoneutrale Bewertung geht genau den umgekehrten Weg. Anstatt zunächst den Erwartungswert der zukünftigen Zahlungen zu bestimmen und dann eine Risikoadjustierung vorzunehmen, wird bei der risikoneutralen Bewertung zuerst eine Risikoanpassung sämtlicher in der Realität zu beobachtender Wahrscheinlichkeiten vorgenommen, so dass die sich ergebenden **risikoneutralen Wahrscheinlichkeiten die Risikopräferenzen sämtlicher Investoren** beinhalten. Anschließend können alle Wertpapiere arbitragefrei als mit dem risikolosen Zinssatz diskontierter Erwartungswert der zukünftigen Zahlungen bewertet werden (vgl. auch Rudolph/Schäfer 2010, S. 262 f.).

Es folgt dann:

$S_0 \cdot \Delta - f = (\Delta \cdot S_0 \cdot u - f_u) \cdot e^{-r \cdot T}$

Und nach einigen Umformungen:

$f = e^{-r \cdot T} \cdot [p \cdot f_u + (1-p) \cdot f_d]$, wobei $p = \frac{e^{r \cdot T} - d}{u - d}$

p bzw. (1 – p) sind die beiden **risikoneutralen** (Pseudo-)**Wahrscheinlichkeiten** für die beiden möglichen Umweltzustände im Zeitpunkt t_1. Sie ersetzen im Kalkül die »wirkliche« Wahrscheinlichkeitsverteilung eines risikoscheuen Entscheiders.

DREI ARTEN VON WAHRSCHEINLICHKEITEN

Unterschieden werden demnach drei Arten von Wahrscheinlichkeiten:

- **objektive** (auch als statistische bezeichnet), die aus der in der Vergangenheit beobachteten Wertentwicklung abgeleitet wurden;
- **subjektive**, die bei risikoaversen Entscheidern unter dem Erwartungs- respektive Durchschnittswert einer Reihe möglicher Wertausprägungen in der Zukunft liegen können;
- **risikoneutrale**, die die Risikopräferenzen sämtlicher Entscheider zwar beinhalten, diese jedoch nicht individuell betrachten, da sie aus existierenden Finanzmarktpreisen mit dem Ziel der Bildung risikoloser Portefeuilles abgeleitet wurden.

Vom Ergebnis des risikoneutralen Kalküls könnte aber im Umkehrschluss wieder auf das Bewertungskalkül des risikoscheuen Investors mit entsprechend angepasstem Kapitalisierungszins geschlossen werden (das ja umgangen werden sollte). Insofern liegt eine **spezifische Sicherheitsäquivalenzmethode** vor.

Für die risikoneutrale Bewertung der Aktie gilt dann:

$p \cdot S_0 \cdot u + (1-p) \cdot S_0 \cdot d = S_0 \cdot e^{r \cdot T}$

Da die erwartete Rendite der Aktie dem risikolosen Kapitalmarktzins entsprechen muss, folgt:

$\Rightarrow 4 \cdot p = 10 \cdot e^{0{,}12 \cdot 0{,}25} - 8 \Rightarrow p = 0{,}5761$ bzw. $(1-p) = 0{,}4239$

Als risikoneutrale Bewertung der Option ergibt sich somit:

$f = e^{-0{,}12 \cdot 0{,}25} \cdot (0{,}5761 \cdot 1 + 0{,}4239 \cdot 0) = 0{,}559$ €

Strategie der Selbstfinanzierung

Greifen wir mit Abbildung 15.12 die zuvor verwendete **Replikationsidee** auf: Das Zahlungsprofil der Option in t_1 kann nachgebildet werden durch einen kreditfinanzierten Aktienkauf. Auch damit leitet sich ein gleichgewichtiger Optionspreis von 0,559 ab. Wie Abbildung 15.13 zeigt, stellt das Aufsetzen des arbitragefreien Portfolios aus Sicht des Callverkäufers eine selbsttragende Finanzierungsmaßnahme dar (**self-financing strategy**).

Abb. 15.12

Verdeutlichung der risikoneutralen Bewertung

Erläuterung Rechenschritte	Rechnung	
	u	d
(1) **Zahlungsprofil der Option in t_1**	**1**	**0**
(2) **Wert der gehedgten Aktien**	$0{,}25 \cdot 12 = 3$	$0{,}25 \cdot 8 = 2$
(3) **Replikation über Kreditaufnahme** (inklusive Zinsen)	–2	–2
(4) **Zahlungsprofil** (2) und (3)	**1**	**0**
Da (1) und (4) das **gleiche Zahlungsprofil** aufweisen, **würde für beide Investitionen in t_0 der gleiche Preis bezahlt (»law of one price«)**	**Replikationszahlung (Aktienkauf und Kreditaufnahme) = Optionszahlung (gleichwertiger Optionspreis)**	

Abb. 15.13

Self-financing strategy

t_0		t_1		
			u	d
Kauf von 0,25 Aktien (= Aufbau der Long-Position)	–2,5	Wert der Aktie, der durch den Verkauf am Aktienmarkt auch sofort zahlungswirksam realisiert werden kann	3	2
Verkauf des Calls zum gleichgewichtigen Optionspreis (Cash inflow), (= Aufbau der Short-Position)	0,559	Wert des Calls	–1	0
Finanzierungslücke	–1,941	Risikoloser und zudem zahlungswirksamer Wert des Portfolios	2	2
Decken der Lücke durch einen Kredit am Kapitalmarkt zu 12% p.a. für die Dauer des Optionsgeschäfts (3 Monate)	1,941	Rückzahlung des Kredits inkl. Zinsen für 3 Monate (stetige Verzinsung unterstellt)	–2	–2
Ausgeglichener Finanzierungssaldo	**0**	**Ausgeglichener Finanzierungssaldo**	**0**	**0**

In Abbildung 15.14 wird das zuvor gezeigte **Modell um eine Periode erweitert**. Da die Veränderungsfaktoren unverändert bleiben, sind nun drei Ausprägungen des Aktien- bzw. Optionskurses in t_2 möglich. Es stellt sich die Frage nach dem fairen Optionspreis in t_1 und t_0.

Abb. 15.14

Erste Erweiterung auf ein Multiperioden-Modell I

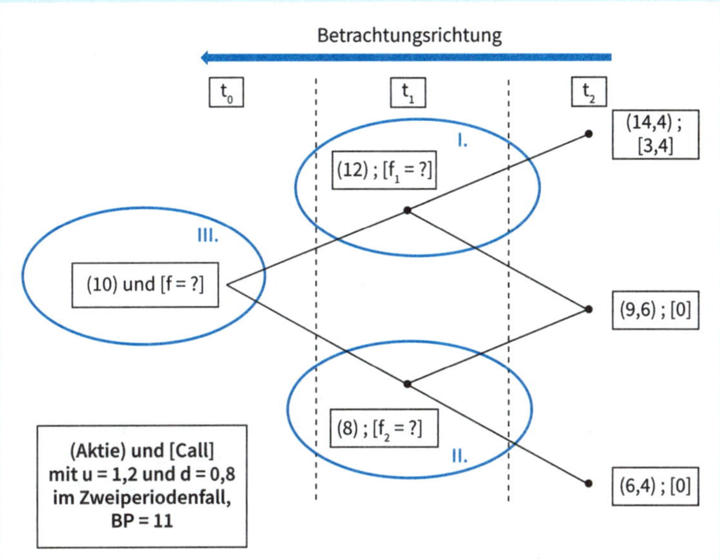

Zunächst wird der Schritt von t_2 nach t_1 betrachtet. Die nachfolgende Berechnung (Abb. 15.15) fokussiert den Wert der Option für den Fall eines Aktienkurses i. H. v. 12 in t_1 (I.). Der Wert des anderen Astes (II.) lässt sich analog ermitteln.

Abb. 15.15

Erste Erweiterung auf ein Multiperioden-Modell II

Rechenschritte	Rechnung
(1) Risikoloses Portfolio in t_2	$\Delta \cdot 14{,}4 - 3{,}4 = \Delta \cdot 9{,}6 - 0$ $\rightarrow \Delta = 0{,}7083$
(2) Zustandsunabhängiger (risikoloser) Wert in t_2	$0{,}7083 \cdot 14{,}4 - 3{,}4 = 6{,}8$ (Probe: $0{,}7083 \cdot 9{,}6 = 6{,}8$)
(3) Entsprechender Barwert in t_1	$6{,}8 \cdot 2{,}71828^{-0{,}12 \cdot 0{,}25} = 6{,}599$
(4) Barwert aus (3) = Zahlungsbereitschaft (Preis) t_1	$0{,}7083 \cdot 12 - f_1 = 6{,}599 \rightarrow$ **$f_1 = 1{,}9006$**

Rechnet man vereinfachend mit risikoneutralen Wahrscheinlichkeiten weiter, die aufgrund der zeitlich invarianten Parameter u und d (und der gleichen Schrittlängen) an allen Knotenpunkten gleich sind, dann ergibt sich für die risikoneutrale Aktienbewertung (III.):

$$p \cdot S_0 \cdot u + (1 - p) \cdot S_0 \cdot d = S_0 \cdot e^{r \cdot T} \Rightarrow p = 0{,}5761$$

und schließlich

$$f = e^{-r \cdot T} \cdot (p \cdot f_u + (1 - p) \cdot f_d) = e^{-0{,}12 \cdot 0{,}25} \cdot (0{,}5761 \cdot 1{,}9006 + 0{,}4239 \cdot 0) = 1{,}0626,$$

was dem Wert der Option t_0 entspricht.

15.2.3 Bewertung von Finanzoptionen mit Hilfe der Black-Scholes-Formel

Werden statt einer Zahl endlicher Zeitpunkte **unendlich viele Zeitpunkte** möglicher Änderungen des Underlyingkurses betrachtet, so findet die Optionsbewertung in **stetiger** Zeit statt. Der von **Fisher Black, Myron S. Scholes** und zeitgleich **Robert C. Merton** entwickelte Ansatz stellt ein solches zeitstetiges Modell dar. Verkürzt ist in Literatur und Praxis zumeist nur von der »**Black-Scholes-Formel**« die Rede. Sie erlaubt in der Grundform eine zeitlich kontinuierliche, risikoneutrale (arbitragefreie) Bewertung des Optionspreises einer nicht-dividendenabhängigen Aktienoption. Diese kontinuierliche Black-Scholes-Bewertungswelt ist somit ein **Grenzfall der Binomialbewertung** mit einer unbegrenzten Anzahl von Teilperioden und einer Periodenlänge, die gegen Null geht.

Black und Scholes setzen voraus, dass

- die Aktienkurse einem stetigen Zufallspfad (random walk) folgen und ihre Veränderungen logarithmisch-normalverteilt sind.
- Leerverkäufe unbeschränkt möglich sind.
- keine Transaktionskosten und Steuern existieren.
- es einen einheitlichen, zeitlich konstanten Kapitalmarktzins für risikolose Kapitalanlagen und -aufnahmen gibt.
- keine Dividenden oder sonstigen Erträge auf die Wertpapiere ausgeschüttet werden.

Die der Optionsbewertung zugrundeliegende Idee besteht darin, dass die schon im Rahmen des Binomialmodells gezeigte **Kombination aus Aktienanlage und Kreditaufnahme** angesichts des kontinuierlichen Ansatzes **stetig umgeschichtet** werden muss, je nachdem, wie sich der Aktienkurs entwickelt und die Restlaufzeit abnimmt. Diese Umschichtungen müssen **selbstfinanzierend** sein, indem das aus dem Verkauf von Aktien erlöste Geld zur Rückzahlung des Kredites verwendet wird.

Der mathematische Lösungsansatz der Preisbestimmung durch **dynamische Replikation** führte Black und Scholes zu einer stochastischen Differentialgleichung zweiter Ordnung, die sie allein nicht lösen konnten (vgl. Kraus 1997, S. 214). Ein befragter Physiker verwies auf die Wärmeaustauschgleichung aus der Thermodynamik. Bildlich gesprochen modellieren Black und Scholes den Umschichtungsprozess zwischen Aktie und Kredit daher wie die Temperaturübertragung zwischen einem wärmeren und einem kälteren Körper.

Black-Scholes-Formel

Unter den dargestellten Annahmen leiteten Black/Scholes (und Merton) für den Preis eines europäischen Calls folgenden Zusammenhang ab:

$$C = S \cdot N(d_1) - e^{-r \cdot T} \cdot K \cdot N(d_2)$$

mit S: Kurs der Aktie, K: Basispreis des Calls, r: Kapitalmarktzins, T: Restlaufzeit der Option, $N(\cdot)$: Verteilungsfunktion der Standardnormalverteilung.

Dabei sind die Quantilswerte d_1 und d_2 wie folgt definiert:

$$d_1 = \frac{\ln\left(\frac{S}{K}\right) + \left(r + \frac{\sigma^2}{2}\right) \cdot T}{\sigma \cdot \sqrt{T}}$$

$$d_2 = d_1 - \sigma \cdot \sqrt{T}$$

$N(d_1)$ drückt die **Veränderung des Optionspreises in Abhängigkeit von der Veränderung des zugrundeliegenden Aktienkurses** aus. Ist die Option weit aus dem Geld ($N(d_1)$ nahe 0) haben steigende Aktienkurse nur eine geringe Auswirkung auf den Optionspreis. Ist die Option am Geld ($N(d_1)$ bei 0,5) besteht eine 50:50-Chance, dass die Option im Geld oder nicht im Geld endet. Ist die Option weit im Geld, liegt $N(d_1)$ bei max. 1, d. h. Kursanstiege der Aktie spiegeln sich stark im Optionspreis wider. Nur wenn der finale Aktienkurs über dem Basispreis des Calls liegt, wird die Option ausgeübt und der Basispreis mit Hilfe eines dafür aufgenommenen Kredits bezahlt. $N(d_2)$ ist die **Wahrscheinlichkeit für die Ausübung der Option**. Liegt die Option weit aus dem Geld, ist die Optionsausübung eher unwahrscheinlich, und zur Zahlung des Basispreises wird es tendenziell nicht kommen. Je weiter die Option dagegen ins Geld kommt, desto wahrscheinlicher wird die Optionsausübung über die kreditfinanzierte Basispreiszahlung.

Der Optionspreis für einen Call setzt sich demnach aus zwei Teilen zusammen (Rudolph/Schäfer 2010, S. 271): Zum einen wird der Aktienkurs mit der Anzahl der Aktien gewichtet, die in einem Duplikations-Portfolio benötigt werden. Hierdurch wird der Wert der Aktie ausgedrückt, den der Optionsinhaber im Falle der Ausübung kaufen kann. Zum anderen geht der diskontierte Ausübungspreis gewichtet mit der Wahrscheinlichkeit ein, dass die Option im Geld liegt. Dabei handelt es sich dann um den zu zahlenden Wert für den Bezug der Aktie.

Beispiel 6

Bewertung einer europäischen Call-Option mit dem Black-Scholes-Modell

▸▸▸ Eine europäische Kaufoption habe die nachfolgend dargestellten Parameter:

- Restlaufzeit (T): 1 Jahr
- Aktueller Aktienkurs (S): 100 €
- Basispreis (K): 100 €

- Stetiger Zins (r): 9,531 % p. a.
- Standardabweichung (σ): 22,31 % p. a.

Zunächst ist d_1 zu berechnen:

$$d_1 = \frac{\ln\left(\frac{S}{K}\right) + \left(r + \frac{\sigma^2}{2}\right) \cdot T}{\sigma \cdot \sqrt{T}} = \frac{\ln\left(\frac{100}{100}\right) + \left(0{,}09531 + \frac{0{,}2231^2}{2}\right) \cdot 1}{0{,}2231 \cdot \sqrt{1}} = 0{,}5388$$

Sodann lässt sich d_2 errechnen:

$$d_2 = d_1 - \sigma \cdot \sqrt{T} = 0{,}5388 - 0{,}2231 \cdot \sqrt{1} = 0{,}3157$$

Auf dieser Basis sind die Funktionswerte der Verteilungsfunktion der Standardnormalverteilung für die Quantilswerte d_1 und d_2 zu ermitteln, wobei es sinnvoll ist, die Eigenschaften der Standardnormalverteilung vorab zu rekapitulieren. ◂◂◂

Abb. 15.16

Die Standardnormalverteilung I

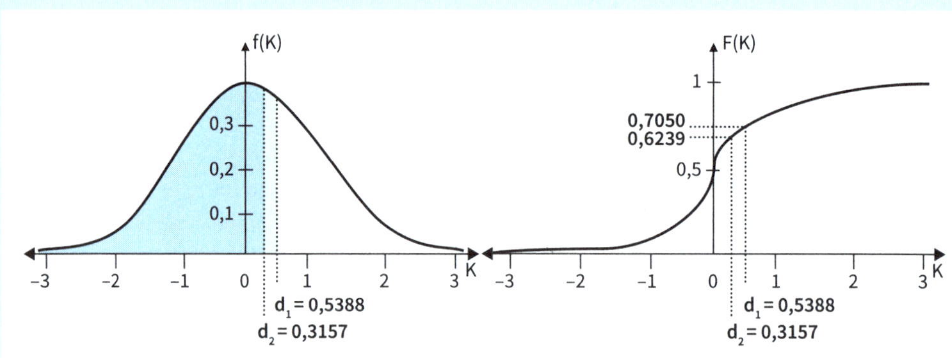

Auf der linken Seite der obigen Abbildung ist die Dichtefunktion der Standardnormalverteilung zu sehen, in der die Quantilswerte d_1 und d_2 bereits eingezeichnet sind. Die markierten Flächen linkerhand dieser Werte sind die Integrale der Funktion f(x) in den Grenzen von $-\infty$ bis d_1 respektive d_2. Sie spiegeln sich insofern in der – auf der rechten Seite der obigen Abbildung zu sehenden – Verteilungsfunktion der Standardnormalverteilung F(x) wider, als F(x) eine Stammfunktion von f(x) ist: $F'(x) = f(x)$. Entsprechend liegt links von $d_1 = 0{,}5388$ ein Flächeninhalt i. H. v. 70,50 % der Gesamtfläche und links von $d_2 = 0{,}3157$ ein Flächeninhalt i. H. v. 62,39 % der Gesamtfläche.

Diese Werte lassen sich mit Hilfe der entsprechenden Wahrscheinlichkeitstabelle ermitteln, indem die Quantilswerte (z-Werte) zunächst in der Tabelle gesucht und sodann ihre entsprechenden Funktionswerte (Wahrscheinlichkeiten) im Mittelfeld der Tabelle abgelesen werden.

Tab. 15.4

Die Standardnormalverteilung II

Kopfzeile: z-Wert für die 2. Dezimalstelle

Vorspalte: z-Wert bis zur 1. Dezimalstelle

z	0	0,01	0,02	0,03	0,04	0,05	0,06	0,07	0,08	0,09
0,0	0,5000	0,5040	0,5080	0,5120	0,5160	0,5199	0,5239	0,5279	0,5319	0,5359
0,1	0,5398	0,5438	0,5478	0,5517	0,5557	0,5596	0,5636	0,5675	0,5714	0,5753
0,2	0,5793	0,5832	0,5871	0,5910	0,5948	0,5987	0,6026	0,6064	0,6103	0,6141
0,3	0,6179	**0,6217**	**0,6255**	0,6293	0,6331	0,6368	0,6406	0,6443	0,6480	0,6517
0,4	0,6554	0,6591	0,6628	0,6664	0,6700	0,6736	0,6772	0,6808	0,6844	0,6879
0,5	0,6915	0,6950	0,6985	**0,7019**	**0,7054**	0,7088	0,7123	0,7157	0,7190	0,7224
0,6	0,7257	0,7291	0,7324	0,7357	0,7389	0,7422	0,7454	0,7486	0,7517	0,7549
0,7	0,7580	0,7611	0,7642	0,7673	0,7703	0,7734	0,7764	0,7794	0,7823	0,7852
0,8	0,7881	0,7910	0,7939	0,7967	0,7995	0,8023	0,8051	0,8078	0,8106	0,8133
0,9	0,8159	0,8186	0,8212	0,8238	0,8264	0,8289	0,8315	0,8340	0,8365	0,8389
1,0	0,8413	0,8438	0,8461	0,8485	0,8508	0,8531	0,8554	0,8577	0,8599	0,8621
1,1	0,8643	0,8665	0,8686	0,8708	0,8729	0,8749	0,8770	0,8790	0,8810	0,8830
1,2	0,8849	0,8869	0,8888	0,8907	0,8925	0,8944	0,8962	0,8980	0,8997	0,9015
1,3	0,9032	0,9049	0,9066	0,9082	0,9099	0,9115	0,9131	0,9147	0,9162	0,9177
1,4	0,9192	0,9207	0,9222	0,9236	0,9251	0,9265	0,9279	0,9292	0,9306	0,9319
1,5	0,9332	0,9345	0,9357	0,9370	0,9382	0,9394	0,9406	0,9418	0,9429	0,9441
1,6	0,9452	0,9463	0,9474	0,9484	0,9495	0,9505	0,9515	0,9525	0,9535	0,9545
1,7	0,9554	0,9564	0,9573	0,9582	0,9591	0,9599	0,9608	0,9616	0,9625	0,9633
1,8	0,9641	0,9649	0,9656	0,9664	0,9671	0,9678	0,9686	0,9693	0,9699	0,9706
1,9	0,9713	0,9719	0,9726	0,9732	0,9738	0,9744	0,9750	0,9756	0,9761	0,9767
2,0	0,9772	0,9778	0,9783	0,9788	0,9793	0,9798	0,9803	0,9808	0,9812	0,9817
2,1	0,9821	0,9826	0,9830	0,9834	0,9838	0,9842	0,9846	0,9850	0,9854	0,9857
2,2	0,9861	0,9864	0,9868	0,9871	0,9875	0,9878	0,9881	0,9884	0,9887	0,9890
2,3	0,9893	0,9896	0,9898	0,9901	0,9904	0,9906	0,9909	0,9911	0,9913	0,9916
2,4	0,9918	0,9920	0,9922	0,9925	0,9927	0,9929	0,9931	0,9932	0,9934	0,9936
2,5	0,9938	0,9940	0,9941	0,9943	0,9945	0,9946	0,9948	0,9949	0,9951	0,9952
2,6	0,9953	0,9955	0,9956	0,9957	0,9959	0,9960	0,9961	0,9962	0,9963	0,9964

Es folgt:

$\Rightarrow N(d_1) = N(0{,}5388) = 0{,}7050$

$\Rightarrow N(d_2) = N(0{,}3157) = 0{,}6239$

Durch das Einsetzen sämtlicher Daten ergibt sich ein Callpreis von:

$$C = S \cdot N(d_1) - e^{-r \cdot T} \cdot K \cdot N(d_2)$$

$$= 100 \cdot 0{,}7050 - e^{-0{,}09531 \cdot 1} \cdot 100 \cdot 0{,}6239$$

$$= 13{,}78\ [€]$$

Einflussfaktoren auf den Optionspreis

Die Formel von Black Scholes ermöglicht nun eine Reihe weiterer Aussagen über den Wert einer Option und dessen **Einflussfaktoren**.

Abb. 15.17

Einflussfaktoren des Optionspreises

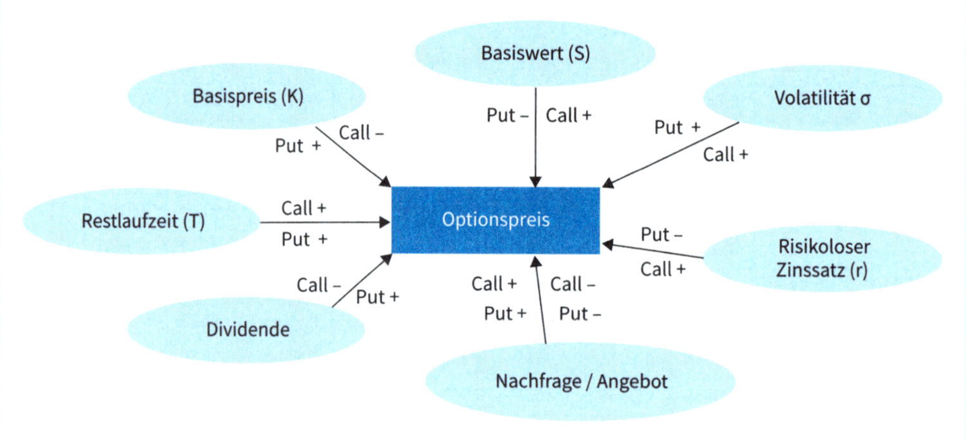

Die wichtigsten optionspreisbestimmenden Faktoren wirken wie folgt (nach Spremann 2008, S. 540 f.):

- Je höher der derzeitige Kurs des **Basisobjekts(-werts)**, desto wahrscheinlicher wird eine Kaufoption ausgeübt, umso höher der Call-Preis.
- Je höher der **Basispreis (Ausübungspreis)** für einen Call, desto geringer ist der Call-Preis, da die Gewinnschwelle nach oben verschoben wird.
- Je höher die **Volatilität**, desto größer wird die Wahrscheinlichkeit, dass die durch den Ausübungspreis definierten Schwellenwerte unter- (bei der Verkaufsoption) bzw. überschritten (bei der Kaufoption) werden. Mit zunehmender

Volatilität steigen demnach sowohl die Call- als auch die Put-Preise, während sich mit Blick auf die ersten beiden Parameter gegensätzliche Entwicklungen zeigen.

- Je länger die bis zur Fälligkeit der Option verbleibende **Restlaufzeit**, desto eher sind Kursveränderungen möglich, die zu einem Unter- bzw. Überschreiten der Schwellenwerte führen. Daher steigen auch mit zunehmender Restlaufzeit sowohl die Call- als auch die Put-Preise.
- Mit einem Call wird das Recht erworben, Aktien erst zu einem späteren Zeitpunkt zu erwerben. Der Käufer spart also die Kapitalbindung bei einem früheren Aktienkauf und kann die Mittel zunächst am Kapitalmarkt anlegen. Je höher der **Kalkulationszins**, desto größer fällt sein Vorteil aus. Während sich steigende Zinssätze also positiv auf Call-Preise auswirken, verringern sie die Put-Prämien.

Die »Griechen«

Zentrale **Sensitivitätsmaße** von Optionspreisen lassen sich über partielle Ableitungen der Black-Scholes-Formeln nach bestimmten Inputparametern bestimmen. Im Allgemeinen werden diese mit griechischen Buchstaben bezeichnet, weswegen in der Literatur zumeist von den »Griechen« die Rede ist.

Abb. 15.18

Sensitivitätsmaße von Optionen

Delta (Δ)	**Variation im Underlying.** Delta drückt aus, um wie viel Einheiten sich der Optionspreis verändert, wenn sich der Preis des Underlyings um eine Einheit verändert
Gamma (Γ)	**Variation im Delta.** Gamma drückt die Veränderung von Delta aus, wenn sich das Underlying um eine Einheit verändert
Theta (Θ)	**Variation im Zeitwert.** Theta beschreibt den Zeitwertverfall pro Jahr
Vega (Λ)	**Variation in der Volatilität.** Veränderung des Optionswertes bei einer Veränderung der Volatilität um 100 Prozentpunkte des Underlyings
Rho (Ρ)	**Variation des verwendeten Zinssatzes.** Veränderung des Optionswertes bei einer Veränderung des Zinssatzes um 100 Prozentpunkte

Beispiel 7

Delta-Hedging

▸▸▸ Die Kenntnis dieser Sensitivitäten erlaubt den Aufbau von Absicherungsstrategien. Nachfolgend wird exemplarisch **zunächst** eine Delta-Hedging-Strategie am Beispiel des **Binomialmodells** erklärt.

Abb. 15.19

Delta-Hedging im Binomialmodell I

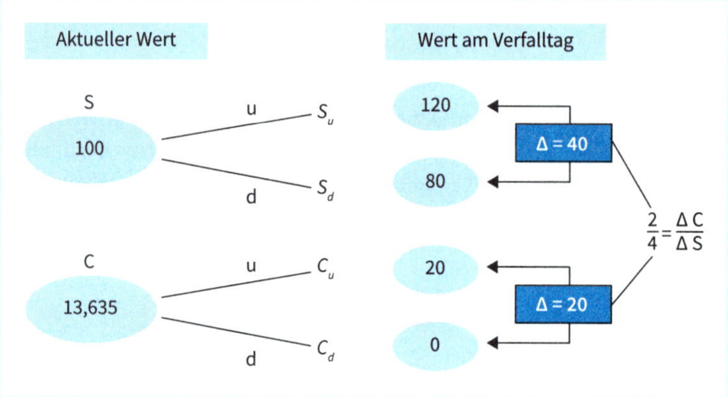

Das **Optionsdelta** beschreibt, um welchen Wert sich der Optionspreis bei einer Steigerung des Aktienkurses um eine Einheit verändert:

$$\Delta = \frac{C_u - C_d}{S \cdot (u - d)} = \frac{20 - 0}{100 \cdot (1{,}20 - 0{,}80)} = \frac{1}{2}$$

Das Delta von 0,5 bedeutet, dass eine Option 0,5 Aktien absichern kann. Zur Absicherung einer Long-Position von einer Aktie ergibt sich daher eine **Hedge-Ratio** von 2:

$$\frac{1}{\Delta} = \frac{1}{{}^{1}/_{2}} = 2$$

Sowohl bei steigenden als auch bei fallenden Kursen weist eine Aktie identische Wertschwankungen wie 2 Call-Optionen auf. So beträgt die mögliche Wertschwankung einer Aktie:

$$100 \cdot 1{,}20 - 100 \cdot 0{,}8 = 40$$

Die mögliche Wertschwankung zweier Call-Optionen beträgt ebenfalls 40:

$$(20 - 0) \cdot 2 = 40$$

Abb. 15.20

Delta-Hedging im Binomialmodell II

Zeitpunkt	t_0	t_u	t_d
Aktie Long	–100	+120	+80
Short Call	2 · 13,635 = 27,27	–2 · 20,00 = –40*	–2 · 0,00
Cashflow	**–72,73**	**+80,00**	**+80,00**

* Realisierter Verlust durch Verkauf der beiden Optionen zum Basispreis von 100 €

Durch den Cashflow der Aktie und der Optionen wird in **beiden Endszenarien** in t_1 eine **sichere** Auszahlung von 80,00 € gewährleistet. Die Long-Position der Aktie ist hier **vollständig abgesichert** (80 diskontiert mit dem risikolosen Zinssatz von 10 % ergibt 72,73).

Im Anschluss an das Delta-Hedging im Binomialmodell, erfolgt nun eine **gleichartige Betrachtung** hinsichtlich des **Black-Scholes-Modells**. Es lässt sich zeigen, dass das Delta eines Calls bzw. Puts den Termen $N(d_1)$ bzw $N(d_1) - 1$ der Black-Scholes-Formeln entspricht.

- Position: Call
- Restlaufzeit (T): 1 Jahr
- Aktueller Aktienkurs (S): 100 €
- Basispreis (K): 100 €
- Stetiger Zins (r): 10 % p. a.
- Standardabweichung (σ): 20 % p. a.

Ausgehend von den vorgenannten Daten (r und T wurden per Annahme hinzugefügt, da sie für das Binomialmodell irrelevant sind) lässt sich das Delta einer Call-Option wie folgt bestimmen:

$$\text{Optionsdelta} = \Delta = N(d_1) = N\left(\frac{\ln\left(^{100}/_{100}\right) + \left(0{,}1 + ^{0{,}2^2}/_2\right) \cdot 1}{0{,}2 \cdot \sqrt{1}}\right) \approx 0{,}7260$$

$$\text{Hedge-Ratio} = \frac{1}{\Delta} = \frac{1}{0{,}7260} \approx 1{,}38$$

Im Black-Scholes-Modell kann eine Long-Position in einer Aktie durch den Verkauf von 1,38 Call-Optionen auf diese Aktie abgesichert werden. Anders als im Binomialmodell besteht diese **Absicherung** hier jedoch nur **kurzfristig**. Bei einem sich verändernden Kurs des Underlyings bedürfen die zu haltenden Optionsanteile einer **permanenten Readjustierung**, da jede Kursbewegung des Underlyings ebenfalls das Delta und somit die Optionsposition gemäß der Hedge-Ratio ändert.
Stiege der Kurs des Underlyings im Laufe eines Handelstages auf 110 €, so ergäbe sich c.p. ein neues Delta i. H. v.:

$$\Delta_{neu} = N(d_1) = N\left(\frac{\ln\left(^{110}/_{100}\right) + \left(0{,}1 + ^{0{,}2^2}/_2\right) \cdot ^{364}/_{365}}{0{,}2 \cdot \sqrt{^{364}/_{365}}}\right) \approx 0{,}8591$$

Die neue Hedge-Ratio betrüge somit:

$$\frac{1}{\Delta_{neu}} = \frac{1}{0{,}8591} \approx 1{,}16$$

Die neu einzunehmende Optionsposition zur Absicherung der Aktienposition entspräche nun 1,16 Call-Optionen, weswegen die Optionsposition um 1,38 – 1,16 = 0,22 Optionen zu reduzieren wäre.
Um die Anzahl der durchzuführenden Transaktionen innerhalb einer solchen dynamischen Hedgingstrategie zu verringern, wird in der Praxis meist versucht, die eigene Position bzw. das eigene Portfolio nicht nur delta- sondern auch gammaneutral zu halten. Durch das sogenannte **Gamma-Hedging** wird folglich das eigene Portfolio **gegen kleine Veränderungen im Delta immunisiert**, die sich aufgrund der Kursbewegungen des Underlyings einstellen. ◂◂◂

Problematische Prämissen der Optionspreistheorien

Unabhängig davon, ob die Optionspreise mit Hilfe des Binomialmodells oder der Black-Scholes-Formel berechnet werden: Beide Ermittlungsarten gehen von den Voraussetzungen des vollkommenen Kapitalmarktes aus. Da der Optionspreisbildung ein bestimmter Zeitraum zugrunde zu legen ist (in dem sich der Aktienkurs verändern kann), muss ein **Kapitalmarktgleichgewicht** nicht nur für einen Zeitpunkt, sondern im Zeitablauf und damit in **dynamischer Perspektive** angenommen werden.

Bereits in den Modulen 7 und 8 wurde darauf hingewiesen, dass die für die Gültigkeit der Modelle notwendigen Prämissen in der Realität nicht erfüllt sind. Mit Blick auf die Optionspreistheorie ist dabei insbesondere kritisch, dass die **unerlässliche Voraussetzung fehlender Transaktionskosten** nicht gegeben ist (vgl. hierzu Schneider 1992, S. 535). Die permanenten, für die Konstruktion eines risikolosen Portefeuilles zwangsläufig erforderlichen **Portefeuille-Umschichtungen** sind dann aber **nicht mehr wertneutral möglich**.

15.2.4 Einbeziehung von Realoptionen in die Unternehmensbewertung und Kapitalstrukturentscheidung

Die in Modul 8 dargestellte Unternehmensbewertung mit Hilfe der DCF-Verfahren basierte auf statischen Cashflow-Prognosen. Zwar wurde die Möglichkeit angesprochen, mehrere Zukunftsszenarien zu simulieren (Best-, Middle- = Management-, Worst Case). Diskontiert wurde jedoch letztlich nur eine der daraus resultierenden Cashflow-Reihen (oder etwa ihr Durchschnitt). Dabei blieb ein wichtiger Treiber für den Unternehmenswert unberücksichtigt. Denn nimmt man zwei Unternehmen mit identischem Geschäftsmodell, dann müsste dasjenige einen **höheren Wert** besitzen, das in der Lage ist, **auf** (im Planungszeitpunkt unbekannte) **Zukunftsentwicklungen reagieren** zu können. Umgekehrt müsste das Unternehmen unterlegen sein, das durch langfristige Verträge mit Mengen- und/oder Preisfixierung gegenüber den Stakeholdern (Kunden, Lieferanten, Mitarbeiter, Kapitalgeber etc.) keinerlei Anpassungsmöglichkeiten besitzt.

Bewertung der unternehmerischen Flexibilität mittels Realoptionen

Offenbar kommt also der **unternehmerischen Flexibilität** ein **Wert** zu, den man in Analogie zu Finanz- mit **Realoptionen** einzufangen versucht (zu Realoptionen vgl. ausführlich Copeland/Weston/Shastri 2008, Kapitel 9). Wird dort auf die Möglichkeit abgestellt, z. B. eine Aktie aus der Option heraus zu verkaufen oder diese verfallen zu lassen, kann eine Realoption etwa darin bestehen, ein Reservegrundstück der Unternehmung für die Betriebserweiterung zu nutzen – oder bei negativer Umsatzentwicklung hierauf zu verzichten.

Als Realoptionen können allgemein **unternehmerische Wahlmöglichkeiten über Veränderungen** an den unterschiedlichen Elementen **des Geschäftsmodells** (vgl. Modul 1) bezeichnet werden (vor allem Ressourcen, Wertschaffungsidee, -architektur). Beispiele für **aktivseitige** Realoptionen, mit denen der Cashflow – wie in Abbildung 15.21 dargestellt – verschoben werden soll, können sein:

- Wachstums-/Erweiterungsoption (oben genanntes Grundstücksbeispiel)
- Verlängerungsoption (etwa für den Mietvertrag eines Bürogebäudes)
- Aufschubs-/Verzögerungsoption (z. B. Gelegenheit, Mitarbeiter jetzt oder in vier Monaten einzustellen)
- Abbruchs-/Schrumpfungs-/ Verkürzungsoption (etwa Wahlmöglichkeit, eine Maschine vor dem Ende eines Leasingvertrags zurückgeben zu können)
- Umstiegsoption (z. B. für die Stromzufuhr der Unternehmung von Gas auf Solarenergie)

Abb. 15.21

Verschiebung von Cashflows durch aktivseitige Realoptionen

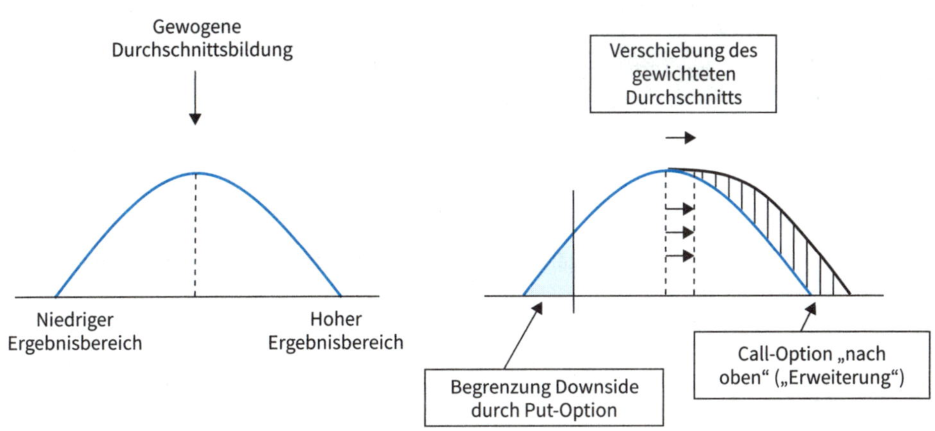

Quelle: orientiert an Eube 2000, S. 377

Eine den Finanzoptionen vergleichbare Modellierung setzt indes eine **analoge Bestimmung preisrelevanter Parameter der Option** voraus. Mit Blick auf eine Erweiterungsinvestition könnte das Underlying im Barwert der erwarteten Cashflows aus dieser Investition, der Ausübungspreis in ihrer Anschaffungsauszahlung bestehen. Statt eines möglichen Aktienkursverlaufs müsste auf die Schwankungsbreite des Investitions-Cashflows abgestellt werden; Optionslaufzeit wäre derjenige Zeitraum, in dem die Unternehmung die Wahlmöglichkeit über die Durchführung der Investition besitzt.

Beispiel 8

▶▶▶ Im Folgenden sei angenommen, das Unternehmen Adversia wolle das Unternehmen Leverice erwerben, das in Zukunft (stand alone, ohne Berücksichtigung von Entscheidungsflexibilitäten) folgende Cashflows (in Mio. €) erwirtschaften solle, die an Adversia ausgeschüttet würden. Zudem sei bekannt, dass der WACC von Unternehmen Leverice über den gesamten Zeitraum 10 % betrage.

Tab. 15.5

Cashflows Unternehmen

t	1	2	3	4	TV
FCF_t	15	18	20	22	20

Nun könnte Leverice eine weitere Markteinführung realisieren, deren Bewertung bei flexibler Entscheidung als zusätzlicher optionaler Wertbeitrag quantifiziert werden soll:

- Basispreis (K): Investitions-Anschaffungsauszahlung = 90 Mio. €
- Umweltlage »hohe Nachfrage« (Faktor u): Ab t_2 **zusätzliche** Cash Inflows i. H. v. 20 Mio. € jährlich, was verrentet einem Wert von $\frac{20}{0,1} = 200$ Mio. € in t_1 entspricht.
- Umweltlage »geringe Nachfrage« (Faktor d): Ab t_2 **zusätzliche** Cash Inflows i. H. v. 5 Mio. € jährlich, was verrentet einem Wert von $\frac{5}{0,1} = 50$ Mio. € in t_2 entspricht.

Unabhängig davon, ob die Unternehmensleitung die Investition in t_0 oder in t_1 beginnt, werden Rückflüsse erst ab t_2 erwartet. Die Rückflüsse sollen unabhängig von Handlungsoptionen der Konkurrenz sein (keine negativen Werteinflüsse). ◀◀◀

Der Wert V der Investition in t_0 ergibt sich dann als Barwert der erwarteten Rückflüsse (Erwartungswert). Als Diskontierungszins wird ein risikoangepasster Zinsfuß von 25 % angenommen, in dem sich das größere bewertungsrelevante Risiko als im Gesamtunternehmen Leverice widerspiegeln soll:

$$V = \frac{0,5 \cdot 200 + 0,5 \cdot 50}{1,25} = 100$$

Abb. 15.22

Struktur der Unternehmensbewertung mit Realoptionen

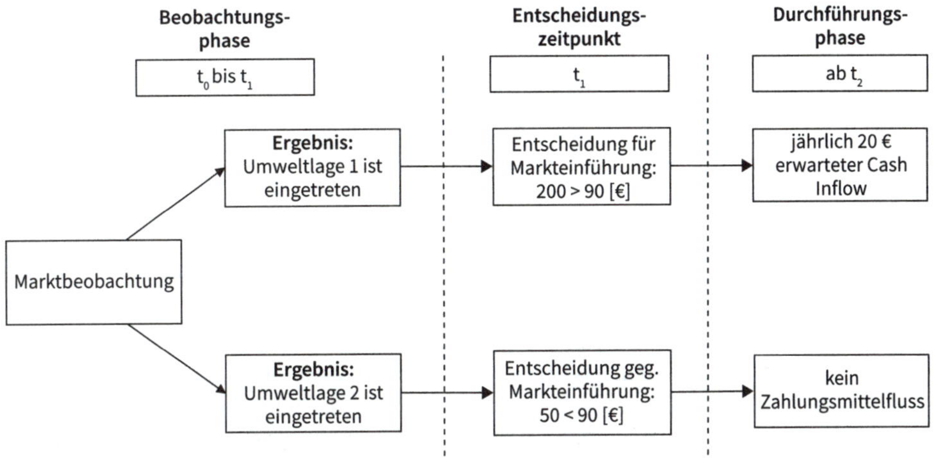

Quelle: in Anlehnung an Crasselt/Tomaszewski 1999, S. 12

Als sonstige Daten stehen für das Binomialmodell zur Verfügung:

Faktor u = 2, Faktor d = 0,5, risikoloser Zinssatz = 5 %, Optionslaufzeit = 1 Jahr

Abb. 15.23

Bewertung von Realoptionen

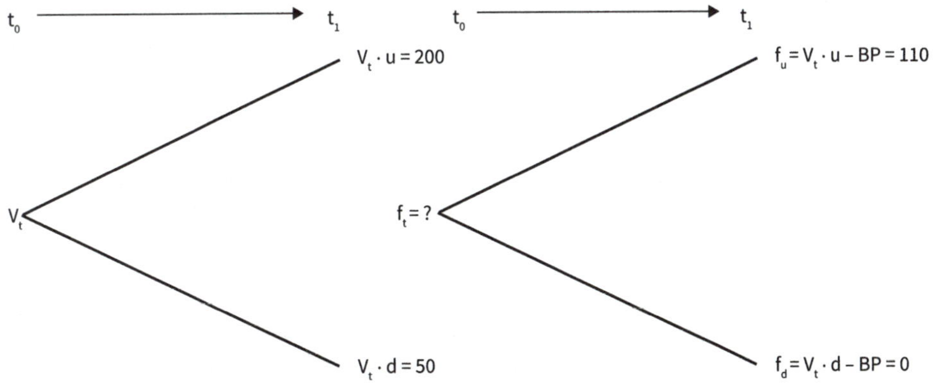

Die risikoneutralen Pseudo-Wahrscheinlichkeiten ermitteln sich dann als:

$$p = \frac{e^{r \cdot T} - d}{u - d} = \frac{e^{0,05} \cdot 1 - 0,5}{2 - 0,5} = 0,6325$$

Für den Optionspreis f ergibt sich dadurch:

$$f = e^{-r} \cdot T \cdot [p \cdot f_u + (1 - p) \cdot f_d]$$
$$= e^{-0,05} \cdot 1 \cdot [0,3675 \cdot 110 + 0,6325 \cdot 0]$$
$$= 38,45 \text{ Mio. €}$$

Der **Wert der Investitionsmöglichkeit unter der Berücksichtigung der Entscheidungsflexibilität** (38,45 Mio. €) ist um 28,45 Mio. € größer als der (statische) Kapitalwert der Investition bei Beginn in t_0 (100 – 90 = 10 Mio. €).

In dieser rechnerischen Wertdifferenz kommt der **ökonomische Zusatzwert von Handlungsalternativen und Flexibilitätsnutzungen (Realoption)** zum Ausdruck. Dieser Wert von 38,45 Mio. € wird zum Stand-alone-Wert des Unternehmens Leverice addiert. Nachdem eine Diskontierung der Cashflow-Reihe aus Sicht von Adversia 195 Mio. € ergeben hat, resultiert aus Sicht der Kapitalgeber von Adversia insgesamt eine Gesamtkapitalwerterhöhung um 233,45 Mio. €.

Kritische Würdigung

Gerade bei Start-ups mit innovativem Geschäftsmodell, deren Entwicklung nur sehr schwer abschätzbar ist, bietet sich der Einbezug von künftigen Handlungsmöglichkeiten in die Unternehmensbewertung besonders an. Aber auch bei etablierten Unternehmen, die sich immer stärkeren Wandlungen der Rahmenbedingungen und damit verbundenen Anpassungszwängen für das Geschäftsmodell gegenübersehen (man denke etwa an Versorger), ist die **Erweiterung der DCF-Verfahren mittels Realoptionen sinnvoll**.

So anschaulich das Konzept der Realoptionen auch ist: Anders als in dem zuvor besprochenen Beispiel ist ihre **Bewertung in der Realität ungleich komplexer**. Kann man beispielsweise bei Aktienoptionen auf historische Volatilitäten als Inputparameter zurückgreifen, ist die Prognose von Cashflow-Bandbreiten bei Investitionen mit stark innovativem Charakter deutlich schwieriger, da Anhaltspunkte/Orientierungsgrößen weitgehend fehlen. Auch sind die sich von den Investitionen ableitenden Cashflows mitunter kaum separierbar. So lassen sich die Auszahlungen für einen Werbefeldzug relativ leicht, die allein dadurch ausgelösten Mehrumsätze und damit Einzahlungen nur schwer ermitteln. Zudem existiert kein liquider Handel in Realoptionen, so dass die den gängigen Optionspreistheorien zugrundeliegende Voraussetzung für die Bildung eines risikolosen Portfolios (Arbitragefreiheit auf dem vollkommenen und vollständigen Markt) nicht gegeben ist.

Passivseitige Realoption: Kapitalstruktur

Trotz dieser praktischen und theoretischen Probleme werden **passivseitige** Realoptionen herangezogen, um einen **Erklärungsbeitrag für die Kapitalstrukturwahl** der Unternehmung zu leisten (vgl. zur folgenden Argumentation Süchting 1995, S. 485 f.). In diesem Zusammenhang bezieht sich die Vorstellung eines Optionsgeschäfts auf das Verhältnis zwischen Anteilseignern und Gläubigern. Aus Sicht der Eigentümer repräsentiert **Eigenkapital** eine **Call-Option** auf den **Residual-**

wert des Unternehmens. Im Falle der Schuldenaufnahme »verkaufen« sie die Unternehmung an die Gläubiger, allerdings mit der Option, sie in Gestalt der vollständigen Begleichung ihrer (Kapitaldienst-)Verpflichtungen zurückerwerben zu können. Diese Option, mit einem Basispreis in Höhe des Nennwertes des Fremdkapitals und einer Laufzeit bis zu dessen Fälligkeit, wird ausgeübt, wenn und solange der Unternehmenswert den Nennwert der fälligen Schuld überschreitet. Andernfalls nutzen die Anteilseigner das Recht (der beschränkten Haftung), sich durch Hergabe des Unternehmensvermögens von ihren höheren Schulden befreien zu können und lassen die Option verfallen. Sie werden nicht mehr bereit sein, ihren Verpflichtungen nachzukommen, so dass sich die Insolvenz einstellt, in der die Gläubiger als Stillhalter der Option wenigstens noch versuchen können, einen möglichst großen Teil ihres Vermögens zu retten.

Der **Wert der Option steigt mit der Volatilität**, hier der des Unternehmenswertes (Gesamtrisiko der Unternehmensaktiva). Um den Wert ihrer Option und damit den Marktwert des Eigenkapitals zu erhöhen, haben die Anteilseigner also ein Interesse daran, eine »**spekulative Unternehmenspolitik**« zu betreiben. Dies muss jedoch zu Lasten der Gläubiger gehen, wenn deren Möglichkeiten zum Risikoausgleich durch die Höhe der bereits vereinbarten Zins- und Tilgungsansprüche limitiert sind.

Eine risikoreiche Unternehmenspolitik lässt sich nun einerseits über die Investitionspolitik, andererseits aber auch in Form weiterer Verschuldung mit der Gefahr steigender Insolvenzkosten durchführen. Während die **Anteilseigner** zusätzliche **Chancen** wahrnehmen können, verlagern sie die damit verbundenen **Risiken** auf die (alten) **Gläubiger**. Kann im ersten Fall noch nicht einmal mehr von einem gegebenen Investitionsprogramm ausgegangen werden, so mag zwar im zweiten Fall nach wie vor der Gesamtwert des Unternehmens gegeben sein; seine Aufteilung unter den Kapitalgebergruppen wird aber unmittelbar vom Verschuldungsgrad berührt. Ganz offenbar wird also bei der Zielsetzung der Maximierung des Eigentümervermögens die **Irrelevanz der Kapitalstruktur** für den Unternehmenswert **irrelevant**, weil Unternehmenswert und Eigentümervermögen nicht mehr synchronisiert sind.

Gegen diese Gefahren werden sich die Gläubiger nun jedoch von vornherein zu schützen versuchen, etwa durch eine bevorrechtigte Stellung im Insolvenzfall oder Einflussnahme auf die Geschäftspolitik, z. B. über die Vereinbarung von Bilanzstrukturauflagen (z. B. Höhe der Eigenkapitalquote). Da hiermit aber ebenfalls **(implizite) Kapitalkosten** verbunden sind, erhöhen sich insoweit die Renditeforderungen der Fremdkapitalgeber, und zwar nicht selten über den Absicherungszweck hinaus: Sowohl Unternehmenswert als auch Eigentümervermögen werden durch die Ansprüche der Fremdkapitalgeber belastet, und die **optimale Kapitalstruktur** wird nun in Richtung eines **geringeren Fremdkapitalanteils** verschoben.

15.3 Absicherungsstrategien für ausgewählte Risikoarten

Hedging

Nach der Betrachtung der wichtigsten Finanzderivate und der Modelle zu ihrer Bepreisung sollen in diesem Abschnitt für unterschiedliche Risikoarten ausgewählte, in der Praxis übliche Absicherungsstrategien vorgestellt werden (zahlreiche weitere Arten von Absicherungsstrategien werden bei Albrecht/Maurer 2016 und Rudolph/Schäfer 2010 aufgezeigt). Üblicherweise erfolgt die Absicherung einer bestehenden Vermögensposition entweder durch den Abschluss eines Finanzgeschäfts mit gegenläufiger Wertentwicklung (einem sog. Hedgegeschäft) oder mittels eines Risikotransfers über ein Derivat.

15.3.1 Rohstoffrisikomanagement

Wie bereits in den Beispielen zu Beginn dieses Moduls beschrieben, kann ein Unternehmen auf unterschiedliche Art einem Rohstoffrisiko ausgesetzt sein. Zum einen kann sich das Unternehmen mit einem Beschaffungsrisiko konfrontiert sehen, etwa wenn Rohstoffe und Hilfsmittel wie Rohöl, Metalle o. ä. nicht zum benötigten Zeitpunkt geliefert werden können. Zum anderen kann der Finanzleiter das Ziel verfolgen, seinem Unternehmen bereits vor dem Bezug oder dem Absatz von Rohstoffen und Produkten günstige Beschaffungs- oder Absatzpreise zu sichern. In allen genannten Situationen kann das Rohstoffrisiko mit Hilfe einfacher Forward- oder Futuregeschäfte eliminiert werden:

- Für die Steuerung des Beschaffungsrisikos können Rohstoffe auf Ziel mittels eines **Forwards** oder (falls ein solcher am Terminmarkt gehandelt wird) eines **Futures** gekauft werden. Genauso können hergestellte Produkte und Waren über ein Forward-/Future-Geschäft auf Ziel verkauft werden. In beiden Fällen, in denen das Unternehmen am tatsächlichen Bezug oder Verkauf von Rohstoffen und Waren interessiert ist, würde der Finanzleiter ein **Termingeschäft mit physischer Erfüllung** abschließen. Da börsengehandelte Futures jedoch zwingend standardisiert mit rund um die Welt verteilten Lieferorten sind, würde sich in diesen Fällen der Abschluss individuell auf die Bedürfnisse des Unternehmens angepasster Forward-Geschäfte anbieten.
- Im zweiten Fall, in dem der Finanzleiter primär an der Fixierung eines Ein- oder Verkaufspreises interessiert ist, bietet sich der Kauf/Verkauf eines **Futures mit Cash Settlement** an. Selbst wenn es keinen für den genauen Absicherungszweck passenden Future an der Börse geben sollte, könnte immer noch ein Future auf einen vergleichbaren Index erworben werden, solange die Kurse des eigentlich gewünschten Underlyings und des Futures eine hinreichend hohe Korrelation aufweisen (z. B. könnte ein Future auf die Rohölsorte Brent anstelle eines Futures auf Benzin oder Kerosin abgeschlossen werden).

Eine weitere Möglichkeit des Managements von Rohstoffpreisrisiken wird in dem folgenden Beispiel aus der Energieversorgungsindustrie diskutiert:

AUS DER PRAXIS

Futures und Swaps im Erdgasgeschäft

Das Geschäftsmodell eines Erdgaslieferanten besteht grundsätzlich darin, das in der Exploration sowie über langfristige Lieferverträge produzierte und bezogene Erdgas an Großkunden und Kleinabnehmer zu vertreiben. Auf der Produktions- bzw. Einkaufsseite bezieht der Energieversorger das Erdgas in der Regel zu einem fixen Preis. Auf der Verkaufsseite hat die gestiegene Wettbewerbsintensität in den vergangenen Jahren dazu geführt, dass die Kunden verstärkt anstelle flexibler, an Rohstoffindizes geknüpfter variabler Preise (sog. Ölpreisformeln) auch fixe Preise verlangen konnten. Ebenso häufig sind Verträge geworden, in denen der Kunde während der Laufzeit einen variablen Preis für den restlichen Zeitraum fixieren kann. Diese in Summe über das Gesamtunternehmen stark variierenden Abhängigkeiten der Ein- und Verkaufspreise von Rohstoffindizes stellen das Risikomanagement des Energieversorgers vor erhebliche Schwierigkeiten. Idealerweise muss der Finanzleiter diese Abhängigkeiten täglich berechnen und die Risiken der Ein- und Verkaufsseite miteinander verrechnen. An jedem Handelstag ergibt sich dann die Notwendigkeit, ein bestehendes Exposure gegenüber bestimmten Rohstoffindizes abzusichern. Hierzu kann ein Future eingesetzt werden. Genauer gesagt kann, wie in Abbildung 15.24 gezeigt, eine bestehende Kassa-Position mittels eines Short Futures auf der Höhe der Basis ($F_0 - K_0$) abgesichert werden.

Abb. 15.24

Short Future-Hedge auf einen Rohstoffindex

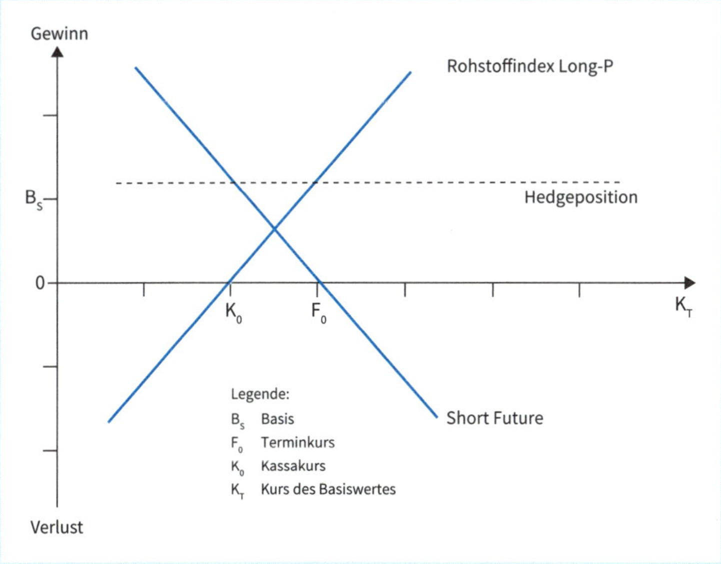

AUS DER PRAXIS

Neben Futures werden für die erwähnten Hedgegeschäfte noch häufiger Rohstoffswaps eingesetzt. Mit diesen werden zu hohe Abhängigkeiten gegenüber (variablen) Indizes gegen fixe Zahlungen eingetauscht. In Summe erhofft sich der Finanzleiter dann, dass die abgesicherte Position fixe Einzahlungen an das Unternehmen liefert, die über den fixen Auszahlungen auf der Einkaufsseite liegen.

15.3.2 Währungsrisikomanagement

Die für das Management von Rohstoffrisiken getroffenen Aussagen können größtenteils auch auf Währungsrisiken übertragen werden. Beim Bezug oder Verkauf von Waren aus oder in das Ausland entsteht für die Unternehmung ein Exposure gegenüber einer Fremdwährung. Ist dieses unerwünscht, so können auf Gesamtunternehmensebene zunächst sämtliche Long- und Short-Positionen in einer Fremdwährung miteinander verrechnet werden. Für das verbleibende Nettoexposure kann dann wiederum mittels eines FX-Swaps (auch Cross-Currency Swap) eine Absicherung vorgenommen werden. Ebenfalls denkbar ist ein Absicherungsgeschäft mit einer Cross-Currency Swaption.

Beispiel 9

Swaptions

▶▶▶ Der Finanzleiter eines großen Softwareunternehmens betrachtet die Währungsrisiken in seinem Unternehmen zunehmend kritisch. Durch den Verkauf steigender Zahlen an Softwarelizenzen in die USA generiert das Unternehmen verstärkt Umsätze in $. Diese Long-Position in $ will der Finanzleiter absichern. Gleichzeitig

Abb. 15.25

Cross-Currency Swaption

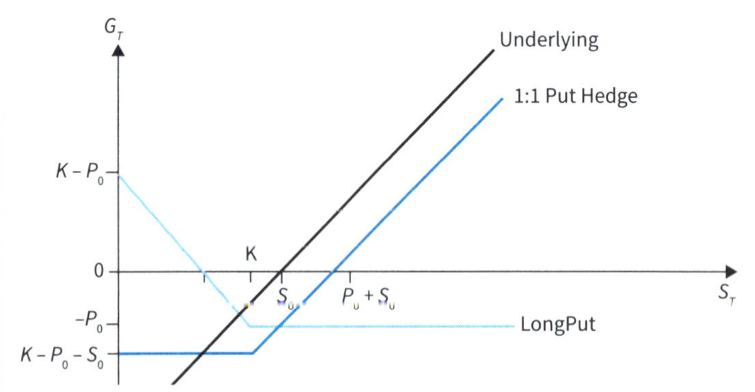

möchte er aber die Chancen, die sich aus einem möglicherweise steigenden Wert des $ zum € ergeben, zumindest teilweise wahren. Er entschließt sich daher für den Abschluss einer Cross-Currency Swaption, die ihm die Möglichkeit einräumt, in einen €/$ Swap einzusteigen. Die Konstruktion dieser Swaption sieht dann wie in Abbildung 15.25 dargestellt aus (vgl. auch Beispiel 4). ◀◀◀

15.3.3 Wertpapierrisikomanagement

Für das Risikomanagement von Wertpapieren existieren im Gegensatz zu den zuvor behandelten Risikoarten vielfältige Absicherungsstrategien mit Hilfe derivativer Finanzinstrumente. Der Grund hierfür liegt darin, dass zahlreiche Optionsarten mit großen Handelsvolumina auf fast alle Aktien und sonstige wichtigen Wertpapiere existieren. Der Finanzleiter einer Unternehmung kann somit im Risikomanagement auf unterschiedlichen Wegen zur angestrebten Sicherungswirkung einer Hedgeposition kommen.

Die erste Absicherungsstrategie, die hier vorgestellt werden soll, ist die Kombination einer Long-Position in einem Wertpapier mit einer Put-Option auf dasselbe Wertpapier.

1:1 Put Hedge

Beim **1:1 Put Hedge** wird eine bestehende Long-Position in einem Wertpapier mittels eines Long Puts mit dem Wertpapier als Underlying abgesichert. Im Zeitpunkt des Abschlusses des Puts zahlt der Käufer die Optionsprämie P_0. Im Zeitpunkt der Fälligkeit der Option (= der Haltedauer des Wertpapiers) besitzt die abgesicherte Position den Wert

$$V_T = S_T + P_T = \begin{cases} K & \text{für } S_T < K \\ S_T & \text{für } S_T \geq K \end{cases}$$

Das Gewinn-/Verlustprofil der abgesicherten Gesamtposition des 1:1 Put Hedges wird in Abbildung 15.26 gezeigt.

Die Gesamtposition besitzt einen nach unten auf die Höhe $K - P_0$ (bzw. falls der Kauf des Underlyings mitberücksichtigt wird $K - P_0 - S_0$) begrenzten Wert. Gleichzeitig profitiert der Halter der Position (wenn auch nicht im vollen Umfang) von steigenden Underlyingkursen. Eine entscheidende Voraussetzung für ein solches Absicherungsgeschäft ist, dass am Finanzmarkt entsprechende Puts auf das Underlying verfügbar sind. Würde ein Put auf ein anderes Underlying verwendet, so würde es zu einem sogenannten **Cross-Hedge-Risiko** kommen.

1:2 Put Hedge und 2:1 Put Hedge

In Erweiterung des 1:1 Put Hedges können auf ein Underlying auch mehr oder weniger Puts zur Absicherung verwendet werden. So werden bspw. beim **1:2 Put Hedge** auf je ein Underlying zwei Puts gekauft. Die Absicherungswirkung bei fallenden Underlyingkursen wird hierdurch unter Verzicht auf einen Teil der Gewinnchancen bei steigenden Kursen verstärkt. Eine schwächere Absicherungswirkung bei gleichzeitig stärkerer Gewinnpartizipation bei steigenden Kursen erfolgt beim sog. **2:1 Put Hedge**, bei dem auf zwei Underlyings nur ein Put gekauft wird.

Abb. 15.26

Gewinn-/Verlustprofil eines 1:1 Put Hedges bei Fälligkeit

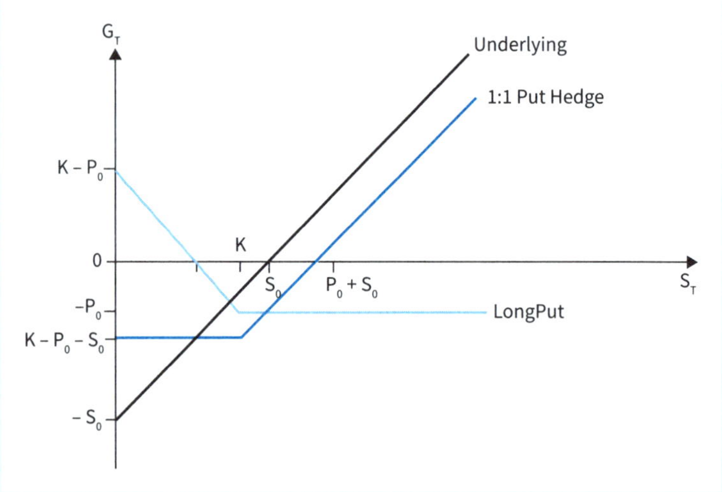

Covered Short Call

Eine vergleichbare Absicherung einer bestehenden Long-Position in einem Underlying kann alternativ mit einem **Covered Short Call** erzielt werden. Bei diesem wird anstelle eines Long Puts ein Short Call verwendet, um das Risiko sinkender Underlyingkurse zu verringern. Der Gesamtgewinn der abgesicherten Position ist gegeben mit

$$G_T = S_T - C_T + C_0 - S_0 = S_T + \min\{K - S_T; 0\} + C_0 - S_0$$

bzw. zusammengefasst

$$G_T = \min\{K; S_T\} + C_0 - S_0.$$

Das Gewinn-/Verlustprofil des Covered Short Calls wird in Abbildung 15.27 gezeigt.

Collar

Schließlich kann auch durch die Kombination eines Short Calls und eines Long Puts die Wertentwicklung einer Long-Position in einem Titel eines Underlyings sowohl nach oben als auch nach unten begrenzt werden. Die sich in diesem Fall ergebende Gesamtposition wird als **Collar** bezeichnet. Der Put wird dabei mit einem Strike K_1 gekauft, während der Call mit Strike K_2 verkauft wird und es muss gelten $K_2 > K_1$. Der Gewinn im Zeitpunkt der Fälligkeit aus dem Collar ist gegeben mit

$$G_T = \begin{cases} K_2 - P_0 + C_0 - S_0 & \text{für } S_T \geq K_2 \\ S_T - P_0 + C_0 - S_0 & \text{für } K_1 \leq S_T \geq K_2. \\ K_1 - P_0 + C_0 - S_0 & \text{für } S_T < K_1 \end{cases}$$

Abb. 15.27

Gewinn-/Verlustprofil eines Covered Short Calls

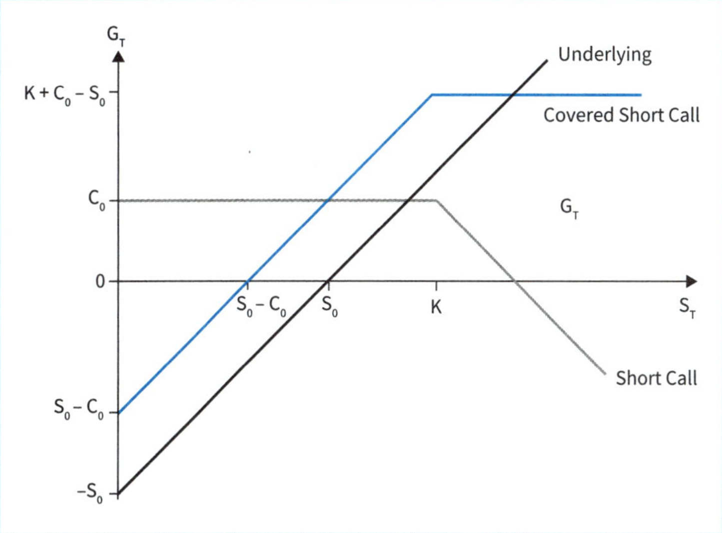

Die Absicherungswirkung eines Collars für steigende und fallende Underlyingkurse wird in Abbildung 15.28 veranschaulicht.

Abb. 15.28

Gewinn-/Verlustprofil eines Collars

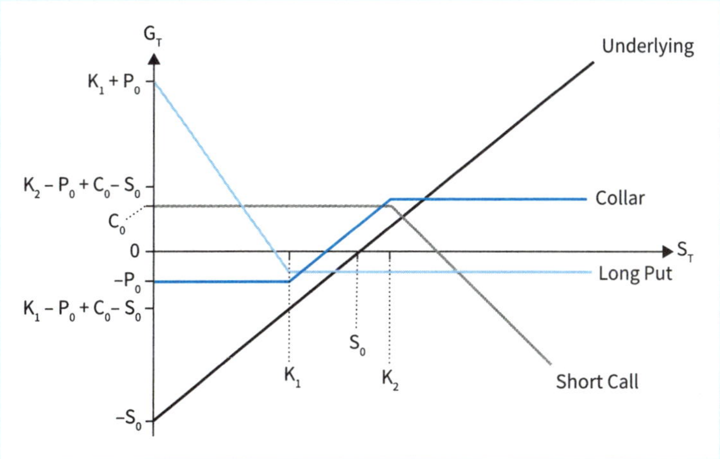

15.3.4 Kreditrisikomanagement

Das Management von Kreditrisiken umfasst ein weites Feld an Methoden und Instrumenten. Angefangen von der Bonitätsprüfung, der Beurteilung von Kreditsicherheiten und der Gesamtwürdigung des Ausfallrisikos bis hin zur Abwicklung bzw. dem Verkauf ausgefallener Forderungen sieht sich der Finanzleiter im Kreditrisikomanagement einer Fülle von Aufgaben gegenübergestellt (vgl. auch Modul 11). An dieser Stelle soll konkret auf den Transfer des Kreditrisikos einer Forderung mit Hilfe eines Kreditderivats eingegangen werden. Weiterführende Ausführungen finden sich z. B. in Schiller/Tytko 2001, Duffie/Singleton 2003, Bluhm/Overbeck/Wagner 2008 oder Pudewill 2013.

Beispiel 10

Credit Default Swaps

►►► Das Unternehmen Ocral ist Zulieferer für die Automobilbranche und besitzt enge Handelsbeziehungen zum großen Automobilhersteller Baudi. In der Summe über sämtliche Forderungen an Baudi sieht sich das Unternehmen Ocral einem erheblichen Ausfallrisiko ausgesetzt. Sollte Ocral zahlungsunfähig werden, so müsste Baudi einen mehrstelligen Millionenbetrag an ausstehenden Forderungen aus Lieferungen und Leistungen abschreiben. Zur Absicherung dieses Kreditrisiko entscheidet sich der Finanzleiter des Unternehmens Ocral für den Abschluss eines Credit Default Swaps auf Baudi als Referenzeinheit. Nach kurzen Gesprächen mit mehreren Interessenten findet der Finanzleiter eine Investmentbank, die bereit ist, einen 5-Jahres-CDS mit Baudi als Referenzeinheit in Höhe eines Nominalbetrages von 10 Mio. € abzuschließen. Das Unternehmen Ocral zahlt im Rahmen dieses OTC-Geschäftes an die Investmentbank als Risikokäuferin eine Prämie in Höhe von 180 Basispunkten pro Jahr auf den Nominalbetrag. Im Gegenzug verpflichtet sich die Investmentbank, beim Ausfall von Baudi den Nominalbetrag an Ocral zu zahlen. Die Konstruktion eines allgemeinen CDS ist in Abbildung 15.29 gezeigt. ◄◄◄

Abb. 15.29

Credit Default Swap

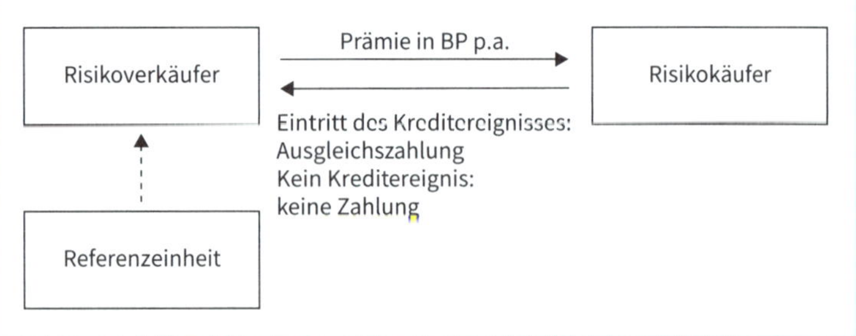

15.3.5 Zins- und Liquiditätsrisikomanagement

Für das Management von Zinsrisiken eignen sich insbesondere die bereits für Währungsrisiken diskutierten Swap- und Swaption-Geschäfte (vgl. auch Beispiele 5 und 10 in diesem Modul). Genauer gesagt können mit (Plain Vanilla) Fixed/Floating Interest Rate Swaps konstante/fixe gegen variable Zinszahlungen getauscht werden oder umgekehrt. Zur Identifikation von Zinsrisiken sind in der Bankbetriebslehre zahlreiche Instrumente wie z. B. die sogenannten Zinsbindungsbilanzen oder die Zinsablaufbilanzen entwickelt worden. Mit ihrer Hilfe können nicht nur Zinsrisiken in Form offener Position (sog. Festzinsüberhänge) identifiziert, sondern auch in ihrer Höhe quantifiziert werden. Nachdem ein solcher Festzinsüberhang gemessen worden ist, kann dann das Zinsrisiko durch den Abschluss eines Swaps eliminiert werden (für Details zum Zinsrisikomanagement siehe z. B. Hartmann-Wendels/Pfingsten/Weber 2015).

In der Bankbetriebslehre existieren ebenfalls zahlreiche Theorien und Modelle zum Management von **Liquiditätsrisiken**, da Banken auf Grund der von ihnen betriebenen Fristentransformation von kurzfristigen Verbindlichkeiten (Einlagen) in langfristige Anlagen (die vergebenen Kredite) grundsätzlich der Gefahr eines Liquiditätsengpasses ausgesetzt sind. Zwei Beispiele für solche Theorien sind z. B.

- Die Goldene Bankregel: Die Fristigkeiten der Aktivgeschäfte entsprechen denen der Passivseite, es erfolgt jedoch somit keine Fristentransformation.
- Die Bodensatztheorie: Banken verfügen über einen Sockel an Liquidität, da z. B. Guthaben auf Girokonten der Bank über ihre formale Fristigkeit hinaus zur Verfügung gestellt werden.

Obwohl die Methoden und Ansätze zum Liquiditätsrisikomanagement stark auf Banken gemünzt sind, lassen sich doch einige Erkenntnisse auch auf Industrieunternehmen übertragen. So empfiehlt sich bspw. die Einrichtung eines **liquiditätsrisikobezogenen Berichtswesens** sowie die Erstellung von Notfallplänen für drohende Liquiditätsengpässe. Außerdem umfasst ein modernes Liquiditätsrisikomanagement die zielgerichtete Steuerung und Diversifikation der verschiedenen Finanzierungsquellen und das Bereithalten ausreichender Liquidität sowie einer Reserveliquidität (bspw. durch den Verkauf liquider Wertpapiere oder das Ziehen zugesagter Kreditlinien; vgl. auch Modul 14).

Auf den Punkt gebracht

- Der Finanzleiter der Unternehmung benötigt verschiedene Instrumente, um die Wertschaffung der Unternehmung abzusichern. Die Eigenschaften, Einsatzgebiete und Bewertungsmodelle der in der Praxis hauptsächlich verwendeten derivativen Finanzinstrumente waren Gegenstand dieses Moduls.
- Die wichtigsten Finanzderivate können in Futures bzw. Forwards, Optionen sowie Swaps unterteilt werden und werden sowohl an organisierten Börsen als auch Over-the-Counter gehandelt
- Der nichtlineare Verlauf der Derivatauszahlungen in Abhängigkeit vom Underlyingkurs lässt sich nicht über ein einfaches Barwertkalkül bestimmen. Basierend auf der Arbitragefreiheit des Kapitalmarktes bedarf es stattdessen mathematisch anspruchsvoller Methoden oder des Einsatzes rechenstarker Computer, um Derivatepreise bestimmen zu können.
- Zwei Modelle zur Absicherung von Optionspreisen sind am weitesten verbreitet: Im Binomialmodell von Cox/Ross/Rubinstein wird der Optionspreis mit einem zeitdiskreten Ansatz bestimmt, in dem sich der Wert des Underlyings annahmegemäß nur zu bestimmten Zeitpunkten ändert.
- Black/Scholes/Merton entwickelten ein Modell, das eine zeitkontinuierliche Wertänderung des Underlyings annimmt. In diesem üblicherweise verkürzt als Black-Scholes-Formel bezeichneten Modell leitet sich der Wert z. B. einer Aktienoption aus der Veränderung des Aktienkurses, dem Basispreis, der Restlaufzeit, der Volatilität des Underlyings und dem risikolosen Kapitalmarktzins ab.
- Realoptionen dienen dazu, z. B. im Rahmen einer Unternehmensbewertung oder der Kapitalstrukturpolitik einer Unternehmung optionsähnliche Entscheidungsflexibilitäten zu bewerten und diese in das Entscheidungskalkül des Finanzleiters zu integrieren.
- Derivate eignen sich auf unterschiedlichste Art für Absicherungsgeschäfte, mit denen vor allem die Schwankungsrisiken von Währungen, Zinsen und Kursen, daneben aber auch Ausfallrisiken reduziert werden können. Mit dem Einsatz von Derivaten sind indes Gegenparteirisiken verbunden.

Teil V

Kommunikation über Wertschaffung

Modul 16 Finanzkommunikation: Theorie und Empirie

ZENTRALE INHALTE

- Zusammenhang von Finanzkommunikation, Investor Relations und Value Reporting
- Grade der Finanzmarkteffizienz
- Nutzen der Finanzkommunikation
- Ziele, Zielgruppen, Inhalte und Instrumente der Finanzkommunikation börsennotierter Unternehmen
- Strukturelle Unterschiede der mittelständischen Finanzkommunikation
- Defizite der Finanzkommunikation im Mittelstand und Handlungsempfehlungen

Einstiegszitate

►►► Investor Relations sind nicht auf aktiennotierte Gesellschaften beschränkt, sondern jedes Unternehmen, das eine Anleihe emittiert, das einen Kredit mit der Bank verhandelt, muss letztendlich mit seinem Kapitalgeber – sei es die Bank, der Anleiheinvestor, der Aktieninvestor – kommunizieren und erklären, was er mit dem Geld macht.« (IR-Leiter eines DAX Unternehmens, zitiert bei Köhler 2015, S. 277)
»Die Zahlen zum Sprechen zu bringen. Die nackte Zahl, die kann sich heute jeder … besorgen. Investor Relations haben aber die Aufgabe, diese Zahlen in einen Kontext zu stellen – einen Kontext zu Wettbewerbern, zur lokalen und globalen Wirtschaft, zu Wachstumsmöglichkeiten. Investor Relations bilden das gesamte Unternehmen basierend auf Zahlen ab.« (ebenda, S. 286)
»Am Ende des Tages geht es um Beziehungen. Sie müssen die richtigen Menschen im Unternehmen kennen und dann auch ehrlich und aufrichtig informieren. Sie müssen sicherstellen, dass Sie trotz Unternehmenspolitiken die echten und wahren Informationen bekommen, damit Sie auch nach außen hin das Richtige kommunizieren oder den Vorstand entsprechend beraten können. Und sie müssen sicherstellen, dass die Meinung des Marktes in das Unternehmen zurückfließt. Sie können es für sich selbst aufgreifen, aber Sie müssen auch schauen, dass Ihnen das Unternehmen dann auch folgt. Sie sind ein Mittelsmann und der Interessenvertreter für beides. Sie bringen Dinge aus dem Unternehmen nach außen, aber Sie tragen auch etwas hinein.« (ebenda, S. 293)

»Finanzkommunikation ist unabdingbare Krisenprävention. Sie ist ein wichtiger Baustein, die eigene Freiheit zu sichern.« (Mittelständischer Unternehmer, zitiert bei Paul/Stein 2013, S. 139) ◄◄◄

Die in Modul 1 genannte Zielgröße der Unternehmensleitung – der Wert des Eigentümervermögens – lässt sich nicht perfekt steuern. Zwar hat das Management einer börsennotierten Aktiengesellschaft oder der Geschäftsführer einer mittelständischen GmbH aus seinen Kenntnissen heraus eine Vorstellung von einem in seinen Augen gerechtfertigten, »fairen« Wert der Eigentümeranteile. Ob der Marktpreis – täglich notierter Aktienkurs im ersten, Preis z. B. beim Verkauf an einen strategischen Investor im zweiten Fall – diesem Wert entspricht, hängt von den Einschätzungen der Marktteilnehmer ab, die von denen des Managements abweichen können. Auf Märkten mit gleich verteilten Informationen stellt sich dieses Problem nicht, wohl aber auf nicht-informationseffizienten Märkten. Dort gehört die Kommunikation über Wertschaffung zu den Aufgaben des Finanzleiters. Diese Kommunikation ist keine Einbahnstraße: Der Finanzleiter muss zum einen die Stakeholder

Abb. 16.1

Aufgaben des Finanzleiters im Rahmen der Wertschaffung

mit wertrelevanten Informationen versorgen (**Value Reporting**), damit diese ihre Chancen und Risiken realistisch einschätzen können. Zum anderen muss er die Erwartungen und Anforderungen der Stakeholder in den Wertschaffungsprozess der Unternehmung einspeisen.

Aus der Gesamtheit der Stakeholder besitzen vor dem Hintergrund der in diesem Buch gewählten Perspektive die Kapitalgeber die zentrale Bedeutung. Daher wird im Folgenden auf die **Austauschbeziehung** zwischen der **Unternehmung** und ihren **Financiers** abgestellt und als **Finanzkommunikation** bezeichnet. Das Value Reporting ist in diesem Zusammenhang ein bedeutendes Element, die Kommunikationsbeziehung geht jedoch darüber hinaus. Vielfach findet sich hierfür in Literatur und Praxis auch der Begriff der **Investor Relations (IR)**, zum Teil allerdings nur auf börsennotierte Unternehmen und ihre Beteiligungskapitalgeber fokussiert. Hier sollen indes angesichts der Struktur des deutschen Finanzsystems (Modul 12) auch gerade die Beziehungen der nicht-börsennotierten Unternehmen mit den für sie bedeutenden Fremdkapitalgebern in Form der (Haus-)Banken berücksichtigt werden.

Erst aus asymmetrischen Informationsverteilungen zwischen Management und Kapitalgebern einer Unternehmung ergibt sich also die Existenzberechtigung der Finanzkommunikation. Im folgenden Abschnitt ist daher zu diskutieren, ob bzw. bis zu welchem Grade insbesondere Finanzmärkte als informations(in)effizient einzustufen sind.

16.1 Effizienz oder Ineffizienz des Finanzmarktes?

Die Vergabe des Nobelpreises für Wirtschaftswissenschaften im Jahre 2013 erregte besondere Aufmerksamkeit. Von den drei für ihre Beiträge zur Erklärung von Preisentwicklungen auf Finanzmärkten ausgezeichneten stehen sich zwei Forscher in ihren Grundüberzeugungen diametral gegenüber, was bereits aus den Titeln ihrer Publikationen hervorgeht: **Eugene F. Fama** entwickelte die Hypothese »Effiziente(r) Kapitalmärkte« (1970) und baute sie später weiter aus. Sein Credo lautet: »Der Markt weiß alles.« (Bernau 2014). **Robert J. Shiller** dagegen ist einer der Mitbegründer der Behavioral Finance und versucht, psychologische und soziologische Erkenntnisse wie »Irrationalen Überschwang« (2015) oder Herdentrieb in die Erklärung von Entwicklungen auf Finanzmärkten einzubeziehen, die er als ineffizient bezeichnet. – Der dritte Preisträger, Lars P. Hansen, entwickelte eine Reihe von ökonometrischen Testverfahren als Grundlage für die empirischen Überprüfungen der verschiedenen Theoriestränge.

Markteffizienzthese nach Fama

Was sind die zentralen Argumente der beiden Protagonisten? Entwickelt wurde die Effizienzthese für den Aktien- als Teil des Finanzmarktes, verkürzt als Kapitalmarkt bezeichnet. Auf einem effizienten Kapitalmarkt hegen die Anleger auf gleichem Informationsstand homogene Erwartungen im Hinblick auf die Rendite/Risiko-Entwicklung von Aktien, wie es etwa auch das CAPM voraussetzt (Modul 7). Dafür ist es erforderlich, dass jeder Anleger dem aktuellen Marktpreis sämtliche überhaupt vorhandenen kursrelevanten Informationen in verdichteter Form entnehmen kann. Dann entsprechen die **Kurse** den **»inneren Werten« (intrinsic values)** der gehandelten Unternehmen (hier und im Folgenden Süchting 1995, S. 395 ff.). Die wichtigste Implikation der (Informations-)Effizienz besteht darin, dass es keine Informationsvorsprünge einzelner Anleger gibt, durch deren Ausnutzung sie Überrenditen, also höhere als die gleichgewichtigen Renditen (z. B. auf der Security Market Line) erzielen könnten, indem sie etwa Geschäftsabschlüsse mit schlechter informierten Anlegern tätigen. Vielmehr reflektieren die Kurse zu jedem Zeitpunkt unverzüglich und in vollständigem Umfang alle zu dem jeweiligen Zeitpunkt vorliegenden Informationen über eine Unternehmung: **»A market in which prices always ›fully reflect‹ available information is called ›efficient‹.«** (Fama 1970) Auch diejenigen Informationen sind in den Marktpreisen enthalten, die nur wenige Akteure besitzen. Sobald sie über (Mehr-)Informationen verfügen, wollen sie in Form von Kursgewinn von ihnen profitieren. Wer also z. B. zu wissen meint, dass die Preise bestimmter Aktien zu niedrig sind, der kauft diese Titel, trägt zur Preissteigerung bei und transportiert damit Informationen an den Markt. Auf friktionslosen Märkten ohne Transaktionskosten, Steuern und anderen Handelsbarrieren werden neu auftretende Informationen perfekt in den Kursen verarbeitet, so dass sich Preise für Finanztitel mit unendlicher Geschwindigkeit an neue Gegebenheiten anpassen.

Da sich der Informationsstand der Marktteilnehmer unvorhersehbar = zufällig ändert, folgen auch **Aktienkurse** einem **random walk**. Marktteilnehmer wissen nicht genau, was die Zukunft bringt. Wenn etwa kein Marktteilnehmer erahnt, dass die Preise von Immobilien oder die Kurse von Aktien schon zu hoch sind, dann ist diese Information nicht verfügbar und kann auch nicht in den Börsenkursen enthalten sein. Es gibt mithin niemanden, der zuverlässiger informiert ist als der Finanzmarkt insgesamt. Deswegen ist der **Markt** auch **nicht zu »schlagen«**, kann niemand dauerhaft Überrenditen erzielen. In Ermangelung möglicher Vorteile würden sich insoweit für keinen Marktteilnehmer kostenträchtige Anstrengungen zur Abgabe (Unternehmen) oder Aufnahme (Investor) von Informationen lohnen.

Grade der Markteffizienz

Da es sich als wenig sinnvoll erwiesen hat, die Effizienzthese pauschal auf alle nur denkbaren Informationen zu beziehen und empirisch zu untersuchen, hat Fama bereits 1970 vorgeschlagen, **drei Grade der Markteffizienz** zu unterscheiden, die in der Folge mit darauf bezogenen, spezifischen Methoden getestet wurden (im Überblick Fama 1991 und 2013). Auf diesen drei Stufen verfügt der Kapitalmarkt über mehr oder weniger umfangreiche Mengen an Informationen (information sets), so dass die ursprüngliche Effizienzthese etwas differenzierter formuliert werden kann: »A capital market is said to be efficient if it fully and correctly reflects all relevant information in determining security prices. Formally, the market is said to be efficient with respect to some information set. Moreover, efficiency with respect to an information set … implies that it is impossible to make economic profits by trading on the basis of (that information set).« (Malkiel 1992).

1. Die **schwache Form (weak form)** der These sagt aus, dass sich kein Anleger Kursvorteile durch die Kenntnis **historischer Kursverlaufsbilder**, aus denen z. B. mit der sogenannten **technischen** oder **Chart-Analyse** (Perridon/Steiner/Rathgeber 2017, S. 241 ff.) verschaffen kann, die vielfach im Rahmen der Wertpa-

Abb. 16.2

Auf den drei Stufen der Markteffizienz verarbeitete Informationsmengen

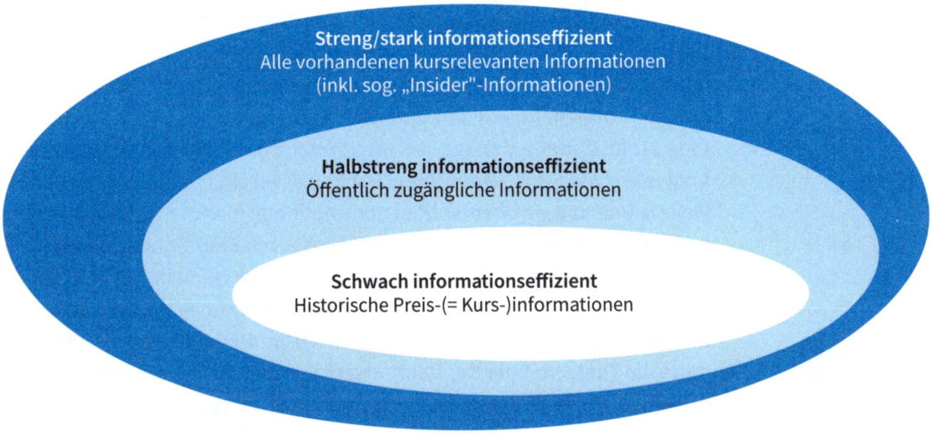

Quelle: nach Fama 1970, S. 383

pierberatung zur Ableitung von Kauf- und Verkaufssignalen eingesetzt wird. Dies ist vor allem bei Gültigkeit der angesprochenen Random Walk-These der Fall, der zufolge der Kursverlauf in seinem äußeren Erscheinungsbild nicht von einem Zufallspfad unterschieden werden kann. Mit der Anwendung u. a. von **Run-Tests** versuchte man daher zu zeigen, dass die täglichen Kursveränderungen im Wesentlichen unabhängig voneinander sind, also tatsächlich solche Zufallspfade und nicht etwa Trends oder Zyklen beschreiben (Banzhaf 2006, S. 86 ff.).

2. Die Anhänger der **mittleren Form (semi-strong form)** der These vertreten die Ansicht, dass auch durch die Kenntnis von **für eine Unternehmung bedeutsamen, von ihr veröffentlichten** und damit **für jedermann grundsätzlich verfügbaren Informationen** (aus Jahresabschlüssen, über Kapitalerhöhungen, Fusionen usw.) nicht »gegen den Markt« verdient werden könne. Im Zeitpunkt der Veröffentlichung würden solche Hinweise bereits voll im Kurs reflektiert; Kursgewinne aber könnten nur realisiert werden, wenn derartige Informationen allmählich in den Markt einsickerten (»diffusion«, vgl. Bank/Baumann 2015, AitSahlia 2016). Um die Gültigkeit dieser These zu belegen, wurden die Kursbewegungen von Aktien vor und nach bestimmten Bekanntmachungen der Unternehmung beobachtet (**Event Studies**, Übersicht bei Fama 2013, S. 367 ff.). Wäre diese Anschauung gerechtfertigt, so wäre eine professionelle Wertpapierberatung auch insoweit nutzlos, als sie auf der Grundlage veröffentlichter Nachrichten mit bestimmten Erfolgs- und Risikokennziffern zur Ermittlung des Unternehmenswertes arbeitet, um daraus abzuleiten, ob eine Aktie billig und damit kaufwürdig oder teuer ist und deshalb verkauft werden sollte (sogenannte **Fundamen-**

talanalyse, Perridon/Steiner/Rathgeber 2017, S. 220 ff.). Dies könnte insbesondere deshalb so sein, weil derartige Methoden der Unternehmensbewertung so weit verbreitet sind, dass auch bei Verwendung solcher »wissenschaftlichen« Techniken der Informationsverarbeitung in der Fundamentalanalyse über längere Zeiträume keine außergewöhnlichen Erfolge nachweisbar sind.

3. Die **strenge Form (strong form)** der Effizienzthese postuliert, dass selbst sogenannte **Insider keinen Kursschnitt** zu Lasten der übrigen Teilnehmer am Markt machen können. Neben den Unternehmenseignern und -managern werden gerade professionelle Manager von Investmentfonds, Wirtschaftsjournalisten und Analysten (von Rating-Agenturen, Banken usw.) ebenfalls als Insider angesehen, weil sie über die veröffentlichten Informationen hinaus in Interviews mit den Finanzleitern börsengehandelter Aktiengesellschaften Sonderinformationen erhalten. Träfe die These in dieser Form zu, so wären nicht nur Maßnahmen der Finanzkommunikation der Unternehmung gegenüber der Öffentlichkeit, sondern auch solche mit Portfolio-Managern und Finanzanalysten nutzlos. Und hätte die These von der Kapitalmarkteffizienz auch für diese Informationen Gültigkeit, so erübrigten sich Regelungen zur Insider-Überwachung und Ad-hoc-Publizität. **Insiderinformationen** sind nach § 13 des Wertpapierhandelsgesetzes (WpHG) Informationen über nicht öffentlich bekannte Umstände, die sich auf einen oder mehrere Emittenten von Insiderpapieren oder auf Insiderpapiere selbst beziehen und die geeignet sind, im Falle ihres Bekanntwerdens den Börsen- oder Marktpreis der Papiere erheblich beeinflussen zu können. Hierzu zählen z. B. »ein Übernahmeangebot, ein besonders wichtiger Vertragsschluss, eine bedeutsame Erfindung, eine Gewinnwarnung oder drohende Insolvenz, eine Kapitalherabsetzung oder der Abschluss eines Beherrschungs- oder Gewinnabführungsvertrages ... Dividendenänderungen oder -streichungen usw.« (Bundesanstalt für Finanzdienstleistungsaufsicht 2013, S. 32 f.). Die Nutzung dieser Informationen durch Kauf- oder Verkaufsgeschäfte ist Insidern untersagt, nachgewiesene Verstöße werden mit Geld- oder sogar Freiheitsstrafen sanktioniert. Transparent gemacht werden müssen daher auch die Geschäfte von Führungskräften einer Unternehmung (Leitungsorgan, Verwaltungs-/Aufsichtsorgan, persönlich haftende Gesellschafter usw.) mit deren Aktien oder Finanzinstrumenten wie Derivaten, die sich hierauf beziehen (ebenda, S. 73, 76). Emittenten von Finanzinstrumenten müssen sie unmittelbar betreffende Insiderinformationen unverzüglich veröffentlichen (**Ad-hoc-Publizität**, ebenda S. 45 ff.).

Irrationalitäten und Marktineffizienz

Die Markteffizienzthese geht von rationalen Investoren aus, die sämtliche Informationen aufnehmen, sie richtig verarbeiten und unverzüglich und vollständig in Handlungen umsetzen. Die Behavioral Finance-Forschung (Modul 7) deutet jedoch darauf hin, dass Investoren häufig von den fundamentalen Werten einer Unternehmung »weggetrieben« werden, da sie **»irrational«** agieren. Zu den in diesem Zusammenhang durch empirische Arbeiten gut dokumentierten Effekten zählen etwa die selektive Wahrnehmung, der Konservativismus, die Überschätzung eigener Fähigkeiten oder der Herdentrieb (Modul 7, Abb. 7.4 sowie Shiller 2013, S. 482 ff. mit einem komprimierten Abriss der Behavioral Finance). Wenn aber

EMPIRISCHE EVIDENZ NICHT EINDEUTIG

Die zahlreichen Versuche, die These von der Informationseffizienz sowohl theoretisch weiter zu untermauern als auch an den wichtigsten Aktienbörsen der Welt empirisch zu testen, fügen sich mittlerweile zu einem der breitesten Literaturstränge der Finanzierungsforschung. Dennoch haben sie bislang **noch nicht zu abschließenden Ergebnissen geführt** (ausführlich zu empirischen Tests Copeland/Weston/Shastri 2008, S. 479 ff.): »Given all the theoretical and empirical evidence for and against the Efficient Market Hypothesis, what can we conclude? Amazingley, there is still no consensus among economists.« (Lo 2008, S. 12). Ein in diesem Zusammenhang nicht zu lösendes Problem ist das des bereits in Modul 7 angesprochenen, verbundenen Hypothesentests (vgl. Brealey/Myers/Allen 2016, S. 329 f.). Um eventuelle »Überrenditen« zu identifizieren, müsste man fundamental gerechtfertigte, risikoadjustierte Renditen (z. B. der Aktien einer Unternehmung) bestimmen können. Hierzu bedarf es aber eines Preisbildungsmodells (wie des CAPM). Bei Abweichungen zwischen den in der Realität und den durch das jeweilige Modell prognostizierten Renditen bleibt letztlich unklar, ob diese auf Marktineffizienz deuten oder das falsche Modell gewählt wurde.
Trotz der Fülle der sehr unterschiedlichen Studien und der genannten methodischen Probleme kann man jedoch als Fazit festhalten, dass die meisten Forscher davon ausgehen, dass die **Effizienzthese in ihrer mittelstrengen Form gilt** (so zusammenfassend etwa Spremann 2007, S. 447, Brealey/Myers/Allen 2016, S. 325-327). Gerade die Fortschritte der Kommunikationstechnologie in den letzten beiden Jahrzehnten haben die Möglichkeiten der Informationsverbreitung und -aufnahme deutlich erhöht. Nach dem bisherigen Stand empirischer Forschung scheint demgegenüber am wenigsten widerlegbar die Vermutung, dass die eigentlichen Insider einer Gesellschaft, wie z. B. Mitglieder des Vorstands und des Aufsichtsrats, leitende Mitarbeiter in Forschung und Entwicklung, auch trotz der gesetzlichen Publikationspflichten zumindest für kurze Zeit Informationsvorsprünge bezüglich wichtiger, die (Kurs-)Entwicklung ihrer Unternehmung beeinflussender Faktoren besitzen. Der strengen Form der Effizienzthese wäre damit der Boden entzogen.

selbst von der Unternehmung veröffentlichte Informationen überhaupt nicht, nicht vollständig oder fehlerhaft wahrgenommen und interpretiert werden sowie in Fehlentscheidungen münden, dann können die Preisanpassungen á la Fama nicht perfekt funktionieren und **wird sogar die mittelstrenge Form der Markteffizienzthese in Frage gestellt**. Stattdessen zeigen sich vielfältige Arten von **»Anomalien«**, zu denen selbst ein systematischer Einfluss des Kalendermonats, des Wochentags oder sogar des Wetters auf Börsenkurse zählen (Überblick bei Sturm 2007; Schmittmann et al. 2015).

Bildung von Preisblasen

Exzessiver Optimismus, der Investoren zukünftige Cashflows der von ihnen ausgewählten Anlagen überschätzen lässt, oder andere psychologische Mechanismen werden auch zur Erklärung von **Blasen** herangezogen, bei denen sich Preise für eine Vielzahl von Vermögenswerten (Aktien, Immobilien) immer wieder deutlich von ihren Fundamentalwerten wegbewegen. So zeigte Shiller schon 1981, dass Aktienkurse von Unternehmen um die Wachstumsrate ihrer Dividende schwanken, die allein preiserklärend sein sollte. Fama jedoch wehrt sich gegen das »Blasen-Gerede« und hat konsequenterweise das angesehene Wirtschaftsmagazin »Economist« während der Finanzkrise abbestellt, als ihm das B-Wort darin zu oft vorkam: »Blasen beinhalten, dass Preise hochgehen und dass man vorhersehen kann, wann sie wieder heruntergehen. Aber Leute haben versucht zu prognostizieren, wann sie wieder heruntergehen (platzen, d. Verf.). Und es gibt keinen Beweis, dass sie es können.« (Bernau 2014)

Auch während der letzten Finanzkrise lag das Tief der Immobilienpreise in den USA im März 2012 nur wenig unter dem Wert des Case-Shiller-Hauspreisindexes bei Prognose der Blase durch Shiller im Jahr 2003. Und im Oktober 2013 lag der Index schon wieder 16 % über diesem Wert. Fama (2013, S. 375-377) schließt daraus, dass im Voraussagezeitpunkt noch nicht von einem irrationalem Hoch gesprochen werden konnte, **Blasen generell erst im Nachhinein sicher als solche zu erkennen** seien. Die unterschiedliche Interpretation des Verhaltens von Individuen durch Shiller und ihn bringt Fama auf folgende Kurzformel: »Efficient market types (like me) judge that predictable variation in expected returns on stocks and bonds is rational, the result of variation in risk or willingness to bear risk. In contrast, behaviorists argue that much of the predictability is due to irrational swings of prices away from fundamental values.« (Fama 2013, S. 373)

Die Auswahl der Preisträger 2013 begründete das Nobelkomite mit **Belegen für beide Theorierichtungen**. Gerade in der kurzen Frist dürften Märkte effizient, Preisänderungen zufällig und daher nicht vorhersehbar sein. Mittel- bis langfristig aber können aufgrund von Pfadabhängigkeiten bei den Investoren bestimmte Grundvorstellungen von den Assetwerten bestehen, die der Effizienzthese widersprächen, Preisveränderungen jedoch berechenbarer machten: »There is no way to predict whether the prize of stocks and bonds will go up or down over the next few days a week. But it is quite possible to foresee the broad course of the prices of the assets over a longer time periods, such as, the next three or five years.« (Nobel Prize Committee 2013). Shiller fasst dies als Gegenteil von Wettervorhersagen, die kurzfristig gute, in der langen Frist schlechte Ergebnisse lieferten (Shiller 2013, S. 465).

Wenn somit sogar für die organisierten und im Blickpunkt von Wirtschaftspresse und Öffentlichkeit stehenden Aktienbörsen die **Gültigkeit der Markteffizienzthese zumindest in ihrer strengen Form in Zweifel zu ziehen** ist, so gilt dies umso mehr für den Finanzmarkt insgesamt. Eine wesentliche Begründung hierfür liegt in der deutlich geringeren Publizitätspflicht bei nicht-börsennotierten Unternehmen. Wenn man aber davon ausgehen muss, dass nicht sämtliche in den Unternehmungen existierenden Informationen im Markt sowie erhebliche Zweifel an deren rationaler Verarbeitung angebracht sind, ist die **Existenzberichtigung für Finanzkommunikation gegeben** (zuletzt ausführlicher Theis 2014, S. 37, 89).

16.2 Finanzkommunikation börsennotierter Unternehmen

Allgemeine Aufgaben und Ziele der Finanzkommunikation

Im Rahmen der Finanzkommunikation kommt dem Finanzleiter die Aufgabe der **zielgerichteten Gestaltung der Kommunikationsbeziehung zwischen dem Unternehmen und der Finanzöffentlichkeit** (Financial Community) zu (ähnlich Achleitner/Bassen/Fieseler 2008, S. 261). Er agiert insofern als Relationship Manager, als er – je nach Kapitalbedarf – versucht, potenzielle Kapitalgeber zu gewinnen, bestehende Financiers zu binden und verlorene Investoren zurückzugewinnen (zum Relationship Management Bruhn 2016). Zwei Ziele stehen dabei im Vordergrund: Zum einen – bereits im ersten Modul hervorgehoben – hat der Finanzleiter die jederzeitige Liquidität der Unternehmung sicherzustellen, muss also für eine **nachhaltig stabile Finanzmittelbasis** sorgen. Zum anderen verfolgt er das Ziel, die **Kapitalkosten möglichst niedrig** zu halten und damit den Wert der Unternehmung zu steigern. Diese beiden Ziele gelten unabhängig davon, welche Rechtsform, Größe oder Kapitalgeber eine Unternehmung besitzt.

Fokus Aktienkurs

Bei **börsennotierten** Unternehmen besteht jedoch die Besonderheit, dass die Markteinschätzung des Unternehmenswerts über die Entwicklung des Aktienkurses jederzeit transparent und damit für alle Stakeholder beobachtbar ist. Daher werden sich die Bemühungen des Finanzleiters im Rahmen der Finanzkommunikation darauf fokussieren, den **Aktienkurs langfristig** zu **maximieren**. Denn vor allem die Eigen- (und Fremd-)kapitalgeber werden ihre Entscheidung, welche Beträge sie der Unternehmung im Rahmen einer Kapitalerhöhung (oder der Verhandlungen über einen neuen Kredit) zur Verfügung stellen und welche Renditen sie hierfür erwarten, nicht zuletzt von der Bewertung am Kapitalmarkt abhängig machen. Und möglicherweise lassen sich auch Lieferanten, Abnehmer oder aktuelle und potenzielle Mitarbeiter in ihren Handlungen vom »Performancespiegel« der Unternehmung leiten (Link 1991, Wenzel 2005, Banzhaf 2006).

Dieser Fokus erklärt auch, warum in Teilen der Praxis die Finanzkommunikation börsennotierter Unternehmen als **Investor Relations** bezeichnet und mit der Gestaltung der Beziehungen zwischen der Unternehmung und ihren Aktionären gleichgesetzt wird. Die in den großen Indizes der Deutschen Börse – allem voran dem DAX – vertretenen Unternehmen haben in den letzten beiden Dekaden erhebliche Ressourcen zum Aufbau von Investor Relations-Bereichen eingesetzt, die sich dieser Beziehungspflege widmen. Damit sind sie auf den Aspekt der Kommunikation bezogener Teil des **Finanzmarketings** einer Unternehmung als dem »an den Bedürfnissen der Kapitalgeber orientiertem, zielgerichtetem Einsatz finanzpolitischer Instrumente zur Überwindung der zwischen Kapitalnachfrage und Kapitalangebot bestehenden Marktwiderstände« (Süchting 1995, S. 247 und grundlegend ders. 1980). – Die Investor Relations-Bereiche sind organisatorisch zumeist dem Finanzleiter (Chief Financial Officer) zugeordnet, in einigen Konzernen sogar dem Vorstandsvorsitzenden (Chief Executive Officer), woraus die hohe strategische Bedeutung der Kommunikation mit dem Kapitalmarkt zum Ausdruck kommt (zur Entwicklung der Investor Relations in Deutschland Link 1991, Köhler 2015).

Value Reporting: Wertlücken schließen

Die Finanzkommunikation soll daher dazu beitragen, zwei mögliche **Wertlücken** zu **schließen** (Ruhwedel/Ruhwedel 2011):

- Liegt der aktuelle Aktienkurs (A) des Unternehmens unter seinem aktuellen »inneren Wert« (B), so muss dem Kapitalmarkt glaubhaft der sich bereits vom derzeitigen, unveränderten Geschäftsmodell ableitende Wert besser kommuniziert werden, den die Aktionäre bislang offenbar zu niedrig eingeschätzt haben.
- Darüber hinaus versucht die Unternehmensleitung im Rahmen des Wertmanagements (vgl. Modul 1), das Geschäftsmodell der Unternehmung fortlaufend weiterzuentwickeln und damit bestehende Wertpotenziale besser auszuschöpfen oder neue zu erschließen. Langfristig sollte der Aktienkurs auch den sich daraus ergebenden, höheren »Fundamentalwert« (C) widerspiegeln.

Abb. 16.3

Schließen von Wertlücken mit Hilfe des Value Reporting

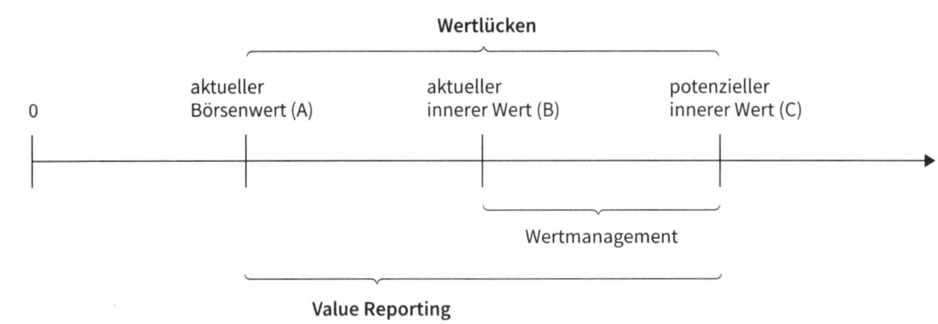

Quelle: Ruhwedel/Schultze 2002

Dem Value Reporting als zentralem Teil der Finanzkommunikation gerade börsennotierter Unternehmen (vgl. Theis 2014, S. 69) kommt daher die Aufgabe zu, die Kapitalmarktteilnehmer mit solchen Informationen zu versorgen, die ihnen eine **zutreffende Bewertung** der Unternehmung erlauben. Durch die Verringerung von Informationsasymmetrien zwischen Unternehmensinsidern einerseits, aktuellen und potenziellen Shareholdern andererseits soll die Unsicherheit der Investoren verringert, die Risikoprämie in den Kapitalkosten abgesenkt und damit der **Unternehmenswert erhöht** werden (vgl. Bassen/Basse Mama/Ramaj 2010).

Nutzen der Finanzkommunikation

Tatsächlich belegen zahlreiche empirische Forschungsarbeiten den Nutzen »guter« Finanzkommunikation für börsennotierte Unternehmen:

- Die Studien bestätigen, dass durch entsprechende Informationsaktivitäten der Unternehmung ihre **Kapitalkosten gesenkt** werden können (Überblicke bei Botosan 2006, Francis/Nanda/Olsson 2008, Bassen/Basse Mama/Ramaj 2010, Köhler 2015). Diese positive Wirkung auf den Unternehmenswert fällt umso größer aus, je ausgeprägter die Informationsasymmetrien einerseits (siehe Modul 9: z. B. bei kleineren Unternehmen, Agrarwal et al. 2016), je umfangreicher und qualitativ besser die von der Unternehmung bereitgestellten Informationen andererseits (vgl. etwa Lambert/Leuz/Verrecchia 2012). So verfügen etwa Unternehmen, die regelmäßige und präzise Managementprognosen veröffentlichen, über geringere Kapitalkosten (Baginski/Rakow 2012). Auch Investitionen in die Art und Weise der Informationsübermittlung durch Investor Relations-Aktivitäten (s. u.: Roadshows, Einzelgespräche mit Investoren etc.) tragen zur Erhöhung des Aktienkurses und damit Steigerung des Unternehmenswertes bei (Bushee/Miller 2012, Karolyi/Liao 2015).

- Zugleich kann die Finanzkommunikation die Liquidität der gehandelten Aktien erhöhen und damit die **Kapitalverfügbarkeit** der Unternehmung **stabilisieren** (so Healy/Palepu 2001 und Bassen/Basse Mama/Ramaj 2010).
- Darüber hinaus hat die im Rahmen der Finanzkommunikation gewährte Transparenz offenbar auch **disziplinierende Effekte**. So werden zum einen Investitionsprogramme und deren Renditen umso eher umgesetzt bzw. erreicht, je umfangreicher und detaillierter sie zuvor publiziert wurden (Biddle/Hilary/Verdi 2009). Und die »andere Sichtbarkeit« von Unternehmen mit umfangreicher Finanzkommunikation trägt dazu bei, dass für die Wertschaffung schädliche, überdimensionierte Liquiditätsreserven vermindert werden (Basse Mama/Bassen 2016).

Zur Ausgestaltung der Finanzkommunikation muss der Finanzleiter entscheiden,

- welchen Zielgruppen,
- welche Informationen,
- nach welchen Grundprinzipien und
- mit welchen Instrumenten

vermittelt werden, um die genannten Nutzen- und damit Wertpotenziale tatsächlich zu heben. Diese Aspekte werden nachfolgend mit Blick auf börsennotierte deutsche Unternehmen überblicksartig behandelt.

Zielgruppen der Finanzkommunikation

Die Finanzkommunikation ist vor allem auf drei Zielgruppen auszurichten, die jeweils spezifische Informationsbedürfnisse besitzen, die der Finanzleiter berücksichtigen muss (vgl. Achleitner/Bassen/Fieseler 2008):

Institutionelle Anleger: Große Kapitalsammelstellen – in Deutschland vor allem Versicherungen, Kapitalanlagegesellschaften, Vermögensverwalter, Kreditinstitute, Sozialkassen – bewegen erhebliche Anlagevolumina und müssen spezifische gesetzliche Auflagen mit Blick auf ihren Anlageprozess und die Struktur der von ihnen gehaltenen Investmentportfolios beachten. Beide Aspekte führen dazu, dass sie ihre Anlageentscheidungen meist auf Basis umfangreicher Fundamentalanalysen nach rational kalkulierten Bewertungskriterien fällen. In der Regel wird in Teams disponiert, um die an den Märkten verfügbaren Informationen möglichst vollständig einzufangen, abgewogen auszuwerten und nach intensiver Diskussion in die Entscheidungen einzubringen. Die Teams setzen sich gemäß den Anlagerichtlinien der Häuser zumeist aus Portfoliomanagern und Vertretern des Inhouse Research zusammen. Letztere werden auch als **Buy-Side-Analysten** bezeichnet, da sie vor dem Hintergrund der Anlagepolitik der jeweiligen Gesellschaft gezielt die von den Portfoliomanagern benötigten Informationen nachfragen und aufbereiten. Sie sind häufig auf einzelne Branchen spezialisiert und können daher die Geschäftsmodelle derjenigen Unternehmen, in die möglicherweise investiert werden soll, kompetent bewerten. Ihre Exposés dienen jedoch allein der Inhouse-Analyse und werden nicht veröffentlicht. Daher stehen Buy-Side-Analysten im Gegensatz zu den unten angesprochenen Sell-Side-Analysten »kaum im öffentlichen Rampenlicht« (Achleitner/Bassen/Fieseler 2008, S. 272).

In Deutschland stellen **ausländische Fondsgesellschaften** eine besonders gewichtige Investorengruppe dar. Die folgende Abbildung 16.4 zeigt die Beteiligungsquote der weltweit größten Vermögensverwalter am DAX per Ende 2015. Etwa die Hälfte der DAX-Aktien liegt in den Händen ausländischer Investoren, bei einzelnen Unternehmen beläuft sich ihr Anteil auf über 70 %. Die Kenntnis der Informationsbedarfe und Anlagestrategien dieser Investorengruppe ist für börsennotierte Unternehmen daher von zentraler Bedeutung.

Die bislang größte Studie zu den Präferenzen und dem Verhalten von Investoren wurde 2014 von Pellens/Schmidt durchgeführt. Dafür wurden knapp 425.000 Privatanleger der Deutsche Post DHL und rund 900 Institutionelle Investoren befragt. Hieraus geht – und dies ist für die weitere Ausgestaltung der Finanzkommunikation von

Abb. 16.4

Beteiligungsquote der weltweit größten Vermögensverwalter am DAX

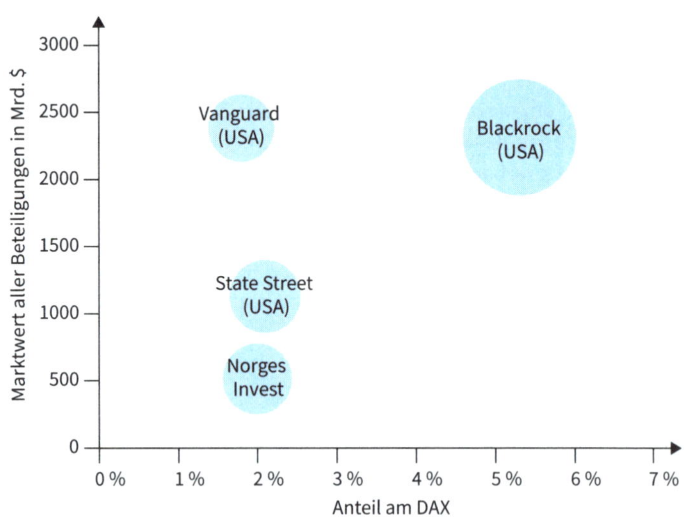

Quelle: Reimann 2016 und Jakobs 2016

Abb. 16.5

Orientierungsgrößen institutioneller Anleger für die Anlageentscheidung

Quelle: nach Pellens/Schmidt 2014, S. 60

großer Bedeutung – hervor, dass sich Institutionelle Investoren vor allem an der Managementqualität, der Ertragslage sowie der allgemeinen strategischen Ausrichtung der Unternehmung orientieren und neben der traditionellen Informationsquelle des Geschäfts-(bzw. Quartals-)berichts insbesondere auf den direkten Kontakt zum Management bzw. direkten Investor Relations-Kontakt setzen.

Abb. 16.6

Bedeutung verschiedener Informationsquellen für Institutionelle Anleger

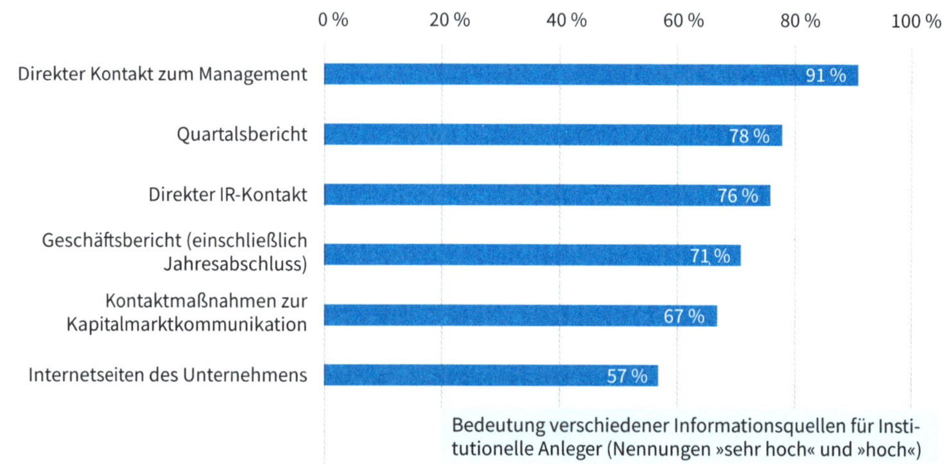

Quelle: nach Pellens/Schmidt 2014, S. 62

AUS DER PRAXIS

»Basierend auf unserem Aktienregister schätzen wir die Gesamtzahl der Aktionäre der adidas AG auf derzeit etwas über 70.000. Gemäß unserer letzten Aktienbesitzanalyse vom Februar 2016 konnten wir fast 100 % unserer ausstehenden Aktien zuordnen. Institutionelle Investoren stellen die größte Investorengruppe dar und halten 87 % unserer gesamten ausstehenden Aktien. Der Anteil der Aktien, die sich im Besitz von Privatanlegern und uns nicht näher bekannten Investoren befinden, beträgt 8 %. Die derzeitigen Mitglieder von Vorstand und Aufsichtsrat halten insgesamt weniger als 1 %. Darüber hinaus hält die adidas AG derzeit 4 % der Aktien der Gesellschaft, die bislang im Rahmen unseres Aktienrückkaufprogramms zurückerworben wurden. Nach Regionen betrachtet sind 33 % der Institutionellen Investoren derzeit in Nordamerika ansässig, gefolgt von Großbritannien mit 26 %. Auf deutsche Institutionelle Investoren entfallen insgesamt 9 % der ausstehenden Aktien. 6 % bzw. 5 % der Institutionellen Investoren sind in der Schweiz und Frankreich ansässig. Institutionelle Investoren in anderen Regionen der Welt halten 21 % der ausstehenden Aktien.«
(Geschäftsbericht adidas 2015, S. 50)

»Das durchschnittliche tägliche Handelsvolumen unserer Aktie sank von rund 639.000 Stück im Vorjahr um etwa 12 % auf rund 563.000 Stück im Jahr 2015. Der größte Anteil am Streubesitz entfiel auch 2015 auf die Region Nordamerika, er sank allerdings gegenüber dem Vorjahr auf etwa 37 % (2014: 47 %). Dem Investorentyp nach stellten unverändert sogenannte GARP (»Growth At Reasonable Price«) und wertorientierte Investoren die Mehrheit. Ende 2015 hielten die fünf größten Aktionäre zusammen rund 23 % vom Streubesitz (Ende 2014: 39 %).«
(Geschäftsbericht Merck 2015, S. 40)

Privatinvestoren: Eine Vielzahl individueller Anleger – auch als »Streubesitz« bezeichnet – bedeutet auf der einen Seite, dass die Finanzkommunikation schwerer zu fokussieren und kanalisieren ist als bei einigen wenigen institutionellen Großanlegern. Auf der anderen Seite zeigen empirische Untersuchungen eine zumeist langfristige Orientierung und damit hohe Loyalität der Privatinvestoren, da diese einem geringeren Performancedruck als Institutionelle unterliegen. Die Anlageentscheidungen werden weniger auf der Basis komplexer analytischer Modelle getroffen, sondern orientieren sich häufig an der Reputation der Gesellschaft, Medienberichten oder Anlageempfehlungen z. B. von Kreditinstituten im Rahmen der Vermögensverwaltung. Die Finanzkommunikation gegenüber dieser Zielgruppe muss darüber hinaus berücksichtigen, dass der Kenntnisstand im Durchschnitt unter dem der Institutionellen Investoren liegt und hierauf durch eine entsprechende Aufbereitung der übermittelten Informationen reagieren.

Abb. 16.7

Anlageziele von Privataktionären

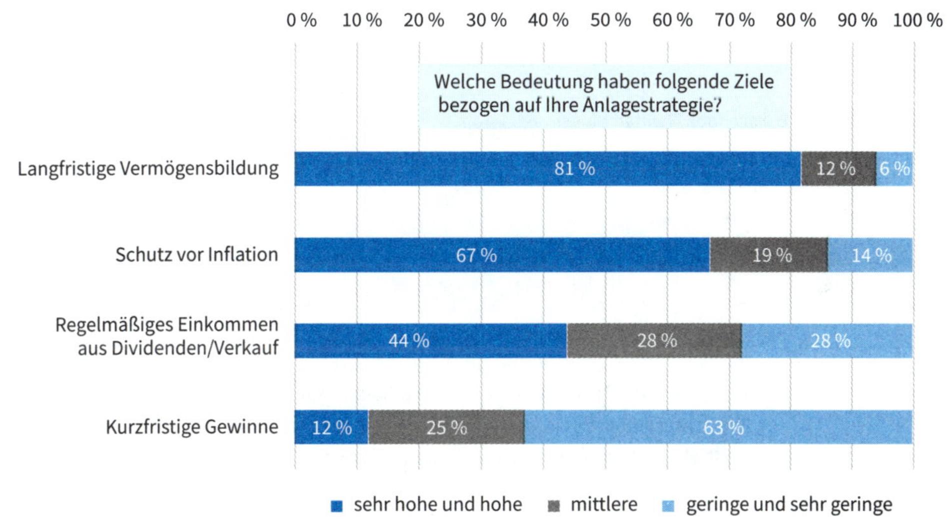

Quelle: nach Pellens/Schmidt 2014, S. 29

Informationsvermittler: Spiegelbildlich den Buy-Side-Analysten sind auch auf der **Sell Side Finanzanalysten** tätig, nämlich für Investment Banks, Universalbanken, Wertpapierhandelshäuser (Broker) usw. (zur Arbeit von Finanzanalysten ausführlich Lehmann 2014). Wie ihr Pendant untersuchen sie die Wertperspektiven von Unternehmen auf fundamentaler Basis und geben in ihren publizierten Prognosen

Abb. 16.8

Bedeutung und Verständlichkeit verschiedener Informationsquellen für Privataktionäre

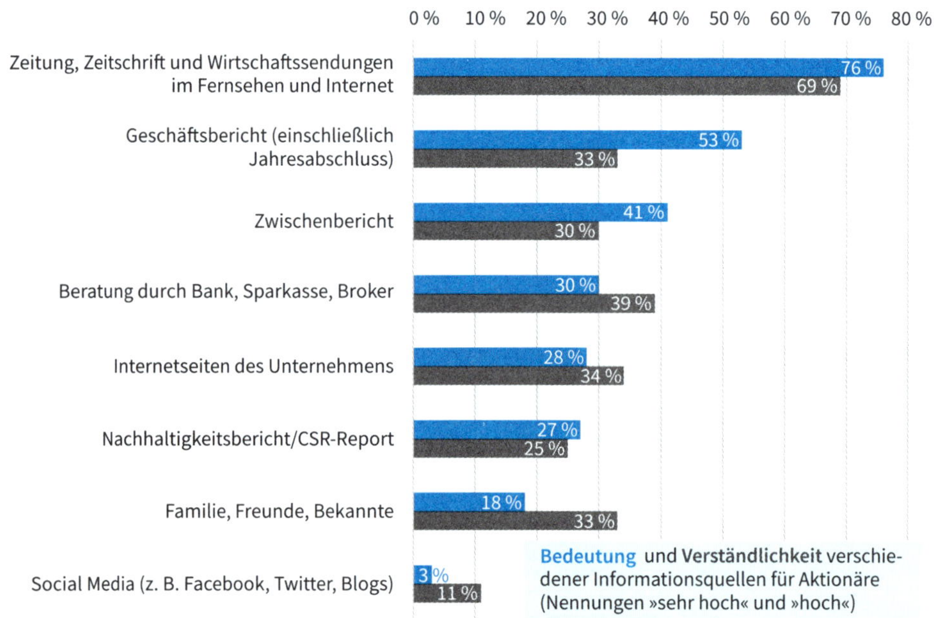

Quelle: nach Pellens/Schmidt 2014, S. 33, 35

dann Handlungsempfehlungen mit Blick auf die beobachtete Aktie (»buy, hold, sell«). Je nach Track Record des jeweiligen Analysten bzw. »seiner« Gesellschaft orientieren sich zahlreiche Kapitalmarktteilnehmer stark an seinen Einschätzungen, weshalb Unternehmen diese Informationsmittler auch gezielt mit Informationen über Geschäftsmodell und -verlauf versorgen. Es ist daher auch ein wichtiges (Zwischen-)Ziel der Finanzkommunikation, eine möglichst große Abdeckung (Coverage) der Unternehmung durch Finanzanalysten zu erreichen, um großflächig Informationen in den Markt zu bringen (Bassen/Basse Mama/Ramaj 2010, S. 50 f., Lehmann 2014, S. 115). Finanzanalysten sind darüber hinaus bei **Rating-Agenturen** anzutreffen, die ebenfalls eine bedeutende, weil viel beachtete Rolle als Informationsintermediär spielen.

Eine Mittler- oder Multiplikatorfunktion erfüllen auch die Finanzjournalisten der Medien, die zwar weniger die von den Anlagesummen her bedeutenden Institutionellen Investoren, wohl aber die »Stimmung« der breiteren Anlegerschaft mit Blick auf einzelne Unternehmen oder das Börsenklima insgesamt beeinflussen können. An dieser Stelle wird auch deutlich, dass sich Finanz- und allgemeine Unterneh-

AUS DER PRAXIS

»Der adidas Konzern und die Aktie der adidas AG erfreuten sich im Jahr 2015 weiterhin starker Unterstützung von Analysten. Rund 35 Analysten von Investmentbanken und Brokerfirmen veröffentlichten regelmäßig Studien über unseren Konzern. Die große Mehrheit der Analysten ist in Bezug auf das mittel- und langfristige Potenzial unseres Konzerns zuversichtlich. Dies zeigt auch die Aufteilung der Analystenempfehlungen hinsichtlich unserer Aktie zum 31.12.2015. 38% der Analysten sprachen eine ›Kauf‹-Empfehlung für unsere Aktie aus (2014: 24%). 48% empfahlen das ›Halten‹ unserer Aktie (2014: 57%). 14% der Analysten stuften unsere Aktie zum ›Verkauf‹ ein (2014: 19%).«
(Geschäftsbericht adidas 2015, S. 50)

»Etwa 25 Finanzanalysten veröffentlichen regelmäßig Studien über BASF. Am Ende des Jahres 2015 sprachen 32% dieser Analysten eine Kaufempfehlung für unsere Aktie aus (Ende 2014: 41%). 40% der Analysten empfahlen, unsere Aktie zu halten (Ende 2014: 38%) und 28% stuften sie zum Verkauf ein (Ende 2014: 21%). Der durchschnittliche Zielkurs der BASF-Aktie betrug nach Einschätzung der Analysten am 31.12.2015 76,86 €.«
(Geschäftsbericht BASF 2015, S. 16)

menskommunikation nur schwer trennscharf abgrenzen und in der Praxis separieren lassen (Achleitner/Bassen/Fieseler 2008 S. 262, Köhler 2015, S. 254). So können sich z. B. im Rahmen der allgemeinen Unternehmens-PR auf einer Automobilmesse gemachte Aussagen über ein demnächst produziertes Elektroauto auf den Finanzmarkt in Form von Kursveränderungen auswirken, ebenso wie bei einer Pressekonferenz für Fachjournalisten gemachte Angaben über Rückstellungen für Produkthaftpflichtfälle nach ihrer Veröffentlichung Befürchtungen über die Zuverlässigkeit der Marke hervorrufen und den Absatzmarkt tangieren können.

Inhalte der Finanzkommunikation

Im Rahmen der Finanzkommunikation müssen den angesprochenen Zielgruppen vor allem **entscheidungsrelevante Informationen** übermittelt werden. Sie sollen dazu beitragen, das individuelle **Geschäftsmodell** der jeweiligen Unternehmung im Hinblick auf die mit ihm in der Zukunft verbundenen **Wertkonsequenzen** so präzise wie möglich einschätzen zu können. Aufgrund der Vielfalt der in der Realität anzutreffenden Geschäftsmodelle gibt es für das in Betracht kommende Set an Informationen keine allgemeine, für jede Unternehmung passende Struktur. Tendenziell liegt jedoch die Wertrelevanz strategischer über der operativer Informationen, sind die Perspektiven der Unternehmung bedeutender als Rückschau und Status-quo-Beschreibung, sollten neben finanziellen auch nichtfinanzielle Größen herangezogen werden. Daher müssen Angaben über **»weiche« Faktoren**, die sich häufig nur qualitativ beschreiben lassen, die Information über »harte«, quantitativ erfassbare Faktoren ergänzen.

Gerade diese besonders wertrelevanten Informationen tauchen jedoch im Geschäftsbericht selbst börsennotierter Unternehmen, der neben dem direkten Kontakt die wichtigste Informationsquelle der Investoren war und ist (Laier 2011, S. 224

sowie Abb. 16.6) traditionell kaum oder nur am Rande auf. Als Konsequenz der stärkeren Fokussierung auf den Shareholder Value wurden daher ab Anfang der 2000er Jahre die Forderungen in Wissenschaft und Praxis lauter, den Geschäftsbericht um ein freiwilliges **Value Reporting** zu ergänzen, das Aussagen über den langfristigen inneren Wert des Unternehmens erlauben sollte (vgl. z. B. Arbeitskreis »Externe Unternehmensrechnung« 2002, Ruhwedel/Schultze 2002). Die meisten börsennotierten Unternehmen wählten daraufhin den Weg, in den von ihnen nach §§ 264 Abs. 1 und 290 Abs. 1 HGB verpflichtend aufzustellenden (Konzern-)**Lagebericht** entscheidungsrelevante Informationen zur Bestimmung des Unternehmenswerts zu integrieren. Dieses Vorgehen praktizierten auch die Anwender der IFRS. Diese internationalen Standards sehen zwar keine Aufstellungspflicht für einen Lagebericht vor, sondern empfehlen lediglich einen »Management Commentary«. Doch sind deutsche Unternehmen, die ihren Konzernabschluss nach IFRS erstellen, verpflichtet, einen Konzernlagebericht nach § 315 HGB vorzulegen (Coenenberg/Haller/Schultze 2014, S. 847, 942). – Ein **Konsens** über die dabei einzubeziehenden Informationen wurde indes **nicht erzielt** (vgl. Arbeitskreis »Externe Unternehmensrechnung« 2002, Banzhaf 2006, S. 137, 165, 169 mit entsprechenden Katalogen und Ruhwedel/Ruhwedel 2011, S. 809).

Wertrelevante Angaben im Lagebericht

Mit dem Ziel einer stärkeren Vereinheitlichung hat das Deutsche Rechnungslegungs Standards Committee 2012 den DRS 20 vorgelegt, der für kapitalmarktorientierte Mutterunternehmen seit dem Geschäftsjahr 2013 verpflichtend anzuwenden ist und die **(Konzern-)Lageberichterstellung** zukunftsorientiert erweitert und konkretisiert. Mit Blick auf die angestrebte bessere Einschätzbarkeit des Unternehmenswerts sind vor allem die nachfolgend kurz angesprochenen Bestandteile des Konzernlageberichts relevant (orientiert an der ausführlicheren Darstellung in Coenenberg/Haller/Schultze 2014, S. 926 ff.):

- Im **Wirtschaftsbericht** sind der Geschäftsverlauf (einschließlich des Geschäftsergebnisses) und die Lage eines Unternehmens darzustellen. Den Ausgangspunkt dafür bilden Angaben zu den »Grundlagen des Konzerns«, die unter Nennung der verwendeten Kennzahlen auch Informationen über das interne Steuerungssystem enthalten sollen. Zudem sind die Ziele und Strategien des Konzerns darzustellen. Darüber hinaus finden sich vielfältige Pflichtangaben zur Vermögens-, Ertrags- und Finanzlage, bei letzterer z. B. die Darstellung und Analyse von Kapitalstruktur, Investitionen und Liquidität. Bei der Lageberichterstattung ist sowohl auf gesamtwirtschaftliche Rahmenbedingungen und Branchenentwicklungen als auch Aspekte wie Auftragsbestand, Absatz und Umsatz, Produktion, Beschaffung usw. einzugehen. Auch nichtfinanzielle Angaben zu den Umwelt- und Arbeitnehmerbelangen, zur Kunden- und Lieferantenstruktur, zur gesellschaftlichen Reputation, zu Beziehungen mit Kunden und anderen Stakeholdern sowie zur Produkt- und Prozessqualität sind geboten. Hiermit sollen die Zukunftsfähigkeit und damit langfristigen Erfolgsaussichten des Unternehmens klarer werden.
- Der **Prognosebericht** hat die wesentlichen von der Unternehmensleitung geplanten Maßnahmen einschließlich ihrer Auswirkungen auf das Unternehmen hinsichtlich der wirtschaftlichen Entwicklung zu erläutern und möglichst kon-

kret zu bewerten. Der Prognosezeitraum beträgt mindestens ein Jahr, die den Prognosen zugrunde gelegten Annahmen sind deutlich zu machen, und es ist ein Vergleich von Plan und Ist anzustellen.

- In die Berichterstattung zur voraussichtlichen Entwicklung kann die (ansonsten separat zu gebende) Darstellung der wesentlichen (Markt-, Branchen- und unternehmensspezifischen) **Chancen und Risiken**, die die Entwicklung des Unternehmens erheblich zu beeinflussen vermögen, integriert werden.
- Der **Bericht über die Finanzrisiken** muss Angaben zu Zielen und Methoden des Risikomanagements einschließlich der Absicherung aller wichtigen Arten von Transaktionen bei Sicherungsgeschäften gegen Preisänderungs-, Ausfall- und Liquiditätsrisiken enthalten, sofern diese für die Lagebeurteilung von Belang sind. Auch dieser Bericht kann ebenso wie derjenige über die wesentlichen Strukturen und Prozesse **des internen Kontroll- und Risikomanagementsystems** mit dem Risikobericht verschmolzen werden.
- Im Rahmen des **Forschungs- und Entwicklungsberichts** ist sowohl auf bereits durchgeführte als auch geplante Forschungs- und Entwicklungsaktivitäten der Unternehmung einzugehen, die von Bedeutung für ihren künftigen Wert sind. Relevant können in diesem Zusammenhang z. B. die Art und Anzahl der angemeldeten Patente, die Zahl und Geschäftsbereichszuordnung der Mitarbeiter in Forschung und Entwicklung, das F&E-Budget u.ä. sein.

Die folgenden Abbildungen zeigen jeweils ein Beispiel für die Darstellung des Steuerungssystems im Rahmen der »Grundlagen des Konzerns« sowie für den Prognosebericht. Trotz der präziseren Fassung der Anforderungen durch den DRS 20 verbleiben vergleichsweise weite Spielräume bei der inhaltlichen Darstellung. Nimmt man hinzu, dass der Lagebericht hinsichtlich der formalen Gestaltung grundsätzlich keinen Restriktionen unterliegt, so erklärt sich die **große Vielfalt** in Umfang, Tiefe, Struktur und Aufbereitungsform der Lageberichte sogar in den Segmenten DAX und MDAX (vgl. vor Gültigkeit des DRS 20 Laier 2008 sowie danach Kajüter/Hannen/Huth 2014, Kajüter/Nienhaus/Mohrschladt 2015). Speziell die Darstellung der Chancen und Risiken bleibt häufig vage, die nichtfinanziellen Leistungsindikatoren streuen stark und auch der Prognosebericht wird nur selten so eindeutig zusammengefasst wie: »Das bereinigte EBIT des Konzerns wird voraussichtlich zwischen 1,6–1,9 Mrd. € (Vorjahr 1.676 Mio. €) liegen.« (Geschäftsbericht thyssenkrupp 2014/15, S. 96). Eher wird eine Formulierung gewählt wie: »Vor diesem Hintergrund schauen wir mit Zuversicht auf das Jahr 2016. Alles deutet darauf hin, dass wir unseren Wachstumskurs fortsetzen werden: Sowohl beim Absatz als auch beim Umsatz und Ergebnis erwarten wir höhere Werte als im Jahr zuvor.« (Geschäftsbericht Daimler 2015, S. 157).

Daraus ergibt sich für den Finanzleiter der Unternehmung ein **Trade-off** (ähnlich Bassen/Basse Mama/Ramai 2010, S. 61): Einerseits lassen sich mit einer besonders weitgehenden Berichterstattung an den Markt – möglicherweise sogar der Nennung als Best Practice-Beispiel in regelmäßig erscheinenden Rankings (vgl. KPMG 2014, Kirchhoff Consult 2016) – »informationelle Wettbewerbsvorsprünge« und damit Kapitalkostenvorteile erzielen. Je eingehender die Unternehmung andererseits wettbewerbssensitive Informationen verbreitet – der Forschungs- und Entwicklungsbereich ist hierfür ein Paradebeispiel (Theis 2014, S. 114) –, desto stärker geraten ihre realwirtschaftlichen Wettbewerbsvorsprünge in Gefahr. Bislang nutzen die Unternehmen die aufgrund immer noch auslegungsbedürftiger Rechtsnormen bestehenden diskretionären Spielräume im Durchschnitt offenbar für eine wenig aussagekräftige Prognoseberichterstattung. Die **nachteiligen Konkurrenz- und Wettbewerbseffekte** werden also **höher als** der Abbau von Informationsasymmetrien und die damit einhergehende **Reduktion der Kapitalkosten gewichtet** (Lehmann 2014, S. 81).

Nachhaltigkeit und Wertschaffung

Auch deutsche Unternehmen werden jedoch nicht davor ausweichen können, gerade ihre nichtfinanzielle Berichterstattung künftig deutlich auszubauen. Hintergrund ist die in den letzten Jahren angesichts begrenzter Umweltressourcen, der Finanz- und Wirtschaftskrise sowie teilweise krassen Fehlverhaltens im Manage-

AUS DER PRAXIS

Das betriebswirtschaftliche Steuerungssystem der BMW Group folgt einem wertorientierten Ansatz. Im Mittelpunkt stehen dabei ein profitables Wachstum, die Wertsteigerung für die Kapitalgeber und die Sicherung von Arbeitsplätzen. Um die unternehmerische Eigenständigkeit auch langfristig zu sichern, ist das im Unternehmen verfügbare Kapital rentabel einzusetzen. Dazu muss der erwirtschaftete Gewinn die Kosten des zur Verfügung gestellten Eigen- und Fremdkapitals dauerhaft übersteigen. Das konzerninterne Steuerungssystem der BMW Group ist mehrstufig aufgebaut und weist in Abhängigkeit vom Aggregationsniveau unterschiedliche Detaillierungsgrade auf. Die operative Steuerung erfolgt dabei im Wesentlichen auf Segmentebene. Zur Steuerung der langfristigen Unternehmensentwicklung und zur Beurteilung strategischer Belange werden auf Konzernebene ergänzend zusätzliche Kennzahlen im Steuerungssystem berücksichtigt. In diesem Zusammenhang dient der Wertbeitrag als Indikator für den im Geschäftsjahr geleisteten Beitrag zum Unternehmenswert. Dieser Anspruch wird auf Konzern- sowie auf Segmentebene durch bedeutsamste finanzielle und nichtfinanzielle Leistungsindikatoren (Werttreiber) operationalisiert. Der vereinfachte Zusammenhang zwischen dem Wertbeitrag und seinen relevanten Werttreibern ist in der nachfolgenden Abbildung dargestellt.

Aufgrund des sehr hohen Aggregationsniveaus ist eine betriebswirtschaftlich gezielte Steuerung auf Basis des Wertbeitrags nur schwer möglich. Daher dient diese Kennzahl ausschließlich als Berichtsgröße.

Für jede Steuerungsebene sind relevante Werttreiber definiert, die wesentlichen Einfluss auf den Unternehmenserfolg und schließlich die Entwicklung des Unternehmenswerts haben. Im Rahmen der betriebswirtschaftlichen Steuerung handelt es sich bei diesen finanziellen und nichtfinanziellen Werttreibern um die bedeutsamsten Leistungsindikatoren im Unternehmen.

Bei Projektentscheidungen korrespondiert das System mit einer projektorientierten Steuerungslogik auf der Basis von Wert- beziehungsweise Renditekennzahlen, die eine wesentliche Entscheidungsgrundlage bieten.

Abb. 16.9

Darstellung des Steuerungssystems von BMW im Lagebericht

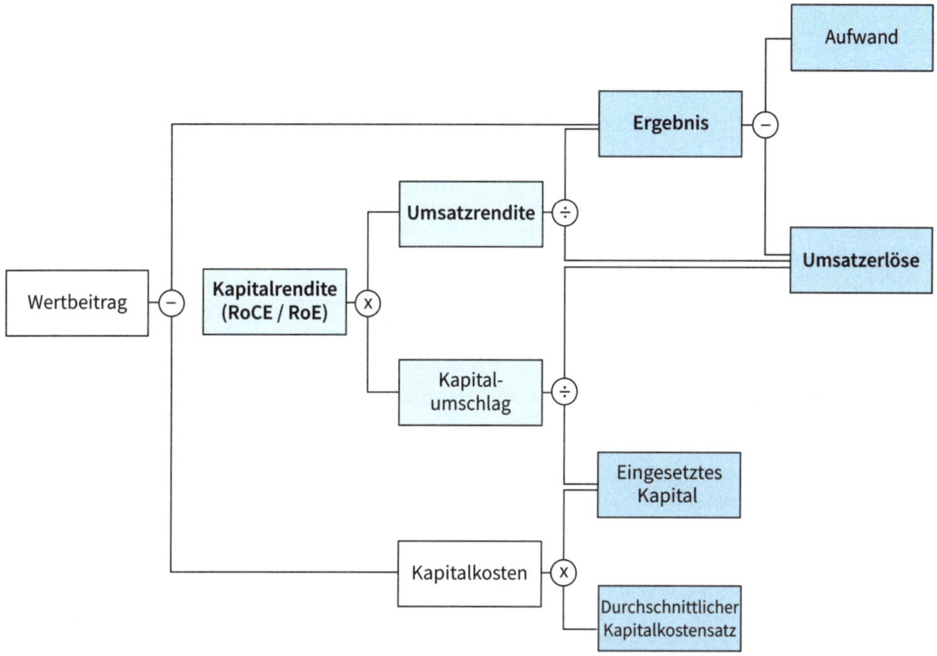

Quelle: BMW Geschäftsbericht 2015, S. 20

ment auch weltweit bekannter Unternehmen immer intensiver geführte Debatte um die gesamtgesellschaftliche Verantwortung einer Unternehmung (**Corporate Responsibility**). Eine zweifelsfreie Reputation mit Blick auf die **Nachhaltigkeit** in ökonomischer, ökologischer und sozialer Hinsicht wird mittlerweile als unverzichtbare Grundlage für das Wertmanagement eines Unternehmens gesehen. Große Institutionelle Investoren machen ihre Anlageentscheidungen zunehmend von Nachhaltigkeitskriterien abhängig (Fraguas 2015). Daher wird verstärkt gefordert, anhand nichtfinanzieller Indikatoren auch über diese Bereiche im Rahmen des Value Reporting zu berichten (**Corporate Sustainability Reporting, CSR**).

Im September 2016 hat die Bundesregierung daher den Entwurf eines **CSR-Richtlinie-Umsetzungsgesetzes** verabschiedet, um eine entsprechende Richtlinie der EU bis zum Jahresende in deutsches Recht zu transformieren. Große kapitalmarktorientierte Unternehmen mit mehr als 500 Mitarbeitern müssen danach in ihrem Lagebericht eine »nichtfinanzielle Erklärung« abgeben. Darin haben sie – ausgehend von ihrem Geschäftsmodell – Angaben zu Umwelt-, Arbeitnehmer- und Sozialbelangen, zur Achtung der Menschenrechte und zur Korruptionsbekämpfung zu

Abb. 16.10

Prognosebericht der BASF im Lagebericht

Chancen	Risiken	Risikomanagement
Mögliche Erfolge, die über unsere definierten Ziele hinausgehen	Ereignisse, die das Erreichen unserer Ziele negativ beeinflussen können	Frühestmögliche Identifikation von Chancen und Risiken und Ableiten effektiver Maßnahmen

Das Risikomanagement der BASF hat zum Ziel, Chancen und Risiken frühestmöglich zu identifizieren, zu bewerten und durch geeignete Maßnahmen Chancen wahrzunehmen sowie geschäftliche Einbußen zu begrenzen. Damit soll eine Bestandsgefährdung der BASF verhindert und durch verbesserte unternehmerische Entscheidungen langfristig Wert geschaffen werden. Unter Risiko verstehen wir jedes Ereignis, das das Erreichen unserer kurzfristigen operativen oder unserer langfristigen strategischen Ziele negativ beeinflussen kann. Als Chancen definieren wir mögliche Erfolge, die über unsere definierten Ziele hinausgehen.

Um identifizierte Chancen und Risiken wirksam messen und steuern zu können, quantifizieren wir diese nach den Dimensionen Eintrittswahrscheinlichkeit und wirtschaftliche Auswirkungen im Falle eines Eintretens. Chancen und Risiken aggregieren wir mit Hilfe von statistischen Methoden zu Risikofaktoren. Auf diese Weise gelangen wir zu einer Gesamtschau von Chancen und Risiken auf Portfolioebene. Dies ermöglicht es uns, effektive Maßnahmen zur Risikosteuerung zu ergreifen.

Gesamtbewertung

- Wesentliche Risiken und Chancen ergeben sich durch die Entwicklung der Gesamtkonjunktur, Wechselkurs- und Margenvolatilitäten
- Keine Gefährdung des Fortbestands von BASF

Wir rechnen für die beiden kommenden Jahre mit einer Fortsetzung des Wachstums der Weltwirtschaft. Wesentliche Risiken sehen wir nach wie vor in einer erheblichen Verlangsamung des Wirtschaftswachstums in China. Eine solche Entwicklung würde die Nachfrage nach Vorleistungs- und Investitionsgütern negativ beeinflussen und sowohl die rohstoffexportierenden Schwellenländer als auch die fortgeschrittenen Volkswirtschaften betreffen. Weitere Risiken für die Weltwirtschaft bestehen in einer Eskalation geopolitischer Konflikte. Wesentliche Chancen und Risiken für unser Ergebnis ergeben sich zudem aus der Unsicherheit hinsichtlich des Wachstums in Europa, der Entwicklung wichtiger Abnehmerindustrien sowie aus Wechselkurs- und Margenvolatilitäten.

Quelle: BASF Geschäftsbericht 2015, S. 113

Mögliche kurzfristige Ergebnisauswirkungen (EBIT) wichtiger Chancen- und Risikofaktoren nach getroffenen Maßnahmen[1]

Mögliche Abweichungen bezogen auf:	Ausblick 2016 –	Ausblick 2016 +
Umfeld und Branche		
Marktwachstum	■■■■	■■■□
Margen	□■■■	■■■□
Wettbewerb	□□■■	■□□□
Regulierung/Politik	□□■■	■□□□
Unternehmensspezifische Chancen und Risiken		
Einkauf/Lieferkette	□□□■	■□□□
Investitionen/Produktion	□□■■	■□□□
Personal	□□□■	■□□□
Akquisitionen/Kooperationen	□□■■	■■□□
Informationstechnologie	□□□■	□□□□
Recht	□□■■	■□□□
Finanzen		
Wechselkursvolatilität	■■■■	■■■□
Sonstige finanzwirtschaftliche Chancen und Risiken	□□□■	■□□□

□□□■ < 100 Millionen €
□□■■ ≥ 100 Millionen € < 500 Millionen €
□■■■ ≥ 500 Millionen € < 1.000 Millionen €
■■■■ ≥ 1.000 Millionen € < 1.500 Millionen €

[1] Bezogen auf das 95-%Konfidenzintervall je Risikofaktor auf Basis der Planwerte. Eine Addition ist nicht zulässig.

Unserer Einschätzung nach bestehen weiterhin keine wesentlichen Einzelrisiken, die den Fortbestand der BASF-Gruppe gefährden. Dasselbe gilt für die Gesamtbetrachtung aller Risiken, auch im Fall einer erneuten globalen Wirtschaftskrise. Letztlich verbleiben jedoch bei allen unternehmerischen Aktivitäten Restrisiken, die auch durch ein umfassendes Risikomanagement nicht auszuschließen sind.

machen. Zudem ist es erforderlich, zu diesen Aspekten jeweils die Beschreibung der verfolgten Konzepte, die Ergebnisse dieser Konzepte, die wesentlichen Risiken sowie die bedeutsamsten nichtfinanziellen Leistungsindikatoren anzugeben. Verfolgt ein Unternehmen in einem dieser Bereiche kein Konzept, so ist auch dieses Vorgehen klar zu begründen (Beyersdorfer 2016). – Die nach diesem Gesetz zu machenden Angaben decken sich teilweise mit den von manchen Unternehmen derzeit schon im Rahmen des Lageberichts gegebenen Informationen, auf die dann verwiesen werden kann.

Integrated Reporting

Vor diesem Hintergrund wird es eine der zentralen Herausforderungen für die Finanzkommunikation sein, eine Verbindung von tradierter finanzieller Berichterstattung und Nachhaltigkeitsberichterstattung herzustellen. Über diese Vernetzung wird unter dem Stichwort des **Integrated Reporting** diskutiert (PWC 2012, Arbeitskreis »Externe Unternehmensrechnung« 2015, Dolderer/Rieth/Schmidt 2015). Das International Integrated Reporting Council hat hierzu 2013 ein Rahmenkonzept vorgelegt (Integrated Reporting Framework). Danach soll eine Unternehmung Rechenschaft darüber ablegen, wie sie mit verschiedenen Kapitalarten umgeht und welche Interdependenzen zwischen ihnen bestehen. Genannt werden z. B. dabei das Finanz-, Produktions- und Humankapital. Sie werden als »Wertespeicher im Unternehmen« (Coenenberg/Haller/Schultze 2014, S. 950) interpretiert, die durch das Geschäftsmodell stabilisiert, positiv oder negativ verändert werden. Das Integrated Reporting soll speziell über die Zusammenhänge des individuellen Geschäftsmodells einer Unternehmung und diesen Kapitalien informieren.

Die folgende Abbildung zeigt einen ersten Versuch der Integration von Nachhaltigkeitsthemen in die Zielhierarchie eines Unternehmens. Nach den schon mit der Umsetzung des DRS 20 gemachten Erfahrungen kann es nicht überraschen, dass die Ansätze eines Integrated Reporting bei den DAX 30-Unternehmen zurzeit noch uneinheitlicher ausfallen (PwC 2016). Da Nachhaltigkeitsthemen einerseits zweifellos von besonderer Wertrelevanz sind, andererseits angesichts des Umfangs der Lageberichte aber schon heute über »information overkill« geklagt wird (siehe Wallmeier 2010 sowie den am Ende des Moduls angefügten Beitrag), müssen Unternehmen im Rahmen der Finanzkommunikation neue Formen des Value Reporting finden und dabei die Möglichkeiten der Digitalisierung nutzen. Hierzu könnten z. B. kompakte Überblicksberichte gehören, die die Interessenten je nach Informationsbedarf über frei verfügbare Datenbanken im Internet vertiefen können (Arbeitskreis »Externe Unternehmensrechnung« 2010).

Grundprinzipien der Finanzkommunikation

Als Industriestandard für eine zielgruppengerechte Finanzkommunikation börsennotierter Unternehmen haben sich die von der Deutschen Vereinigung für Finanzanalyse und Asset Management (**DVFA**) entwickelten »**Grundsätze für Effektive Finanzkommunikation**« etabliert (vgl. zu ähnlichen Anforderungskatalogen Theis 2014, S. 82 f.). Sie wurden auf der Basis einer Befragung von 500 Investment Professionals (Finanzanalysten und Institutionellen Investoren) nach ihren Erwartungen bzw. Anforderungen erarbeitet. Als Basis der Finanzkommunikation wird die **Glaubwürdigkeit** des Managements gesehen, die sich aus den Erfahrungen der Kapitalmarktteilnehmer im Hinblick auf die Zuverlässigkeit der Unternehmensinformatio-

Abb. 16.11

Bayer-Konzernziele

Ziel	Zielerreichung (Stand 2015)	Neues oder angepasstes Ziel
Profitables Wachstum		
Steigerung des Konzernumsatzes; Prognose Februar 2015: Anstieg im unteren einstelligen Prozentbereich auf ca. 46 Mrd. €	Anstieg um 2,7 % auf 46,3 Mrd. €	Anstieg im unteren einstelligen Prozentbereich auf über 47 Mrd. €
Steigerung des EBITDA vor Sondereinflüssen; Prognose Februar 2015: Erhöhung im unteren bis mittleren Zehner-Prozentbereich	Anstieg um 18,2 %	Steigerung im mittleren einstelligen Prozentbereich
Steigerung des bereinigten Ergebnisses je Aktie; Prognose Februar 2015: Steigerung im unteren Zehner-Prozentbereich	Anstieg um 16,0 %	Steigerung im mittleren einstelligen Prozentbereich
Innovation		
Konzern: Erhöhung der F&E-Investitionen auf über 4,0 Mrd. € (2015)	4,3 Mrd. €	Erhöhung der F&E-Investitionen auf 4,5 Mrd. € (2016)
HealthCare: Überführung von mehr als 10 neuen Wirkstoffen in die Entwicklung (2015)	12 neue Wirkstoffe überführt	**Pharmaceuticals:** Überführung von 10 neuen Wirkstoffen in die Entwicklung (2016) **Consumer Health:** Überführung von 20 Konsumer validierten Konzepten in die frühe Entwicklung (2016)
CropScience: Start von Feldstudien zum Nachweis der technischen Machbarkeit bei zwei neuen Wirkstoffen oder Pflanzeneigenschaften (2015)	Feldstudien zu einer neuen Pflanzeneigenschaft, einem neuen Wirkstoff und zwei neuen Biologika gestartet	Start von Feldstudien zum Nachweis der technischen Machbarkeit bei 3 neuen Wirkstoffen, Pflanzeneigenschaften oder Biologika
Covestro (vormals MaterialScience): Verbesserung der Technologie von Produktionsprozessen zur Erhöhung der Energieeffizienz (2015)	Weiterer Einsatz von verbesserten Produktionstechnologien (in der TDI-, MDI- und Chlorproduktion)	
▶ Weitere Informationen siehe Kapitel 4 und 10		
Nachhaltigkeit		
Lieferantenmanagement		
Bewertung aller strategisch bedeutenden Lieferanten (2017)	84 %	Zielgröße unverändert
Bewertung aller potentiell risikobehafteten Lieferanten mit signifikantem Bayer-Einkaufsvolumen (2020)	73 %	Zielgröße unverändert
Entwicklung und Einführung eines neuen Nachhaltigkeitsstandards für unsere Zulieferer (2020)	in Umsetzung	Zielgröße unverändert
▶ Weitere Informationen siehe Kapitel 7		

Abb. 16.11

Fortsetzung

Ressourceneffizienz		
Verbesserung der konzernweiten Energieeffizienz um 10 % (2020). Basisjahr 2012: 3,50 MWh/t	3,34 MWh/t (Verbesserung um 4 %)	Zielgröße unverändert. Neuer Basiswert (2012): 8,86 MWh/t
Reduktion konzernweiter spezifischer Treibhausgas-Emissionen um 20 % (2020). Basisjahr 2012: 0.98 t CO2/t	1,09 t CO_2/t (+ 11 %)	Reduktion konzernweiter spezifischer Treibhausgas-Emissionen um 15 % (2020). Neuer Basiswert 2012: 1,88 t CO_2/t
Einführung eines Wassermanagements an allen Standorten in wasserarmen Regionen	rd. 58 %	Zielgröße unverändert
▶ Weitere Informationen siehe Kapitel 10		
Sicherheit		
Verringerung der Arbeitsunfallquote um 35 % (2020). Basisjahr 2012: RIR (Recordable Incident Rate) 0,49	RIR 0,42 (–14 %)	Zielgröße unverändert. Neuer Basiswert (2012): RIR 0,50
Reduktion der Transportereignisse um 30 % (2020). Basisjahr 2012: 6 Ereignisse	12 (+100 %)	Ziel wird nicht fortgeführt.
Verringerung der Ereignisse im Bereich der Verfahrens- und Anlagensicherheit um 30 % (2020). Basisjahr 2012: LoPC-IR (Loss of Primary Containment Incident Rate) 0,38	LoPC-IR 0,22 (–42 %)	Zielgröße unverändert. Neuer Basiswert (2012): LoPC-IR 0,21
▶ Weitere Informationen siehe Kapitel 9		
Produktverantwortung		
Abschluss der Bewertung des Gefahrenpotenzials aller Substanzen (>99 %), die in Mengen von mehr als einer Tonne pro Jahr verwendet werden (2020)	66 %	Zielgröße unverändert
▶ Weitere Informationen siehe Kapitel 8		
Compliance		
Durchführung vorsorglicher Risikobetreuung in allen drei Teilkonzernen (2015)	Erfolgreich abgeschlossen	–
Jährliches Compliance-Training aller Bayer-Manager (>99 %)	97 %	Jährliches Compliance-Training für nahezu 100 % der Bayer-Manager
▶ Weitere Informationen siehe Kapitel 16.3		
Mitarbeiter		
Kontinuierliche Erhöhung der Mitarbeiterzufriedenheit; Basisjahr 2012: 85 %	87 %	Zielgröße unverändert
Erhöhung des Anteils weiblicher Führungskräfte auf 30 % (2015); Basisjahr 2010: 21 %	28 %	Erhöhung des Anteils weiblicher Führungskräfte im oberen Management auf 35 % (2020). Basiswert bleibt.
Erhöhung des Anteils von Führungskräften, die von außerhalb der EU, der USA oder Kanadas kommen, auf 25 % (2015); Basisjahr 2013: 18 %	21 %	Erhöhung des Anteils von Führungskräften, die von außerhalb der EU, der USA oder Kanadas kommen, auf 25 % (2020)
▶ Weitere Informationen siehe Kapitel 6		

Quelle: Bayer AG Geschäftsbericht 2015, S. 53 f.

nen ergibt. Das Einhalten von Prognosen bzw. frühzeitige Kommunizieren von Abweichungen lässt **Vertrauen** wachsen, dass die Unternehmung auch weiterhin entsprechend handelt. »Glaubwürdigkeit funktioniert wie ein Vorschuss auf zukünftig zu erbringende Leistungen in Form von Vertrauen. Als vertrauenswürdig gilt ein Unternehmen dann, wenn der Wille sichtbar ist, sich auf die Interessen der Kapitalmarktteilnehmer einzustellen und in ernsthafter und fairer Weise über Ziele, Strategien und Geschäftsverlauf zu informieren.« (DVFA 2008, S. 2).

Mit dem Oberziel der Glaubwürdigkeit entfalten die Grundsätze drei Dimensionen, in denen effektive Finanzkommunikation wirksam wird, sechs Verhaltensmaximen, von denen je zwei den Dimensionen zugeordnet wurden und 30 Leitsätze inklusive Erläuterungen, Begriffsdefinitionen sowie Best-Practice-Beispielen. Weniger einem strengen theoretischen Konzept folgend, sondern eher im Sinne »goldener Regeln« soll eine möglichst praktische Hilfestellung für Unternehmen gegeben werden, wodurch sich eine »gute« Finanzkommunikation auszeichnet. Auch wenn es sich lediglich um Empfehlungen und keine gesetzlichen Vorschriften handelt, stellen diese Grundsätze einen wichtigen Orientierungsrahmen für den Finanzleiter dar.

Die folgende Abbildung gibt die Struktur der DVFA-Grundsätze wider. Exemplarisch seien die Leitsätze genannt, die die Maxime »**Kapitalmarktorientierung**« vertiefen. Diese leiten schon zu den abschließend darzustellenden Instrumenten der Finanzkommunikation über:

- Vorstände und Senior Management stehen mehrmals im Jahr für Gespräche zur Verfügung (One-to-ones, Roadshows, Investorentag).
- Vorstände sind mit der aktuellen Unternehmensperformance en Detail vertraut und können wesentliche Kennzahlen auf Anhieb kommentieren.
- Kompetente Ansprechpartner im Investor Relations-Bereich kommunizieren verbindlich und zeitnah.
- Es existiert eine enge Abstimmung und einheitliche Sprachregelung zwischen Management, Investor Relations und Public Relations.
- Nachrichten – auch negative – werden vom Unternehmen proaktiv kommuniziert.
- Hinweise von Investment Professionals zu strategischen Fragen werden aufgenommen und bei der Entscheidungsfindung berücksichtigt.

Instrumente der Finanzkommunikation

In der instrumentellen Dimension der Finanzkommunikation muss der Finanzleiter einer Unternehmung die zu ihr passende Kombination aus unpersönlichen und persönlichen Maßnahmen finden (eingehende Darstellung dieser Maßnahmen bei Link 1991, S. 319 ff., insbesondere 342 sowie neuerer Überblick bei Achleitner/Bassen/Fieseler 2008, S. 272 ff.). Während die Bankenkommunikation Schwerpunkt von 16.3 ist, seien an dieser Stelle die Maßnahmen mit Blick auf den **Kapitalmarkt** genannt. Zu den **unpersönlichen** Kommunikationsinstrumenten zählen:

- **Jahres-/Zwischenbericht(e)**, auf die bereits bei den materiellen Inhalten eingegangen wurde.
- **Fact Book/Sheet**, in dem in Lang- bzw. Kurzform die grundlegenden Informationen zur Unternehmensstruktur und -entwicklung losgelöst von periodischen Veröffentlichungsrhythmen zur Verfügung gestellt werden.

Abb. 16.12

Struktur der Grundsätze für Effektive Finanzkommunikation

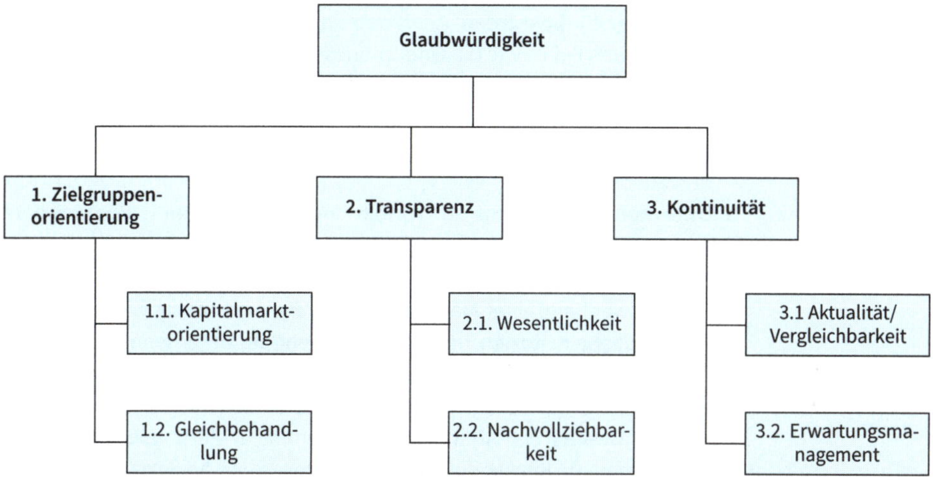

Quelle: DVFA 2008, S. 4

- **Unternehmenspräsentation** als kompakte graphische Darstellung der »Equity Story« mit den zentralen Argumenten, die die nachhaltige Wertschaffung der Unternehmung unterstreichen.
- **Pressemitteilung** (regelmäßig bzw. ad-hoc) zur gleichgerichteten Bekanntgabe bedeutender Unternehmensentwicklungen.
- **Aktionärsbrief/-broschüre/-Newsletter** als Mittel zur Kontaktpflege speziell zu privaten Investoren.
- **Finanzanzeige**, die insbesondere im Vorfeld von Übernahmetransaktionen, Börsengängen oder anderen Kapitalbeschaffungsmaßnahmen in Print- und elektronischen Medien geschaltet wird.

Als **persönliche** Kommunikationsmaßnahmen kommen in Betracht:

- **Hauptversammlung**, als mindestens einmal jährlich (ordentliche, zur Genehmigung von Kapitalerhöhungen oder besonderer Transaktionen wie z. B. Fusion, Verschmelzung mitunter auch außerordentlich) stattfindende Zusammenkunft der Aktionäre, bei Interesse auch weiterer Stakeholder.
- **Roadshow** als Tournee des Finanzleiters, möglicherweise auch weiterer Vorstandsmitglieder durch bedeutende (ausländische) Finanzzentren, um Gruppen wichtiger Institutioneller Investoren für die Beteiligung an Kapitalmaßnahmen zu gewinnen.

- **One-to-one-Meeting**, persönliche Zusammenkunft einzelner Fondsmanager, Anleger oder Pressevertreter zur Erläuterung des Jahres- oder Zwischenabschlusses, von geplanten M&A-Transaktionen oder der Begebung von Eigen- oder Fremdkapitaltiteln.
- **Konferenz** für Investoren, Analysten und Pressevertreter, die mit identischem inhaltlichem Fokus wie die One-to-ones ausgerichtet wird.
- **Conference Call** und **Webcast**, um kurzfristig Kontakt zu einer Vielzahl von Vertretern der zuvor genannten Gruppen herzustellen.
- **Internet-Portale bzw. -Foren** oder **Investoren-Hotlines** für den elektronischen Austausch.
- **Unternehmensbesuche** zur Vermittlung eines direkten Bildes von der Unternehmung vor Ort.

Für die Auswahl einzelner Maßnahmen aus diesem Katalog wird der Finanzleiter unterschiedliche **Kriterien** heranziehen. Strebt die Unternehmung in erster Linie die Placierung bei **Institutionellen Investoren** (bzw. Privatinvestoren) an, dann werden persönliche die unpersönlichen Maßnahmen dominieren (und umgekehrt). Je stärker das **Geschäftsmodell** der Unternehmung **erklärungsbedürftig** ist und je intensiver man die Rückkopplung von Investoren und Analysten sucht, desto eher kommen One-to-one-Meetings in Betracht. Sie ermöglichen am ehesten den **Vertrauensaufbau**, können **Streuverluste** – wie etwa bei Finanzanzeigen – **vermeiden**, bedeuten jedoch für das Unternehmensmanagement die größte **zeitliche Belastung**. Unter dem Gesichtspunkt der **schnellen** Informationsverbreitung bieten sich Pressemitteilungen und Conference Calls an. Der Aufbau und das Betreiben von Internet-Portalen, -Foren und Hotlines dürfte je nach Zahl der dafür eingesetzten Mitarbeiter die höchsten **Kosten** verursachen.

Erfolgsmerkmale

Für die adäquate Kombination der Maßnahmen ist die regelmäßige **Erfolgskontrolle** der Finanzkommunikation unerlässlich. Dafür wird der Finanzleiter nicht nur regelmäßig prüfen, ob das Oberziel – eine Annäherung des aktuellen Marktwerts an den potenziellen inneren Wert der Unternehmung – erreicht wurde. Ebenso wird er sich Indikatoren widmen, die den Charakter von Zwischenzielen besitzen und dabei etwa die Analysten-Coverage und -Urteile, das im persönlichen Austausch mit Investoren erhaltene Feedback, die Ergebnisse des Medien- und Internetmonitorings oder die Teilnahme an Veranstaltungen mit unterschiedlichen Stakeholder-Gruppen auswerten.

Einen exemplarischen Einblick in den individuellen **Finanzkommunikations-Mix** zweier DAX 30-Unternehmen geben die folgenden Zitate.

AUS DER PRAXIS

»Die adidas AG strebt danach, einen kontinuierlichen Dialog mit institutionellen und privaten Anlegern sowie Analysten aufrechtzuerhalten. Im Jahr 2015 intensivierten das Management und das Investor-Relations-Team die Kommunikation mit der Finanzwelt weiter. Insgesamt verbrachten wir 44 Tage auf Roadshows (2014: 29) und präsentierten während weiterer 19 Tage auf 13 nationalen und in-

ternationalen Konferenzen (2014: 17 Tage auf 12 nationalen und internationalen Konferenzen). Vom 25. bis 26. März fand in der Konzernzentrale in Herzogenaurach ein Investor Day statt, an dem über 75 Investoren sowie weitere Finanzmarktvertreter vor Ort teilnahmen. Hier stellte der Konzern seinen neuen strategischen Geschäftsplan, ›Creating the New‹ vor. Zudem veranstaltete der Konzern 2015 erstmals sogenannte Investor Relations Tutorial Workshops. Ziel dieser halbtägigen Veranstaltungen ist es, tiefere Einblicke in wichtige strategische und aktuell relevante Themen zu geben. Im Jahr 2015 hielt der adidas Konzern zwei IR Tutorial Workshops in Herzogenaurach ab, bei denen jeweils über 100 Investoren und Analysten vor Ort oder über den Webcast teilnahmen. Zum zweiten Mal innerhalb von drei Jahren wurde der adidas Konzern mit einem Red Dot Communication Design Award für seinen Geschäftsbericht ausgezeichnet. Die Red Dot Jury wählte aus mehr als 7.000 eingereichten Publikationen die besten des Jahres in puncto Kommunikationsdesign aus. Darüber hinaus erreichte der Geschäftsbericht unter allen DAX-Unternehmen den zweiten Platz im Ranking ›Der beste Geschäftsbericht‹. Diese Bewertung des Wirtschaftsmagazins ›Bilanz‹ richtet den Fokus auf die inhaltliche Qualität sowie die Transparenz in der Berichterstattung deutscher Unternehmen.
Auf unserer Internetseite stellen wir ausführliche Informationen rund um unsere Aktie sowie die Strategie und die Ergebnisse des Konzerns zur Verfügung. Unser Veranstaltungskalender zeigt alle Konferenzen und Roadshows, an denen wir teilnehmen, und ermöglicht den Download sämtlicher Präsentationen. Zusätzlich zu den Live-Webcasts aller wichtigen Veranstaltungen, wie z. B. der Hauptversammlung sowie unserer Investor Days und IR Tutorial Workshops, bieten wir auch Webcasts unserer Telefonkonferenzen zu den Quartalsergebnissen an.«
(Quelle: Geschäftsbericht adidas 2015, S. 51)

»Zu Beginn des zweiten Quartals setzte die Aktie der adidas AG ihre positive Entwicklung fort. Unterstützt wurde dieser Trend durch entsprechende Roadshow-Aktivitäten des Managements. Am 5. Mai veröffentlichte der adidas Konzern sehr positive Ergebnisse für das erste Quartal, die die Erwartungen des Markts übertrafen. Die insgesamt negative Marktstimmung aufgrund der anhaltenden Befürchtung einer Staatspleite Griechenlands beeinflusste jedoch am Tag der Ergebnisveröffentlichung sowie im restlichen Verlauf des zweiten Quartals sowohl den Kurs der adidas AG Aktie als auch die Entwicklung an den Aktienmärkten weltweit. Am 24. Juni veranstaltete der adidas Konzern seinen ersten IR Tutorial Workshop, der von Marktteilnehmern sehr gut aufgenommen wurde. Die Aktie der adidas AG konnte sich dennoch der insgesamt trüben Stimmung auf den Aktienmärkten nicht vollständig entziehen.
Zu Beginn des dritten Quartals 2015 wirkten sich umfassende Roadshow-Aktivitäten und positive Analystenkommentare im Vorfeld der Veröffentlichung der Halbjahresergebnisse des Konzerns positiv auf die Entwicklung der Aktie der adidas AG im Juli aus. Die veröffentlichten Halbjahresergebnisse des Konzerns stießen auf positive Resonanz unter Marktteilnehmern. Dennoch geriet die Aktie der adi-

das AG angesichts des insgesamt herausfordernden Marktumfelds infolge der schwächeren Konjunkturdaten Chinas ab Mitte August unter Druck. In der ersten Septemberhälfte stabilisierte sich die Aktie der adidas AG und verzeichnete eine Seitwärtsbewegung. Unterstützt wurde diese Entwicklung von positiven unternehmensspezifischen und branchenbezogenen Meldungen. Am 5. November präsentierte der Konzern sehr gute Geschäftsergebnisse für das dritte Quartal, eine erhöhte Prognose für das Gesamtjahr 2015 und einen besser als erwarteten ersten Ausblick für das Jahr 2016. Daraufhin stieg die Aktie der adidas AG am Tag der Ergebnisveröffentlichung um 9 %. Anschließende Roadshow-Aktivitäten des Managements sowie positives Analystenfeedback gaben der Kursentwicklung zusätzliche Impulse, sodass die Aktie der adidas AG am 2. Dezember mit 93,41 € einen neuen Höchststand erreichte. Die verbleibenden Wochen des Jahres 2015 waren von gesamtwirtschaftlichen Unsicherheiten sowie Gewinnmitnahmen einiger Investoren geprägt. Die Aktie der adidas AG beendete das Jahr 2015 bei 89,91 € und somit 56 % über dem Vorjahreswert. Damit war die Aktie der adidas AG 2015 der Top-Performer im DAX. Die Marktkapitalisierung des Konzerns lag am Jahresende bei 18,0 Mrd. € (2014: 11,8 Mrd. €).«
(Quelle: Geschäftsbericht adidas 2015, S. 48)

»Wie in den Vorjahren hat die Lufthansa Group auch im Geschäftsjahr 2014 alle Anleger zeitnah, ausführlich und sachlich informiert. Der kontinuierliche Dialog mit den Anteilseignern ist eine wesentliche Voraussetzung für das Vertrauen der Aktionäre in das Unternehmen. Vorstand und Investor Relations informierten 2014 über die Quartalskonferenzen hinaus auf 26 Roadshows und 13 Investorenkonferenzen Institutionelle Investoren über die aktuellen Entwicklungen der Lufthansa Group. Dabei wurden mehr als 300 Einzel- und Gruppengespräche geführt. Ein besonderer Fokus lag zudem auf deutschen Privatanlegern. Auf sechs speziell für Privatanleger ausgerichteten Foren standen Vertreter von Investor Relations den Fragen der Anleger Rede und Antwort. Diese Kommunikationsplattform soll 2015 noch weiter ausgebaut werden. Das Angebot für Privataktionäre wird durch die »Aktionärsinfo« ergänzt, die 2014 erneut zweimal erschien und auf der Internetseite von Investor Relations abgerufen werden kann. Dort sind auch der Finanzkalender sowie alle Termine von Konferenzen und Aktionärsforen zu finden, bei denen die Lufthansa Group ihre Teilnahme zugesagt hat.
Neben den Geschäfts- und Zwischenberichten wird der Kapitalmarkt monatlich in der »Investor Info« über die jüngste Verkehrsentwicklung der fliegenden Gesellschaften und aktuelle Themen aus der Lufthansa Group informiert. Fremdkapitalgeber und Anleiheinvestoren erhalten auf Wunsch mehrmals im Jahr eine »Creditor Info« mit den für sie relevanten Informationen. Alle Veröffentlichungen, Finanzberichte, Präsentationen, Hintergrundinformationen und Reden sowie aktuelle Nachrichten werden ebenfalls unter http://www.lufthansagroup.com/investor-relations bereitgestellt.«
(Quelle: Geschäftsbericht Lufthansa 2014, S. 17)

16.3 Finanzkommunikation nicht-börsennotierter Unternehmen

Strukturelle Unterschiede nicht-börsennotierter Unternehmen

Strukturelle Unterschiede nicht-börsennotierter, in Deutschland zumeist **mittelständischer Unternehmen** führen auch zu **Besonderheiten in ihrer Finanzkommunikation**, so dass sich die zuvor gemachten Ausführungen nicht perfekt übertragen lassen. Ein erster Unterschied liegt in einer speziellen Eigentümerkonstellation (siehe dazu auch Modul 12). Unternehmensanteile sind nicht in Form von Aktien auf eine größere Anzahl von Investoren verteilt, sondern in der Regel im Besitz einer geringen Anzahl an Gesellschaftern. Häufig sind die Unternehmen **inhabergeführt**. Hat (haben) der (die) Inhaber eine dauerhafte Halteabsicht – was vielfach über mehrere Generationen hinweg der Fall ist – spielt zweitens die faire Bewertung (eines Eigenkapitalmarktwertes) durch Investoren keine übergeordnete Rolle. Vielmehr spielen die **Sicherheit der Finanzierung** in Form eines jederzeit ungefährdeten Liquiditätszugangs und damit der Beitrag zur nachhaltigen Stabilität der Unternehmung die dominante Rolle (Paul/Prystav/Stein 2011, S. 10 f.). Drittens besteht bei nicht-börsennotierten Unternehmen eine **stark eingeschränkte**, fast ausschließlich vergangenheitsbezogene **Publizität** und keine Informationsverpflichtung gegenüber Teilnehmern des Kapitalmarkts. Kleinere und mittelgroße Unternehmen sind aufgrund ihres vergleichsweise geringen Kapitalbedarfs, aber hoher Intransparenz (»opaqueness«) dann viertens typischerweise auf die Einschaltung eines Intermediärs – in den meisten Fällen ist das die **Hausbank** – angewiesen oder müssen sich sogar allein auf die Insiderfinanzierung beschränken. Der Hausbank dürften sensiblere Daten offengelegt werden als etwa Kunden und Lieferanten. Bei nicht-börsennotierten Unternehmen sind daher **Banken** als Fremdkapitalgeber als **primäre Zielgruppe der Finanzkommunikation** anzusehen; auf der Eigenkapitalseite im Kern die Eigentümer(familie) sowie gegebenenfalls Beteiligungsgesellschaften.

Trotz der Bedeutung des deutschen Mittestands ist die **Finanzkommunikation nicht-börsennotierter Unternehmen vergleichsweise wenig erforscht**. Hauptgründe dafür dürften zum einen sein, dass die Details der Austauschbeziehung zwischen Unternehmen und Bank nicht publik werden und sich zum anderen der Nutzen der Finanzkommunikation nicht anhand öffentlich verfügbarer Kurse prüfen lässt. Im Rahmen des bislang umfangreichsten Forschungsprojekts wurden in einem vierjährigen Rhythmus (vor dem Lehman-Kollaps 2008 und 2012 sowie zuletzt 2016) nicht-börsennotierte, mittelständische Unternehmen in Deutschland und ihre Financiers repräsentativ durch telefonische Interviews zu ihrer Finanzkommunikation befragt (Paul/Stein 2009, Euler Hermes 2013, Paul et al. 2016). So wurden für die aktuelle Studie 500 Unternehmen unterschiedlicher Rechtsformen, Branchen und Größen sowie 200 Financiers ausgewählt (davon ca. 75 % Bank- und Sparkassenbetreuer sowie 25 % Vertreter anderer Finanzdienstleister), um die Selbstwahrnehmung der Unternehmen mit der Fremdwahrnehmung abgleichen und somit die Qualität der Kommunikationsbeziehung einschätzen zu können.

Das 2016 erhobene Datenmaterial wurde (wie zuvor) über multivariate statistische Verfahren (Faktoren- und Clusteranalyse) verdichtet, um mögliche Zusammenhänge zwischen den Unternehmen zu eruieren (zum Folgenden Paul et al. 2016). Diese Vorgehensweise ermöglicht eine erhebliche Komplexitätsreduktion und eine Identifikation gemeinsamer Antwortstrukturen, aus denen zwei Typen von Unternehmen hervorgingen. Diese sogenannten Clustergruppen zeichnen sich durch eine starke Homogenität innerhalb ihrer Gruppe aus, besitzen hingegen im Vergleich zueinander nur wenig Ähnlichkeit.

Verfechter und Skeptiker der Finanzkommunikation

Durch diese Methodik konnten 49 % der befragten Unternehmen dem Typ der **»Skeptiker«** und 51 % dem Typ der **»Verfechter«** der Finanzkommunikation zugewiesen werden. Im Vergleich zu den vorangegangenen Studien zeigt sich, dass der Anteil der Verfechter deutlich zugenommen hat (2008: Skeptiker 60 % und Verfechter 40 % und 2012: Skeptiker 74 % und Verfechter 26 %). Verfechter bringen der Finanzkommunikation eine höhere Wertschätzung entgegen und binden diese verstärkt in ihre Ziel- und Strategieorientierung ein. Zudem verwenden sie mehr Zeit für die Finanzkommunikation und überprüfen deren Nutzen für den Empfänger eingehender. Skeptiker haben eher emotionale Vorbehalte gegenüber der Finanzkommunikation und zeigen eine reservierte Grundhaltung gegenüber den zuvor genannten Aspekten. – Weder die Größe des Unternehmens noch seine Rechtsform oder Branche erklären statistisch signifikant die Zugehörigkeit zu einer der beiden Gruppen (ähnlich in einer älteren Studie Siemes/Segbers 2005).

Abb. 16.13

Zwei Unternehmenstypen mit unterschiedlicher Affinität zur Finanzkommunikation (Fikom)

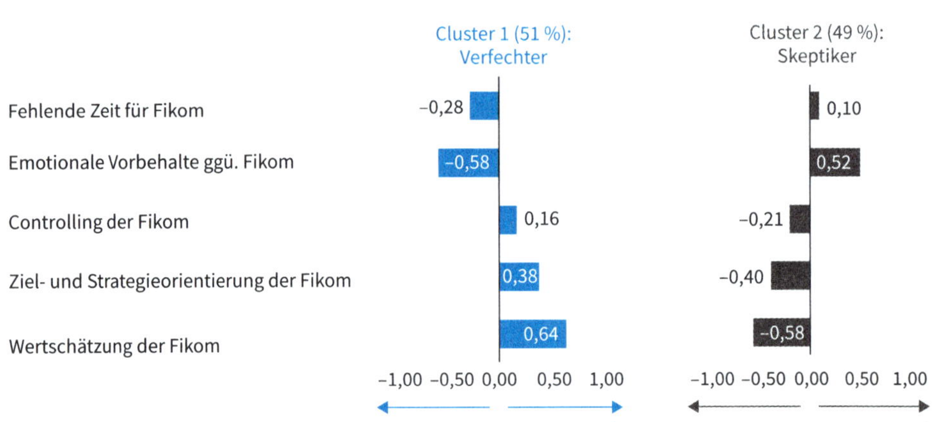

* Alle Angaben beruhen auf einer Faktoranalyse, die mehrere Items zu »Variablenbündeln« zusammenfasst. Werte sind die entsprechenden Faktorwerte

Quelle: Paul et al. 2016, S. 2

Nutzen der Finanzkommunikation

Die Vorteile, die ihre Bemühungen in der Finanzkommunikation für ihre Verfechter offerieren, werden besonders bei der Betrachtung der **Finanzierungskosten** ersichtlich, die für 77 % der Verfechter gesunken sind (63 % der Skeptiker). Ferner bezeichnen sich 46 % der Verfechter als Nutznießer einer größeren Auswahl an Kapitalgebern; zur gleichen Aussage kommen nur 37 % der Skeptiker. Neben der Verbesserung der Kreditbedingungen und **Verfügbarkeit** von Finanzmitteln profitieren

Abb. 16.14

Nutzen der Finanzkommunikation

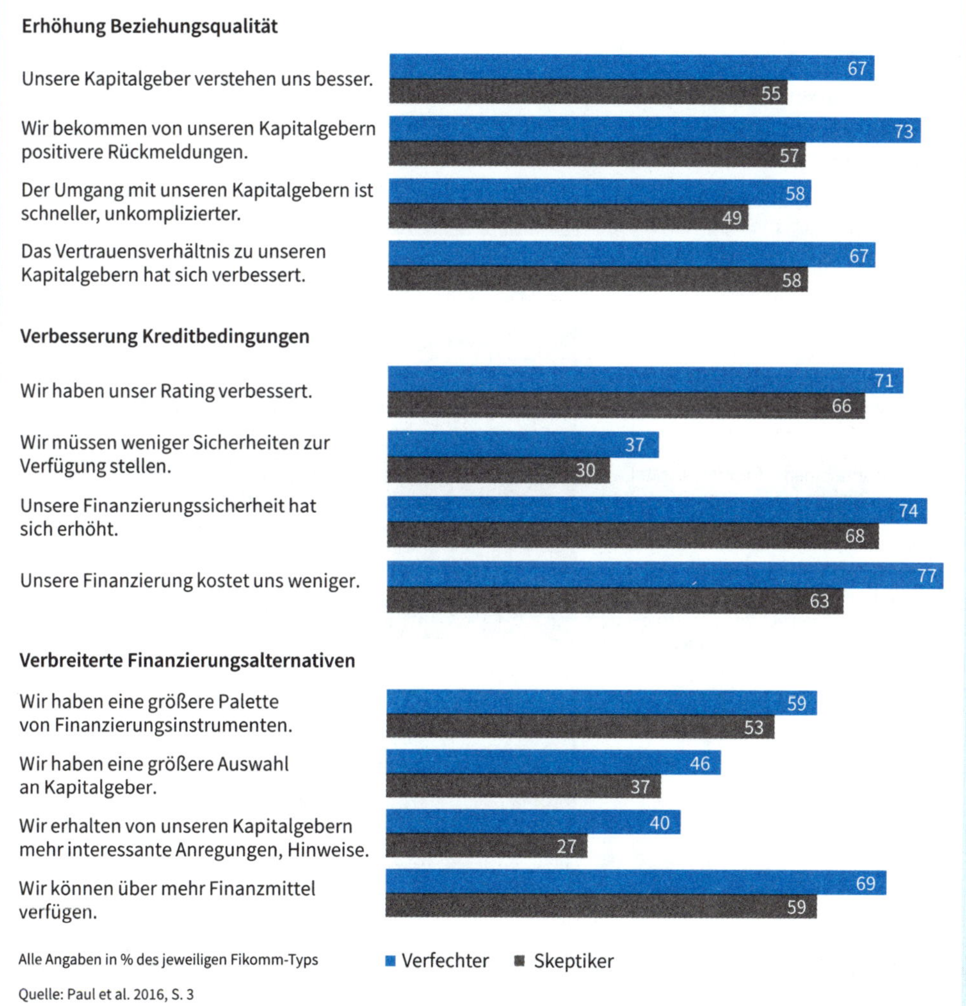

Alle Angaben in % des jeweiligen Fikomm-Typs

Quelle: Paul et al. 2016, S. 3

die Verfechter von einer höheren Beziehungsqualität zu ihren Kapitalgebern. Sie erhalten deutlich positivere Rückmeldungen als die Skeptiker (+16 Prozentpunkte), kommunizieren schneller und unkomplizierter mit ihrem Gegenüber (+9 Prozentpunkte) und haben ein engeres **Vertrauensverhältnis** (+9 Prozentpunkte). Damit entsprechen die Ergebnisse den (wenigen) Studien zum Nutzen der Finanzkommunikation mittelständischer Unternehmen in Europa (vgl. Moro/Fink 2013, Guo/Holland/Kreander 2014, Moro/Fink/Kautonen 2014).

Ursachen der Vorteile

Diese Vorteile resultieren aus der größeren Affinität für die eigene Finanzkommunikation und der bedarfsgerechten Kommunikation mit den Financiers. So wird der Nutzen der Finanzkommunikation durch die Verfechter deutlich höher eingeschätzt als durch die Gruppe der Skeptiker (+28 Prozentpunkte). Verfechter infor-

Abb. 16.15

Verfechter heben sich in Einstellungen, Kompetenzen und Ressourcen ab I

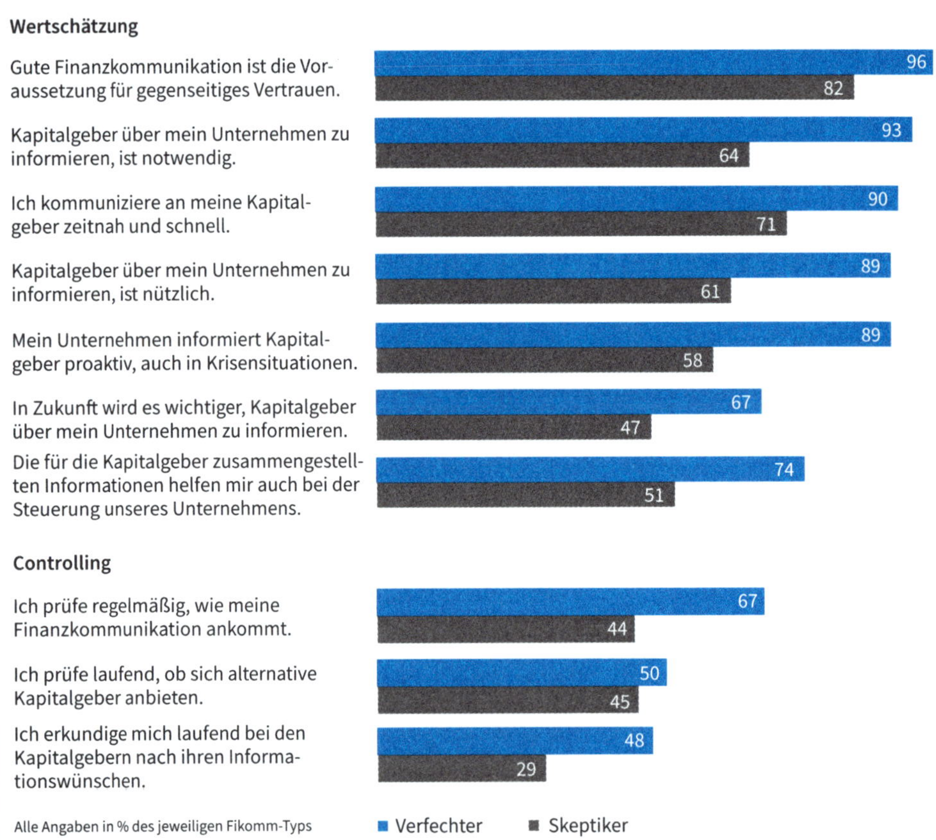

Quelle: Paul et al. 2016, S. 4

mieren außerdem schneller (+19 Prozentpunkte) und proaktiver in kritischen Unternehmenssituationen (+31 Prozentpunkte). Gleichzeitig besitzt die Prüfung der eigenen Finanzkommunikation für die Verfechter einen höheren Stellenwert. Verfechter orientieren ihre Finanzkommunikation stärker an den Informationswünschen der Financiers (+19 Prozentpunkte) und deren Beurteilung der eigenen Finanzkommunikation (+23 Prozentpunkte).

Abb. 16.16

Verfechter heben sich in Einstellungen, Kompetenzen und Ressourcen ab II

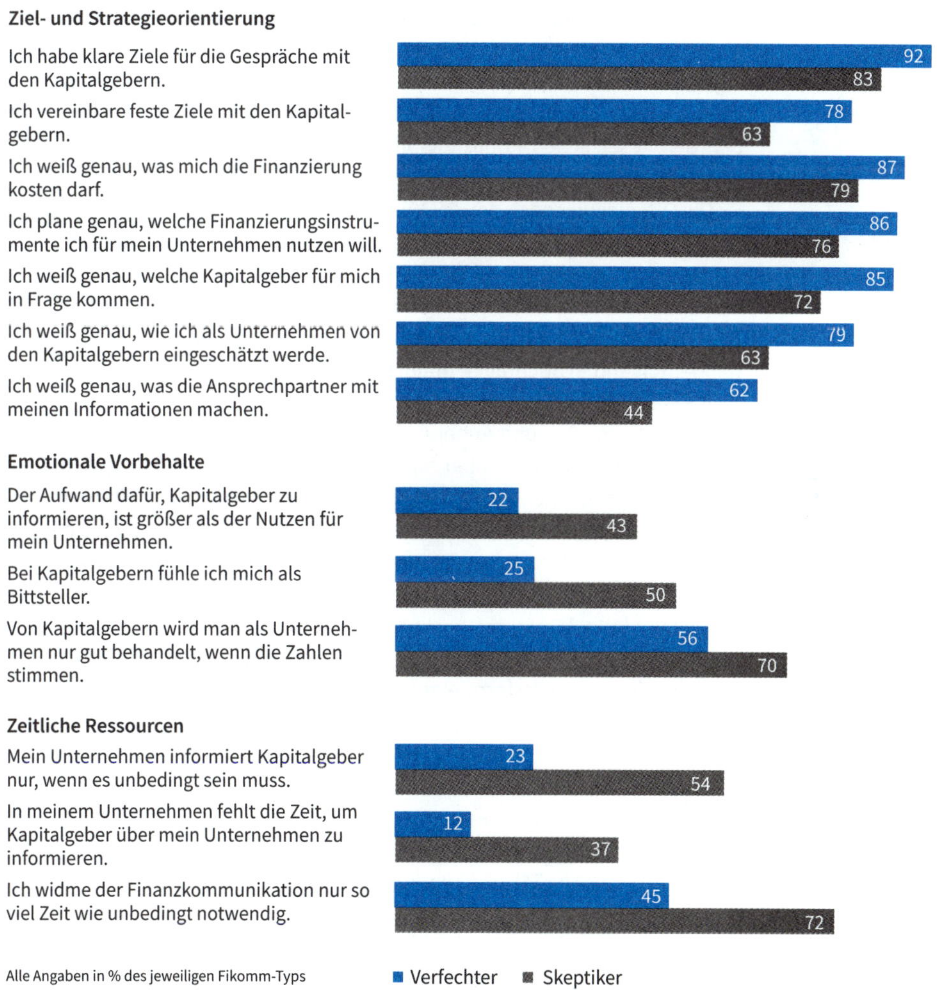

Alle Angaben in % des jeweiligen Fikomm-Typs

Quelle: Paul et al. 2016, S. 5

Auch der Faktor Zeit spielt für die Realisierung des Nutzenvorteils aus der Finanzkommunikation eine entscheidende Rolle. Bei 54 % der Skeptiker findet die Informationsbereitstellung der Financiers nur statt, wenn diese unbedingt notwendig erscheint. Hingegen stimmen lediglich 23 % der Verfechter dieser Aussage zu. Mindestens genauso relevant ist die Ziel- und Strategieorientierung der Finanzkommunikation. Dementsprechend vereinbaren 78 % der Verfechter feste Ziele mit ihren Financiers. Bei den Skeptikern sind es hingegen nur 63 %. Ebenso wissen Verfechter die Einschätzung der Financiers besser einzuordnen. Nicht zuletzt spielen bei der Finanzkommunikation auch emotionale Vorbehalte eine Rolle. 50 % der Skeptiker fühlen sich bei Gesprächen mit Financiers als Bittsteller. In der gleichen Position sehen sich lediglich 25 % der Verfechter.

Insoweit sind sowohl der Nutzen als auch das sehr unterschiedliche Agieren nicht-börsennotierter Unternehmen in ihrer Finanzkommunikation empirisch belegt. Um den für das jeweilige Unternehmen »richtigen« Umfang der an die Kapitalgeber zu übermittelnden Informationen zu bestimmen, muss der Finanzleiter neben den gesetzlichen Publizitätspflichten die Anforderungen der Financiers (zumeist eben Banken) kennen.

Gesetzliche Publizitätspflichten

Die Offenlegung nach den §§ 325 ff. HGB betrifft nur **Kapitalgesellschaften** (AG, GmbH, KGaA) sowie bestimmte Personengesellschaften, nämlich OHGs und KGs, bei denen keine natürliche Person persönlich haftet. Kapitalgesellschaften werden den Größenklassen klein, mittelgroß und groß zugeordnet. Hierfür gelten die in der folgenden Abbildung 16.17 aufgeführten Schwellenwerte, von denen an zwei aufeinander folgenden Stichtagen mindestens zwei erfüllt sein müssen.

Kleine, mittelgroße und große Kapitalgesellschaften sind allesamt zur Aufstellung von Bilanz, GuV und Anhang verpflichtet. Von mittelgroßen und großen Kapitalgesellschaften wird darüber hinaus die Erstellung eines Lageberichts erwartet. Außerdem unterliegen sie im Gegensatz zu kleinen Gesellschaften der Prüfungspflicht. – Nicht alle aufgestellten Bestandteile des Jahresabschlusses müssen beim Betreiber des elektronischen Bundesanzeigers zur Publikation eingereicht werden. Für kleine und mittelgroße Kapitalgesellschaften sieht der Gesetzgeber Erleichterungen vor (Abb. 16.18).

Seit Ende 2012 bestehen noch weitergehende Erleichterungen für »Kleinstunternehmen« in der Rechtsform einer Kapitalgesellschaft, die am Bilanzstichtag zwei

Abb. 16.17

Größenklassen für Kapitalgesellschaften im HGB

Größenklasse	Bilanzsumme (in T€)	Umsatzerlöse (in T€)	Arbeitnehmer
Klein	≤ 4.840	≤ 9.680	≤ 50
Mittelgroß	> 4.840 und ≤ 19.250	> 9.680 und ≤ 38.500	> 50 und ≤ 250
Groß	> 19.250	> 38.500	> 250

Quelle: Muzzu/Prystav/Stein 2013, S. 1301

Abb. 16.18

Publizitätspflichtige Unterlagen nach § 325 HGB

	große KapGes.	mittelgroße KapGes.	kleine KapGes.
Beim Betreiber des eBAnz einzureichende Unterlagen	Bilanz, GuV, Anhang, Lagebericht, Bestätigungsvermerk oder Vermerk über dessen Versagung, Bericht des Aufsichtsrats, Entsprechenserklärung des Vorstands nach § 161 AktG (§ 325 Abs. 1 HGB)	Bilanz in der für kleine KapGes. vorgeschriebenen Form mit zusätzlichen Angaben, Anhang verkürzt, sonstige Unterlagen wie bei großen KapGes.	Bilanz und Anhang ohne Angaben zur GuV (§ 325 Abs. 1 HGB, § 326 HGB)
Vorschlag und Beschluss zur Ergebnisverwendung unter Angabe des Jahresüberschusses bzw. Jahresfehlbetrags			

Quelle: Muzzu/Prystav/Stein 2013, S. 1301

von drei Schwellenwerten nicht überschreiten: (1) Bilanzsumme 350.000 €, (2) Nettoumsatzerlöse 700.000 €, und (3) durchschnittlich zehn Mitarbeiter. Bei der Aufstellung des Jahresabschlusses dürfen diese Unternehmen auf den Anhang verzichten und die Bilanz und GuV vereinfacht bzw. verkürzt aufstellen. Die allgemeine Offenlegung entfällt. Die Bilanz ist lediglich beim Handelsregister zu hinterlegen. Dort können Dritte kostenpflichtig eine Kopie beantragen.

Das PublG regelt die Publizitätspflicht von **Personengesellschaften** mit einer natürlichen Person als Vollhafter sowie Einzelunternehmen. Diese sind zur Offenlegung von Informationen erst verpflichtet, wenn in drei aufeinanderfolgenden Jahren mindestens zwei von drei Merkmalen zutreffen: Bilanzsumme von mehr als 65 Mio. €, Umsatzerlöse von mehr als 130 Mio. € und mehr als 5.000 Arbeitnehmer. Für die Offenlegung gelten dann die Regelungen für große Kapitalgesellschaften. Unterhalb der genannten Grenzen besteht keine Offenlegungspflicht.

Selbst wenn ein Unternehmen von den genannten gesetzlichen Vereinfachungen Gebrauch machen kann, wird es bestimmte Mindestanforderungen erfüllen müssen, um Fremdkapital zu erhalten. Der Gesetzgeber setzt hier auf Seiten der Banken an und knüpft die Zulässigkeit der Vergabe eines Kredits an die Auflage, dass die Bank sich die wirtschaftlichen Verhältnisse des Kreditnehmers darlegen lässt, insbesondere durch Vorlage von Jahresabschlussdaten. Kreditzusage und -bepreisung hängen von einer Kreditwürdigkeitsprüfung und daher den zur Verfügung gestellten Finanzinformationen ab.

Wie stark im Übrigen der Widerstand im Mittelstand selbst gegenüber gesetzlichen Transparenzvorschriften ausgeprägt ist, wird daran erkennbar, dass jährlich etwa 150.000 deutsche Unternehmen ihre Bilanzen nicht pflichtgemäß offenlegen. Stattdessen haben sie zwischen 2008 und 2013 hierfür 387 Mio. € an Ordnungsgeldern in Kauf genommen (Euler Hermes 2014, S. 35).

Anforderungen der Kreditinstitute

Um die Bonität eines (potenziellen) Kreditnehmers zu prüfen, setzt die Bank ein **Ratingverfahren** ein (vgl. Modul 11). Bei den dabei Eingang findenden Kriterien wird regelmäßig eine Einteilung in quantitative und qualitative Kriterien vorgenommen (Grunert/Norden/Weber 2005). Typischerweise werden Einzelmerkmale beider Kategorien zu bestimmten Informationsbereichen zusammengefasst, die dann anhand unterschiedlicher Kennzahlen beschrieben werden. Die quantitativen Kennzahlen entstammen üblicherweise dem Rechnungswesen der Unternehmen und beziehen sich auf die Informationsbereiche der Vermögens-, Finanz- und Ertragslage (**Financials**, vgl. Modul 2).

Neben »harten« personen- und methodenunabhängig objektiv mess- und belegbaren Informationen zu Branche, Rechtsform oder Firmensitz werten Banken auf Basis von Kundengesprächen auch »weiche« Faktoren mit Beurteilungsspielräumen wie z. B. die Managementqualität aus (**Non-financials**). Die meisten Kreditinstitute sowie ihre Verbände sehen die Ergänzung der klassischen quantitativen um qualitative Kennzahlen als Verbesserung für die Modellqualität. Darüber hinaus erfüllen die gesammelten qualitativen Informationen weitere Zwecke, wie z. B. eine Signalwirkung zur Intensivierung der Geschäftsbeziehung und Weiterverwendung der Daten im Kundengespräch, die facettenreichere Auseinandersetzung des Beraters mit den Gegebenheiten des Kunden sowie die Erhöhung der Nutzerakzeptanz durch den Einbezug intuitiv eingängiger und akzeptierter Informationsbereiche und Kennzahlen.

Abb. 16.19

Übersicht der in die Ratingverfahren deutscher Banken am häufigsten eingehenden qualitativen Kennzahlen

Qualitative Kennzahlen	
Unternehmensanalyse	Qualität des Managements
	Qualität des Rechnungswesens/Controllings
	Rechtsform
	Unternehmensinfrastruktur
	Technologieentwicklung
	Zukunftsperspektiven
	Gefahr besonderer Unternehmensrisiken
	Diversifikationsgrad
Umfeldanalyse	Abhängigkeit von Lieferanten des Kreditnehmer
	Abhängigkeit von Kunden des Kreditnehmer
	Konjunkturabhängigkeit
	Export-/Importrisiken
	Markt-/Branchenaussichten
	Konkurrenzintensität
	Wettbewerbsfähigkeit des Sortiments
Sonstige	Kontoführung/Geschäftsverbindung

Quelle: nach Paul/Stein 2013, S. 131

Aufgrund von Wirtschaftlichkeitsüberlegungen werden kleinere Gewerbetreibende und Freiberufler anhand nur weniger Kennzahlen bewertet. Bei Großkunden gehen die heute eingesetzten Ratings trotz eines deutlich höheren Erhebungsaufwandes dagegen differenzierter vor. Während es sich z. B. bei Kleinunternehmen bereits um eine trennscharfe Information handelt, ob ein Risikomanagement existiert, interessiert bei größeren insbesondere dessen Qualität und Umfang.

Auch wenn Zahl und Art der verwendeten Kriterien (sowie ihre Gewichtung) in der Praxis streuen, kommen die in den Abbildungen 16.19 und 16.20 zusammengestellten Kriterien vergleichsweise häufig vor. Nach einer Bestandsaufnahme von Stein/Kaltofen/Paul 2009 interessieren sich die Kreditinstitute bei den **qualitativen Kriterien** vor allem für die Qualität des Managements, die Zuverlässigkeit im Rahmen der Kontoführung, die Qualität des Rechnungswesens/Controllings sowie die Zukunftsperspektiven, die sich z. B. auf eine Nachfolgeregelung, das Ertragspotenzial oder den Kapitalzugang beziehen können. Ebenfalls sehr häufig werten die Banken die Abhängigkeiten ihrer Kunden von deren Lieferanten und Kunden sowie die Konkurrenzintensität aus.

Abb. 16.20

Übersicht der in die Ratingverfahren deutscher Banken am häufigsten eingehenden quantitativen Kennzahlen

Quantitative Kennzahlen		
Finanzwirtschaftliche Kennzahlen	Investitionsanalyse	Intensitätskennzahlen
		Investitions-/Abschreibungskennzahlen
	Kapitalstrukturanalyse	Verschuldungsgrad
		Eigenkapitalqoute
		Kapitalbindungsdauer
	Liquiditätsanalyse	Kurz-/langfristige statische Liquidität
		Cashflow-Größen
Erfolgswirtschaftliche Kennzahlen	Rentabilitätsanalyse	Eigenkapitalrendite
		Gesamtkapitalrendite
		Umsatzrendite
		Ergebnisquellenanalyse
	Ergebnisanalyse	Aufwands-/Ertragsstruktur
		Zinsdeckung
Sonstige Kennzahlen	Extern	Auskunfteien
	Unternehmensgröße	Bilanzsumme
		Umsatz
		Mitarbeiterzahl

Quelle: nach Paul/Stein 2013, S. 132

Innerhalb des **quantitativen Informationsbereiches** der Modelle haben Kapitalstruktur-, Liquiditäts-, und Rentabilitätskennzahlen die zentrale Bedeutung. Die Eigenkapitalquote besitzt erfahrungsgemäß die höchste Relevanz vor Cashflow-Größen an zweiter Stelle. Unter den Rentabilitätskennzahlen erfährt die Gesamtkapitalrendite die meiste Resonanz. Ein überwiegender Anteil der Banken blickt bei der Bonitätsbeurteilung darüber hinaus auf die anhand des Umsatzes abgebildete Unternehmensgröße als stabilisierenden Faktor.

Versucht der Finanzleiter einer börsennotierten Unternehmung, den Investoren mit Hilfe der Finanzkommunikation ihren »wahren« inneren Wert zu vermitteln, zielt der Finanzleiter einer nicht-börsennotierten Gesellschaft vor allem durch **freiwillige qualitative Informationen** auf eine **realistische Bonitätsbeurteilung auf Seiten der Bank(en)** ab. Ähnlich der »Equity Story«, mit deren Hilfe Aktiengesellschaften Anleger zu begeistern suchen, bedarf es einer substantiellen, glaubwürdigen **»Rating Story«**, die Banken überzeugt. Für die Analysten der Bank kommt es darauf an, neben den finanziellen Hard Facts das **Geschäftsmodell** der Unternehmung, ihre **strategischen Perspektiven** sowie **Denk- und Handlungsweisen der Unternehmensleitung** zu verstehen.

Die nachfolgende Abbildung 16.21 zeigt exemplarisch die qualitativen Informationsbereiche eines in der Praxis eingesetzten Ratings. Das dargestellte Ratingverfahren wird für die Bonitätsanalyse von in- und ausländischen Unternehmen aus unterschiedlichsten Branchen eingesetzt. Ergebnis des Verfahrens ist eine individuelle Ein-Jahres-Ausfallwahrscheinlichkeit. Das Soft-Fact-Rating wird auf der Grundlage von standardisierten Bewertungen der Bereiche Daten, Management, Markt/Branche, Finanzen und zusätzlich einer zukunftsgerichteten Einschätzung wesentlicher makroökonomischer Faktoren gebildet.

Mittelständische Finanzkommunikation mit Nachholbedarf

Gemessen an diesen Anforderungen weist die **Finanzkommunikation nicht-börsennotierter Unternehmen in Deutschland** im Durchschnitt einen **erheblichen Nachholbedarf** auf, wobei sich Qualität und Quantität der an den Financier übermittelten Berichte deutlich zwischen Skeptikern und Verfechtern unterscheiden. Während beide Gruppen mehrheitlich Informationen zum Jahresabschluss berichten, zeigt sich, dass vor allem Skeptiker nicht adäquat über ihre Finanzen informieren. Eine Cashflow-Rechnung, normalerweise integraler Bestandteil der unternehmenseigenen Finanzierungsrechnung, und Angaben zur Finanzierungsstrategie kommunizieren lediglich 34 % bzw. 27 % der Skeptiker. In beiden Gruppen wird zudem zu wenig über das eigene Risiko berichtet. So gaben die Unternehmen in beiden Gruppen an, nur zu 27 % (Verfechter) bzw. 12 % (Skeptiker) eine Notfallplanung weiterzugeben. Die Auftragsübersicht wird als Instrument zur Risikoeinschätzung von nur 38 % der Verfechter und 21 % der Skeptiker kommuniziert. Vor dem Hintergrund der im Modul 12 erwähnten notwendigen Veränderungen der Geschäftsmodelle deutscher Unternehmen in der Industrie 4.0 informieren sowohl Verfechter als auch Skeptiker unzureichend über ihr Markt- und Wettbewerbsumfeld. So machen nur 53 % der Verfechter und 25 % der Skeptiker Angaben zur Marktstrategie und zu Zukunftsperspektiven des Unternehmens. Die eigene Innovationstätigkeit ist ebenso nur bei weniger als der Hälfte (Verfechter: 43 % und Skeptiker: 20 %) der befragten Unternehmen Gegenstand der Finanz-

Abb. 16.21

Beispiel eines Soft Fact-Ratings in der Praxis

	✓	x	k.A.
Daten			
1. Die Ausnutzung der »Ermessensspielräume« (z. B. Tendenz zur Bildung stiller Lasten) in vorliegender Bilanz lässt auf progressives Bilanzierungsverhalten schließen.			
2. Der vorliegende Jahresabschluss ist hinreichend detailliert für Zwecke der Erfolgsspaltung. Er vermittelt einen fundierten Einblick in die Vermögens-, Ertrags- und Finanzlage des Unternehmens (z. B. vorliegender WP-Bericht)			
3. Gibt es beim Vergleich der aktuellen Vermögens-, Finanz-, Ertragslage zum letzten Bilanzstichtag einen nennenswerten negativen Trend?			
Management			
4. Das Management ist aufgrund seiner Persönlichkeit, Qualifikation und beruflichen Erfahrung auch für Krisenzeiten konditioniert.			
5. Nachfolgeregelungen sind vorbereitet und derzeit nicht relevant.			
6. Absprachen in sachlicher und terminlicher Hinsicht werden eingehalten.			
7. Überkapazitäten im Bereich Personal und/oder Maschinen/Anlagen sind nachhaltig gegeben.			
8. Investitionen werden gezielt geplant und gemanagt.			
9. Werden die Planungen/Prognosen unter einer konservativen Berücksichtigung der wirtschaftlichen Rahmenbedingungen erstellt oder ist eine Planung aufgrund des Geschäftsmodells nicht erforderlich?			
Markt/Branche			
10. Der Umsatz der relevanten Produkte geht absolut zurück.			
11. Der Markt ist durch starken Wettbewerb gekennzeichnet.			
12. Starke Saisonabhängigkeiten (z. B. Weihnachtsgeschäft), Abhängigkeiten im modischen Bereich oder Konjunkturabhängigkeiten charakterisieren den relevanten Absatzmarkt.			
13. Eine starke Abhängigkeit von einigen oder wenigen großen Abnehmern (z. B. Staat) ist gegeben.			
14. Die Unternehmung ist stark von einem/von wenigen Vorlieferanten abhängig.			
15. Aufgrund der Kundenstruktur bzw. der Länderorientierung bestehen Risiken im Forderungsbestand.			
16. Vom Unternehmen wenig beeinflussbare Variablen, wie Substitutionsprodukte, Änderungen im Verbraucherverhalten (z. B. Konsum von Fleisch), Umweltbewusstsein oder Gesetzgebung (z. B. Umweltgesetzgebung) können die Branchenentwicklung erheblich gefährden.			
Finanzen			
17. Die Unternehmung könnte aufgrund ihres Gesellschafterhintergrundes erhebliche finanzielle Potenziale mobilisieren.			
18. Kredite wurden bisher immer vereinbarungsgemäß bedient.			
19. Bisherige Auskünfte (Schufa/Bankauskünfte der letzten 18 Monate) sowie die bekannten Geschäftsverbindungen ergeben ein einwandfreies Bild des Kreditnehmers.			
20. Retouren oder Pfändungen sind vorgekommen.			
21. In der Regel bewegt sich das Konto auf Guthabenbasis bzw. im Rahmen des eingerichteten Limits.			
22. Die Unternehmung könnte aufgrund ihrer Geschäftsverbindungen und ihrer regionalen Bedeutung erhebliche Potenziale mobilisieren.			
23. Entspricht das Controlling-System der Größe und Komplexität des Unternehmens?			
24. Ist der Einfluss von Zins- und/oder Währungsschwankungen auf den Jahreserfolg groß?			
25. Stehen Restrukturierungsmaßnahmen an, ohne dass Rückstellungen im aktuell geratenen Jahresabschluss gebildet wurden?			
26. Ist der Ergebnisausweis in besonderem Maße von Bewertungsfragen abhängig?			
27. Gab es in den letzten 12 Monaten ununterbrochen Kontoüberziehungen größer 30 Tage?			

Quelle: nach Paul/Stein 2013, S. 134–136

kommunikation. Nochmals geringer ist der Anteil der Unternehmen, die die Ergebnisse einer Konkurrenzanalyse an die Kapitalgeber übermitteln (Verfechter: 17 % Skeptiker: 6 %).

Abb. 16.22

Verfechter vermitteln ihren Hauptkapitalgebern in Breite und Tiefe ein klareres Bild

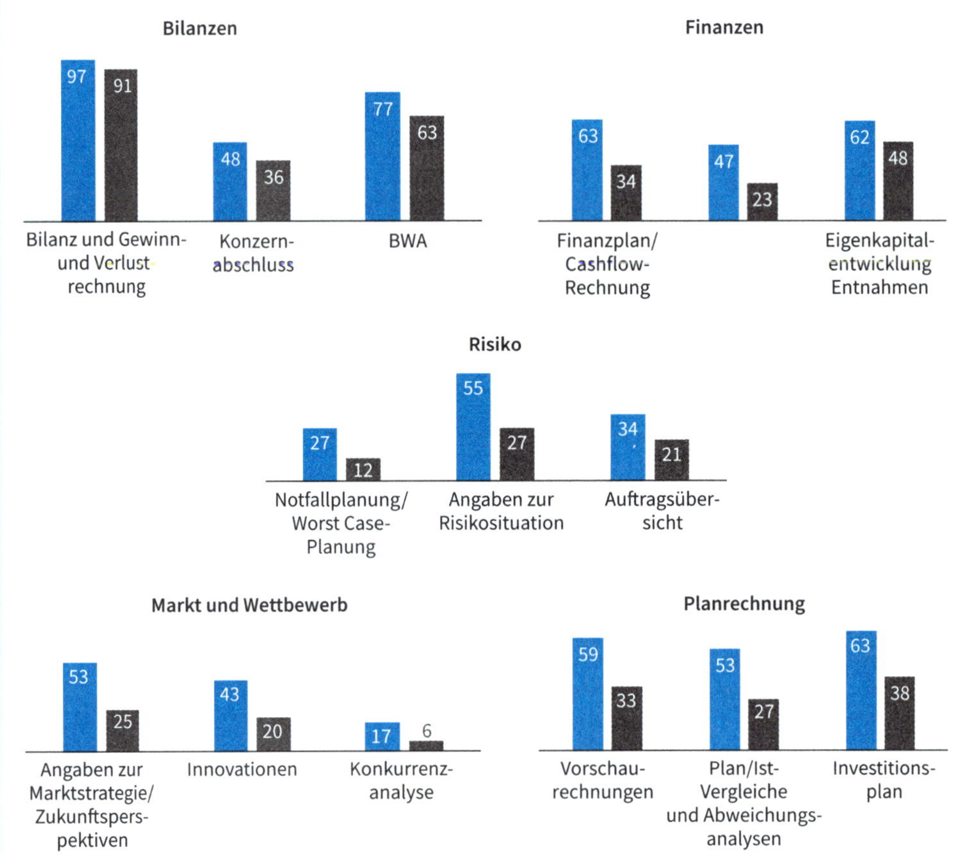

Alle Angaben in % des jeweiligen Fikomm-Typs.

Quelle: Paul et al. 2016, S. 6

Unterschiede Selbst- und Fremdbild

Für eine erfolgreiche Finanzkommunikation ist es von entscheidender Bedeutung, dass sowohl das Unternehmen als auch der Financier die gleichen Vorstellungen von effektiver Informationsaufbereitung und -bereitstellung einerseits und einer guten Beratungsleistung andererseits besitzen. Angesichts dessen ist der **Abgleich** der **Selbsteinschätzung der Unternehmen** mit der **Fremdeinschätzung durch die Financiers** besonders aufschlussreich.

Die größte Differenz zeigt sich bei der Frage nach der Zufriedenheit der Financiers mit der Kommunikationspolitik der Unternehmen. 91 % der Unternehmen vermuten, dass ihre Kommunikationspolitik den Kapitalgeber zufriedenstellt. Tatsächlich sind hingegen nur 51 % der Financiers mit der Kommunikationspolitik zufrieden. Diese erheblich reserviertere Bewertung der Financiers bei gleichzeitiger offensichtlicher Selbstüberschätzung der Unternehmen weist auf das Bestehen einer gravierenden **Kommunikationsklemme** hin. Während 91 % der Unternehmen davon überzeugt sind, ihre Informationen im Gespräch gut vermitteln zu können, stimmen dieser Aussage hingegen nur 61 % der Financiers zu. Eine ähnlich skeptische Grundhaltung der Financiers präsentiert sich in der Einschätzung des zeitlichen Aufwands für die Finanzkommunikation seitens der Unternehmen. Obwohl nur 15 % der Unternehmen die These vertreten, der Finanzkommunikation nur so viel Zeit wie unbedingt notwendig zu widmen, geben 39 % der Financiers an, ein solches Verhalten bei ihren Kapitalnehmern beobachten zu können. Zudem bewerten Financiers die Kommunikationsfrequenz ihrer Kunden keineswegs als so zeitnah und schnell wie ihre Kunden selbst (56 % zu 82 %). Uneinigkeit besteht auch hinsichtlich der proaktiven Informationsübermittlung in Krisenphasen. Während 71 % der Unternehmen überzeugt sind, proaktiv zu kommunizieren, können dies nur 47 % der Kapitalgeber bestätigen. Korrespondierend ist das Ausmaß der Selbstüberschätzung der Unternehmen bei der Ziel- und Strategieorientierung zu werten. So geben 92 % Unternehmen an, klare Ziele in den Gesprächen mit den Kapitalgebern zu verfolgen, und 83 % sind sich ebenso im Klaren darüber, welche Finanzinstrumente für ihr Unternehmen in Frage kommen. Derart klar definierte Ziele bzw. Vorstellungen von Finanzierungsinstrumenten können jedoch nur 65 % bzw. 48 % der Financiers bei ihren Kunden beobachten.

Vice versa besteht allerdings auch Nachholbedarf auf Seiten der Financiers. Insbesondere in den Bereichen Fach-, Methoden- und Sozialkompetenz zeigt sich, dass die Kunden sich nicht so gut beraten fühlen, wie es die Financiers vermuten. Während nur 68 % der Unternehmen die Angebote ihres Financiers als für den Bedarf des Unternehmens angemessen erachten, sind hingegen 94 % der Financiers überzeugt, die Kundenwünsche zu treffen. Gleichermaßen glauben 92 % der Financiers, Probleme unbürokratisch zu lösen. Diese Verhaltensweise bestätigen allerdings nur 68 % der Unternehmen.

Die zuvor erwähnte Existenz einer Kommunikationsklemme ist keineswegs eine neue Feststellung. Ähnliche Ergebnisse lieferten bereits die Vorgängerstudien aus den Jahren 2008 und 2012. Neu hingegen ist deren Ausmaß. Zwar hat den Aussagen der Unternehmen und Financiers zufolge die Gesamtqualität der Finanzkommunikation im Zeitverlauf zugenommen, gleichzeitig hat sich allerdings auch der Unterschied in der Wahrnehmung der Qualität der Finanzkommunikation zwischen Financiers und Unternehmen zuletzt mehr als verdoppelt. Angesichts des empirisch belegten, großen Einflusses freiwillig publizierter Informationen auf die Kompetenzeinstufung des Unternehmers durch den Bankbetreuer und den davon wiederum

Abb. 16.23

Der Abgleich zwischen Unternehmens- und Kapitalgebersicht offenbart eine Kommunikationsklemme

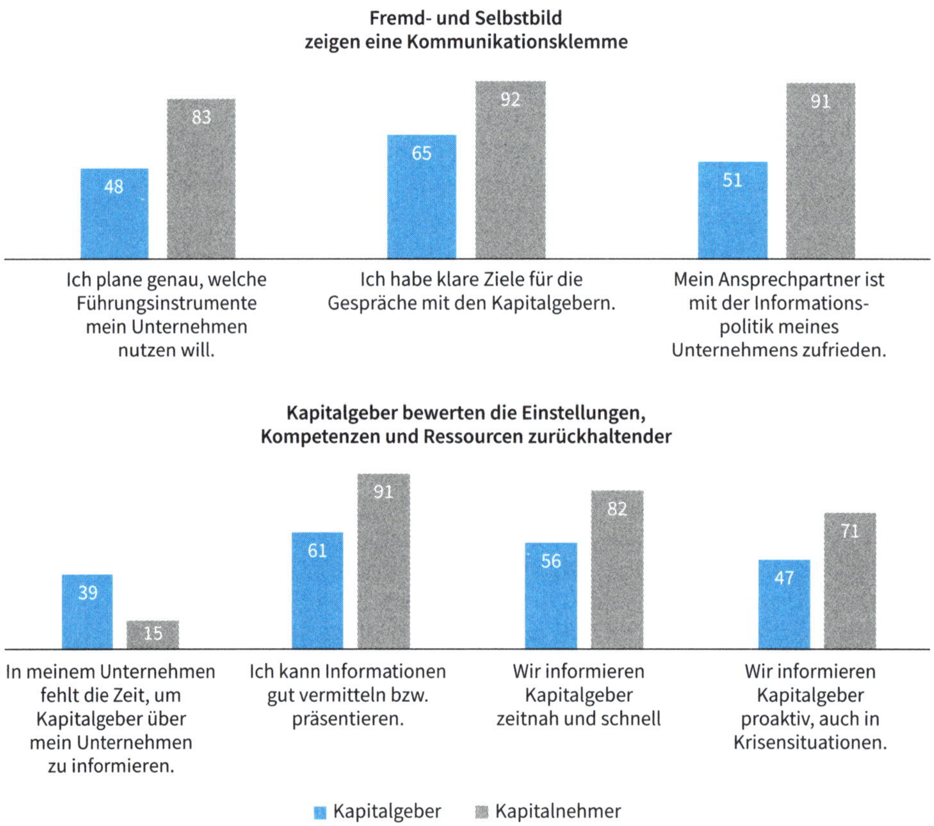

Alle Angaben in % des jeweiligen Fikomm-Typs.

Quelle: Paul et al. 2016, S. 7

Barrieren gegenüber guter Finanzkommunikation

abhängigen Finanzierungskonditionen (Moro/Fink/Kautonen 2014) ist dies ein dramatischer Befund.

Die wichtigste **Hemmschwelle für mehr Transparenz** sind noch immer Ängste, der Konkurrenz zu viele Informationen preiszugeben, Banken eventuelle Abweichungen gegenüber den Planungen erklären zu müssen oder Dritten zu zeigen, wie erfolgreich man ist. Zweitens fehlt vielen Mittelständlern der Überblick, von wem ihr Unternehmen über die Hausbank hinaus (ohne ausreichende Informationen möglicherweise zu schlecht) bewertet wird, sowie die Einsicht, dass die für externe Zwecke aufbereiteten Daten auch ein hervorragendes internes Dokumentations-

und Steuerungsinstrument sind. Dies hängt nicht zuletzt – dritte Barriere – mit ihrem fehlenden Know-how zusammen. Im Durchschnitt mangelt es den mittelständischen Firmenleitungen an kaufmännischem und speziell Wissen im Finanzbereich (so auch für mittelständische Unternehmen in Europa insgesamt European Commission 2015a, S. 45).

Drei Säulen der Exzellenz

Welche Schlussfolgerungen kann der Finanzleiter einer mittelständischen Unternehmung hieraus ziehen? Die folgenden Empfehlungen gründen sich auf Interviews mit 30 ausschließlich nicht-börsennotierten Unternehmen, die eine besonders gute Finanzkommunikation auszeichnet, sowie die Auskünfte der von ihnen benannten Hauptkapitalgeber (Euler Hermes Kreditversicherung 2010). Bei den identifizierten vorbildlichen Finanzkommunikatoren beruht ihre Exzellenz auf **drei Säulen** (vgl. zum Folgenden Paul 2017 sowie die theoretische Fundierung bei Paul/Stein/Prystav 2011):

Vertrauen ist der Schlüsselfaktor in Finanzbeziehungen (mit weiteren Verweisen Paul/Prystav/Stein 2011 und empirische Hinweise bei Howorth/Moro 2006). Es ergibt sich zuvorderst aus einer nachhaltig durch Transparenz und Verlässlichkeit geprägten **Grundphilosophie** als **erster Säule** der Finanzkommunikation des Unternehmens gegenüber seinen Kapitalgebern. Aufbau und Erhalt von Vertrauen ist daher das Oberziel der Finanzkommunikation und Voraussetzung für die dauerhafte Verfügbarkeit von Finanzmitteln auch und gerade in Krisenzeiten, für einen schnellen und unkomplizierten Umgang mit den Banken. Finanzkommunikation ist unabdingbare Krisenprävention. Sie ist ein wichtiger Baustein, die eigene unternehmerische Freiheit zu sichern.

Die Finanzkommunikation kann nur glaubwürdig sein, wenn sie zum jeweiligen Unternehmen (Größe, Branche, Geschäftsmodell, Anteilseigner usw.) und seinen Kapitalgebern passt (**»Fit«** als **zweite Säule** des Erfolges). So, wie sich die Produkte und Leistungen eines Unternehmens durch besondere Merkmale von denen der Konkurrenz unterscheiden müssen, sollte auch jede Unternehmens-Finanzkommunikation in bestimmter Weise einzigartig sein – durch die Personen, die Botschaften, die Formate usw. Eine befragte Druckerei erstellt z. B. ein »Finanzbuch« mit allen relevanten Finanzinformationen.

Finanzkommunikation muss wie im Produktverkauf von dem Geist getragen sein, einen Kunden zu gewinnen. Daher sind die Präferenzen der Kapitalgeberseite zu erfragen. Neben den Inhabern als Eigenkapitalgebern zählen dazu die verschiedenen Fremdkapitalgeber, bei KMU also vor allem die Banken, aber auch Leasinggesellschaften, Kreditversicherer, Auskunfteien, möglicherweise auch Lieferanten und Abnehmer. Nicht zu vergessen sind auch Branchenverbände und Behörden. Ebenso sollten die Mitarbeiter wissen, wo das Unternehmen finanziell steht. Diese verschiedenen Adressaten haben jedoch durchaus unterschiedliche Anforderungen an die Themen der Finanzkommunikation sowie die Breite und Tiefe der Darstellung (vgl. hierzu auch Thomas/Schmitz/Wagner 2016). Diese Informationswünsche der Kapitalgeber sind der Ausgangspunkt einer zielgenauen Finanzkommunikation und sind daher durch entsprechende Befragungen zu erheben.

Neben Philosophie und Fit stellt die richtige **operative Technik der Finanzkommunikation** die **dritte Säule** dar. Dabei sind zunächst die passenden Inhalte auszuwählen. Im Mittelpunkt stehen – wie gesagt – quantitative Daten, wie die Entwicklung von Bilanz und GuV im Jahresverlauf, die Betriebswirtschaftlichen Auswertungen des laufenden Jahres, Investitions- und Finanzpläne usw. Eine gute Finanzkommunikation zeichnet sich aber dadurch aus, dass die »nackten Zahlen« durch eine qualitative Berichterstattung ergänzt werden – je innovativer oder komplexer das Geschäftsmodell, desto mehr. Speziell durch die Übermittlung von »soft information« kann Vertrauenskapital aufgebaut werden. Dabei sollten vor allem unterschiedliche Zukunftsszenarien durchgespielt und wichtige Innovationen bei den Produkten und Prozessen des Unternehmens vorgestellt werden, um die Banken so weit wie möglich durch die spezielle unternehmerische Brille sehen zu lassen. »Sorge dafür, dass dein Kapitalgeber dein Geschäft versteht. Bringe durch stete Kommunikation die Bank so auf Augenhöhe, dass der Banker gut beraten kann.« (Aussage eines Unternehmers in Euler Hermes 2014, S. 11).

Mit Blick auf die Kommunikationswege gewährte ein Best-Practice-Unternehmen der Bank sogar einen Zugang zu seinem Intranet und damit eine kaum zu übertreffende Transparenz – für die Kreditgeber ein starkes Vertrauenssignal. In Zeiten der Digitalisierung ist auch an die noch stärker automatisierte Informationsübertragung vom Unternehmen an die Bank zu denken. Selbst wenn man als Unternehmer nicht so weit gehen will, sollte man nicht bei einem einmal jährlich stattfindenden Bilanzgespräch stehen bleiben, sondern so oft wie nötig den persönlichen Austausch mit den Finanzpartnern suchen.

Informationen müssen immer aktuell, schnell und pünktlich geliefert werden, denn Kapitalgeber haben ein berechtigtes Interesse an zeitnaher Berichterstattung. Gute Finanzkommunikatoren veröffentlichen im Sinne der Selbstbindung daher einen »Informationskalender«, der feste Termine enthält, zu denen die Financiers bestimmte Berichtsformate erhalten (Monatsreport, Quartalsbericht usw.). Nachgewiesene Zuverlässigkeit in diesem Bereich trägt (analog den dargestellten Grundsätzen der DVFA) ebenfalls zum Vertrauensaufbau bei.

Zur Qualitätssicherung kann die Finanzkommunikation als Teil des zertifizierten Qualitätsmanagements verankert werden. So werden Routinen und Standards geschaffen. Grundlegende, besonders bedeutsame Veränderungen in den Märkten oder der Unternehmensentwicklung, insbesondere aber heraufziehende Gefahren oder Probleme sind unaufgefordert auch außerhalb der üblichen Informationsintervalle zu übermitteln, um den Kapitalgeber nicht später negativ überraschen zu müssen. Erforderlich ist eine proaktive statt defensive Kommunikation – gerade in Zeiten eines Umbruchs, wie er etwa durch Industrie 4.0 ausgelöst wird (Modul 12).

Der Aufbau von Vertrauen als Grundphilosophie, das Finden des richtigen Fits mit den Finanzpartnern und das Einüben der geeigneten Technik der Finanzkommunikation braucht Vorlauf, funktioniert nicht von heute auf morgen und bedarf der kontinuierlichen Weiterentwicklung, koordiniert und gesteuert durch den Finanzleiter.

AUS DER PRAXIS

Atemlosigkeit im Vierteljahrestakt

Analysten, Investoren und Journalisten fordern zu Recht ein Reporting, das sie in die Lage versetzt, Lage und Ausblick eines Unternehmens einzuschätzen. So berechtigt, nachvollziehbar und auch im Interesse des Unternehmens liegend der Wunsch nach Transparenz ist: Er hat über die letzten Jahre auch zu Fehlentwicklungen geführt, die teils die ursprüngliche Intention – Entscheidungsunterstützung, Rechenschaft und eine nachhaltig profitable Geschäftsentwicklung – konterkariert.

Da sind zum einen die immer weiter ausufernden Geschäftsberichte, deren Umfang nicht selten die Marke von 300 oder 400 Seiten überspringt. Sie enthalten alles, was das Herz begehrt, Bilanz, Ergebnisrechnung, Lagebericht, Strategie, Investor-Relations-Bericht; ferner Darstellung von Unternehmensstruktur und Geschäftsausrichtung, Porträts der maßgeblichen Akteure, Bildstrecken und vieles mehr. Oft waren diese Bücher (und sind es teils immer noch) enzyklopädische Imagewerke und Erfolgsberichte in einem; kiloschwere, schwer zugängliche, meist redundante Papierkonvolute, in denen in unserer digitalen Welt kaum jemand mehr blättern will, einfach weil diese Informationen viel leichter abrufbar und kundenfreundlicher aufbereitet im Netz zu finden sind. Aufs Netz greift heute auch jeder zurück, der sich aktuell über ein Unternehmen informieren möchte. Geschäftsberichte alter Prägung sind ein Produkt aus einer Vergangenheit, in der es einen hochausgebildeten digitalen Medienmarkt noch nicht gab. Eine gut geführte Webseite zusammen mit einer exzellenten Investor-Relations-App macht die Zahlenwelt und interessengruppenspezifische Inhalte viel leichter zugänglich; sie sind das moderne Pendant zu einem herkömmlichen Geschäftsbericht.

Schädliche Quartalsdenke

Zum anderen wurde die Frequenz der Berichterstattung ausgebaut mit teils ebenfalls stattlichen Quartalsberichten. Dies hat zu einer gewissen Atemlosigkeit im Vierteljahrestakt geführt, die von der Konzentration auf das Wesentliche ablenkt und für die in den Vereinigten Staaten schon das Kampfwort »quarterly capitalism« eingeführt wurde mit der Konnotation: Hier leiden Substanz und ruhige Fortentwicklung von Unternehmen unter einem schwindelerregenden Dauerkarussell immer neuer Quartalszahlen und -prognosen.

Hilft dieser Berichtsrhythmus den Investoren? Das wird inzwischen stark bezweifelt. Schon der Kay-Report (London School of Economics) kommt 2012 zu dem Schluss: »Quartalsergebnisse werden stark durch Zufallsschwankungen bestimmt oder, schlimmer, durch die Versuche des Managements, diese Schwankungen zu neutralisieren.« Die Profitabilität vieler Unternehmen könne sinnvollerweise aber nur über eine Zeitspanne von mehreren Jahren zutreffend eingeschätzt werden. Eine aktuelle Studie von Ernstberger (TU München) bestätigt die negativen Wirkungen der Quartalsberichterstattung. Diese erhöhe den Druck für Sachverhaltsgestaltung, sprich: Es häuft sich Bilanzpolitik, um kurzfristige (Prognose)ziele zu erfüllen, statt beständig den langfristigen Erfolg anzusteuern.

AUS DER PRAXIS

Deshalb ist es zu begrüßen, wenn nun in der Finanzkommunikation eine Gegenbewegung eingesetzt hat, die den Unternehmen erlaubt, sich auf das wirklich Relevante zu konzentrieren, ohne wesentliche Abstriche bei der Zahlentiefe und Transparenz. Strenge Ad-hoc-Berichtspflichten stellen ohnehin sicher, dass kursrelevante Informationen unmittelbar zu veröffentlichen sind und niemand bei Vorlage der Zahlen alle sechs Monate überrascht wird. Das International Accounting Standards Board arbeitet daran, überbordende Veröffentlichungspflichten in den internationalen Rechnungslegungsvorschriften (IFRS) einzudämmen und damit den Weg zu Geschäftsberichten freizumachen, die kompakt und prinzipienbasiert über Finanz-, Vermögens- und Ertragslage der Unternehmen berichten. Und die Deutsche Börse verpflichtet – der EU-Gesetzgebung folgend – die notierten Unternehmen nicht mehr dazu, einen vollumfänglichen Quartalsbericht zu veröffentlichen.

Lieber mehr Roadshows

Diese Spielräume nutzt nun auch die Allianz. Statt eines IFRS-Finanzberichts veröffentlichen wir eine vereinfachte kurze Mitteilung zum ersten und dritten Quartal mit den wichtigsten Zahlen und ihrer Kommentierung. Wer weitere Details sucht, findet sie in den mitgelieferten Tabellen oder in der unverändert ausführlichen Analystenpräsentation. Wir tun das, weil wir mit vielen anderen überzeugt sind, dass die ausführlichen Berichte nichts zur Stärkung des Kapitalmarkts beitragen. Stattdessen möchten wir mehr auf Roadshows und ähnlichen Veranstaltungen auf strategische Themen eingehen. Diese kommen manchmal zu kurz, wenn eine Quartalszahlendiskussion entbrennt ohne schlagende Relevanz für die langfristige Performance unserer Aktie. Gleichzeitig haben wir den Halbjahresbericht um 50 % im Umfang reduziert und werden das auch beim Jahresbericht so tun. Damit folgen wir dem Trend der Entschlackung des Geschäftsberichts, wie es Siemens bereits im letzten Jahr vorgemacht hat.

Die Rückmeldungen zu dieser Initiative unserer Stakeholder war überwiegend positiv; rund 80 % der Befragten befürworteten die Kürzungsmaßnahmen. Manche Analysten ermutigten uns gar, ganz auf eine Berichterstattung über das erste und dritte Quartal zu verzichten, zumal einige schon dazu übergegangen sind, ihre Prognosemodelle im Halbjahresrhythmus an aktuelle Zahlen anzupassen. Vielleicht wird sich diese Sichtweise durchsetzen, auch wenn die Deutsche Börse derzeit noch eine Quartalsmitteilung verlangt.

Wir meinen, mit unserem Ansatz eine gute Balance gefunden zu haben zwischen Relevanz und Transparenz der Finanzkommunikation. Die Kürzungen schaffen Raum für Diskussionen über die wirklich wichtigen langfristigen Entwicklungen, die unserer Aktie Schub verleihen.

(Quelle: Börsen-Zeitung, 18.11.2016)

Auf den Punkt gebracht

- Finanzmärkte sind nicht perfekt informationseffizient, es bestehen stets mehr oder weniger große Informationsunterschiede zwischen dem Management und den Kapitalgebern einer Unternehmung. Mit dem Ziel, diese asymmetrische Informationsverteilung einzuebnen, gestaltet die Finanzleiter die Kommunikationsbeziehung zwischen der Unternehmung und der Finanzöffentlichkeit.
- Bei börsennotierten Unternehmen sollen die Kapitalmarktteilnehmer mit Informationen versorgt werden, die ihnen eine zutreffende Einschätzung des »inneren« Werts der Unternehmung erlauben. Die Empirie zeigt, dass im Erfolgsfall die Kapitalkosten gesenkt und die Kapitalverfügbarkeit erhöht werden können.
- Zielgruppen der Finanzkommunikation börsennotierter Unternehmen (auch als Investor Relations bezeichnet) sind vor allem Institutionelle Investoren und Finanzanalysten. Sie erhalten insbesondere im Rahmen des Lageberichts Informationen zum Geschäftsmodell der Unternehmung und den damit in der Zukunft verbundenen Wertkonsequenzen (Value Reporting).
- Als Industriestandard haben sich die »Grundsätze für Effektive Finanzkommunikation« der DVFA etabliert.
- Bei nicht-börsennotierten Unternehmen spielt die laufende Bewertung des Eigenkapitalmarktwerts keine dominierende Rolle. Der Finanzleiter zielt durch freiwillige, vor allem qualitative Informationen stattdessen primär auf eine realistische Bonitätsbeurteilung durch die (Haus-)Banken ab.
- Die mittelständischen Unternehmen in Deutschland lassen sich nach ihrer Wertschätzung und ihrem Ressourceneinsatz für die Finanzkommunikation in »Skeptiker« und »Verfechter« einteilen. Letztere profitieren von ihren Investitionen in die Finanzbeziehung durch niedrigere Kapitalkosten, eine höhere Kapitalverfügbarkeit sowie ein engeres Vertrauensverhältnis zu den Kapitalgebern.
- Gemessen an den Informationsbedarfen der Kreditinstitute weist der Mittelstand im Durchschnitt einen erheblichen Nachholbedarf in seiner Finanzkommunikation auf – speziell mit Blick auf Zukunftsthemen von strategischer Bedeutung.
- Exzellente Finanzkommunikation beruht auf drei Säulen: einer Grundphilosophie der Transparenz, dem richtigen Fit zum Unternehmen und seinen Kapitalgebern sowie einer geeigneten operativen Technik.

Teil VI

Strategische Weichenstellungen zur Wertschaffung: Gestaltung von Unternehmens- struktur und -kontrolle

Modul 17 Entscheidungen über die Unternehmensstruktur

ZENTRALE INHALTE

- Arten von Mergers & Acquisitions (M&A) und Rolle der Finanzierung
- Motive für Unternehmenskäufe und -fusionen
- Rolle der Due Diligence im Ablauf einer Transaktion
- Instrumentarium zur Abwehr von Übernahmeversuchen
- Wege der Unternehmensrestrukturierung durch Desinvestitionen
- Privatisierung und Verstaatlichung als extreme Umstrukturierungen
- Instrumente des Financial Restructuring
- Ablauf eines Insolvenzverfahrens

17.1 Unternehmenszusammenschlüsse

Einstiegsbeispiel

DGAP-Adhoc: Bayer Aktiengesellschaft: Bayer und Monsanto schaffen ein weltweit führendes Unternehmen der Agrarwirtschaft

▸▸▸ Veröffentlichung einer Insiderinformation gemäß Artikel 17 MAR, übermittelt durch DGAP – ein Service der EQS Group AG. Für den Inhalt der Mitteilung ist der Emittent verantwortlich.

Leverkusen, 14. September 2016: Bayer und Monsanto haben am Mittwoch eine bindende Fusionsvereinbarung unterzeichnet, die Bayer die Übernahme von Monsanto für 128 US-Dollar je Aktie in bar ermöglicht. Die Mitglieder des Board of Directors (Verwaltungsrat) von Monsanto sowie Vorstand und Aufsichtsrat von Bayer haben die Einigung einstimmig beschlossen. Gemessen am Schlusskurs der Monsanto-Aktie am 9. Mai 2016, dem Tag vor dem ersten schriftlichen Angebot von Bayer, enthält das Angebot eine Prämie von 44 Prozent auf den damaligen Kurs.

Beide Unternehmen erzielten im Kalenderjahr 2015 zusammengerechnet pro forma einen Umsatz von 23 Milliarden Euro im Agrargeschäft. Das kombinierte Unternehmen ist sehr gut positioniert, um am Agrarsektor und dessen erheblichem langfristigem Wachstumspotenzial teilzuhaben. Neben dem langfristigen Wertschaffungspotenzial durch den Zusammenschluss erwartet Bayer, dass seine Aktionäre von einem positiven Beitrag zum bereinigten Ergebnis je Aktie im ersten vollen Jahr

nach Abschluss der Transaktion profitieren werden. Für das dritte volle Jahr wird ein positiver Beitrag im zweistelligen Prozentbereich erwartet. Bayer hat die Annahmen zu Umsatz- und Kostensynergien durch eine Unternehmensprüfung bestätigt und erwartet jährliche Beiträge zum EBITDA aus Synergien in Höhe von 1,5 Milliarden US-Dollar nach dem dritten Jahr nach Abschluss der Transaktion. Zusätzliche Vorteile aufgrund des integrierten Angebots werden in den Folgejahren erwartet.
Bayer plant die Finanzierung der Transaktion durch eine Kombination aus Fremd- und Eigenkapital. Der Eigenkapitalanteil von rund 19 Milliarden US-Dollar wird voraussichtlich durch eine Bezugsrechtskapitalerhöhung und Pflichtwandelanleihen finanziert. Die Brückenfinanzierung über 57 Milliarden US-Dollar wurde von BofA Merrill Lynch, Credit Suisse, Goldman Sachs, HSBC und JP Morgan garantiert. Bayer strebt ein Investment-Grade-Rating nach Vollzug der Transaktion an. Das langfristige Ziel eines Kreditratings der »A«-Kategorie bleibt unverändert.
Die Transaktion unterliegt üblichen Vollzugsbedingungen, einschließlich der Zustimmung durch die Monsanto-Aktionäre zur Fusionsvereinbarung und aller notwendigen behördlichen Freigaben. Der Abschluss der Transaktion wird bis Ende 2017 erwartet. Beide Unternehmen werden eng mit den Regulierungsbehörden zusammenarbeiten, um einen erfolgreichen Abschluss zu erzielen. Gleichzeitig hat Bayer Monsanto eine Zahlung in Höhe von 2 Milliarden US-Dollar für den Fall zugesichert, dass die notwendigen Kartellfreigaben nicht erteilt werden sollten (Reverse Antitrust Break Fee), und bekräftigt damit die Zuversicht in eine erfolgreiche Übernahme.
(Quelle: Bayer Aktiengesellschaft, Schlagwort(e): Fusionen & Übernahme, 14.09.2016) ◄◄◄

17.1.1 Mergers & Acquisitions als Sammelbegriff

Unternehmen werden neu gegründet, erwirtschaften Gewinne und wachsen, indem sie die erzielten Überschüsse »innerhalb der Unternehmung«, also in neue Aggregate, Betriebs- und Geschäftsausstattung etc. investieren. Unternehmen wachsen jedoch auch, indem sie andere Unternehmen (oder Teile davon) **aufkaufen** oder indem sie mit ihnen **fusionieren**. Umgekehrt erweisen sich manche Unternehmensteile im Leben des Unternehmens möglicherweise als nicht wertschaffend genug oder einfach als nicht mehr zum restlichen Geschäftsmodell passend. In diesen Fällen wird das Unternehmen Teile seines Geschäfts **abspalten** und **veräußern**. Schließlich besitzen (zumindest private) Unternehmen keine Existenzgarantie. Wirtschaftet ein Unternehmen schlecht, so sollte es in einer Marktwirtschaft aus dem Markt gedrängt und durch bessere Konkurrenten ersetzt werden (»schöpferische Zerstörung« nach Schumpeter, vgl. Modul 1). Der Lebenszyklus eines Unternehmens wird somit mit der **Insolvenz** bzw. der **Liquidation** des Unternehmens abgeschlossen. Diesen Änderungen der Unternehmensstruktur widmet sich dieses Modul (vgl. auch ausführlich Rudolph 2006, Kapitel 12).

In diesem Zusammenhang bestehen die Aufgaben des Finanzleiters darin, strategische Weichenstellungen der Unternehmung vor dem Hintergrund des Wertschaffungsziels sowohl anzustoßen als auch umzusetzen.

Mergers & Acquisitions

Die Eigentumsverhältnisse eines Unternehmens betreffende Transaktionen werden unter dem englischen Sammelbegriff der **Mergers & Acquisitions** (kurz: **M&A**) zusammengefasst. Diese umfassen Fusionen, Unternehmenskäufe, Betriebsübergänge, aber z. B. auch Abspaltungen und Ausgründungen. Die Unterscheidung in Mergers (Fusionen) und Acquisitions ist eine Rechtliche. Bei einer Fusion entsteht aus zwei rechtlichen Einheiten eine neue Einheit, während bei einer Akquisition ein Unternehmen die Aktien oder Vermögenswerte eines anderen Unternehmens (vollständig oder zu wesentlichen Teilen) aufkauft, ohne dass das Akquisitionsziel als rechtliche Einheit untergeht. Der Standardfall ist der Aufkauf eines Zielunternehmens (häufig kurz als **Target** bezeichnet) durch einen Käufer (auch **Buyer** oder **Acquirer**).

Freundliche vs. feindliche Übernahmen

Unternehmenszusammenschlüsse und Akquisitionen können auf unterschiedliche Art und Weise charakterisiert bzw. kategorisiert werden. Eine erste Unterscheidung kann anhand der Frage vorgenommen werden, ob die Transaktion im

Abb. 17.1

Aufgaben des Finanzleiters im Rahmen der Wertschaffung

Einverständnis mit dem Management des Zielunternehmens vollzogen werden soll. Bei einer **»freundlichen« Übernahme** stimmt die Unternehmensleitung des zu übernehmenden Unternehmens der Transaktion zu bzw. versucht nicht, diese zu verhindern. Im Gegensatz hierzu steht die Leitung des Zielunternehmens einer **»feindlichen« Übernahme** der Transaktion kritisch gegenüber und versucht, diese durch das Ergreifen von Gegenmaßnahmen zu verhindern (vgl. Breuer/Schweizer/Breuer 2011).

Horizontale, vertikale und konglomerate Transaktionen

Je nachdem, aus welcher Branche ein Zielunternehmen gekauft werden soll, können M&A-Transaktionen in drei Arten untergliedert werden:

- Bei einer **horizontalen Transaktion** kauft ein Unternehmen ein Ziel in derselben Branche. In der Regel fusionieren Unternehmen mit direkten Wettbewerbern, um hierdurch Synergieeffekte heben, Marktanteile und Marktmacht gewinnen und Verwaltungskosten senken zu können.
- Als **vertikale Transaktion** wird eine Fusion oder Akquisition bezeichnet, bei der ein Unternehmen einen Zulieferbetrieb oder (seltener) einen zuvor selbständigen Vertriebspartner übernimmt. Vorteile für den Käufer umfassen insbesondere Skalen-Größeneffekte und somit wiederum Kostensenkungen.
- Bei **konglomeraten Transaktionen** übernimmt ein Unternehmen Teile oder die Gesamtheit eines branchenfremden Unternehmens. In diesem Fall ist das Hauptmotiv für die Transaktion eine Diversifikation der Geschäftsbereiche des aufkaufenden Unternehmens.

AUS DER PRAXIS

Der GE/Honeywell-Fall

Wie gefährlich Zusammenschlüsse für den Wettbewerb werden können, zeigt das Beispiel von General Electric und Honeywell. Im Oktober 2000 bot GE 42 Mrd. $ für den Zusammenschluss mit dem amerikanischen Mischkonzern mit starkem Luft- und Raumfahrtgeschäft. Doch die EU-Kommission blockierte die Fusion mit Verweis auf die EWG-Verordnung 4064/89 Art. 2(3). In ihrer Analyse stellte sie fest, dass ein Zusammenschluss der beiden Mischkonzerne zu wettbewerbsnachteiligen Effekten durch Überschneidungen auf horizontaler sowie durch die Integration auf vertikaler und konglomerater Ebene führen würde. Auf Grund der horizontalen Überschneidungen wurde befürchtet, dass GE die bereits dominante Stellung im Luft- und Raumfahrtbereich mit den Marktanteilen von Honeywell weiter ausbauen würde. Zudem war Rolls Royce, Konkurrent von GE im Triebwerksgeschäft, auf den Triebwerkstarterhersteller Honeywell angewiesen, so dass die EU-Kommission eine mögliche Marktverschließung vermutete. Ein weiterer Vorwurf der EU-Kommission betraf den konglomeraten Aspekt des Zusammenschlusses. GE und Honeywell könnten ihre marktbeherrschende Stellung ausnutzen und Produkte nur im Paket anbieten, um Spezialanbieter zu verdrängen. (Quelle: WUW – Wirtschaft und Wettbewerb 09/2006, S. 870-880)

Zusätzlich zur Unterteilung in horizontale, vertikale und konglomerate Zusammenschlüsse können M&A-Transaktionen auch danach klassifiziert werden, ob der Käufer primär eine Erweiterung bzw. Verkettung seiner Absatzmärkte oder aber eine Erweiterung seiner Produktpalette anstrebt (vgl. Bühner 1990, S. 2 und Achleitner/Wirtz/Wecker 2004, S. 482). Man spricht in diesen Fällen von Zusammenschlüssen zur

Markterweiterung, Marktverkettung und Produkterweiterung

- **Markterweiterung**: Der Käufer expandiert durch die Transaktion in neue, bislang nicht bearbeitete Märkte.
- **Marktverkettung**: Der Käufer beabsichtigt die Übernahme der Kontrolle über Beschaffungs- und Absatzmärkte.
- **Produkterweiterung**: Der Käufer erweitert durch die Übernahme sein Produktangebot, indem bislang in seinem Produktsortiment fehlende Produkte durch den Unternehmenszukauf bzw. die Fusion diesem hinzugefügt werden.

Die Art einer M&A-Transaktion ist unmittelbar mit den von den beteiligten Unternehmen mit der Transaktion verfolgten Zielen verbunden. Diese werden im folgenden Unterabschnitt näher untersucht.

Finanzierung erfolgskritisch

Dass sich die **Finanzierung** – je nach Größe der **Akquisition** – schnell zu dem kritischen Faktor entwickeln kann, zeigt die Komplexität der Finanzierungsstruktur zweier großvolumiger Übernahmen im Jahre 2006: derjenigen von Schering durch Bayer (ca. 17 Mrd. €) und des britischen Gasherstellers BOC durch Linde (rd. 15 Mrd. €; zu nachstehendem Paul/Stein 2015, S. 467).

Abb. 17.2

Komplexe Finanzierungsstruktur von Übernahmen

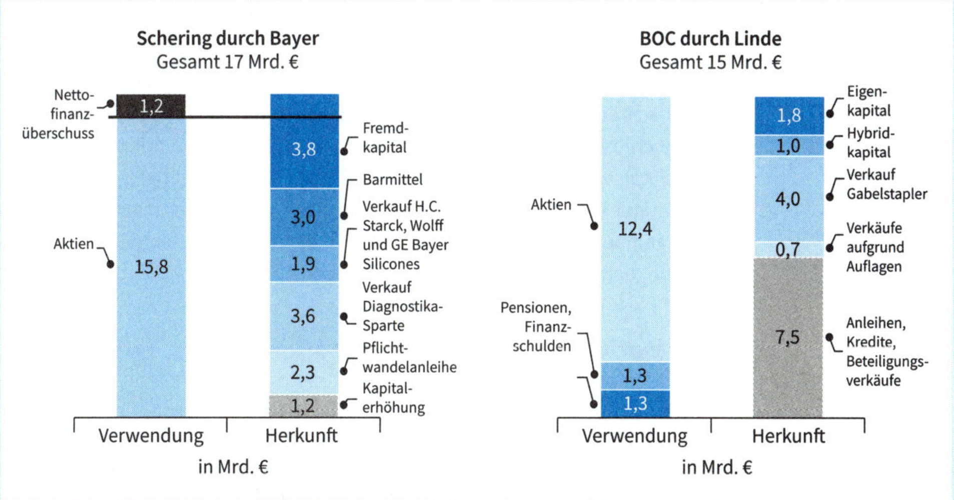

Es wird deutlich, dass der Finanzbedarf mittels einer **Kombination aller wesentlichen Finanzierungsarten** gedeckt wurde, so auf der Seite von Bayer durch:

- Barmittel
- Interne Finanzierung durch den Verkauf von Vermögenswerten, hier solchen Geschäftsbereichen, die ansonsten unter kartellrechtlichen Gesichtspunkten zu Problemen geführt hätten
- Externe Finanzierung durch Eigenkapital: Kapitalerhöhung
- Externe Finanzierung durch Fremdkapital in Form von Anleihen
- Externe Finanzierung durch eine Zwischenform von Eigen- und Fremdkapital (sogenanntes hybrides oder mezzanines Kapital) in Form einer Pflichtwandelanleihe. Hierbei konnte Bayer nach einer gewissen Frist die Anleihe in Aktien des – unterdessen vergrößerten – Konzerns tauschen.

Zeiten hoher Kapitalmarktvolatilität können sich daher **negativ auf das M&A-Geschehen** auswirken. Zum einen mag die Verfügbarkeit der genannten Finanzierungsinstrumente gefährdet sein. Zum anderen erschwert Volatilität aber auch die Festlegung des Unternehmenswertes im Rahmen der Preisverhandlungen zwischen Käufer und Verkäufer, denn die Bestimmung der in DCF-Verfahren als Diskontierungszins notwendigen Kapitalkosten oder alternativ von Markt-Multiple-Faktoren ist durch einen größeren Unsicherheitsbereich gekennzeichnet. Grenzen können einem M&A-Deal auch dann gesetzt sein, wenn die grundsätzliche Verfügbarkeit von Finanzmitteln zwar gegeben ist, speziell eine ansteigende Fremdkapitalquote für Bayer aber zu einem verschlechterten Rating und damit steigenden Kapitalkosten führt, wie folgendes Praxisbeispiel deutlich macht:

AUS DER PRAXIS

Moody's stuft Merck KGaA nach Sigma-Aldrich-Übernahme ab

Moody's hat das Rating des Chemie- und Pharmakonzerns Merck KGaA auf Baa1 von A3 gesenkt. Der Ausblick für die Kreditwürdigkeit sei negativ, teilte die Ratingagentur weiter mit. Sie begründete die Abstufung mit deutlich höheren Schulden nach Abschluss der Übernahme von Sigma-Aldrich. Die Verbindlichkeiten dürften sich mehr als verdreifachen. Die damit einhergehende Verschlechterung der Kreditparameter sei aber nur vorübergehend. Das kombinierte Unternehmen werde einen signifikanten freien Cashflow erzielen, der ihm einen schnellen Schuldenabbau ermögliche. (Quelle: Dow Jones Newswires, 12.12.2014)

17.1.2 Motive für Unternehmensaufkäufe/-fusionen

Volkswirtschaftlich gesehen stellen M&A-Transaktionen Reallokationen des knappen Guts Kapital unter den Marktakteuren dar. Auf der einzelwirtschaftlichen Ebene ist der Zusammenschluss zweier Unternehmen bzw. ein Unternehmensaufkauf ein Instrument der Durchsetzung einer unternehmerischen Gesamtstrategie. Die unterschiedlichen **Motive** für M&As lassen sich daher in der Regel **aus den einzelnen Facetten der Unternehmensstrategie ableiten**. In der wissenschaftlichen Literatur sind jedoch auch noch weitere Motive von Managern identifiziert worden, die möglicherweise nicht in der Unternehmensstrategie, sondern vielmehr in der menschlichen Natur und dem Eigeninteresse der Manager selbst begründet liegen (Gerpott unterscheidet in ähnlicher Weise **wirtschaftliche** und **persönliche Motive** für M&As aus der **Käuferperspektive**, vgl. Gerpott 1993, S. 64). Motive strategischer Natur sind darauf angelegt, den **Shareholder Value** des Unternehmens zu **erhöhen**. Im Gegensatz dazu sind M&As, die Manager primär zur Verfolgung eigener Interessen durchführen, regelmäßig **wertvernichtend**.

Synergiemotiv

Vielleicht das Hauptmotiv für eine Unternehmensfusion ist die Nutzung hierdurch möglicher **Synergieeffekte**. Durch den Zusammenschluss zweier Unternehmen können vorhandene Ressourcen effizienter genutzt, doppelte Verwaltungsstrukturen und Personal abgebaut, Produktsortimente aufeinander abgestimmt und Kosten reduziert werden. Außerdem können bislang ungenutzte Möglichkeiten zur Aufnahme von Fremdkapital für die Optimierung der Kapitalstruktur und Liquiditätsreserven für Investitionen ausgeschöpft werden (zum verbesserten Tax Shield und die erhöhte Aufnahmekapazität von Fremdkapital vgl. Lewellen 1971).

Diversifikations- oder Fokussierungsmotiv

Neben möglichen Synergien streben fusionierende Unternehmen insbesondere entweder nach einer **Diversifikation** oder aber **Fokussierung** ihres **Geschäftsmodells**. Im ersten Fall wird der Käufer versuchen, durch die Übernahme eines branchenfremden Unternehmens das Gesamtrisiko des Unternehmens durch Streuung der Erfolgsquellen über mehrere Branchen zu reduzieren. Im zweiten, entgegengesetzten Fall wird der Käufer stattdessen ein Ziel derselben Branche kaufen, um seinen Geschäftsfokus schärfen, seine Marktdurchdringung verstärken und seine internen Geschäftsprozesse durch Konzentration optimieren zu können.

Wachstumsmotiv

Erfolgreiche Unternehmen werden stets versuchen zu wachsen. In den meisten Branchen ist dies jedoch kaum noch organisch möglich, da der Markt, auf dem das Unternehmen agiert, gesättigt ist. In diesem Szenario können Unternehmen nur **durch M&A-Transaktionen wachsen**. Der Käufer erhofft sich dann, die mit der gesteigerten Unternehmensgröße einhergehende erhöhte Komplexität des Unternehmens durch die gewonnenen Größenvorteile und Marktanteile wettmachen zu können.

M&As zur Kostenoptimierung entlang der Supply Chain

Mit einer vertikalen M&A-Transaktion kann der Käufer versuchen, entweder bei der Beschaffung seiner Produktionsfaktoren und/oder dem Absatz seiner Produkte über die Nutzung von Größeneffekten Kosten zu senken. Beide Motive dienen somit der **Kostenoptimierung der Supply Chain** eines Unternehmens, indem es durch den Aufkauf von Unternehmen entlang seiner Produktions- und Lieferkette die ansonsten bei seinen Lieferanten oder Vertriebspartnern anfallenden Margen vereinnahmt.

Marktmachtmotiv

Fusionieren zwei Unternehmen derselben Branche, verringert sich trivialerweise die Anzahl der Marktteilnehmer. Als Konsequenz hieraus führen M&As grundsätzlich zu einer Marktkonzentration und einer Verringerung des Wettbewerbs. Der Käufer kann hiervon auf vielfältige Art profitieren, indem er die **gestiegene Marktmacht** nutzt, um bei Lieferanten niedrigere und bei Kunden höhere Preise durchzusetzen. Ebenfalls kann ein Unternehmen aufstrebende, junge und innovative Konkurrenten bereits im frühen Stadium des Unternehmenslebenszyklus aufkaufen, bevor der Konkurrenzkampf zu hart wird. Offensichtlich sind Fusionen, die als alleiniges Ziel die Erlangung einer marktbeherrschenden Position besitzen, gesamtwirtschaftlich nicht wünschenswert. In vielen Ländern unterliegen Unternehmenszusammenschlüsse daher der Aufsicht der zuständigen Kartellbehörden.

Die oben genannten Motive für M&A-Transaktionen sind durch den Wunsch gekennzeichnet, den Shareholder Value für die Anteilseigner zu erhöhen. Die folgenden Motive für Unternehmenszusammenschlüsse verfolgen Manager hingegen aus Eigeninteresse, das regelmäßig für die Unternehmenseigner schädlich ist:

M&As aus Prinzipal-Agenten-Sicht

Der der Prinzipal-Agenten-Beziehung zwischen Unternehmenseigner und Manager zugrundeliegende Interessenskonflikt kann sich in den Entscheidungen des Managements für eine M&A-Transaktion manifestieren. So kann ein Management aus verschiedenen Gründen für eine Transaktion entscheiden, die nicht zwingend im Interesse der Eigner liegen:

- Manager könnten M&As durchführen, um sich im Unternehmen »**einzugraben**« (»Entrenchment«). Je manager-spezifischer ein Unternehmenszusammenschluss ist, desto unentbehrlicher werden die Manager, die den Zusammenschluss begleitet haben. Die Transaktion dient somit nicht den Interessen der Eigner, sondern vielmehr der Sicherung der Position und der Macht des Managers (vgl. Shleifer/Vishny 1989).
- Manager bevorzugen M&As, die die Größe des Unternehmens stark wachsen lassen, da mit der Größe auch Macht und Prestige für sie einhergehen. Das »**Empire Building**« der Manager muss nicht zwangsläufig den Eigentümern des Unternehmens nützen (vgl. Jensen 1986 und Stulz 1990).
- Ist die **Vergütung** der Manager an der Unternehmensgröße orientiert, könnten Manager Fusionen unterstützen, allein um ihre Bezüge zu erhöhen (vgl. Jensen/Murphy 1990).

Die diskutierten Motive für Unternehmenszusammenschlüsse werden in der folgenden Abbildung 17.3 zusammengefasst dargestellt:

Abb. 17.3

Motive für Unternehmenszusammenschlüsse

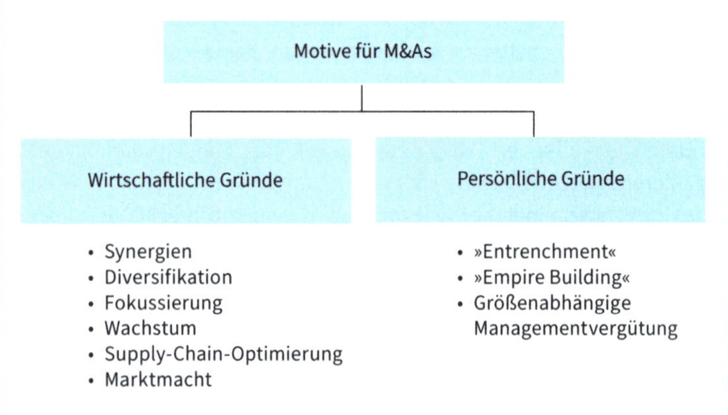

Auch auf der **Verkäuferseite** können persönliche Gründe den Ausschlag für das Zustandekommen einer Transaktion geben. Hierzu zählen das Finden einer Nachfolgeregelung im Mittelstand, das Auflösen von Differenzen zwischen Gesellschaftern oder schlicht die Wertrealisierung.

17.1.3 Ablauf einer Unternehmensfusion

M&A-Transaktionen durchlaufen üblicherweise die in Abbildung 17.4 gezeigten **drei Phasen** (vgl. z. B. Picot 2004 und Hölters 2005).

Abb. 17.4

Ablauf von M&A-Transaktionen

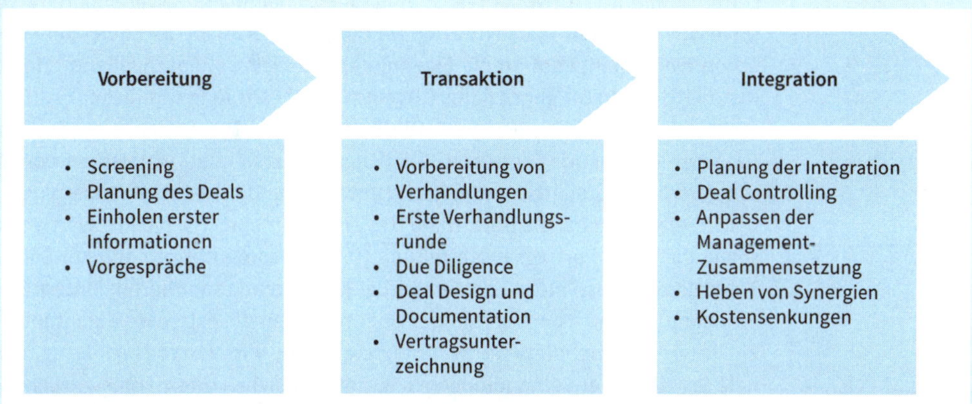

Vorbereitungsphase

In der **Vorbereitungsphase** werden mit Hilfe spezialisierter Beratungsgesellschaften bzw. Investmentbanken **potenzielle** Zielunternehmen **identifiziert** (**Screening**) und die **Vor**- und **Nachteile** der geplanten Transaktion abgewogen. Ebenso können in der Vorbereitungsphase erste Informationen über das Target, seine finanzielle Situation und die Eigentümerstruktur eingeholt werden. Auf Basis dieser Informationen können erste **Vorgespräche** mit dem Management und den Eigentümern des Zielunternehmens geführt und bei börsengelisteten Unternehmen erste **Aufkäufe** von **Aktien** getätigt werden. Schon in dieser Phase ist also die Einbeziehung des Finanzleiters unerlässlich.

Transaktionsphase

In der **Transaktionsphase** tritt der potenzielle Käufer mit dem Management des Ziels in erste Verhandlungen ein. Besteht bei diesem ein Interesse, so können beide Geschäftsführungen in weiteren Verhandlungsrunden die Details der Transaktion aushandeln. Ist das Management des Targets jedoch kritisch gegenüber der Transaktion eingestellt, so werden die Verhandlungen abgebrochen und der Käufer muss entscheiden, ob er einen feindlichen Übernahmeversuch unternehmen soll. An-

AUS DER PRAXIS

Das Übernahmeangebot von Bayer für Monsanto

Am 23. Mai 2016 gab Bayer in einer Ad-hoc-Mitteilung nach § 15 WpHG bekannt, je Aktie der Monsanto Company 122 $ in bar zahlen zu wollen. Dieses Angebot hatte der Vorstand der Bayer AG der Leitung von Monsanto bereits am 10. Mai 2016 mitgeteilt. Im Rahmen einer Investorenkonferenz stellte Bayer nicht nur den Kaufpreis vor, sondern erläuterte auch die Gründe für einen Kauf von Monsanto. Als nächste Schritte nannte Bayer die Aufnahme formaler Verhandlungen mit dem Management von Monsanto und den Beginn der Due Diligence-Prüfungen.

sonsten halten Käufer und Verkäufer die Ergebnisse der Verhandlungen in einem Letter of Intent fest, wobei regelmäßig eine Geheimhaltungsvereinbarung abgeschlossen wird (**Non-Disclosure-Agreement**). Teilweise gibt der Käufer bereits jetzt schon ein Kaufangebot an die Eigentümer des Ziels ab. Anschließend erfolgt im Rahmen der **Due Diligence** (kurz: DD) eine vertiefte Prüfung sämtlicher Einflussfaktoren auf den Unternehmenswert. Die Ergebnisse der DD werden in der Strukturierung der Transaktion (dem sog. **Deal Design**) verwendet. Unterstützt von Wirtschaftsprüfern, Steuerberatern, Rechtsanwälten und Investmentbankern nehmen beide Seiten danach die Bewertung des Zielunternehmens, die Preisverhandlung sowie die finale Vertragsausgestaltung (**Deal Documentation**) auf. Am Ende der Transaktionsphase steht das **finale** (bei kapitalmarktorientierten Unternehmen zwingend) **öffentliche Angebot** der Übernahme an die Aktionäre/Eigentümer des Zielunternehmens, die **Vertragsunterzeichnung und Vertragserfüllung**, das finale Scheitern der Verhandlungen bzw. des feindlichen Übernahmeversuchs oder die Untersagung der Transaktion durch die Kartellbehörden.

Integrationsphase

In der **Integrationsphase** muss das Management des Käufers (ggf. erweitert durch Manager des aufgekauften Unternehmens) die Eingliederung des Targets in das Unternehmen organisieren. Das Management des neuen Gesamtunternehmens wird versuchen, Synergien zu heben und damit Kosten zu senken, bspw. durch den schrittweisen Abbau doppelter Strukturen. Der Erfolg der Transaktion und der Integration des Ziels wird im **Deal Controlling** überwacht.

Wie bedeutend gerade die erste Phase ist, macht die folgende Abbildung deutlich. Bei einer Befragung von Unternehmensleitern ergab sich, dass der **unklare strategische Fit**, also die fragliche Passung mit dem Geschäftsmodell des Käufers, einer der **Hauptgründe für fehlgeschlagene Unternehmensübernahmen** ist.

Asset vs. Share Deal

Technisch kann die Übernahme entweder in Form eines **Asset Deal** durchgeführt werden, bei dem die einzelnen Aktiva bzw. Passiva des Targets vom Akquisiteur erworben werden, wobei es zu einer (auch steuerlich relevanten) Aufdeckung stiller Reserven kommt. Die höheren Buchwerte können danach die Basis für ein ebenfalls erhöhtes Abschreibungsvolumen des Unternehmens bilden. Die Zielgesellschaft »lebt« weiter oder kann liquidiert werden. Die Alternative stellt ein **Share Deal** dar, bei dem der Akquisiteur Eigenkapitalanteile des Targets übernimmt und die Zielgesellschaft mit sämtlichen Aktiva und Passiva weiter bestehen bleibt. Die

Abb. 17.5

Drei Hauptgründe für fehlgeschlagene Unternehmensübernahmen

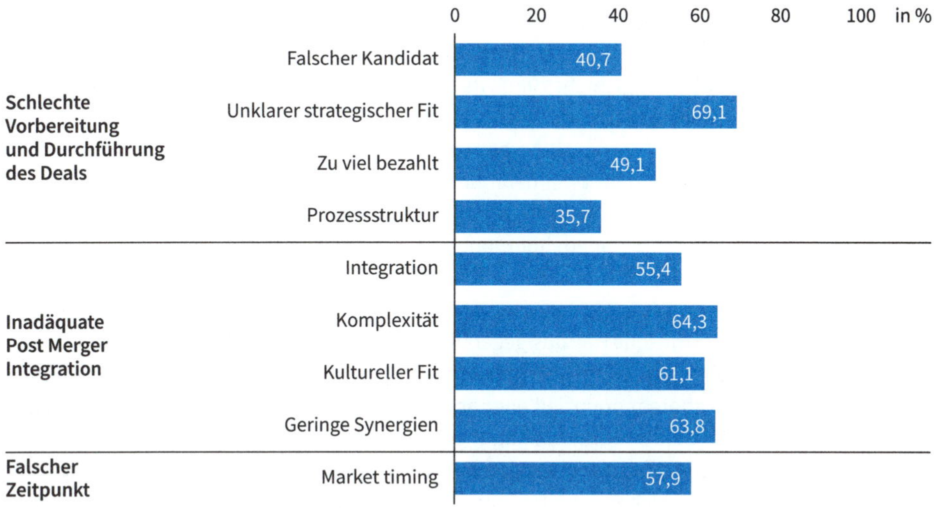

Quelle: Boston Consulting Group 2011

erworbenen Anteile stellen nicht abnutzbare Wirtschaftsgüter dar, deren Wert allenfalls im Rahmen von Impairment Tests korrigiert werden kann (Paul/Stein 2015, S. 467).

17.1.4 Abwehrstrategien

M&A-Transaktionen unterscheiden sich nicht nur nach der Branchenzugehörigkeit des Zielunternehmens, sondern auch nach der Kooperationsbereitschaft des Managements des Zielunternehmens und der Art, wie der Käufer versucht, die Kontrolle über das Ziel zu erlangen (vgl. Bühner 1990, S. 7 f.).

- Bei **Fusionen** bzw. **Mergers** sind sich beide Unternehmen über einen Zusammenschluss (unter Gleichberechtigten) einig.
- Einem »feindlichen« Erwerb von Aktienpaketen setzt das Übernahmerecht enge Grenzen. Bereits ab 3 % ist der potenzielle Erwerber zu einer Mitteilung, ab 30 % zu einem **Übernahmeangebot** (Tender offer) verpflichtet. Bei letzterem gibt der Käufer eine öffentliche Offerte an die Aktionäre der Zielgesellschaft ab, deren Aktien innerhalb eines festgesetzten Zeitraumes zu festgesetzten Bedingungen zu erwerben. Der Kaufpreis wird in der Regel deutlich über dem aktuellen Aktienkurs liegen, so dass der Käufer eine Prämie für die Übernahme zahlen muss.

- In den USA sind unter dem dortigen Recht **Stimmrechtskämpfe** (**Proxy contests**) möglich. Hierbei versucht der Käufer durch Stimmrechtsleihe über Vollmachten, die Überzeugung des Aufsichtsrates sowie Mehrstimmrechtsaktien die Kontrolle über das Ziel zu übernehmen. Anschließend kann bspw. das Management ausgetauscht werden.
- Ebenfalls kann ein Unternehmen Ziel eines **Hostile raiders** werden. Dieser beabsichtigt nicht die Erhaltung des übernommenen Unternehmens, sondern seine Zerschlagung und den Verkauf einzelner Geschäftsbereiche.
- Beim **Greenmailing** bezweckt der Käufer der Aktien keine Übernahme des Unternehmens. Vielmehr wird der Käufer eine destruktive Übernahme oder Zerschlagung des Unternehmens androhen, sofern nicht die von ihm gehaltenen Aktien zu einem überhöhten Preis zurückgekauft werden.

Aus Sicht des Managements des Zielunternehmens sprechen zahlreiche Gründe für eine kritische Haltung gegenüber einer Übernahme. Obwohl die Aktionäre des Ziels üblicherweise eine Prämie erhalten, wird das Management des Ziels Übernahmeangebote tendenziell eher ablehnen, da es durch die Übernahme Prestige, Macht und Geld zu verlieren hat:

- Eine Übernahme suggeriert, dass die Manager des Ziels ihr Unternehmen nicht ausreichend wertsteigernd geführt haben, denn andernfalls wäre es nicht zum Übernahmekandidat geworden (**Prestige**).
- Nach einer Übernahme müssen zwei Unternehmensleitungen zu einer verschmolzen werden. Vorstände und Geschäftsführer des Zielunternehmens werden i. d. R. Kompetenzen abgeben müssen, oder sie werden ihre Position im Unternehmen gänzlich verlieren und das Unternehmen verlassen (**Macht**).
- Die Manager des Zielunternehmens, die das neue Unternehmen verlassen müssen, werden i. d. R. eine Abfindung erhalten. Trotzdem werden die Manager auch monetär durch die Übernahme verlieren, da sie nach der Übernahme erst wieder eine vergleichbar vergütete Position finden müssen und dies auf Grund des Prestigeverlusts nun schwieriger wird (**Geld**).

Ist das Management des Zielunternehmens dem Übernahmeangebot kritisch gegenüber eingestellt, wird es versuchen, die **Übernahme** zu **verhindern**. Hierfür stehen dem Management verschiedene Möglichkeiten und Strategien zur Verfügung, wobei hier insbesondere auf kapitalmarktorientierte Unternehmen abgestellt wird (vgl. hierzu insb. Jansen 2013; Macharzina/Wolf 2015):

Vinkulierte Namensaktien

Das Zielunternehmen kann bereits vor einem Übernahmeangebot **vinkulierte Namensaktien** ausgeben. Diese stellen eine besondere Form der Namensaktie dar, deren Eigentumsübertragung von der satzungsgemäßen Zustimmung der jeweiligen Aktiengesellschaft abhängig ist (vgl. Modul 11). Durch die Ausgabe solcher Aktien können Übernahmen erheblich erschwert werden, da der Käufer einen bestimmten Prozentsatz der Aktien des Ziels nicht ohne das Einverständnis des Managements erwerben kann. Die Ausgabe von vinkulierten Namensaktien ist jedoch in der Praxis eine rein präventive Maßnahme und kann nicht zur Bekämpfung eines aktuellen Übernahmeangebots verwendet werden, da eine nachträgliche Änderung bereits ausgegebener Aktien in vinkulierte Aktien nur schwer möglich ist.

Ebenso denkbar ist die Ausgabe von **Vorzugsaktien** ohne **Stimmrecht**. **Mehrstimmrechtsaktien** bieten ebenfalls einen Schutz vor Übernahmen, diese sind jedoch in Deutschland seit 1998 durch das Gesetz zur Kontrolle und Transparenz im Unternehmensbereich (KonTraG) verboten.

Staggered board

Um mögliche feindliche Übernahmen zu verhindern, kann ein Unternehmen auch die Amtszeit der Aufsichtsräte und Vorstände (bzw. im anglo-amerikanischen Raum der Mitglieder des Board of Directors) zeitlich auffächern. Ein solches **Staggered board** erschwert potenziellen Käufern die Übernahme der Macht in der Unternehmensleitung sowie die strategische Neuausrichtung des Zielunternehmens.

Poison Pills

Das Zielunternehmen kann zusätzlich bestimmten Aktionären Sonderrechte zugestehen. Diese Sonderrechte beziehen sich üblicherweise auf bezugsrechtsselektive Kapitalerhöhungen, bei denen vinkulierte oder wandelbare Wertpapiere ausgegeben werden, und mit denen freundlich gesonnenen Aktionären Aktien zufließen. Außerdem kann das Unternehmen besonders im Fokus des Käufers stehende Unternehmensteile vorab veräußern (**Crown-Jewels-Strategie**). Schließlich kann das Zielunternehmen weitere Absichtserklärungen hinsichtlich Mitarbeiterbestimmung, ethischer und sozialer Standards, Kundenrabatte, usw. abgeben, die sämtlich auf Kosten des Käufers (und potenziellen neuen Eigentümers) gehen würden. Auch können Assets erworben werden, die für den Käufer nicht nur uninteressant sind, sondern möglicherweise zudem kartellrechtliche Auseinandersetzungen provozieren. Die Gesamtheit dieser Maßnahmen, die einzig und allein dem Zweck dienen, das Zielunternehmen für den Käufer unattraktiver zu machen, wird als **Giftpillen** bzw. **Poison Pills** bezeichnet.

AUS DER PRAXIS

Poison Pills im Fall Netflix vs. Carl Icahn

Im Jahr 2012 erwarb der als Corporate raider bekannt gewordene Großinvestor Carl Icahn einen 9,98 %-Anteil am Videostreamingdienst Netflix. Die Leitung von Netflix reagierte umgehend mit dem Umsetzen einer Verteidigungsstrategie gegen mögliche zukünftige Übernahmeversuche ohne Zustimmung des Board of Directors. Die benutzte Poison Pill ermöglicht es dem Board von Netflix, im Falle eines Aufkaufs von 10 % oder mehr der Netflix-Aktien durch einen einzigen Investor (bzw. 20 % oder mehr im Falle institutioneller Anleger) eine bezugsrechtsselektive Kapitalerhöhung durchzuführen. Carl Icahn kritisierte diesen Schritt wie folgt: »[…] any poison pill without a shareholder vote is an example of poor corporate governance.« Zudem sei die 10 %-Grenze erstaunlich niedrig gewählt und diskriminierend.
(Quelle: http://money.cnn.com/2012/11/05/technology/netflix-poison-pill/, 5.11.2012)

Golden parachutes

Zur Abschreckung möglicher feindlicher Übernahmeangebote können die Eigentümer und der Aufsichtsrat den Vorständen des Unternehmens auch sog. **Golden parachutes** zugestehen. Bei diesen handelt es sich um großzügige Abfindungszusagen (»Fallschirme«) an die Manager im Falle ihrer Absetzung, die bei einer Übernahme sehr wahrscheinlich wäre. Die Abfindungszahlungen an die alten Manager würden im Falle einer Übernahme auf Kosten des Käufers gehen, so dass dieser die Kosten für die Golden parachutes bei seiner Kalkulation der Gewinne durch die Übernahme mitberücksichtigen muss. Sind die Abfindungszahlungen zu umfangreich, wird der Käufer möglicherweise von der Abgabe eines Angebots abgeschreckt. Gleichzeitig verzerren Golden parachutes die Anreizstruktur der Manager, da diese nun einen Anreiz für einen vorgetäuschten Kampf gegen eine Übernahme und die anschließende Annahme der Abfindung besitzen.

Liegt bereits ein Übernahmeangebot vor, kann die Leitung des Zielunternehmens die folgenden Strategien verfolgen:

Pac-Man-Strategie

Verfügt das Zielunternehmen über hinreichend hohe Bestände an liquiden Mitteln, kann es selbst einen Übernahmeversuch gegen den Käufer starten. Ein bekanntes Beispiel für die erfolgreiche Verfolgung einer solchen, nach einem Computerspiel benannten **Pac-Man-Strategie** ist die gescheiterte Übernahme von Volkswagen durch Porsche und die anschließende Einverleibung von Porsche in den Volkswagen-Konzern.

White Knight und White Squire

Das Zielunternehmen kann ebenfalls versuchen, ein ihm freundlich gesonnenes drittes Unternehmen als Investor zu gewinnen. Übernimmt die dritte Partei eine Mehrheit an dem Zielunternehmen, so spricht man von einem »Weißen Ritter« (**White Knight**), der das Zielunternehmen vor der feindlichen Übernahme rettet. Übernimmt das freundlich gesonnene Unternehmen lediglich eine Minderheitsbeteiligung, die aber immer noch zur Abwehr des Übernahmeangebots ausreicht, so spricht man von einem »Weißen Knappen« (**White Squire**).

Schließlich kann das Zielunternehmen zur Abwehr eines Übernahmeangebots **eigene Aktien zurückkaufen** sowie eine **Kapitalerhöhung** durchführen. In beiden Fällen soll die Position der bestehenden Aktionäre gestärkt, die Attraktivität des Ziels gesenkt (z. B. durch die Reduzierung des Bestands an liquiden Mitteln) und somit die Übernahme unattraktiv gemacht werden.

17.1.5 Kosten und Nutzen für Käufer, Verkäufer und ihre Umwelt

Übernahmen und Fusionen sind sowohl für den Käufer als auch den Verkäufer zunächst mit erheblichen **Kosten** verbunden. Der Käufer muss Zeit und Geld in die Suche nach einem geeigneten Übernahmeziel investieren und bei einer Übernahme in der Regel eine Prämie an die Eigentümer des Zielunternehmens zahlen. Dem Verkäufer werden für die Abwehr von feindlichen Übernahmeangeboten ebenfalls Kosten entstehen.

Bei freundlichen Übernahmen werden beide Unternehmen zudem einmalige Kosten für Berater, Investmentbanken und Anwälte bzw. Wirtschaftsprüfer aufwenden und interne Ressourcen für die Begleitung der Fusion/Übernahme bereitstellen müssen. Gleichzeitig erhoffen sich beide Partner in einer freundlichen Übernahme bzw. Fusion vom Zusammenschluss der beiden Unternehmen einen erheblichen **Nutzen**. Die Aktionäre des Zielunternehmens wollen ihr Investment mit einem deutlichen Preisaufschlag veräußern und eine Überrendite auf ihr eingesetztes Kapital erwirtschaften. Die Aktionäre des Käufers erhoffen sich durch den Zuwachs an Größe, Marktmacht, die Vergrößerung des Kundenstamms, die Erzielung von Synergien und durch Kostenreduzierungen mittel- bis langfristig steigende Gewinne ihres Unternehmens und damit eine Erhöhung des Shareholder Values.

Hybris- vs. Synergie-Hypothese

Die Frage, ob die Kosten oder der Nutzen einer M&A-Transaktion bei Käufern und Verkäufern überwiegen, ist in der finanzwirtschaftlichen Literatur sehr intensiv untersucht worden. Wäre eine Übernahme ein reines Nullsummenspiel, so würde der Käufer eine Prämie zahlen, die in gleicher Höhe an die Aktionäre des Zielunternehmens weitergeleitet würde. Gemäß dieser 1986 von Richard Roll formulierten Hypothese wären M&As dann insgesamt weder wertschaffend noch wertvernichtend (sog. **Hybris-Hypothese**). Alternativ besagt die **Synergie-Hypothese**, dass M&As in der Summe über Käufer und Verkäufer auf Grund der möglichen Synergieeffekte wertsteigernd wirken.

Moeller/Schlingemann/Stulz (2005) haben diese Hypothesen in ihrer Arbeit für mehr als 12.000 Fusionen und Übernahmen in den 1980er und 1990er Jahren in den USA untersucht. Ihr zentrales Ergebnis ist, dass die kaufenden Unternehmen

Abb. 17.6

Langfristige Wertschaffung durch M&A-Transaktionen

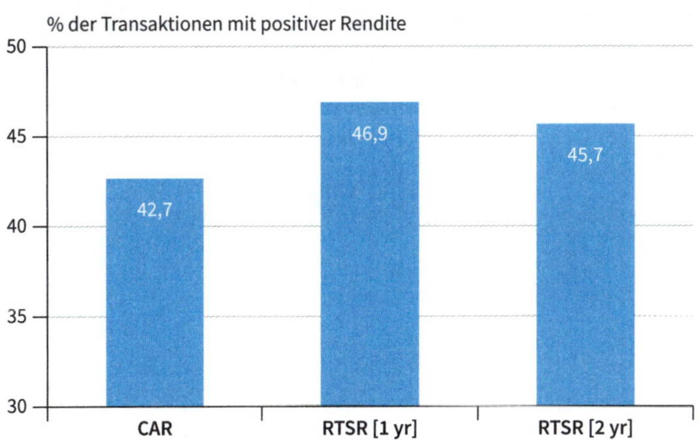

CAR = Cumulative abnormal return over seven day window centered around the announcement date (+3/-3).
RTSR = Relative total shareholder return for one year (RTSR [1 yr]) and two years (RTSR [2 yr]) after the announcement date, Public-to-public-transactions, 1988-2010.

Quelle: Boston Consulting Group 2011

in den 1980er Jahren mit M&As im Durchschnitt eine positive Aktienrendite in den Tagen um die Ankündigungen der Übernahmen erzielen konnten. Die Nachricht einer geplanten Übernahme wurde somit vom Kapitalmarkt als positiv aufgenommen, und die empirischen Ergebnisse waren vereinbar mit der Synergie-Hypothese. In der nächsten Merger-Welle Ende der 1990er Jahre führten jedoch zahlreiche zu teure Transaktionen (insbesondere in der stark wachsenden Internetbranche) zu stark negativen Ankündigungseffekten bei den Käufern. In Summe ergab sich für die Jahre 1980-2001 ein leicht negativer Gesamteffekt für Käufer und Verkäufer. Vor allem stellte sich heraus, dass Firmen, die mehrere Übernahmen hintereinander getätigt hatten, von Deal zu Deal negativer von den Kapitalmarktinvestoren beurteilt wurden. Die Strategie des Wachsens durch Übernahmen wurde also zunehmend kritischer gesehen.

Auch die regelmäßigen Untersuchungen der Boston Consulting Group zum M&A-Geschehen zeigen, dass nur etwa die Hälfte der durchgeführten Transaktionen aus Sicht des Käufers Shareholder Value schafft (Abb. 17.6).
Dies gelingt dann am ehesten, wenn der Geschäftsmodellschwerpunkt mit einem Zukauf aus derselben Branche verstärkt wird. Mit Blick auf die Finanzierung der Übernahme traut der Kapitalmarkt offenbar liquiditätsstarken Unternehmen am ehesten eine Wertsteigerung zu (Abb. 17.7).

Fusionen und Übernahmen betreffen aber nicht nur die beiden direkt beteiligten Unternehmen und ihre Eigentümer. Die durch eine Transaktion einhergehende Marktkonzentration und ihre Begleiterscheinungen auf den Rohstoff- und Absatz-

Abb. 17.7

Relation von Wertschaffung zu Branchennähe und Bezahlungstyp

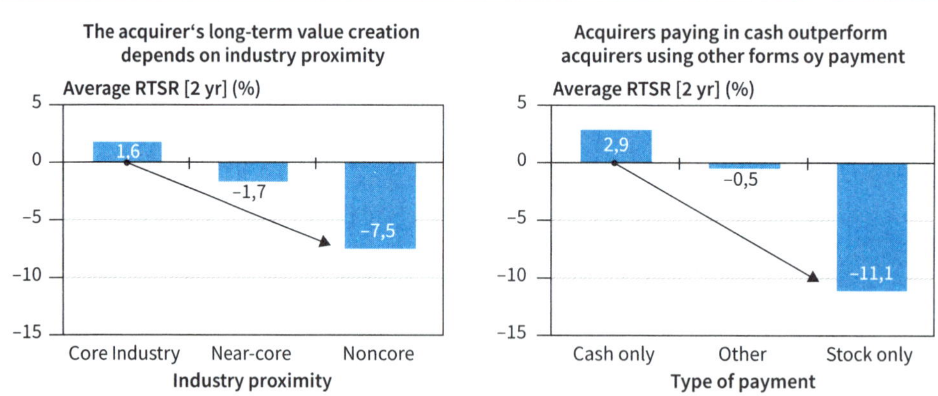

CAR = Cumulative abnormal return over seven day window centered around the announcement date (+3/-3).

RTSR – Relative total shareholder return for one year (RTSR [1 yr]) and two years (RTSR [2 yr]) after the announcement date, Public-to-public-transactions, 1988-2010.

Quelle: Boston Consulting Group 2010

märkten besitzen zugleich einen starken Einfluss auf die **Konkurrenten** der sich zusammenschließenden Unternehmen. Für die Konkurrenten des Käufers, aber auch des Ziels könnte eine M&A-Transaktion sowohl positive als auch negative Effekte haben:

- Die konkrete Ankündigung einer M&A-Transaktion kann das **Signal** setzen, dass die betroffene Branche gute Möglichkeiten für Synergien und damit eine hohe **Wertschaffung** bietet. Ebenso könnten Unternehmen in der betroffenen Branche schwer bewertbar sein, so dass weitere Unternehmen unterbewertet sein könnten. In beiden Fällen wären weitere M&As in der Branche wahrscheinlich und die Aktien der Konkurrenten sollten im Preis steigen.
- Durch die Marktkonzentration als Folge einer M&A-Transaktion stehen sich nach dem erfolgreichen Abschluss des Deals weniger Konkurrenten gegenüber. Absprachen unter den verbliebenen Marktteilnehmern werden hierdurch erleichtert, und alle Konkurrenten können Monopolrenten erzielen (sog. **Collusion-Hypothese**, siehe Eckbo 1983, 1985, 1992).
- Bloße Ankündigungen von Mergern signalisieren den Marktteilnehmern, dass im gesamten Industriesektor gewinnbringende Möglichkeiten für Umstrukturierungen und Zusammenschlüsse existieren. Ist die Ankündigung eines Mergers überraschend, so werden die Marktteilnehmer ihre Schätzungen hinsichtlich der Übernahmewahrscheinlichkeiten sämtlicher Unternehmen in der Branche überdenken, und zukünftige Übernahmen werden als wahrscheinlicher angenommen. Dies wird wiederum die Aktienpreise der Rivalen steigen lassen, unabhängig davon, ob die ursprünglich angekündigte Transaktion tatsächlich durchgeführt wird oder nicht (sog. **Acquisition-Probability-Hypothese**, siehe Song/Walking, 2000).
- M&A-Transaktionen können aber auch negative Effekte auf die Konkurrenten haben. Die sich zusammenschließenden Unternehmen bilden nach der Fusion bzw. Übernahme ein größeres Unternehmen, das mehr Markt- und Verhandlungsmacht besitzt. Folglich könnte es versuchen, seine **Rivalen aus dem Markt** zu **drängen**.

Sämtliche Studien in der empirischen Finanzmarktforschung zeigen, dass die Rivalen von sich zusammenschließenden Unternehmen um die Ankündigung der Transaktion herum signifikant positive Aktienrenditen erzielen. Die Konkurrenten des Käufers und Verkäufers profitieren somit von der Ankündigung einer M&A-Transaktion, und die Nachteile eines zu mächtigen Wettbewerbers scheinen nicht zu überwiegen. Die Frage, warum Konkurrenten positive Renditen erzielen, ist in der Wissenschaft jedoch umstritten. Song/Walking (2000) zeigen in ihrer Arbeit, dass die empirische Evidenz für die Gültigkeit der Acquisition-Probability-Hypothese spricht. Die verbesserten Möglichkeiten zu (illegalen) Preisabsprachen und das durch den M&A-Deal gesetzte Signal zur Werthaltigkeit des gesamten Industriesektors scheinen dagegen nicht ausschlaggebend für die positiven Renditen der Konkurrenten zu sein.

17.2 Unternehmensrestrukturierungen

Unternehmen nutzen Übernahmen und Fusionen, um zu wachsen. In den meisten Fällen erfordert dies auf Seiten des Käufers eine gewisse Finanzstärke, ohne die eine solche Transaktion nicht erfolgreich beendet werden kann. Seltener kann es passieren, dass zwei für sich allein genommen nicht überlebensfähige Unternehmen fusionieren, um als neues, größeres Unternehmen eine höhere Wahrscheinlichkeit des Bestehens im Wettbewerb zu erreichen. Nur im Ausnahmefall aber wird ein Unternehmen in finanzieller Schieflage ein ähnlich angeschlagenes Konkurrenzunternehmen finden, mit dem eine zukunftsfähige strategische Allianz oder ein Zusammenschluss vereinbart werden kann. In diesen Fällen, in denen sich die alte Struktur eines Unternehmens als nicht wettbewerbsfähig herausgestellt hat, muss ein Finanzleiter zwingend über eine **Restrukturierung** seines Unternehmens nachdenken.

Restrukturierung

Unter dem Begriff der **Restrukturierung** wird die **Gesamtheit aller Maßnahmen zur nachhaltigen Stabilisierung des Geschäftsmodells** und zur Abwendung einer (erwarteten) Unternehmenskrise verstanden (vgl. hierzu ebenso Hommel/Knecht/Wohlenberg 2006). Beispiele für Restrukturierungsmaßnahmen, die nicht direkt die Unternehmensstruktur betreffen, sind bspw. Outsourcing-Maßnahmen oder Geschäftsprozessoptimierungen. Regelmäßig werden Umstrukturierungen je-

Abb. 17.8

Systematisierung des Corporate Restructuring

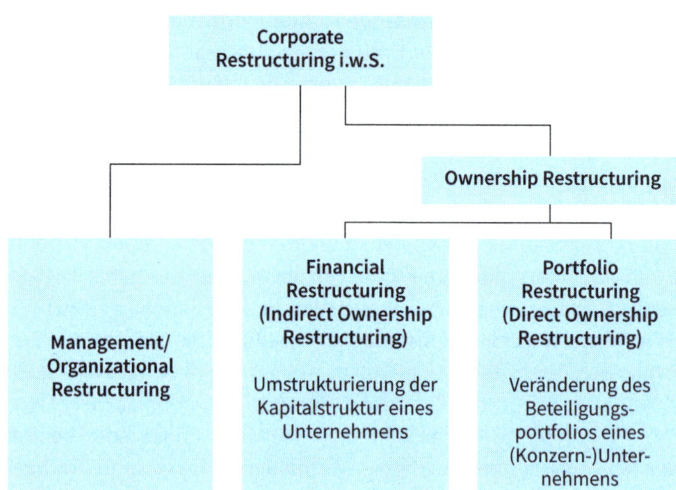

Quelle: Achleitner/Bassen/Wahl 2003, S. 435

doch eine gewichtige Desinvestition einschließen und damit die Unternehmensstruktur auf ihrer höchsten Ebene tangieren.

In der Abbildung 17.8 wird das Corporate Restructuring in diejenigen Maßnahmen getrennt, die in die Eigentümerstruktur eingreifen (sich dort vor allem auf den Beteiligungsbereich und die Kapitalstruktur beziehen) und den unternehmensinternen Maßnahmen bei unveränderter Shareholder-Struktur.

Desinvestition

Der Verkauf von Vermögensgegenständen und Unternehmensteilen mit dem Ziel der Freisetzung von Kapital in einem Unternehmen wird als **Desinvestition** bezeichnet. Als genaues Gegenteil der Investition stellt die Desinvestition eine Form der Innenfinanzierung dar und umfasst z. B. die folgenden Ausprägungsformen (vgl. Arbeitskreis »Finanzierung« 2003, 2006 und Rudolph 2006, S. 258-277):

- Leveraged buyouts
- Spin-offs
- Equity carve-outs

In seltenen Fällen betrifft eine Umstrukturierung ein Unternehmen in der Form, dass seine Rechtsform geändert wird. Hierunter fallen auch Verstaatlichungen und Privatisierungen, bei denen aus einem privatrechtlichen Unternehmen ein öffentlich-rechtliches wird bzw. umgekehrt.

Kennzeichen fast aller dieser Restrukturierungen ist, dass sich die bisherige Unternehmensstruktur (und möglicherweise auch die Unternehmensleitung) als nicht effizient herausgestellt hat. Das Management wird dann versuchen, nicht-profitable Unternehmensteile zu verkaufen (Desinvestitionen) oder profitable Teile zur Liquiditätsbeschaffung bzw. Fokussierung über einen Börsengang an weitere Investoren zu veräußern (Equity carve-out). Ebenso kann ein Unternehmensteil über einen Spin-off verselbständigt werden. Die neuen Aktien an der Tochtergesellschaft werden im Unterschied zum Equity carve-out jedoch an die bestehenden Altaktionäre des Mutterkonzerns verteilt. Die genannten Beispiele für Restrukturierungen werden nachfolgend gemeinsam mit den Motiven für Desinvestitionen im Detail besprochen.

17.2.1 Motive für Desinvestitionen

Die Motive für Desinvestitionen sind zu einem großen Teil spiegelbildlich zu den Motiven für Übernahmen und Fusionen zu sehen. Während Unternehmen bei M&A-Transaktionen regelmäßig überschüssige liquide Mittel für die Diversifikation des Unternehmens nutzen, stehen bei Desinvestitionen andere, sich teilweise überschneidende Motive im Vordergrund:

- **Fokussierung**: Ein Unternehmen beabsichtigt die Konzentration auf Produkte, Märkte oder Kundensegmente, die die Unternehmensleitung als Kern des zukünftigen Geschäftsmodells identifiziert hat. Beispielsweise kann ein Unternehmen im Rahmen eines De-Mergers ein zuvor übernommenes Unternehmen wieder abspalten, sofern sich die erhofften Synergien nicht eingestellt haben.
- **Liquiditätsbeschaffung**: In einer Unternehmenskrise kann ein Unternehmen gezwungen sein, zur Überbrückung eines Liquiditätsengpasses und zur Abwen-

dung der Insolvenz bestimmte Vermögensgegenstände oder Teile des Unternehmens zu veräußern.

- **Aufspaltung**: In bestimmten Fällen kann die Summe der Einzelwerte der einzelnen Unternehmensteile höher liegen als die aktuelle Marktbewertung des Gesamtunternehmens (**Konglomeratsabschlag**). Die Unternehmensleitung könnte in dieser Situation erwägen, im Interesse der Aktionäre das Unternehmen aufzuspalten und einzelne Unternehmensteile zu verkaufen. Dasselbe Ziel verfolgen auch Corporate Raider, die gezielt nach unterbewerteten Unternehmen Ausschau halten, deren Aktien zu einem günstigen Kurs erwerben und sie anschließend zerschlagen.
- **Risikoreduzierung**: Ein Unternehmen kann sich per Desinvestition aus Geschäften, Produkten, Ländern und Branchen zurückziehen, wenn das mit ihnen verbundene Risiko für das Unternehmen nicht mehr tragbar geworden ist. Sehr häufig finden risikoreduzierende Desinvestitionen nach Wahlen und einschneidenden politischen Umwälzungen in Staaten statt.
- **Shareholder-Value-Steigerung**: Existieren in einem Unternehmen unrentable Teile, wird die Unternehmensleitung versuchen, die Profitabilität dieser Teile durch Restrukturierungsmaßnahmen und eine Turnaround-Strategie wiederherzustellen. Erweisen sich diese Maßnahmen als wirkungslos, so können die betroffenen Sparten abgespalten werden, um die freiwerdenden Ressourcen in profitableren Unternehmensteilen einsetzen zu können.
- **Zwang**: In seltenen Fällen kann ein Unternehmen von seinen Stakeholdern zum Verkauf von Unternehmensteilen gezwungen werden. Zum Beispiel kann dies passieren, wenn gesetzliche Vorgaben den gleichzeitigen Betrieb bestimmter Geschäfte untersagen. So mussten bspw. die deutschen Energieversorgungsunternehmen Schritt für Schritt ihre Stromversorgungsnetze (bzw. die sie betreibenden Tochtergesellschaften) veräußern. Ebenso können Kartellbehörden die Aufspaltung von Unternehmen anordnen, die eine marktbeherrschende Stellung einnehmen. Schließlich können aber auch Aktionäre und andere Stakeholder Desinvestitionen einfordern (bspw. den Verkauf von Investitionen in der Rüstungs- oder Tabakindustrie).

Je nach Art des Desinvestitionsobjekts und des Motivs für seinen Verkauf kann ein Unternehmen eine Desinvestition dann auf unterschiedliche Art vollziehen.

17.2.2 Leveraged buyouts

Als erste Ausprägungsform einer Desinvestition soll die fremdfinanzierte Übernahme (Leveraged buyout, kurz: LBO) vorgestellt werden. Wie der Name es bereits andeutet, handelt es sich hierbei zunächst um eine Möglichkeit, ein Unternehmen zu übernehmen. Vielfach werden LBOs jedoch vom Verkäufer genutzt, um Tochtergesellschaften abzuspalten oder das Gesamtunternehmen an eine Gruppe von Investoren zu veräußern. Somit stellen LBOs insbesondere für die Alteigentümer von nicht-börsennotierten Unternehmen eine Möglichkeit zum Ausstieg aus ihrer Investition dar.

Leveraged buyouts

Obwohl in der wissenschaftlichen Literatur keine einheitliche Definition vorherrscht (vgl. Jansen 2013), stellen **Leveraged buyouts** üblicherweise Unternehmensübernahmen dar, die zu einem großen Teil mit Fremdkapital finanziert sind und somit einen hohen Leverage aufweisen. LBOs stellen eine Investmentstrategie von **Private Equity**-Firmen dar, die gezielt als Eigenkapitalgeber in nicht-börsengelistete Unternehmen investieren (vgl. dazu auch Rudolph 2006, S. 219-227).

Beispiel 1

LBOs als Exit-Strategie

▶▶▶ Der Gründer und Alleineigentümer eines mittelständischen Unternehmens überlegt seit längerem, sich aus der aktiven Geschäftsführung und dem Unternehmen insgesamt zurückzuziehen. Die Möglichkeit eines Börsengangs mit anschließendem Verkauf seiner Anteile am Unternehmen hält er für nicht realisierbar, da ihm für die Vorbereitung und Durchführung des Börsengangs die nötige Expertise fehlt. Zudem erscheint ihm der gesamte Prozess eines IPOs als zu kräftezehrend, da er die Geschäftsführung ohnehin abgeben möchte. Statt eines IPOs erwägt der Eigentümer den Verkauf des Unternehmens an einen Private Equity-Investor. Den Kaufpreis für das Unternehmen finanziert der Private Equity-Investor über eine strukturierte Finanzierung, die größtenteils auf Fremdkapital basiert. Die anfallenden Fremdkapitalkosten (Zinsen für die aufgenommenen Kredite) beabsichtigt der Private Equity-Investor mit Hilfe der Cashflows aus dem übernommenen Unternehmen zu begleichen. ◀◀◀

Der Käufer wird per Definition in einem LBO nur eine geringe Eigenkapitalsumme einsetzen. Somit kann ein LBO dem Käufer über den Leverage-Effekt eine **hohe Eigenkapitalrentabilität** liefern. Gleichzeitig sind LBOs sowohl für den Käufer als auch die finanzierenden Investoren (i. d. R. sind dies Banken) auch mit einem mitunter erheblichen **Risiko** verbunden. Für die Erzielung von Gewinnen müssen die Erträge aus dem laufenden Geschäft des Zielunternehmens ausreichen, um die Zinsen für das Fremdkapital bezahlen zu können. Gleichzeitig sind die im Rahmen eines LBOs gewährten Kredite der Banken an das zu übernehmende Unternehmen üblicherweise riskanter als gewöhnliche Geschäftskredite. Aus diesem Grund engagieren sich vielfach **Investmentbanken** bei der Strukturierung und Kreditgewährung im Rahmen von LBOs.

Zu den Leveraged buyouts zählen auch die folgenden Sonderformen von Übernahmen:

Management buyout und buyin (MBO/MBI)

Bei einem **Management buyout (MBO)** übernimmt die bisherige Leitung eines Unternehmens die Mehrheit der Anteile an diesem von den bisherigen Eigentümern. Die angestellten Manager des Unternehmens werden durch einen MBO demnach zu (Mit-)Eigentümern. Die Alteigentümer sind häufig an **Kontinuität** in der **Führung** ihres **Unternehmens** im Zuge der Unternehmensnachfolge interessiert. Das Management des Unternehmens kennt dieses bereits und kann ohne große Anpassungsschwierigkeiten die Unternehmensführung weiter fortsetzen. Mit der

Übernahme des Unternehmens durch das Management werden zugleich mögliche **Prinzipal-Agenten-Probleme** im Unternehmen (zumindest teilweise) entschärft, so dass das Management nach dem MBO seine Visionen und Strategien für das Unternehmen besser durchsetzen kann. Übernimmt anstelle des Managements die eigene Belegschaft das Unternehmen, spricht man von einem **Employee buyout** (man beachte, dass Abfindungen zur Personalfreisetzung im Englischen ebenfalls so bezeichnet werden).

Management buyin (MBI)

Ein **Management buyin (MBI)** ist fast identisch mit einem MBO mit dem Unterschied, dass das Unternehmen nicht an das aktuelle Management des Unternehmens, sondern ein externes Management-Team verkauft wird, das nach der Transaktion die Geschäftsführung übernimmt. MBIs betreffen in vielen Fällen sanierungsbedürftige Unternehmen, bei denen das aktuelle Management die Unternehmenskrise selbst verursacht oder sich als nicht geeignet für die Umsetzung einer Sanierungsstrategie erwiesen hat. Ein externes Management-Team kann dann versuchen, die Alteigentümer mit einer ausgearbeiteten Turnaround-Strategie für das Unternehmen von einem Verkauf an sie zu überzeugen.

Owner buyout und Institutional buyout (OBO/IBO)

Übernimmt ein bisheriger Teileigentümer die Mehrheit der Anteile an einem Unternehmen, so spricht man von einem **Owner buyout (OBO)**. Im Gegensatz dazu übernimmt bei einem sog. **Institutional buyout (IBO)** ein Institutioneller Investor das Unternehmen. Häufig handelt es sich hierbei um eine Beteiligungsgesellschaft, die einen Weiterverkauf der Beteiligung anstreben wird (den sog. **Exit**).

Secondary und Tertiary buyout

Übernimmt ein Investor über ein buyout ein Unternehmen, das bereits zuvor von den aktuellen Eigentümern über einen buyout erworben wurde, so spricht man von einem **Secondary buyout**. Erfolgt überdies noch ein weiterer buyout im Anschluss an einen Secondary buyout, so wird dieser als **Tertiary buyout** bezeichnet.

Das nachstehende Beispiel verdeutlicht noch einmal den unterschiedlichen Charakter von Private Equity-Gesellschaften als Prototyp sogenannter »**Finanzinvestoren**« und »**strategischer Investoren**«, die über einen Trade sale in Unternehmungen einsteigen.

AUS DER PRAXIS

Die buyouts der Grohe AG

Die Grohe AG, ein führender Hersteller von Badezimmerarmaturen, war bis zum Jahr 1998 im Besitz der Familie des Unternehmensgründers Friedrich Grohe. Zu diesem Zeitpunkt verkaufte die Eigentümerfamilie das Unternehmen für ca. 900 Mio. € an die Investorengruppe BC Partners. Fünf Jahre später wurde Grohe von BC Partners an ein Konsortium bestehend aus Texas Pacific Group und CSFB Private Equity für schätzungsweise 1,5 Mrd. € veräußert. Die anschließenden Restrukturierungsmaßnahmen inklusive eines Abbaus von fast 500 Personalstellen lösten u. a. die damalige »Heuschreckendebatte« in Deutschland aus. Im Januar 2014 folgte dann der nächste Exit der Alteigentümer, die Grohe an die japanische Lixil Group und die Development Bank of Japan veräußerten.

Finanzinvestoren investieren opportunistisch mit Blick auf das spätere Desinvestment, das nach durchschnittlich sieben Jahren Haltedauer im Mittel ca. 25 % Rendite p. a. erbringen soll. Zur Erwirtschaftung dieser hohen Zielmarke sind sie auf vergleichsweise tiefgreifende Veränderungen der realwirtschaftlichen Seite des Targets angewiesen, zu denen vor allem Personalfreisetzungen zählen. Dies kann nicht nur im Hinblick auf die zuvor von den Eigentümern gepflegte Unternehmens- und Führungskultur problematisch sein. Finanzinvestoren können dafür auch sehr große Transaktionen finanzieren, da sie mit einem großen Fremdkapital-Hebel arbeiten. Insofern sind sie aber auch in besonderem Maße auf die Verfassung der Kapitalmärkte angewiesen: sowohl beim Einstieg (Verfügbarkeit großvolumiger Bankfinanzierungen) als auch beim Ausstieg (Ergiebigkeit des Aktienmarktes oder »Anlagehunger« anderer Fonds; Paul/Stein 2015, S. 466).

Demgegenüber sind sogenannte »**strategische Investoren**« durch eine realwirtschaftliche Logik zu einem Kauf motiviert. Sie wollen das Übernahmeobjekt in ihre Wertschöpfungskette integrieren und dabei Synergieeffekte erzielen – und sind bereit, dafür entsprechend zu bezahlen. Zudem können sie aufgrund ihrer Branchenerfahrungen die Due Diligence (Sorgfältigkeitsprüfung) im Vorfeld der Transaktion begrenzen und geschäftstypische Risiken leichter bewerten. Möglicherweise stehen sie jedoch in einem Wettbewerbsverhältnis mit dem Target, was die Bereitstellung von Informationen zu einem sensiblen Punkt macht und darüber hinaus kartellrechtliche Fragen aufwerfen kann.

17.2.3 Spin-offs

Während Leveraged buyouts sowohl als Instrument zur Übernahme als auch (spiegelbildlich) zur Desinvestition aufgefasst werden können, stellen die nun vorzustellenden Spin-offs ein klassisches Instrument zur Abspaltung eines Unternehmensteils dar.

Unter einem **Spin-off** wird die Abspaltung einer Geschäftseinheit aus einem Unternehmen verstanden, bei der aus der abgespaltenen Einheit ein eigenständiges neues Unternehmen gegründet wird. Die Anteile an dem neuen Unternehmen werden entgeltlos an die Eigentümer/Aktionäre der Muttergesellschaft verteilt. In der überwiegenden Mehrzahl der Fälle ist das Hauptmotiv für einen Spin-off eine **Fokussierung** des abgebenden Unternehmens auf seine **Kerngeschäftsfelder**. Gleichzeitig erhält das abgespaltene Unternehmen seinerseits die Unabhängigkeit, sich außerhalb eines Konglomerats auf ausgewählte Geschäftsfelder konzentrieren zu können.

Spin-offs stellen aber nicht nur eine Möglichkeit zur Fokussierung auf das Kerngeschäft, sondern auch eine gute Gelegenheit zur Ausgliederung von Forschungs- und Entwicklungsabteilungen mit dem Ziel der Kommerzialisierung der Forschungsergebnisse dar (vgl. Rohrbeck/Döhler/Arnold 2009). In diesem Kontext können **Academic spin-offs** und **Corporate spin-offs** unterschieden werden. Bei Academic spin-offs werden aus Universitäten und Forschungseinrichtungen Abteilungen (teilweise auch nur einzelne Arbeitsgruppen) mit ihren Forschungsergebnissen ausgegliedert. Diese können so ihre Ideen und Innovationen zur Marktreife führen, ohne dass sie an die starre Organisation ihrer Mutterinstitution gebunden sind. Gleichzeitig kann aber auch die abspaltende Einrichtung ihr Haftungsrisiko für den Fall reduzieren, dass die abgespaltene Abteilung hohe Verluste erwirtschaftet. Ähnlich erhofft sich bei einem Corporate spin-off die Muttergesellschaft, dass die abgespaltene Abteilung durch die gewonnene Unabhängigkeit und das Herauslösen aus alten Strukturen und einer komplexen Organisation Innovationen besser an die Märkte bringen kann.

Bekannte Beispiele für Spin-offs in Deutschland waren:

Abb. 17.9

Bekannte Spin-offs in Deutschland

Abgespaltenes Spin-off	Abgebendes Unternehmen	Jahr
Celanese	Hoechst	1999
Aareal Bank	Depfa Bank	2002
Hypo Real Estate	HypoVereinsbank	2002
Lanxess	Bayer	2005
Osram	Siemens	2013
Ledvance	Osram	2016
Uniper	E.on	2016

17.2.4 Equity carve-outs

Equity carve-out sind eng mit den Spin-offs verwandt und stellen eine weitere Möglichkeit zur Abspaltung eines Unternehmensteils dar. Im Unterschied zum Spin-off werden die Anteile am neugegründeten Unternehmen jedoch nicht an die Altaktionäre verteilt, sondern über einen Börsengang an externe Investoren verkauft. Diesen Weg wählte im Oktober 2016 RWE für die zuvor in der neuen Gesellschaft innogy gebündelten Geschäftsfelder Erneuerbare Energien, Netze und Vertrieb.

Bei einem **Equity carve-out** (im Engl. auch **Split-off-IPO**) verkauft ein Mutterkonzern Anteile an einer (oder mehreren) Tochtergesellschaft/Unternehmensabteilung z. B. über einen Börsengang an unternehmensexterne Investoren. Üblicherweise wird nur eine Minderheitsbeteiligung an den abgespalteten Unternehmensteilen veräußert, so dass der Mutterkonzern weiterhin die Kontrolle über die Tochtergesellschaft(en) behält. Gleichzeitig kann es sich im Gegensatz zum Spin-off durch die Veräußerung der Anteile liquide Mittel beschaffen.

Beide Formen der Desinvestition, Spin-off und Equity carve-out, müssen nicht zwingend alternativ zueinander gesehen werden. Ein Mutterkonzern kann als Vorbereitung eines Equity carve-outs zunächst einen Spin-off durchführen. Nach dem erfolgten Spin-off kann die abgespaltene Tochtergesellschaft dann, ggf. mit einem gewissen zeitlichen Abstand, über ein IPO an die Börse gebracht werden, so dass aus dem Spin-off im Endeffekt ein Equity carve-out wird.

Sicht der Altaktionäre

Mit Blick auf die **Altaktionäre** einer Unternehmung ergibt sich folgender **Unterschied** zwischen den beiden Alternativen:

Bei einem Spin-Off werden die Aktien des durch die Spaltung geschaffenen Unternehmens im Allgemeinen auf einer Pro-rata-Basis an die Altaktionäre abgegeben. Damit bleibt es ihnen weiterhin uneingeschränkt möglich, am Ertrag des Investitionsbündels wie vor der Spaltung teilzuhaben. Sie können aufgrund ihrer Rechtsstellung grundsätzlich bei eventuellen Kapitalerhöhungen Bezugsrechte einfordern und diese gemäß ihren wirtschaftlichen Präferenzen verwerten. Da der Altaktionär im Gegensatz dazu beim Equity Carve-out de jure nur an der Konzernmutter beteiligt ist, erhält er bei dieser Variante keinen grundsätzlichen Bezugsrechtsanspruch und kann damit seine Vermögensposition nicht uneingeschränkt vorab wahren. Insofern ist es für ihn besonders bedeutsam, dass die zu platzierenden Aktien nicht »unter Wert« am Kapitalmarkt veräußert werden (hier und im Folgenden Paul/Stein 2015, S. 465 f.).

Als Wertmaßstab für den als Emissionskurs zu verwendenden »Marktpreis« wird dabei die erste Aktienkursbildung nach Emission herangezogen. Abweichend vom Ideal der strengen Informationseffizienz und Marktvollkommenheit ist in der Realität davon auszugehen, dass regelmäßig – insbesondere in Boomphasen – der Emissionspreis und dann auch die erste Aktienkursbildung im Sekundärmarkt vom »inneren Wert« nach oben abweicht. Anfängliche Marktüberhitzungen und ein »zeitliches Herantasten« des Marktpreises an die fundamentale Bewertung sind in der Regel festzustellen. In diesen Marktlagen besteht folglich die Möglichkeit eines Zeichnungsgewinns in Form einer positiven Emissionsrendite. Dieser Zeichnungsgewinn ist aber nur für diejenigen Investoren potenziell realisierbar, die bei der Zuteilung der emittierten Aktien berücksichtigt wurden.

Underpricing-Phänomen

Trotz des in den letzten Jahren immer häufiger eingesetzten Bookbuilding-Verfahrens, bei dem die Markteinschätzungen mit Blick auf den Unternehmenswert und damit die Preise der jungen Aktien im Vorfeld systematisch abgeklopft werden, sind positive Emissionsrenditen unverändert keine Einzelfälle. Vielmehr ist – gemessenen am ersten Aktienkurs – von einem regelmäßigen Unterpreisen im Emissionskurs von 10-15 % auszugehen (**Underpricing-Phänomen**). Als Begründung lässt sich vor allem der bewusste Kaufanreiz für Investoren nennen (implizierte positive Sekundärmarktentwicklung). Solche positiven Kurspfade liegen zudem regelmäßig im Interesse der beteiligten Emissionsbanken, die auf die Sicherung ihrer Reputation bedacht sind. Da konkurrierende, marktnähere Platzierungsverfahren (beispielweise Auktionen) zurzeit noch nicht ausreichend erprobt sind, wird teilweise auch die bevorzugte Zuteilung (Vorerwerbsrecht als Form des Bezugsrechts) von zu emittierenden Aktien an die Altaktionäre gefordert: Dann erhielten diese »die Chance des Vorteils (und damit Risiko) und nicht ein beliebiger Dritter« (Lutter 2001, S. 351). Eine Vermögenseinbuße könnte damit für die Altaktionäre systematisch verhindert werden. Mit einer solchen bevorrechtigten Zuteilung wären die Altaktionäre zudem grundsätzlich gegen die Verwässerungsgefahr (Dilutierung) aus Kapitalerhöhungen (Reduktion von Stimmrechtsanteilen) geschützt (Pellens 1993).

Stellt man die angesprochenen **Desinvestitionsalternativen** – wie in der folgenden Abbildung auf Basis einer Boston-Consulting-Studie – noch einmal zusammen-

Abb. 17.10

Drei zentrale Desinvestitionsalternativen im Vergleich

		Trade sale	Spin-off	Carve-out
Route characteristics	**Description**	Divestiture of a company's subsidiary to another company or a private equity firm	Transfer of ownership or part of a company to shareholders	Offering of parts of a company subsidiary to the public (IPO)
	Proceeds to seller	Full transaction price	None	IPO (typically <50 %)
	Synergies	Yes (typically)	None	None
	Transaction speed*	fast ▼ slow typically between 6 and 9 months	fast ▼ slow typically > 12 months	fast ▼slow often 12 to 18 months
Seller characteristics	**Revenues**	$14.8 billion	$7.9 billion	$12.0 billion
	EBITDA margin	14.1 %	12.5 %	13.6 %
	Cash (% of sales)	7.3 %	9.0 %	13.5 %
Asset characteristics	**Revenues**	$0.5 billion	$2.9 billion	$1.1 billion
	EBITDA margin	Not available	11.5 %	13.9 %
Deal characteristics	**Average number of deals per year**	689	48	32
	Transaction size	$0.5 billion	$3.0 billion	$1.9 billion (–21 % offered in IPO)

* Typical time from decision to deal closing.

Quelle: Boston Consulting Group 2014

fassend gegenüber, so zeigt sich **kein »Königsweg«**. Der für das jeweilige Unternehmen geeignete Weg hängt von einer Reihe von Faktoren ab. Hierzu zählen vor allem:

- Spezifika des abzutrennenden Assets (z. B. Größe, Rentabilität, Besonderheiten des Geschäftsmodells)
- Situation des Verkäufers (etwa Dringlichkeit des Kapitalbedarfs, Kapitalmarkterfahrung)
- Marktumfeld (Preisvolatilität etc.)

17.2.5 Privatisierung und Verstaatlichung

Vielleicht die extremste Form einer Änderung der Unternehmensstruktur ist die Verstaatlichung bzw. in umgekehrter Richtung die Privatisierung eines Unternehmens.

Verstaatlichung im Sinne einer Änderung der Unternehmensstruktur bezeichnet die Überführung eines privat gehaltenen Unternehmens in Staatseigentum. Umgekehrt wird bei einer **Privatisierung** ein zuvor in Staatseigentum befindliches Unternehmen (bzw. genauer ein staatlicher Betrieb) in Privateigentum überführt.

Die Gründe für eine Verstaatlichung von Unternehmen sind divers und oftmals stark von dem in einem Land herrschenden politischen System abhängig. Die Verstaatlichung der Produktionsmittel ist einer der zentralen Schritte beim Aufbau einer sozialistischen Wirtschaft. Verstaatlichungen müssen jedoch nicht zwingend eine gesamte Volkswirtschaft betreffen. Sie können auch auf einzelne, von der Politik eines Landes als besonders bedeutsam angesehene Industriesektoren begrenzt sein.

Beispiel 2

Verstaatlichung ausgewählter Industriesektoren

►►► In Venezuela wurde zum 1. Januar 1976 die landesweite Erdölindustrie verstaatlicht und unter dem Dach der Petróleos de Venezuela S.A. (PDVSA) zusammengefasst. Die Einnahmen aus dem Erdölgeschäft des Landes fließen seit dieser Zeit zu einem Großteil in den venezolanischen Staatshaushalt. Mit den ehemaligen privaten Eigentümern der Ölfelder und Produktionsstätten wie z. B. ExxonMobil und ConocoPhillips führte der venezolanische Staat über Jahrzehnte Rechtsstreitigkeiten über Entschädigungszahlungen. ◄◄◄

Wie im Beispiel beschrieben, erhalten die ehemaligen privaten Eigentümer für den Verlust ihres Eigentums in der Regel (in Abhängigkeit vom vorherrschenden Rechtssystem) vom Staat eine **Entschädigung**. Neben politisch-fiskalischen Gründen wie im Beispiel Venezuelas existieren noch weitere Gründe für eine Verstaatlichung einzelner Unternehmen:

- Auf Märkten mit hohen Fixkosten und niedrigen Grenzkosten besitzen Unternehmen eine Tendenz zur Ausbildung **natürlicher Monopole**. Auf solchen Märkten kann sich die Verstaatlichung des Monopolisten anbieten, um ein Ausnutzen der Monopolstellung durch einen privaten Anbieter zu verhindern (unter Inkaufnahme der hiermit einhergehenden Effizienzverluste). Beispiele für solche Sektoren sind sämtliche netzgebundenen Industrien, wie z. B. der Eisenbahnverkehr, die Telekommunikation sowie die Wasser- und Energieversorgung.
- Aus **politisch-strategischen Gründen** kann sich die Verstaatlichung wichtiger Industriesektoren – wie z. B. der Rüstungsindustrie oder wichtiger Rohstoffunternehmen – anbieten.
- In **Krisenphasen** kann ein Staat für die gesamte Volkswirtschaft wichtige einzelne Unternehmen verstaatlichen, um auf diese Weise negative Auswirkungen auf andere Unternehmen im Falle einer Insolvenz abwenden zu können.

Beispiel 3

Verstaatlichung von Banken

►►► Während der Finanzmarktkrise von 2007-2009 verstaatlichten zahlreiche Staaten einzelne Banken bzw. übernahmen große Aktienanteile an diesen. Ziel dieser Rettungsmaßnahmen war stets die Rekapitalisierung ansonsten nicht mehr am

Markt überlebensfähiger Banken und das Verhindern von Ansteckungseffekten auf den gesamten Bankensektor. Bekanntestes Beispiel in Deutschland war die Rettung und Teilverstaatlichung der Commerzbank AG durch den Sonderfonds Finanzmarktstabilisierung, der im Zuge einer Kapitalerhöhung zum größten Einzelaktionär der Commerzbank wurde. ◄◄◄

Staatliche Unternehmen arbeiten in der Mehrzahl der Fälle ineffizienter als vergleichbare privat geführte Unternehmen. Ein staatliches Eingreifen in das freie Spiel der Marktkräfte widerspricht in einer Demokratie zudem der Grundidee der Freiheit und des Schutzes des Privateigentums. Ein Staat muss daher sehr sorgfältig überprüfen, ob das Auftreten als Marktteilnehmer (bzw. sogar als Monopolist) gerechtfertigt ist. Fallen die Gründe für eine Verstaatlichung weg (oder ändert sich die politische Bewertung der ursprünglich angeführten Argumentation für ein staatliches Angebot), muss sich der Staat als Anbieter von Produkten und Dienstleistungen zurückziehen. Der staatliche Betrieb ist dann über eine Privatisierung z. B. in der Form eines IPOs in Privateigentum zu überführen.

AUS DER PRAXIS

Die Privatisierung der Deutschen Bundespost

Im Zuge der Gründung der Bundesrepublik Deutschland wurde 1950 die Deutsche Bundespost (DBP) als nicht rechtsfähiges Sondervermögen des Bundes mit dem Bundesministerium für das Post- und Fernmeldewesen als oberster Verwaltungsinstanz gegründet. Die rasante Weiterentwicklung der Telekommunikationstechnik und damit auch der Kundenwünsche in den 1980er Jahren führte 1989 in der Politik zur Einsicht, die Deutsche Bundespost im Zuge der Postreform I umzustrukturieren. Die drei Bereiche Post, Telekommunikation und Postbank wurden in drei öffentliche Betriebe (Deutsche Bundespost Postdienst, Deutsche Bundespost Telekom und Deutsche Bundespost Postbank) überführt, die nun unabhängiger agieren und schneller auf Markttrends reagieren konnten. Die Wiedervereinigung Deutschlands machte gerade im Bereich der Telekommunikation erhebliche Investitionen erforderlich, die der deutsche Staat nicht ohne Steuererhöhungen oder Preisanstiege hätte finanzieren können. Im Rahmen der Postreform II wurden die drei öffentlichen Betriebe der alten Bundespost daher 1994 privatisiert. Der deutsche Staat (bzw. die staatliche Kreditanstalt für Wiederaufbau, KfW) hielten ursprünglich die jeweilige Aktienmehrheit an den entstandenen Aktiengesellschaften Deutsche Post AG, Deutsche Telekom AG und Deutsche Postbank AG. Über die Jahre wurden diese Beteiligungen (z. B. über Börsengänge) immer weiter reduziert. Die Aufsichts- und Regulierungsaufgaben des früheren Bundesministeriums wurden im Zuge der Postreform III 1996 zunächst in die Regulierungsbehörde für Telekommunikation und Post und später in die Bundesnetzagentur integriert.

17.2.6 Turnaround-Finanzierung

In einer Unternehmenskrise kann der Finanzleiter eines Unternehmens zunächst versuchen, durch Abspaltungen von Unternehmensteilen und weitere Verkäufe von Vermögensgegenständen eine akute Liquiditätskrise zu bewältigen. Reichen diese Maßnahmen nicht aus, so kann er weitere Möglichkeiten der **Turnaround-Finanzierung** in Erwägung ziehen, mit der die krisenbedingte Umstrukturierung des Unternehmens bestritten werden kann. Erweisen sich die so finanzierten Maßnahmen als ebenfalls wirkungslos und droht die Illiquidität des Unternehmens, muss der Finanzleiter die Abwicklung des Unternehmens im Rahmen des **Insolvenzverfahrens** bzw. der **Liquidation** einleiten.

Eine Krise wird ein Unternehmen nur in seltenen Fällen über Nacht erfassen. Zumeist ist der Prozess des unternehmerischen Niedergangs langwierig und durch eine stetige Verschlechterung der finanziellen Kennzahlen des Unternehmens gekennzeichnet (vgl. Abb. 1.9, Modul 1). In dieser Phase des Unternehmenslebenszyklus wird der Finanzleiter versuchen, durch das Aufbringen von neuer Liquidität und eine veränderte Kapitalstruktur Sanierungsmaßnahmen zu ermöglichen.

Instrumente der Turnaround-Finanzierung

Die folgende Abbildung systematisiert wichtige Instrumente, die im Rahmen von Turnaround-Finanzierungen – auch als **Financial Restructuring** bezeichnet – eingesetzt werden durch eine Zuordnung nach den auch im Modul 9 verwendeten Kategorien der Innen- bzw. Außenfinanzierung sowie Eigen- bzw. Fremdfinanzierung.

Abb. 17.11

Ausgewählte Instrumente des Financial Restructuring

	Innenfinanzierung	Außenfinanzierung
Eigen-finanzierung	• Cashflow-Steigerung • Reduzierung des Umlaufvermögens • Desinvestition von nicht-betriebsnotwendigem Vermögen • Desinvestition von nicht zum Kerngeschäft gehörenden Beteiligungen	• Gewinnung neuer Kapitalgeber (z. B. Stille Gesellschafter, Private Equity-Investoren) • Kapitalbeiträge bzw. Nebenleistungen bestehender Gesellschafter • Vereinfachte Kapitalherabsetzung und anschließende Kapitalerhöhung gegen Bareinlage
Fremd-finanzierung	• Lohnverzicht von Mitarbeitern • Preiszugeständnisse von Lieferanten	• Debt Equity Swap • High Yield Bonds • Bankkredite • Zinsverzicht/Stundung • Lieferantenkredite • Factoring • Leasing • Bürgschaften der öffentlichen Hand

Exemplarisch seien die folgenden Maßnahmen herausgegriffen:

- **Innen-/Eigenfinanzierung**: Durch eine Reduktion der Lagerbestände und damit des Umlaufvermögens, den Verkauf nicht-betriebsnotwendigen Vermögens (z. B. eines Reservegrundstücks) oder auch der Desinvestition von nicht zum Kerngeschäft gehörenden Beteiligungen (über die zuvor angesprochenen Wege des Trade sale, Spin-off und Equity carve-out) kann der Finanzleiter versuchen, die Liquiditätssituation der Unternehmung zu verbessern. Damit ergibt sich jedoch eine Verlagerung von finanziellen zu operativen Risiken (Produktionsstörungen) bzw. werden Handlungsoptionen (spätere Betriebserweiterung) aus der Hand gegeben.
- **Außen-/Eigenfinanzierung**: Hier kann der Finanzleiter zum einen versuchen, neue Anteilseigner zu gewinnen, was jedoch in mittelständischen Unternehmen häufig auf den Widerstand der Alteigentümer trifft, die eine Verschiebung der Herrschaftsverhältnisse verhindern wollen. Zum anderen besteht bei Aktiengesellschaften die Möglichkeit, das Kapital durch Nennwertreduktion, Zusammenlegung oder Einziehung von Aktien zum Ausgleich von Verlusten zunächst herabzusetzen und anschließend eine Kapitalerhöhung gegen Bareinlage durchzuführen. Für deren Gelingen müsste der Finanzleiter potenziellen Investoren indes im Rahmen der Kapitalmarktkommunikation entsprechend positive Perspektiven für die Wertentwicklung der Unternehmung aufzeigen können.
- **Außen-/Fremdfinanzierung**: Zur zumindest zeitlichen Streckung oder sogar definitiven Reduktion von Zins-(und Tilgungs-)kosten kann der Finanzleiter versuchen, Fremdkapitalgeber zu Stundungen oder Verzichten zu bewegen. Alternativ werden im Rahmen von Debt Equity Swaps Forderungen der Gläubiger in Unternehmensbeteiligungen gewandelt, wodurch sich über Vermeidung von Liquiditätslasten hinaus c.p. die Eigenkapitalquote erhöht und Banken und Lieferanten möglicherweise zur Bereitstellung neuer Kredite motiviert werden können. Die Investition in ein finanziell angeschlagenes Unternehmen birgt für die Kapitalgeber in einer Turnaround-Finanzierung jedoch offensichtlich erhebliche Risiken. Diese führen dazu, dass sich die Investoren aktiver an der Unternehmenspolitik beteiligen, als dies Kapitalgeber in »ruhigen« Zeiten tun würden. Oftmals drückt sich diese aktivere Haltung darin aus, dass die Kapitalgeber einer Turnaround-Finanzierung nur zustimmen werden, sofern die alte Unternehmensleitung, die für die Krise verantwortlich war, durch ein neues Management-Team ausgetauscht wird. In dieser Hinsicht ähnelt eine Turnaround-Finanzierung einem Buyout, da auch bei dieser das neue Management-Team regelmäßig von den neuen Investoren (beim Buyout von den neuen Eigentümern) entsandt wird.
- **Innen-/Fremdfinanzierung**: Zur Verbesserung der Liquiditätslage können auch andere Stakeholder der Unternehmung – wie Mitarbeiter oder Lieferanten – um Stundung oder Verzicht gebeten werden. Hier besteht indes die Gefahr, dass besonders leistungsstarke Mitarbeiter nach Alternativen suchen und Lieferanten der Unternehmung Waren künftig nur noch gegen Vorkasse bereitstellen.

Wie zuvor schon im Rahmen der M&A-Transaktionen angesprochen, handelt es sich bei Unternehmensrestrukturierungen häufig um komplexe Vorgänge, bei denen hohe Volumina von Finanzmitteln benötigt werden. Aus diesem Grund wird der Finanzleiter auch hier zumeist eine Kombination unterschiedlicher Finanzierungsinstrumente einsetzen.

AUS DER PRAXIS

Turnarounds – Das Beispiel A. T. U

A.T.U: Zweifel am Turnaround

Die Werkstattkette A.T.U hat die finanzielle Restrukturierung unter Dach und Fach gebracht. Doch auch nach dem Kraftakt mehren sich die kritischen Stimmen, die am langfristigen Überleben zweifeln. Die Werkstattkette steuert jetzt mit einem drastischen Sparprogramm entgegen.

Im Januar hat A.T.U einen Kraftakt hinter sich gebracht: Die Bilanz wurde deutlich entschuldet, Investoren rund um den Hedgefonds Centerbridge haben die Werkstattkette übernommen. Allerdings wird der erhoffte operative Turnaround wohl noch eine ganze Weile auf sich warten lassen – wenn er denn überhaupt kommt. »Die letzten Zahlen, die kürzlich berichtet wurden, fielen schlechter aus als erwartet«, heißt es in der Londoner Investoren-Community. So liegen die Ebitda-Ergebnisse offenbar bereits deutlich unter der Planung. Problematisch dürfte – einmal mehr – der extrem milde Winter sein. Bei den untypisch hohen Temperaturen hielt sich der Verkauf von Winterreifen in Grenzen, der ein nicht unerheblicher Umsatzbringer ist.

Die schwachen Ergebnisse haben direkte Konsequenzen für die Vorzugsaktien, die den Anleihegläubigern als Kompensation für den weitgehenden Verzicht zugeteilt wurden. »Die alten Bonds haben jetzt als Preference Shares nur noch einen Wert von etwa 12 Prozent«, schätzt ein Londoner Investor.

(Quelle: © Alle Rechte vorbehalten. Frankfurt Business Media GmbH, www.finance-magazin.de)

Werkstattkette ATU mit Jörn Werner gerettet

»Wir haben nun die Chance, im Schulterschluss mit unserem künftigen Eigentümer Mobivia den Weg zurück zu Wachstum und Profitabilität fortzusetzen«, sagt Jörn Werner, der Vorsitzende der ATU-Geschäftsführung, nachdem in der Nacht die Rettung des Unternehmens mit Sitz in Weiden in der Oberpfalz in letzter Minute gelungen war.

Unter der Führung des 55-Jährigen, der im Mai 2015 nach häufigen Chef- und Gesellschafterwechseln bei der Werkstattkette angetreten war, wurde ATU mit ihren rund 10 000 Stellen vor der Pleite bewahrt, wie die Börsen-Zeitung berichtet hatte (vgl. BZ vom 9. Dezember). Dabei bewegten sich beide Seiten – die Gesellschafter um die Finanzinvestor Centerbridge und die Vermieter der Filialen, hinter denen die Deutsche Bank steht.

AUS DER PRAXIS

Weg für Mobivia Frei

Nach der Einigung soll die Übernahme durch Mobivia noch in diesem Jahr vollzogen werden. Die Franzosen sind mit rund 11 000 Beschäftigten und 1,76 Mrd. EUR Umsatz Marktführer in Europa. Werner dürfte auch unter dem künftigen Dach bleiben. Der Sanierungsexperte Hans-Joachim Ziems, der als Chief Restructuring Officer in diesem Sommer in Weiden angefangen hatte, und CFO Elmar Geissinger aus Ziems‹ Team werden aller Wahrscheinlichkeit nach ausscheiden. Über Ziems‹ Rolle in den Verhandlungen kursieren unterschiedliche Darstellungen.
In der Nacht zum Freitag lief eine 21-tägige Frist ab, in der sich Gläubiger, Vermieter und Werkstattkette auf ein Gesamtpaket einigen mussten. Andernfalls hätte ATU Insolvenzantrag stellen müssen. Die Vermieter um die Immobiliengesellschaft Lino ließen sich nun auf eine deutliche Reduzierung der Mieten für die Werkstätten ein. Mobivia zahlt, wie von der Börsen-Zeitung berichtet, 225 Mill. Euro, die direkt an die Gläubiger gehen. Die Franzosen hatten im Kaufvertrag eine Mietreduzierung zu Conditio sine qua non gemacht. Doch der Deal stand auf der Kippe, weil Lino mit Gläubiger Deutsche Bank im Hintergrund vor einigen Tagen überraschend eine Sonderzahlung von 100 Mill. Euro als Gegenleistung für die Mietminderung verlangte. Nun erhält Lino 80 Mill. Euro und die Filialmieten sinken von 57 Mill. unter 30 Mill. Euro p. a., wie zu hören ist.
[…]
KKR, die der ostbayerischen Firma einst hohe Schulden aufgebürdet hatte, hatte ihre Beteiligung an ATU acht Jahre nach dem Einstieg aufgeben müssen. Anleihezeichner wie Centerbridge, Goldman Sachs und Babson Capital hatten auf die Rückzahlung von über 600 Mill. Euro Schulden verzichtet und tauschten ihre Ansprüche in Eigenkapital. Bei der Käufersuche mit Goldman Sachs kam man dann 2016 auf Mobivia.
(Quelle: Börsen-Zeitung, 10.12.2014)

17.2.7 Liquidation und Insolvenz

Scheitert ein Management mit seiner Turnaround-Strategie bzw. kann der Finanzleiter eines Unternehmens keine weiteren Kapitalgeber für die Finanzierung der Sanierungsmaßnahmen gewinnen, so muss die Unternehmensführung die Abwicklung und den Marktaustritt als letzte Phase im Lebenszyklus eines Unternehmens einleiten. Die Abwicklung des Unternehmens kann dann im Rahmen der Liquidation oder der Insolvenz erfolgen.

Liquidation

Unter der **Liquidation** wird der Verkauf sämtlicher Vermögensgegenstände eines Unternehmens zur Liquiditätsgewinnung verstanden. Ziel der Liquidation ist die Befriedigung sämtlicher Gläubigeransprüche und die Beendigung der Gesellschaft. Rechtlich findet die Liquidation nach der Auflösung der Gesellschaft und vor ihrer Löschung aus dem Handelsregister statt. Bedeutsam ist, dass es zu einer Liquidation nur dann kommt, wenn die **Gesellschaft regulär beendet oder ein Insolvenzantrag mangels Masse abgelehnt** wurde.

Die Liquidation stellt somit die geplante, reguläre Beendigung eines Unternehmens dar. Sie wird von den Vorstandsmitgliedern bzw. Geschäftsführern durchgeführt, wobei durch den Gesellschaftervertrag oder die Hauptversammlung auch andere sog. **Liquidatoren** mit der Durchführung der Liquidation beauftragt werden können. Nach erfolgter Liquidation wird das (nun ausschließlich liquide) Vermögen der Gesellschaft zur Erfüllung sämtlicher Verbindlichkeiten genutzt. Nach Abzug der Liquidationskosten wird der sich ergebende **Liquidationserlös** an die Gesellschafter verteilt.

Beispiel 4

Liquidation

►►► Im Beispiel 17.1 erwog der Gründer und Alleineigentümer eines mittelständischen Unternehmens den Verkauf des Unternehmens über einen Leveraged Buyout. Sollte sich kein Käufer für sein Unternehmen als Ganzes finden, könnte der Alleineigentümer als Ausweg eine Aufspaltung des Unternehmens und einen Verkauf der einzelnen Unternehmensteile in Betracht ziehen. Als letzte, extreme Möglichkeit für das Zurückziehen aus dem Unternehmen könnte der Alleineigentümer das Unternehmen schließlich liquidieren. ◄◄◄

Die Liquidation eines Unternehmens stellt gerade bei großen Unternehmen eine selten genutzte Möglichkeit zur Beendigung einer Gesellschaft dar. Viel häufiger kommt es vor, dass das Unternehmen auf Grund von Überschuldung in die Zahlungsunfähigkeit gerät und somit insolvent wird.

Insolvenz

Ein Unternehmen befindet sich im Zustand der **Insolvenz**, wenn es seine Zahlungsverpflichtungen gegenüber seinen Gläubigern nicht erfüllen kann. Kennzeichnend für die Insolvenz ist die **drohende** oder bereits **eingetretene Illiquidität oder Überschuldung** (vgl. Modul 1). Die Rechte der Gläubiger (jedoch auch der Schuldner) im Falle der Zahlungsunfähigkeit sind in jedem Land nach spezifischen Regeln zum Insolvenzrecht festgelegt. In Deutschland sind dies insbesondere die 1999 in Kraft getretene Insolvenzordnung (InsO), das Gesetz zur Erleichterung der Sanierung von Unternehmen (ESUG 2012) sowie ergänzend die Europäische Insolvenzordnung (EuInsVO) (vgl. insbesondere Bork 2014).

Je nach Rechtssystem können das Insolvenzrecht und das darin geregelte Insolvenzverfahren unterschiedliche Ziele verfolgen:

- Im **deutschsprachigen Raum** stehen insbesondere der **Gläubigerschutz** und die angemessene und gerechte Verteilung der entstandenen Verluste auf die Gläubiger im Vordergrund des Insolvenzverfahrens.
- Das **französische** Insolvenzrecht bezweckt vor allem die **Erhaltung** der Arbeitsplätze in einem insolventen Unternehmen.
- Das Insolvenzrecht der **USA** (»Chapter 11«) betont neben dem Gläubigerschutz auch den **Schutz des Schuldners**, um diesem einen schnellen Wiedereinstieg in das Wirtschaftsleben zu ermöglichen.

Der grundsätzliche Wunsch, sowohl die Rechte der Gläubiger als auch die des Schuldners zu wahren, kommt auch im deutschen Recht deutlich zum Ausdruck. So sind in **§ 1 der Insolvenzordnung** die Ziele des Insolvenzverfahrens wie folgt aufgeführt:

»Das Insolvenzverfahren dient dazu, die Gläubiger eines Schuldners gemeinschaftlich zu befriedigen, indem das Vermögen des Schuldners verwertet und der Erlös verteilt oder in einem Insolvenzplan eine abweichende Regelung insbesondere zum Erhalt des Unternehmens getroffen wird. Dem redlichen Schuldner wird Gelegenheit gegeben, sich von seinen restlichen Verbindlichkeiten zu befreien.«

Die deutsche Insolvenzordnung sieht als allgemeines Insolvenzverfahren die sog. **Regelinsolvenz** vor. Der Ablauf einer typischen Insolvenz nach deutschem Recht kann wie folgt zusammengefasst werden:

Abb. 17.12

Ablauf einer Insolvenz

Ablauf einer Insolvenz

- **Antrag auf Eröffnung**: Die Eröffnung des Insolvenzverfahrens über das Vermögen eines Schuldners wird nur auf Antrag eröffnet. Der Antrag ist gemäß §§ 2,3 InsO beim zuständigen Amtsgericht als Insolvenzgericht zu stellen. Antragsberechtigt sind nach § 13 Abs. 1 InsO der Schuldner selbst (Eigenantrag) und die Gläubiger (Fremdantrag).
- **Antragsprüfung**: Das zuständige Insolvenzgericht prüft den Antrag auf Zulässigkeit und Begründetheit. Für die Feststellung der Zuständigkeit prüft das Gericht insb. die Insolvenzfähigkeit des Schuldners (§ 11 InsO) und ggf. die Berechtigung der Forderung und die Glaubhaftigkeit des vorgebrachten Eröffnungsgrundes des Gläubigers (§ 14 InsO). Für die Begründetheit des Antrags muss einer der folgenden drei Insolvenzgründe vorliegen (vgl. Kremer/Uelner 2015):
  - **Zahlungsunfähigkeit** (§ 17 InsO), die dann vorliegt, wenn der Schuldner nicht in der Lage ist, die fälligen Zahlungsverpflichtungen zu erfüllen. Gemäß der Rechtsprechung ist dies dann gegeben, wenn der Schuldner eine Liquiditätslücke von 10 % oder mehr nicht innerhalb einer Drei-Wochen-Frist schließen kann, diese Lücke zurzeit noch weniger als 10 % beträgt, aber demnächst auf über 10 % anwächst oder eine Lücke unter 10 % nach maximal 6 Monaten nicht vollständig beseitigt ist (Rechtsprechung des BGH 2005/6).
  - **Drohende Zahlungsunfähigkeit** (§ 18 InsO) bezeichnet eine auf Basis des Finanzplans (Modul 2) erstellte Prognose für die konkrete Gefahr der Zahlungsunfähigkeit, bei deren Vorliegen ein Antrag auf Durchführung eines Insolvenzverfahrens gestellt werden kann, aber nicht muss. Dem Einzelzugriff von Gläubigern im Wege der Zwangsvollstreckung kann mit einem Verfahren vorgebeugt, die Sanierungschance erhöht werden.
  - **Überschuldung** (§ 19 InsO) als Insolvenzgrund ist dann erfüllt, wenn das Vermögen des Schuldners die bestehenden Verbindlichkeiten nicht deckt, es sei denn, es gäbe eine positive Fortführungsprognose (Fortführung ist nach den Umständen überwiegend wahrscheinlich).

Abb. 17.12

Ablauf einer Insolvenz (Fortsetzung)

- **Eröffnung des Insolvenzverfahrens**: Sind die Eröffnungsvoraussetzungen erfüllt, beschließt das Insolvenzgericht die Eröffnung des Insolvenzverfahrens. Die Eröffnung wird gemeinsam mit dem Namen des Schuldners und des Insolvenzverwalters unmittelbar öffentlich bekannt gegeben (§ 30 Abs. 1 InsO). Mit Eröffnung des Insolvenzverfahrens geht die Verwaltungs- und Verfügungsbefugnis über die Insolvenzmasse auf den Insolvenzverwalter über (§ 80 Abs. 1 InsO). Verfügungen des Schuldners sind nur mit seiner Zustimmung möglich.
- **Prüfung der Gläubigeransprüche**: Der Insolvenzverwalter erstellt Verzeichnisse der Massegegenstände und der Gläubiger sowie eine Vermögensübersicht und nimmt die Forderungsanmeldungen der Gläubiger entgegen.
  Im Prüfungstermin werden im Rahmen einer Gläubigerversammlung die angemeldeten Forderungen nach Betrag und Rang geprüft (§ 29 Abs. 1 Satz 2 InsO, § 176 InsO). Widersprechen weder der Insolvenzverwalter noch ein Gläubiger einer Forderung, wird sie in die Tabelle mit Rang und Betrag eingetragen (§ 178 InsO). Vier Arten von Gläubigern werden unterschieden:
  - **Aussonderungsberechtigte Gläubiger**: Sie sind keine Insolvenzgläubiger, wenn sie dem Insolvenzverwalter gegenüber geltend machen können, dass sich Vermögenswerte in der Insolvenzmasse befinden, die rechtlich und/oder wirtschaftlich dem eigenen und nicht dem Schuldnervermögen zuzuordnen sind (z. B. unter Eigentumsvorbehalt gelieferte Ware).
  - **Absonderungsberechtigte Gläubiger**: Aus dem Verwertungserlös der Masse vorrangig bedient werden die Inhaber von Immobilienwerten (z. B. hypothekarische Sicherheit einer Bank), Pfandschutzgläubiger und Sicherungseigentümer.
  - **Massegläubiger**: Vorrangig vor den einfachen Insolvenzgläubigern werden Ansprüche von Gläubigern bedient, deren Ansprüche erst bei oder nach Verfahrenseröffnung begründet wurden, z. B. Massedarlehen der beteiligten Gläubigerbanken zur Fortsetzung der Geschäftstätigkeit während des Insolvenzverfahrens, Lieferanten, Dienstleister, deren Ansprüche vor Antragsstellung bzw. Eröffnung entstanden sind.
  - **Insolvenzgläubiger**, deren Ansprüche allen anderen nachstehen.
- **Bereinigung und Verwertung der Insolvenzmasse**: Der Insolvenzverwalter bereinigt zunächst die Insolvenzmasse um Vermögensgegenstände in Fremdeigentum (z. B. angemietete Objekte). Über die bestmögliche Verwertung der Insolvenzmasse entscheidet die Gläubigerversammlung auf Basis eines Berichts des Insolvenzverwalters. Dies kann auf drei Arten erfolgen:
  - durch **Liquidation** (Einzelverwertung von Vermögensgegenständen),
  - die sogenannte »**Übertragende Sanierung**«. Hier übernimmt in der Regel eine andere juristische Person, die vom jeweiligen Investor finanziell ausgestattet wird, entsprechend dessen Geschäftsplänen die Vermögensgegenstände des insolventen Unternehmens, die für die Fortführung aus seiner Sicht notwendig sind. Bisweilen wird hier auch der Begriff der »Auffanggesellschaft« für die neue Gesellschaft gebraucht. Die nicht mehr fortführungsfähigen Teile des Unternehmens verbleiben im insolventen Unternehmen. Die neue Gesellschaft übernimmt somit nur große Teile der Aktivseite des Unternehmens und keine Schulden.
  - die Sanierung des Unternehmens durch einen **Insolvenzplan**. Dabei handelt es sich um einen »Vergleich in der Insolvenz«, bei dem die unterschiedlichen Gläubiger gemäß ihrer Rechtsstellung in unterschiedliche Gruppen eingeteilt und mit diesen individuelle Vereinbarungen ausgehandelt werden. Zielsetzung dieses gemeinschaftlichen Verfahrens ist ebenfalls die weitgehende Entschuldung des insolventen Unternehmens.

Abb. 17.12

Ablauf einer Insolvenz (Fortsetzung)

Nach Billigung des vollständigen Insolvenzplans durch die Gläubiger und Bestätigung durch das Gericht kann das Unternehmen durch die bisherigen Eigentümer fortgeführt, allerdings auch in Teilen oder vollständig an neue Investoren veräußert werden.
Die Erlöse aus der Verwertung des Unternehmens werden zunächst zur Begleichung der Kosten des Insolvenzverfahrens verwendet. Die verbleibende Masse wird für die Befriedigung der Ansprüche der Gläubiger genutzt.

- **Abschluss des Insolvenzverfahren**: Nach der Schlussverteilung der Insolvenzmasse beschließt das Insolvenzgericht gem. § 200 InsO die Aufhebung des Insolvenzverfahrens.

Vor allem aufgrund von Kritik aus Gläubigerkreisen hinsichtlich fehlender Planbarkeit/Berechenbarkeit des Regelinsolvenzverfahrens hat der Gesetzgeber in der Insolvenzrechtsreform 1999 die **Eigenverwaltung** eingeführt. Das insolvente Unternehmen wickelt hierbei selbständig und in eigener Verantwortung das Insolvenzverfahren ab und führt die Geschäfte in eigener Verantwortung weiter. In der Regel wird dies mit einem Insolvenzplan verknüpft. Zur Überwachung wird dem schuldnerischen Unternehmen ein Sachwalter an die Seite gestellt (siehe § 270, 270a InsO).

Ist das Unternehmen lediglich drohend zahlungsunfähig oder überschuldet, eine angestrebte Sanierung nicht offensichtlich aussichtslos (beides ist durch das Gutachten eines Sachverständigen zu bescheinigen) und wird die Eigenverwaltung beantragt, so kann das Insolvenzgericht dem Unternehmen eine Frist von drei Monaten zur Vorlage eines Insolvenzplans einräumen. In diesem Modell, dem sogenannten »**Schutzschirmverfahren**« (§ 270b InsO), kann das Unternehmen selbst einen vorläufigen Sachwalter vorschlagen. Von diesem Vorschlag kann das Gericht nur bei offensichtlicher Ungeeignetheit abweichen. Obwohl durch dieses neue Verfahren sowie die Einführung vorläufiger Gläubigerausschüsse bereits für den Beginn des Verfahrens erhebliche Verbesserungen der Gläubigerpositionen erreicht wurden, ist von diesen Möglichkeiten auch seit dem ESUG 2012 nur in begrenztem Umfang (Eigenverwaltungen insgesamt unter 2 % aller Insolvenzen, tendenziell eher bei größeren Unternehmen) Gebrauch gemacht worden.

Festzuhalten ist insgesamt die auch vom Gesetzgeber unterstützte Tendenz, Unternehmenskrisen frühzeitiger einer formalisierten Regelung zu unterziehen. Damit soll dem im Zeitablauf zunehmenden Wertverfall durch den Insolvenzbeschlag des Unternehmens entgegengewirkt werden. Diese Bemühungen stehen auch im Kontext **europaweiter Bemühungen um einen Mindeststandard in Insolvenzgesetzgebung und -praxis**. Die EU-Kommission hat am im November 2016 hierzu eine Richtlinie veröffentlicht, die die zusätzliche Schaffung eines außergerichtlichen Sanierungsverfahrens in allen EU-Staaten zum Ziel hat. Die Auswirkungen der Umsetzungen in nationales Recht, auch die Verknüpfung mit bestehenden rechtlichen Regelungen, werden hierzu die nächsten Jahre bestimmen.

Auf den Punkt gebracht

- Die Eigentumsverhältnisse eines Unternehmens betreffende Transaktionen (z. B. Fusionen, Verkauf/Kauf von (Anteilen an) Unternehmen) werden unter dem Sammelbegriff der Mergers & Acquisitions (M&A) zusammengefasst.
- Die Finanzierung von Übernahmen ist aufgrund der benötigten Volumina und Nutzung verschiedener Finanzierungsquellen häufig besonders komplex und einer der kritischen Faktoren, die über ihren Erfolg entscheiden.
- Motive für M&A-Transaktionen sind sowohl wirtschaftlicher (Erzielung von Synergien, Fokussierung, Diversifikation) als auch persönlicher Art (Streben nach Prestige und größenabhängiger Vergütung). Der unklare strategische Fit zwischen Käufer und Target sowie eine unzureichende Integration sind Hauptgründe für das Scheitern von Übernahmen. Nur etwa die Hälfte der M&A-Transaktionen schafft aus Sicht des Käufers Wert.
- Die Due Diligence stellt eine sorgfältige Prüfung der Auswirkungen sämtlicher Elemente einer Übernahmetransaktion auf den Wert des aufkaufenden Unternehmens dar.
- Übernahmen können mit (»freundlich«) oder ohne (»feindlich«) Zustimmung des Managements des Zielunternehmens durchgeführt werden. Der beste Übernahmeschutz ist ein hoher Unternehmenswert.
- Unter einer Restrukturierung werden sämtliche Maßnahmen mit dem Ziel einer nachhaltigen Stabilisierung des Geschäftsmodells verstanden. Dabei spielen Desinvestitionen zur Fokussierung, Risikoreduktion oder Liquiditätsbeschaffung eine wesentliche Rolle. Häufig gewählte Durchführungswege sind Trade sales, Spin-offs und Equity carve-outs.
- Die Verstaatlichung bzw. in umgekehrter Richtung die Privatisierung stellen die extremsten Formen der Änderung der Unternehmensstruktur dar.
- Mit einer Turnaround-Finanzierung (Financial Restructuring) wird die krisenbedingte Umstrukturierung eines Unternehmens bestritten. Scheitern die Sanierungsbemühungen (zunächst), muss das Unternehmen im Rahmen einer Liquidation abgewickelt oder ein Insolvenzverfahren eingeleitet werden, bei dem die Gläubigeransprüche geprüft und in eine Rangordnung gebracht werden. Anschließend erfolgt entweder die Verwertung der Vermögensmasse oder es gelingt doch noch eine Sanierung.

AUS DER PRAXIS

RWE und Eon: ein Problem, zwei Wege

Ihre Strategien ähneln sich, weisen aber auch große Unterschiede auf
Von Ulf Meinke
Essen. Es soll der größte Börsengang seit dem Jahr 2000 werden, als die Deutsche Post und der Chipkonzern Infineon an den Aktienmarkt strebten: Nun will der Essener Energiekonzern RWE durch den Verkauf eines 25-Prozent-Anteils an der Tochtergesellschaft Innogy rund fünf Milliarden Euro einwerben. Mit Innogy entsteht ein neuer Riese an der Ruhr. Rund 40 000 Mitarbeiter zählen zu dem Konzern. Mit einem voraussichtlichen Börsenwert von rund 20 Milliarden Euro hat Innogy DAX-Format. Der angeschlagene Konzern RWE hofft auf einen Befreiungsschlag.

AUS DER PRAXIS

Die großen nordrhein-westfälischen Energieversorger erfinden sich neu. Auch der RWE-Konkurrent Eon setzt auf eine Zweiteilung. Vor wenigen Wochen feierte der Eon-Ableger Uniper sein Börsendebüt – Konzernchef Johannes Teyssen spaltete damit das konventionelle Stromgeschäft von seiner neuen grünen Eon ab. Die Modelle von Eon und RWE ähneln sich – und weisen doch viele Unterschiede auf. »Wir arbeiten genau mit dem umgekehrten Modell und bringen deshalb nicht die alte, sondern die neue Energiewelt an die Börse«, sagt RWE-Chef Peter Terium mit Blick auf Eon und Uniper.
Wir erläutern, wo die Vor- und Nachteile der Strategien von Eon und RWE liegen.

Das Konzept. RWE will mit der Tochtergesellschaft Innogy das Geschäft mit erneuerbaren Energien, Netzen und Vertrieb an die Börse bringen. Der Energiekonzern plant den Verkauf von 25 Prozent der Innogy-Anteile. Bei der Konzernmutter RWE bleibt das alte Kerngeschäft rund um die Stromerzeugung in großen Kraftwerken. Anders als Eon bringe RWE »nicht die alte, sondern die neue Energiewelt an die Börse«, sagt Konzernchef Peter Terium und hofft auf eine bessere Akzeptanz an den Märkten.	Das Konzept. Eon trennt sich vom Geschäft mit Kohle und Gas: Im Ableger Uniper hat der Konzern das Kraftwerksgeschäft und den Energiehandel gebündelt. Auch große Teile des einstigen Ruhrgas-Geschäfts sind in Uniper aufgegangen. Mitte September gab Uniper sein Börsendebüt. Den eigenen Aktionären buchte Eon gut die Hälfte der Uniper-Aktien ins Depot. Eon will sich auf das Geschäft mit Ökostrom, Vertrieb und Netzen konzentrieren und 2018 auch den Rest seiner Uniper-Anteile verkaufen.
Die Atomfrage. Die Kernenergie bleibt bei der Konzernmutter RWE, der auch die Kohle- und Gaskraftwerke zugeordnet sind. Damit bleiben auch die Belastungen durch die Rückstellungen für den Atomausstieg in der Bilanz von RWE. Der Vorteil für Innogy: Der Börsengang wird nicht durch die Unsicherheiten rund um die ausstehende politische Entscheidung zur Finanzierung des Atomausstiegs belastet. Innogy kann befreit agieren. Der Börsenwert des Unternehmens ist ohne die Atomrückstellungen deutlich höher. Faktor Zeit. Anders als Eon will RWE beide Konzerne auch langfristig unter einem Dach halten. Erklärtes Ziel von RWE ist, langfristig Mehrheitseigentümer der Ökostromtochter Innogy zu bleiben. Zunächst wird RWE voraussichtlich mit 75 Prozent an Innogy beteiligt sein. Weitere Aktienverkäufe in den kommenden Jahren sind zur Stabilisierung von RWE denkbar. Die Dividendenzahlungen von Innogy dürften eine wichtige Einnahmequelle für den Mutterkonzern sein.	Die Atomfrage. Eigentlich wollte Eon-Chef Johannes Teyssen die Atomsparte beim Kraftwerksausleger Uniper mit entsorgen. Die Politik machte ihm aber einen Strich durch die Rechnung. Zu groß war die Sorge, Eon könnte sich aus der Verantwortung stehlen. Dass die Atomkraftwerke weiterhin zu Eon gehören, schmälert den Börsenwert und passt nicht recht zum neuen, grünen Image. Womöglich werden die Aktionäre noch per Kapitalerhöhung zur Kasse gebeten, wenn ein Atomkompromiss mit der Regierung steht. Faktor Zeit. Eon setzt auf eine vollständige Trennung von Uniper. Noch hält der Konzern zwar 47 Prozent an dem Kraftwerksbetreiber, aber auch diesen Anteilsbesitz will Eon Stück für Stück reduzieren. So will Eon auch attraktiv werden für Investoren, die ihr Geld nicht in Kohlekonzerne stecken wollen. »Wir können unsere Zukunft mit Fokus auf unsere Kunden frei gestalten«, sagt Eon-Chef Teyssen, »ohne Rücksichten auf einen Mutterkonzern«.

AUS DER PRAXIS

Börsenwert. Wenn RWE die Innogy-Aktien am oberen Ende der Preisspanne von 35 bis 36 Euro verkaufen kann, wäre Innogy an der Börse rund 20 Milliarden Euro wert. Der Mutterkonzern RWE erreicht derzeit nur eine Marktkapitalisierung von rund 9 Milliarden Euro. Mit dem Börsengang wäre also eine beachtliche Wertseigerung verbunden. Innogy könnte auf einen Schlag Deutschlands wertvollster Energiekonzern werden.	Börsenwert. Uniper ist Mitte September mit einem Eröffnungskurs von zehn Euro an der Börse gestartet. Die Eon-Aktie verlor an Wert und notierte zunächst bei sieben Euro. Beide Unternehmen zusammen wurden am Eröffnungstag mit mehr als 17 Milliarden Euro bewertet. Zum Vergleich: Eon kam vor dem Uniper-Börsengang zuletzt nur noch auf eine Marktkapitalisierung von 15,9 Milliarden Euro.
Die Standorte. Die neue RWE-Tochter Innogy und die Konzernmutter behalten ihren Sitz in Essen. Die Revierstadt zählt etwa 3 500 Konzernjobs. Auch der wichtige RWE-Standort Dortmund soll stark bleiben. Knapp 3 000 RWE-Arbeitsplätze und wichtige Sparten wie der Vertrieb und die effizienz-Tochterfirma befinden sich in der Westfalenmetropole. Dortmund und Essen sind große RWE-Anteilseigner. Unklar ist, ob sie irgendwann in Innogy investieren und bei RWE aussteigen.	Die Standorte. Es war eine große Überraschung im Frühjahr des vergangenen Jahres: Eon verkündete, Abschied von Düsseldorf zu nehmen. Bislang war erwartet worden, dass der prestigeträchtige Firmenteil, der künftig für die erneuerbaren Energien zuständig ist, in der Landeshauptstadt bleiben soll. Doch Eon zog nach Essen. Die Kraftwerkstochter Uniper siedelte sich in Düsseldorf an. Von den mehr als 56 000 Eon-Beschäftigten wechselten rund 14 000 Mitarbeiter zu Uniper.
Die Chefs. Rund 40 000 der 60 000 Beschäftigten von RWE wechseln zur neuen Tochtergesellschaft Innogy. Auch Konzernchef Peter Terium, der RWE und Innogy zunächst in einer Doppelfunktion geführt hat, will sich ganz auf Innogy konzentrieren. Vorstandschef von RWE wird Teriums bisheriger Vize Rolf Martin Schmitz, der damit offiziell an der Spitze des Dax-Konzerns steht.	Die Chefs. Wie bei RWE entschied sich der bisherige Vorstandschef für die Führung des Ökostrom- und Netzgeschäfts: doch anders als bei Peter Terium hat sich der Firmenname auf der Visitenkarte von Johannes Teyssen nicht geändert. Teyssen ist weiterhin Eon-Chef. Sein früherer Vorstandskollege Klaus Schäfer übernahm die Führung des Eon-Kraftwerksablegers Uniper.

(Quelle: WAZ, 07.10.2016)

»Ein historischer Tag für Bayer«

Finanzchef: Erhöhung des Kaufpreises wird ausschließlich über zusätzliches Eigenkapital finanziert

Übernächtigt, aber glücklich ist Bayer-Finanzchef Johannes Dietsch, als am Dienstagmorgen in New York Tinte unter der Fusionsvereinbarung mit Monsanto steht. In die Aufsichtsratssitzung hatte er sich zusammen mit Vorstandschef Werner Baumann und Vorstandsmitglied Liam Condon per Videokonferenz eingewählt. Beendet ist ein zäher Übernahmepoker, den Bayer am Ende für sich entschied. Die Börsen-Zeitung sprach mit Dietsch über die Ausgestaltung der Finanzierung.

Herr Dietsch, Bayer hat den Vertrag zur größten Übernahme der Firmengeschichte unterzeichnet. Wie sieht der weitere zeitliche Ablauf aus?

Heute ist ein historischer Tag für Bayer. Wir sind sehr zufrieden, dass wir eine Einigung mit dem Monsanto-Management erzielt haben. Als Nächstes müssen wir die Aktionäre von Monsanto fragen. Dazu wird es eine Hauptversammlung geben,

AUS DER PRAXIS

die noch einzuberufen ist. In den USA ist dazu vorher auch noch eine Vorlage bei der SEC einzureichen. Ziel ist es, noch in diesem Jahr eine Hauptversammlung einzuberufen, spätestens Anfang nächsten Jahres.

Reicht Ihnen die einfache Mehrheit in der Hauptversammlung, um den Deal perfekt zu machen?
Ja, die einfache Mehrheit reicht aus. Mit Vollzug würden wir dann alleiniger Aktionär von Monsanto. Wir brauchen die Zustimmung der Monsanto-Aktionäre, aber auch die Zustimmung der Kartellbehörden und anderer staatlicher Aufsichtsorgane.

Bis wann rechnen Sie mit der Zustimmung der Kartellbehörden?
Die Hauptversammlung wird so schnell wie möglich einberufen. Die vollständige Kartellfreigabe erwarten wir gegen Ende nächsten Jahres.

Das heißt, bis dahin ist der Deal noch in der Schwebe, die Monsanto-Aktionäre sehen also kein Geld?
Das ist richtig. Die Transaktion steht unter anderem unter der Auflage, dass die Kartellbehörden zustimmen.

Werden Sie mit der Refinanzierung der Transaktion bis nach der Hauptversammlung warten?
Zunächst einmal haben wir mit fünf Banken einen Kreditvertrag über 57 Mrd. Dollar unterschrieben, das ist der Eigenkapitalwert der Transaktion. Die Differenz zu den 66 Mrd. Dollar sind Schulden, die in der Bilanz von Monsanto stehen. Mit der Kreditlinie, die über mehrere Jahre läuft, haben wir die Möglichkeit, die Refinanzierung flexibel zu gestalten. Über einzelne Ausfinanzierungsmaßnahmen werden wir unter Berücksichtigung des Fortschritts in der Diskussion mit den Behörden sowie der Lage an den Kapitalmärkten entscheiden.

Haben Sie sich vorab schon Zusagen von Monsanto-Aktionären eingeholt?
Nein, wir haben aktiv keinen Kontakt gesucht. Wir haben den Kapitalmarkt aber immer zeitnah informiert.

Inwieweit hat das gegenwärtige Zinsumfeld – Henkel platzierte vorige Woche einen Bond mit negativem Kupon – die Übernahme befördert?
Das Niedrigzinsumfeld spielt kaum eine Rolle. Wir rechnen intern mit den Kapitalkosten, und unser Kapitalkostensatz liegt für diese Transaktion in Euro bei aktuell 7,5 %. Das heißt, damit sich der Deal für unsere Aktionäre rechnet, müssen wir deutlich mehr als 7,5 % verdienen. Erst in einem zweiten Schritt schauen wir, wie wir die Transaktion am besten finanzieren können. Natürlich freuen wir uns, falls wir langfristige Anleihen dann zu niedrigen Zinsen platzieren können.

Mit Eigenkapitalmaßnahmen wollen Sie 19 Mrd. Dollar finanzieren. Geplant sind eine Bezugsrechtsemission und Pflichtwandelanleihen. Können Sie etwas zur Aufteilung zwischen den beiden Instrumenten sagen?

AUS DER PRAXIS

Der Eigenkapitalanteil wird zum weit überwiegenden Teil aus der Bezugsrechtskapitalerhöhung bestehen. Weit überwiegend meint in diesem Zusammenhang 75 % plus/minus.

Es gab während des Übernahmepokers auch Stimmen aus Ihrem Aktionärskreis, die die Ansicht vertraten, gute Governance erfordere die Zustimmung der Hauptversammlung zu dieser riesigen Kapitalerhöhung. Wie steht Bayer dazu?
Im deutschen System haben wir die Regelung, dass wir uns von der Hauptversammlung für fünf Jahre einen Kapitalrahmen genehmigen lassen. Das haben wir zuletzt 2014 getan. Von daher steht uns dieser Rahmen zur Verfügung, den wir aber nicht voll ausschöpfen. Für eine erneute Befragung der Aktionäre besteht kein Anlass.

Sie haben die Möglichkeit, das Grundkapital über eine Bezugsrechtsemission um bis zu 25 % zu erhöhen. On top kommen neue Aktien für die Wandelanleihe. Wie groß ist der Rahmen insgesamt?
Insgesamt haben wir Zugriff auf 35 % des Grundkapitals mittels Bezugsrechtskapitalerhöhung plus 10 % beziehungsweise maximal 6 Mrd. Euro mittels einer Wandelanleihe. Mit der von uns genannten Größenordnung von 19 Mrd. Dollar bleiben wir beim aktuellen Aktienkurs deutlich unter dem Maximalrahmen.

Wie hoch wird am Ende die Nettoverschuldung in Relation zum Ergebnis vor Zinsen, Steuern und Abschreibungen (Ebitda) sein?
Das wird einschließlich Pensionsverpflichtungen unmittelbar nach Closing mehr als das Vierfache des kombinierten Ebitda sein.

Was bedeutet das für das Rating? Auf Basis des Ursprungsangebots von 122 Dollar je Aktie hatte Standard & Poor's eine Herabstufung um zwei Stufen auf »BBB« in Aussicht gestellt. Jetzt zahlt Bayer deutlich mehr. Wird die Herabstufung dadurch größer ausfallen?
Wir sehen das genau umgekehrt. Wir haben von Anfang an gesagt, dass wir unser Rating schützen wollen. Wir streben ein solides Investment-Grade-Rating an. Das war das Ziel bei 122 Dollar und ist das Ziel bei 128 Dollar. Das ist auch der Grund, warum wir die Erhöhung des Kaufpreises nun über zusätzliches Eigenkapital finanzieren und nicht über weitere Schulden.
(Quelle: Börsen-Zeitung, 15.09.2016)

Warum will Bayer nicht auf den Kapitalmarkt hören?

Bayer-Vorstandschef Werner Baumann wird nicht müde, die Attraktionen des inzwischen 66 Mrd. Dollar teuren Fusionsvorhabens mit Monsanto vorzustellen. Drei Jahre nach dem für Ende 2017 geplanten Vollzug soll durch Synergien von 1,5 Mrd. Dollar und Agro-One-Stop-Shopping ein Anstieg des Ergebnisses pro Aktie von über 10 % erreicht werden. Und dann: Ein erwarteter Anstieg der Weltbevölkerung um 3 Milliarden Menschen bis 2050 soll erhebliches Wachstumspotential mit »Weltrettungscharakter« bergen. Auch hätte Bayer eine besondere Fähigkeit, auch große Übernahmen geräuschlos zu integrieren. […]

AUS DER PRAXIS

Und obwohl das alles vielversprechend erscheint, reagiert der Kapitalmarkt konträr: Er ignoriert die Attraktionen und zweifelt daran, dass die Übernahme zustande kommt. Die vollfinanzierte Offerte mit einem vereinbarten Preis von 128 Dollar liegt fast 25 % über dem aktuellen Monsanto-Börsenkurs.

Neben der massiven Verlagerung der Konzernstrategie auf den Agro-Bereich werden als Negativpunkte genannt: die für die Entscheidung der Kartellbehörden aus 30 Ländern problematisch hohe Agro-Marktmacht von Bayer/Monsanto, der mit dem 18-fachen Ebitda hohe Kaufpreis und die im Monsanto-Heimatmarkt bereits hohe Abdeckung mit genveränderten Produkten.

Die erwarteten Synergien werden zu optimistisch gesehen, auch weil Bayer den eigenen wie auch den Monsanto-Mitarbeitern zusichert, dass weder in Deutschland noch in den USA Entlassungen oder Niederlassungsschließungen bevorstehen. Die bilanzielle Belastung (die Bayer-Nettoverschuldung steigt auf viermal Ebitda) mindere den Spielraum für Forschung und Entwicklung bei Pharma, den die im Branchenvergleich wenig vielversprechende Pharma-Pipeline aber bald erfordern dürfte. Die zitierte Zunahme der Weltbevölkerung um 3 Milliarden Menschen würde auch im deutlich margenträchtigeren Pharma-Bereich erhebliches Wachstumspotenzial bieten. Und ob sich das Monsanto-Image schon durch Aufgeben des Namens kurzfristig verbessern ließe, erscheint vielen doch etwas kurz gesprungen.

Die schon seit 2015 erhebliche Minusperformance der Bayer-Aktie (um 13 % relativ zum DAX 30) hat sich seit der Deal-Ankündigung am 11. Mai fortgesetzt: Bayer minus 12 %, dagegen der DAX 30 plus 7 %, Bayers wichtige Wettbewerber plus 13 %. Mehr als die Hälfte der 30 Researchhäuser hat die Bayer Aktie auf »hold« gesetzt (was bekanntlich eher ein don't buy ist); das den Deal teuer beratende Haus Morgan Stanley rät sogar zum »underweight«. Große Institutionelle Investoren sehen die Übernahme skeptisch, die Kritik in der breiten Öffentlichkeit und der NGOs ist ungebrochen. Das erklärt der Bayer-CEO damit, dass europäische Investoren nur wenig Erfahrung im Agro-Bereich besäßen und der Deal allenfalls in Deutschland und Frankreich umstritten sei.

Schließlich die Integrationsfrage: Mega-Fusion mit amerikanischen Unternehmen sind angesichts der unterschiedlichen Unternehmenskulturen nur selten glücklich verlaufen. Bayer hat zwar in der Vergangenheit andere Akquisitionen geräuschlos integriert, jedoch wurden die Ertragsziele in wichtigen Fällen kaum erreicht. Dies hat sich bei der 16 Mrd. Euro teuren Schering-Akquisition angesichts der nicht nachhaltigen Qualität der Produktpalette gezeigt und sich jüngst bei der Akquisition der Consumer-Products-Sparte von Merck USA bestätigt.

Dennoch scheint die Bayer-Verwaltung unbeeindruckt, was auch durch die kürzliche Begebung einer 4-Mrd.-Euro-Pflichtwandelanleihe zur Teildarstellung der für die Fusion erforderlichen 19 Mrd. Euro Eigenmittel deutlich wurde. Aber auch hier zeigte sich der Kapitalmarkt reserviert, da trotz generell guter Börsenstimmung die Emission (mit einem Kupon von immerhin 5,625 %) nur am unteren Ende der zunächst vorgegebenen Kondition platziert werden konnte. […]

(Quelle: Börsen-Zeitung, 07.12.2016)

Modul 18 Corporate Governance und Anreizgestaltung

ZENTRALE INHALTE

- Grundlagen und Ziele der Corporate Governance
- Elemente guter Corporate Governance
- Wertorientierte Managervergütung
- Gesetzliche Vorgaben zur Unternehmensleitung und -überwachung im In- und Ausland
- Risk Governance und die Rolle des Chief Risk Officer

18.1 Corporate Governance: Definition und Ziele

Einstiegsbeispiel

Korruptionsaffäre bei Siemens: Mehr als eine Milliarde € dubiose Zahlungen

►►► Die Korruptionsaffäre bei Siemens könnte noch viel größere Ausmaße haben als bislang bekannt. Das geht aus einem Zeitungsbericht hervor. Ermittler einer amerikanischen Kanzlei seien auf fragwürdige Zahlungen von weit mehr als einer Milliarde € gestoßen.
(Quelle: FAZ online, 13.08.2007)

Drei Jahre später bezifferte das Handelsblatt die illegalen Zahlungen, mit denen Siemens über die Bestechung von Amtsträgern im Ausland an Aufträge gelangen wollte, auf knapp 1,3 Mrd. €. Als Konsequenz aus der Enthüllung dieser Korruptionsvorwürfe richtete Siemens ein neues Vorstandsressort für Recht und Compliance ein, in dem anschließend die Anti-Korruptions-Einheit des Konzerns organisatorisch verankert wurde. Siemens damaliger Vorstandsvorsitzender Peter Löscher erklärte hierzu, man wolle mit der personellen Neuaufstellung und der organisatorischen Bündelung der Anti-Korruptionseinheiten erreichen, dass der Konzern transparenter und weniger komplex werde. »Zugleich unterstreichen wir mit den getroffenen Entscheidungen unseren Anspruch, Siemens auf dem Gebiet Corporate Governance weltweit in eine Spitzenposition zu bringen«.
(Quelle: Handelsblatt Online, 26.10.2010) ◄◄◄

18.1 Corporate Governance und Anreizgestaltung
Corporate Governance: Definition und Ziele

Das Management eines Unternehmens beinhaltet stets die Kontrolle der betrieblichen Abläufe durch die Unternehmensleitung. Ein Einzelhandelskaufmann wird bspw. jeden Abend den Bargeldbestand in der Registrierkasse überprüfen, die Warenausgänge protokollieren und weitere legale Überwachungsmaßnahmen treffen, mit denen Schäden an seinem Eigentum oder aber an den Interessen der Stakeholder des Unternehmens (z. B. den Mitarbeitern) abgewendet werden können. Je größer ein Unternehmen wird, desto komplexer werden Umfang und Wahrnehmung dieser Kontrollaufgaben. Zudem wächst mit der Unternehmensgröße auch die Anzahl der Rechtsvorschriften, die im Zusammenhang mit der **Leitung** und **Überwachung** des Unternehmens einzuhalten sind. Die Gesamtheit dieser Vorschriften und Regeln, also der Ordnungs- und Werterahmen für die Leitung und Überwachung von Unternehmen, wird allgemein als **Corporate Governance** bezeichnet.

Binnen- und Außensicht

Die Notwendigkeit einer funktionierenden Corporate Governance ergibt sich zum einen aus den in mehreren Modulen dieses Buches angesprochenen Prinzipal-Agenten-Konflikten. Während die ältere Corporate Governance-Literatur das Ziel hatte, Regeln dafür zu entwerfen, dass das Management im Sinne der Anteilseigner agiert, ist der Fokus in der neueren Literatur weiter. Hier wurden auch die anderen Stakeholder der Unternehmung berücksichtigt, die von ihrer Entwicklung zum Teil existenziell abhängen. Die Corporate Governance hat daher zwei Perspektiven: Eine interne Perspektive (Binnensicht), die auf das Zusammenspiel der Organe der Unternehmung abstellt (»Unternehmensverfassung«) und eine externe Perspektive (Außensicht), die Regeln für das Verhältnis des Unternehmens zu sämtlichen Stakeholdern enthält (von Werder 2015, S. 3 f.).

Design der Corporate Governance

Bei der Formulierung von Rahmenbedingungen für das unternehmerische Handeln müssen zwei Grundfragen beantwortet werden. Zum einen ist festzulegen, ob die Verhaltenslenkung primär durch **Ge- bzw. Verbote** oder über **Anreize** geschehen soll. Die erste Lösung steckt die Spielräume für die dispositive Tätigkeit des Managements und damit auch die Gelegenheiten zu opportunistischem Verhalten ab. Die zweite Lösung setzt bei der Motivation der Unternehmensleitung an, die gegebenen Optionen (aus)zunutzen. Zum anderen ist zu überlegen, ob die Verhaltenslenkung primär durch den **Staat** oder den **Markt** erfolgen soll. Hierfür kommen im ersten Fall Gesetze und Verordnungen, im zweiten Fall vor allem Informationen in Betracht, auf deren Basis sich z. B. am Finanzmarkt realistische Renditevorstellungen der Investoren bilden und als Kapitalkosten eine disziplinierende Wirkung auf das Management entfalten können (Modul 16). Auch werden durch die Informationen Übernahmeprojekte initiiert, so dass von einem »Markt für Unternehmenskontrolle« gesprochen wird (vgl. auch Manne 1965; Jensen/Rusack 1983; Rudolph 2006, S. 570 ff.).

Doppelfunktion des Finanzleiters

Der Finanzleiter einer Unternehmung nimmt in Bezug auf die Corporate Governance eine **Doppelrolle** ein. Auf der einen Seite ist er selbst als Mitglied der Unternehmensleitung **Objekt** der Corporate Governance: Auch auf seinen Aufgabenbereich bezogen müssen Rechte und Pflichten formuliert, auch für ihn muss eine anreizgerechte Vergütung gefunden werden. Auf der anderen Seite ist der Finanzleiter (zumindest mit)**verantwortlich für die Durchführung und Überwachung** der in der Corporate Governance festgelegten **Regeln** – z. B. mit Blick auf die dem Kapital-

Abb. 18.1

Aufgaben des Finanzleiters im Rahmen der Wertschaffung

markt zur Verfügung gestellten Informationen oder bei der Berechnung der Wertschaffung als Grundlage des Vergütungssystems.

Durch die Mitgestaltung des Führungs- und Überwachungssystems der Unternehmung ist der Finanzleiter demnach auch in die **Organisation** der Wertschaffung eingebunden.

Corporate Governance

Die einführenden Ausführungen machten deutlich: Unter der **Corporate Governance** eines Unternehmens versteht man den **rechtlichen und faktischen Ordnungsrahmen für dessen Leitung und Überwachung**. Sie betrifft insbesondere die Einbindung des Unternehmens in sein Umfeld und seine Beziehungen zu den Stakeholdern. Von herausgehobener Bedeutung ist die Corporate Governance auf Grund des besonderen Schutzbedarfes der Interessen von Kapitalmarktinvestoren in **börsennotierten Aktiengesellschaften**. Sie wird sowohl vom Gesetzgeber als auch den Eigentümern des Unternehmens festgelegt und von den Aufsichtsgremien und der Unternehmensleitung konkretisiert (vgl. von Werder 2015, S. 3).

Wichtige Grundideen der Corporate Governance sind (vgl. Freidank/Peemöller 2008)

- die **Gewaltenteilung** im Unternehmen,
- die **Transparenz** hinsichtlich der getroffenen Entscheidungen,

- die **Reduzierung von Interessenskonflikten** zwischen den Stakeholdern sowie
- die **Motivation** der Mitarbeiter und Manager.

Merkmale guter Corporate Governance

Die Definition der Corporate Governance ist hier wie auch in der gesamten wissenschaftlichen Literatur zur Unternehmensführung vergleichsweise unscharf. Statt einer Verfeinerung der Definition werden stattdessen üblicherweise **Merkmale und Ziele »guter« Corporate Governance** aufgelistet, die den Begriff der Corporate Governance konkretisieren. Mit ihnen soll die **Effektivität (Aufgabenerfüllung)** und **Effizienz (Wirtschaftlichkeit)** von Führung und Überwachung gewährleistet werden. Diese Merkmale sind u. a. (vgl. hierzu auch Hommelhoff/Hopt/v. Werder 2010 sowie von Werder 2015):

- Die Unternehmensleitung und die Mitarbeiter sollten angemessen und verantwortungsvoll mit Risiken im Unternehmen umgehen. Ab einer gewissen Unternehmensgröße erfordert dies die Einrichtung eines institutionalisierten **Risikomanagements**, damit die Stakeholder des Unternehmens vor Risiken geschützt werden können.
- Die Besetzung und **Auswahl** der **Aufsichtsräte** und **Vorstände** erfolgt **transparent** und **leistungsorientiert**.
- Die Unternehmensleitung verfolgt eine Unternehmenspolitik, die auf **nachhaltige** und **langfristige Wertschöpfung** ausgerichtet ist.

AUS DER PRAXIS

Corporate Social Responsibility bei Sanofi

Der französische Pharmakonzern Sanofi S.A. beschreibt seine Aktivitäten zur Corporate Social Responsibility wie folgt:

Unternehmensverantwortung CSR

Unter Corporate Social Responsibility (CSR) versteht Sanofi verantwortliches Handeln im Sinne der bürgerlichen Gesellschaft. Denn Patienten vertrauen zu Recht auf Sanofi-Qualität. Sanofis Unternehmensverantwortung ruht auf den vier tragenden Säulen Patient, Ethik, Mensch und Planet. Verantwortungsbewusstes Handeln ist für uns mehr als die Versorgung der Menschen mit verlässlichen Medikamenten. Partnerschaftliches Verhalten, Respekt im Umgang mit Umwelt und Ressourcen und Transparenz sind Leitlinien unseres Handelns.
Aus dieser Verantwortung heraus klären wir über die Notwendigkeit klinischer Studien auf und unterstützen die Berichterstattung über die pharmazeutische Industrie. Wir investieren viel Zeit und Geld in Ihren Schutz vor Arzneimittelfälschungen und veröffentlichen unsere Forschungen, damit auch andere Wissenschaftler und Institutionen unsere Erkenntnisse nutzen können.
Diese Verantwortung ist erlebbar in unserem jährlich erscheinenden Bericht zur Unternehmensverantwortung und nachhaltigen Entwicklung von Sanofi in Deutschland.
(Quelle: http://www.sanofi.de, 2016)

- Das Unternehmen besitzt **klar strukturierte Entscheidungswege**, die das Entstehen eines Machtvakuums nicht zulassen.
- Das Unternehmen verfügt über Regeln und Strukturen zur Überwachung der Einhaltung von Gesetzen und Richtlinien (sog. **Compliance**).
- Aufsichtsgremien und Unternehmensleitung arbeiten **zielgerichtet** zusammen.
- Das Unternehmen **kommuniziert offen** und **transparent** mit seinen Stakeholdern.
- Die Unternehmensleitung **achtet** die **Interessen** der **Unternehmenseigentümer**.

Corporate Social Responsibility

Über diese Punkte hinausgehend kann sich ein Unternehmen freiwillig noch stärker der nachhaltigen Entwicklung und Wertschöpfung in der **Gesellschaft** verpflichten. Dieser freiwillige Beitrag wird üblicherweise mit dem Begriff der **Corporate Social Responsibility** (CSR) zusammengefasst (vgl. Lin-Hi 2009).

18.2 Elemente guter Corporate Governance

Die Corporate Governance eines Unternehmens betrifft insbesondere die Leitung und Überwachung (Kontrolle) des Unternehmens. Gemeinsam mit der Unternehmensplanung und der Unternehmensorganisation bilden beide die **Unternehmensführung**. Unternehmensleitung und -überwachung stehen gerade mit Blick auf die Corporate Governance in einer engen Verbindung mit Vor- und Rückkopplungen zueinander.

18.2.1 Unternehmensleitung versus Unternehmensüberwachung

Aufgaben von Leitung und Überwachung

Die **Unternehmensleitung** besteht im Zusammenhang mit der Festlegung des Geschäftsmodells aus der Vorgabe einer konkreten Unternehmenspolitik, die für alle Unternehmensbereiche und -funktionen als Rahmen des betriebswirtschaftlichen Handelns gilt (vgl. Witte 2007). Die **Unternehmensüberwachung** bezweckt die Überprüfung der betrieblichen Zielerfüllung und die Einleitung von (Gegen-)Steuerungsmaßnahmen, falls Plan-, Soll- und Ist-Größen voneinander abweichen.

Die Corporate Governance eines Unternehmens legt dann den Ordnungsrahmen für die Unternehmensleitung und die Unternehmensüberwachung fest, in dem sich beide bewegen müssen. Zunächst wird dieser Ordnungsrahmen durch **gesetzliche Vorschriften** und **Richtlinien** bestimmt, die das Unternehmen zwingend einzuhalten hat. Die Unternehmensleitung muss somit darauf ausgelegt sein, dass sämtliche im Unternehmen getroffenen Entscheidungen die gesetzlichen Vorgaben erfüllen.

Rechtliche vs. faktische Vorgaben

Im Einführungsbeispiel konnte man sehen, dass der gelegentliche Verstoß gegen gesetzliche Regeln in der Realität Teil der Unternehmenspolitik sein kann. Die Corporate Governance betrifft daher im zweiten Schritt auch die Unternehmensüberwachung. Diese muss nicht nur den betriebswirtschaftlichen Vergleich von Plan-, Soll- und Ist-Kennzahlen zum Unternehmenserfolg beinhalten, sondern auch die Einhaltung der gesetzlichen Vorgaben durch die Unternehmensmitarbeiter kontrollieren.

Neben den gesetzlichen Vorgaben umfasst die Corporate Governance weitere, nicht konkret in Gesetze gefasste Vorschriften zum Schutz der Interessen der Stakeholder eines Unternehmens, die jedoch gesellschaftlicher Konsens sind. Diese **faktischen Vorgaben** bilden ebenfalls einen Leitrahmen für die Unternehmensleitung und -kontrolle. Bestandteil einer guten Corporate Governance ist dann schließlich die Einrichtung von **Prozessen**, um angemessen und schnell auf die im Rahmen der Unternehmensüberwachung aufgedeckten Verstöße gegen gesetzliche und faktische Regeln in der Unternehmensleitung reagieren zu können.

18.2.2 Corporate Governance und die Rolle der Leitungsorgane

Der erste große Teilbereich der Corporate Governance umfasst demnach den Regelkanon für das **angemessene Verhalten** der **Unternehmensleitung**. Im deutschen dualistischen System der Unternehmensverfassung bedeutet dies, dass die Corporate Governance Regeln für das Verhalten und das **Zusammenwirken** von **Vorstand** (bzw. Geschäftsführung) und **Aufsichtsrat** festlegt, die Bestandteil des Gesellschaftsrechts sind bzw. dieses ergänzen.

Corporate Governance und der AG-Vorstand

Dem Vorstand obliegt die eigenverantwortliche und weisungsunabhängige Leitung einer Aktiengesellschaft, wobei er primär die Interessen der Aktionäre vertreten wird. Im Sinne einer guten Corporate Governance hat der Vorstand dabei jedoch auch die **Interessen** der übrigen **Stakeholder** mit dem Ziel einer **nachhaltigen Wertschaffung** zu beachten. Auch mit Blick auf Stakeholder (wie Mitarbeiter, Lieferanten usw.) hat der Vorstand geeignete Maßnahmen des Risikomanagements und -controllings zu ergreifen, um gravierende Risiken abwenden zu können. Schließlich muss der Vorstand die Einhaltung gesetzlicher und interner Vorgaben überprüfen und Verstöße melden bzw. sanktionieren. Eine gute Corporate Governance erfordert außerdem vom Vorstand, dass seine Arbeit durch eine **klare Geschäftsordnung** und **Aufgabenverteilung** geregelt ist.

Diversität

Ebenso drückt sich eine gute Corporate Governance darin aus, dass ein Vorstand geeignete Maßnahmen trifft, um im Unternehmen **Diversität** mit Blick auf Geschlecht, Nationalität, Zugehörigkeit zu einer Religion usw. und **Chancengleichheit** zu fördern.

Vermeidung von Interessenkonflikten

Ein Vorstand sollte **Interessenskonflikte** seiner Mitglieder, wenn möglich in Gänze vermeiden. Zum einen umfasst dies ein vollständiges Wettbewerbsverbot während der Zeit der Unternehmensleitung. Zum anderen sollten Vorstände während der Zeit ihrer Zugehörigkeit zu einem Unternehmen keine Nebentätigkeiten ausüben oder Zahlungen von dritter Seite annehmen. Ausnahmen hiervon sollten Vorstände unmittelbar dem Aufsichtsrat anzeigen. Schließlich verbietet es eine gute Corporate Governance den Vorstandsmitgliedern, ihre Position zum Schaden des Unternehmens für persönliche Zwecke auszunutzen oder anderen Personen ungerechtfertigt Vorteile zu gewähren.

Beispiel 1

Corporate Governance und Vorstandsverträge

▸▸▸ Die Adversia AG ist auf der Suche nach einem neuen Finanzvorstand. Gemeinsam mit einem Headhunter identifiziert die AG eine geeignete Kandidatin für die Position. In den zu schließenden Vorstandsvertrag werden im Sinne einer guten Corporate Governance verschiedene Klauseln aufgenommen, die Fälle regeln, in denen nahe Familienangehörige der Kandidatin gleichzeitig im Unternehmen beschäftigt werden, um so Interessenskonflikte und Nepotismus verhindern zu können. ◂◂◂

Corporate Governance und der AG-Aufsichtsrat

Die Regeln der Corporate Governance betreffen neben dem Vorstand auch den **Aufsichtsrat** als Beratungs- und Überwachungsorgan einer Aktiengesellschaft. Ähnlich wie der Vorstand soll sich auch der Aufsichtsrat eine Geschäftsordnung geben, bei der Besetzung des Vorstands auf Diversität, Chancengleichheit und Nachhaltigkeit achten und Interessenskonflikte vermeiden bzw. diese dem Aufsichtsrat als Ganzem und der Hauptversammlung offenlegen. Hierdurch sollen die Interessen der Aktionäre geschützt und die Handlungsfähigkeit des Aufsichtsrats gesichert werden.

Die Vorgaben der Corporate Governance betreffen jedoch nicht nur **Vorstand** und **Aufsichtsrat** isoliert voneinander, sondern auch die **Zusammenarbeit** zwischen beiden Organen. So sollen sie gemeinsam und eng zum Wohle des Unternehmens zusammenarbeiten und ihre Arbeit aufeinander abstimmen. Diese enge Verzahnung der Leitung und Überwachung des Unternehmens erfordert neben einem offenen Informationsaustausch zwischen beiden Organen auch eine offene Diskussionskultur als Basis einer guten Unternehmensführung. Für beide Organe gilt im Sinne einer guten Corporate Governance zudem, dass ausschließlich fachlich qualifizierte Personen in die Leitungsorgane eines Unternehmens berufen werden sollten. Schließlich sollten Vorstände und Aufsichtsräte für einen Zeitraum von drei bis maximal fünf Jahren (siehe ebenfalls § 84 Abs. 1 Satz 1 AktG) ernannt werden, um so eine bessere Leistungsüberprüfung ermöglichen zu können.

18.2.3 Corporate Governance und Vergütungsmodelle

Fixgehalt

Ein weiterer Kernbestandteil einer Corporate Governance mit Bezug zu den Leitungsorganen einer Aktiengesellschaft ist die angemessene und im Sinne des Unternehmens nachhaltige Vergütung von Vorstands- und Aufsichtsratsmitgliedern.

Im einfachsten Fall würde ein Unternehmen seinen Vorständen ein **Fixgehalt** zahlen, das sich an vergleichbaren Gehältern bei Konkurrenzunternehmen orientiert. Eine solche Vergütungsstruktur ist jedoch **nicht anreizkompatibel**, d. h. der Vorstand würde sich höchstwahrscheinlich nicht optimal im Sinne der Unternehmenseigner verhalten. Die Ursache hierfür ist die Prinzipal-Agenten-Beziehung zwischen dem Vorstand und den Aktionären.

Beispiel 2

Das Prinzipal-Agenten-Problem bei fixer Vergütung des Managers

▸▸▸ Die Adversia AG zahlt ihren fünf Vorständen jeweils ein Fixgehalt von 1 Mio. € pro Jahr. Das Unternehmen wird zum Großteil im Streubesitz gehalten, und kein Einzelaktionär besitzt mehr als 5 % der Aktien. Sind jedoch alle Aktionäre nur mit wenig Kapital in der Adversia AG investiert, besitzt kein Aktionär ein großes Interesse an einer aufwendigen Kontrolle der Vorstände. In dieser Situation besitzen die Vorstände möglicherweise keinen Anreiz, sich in besonderer Weise für das Unternehmen zu engagieren und den Shareholder Value der Adversia AG zu erhöhen. Ihr Mehrengagement wird nicht vergütet, und ein geringer Arbeitseinsatz wird von den Aktionären nicht sanktioniert. Solange das Unternehmen keine Verluste erwirtschaftet, werden die Manager ihre Positionen behalten und die Adversia AG bleibt unterhalb ihrer Möglichkeiten zur Wertschaffung. ◂◂◂

Eine rein fixe Vergütung der Unternehmensleiter setzt offensichtlich falsche Anreize. Um das zwischen Managern und Eignern grundsätzlich bestehende Prinzipal-Agenten-Problem zu lösen, können die Eigentümer den Vorständen und Aufsichtsräten eine variable, an den Unternehmenserfolg geknüpfte Vergütung anbieten.

Aktienbasierte Vergütung

Neben der Entlohnung der Manager der AG (zumindest teilweise) in Aktien können diese auch über einen **Aktienoptionsplan** vergütet werden. Durch diese Form der Entlohnung werden die Manager selbst zu (Mit-)Eigentümern des Unternehmens, so dass ihre Anreizstruktur und die der Eigner angeglichen werden und nun auch die Manager ein Eigeninteresse an einer Maximierung des Shareholder Values besitzen. Eine weitere Möglichkeit zur anreizkompatiblen Gestaltung der Managervergütung besteht in der Vereinbarung einer variablen, erfolgsabhängigen Vergütung.

Variable Vergütung

Die Anteilseigner bzw. die Hauptversammlung eines Unternehmens können mit den Unternehmensleitern eine teilweise oder vollständige **variable Vergütung** vereinbaren. Bei dieser richtet sich das Endgehalt eines Managers nach der Erreichung bestimmter vertraglich vereinbarter Ziele. Üblicherweise werden die Unternehmenseigner Vorgaben z. B. hinsichtlich der Profitabilität, der Aktienkursentwicklung oder des Umsatzwachstums vereinbaren. Die variable Vergütung (man spricht auch von **Boni** bzw. **Tantiemen**) wird somit an bestimmte **Key Performance Indicators (KPIs)** des Unternehmens geknüpft, so dass die Unternehmensleitung incentiviert wird, durch ein erhöhtes Engagement und eine gute Unternehmensführung den Shareholder Value zu erhöhen. Die Arbeitsverträge zwischen dem Unternehmen und seinen Managern werden somit **anreizkompatibel** ausgestaltet.

In der Praxis werden die Leiter eines Unternehmens nicht ausschließlich fix oder variabel vergütet. Vielmehr wird sich das Gesamtvergütungspaket eines Vorstands aus mehreren unterschiedlichen Teilen zusammensetzen:

- **Fixgehalt**: Als Grundsockel wird jeder Manager ein Fixgehalt erhalten, das ihm ohne Eintreten bestimmter Ereignisse stets zusteht. Die Höhe des Fixgehaltes wird so gewählt sein, dass der Manager einerseits eine hinreichend hohe Motivation zum Einsatz für das Unternehmen und die Interessen der Aktionäre besitzt. Andererseits muss das Fixgehalt marktfähig (und somit nicht zu niedrig gewählt sein), um qualifizierte Kandidaten für eine Vorstandsposition gewinnen zu können.

- **Kurzfristige variable Vergütungskomponenten (Boni)**: Zusätzlich zum Fixgehalt kann ein Manager für das Erreichen kurzfristiger Erfolgsziele (z. B. innerhalb des laufenden Bilanzjahres) variable Bonuszahlungen erhalten.
- **Langfristige Vergütungskomponenten (Long-term incentive plans, kurz: LTIPs):** Eine rein kurzfristig orientierte variable Vergütung wird das Management eines Unternehmens zur kurzsichtigen Führung des Unternehmens verleiten, die möglicherweise nicht in eine nachhaltige Erhöhung des Shareholder Values mündet. Die Unternehmenseigentümer werden daher in Ergänzung der kurzfristigen Bonuszahlungen die Vergütung auch an langfristigen Erfolgszielen orientieren. Beispielsweise könnten die Manager mit Aktienoptionen bezahlt werden, die erst nach Ablauf von mehreren Jahren ausgeübt werden können. Ebenso

AUS DER PRAXIS

Erfolgsabhängige Vergütung bei adidas

Die adidas AG verfolgte im Geschäftsjahr 2015 das Ziel, ihre Vorstände zu einem Drittel fix und zu zwei Dritteln variabel zu vergüten. Die fixe Vergütung besteht aus einem fest vereinbarten Jahresgrundgehalt, das sich nach dem Aufgaben- und Verantwortungsbereich des jeweiligen Vorstands richtet. Die variable Vergütung erläutert das Unternehmen in seinem Vergütungsbericht wie folgt:
Die variable, erfolgsbezogene Vergütung setzt sich aus zwei Komponenten zusammen:

- dem Performance-Bonus mit einjähriger Bemessungsgrundlage und
- dem LTIP-Bonus, der aus dem über einen Dreijahreszeitraum bemessenen Long-Term-Incentive-Plan 2015/2017 (LTIP 2015/2017) resultiert, als Vergütungskomponente mit langfristiger Anreizwirkung.

Als **kurzfristige** Performance-Kriterien verwendet adidas die folgenden Ziele:

- Steigerung des Nettoeinkommens
- Steigerung des Nettobeitrags bei TaylorMade-adidas Golf
- Steigerung des Nettoumsatzes der Marke adidas in den USA
- Steigerung der Marktanteile der Fußballschuhe in Westeuropa
- Steigerung des Verkaufsvolumens im Boost-Running-Bereich

Für die **langfristige Erfolgsmessung** hat der adidas-Aufsichtsrat die folgenden Performance-Kriterien über einen Dreijahreszeitraum festgelegt:

- Kumuliertes Nettoeinkommen
- Erhöhung der Präsenz im US-Markt
- Kurssteigerung der adidas-Aktie
- Profitabilität des Einzelhandelssegments
- Verbesserung der Zufriedenheit der Mitarbeiter
- Steigerung der Frauenquote in Management-Positionen

denkbar sind Bonuszahlungen, die von einem langfristigen (z. B. Fünf-Jahres-) Durchschnitt bestimmter Unternehmenskennzahlen abhängen.

- **Sachbezüge:** Neben dem variablen und fixen Gehalt kann das Unternehmen einem Manager vertraglich zusätzliche Sachbezüge zugestehen. Übliche Sachbezüge können z. B. die Bereitstellung einer Dienstwohnung oder eines Dienstwagens, die Übernahme der Krankenversicherung oder die Gewährung eines vergünstigten Kredites sein.
- **Pensionszusagen:** Schließlich kann das Unternehmen als Teil des Vergütungspakets seinen Vorständen umfangreiche Beiträge zur Altersvorsorge gewähren.

Eine gute Corporate Governance erfordert von den Eigentümern und Aufsichtsgremien eines Unternehmens, dass sie die Vergütung der Unternehmensführung am nachhaltigen Erfolg des Unternehmens und im Einklang mit den Interessen sämtlicher Stakeholder ausrichten. Eine erste Konsequenz hieraus ist, dass eine rein auf den kurzfristigen Erfolg des Unternehmens ausgerichtete variable Vergütung der Manager zu vermeiden ist.

Beispiel 3

Fehlanreize bei kurzfristiger variabler Vergütung

▸▸▸ Die Adversia AG hat aus den Fehlern der Vergangenheit gelernt und zahlt ihren Vorständen nur noch ein Fixgehalt von 200.000 € und zusätzlich eine variable Summe, die sich rein am Vorsteuergewinn der AG orientiert. Insbesondere Vorstände, deren Verträge nur noch ein Jahr oder kürzer laufen, besitzen dann einen Fehlanreiz, ihre Entscheidungen einzig und allein auf die kurzfristige (und einmalige!) Erzielung von Überschüssen im laufenden Jahr auszurichten, selbst wenn diese Entscheidungen dem Unternehmen langfristig schaden. ◂◂◂

Eine zweite Konsequenz aus der Forderung nach guter Corporate Governance ist, dass die Gesamtvergütung der Unternehmensleitung und Aufsichtsgremien **öffentlich gemacht** wird. Konkret fordert nach der Änderung durch das Vorstandsvergütungs-Offenlegungsgesetz (VorStOG) im Jahr 2005 der neue §285 Satz 1 Nr. 9 Buchstabe a HGB, dass Kapitalgesellschaften die für die Tätigkeit im Geschäftsjahr gewährten Gesamtbezüge (Gehälter, Gewinnbeteiligungen, Bezugsrechte und sonstige aktienbasierte Vergütungen, Aufwandsentschädigungen, Versicherungsentgelte, Provisionen und Nebenleistungen jeder Art) im Bilanzanhang anzugeben haben. Börsennotierte Aktiengesellschaften müssen zusätzlich die Gesamtbezüge jedes Vorstands- und Aufsichtsratsmitglieds einzeln mit Namensnennung angeben.

Die Beispiele für die Vergütung von Managern in der Praxis verdeutlichen die Vielfalt an Regelungen, die Unternehmen treffen, um die variable Vergütung ihrer Unternehmensleitung an der Performance zu orientieren. Eine nicht-triviale Aufgabe in diesem Zusammenhang ist die Auswahl geeigneter Kennzahlen zur möglichst objektiven Messung der Leistung eines Unternehmensmanagers mit Blick auf das Ziel der Wertschaffung (vgl. zu diesem Abschnitt z. B. Kajüter 2011).

AUS DER PRAXIS

Vergütungsbericht 2014 der Volkswagen AG

Vorstandsvergütungen bei Volkswagen

Volkswagen Konzern – Geschäftsbericht 2014
Vorstandsvergütungen 2011 (Vorjahreswerte in Klammern)*

€	Fix	Variabel	LTI	Gesamt
Martin Winterkorn	1.917.478 (1.907.862)	9.444.000 (9.003.000)	4.500.000 (4.095.000)	15.861.478 (15.005.862)
Francisco Javier Garcia Sanz	1.279.486 (1.241.017)	4.089.686 (3.931.746)	2.000.000 (1.820.000)	7.369.172 (6.992.763)
Jochem Heizmann	1.148.767 (1.209.945)	4.083.232 (3.942.320)	2.000.000 (1.820.000)	7.231.999 (6.972.265)
Christian Klingler	1.284.335 (1.241.017)	4.022.297 (3.872.240)	2.000.000 (1.820.000)	7.306.632 (6.933.257)
Michael Macht	831.938 (1.241.017)	2.329.427 (3.627.221)	1.166.667 (1.820.000)	4.328.033 (6.688.238)
Horst Neumann	1.209.044 (1.241.017)	3.273.200 (3.126.200)	2.000.000 (1.820.000)	6.482.244 (6.187.217)
Leif Östling	1.272.056 (1.210.126)	4.414.052 (3.991.749)	2.000.000 (1.820.000)	7.686.108 (7.021.875)
Hans Dieter Pötsch	1.292.868 (1.241.017)	3.507.000 (4.802.933)	2.000.000 (1.820.000)	6.799.868 (7.863.950)
Rupert Stadler	1.153.102 (1.105.310)	3.746.245 (3.595.169)	2.000.000 (1.820.000)	6.899.347 (6.520.479)
Summe	**11.389.074 (11.638.328)**	**38.909.139 (39.892.578)**	**19.666.667 (18.655.000)**	**69.964.880 (70.185.906)**

* Die Zahlen sind jeweils für sich gerundet; das kann bei der Addition zu geringfügigen Abweichungen führen.

Quelle: Geschäftsbericht Volkswagen AG 2014

Performancemessung

Üblicherweise werden der Aufsichtsrat bzw. die Shareholder eines Unternehmens die Leistung der für sie agierenden Manager nicht direkt beobachten und vergüten können, sondern stattdessen die **Performance des Unternehmens** als Indikator heranziehen. Ausgangspunkt für eine zweckmäßige Performancemessung ist zunächst die Festlegung auf den Renditeforderungen der Kapitalgeber basierender Erfolgsziele durch die Eigentümer des Unternehmens. Die Performance des Unternehmens (und damit auch der Unternehmensleitung) spiegelt sich dann in dem Grad der Erreichung dieser Erfolgsziele wider.

Traditionelle Performancekennzahlen

Unter diesem Aspekt sind **traditionelle Performancekennzahlen** ungeeignet, da sie ohne Bezug auf die Renditeforderungen der Shareholder bleiben. Hierzu zählen absolute und relative Kennzahlen zum Geschäftserfolg des Unternehmens wie etwa

- das Betriebsergebnis,
- der Jahresüberschuss bzw. der Jahresfehlbetrag,
- die Earnings before interest and taxes (EBIT),
- die Earnings before interest, taxes, depreciation, and amortization (EBITDA),
- die Umsatzrendite oder
- der Return on Investment (ROI).

Wertorientierte Performancekennzahlen

Daher sollte die erfolgsabhängige Vergütung von Managern an **wertorientierte Kennzahlen** zur Messung der **Unternehmensperformance** geknüpft sein. Zentrale Unterschiede dieser Kennzahlen ergeben sich aus der Abgrenzung des jeweiligen zugrundeliegenden Periodengewinns und der als Bezugsgröße verwendeten Kapitalbasis. Darüberhinaus lassen sich die in Abbildung 18.2 exemplarisch dargestellten und in der Praxis am weitesten verbreiteten Performancekennzahlen (ausführlicher in Modul 1 sowie Kajüter 2011) definieren als

- **Wertbeitragskennzahlen** (EVA oder CVA), die den **absoluten** Geldbetrag, um den der Wert des Unternehmens in einer Periode gestiegen ist, messen, wobei von einem in bestimmter Weise abgegrenzten Periodengewinn bzw. -cashflow die Kosten des eingesetzten Kapitals abgezogen werden. Die Kapitalkostensätze dienen hier unmittelbar zur Wertberechnung.
- **Kapitalrenditen** (ROCE oder CFROI), die als **relative** Performancekennzahlen einen abgegrenzten Periodengewinn bzw. -cashflow ins Verhältnis setzen zu einer um das unverzinsliche Fremdkapital (z. B. Rückstellungen) reduzierten Kapitalbasis. Ein Vergleich dieser Renditen mit den Kapitalkostensätzen der Unternehmung gibt Auskunft über die Wertschaffung (bspw. ROCE > WACC) oder die Wertvernichtung (ROCE < WACC) in einer Periode. Die Kapitalkostensätze fungieren hier als »hurdle rates«, die zumindest erreicht werden müssen, damit eine Wertschaffung festgestellt werden kann.

Wahl der Performancekennzahl

Wertorientierte Performancekennzahlen stellen möglichst objektive, von externen Entwicklungen unbeeinflusste Größen dar, die zudem möglichst verständlich und in ihrer Bedeutung wirtschaftlich sein sollten. Abgesehen von der Beeinflussung der Kennzahlen durch unternehmensinterne Entscheidungen, repräsentieren alle oben darstellten Kennzahlen für die Stakeholder objektive Maßstäbe, die eine Beurtei-

Abb. 18.2

Wertorientierte Kennzahlen

Ausgangsgröße \ Art der Kennzahl	Wertbeitrag	Kapitalrenditen
Gewinn	Economic Value Added (EVA) $EVA = NOPAT - Capital \cdot WACC$	Return on Capital Employed (ROCE) $ROCE = \frac{EBIT}{Capital\ Employed}$
Cashflow	Cash Value Added (CVA) $CVA = (CFROI - WACC) \cdot BIB$	Cashflow Return on Investment (CFROI) $CFROI = \frac{BC - öA}{BIB}$
	NOPAT = Gewinn nach Steuern Capital = eingesetztes Kapital um den Gewinn nach Steuern zu erwirtschaften WACC = gewichteter Kapitalkostensatz CFROI = cashflowbasierte Renditegröße BIB = Bruttoinvestitionsbasis	EBIT = Gewinn vor Zinsen und Steuern Capital Employed = eingesetztes Kapital um das EBIT zu erwirtschaften BC = Brutto-Cashflow öA = ökonomische Abschreibung

Quelle: in Anlehnung an Ewert/Wagenhofer 2000, S. 7

lung der Wertschaffung der Unternehmung zulassen. Dennoch besitzen die Kennzahlen sowohl Vor- als auch Nachteile, die die Kennzahlenwahl erschweren.

Beurteilung der Performancekennzahlen

Ein Vergleich des auf Buchwerten basierenden ROCE mit einem marktwertbasierten Kapitalkostensatz (WACC) ist inkonsistent und widerspricht dem Shareholder-Value-Konzept. Zudem kann die Berücksichtigung von Buchwerten dazu führen, dass ein zunehmendes Anlagenalter aufgrund der Abschreibungen – sofern diese nicht durch (Re-)Investitionen ausgeglichen werden – zu einer im Zeitablauf stärker werdenden positiven Verzerrung des ROCE führen. Ein weiterer Kritikpunkt liegt in der Beschränkung auf eine einzelne Periode, wodurch das Management darauf konditioniert wird, eine kurzfristige Unternehmenssteuerung zu verfolgen. Handlungen, die das Ergebnis kurzfristig erhöhen, den Unternehmenswert langfristig jedoch negativ beeinflussen, werden positiv dargestellt. Auch beim EVA werden die Cashflows zukünftiger Perioden nicht berücksichtigt, sondern die buchhalterischen Daten einer Periode zugrunde gelegt. Außerdem erfolgt eine Verzinsung von Buchwerten, woraus Fehlsteuerungen resultieren können. Die beiden Kennzahlen CVA und CFROI werden als cashflowbasierte Kennzahlen durch bilanzpolitische Maßnahmen weniger stark beeinflusst und erfüllen (zumindest näherungsweise) die im Konzept der Wertorientierung geforderte Verzinsung von Marktwerten. Zur Annäherung an Marktwerte wird beim CVA/CFROI die Brutto-Investitionsbasis als Bruttobetriebsvermögen definiert, wodurch höhere Kapitalkosten zum Abzug gebracht werden als beim EVA, der auf der Verzinsung von Nettovermögensgrößen basiert. Zudem werden bei CVA/CFROI die bei EVA und ROCE möglichen Verzerrungen durch zunehmendes Anlagenalter vermieden.

Zur Bewertung der Kennzahlengüte werden in der Literatur oftmals Korrelationen zum – für den Shareholder entscheidenden – Aktienkurs betrachtet, wobei bis zum aktuellen Zeitpunkt keine eindeutigen Ergebnisse existieren. In der Tendenz zeigt sich, dass der EVA hier schlechter abschneidet als der CVA/CFROI. Insgesamt sollte es somit wenig überraschen, dass in der Praxis eine Vielzahl von verschiedenen Performancekennzahlen in oftmals individualisierter Form – wie zum Beispiel thyssenkrupp AG mit ihrem thyssenkrupp Value Added – zur Anwendung kommen.

Aus der Leitperspektive des Moduls 1 **»Finance has to fit the business«** ergibt sich, dass der Finanzleiter die Festlegung des Geschäftsmodells einer Unternehmung begleitet. Zudem ist er durch die finanzseitige Umsetzung von Unternehmenskäufen und -verkäufen (siehe Modul 17) an den strategischen Weichenstellungen der Unternehmung beteiligt. Durch die Gestaltung der Wachstumspotenziale der Unternehmung können seine Entscheidungen die Entwicklung der in den Performancekennzahlen enthaltenen Gewinngrößen und Cashflows mitbeeinflussen und eine grundsätzlich positive Wirkung auf diese Performancekennzahlen sowie auf die Höhe der erfolgsabhängigen Vergütung entfalten.

Einen weiteren Einfluss nimmt der Finanzleiter, indem er mithilfe entsprechender Maßnahmen des finanziellen Risikomanagements eine Stabilisierung und somit eine Absicherung der Wertschaffung der gewinn- und cashflowbasierten Performancekennzahlen herbeiführt. Ein **adäquates Risikomanagement finanzwirtschaftlicher Risiken sichert** somit auch die **erfolgsabhängige Vergütung der Unternehmensleitung** mit **ab**.

Als Verantwortlicher für die Kapitalbeschaffung der Unternehmung kann der Finanzleiter durch seine **Kapitalstrukturpolitik** (siehe Modul 13) die Höhe der Kapitalkosten(-sätze) der Unternehmung und somit auch die Höhe der Performancekennzahlen maßgeblich beeinflussen. So lässt sich der WACC reduzieren, indem der Finanzleiter beispielsweise eine Adjustierung der Kapitalstruktur vornimmt, nachdem sich eine Abweichung von der Zielkapitalstruktur aufgrund einer strategischen Neuausrichtung der Unternehmung ergibt. Eine Absenkung der Kapitalkostensätze geht zum einen direkt positiv in die Wertberechnung der absoluten Wertbeiträge ein, und zum anderen führt eine Senkung der hurdle rates bei einer gegebenen Kapitalrendite zu einer höheren Wertschaffung.

Ebenso kann der Finanzleiter durch ein **Working Capital Management** z. B. in Form einer Reduzierung der Lagerbestände und eines effizienteren Debitoren- und Kreditorenmanagements das in der Unternehmung gebundene Kapital reduzieren. Diese Maßnahmen wirken sich auf die oben genannten Kennzahlen positiv aus, da eine Reduzierung der jeweiligen Kapitalbasis eintritt.

Die aufgeführten Beispiele zeigen, dass der **Finanzleiter** ein **zentraler Akteur** ist, um die **Wertschaffung der Unternehmung** zu befördern. Als »Unternehmer im Unternehmen« kann er einen maßgeblichen Einfluss auf die Höhe der erfolgsabhängigen Vergütung der Unternehmensleitung nehmen.

18.2.4 Corporate Governance und der Schutz der Investoren

Interesse der Kapitalgeber an Investorenschutz

Eine gute Corporate Governance bezweckt den Schutz der Interessen der Stakeholder eines Unternehmens. Von besonderer Bedeutung sind hierbei die aktuellen und potenziellen Eigen- und Fremdkapitalgeber. Dies kann wie folgt begründet werden:

- **Eigenkapital**geber haben i. d. R. vor allen anderen Stakeholdern die Verluste des Unternehmens zu tragen. Somit besitzen sie auch ein besonderes Bedürfnis nach Schutz vor Vermögensverlusten durch eine unsachgemäße Unternehmensführung.
- **Fremdkapital**geber hingegen haben zwar einen vorrangigen Anspruch auf die Liquidationserlöse eines Unternehmens, sie besitzen jedoch als Unternehmensexterne auch weitaus weniger Informationen als die Aktionäre und die Manager eines Unternehmens. Sie müssen sich somit ebenfalls auf die Corporate Governance in einem Unternehmen verlassen können.

Beiden Gruppen von Kapitalgebern sollten daher als Ausdruck einer guten Corporate Governance bestimmte **Kontroll-** und **Mitwirkungsrechte** zugestanden werden. Dazu gehören für Aktionäre das Teilnahmerecht, das Stimmrecht und das Auskunftsrecht an und auf der Hauptversammlung. Dabei können die durch das Aktiengesetz eingeräumten Rechte der Aktionäre durch weitere Rechte in der Satzung ergänzt werden. Die Rechte der Fremdkapitalgeber werden vor allem in den individuellen Kreditverträgen festgelegt.

Interesse des Staates an Investorenschutz

Der Schutz von potenziellen zukünftigen Investoren ist jedoch auch aus **volkswirtschaftlicher Sicht** wichtig. In einer globalisierten Welt werden nicht nur inländische, sondern auch ausländische Investitionen getätigt. Deutsche Unternehmen errichten Fabriken im Ausland, während ausländische Investoren ihrerseits Aktien von deutschen Unternehmen kaufen. Die Gesetze sowie die sich hieraus ergebenden Rechte und Pflichten der Aktionäre variieren je nach Staatszugehörigkeit der Unternehmen. Um das Potenzial ausländischer Investitionen ausschöpfen zu können, hat der deutsche Staat somit ebenfalls ein Interesse am Schutz der Investoren. Entsprechende Regeln schützen ausländische Investoren vor Diskriminierung oder ungerechter Behandlung und sichern somit den freien Kapitalverkehr. Durch Anforderungen an die Corporate Governance in Unternehmen kann eine Regierung den Investorenschutz stärken und somit Direktinvestitionen ausländischer Investoren fördern (vgl. hierzu auch La Porta et al. 1997).

Dimensionen und konkrete Ausprägungsformen des Investorenschutzes

Der Schutz von Investoren kann über eine Vielzahl von Instrumenten erreicht werden. Der (gleichberechtigte) Zugang zu Informationen wird beispielsweise über das Einsichts- und Auskunftsrecht der Aktionäre geregelt. Die Möglichkeit, sein Misstrauen gegenüber der Geschäftsführung zu äußern und dieses unabhängig kontrollieren zu lassen, ist in dem Sonderprüfungsrecht der Aktionäre geregelt. Ferner sind Aktionäre dazu befugt, Wahlen von Aufsichtsratsmitgliedern, Verwendungen von Bilanzgewinnen sowie Beschlüsse der Hauptversammlung anzufechten, sofern sie gegen geltende Gesetze oder die eigene Satzung verstoßen. Schließlich schützt das sogenannte Spruchverfahren insbesondere Minderheitsaktionäre vor Übervorteilungen. Dabei wird die Höhe von z. B. bei Unternehmensübernahmen angebotenen Zahlungen gerichtlich auf Angemessenheit geprüft.

18.2.5 Corporate Governance, Transparenz und Publizität

Die zahlreichen Stakeholder eines Unternehmens sind durch eine unterschiedliche Nähe und Eingebundenheit in das Unternehmen gekennzeichnet. Während die Unternehmensführung und Mitarbeiter des Unternehmens über die Abläufe im Unternehmen und seine Geschäftslage in der Regel vergleichsweise besser informiert sind, besitzen andere Stakeholder wie z. B. die Fremdkapitalgeber deutlich weniger Informationen über das Tagesgeschäft. Für die Bewertung des Rendite-Risiko-Profils ihrer Investition (z. B. eines an das Unternehmen vergebenen Kredites) sind sie auf Informationen angewiesen, die das Unternehmen selbst ihnen bzw. der gesamten Öffentlichkeit bereitgestellt hat. Daher haben die Stakeholder ein berechtigtes Interesse an der **Richtigkeit** der veröffentlichten Informationen. Am deutlichsten wird dies beim Staat, der auf einer wahrheitsgemäßen Berichterstattung der Unternehmensgewinne bestehen muss, um die vom Unternehmen geschuldete Steuerlast korrekt berechnen zu können.

Die **Transparenz** und **Richtigkeit** der **publizierten Unternehmensinformationen** sind jedoch auch im Interesse des Unternehmens. Nur durch wahrheitsgemäße Informationen über die Geschäftslage können potenzielle Kapitalgeber von einer Investition in das Unternehmen überzeugt und bestehende Kapitalgeber im Unternehmen gehalten werden. Genauso erwarten die Mitarbeiter und die Kunden eines Unternehmens von diesem eine transparente und wahrheitsgemäße **Offenlegung** sämtlicher **sie betreffender Informationen** (z. B. Entlassungen, Werksschließungen, Produktrückrufe, etc.).

Medien der Unternehmenspublizität

Ein Unternehmen hat im Sinne einer guten Corporate Governance seine Stakeholder angemessen und zeitnah über relevante Ereignisse zu informieren. Die **Medien**, die ein Unternehmen für seine **Publizität** nutzt, umfassen in Deutschland insbesondere

- das Handelsregister,
- den Bundesanzeiger,
- das deutsche Unternehmensregister (siehe § 8b HGB), das jedoch nur Informationen aus dem Handelsregister, dem Partnerschaftsregister und dem Genossenschaftsregister zusammenfasst,
- sonstige Gesellschaftsblätter, die z. B. in der Satzung einer Aktiengesellschaft für Bekanntmachungen vorgesehen sind,
- verschiedene bei Behörden (z. B. der Bundesanstalt für Finanzdienstleistungsaufsicht und Gebietskörperschaften) geführte Datenbanken sowie
- die Archive der Börsen für Zwischenberichte, Ad-hoc-Mitteilungen, etc.

Dimensionen der Unternehmenspublizität

Die im Rahmen der Publizität von einem Unternehmen geforderten Informationen unterscheiden sich naturgemäß je nach Rechtssystem des Landes, in dem das Unternehmen beheimatet ist. Die vom Gesetzgeber im Rahmen einer angemessenen Corporate Governance geforderte Unternehmenspublizität wird jedoch regelmäßig (u. a.) die folgenden Bereiche betreffen:

- **Ad-hoc-Mitteilungen/Börsenmitteilungen** sind in Deutschland in § 15 WpHG geregelt, der die Emittenten von Aktien zur unverzüglichen Veröffentlichung solcher Tatsachen verpflichtet, die den Börsenkurs der zugelassenen Wertpapiere eines Unternehmens erheblich beeinflussen oder im Fall zugelassener Schuldverschreibungen die Fähigkeit des Emittenten, seinen Verpflichtungen nachzukommen, beeinträchtigen können.
- **Aktienbesitz und Aktienkäufe/-verkäufe durch Organmitglieder**: Im Rahmen der Ad-hoc-Publizität sind insbesondere Eigengeschäfte mit Aktien durch Organmitglieder unverzüglich bekannt zu machen. Durch die starken Publizitätsanforderungen an solche sogenannten Directors' Dealings soll das Risiko des Insiderhandels reduziert werden.
- **Registereintragungen**, in denen die Öffentlichkeit Informationen über Firma, Sitz, Niederlassung und Zweigniederlassungen eines Unternehmens, seinen Gegenstand, vertretungsberechtigte Personen, die Rechtsform des Unternehmens sowie das Grund- oder Stammkapital und die Namen der Geschäftsinhaber erhält.
- **Rechnungslegung**: Veröffentlichung der Einzel- und ggf. Konzernabschlüsse und Information hierüber z. B. im Bundesanzeiger.
- **Beteiligungspublizität**: Veröffentlichung relevanter Beteiligungsveränderungen an börsennotierten Gesellschaften z. B. in einem Börsenpflichtblatt bzw. durch Meldung an eine Aufsichtsbehörde, die diese Informationen gesammelt veröffentlicht.
- **Vergütungspolitik**: Veröffentlichung der Regelungen zur Vergütung der Unternehmensleitung sowie der absoluten Höhe der Bezüge (bzw. Aufwandsentschä-

digungen) von Vorständen und Aufsichtsräten, insbesondere wenn eine Vergütung über die Ausgabe von Aktienoptionen erfolgt.

- **Berichterstattung über Spenden**: Zur Vermeidung von Vetternwirtschaft und zur Korruptionsbekämpfung müssen im Rahmen der Corporate Governance gesetzliche Transparenzvorschriften beachtet und weitere oder unternehmensinterne Regelungen zur Veröffentlichung der Spendenaktivitäten des Unternehmens getroffen werden.

18.3 Gesetzliche Vorgaben zur Corporate Governance

Vorgaben und Regelungen zur Corporate Governance lassen sich grob in drei Kategorien klassifizieren (vgl. hierzu v. Werder 2004 und Ringleb/Kremer/Lutter/von Werder 2014). Auf der obersten Ebene der Regulierung legen **Gesetze** zur Corporate Governance Regeln zur guten Unternehmensführung fest. Diese sind das Ergebnis des demokratischen Prozesses der Gesetzgebung und für alle Adressaten des jeweiligen Gesetzes verbindlich. Neben dem gültigen Recht wird die Corporate Governance ebenfalls durch **untergesetzliche Governancestandards** beeinflusst, die als allgemein anerkannte und generelle Regelwerke die Auslegung der Gesetze zur Corporate Governance unterstützen, ohne formalen Gesetzescharakter zu haben. Schließlich vervollständigen **unternehmensindividuelle Richtlinien und Vorgaben** das Gesamtregelwerk zur Corporate Governance in einem Unternehmen. In den folgenden Unterabschnitten sollen ausgewählte nationale Gesetze und Standards/Kodizes zur Corporate Governance vorgestellt werden.

18.3.1 Deutschland: KonTraG und Deutscher Corporate Governance Kodex

Die grundlegenden gesetzlichen Bestimmungen zur Corporate Governance deutscher Unternehmen finden sich in den zentralen Gesetzen des Handels- und des Gesellschaftsrechts: dem **Handelsgesetzbuch** (HGB), dem **Aktiengesetz** (AktG) und (zu einem kleineren Teil auch) dem **GmbH-Gesetz** (GmbHG).

Corporate Governance im Aktiengesetz

Insbesondere das Aktiengesetz enthält zahlreiche Vorgaben, wie das Unternehmen von Vorstand und Aufsichtsrat geführt und überwacht, die Interessen der Aktionäre und Stakeholder gewahrt, die Unternehmensleitung vergütet und die Öffentlichkeit informiert werden müssen. Die im Aktiengesetz enthaltenen Regelungen zur Corporate Governance sind über die Zeit in dieses eingeflossen, und die aktienrechtlichen Vorgaben wurden durch zahlreiche weitere Gesetze abgeändert bzw. ergänzt. Ein für die gesetzliche Verankerung der Corporate Governance in Deutschland wichtiges Gesetz war das 1998 in Kraft getretene KonTraG.

KonTraG

Das **Gesetz zur Kontrolle und Transparenz im Unternehmensbereich** (**KonTraG**) besaß das Ziel, die Corporate Governance in deutschen Unternehmen zu verbessern. Hierfür änderte und präzisierte es verschiedene Vorschriften des HGB und des Aktiengesetzes. Die wichtigsten durch das KonTraG erfolgten Änderungen umfassten u. a.:

- Eine **erweiterte Haftung** von Vorstand und Aufsichtsrat im Falle einer Pflichtverletzung.
- Die Pflicht zur **Einrichtung** eines **Risikofrüherkennungssystems**: »Der Vorstand hat geeignete Maßnahmen zu treffen, insbesondere ein Überwachungssystem einzurichten, damit den Fortbestand der Gesellschaft gefährdende Entwicklungen früh erkannt werden.« (§ 91 Abs. 2 AktG).
- Eine **Erweiterung** der **Haftung** und **Pflichten** des **Abschlussprüfers**. Insbesondere muss gem. § 317 Abs. 4 HGB der Abschlussprüfer das Risikofrüherkennungssystem in die Abschlussprüfung mit einbeziehen.
- Die **Bestellung** des **Abschlussprüfers** durch den **Aufsichtsrat** (und nicht den Vorstand). Durch diese Regelung wird die Möglichkeit eingeschränkt, dass ein Vorstand durch die Androhung eines Wechsels des Prüfers ein Gefälligkeitstestat einfordern kann.
- Vorschriften zur **Gewährung** von **Aktienbezugsrechten** für Mitarbeiter und die Unternehmensführung.

TransPuG

Neben dem KonTraG wurde das Handels- und Gesellschaftsrecht in Deutschland durch einige weitere Gesetze mit dem Ziel einer Stärkung der Corporate Governance in Unternehmen geändert. So wurde mit dem Gesetz zur weiteren Reform des Aktien- und Bilanzrechts, zu Transparenz und Publizität (kurz: **Transparenz- und Publizitätsgesetz, TransPuG 2002**) eine Verbesserung der Transparenz der Unternehmensführung und -überwachung für unternehmensexterne Stakeholder angestrebt. Neben zahlreichen Regelungen zur Berichterstattung von Vorstand und Aufsichtsrat führte das TransPuG insbesondere den neuen **§ 161 AktG** ein, der Vorstand und Aufsichtsrat einer AG zur Abgabe einer **Erklärung zur Einhaltung des Deutschen Corporate Governance Kodex** verpflichtet. Dieser stellt das wichtigste Regelwerk zur Corporate Governance in Deutschland dar, das jedoch keinen formalen Gesetzescharakter besitzt.

Deutscher Corporate Governance Kodex

Der **Deutsche Corporate Governance Kodex (DCGK)** hat das erklärte Ziel, »das **Vertrauen** der internationalen und nationalen Anleger, der Kunden, der Mitarbeiter und der Öffentlichkeit **in die Leitung und Überwachung deutscher börsennotierter Gesellschaften (zu) fördern**«. Der Investorenschutz besitzt beim Erreichen dieses Zieles eine übergeordnete Rolle. Unternehmen, Aktionäre, Politik und Öffentlichkeit besitzen die Möglichkeit, ihre Vorschläge zur Änderung des aktuellen Corporate Governance Kodex an eine hierfür zuständige Regierungskommission heranzutragen. Diese überprüft die Vorschläge und überarbeitet den Kodex gegebenenfalls. Der überarbeitete Kodex wird regelmäßig neu veröffentlicht (vgl. hierzu den Bericht der Regierungskommission »Corporate Governance« 2016).

Der im September 2001 gegründeten und seither bestehenden Regierungskommission gehören u. a. Vertreter von Vorständen und Aufsichtsräten diverser deutscher kapitalmarktorientierter Unternehmen, Gewerkschaftsvertreter und Wissenschaftler an. Das Ziel der Kommission bei der Erarbeitung des Kodex war es vor allem, Mängel in deutschen Unternehmensverfassungen und -führungen aufzudecken und zu beseitigen, um damit das Vertrauen der nationalen sowie internationalen Anleger, Kunden, Mitarbeiter und auch der allgemeinen Öffentlichkeit zu stärken. Mit dem DCGK wurde neben den o. g. zwingenden Bestimmungen im AktG durch eine Reihe von »Soll«-Empfehlungen und »Sollte«-Anregungen ein flexibles Instrument zur Selbstregulierung geschaffen, das die Möglichkeit zur Anpassung an zukünftige Entwicklungen bietet. Die im DCGK niedergeschriebenen Regelungen beziehen sich vor allem auf die Bereiche:

- Aktionäre und Hauptversammlungen
- Vorstand und Aufsichtsrat sowie deren Zusammenwirken
- Transparenz
- Rechnungslegung und Abschlussprüfung.

Comply or explain

Auch wenn die Befolgung der Empfehlungen und Anregungen im DCGK nicht verbindlich ist, müssen börsennotierte deutsche Unternehmen sich gemäß § 161 AktG (öffentlich) erklären, inwieweit die Empfehlungen (nicht) eingehalten wurden (»**comply or explain**«).

Die Regierungskommission befasst sich mit vielfältigen Fragestellungen, die weder durch die freiwillige Selbstregulierung noch durch das Börsengesetz und das Wertpapierhandelsgesetz beantwortet werden können. Dabei handelt es sich um zivilrechtliche und prozessuale Fragen, vorwiegend im Zusammenhang mit falschen kapitalmarktbezogenen Informationen. Außerdem spricht sie **Handlungsempfehlungen an den Gesetzgeber aus**. Diese beinhalten vor allem Änderungen bezüglich der Frage der Haftung bei vorsätzlicher oder grob fahrlässiger Falschinformationen (vgl. Schewe 2005).

Über die beschriebenen Kernregelungen hinaus sind in den letzten Jahren eine ganze Reihe weiterer Vorschriften erlassen worden, um die Mechanismen der **Marktkontrolle** zu unterstützen. Hierzu zählen das Bilanzrechtsreformgesetz (BilReG 2004) zur Stärkung der Unabhängigkeit der Abschlussprüfer und Einführung internationaler Rechnungslegungsstandards, Bilanzrechtsmodernisierungsgesetz (BilMoG 2009) zur weiteren Verbesserung der Aussagekraft des Jahresabschlusses und Bilanzkontrollgesetz (BilKoG 2004) zur Schaffung eines neuen Bilanzkontrollverfahrens unter Einbindung der BaFin. 2004/2005 trat auch das Anlegerschutzverbesserungsgesetz (AnSVG) mit neuen Vorschriften zur Ad-hoc-Publizität in Kraft (zur Entwicklung der Corporate Governance-Vorschriften im In- und Ausland vgl. auch Rudolph 2006, S. 584 ff.).

18.3.2 USA: Sarbanes-Oxley-Act

Ungefähr zum gleichen Zeitpunkt, zu dem in Deutschland der Deutsche Corporate Governance Kodex entwickelt wurde, führte in den USA eine Reihe von Bilanzskandalen zu einer signifikanten Verschärfung der Vorgaben zur Corporate Governance. Der bekannteste und bis heute größte dieser Bilanzskandale war der Fall des US-amerikanischen Energieversorgers Enron.

Ein solcher Bilanzskandal wie im Fall Enron war (u. a.) nur möglich, da in den 1990er Jahren der U.S.-amerikanische Strommarkt dereguliert wurde. Als Folge hie-

AUS DER PRAXIS

Der Enron-Skandal

Ende 2001 meldete Enron, einer der größten Energieversorger in den USA, Insolvenz an, woraufhin im Januar 2002 die Enron-Aktie vom Börsenhandel ausgeschlossen wurde. Durch Abschluss von Termingeschäften mit selbst gegründeten Offshore-Gesellschaften, welche allerdings nicht im konsolidierten Geschäftsbericht auftauchten, und entsprechender Verschuldung dieser Vehikel sowie falsch ausgeführtes »Fair Value Accounting« wies das Unternehmen die eigenen Gewinne in den Jahren zuvor wesentlich zu hoch aus. Die Dimension der Bilanzfälschungen bei Enron kommentierte die Frankfurter Allgemeine Zeitung mit der Überschrift:

Bilanztricks biblischen Ausmaßes

Neben offensichtlichen Schäden für die ehemaligen Enron-Mitarbeiter bzw. ihre Pensionen sowie für Anteilseigner des Unternehmens, sorgte der Enron-Skandal national und auch international für Empörung.
(Quelle: Frankfurter Allgemeine Zeitung 08.02.2002)

Enron: Der dreisteste Bankrott aller Zeiten

Gründe für den öffentlichen Aufschrei der Medien und der Stakeholder waren unter anderem das Verhalten der Konzernmanager vor und während der Insolvenzphase sowie das Ausmaß der gefälschten Bilanzen.

- Ca. 500 Enron-Manager zahlten vor der Insolvenz des Unternehmens noch zum Teil sehr hohe Abfindungen an sich selbst aus.
- Der Konzern wies in den Jahren vor der Insolvenz fiktive Gewinne von insgesamt etwa 1,2 Mrd. $ aus.
- Aufgrund des Ausmaßes der Bilanzfälschungen und der anschließenden Insolvenz mussten sowohl Banken als auch Pensionsfonds mehrere Hundert Mio. $ abschreiben (vgl. manager magazin 2003).

(Quelle: Die Welt 21.01.2007)

raus wurden die Jahresabschlüsse und entsprechenden Industrieanlagen der Energiekonzerne weniger streng bis gar nicht von der Regierung beaufsichtigt, was bis dahin in der U.S.-amerikanischen Energiebranche üblich gewesen war.

Als unmittelbare Konsequenz aus dem Enron-Skandal und weiteren spektakulären Insolvenzen (bspw. MCI WorldCom) wurde in den USA der nach seinen Federführern im US-Kongress benannte Sarbanes-Oxley-Act verabschiedet, der den Rahmen für gute Corporate Governance in US-amerikanischen Firmen bildet.

Sarbanes-Oxley-Act

Am 30. Juli 2002 verabschiedete der US-Kongress den **Sarbanes-Oxley-Act** (kurz: **Sarbox, SOA** oder **SOX** bzw. offiziell der **»Public Company Accounting Reform and Investor Protection Act«** bzw. der **»Corporate and Auditing Accounta-**

bility and Responsibility Act«), welcher die Offenlegungsstandards von Finanzinformationen sowie weitere Aspekte der Corporate Governance von SEC-regulierten amerikanischen Unternehmen festlegt. Der SOA enthält insbesondere die folgenden Vorgaben:

1. Regelungen zur Errichtung des Public Company Accounting Oversight Board (PCAOB) als privatwirtschaftliche Non-Profit-Organisation, die die Rechnungslegung öffentlicher Unternehmen überwacht (Sec. 101).
2. Bestimmungen über die Verbesserung der Unabhängigkeit von Wirtschaftsprüfern, z. B. durch die Auflistung von Verboten bestimmter Dienstleistungen (Sec. 201) und die Erfordernisse zur Genehmigung sämtlicher Prüfungsleistungen durch ein unternehmenseigenes »Audit Committee« (Sec. 202) sowie zum Austausch des unterzeichnenden Abschlussprüfers alle fünf Jahre (Sec. 202).
3. Bestimmungen bezüglich der Corporate Governance von Unternehmen, z. B. Regelungen zur Errichtung des »Audit Committees« (Sec. 301) sowie der Feststellung zur Verantwortung des CEOs und CFOs für die korrekte Berichterstattung über die **finanzielle Situation** des Unternehmens an Eides statt (Sec. 302).
4. Erweiterte Offenlegungspflichten für Finanzinformationen, insbesondere aller wesentlichen außerbilanziellen Transaktionen (Sec. 401), zudem die Einführung eines Verbots der Darlehensvergabe an Direktoren (Sec. 402) und die Pflicht zur Berichterstattung über das interne Kontrollsystem zur **Finanzberichterstattung** (Internal control on financial reporting, ICFR, Sec. 404).
5. Regelmäßige Prüfung eingereichter Berichte sowie die Überwachung auffällig gewordener Unternehmen durch die Securities and Exchange Commission (Sec. 408) und die Verpflichtung zur sofortigen Bekanntgabe von Informationen mit wesentlichem Einfluss auf die **finanzielle Situation** des Unternehmens (Sec. 409).
6. Neue strafrechtliche Vorschriften und härtere Strafen, z. B. für die Veränderung oder Fälschung von Dokumenten (in diesem Fall vor allem der Jahresabschlüsse, Sec. 802).

18.4 Risk Governance

In den vergangenen Jahren haben die Bereiche Risikomanagement und Risikocontrolling sowie Corporate Governance derart an Bedeutung für die Unternehmen gewonnen, dass sich über der Ebene des operativen Risikomanagements (im Sinne der in Modul 15 vorgestellten Absicherungsgeschäfte) auf der **strategischen** Ebene das Konzept der unternehmensweiten Risk Governance entwickelt hat (Stein/Wiedemann 2016; Wiedemann/Stein/Quast 2016).

Risk Governance

Die **Risk Governance** eines Unternehmens umfasst sämtliche Institutionen, Mechanismen und Prozesse zur Steuerung der und zum Umgang mit Risiken. Sie dient der Erhaltung und Förderung einer wirksamen **Risikokultur** in einem Unternehmen. Unter Beachtung der Risk Governance werden interne und externe Risiken mit Blick auf die Interessen sämtlicher Stakeholder untersucht und Strategien für das Risikomanagement abgeleitet (vgl. Renn 2008).

AUS DER PRAXIS

Risk Governance bei der Swiss Re

Die Schweizerische Rückversicherungs-Gesellschaft (Swiss Re) beschreibt auf ihrer Homepage ausführlich ihre Group Risk Governance:

Group Risk Governance Documentation Hierarchy

Our risk governance is defined in the policies and standards that describe Swiss Re's risk management framework and establish risk management practices throughout the Group and its subsidiaries over four hierarchical levels (see below).
The top of Swiss Re's Group Risk Governance Documentation Hierarchy is comprised of risk management related parts of the Corporate Bylaws. The SRL Bylaws establish the ultimate responsibility for risk management activities across the Group by assigning responsibilities between the Group Board of Directors and the Group EC.
The detailed aspects of the Group's risk governance are defined in the Group Risk Policy (Level 1), Swiss Re's core Risk Management document. It outlines how the Group organises and applies its risk management practices. The policy is owned by the Group Board of Directors and is binding for all Swiss Re employees.
On Level 2 and 3, the Group Risk Management Standards and the Group Risk Category Standards define the key concepts and tasks that comprise risk governance at the Group or the specific risk category. Level 4 of the Risk Governance Documentation Hierarchy is comprised of risk management related method and process documentation.
Additional governance for Business Units and legal entities is prepared as required and represents an addendum to the respective Group or Business Unit documents.

Abb. 18.3

Risk Governance bei der Swiss Re

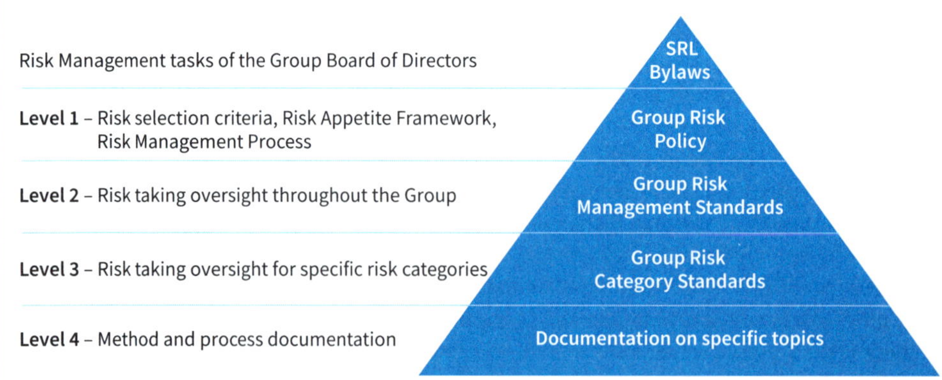

Quelle: Swiss Re 2016

Die Risk Governance eines Unternehmens kann demnach wie im Beispiel der Swiss Re als Regelwerk zum konzernweiten Umgang mit Risiken verstanden werden. Als solches muss es von der Unternehmensleitung vorgegeben, vorgelebt und für die Stakeholder dokumentiert werden. Ersteres erfolgt insb. in großen börsennotierten Unternehmen durch den **Chief Risk Officer** in Zusammenarbeit mit einem (oder mehreren) Risk Committees, letzteres vor allem im Rahmen der **Risikoberichterstattung** in Ergänzung des Jahresabschlusses.

18.4.1 Risikoberichterstattung

Gemäß §§ 264, 267 HGB müssen mittelgroße und große Kapitalgesellschaften neben dem Jahresabschluss mit Bilanz, Gewinn- und Verlustrechnung und Anhang ebenfalls einen **Lagebericht** gem. § 289 HGB erstellen. Dieser soll die derzeitigen und zukünftige Chancen und Risiken für das Unternehmen darstellen. Bis in die 1990er Jahre hinein schilderten Unternehmen in ihren Geschäftsberichten vor allem vergangenheitsbezogen bereits eingetretene Chancen und Risiken. Dies wurde 1998 durch das KonTraG geändert, das seitdem von Kapitalgesellschaften als Ergänzung zum Lagebericht explizit einen prospektiven Risikobericht fordert (siehe auch Modul 16).

Risikobericht

Im **Risikobericht** gem. § 289 Abs. 1 HGB ist im Rahmen des Lageberichts von einem bilanzierenden Unternehmen eine umfassende Darstellung der wirtschaftlichen und technischen Risiken, ihrer künftigen Entwicklung und den vom Unternehmen beabsichtigten Gegenmaßnahmen abzugeben (vgl. Watrin 2001 und Busse von Colbe/Ordelheide/Gebhardt/Pellens 2010). Gemäß dem Deutschen Rechnungslegungsstandard 20 (DRS 20, zuvor der mittlerweile aufgehobene DRS 5 – Risikoberichterstattung) ist für die Prognose der zukünftigen Chancen und Risiken ein Zeitraum von mindestens einem Jahr, gerechnet vom letzten Konzernabschlussstichtag, zugrunde zu legen. Zudem fordert DRS 20, dass der Risikobericht die folgenden Mindestangaben enthält:

- Angaben zu den einzelnen **Risikoarten**, insbesondere zu solchen wesentlichen Risiken, welche die Entscheidungen eines verständigen Adressaten des Konzernlageberichts beeinflussen können.
- Eine zusammenfassende Darstellung der **Risikolage** des Unternehmens.
- Bei kapitalmarktorientierten Unternehmen: Angaben zum **Risikomanagementsystem**.
- Eine **Quantifizierung** der Risiken, sofern diese auch zur internen Steuerung erfolgt.
- Eine **Rangfolge** bzw. **Kategorisierung** der Risiken.

Der Grundsatz der Vollständigkeit erfordert von einem bilanzierenden Unternehmen, dass sämtliche berichtspflichtigen Risiken im Risikobericht angegeben werden. Für diesen Zweck sollte das Unternehmen (wenn es dies nicht ohnehin im Rahmen seines Risikomanagements tut) eine separate **Risikoinventur** durchführen (vgl. Baetge/Richter 2001). Die berichtspflichtigen Risiken werden dann regelmäßig die folgenden Risikoarten umfassen:

- Umfeld- und Branchenrisiken
- leistungswirtschaftliche Risiken
- strategische Risiken
- Personalrisiken
- IT-Risiken
- finanzwirtschaftliche Risiken

Eine besondere Bedeutung kommt der **Berichterstattung** über den Einsatz von Finanzinstrumenten und hier vor allem den **Finanzderivaten** zu. Da – wie in Modul 15 gesehen – gerade aus ihrem Einsatz erhebliche Verlustpotenziale für das Unternehmen entstehen können, muss im Risikobericht auf diese Risiken explizit eingegangen werden. DRS 20 fordert in diesem Kontext:

»Mit der Risikoberichterstattung in Bezug auf die Verwendung von Finanzinstrumenten hat die Unternehmensleitung über ihre Risikoziele und Risikomanagementmethoden im Zusammenhang mit eingesetzten Finanzinstrumenten zu berichten. Dabei ist auch auf konkrete Risiken aus der Verwendung von Finanzinstrumenten, denen das Unternehmen ausgesetzt ist, einzugehen.«

Je nach Größe und Branche eines Unternehmens wird der Risikobericht unterschiedlich ausführlich ausfallen. Wie im Beispiel von Katjes kann sich der Risikobe-

AUS DER PRAXIS

Risikoarten der Katjes International GmbH & Co. KG

Im Risikobericht 2014 der Katjes International GmbH & Co. KG gibt das Unternehmen die identifizierten Risikoarten an. Hierunter finden sich u. a.:

- **Marktbezogene und regulatorische Risiken**: Durch Änderung des Konsumverhaltens, des Wettbewerbs auf dem Süßwarenmarkt oder aufgrund des steigenden Preisdrucks könnte die Katjes International nicht mehr in der Lage sein, ihre Produkte in der geplanten Menge oder zu den geplanten Konditionen zu verkaufen und dadurch Umsatz- und Ertragseinbußen erleiden.
- **Unternehmensbezogene Risiken**: Die Katjes International ist von Lieferanten abhängig. Der Ausfall von Zulieferern oder die Verzögerung von Lieferungen könnten zu Produktionsunterbrechungen führen.
- **Risiken, die sich aus der Gruppenstruktur ergeben**: Aufgrund einer gesetzlichen Nachhaftung besteht die Möglichkeit, dass die Gesellschaft als ehemalige persönlich haftende Gesellschafterin verschiedener Gesellschaften der Katjes Deutschland für Verbindlichkeiten dieser Gesellschaften in Anspruch genommen wird.
- **Gesamtaussage**: Die Gesamtsituation der Chancen und Risiken ergibt sich durch die Bewertung der oben angeführten Einzelrisiken. Im Vergleich zum Vorjahr hat sich die Chancen- und Risikosituation nicht wesentlich verändert. Katjes International sieht aktuell keine bestandsgefährdeten Risiken. Entsprechend bewertet der Konzern die Gesamtrisikolage als beherrschbar.

richt auf einige wenige Ausführungen zu den im Unternehmen identifizierten Risikoarten beschränken. Bei Unternehmen des **Finanzdienstleistungssektors**, und hier insbesondere bei Banken und Versicherungen, spielen finanzwirtschaftliche Risiken jedoch eine essentiell wichtige Rolle, sind die Kernrisiken der Geschäftsmodelle, so dass hier von der Aufsicht erlassene, schärfere **Sondervorschriften** gelten. So fordert das von der BaFin erlassene Rundschreiben 10/2012 (BA) zu den Mindestanforderungen an das Risikomanagement, dass die Risikoberichterstattung von Banken in nachvollziehbarer, aussagefähiger Art und Weise zu verfassen ist. Sie hat neben einer Darstellung auch eine transparente und detaillierte Beurteilung der Risikosituation zu enthalten. In die Risikoberichterstattung sind bei Bedarf auch Handlungsvorschläge, z. B. zur Risikoreduzierung, aufzunehmen. Ebenso müssen Versicherungen nach § 26 Abs. 1 Satz 1 und 2 und § 40 des Versicherungsaufsichtsgesetzes (VAG) in ihrem Solvabilitäts- und Finanzbericht Aussagen zur Risikolage treffen.

18.4.2 Die Rolle des Chief Risk Officers

In kleinen und mittelgroßen Unternehmen wird die Risk Governance sowie das Risikomanagement regelmäßig vom **Finanzleiter** selbst vorgegeben bzw. ausgeübt. In großen, kapitalmarktorientierten Konzernen sowie in Unternehmen des Finanzdienstleistungssektors wird das Risikomanagement dagegen personell und organisatorisch deutlich bedeutsamer sein. Als Teil einer guten Risk Governance müssen vom Unternehmen formale Regeln zur Organisation, den Zuständigkeiten und Kompetenzen im Risikomanagement erlassen werden. Zur Vermeidung von Kompetenzstreitigkeiten und ineffizienten Entscheidungsprozessen kann das Unternehmen auf Bereichsleiter- oder sogar Vorstandsebene einen Chief Risk Officer ernennen, der das gesamte Risikomanagement auf Konzernebene verantwortet.

In der Praxis finden sich daher einerseits Unternehmen, bei denen die Positionen des Chief Financial Officers und des Chief Risk Officers aufgrund des Aufgabenumfangs personell getrennt sind. Andererseits ist aber auch Personenidentität anzutreffen, ist der Finanzleiter zugleich oberster Risikomanager. Dies lässt sich durch die Synergieeffekte eines gemeinsamen Finanz- und Risikomanagements rechtfertigen, die z. B. darin liegen, dass das Hedging von Risiken häufig mit Finanzderivaten betrieben wird.

Chief Risk Officer

Der **Chief Risk Officer** (kurz: **CRO**) ist für das gesamte Risikomanagement in einem Unternehmen verantwortlich. Er legt die Risikomanagementstrategie fest, leitet die Risikomanagementfunktion und überwacht die Einhaltung der Regeln zur Risk Governance im gesamten Unternehmen bzw. Konzern. Gleichzeitig berichtet er im Vorstand und Aufsichtsrat über die identifizierten (und ggf. quantifizierten) Risiken und die getroffenen bzw. geplanten Risikosteuerungsmaßnahmen. Als Hauptverantwortlicher für die Risk Governance hat der CRO die **Compliance**, also die Regelkonformität des Unternehmens in Bezug auf rechtliche Vorgaben und freiwillige Kodizes, sicherzustellen.

Trotz dieses starken Fokus auf der Compliance und der Überwachung von Risiken umfasst eine moderne Interpretation der Rolle und Aufgaben des CRO mehr als nur die reine Kontrolle von Risiken. Wie für den CFO erläutert, stellt auch der CRO im Idealfall nicht die Risikovermeidung, sondern den **Beitrag** des **Risikomanagements** zur **unternehmerischen Wertschaffung** in den Mittelpunkt seiner Arbeit. Ein solches Rollenverständnis betont die Aufgabe des CROs, den Vorstandsvorsitzenden bzw. CEO des Unternehmens bei der strategischen Geschäftsentwicklung zu unterstützen. Somit fungiert der CRO letztlich als »risikoorientierter CEO«, der aus der Perspektive der Chancen und Risiken des Unternehmens mitsteuert und Impulse für die Weiterentwicklung des Geschäftsmodells gibt.

AUS DER PRAXIS

Die Rolle des CRO bei der Deutschen Bank und der Commerzbank

Im Rahmen der Risikoberichterstattung informieren Banken ausführlich über ihr Risikomanagement und ihre Risk Governance. Hierzu zählt insbesondere eine ausführliche Beschreibung der Rolle des CROs, seiner Kompetenzen und seiner Verankerung im Unternehmen. Bei der Deutschen Bank findet sich zur Rolle des Risikovorstands die folgende ausführliche Beschreibung der Kompetenzen:
»Der Risikovorstand (Chief Risk Officer) als Mitglied des Vorstands hat die konzernweite, unternehmensbereichsübergreifende Verantwortung für das Management aller Kredit-, Markt- und operationellen Risiken sowie umfassend die Verantwortung für die Kontrolle der Risiken, unter Einschluss der Liquiditätsrisiken, und die Fortentwicklung der Methoden der Risikomessung. Darüber hinaus ist der Chief Risk Officer für die zusammenfassende Beobachtung und Analyse von und der Berichterstattung zu Risiken einschließlich der Aktiv-/Passiv-Inkongruenzen sowie der Kapital-, Liquiditäts-, Rechts-, Compliance- und aufsichtsbehördlichen, sowie anderer nichtfinanzieller Risiken verantwortlich.
Der Risikovorstand trägt direkte Managementverantwortung für folgende Risikomanagementfunktionen: Kreditrisikomanagement, Marktrisikomanagement, Management der operationellen Risiken und Liquiditätsrisikokontrolle.
Diese sind mit folgenden Aufgaben betraut:

- Sicherstellung, dass die Geschäftsaktivitäten der Unternehmensbereiche mit der Risikotoleranz übereinstimmen, die das Capital at Risk gemäß den Vorstandsvorgaben festgelegt hat;
- Festlegung und Umsetzung angemessener Risiko- und Kapitalmanagementgrundsätze, -verfahren und -methoden für die verschiedenen Geschäftsaktivitäten der Unternehmensbereiche;
- Genehmigung von Limiten für Kredit-, Markt- und Liquiditätsrisiken;
- Regelmäßige Überprüfung der Portfolios, um sicherzustellen, dass sich die Risiken innerhalb annehmbarer Parameter bewegen;
- Entwicklung und Einführung geeigneter Risiko- und Kapitalmanagementinfrastrukturen und -systeme für die jeweiligen Unternehmensbereiche.«

(Quelle: Geschäftsbericht Deutsche Bank AG 2015, S. 95)
In ähnlicher Weise veranschaulicht die Commerzbank AG in ihrem Geschäftsbericht für das Jahr 2015 die Gesamtverantwortung des Chief Risk Officers für die konzernweite Risikomanagementfunktion (siehe Abb. 18.4).

Abb. 18.4

Verantwortungsbereich des Chief Risk Officers in der Commerzbank

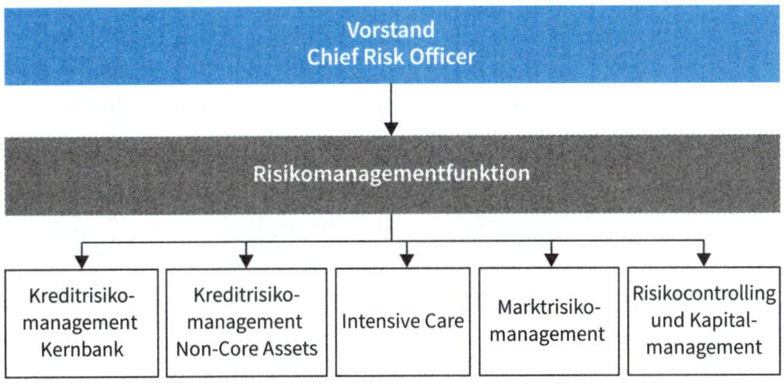

Quelle: Geschäftsbericht Commerzbank AG 2015, S. 110

18.4.3 Risk Committees

Bestandteil einer guten Risk Governance ist nicht nur eine klare Verteilung von Rollen und Kompetenzen im Risikomanagement, sondern auch die kontinuierliche Überwachung der Ausübung der Risikomanagementfunktion. Die Unternehmensleitung durch den Vorstand unterliegt zwar generell der Überwachung durch die Mitglieder des Aufsichtsrats. Die im Risikomanagement behandelten Themen besitzen jedoch häufig eine hohe finanzmathematische Komplexität, so dass eine sinnvolle Aufsicht durch den kompletten Aufsichtsrat weder möglich noch sinnvoll ist. Da der Aufsichtsrat zur besseren Wahrnehmung seiner Aufgaben aus seinen Mitgliedern Ausschüsse bilden kann, empfiehlt sich in Unternehmen mit umfangreichem Risikomanagement die Einrichtung eines permanenten Risikoausschusses.

Risk committee

Ein **Risikoausschuss** (**Risk committee**) ist ein permanenter, vom Aufsichtsrat bzw. dem Board of Directors gebildeter Ausschuss zur fachlichen Kontrolle und Aufsicht des Risikomanagements in einem Unternehmen. Der Risikoausschuss beaufsichtigt und unterstützt Vorstand und Aufsichtsrat in diesem Sinne bei seiner Aufgabe, geeignete Risikomanagement- und -kontrollprinzipien im gesamten Unternehmen festzulegen und zu überwachen. Der Ausschuss wird vom Vorstand mit den für die Erfüllung seiner Aufgaben benötigten Informationen und Kennzahlen versorgt und tritt, falls notwendig, in Absprache mit dem Vorstand mit Aufsichtsbehörden und anderen Unternehmensexternen in Kontakt. Zu den typischen **Aufgaben** eines **Risk committees** gehören:

- Die regelmäßige Überprüfung und Genehmigung der im Unternehmen verfolgten Risikomanagementstrategie.
- Die Überwachung und Abnahme der in das Risikomanagement eingebundenen Prozesse und Systeme.

- Die Meldung existenzgefährdender Risiken an den Vorstand und das Aufdecken von Fehlern im Risikomanagement.
- Die Erhaltung der Unabhängigkeit der Risikomanagementfunktion im Konzern.
- Die Integration des Risikomanagements mit anderen, konzernweiten Kontroll- und Aufsichtsfunktionen.

Die Zusammensetzung, die Aufgaben und die Tätigkeit des Risikoausschusses sind im Rahmen der Risikoberichterstattung ebenfalls offenzulegen.

AUS DER PRAXIS

Die Tätigkeit des Risk Committees der HSH Nordbank

The Risk Committee met five times in the past financial year. At its meetings, which were regularly also attended by representatives of the auditors, it discussed in depth the Bank's risk situation and risk management, particularly the risk strategy and credit, liquidity, country, market and operational risks together with tax and reputation risks. Individual exposures of importance to the Bank were discussed, as were the regularly presented risk reports on the individual asset classes. The Risk Committee sought information on all exposures subject to mandatory reporting and granted its approval on business transactions requiring approval by law. In addition, the committee received at all meetings a report on recent events and trends and their impact on the risk situation. The same applies to enquiries or audits under bank regulatory law with regard to the minimum requirements for risk management, on which the Management Board provided regular information. Furthermore, the Risk Committee dealt with the required adjustments to the internal guidelines for the lending business. The extent to which the incentives set by the Bank's compensation systems take adequate account of the risk, capital and liquidity structure was also the subject of a Risk Committee meeting.
(Quelle: Geschäftsbericht HSH Nordbank 2015)

Auf den Punkt gebracht

- Inhalt dieses Moduls waren die gesetzlichen und freiwilligen Vorgaben zur Leitung und Überwachung von Unternehmen. Die Corporate Governance eines Unternehmens beschreibt den durch die Gesamtheit dieser Regeln festgelegten Ordnungsrahmen, den der Finanzleiter mitgestaltet, aber auch selbst zu beachten hat.
- Die Leitungsorgane eines Unternehmens sollten im Sinne einer guten Corporate Governance unverzüglich und transparent über alle die Interessen der Stakeholder betreffenden Vorfälle und Sachverhalte informieren.
- Die Einhaltung der Vorgaben zur Corporate Governance dient auch dem Investorenschutz. Eine transparente und rechtskonforme Leitung des Unternehmens verbessert daher die Möglichkeit des Finanzleiters zur Kapitalaufnahme.
- Die Vergütung der Leitungsorgane sollte anreizkompatibel ausgestaltet sein. In der Praxis werden Vorstände und Aufsichtsräte eine fixe und variable Vergütung erhalten, so dass sie einen Anreiz besitzen, den Shareholder Value des Unternehmens nachhaltig zu steigern. Für große, kapitalmarktorientierte Unternehmen ist die Vergütungspolitik offenzulegen.
- Als Basis der Vergütungspolitik steht eine breite Auswahl performanceorientierter Kennziffern zur Verfügung, die den von der Unternehmung erzielten Erfolg mit den Erfolgsansprüchen der Kapitalgeber abgleichen.
- Insbesondere in den angelsächsischen Ländern haben große Bilanzskandale zu einer Verschärfung bzw. Kodifizierung der Corporate Governance geführt. In Deutschland sind Unternehmen gesetzlich angehalten, den Deutschen Corporate Governance Kodex zu befolgen.
- Der Bedeutungszuwachs des Risikomanagements und des Risikocontrollings haben zur Herausbildung der Risk Governance geführt. Diese umfasst sämtliche Institutionen, Regeln, Mechanismen und Prozesse zur Steuerung der und zum Umgang mit Risiken. Zentrale Akteure der Risk Governance sind in vielen Unternehmen der häufig im Finanzbereich angesiedelte Chief Risk Officer (CRO) und Risk Committees.

Teil VII

Ausblick: Herausforderungen der Finanzierungspolitik

Über die zurückliegenden 18 Module hinweg wurde an mehreren Stellen gezeigt, dass die Rahmenbedingungen der Finanzierungspolitik durch erhebliche Umbrüche insbesondere technologischer, ökonomischer und politischer Art gekennzeichnet sind, die sich sowohl auf die Realwirtschaft als auch die Finanzmärkte auswirken. Die Konsequenzen dieser zum Teil dramatischen Veränderungen lassen sich noch nicht vollständig abschätzen. Daher soll abschließend ein kurzer, aufrissartiger Blick voraus gerichtet werden: Wie verändern sich die in den Modulen behandelten Aufgaben des Finanzleiters durch bedeutende Trends als Herausforderungen für die Finanzierungspolitik?

Abb. 1

Aufgaben des Finanzleiters im Rahmen der Wertschaffung

- **Festlegung und Weiterentwicklung eines wertschaffenden Geschäftsmodells** durch strategische Weichenstellungen: Ein wesentlicher Treiber wirtschaftlicher Umbrüche ist die **Digitalisierung**. Hiermit geht in nahezu allen Branchen die Notwendigkeit einher, Geschäftsmodelle anzupassen. In vielen Fällen führen disruptive Veränderungen sogar dazu, eine vollständig neue strategische Ausrichtung der Unternehmung finden zu müssen. Hierdurch verstärkt sich die Tendenz, den Finanzleiter eng in den Strategieprozess einzubinden (vgl. mit weiteren Verweisen Becker et al. 2011, Hommel et al. 2011, Hiebl 2013, Rapp/Wullenkord 2014). Er ist nicht mehr – wie in der Vergangenheit vielfach – primär »Kalkulator« oder »Wächter«, sondern »Treiber« des Unternehmenswerts, indem er die Informationsgrundlagen für die Transformation der Unternehmung bereitstellt, den Wandlungsprozess steuert und neuen Ideen zur Erzielung von Wettbewerbsvorsprüngen und damit Wertschaffung den Weg bereitet. Dies wertet seine Bedeutung innerhalb der Unternehmensleitung deutlich auf und macht den CFO in börsennotierten Unternehmen häufig zum gleichberechtigten Partner des CEO (Tulimeri/Banai 2010, Canace/Juras 2014, EY 2016).
- **Kalkulation** der Wertschaffung: Vor allem die Digitalisierung löst in den Unternehmen einen erheblichen Investitionsbedarf aus. Sowohl bei der Berechnung der Werthaltigkeit einzelner Investitionen als auch ganzer Unternehmen als Investitionsbündel ergeben sich bei den beiden Eingangsgrößen der Kapitalwertmethode im ersten, DCF-Verfahren im zweiten Fall neue Herausforderungen. Zum einen führen (z. B. digitalisierungsbedingte) Umbrüche in den Geschäftsmodellen dazu, dass sich die künftigen Cashflows deutlich schwerer prognostizieren lassen. Der verstärkte Einsatz von Szenario-Techniken und die Ermittlung des Werts von Anpassungsmöglichkeiten mit Hilfe von Realoptionen sind daher zwingend. Zum anderen lässt die **Niedrigzinsphase** auch Investitionen mit vergleichsweise niedrigen Renditen attraktiv erscheinen, sofern diese immer noch oberhalb der deutlich abgesunkenen Kapitalkosten liegen. Hier ist vom Finanzleiter – etwa mit Blick auf Unternehmensübernahmen – noch kritischer zu hinterfragen, inwiefern das jeweilige Investitionsobjekt tatsächlich den richtigen »Fit« zum Geschäftsmodell der Unternehmung aufweist.
- **Finanzierung** der Wertschaffung: Die nun schon seit 2012 andauernde **Niedrigzinsphase** hat speziell bei den börsennotierten Unternehmen in Deutschland zu einem massiven Anstieg des Fremdkapitals geführt – bei den 24 Industrie- und Dienstleistungsunternehmen des DAX seit 2008 um 45 %. Der durchschnittliche Zinssatz von Unternehmensanleihen mit fünfjähriger Laufzeit sank dagegen im gleichen Zeitraum von 5,5 auf 2 % p. a. (Sommer 2016). Große Teile des Profitabilitätswachstums sind neben der stabilen Inlandskonjunktur daher auf niedrigere Zinslasten zurückzuführen. Ohne den genauen Zeitpunkt einer Zinswende zu kennen, muss der Finanzleiter entscheiden, bis zu welchem Grade er bei der Kapitalstrukturwahl auf die derzeitigen Leverage-Chancen verzichtet, um die Unternehmung für wieder steigende Zinsen zu präparieren. Im Vorgriff auf eine veränderte Zinslandschaft und angesichts der angesprochenen Investitionen zur Digitalisierung wird er zudem die meist durch ihn koordinierten Effizienzprogramme forcieren müssen. – Bei der Wahl seiner Finanzierungspartner wird der

Finanzleiter gerade kleinerer und mittelgroßer Unternehmen die traditionelle Konzentration auf nur eine (oder wenige) Hausbank(en) stärker hinterfragen. Denn auch die **Kreditwirtschaft** hierzulande ist insbesondere durch die deutliche Verschärfung der Regulierung seit 2008, die Niedrigzinsphase und des auch für Banken notwendigen Umbruchs der Geschäftsmodelle in Folge der Digitalisierung in der **schwersten Strukturkrise der Nachkriegszeit**. Insofern empfiehlt sich die auch bei der Kapitalanlage gebotene Diversifikation für das Netz von Bankverbindungen einer Unternehmung. Und ebenso wird der Finanzleiter prüfen, ob er neue Finanzierungswege wie das Crowdfinancing nutzen soll.

- **Absicherung** der Wertschaffung: Die geschilderten Umbrüche im Zusammenspiel mit den geopolitischen Krisen der letzten Jahre haben unterschiedlichen Risikoindikatoren zufolge die **ökonomisch relevante Unsicherheit** von Individuen und Institutionen (z. B. private Haushalte, Unternehmen, Politik usw.) über ihre Zukunft global ansteigen lassen (mit weiteren Verweisen Baker/Bloom/Davis 2016, Allianz Group 2016). Im Jahr 2016 wurden die höchsten Werte seit Beginn der Berechnungen vor 30 Jahren gemessen. In der Vergangenheit ging mit einer zunehmenden Unsicherheit auch eine verstärkte Schwankung der ökonomischen Aktivität bis hin zu Verwerfungen (zuletzt der Finanz- und Wirtschaftskrise ab 2008) einher. Dies verschärft nicht nur die angesprochenen Probleme der Cashflow-Abschätzung, sondern stellt auch die dem Schutz des Unternehmenswerts dienende Risikopolitik vor neue Herausforderungen. Einerseits gewinnt die umfassende Analyse möglicher Risikoquellen für das Geschäftsmodell der jeweiligen Unternehmung immer stärker an Bedeutung, andererseits erfordert sie einen stetig steigenden Ressourceneinsatz und belastet damit den Unternehmenswert. Dieser Trade-off setzt sich fort bei der Frage, gegen welche Gefahren sich die Unternehmung durch den Abschluss entsprechender Sicherungskontrakte tatsächlich schützen kann und will. Angesichts der mit zunehmender Unsicherheit der Wirtschaftssubjekte strukturell ansteigenden Risikoprämien wird der Finanzleiter gezwungen sein, einen Teil der eingegangenen Risikopositionen offen zu lassen und hierfür Verlustausgleichspotenzial in Form von Eigenkapital aufzubauen. Dies wiederum schränkt die Nutzung von Leverage-Chancen – wie zuvor angesprochen – weiter ein. Zudem ist zu prüfen, ob sogar eine Veränderung des Geschäftsmodells notwendig ist, um (z. B. politischen) Risiken, die sich der Höhe nach kaum abschätzen lassen, möglicherweise aber die Existenz der Unternehmung gefährden können (wie eine Enteignung), zu entgehen (durch Standortschließungen in bestimmten Ländern).
- **Kommunikation** über Wertschaffung: Die steigende Unsicherheit erhöht für den Finanzleiter auch die Notwendigkeit der Finanzkommunikation. Angesichts der technischen und ökonomischen Umbrüche ist die frühzeitige Information des Kapitalmarkts bzw. der Kreditinstitute über die möglichen Konsequenzen z. B. der Digitalisierung für den Unternehmenswert unerlässlich. Die intensive Forderung gerade Institutioneller Investoren nach verstärkter Berichterstattung über Fragen der **Nachhaltigkeit** erfordert zum einen ein verstärktes Reporting qualitativer Informationen im Sinne von Frühwarnindikatoren für den Unternehmenswert (EY 2016, Allianz Group 2016). Zum anderen wird deutlich, dass das

Geschäftsmodell einer Unternehmung immer stärker in der Öffentlichkeit gerechtfertigt werden muss, Wertschaffung also in viel höherem Maße gesellschaftliche Akzeptanz voraussetzt. Hieraus abgeleitete Anforderungen muss die Finanzkommunikation vor allem in börsennotierten und daher besonders im Fokus z. B. der Medien stehenden Unternehmen erfüllen. – Nimmt man die nicht zuletzt durch die **Bankenregulierung** hervorgerufenen Informationsbedarfe der Kreditinstitute als Maßstab, weist der Mittelstand im Durchschnitt einen erheblichen Nachholbedarf in seiner Finanzkommunikation auf – speziell mit Blick auf Zukunftsthemen von strategischer Bedeutung. Der infolge der expansiven Geldpolitik der EZB leichte Kreditzugang hat dieses Defizit in den letzten Jahren überdeckt. Die Finanzleiter kleinerer und mittelgroßer Unternehmen sind gefordert, diese Schwächen rasch zu überwinden, denn mit einem wieder anziehenden Zinsniveau und der sich weiter verschärfenden Regulierung der Kreditinstitute werden auch die Ansprüche der Banken an die Finanzkommunikation ihrer Kunden ansteigen.

- **Organisation** der Wertschaffung: Als Antwort auf zahlreiche »Unternehmensskandale« hat der Gesetzgeber die **regulatorischen Leitplanken** »guter« Unternehmensführung in den letzten Jahren deutlich verschärft. Die für Kreditinstitute bereits nach der Finanzkrise durch die zuständigen Regulatoren formulierten Ansprüche werden dadurch auch mehr und mehr für Nichtbanken relevant. Um diese zu erfüllen, wird der Finanzleiter, der häufig auch als oberster Risikomanager der Unternehmung agiert, die Bereiche Corporate Governance und Risikomanagement im Rahmen einer Risk Governance miteinander verbinden müssen (vgl. ansatzweise Stein/Wiedemann 2016, Wiedemann/Stein/Quast 2016.). Denn das klassische Risikomanagement ist vielfach auf bekannte Standardrisiken ausgerichtet, im Finanzbereich Ausfall-, Markt- und Liquiditätsrisiken, die Corporate Governance mit dem Risikomanagement nur wenig verzahnt und eher auf Fragen der Unternehmensverfassung, Regel- und Gesetzeskonformität etc. fokussiert. Die angesprochenen Umbrüche lassen jedoch in bislang nicht gekannter Geschwindigkeit **neue, komplexe und miteinander vernetzte Risiken** entstehen, die das Geschäftsmodell von Unternehmen existenziell gefährden können (Renn 2008, van Asselt/Renn 2011). Wie in der Fabel von Hase und Igel können sich die derzeitigen Systeme der Risikosteuerung dem Wandel der Risiken häufig nicht schnell genug anpassen, hinken diesen hinterher. Daher gilt es für den Finanzleiter, in Form der Risk Governance eine Infrastruktur für den strategischen Umgang mit Risiken aufzubauen, die derzeit noch unbekannt sind. Ein wichtiges Element in diesem Zusammenhang ist die Gestaltung der Unternehmenskultur, die das Verhalten der Mitarbeiter stark beeinflussen kann (Cohen 2015, Mervelskemper/Paul 2016). Sie ist so auszubalancieren, dass sie als Risikobremse, angesichts der notwendigen Anpassungen der Geschäftsmodelle aber zugleich als Innovationstreiber wirken kann. Ein zweites Element betrifft die Informationsgrundlagen für den Umgang mit Risiken. Hier müssen die durch die Digitalisierung gegebenen Möglichkeiten zur Gewinnung und Verarbeitung umfangreicherer, qualitativ besserer, aktuellerer und nach vielfältigen Dimensionen auswertbarer Daten durch die gesamte Unternehmung hindurch genutzt werden (Data Analytics). Der Finanzleiter ist in diesem Zusammenhang Förderer der Veränderungen in den Informationsprozessen und Navigator durch den Datenhaushalt (EY 2016).

Eine der zentralen unternehmerischen Funktionen liegt generell in der Bewältigung von Unsicherheit. Auch der Finanzleiter als »Unternehmer im Unternehmen« musste schon immer und muss zukünftig mit volatilen Rahmenbedingungen umgehen. Der Kanon seiner Aufgaben im Rahmen der Wertschaffung verändert sich nicht grundlegend, es müssen angesichts der stärkeren Umweltdynamik jedoch Antworten auf neue Problemstellungen gefunden werden. Hierin kommt die unternehmerische Innovationsfunktion zum Ausdruck. Für die Art und Weise dieser permanenten Weiterentwicklung der Finanzierungspolitik existiert kein »Königsweg«, vielmehr muss jeder Finanzleiter angesichts des Geschäftsmodells der jeweiligen Unternehmung entscheiden, welche seiner Handlungsoptionen er nutzt:

Finance **still** has to fit the business.

Literaturverzeichnis

Acharya, V. V./Almeida, H./Campello, M.: Is cash negative debt? A hedging perspective on corporate financial policies, in: Journal of Financial Intermediation, Jg. 16, Heft 4, 2007, S. 515-554.

Achleitner, A.-K./Bassen, A./Fieseler, C.: Finanzkommunikation – Die Grundlagen der Investor Relations, in: Meckel, M./Schmid, B. F. (Hrsg.): Unternehmenskommunikation, Wiesbaden 2008, S. 261-288.

Achleitner, A.-K./Wirtz, B./Wecker, R.: M&A-Management, wisu – Das Wirtschaftsstudium, Bd. 33, 2004, S. 476-486.

Ackert, L. F./Deaves, R.: Behavioral Finance – Psychology, Decision-Making, and Markets, Mason 2010.

Adrian, T./Song Shin, H.: Procyclical Leverage and Value-at-Risk, in: Review of Financial Studies, Jg. 27, Heft 2, 2014, S. 373-403.

Afforter, B./Volkart, R.: Betriebliche Investitionsentscheide in der Schweizer Praxis – Investitionsrechnung und Risikobetrachtung – Ergebnisse einer aktuellen Studie (1. Teil), Der Schweizer Treuhänder, Jg. 86, Heft 3, 2012, S. 132-139.

agiplan (Hrsg.): Erschließen der Potenziale der Anwendung von »Industrie 4.0« im Mittelstand, Studie im Auftrag der BMWi, 2015.

Agrarwal, V./Taffler, R. J./Belotti, X./Nash, E. A.: Investor Relations, information asymmetry and market value, in: Accounting and Business Research, Jg. 46, Heft 1, 2016, S. 31-50.

AitSahlia, F./Yoon, J.: Information stages in efficient markets, in: Journal of Banking and Finance, Jg. 69, Heft August 2016, S. 84-94.

Akerlof, G. A.: The Market for »Lemons«: Quality, Uncertainty and the Market Mechanism, in: Quarterly Journal of Economics, Jg. 84, Heft 3, 1970, S. 488-500.

Albrecht, P./Huggenberger, M.: Finanzrisikomanagement: Methoden zur Messung, Analyse und Steuerung finanzieller Risiken, Stuttgart 2015.

Albrecht, P./Maurer, R.: Investment- und Risikomanagement – Modelle, Methoden, Anwendungen, 4. Aufl., Stuttgart 2016.

Allard, J./Blavy, R.: Market Phoenixes and Banking Ducks – Are Recoveries Faster in Market-Based Financial Systems?, IMF Working Paper 11/213, 2011.

Allen, F./Gale, D.: Diversity of Opinion and the Financing of New Technologies, in: Journal of Financial Intermediation, Jg. 8, Heft 1-2, 1999, S. 68-89.

Allen, F./Gale, D.: Comparing Financial Systems, Cambridge 2000.

Allen, F./Santomero, A. M.: What do financial intermediaries do?, in: Journal of Banking and Finance, Jg. 25, Heft 2, 2001, S. 271-294.

Allianz Gruppe: Geschäftsbericht, 2014, URL: https://www.allianz.com/de/investor_relations/ergebnisse_berichte/geschaeftsberichte.html/#!m6b1d80cb-8ba9-4aa3-80b6-a0193908ebd2 [Abgerufen am 04.07.2016]

Almeida, H./Campello, M./Weisbach, M. S.: The cash flow sensitivity of cash, in: Journal of Finance, Jg. 59, Heft 4, 2004, S. 1777-1804.

Altman, E./Saunders, A.: Credit risk measurement – Developments over the last 20 years, in: Journal of Banking and Finance, Jg. 21, Heft 11-12, 1998, S. 1721-1742.

Arbeitskreis Externe Unternehmensrechnung der Schmalenbach-Gesellschaft: Grundsätze des Value Reporting, in: Der Betrieb, Jg. 55, Heft 45, 2002, S. 2337-2340.

Arbeitskreis Externe Unternehmensrechnung der Schmalenbach-Gesellschaft: Finanzkommunikation mit XBRL, in: Der Betrieb, Jg. 63, Heft 27/28, 2010, S. 1472-1479.

Arbeitskreis Externe Unternehmensrechnung der Schmalenbach-Gesellschaft: Nichtfinanzielle Leistungsindikatoren – Bedeutung für die Finanzberichterstattung, in: Zfbf, Jg. 67, Heft 2, 2015, S. 235-258.

Arbeitskreis Finanzierungsrechnung der Schmalenbach-Gesellschaft: Finanzierungsrechnung, in: ZfbF, Sonderheft 26, 1990.

Arbeitskreis Finanzierung der Schmalenbach-Gesellschaft: Asset Backed Securities – ein neues Finanzierungsinstrument für deutsche Unternehmen?, in: ZfbF, Jg. 44, Heft 6, 1992, S. 495-530.

Arbeitskreis Finanzierung der Schmalenbach-Gesellschaft: Investitions-Controlling – Zum Problem der Informationsverzerrung bei Investitionsentscheidungen in dezentralisierten Unternehmen, in: ZfBF, Jg. 46, Heft 11, 1994, S. 899-925.

Arbeitskreis Finanzierung der Schmalenbach-Gesellschaft: Wertorientierte Unternehmenssteuerung mit differenzierten Kapitalkosten, Jg. 48, Heft 6, 1996, S. 543-578.

Arbeitskreis Finanzierung der Schmalenbach-Gesellschaft: Betriebliche Altersversorgung mit Pensionsrückstellungen oder Pensionsfonds – Analyse unter finanzwirtschaftlichen Gesichtspunkten, Jg. 51, Heft 7, 1999, S. 321-331.

Arbeitskreis Finanzierung der Schmalenbach-Gesellschaft: Börsengänge von Konzerneinheiten – Handlungsempfehlungen des Arbeitskreises »Finanzierung« auf Basis einer empirischen Untersuchung deutscher Equity-Carve-Outs und Spin-Offs (1997-2000), in: ZfBF, Jg. 55, Heft 8, 2003, S. 515-542.

Arbeitskreis Finanzierung der Schmalenbach-Gesellschaft: Eine empirische Untersuchung zur Veräußerung von Konzernteilen an Private-Equity-Investoren, in: ZfBF, Jg. 58, Heft 3, 2006, S. 235-264.

Arbeitskreis Finanzierung der Schmalenbach-Gesellschaft: Kapitalstrukturpolitik und Kapitalgeberinteressen – Ergebnisse einer explorativen Befragung von Vertretern börsennotierter Unternehmen in Deutschland, in: ZfBF, Jg. 61, Heft 5, 2009, S. 323-354.

Arbeitskreis Finanzierung der Schmalenbach-Gesellschaft: Ausgestaltung und Steuerung des Netzes von Bankbeziehungen – Update nach 25 Jahren mithilfe einer explorativen Unternehmensbefragung, in: ZfbF, Jg. 66, Heft 8, 2014, S. 694-723.

Arrow, K. J.: The Economics of Agency, in: Pratt, J. W./Zeckhauser, R. J. (Hrsg.): Principals and Agents: The Structure of Business, Boston 1985, S. 37-51.

Baetge, J./Richter, M.: Wie lassen sich die »Risiken der künftigen Entwicklung« eines Unternehmens objektiv messen?, in: Wagner, U. (Hrsg.): Zum Erkenntnisstand der Betriebswirtschaftslehre am Beginn des 21. Jahrhunderts, Festschrift für Erich Loitlsberger zum 80. Geburtstag, Berlin 2001, S. 1-16.

Baginski, S. P./Rakow, K. C.: Management Earnings forecast Disclosure Policy and the Cost of Capital, in: Review of Accounting Studies, Jg. 17, Heft 2, 2012, S. 279-321.

Baker, M./Wurgler, J.: Market Timing and Capital Structure, in: Journal of Finance, Jg. 57, Heft 1, 2002, S. 1-32.

Baldwin, R. H.: How to Assess Investment Proposals, in: Harvard Business Review, Jg. 37, Heft 3, 1959, S. 98-104.

Ballwieser, W./Hachmeister, D.: Unternehmensbewertung – Prozess, Methoden und Probleme, 5. Aufl., Stuttgart 2016.

Baltensperger, E./Milde, H.: Theorie des Bankverhaltens, Berlin 1987.

Bank, M./Baumann, R. H.: Market Efficiency under Ad Hoc Information: Evidence from Germany, in: Financial markets and portfolio management, Jg. 29, Heft 3, 2015, S. 173-206.

Bank, M./Gerke, W.: Finanzierung – Grundlagen für Investitions- und Finanzierungsentscheidungen im Unternehmen, 3., überarbeitete und erweiterte Auflage, Stuttgart 2016.

Banzhaf, J.: Wertorientierte Berichterstattung (Value Reporting), Frankfurt a. M. 2006.

Baradwaj, B. G./Dewally, M./Shao, Y.: Does Securitization Support Entrepreneurial Activity?, in: Journal of Financial Services Research, Jg. 47, Heft 1, 2015, S. 1-25.

Barber, B. M./Odean, T.: Trading Is Hazardous to Your Wealth – The Common Stock Investment Performance of Individual Investors, in: Journal of Finance, Jg. 55, Heft 2, 2000, S. 773-806.

Barberis, N./Thaler, R.: A survey on behavioral finance, in: Handbook of the Economics of Finance, Jg. 1, Teil B, 2003, S. 1053-1128.

Basak, S./Shapiro, A.: Value at Risk Based Risk Management: Optimal Policies and Asset Prices, in: Review of Financial Studies, Jg. 14, Heft 2, 2001, S. 371-405.

Basel Committee on Banking Supervision: International Convergence of Capital Measurement and Capital Standards: A Revised Framework Comprehensive Version, 2006.

Basel Committee on Banking Supervision: Fundamental review of the trading book: A revised market risk framework, 2013.

Basse Mama, H./Bassen, A.: Neglected disciplinary effects of investor relations: evidence from corporate cash holdings, in: Journal of Business Economics, Jg. 87, Heft 2, 2016, S. 221-261.

Bassen, A./Basse Mama, H./Ramaj, H.: Investor Relations: A Comprehensive Overview, in: Journal für Betriebswirtschaft, Jg. 60, Heft 1, 2010, S. 49-79.

Bayer AG: Geschäftsbericht, 2014, URL: http://www.geschaeftsbericht2014.bayer.de/de/bayer-geschaeftsbericht-2014.pdfx [Abgerufen am 03.03.2017].

Bayer AG: Geschäftsbericht, 2015, URL: http://www.geschaeftsbericht2015.bayer.de/ [Abgerufen am 03.03.2017].

Beck, T./Kaserer, C./Rapp M. S.: Beteiligungs- und Kapitalmarktfinanzierung im Deutschen Finanzsystem: Zustand und Entwicklungsperspektiven, Abschlussbericht des BMWI-Projekts, 2015.

Becker, W./Ulrich, P./Zimmermann, L.: Effekte von Familieneinfluss und Unternehmensgröße auf das Finanzmanagement im deutschen Mittelstand – Eine empirische Analyse, in: ZfB Special Issue, 4/2013, S. 5-36.

Berger, A. N./Udell, G. F.: Securitization, Risk, and the Liquidity Problem in Banking, in: Klausner, M./White, L. J. (Hrsg.): Structural Changes in Banking, Homewood 1993, S. 227-292.

Berger, A. N./Udell, G. F.: Relationship Lending and Lines of Credit in Small Firms Finance, in: Journal of Business, Jg. 68, Heft 3, 1995, S. 351-381.

Berger, A. N./Udell, G.: A more complete conceptual framework for SME finance, in: Journal of Banking and Finance, Jg. 30, Heft 11, 2006, S. 2945-2966.

Berger, S. C./Gleisner, F.: Emergence of financial intermediaries in electronic markets: The case of online p2p lending, in: BuR Business Research Journal, Jg. 2, Heft 1, 2009, S. 39-65.

Berk, J. B./DeMarzo, P. M.: Corporate Finance, 3. Aufl., New York 2014.

Berk, J. B./DeMarzo, P. M.: Grundlagen der Finanzwirtschaft, 3. Aufl., Hallbergmoos 2016.

Bernau, P.: Der Markt weiß alles, in: Frankfurter Allgemeine Zeitung, Frankfurt a. M. 2014.

Beyersdorfer, K.: Stärkung der nichtfinanziellen Berichterstattung, URL: http://www.goingpublic.de/staerkung-der-nichtfinanziellen-berichterstattung [Abgerufen am 07.03.2017].

Biddle, G. C./Hilary, G./Verdi, R. S.: How does Financial Reporting Quality Relate to Investment Efficiency?, in: Journal of Accounting and Economics, Jg. 48, Heft 2, 2009, S. 112-131.

Bieg, H./Kußmaul, H./Waschbusch, G.: Finanzierung, 3. Aufl., München 2016.

BITKOM/Fraunhofer-Institut: Industrie 4.0 – Volkswirtschaftliches Potenzial für Deutschland, 2014.

Black, F./Scholes, M.: The Pricing of Options and Corporate Liabilities, in: Journal of Political Economy, Jg. 81, Heft 3, 1973, S. 637-654.

Bleymüller, J./Weißbach, R./Gehlert, G./Gülicher, H.: Statistik für Wirtschaftswissenschaftler, München 2014.

Blohm, H./Lüder, K./Schaefer, C.: Investition – Schwachstellenanalyse des Investitionsbereichs und Investitionsrechnung, 10. Aufl., München 2012.

Bluhm, C./Overbeck, L./Wagner, C.: Introduction to Credit Risk Modeling, 2. Aufl., London 2008.

Böge, U./Lange, M.: Die zukünftige Energiemarkt-Regulierung im Lichte der Erfahrungen und der europarechtlichen Vorgaben, in: Wirtschaft und Wettbewerb, Jg. 53, Heft 9, 2003, S. 870-880.

Bolton, P./Freixas, X./Gambacorta, L./Mistrulli, P. E.: Relationship and Transaction Lending in a Crisis, in: Review of Financial Studies, Jg. 29, Heft 10, 2016, S. 2643-2676.

Bonse, A./Linnhoff, U./Pellens, B.: Analyse von Jahres- und Konzernabschlüssen, in: Busse v. Colbe, W. et al. (Hrsg.): Betriebswirtschaft für Führungskräfte, 4. Aufl., Stuttgart 2011, S. 559-579.

Bonse, A./Linnhoff, U./Pellens, B.: Jahresabschlüsse, in: Busse v. Colbe, W. et al. (Hrsg.): Betriebswirtschaft für Führungskräfte, 4. Aufl., Stuttgart 2011, S. 497-533.

Bork, R.: Einführung in das Insolvenzrecht, 7. Aufl., Frankfurt a. M. 2014.

Börner, C./Rühle, J.: Auswirkungsstudie Basel III, Die Folgen für den deutschen Mittelstand, Berlin 2011.

Börner, C./Grichnik, D./Reize, F.: Finanzierungsentscheidungen mittelständischer Unternehmer – Einflussfaktoren der Fremdfinanzierung deutscher KMU, in: ZfbF, Jg. 62, Heft 2, 2010, S. 227-250.

Bösch, M.: Internationales Finanzmanagement – Rahmenbedingungen, Investition, Finanzierung und Risikomanagement, Stuttgart 2014.

Bösl, K./Hasler, P. T.: Mittelstandsanleihen, 1. Aufl., Wiesbaden 2012.

Botosan, C. A.: Disclosure and the cost of capital: what do we know?, in: Accounting and Business Research, International Accounting Policy Forum, Jg. 36, Sonderheft 1, 2006, S. 31-40.

Böttcher, J.: Projektfinanzierung: Risikomanagement und Finanzierung, 3. Aufl., München/Wien 2013.

Bouzoubaa, M./Osseiran, A.: Exotic Options and Hybrids – A Guide to Structuring, Pricing and Trading, London 2010.

Brealey, R. A./Myers, S. C./Allen, F.: Principles of Corporate Finance, 12. Aufl., Berkshire 2016.

Breuer, W.: Finanzintermediation und Kapitalmarktgleichgewicht, Wiesbaden 1993.

Breuer, W.: Investition I – Entscheidungen bei Sicherheit, 4. Aufl., Wiesbaden 2012.

Breuer, W./Gürtler, M./Schuhmacher, F.: Portfoliomanagement I, 3. Aufl., Wiesbaden 2010.

Breuer, W./Schweizer, T./Breuer, C. (Hrsg.): Gabler Lexikon Corporate Finance, 2. Aufl., Wiesbaden 2011.

Brigham, E. F./Ehrhardt, M. C.: Financial Management – Theory & Practice, 15. Aufl., Boston 2016.

Bruhn, M.: Relationship Marketing, 5. Aufl., München 2016.

Brütting, C./Horsch, A./Schöllisch, D.: Bewertung von Versicherungsunternehmen zwischen internem Steuerungsbedarf und externer Regulierung, Frankfurt a. M. 2005.

Bühner, R.: Unternehmenszusammenschlüsse – Ergebnisse empirischer Analysen, Stuttgart 1990.

Bühner, R./Weinberger, H.-J.: Cash-Flow und Shareholder Value, in: BFuP – Betriebswirtschaftliche Forschung und Praxis, Jg. 43, Heft 3, 1991, S. 187-220.

Bundesanstalt für Finanzdienstleistungsaufsicht: Emittentenleitfaden, 4. Aufl., 2013.

Bushee, B. J./Miller, G. S.: Investor Relations, Firm Visibilty, and Investor Relations, in: The Accounting Review, Jg. 87, Heft 3, 2012, S. 867-897.

Busse v. Colbe, W.: Aufbau und Informationsgehalt von Kapitalflußrechnungen, in: ZfB, Jg. 18, Ergänzungsheft 1/1966, S. 82 ff.

Busse v. Colbe, W./Laßmann, G./Witte, F.: Investitionstheorie und Investitionsrechnung, 4. Aufl., Berlin 2015.

Busse v. Colbe, W./Ordelheide, M./Gebhardt, B./Pellens, B.: Konzernabschlüsse – Rechnungslegung nach betriebswirtschaftlichen Grundsätzen, 9. Aufl., Wiesbaden 2010.

Calem, P. S./Rizzo, J. A.: Banks as information specialists – The case of hospital lending, in: Journal of Banking and Finance, Jg. 16, Heft 6, 1992, S. 1123-1141.

Carhart, M. M.: On Persistence in Mutual Fund Performance, in: Journal of Finance, Jg. 52, Heft 1, 1997, S. 57-82.

Casson, M.: The Entrepreneur – An Economic Theory, Oxford 1982.

Casson, M.: The Nature of the Firm Reconsidered – Information Synthesis and Entrepreneurial Organisation, in: Buckley, P. J. (Hrsg.): International Business Theory, Wiesbaden 1996, S. 55-94.

Chirinko, R. S./Elston, J. A.: Finance, control and profitability: the influence of German banks, in: Journal of Economic Behaviour and Organization, Jg. 59, Heft 1 2006, S. 69-88.

Chmielewicz, K.: Betriebliches Rechnungswesen I – Finanzrechnung und Bilanz, 3. Aufl., Hamburg 1981.

Chmielewicz, K.: Betriebliches Rechnungswesen II – Erfolgsrechnung, 2. Aufl., Hamburg 1981.

Christoffersen, P./Pelletier, D.: Backtesting Value-at-Risk: A Duration-Based Approach, in: Journal of Financial Econometrics, Jg. 2, Heft 1, 2004, S. 84-108.

Coase, R. H.: The Nature of the Firm, in: Economica, Jg. 4, Heft 16, 1937, S. 386-405.

Coenenberg, A. G./Günther, T. W.: Grundlagen der strategischen, operativen und finanzwirtschaftlichen Unternehmenssteuerung, in: Busse v. Colbe, W. et al. (Hrsg.): Betriebswirtschaft für Führungskräfte, 4. Aufl., Stuttgart 2011, S. 3-28.

Coenenberg, A. G./Fischer, T. M./Günther, T.: Kostenrechnung und Kostenanalyse, 8. Aufl., Stuttgart 2012.

Coenenberg, A. G./Haller, A./Schultze, W.: Jahresabschluss und Jahresabschlussanalyse, 23. Aufl., Stuttgart 2014.

Coenenberg, A. G./Salfeld, R./Schultze, W.: Wertorientierte Unternehmensführung, 3. Aufl., Stuttgart 2015.

Copeland, T. E./Koller, T./Murrin, J.: Unternehmenswert, 3. Aufl., Frankfurt a. M. 2002.

Copeland, T. E./Weston, J. F./Shastri, K.: Financial Theory and Corporate Policy, 4. Aufl., Boston 2005.

Cox, J. C./Ross, S./Rubinstein, M.: Option Pricing – A Simplified Approach, in: Journal of Financial Economics, Jg. 7, Heft 3, 1979, S. 229-263.

Crasselt, N./Tomaszewski, C.: Bewertung von Realoptionen unter Berücksichtigung des Investitionsverhaltens von Wettbewerbern – Analyse am Beispiel der strategischen Unternehmensbewertung, Arbeitsbericht Nr. 74 des Instituts für Unternehmensführung, Bochum 1998.

Creditreform: Eigenkapitalpolster im deutschen Unternehmenssektor – Marktanalysen November 2015, Neuss 2015.
Creditreform: Die europäische Kreditfonds-Industrie – Weiter auf dem Vormarsch, Neuss 2016.
Creditreform/IKB: Wachstum finanzieren. Eine Analyse der sich wandelnden Finanzierungsmuster im deutschen Mittelstand, Neuss 2014.
Christensen, C. M.: The Innovator's Dilemma – Warum etablierte Unternehmen den Wettbewerb um bahnbrechende Innovationen verlieren, München 2011.
Dallas, L. L.: Short-Termism, the Financial Crisis, and Corporate Governance, San Diego Legal Studies Research, Nr. 12-078, 2012.
Damodaran, A.: Corporate Finance, 2. Aufl., New York 2011.
Däumler, K.-D./Grabe, J.: Betriebliche Finanzwirtschaft – Mit Fragen und Aufgaben, Antworten und Lösungen, Tests und Tabellen, 9. Aufl., Hamm 2008.
Daxhammer, R. J./Facsar, M.: Behavioral Finance, München 2012.
De Bondt, W. F. M./Thaler, R. H.: Further Evidence on Investor Overreaction and Stock Market Seasonality, in: Journal of Finance, Jg. 42, Heft 3, 1987, S. 557-581.
De Roure, C./Pelizzon, L./Tasca, P.: How does P2P lending fit into the consumer credit market?, Deutsche Bundesbank Discussion Paper, Nr. 30, 2016.
Dean, J.: Capital Budgeting, New York 1951.
Dean, J.: Measuring the productivity of capital, in: Harvard Business Review, 1954, S. 120-130.
Deipenbrock, G.: Europäische Kapitalmarktunion und die Finanzierung von kleinen und mittleren Unternehmen – Ausgewählte Rechtsaspekte, in: ZfKE, Jg. 65, 2017, in Vorbereitung.
Demirgüç-Kunt, A./Levine, R.: Financial Structures and Economic Growth, Cambridge 2001.
Demirgüç-Kunt, A./Feyen, E./Levine, R.: The evolving importance of banks and securities markets, World Bank Economic Review, Jg. 27, Heft 3, 2013, S. 476-490.
Demmer, K./Kann, G.: Industrie 4.0 und Unternehmensfinanzierung: Wie die Digitalisierung die Finanzierungskonzepte verändert, DSGV: S-Firmenberatung, Spezialausgabe, 2016.
Deutsch, H.-P./Beinker, M.: Derivate und Interne Modelle – Modernes Risikomanagement, 5. Aufl., Stuttgart 2014.
Deutsche Bank Research: Kapitalmarktunion – Ambitioniertes Ziel, aber kaum schnelle Erfolge, Frankfurt a. M. 2016.
Deutsche Bundesbank: Zur Steuerung von Liquiditätsrisiken in Kreditinstituten, in: Monatsberichte, Jg. 60, Heft 9, 2008, S. 59-74.
Deutsche Bundesbank: Die langfristige Entwicklung der Unternehmensfinanzierung in Deutschland – Ergebnisse der gesamtwirtschaftlichen Finanzierungsrechnung, in: Monatsberichte, Jg. 64, Heft 1, 2012, S. 13-28.
Deutsche Bundesbank: Ertragslage und Finanzierungsverhältnisse deutscher Unternehmen im Jahr 2012, in: Monatsberichte, Jg. 65, Heft 10, 2013, S. 43-58.
Deutsche Vereinigung für Finanzanalyse und Asset Management: DVFA-Grundsätze für Effektive Finanzkommunikation, Version 3.0, Mai 2008.

Diamond, D. W.: Financial Intermediation and Delegated Monitoring, in: Review of Economic Studies, Jg. 51, Heft 3, 1984, S. 393-414.

Diamond, D. W.: Reputation Acquisition in Debt Markets, in: Journal of Political Economy, Jg. 97, Heft 4, 1989, S. 828-862.

Diamond, D. W.: Monitoring and Reputation: The Choice between Bank Loan and Directly Placed Debt, in: Journal of Political Economy, Jg. 99, Heft 4, 1991, S. 689-721.

Diamond, D. W./Rajan, R. G.: Liquidity risk, liquidity creation and financial fragility: A theory of banking, in: Journal of Political Economy, Jg. 109, Heft 2, 2001, S. 287-327.

Diederichs, M.: Risikomanagement und Risikocontrolling, 3. Aufl., München 2012.

Diekmann, M.: Analysts Conference March, 2004, URL: https://www.allianz.com/en/investor_relations/conferences_presentations/analysts_conference/#!m-72969be6-9c40-4985-80e7-fb43f8f8c783 [Abgerufen am 04.07.2016]

Dolderer, C./Rieth, L./Schmidt, M.: Integrated Reporting, in: Baetge, J./Wollmert, P./Kirsch, H.-J. (Hrsg.): IFRS-Kommentar, 2. Aufl., Stuttgart 2014, Kapitel XI.

Drucker, P. F.: Managing for Business Effectiveness, in: Harvard Business Review, Jg. 41, 1963, S. 53-60.

Drukarczyk, J./Lobe, S.: Finanzierung, 11. Aufl., Konstanz 2015.

Drukarczyk, J./Schüler, A.: Unternehmensbewertung, 7. Aufl., München 2016.

DSGV: Diagnose Mittelstand 2016, Berlin 2016.

Duffie, D./Singleton, K.: Credit Risk: Pricing, Measurement, and Management, Princeton 2003.

DZ Bank Research: ABS & Structured Credits, 2016.

Eckbo, B. E.: Horizontal mergers, collusion, and stockholder wealth, in: Journal of Financial Economics, Jg. 11, Heft 1-4, 1983, S. 241-273.

Eckbo, B. E.: Mergers and the market concentration doctrine: Evidence from the capital market, in: Journal of Business, Jg. 58, Heft 3, 1985, S. 325-349.

Eckbo, B. E.: Mergers and the value of antitrust deterrence, in: Journal of Finance, Jg. 47, Heft 3, 1992, S. 1005-1029.

Eilenberger, G./Ernst, D./Toebe, M.: Betriebliche Finanzwirtschaft: Einführung in Investition und Finanzierung, Finanzpolitik und Finanzmanagement von Unternehmungen, 8. Aufl., München 2013.

Elger, C. E./Schwarz, F.: Neurofinance: Wie Vertrauen, Angst und Gier Entscheidungen treffen, München 2009.

Elsas, R.: Die Bedeutung der Hausbank, Wiesbaden 2001.

Elsas, R.: Empirical determinants of relationship lending, in: Journal of Financial Intermediation, Jg. 14, Heft 1, 2005, S. 32-57.

Elsas, R./Krahnen, J. P.: Is relationship lending special? Evidence from credit-file data in Germany, in: Journal of Banking and Finance, Jg. 22, Heft 10-11, 1998, S. 1283-1316.

Elton E. J./Gruber, M. J.: Portfolio Management – 25 Years After, New York 1979.

Elton E. J./Gruber, M. J./Brown, S. J./Goetzmann, W. N.: Modern Portfolio Theory and Investment Analysis, 9. Aufl., Hoboken 2014.

Engelhardt, W. H./Kleinaltenkamp, M.: Analyse der Erfolgspotentiale, in: Kleinaltenkamp, M./Plinke, W. (Hrsg.): Technischer Vertrieb – Grundlagen, Berlin 1995, S. 195-286.

Ernst & Young: Agenda Mittelstand – Wege zum Wachstum, Finanzierungsverhalten im deutschen Mittelstand, 2013.

Eube, S.: Realoptionen – Instrument wertorientierter Unternehmensführung, in: Arnold, H./Englert, J./Eube, S. (Hrsg.): Werte schaffen – Werte messen, Wiesbaden 2000, S. 373-388.

Euler Hermes Kreditversicherung: FinanzKommunikation jetzt krisenfest machen! Erfolgsrezepte für den Umgang mit Kapitalgebern – Repräsentative Studie für den Mittelstand, in: Wirtschaft Konkret, Nr. 421, 2008.

Euler Hermes Kreditversicherung: Schwungrad Finanzkommunikation – Von den Besten lernen, in: Wirtschaft Konkret, Nr. 425, 2010.

Euler Hermes Kreditversicherung: Klimawandel in der Finanzkommunikation – Neue repräsentative Studie für den Mittelstand, in: Wirtschaft Konkret Nr. 429, 2013.

Euler Hermes Kreditversicherung: In acht Schritten zum Champion, Ratgeber für eine erfolgreiche Finanzkommunikation im Mittelstand, Hamburg 2014.

Europäische Kommission: Vorschlag für eine VERORDNUNG DES EUROPÄISCHEN PARLAMENTS UND DES RATES über Aufsichtsanforderungen an Kreditinstitute und Wertpapierfirmen, Brüssel 2011.

Europäische Kommission: Vorschlag für RICHTLINIE DES EUROPÄISCHEN PARLAMENTS UND DES RATES über den Zugang zur Tätigkeit von Kreditinstituten und die Beaufsichtigung von Kreditinstituten und Wertpapierfirmen und zur Änderung der Richtlinie 2002/87/EG des Europäischen Parlaments und des Rates über die zusätzliche Beaufsichtigung der Kreditinstitute, Versicherungsunternehmen und Wertpapierfirmen eines Finanzkonglomerat, Brüssel 2011.

European Banking Authority: Assessment of SME proposals for CRD IV/CRR, London 2012.

European Banking Authority: Basel III monitoring exercise, Results based on data as of 30 June 2012, London 2013.

European Commission: Action Plan on Building a Capital Markets Union, Economic Analysis, Brüssel, 2015a.

European Commission: Initial reflections on the obstacles on the development of deep and integrated EU Capital Markets, Staff Working Document, Brüssel, 2015b.

European Commission: European Financial Stability and Integration, Staff Working Document, Brüssel, 2015c.

European Commission: Crowdlending in the EU capital Markets Union, Staff Working Document, 2016.

Fama, E. F.: Efficient Capital Markets – A Review of Theory and Empirical Work, in: Journal of Finance, Jg. 25, Heft 2, 1970, S. 383-417.

Fama, E. F.: What's Different About Banks?, in: Journal of Monetary Economics, Jg. 15, Heft 1, 1985, S. 29-39.

Fama, E. F.: Contract Costs and Financing Decisions, in: Journal of Business, Jg. 63, Heft 1, 1990, S. 71-91.

Fama, E. F.: Efficient Capital Markets: II, in: Journal of Finance, Jg. 46, Heft 5, 1991, S. 1575-1617.

Fama, E. F.: Two Pillars of Asset Pricing, Nobel Prize Lecture, 2013, URL: https://www.nobelprize.org/nobel_prizes/economic-sciences/laureates/2013/fama-lecture.html [Abgerufen am 07.03.2017].

Fama, E. F./French, K. R.: The Cross-Selection of Expected Stock Returns, in: Journal of Finance, Jg. 47, Heft 2, 1992, S. 427-465.

Fama, E. F./French, K. R.: Common Risk Factors in the Returns on Stocks and Bonds, in: Journal of Financial Economics, Jg. 33, Heft 1, 1993, S. 3-56.

Fama, E. F./French, K. R.: A five-factor asset pricing model, in: Journal of Financial Economics, Jg. 116, Heft 1, 2015, S. 1-22.

Farinha, L. A./Santos, J. A. C.: Switching from Single to Multiple Bank Lending Relationships: Determinants and Implications, in: Journal of Financial Intermediation, Jg. 11, Heft 2, 2002, S. 124-151.

Farruggio, C./Uhde, A.: Determinants of loan securitization in European banking, in: Journal of Banking and Finance, Jg. 56, 2015, S. 12-27.

Farruggio, C./Michalak, T. C./Uhde, A.: Wealth effects of credit risk securitization in European Banking, in: Journal of Business Finance and Accounting, Jg. 39, Heft 1-2, 2012, S. 193-228.

Fiedler, F.: Auto-ABS: Rückgrat der Refinanzierung der deutschen Autoindustrie, in: Zeitschrift für das gesamte Kreditwesen, Jg. 69, Heft 10, 2016, S. 885-887.

Fiedler, S./Horsch, A.: Crowdinvesting als Finanzierungsalternative, in: ZfKE, Jg. 62, Heft 1, 2014, S. 91-98.

Fisher, I.: Appreciation and Interest, in: Publications of the American Economic Association, Jg. 11, Heft 4, 1896, S. 1-98.

Fisher, I.: The Theory of Interest As Determined by Impatience to Spend Income and Opportunity to Invest It, New York 1930.

Fraguas, S. P.: Bedeutung der integrierten Berichterstattung für Finanzanlageentscheidungen, in: Freidank, C.-C./Müller, S./Velte, P. (Hrsg.): Handbuch Integrated Reporting, Berlin 2015, S. 591-622.

Francis, J./Nanda, D./Olsson, P.: Voluntary Disclosure, Earnings Quality, and Cost of Capital, in: Journal of Accounting Research, Jg. 46, Heft 1, 2008, S. 53-99.

Franke, G./Hax, H.: Finanzwirtschaft des Unternehmens und Kapitalmarkt, 6. Aufl., Berlin 2009.

Franke, G./Krahnen, J. P.: Instabile Finanzmärkte, in: Perspektiven der Wirtschaftspolitik, Jg. 10, Heft 4, 2009, S. 335-366.

Freidank C.-C./Peemöller V. H. (Hrsg.): Corporate Governance und Interne Revision, Berlin 2008.

Freiling, J.: Resource-based View und ökonomische Theorie, Wiesbaden 2001.

Freiling, J.: Entrepreneurship, München 2006.

Freiling, J./Reckenfelderbäumer, M.: Markt und Unternehmung, 3. Aufl., Wiesbaden 2010.

Freixas, X./Rochet, J.-C.: Microeconomics of Banking, 2. Aufl., Cambridge 2008.

Friderichs, H./Körting, T.: Die Rolle der Bankkredite im Finanzierungsspektrum der deutschen Wirtschaft, in: Wirtschaftsdienst, Jg. 91, Heft 1, 2011, S. 31-38.
Froot, K. A./Scharfstein, D. S./Stein, J. C.: Risk Mangement: Coordinating Corporate Investment and Financing Policies, in: Journal of Finance, Jg. 48, Heft 5, 1993, S. 1629-1658.
Fuss, C./Vermeulen, P.: The response of firm's investment and financing to adverse cash flow shocks: the role of bank relationships, in: Review of Business and Economics Literature, Jg. 53, Heft 1, 2008, S. 5-34.
Gambacorta, L./Yang, J./Tsatsaronis, K.: Financial structure and growth, BIS Quarterly Review, März 2014.
GE General Electric (Hrsg.): Triebwerk des Erfolgs – der deutsche Mittelstand im Fokus, London 2012.
Gehrig, B./Zimmermann, H.: Fit for Finance, FAZ Verlag, Frankfurt a. M. 2001.
Gerpott, T.: Integrationsgestaltung und Erfolg von Unternehmensakquisitionen, Stuttgart 1993.
Glasserman, P.: Monte Carlo Methods in Financial Engineering, New York 2003.
Gleich, R./Schulze, M./Hofmann, S.: Die Finanzstrategie als integraler Bestandteil der Unternehmenssteuerung, in: Controlling, Jg. 24, Heft 8-9, 2012, S. 445-450.
Gordon M. J./Shapiro E.: Capital Equipment Analysis: The Required Rate of Profit, in: Management Science, Jg. 3, Heft 1, 1956, S. 102-110.
Götze, U.: Investitionsrechnung – Modelle und Analysen zur Beurteilung von Investitionsvorhaben, 7. Aufl., Berlin 2014.
Griffin, J. M.: Are the Fama and French Factors Global or Country Specific?, in: The Review of Financial Studies, Jg. 15, Heft 3, 2002, S. 783-803.
Grimm, V./Ockenfels, A./Zöttl, G.: Ein Vergleich ausgewählter europäischer Strombörsen, in: Zeitschrift für Energiewirtschaft, Jg. 32, Heft 3, 2008, S. 162-170.
Grunert, J./Norden, L./Weber, M.: The role of non-financial factors in internal credit ratings, in: Journal of Banking and Finance, Jg. 29, Heft 2, 2005, S. 509-531.
Guo, Y./Holland, J./Kreander, N.: An exploration of the value creation process in bank-corporate communications, in: Journal of Communication Management, Jg. 18, Heft 3, 2014, S. 254-270.
Gutenberg, E.: Grundlagen der Betriebswirtschaftslehre, Bd. 3, 9. Aufl., München 1987.
Hamel, G./Prahalad, C. K.: Competing for the future, Boston 1994.
Han, S./Qiu, J.: Corporate precautionary cash holdings, in: Journal of Corporate Finance, Jg. 13, Heft 1, 2007, S. 43-57.
Hart, O. D.: Firms, Contracts and Financial Structure, Oxford 1995.
Hartmann-Wendels, T.: Die Vergangenheit lehrt, dass jede Verschärfung der Regulierung eine Konsolidierungswelle nach sich zog, in: Zeitschrift für das gesamte Kreditwesen, Jg. 67, Heft 23, 2014, S. 1187-1192.
Hartmann-Wendels, T./Pfingsten, A./Weber, M.: Bankbetriebslehre, 6. Aufl., Berlin 2015.
Haslehner, F./Ortner, G./Wala, T.: Investitionscontrolling in der Praxis, in: RWZ – Zeitschrift für Recht und Rechnungswesen, Jg. 20, Heft 4, 2010, 116-120.

Haubrich, J. G.: Financial Intermediation: Delegated Monitoring and Long-Term Relationships, in: Journal of Banking and Finance, Jg. 13, Heft 1, 1989, S. 9-20.
Hauschildt, J./Salomo, S.: Innovationsmanagement, 6. Aufl., München 2016.
Healey, P. M./Palepu, K. G.: Information asymmetry, corporate disclosure, and the capital markets: A review of the empirical disclosure literature, in: Journal of Accounting and Economics, Jg. 31, Heft 1, 2001, S. 405-440.
Henkel KGaA: 30 Jahre Henkel-Vorzugsaktie: ein lohnendes Investment, 2015.
Hernández-Cánovas, G./Martinez-Solano, P.: Relationship lending and SME financing in the continental European bank-based system, in: Small Business Economics, Jg. 34, Heft 4, 2010, S. 465-482.
Herzenstein, M./Sonenshein, S./Dholakia, U. M.: Tell me a good story and I may lend you money: The role of narratives in peer-to-peer lending decisions, in: Journal of Marketing Research, Jg. 48, Heft SPL, 2012, S. S138-149.
Hilbert, M./López, P.: The World's Technological Capacity to Store, Communicate, and Compute Information, in: Science, Jg. 332, Heft 6025, 2011, S. 60-65.
Hirshleifer, J.: Investment, Interest and Capital, Englewood Cliffs 1970.
Hirth, H.: Grundzüge der Finanzierung und Investition, 3. Aufl., München 2011.
Holmström, B.: Moral Hazard and Observability, in: Bell Journal of Economics, Jg. 10, Heft 1, 1979, S. 74-91.
Hölscher, R.: Investition, Finanzierung und Steuern, München 2010.
Hölters, W. (Hrsg.): Handbuch des Unternehmens- und Beteiligungskaufs, 6. Aufl., Köln 2005.
Hommel, U./Knecht, T. C./Wohlenberg, H.: Handbuch Unternehmensrestrukturierung, Wiesbaden 2006.
Hommelhoff, P./Hopt, K. J./v. Werder, A. (Hrsg.): Handbuch Corporate Governance, 2. Aufl., Köln 2009.
Horsch, A.: Rating und Regulierung – Ökonomische Analyse der Prozesse, Strukturen und Regeln der Märkte für Ratings, Baden-Baden 2008.
Horsch, A./Kaltofen, D.: Wertorientierte Banksteuerung I – Renditemanagement, 2. Aufl., Frankfurt a. M. 2011.
Horsch, A./Paul, S./Rudolph, B.: Finanzmanagement, in: Busse v. Colbe, W./Coenenberg, A. G./Kajüter, P./Linnhoff, U./Pellens, B. (Hrsg.): Betriebswirtschaft für Führungskräfte, 4. Aufl., Stuttgart 2011, S. 385-434.
Horsch, A./Ueberschär, H.: Finanzierung von KMU durch Mikroanleihen, in: ZfKE – Zeitschrift für KMU und Entrepreneurship, Jg. 61, Heft 4, 2013, S. 315-331.
Horsch, A./Schulte, M.: Wertorientierte Banksteuerung II: Risikomanagement, 5. Aufl., Frankfurt a. M. 2016.
Horváth, P./Gleich, R./Seiter, M.: Controlling, 13. Aufl., München 2015.
Houston, J./James, C.: Do relationships have limits? Banking relationships, financial constraints and investment, in: Journal of Business, Jg. 74, Heft 3, 2001, S. 347-374.
Howorth, C./Moro, A.: Trust within Entrepreneur Bank Relationships: Insights from Italy, in: Entrepreneurship Theory and Practice, Jg. 30, Heft 4, 2006, S. 495-517.
Hsu, P.-H./Tian, X./Xu, Y.: Financial development and innovation: Cross-country evidence, in: Journal of Financial Economics, Jg. 112, Heft 1, 2014, S. 116-135.

Hull, J. C.: Optionen, Futures und andere Derivate, 9. Aufl., München 2015.
IfM: KMU-Definition des IfM Bonn, Bonn 2017. URL: http://www.ifm-bonn.org/definitionen/kmu-definition-des-ifm-bonn/ [Abgerufen am 07.03.2017].
IDW (Hrsg.): WP Handbuch 2014 – Band II, 14. Aufl., Düsseldorf 2014.
IKB Deutsche Industriebank: Mittelstandsfinanzierung mit neuen Perspektiven, Düsseldorf 2011.
Irniger, S.: Akzeptanz der Investitionsrechnung in der Praxis, Zürich 2009.
Jaffee, D. M./Russell, T.: Imperfect Information, Uncertainty and Credit Rationing, in: Quarterly Journal of Economics, Jg. 90, Heft 4, 1976, S. 651-666.
James, C.: Some evidence on the uniqueness of bank loans, in: Journal of Financial Economics, Jg. 19, Heft 2, 1987, S. 217-235.
Jansen, S. A.: Mergers & Acquisitions. Unternehmensakquisitionen und -kooperationen – Eine strategische, organisatorische und kapitalmarkttheoretische Einführung, 6. Aufl., Wiesbaden 2016.
Jensen, M. C.: The Performance of Mutual Funds in the Period 1945-1964, in: Journal of Finance, Jg. 23, Heft 5, 1968, S. 389-416.
Jensen, M. C.: Agency Costs of Free Cash Flow, Corporate Finance, and Takeovers, in: American Economic Review, Jg. 76, Heft 2, 1986, S. 323-329.
Jensen, M. C./Meckling, W. H.: Theory of the Firm – Managerial Behavior, Agency Costs, and Capital Structure, in: Journal of Financial Economics, Jg. 3, Heft 4, 1976, S. 305-60.
Jensen, M. C./Murphy, K.: Performance Pay and Top-Management Incentives, in: Journal of Political Economy, Jg. 98, Heft 2, 1990, S. 225-264.
Jensen, M. C./Ruback, R. S.: The market for corporate control: The scientific evidence, in: Journal of Financial Economics, Jg. 11, Helft 1-4, 1983, S. 5-50.
Jorion, P.: VAR, Value at Risk – The New Benchmark for Managing Financial Risk, 3. Aufl., o.O. 2006.
Käfer, K.: Kapitalflussrechnungen – Statement of Changes in Financial Position, Liquiditätsnachweis, Bewegungsbilanz als dritte Jahresrechnung der Unternehmung, 2. Aufl., Stuttgart 1984.
Kajüter, P.: Wertorientierte Performancemessung, in: Busse v. Colbe, W. et al. (Hrsg.): Betriebswirtschaft für Führungskräfte, 4. Aufl., Stuttgart 2011, S. 29-47, 452-470.
Kajüter, P./Nienhaus, M./Mohrschladt, H.: Chancen- und Risikoberichterstattung nach DRS 20 – Berichtspraxis und Anwendungserfahrungen bei DAX- und MDAX-Unternehmen, in: Die Wirtschaftsprüfung, Jg. 68, Heft 11, 2015, S. 514-525.
Kaltofen, D.: Kreditrisiko- und Eigenkapitalmanagement im Retailportfolio, in: Forschungsfolge 06, Bankakademie-Verlag, Frankfurt 2006.
Kaplan, R. S./Norton, D. P.: Balanced Scorecard – Strategien erfolgreich umsetzen, Stuttgart 1997.
Kaplan, R. S./Norton, D. P.: Die strategiefokussierte Organisation, Stuttgart 2001.
Karolyi, G. A./Liao, R. C.: The Economic Consequences of Investor Relations: A Global Perspective, Working Paper, 2015.

Kaserer, C.: Investition und Finanzierung – Case by Case, 3. Aufl., Frankfurt a. M. 2009.

Kaserer, C./Rapp, M. S.: Capital Markets and Economic Growth: Long-Term Trends and Policy Challenges, 2014.

Kersten, W./Hohrath, P./Winter, M.: Risikomanagement in Wertschöpfungsnetzwerken – Status quo und aktuelle Herausforderungen, in: Wirtschaft und Management, o. Jg., Heft 8, 2008.

Keys, B. J./Mukherjee, T./Seru, A./Vig, V.: Financial Regulation and Securitization: Evidence from subprime loans, in: Journal of Monetary Economics, Jg. 56, Heft 5, 2009, S. 700-720.

Keys, B. J./Mukherjee, T./Seru, A./Vig, V.: Did Securitization Lead to Lax Screening? Evidence From Subprime Loans, in: Quantitative Journal of Economics, Jg. 56, Heft 1, 2010, S. 307-362.

KfW Bankengruppe (Hrsg.): Unternehmensbefragung 2013, Frankfurt a. M. 2013.

Kirchhoff Consult AG/Deutsche Schutzvereinigung für Wertpapierbesitz: Prognoseberichterstattung und Prognosegenauigkeit im DAX 30, Hamburg 2016.

Kirchner, V./Loerwald, D.: Entrepreneurship in der ökonomischen Bildung, Hamburg 2014.

Kirzner, I. M.: Wettbewerb und Unternehmertum, Tübingen 1978.

Kirzner, I. M.: Unternehmer und Marktdynamik, München 1988.

Klüwer, A.: Vielfältige Geschäftsmöglichkeiten für Banken, in: Die Bank, Nr. 10, 2016, S. 18-21.

Knight, F. H.: Risk, Uncertainty and Profit, New York 1921.

Köhler, K.: Investor Relations in Deutschland, Wiesbaden 2015.

Koller, T./Goedhart, M./Wessels, D.: Valuation – Measuring and Managing the Value of Companies, 6. Aufl., London 2015.

Körnert, J.: Balanced Scorecard – Theoretische Grundlagen und Perspektiven für Kreditinstitute, Berlin 2003.

Körnert, J.: Perspektiven der Balanced Scorecard – Eine theoretisch-konzeptionelle Analyse zur Auswahl geeigneter Balanced-Scorecard-Perspektiven für Kreditinstitute, in: Zeitschrift für Planung und Unternehmenssteuerung, Jg. 17, Heft 2, 2006, S. 155-176.

KPMG: DRS 20 – Umsetzungsanalyse DAX 30 mit Best Practice-Beispielen, 2014.

Krahnen, J. P.: Der Handel von Kreditrisiken: Eine neue Dimension des Kapitalmarktes, in: Perspektiven der Wirtschaftspolitik, Jg. 5, Heft 4, 2005, S. 499-519.

Krahnen, J. P./Schmidt, R. H.: The German Financial System, Oxford 2004.

Kraus, T.: Optionspreisbildung, in: Gehrig, B./Zimmermann, H. (Hrsg.): Fit for Finance, 3. Aufl., Zürich 1997, S. 205-222.

Kreditanstalt für Wiederaufbau: Merkblatt Unternehmen erweitern, Nr. 037/047, 2016.

Kremer, T./Uelner, J.: Liquidation und Insolvenz, in: Lutter, M./Bayer, W. (Hrsg.): Holding-Handbuch, 5. Aufl., Köln 2015.

Kruschwitz, L.: Finanzmathematik – Lehrbuch der Zins-, Renten-, Tilgungs-, Kurs- und Renditerechnung, 5. Aufl., München 2010.

Kruschwitz, L.: Investitionstheorie, 13. Aufl., München 2011.

Kruschwitz, L.: Finanzierung und Investition, 7. Aufl., München 2012.
Kruschwitz, L.: Investitionsrechnung, 14. Aufl., München 2014.
Kruschwitz, L./Husmann, S.: Finanzierung und Investition, 7. Aufl., München 2012.
Kruschwitz, L./Löffler, A.: Discounted Cash Flow – A Theory of the Valuation of Firms, Chichester 2006.
Kuhner, C./Maltry, H.: Unternehmensbewertung, Berlin 2006.
Kujath, H.-J./Holthoff, G.: Performance Management bei Bayer, in: Controlling, Jg. 27, Heft 2, 2015, S. 81-88.
Kupiec, P. H.: Techniques for Verifying the Accuracy of Risk Measurement Models, in: Journal of Derivatives, Jg. 3, Heft 2, 1995, S. 73-84.
Kußmaul, H.: Kostenrechnung, in: Busse v. Colbe, W. et al. (Hrsg.): Betriebswirtschaft für Führungskräfte, 4. Aufl., Stuttgart 2011, S. 253-291.
La Porta, R./Lopez-de-Silanes, F./Shleifer, A./Vishny, R.: Legal Determinants of External Finance, in: Journal of Finance, Jg. 52, Heft 3, 1997, S. 1131-1150.
La Porta, R./Lopez-de-Silanes, F./Shleifer, A./Vishny, R.: Law and Finance, in: Journal of Political Economy, Jg. 106, Heft 6, 1998, S. 1113-1155.
Laier, R.: Value Reporting, Wiesbaden 2011.
Lambert, R./Leuz, C./Verreccia, R. E.: Information Asymmetry, Information Precision, and the Cost of Capital, in: Review of Finance, Jg. 16, Heft 1, 2012, S. 1-29.
Langfield, S./Pagano, M.: Bank Bias in Europe: Effects on Systemic Risk and Growth, in: Economic Policy, Jg. 31. Heft 85, 2016, S. 51-106.
Lehmann, K.: Managementprognosen und Analystenschätzungen, Frankfurt a. M. 2014.
Leland, H. E./Pyle, D. H.: Informational Asymmetries, Financial Structure, and Financial Intermediation, in: Journal of Finance, Jg. 32, Heft 2, 1977, S. 371-387.
Levine, R.: Bank-based or market-based financial systems: Which is better?, in: Journal of Financial Intermediation, Jg. 11, Heft 4, 2002, S. 398-428.
Levine, R./Lin, C./Xie, W.: Spare Tire? Stock Markets, Banking Crises, and Economic Recoveries, in: Journal of Financial Economics, Jg. 120, Heft 1, 2016, S. 81-101.
Levine, R./Zingales, L.: Financial Dependence and Growth, in: American Economic Review, Jg. 88, Heft 3, 1998, S. 559-586.
Lewellen, W. G.: A pure financial rationale for conglomerate mergers, in: Journal of Finance, Jg. 26, Heft 2, 1971, S. 521-537.
Lin-Hi, N.: Eine Theorie der Unternehmensverantwortung – Die Verknüpfung von Gewinnerzielung und gesellschaftlichen Interessen, Berlin 2009.
Link, R.: Aktienmarketing in deutschen Publikumsgesellschaften, Wiesbaden 1991.
Linnhoff, U./Pellens, B.: Investitionsrechnung, in: Busse v. Colbe, W. et al. (Hrsg.): Betriebswirtschaft für Führungskräfte, Stuttgart 2011, S. 307-338.
Lintner, J.: The Valuation of Risk Assets and the Selection of Risky Investments in Stock Portfolios and Capital Budgets, in: Review of Economic and Statistics, Jg. 47, Heft 1, 1965, S. 13-37.
Lo, A. W.: Efficient Markets Hypothesis, in: Durlauf, S. N./Blume, L. E. (Hrsg.): The New Palgrave Dictionary of Economics, 2. Aufl., Basingstoke 2008.

Lorie, J. H./Savage, L. J.: Three Problems in Rationing Capital, in: Journal of Business, Jg. 28, Heft 4, 1955, S. 229 ff.
Loutskina, E.: The role of securitization in bank liquidity and funding management, in: Journal of Financial Economics, Jg. 100, Heft 3 2011, S. 663-684.
Lummer, S. L./McConnell, J. J.: Further Evidence On The Bank Lending Process And The Capital-Market Response To Bank Loan Agreements, in: Journal of Financial Economics, Jg. 25, Heft 1, 1989, S. 99-122.
Lutter, M.: Noch einmal: Zum Vorerwerbsrecht der Aktionäre beim Verkauf von Tochtergesellschaften über die Börse, in: Die Aktiengesellschaft, Jg. 26, Heft 7, 2001, S. 349-353.
Macharzina, K./Wolf, J.: Unternehmensführung – Das internationale Managementwissen Konzepte – Methoden – Praxis, 9. Aufl., Wiesbaden 2015.
Malkiel, B. G.: The Efficient Market Hypothesis and its Critics, in: Journal of Economic Perspectives, Jg. 17, Heft 1, 2003, S. 59-82.
Malkiel, B. G.: A Random Walk Down Wall Street, 11. Aufl., New York 2015.
Mandl, G./Rabel, K.: Unternehmensbewertung – eine praxisorientierte Einführung, Wien 2002.
Manne, H. G.: Mergers and the Market for Corporate Control, in: Journal of Political Economy, Jg. 73, Heft 2, 1965, S. 110-120.
Markowitz, H. M.: Portfolio Selection, in: Journal of Finance, Jg. 7, Heft 1, 1952, S. 77-91.
Markowitz, H. M.: Portfolio Selection, Efficient Diversification of Investment, New York 1959.
Markowitz, H. M.: Mean-variance Analysis in Portfolio Choice and Capital Markets, Oxford 1987.
Markowitz, H. M.: Foundations of portfolio theory, Nobel Prize Lecture, Oslo 1990.
Matschke, M. J./Brösel, G.: Unternehmensbewertung – Funktionen, Methoden, Grundsätze, 4. Aufl., Wiesbaden 2013.
Mausbach, C./Simmert, D. B.: Wie geht es weiter mit dem Markt für Mittelstandsanleihen? – ein Blick in die Glaskugel, in: Zeitschrift für das gesamte Kreditwesen, Jg. 69, Heft 12, 2016, S. 591-594.
McNeil, A./Frey, R./Embrechts, P.: Quantitative Risk Management, 2. Aufl., Princeton 2015.
Menzies, C. (Hrsg.): Sarbanes-Oxley Act – Professionelles Management interner Kontrollen, Stuttgart 2004.
Merton, R. C.: Theory of Rational Option Pricing, in: Bell Journal of Economics and Management Science, Jg. 4, Heft 1, 1973, S. 141-183.
Michalak, T. C./Uhde, A.: Credit risk securitization and bank soundness: Evidence from the microlevel for Europe, in: Quarterly Review of Economics and Finance, Jg. 52, Heft 3, 2012, S. 272-285.
Milde, H.: Informationskosten, Selbstselektion und Kreditverträge, in: Wirtschaftswissenschaftliches Studium, Jg. 16, Heft 7, 1987, S. 321-325.
Milgrom, P./Roberts, J.: Predation, Reputation, and Entry Deterrence, in: Journal of Economic Theory, Jg. 27, Heft 2, 1982, S. 280-312.

Miller, M. H.: Debt and Taxes, in: Journal of Finance, Jg. 32, Heft 2, 1977, S. 261-275.
Miller, M. H.: The Modigliani-Miller Propositions Thirty Years After, in: Journal of Economic Perspectives, Jg. 2, Heft 4, 1988, S. 99-120.
Miller, M. H./Modigliani, F.: Dividend Policy, Growth, and the Valuation of Shares, in: Journal of Business, Jg. 34, Heft 4, 1961, S. 411-433.
Mises, L. v.: Nationalökonomie – Theorie des Handelns und Wirtschaftens, Genf 1940.
Modigliani, F./Miller, M. H.: The Cost of Capital, Corporation Finance and the Theory of Investment, in: American Economic Review, Jg. 48, Heft 3, 1958, S. 261-297.
Modigliani, F./Miller, M. H.: Corporate Income Taxes and the Cost of Capital – A Correction, in: American Economic Review, Jg. 53, Heft 3, 1963, S. 433-443.
Moeller, S. B./Schlingemann, F. P./Stulz, R. M.: Wealth destruction on a massive scale? A study of acquiring-firm returns in the recent merger wave, in: Journal of Finance, Jg. 60, Heft 2, 2005, S. 757-782.
Möller, H. P.: Die Bewertung risikobehafteter Anlagen an deutschen Wertpapierbörsen, in: ZfbF, Jg. 40, Heft 9, 1988, S. 779-797.
Moro, A./Fink, M.: Loan managers‹ trust and credit access for SMEs, in: Journal of Banking and Finance, Jg. 37, Heft 3, 2013, S. 927-936.
Moro, A./Fink, M./Kautonen, T.: How do banks assess entrepreneurial competence? The role of voluntary disclosure, in: International Small Business Journal, Jg. 32, Heft 5, 2014, S. 525-544.
Morse, A.: Peer-to-Peer-Crowdfunding: Information and the Potential for Disruption in Consumer Lending, in: Annual Review of Financial Economics, Jg. 7, 2015, S. 436-482.
Mossin, J.: Equilibrium in a Capital Asset Market, in: Econometrica, Jg. 34, Heft 4, 1966, S. 768-783.
Moxter, A.: Grundsätze ordnungsmäßiger Unternehmensbewertung, 2. Aufl., Wiesbaden 1983.
Muzzu, A./Prystav, F./Stein, S.: Rechtliche Anforderungen an die Publizität von Finanzinformationen – Versetzt die normierte Informationsqualität überhaupt zu externer Kontrolle in die Lage?, in: DStR -Deutsches Steuerrecht, 51. Jg., Heft 25, 2013, S. 1300-1307.
Myers, S. C.: Determinants of Corporate Borrowing, in: Journal of Financial Economics, Jg. 5, Heft 2, 1977, S. 147-175.
Myers, S. C.: The Capital Structure Puzzle, in: Journal of Finance, Jg. 39, Heft 3, 1984, S. 575-592.
Myers, S. C./Majluf, N. S.: Corporate Financing and Investment Decisions when Firms have Information that Investors do not have, in: Journal of Financial Economics, Jg. 13, Heft 2, 1984, S. 187-221.
Nippel, P.: Reputation auf Kreditmärkten. Ein spieltheoretischer Erklärungsansatz, in: ZfbF, Jg. 44, Heft 11, 1992, S. 990-1011.
Nobel Prize Committee: Trendspotting in Asset Markets, Prize in Ecnomics Sciences, 2013, URL: http://www.nobelprize.org/nobel_prizes/economic-sciences/

laureates/2013/popular-economicsciences2013.pdf [Abgerufen am 07.03.2017].
NRW Bank: Mittelstandsstudie 2009, Mittelstandsfinanzierung in Zeiten der Finanzmarktkrise – Öffentliche Finanzierungsförderung als Werttreiber?, Düsseldorf 2009.
Oehler, A./Unser, M.: Finanzwirtschaftliches Risikomanagement, 2. Aufl., Wiesbaden 2013.
Opler, T./Pinkowitz, L./Stulz, R./Williamson, R.: The determinants and implications of corporate cash holdings, in: Journal of Financial Economics, Jg. 52, Heft 1, 1999, S. 3-46.
Osterwalder, A./Pigneur, Y.: Business Model Generation, Frankfurt a. M. 2011.
Osterwalder, A./Pigneur, Y.: Value Proposition Design, Frankfurt a. M. 2015.
Paul, S.: Bankenintermediation und Verbriefung – Neue Chancen und Risiken für Kreditinstitute durch Asset Backed Securities?, Wiesbaden 1994.
Paul, S.: Verbriefung – Mythos und Wirklichkeit, in: Gerke, W./Siegert, T. (Hrsg.): Aktuelle Herausforderungen des Finanzmanagements, Stuttgart 2004, S. 61-87.
Paul, S.: Unternehmerfunktionen und Wettbewerbsfähigkeit – Die zentrale Rolle von Ressourcen und Innovationen, in: Wirtschaftswissenschaftliches Studium, Jg. 34, Heft 1, 2005, S. 20-25.
Paul, S.: Finanzintermediation – Theoretische Fundierung, in: Knapps Enzyklopädisches Lexikon des Geld-, Bank- und Börsenwesens, 5. Aufl., Frankfurt a. M. 2007.
Paul, S.: sturm – Finanzmarktkrise und Konsequenzen für die Bankenaufsicht, in: ikf institut für kredit- und finanzwirtschaft, wissen & handeln 08, Bochum 2008.
Paul, S.: Banken-, Wirtschafts-, Politikkrise – Wie konnte es soweit kommen? Hintergründe zur Entstehung von »Bad Banks«, in: Bolder, M./Wargers, M. (Hrsg.): Modell »Bad Bank«: Hintergrund – Konzept – Erfahrungen; Ein Praxisbericht zur Arbeit der Ersten Abwicklungsanstalt, Wiesbaden 2012, S. 15-31.
Paul, S.: Umbruch der Bankenregulierung – Entwicklung und Umsetzung des Baseler Regelwerks im Überblick, in: Hofmann, G. (Hrsg.): Basel III und MaRisk, 2. Aufl., Frankfurt a. M. 2015, S. 1-80.
Paul, S.: Schumpeter im Zeitraffer – FinTechs als Prüflabor und Experimentierfeld, in: Wirtschaftsdienst, Jg. 96, Heft 9, 2016, S. 631-636.
Paul, S.: Kredit 4.0 und Finanzkommunikation des Mittelstands, in: ZfKE – Zeitschrift für KMU & Entrepreneurship, in Vorbereitung.
Paul, S./Frank, R.: Asset Backed Securities, DVFA Kompendium, Jg. 2, Heft 2, 2015.
Paul, S./Kösters, W.: Die Bankenkrise als Kern der weltweiten Finanz- und Wirtschaftskrise, in: politische bildung, Jg. 42, Nr. 3, 2009, S. 41-62; abgedruckt in: Andersen, Uwe (Hrsg.): Weltwirtschaftskrise – eine Systemkrise?, Schwalbach a. T. 2010, S. 55-84.
Paul, S./Horsch, A.: Evolutorische Ökonomik und Lehre von den Unternehmerfunktionen, in: Horsch, A./Meinhövel, H./Paul, S (Hrsg.): Institutionenökonomie und Betriebswirtschaftslehre, München 2005, S. 137-156.
Paul, S./Stein, S.: Management-Kompetenz als Werttreiber – Zu den Verbindungen von Innovations- und Finanzmanagement, in: Meyer, J.-A. (Hrsg.): Manage-

ment-Kompetenz in kleinen und mittleren Unternehmen, Lohmar 2008, S. 271-283.

Paul, S./Stein, S.: Gute Finanzkommunikation zahlt sich aus, in: Die Bank, o. Jg., Heft 2, 2009, S. 46-49.

Paul, S./Stein, S.: Zum Zusammenspiel von Innovations- und Finanzmanagement im Mittelstand, in: Kathan, D./Letmathe, P./Schulte, M.R./Tchouvakhina, M.V./ Wallau, F. (Hrsg.): Wertschöpfungsmanagement im Mittelstand, Wiesbaden 2010, S. 235-250.

Paul, S./Stein, S.: Finanzkommunikation, Basel III und die Unternehmensfinanzierung, Köln 2013.

Paul, S./Stein, S.: Finanzierungstrends im Mittelstand, in: Fahrenschon, G./Kirchhoff, A. G./Simmert, D. B. (Hrsg.): Mittelstand – Motor und Zukunft der deutschen Wirtschaft, Wiesbaden 2015, S. 231-252.

Paul, S./Stein, S.: Strategische Ausrichtung der Finanzwirtschaft in der Holding, in: Lutter, M./Bayer, W. (Hrsg.): Holding-Handbuch, 5. Aufl., Köln 2015, S. 417-470.

Paul, S./Horsch, A./Stein, S.: Wertorientierte Banksteuerung I: Renditemanagement, Frankfurt a. M. 2005.

Paul, S./Prystav, F./Stein, S.: Eine Analyse zentraler Aspekte der Finanzkommunikation nicht börsennotierter Unternehmen mit Hilfe der Critical Incident Technique, in: ZfbF, Jg. 63, Heft 7, 2011, S. 745-771.

Paul, S./Kaltofen, D./Möller, R./Scholle, L.: Finanzielle Flexibilität durch Finanzkommunikation, Working Paper, Bochum 2016.

Paul, W.: Die Rolle des Finanzchefs eines industriellen Unternehmens in krisenbedrohter Zeit, in: Corporate Finance, Jg. 2, Heft 7, S. 367-373.

Peemöller, V. H. (Hrsg.): Praxishandbuch der Unternehmensbewertung, 6. Aufl., Herne 2015.

Pellens, B./Schmidt, A.: Verhalten und Präferenzen deutscher Aktionäre, Frankfurt a. M. 2014.

Pellens, B./Fülbier, R. U./Gassen, J./Sellhorn, T.: Internationale Rechnungslegung, 9. Aufl., Stuttgart 2014.

Penrose, E. E.: The Theory of the Growth of the Firm, Oxford 1959.

Pérignon, C./Smith, D. R.: The level and quality of Value at Risk disclosure by commercial banks, in: Journal of Banking and Finance, Jg. 34, Heft 2, 2010, S. 362-377.

Perridon, L./Steiner, M./Rathgeber, A.: Finanzwirtschaft der Unternehmung, 17. Aufl., München 2017.

Petersen, M. A./Rajan, R. G.: The Benefits of Lending Relationships – Evidence from Small Business Data, in: Journal of Finance, Jg. 49, Heft 1, 1994, S. 3-37.

Picot, A.: Ein neuer Ansatz zur Gestaltung der Leistungstiefe, in: Zeitschrift für betriebswirtschaftliche Forschung, Jg. 43, Heft 4, 1991, S. 336-357.

Picot, G.: Begriff, Arten und Ablauf des Unternehmenskaufs, in: Picot, G. (Hrsg.): Unternehmenskauf und Restrukturierung, 3. Aufl., München 2004, S. 22-34.

Plinke, W.: Grundlagen des Marktprozesses, in: Kleinaltenkamp, M./Plinke, W. (Hrsg.): Technischer Vertrieb – Grundlagen, Berlin 1995, S. 3-95.

Plinke, W.: Unternehmensstrategie, in: Kleinaltenkamp, M./Plinke, W. (Hrsg.): Strategisches Business-to-Business Marketing, Berlin 2000, S. 1-56.
Poggensee, K.: Investitionsrechnung – Grundlagen, Aufgaben, Lösungen, 3. Aufl., Berlin 2015.
Porter, M. E.: Wettbewerbsstrategien, 12. Aufl., Frankfurt a. M. 2013.
Porter, M. E.: Wettbewerbsvorteile, 8. Aufl., Frankfurt a. M. 2014.
Prahalad, C. K./Hamel, G.: The Core Competence of the Corporation, in: Harvard Business Review, Jg. 68, 1990, S. 79-91.
Prystav, F.: Personal information in peer-to-peer loan applications: Is less more?, in: Journal of Behavioral and Experimental Finance, Jg. 9, 2016, S. 6-19.
Prystav, F./Paul, S./Stein S.: Die neuen Banken, in: Zeitschrift für das gesamte Kreditwesen, Jg. 67, Heft 5, 2014, S. 880-885.
Pudewill, C.: Kreditderivate zur Risikosteuerung von Kreditportfolios und ihre Bedeutung im Kreditrisikomanagement, Hamburg 2013.
PWC: The Future of Corporate Reporting, 2012.
PWC: Integrated Reporting in Germany – The DAX 30 Benchmark Survey 2015, 2016.
Rajan, R. G.: Insiders and Outsiders – The Choice between Informed and Arm's-Length Debt, in: Journal of Finance, Jg. 47, Heft 4, 1992, S. 1367-1400.
Rajan, R. G./Zingales, L.: Saving Capitalism form the Capitalists, New York 2003.
Rapp, M. S./Schmid, T./Urban, D.: The value of financial flexibility and corporate finance policy, in: Journal of Corporate Finance, Jg. 23, 2014, S. 288-302.
Rappaport, A.: Shareholder Value – Ein Handbuch für Manager und Investoren, 2. Aufl., Stuttgart 1998.
Rauterkus, A.: Are Bank Lending Relationships Always Beneficial?, Working Paper, New York 2005.
Rauterkus, A.: Do bank lending relationships always enhance financial distress resolution? The case of Germany, in: Applied Economics Letters, Jg.16, Heft 4, 2009, S. 379-385.
Reckenfelderbäumer, M.: Zentrale Dienstleistungsbereiche und Wettbewerbsfähigkeit – Analyse auf der Basis der Lehre von den Unternehmerfunktionen, Wiesbaden 2001.
Rehkugler, H.: Grundzüge der Finanzwirtschaft, München 2007.
Renn, O.: Risk Governance – Coping with Uncertainty in a Complex World, London 2008.
Rese, M./Gesing, J.: Selling Solutions Needs an Understanding of Dynamic Business Models – Towards a Systematic Framework, Working Paper Ruhr-Universität Bochum, Bochum 2011.
Rese, M./Kupp, M.: Strategisches Management, in: Busse v. Colbe, W. et al. (Hrsg.): Betriebswirtschaft für Führungskräfte, 4. Aufl., Stuttgart 2011, S. 85-108.
Ricken, S.: Kreditrisikotransfer europäischer Banken: Theoretische Begründungsansätze und kapitalmarktempirische Überprüfung anhand von Verbriefungstransaktionen, Frankfurt a. M. 2007.
Riddick, W.: The corporate propensity to save, in: Journal of Finance, Jg. 64, Heft 4, 2009, S. 1729-1766.

Rieger, M. O./Wang, M./Hens, T.: Risk preferences around the world, in: Management Science, Jg. 61, Heft 3, 2015, S. 637-648.

Ringleb, H.-M./Kremer, T./Lutter, M./v. Werder, A.: Kommentar zum Deutschen Corporate Governance Kodex, 5. Aufl., München 2014.

Robichek, A. A./Myers, S. C.: Optimal Financing Decisions, Englewood Cliffs 1965.

Rohrbeck, R./Döhler, M./Arnold, H. M.: Creating growth with externalization of R&D results – the spin-along approach, in: Global Business and Organizational Excellence, Jg. 28, Heft 4, 2009, S. 44-51.

Roll, R.: A Critique of the Asset Pricing Theory´s Tests Part I – On Past and Potential Testability of the Theory, in: Journal of Financial Economics, Jg. 4, Heft 2, 1977, S. 129-176.

Roll, R.: The hubris hypothesis of corporate takeovers, in: Journal of Business, Jg. 59, Heft 2, 1986, S. 197-216.

Ross, S. A.: The Theory of Agencies – The Principal's Problem, in: American Economic Review, Jg. 63, Heft 2, 1973, S. 134-139.

Ross, S. A.: The Arbitrage Theory of Capital Asset Pricing, in: Journal of Economic Theory, Jg. 13, Heft 3, 1976, S. 341-360.

Ross, S. A.: The Determinants of Financial Structure – The Incentive Signaling Approach, in: Bell Journal of Economics, Jg. 8, Heft 1, 1977, S. 23-40.

Ross, S. A.: Some Notes on Financial Incentive-Signaling Models, Activity Choice and Risk Preferences, in: Journal of Finance, Jg. 33, Heft 3, 1978, S. 777-794.

Roy, A. D.: Safety First and the Holding of Assets, in: Econometrica, Jg. 20, Heft 3, 1952, S. 431-449.

Rubinstein, M.: Markowitz's »Portfolio Selection« – A Fifty-Year Retrospective, in: Journal of Finance, Jg. 57, Heft 3, 2002, S. 1041-1045.

Rudolph, B.: Strukturwandel in der Industriefinanzierung seit den 1990er Jahren: Ursachen und Folgen, in: Bankhistorisches Archiv, Beiheft 40, 2002, S. 55-69.

Rudolph, B.: Unternehmensfinanzierung und Kapitalmarkt, Tübingen 2006.

Rudolph, B.: Die Finanzkrise 2007-09, in: Lindenlaub, D./Burhop, C./Scholtyseck, J. (Hrsg.): Schlüsselereignisse der deutschen Bankengeschichte, Stuttgart 2013, S. 478-502.

Rudolph, B./Schäfer, K.: Derivative Finanzinstrumente, 2. Aufl., Berlin 2010.

Rudolph, B./Zech, S.: Überlegungen zur Regulierung des Crowdlending: Kreditgeschäft im neuen Gewand?, in: Wirtschaftsdienst, Jg. 96, Heft 9, 2016, S. 636-639.

Rudolph, B./Hofmann, B./Schaber, A./Schäfer, K.: Kreditrisikotransfer, 2. Aufl., Berlin 2012.

Ruhwedel, F./Ruhwedel, P.: Value Reporting, in: Busse v. Colbe, W./Crasselt, N./Pellens, B. (Hrsg.): Lexikon des Rechnungswesens, 5. Aufl., München 2011, S. 427-433.

Ruhwedel, F./Schultze, W.: Value Reporting: Theoretische Konzeption und Umsetzung bei den DAX 100-Unternehmen, in: ZfbF, Jg. 54, Heft 7, 2002, S. 602-632.

Saam, M./Viete, S./Schiel, S.: Digitalisierung im Mittelstand: Status Quo, aktuelle Entwicklungen und Herausforderungen, Forschungsprojekt des ZEW im Auftrag der KfW, Mannheim 2016.

Sachverständigenrat: Das Erreichte nicht verspielen – Jahresgutachten 2007/08, Wiesbaden 2007.

Satzky, H.: Die Beurteilung vertikaler und konglomerater Zusammenschlüsse nach dem GWB, in: Wirtschaft und Wettbewerb, Jg. 56, Heft 9, 2006, S. 870-880.

Schackmann-Fallis, K.-P./Schulz, H.: Bank- versus Kapitalmarktfinanzierung, in: Fahrenschon, G./Kirchhoff, A. G./Simmert, D. B. (Hrsg.): Mittelstand – Motor und Zukunft der deutschen Wirtschaft, Wiesbaden 2015, S. 219-230.

Schäfer, H.: Unternehmensfinanzen – Grundzüge in Theorie und Management, 2. Aufl., Heidelberg 2013.

Schaum, F.: Wandel der Finanzierungsmuster im Mittelstand, in: Die Bank, o. Jg., Heft 10, 2015, S. 6-9.

Schewe, G.: Unternehmensverfassung – Corporate Governance im Spannungsfeld von Leitung, Kontrolle und Interessenvertretung, 3. Aufl., Berlin 2016.

Schierenbeck, H./Kirmße, S./Lister, M.: Ertragsorientiertes Bankmanagement – Bd. 1: Messung von Rentabilität und Risiko im Bankgeschäft, 9. Aufl., Berlin 2014.

Schiller, B./Tytko, D.: Risikomanagement im Kreditgeschäft – Grundlagen, neuere Entwicklungen und Anwendungsbeispiele, Stuttgart 2001.

Schmalenbach, E.: Die Beteiligungsfinanzierung, 1966.

Schmidt, R. H.: Aktienkursprognose – Aspekte positiver Theorien über Aktienkursveränderungen, Wiesbaden 1976.

Schmidt, R. H./Terberger, E.: Grundzüge der Investitions- und Finanzierungstheorie, 4. Aufl., Wiesbaden 1997.

Schmidt, R. H./Hackethal, A./Tyrell, M.: Angleichung der Finanzsysteme in Europa, in: ZfB – Zeitschrift für Betriebswirtschaft, Jg. 2002, Ergänzungsheft 2, S. 13-23.

Schmittmann, J. M./Pirschel, J./Meyer, S./Hackethal, A.: The Impact of Weather on German Retail Investors, in: Review of Finance, Jg. 19, Heft 3, 2015, S. 1143-1183.

Schneider, D.: Investition, Finanzierung und Besteuerung, 7. Aufl., Wiesbaden 1992.

Schneider, D.: Informations- und Entscheidungstheorie, München 1995.

Schneider, D.: Betriebswirtschaftslehre – Bd. 1: Grundlagen, 2. Aufl., München 1995.

Schneider, D.: Betriebswirtschaftslehre – Bd. 3: Theorie der Unternehmung, München 1997.

Schneider, D.: Betriebswirtschaftslehre – Bd. 4: Geschichte und Methoden der Wirtschaftswissenschaft, München 2001.

Schneider, D.: Betriebswirtschaftslehre als Einzelwirtschaftslehre der Institutionen, Wiesbaden 2011.

Schneider, M.: CFO neu – Wandel einer Führungsfunktion, in: Controlling and Management Review, Sonderheft 2, 2013, S. 34-39.

Scholtens, B./van Wensveen, D.: A critique on the theory of financial intermediation, in: Journal of Banking and Finance, Jg. 24, Heft 8, 2000, S. 1243-1251.

Schönbucher, P. J.: Credit Derivatives Pricing Models: Models, Pricing and Implementation, London 2003.

Schöning, S./Hollederer, T./Rutsch, J. C.: Messung des Liquiditätsrisikos von Unternehmen mithilfe des Liquidity at Risk-Konzepts. Eine Analyse der Übertragbarkeit des LaR-Ansatzes von Banken auf Industrieunternehmen, in: Corporate Finance, Bd. 2, Heft 6, 2011, S. 369-378.

Schumpeter, J. A: Unternehmer, in: Elster, L./Weber, A./Wieser, F. (Hrsg.): Handwörterbuch der Staatswissenschaften – Bd. 8, 4. Aufl., Jena 1928, S. 476-487.

Schumpeter, J. A.: Konjunkturzyklen – Bd. 1, Göttingen 1961.

Seeger, M.: CFO heute – Neue Rollen. Neue Strukturen, neue Chancen, in: Controlling and Management Review, Sonderheft 2, 2013, S. 26-32.

Seward, J. K.: Corporate Financial Policy and the Theory of Financial Intermediation, in: Journal of Finance, Jg. 45, Heft 2, 1990, S. 351-377.

Sharpe, S. A.: Asymmetric Information, Bank Lending, and Implicit Contracts – A Stylized Model of Customer Relationship, in: Journal of Finance, Jg. 45, Heft 4, 1990, S. 1069-1087.

Sharpe, W. F.: Capital Asset Prices – A Theory of Market Equilibrium under Conditions of Risk, in: Journal of Finance, Jg. 19, Heft 3, 1964, S. 425-442.

Sharpe, W. F.: Mutual Fund Performance, in: Journal of Business, Jg. 39, Heft 1, 1966, S. 119-138.

Sharpe, W. F.: Portfolio Theory and Capital Markets, New York 1970.

Shiller, R. J.: Do Stock Prices Move Too Much to be Justified by Subsequent Changes in Dividends?, in: American Economic Review, Jg. 71, Heft 3, 1981, S. 421-436.

Shiller, R. J.: From Efficient Markets Theory to Behavioral Finance, Journal of Economic Perspectives, Jg. 17, Heft 1, 2003, S. 83-104.

Shiller, R. J.: Speculative Asset Prices, Nobel Prize Lecture, 2013, URL: https://www.nobelprize.org/nobel_prizes/economic-sciences/laureates/2013/shiller-lecture.pdf [Abgerufen am 07.03.2017]

Shiller, R. J.: Irrational Exuberance, 3. Aufl., Princeton 2015.

Shleifer, A.: Inefficient Markets – An Introduction to Behavioral Finance, Oxford 2000.

Shleifer, A./Vishny, R. W.: Management entrenchment – The case of manager-specific investment, in: Journal of Financial Economics, Jg. 25, Heft 1, 1989, S. 123-39.

Short, H.: Corporate governance: Cadbury, Greenbury and Hampel – A review, in: Journal of Financial Regulation and Compliance, Jg. 7, Heft 1, 1999, S. 57 – 67.

Siemens, A./Segbers, K.: Mittelständische Unternehmen und ihr Kommunikationsverhalten gegenüber der Bank, in: Finanz Betrieb, Jg. 4, Heft 7, 2005, S. 229-237.

Slovin, M. B./Young, J. E.: Bank lending and initial public offering, in: Journal of Banking and Finance, Jg. 14, Heft 4, 1990, S. 729-740.

Slovin, M. B./Johnson, S. A./Glasock, J. L.: Firm size and the information content of bank loan announcement, in: Journal of Banking and Finance, Jg. 16, Heft 6, 1992, S. 1057-1071.

Slovin, M. B./Sushka, M. E./Polonchek, J. A.: The Value of Bank Durability – Borrowers as Bank Stakeholders, in: Journal of Finance, Jg. 48, Heft 1, 1993, S. 247-266.

Smith, C. W./Stulz, R. M.: The determinants of firms' hedging policies, in: Journal of Financial and Quantitative Analysis, Jg. 20, Heft 4, 1985, S. 391-405.

Song, F./Thakor, A.: Financial system architecture and the co-evolution of banks and capital markets, in: Economic Journal, Jg. 120, Heft 547, 2010, S. 1021-1055.

Song, M. H./Walkling, R. A.: Abnormal returns to rivals of acquisition targets – A test of the ›acquisition probability hypothesis‹, in: Journal of Financial Economics, Jg. 55, Heft 2, 2000, S. 143-171.

Spence, M.: Job Market Signaling, in: Quarterly Journal of Economics, Jg. 87, Heft 3, 1973, S. 355-374.

Spremann, K.: Asymmetrische Information, in: Zeitschrift für Betriebswirtschaft, Jg. 60, Heft 5-6, 1990, S. 561-586.

Spremann, K.: Investition und Finanzierung, 5. Aufl., München, 1996.

Spremann, K.: Portfoliomanagement, 4. Aufl., Oldenbourg 2008.

Spremann, K.: Finance – International management and finance, 4. Aufl., München 2010.

Stein, S./Kaltofen, D./Paul, S.: Weitere 10 Jahre Einsatz von Ausfallprognoseverfahren im Firmenkreditgeschäft – Eine Vermessung der Neuen (Baseler) Welt, in: Die Betriebswirtschaft, Jg. 69, Heft 3, 2009, S. 351-372.

Stein, V./Wiedemann, A.: Risk Ggovernance: Conceptualization, Tasks, and Research Agenda, in: Journal of Business Economics, Jg. 86, Heft 8, 2016, S. 813-836.

Stein, V./Wiedemann, A., Quast, J.: Risk Governance leistet positiven Wertbeitrag, in: Die Bank, Jg. 55, Heft 9, S. 38-42.

Steiner, P./Uhlir, H.: Wertpapieranalyse, 3. Aufl., Heidelberg 2001.

Stiglitz, J. E.: The Theory of »Screening", Education, and Distribution of Income, in: American Economic Review, Jg. 65, Heft 3, 1975, S. 283-300.

Stiglitz, J. E./Weiss, A.: Credit rationing in markets with imperfect information, in: American Economic Review, Jg. 71, Heft 3, 1981, S. 393-416.

Stoklossa, H.: Die Zinsstrukturtheorie – Eine Analyse der Faktoren, Arbitrage und Volatilität für das Euro-Währungsgebiet, Wiesbaden 2010.

Stulz, R. M.: Managerial discretion and optimal financing policies, in: Journal of Financial Economics, Jg. 26, Heft 1, 1990, S. 3-27.

Sturm, S.: Semiaktive Management-Strategien für Aktienportfolios, Frankfurt a. M. 2007.

Süchting, J.: Zum Finanzmarketing der Unternehmung, in: Hahn, D. (Hrsg.): Führungsprobleme industrieller Unternehmungen, Friedrich Thomée zum 60. Geburtstag, Berlin 1980, S. 217-233.

Süchting, J.: Finanzmanagement – Theorie und Politik der Unternehmensfinanzierung, 6. Aufl., Wiesbaden 1995.

Swan, E. J.: Building the Global Market – A 4000 Year History of Derivatives, Den Haag 2000.

Swoboda, P.: Betriebliche Finanzierung, 3. Aufl., Würzburg 1994.
Swoboda, P.: Investition und Finanzierung, 5. Aufl., Göttingen 1996.
Teece, D. J.: Dynamic capabilities and strategic management, in: Strategic Management Journal, Jg. 18, Heft 7, 1997, S. 509-533.
Teece, D. J.: Business Models, Business Strategy and Innovation, in: Long Range Planning, Jg. 43, Heft 2, 2010, S. 172-194.
Templar, S./Hofmann, E./Findlay, C.: Financing the End-To-End Supply Chain, London 2016.
Temporale, R. (Hrsg.): Europäische Finanzmarktregulierung – Handbuch zu EMIR, MiFID II / MiFIR, PRIIPs, MAD / MAR, OTC-Derivaten und Hochfrequenzhandel, Stuttgart 2015.
Terberger, E.: Neo-institutionalistische Ansätze – Entstehung und Wandel, Wiesbaden 1994.
Theis, J. C.: Kommunikation zwischen Unternehmen und Kapitalmarkt, Wiesbaden 2014.
Theisen, M. R.: Rechtsformen und Corporate Governance, in: Busse v. Colbe, W. et al. (Hrsg.): Betriebswirtschaft für Führungskräfte, Stuttgart 2011, S. 145-169.
Thomas, R. P./Schmitz, J./Wagner, J. M.: Adressatengerechte Kapitalmarktkommunikation als unternehmensindividuelle Managementverantwortung, in: Zfbf – Schmalenbachs Zeitschrift für betriebswirtschaftliche Forschung, Jg. 68, Heft 4, 2016, S. 447-473.
thyssenkrupp AG: Geschäftsbericht, 2014/15, URL: https://www.thyssenkrupp.com/documents/investor/Finanzberichte/ger/thyssenkrupp_2014_2015_GB.pdf [Abgerufen am 23.11.2015].
Tirole, J.: The Theory of Corporate Finance, Princeton 2006.
Tobin, J.: Liquidity Preference as Behavior Towards Risk, in: Review of Economic Studies, Jg. 25, Heft 2, 1958, S. 65-86.
Treynor, J. L.: How to rate management of investment funds, in: Harvard Business Review, Jg. 43, Heft 1, 1965, S. 63-75.
Treynor, J. L./Black, F.: How to Use Security Analysis to Improve Portfolio Selection, in: Journal of Business, Jg. 46, Heft 1, 1973, S. 66-86.
Troschke, A.: Strategien der Diversifikation vor Markowitz, Chemnitz 2011.
Tuckett, D.: Minding the Markets – An Emotional Finance View of Financial Instability, Basingstoke 2011.
Ueberschär, H.: Mittelstandsfinanzierung durch Mikroanleihen, Berlin 2013.
Ulrich, P.: Corporate Governance in mittelständischen Familienunternehmen, 1. Aufl. Wiesbaden 2011.
Vahs, D./Brem, A.: Innovationsmanagement, 5. Aufl., Stuttgart 2015.
Van Horne, J. C./Wachowicz, J. M: Fundamentals of Financial Management, 13. Aufl., London 2009.
Véron, N./Wolff, G. B.: Capital Markets Union – A Vision For The Long Term, in: Journal of Financial Regulation, Jg. 2, Heft 1, 2016, S. 130-153.
Von Hayek, F. A.: Economics and Knowledge, in: Economica, Jg. 4, Heft 13, 1937, S. 33-54.

Von Hayek, F. A.: Die Verwertung des Wissens in der Gesellschaft, in: Ders.: Individualismus und wirtschaftliche Ordnung, Erlenbach 1952, S. 103-121.
Von Hayek, F. A.: Der Wettbewerb als Entdeckungsverfahren, in: Ders.: Freiburger Studien, Tübingen 1969, S. 249-265.
Von Hayek, F. A.: Recht, Gesetzgebung und Freiheit, Bd. 2 – Die Illusion der sozialen Gerechtigkeit, Landsberg 1981.
Von Mises, L: Human Action, New York 1949.
Von Werder, A.: Führungsorganisation – Grundlagen der Corporate Governance, Spitzen- und Leitungsorganisation, 3. Aufl., Wiesbaden 2015.
Von Werder, A.: Corporate Governance (Unternehmensverfassung), in: Schreyögg, G./Weder, A. v. (Hrsg.): Handwörterbuch Unternehmensführung und Organisation (HWO), 4. Aufl., Stuttgart 2004, Sp. 160-170.
Wallmeier, M.: Lohnt sich »gute Berichterstattung« am Kapitalmarkt?, in: ZfB – Zeitschrift für Betriebswirtschaft, Special Issue 3, 2010, S. 105-112.
Watrin, C.: Internationale Rechnungslegung und Regulierungstheorie, Wiesbaden 2001.
Webel, K./Wied, D.: Stochastische Prozesse – Eine Einführung für Statistiker und Datenwissenschaftler, Berlin 2011.
Weber, J./Schäffer, U.: Einführung in das Controlling, 14. Aufl., Stuttgart 2014.
Weber, J./Bramsemann, U./Heineke, C./Hirsch, B.: Wertorientierte Unternehmenssteuerung, Wiesbaden 2014.
Weber, M.: Genial einfach investieren – Mehr müssen Sie nicht wissen – das aber unbedingt!, Frankfurt a. M. 2007.
Weber, N.: Private-Equity-Investments in Buy Outs von Konzerneinheiten, Frankfurt a. M. 2006.
Weingartner, H. M.: Mathematical programming and the analysis of capital budgeting problems, Englewood Cliffs 1963.
Weingartner, H. M.: The generalized rate of return, Cambridge 1966.
Weiß, F. X.: Handwörterbuch der Staatswissenschaften, 4. Aufl., 8, Jena 1928, S. 476–87.
Welge, M. K./Al-Laham, A.: Strategisches Management, 6. Aufl., Wiesbaden 2012.
Wenzel, J.: Wertorientierte Berichterstattung (Value Reporting) aus theoretischer und empirischer Perspektive, Frankfurt a. M. 2005.
Wernerfelt, B.: A Resource Based View of the Firm, in: Strategic Management Journal, Jg. 5, Heft 2, 1984, S. 171-180.
Weston, J. F.: Divestiture: Mistake or Learning?, in: Readings on Mergers and Acquisitions Handbook, New York 1994, S. 68-76.
Williamson, O. E.: Markets and Hierarchies, New York, 1975.
Williamson, O. E.: The economic institutions of capitalism, New York 1985.
Wimmer, K./Caprano, E.: Finanzmathematik – Grundlagen und Anwendungsmöglichkeiten in der Investitions- und Bankwirtschaft, 7. Aufl., München 2013.
Wirtz, B. W.: Business Model Management, 3. Aufl., Wiesbaden 2013.
Witte, H.: Allgemeine Betriebswirtschaftslehre – Lebensphasen des Unternehmens und betriebliche Funktionen, 2. Aufl., München 2007.

Wöhe, G./Döring, U.: Einführung in die allgemeine Betriebswirtschaftslehre, 25. Aufl., München 2013.
Wöhe G./Bilstein, J./Ernst, D./Häcker, J.: Grundzüge der Unternehmensfinanzierung, 11. Aufl., München 2013.
Wolke, T.: Risikomanagement, 3. Aufl., Berlin 2015.
World Federation of Exchanges, Monthly Reports, Nr. 12, 2016.
Wright, C. A.: A Note on »Time and Investment«, in: Economica, Jg. 3, Heft 12, 1936, S. 436-440.
Wuttke, D. A./Blome, C./Henke, M.: Focusing the financial flow of supply chains: An empirical investigation of supply chain management, in: International Journal of Production Economics, Jg. 145, Heft 2, 2013, S. 773-789.
Zantow, R./Dinauer, J.: Finanzwirtschaft des Unternehmens, 3. Aufl., München 2011.
Zeranski, S.: Liquidity at Risk zur Steuerung des liquiditätsmäßig-finanziellen Bereichs von Kreditinstituten, in: Burkhardt, T./Knabe, A./Lohrmann, K./Walther, U. (Hrsg.): Risikomanagement aus Bankenperspektive – Grundlagen, mathematische Konzepte und Anwendungsfelder, Berlin 2006, S. 220-236.
Zerfaß, A./Piwinger, M.: Handbuch Unternehmenskommunikation, 2. Aufl., Berlin 2014.
Ziggel, D./Berens, T./Weiß, G. N. F./Wied, D.: A new set of improved Value at Risk backtests, in: Journal of Banking and Finance, Jg. 48, 2014, S. 29-41.

Stichwortverzeichnis

D

E

F

G